JN234623

冷凍食品の事典

(社)日本冷凍食品協会 監修

朝倉書店

編集者

熊谷 義光 (くまがい よしみつ)	(財)日本冷凍食品検査協会	
小嶋 秩夫 (こじま つねお)	東京農業大学	
杉澤 良之助 (すぎさわ りょうのすけ)	雪印乳業(株)	
千葉 充幸 (ちば みつゆき)	(株)ニチレイ	
比佐 勤 (ひさ つとむ)	(社)日本冷凍食品協会	
藤城 實 (ふじしろ みのる)	前 味の素フレッシュフーズ(株)	
保井 惇 (やすい あつし)	日本水産(株)	

(五十音順)

編 集 者
(五十音順)

熊谷 義光	(財)日本冷凍食品検査協会	
小嶋 秩夫	東京農業大学	
杉澤 良之助	雪印乳業(株)	
千葉 充幸	(株)ニチレイ	
比佐 勤	(社)日本冷凍食品協会	
藤城 實	前 味の素フレッシュフーズ(株)	
保井 惇	日本水産(株)	

執 筆 者
(執筆順)

比佐 勤	(社)日本冷凍食品協会
小嶋 秩夫	東京農業大学
髙井 陸雄	東京水産大学
野口 敏	マルハ(株)
藤井 建夫	東京水産大学
吉田 企世子	女子栄養大学
茶珍 和雄	大阪府立大学名誉教授
新宮 和裕	(財)食品産業センター
小泉 栄一郎	ライフフーズ(株)
山本 宏樹	(株)ニチレイ
森 徹	日本水産(株)
田中 武夫	國学院大学栃木短期大学
岡山 高秀	神戸大学
熊谷 義光	(財)日本冷凍食品検査協会
長尾 精一	製粉協会
小山 光	共栄フード(株)
林 裕一	高砂香料工業(株)
久保 文征	旭電化工業(株)
和田 秀実	(株)ニチレイ
鈴木 順晴	ニチロ畜産(株)
対馬 徹	(株)ハチテイ
岩田 耕治	雪印乳業(株)
富山 勉	(株)ニチレイ
兎子尾 正文	(株)キンレイ
常田 武彦	味の素フレッシュフーズ(株)
古澤 和幸	(株)白石ニチレイフーズ
熊澤 端夫	(株)ニチレイ
水澤 一	味の素フレッシュフーズ(株)
高嶋 雪夫	キユーピー(株)
幸田 昇	雪印乳業(株)
競 知之	雪印乳業(株)
井上 好文	(社)日本パン技術研究所
望月 正人	明治乳業(株)
水谷 順一	(株)ニチレイ
嶋田 季一	(社)日本食品機械工業会
石井 泰造	石井技術士事務所
横山 理雄	神奈川大学
近藤 智	雪印乳業(株)
大場 秀夫	(社)日本冷凍食品協会
三木 朗	厚生省
小出 欽一郎	日本水産(株)
加地 祥文	厚生省
大西 祥三	農林水産省
新井 英人	東京都町田保健所
原田 眞	(財)日本冷凍食品検査協会
徳岡 旗一	(財)日本冷凍食品検査協会
竹下 思東	味の素(株)
後藤 憲司	(財)日本冷凍食品検査協会
長崎 俊夫	(財)日本冷凍食品検査協会
川北 敬二	(株)菱食
竹内 隆一	ヤヨイ食品(株)
河野 克寛	ヤヨイ食品(株)
髙木 脩	味の素フレッシュフーズ(株)

目　　次

I．基　　礎

1. 総　　論 ……………………(比佐　勤)… 2
    1.1 冷凍食品とは ……………………………… 2
        1.1.1 冷凍食品の一般的定義 ……………… 2
        1.1.2 冷凍食品の個別的定義 ……………… 4
        1.1.3 冷凍食品の商品特性と社会的・経済的意義 ………………………………… 5
    1.2 冷凍食品の歴史と現状 …………………… 7
        1.2.1 外国の冷凍食品の発展経過と現状 … 7
        1.2.2 日本の冷凍食品の展開と現状……… 11
2. 食品冷凍の科学 …………………………… 23
    2.1 食品冷凍総論 ……………(小嶋秩夫)… 23
        2.1.1 食品冷凍の定義……………………… 23
        2.1.2 食品冷凍の目的……………………… 23
        2.1.3 食品の低温貯蔵の原理……………… 23
        2.1.4 食品の低温保存方法………………… 25
        2.1.5 食品の低温処理……………………… 26
        2.1.6 食品の低温貯蔵……………………… 26
        2.1.7 低温食品の流通……………………… 26
        2.1.8 凍結食品の解凍……………………… 26
    2.2 食品冷凍の物理的問題 ……(髙井陸雄)… 27
        2.2.1 食品冷凍の物理的基礎事項………… 27
        2.2.2 凍結が食品に与える物理的変化…… 29
        2.2.3 冷凍貯蔵中の食品の物理的変化…… 31
    2.3 食品冷凍の化学的問題 ……(野口　敏)… 32
        2.3.1 タンパク質の変化…………………… 33
        2.3.2 脂肪の変化…………………………… 34
        2.3.3 糖質の変化…………………………… 35
        2.3.4 色素の変化…………………………… 35
        2.3.5 栄養素の変化………………………… 37
    2.4 食品冷凍の微生物学的問題
        　　　　　　　　　　…(藤井建夫)… 37
        2.4.1 微生物の増殖と温度………………… 38
        2.4.2 低温貯蔵食品における細菌の挙動… 42
        2.4.3 凍結食品の汚染指標細菌…………… 43
    2.5 食品冷凍の栄養学的問題
        　　　　　　　　　　…(吉田企世子)… 46
        2.5.1 タンパク質…………………………… 46
        2.5.2 糖　　質……………………………… 47
        2.5.3 脂　　質……………………………… 47
        2.5.4 ビタミン類…………………………… 48
        2.5.5 ミネラル……………………………… 50
        2.5.6 解凍方式と栄養分…………………… 50

II．製　　造

1. 農産冷凍食品 ……………………………… 54
    1.1 総　　論 …………………………………… 54
        1.1.1 農産原料の特性 ………(茶珍和雄)… 54
        1.1.2 製造技術の基本 ………(茶珍和雄)… 55
        1.1.3 有機農産物の動向 ……(新宮和裕)… 58
        1.1.4 国産および輸入冷凍野菜の傾向
            　　　　　　　　…(小泉栄一郎)… 60
    1.2 各　　論 ……………………(山本宏樹)… 64
        1.2.1 果菜・マメ類………………………… 64
        1.2.2 根菜・イモ類………………………… 67
        1.2.3 フレンチフライポテト……………… 68
        1.2.4 葉茎菜類……………………………… 69
        1.2.5 その他の野菜………………………… 71
        1.2.6 果実類………………………………… 72
        1.2.7 果　汁………………………………… 73
2. 水産冷凍食品 ……………………………… 75
    2.1 総　　論 …………………………………… 75
        2.1.1 水産原料の特性 ………(森　　徹)… 75
        2.1.2 製造技術の基本 ………(森　　徹)… 80
        2.1.3 最近の製品の傾向 ……(森　　徹)… 83
        2.1.4 冷凍原料の解凍 ………(田中武夫)… 84
    2.2 各　　論 ……………………(森　　徹)… 88
        2.2.1 魚　類………………………………… 88
        2.2.2 エビ・カニ類………………………… 90
        2.2.3 イカ・タコ類………………………… 90
        2.2.4 貝類(ホタテ・カキ)………………… 91

        2.2.5 その他……………………… 93
  3. 畜産冷凍食品 ………………(岡山高秀)… 94
    3.1 総 論 ………………………………… 94
      3.1.1 食肉原料 ………………………… 94
      3.1.2 処 理 ………………………… 98
      3.1.3 食肉の凍結・解凍と品質変化 …… 102
    3.2 各 論 ………………………………… 103
      3.2.1 牛肉・豚肉・鶏肉の冷凍 ……… 103
      3.2.2 食肉製品の冷凍 ………………… 104
  4. 調理冷凍食品 ……………………………… 107
    4.1 総 論 ………………(熊谷義光)… 107
      4.1.1 調理冷凍食品の定義と範囲 …… 107
      4.1.2 最近の成長品目と製造技術の進
            歩 ………………………………… 107
      4.1.3 製造技術の要点と今後の課題 … 110
    4.2 主要副原料 …………………………… 117
      4.2.1 小麦粉 ………………(長尾精一)… 117
      4.2.2 パン粉 ………………(小山 光)… 123
      4.2.3 調味・香辛料 ………(林 裕一)… 125
      4.2.4 油 脂 ……………(久保文征)… 127
    4.3 各 論 ………………………………… 130
      4.3.1 フライ類 ……………………… 130
        a. コロッケ ……………(和田秀実)… 130
        b. カツ類 ………………(鈴木順晴)… 133
        c. エビフライ …………(対馬 徹)… 137
        d. 白身魚フライ ………(対馬 徹)… 141
        e. イカ天ぷら …………(対馬 徹)… 143
        f. 油ちょう(油煠, 油調)済フライ食品
            ………………………(岩田耕治)… 146
      4.3.2 フライ類以外 …………………… 149
        a. 米飯類 ………………(富山 勉)… 149
        b. めん類 ………………(兎子尾正文)… 154
        c. シューマイ・ギョーザ(常田武彦)… 157
        d. 春 巻 ………………(古澤和幸)… 161
        e. ハンバーグ・ミートボール
            ………………………(熊澤端夫)… 165
        f. グラタン・ドリア …(水澤 一)… 168
        g. 卵加工品 ……………(高嶋雪夫)… 171
        h. 中華まんじゅう ……(幸田 昇)… 173
      4.3.3 菓子類 …………………………… 178
        a. ピ ザ ………………(競 知之)… 178
        b. パン・パン生地 ……(井上好文)… 181
        c. チーズケーキ・ババロア
            ………………………(望月正人)… 184

III. 装 置・機 械

1. 食品冷凍装置 ………………(水谷順一)… 190
  1.1 スパイラルフリーザー ………………… 190
    1.1.1 ドラム駆動スパイラルフリーザー … 190
    1.1.2 ドラムアームレススパイラルフ
          リーザー …………………………… 193
  1.2 トンネルフリーザー …………………… 193
  1.3 スチールベルトフリーザー …………… 195
  1.4 ガス凍結フリーザー, 浸漬凍結フリー
      ザー ………………………………………… 197
    1.4.1 ガス凍結フリーザー …………… 197
    1.4.2 浸漬凍結フリーザー …………… 198
2. 食品加工機械 ………………(嶋田季一)… 199
  2.1 原料洗浄機 ……………………………… 199
  2.2 原料解凍機 ……………………………… 200
  2.3 食肉加工機械 …………………………… 201
  2.4 水産加工機械 …………………………… 203
  2.5 製パン・製菓機械 ……………………… 204
  2.6 製めん機械 ……………………………… 206
  2.7 成形機械 ………………………………… 207
  2.8 加熱調理機械 …………………………… 209
3. 包装機械 ……………………(石井泰造)… 212
  3.1 包装機械の分類 ………………………… 212
  3.2 包装機械の技術的傾向 ………………… 212
    3.2.1 サニタリー性 …………………… 212
    3.2.2 安全性 …………………………… 212
    3.2.3 先端技術の導入 ………………… 213
    3.2.4 包装工程のシステム化 ………… 213
  3.3 包装機械の種類と特徴 ………………… 213
    3.3.1 包装機用計量機 ………………… 213
    3.3.2 製袋充填機(ピロー包装機) ……… 214
    3.3.3 容器成形充填機 ………………… 215
    3.3.4 上包み機 ………………………… 215
    3.3.5 収縮包装機 ……………………… 215
    3.3.6 真空包装機 ……………………… 216
    3.3.7 シール機 ………………………… 216
    3.3.8 小箱詰機 ………………………… 216
    3.3.9 外装・荷造機械 ………………… 216
    3.3.10 包装関連機器 …………………… 217
    3.3.11 無菌包装システム ……………… 217
  3.4 包装品各種検査機 ……………………… 217
    3.4.1 重量選別機 ……………………… 217
    3.4.2 異物検出機 ……………………… 217

IV. 包　　　装　　　　　　　　　　　　　　（横山理雄）

1. 冷凍食品の包装形態 …………………… 222
　　わが国の冷凍食品の包装形態 ………… 222
　　　1.1.1　野菜類 …………………………… 222
　　　1.1.2　魚介類と水産加工品 …………… 222
　　　1.1.3　コロッケ，シューマイなどの調理食品 ……………………………………… 222
　　　1.1.4　グラタンとピザパイの調理冷凍食品 ……………………………………… 222
　　　1.1.5　エビピラフなどの米飯類 ……… 223
　　　1.1.6　スープ …………………………… 223
　　　1.1.7　電子レンジ対応冷凍調理食品 … 223
2. 冷凍食品の包装材料 …………………… 223
　　2.1　使用されている包装材料 ………… 223
　　2.2　電子レンジ・オーブン用容器 …… 225
　　2.3　プラスチック包装材料とその他容器 … 225
　　　2.3.1　プラスチックフィルム ………… 225
　　　2.3.2　プラスチック複合フィルム …… 226
　　　2.3.3　プラスチックトレイ …………… 227
　　　2.3.4　アルミ箔容器と電子レンジ発熱材 … 228
　　　2.3.5　紙製容器とカートンケース …… 228
3. 冷凍食品の包装方法 …………………… 228
　　3.1　冷凍食品の製造面からみた包装方法 … 228
　　　3.1.1　製袋充填包装方法 ……………… 228
　　　3.1.2　成形充填包装方法 ……………… 229
　　　3.1.3　カートン包装 …………………… 229
　　　3.1.4　コンテナ包装 …………………… 229
　　3.2　冷凍食品の保存面からみた包装方法 … 229
　　　3.2.1　真空包装方法 …………………… 230
　　　3.2.2　ガス置換包装方法 ……………… 230
　　　3.2.3　無菌包装方法 …………………… 230
4. 包装による品質保持 …………………… 230

V. 生　産　管　理

1. 生産管理 ……………………（新宮和裕）… 234
　　1.1　生産管理とは ……………………… 234
　　　1.1.1　生産とは ………………………… 234
　　　1.1.2　管理とは ………………………… 234
　　1.2　生産管理の体系 …………………… 234
　　1.3　生産管理のシステム ……………… 235
　　　1.3.1　管理システム構造 ……………… 235
　　　1.3.2　生産管理システムの構築 ……… 235
　　　1.3.3　生産管理システムの事例（モデルケース） ………………………………… 237
　　1.4　工程管理における標準化 ………… 237
　　　1.4.1　標準化の考え方 ………………… 237
　　　1.4.2　製造仕様書 ……………………… 237
　　　1.4.3　製造工程管理基準書 …………… 238
　　1.5　生産性の指標 ……………………… 240
　　　1.5.1　歩留り …………………………… 240
　　　1.5.2　能率（1人工当たり能率）……… 240
　　　1.5.3　稼動率 …………………………… 240
　　　1.5.4　POPによるリアルタイム管理 … 241
　　1.6　原価管理 …………………………… 242
　　　1.6.1　原価の構成 ……………………… 242
　　　1.6.2　付加価値と限界利益 …………… 242
　　　1.6.3　損益分岐点 ……………………… 243
　　　1.6.4　全部原価計算と直接原価計算 … 243
　　1.7　要員管理 …………………………… 243
　　　1.7.1　要員配置基準とスキル管理 …… 243
　　　1.7.2　生産現場でのOJT教育 ………… 244
2. 品質管理 ………………………………… 246
　　2.1　品質管理の基本 …………（近藤　智）… 246
　　2.2　品質管理の進め方 ………（近藤　智）… 247
　　　2.2.1　工場の品質管理活動体系の構築 … 247
　　　2.2.2　安全な食品を提供するための品質管理の実践 ……………………………… 247
　　　2.2.3　改善の実現に向けての方策 …… 248
　　2.3　品質管理技法 ……………（近藤　智）… 249
　　　2.3.1　統計的考え方 …………………… 249
　　　2.3.2　QC 7つの道具 ………………… 249
　　2.4　ISO 9000シリーズによる品質管理 ……………………………（鈴木順晴）… 254
　　　2.4.1　ISO 9000シリーズの品質管理と日本的品質管理 ………………………… 254
　　　2.4.2　経営管理におけるISO 9000シリーズの位置づけ ……………………… 254
　　　2.4.3　ISO 9000シリーズ内容についての

概略 …………………………… 254
2.4.4 品質保証体系の構築 …………… 257
2.4.5 Aメーカー(食品工場)のISO 9002
取得活動 …………………………… 259
2.5 製造物責任と注意表示 …(大場秀夫)… 259
3. 環 境 対 策 ………………(山本宏樹)… 262
3.1 廃水処理の基本と実際 ……………… 262
3.1.1 冷凍食品工場の排水 ……………… 262
3.1.2 排水処理法 ………………………… 262
3.1.3 活性汚泥処理 ……………………… 264
3.1.4 処理水の高度処理(再利用) ……… 265
3.2 廃棄物処理の基本と実際 …………… 266
3.2.1 わが国の産業廃棄物処理の現状 … 266
3.2.2 産業廃棄物処理に関する法規制と
その強化 …………………………… 267
3.2.3 冷凍食品工場における廃棄物の現状
…………………………………… 268
3.2.4 廃棄物処理の実際 ………………… 268
3.3 大気汚染, 悪臭, 騒音, 振動の防止 … 269
3.3.1 大気汚染 …………………………… 269
3.3.2 悪臭 ………………………………… 269
3.3.3 騒音・振動 ………………………… 270
3.4 ISO 14000 ……………………………… 270
3.4.1 ISO 規格 …………………………… 270
3.4.2 ISO 14000 の概要 ………………… 271
3.4.3 環境マネジメントシステム ……… 272
3.4.4 主要規格の概要 …………………… 272
3.4.5 ISO 9000 との比較 ……………… 273
3.4.6 認証取得 …………………………… 273

VI. 衛 生 管 理

1. HACCP 計画の概要 …………(三木 朗)… 276
1.1 HACCP 7つの原則 ………………… 276
1.2 HACCP 計画作成の12の手順……… 278
2. 一般衛生管理プログラム ……(三木 朗)… 281
3. 冷凍食品の HACCP 計画
………………………………(熊谷義光)… 285
3.1 HACCP 導入の前提となる一般衛生管
理プログラム ………………………… 285
3.2 冷凍食品の HACCP 計画 …………… 285
3.2.1 HACCP チームの編成 …………… 286
3.2.2 製品についての説明 ……………… 286
3.2.3 原材料リスト ……………………… 286
3.2.4 製造工程一覧図(フローダイヤグラ
ム) ………………………………… 286
3.2.5 施設内見取図 ……………………… 287
3.2.6 危害分析 …………………………… 288
3.2.7 CCPの決定(HACCPの原則第2)
…………………………………… 290
3.2.8 管理基準の設定(HACCPの原則
第3) ……………………………… 293
3.2.9 監視・測定方法の設定(HACCPの
原則第4) ………………………… 294
3.2.10 修正措置(HACCPの原則第5) … 295
3.2.11 検証方法の設定(HACCPの原則
第6) ……………………………… 295
3.2.12 記録およびその保管(HACCPの
原則第7) ………………………… 296
4. 殺菌・消毒および洗剤・洗浄
………………………………(小出欽一郎)… 297
4.1 殺菌・消毒 …………………………… 297
4.1.1 物理的殺菌法 ……………………… 298
4.1.2 化学的殺菌法 ……………………… 299
4.2 洗 剤 ………………………………… 302
4.2.1 洗 剤 ……………………………… 302
4.2.2 洗剤のもつべき条件 ……………… 302
4.2.3 洗剤の組成・種類・特性 ………… 302
4.3 洗 浄 ………………………………… 303
4.3.1 洗浄の目的 ………………………… 303
4.3.2 汚れの種類と特徴 ………………… 304
4.3.3 洗浄方法と対象 …………………… 304
4.3.4 洗浄効果の判定 …………………… 305
4.3.5 洗浄時の留意事項 ………………… 306

VII. 規 格 ・ 基 準

1. 食品衛生法にもとづく冷凍食品の規格・
基準 …………………………(加地祥文)… 310
1.1 制定の経緯 …………………………… 310
1.2 冷凍食品の定義 ……………………… 311
1.2.1 冷凍食品(狭義) ………………… 311
1.2.2 個別冷凍食品 ……………………… 316
1.3 冷凍食品の規格・規準……………… 316
2. 調理冷凍食品の日本農林規格(大西詳三)… 317

JAS規格の概要……………………… 317
　　　2.1.1　適用の範囲 ……………… 317
　　　2.1.2　定　義 …………………… 317
　　　2.1.3　規　格 …………………… 319
　　　2.1.4　測定方法 ………………… 322
　3. 冷凍食品の栄養表示 …………(大場秀夫)… 323
　　3.1　栄養表示の適用対象および対象外の食品
　　　　　　…………………………………… 323
　　3.2　表示すべき事項およびその表示方法 … 323
　　　3.2.1　表示すべき事項 …………… 323
　　　3.2.2　表示方法 …………………… 324
　　　3.2.3　強調表示基準 ……………… 324
　4. （社）日本冷凍食品協会の自主的指導基準
　　　　　　…………………………(大場秀夫)… 327
　　4.1　冷凍食品品質，衛生指導要綱 ………… 327
　　4.2　冷凍食品確認工場認定要領 …………… 327
　　4.3　冷凍食品の品質についての指導基準 … 328
　　4.4　冷凍食品の品質についての指導方法 … 329
　　4.5　冷凍食品の衛生についての指導基準 … 329

　　4.6　冷凍食品の衛生についての指導方法 … 330
　5. 冷凍食品関連産業協力委員会の定める自主的
　　　取扱基準 ……………………(比佐　勤)… 331
　　5.1　冷凍食品自主的取扱基準を策定した動機
　　　　　　…………………………………… 331
　　5.2　冷凍食品自主的取扱基準の内容 ……… 332
　　5.3　冷凍食品自主的取扱基準遵守の重要
　　　　　性 ……………………………………… 333
　6. 地方自治体による基準 ………(新井英人)… 334
　　6.1　営業施設の基準 ………………………… 334
　　　6.1.1　共通基準 …………………… 334
　　　6.1.2　特定基準 …………………… 335
　　6.2　衛生管理運営の基準 …………………… 335
　　　6.2.1　食品衛生責任者等 ………… 336
　　　6.2.2　衛生措置 …………………… 336
　　6.3　乳肉水産食品指導基準 ………………… 338
　　6.4　表示に対する運用上の注意 …………… 338
　　6.5　「冷凍食品」等の取扱いの適正化 ……… 339

VIII. 検　　査

1. 冷凍食品の品質検査 …………………………… 342
　1.1　冷凍食品の検査の概要 …(原田　眞)… 342
　　　1.1.1　冷凍食品の検査 …………… 342
　　　1.1.2　検査の種類 ………………… 342
　　　1.1.3　検査の取決め ……………… 343
　1.2　冷凍食品の基準と検査方法
　　　　　　……………………(原田　眞)… 344
　　　1.2.1　品質についての項目 ……… 344
　　　1.2.2　衛生についての項目 ……… 350
　1.3　理化学検査 ………………(徳岡旗一)… 351
　　　1.3.1　粗脂肪 ……………………… 351
　　　1.3.2　揮発性塩基窒素 …………… 351
　　　1.3.3　酸価，過酸化物価 ………… 351
　1.4　官能検査 …………………(竹下思東)… 352
　　　1.4.1　食品のおいしさとは ……… 353
　　　1.4.2　官能検査と理化学検査 …… 353
　　　1.4.3　官能検査の留意点 ………… 354
　　　1.4.4　品質管理における官能検査 ……… 358
　1.5　冷凍食品の賞味期間の設定方法
　　　　　　……………………(後藤憲司)… 360

2. 冷凍食品の細菌学的検査
　　　　　　………………(後藤憲司・長崎俊夫)… 364
　2.1　機　　器 ………………………………… 364
　2.2　生　菌　数 ……………………………… 364
　2.3　大腸菌群の検査法 ……………………… 367
　　　2.3.1　デソキシコーレイト混釈寒天培地
　　　　　　による大腸菌群検査法 ………… 367
　　　2.3.2　BGLBはっ酵管培地による冷凍食
　　　　　　品の成分規格以外の大腸菌群の検査
　　　　　　法 …………………………………… 368
　　　2.3.3　酵素基質法による大腸菌群および
　　　　　　$E.\ coli$ の検査法 ………………… 369
　2.4　$E.\ coli$ の検査 …………………………… 369
　　　2.4.1　ECテスト法 …………………… 369
　　　2.4.2　ECテストによる $E.\ coli$ 最確数
　　　　　　（MPN）法 ………………………… 371
　2.5　サルモネラ ……………………………… 373
　2.6　黄色ブドウ球菌 ………………………… 375
　2.7　腸炎ビブリオ …………………………… 377
　2.8　腸管出血性大腸菌 O 157 ……………… 380

IX. 流通　　　　　　　　　　　　（川北敬二）

1. 冷凍食品の流通とコールドチェーン ………………………… 382
   1.1 食品サプライチェーンにおけるコールドチェーン ………………………… 382
   1.2 冷凍食品流通の現状とSCM ……… 383
   1.3 温度保証 ……………………………… 384
2. 冷凍食品の流通管理技術 …………… 386
   冷凍食品の品質保持とT-T T ……… 386
   2.1.1 T-T T 研究 …………………… 386
   2.1.2 日本のT-T T 研究 …………… 388
3. 冷蔵倉庫の管理 ………………………… 392
   流通型倉庫での管理 ………………… 392
   3.1.1 流通型倉庫 …………………… 392
   3.1.2 外気の遮断 …………………… 392
   3.1.3 作業効率の追求 ……………… 393
   3.1.4 作業場の低温管理 …………… 394
4. 配送車両とその管理 ………………… 395
   プルディマンド型流通における冷凍食品配送と車両 ……………………… 395
   4.1.1 プルディマンド型流通における冷凍食品配送 ……………………… 395
   4.1.2 プルディマンド型流通における冷凍食品配送車両 ………………… 396
5. 物流センターの現状と課題 ………… 398
   5.1 プルディマンド型物流センターの現状 ……………………………… 398
   5.2 物流センターの今後の課題 ……… 400
   5.2.1 冷凍倉庫の今後の課題 ……… 400
   5.2.2 プルディマンド型物流センターにおける課題 …………………… 401
6. 販売段階での温度管理 ……………… 402
   プルディマンド型流通における販売段階での温度管理 ……………………… 402
   6.1.1 販売段階での温度管理設備 … 402
   6.1.2 冷凍ショーケースの管理 …… 405
   6.1.3 SCMにおける販売段階での温度管理 ………………………… 405

X. 消　費

1. 総　論 …………………………（比佐　勤）… 408
   1.1 最近の食生活と冷凍食品 ………… 408
   1.2 冷凍食品の消費状況 ……………… 408
   1.2.1 家庭用冷凍食品 ……………… 408
   1.2.2 業務用冷凍食品 ……………… 409
   1.2.3 今後の展望 …………………… 411
2. 家庭における冷凍食品の利用 （比佐　勤）… 413
   2.1 家庭用冷凍食品の利用実態 ……… 413
   2.1.1 食品を購入する頻度 ………… 413
   2.1.2 生鮮食品のストック期間の目安 … 413
   2.1.3 1カ月当たりの冷凍食品平均購入個数 ……………………………… 414
   2.1.4 冷凍食品のイメージ ………… 414
   2.1.5 利用する冷凍食品ベスト5 … 414
   2.1.6 食品のストック場所 ………… 414
   2.2 解凍調理の品種別ポイント ……… 415
   2.2.1 生ものの解凍 ………………… 416
   2.2.2 野菜類の解凍・調理 ………… 417
   2.2.3 調理食品類の解凍・調理 …… 417
   2.2.4 電子レンジの利用 …………… 419
3. 業務用冷凍食品の利用 ……………… 421
   3.1 業務用冷凍食品の概要 …（竹内隆一）… 421
   3.1.1 業務用冷凍食品発展の推移 … 421
   3.1.2 業務用冷凍食品の利用概況 … 422
   3.2 外食産業と冷凍食品 ……（河野克寛）… 424
   3.2.1 外食産業における冷凍食品の使用状況 ……………………………… 424
   3.2.2 業態別市場概況 ……………… 425
4. 最近の食の変化と冷凍食品 …（河野克寛）… 427
   4.1 弁当，惣菜市場の拡大と冷凍食品 …… 427
   4.1.1 弁当，惣菜とは ……………… 427
   4.1.2 惣菜の昨今の状況 …………… 427
   4.1.3 惣菜の生産と流通 …………… 428
   4.1.4 冷凍弁当 ……………………… 428
   4.2 冷凍食品の「ミールソリューション」への対応 ……………………………… 429
   4.2.1 ミールソリューション，ホームミールリプレイスメントとは …… 429
   4.2.2 冷凍食品のMS，HMR ……… 429

XI. 製品開発 　　　　　　　　　　　　　　　　（髙木 脩）

1. 製品開発の考え方 ………………………… 432
　1.1　製品開発の意義 ………………… 432
　1.2　製品開発組織 …………………… 433
　1.3　製品開発概論 …………………… 434
　　1.3.1　製品開発のプロセスモデル …… 434
　　1.3.2　製品開発プロセスの主要素 …… 436
　　1.3.3　マーケティング情報分析 ……… 436
2. 製品開発の進め方 ………………………… 438
　2.1　製品コンセプト開発業務手順 ……… 438
　2.2　製品領域と新製品コンセプト作成 …… 438
　2.3　試作品開発 ……………………… 440
　2.4　生　　産 ………………………… 442
　2.5　研　究　開　発 ………………… 442
3. 今後の調理冷凍食品 ……………………… 445

XII. フローズンチルド食品

1. 表示方法と市場規模 …………(大場秀夫)… 448
　1.1　商品特性と市場規模 ……………… 448
　1.2　フローズンチルド食品の表示方法 …… 449
　1.3　フローズンチルド食品の表示例 …… 450
2. フローズンチルドの品質保持 (大場秀夫)… 452
　2.1　フローズンチルド食品の期限表示 …… 452
　2.2　(社)日本冷凍食品協会の定めた冷蔵販売用製品の期限表示設定のための試験実施要領 ……………………………… 452
3. フローズンチルド食品の品質・衛生管理
　　　　　　　　　………………(熊谷義光)… 455
　3.1　フローズンチルド食品の保存性 …… 455
　3.2　フローズンチルド食品の品質・衛生管理 ………………………………… 456

索　　引 …………………………………………………………………………………… 459

I. 基　　礎

1. 総　　　論

1.1　冷凍食品とは

　冷凍食品という独自の食品は存在しない．さまざまな食品をその食品の凍結点以下の温度まで冷却し凍結させたものは，広義に解釈すれば一応冷凍食品といってまちがいではない．その意味では冷凍食品というものは食品の数だけ存在するといえる．

　しかし，単に食品を凍結させただけでは冷凍食品の本来の目的のひとつである保存性は生じない．凍結したのち凍結状態を保持できる低温で貯蔵されてはじめて保存性が生まれるのである．また，冷凍食品としてのさまざまな特性(効用)を発揮させるためには，一定の基準に従って製造されたうえで，その食品が消費されるまでの間の流通各段階を通じて，一定の基準に従った品質管理が行われなければならない．もし，定められた基準が守られない場合は，冷凍食品としての特性(効用)は失われることになる．

　このような大前提をもとに冷凍食品の定義が定められているが，冷凍食品は国内ばかりでなく世界的に流通する本質を備えているので，消費者に対して高品質の食品を提供するという共通の目的から，原料・加工・流通に関する規制について同一の方向を目指し，その前提となる定義も，世界的にほぼ共通の概念で整理されている一般的定義と，それを問題にする関係者の目的や立場によって異なる．例えば「日本標準商品分類」や「食品衛生法」などに定められている個別的定義がある．以下に，それらについて順を追って記述する．

1.1.1　冷凍食品の一般的定義

　冷凍食品として，世界共通の概念で整理されている一般的定義は以下の4つの要素で構成されている．

　（1）冷凍食品は前処理が施されている食品である．

　生鮮食品は，素材の形態のまま流通するのが一般的である．魚であれば頭や内臓・尾・ひれがついたまま，野菜であれば根や茎や葉がついたまま流通するものが多い．したがって，それらの不可食部分に対しても運賃・金利・倉敷料などが付加されることになり，当然その分だけ割高になる．しかも，それらの不可食部分は結局廃棄物となってゴミ処理に悩まされることになる．また，それらの生ゴミは調理場汚染の元凶であり，それらが少ないことは食中毒防止にもつながることになる．

　そのように厄介な不可食部分でも，産地において一括処理すれば肥料や飼料などとして有効な使い方ができるので，限りある資源の有効利用にもつながることになる．

　冷凍食品は新鮮な原料を選び，それをきれいに洗浄したうえで不可食部分を除去するばかりでなく，魚でいえば三枚おろしや切り身にしたり，その切り身にパン粉がつけてあって凍ったまま油で揚げるだけで魚フライができるように仕上げるとか，野菜であれば不可食部分を除去したうえで細かくカットするなど，冷凍する前になんらかの下処理が施されている．また，最近はパン粉をつけるだけでなくすでに油で揚げてから冷凍してあって，凍ったまま電子レンジやオーブントースターで加熱すればよいだけのフライ類やコロッケ類のほか，ハンバーグ，ミートボール，シューマイ，ギョーザ，エビチリソース，米飯類，めん類などさまざまな調理・加工処理を行った冷凍食品が販売されている．

　（2）冷凍食品は急速冷凍されている食品である．

　食品の「凍結」とは，食品の細胞内ないし細胞間に存在する水分を凍らせて氷結晶とすることによって食品成分の変化を抑えることである．しかし，凍結の過程で氷結晶が大きくなりすぎると細胞組織を破壊して食品の品質を劣化させる．別項で詳述されるように，食品の温度が低下する過程で氷結晶が最

も多く生成される温度帯，いわゆる最大氷結晶生成温度帯(通常の場合 −1℃～−5℃)を極力短時間で急速に通過するような凍結方法，すなわち急速冷凍を行えば氷結晶はきわめて微細なものになって，組織破壊による品質劣化を防ぐことができるとされている．

このことに関しては，冷凍食品の細胞組織が破壊されるのは，急速冷凍か緩慢冷凍かという凍結速度によるのではなく，食品中の水分含有量の大小あるいは冷凍貯蔵中の諸条件によるものであるという説がある．

しかし，現在の一般的見解としては，急速冷凍が食品の細胞組織を破壊することが最も少なく，食品の最初の品質(味，風味，食感，色沢，香味，栄養，衛生状態など)を良好に保つ条件のひとつであるとされている．

(3) 冷凍食品は，消費者用包装が施されている食品である．

冷凍食品が流通各段階を経て，利用者の手元に届くまでの間に汚染されたり品質が劣化したりすることを防ぐために，冷凍食品には消費者が消費する寸前に自ら開封するまで包装(食品の種類によっては真空包装や密封包装も)が施されている．

冷凍食品が製造されたときから消費される直前まで包装されていることによって，流通過程における食品の乾燥や酸化あるいは細菌汚染などのほか，外部からの衝撃による破損など，品質の劣化を包装によって防止しているのである．

また，包装してあることによって，さまざまな表示が可能となる．

わが国では，食品衛生法やJAS法あるいは計量法などの法律のほかに，各都道府県の条例などによってさまざまな事項の表示が義務づけられている．そのため，現在日本の冷凍食品には以下のように

品　名
原材料名(添加物を使用した場合はその名称)
内容量
賞味期限(または品質保持期限)
保存方法
使用方法
凍結前加熱の有無
加熱調理の必要性(水産物の場合，生食用か非生食用か)
製造者名または販売者名および住所
輸入品の場合は，原産国名および輸入業者名および住所

などの必要事項が表示されているほか，その食品の製造者の判断により，JASマークや認定証マークなどの検査済マークや栄養成分，取扱上や保存の際の注意などの事項が表示されている．

このような表示によって，その食品に対する責任を明らかにするとともに，消費者の知る権利にこたえているのであって，この表示のためにも冷凍食品の包装は不可欠なものである．

冷凍した食品の中には，加工原料として使われるものや，解凍して販売されるために冷凍魚や冷凍肉のように消費者用包装が施されていないものがあるが，それらは消費者用包装が施されている「冷凍食品」と区別して普通「冷凍品」と呼ばれている．

(4) 冷凍食品は品温を −18℃以下にしてある食品である．

入手した食料を少しでも長く貯蔵することは，人類始まって以来の大きな課題であったといえる．そのため，昔からさまざまな貯蔵手段が工夫されている．乾燥，塩蔵，砂糖漬，酢漬，燻製，加熱などたくさんの保存方法がある．加熱したうえで密封する缶詰・瓶詰・レトルトなどはきわめて近代的な保存方法といえる．しかし，これらの保存方法はいずれもその食品の原初の姿(形状，食感，色沢，風味，香味，栄養など)を著しく変えてしまうものばかりである．

食品の理想的な保存は，その食品の原初の姿をそのままの状態で必要な期間保持することであるが，従来からの保存方法では不可能であったこの理想的な保存を可能にしたのが冷却保存である．特に，食品を −18℃以下の低温で貯蔵する冷凍食品は，おおよそ1年にわたって原初の価値をそのまま保存できる．

食品を凍結点以下まで冷却して冷凍状態で貯蔵することは，1.2節に後述するように19世紀後半から行われていたが，食品の冷却の程度(品温)と品質保持期間との相関については1948～1958年にかけてアメリカ農務省西部農産物利用研究所が中心となって，いわゆる，T-T T(時間-温度許容限度：time-temperature tolerance)研究がさまざまな食品について行われた．

その実験の結果，食品の品温と品質保持期間との相関が，実験を行った食品の種類別に明らかになった．そしてその後，実際にどの程度の期間にわたって品質を保持する必要があるのか，そのためには貯蔵温度は何度にすべきかが問題になった．

この研究の行われた背景には，アメリカの事情として冷凍農産物の高品質保持の問題があったようである．野菜など農産物は，1年後に再び新しいものが生産される．したがって，1年間は最初の品質を保持できることが理想であり，逆に1年以上にわたる品質保持は必要ではない．1年間最初の品質が保持されれば，社会的・経済的にみて十分といえる．

このような事情とT-T-T研究結果から，ほとんどの冷凍食品の原初の品質を1年間にわたってそのまま保存することができる「－18℃以下」の保存温度が注目され勧告された．そして，産業界もこれを受け入れ，「－18℃以下」が今日の世界における冷凍食品の保存基準になった．

1.1.2 冷凍食品の個別的定義
a. FAO/WHO食品規格委員会専門家会議の定義

FAO/WHO食品規格委員会は，冷凍食品の規格に関する専門家会議における冷凍食品の規格基準や取扱基準を検討するにあたって，その前提となる冷凍食品の定義について「冷凍食品取扱基準を適用する範囲」という形で定めている．その記述は「この取扱基準は，下記第3節の定めるところにしたがって急速凍結され，かつこれ以上加工することなく消費者に直接販売される急速冷凍食品に適用する」としたうえで，第3節では急速凍結の方法として，①前処理ののち，遅滞なく急速に凍結されること，②この目的を達するため，凍結工程は0℃から－5℃の最大氷結晶生成温度帯を急速に通り過ぎるような方法で行われること，③凍結処理は，品温が安定したのち中心温度が－18℃になるまで続けられること，としている．

ここでは，包装にはふれていないが，別途，所定の包装を行うよう義務づけられている．

b. アメリカの冷凍食品の定義

アメリカにおいては，関連法令や産業界の自主的取扱基準においても，冷凍食品の定義を明記したものはないようである．しかし，AFDOUS（アメリカ食品医薬品関係官吏協会の略称）の取扱基準や，全米冷凍食品関連産業自主的取扱基準でも，冷凍食品については「前処理を施し，急速凍結を行い，品温を－18℃以下にして，消費者用包装を行うこと」となっている．

c. ヨーロッパの冷凍食品の定義

ヨーロッパ諸国においても法令ないし指導基準において，定義として明記しているものはないようである．「前処理」，「消費者用包装」は当然のこととして行われているが，品温についてはイギリスのスリー・スター・システムすなわち，－18℃（星3つ＊＊＊），－12℃（星2つ＊＊），－6℃（星1つ＊）の体系があり，フランスやドイツなどでは－18℃と，肉や家禽肉などに適用される－12℃とがあり，前者を「深温凍結」といい，後者を単に「凍結」といって区別している．

d. 日本の冷凍食品の定義

日本には明文化されたものが4つある．

（1）行政管理庁が定めた「日本標準商品分類」では，「冷凍食品とは，前処理を施し，急速凍結を行い，包装された規格商品で，簡単な調理で食膳に供されるもので，消費者にわたる直前商品がストッカーで－15℃以下で保蔵されたもの」と定義している．保蔵温度を－15℃以下としたのは当時の技術水準では－15℃以下に保蔵可能な流通機器類が開発されていなかったことと，冷凍食品を－18℃以下で流通させる必要性に関する理解もなかったためであろうと考えられる．

（2）食品衛生法では，「食品添加物の規格基準」の中で冷凍食品の範囲を定めている．すなわち，「製造しまたは加工した食品」のうち食肉製品，鯨肉製品，魚肉練り製品，ゆでだこを除いたものと，生カキを除いた「切り身またはむき身にした鮮魚介類」を凍結して容器包装に入れたものと定めている．

このように，一部の食品を除外しているのは，それぞれの製品群ごとに食品衛生法による成分規格，特に細菌規制の態様が異なるためであって，規制内容ごとに群別して名称を異にしたものである．したがって，実際的には一般的な冷凍食品の概念と大差はない．

ただ，食品衛生法では冷凍食品の保存温度を－15℃以下と定めていて，1.1.1項で述べた一般的定義の世界共通の概念である－18℃以下とは異なっているが，これは細菌の増殖は－15℃で抑止できるとする食品衛生法の立場からであろう．

（3）日本の冷凍食品自主的取扱基準の定義．1971年（昭和46）に，冷凍食品関連産業協力委員会が定めた「冷凍食品自主的取扱基準」では，その基準を適用する冷凍食品について，「前処理を施し，品温が－18℃以下になるように急速凍結し，通常そのまま消費者（大口需要者を含む．以下同じ）に販売されることを目的にして包装されるもの」と定義している．

（4） 社団法人日本冷凍食品協会が実施している冷凍食品の自主検査制度の中で定めている「冷凍食品検査規定」の冷凍食品の定義も「冷凍食品自主的取扱基準」のそれとほぼ同じであるが，品温についてはあえてふれていない．それは，「冷凍食品とは……品温が－18℃以下のもの……」と定めると，－18℃より高い品温のものは冷凍食品ではないからこの検査を受けなくてよいという解釈がまかり通ることになり，せっかくの検査制度が意味をなさなくなることをおそれたためである．ただし，検査結果の合格条件に「品温が－18℃以下であること」と定められている．

（5） 農林省（現農林水産省）は，1978年（昭和53）に9品目の調理冷凍食品について日本農林規格（JAS規格）を定めたが，その際，調理冷凍食品の定義を「農林畜水産物に，選別，洗浄，不可食部分の除去，整形等の前処理及び調味，成形，加熱等の調理を行ったものを凍結し，包装し及び凍結したまま保持したものであって，簡便な調理をし，又はしないで食用に供されるものをいう」と定めた．また，品温については各9品目の規格の中に「品温は－18℃以下であること」と定められている．

1.1.3 冷凍食品の商品特性と社会的・経済的意義

生鮮食品として流通・消費する場合に，避けることのできない品質の不安定性や，季節や地域あるいはそのときの自然条件に伴う豊凶のための量的変動性からくる価格の不安定性，そして，素材消費性が強いために生ずるいろいろなむだなどを排除するためにさまざまな加工食品が生まれたが，冷凍食品は魚・肉・野菜などの生鮮食品でも姿・形を変えることなく，最初の品質そのままの生鮮状態を長期間にわたって保存できる点が，他の加工食品にはない最も特徴的な商品特性といえる．

また，前項で述べた冷凍食品の定義にかなう冷凍食品といわれるための諸条件から，鮮度や品質の長期保存以外にも，社会的・経済的に有用である以下のような多くの特性が生じている．

a. 貯 蔵 性

冷凍食品にとって貯蔵性は最も大きくかつ重要な特性である．しかも冷凍食品の貯蔵性は防腐剤のような保存料や殺菌料などを使うのではなく，食品の温度を下げるだけで魚や肉などの生ものでも生のまま最初の新鮮さを1年間以上にわたって保ち続けることができるという点が，現在利用されているさまざまな保存手段の中で最も優れた保存方法といえる．

1901年に探険隊によってシベリアの雪の中から凍結状態のまま発掘された何万年も前のマンモスの肉の鮮度が良好な状態で保持されていたことが，冷凍貯蔵の素晴らしさの例として示されるが，魚や肉や野菜などの素材品ばかりでなく，それらを組み合わせた調理食品も含め，冷凍保存によって鮮度だけでなく，その食品のとりたて・つくりたての味・香り・色・組織・歯ざわり・栄養・衛生状態など，総合的な意味での品質を，最初の姿のまま長期間にわたって保存することができるのである．

また，冷凍食品は家庭のフリーザーでも，購入してから2～3カ月は質を落とさずに貯蔵することができるので，まとめ買いが可能であり，毎日買物をするわずらわしさが省けるほか，不意の来客にもあわてないですむ．そのうえ，1パックの中から一部を使った残りを再度貯蔵することが可能であり，特に最近増加している就労婦人や単身世帯あるいは老人世帯にとってはうってつけの食材といえる．

b. 計 画 性

冷凍食品は，収穫期に冷凍して低温貯蔵することにより，その食品をいつでも取り出して旬の味を楽しむことができるばかりでなく，低温管理を続けていればどこへでも移動することが可能であるため，その地方にない食品も取り揃えることができる．言い換えれば，そのとき必要とする食品を季節や場所にかかわりなく，いつでも，どこでも，自由に揃えることができるので，必要とあれば今から1年後の献立を決めておき，1年後にその献立通りに食卓を整えることも可能である．

また，量的にも，規格化された食材を大量でも少量でも，いかようにでも取り揃えることができるので，このような冷凍食品の貯蔵性と計画性が，現在のように多様化している食生活を満足させるばかりでなく，学校給食や職場給食あるいは病院・福祉施設給食などの集団給食やホテル・レストラン・食堂などの営業給食の業務における計画化や合理化にも役立っているのである．

c. 便 宜 性

冷凍食品は，水産物のような素材品であっても前処理によってきれいに洗浄し，頭・内臓・骨・ひれなどの不可食部分を除去したうえで，場合によっては三枚おろしや切り身の状態にまで処理してあるので，下ごしらえの手間が不要である．

また，野菜類も根や茎などの不可食部分を除去し

たうえでブランチング処理が施されているので，調理にかかる前の下処理をほとんど必要としないばかりでなく，調理の際の加熱時間も非常に短縮される．

それが調理品になれば，フライ，コロッケ，ハンバーグなどの半調理品は凍ったまま揚げるとか焼く寸前の状態まで加工してあるもののほか，最近は，すでに揚げたり焼いたりしたうえで冷凍してあって，電子レンジやオーブントースターあるいは熱湯で温めるだけでよいとか，凍ったまま加熱するだけで食べられる状態まで加工してある完全調理品が増えており，調理時間が非常に短縮される．

このように，本来ならば調理にあたる主婦や調理人が手を加えなければならない部分をすでに製造段階で処理済であり，この点がお手伝いさんのサービスを組み込んだ(built-in-maid-service)ものといわれているゆえんである．

また，なかなか手に入れにくい特殊な材料や，高度の調理技術が必要であるとか，調理に非常に長い時間がかかるなど，家庭では簡単につくりにくい料理でも，料理の専門家が材料や味を十分吟味してつくりあげてあって，容易に食卓に供することができる点が，優秀な料理人のサービスを組み込んだ(built-in-chef-service)ものといわれるところである．

冷凍食品は，以上のような便利さのほかに，前述した貯蔵性と相まって，いつでもどこでもどのように大量であっても，即座に取り揃えることができるし，さまざまな食材のどのような組合せも可能であるなど，単に調理が簡単ということだけではない総合的な意味での便宜性が大きい食品である．

d. 安　全　性

日本では冷凍食品に対してきびしい細菌基準が定められており，メーカーはそれをクリアーするために原料の受入れから製造工程全般にわたって厳密な検査や衛生管理を行って，衛生的な製品をつくりだす努力をしており，その後も微生物が活動できない$-18°C$以下の低温で貯蔵しているので，当然，保存のための保存料や殺菌料などをまったく必要としない安全な食品である．

e. 品質の安定性・均一性

冷凍食品は貯蔵性が高いので，原料も収穫期にまとめて買い入れて凍結加工することができるし，材料の配合などについても定められた厳密な品質規格に従って製造されるので，製品の品質にばらつきもなく，均一性において工業製品に近い性格をもった食品といえるほどである．

しかも，それを$-18°C$以下の低温で貯蔵することによって，品目により若干の差はあるものの，ほとんどのものが製造後1カ年にわたって，とりたて・つくりたての品質がそのままの状態で保持されているので，一般の生鮮食品が季節や地域によって品質が異なるうえ，流通の過程で時間の経過とともに急激に品質が低下していくことに比較して，常に非常に安定した品質の食品を提供できるのである．

特にこの点は，常に品質が均一な食事を提供することが要求される職場給食・学校給食・病院福祉施設給食などの集団給食やホテル・レストラン・食堂などの営業給食にとってはうってつけの特性といえる．

f. 栄養の安定性

冷凍食品は，他の保存方法とは異なり，凍結することによって食品の栄養価が損われることはほとんどないといってよい．しかし，凍結する前の下処理や調理の段階，あるいは貯蔵期間中の環境条件，また，解凍・調理の際の加熱条件などによって，栄養価が変化することは考慮しておかねばならない．

ビタミンCは破壊されやすいビタミンであり，ビタミンCの残存量が冷凍野菜の品質の指標として使われるが，凍結貯蔵中のビタミンCの安定度は保持温度によって極端に左右される．$-23°C$以下で貯蔵したホウレンソウのビタミンCは1年後もほとんど変化がなかったが，$-4°C$で貯蔵したものでは1カ月で大部分が失われるといわれている[1]．夏などの比較的栄養の少ない時期に収穫された生鮮ホウレンソウよりも，冬の旬の時期に収穫されたのち直ちに凍結され$-18°C$以下の低温を維持して貯蔵された冷凍食品のホウレンソウの方が，ビタミンCが多いということになる．

g. 価格の安定性

保存性の低い生鮮食品は，一般的にいって出盛り期には価格が低落し，端境期には高騰するが，冷凍食品は貯蔵性の高い食品であるため年間を平均して利用することができるので，いつも安定した価格で供給することができる食品である．その点が，献立の正確なコスト計算をもとに，数カ月先の計画まで決めなければならない集団給食や営業給食にとって特に大きい意味のある特性である．

また，この特性がうまく機能すれば生鮮食品の価格も安定させることが可能であるが，現状では収穫される生鮮食品のうち冷凍されるものはわずかであって，大部分が生鮮の状態で流通するため，冷凍

食品が生鮮食品の価格形成の調整役を果たすまでにはなっておらず，逆に冷凍食品の価格が生鮮食品の価格に左右されてしまう傾向があるのは残念なことである．

h. 多様性

冷凍食品は，普通にあるさまざまな食品から単に熱を奪って低温に保つだけの食品であるから，凍結することによって品質がまったく変化（劣化）してしまう食品以外は，どんな食品でも冷凍食品にすることができる．

したがって，極端にいえば冷凍食品の種類は食品の種類だけあるといってもよいほどで，わが国で生産される冷凍食品の品目数も年々増加し，1997年（平成9）までに生産されたことのある冷凍食品を細かく数えれば3,400品目以上に及んでいる[2]．これは，多様化する消費者ニーズに対応しているものであって，家庭や給食の献立を豊かにするばかりでなく，外食産業や中食産業におけるあらゆる業種・業態に対しても豊富なメニューを提供でき，食生活をますます豊かなものにしている．

i. 流通の合理性

冷凍食品は，品質規格や衛生基準を定めて，それに合致するように常に同じ品質の製品を製造することができるので，規格商品といえる．その点，自然のままの生鮮食品は品質の差や形・大きさの違いなどがあるため，流通過程で常に現物を見て品定めをしなければならないが，規格商品である冷凍食品は見本取引や流通経路の短縮を可能にし，流通の円滑化・合理化をはかることができる．

また，冷凍食品が規格商品であるために，輸送や保管についても規格化することができるものであり，将来各メーカーの製品について容器のサイズなどの統一規格がつくられるようになれば，流通面におけるいっそうの合理化が期待できる．

j. その他

自然のままの生鮮食品にはかなりの不可食部分があるが，冷凍食品は前処理によって不可食部分を取り除いてあるため，調理の際に調理場汚染のもとになる生ゴミが出ないことも大きな効用である．

また，結局は廃棄されて都市のゴミ公害につながる不可食部分を，あらかじめ産地で除去することによって，輸送や貯蔵の際のむだなコストを省けるばかりでなく，それらの廃棄物を産地において集中処理することによって，肥料や飼料などに活用することもできるので，食糧資源の有効利用にも役立つ．

1.2 冷凍食品の歴史と現状

人類が食べ物を冷やして貯蔵性を高めたり，あるいは冷たい飲物を楽しむことを経験的に生活に取り入れたはじまりは，寒冷気候や天然の氷・雪あるいは冷涼な穴ぐらや地下の利用などからであったであろう．その後，素焼きのかめや革袋に水を入れて外側から風を送ると，中の水が冷たくなることを知ったり，水や氷雪に食塩や硝石を加えると温度が下がることなどにより，人為的に寒冷をつくって利用してきた．

1.2.1 外国の冷凍食品の発展経過と現状

a. 外国の冷凍食品の発展経過

19世紀前半，エーテルの気化を利用した最初の冷凍機械が出現し，続いて後半に入ってから，最近でもなお残っているアンモニアを冷媒にした冷凍機に発展したが，1860年頃までのこれらの冷凍機は，製氷を目的として開発されたものであった．

1861年に初めて食品凍結のアメリカ特許が出ているが，これも氷と塩を入れた断熱箱中で魚を凍らせるというものであった．しかし，1860〜1880年にかけて，いろいろの食品を凍らせる試みがなされ，特に食肉の凍結に関心が集中していくつかの特許もみられる．その中でフランスのTellierの功績が最も高く評価されている．彼はその熱心な研究をフランス科学アカデミーに報告しているが，実用化にも意を注ぎ，1877年アルゼンチンとフランスとの間で食肉の冷凍輸送を試みた．このときは温度が高くて失敗しているが，翌年は$-28°C$を保ってみごとに成功した．これが食品の凍結を事業規模に発展させるきっかけになったことから，彼を缶詰におけるフランス人Appert (1749-1841)になぞらえて食品冷凍の祖としている．

この冷凍食肉の海上輸送は，1880年にはオーストラリア，ニュージーランドとヨーロッパとの間で実用化の段階にまで入った．

その後，1890年頃までには，鳥肉，魚類，甲殻類，鮮卵の凍結に成功しているが，農産物の凍結は20世紀に入ってからのことであった．果実の凍結

は 1905 年のベリー類のジャム原料用加糖凍結に始まり，1919 年頃にはカリフォルニア大学の Cruess や，やや遅れて Joslyn らが熱心に果実と果汁の凍結を研究した．野菜の凍結の方は，1917 年に試みられたものの変質がひどくて成功せず，1929 年になって Cruess と Joslyn がおのおの独自の研究で，野菜はあらかじめ短時間の熱処理（これをブランチングという）を施してから凍結すれば長期間品質が劣化しないとわかってから，1935 年頃までにはアメリカ各地で野菜の凍結が事業化された．

なお，果汁については 1933 年 Vogt が果汁を泥状に凍らせて缶に詰める方式を開発したが，冷凍果汁が事業になったのは第二次世界大戦後のことである．しかし，彼の方式はいまでも果汁凍結の第 1 段として使われている．

食品の凍結方式は，空気を冷媒とする空気凍結に始まっているが，この方式はその後いろいろの改良が加えられながら今日も続いて使われている．1911 年，デンマークの Ottesen が初めて冷却食塩水に魚を漬けて凍らせる方法を開発したが，この方式は凍結が非常に早く，肉質の変化が少ないことがわかったので，まもなく 1914 年からの第一次世界大戦に入って，食糧備蓄の要望が高まったこともあって急速に世界中に拡まった．1923 年（大正 12）には日本にも入っている．

この方式は，工業として急速凍結が実用化される始まりであったが，その後 Taylor, Kolbe, Birdseye, Zarotschenzeff らによって改良が加えられた．このうちで，特に Birdseye と Hall が考案した 1930 年の多板式凍結装置 (multiplate freezer) は，塩化カルシウム溶液を冷媒とし，金属板を介して食品を間接に凍結する方法で，バーズアイ式と称せられたが，さらに改良されながら今日でも広く使われている．

Birdseye は事業的にも熱心で，1923 年ニューヨークに魚の凍結工場をつくったが，これはアメリカでの今日の形の冷凍食品生産の始まりである．このあたりからのちアメリカの冷凍食品産業は急速に世界をリードしていくことになる．Birdseye がつくった会社のひとつは，他の会社に吸収されたのち現在のゼネラル・フーズ社の一部門に発展している．Birdseye は 1957 年にニューヨークで没したが，その間アメリカだけでなく，世界的にも冷凍食品産業の発展に大きく貢献したので，冷凍食品育ての親とされている．

以上のような経過のうち，第一次世界大戦での軍需で研究と事業化に拍車がかかりながら，1930 年頃までにはほとんどの食品の凍結に一応の成功をみている．

アメリカで急速凍結食品が商品として本格的に世に出たのは 1930 年頃といわれるが，1939 年には全生産量が 15 万トンになっている．この前年には著名な現存の月刊業界誌 *Quick Frozen Foods* が創刊されているし，1941 年には第 1 回の全米冷凍食品展も開かれた．1942 年から初めて統計表に調理冷凍食品の欄が登場し，同年，業界団体 National Association of Frozen Food Packers が設立されている．

その後，急激な伸びを示しはじめたのは，第二次世界大戦が 1945 年に終わってからのことであったが，同時にメーカーが急増乱立して品質の劣悪なものがあふれ，消費者の購買意欲を落としたため，1947 年には大量の在庫をかかえ，河川に棄てて処分するという事態になった．当時の QFF 誌上には図 I.1.1 のような漫画が掲載されている．そこで冷凍食品業界は，一致して冷凍食品の品質保持条件に関する研究を農務省に委託し，その後 10 年にもわたる研究成果（いわゆる T-T T 研究）を活用して，冷凍食品は信用と活力を取りもどし，急成長を遂げて現在に至った．

他の先進諸国では，前述のようにフランスの Tellier, デンマークの Ottesen らの先駆的業績があったものの，産業としてはアメリカに 10〜20 年遅れたようにみえる．表 I.1.1 に最近の各国冷凍食品消費量の推移が，表 I.1.2 に国民 1 人当たり消費量の動きが示してある．

このように，冷凍食品はここ 50〜60 年で急激な成長を遂げた産業といえよう．

図 I.1.1 立往生した「1946-47 繰越在庫」という自動車を，「1948 生産期」という列車が衝突しないうちに踏切から押し出そうと生産者，小売業者，流通業者が懸命になっている (Williams, 1963)

表 I.1.1 主要国別消費量および対前年比(最近5カ年)

項目 年次 国別	冷凍食品消費量(トン)					消費量の対前年比(%)					対前年比の 5カ年平均
	1995	1996	1997	1998	1999	1995	1996	1997	1998	1999	
アメリカ	15,123,000	16,553,000	16,996,000	17,397,000	…	103.3	109.5	102.7	102.4	…	104.5
イギリス	2,532,800	2,568,400	2,606,700	2,714,600	2,707,200	111.5	101.4	101.5	104.1	99.7	103.6
ドイツ	1,944,285	2,023,505	2,126,716	2,213,665	2,513,280	99.3	104.1	105.1	104.1	113.5	105.2
日本	1,913,293	2,023,720	2,109,279	2,194,478	2,247,659	105.1	105.8	104.2	104.0	102.4	104.3
フランス	1,729,000	1,700,000	1,738,000	1,733,000	1,797,000	102.0	98.3	102.2	99.7	103.7	101.2
イタリア	556,000	576,750	597,650	622,660	643,830	109.6	103.7	103.6	104.2	103.4	104.9
スウェーデン	308,171	332,687	346,137	363,693	376,534	105.5	108.0	104.0	105.1	103.5	105.2
オランダ	278,800	293,565	307,615	…	304,262	101.5	105.3	104.8	…	…	103.9
デンマーク	263,675	265,409	…	…	…	104.5	100.7	…	…	…	102.6
ノルウェー	119,969	129,784	163,274	172,158	178,580	105.4	108.2	125.8	105.4	103.7	109.7
フィンランド	76,794	84,787	113,839	127,427	129,800	110.4	110.4	134.3	111.9	101.9	113.8

資料 1. 日本に関する統計は日本冷凍食品協会調べの生産量に大蔵省通関統計による冷凍野菜輸入量を加えたものである.
    2. アメリカに関する統計は,「クイック・フローズン・フーズ・インターナショナル」誌による.
    3. ヨーロッパ各国の統計は, FAFPAS(ヨーロッパ冷凍食品協会連合会)のまとめによる.
注 1. アメリカは1999年の数字が未発表のため, 対前年比の平均は1995〜1998年の4カ年の平均である.
  2. オランダは1998年の数字が未発表のため, 対前年比の平均は1995〜1997の3カ年の平均である.
  3. デンマークは1997年以降の数字が未発表のため, 対前年比の平均は1995〜1996年の2カ年の平均である.

b. 外国の冷凍食品の現状

冷凍食品はその定義に示される通り, 製造から消費に至る間一貫して −18℃ 以下の低温管理が必要である. したがって, 冷凍食品産業を発展させるためには, 製造されたあとの流通各段階における低温管理施設が完備していることが必須条件となる.

そのため, 冷凍食品が産業として発展し国民の消費生活に浸透しているのは, それらの関連施設や設備が整っている先進諸国である. 近年, 低温流通の合理性を認め始めた発展途上国が, 自国産の食料品の備蓄や輸出などの目的のために, 低温流通の技術を導入し, 冷凍食品産業の発展に努めているが, これらの地域で冷凍食品が先進国なみに浸透するには流通各段階の低温管理施設や設備のほか, 家庭のフリーザーの普及, あるいは電子レンジなどの関連調理器具などの普及・整備が進まなければならないであろう.

冷凍食品の先進各国の中では, アメリカが他国を引き離して格別な発展を示している.

アメリカは, すでに1982年に消費数量1,024万トン, 販売金額304億ドルを超えており, その後も増え続け, 表I.1.1の通り1998年には消費数量が1,739万トン以上になっているほか, 販売金額は1997年で675億ドルを超えるところまで発展している. アメリカの国土の広大さや人口の多さを別としても2位イギリス以下とは桁違いの規模である[2].

国民1人当たりの年間消費量でみても, 表I.1.2に示されるように1998年で, アメリカの64.3 kg に対しデンマーク 50.3 kg (ただし1996年), イギリス 45.9 kg, スウェーデン 41.3 kg, ノルウェー 38.8 kg, フランス 30.0 kg となっており, イギリス以外はほとんどの国がアメリカの2分の1程度であり, 日本にいたっては 17.4 kg で4分の1程度である (注: デンマーク冷凍食品協会は解散となり, 1997年以降の統計が入手できなくなった).

表I.1.1は世界主要各国における冷凍食品の消費量であるが, アメリカが特別多いことは前述した通りであり, イギリスが270万トンを超えて, 大差ではあるが2位となっている. イギリスの冷凍食品市場はアメリカについで発達しており, コールドチェーンも整備されて品質管理に対する配慮も行き届いており, 消費者の意識も高い.

そのため, スーパーマーケットなど通常の小売店のほかに, 冷凍食品の専門店としてフリーザーセンターと呼ばれる, ふたのついたボックスタイプのストッカーを何十台も並べた特殊な形態の小売店が発達し, 国内でかなりの販売シェアを占めている.

アメリカ, イギリス以外で200万トン以上冷凍食品を消費している国はドイツと日本だけである. 最近フランスにおいて冷凍食品に対する消費者の関心が高くなっており, イギリスで発展したフリーザーセンターが, イギリス以上にフランス国内に定着している.

ヨーロッパでは, ユニレバーやネッスルなどの巨大食品企業グループが冷凍食品産業を主導しており, 製造技術や製品の品質に関しては, かなり高い水

表 I.1.2 主要国別国民1人当たり年間冷凍食品消費量(最近5カ年)[2]

(単位:kg)

年次 国別	1994	1995	1996	1997	1998
アメリカ	56.2	57.5	62.4	63.6	64.3
デンマーク	48.4	50.2	50.3	—	—
イギリス	40.3	44.2	43.8	45.6	45.9
スウェーデン	32.7	34.9	37.8	37.8	41.3
ノルウェー	24.4	27.6	29.7	37.2	38.8
フランス	29.0	29.8	30.0	30.0	30.0
ドイツ	23.9	23.8	24.7	26.0	27.0
フィンランド	13.6	15.0	16.6	22.1	24.7
オランダ	17.9	17.9	19.0	19.8	—
日本	14.6	15.2	16.1	16.7	17.4
イタリア	9.0	9.8	10.2	10.4	10.8

資料 1. 日本に関する統計は日本冷凍食品協会調べの生産量に大蔵省通関統計による冷凍野菜輸入量を加えたものである.
2. アメリカに関する統計は,「クイック・フローズン・フーズ・インターナショナル」誌による.
3. ヨーロッパ各国の統計は,FAFPAS(ヨーロッパ冷凍食品協会連合会)のまとめによる.
注 オランダの1998年の数字およびデンマークの1997年以降の数字は未発表.

準にある.

表I.1.1に示される通り,ごく一部を除いては各国とも最近5年間それぞれ消費量は伸びており,ノルウェーとフィンランドの5年平均10%台の伸び以外は,各国とも数%台の安定的な伸びを示している.

表I.1.1に掲げた国以外にロシア,東欧圏,オーストラリア,ニュージーランドなど世界各国で冷凍食品の生産消費は進んでいるが,統計が明らかになっていない.興味深いのは,最近台湾で冷凍食品の消費が伸びており,台湾冷凍食品協会が発表した1997年の1人当たり消費量が前年より6.8%伸びて11.5kgになった.

また最近は,中国でも日本の冷凍食品メーカーが進出して,現地企業と合弁あるいは日本企業の独自資本で冷凍食品の生産が始まったため,中国国内でも大都市を中心に冷凍食品の消費が拡がっている.北京・上海などの主な百貨店やスーパーマーケットには立派な冷凍食品売場が設けられている.しかし,冷凍食品産業が発展するためには,生産から消費に至るコールドチェーンの整備・発達が必要であるうえ,国民所得がある程度向上しなければならないので,中国で他の国のように冷凍食品消費が拡大するのには,相当の期間が必要であろうと考えられる.

表I.1.3は日本および欧米各国の冷凍食品品種別消費量(1997年)と業務用比率ならびにフリーザーと電子レンジの普及率である.品種別消費量(消費比率)は国によってそれぞれ若干異なるが,日本は調理食品の消費量(率)が多く,魚類・畜肉・食鳥類の消費量(率)が少ないことと,業務用比率が73.2%(ただし,生産量)ときわめて高いことが特徴といえる.

業務用についてはフランス,アメリカ,スペイン,ギリシアの比率が比較的高いが,なかでも従来は家庭用の比率が高かったアメリカにおいて近年業務用の比率が高くなっていることが興味深い.西欧諸国はフランス,スペイン,ギリシアを除いて家庭用の比率が業務用の比率を上回っているが,今後外食産業の増大などにより,食材供給の安定化やメニューの多様化あるいは経営の合理化・効率化などのために,業務用の比率が大きくなっていくものと考えられる.

フリーザーの普及率は,日本,イギリス,スウェーデン,デンマーク,ノルウェーが90%を超えている.アメリカの普及率は不明であるが,90%を超えていることはたぶんまちがいないであろう.この6カ国のうち日本以外の5カ国が,表I.1.2の通り国民1人当たり年間消費量の上位5位までを占めている.しかし,電子レンジの普及率は,フリーザーの普及率ほどには冷凍食品の消費との相関は少ないと思われる.

表 I.1.3　1997年日本および欧米各国の冷凍食品消費量および業務用比率ならびにフリーザーと電子レンジの普及率

品　目	日　本	アメリカ	イギリス	ドイツ	フランス	スペイン	イタリア	スウェーデン
	トン	トン	トン	トン	トン	トン	トン	トン
野　菜　類	440,458	1,795,000	416,500	360,189	440,000	233,000	311,300	35,945
ポテト製品	273,181	3,801,000	754,800	328,250	395,000	101,280	81,300	59,448
魚　　　類	67,069	615,000	207,500	162,558	180,000	124,300	53,900	31,549
軟体類・甲殻類	144,685	563,000	37,000	20,743		175,230	21,300	21,090
ペーストリー製品	38,605	1,429,000	29,000	230,585	596,000	72,850	10,600	26,634
調　理　食　品	967,770	2,633,000	612,200	490,316		86,830	93,250	72,762
果　実　製　品	2,495	2,102,000	—	28,655	7,000	3,500	2,100	2,597
食　肉　加　工　品	152,646	970,000	74,700	155,420	120,000	13,550	8,650	27,927
畜　肉・猟獣類	16,247	686,000	135,000				100	14,373
食　鳥　類	6,123	2,402,000	340,000	350,000	—	—	15,150	53,812
そ　の　他	—	—	—	—	—	—	—	—
合　　　　計	2,109,279	16,996,000	2,606,700	2,126,716	1,738,000	810,540	597,650	346,137
（業務用比率）	73.2%	68.9%	31.4%	35.5%	52.9%	65.9%	36.9%	44.5%
フリーザー普及率	99%	—	99%	—	87%	35%	—	95%
電子レンジ普及率	88%	—	75%	—	59%	35%	—	75%

品　目	オランダ	デンマーク	ベルギー	ギリシア	ノルウェー	オーストリア	フィンランド
	トン	トン	トン	トン	トン	トン	トン
野　菜　類	48,650	32,343	28,475	40,290	17,025	46,453	23,058
ポテト製品	109,300	28,256	128,550	36,950	17,081	29,840	21,160
魚　　　類	16,280	22,774	13,010	27,000	8,802	15,840	10,326
軟体類・甲殻類		9,717	3,315	13,700	6,874	402	462
ペーストリー製品	2,900	44,832	400	15,900	24,506	7,500	31,483
調　理　食　品	49,675	56,343	25,515	29,400	31,516	29,228	14,877
果　実　製　品	310	1,423	—	1,000	1,840	1,949	3,057
食　肉　加　工　品	80,500	20,393	3,850	—	23,595		6,540
畜　肉・猟獣類	—		375		13,654		2,376
食　鳥　類	—	49,328	1,950	—	18,381	—	2,376
そ　の　他	—	—	—	—	—	—	500
合　　　　計	307,615	265,409	205,440	164,240	163,274	131,212	113,839
（業務用比率）	35.0%	30.5%	31.7%	72.0%	34.8%	49.0%	43.7%
フリーザー普及率	70%	95%	77%	6%	90%	79%	83%
電子レンジ普及率	68%	40%	56%	7%	55%	32%	76%

資料　1．ヨーロッパは FAFPAS（ヨーロッパ冷凍食品協会連合会）．
　　　2．日本は日本冷凍食品協会資料第10-2による．
　　　3．アメリカは *Quick Frozen Foods* 誌1998年10月号による．
　　　4．日本の業務用比率は生産高における比率．
　　　5．日本のフリーザー普及率は冷蔵庫の普及率．
注　デンマーク，ベルギー，オーストリアは1996年の数字．他の各国は1997年の数字．

1.2.2　日本の冷凍食品の展開と現状
a. 日本の冷凍食品の展開

日本で最初に機械冷凍による食品の凍結が試みられたのは，1899年（明治32）米子につくられた中原孝太の日本冷蔵商会においてであるとされている．この会社はわが国最初の営業用食品冷蔵庫でもあったが，それを使って製造された凍結魚は，極端な緩慢凍結であったために品質劣悪で，また製品の受入設備もなかったので失敗であった．

その後，アメリカを視察した葛原猪平が1919年（大正8）に，網代でシャープフリージング（冷気急速凍結）による魚の凍結とその1年にわたる冷蔵に，わが国で初めて成功し，葛原商会を創立した．彼は1920年から北海道の森町ほか各地に冷凍工場をつくったが，このうち森町では凍結魚を本格的に生産したので，ここ（現在，（株）ニチレイの子会社森食品加工（株））がわが国冷凍食品発祥の地とされ，1969年（昭和44）に記念碑が建てられている

図 I.1.2 森工場に建てられた冷凍食品発祥記念碑

(図 I.1.2). 彼はまた 1921 年 (大正 10) 以降数年の間に, いくつかの冷凍運搬船を建造し, 1923 年には資本金 2,000 万円の大会社葛原冷蔵に改組, その年の関東大震災では冷凍魚の放出をしたり, 翌 1924 年にはロシア沿海州に冷蔵庫を建て, 北陸大演習に際しては冷凍アユを献上するなど, 冷凍魚の生産と流通に熱意を注いだ.

葛原冷蔵は結局 1926 年の財界パニックのあおりを受けて解散の憂き目をみることになるが, 彼の残した施設, 船舶, そして技術者と冷凍技術は, その後のわが国冷凍食品産業の中核となっていったのである.

1923 年に下関の林兼商店 (のちの大洋漁業 (株)) が, 彦島工場にオッテゼン式凍結装置を導入したが, これが急速凍結法による魚類凍結実用化のはじめである. この年には共同漁業 (株) が漁船に凍結設備を取り付け, また農林省が水産物冷凍の重要性に着目して助成を開始している. この頃, 冷凍食品の将来性に目をつけた星製薬の星 一は星低温工業 (株) の設立を企てて, 冷凍食品試食会を帝国ホテルで行ったが, 設立には至らなかった.

昭和に入って設立された戸畑冷蔵 (株) は先駆的に各種食品の凍結を試みているが, 1929 年 (昭和 4) にコルベ式を改良した UM 式凍結装置を開発して魚の凍結を行った. これは前述の林兼のものとともに, 冷凍魚の品質を一段と向上させたのであった. 同社では 1930 年にはイチゴ, 翌年グリンピースと試作凍結を行い, 以後 1939 年 (昭和 14) 頃までに各種農産物の凍結に成功し, 一部は軍納や配給に実用化された. 戸畑冷蔵 (株) は吸収合併で, 日本食料工業 (株), 日本水産 (株), 第二次世界大戦中の帝国水産統制 (株) を経て, 戦後の日本冷蔵 (株) (現 (株) ニチレイ) と現在の日本水産 (株) になった.

1935 年 (昭和 10) には冷凍食品普及会がつくられた. 当時の日本食料工業は「家庭凍魚」と呼んではじめて冷凍魚のデパート販売を行ったが, 2 年くらいで撤退している. しかし, この頃から日中戦争の拡大, 続いて第二次世界大戦の勃発による軍需冷凍食品の開発改良が進められた. 1938 年には当時の日本水産 (株) が白石工場で, わが国初の畜肉 (豚肉) 凍結を事業として行い, 1941 年には名古屋の白鳥工場で冷凍丸ミカンの商品化に成功している.

1945 年 (昭和 20), 第二次世界大戦終結後は各社とも冷凍食品の民需転換を志したが, アメリカでの冷凍食品の急速な普及にも刺激され, さらに研究試作が活発になった. 1946 年には日本冷凍食品 (株) という初めての専業冷凍食品メーカーもでき, 配給用の焼イモや, カボチャ, 食用ガエルなどの凍結やカキの冷凍脱殻を行ったが, 数年で撤退したようである. 1948 年に日本冷蔵がライファン詰めのホームミート, ホームシチュウと称する調理冷凍食品を白木屋デパートで試売したが, これが現行定義通りの冷凍食品の始まりであろう. 1950 年頃には, 戦前も行われていたサケ, ニジマスなどの冷凍水産物の輸出も再開され, これら輸出用や当時の進駐軍向け冷凍食品の生産が国内向けにつながっていった.

1952 年 (昭和 27) に東京渋谷の東横デパートに冷凍食品売場ができ, 各デパートでもこれに続いたが, 営業的には赤字で, 凍果ジューススタンドによって採算を維持した. 1954 年には日本冷蔵が小売用, 業務用をそれぞれ対象とした 2 つの冷凍食品販売会社を設立するなどして, ようやく冷凍食品市場の動きが活発になってきた. 1956 年には安倍能成, 大内兵衛, 志賀直哉, 和辻哲郎, 武者小路実篤などの有名人を集めての冷凍食品試食会が開かれたりしている.

こののち, わが国の冷凍食品の発展に寄与したイベントとして, 1957 年から毎年続いた南極観測隊への納入, 1964 年の東京オリンピック選手村への納入があり, ことに後者は外食産業界の注目をひいた.

この業務用向けへの冷凍食品利用は, 1954 年に学校給食法ができて, 学童への給食に冷凍した魚のフィレーやコロッケなどのフライものが採用されたことから盛んになった. 1955 年には冷凍ソラマメ, エダマメが料亭で使われ始め, これが数年の間にビヤホール, 酒場などに拡がった. さらに 1961 年頃

1. 総　論

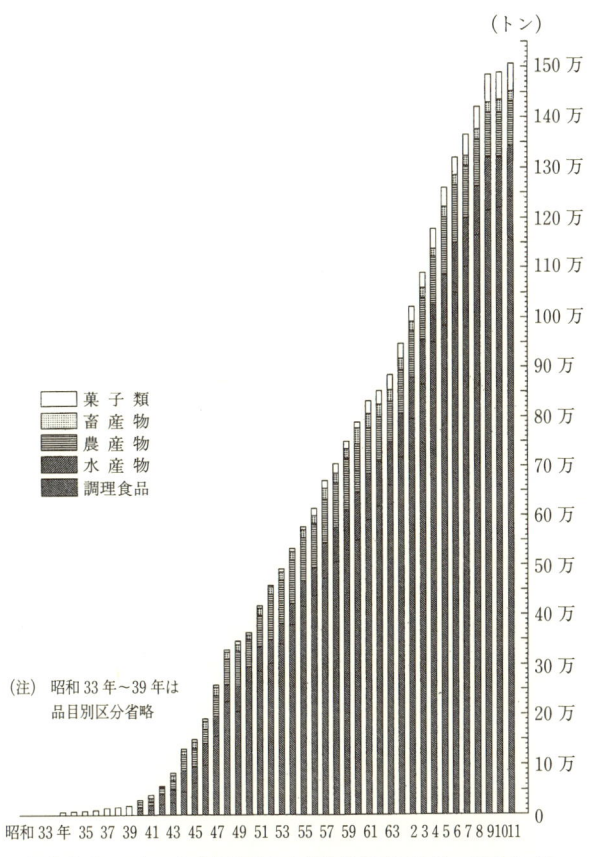

図 I.1.3　日本の冷凍食品累年生産数量(昭和33年～平成11年)

から各地に給食センターが設立され，経済界の活況をバックにした職場給食，産業給食にも支えられて，着実に冷凍食品の需要は増大していった．

小売用販売は1958年あたりから活況を呈し始めたようであるが，この頃までには各種農産冷凍食品をはじめ，エビフライ，カキフライ，ハンバーグ，ウナギ蒲焼き，茶わん蒸し，コーンスープなど，現在の冷凍食品の多くのものが商品として世に出ている．冷凍シューマイ，ギョーザ，コロッケなど現在の売れ筋商品は昭和40年代の初めに生まれている．

1959年(昭和34)には戦前のものとは別の冷凍食品普及協会が，また1964年には冷凍魚協会が設立された．1965年に科学技術庁がいわゆるコールドチェーン勧告を出したことによって，政府が低温による食品の流通改善に乗り出してから，さらに冷凍食品普及に拍車がかかり，1969年には冷凍食品普及協会と冷凍魚協会が発展解消して，今日の日本冷凍食品協会が設立されている．

1970年(昭和45)には大阪万博でセントラルキチンと冷凍の組合せが試みられて，昭和50年代のファミリーレストランでの冷凍食品利用へと発展し

ていく．またこの頃から，家庭用電気冷蔵庫の普及が都市で90％を超え，それとともにスーパーマーケットが冷凍食品の取扱いに力を入れるなどで，冷凍食品の急成長が始まった．

なお，この頃からマグロの冷凍貯蔵に-45°～-50℃の超低温が採用された．1971年に冷凍食品協会が中心になって冷凍食品の自主的取扱基準をつくり，流通段階における冷凍食品の品質維持に努めた頃から，大手食品会社が次々とこの市場に参入したこともあって，まさに冷凍食品時代となっていったのである．

図 I.1.3の日本の冷凍食品累年生産数量は，1958年(昭和33)以降1999年(平成11)までの日本における冷凍食品生産量の推移[2]であるが，1973年(昭和48)に日本をおそった第一次オイルショックは日本経済に大打撃を与え，それまで年率30％を超える高い成長率を示していた冷凍食品産業も例外ではなく，かつて経験したことのないきびしい状況下におかれて，1974年(昭和49)の生産数量は前年の6.6％増にとどまったのである．しかし，その後の冷凍食品メーカーの懸命な合理化努力が実を結ん

で，第二次オイルショックのあった1978年(昭和53)には前年の15.2％増の生産をあげるまでになった．

わが国の冷凍食品は二度のオイルショックという困難な試練を乗り越えて安定成長の時代を迎え，1979年(昭和54)にはじめて50万トンを超える生産量をあげた．しかし，母数が大きくなっただけに，それ以後はそれまでのような急激な伸びは望めなくなった．1980年から1985年にかけては外食産業や惣菜産業の需要に支えられて業務用が伸び，年率6～9％増と安定した成長を続けたが，家庭用については店頭における価格訴求が強まって市場が混乱したため，業界内部から家庭用冷凍食品の市場活性化を望む声が大きくなった．

そこで，日本冷凍食品協会がリーダーシップをとり，協会加盟各社から当初は8,000万円，その後1億円の特別会費を徴収して1986年(昭和61)から冷凍食品市場活性化対策特別事業が開始された．当初は主に一般消費者を対象として，冷凍食品のイメージアップと，正しい知識の普及による消費拡大をはかるためのさまざまな事業が展開されて大きな成果をあげた．平成に入って冷凍食品に対する一般消費者ならびに業務用ユーザーの評価はますます高くなり，1990年(平成2)には生産数量が対前年比8.3％増の102万5,429トンと長年にわたる念願であった100万トンをクリアした．

これは，女性の社会進出や老人世帯の増加などのほか，折からの人手不足など社会環境の変化が冷凍食品産業に対して追い風になったこともあるが，すべての冷凍食品メーカーがたえず品質と味の向上に努めるとともに，新製品開発に不断の努力を払ってきた結果がもたらしたものといえよう．

冷凍食品市場活性化対策特別事業は，その後も3年ごとの区切りをつけながら継続実施され，1998年には第五次3年計画がスタートしている．近年は，平成不況のあおりを受けた外食産業の低迷などの影響により，業務用冷凍食品が停滞しているため，業務用ユーザーに重点をおく内容とするなど工夫をこらしながら続けられている．このような業界一丸となった普及PR活動の継続が冷凍食品のイメージアップと消費拡大に大きく寄与しているといえよう．

さらに，1990年代に入って大手食品メーカーの新規参入や，外資系企業の日本市場への本格参入などによって，冷凍食品産業の幅が拡がるとともに，日本の冷凍食品メーカーも海外における生産拠点づくりを積極的に進め，冷凍食品のグローバル化が進展しており，冷凍食品産業にも新しい時代が訪れている．

b．日本の冷凍食品の現状

1999年1～12月におけるわが国の冷凍食品生産高は表I.1.4の通り，数量で150万4,962トン[2]，工場出荷金額で7,499億円(いずれも日本冷凍食品協会調査)であり，1995年から1999年の5年間の年平均伸び率は，数量で2.7％，金額で1.1％で，以前に比べて伸び率はかなり低くなり，特に金額の伸びが低いことがわかる．

(1) 冷凍食品の生産高と消費量 わが国で記録が残っている1958年以降の種類別冷凍食品の生産数量は表I.1.5の通りであり，前述したように1979年に50万トン台になり，そして1990年に100万トン台に達しても年々数％の成長を続けている．表I.1.6は1958年以降の種類別金額の推移であるが，1989年に5,000億円台に，1991年に6,000億円台になり，1994年以降は7,000億円台になっている(いずれも工場出荷金額)．

表 I.1.4 冷凍食品生産高の最近5カ年の推移[2]

年　次	工　場　数	対前年比(%)	生産数量(トン)	対前年比(%)	生産金額(億円)	対前年比(%)
1995	982	+0.9	1,364,864	+3.5	7,209	+1.8
1996	959	-2.3	1,419,684	+4.0	7,284	+1.0
1997	972	+1.4	1,482,037	+4.4	7,459	+2.4
1998	957	-1.5	1,488,910	+0.5	7,475	+0.2
1999	961	+0.4	1,504,962	+1.1	7,499	+0.3
対前年比の5カ年平均		-0.2		+2.7		+1.1

1. 総　　論

表 I.1.5 冷凍食品生産高に関する累年統計（種類別数量）[2]

（単位：トン）

品目 年	水産物	農産物	畜産物	調理食品 フライ類	その他	小計	菓子類	合計
1958	18	246	—	1,281	46	1,327	—	1,591
1959	110	976	—	1,295	347	1,642	—	2,728
1960	413	1,369	28	2,068	681	2,749	—	4,559
1961	2,890	2,566	328	3,667	628	4,295	733	10,812
1962	5,530	4,060	1,074	4,110	1,061	5,171	269	16,104
1963	6,392	4,670	1,686	4,678	1,092	5,770	473	18,991
1964	7,208	4,104	1,108	5,950	1,294	7,244	697	20,361
1965	9,893	5,849	1,148	7,349	1,593	8,942	636	26,468
1966	12,482	7,857	3,641	10,272	3,093	13,365	616	37,961
1967	20,115	10,208	4,430	15,895	3,459	19,354	22	54,129
1968	28,787	15,375	6,847	20,398	4,999	25,397	702	77,108
1969	40,384	28,529	3,952	…	…	48,288	2,346	123,499
1970	31,736	35,386	7,120	37,075	26,580	63,655	3,408	141,305
1971	38,630	29,688	11,109	58,140	43,160	101,300	3,226	183,953
1972	39,657	35,569	13,991	74,286	77,818	152,104	3,554	244,875
1973	41,564	46,264	9,789	110,239	107,360	217,599	2,556	317,772
1974	44,253	74,679	14,067	95,300	107,035	202,335	3,486	338,820
1975	41,699	60,074	7,882	113,594	127,737	241,331	4,145	355,131
1976	50,286	68,800	9,681	125,873	148,128	274,001	6,382	409,150
1977	47,132	91,102	11,137	133,460	160,085	293,545	5,685	448,601
1978	46,615	86,047	14,619	150,699	176,878	327,577	8,055	482,913
1979	40,830	91,692	12,952	166,375	202,849	369,224	6,502	521,200
1980	53,493	83,927	14,054	193,672	208,874	402,546	8,145	562,165
1981	56,329	89,535	15,047	214,825	211,907	426,732	11,004	598,647
1982	67,708	90,316	19,997	230,951	231,624	462,575	14,458	655,054
1983	72,815	92,396	22,889	237,044	253,108	490,152	16,099	694,351
1984	74,736	104,915	21,509	256,661	266,210	522,871	16,237	740,268
1985	93,552	98,994	27,003	252,084	288,579	540,663	18,134	778,346
1986	91,710	99,551	24,305	280,547	304,445	584,992	22,506	823,064
1987	85,879	93,320	25,009	289,539	328,746	618,285	23,218	845,711
1988	89,082	82,670	25,338	298,462	356,596	655,058	24,583	876,731
1989	87,457	93,530	21,987	318,897	394,042	712,939	30,793	946,706
1990	85,633	103,587	14,594	360,282	428,526	788,808	32,807	1,025,429
1991	90,969	95,197	18,111	368,917	494,099	863,016	38,777	1,106,070
1992	94,410	105,028	17,575	382,463	561,375	943,838	41,762	1,202,613
1993	102,840	114,573	16,711	382,363	604,634	986,997	42,080	1,263,201
1994	101,370	112,810	20,631	416,213	633,769	1,049,982	34,367	1,319,160
1995	97,443	104,349	19,835	433,929	667,440	1,101,369	41,868	1,364,864
1996	93,913	91,837	20,830	445,856	721,578	1,167,434	45,670	1,419,684
1997	103,485	88,892	22,370	445,223	771,333	1,216,556	50,734	1,482,037
1998	100,651	89,894	23,562	432,068	788,808	1,220,876	53,927	1,488,910
1999	101,052	92,005	21,362	419,522	825,282	1,244,804	45,739	1,504,962

表 I.1.6 冷凍食品生産高に関する累年統計（種類別金額）[2]

(単位：百万円)

年 \ 品目	水産物	農産物	畜産物	調理食品			菓子類	合計
				フライ類	その他	小計		
1958	7	45	—	170	12	182	—	234
1959	48	180	—	172	187	359	—	587
1960	178	256	17	282	170	452	—	903
1961	654	395	178	502	154	656	179	2,062
1962	882	555	344	548	203	751	48	2,580
1963	1,069	636	554	681	220	901	34	3,194
1964	996	502	332	740	192	932	80	2,842
1965	1,532	684	335	976	248	1,224	70	3,845
1966	2,380	982	1,063	1,563	531	2,094	143	6,662
1967	5,015	1,333	1,354	2,704	701	3,405	5	11,112
1968	8,052	2,316	2,204	4,145	1,135	5,280	29	17,881
1969	8,522	3,062	1,325	…	…	9,710	228	22,847
1970	8,780	3,825	2,568	7,731	7,498	15,229	457	30,859
1971	11,129	3,447	4,188	13,156	10,560	23,716	580	43,060
1972	15,049	3,974	6,066	20,911	20,055	40,966	698	66,753
1973	19,796	6,218	4,494	31,425	33,105	64,530	638	95,676
1974	26,056	11,535	8,337	35,401	41,252	76,653	1,212	123,793
1975	25,933	10,376	3,558	42,591	55,093	97,684	2,024	139,575
1976	32,837	13,387	6,753	53,129	66,804	119,933	2,658	175,568
1977	37,380	16,522	8,948	56,304	76,041	132,345	2,424	197,619
1978	30,807	16,644	10,468	62,594	85,184	147,778	3,362	209,059
1979	36,437	19,342	11,612	77,709	101,116	178,825	3,237	249,453
1980	51,821	18,731	9,798	88,324	109,212	197,536	4,177	282,063
1981	53,142	20,628	16,224	101,277	111,853	213,130	5,622	308,746
1982	55,313	20,268	18,268	116,269	126,010	242,279	7,125	343,253
1983	69,080	21,820	22,604	127,849	131,964	259,813	9,009	382,326
1984	75,913	23,822	20,255	135,777	143,415	279,192	8,146	407,328
1985	85,589	22,113	25,514	133,382	159,496	292,878	8,577	434,671
1986	87,312	21,426	17,992	150,020	175,624	325,644	11,760	464,134
1987	84,637	19,043	21,670	154,741	181,119	335,860	12,043	473,253
1988	82,255	16,373	22,252	154,373	197,339	351,712	11,736	484,328
1989	79,980	18,443	22,703	166,221	215,896	382,117	13,650	516,893
1990	85,151	21,083	14,074	191,155	238,204	429,359	17,750	567,417
1991	83,662	20,089	19,583	197,974	268,761	466,735	22,105	612,174
1992	86,923	23,230	17,681	199,562	304,653	504,215	25,641	657,690
1993	97,840	26,208	17,543	197,195	320,971	518,166	23,513	683,270
1994	96,295	26,574	19,457	213,847	331,351	545,198	20,485	708,009
1995	90,432	25,920	15,113	230,280	334,805	565,085	24,310	720,860
1996	80,774	22,859	15,579	232,717	350,951	583,668	25,477	728,357
1997	90,054	21,866	15,064	235,138	356,272	591,410	27,496	745,890
1998	87,860	23,084	16,075	226,500	365,523	592,023	28,472	747,514
1999	85,008	22,973	14,856	222,413	376,502	598,915	28,112	749,864

日本冷凍食品協会の統計では，前記の国内生産量に冷凍野菜輸入量を加えてその年のわが国の冷凍食品消費量としている（厳密にいえば，野菜以外に調理冷凍食品の輸入もあるが，それらの数量は公式統計で把握できないので，やむをえず消費量の計算から除外し，通関統計で把握できる冷凍野菜のみを加えている．また保存性の高い冷凍食品であるから，当然前年からと翌年への繰越在庫があるが，それらは便宜的に同数であると考えて計算から除外している）．

表I.1.7は，1995年から1999年に至る最近5年間の消費量ならびに国民1人当たり年間消費量の推移であるが，わが国も1人当たり17.74 kgを消費するようになったものの，表I.1.2でみる通り，先進諸外国に比較して決して多い方ではない．

（2）**品種別の状況**　わが国の冷凍食品の特徴は，生産・消費いずれも品種別でみた場合，調理冷凍食品の占める割合がきわめて高いことである．1999年のわが国の品種別割合は表I.1.8の通りで，輸入される冷凍野菜の量が多いので，生産量では全体の82.7％であった調理食品が，消費量では55.4％に下がっているものの，諸外国に比べると調理冷凍食品の比率はおおむね倍ぐらいになっている．

（3）**業務用と家庭用**　冷凍食品を，学校・職場・病院などの集団給食やレストランなど外食産業，あるいはテイクアウト弁当・惣菜原料のような中食産業などのいわゆる業務用の分野で利用されるものと，スーパーマーケット，コンビニエンスストア，百貨店，小売店で販売されたり生協や宅配組織などから家庭向けに直接販売される家庭用（市販用ともいう）に分けると，表I.1.9にみる通り，わが国では業務用のシェアが圧倒的に高い．業務用と家庭用の統計が残されている1961年以降家庭用が業務用を上回ったことは一度もなく，たまたま最初の1961年が数量ベースで業務用51％，家庭用49％とほとんど半々であった以外は，1973年のオイルショックの年に業務用54％，家庭用46％と家庭用が業務用に近づいただけで，一貫して業務用の比率が高い．

これは，わが国で冷凍食品産業が発展し始めた頃は，学校給食などの集団給食に依存するところが多かったのに加え，その後外食産業の急速な発展とテイクアウト弁当や惣菜産業の発展があり，それらの

表I.1.7　冷凍食品消費量の最近5カ年の推移[2]

年次　項目	1995	1996	1997	1998	1999	対前年比の5カ年平均
冷凍食品生産量（トン） （上記対前年比）（％）	1,364,864 (103.5)	1,419,684 (104.0)	1,482,037 (104.4)	1,488,910 (100.5)	1,504,962 (101.1)	(102.7)
冷凍野菜輸入量（トン） （上記対前年比）（％）	548,429 (109.5)	604,036 (110.1)	627,242 (103.8)	705,568 (112.5)	742,697 (105.3)	(108.2)
（計）冷凍食品消費量（トン） （上記対前年比）（％）	1,913,293 (105.8)	2,023,720 (105.8)	2,109,279 (104.2)	2,194,478 (104.0)	2,247,659 (102.4)	(104.3)
国民1人当たり消費量（kg） （上記対前年比）（％）	15.24 (104.7)	16.08 (105.5)	16.72 (104.0)	17.35 (103.8)	17.74 (102.2)	(104.0)

1.　冷凍食品生産量は，日本冷凍食品協会資料．
2.　冷凍野菜輸入量は，日本貿易月表（大蔵省）．
3.　1人当たりの計算に使った人口は，「国勢調査報告」または「人口推計月報」（総理府統計局）．

表I.1.8　日本の冷凍食品の品種別比率（数量ベース）[2]

区分	生産量の比率	消費量の比率	備考
調理食品　小計	82.7％	55.4％	
フライ類	27.9％	18.7％	
フライ以外の調理品	54.8％	36.7％	
水産物	6.7％	4.5％	
農産物	6.1％	37.1％	うち輸入29.7％
畜産物	1.4％	1.0％	
菓子類	3.1％	2.0％	
合計	100.0％	100.0％	

表 I.1.9 1999年冷凍食品品目別業務用・家庭用別累年生産高[2]

(a) 数　量

区分＼品目	水産物	農産物	畜産物	調理食品			菓子類	合計
				フライ類	その他	小計		
業務用（トン）	87,267	77,180	19,468	318,403	523,851	842,254	35,314	1,061,483
家庭用（トン）	13,785	14,825	1,894	101,119	301,431	402,550	10,425	443,479
計　（トン）	101,052	92,005	21,362	419,522	825,282	1,244,804	45,739	1,504,962
業務用（％）	86.4	83.9	91.1	75.9	63.5	67.7	77.2	70.5
家庭用（％）	13.6	16.1	8.9	24.1	36.5	32.3	22.8	29.5
計　（％）	100.0	100.0	100.0	100.0	100.0	100.0	100.0	100.0

(b) 金　額

区分＼品目	水産物	農産物	畜産物	調理食品			菓子類	合計
				フライ類	その他	小計		
業務用（百万円）	72,073	18,490	13,428	160,253	234,155	394,408	22,007	520,406
家庭用（百万円）	12,935	4,483	1,428	62,160	142,347	204,507	6,105	229,458
計　（百万円）	85,008	22,973	14,856	222,413	376,502	598,915	28,112	749,864
業務用（％）	84.8	80.5	90.4	72.1	62.2	65.9	78.3	69.4
家庭用（％）	15.2	19.5	9.6	27.9	37.8	34.1	21.7	30.6
計　（％）	100.0	100.0	100.0	100.0	100.0	100.0	100.0	100.0

産業には冷凍食品のもつさまざまな商品特性がうってつけのものが多く，経営の合理化・効率化のために業務用冷凍食品の需要が拡大してきたためである．

しかし，近年の景気の後退により，外食産業の伸びが停滞する傾向があるほか，不況による職場給食の減少などもあるのか，最近5年間の業務用冷凍食品の生産数量の伸びはかつてほどではなく，対前年比伸び率の5カ年平均は家庭用の伸び率を下回る1.7％であった．一方，家庭用冷凍食品は不況に対する節約ムードから，内食回帰といわれる現象や弁当持参者が増加しているなど，家庭用冷凍食品の購入が増えているのか，同5カ年平均伸び率は5.4％になって業務用の伸びを上回っている．

（4）**冷凍食品製造企業および製造工場**　1999年3月31日における日本冷凍食品協会の会員数は948社であり，そのすべてが冷凍食品の製造企業ではない（電気機器メーカーや卸売業者など約20社が含まれる）が，食品関係企業は自社のブランドをもつ大手企業と，多数の中小企業に分かれており，これら大手と中小の間にはかなり系列的関係が生じている．

製造工場を規模別にみると，企業の規模と同様，大工場と多くの中小工場に分かれているが，1999年中（1～12月）に冷凍食品を製造した工場は，日本冷凍食品協会の調査に回答を寄せたもので961工場に及ぶ．それらの生産数量からみた規模別工場数とそれぞれの年間生産数量は，表I.1.10の通りである．小規模の工場が多く，年間生産量500トン未満の工場が全体の51％を占めており，500～3,000トン未満の工場が37％，3,000トン以上の生産を行う工場は115工場で全体の12％にすぎない．しかし，この12％の工場で全生産量の63.1％の生産を行っているのである．

これらの冷凍食品生産工場は全国に分布しているが，地域別の生産量比率は表I.1.11の通りであり，

表 I.1.10 1999年生産数量規模別工場数および年間生産数量

年間生産数量	50トン未満	50～100未満	100～300未満	300～500未満	500～1,000未満	1,000～2,000未満	2,000～3,000未満	3,000トン以上	合計
工場数	132	71	183	105	154	134	67	115	961
同上比率（％）	13.7	7.4	19.0	10.9	16.0	14.0	7.0	12.0	100.0
年間生産数量（トン）	3,153	5,143	35,436	42,556	111,182	194,725	162,861	949,906	1,504,962
同上比率（％）	0.2	0.4	2.4	2.8	7.4	12.9	10.8	63.1	100.0

1. 総論

表 I.1.11 工場数・品目別生産数量の地域別構成比率(1999年)

(単位:%)

地域 \ 品目	工場数	水産物	農産物	畜産物	調理食品	合計
北海道	7.0	5.3	76.4	8.1	8.9	12.7
東北	14.1	35.8	2.4	12.5	11.5	12.6
関東	20.1	10.9	4.2	17.7	19.1	17.6
中部	17.9	16.9	0.3	5.1	15.1	14.2
近畿	10.0	3.8	0.5	5.8	14.3	12.7
中国	5.6	15.1	0.1	0.5	2.6	3.2
四国	11.0	2.9	0.6	10.8	15.5	13.7
九州	14.3	9.3	15.5	39.5	13.0	13.3
全国合計	100.0	100.0	100.0	100.0	100.0	100.0

菓子類は調理食品に含まれている.

〈地域区分〉
北海道:北海道
東　北:青森・岩手・宮城・福島・秋田・山形
関　東:茨城・千葉・東京・神奈川・栃木・群馬・埼玉
中　部:静岡・愛知・新潟・富山・石川・福井・山梨・長野・岐阜
近　畿:三重・和歌山・大阪・兵庫・滋賀・京都・奈良
中　国:岡山・広島・山口・鳥取・島根
四　国:徳島・香川・愛媛・高知
九　州:福岡・佐賀・長崎・熊本・大分・宮崎・鹿児島・沖縄

表 I.1.12 冷凍食品の分類別品目数(1998年までに製品化されたもの*)

水産物	231	魚類	123			
		その他水産物	108			
農産物	155	野菜類	113			
		果実類	42			
畜産物	50	食鳥類	18			
		食肉類	32			
調理食品	2,861	フライ類 天ぷら・揚げ物類	938	水産フライ	75	
				農産フライ	17	
				畜産フライ	13	
				その他フライ	229	
				から揚・竜田揚	72	
				天ぷら・揚げ物	262	
				コロッケ類	125	
				カツ類	111	
				スティック類	24	
		フライ類以外の調理食品	1,923	ハンバーグ類	60	
				その他食肉製品	40	
				シューマイ・ギョーザ・春巻類	104	
				水産練り製品	56	
				蒲焼・照焼	31	
				卵製品	142	
				シチュー・グラタン・スープ・ソース類	221	
				米飯類	221	
				めん類	137	
				ピザ類	33	
				その他	878	
菓子類	327					
合計	3,624					

*現在生産されていないものも含まれている.

表 I.1.13 1999年冷凍

輸出国名		ポテト		豆　類								ホウレンソウ	
				エンドウ		インゲン		エダマメ		その他の豆			
		数量	金額	数量	金額	数量	金額	数量	金額	数量	金額	数量	金額
1	アメリカ	241,319	26,744	5,411	623	1,057	103					64	10
2	中国	4,147	383	7,637	1,140	22,464	2,732	39,163	6,875	5,703	1,118	44,308	4,762
3	カナダ	33,124	3,643	119	12								
4	タイ	17	5	3	1	10,780	1,662	9,079	1,786			15	5
5	台湾			39	7	161	24	24,025	4,781			11	1
6	ニュージーランド	569	57	6,856	792	171	25			44	7		
7	メキシコ												
8	チリ									413	101		
9	オランダ	735	136	43	8	94	14					7	1
10	オーストラリア	575	66	362	40								
11	インドネシア							606	89				
12	エクアドル												
13	ベトナム							203	27				
14	ベルギー	373	65										
15	イタリア	180	45										
16	ペルー												
17	フランス	20	3	2	0.2	11	2					20	3
18	グアテマラ												
19	トルコ												
20	エジプト	100	8										
21	マレーシア												
22	スペイン					71	10						
23	フィリピン												
24	韓国			14	1								
25	スウェーデン			1	0.2								
26	ポーランド	20	2										
27	ブラジル												
28	チェコ												
29	ハンガリー												
30	コロンビア	11	2										
31	北朝鮮												
32	スロベニア												
33	香港							3	0.4				
	計	281,190	31,159	20,487	2,624	34,811	4,573	73,075	13,558	6,160	1,226	44,426	4,782
	対前年比	105.5	88.4	102.1	75.5	95.7	80.3	107.1	92.3	121.1	106.4	97.0	84.1

資料：日本貿易月報（大蔵省）．

野菜品目別・国別輸入高　　　　　　　　　　　　　　　　　　　　（単位 数量：トン 金額：百万円 対前年比：％）

コーン		サトイモ		ブロッコリー		混合野菜		その他		合計			
数量	金額	数量	金額	数量	金額	数量	金額	数量	金額	数量	(対前年比)	金額	
42,597	5,643			786	226	14,179	1,984	10,885	1,517	316,298	(101.5)	36,849	1
95	12	52,314	6,021	4,622	557	14,453	3,084	93,269	14,445	288,175	(108.9)	41,129	2
961	107					216	21	213	77	34,634	(134.7)	3,860	3
101	20	3	1			150	29	6,453	1,940	26,602	(108.1)	5,448	4
				46	6	9	2	1,375	330	25,667	(99.9)	5,151	5
8,440	1,116					5,488	736	3,353	745	24,922	(98.9)	3,478	6
				6,864	1,376	2,725	668	1,450	298	11,040	(84.8)	2,342	7
20	7			40	9			2,377	903	2,851	(98.5)	1,020	8
				64	20			987	175	1,930	(88.9)	354	9
128	17					103	11	643	123	1,810	(66.2)	257	10
								1,197	239	1,803	(80.7)	328	11
				1,744	354			35	7	1,779	(274.5)	362	12
								712	228	915	(94.6)	256	13
						6	1	442	87	821	(118.1)	152	14
								590	206	769	(1,201.6)	251	15
								562	219	562	(160.1)	219	16
						97	15	251	132	400	(89.1)	156	17
				385	85					385	(64.6)	85	18
								367	53	367	(145.1)	53	19
								188	10	288	(234.1)	18	20
								127	53	127	(109.5)	53	21
				2	0.3			50	11	123	(125.8)	21	22
		76	12					43	10	119	(66.1)	23	23
								97	23	111	(58.4)	24	24
						68	19	18	6	87	(131.8)	25	25
								22	2	42	(前年 0)	4	26
								23	3	23	(328.6)	3	27
								14	2	14	(前年 0)	2	28
								13	2	13	(15.5)	2	29
										11	(前年 0)	2	30
								6	4	6	(150.0)	4	31
								3	5	3	(前年 0)	5	32
										3	(16.7)	0.4	33
52,342	6,922	52,393	6,034	14,554	2,634	37,494	6,571	125,766	21,854	742,697		101,935	
100.8	85.0	99.8	73.4	97.3	82.0	105.8	94.3	115.9	101.6	105.3		89.4	

注：(1) 四捨五入の関係で，各欄の計と合計欄の数字は必ずしも一致しない。
　　(2) 上表における「その他」は，「カンショ(837トン・84百万円)」「調製したタケノコ(307トン・52百万円)」「調製したアスパラガスおよび豆(3,996トン・341百万円)」「コボウ(4,054トン・468百万円)」を含む。

合計では関東が1位のあとに中部，近畿と続いており，中国は3.2%ときわめて少ない．農産物，水産物，畜産物については地域の偏りが顕著である．

(5) 冷凍食品の品目 冷凍食品メーカーは，多様化する消費者ニーズに合わせて新製品開発にしのぎを削り，毎年春と秋の2回自社が開発した成果を発表している．そのため冷凍食品の品目は多様化し，その数は年々増加の一途をたどって，日本冷凍食品協会の調査によれば，1998年までにわが国でかつて生産されたことのある冷凍食品の分類別品目数は表I.1.12の通り3,624品目に達した．

このような品目の多様化の中で，ユーザーのニーズの変化によって品目の入替りが進んでいる．ちなみに，わが国の冷凍食品産業の急成長期に，いわゆる五大調理冷凍食品と称されて消費を伸ばしていたコロッケ，ハンバーグ，シューマイ，ギョーザ，エビフライが，1975年には5品目を合わせた生産量が全体の43.5%も占めていたが，10年後の1985年には全体の23.9%に落ちたばかりでなく，1999年にはこの5品目を合わせて19.2%にまで落ちてしまった．コロッケは現在も健闘して1位を保っており，ハンバーグもようやく5位についているが，それ以外は10位以下になってしまった．

その間，台頭してきたのが主食的な品目であるめん類と米飯類，およびスナック的といえる菓子類である．新五大調理冷凍食品ともいえるコロッケ，めん類・米飯類，ハンバーグ・カツ類で1999年には全生産量の41.8%を占めるようになっている．

また，解凍調理の簡便化を目指して油ちょう済食品やボイル・イン・バッグの食品，さらには電子レンジやオーブントースター対応の食品などが増加している．

(6) 冷凍食品の貿易 冷凍食品の輸入については，通関統計によって数量が明らかになっているものは冷凍野菜だけで，最近5年間の輸入実績は表I.1.7，1997年の輸入高内訳は表I.1.13の通りである．輸入冷凍野菜の量は年々増加しており，1999年は国内冷凍野菜生産量92,005トンに対して輸入は742,697トンと国内生産量の8倍以上が輸入されている．輸入量の多い国はアメリカと中国で，いずれも20万トンを超えており，台湾，カナダ，タイが2〜3万トン台で続いている．

通関統計による1997年の冷凍食品果実の輸入量は表I.1.14の通りであるが，これらの用途として

表I.1.14 1999年冷凍果実輸入量

(砂糖を加えていないもの)

果実名	数量(トン)	金額(百万円)
ストロベリー	8,721	1,677
ラズベリーなど	1,325	502
パイナップル	677	132
パパイヤなど	3,707	805
ベリー	15,626	4,885
モモおよびナシ	673	84
その他	10,462	2,801
計	41,192	10,887

(砂糖を加えたもの)

果実名	数量(トン)	金額(百万円)
ストロベリー	21,734	3,893
ラズベリーなど	35	18
パイナップル	64	18
パパイヤなど	16	8
ベリー	91	26
サワーチェリー	207	46
モモおよびナシ	28	7
その他	861	164
計	23,036	4,179

は市販用に向けられるものはほとんどなく，大部分は例えばジャムなどの加工原料になるものと考えられるので，冷凍食品の消費量には加えていない．

調理冷凍食品の輸出は，アメリカ，オーストラリア，そのほかにわずか輸出されているが，公式統計で把握されるほど大きくはない．調理冷凍食品の輸入は，当初，アメリカ，台湾，タイなどから輸入が始まったが，近年は日本の大手冷凍食品メーカーが中国やタイに工場を建設して直接冷凍食品の生産を開始しているため，かなりの数量が輸入されているようである．調理冷凍食品の通関統計はまだ出されていないが，厚生省の輸入食品監視統計などから推測して，10万トン〜15万トンともいわれるほど大きくなっているようであり，今後ますます増加するものと考えられる． ［比佐　勤］

文　献

1) 日本冷蔵：要説 冷凍食品, p.66, 建帛社, 1980.
2) 日本冷凍食品協会：平成11年冷凍食品生産高・消費高に関する統計(同協会資料, 第121号), 2000.
3) 日本冷凍食品協会：(社)日本冷凍食品協会二十五年史, 日本の冷凍食品の歴史, 1994.

2. 食品冷凍の科学

2.1 食品冷凍総論

2.1.1 食品冷凍の定義

食品冷凍とは，常温の食品の温度を降下させ冷却状態にし，さらに温度を降下させて凍結状態にすることである．

食品を低温の雰囲気(低温気体，低温液体)中に置くか低温固体に接触させた場合には，それら低温の雰囲気や低温固体との間に熱交換が行われ，時間の経過とともに食品の温度は降下する．そのように食品を低温状態にし，その低温状態を維持することを食品冷凍と呼ぶ．

2.1.2 食品冷凍の目的

食品を冷凍する目的は一般に次のごとくである．
（1） 食品貯蔵を目的にする場合：冷却貯蔵，凍結貯蔵
（2） 食品加工を目的とする場合：冷凍食品の製造，凍結乾燥食品(フリーズドライ食品)の製造，凍結濃縮食品の製造，凍結脱水食品の製造，凍結粉砕食品の製造，低温乾燥食品の製造
（3） 食品加工工程中の食品材料の冷却
（4） 食品工場の空気調和：食品加工施設の空気調和，食品熟成室などの空気調和
（5） 食品流通のための低温利用

現在ではほとんどすべての食品が，生産から消費に至る段階の中で何らかの形で低温が適用されているといっても過言ではない．食品の冷凍の目的の中で，従来から産業的に最も広く低温が利用されてきているのは，食品の貯蔵を目的としたものである．

しかしながら近年，食品加工への冷凍の利用も増加してきている．伝統的な凍結脱水食品である寒天や凍り豆腐の製造から凍結乾燥食品(フリーズドライ食品)の製造まで，非常に広く利用されてきている．

食品加工工程中の食品材料の冷却の分野では，近年加工食品の生産に機械化が進行するとともに，高品質の要求が高くなり，工程中での品質管理のために冷凍が利用されることが多くなってきている．

また，食品工場の空気調和は，食品に直接冷凍を適用するのではないが，間接的な冷凍の利用として広く利用されている．食品工場は，一般に調理加工工程の過程で熱源を利用することが多く，また水の利用の多いことが重なって高温多湿となり作業環境としてあまり適切でない場合が多く，また衛生面からも空気調和が適用されることが多くなってきており，一般的に広く利用されるようになっている．さらに，一部の加工食品では，その加工特性や空気汚染による食品の2次汚染の防止も考慮してクリーンルーム技術を併用する例も多く，このような清浄化には空気調和が必須であり，低温が間接的に利用されている．

さらに食品流通は，近年海外を含め非常に遠距離との間の流通が増加し，また取り扱われる食品なども多様化してきている．そのような食品の流通過程中における品質を変化なく維持しようとするために食品を低温下で流通させることも一般化してきている．このような分野への冷凍の利用もさらに進展していくものと考えられる．

2.1.3 食品の低温貯蔵の原理

食品は人間が食物の対象として，農産物では収穫し，水産物は漁獲し，畜産物の場合にはと殺して入手したあとでは，それらが生育しているときとは違った変化が始まる．これらの変化は，果実における熟度の進行や食肉類の熟成など，一時的に好ましくなる現象がみられることがあるが，一般には時間の経過に伴って品質の低下をもたらすような変化が始まり，そのような変化は時間の経過にともなって進行する．このような変化は，生物学要因(植物の呼吸作用)や化学的要因(酵素反応など)，物理的要因(蒸発現象など)によって，それらが単独に

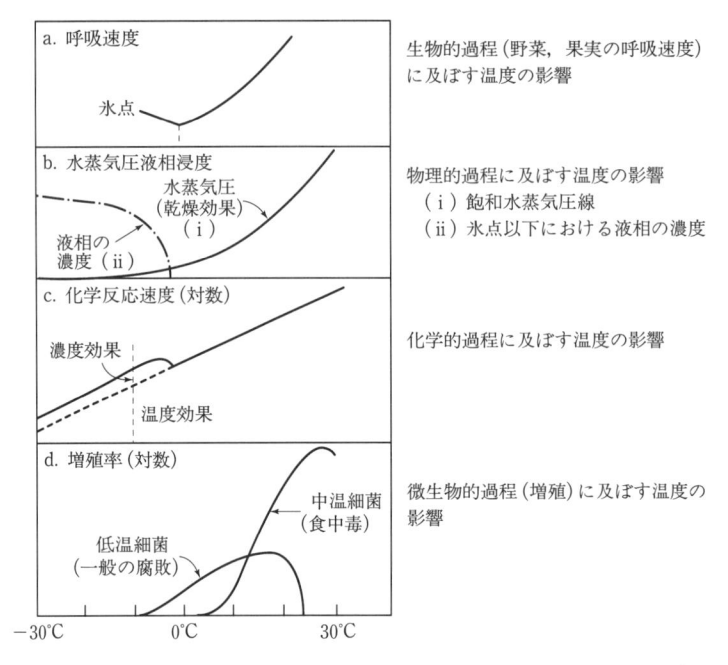

図 I.2.1 食品の品質を低下させる過程に及ぼす温度の影響 (Lorentzen, 1978)

または複数で複雑に絡み合って進行する．このような変化の進行にともない，生体時にみられた微生物に対する防御機構が崩れ，その機能が低下し，微生物による作用が始まり，次第に好ましくない変化がみられ，ついには食品の対象とならなくなってしまう．

これら変化の基礎となるこれら各要因は，いずれもが温度の関数であり，温度が高いほど，その進行は早く，温度が低いほど遅い（図 I.2.1）．したがってこれらの変化を抑制するためには，すなわち食品としての品質を保持させようとするならば，温度を低下させればよいことになる．また微生物は，その代表的な細菌について，その発育温度範囲から一般に高温細菌，中温細菌，低温細菌の3つのグループに分かれる．いずれのグループの細菌も，発育至適温度から温度が低下するに従って増殖が抑制される．特に，食品冷凍に関係の深い低温細菌のグループも発育至適温度は 20～25℃ であり，それより温度が低下するに従って増殖が抑制される．

このように生鮮食品の品質低下をもたらす種々の変化も，また微生物の増殖も低温になるに従って抑制され，品質が保持されるのである．これが食品の低温貯蔵の原理であり，温度を低くすればするほど，これらの抑制作用が強くなり，品質保持期間が延長されることになる．

食品の品質を保持できる時間（期間）と保持温度

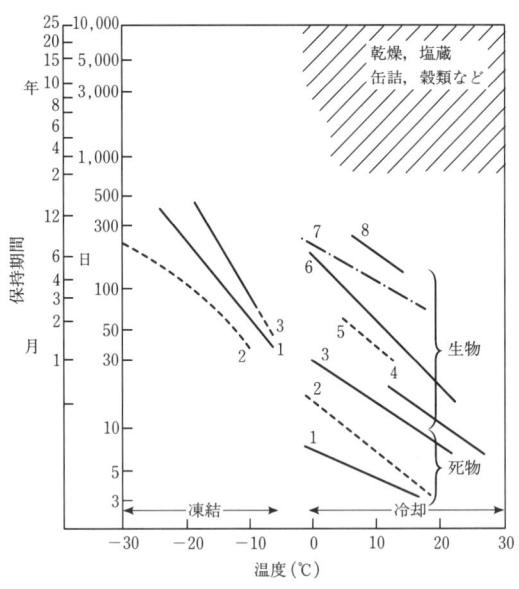

図 I.2.2 数種類の代表的な食品の保持温度と保持期間の関係
1：鳥肉，2：魚（少脂肪），3：牛肉，4：バナナ，5：オレンジ，6：リンゴ，7：卵，8：リンゴ（ガス貯蔵）

との関係は，T-TT（time-temperature tolerance：時間-温度許容限度）として明らかにされている．食品の品質保持期間は，その保持温度が低下するに従って指数関数的に延長されるという関係にあることが明らかにされている（図 I.2.2）．このような T-TT の関係は食品の種類によってそれぞれ

固有なものであるが，同じ食品であっても品種によりまた生育条件や収穫時期，取扱方法の相違，加工食品にあっては加工方法の違い，包装の有無などによっても違ってくる．さらに一部の食品にあっては，T-TTの基本的な関係から外れるものもあることが知られている．いずれにしても食品を低温保存するにあたっては，一般的には食品の温度が低ければ低いほど長期間の保存が可能となる原則があるので，短期間の保存であれば氷結点までの冷却貯蔵で十分であり，長期間の保存のためには凍結貯蔵によることになるが，基本的にはその食品のT-TTをまず明らかにし，目的とする保存期間に見合った温度を選択して保存すればよい．

近年，わが国では冷却温度でできるかぎり長期間保存しようとすることから，0℃直下の温度帯で食品を保存する方法が提案されている．そのひとつは食品中の水分が凍結しない温度帯すなわち0℃以下でその食品の氷結点までの温度で貯蔵する方法であり，場合によっては何らかの不凍剤を添加して氷結点を降下させ0℃以下でその氷結点の間で食品を非凍結状態で貯蔵するものである．この方法は加工水産物の貯蔵に従来から使用されてきたもので，魚卵の数の子，筋子やたら子，海藻のワカメなどの塩蔵品の貯蔵に一般的に使用されてきており－12～－13℃くらいまでの温度で非凍結状態で貯蔵した方法とまったく同じである．また－3℃で貯蔵する方法もあるが，生鮮状態の水産物で水分が凍結した状態となり，－3℃という凍結は非常に高い温度での凍結のために食品内部に大きな氷結晶の生成がみられ組織の損傷がみられたという報告もある．このような0℃直下の温度帯で食品を貯蔵しようとする方法はT-TTの関係から冷却貯蔵で少しでも貯蔵期間を延長できないかということで考えられたものと思われるが，現状では温度設定許容範囲が非常に狭いので少し外れても凍結状態になり，比較的高い温度での凍結のために食品によっては大きな変化が起きる危険性があるので，流通機構全体でこのような許容範囲の狭い温度帯を維持するのは困難で，技術的には現実的な方法とは考えにくい．

2.1.4 食品の低温保存方法

食品の低温保存方法を考える場合には，低温保存の対象となる食品を次のごとく分類して考える必要がある．

生鮮食品
　植物性食品 ―― 農産物（野菜類，果実類）
　動物性食品 ―― 水産物（魚介類）
　　　　　　　　畜産物（食肉類，食鳥類，乳，卵）
加工食品
　植物性加工食品 ―― 野菜加工食品
　　　　　　　　　　果実加工食品
　動物性加工食品 ―― 水産物加工食品
　　　　　　　　　　畜産物加工食品
複合調理加工食品

a. 生鮮食品の低温保存方法

（1）**植物性食品**　野菜や果実のような植物性食品は収穫後も呼吸を持続している．凍結するとその細胞が破壊されて呼吸作用も停止してしまうので凍結貯蔵できない．さらに冷却温度でも，ある種類ではある温度以下で病変を起こす低温障害が発生することが知られているので，その温度以下では貯蔵ができない．低温保存では温度によって保存期間が決まるので生鮮状態の野菜や果実では低温だけでは保存期間が限定されてしまう．一部の果実や野菜では低温保存室の空気組成を変えて炭酸ガス濃度を高くし酸素濃度を低くして呼吸作用を抑制してより長期間の保存を可能にした人工ガス貯蔵（controlled atmosphere storage：CA冷蔵）が行われている．

また植物性食品では凍結によって細胞が氷結晶により破壊されてしまい解凍したときに形が崩れてしまい，酸素作用によって褐変化するので凍結して貯蔵することができない．しかし凍結するに先立ってある種の処理すなわち凍結前処理を行えば凍結貯蔵が可能になる．加熱して食用とする野菜類の場合には凍結前処理としてブランチングといわれる軽い加熱処理をし，脱水し酸素を不活性化したあとに凍結し，貯蔵する．また果物類ではシラップに浸漬するなどして糖の添加処理をして脱水し，酸素も空気との接触を断たれるために不活性化し凍結貯蔵する（脱水凍結）．このような方法では凍結前処理によって植物性食品は加工品の状態となってしまい，加工食品の凍結になってしまう．

（2）**動物性食品**　食肉類，食鳥類や魚介類では凍結による細胞破壊がみられないので，短期間の保存では冷却で長期間の保存には凍結温度帯を用いればよい．ただこの場合可能な限り低温が好ましく，国際的には－18℃（0°F）以下が推奨されている．

ただ魚介類の一部には凍結により障害が起きて凍結保存ができないものがある．

また乳や卵も凍結により障害が起き，そのままの

形では凍結貯蔵ができないので，一般的に凍結前処理が行われている．

b. 加工食品の低温貯蔵方法

食品の加工は，本来貯蔵のために行われてきたので，低温貯蔵の必要はなかった．しかし近年健康志向やグルメ志向の傾向から，加工食品でも保存性が失われ，低温貯蔵に依存するものが増えてきている．加工食品の場合，低温処理による品質変化などの影響はみられない場合が多いので，目的とする貯蔵期間によって貯蔵温度を設定すればよい．しかしながら一部の加工食品の中にはT-TTの原則の適用されないものが知られてきている．貯蔵温度に関係なく一定の貯蔵期間を示すものや，貯蔵温度の低下でかえって貯蔵期間が短縮するものや，同一食品でも塩分濃度の相違によって貯蔵期間が変化するものなどが知られてきているので，まずT-TTの関係を明らかにしてから定温貯蔵することが原則である．また近年，凍結貯蔵を目的とした消費者用包装を施した冷凍食品の生産も増加してきている．これら冷凍食品は成分や包装の種類などによってT-TTの関係は変わってくるので注意を要する．

食品別の低温貯蔵方法を次に示す．

生鮮食品
 植物性食品（野菜類，果実類）→冷却貯蔵（種類による低温障害の発生する温度までの貯蔵）
 動物性食品（食肉類，魚介類）→冷却貯蔵ないし凍結貯蔵（-18℃以下）．
  貯蔵期間によりいずれかを選定する．
加工食品→冷却貯蔵ないし凍結貯蔵

2.1.5 食品の低温処理

食品の低温貯蔵を行うにはまず所定の低温まで温度を低下させなければならない．食品の温度低下の方法としては必ず専用の冷却装置，すなわち冷却には冷却装置，凍結には凍結装置を使用するのが原則である．

冷蔵庫や冷蔵倉庫でも食品の温度を降下させることができるが，これらの機器は一定温度の食品をその温度で保持する低温機能しかもっていないので，温度降下に時間がかかりすぎるために食品の品質に悪影響をもたらし，またすでにこれら機器に貯蔵されている食品の温度まで上げることもあるので，絶対に避けなければならない．

冷却装置や凍結装置には種々の形式のものが使用されているが，連続使用されることが多いので，使用中における細菌汚染などを避けるために洗浄可能な衛生的な配慮がなされている装置がある．また冷却，凍結はそれぞれ食品の中心部（幾何学的中心）まで急速に所定の低温まで降下させる．凍結食品は必ず-18℃以下まで下げる必要がある．

2.1.6 食品の低温貯蔵

冷却装置により冷却された食品，凍結装置により凍結された食品は同じ温度の冷蔵庫，冷蔵倉庫に移して貯蔵する．この際包装してから貯蔵することが好ましい．小型の食品では凍結の際に亜鉛引き鉄板などの容器である凍結パンに収納され（パン立て）凍結されるので，凍結後に凍結パンから凍結された食品を取り出して（パン抜き）貯蔵する．

低温貯蔵では庫内や装置内の温度を一定に保持する必要がある．温度変動は食品の品質に大きな影響を与えるからである．

凍結された食品のうち丸の魚類などの凍結品にあっては包装がむずかしいので，0～1℃くらいの冷水の中に数秒間浸漬するか，冷水シャワーの中を通して凍結品の表面に薄い氷の皮膜をつくってから貯蔵し，貯蔵中の乾燥を避けることがよく行われている．これはアイスグレーズと呼ばれている．

2.1.7 低温食品の流通

冷却食品，凍結食品の流通にあたってはそれぞれの食品の温度に合わせた所定の低温を保持して流通する必要がある．流通の間におけるある程度の温度変動はその食品のT-TTの関係が明らかにされていれば，各温度における品質保持期間から1日の品質低下量が計算される．流通の間における温度記録がとってあれば品質の低下の程度は計算できる．しかしながら冷凍食品の販売に使用される機器のうち，オープン型の冷凍ショーケースでの自動霜取りは温度変動が短時間であっても頻繁に繰り返されると販売期間の長い食品には乾燥による品質低下をもたらすことがあるので注意を要する．

2.1.8 凍結食品の解凍

凍結食品の利用にあたっては解凍する必要がある．加工食品製造のための原料形態の凍結食品の解凍と調理冷凍食品のように直接食用にする場合とでは解凍方法も変わってくる．一般的に原料形態の凍結食品の解凍は半解凍すなわち中心温度が-5℃くらいで表面温度ができる限り0℃に近い温度まで解凍するのが原則である．このような状態では品質の低下もみられず，その後の加工にも影響はない．一

方，解凍して直接食用にする調理冷凍食品の場合には食用可能な状態まで昇温させてやればよい．

解凍には下記に示す種々の方法があり，解凍専用の機器もある．用途に応じて選択して解凍すればよい．

空気解凍 ── 静止空気解凍，流動空気解凍，加温空気解凍，加圧空気解凍，低温空気解凍

浸漬解凍 ── 静止水浸漬解凍，流動水浸漬解凍，散水解凍，水蒸気凝縮（真空）解凍
接触解凍 ── 金属板接触解凍
電気解凍 ── 低周波解凍，超音波解凍，極超音波解凍
調理解凍 ── 熱空気解凍，蒸気解凍，熱板解凍，熱湯解凍，熱油解凍

［小嶋秩夫］

2.2 食品冷凍の物理的問題

2.2.1 食品冷凍の物理的基礎事項

a. 相変化

多くの場合，生鮮食品には 60～70% の水が含まれている．食品冷凍とはこれらの水を固体の氷結晶へと変化させる操作である．一般に物質は気体，液体，固体のいずれかの状態をとり，これらの状態間を温度を条件として変化している．この相変化には「潜熱」の授受が必要である．液体が氷となるために除去すべき凝固エネルギーと氷結晶が液体に変わるのに必要な融解エネルギーの絶対値は等しく，融解と凝固の潜熱は 334.4 (kJ/kg) である．それぞれの状態と変化の呼称を図 I.2.3 に示した．

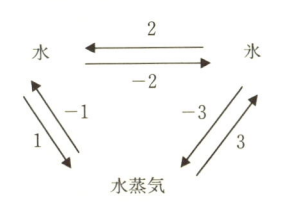

図 I.2.3 水の相変化
1：蒸発，2：融解，3：昇華，
−1：凝縮，−2：凝固，−3：昇華

b. 氷ができ始める温度；氷点

食品の水が氷の結晶に変わる温度を氷点（凍結開始温度）T_f と呼ぶ．氷点はまた融点でもある．氷点は食品内部に存在する溶液の濃度によって決まる．低濃度の場合，次式の凝固点降下の式で T_f が求められる[1]．

$$T_f = -\Delta T = -K_f \cdot m \tag{1}$$

ここで，水の $K_f = 1.86$ (℃/(mol/kg-水))，m は溶質の重量モル濃度 (mol/kg-水) である．高濃度の場合，降下度は大きくなる．食品にはさまざまな溶質が含まれており，氷点温度を推算することはむずかしい．氷点温度を求めようとする場合，実測によって決めるのがよい．

細胞内の溶液濃度は細胞外に比べ高い．そのため氷点温度は細胞外で高くなる．冷却条件によっては細胞外にできた氷が成長する，いわゆる「細胞外凍結」が起こる．これにより細胞内の水分は細胞外へと浸透圧によって移動する．細胞の内外で氷を同時につくるためには急冷する必要がある．

c. 相平衡図

図 I.2.4 に圧力-温度平面上における水の相平衡図を示した．食品の凍結で問題となる温度は 0℃ 以下の温度域である．実線は純水に対する相の境界，鎖線は溶液の境界である．溶液における境界の蒸気圧力は純水よりも下がる．これが凝固点降下であり，沸点上昇である[2]．相平衡図は食品内外の水の移動を理解するうえで重要である．

d. 凍結曲線

食品の冷却に伴う温度の変化を模式的に図 I.2.5 に示した．食品温度の変化は，食品の大きさや成

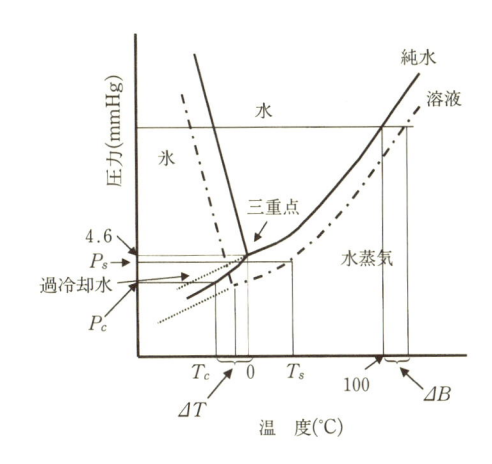

図 I.2.4 水と溶液の相平衡図
ΔT：凝固点降下，ΔB：沸点上昇

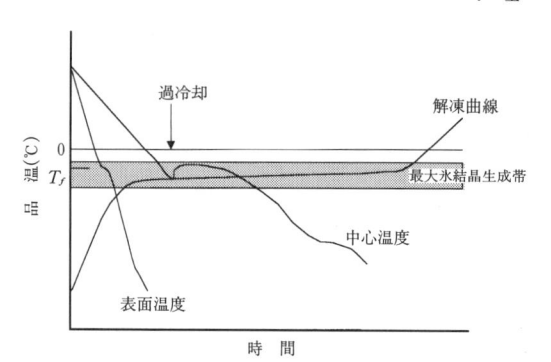

図 I.2.5 凍結曲線と解凍曲線

分，冷却方法，食品の温度測定位置によっても異なる．食品の温度（品温）は表面で下がりやすく，品温センター（品温が最も下がりにくい部分，幾何学的中心と等しいこともある）ではゆっくりと冷却が進む．図には食品の表面温度と中心部の温度変化を示した．食品中心部の温度は，冷却とともに氷点（T_f）に達するが，氷結晶は氷点に達すると現れるわけではない．一般に，氷結晶ができ始める温度は理論的な氷点よりも数度は低い．この状態を過冷却状態と呼ぶ．

過冷却が終わり氷結晶ができ始めると食品の温度は一時的に上昇する．結晶生成に潜熱が必要となった結果である．食品中の水がほぼ氷になった段階で再び食品の温度は下がり始める．さらに冷却を続けると，品温は共晶点 T_e を経て冷蔵庫の温度に限りなく近づく．これに対し，食品表面近くの品温は冷却開始とともに速やかに下がり，氷点近傍で屈曲するものの，中心品温にみられるような一定の温度が続くことはない．これら2種類の温度変化は，温度を測定する部位のみならず，冷却方法によっても異なる．

e. 凍結速度と凍結時間

凍結速度（℃/h）は凍結食品の品質を左右するパラメータである．国際冷凍協会の定義によれば，食品の初期温度と最終温度との温度差を所要時間で割った値を凍結速度としている[3]．また，最大氷結晶生成温度帯，$-1 \sim -5$℃ を通過するのに必要な時間で表す方法もとられている．これは，この温度帯に滞在する時間が長ければ氷結晶が大きく成長するため，短時間にこの温度を通過することが必要であるということによる．急速凍結では最大氷結晶生成帯を30分程度で通過する必要があるといわれている．

凍結所要時間を推定する方法として，熱移動と相変化を考慮し数値計算を行う方法もあるが，プランクの式[4]が時間の目安を求めるためにしばしば用いられる．プランクの式では食品の初期温度が氷点であり，その温度から所定の温度にまで凍結・冷却するのに必要な時間が求められる．この時間 t は

$$t = \left(\frac{\Delta H}{\Delta \theta}\right) \cdot \gamma \left(\frac{D}{N}\right) \cdot \left\{\left(\frac{D}{4\lambda}\right) + \left(\frac{1}{\alpha}\right)\right\} \quad (2)$$

となる．ここで，t は凍結時間，ΔH は凍結開始から最終温度までに除去すべき熱量，凍結潜熱と凍結後の冷却によって取り除くべき熱量の和，$\Delta \theta$ は食品の氷結温度と凍結媒体温度の温度差，D は熱が移動する方向に測定した食品の厚さ，γ は凍結状態にある食品の密度，N は食品の形状係数（平板状：2，円筒状：4，球状：6），γ は凍結した食品の熱伝導度，α は冷却媒体と食品との間の熱伝達率である．

式(2)から求められる所要時間は実際より長くなるものの，良い近似を示す．この式から，凍結所要時間は食品の大きさ D に対し2乗の割合で影響してくることがわかる．食品の大きさが3倍になれば時間は9倍になる．短時間で凍結するためには食品の大きさを小さくし，熱伝達率を大きくしなければならない．

f. 最大氷結晶生成帯

氷結晶の生成は溶液温度が氷点以下に下がると同時に，氷ができ始めるための氷核が必要である．氷核生成速度と結晶成長速度の温度依存性は異なる．結晶の成長，氷核の生成のいずれにも溶液内の水分子の運動が関係している．水分子の運動の大きさは低温になれば小さくなるが，氷核ができるためにはある程度温度が低くなり，水分子が所定の位置で安定に結晶構造をつくる必要がある．核の生成は結晶成長の温度域よりもより低温域で活発である．この様子を図 I.2.6 に示した．横軸は温度を示してお

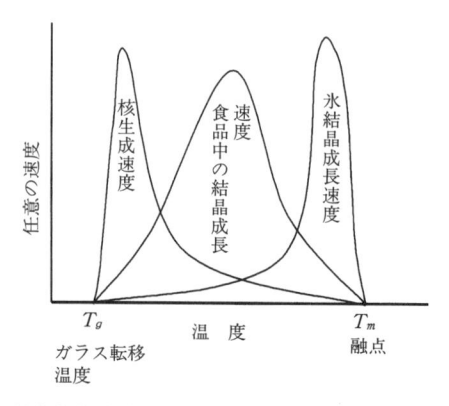

図 I.2.6 核生成速度，氷結晶成長速度，食品中の結晶成長速度

り，縦軸は結晶の成長と核の生成速度の大きさを模式的に示したものである．

両者の最大値は異なった温度で現れる．$-1 \sim -5$℃ は多くの食品の溶液にとっては氷点（融点）であり，結晶成長速度が大きい温度帯でもある．氷核の数が少なく結晶成長速度が大きければ大きな結晶が成長する．急速冷却するためにはより低温にする必要がある．このようにして食品を急冷すれば核生成速度は大きくなり，氷核が多数生まれる．低温であるため，結晶成長速度は遅くなっているので食品には小さな氷結晶が多数できる．食品の凍結ではこの低温領域が重要である．一方，凍結濃縮では大きな氷結晶が濃縮効率を高めるため，氷点近傍での結晶生成が必要である．温度が極端に低くなると図 I.2.4 からわかるように，氷核が生成しない領域となる．

g. 急速凍結と緩慢凍結

氷結晶の大きさは冷却速度によって決まることはすでに述べた．同じサイズの食品でも雰囲気温度をさらに低くしたり，冷却効率を上げる工夫をすることでこの問題は解決できる．しかし，食品のサイズが大きくなると，食品内部と表面とでは冷却速度が著しく異なる．食品表面では急速凍結状態であっても，中心部では緩慢凍結状態となる．

図 I.2.3 の凍結曲線を急速凍結と緩慢凍結における温度変化ととらえることもできる．表面における温度変化は急速凍結に，中心部の変化は緩慢凍結に対応する．

食品を凍結する場合，サイズには十分配慮する必要がある．食品サイズが大きい場合には，冷却媒体の種類，冷却風速を考慮しなければならない．近年衝突噴流の技術が着目されており，従来のエアーブラスト法よりも数倍の風速をもつ凍結装置が開発されているが，短時間凍結することで乾燥を回避することができるためである．

h. 水と氷の物性

水から氷へ相変化することにより，水の熱的な特性や密度は大きく変化する．水が氷になることによって起こる大きな変化は体積膨張である．地球上の数ある物質のうち固体になると体積が増えるものは水のほかに数種類があるにすぎない．食品細胞中に大きな氷結晶ができれば細胞破壊が起こることとなる．

氷になると熱伝導率は大きくなり，比熱は小さくなる．表 I.2.1 にさまざまな食品組成の物性値を示した．水よりも氷の熱伝導が数倍大きく，比熱は水

表 I.2.1 主要成分の物性値

素材	密度 (kg/m³)	比熱 (J/kg·K)	熱伝導度 (W/m·K)
水	1,000	4,180	0.56
氷	917	2,110	2.22
空気	1.3	1,005	0.025
脂質	930	1,900	0.18
タンパク質	1,380	1,900	0.20
炭水化物	1,550	1,500	0.245
無機物	2,165	1,100	0.26

が数倍大きい．食品内部に氷ができれば食品の中心部から表面への熱移動は水の状態よりも速い．これに対し解凍時は表面からとけ始め，表面近くに水が現れる．凍結食品は衣を着た状態になり，内部への熱移動は遅くなる．このことは解凍操作がむずかしい理由でもある．図 I.2.3 には解凍時の中心品温における温度変化を模式的に示した．

2.2.2 凍結が食品に与える物理的変化

食品に含まれる水は溶液の溶媒としての役割を果たしている．凍結現象は溶液中の水が選択的に固体へと相変化することであることはすでに述べた．溶液から溶媒が取り除かれることによって起こる変化を系統的に考える．

a. 凍結濃縮とガラス転移[5]

図 I.2.7 は糖溶液をモデル食品としたときの食品の状態図である．縦軸は温度，横軸は溶質の濃度を示す．種々の溶質濃度状態において温度を変えた場合の食品状態を示している．左側の縦軸上では純水の水を冷却した場合の変化を示す．0℃ で氷結晶が

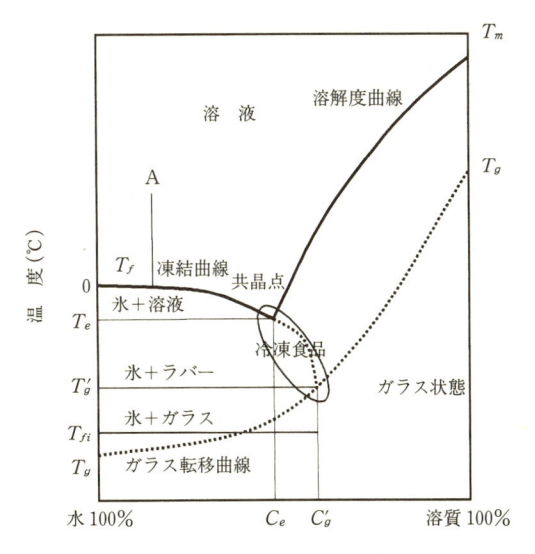

図 I.2.7 モデル食品状態図[5]

析出する．低温部にガラス転移温度（T_g）があり，水を非結晶状態で固化することのできる温度である．非結晶状態はガラス状態とも呼ばれるが，ガラス状態にするためには超急速冷却によってこの温度に下げなければならない．T_g は冷却条件によって出現する点であり，熱的平衡状態を意味しない．右縦軸上には溶質の変化を示した．T_m は融点を，T_g はガラス転移温度を示す．従来，溶液の濃縮過程を示す図としては共晶点 T_e 以下の状態は示さなかった．食品の凍結において，共晶点以下の温度帯における溶質濃度の変化が食品の品質に大きな役割を演じることが近年明らかになってきている．

食品 A を最終温度 T_{fi} にまで凍結・冷却する過程を考える．前節で述べたように溶液が氷点 T_f に達すると氷結晶は析出し始める．氷結晶が生成すると溶質濃度は高くなる．この結果，氷結点温度はさらに低下する．温度の低下とともに凍結曲線に沿って溶質濃度は高くなる．この過程が凍結濃縮である．

凍結初期，食品に含まれる溶質，酵素などの濃度は高くなる．初期の凍結濃縮段階では品温が低いにもかかわらず，見かけの反応速度が高くなる．したがって，凍結濃縮域をできる限り短時間で通過することが必要である．食品においては共晶点以下の温度でも溶液状態である場合が多い．この状態で溶液内の水は氷として析出してくる．しかし，その生成速度はきわめて遅い．溶液にとってこの状態は過冷却状態であり，過飽和状態であり，熱的には非平衡状態である．さらに冷却が進むと溶質濃度は高くなり，溶液の粘度はもはや液体とはいえないほどの大きな値を示す．

粘度が 10^{14} Pa·s 以上である液体を「ガラス」と呼ぶが，食品内部に凍結濃縮によってガラス状態の溶液が生成する．ガラス状態の液体粘度はきわめて高いので，溶液内部の水の動きは制限されている．したがってこの段階では水が関与する品質の劣化は完全に防ぐことができる．このような緩やかな凍結濃縮によって到達する溶質濃度とそのときの温度を特に C'_g，T'_g と記す．

凍結食品の最適な貯蔵温度帯は -18℃ 以下であることはいうまでもないが，水分子の運動が拘束されている T'_g まで冷却するのが望ましいことがわかる．

アイスクリームは乳脂，糖，タンパク質，水，空気からなる複雑な食品である．素材溶液の冷却を進めながら撹拌し空気を抱かせ，微細な氷結晶の生成と溶液の濃縮，氷結晶の均一な分散とを実現する．アイスクリームの最終状態では，品温はガラス転移温度 T'_g まで下げ，貯蔵する．したがって，アイスクリームの安定のためには T'_g ができるだけ高い糖，乳化剤を開発することが期待される．

b. 凍結率と濃縮率

図 I.2.5 に示した凍結曲線は理想状態における凍結率であり，濃縮率でもある．凍結曲線を温度の関数として理論的に与えることができれば，凍結率，濃縮率が求められる．食品の凍結率と濃縮率を直接知るには食品を実際に凍らせ，最終到達温度に達したときの氷の割合を実際に求める．このためには熱分析法，NMR などの手法が必要である．しかしもう少し簡便な方法として，ハイスは食品の氷点 T_f を基準とし，凍結率 X_i を次式で与えた[6]．

$$X_i = 1 - T_f/T \qquad (3)$$

ここで，T_f は食品の氷点，T は食品の温度である．氷点で凍結率は 0 である．温度の低下とともに凍結率は上昇する．しかし，よく知られているように，食品内部の水の状態は，食品を構成するタンパク質，あるいは炭水化物に構造的に緊密に結合しているものと，その水を取り囲むように自由な状態で存在している水とがある．前者は結合水，後者は自由水である．

結合水は運動の自由が束縛されているために氷の結晶構造をとれない．この水を不凍水という．食品内部の水で氷となるのは不凍水を除いた部分となる．したがって真の凍結率 X'_i は食品内部の水から結合水を取り除いたものが凍結しうる水であり，そのうちの何割が凍結しているかを示すこととなり，次式が与えられる．X_w は水分含有量（重量分率）である．

$$X'_i = (X_w - X_b)(1 - T_f/T) \qquad (4)$$

結合水の割合は食品内部の固形物 X_s の割合に比例

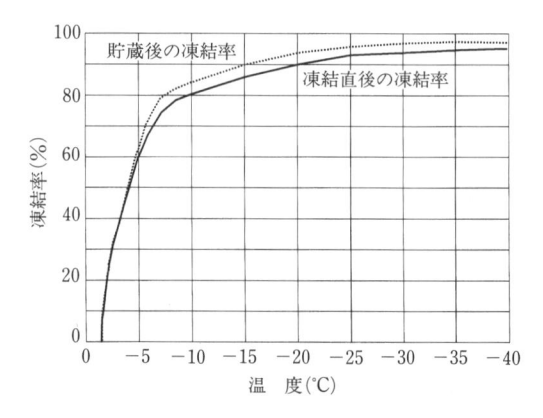

図 I.2.8 食品の温度と凍結率

すると考え，$X_b = b \cdot X_s$，b は結合水の割合であり，食品によって異なる．

式(3)にもとづく食品温度と凍結率の関係を図 I.2.8 に示した．食品の温度が低くなるとともに急激に凍結率は大きくなる．凍結率は食品を一定の温度状態に保存することで徐々に高くなる．これは食品内で溶質の濃縮が起こり，粘度が上昇したため，水分子の移動が拘束されていることによる．

2.2.3 冷凍貯蔵中の食品の物理的変化
a. 食品の乾燥

冷蔵庫内の食品が乾燥することはよく知られている．冷蔵庫には庫内の空気を冷却するために冷媒が蒸発する冷却板を備えている．この部分の表面温度は食品の温度より数度は低くなっている．冷却板は霜が付着する部分である．図 I.2.4 において，食品の温度 T_s に対する食品の蒸気圧を P_s とする．冷却板の温度を T_c とし，この冷却板の表面の蒸気圧を P_c とすると，$T_c < T_s$ であるので，$P_c < P_s$ となることが図より理解できる．水蒸気は高圧部より低圧部へと移動する．水分子は融解することなしに，昇華の過程を経て再び冷却板表面上で昇華し霜となる．この現象は規模の大きな業務用冷蔵倉庫でも同じように起こる．

冷凍冷蔵庫における食品の乾燥を「凍結焼け」と呼んでいる．凍結焼けが起こると食品の表面は乾燥し，ぱさついた状態となり，表面積が増える．このため，食品は空気中の酸素の影響を受けやすくなる．不飽和脂肪酸を多く含む魚類では表面の乾燥により脂質酸化が起こり，褐色の状態をした「油焼け」の状態となる．

このような形の乾燥を防ぐためには，水分子の透過性のない包装材料により食品を包んでおく必要がある．冷凍魚や冷凍ホタテ貝柱などでは表面の乾燥を防ぐため，食品表面を氷の衣で被覆するグレーズが施される．グレーズから水分子が昇華している間は食品の乾燥は起きない．グレーズが薄くなれば再グレーズを施す．

b. すき間氷

密閉状態の包装を施しておいても，冷凍食品貯蔵庫内の温度に比べて冷凍食品の温度が高ければ，食品の水分は包装材料の内面に移動し，このような過程が繰り返されると，包装材料と食品との間にはおびただしい量の氷ができる．これがすき間氷である．このような水の移動が袋の中で起こっていたのでは乾燥を防止していることにはならない．乾燥の防止のためには食品の表面に密着した包装を施す必要がある．

c. 氷結晶の成長＝再結晶化

凍結食品中の氷結晶は貯蔵条件によっては成長していく．この現象を再結晶化とよんでおり，冷凍食品の品質劣化の大きな原因となる．再結晶化は主に次の2つの過程で進行する．

I．図 I.2.9 に凍結食品に温度分布がある場合の再結晶化のモデルを示した．高温部の氷表面からは水が昇華し低温部の氷の表面へと移動する．食品の温度が低ければ蒸気圧は低く，拡散速度も遅くなるので再結晶化速度は小さくなる．しかしいずれにしても温度分布がある場合には氷結晶は移動する．

II．温度が均一な場合でも，氷結晶に粒径分布があれば，再結晶化の原因となる．図 I.2.10 にその関係を模式的に示した．氷の蒸気圧は，曲率の小さい部分が大きな蒸気圧を示す．これは固体表面張力が後者が大きいことから説明できる．小さな氷結晶と大きな氷結晶があれば，蒸気圧の高い小さな粒子から水分子は大きな粒子へと移動する．その結果食品内につくられた微細な粒子は大きな結晶へと飲み込まれる．急速凍結でつくられた微粒子は消滅し大きな粒子となる．これにより細胞が破壊され，テクスチャーが劣化する．その後いくら温度を下げても小さな氷はできない．

さまざまな貯蔵温度におけるマグロ赤身肉と豆腐の氷結晶の再成長速度を実験で求め，図 I.2.11 に示した．横軸は絶対温度で示した貯蔵温度の逆数，縦軸は再結晶速度であり，再結晶速度の Arrhenius プロットである．実験では食品の最終凍結温度は $-50 ℃$ である．貯蔵温度が低ければ再結晶化速度

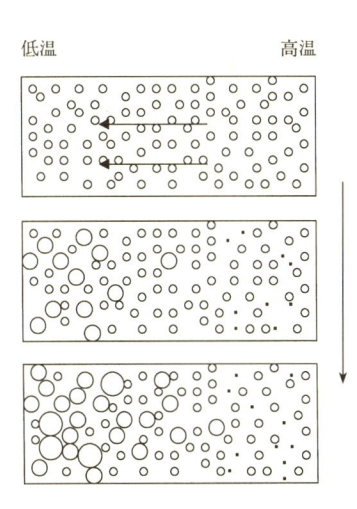

図 I.2.9 温度分布がある凍結食品の氷結晶の変化

氷結晶

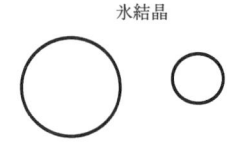

○　　○
粒子大　粒子小
氷蒸気圧＜氷蒸気圧

大きさが異なった氷の結晶の蒸気圧

図 I.2.10　粒径による蒸気圧の違い

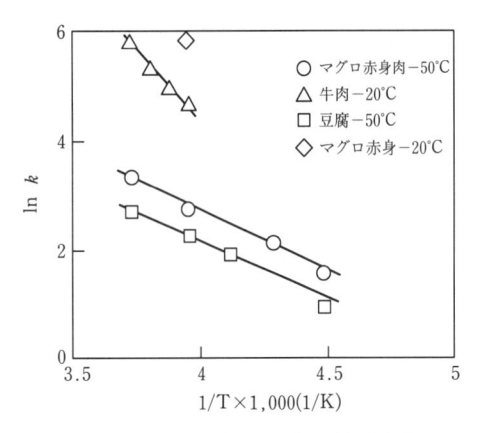

図 I.2.11　凍結貯蔵食品における再結晶速度の温度依存性 $k(\mu m^2/day)$

は小さいことがわかる．図の上部に凍結の最終温度が $-20℃$ の場合の結果を示した．最終温度が低いものは再結晶化速度が小さいので長期の保存に適している[7]．

凍結食品はていねいに扱う必要がある．素材として優れた状態であっても，凍結工程での温度管理，包装状態，保管状態が品質の劣化につながる．貯蔵期間中に氷の結晶の変化が起きないように極力留意しなければならない．配送，あるいは仕分けの間に起こる品温の変化を防ぐことにより凍結食品の品質は高品位に保たれる．

［髙井陸雄］

文　献

1) 宮脇長人：食品物理化学，p.23，文永堂，1996．
2) 髙井陸雄：魚介類の鮮度と加工・貯蔵（渡辺悦生編），p.113，成山堂，1998．
3) 加藤舜郎：凍結食品の取り扱いについての勧告，p.19，日本冷凍空調学会，1990．
4) 日本冷凍空調学会：食品冷凍テキスト，p.65，日本冷凍空調学会，1992．
5) 髙井陸雄：魚介類の鮮度判定と品質保持（渡辺悦生編），p.110，恒星社厚生閣，1995．
6) 同4），p.55．
7) 髙井陸雄ほか：低温生物工学会誌，43，118，1997．

2.3　食品冷凍の化学的問題

われわれが毎日摂取している食品には，タンパク質，脂質，糖質，ビタミン，ミネラルといった化学成分が含まれている．これらの栄養成分は，貯蔵中も変質が少なく保たれていなくてはならない．さらに食事は人間にとって基本的な楽しみのひとつでもあるから，色，味，匂い，テクスチャーなどのおいしさの要素も優れていなければならない．これらの条件を満たし，刺し身のような生ものから加熱調理食品まで幅広く適用でき，かつ安全性の面からも消費者に安心して受け入れられる長期保存方法は，今でも冷凍以外にないと思われる．しかし低温や凍結によっても食品がまったく変化を生じないわけではなく，食品成分にさまざまな化学的変化が生じる場合がある．ここでは，食品の冷凍にかかわる化学的な問題を取り上げることにする．

日本では，「冷凍」を「凍結」の意味で使うことが多いようだが，国際的には，冷凍 (refrigeration) は，物から熱を取り除いて冷却とか凍結する，広い意味の低温処理を示す専門用語として使われている．食品の低温による化学的変質は，置かれる温度帯によって大きく3つに分けることができるようである．食品の温度を下げていってまず第1に起こる問題は，低温代謝障害 (chilling injury) である．特に青果物は畜肉や魚肉と違い細胞が生きているから，ある温度以下で貯蔵すると生化学的な変化によって低温障害と呼ばれる変質が生じる．現在，それぞれの青果物について，低温障害を起こさないようにしながら，できるだけ速やかに低温にする精密な低温管理技術の研究が進められている．この問題は，冷凍食品の原料調達や前処理の場面などで重要である．

さらに温度を下げていって起こる問題は，0℃以下になり一部に氷晶が生成し，溶液が濃縮されだすために起こる現象である．食品がこのような最大氷結晶生成帯 (zone of maximum ice crystal formation) と呼ばれる温度に置かれると，完全に凍結し

たときよりも早く品質劣化することが多い．例えば筋肉中では解糖系の酵素反応が急速に進行し，グリコーゲンが減少し乳酸が生成する．またATPが急激に分解する．マグロ肉ではこの温度帯で肉中のミオグロビンが急激にメト化し，褐色に変わってしまう．食品の凍結の場合，急速凍結(quick freezing)が推奨される理由のひとつは，このような生化学的変化の早い温度帯をできるだけ早く通過させることにある．

3つ目の問題は，さらに温度を下げた状態，いわゆる凍結および凍結貯蔵中に起こる変化である．貯蔵温度を下げれば，それだけ化学反応は遅くなると考えられるが，一般に冷凍食品が貯蔵されている温度(-20℃程度)では，食品中に凍結していない水が残っており，貯蔵が長期に及ぶと，表面乾燥，変色，食感の変化，油焼けなど，さまざまな化学変化が起きてくる．さらにできた氷結晶が細胞を直接破壊したり，タンパク質分子や細胞膜を異常に押しつけるために起きる変化もこの温度帯で起こる．

以上のように，それぞれの温度帯で，また食品の種類によって起こる変質現象はさまざまであるが，それぞれの食品に起こる化学的な変化を知り，それをいかに抑制するかが，食品の冷凍技術上重要である．以下の各項では食品の化学成分をタンパク質，脂質，糖質，色素，栄養素に分け，食品を冷凍する際にそれらに起こる化学反応を取り上げる．できるだけ実例に基づいて解説するが，個々の製品については，第II編の製造編でさらに詳しく解説される．また，「栄養素の変化」については第I編2.5節の「食品冷凍の栄養学的問題」で詳しく解説されるので，ここでは簡単にふれることにする．

2.3.1 タンパク質の変化

タンパク質(protein)は高分子物質として食品の骨格となるばかりでなく，多くの場合その高い水和性によって多量の水を水和し，食品固有の口ざわり，歯ごたえなどをつくりだしている．例えば，魚肉，畜肉を凍結すると，生肉では軟化，スポンジ化が起こり，ドリップが発生する．またそれを加熱すると特有の軟らかさが失われ，またかまぼこやソーセージなどの練り製品をつくるために必要なゲル形成能(gel forming ability)など加工原料としての機能性が低下する．図I.2.12はオヒョウ肉の冷凍貯蔵中の官能検査評点と，筋肉の主要タンパク質であるアクトミオシンの可溶性を追跡したDyer[1]の研究結果である．この成果は食品冷凍の研究をはじめ

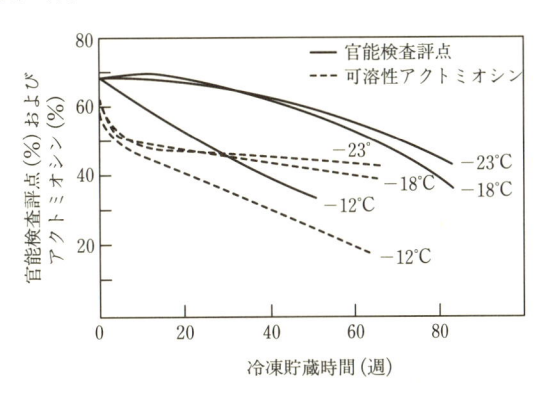

図I.2.12 オヒョウ(*Atlantic halibut*)肉冷凍貯蔵中における食味と可溶性アクトミオシンの変化[1]

てタンパク質に結びつけたものとして有名である．こののち筋肉の冷凍変性(freezing denaturation)は，筋肉タンパク質であるアクトミオシンやミオシンを使用した生化学的な実験系で研究される例が多くみられるようになった．表I.2.2には，筋肉に含まれる主要なタンパク質を冷凍貯蔵したとき，それらのコロイド特性，生化学的機能特性および分子構造に起こる変化を調べた最近の研究結果をまとめて示した[2]．タンパク質の中でも筋肉タンパク質は冷凍変性を受けやすいことで知られているが，それぞれのタンパク質の間でも冷凍変性の受け方が大きく異なるのがわかる．タンパク質の冷凍変性防止物質(cryoprotectant)の研究もこのような分離したタンパク質を用いた試験法で行われた一例であり，現在では糖類やアミノ酸など多くの化学物質が筋肉タンパク質の冷凍変性を抑制することが知られている[2]．かまぼこやカニ足原料として，現在世界各国で年間40万トンが生産されている「冷凍すり身」(frozen surimi)の開発は，水さらしした魚肉タンパク質に，冷凍変性防止物質であるショ糖，ソルビトール，多リン酸塩などを添加して，かまぼこ形成能を1年以上保持するのに成功したタンパク質冷凍変性研究の代表的な応用例である[2]．

筋肉タンパク質の特徴のひとつは，動物種によってその冷凍耐性(frost resistance)が異なることにもある．魚肉は畜肉に比べ明らかに冷凍による変性が早い．さらに魚肉の中でも魚種によって冷凍耐性の程度が異なり，マグロ，カツオ，エビ，タコなどは比較的冷凍変性が少ないのに対して，スケトウダラやカレイなど冷水域に生息する魚種は冷凍変性を受けやすい．最近の研究によれば，この冷凍耐性の差はタンパク質のアミノ酸配列(遺伝子)によって決まっているという[3]．魚の冷凍技術が畜肉に比べ

表 I.2.2　各種の魚肉タンパク質を冷凍貯蔵したときに起きる変化[2]

	アクトミオシン	ミオシン	LMM	HMM	G-アクチン	F-アクチン	トロポミオシン
コロイド特性							
可溶性	++	++	-	-	±	++	±
粘度	++	++				++	
超遠心特性	++	++			+	++	
機能特性							
酸素活性	++	++		++			
G-F 転換					++		
繊維形成性	++	++	+	+		++	
分子構造							
遊離 SH 基		+			+	+	
差スペクトル		+					
自然蛍光	++	++	-	+	+	+	++
ANS 蛍光	++	++	±	++	+	+	++
CD	-	++	±	++			+

表中の記号は，冷凍貯蔵前後の変化程度を示す(変化大 ++>+>±>- 変化小).
LMM：ライトメロミオシン，HMM：ヘビーメロミオシン.

問題にされやすいのは，魚が冷凍変性を受けやすいことだけでなく，魚種によっても冷凍に対する挙動が異なり，それぞれの魚種に合わせた注意深い技術が要求されるためである．

タンパク質含量の高い食品として鶏卵もあげることができる．液卵を凍結した際に起こる変化は，大きく分けて卵白の粘度低下と卵黄のゲル化である．特に卵黄の変化は卵白の場合より著しく，凍結によってゴム状のゲルとなり，解凍しても元の性状に戻らない．この非可逆的変化には卵黄のプラズマ区分に含まれるリポビテレニンなどのリポタンパク質の変性と，分子間 S-S 結合が関与しているという．凍結による卵黄のゲル化を防止するために，凍結前に食塩や糖を添加する方法が有効である．調理冷凍食品に使われる卵の例として，半熟卵の物性を解凍後に再現することは現在の技術でもむずかしい．

タンパク質含量のあまり高くない食品でも，タンパク質の変化は品質に影響を与える．低温によって膜やオルガネラなど，細胞を構成する酵素タンパク質が失活することが知られている[4]．これらの酵素は基本的な代謝に関与しているので，これが変性すれば生物体からなる食品に大きな影響を与えてしまうことは容易に推察できる．

2.3.2　脂肪の変化

脂質 (fat) はタンパク質と同様食品にとって必須な化学成分であり，冷凍貯蔵中の品質変化にも重要な役割を演じている．魚や畜肉の冷凍では，貯蔵中の異臭発生や油焼けと呼ばれる脂質の変化による品質劣化が顕著に現れる．脂肪の変化も貯蔵温度が低いほど少ないが，注意すべき点は $-29°C$ でも脂質の加水分解が停止しない実験例があることである[5]．すなわち脂質を分解する酵素は，凍結状態でも働いていることになる．異臭発生，変色，味の変化などいわゆる酸敗現象は，脂質の酸化が主な原因である．特に最近注目されている魚に多く含まれるエイコサペンタエン酸 (EPA) など，長鎖高度不飽和脂肪酸を多く含む脂質は，冷凍中でも酸化的変質を受けやすい．不飽和脂肪酸 (unsaturated fatty acid) の比率が高い魚で，特に貯蔵中の油焼けによる品質低下が問題になるのはこのためである．

食品中の過酸化物は，人間の腸管でその 5% しか吸収されず，95% は排出されるため，毒性の問題は少ないといわれているが，加工食品の場合少しでも匂い，色，味が変われば商品としての価値がなくなるので，それらの化学変化に直結した油の酸化の問題は重要な検討課題である．食品中の脂質の反応を考える際，脂質は水とは異なって $0°C$ 以下になっても反応は極端に減少することはないこと，また油には水に比べて 10 倍近い酸素が溶けることも注意すべき点である．

野菜や果物の貯蔵でも脂質の重要性が指摘されている．例えば，植物の低温順化で膜のリン脂質が糖脂質に転化したり，低温障害でミトコンドリア膜中の不飽和脂肪酸比率が関係していることである．例えば生のグリンピースは貯蔵中に香気を消失してしまうが，これはリポキシゲナーゼによる脂質酸化によりカルボニル化合物が生成されているためといわ

れている．冷凍野菜の製造ではブランチングが広く行われているが，この処理は野菜の表面殺菌や組織中の空気を外に出して包装を容易にすることなどと同時に，香りや色の変質にかかわる酵素を熱失活させることを目的にしている．

以上に示した例からもわかるように，低温下でもさまざまな食品中で脂質の酸化反応が起きている．ブランチングなどの前処理を十分行っても，貯蔵中の脂質酸化を完全に防止することは困難であるが，できるだけ低温を保ち乾燥させないで保管することのほかに，酸素非透過性フィルムによる包装，グレーズ処理や抗酸化剤(antioxidant)である BHA や α-トコフェロールを添加することの有効性が知られている．

2.3.3 糖質の変化

糖質(glucide)は，タンパク質，脂質とともに三大栄養成分のひとつである．冷凍野菜として生産量の高いスイートコーン，グリンピースなどの未熟な野菜では，原料調達中はもちろん冷凍食品を製造する間の糖質変化が避けられない．例えばスイートコーンの食味として重要な点は，甘味と特有な風味にあるが，いずれも収穫後の品質変化が著しいことで知られている．食味低下の主要因はショ糖など，甘味成分が減少し，デンプン生成が起こるためである．最も品質劣化に影響を及ぼすのは貯蔵温度で，スイートコーンの例では，0℃まで下げれば常温の 1/20 に止められるという[6]．ブロッコリーやアスパラガス，エダマメなど成長の早い植物組織でも同様の問題がある．このため，朝もぎ，産地(畑)での予冷，低温輸送などによって糖の減少を抑え，冷凍野菜の生産工場まで届ける総合的な低温管理技術や，糖の減少が少ない品種の開発が進められている．

加熱調理済の冷凍食品にとって，冷凍による糖類の変質で最も重要な問題は「老化」(retrogradation)であろう[7]．デンプンに水を加えて加熱すると，デンプン分子は水和して膨潤し，糊状の α-デンプン(alpha starch)に変化する．しかし α 化したデンプンも，放置しておくと老化し，もとの白濁した β-デンプンに近い構造に戻ってしまい，滑らかな糊状の物性もなくなってしまう．この老化現象を引き起こす要因のひとつが冷凍であるため，デンプンを含む冷凍食品を開発する際には，老化防止法の研究がひとつのポイントになっている．冷凍食品の老化を少なくするためには，加熱後の冷却と凍結を急速に行い，できるだけ低温で貯蔵する必要がある．

他の老化防止法のひとつに，原料のデンプンを選ぶことがある．アミロースを含まないモチデンプンは非常に冷凍耐性が優れており，冷凍食品ではモチ米やモチトウモロコシのデンプンを混ぜて使うことも多い．またジャガイモやタピオカなどイモ類のデンプンの方が小麦やトウモロコシのデンプンより老化しやすい傾向があることはよく知られる．老化を遅らせる添加物も知られており，モノグリセリドやショ糖脂肪酸エステルのような界面活性剤，またリゾレシチンのように穀類に含まれている脂質も老化を防止する効果があるという．

2.3.4 色素の変化

食品の色調変化は，鮮度変化や風味の劣化と並行した悪変であるため，品質評価上重要である[12]．見た目もおいしさのひとつだといわれる日本の食品では，特に色調が重要視される．食品には数種類の色素(pigment)が同時に含まれることもあるので，以下に冷凍貯蔵中の食品の変色原因として知られている色素を種類別に取り上げる．

a. ヘム (heme) 色素

カツオ，マグロや牛肉などの赤色は，ヘムと呼ばれる鉄原子を含んだ色素とタンパク質であるグロビンが結合した色素タンパク質，ミオグロビン (mioglobin: Mb) によるものである．ミオグロビンは，図 I.2.13 に示すように，空気中の酸素や塩漬処理に使われる亜硝酸などとの結合状態で色調が複雑に変化する．冷凍貯蔵中のミオグロビンの変色は，加熱し変色した状態で食べる畜肉に比べ，生で刺身で食べるマグロなど魚肉で特に問題となる．マグロの冷凍貯蔵中の肉色変化は顕著で，通常の冷凍品の保管温度である −18℃ ではかなり早く変色が進行してしまう．日本で開発された刺身用超低温マグロは，この問題を解決することで商品化された．現在ではマグロは獲れたら直ちに船上で超低温凍結され，陸に上がっても −40℃ の超低温冷凍倉庫に保管されている[8]．

b. カロチノイド (carotenoids) 類

カロチノイドには約200種が知られ，通常黄色〜赤色を示す色素で，サケの肉，タイやメヌケなど赤色魚の表皮，エビやカニの殻，緑黄色野菜など，動物，植物を問わず種々の食品に含まれている．カロチノイドは比較的安定な色素ではあるが，食品によっては冷凍貯蔵中の退色が問題となる．カロチノイドの退色は主に酸化によるものであるが，これに

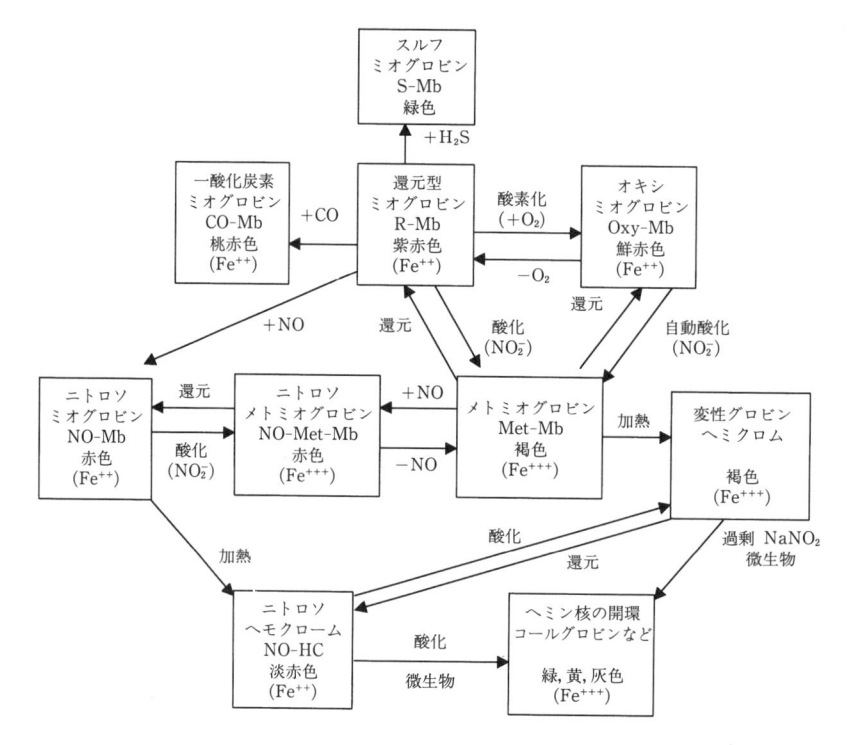

```
                    ┌─────────────┐
                    │ スルフ       │
                    │ ミオグロビン │
                    │ S-Mb         │
                    │ 緑色         │
                    └─────────────┘
                          ↑ +H₂S
┌─────────────┐     ┌─────────────┐   酸素化      ┌─────────────┐
│ 一酸化炭素   │ +CO │ 還元型       │ (+O₂)        │ オキシ       │
│ ミオグロビン │←────│ ミオグロビン │─────────────→│ ミオグロビン │
│ CO-Mb        │     │ R-Mb         │              │ Oxy-Mb       │
│ 桃赤色       │     │ 紫赤色       │   −O₂        │ 鮮赤色       │
│ (Fe⁺⁺)       │     │ (Fe⁺⁺)       │←─────────────│ (Fe⁺⁺)       │
└─────────────┘     └─────────────┘              └─────────────┘
```

図 I.2.13 ミオグロビンの変色経路（魚肉・畜肉製品の発色を含む）

は酵素によるものと自然酸化によるものがある．タイ，メヌケなど体表が赤い魚は，色の美しさが商品価値でもあるため，冷凍貯蔵中の退色が問題になる．これら赤色魚の退色防止にはできるだけ低温で貯蔵することのほかに，空気中の酸素による酸化と乾燥防止を兼ねたアスコルビン酸ナトリウムによるグレーズ処理が有効である．

サケ，マス類の肉にはアスタキサンチン(astaxanthin)が含まれている．日本近海で獲れるシロサケはアスタキサンチン含量が少ないため，冷凍貯蔵中の退色が特に問題になる．食塩はカロチノイドの酸化を促進するので，冷凍貯蔵中の塩ザケでは空気酸化によって皮の部分からリング状に退色が進行し，切り身にすると目立ってしまう．この場合もできるだけ低温で貯蔵することが必要であるが，BHAのような酸化防止剤の有効性が知られている．

植物のカロチノイドには，カロチン，キサントフィルなどがあり，ホウレンソウなど緑色の野菜には必ず含まれるほか，カボチャ，ニンジン，トマト，トウモロコシ，モモやバナナなどの果物にも含まれる．ブランチングが不完全である場合，長期の冷凍貯蔵では野菜類のカロチノイドも酸化されるが，一般的にいえば農産物のカロチノイドは低温に対し安定である．

c. クロロフィル (chlorophyll : 葉緑素)

ホウレンソウ，サヤエンドウなど緑色の野菜に含まれる緑色色素クロロフィルも，冷凍貯蔵温度が高いと退色する．クロロフィルの変色・退色には，① クロロフィル分子中の Mg 原子が水素原子に置換され褐色のフェオフィチンが生成する反応，② クロロフィラーゼにより，フィチル基が除去されクロロフィリドが生成し，さらにフェオホルバイドとなる酵素褐変反応，③ リポキシゲナーゼにより酸化され無色の分解物となる酵素反応，が単独または複合して関与している．この場合は酵素を失活させるため，アルカリ性の状態で短時間のブランチング処理を行うことが有効である．ただしブランチングの処理時間が長くなると，逆に上記の反応が進行し変色を進めてしまう[9]．

d. ポリフェノール (polyphenol) 類

植物性食品の変色の原因となる水溶性色素には，イチゴ，サクランボの赤色，ナスの紫色など植物特有の鮮やかな色をだすアントシアニン (anthocyanin)，黄色のフラボン，無色のカテキンやタンニンがあるが，いずれもベンゼンなどの芳香環にフェノール水酸基が直結した構造をもつので，ポリフェノール成分と総称される．アントシアニンは不

安定な色素で，アルカリ性条件下で特に退色が早い．冷凍イチゴなどの場合には，有機酸処理などで酸性にし，できるだけ低温で冷凍することが退色防止に有効である．ミカンの黄色はフラボノイド色素と呼ばれ，分子構造的にはアントシアニンに似ているが，逆にカロチノイドやビタミンA，Cの酸化防止に効果のあることが知られている．

e. メラニン (melanin) **など**

低温障害を受けたバナナの果皮は褐変するが，これはフェノール類が酸化重合し，黒褐色のメラニン状物質がつくられるためである．サトイモ，サツマイモ，マッシュルームなどにも同様な現象が認められる．凍結すると細胞が凍結損傷を起こし，褐変に関与しているポリフェノールオキシダーゼがいっそう作用しやすくなるため，解凍すると直ちに全体が褐変を起こしてしまう．野菜の場合は，ブランチング処理によって失活させる方法が，褐変防止の一般的な方法である．動物の例ではエビ，カニが冷凍貯蔵中および解凍時に黒変する．これは体液中のチロシンがチロシナーゼなどの作用で，黒色のメラニン重合体を生成するためで，基本的にはフェノールオキシダーゼが関与する農産物の褐変と類似の反応である．野菜の場合と異なり，エビでは黒変防止に有効な亜硫酸水素ナトリウムによる浸漬処理が許可されている．

2.3.5 栄養素 (nutrient) の変化

これまで取り上げたタンパク質の冷凍変性や糖からデンプンへの変化などは，ほとんどの場合，栄養価が低下するほど激しいものではない．一般的にいえば，冷凍貯蔵は最も栄養学的に優れた貯蔵法といってよい．

食品冷凍で大量の栄養価の損失が予想される場面は，栄養成分が解凍ドリップ (thawing drip) として流出してしまうことである．加工用に冷凍原料を大量に解凍するときはもちろん，家庭で料理する魚肉や食肉の切身でも，10％もの解凍ドリップが発生し，タンパク質など主要な栄養成分だけでなく，ビタミン，ミネラルなど，筋漿に含まれる成分がかなり大量に流出してしまうことも多い[10]．冷凍野菜の場合もブランチングや解凍処理中の栄養成分の流出は避けられない．冷凍食品で，半解凍状態で解凍ドリップを出さずに調理することがすすめられているのはこの理由にもよる．冷凍貯蔵中の化学変化が直接食品の栄養価の減少に結びついている例として，脂質酸化によって生じた過酸化脂質が必須アミノ酸と結合し，栄養価が失われてしまうことが知られている[11]．

〔野口　敏〕

文献

1) Dyer, W. J. : *Food Research*, **16**, 522-527, 1951.
2) Matsumoto, J. J. and Noguchi, S. F. : Surimi Technology (Lanier, T. T. and Lee, C. M. ed.), p. 357-388, Marcel Dekker, Inc., New York, 1992.
3) Watabe, S. *et al.* : *Biochem. Biophys. Commun*, **208**, 118-125, 1995.
4) 野口　敏：魚肉タンパク質 (日本水産学会編), p. 91-108, 恒星社厚生閣, 1977.
5) Olley, J. and Lovern, J. A. : *J. Sci. Food Agric.*, **11**, 644, 1960.
6) 町田　暢ほか：畑作全書，雑穀編 (農文協編), p. 201, 農山漁村文化協会, 1981.
7) 野口　敏：冷凍食品を知る, p. 87-91, 丸善, 1997.
8) 野口　敏：冷凍食品を知る, p. 31-35, 丸善, 1997.
9) 石谷孝佑：食品変色の化学 (木村　進ほか編), p. 159-183, 光琳, 1995.
10) Jansen, E. F. : Quality and Stability of Frozen Foods (VanArsdel, W. B. *et al*. eds.), p. 19. Wiley Interscience, New York, 1969.
11) 野口　敏：新版・冷凍空調便覧, V巻, 食品・生物・医学編, p. 25-34, 日本冷凍協会, 1993.
12) 野口　敏ほか：冷凍, **74**, 564-626, 1999.

2.4 食品冷凍の微生物学的問題

食品はいろいろな原因で品質が劣化するが，なかでも微生物によるものは，重大な損失をこうむることが多いので最も重要である．したがって，微生物の増殖抑制や殺滅を目的として，古くから乾燥や塩蔵，酢漬け，缶詰殺菌，冷凍冷蔵など，種々の貯蔵法が用いられてきた．それらのうち凍結法は腐敗や食中毒の原因となる微生物の作用を完全に抑制し，しかも酵素による鮮度低下 (自己消化作用), 油脂の酸敗，肉色の変化なども抑制し，食品の性状を大きく変えることなく貯蔵することができるという点で非常に優れた食品貯蔵法である．しかし，食品中の微生物は凍結条件下でもかなりのものが生き残り，それらは解凍後冷蔵に移した場合には再び増殖を始めるので食品保蔵上問題となる．したがって，ここでは冷凍だけでなく冷蔵も含めて，低温下における微生物の増殖と死滅について述べ，次に低温貯蔵中

の食品における細菌フローラの変遷，冷凍食品の汚染指標菌について述べる．

2.4.1 微生物の増殖と温度[1~6]
a. 低温での腐敗微生物の増殖

微生物は増殖温度との関係で表I.2.3[7]のように3群に大別される．これらのうちで冷凍・冷蔵食品の腐敗に関係の深いグループは低温微生物であり，中温微生物や高温微生物はほとんど関与しない．

低温微生物の中には例えば最適増殖温度が4℃，最高増殖温度でも10℃以下の細菌[8]や，0℃付近で基質取込み活性が最大である細菌[9]，-5℃での世代時間がわずか6時間の微生物[10]なども知られている．表I.2.4に，生乳[11]およびエビ[12]から分離された細菌の世代時間を示す．表I.2.5[7]は腐敗との関連で食品中から分離された低温細菌の増殖最低温度を示したものであるが，このほかにも-7℃で増殖する*Bacillus psychrophilus*や-10℃でも増殖可能なカビも知られており[13]，一般には-10～-12℃が微生物の増殖を完全に阻止できる温度と考えられている．

食品の腐敗・変敗に関与する低温微生物の多くは増殖最適温度が20℃付近であり，それ以下の温度帯では温度が低いほど増殖は抑制されると考えてよ

表I.2.3 増殖温度による微生物の類別[7]

微生物		温度（℃）		
		最低	最適	最高
低温微生物	偏性	-7～-10	12～15	約18
	通性	約0	20～30	37～40
中温微生物		5～7	37	40～45
高温微生物	偏性	>55	65～75	>75
	通性	37	55～65	65～75

表I.2.4 生乳およびエビから分離した細菌の世代時間[11,12]

細菌（分離源）	世代時間（h）				
	1℃	5℃	10℃	25℃	30℃
Pseudomonas（生乳）	11.8～NG	4.6～21.8	2.6～9.2	1.2～2.4	
Acinetobacter（生乳）	NG	7.6～12.3	4.6～5.3	1.2～1.5	
Flavobacterium（生乳）	NG	15.9～18.0	7.5～8.9	1.6～1.9	
Enterobacteriaceae（生乳）	18.1	7.9	4.4	1.0	
Lactobacillus（生乳）	20.5～NG	9.5～12.5	3.6～4.9	1.2～1.4	
Coryneforms（生乳）	12.7～NG	5.0～16.1	2.6～8.1	1.2～2.5	
Micrococcus（生乳）	NG	25.3	11.1	2.9	
Pseudomonas（エビ）			3.6～4.2	1.1～1.3	0.8～1.2
Vibrio（エビ）			2.2～2.4		
Moraxella（エビ）			4.0～4.4	1.2～1.4	1.1～1.3
Acinetobacter（エビ）			7.7～8.5	1.3～1.7	0.9～1.5
Flavobacterium-Cytophaga（エビ）			7.8～8.2	1.6～1.8	1.4～1.8
Arthrobacter（エビ）			7.8～8.2	1.2～1.6	0.7～1.1

NG：増殖せず．

表I.2.5 低温細菌の増殖最低温度（14日間観察）[7]

細菌	分離源	最低温度（℃）
Vibrio anguillarum	カレイ，潰瘍部	-1
Pseudomonas fluorescens	タラ，新鮮	-4
P. fragi	タラ，氷蔵2日	-6.5
P. putida	タラ，新鮮	-4
Pseudomonas sp.	タラ，氷蔵12日	-4
P. putrefaciens	不明	-6.0
P. putrefaciens	バター，腐敗	-2.0
P. rubescens	研磨油	-3.0
Moraxella-like sp.	タラ，腐敗包装品	-5.0

い．したがって，氷蔵は5~10℃での冷蔵に比べ，またパーシャルフリージング（−3℃貯蔵）は氷蔵に比べて温度が低い分だけ貯蔵効果が期待できる．鮮魚（マアジ）を0℃，−3℃および−20℃に貯蔵した場合の生菌数変化[14]を調べた結果によると，0℃貯蔵では約10日で腐敗に達するのに対し，−3℃貯蔵では菌数は2週間以上増加せず，貯蔵初期にはむしろ減少する．しかしこの際死滅するのは主に中温細菌であると考えられ，パーシャルフリージング食品の腐敗に関係の深い低温細菌は，貯蔵初期には菌数は少ないにもかかわらず，貯蔵中に徐々に増殖し，37日後には10^6/g，53日後には10^7/gに達し腐敗に至らせる．−20℃貯蔵ではもちろんこのような生菌数の増加はみられない．

b．低温での食中毒細菌の増殖

主な食中毒細菌の増殖温度域を表I.2.6に示す．多くは中温性であり，増殖および毒素生産の最低温度は通常3.3~10℃である．しかし，*Listeria monocytogenes*, *Aeromonas hydrophila*, *Yersinia enterocolitica*などは低温増殖能があり，0℃付近でも増殖する（表I.2.7）[15]ので，低温貯蔵といえども油断はできない．このうち*L. monocytogenes*は新興感染症の重要な原因菌のひとつであり，特に近年欧米を中心にチーズやキャベツサラダなどの食品を介した大規模食中毒が発生している．また，アレルギー性食中毒の原因となるヒスタミン生成菌のなかにも0℃付近で増殖できる低温菌（*Photobacterium phosphoreum*）[16]が知られており，2.5℃貯蔵中にも大量のヒスタミン（61~144 mg/100 g）を蓄積する[17]．

c．低温微生物の特徴

低温微生物の特徴は，増殖速度と温度の関係を示すArrhenius曲線によって図I.2.14[18]のように表される．一般に分類学的に類縁な微生物では低温微

表I.2.6 主な食中毒細菌の増殖温度域

	増殖温度域（℃）	
	A	B
Vibrio parahaemolyticus	5~44	5~44
Staphylococcus aureus	6.5~50	7~50
Salmonella spp.	5~45.6	5.2~46.2
Campylobacter jejuni/coli	32~45	30~45
病原大腸菌	2.5~45.6	7.0~49.4
Clostridium perfringens	15~52.3	10~42
C. botulinum タンパク質分解菌	10~48	10~48
C. botulinum タンパク質非分解菌	3.3~40	3.3~45
Bacillus cereus	4~50	4~55
Listeria monocytogenes	−1.5~44	−0.4~45
Yersinia enterocolitica	−1.5~45	−1.3~42
Aeromonas hydrophila	>0~45	

A：厚生省（日本），B：FDA（アメリカ）．

表I.2.7 低温性食中毒菌およびその他の細菌の世代時間[15]

細菌	特定温度における世代時間（h）		
	10~13℃	4~5℃	0~10℃
Yersinia enterocolitica	—	20	25
Listeria monocytogenes	5~9	13~25	62~131
Aeromonas hydrophila	4~6	6~17	>49
Bacillus cereus	3~4	8	≫20
偏性低温細菌	2~3	6	12
低温性 *Enterobacteriaceae*・腐敗菌	2~4	8~12	16~20
E. coli・大腸菌群	3~20	—	—
Salmonella spp.	3~15	>30	∞

—：データなし，または増殖せず．

生物は中温微生物や高温微生物と増殖の温度特性（図の勾配）において変わらないが，低温微生物は中温微生物に比べ，より低い温度域で直線性を示すことが特徴といえる．

低温微生物がより低い温度で増殖できるためには，特に細胞膜脂質の物理的状態が重要であり，中温性の *E. coli*[19~20]，*Bacillus*[22]，*Candida*[23,24] などでも，増殖温度を下げると膜の不飽和脂肪酸の比率が増加したり脂肪酸が短鎖化するが，低温性の *Pseudomonas*[25,26] や *Vibrio*[5,27] などではその傾向が強く，また膜のリン脂質含量も増加することが知られている．細菌の細胞膜には種々のタンパク質が存在し，物質の取込みや酵素作用など重要な機能を担っているので，低温微生物ではこのような膜組成変化によって低温でも流動性を保つことによりその機能を維持している（homeoviscous adaptation）[28] と考えられている．

また微生物が低温でも増殖できる理由としては，そのほかにタンパク質合成活性が低温下でも維持されていること[29]，低温下での酵素活性低下を酵素量の増大で補うような代謝調節機構が作用していること[22,26,30]などがあげられる．

d. 低温による微生物の死滅

（1）非凍結状態での死滅　微生物は一般に低

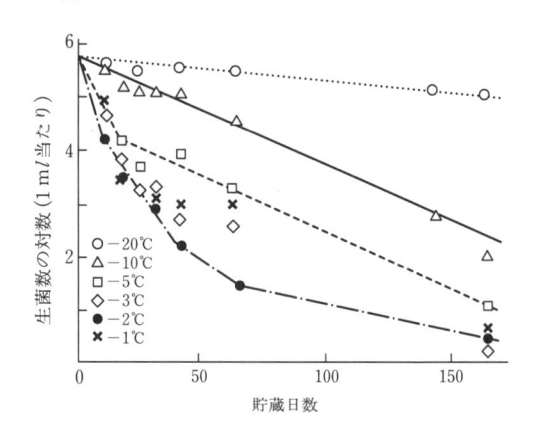

図 I.2.15　低温下における *E. coli* の死滅[31]

温下では増殖速度が低下し，増殖最低温度以下になると休眠状態に入るか徐々に死滅していく．図I.2.15[31]は大腸菌を低温下に保持した場合の死滅をみたものである．$-1 \sim -5$℃ での死滅が -20℃ よりも著しいことがわかる．この原因は -20℃ では生理機能をまったく停止して休眠状態にあるため生存率が高いのに対し，$-1 \sim -5$℃ では増殖は停止するが，まだ一部の酵素系が働いている[32]ため代謝系にアンバランスを生じ次第に死滅すると考えられる．

また，*in vitro* の実験で，微生物は 0℃ 以上でも低温に移した場合にも死滅することが知られている．この現象はコールドショックと呼ばれ，死滅率は冷却時の温度や菌の種類によって異なる．一例を示すと，30℃ 培養菌を低温に移した場合，冷却温度が低いほど死滅率が大きく，低温細菌よりも中温細菌の方が死滅しやすい（図I.2.16参照）[33]．ただし，この現象は実際の食品中では起こりにくい．

コールドショックの原因[34,35]としては，細胞膜が損傷を受けるため細胞内成分（核酸，ペプチド，アミノ酸，補酵素，Mg^{++} など）の漏出による増殖能，代謝活性の低下や DNA リガーゼ活性の低下などがみられ，逆に有害成分の侵入も起こりやすくなり，

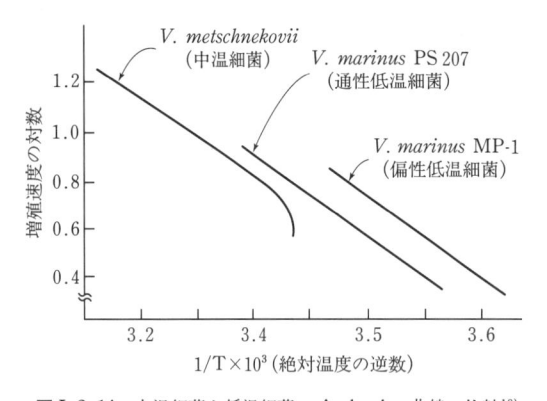

図 I.2.14　中温細菌と低温細菌の Arrhenius 曲線の比較[18]

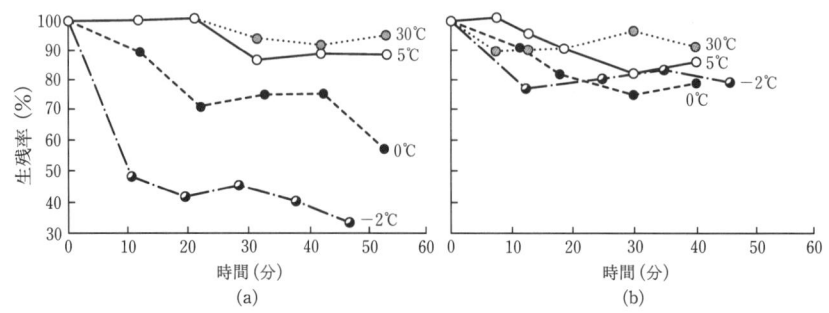

図 I.2.16　中温性（a）および低温性（b）の *Pseudomonas*（30℃ 培養）を低温に移した場合の生残率[33]

また膜上の酵素群や膜機能自体も影響を受けることが考えられる．

（ 2 ） **凍結条件下での死滅**　凍結状態における微生物の死滅の程度は菌の種類によって異なる．表 I.2.8 は各種細菌を $-25℃$ で凍結し，凍結直後の生残率と $-20℃$ に貯蔵後の生残率を調べた結果である．*Pseudomonas* III/IV 群や *Vibrio* は凍結直後，$-20℃$ 貯蔵後ともに減少しているのに対し，*Flavobacterium-Cytophaga*, *Micrococcus*, *Staphylococcus* は耐凍性があり，死滅の程度は比較的少ない．また食中毒菌のうち，低温下で死滅しにくいのはブドウ球菌とボツリヌス菌で，特にボツリヌス菌は胞子の状態ではほとんど死滅しない．一方，低温下で死滅しやすいのは腸炎ビブリオである．

図 I.2.17[37] は $0℃$，$-3.5℃$ および $-20℃$ におけるブイヨン中での腸炎ビブリオの生菌数変化を調べたものである．生菌数の減少傾向は測定に用いた培地の種類によって大きく異なる．例えば $0℃$ 貯蔵 17 日目の生菌数は腸炎ビブリオ検出用の TCBS 培地（選択培地）では $10/ml$ であるが，トリプチケースソイ寒天培地では $10^5/ml$ であり，大部分（両者の差）が損傷菌[34]の状態で生残していることがわかる．これらの損傷菌は適当な条件が与えられたときには正常菌に回復し，増殖して食中毒を起こす可能性があるので，食品衛生上注意が必要である．

凍結による微生物の死滅の仕方[13,34,38]は凍結および解凍時のスピードによって異なる．一般に，① 凍結速度が毎分 1～10℃ 程度の緩慢凍結では，細胞外凍結が起こり，死滅は主に細胞表層付近の氷晶による損傷，細胞外液の濃縮と細胞内液の脱水に起因するので，凍結速度が速いほど，それらの影響を受ける時間が減少するため生残率が増す（図 I.2.18 の右部）．しかし，② 凍結速度が 10～100℃/min の急速凍結では細胞内に生成した氷晶が細胞膜を破壊

表 I.2.8　凍結による細菌の生残率

細　菌	$-25℃$ 凍結直後	$-20℃$ 20 日間貯蔵後
Pseudomonas I	77.0	31.6
〃　　II	84.7	11.7
〃　　III/IV-NH	23.2	0.26
〃　　III/IV-H	24.3	1.2
Vibrio	17.3	0.12
Flavobacterium-Cytophaga	94.5	83.0
Moraxella	91.6	26.5
Micrococcus	85.5	97.8
Staphylococcus	116	101

数字は凍結前の生菌数に対する生残菌数の割合（%）．

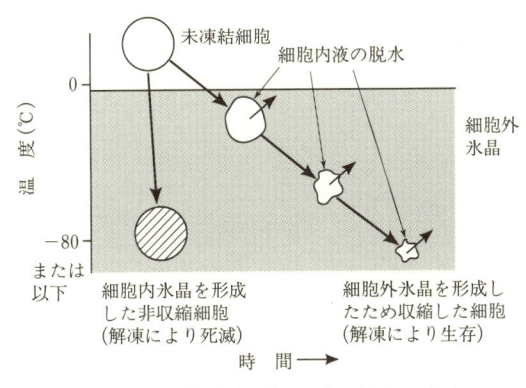

図 I.2.18　凍結速度の違いによる細胞への影響

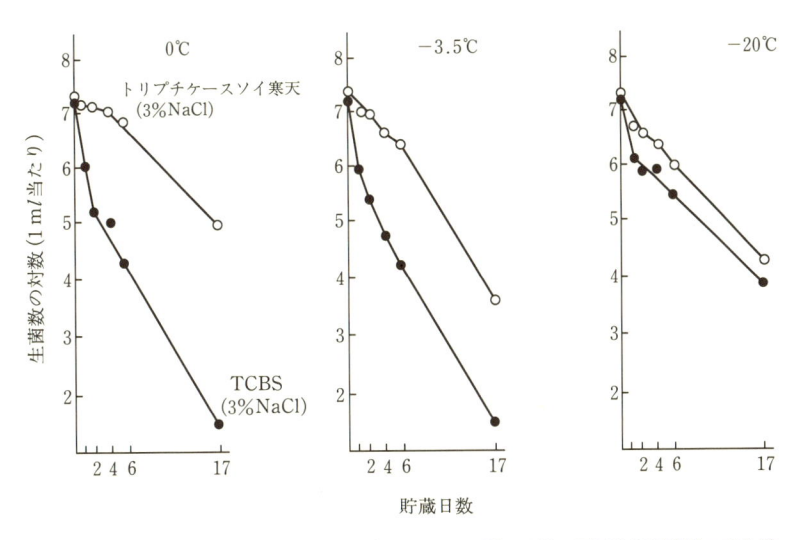

図 I.2.17　腸炎ビブリオの $0℃$，$-3.5℃$ および $-20℃$ における死滅と損傷菌数の変化[37]

するため，凍結速度が急速なほど死滅率が高まる．この場合，特に解凍時の影響が重要で，解凍速度が緩慢なほど細胞内に形成された微細な氷晶が成長して細胞膜を破壊するため死滅率は高くなる（図I.2.18の左部）．③凍結速度が100～10,000℃/minの超急速凍結では，細胞内氷晶の生成が減少し，逆に生残率は高まる．一般の食品中でみられる細菌の死滅は①の場合が大部分である．

2.4.2 低温貯蔵食品における細菌の挙動[39,40]

食品の腐敗は食品の常在細菌である一次汚染微生物と，後から付着した二次汚染微生物の増殖によって起こるが，その際どのような微生物によるかということは，食品の種類や貯蔵条件（温度，pH，塩分濃度など）によって異なり，それらに適したものだけが増殖することになる．したがって，自然界にはさまざまな微生物が存在するが，食品中ではその種類やそれが置かれた環境条件に対応してある程度規則性がみられるので，類似した食品にはほぼ類似した腐敗微生物の分布パターンがみられることが多い．ここでは腐敗フローラが低温貯蔵法の違いによってどのように変わるかを，海産魚の場合について述べる（図I.2.19[41]）．

a. 鮮魚のフローラ

健康な魚類の筋肉や体液は無菌であるが，表皮やえら，消化管内には多数の細菌が存在している．その数は漁場や季節，魚種などによって違うが，一般に皮膚では $10^2 \sim 10^5/cm^2$，えらでは $10^3 \sim 10^7/g$，消化管（内容物）では $10^3 \sim 10^8/g$ である．魚の表皮に付着している細菌[40]は生息水域と同じく *Pseudomonas* III/IV-H（好塩性株，最近の分類では *Alteromonas* に該当），*Vibrio, Flavobacterium-Cytophaga, Moraxella* などが主であり，ほかに *Acinetobacter, Micrococcus* などが検出される．また海産魚の消化管内の細菌は *Vibrio* が，淡水魚では *Aeromonas* と腸内細菌科のものが多い．また腸管の長い淡水魚では嫌気性の *Clostridium* や *Bacteroides* が優勢である．

b. 冷蔵魚の腐敗とフローラ

鮮魚の腐敗速度は付着細菌の種類・数などにより異なるが，冷蔵条件下では，中温菌は増殖できず，低温菌も普通は温度が低いほど増殖が抑制されるので，貯蔵温度の影響は大きい．新鮮なマアジを0, 2.5, 5℃に貯蔵したときの生菌数変化を調べた結果では，生菌数が $10^8/cm^2$ に達し，腐敗に至るまでの日数[40]は，5℃では5日，2.5℃では7～8日，0℃では約10日であり，0℃では5℃の2倍日持ちがすることになる．わが国近海で漁獲された魚（マアジ，マサバ，マイワシ，イサキなど）を0.5℃で貯蔵した際の腐敗時のフローラは，*Pseudomonas* III/IV-Hが最も多く，ついで *Pseudomonas* III/IV-NHと *Vibrio* も多くみられる．一般にこれらの *Vibrio, Pseudomonas* などの細菌は低温での増殖速度の速いものが多い．新鮮時に検出された *Flavobacterium-Cytophaga, Acinetobacter, Micrococcus, Staphylococcus* などが腐敗時にほとんど検出されない

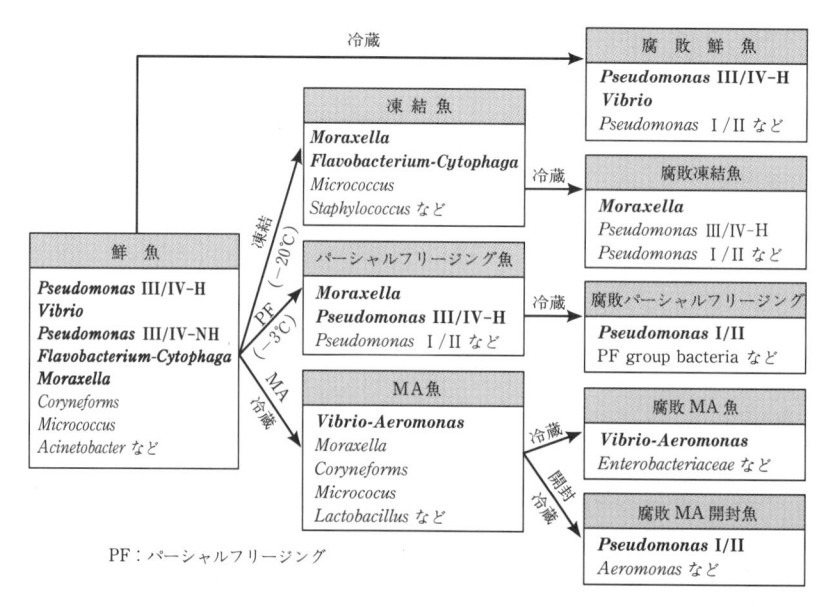

図I.2.19 鮮魚を各種条件下で貯蔵した際の新鮮時および腐敗時のミクロフローラ（太字は優勢菌群）[41]

のはこのような増殖速度の違いによるのであろう.

c. 凍結魚の腐敗とフローラ

最近は消費者の生鮮魚志向が強いため，冷凍しておいた魚を消費地で解凍したものを鮮魚と称して販売するケースがみられる．このような市販冷凍魚の体表のフローラ[42]は，凍結に弱い *Pseudomonas* や *Vibrio* が減少し，*Moraxella* と *Flavobacterium-Cytophaga*，球菌類が優勢となるなど，鮮魚の場合とは著しく異なることが注目される．このことから，市販魚の細菌フローラを調べることにより凍結魚かどうかを見分けることができる．

この解凍魚を低温で放置すると，解凍時にみられた球菌類は検出されず，*Pseudomonas* III/IV-NH，*Vibrio* もわずかである．一方，解凍時にはみられなかった *Pseudomonas* III/IV-H や *Pseudomonas* I/II が多数出現し，解凍時に多く生残した *Moraxella* が最も優勢となる．解凍時にはみられないにもかかわらず *Pseudomonas* III/IV-H が比較的多いのは，その増殖速度がきわめて速いためである．

凍結魚は氷結晶により一部組織破壊が生じたり，タンパク質変性などによって，一般に非凍結鮮魚に比べて肉質が低下すると考えられているが，解凍魚が 0℃ で腐敗に達するまでの日数は鮮魚の方がかえって短いという．この理由は，凍結速度や解凍時の条件などによって，肉質や細菌への影響が異なるので一概にはいえないが，凍結により魚肉中のフローラが *Moraxella* のような比較的腐敗活性の弱い菌群に変化し，菌数も1桁近く減少しているうえ，細菌の中には損傷を受けたものも生じるため，解凍後におけるこれら細菌の増殖の開始が遅れるためと考えられる．

d. パーシャルフリージング貯蔵魚の腐敗とフローラ

パーシャルフリージングは $-3℃$ 付近の温度帯を利用する貯蔵法で，その微生物に対する増殖抑制効果は，パーシャルフリージング貯蔵中については 0℃ 貯蔵より優れていることは明らかである．しかし解凍後には問題がある．パーシャルフリージング温度帯の最大の難点は，氷晶が生成しやすいことであり，その影響がパーシャルフリージング貯蔵魚を解凍したあとの腐りやすさとして現れるからである．図 I.2.20[43] はマイワシについて，凍結魚とパーシャルフリージング貯蔵魚を 0℃ で解凍し，貯蔵した場合の増殖速度を氷蔵魚のそれと比較したものであるが，パーシャルフリージング魚は冷凍魚より腐敗しやすくなっていることがわかる．このよう

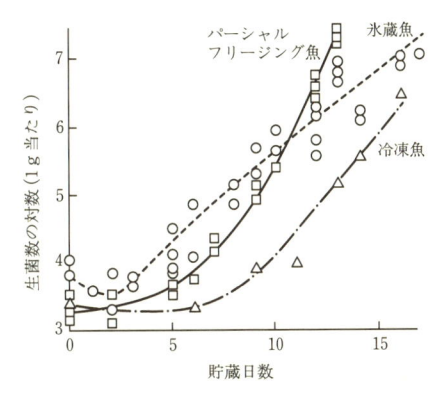

図 I.2.20 凍結魚およびパーシャルフリージング魚を 0℃ で腐敗させたときの細菌の増殖速度の比較[43]

に，パーシャルフリージング解凍魚が腐敗しやすい原因は，$-3℃$ でも増殖可能な低温細菌が解凍時にすでに優勢となっていることに加えて，この温度帯は冷凍と違って，貯蔵中にも氷結晶が成長するため，それによる組織破壊が生じやすく（図 I.2.21），解凍後に細菌の侵入・増殖が容易になるためと推察されている．

パーシャルフリージング貯蔵魚の貯蔵中および腐敗時の細菌フローラは，図 I.2.19 のように氷蔵魚や冷凍魚のものとは異なる．

e. ガス置換貯蔵魚の腐敗とフローラ

ガス置換包装（MA）は密封包装容器内の空気を CO_2 や N_2 ガスで置換して食品を貯蔵するもので，微生物の増殖抑制には CO_2 が効果的であり，その溶解性が低温ほど増大するため，一般に 10℃ 以下の低温貯蔵と併用することにより大幅なシェルフライフの延長が期待できる方法である．MA 貯蔵魚の腐敗時の細菌フローラ[44]は，海外での報告例では *Lactobacillus* が優勢である場合が多いのに対し，わが国近海で漁獲された魚では *Vibrio-Aeromonas* 群細菌が優勢となる傾向にある．この違いには，魚種，漁獲域や貯蔵時のガス組成，温度のほか，特に貯蔵日数の違いによるところが大きいと考えられる．なお，開封後の細菌フローラは *Pseudomonas* が優勢となる．

2.4.3 凍結食品の汚染指標細菌

a. 食品の安全性と汚染指標細菌

近年わが国では，低温貯蔵法やコールドチェーンの普及，衛生環境の改善などにより，食中毒や腐敗など微生物学的な事例が問題となることは少なくなってきている．しかし最近の食中毒発生状況によると発生件数はやや減少傾向がみられるものの，患

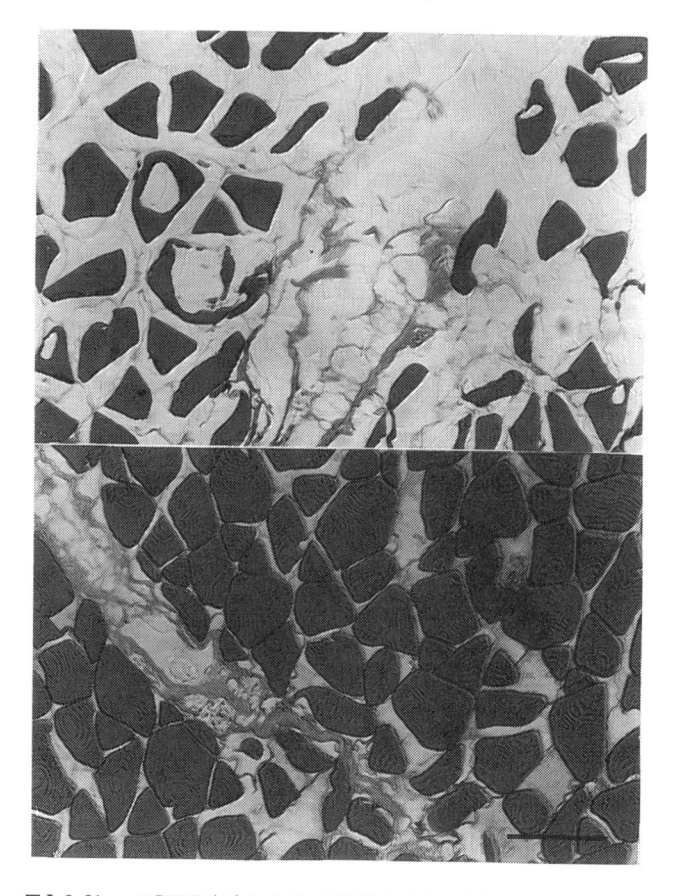

図 I.2.21 −3℃貯蔵(上)および−20℃貯蔵(下)解凍後の筋組織の復元状態

者数はほぼ横ばいであり，1件当たりの患者数はむしろ増大傾向にあり，またリステリアやカンピロバクター，腸管出血性大腸菌など，新しい菌種による食中毒も増えつつある．

食品の安全性をいかに確認するかということは食品衛生の重要課題であり，食品加工や流通の現場では，日常的に食品が安全であることを確かめるために，食品の微生物検査が行われる．しかし個々の食品について種々の病原菌の汚染の有無を調べることは，時間的にも，労力的にも，技術的にもきわめてむずかしい．食品の安全性を確保するために現在広く行われている方法は，衛生的品質を示す指標微生物を決めておいて，それを検査する方法である．その指標菌として一般には大腸菌群が用いられているが，大腸菌群は凍結によって死滅しやすいため，凍結食品では大腸菌群より腸球菌の方が望ましいといわれている．

b. 大腸菌群

大腸菌群 (coliforms) とは，一定の試験法により，48時間以内に乳糖を分解して酸とガスを産生する好気性・通性嫌気性のグラム陰性無胞子桿菌の総称であり，大腸菌 (*Escherichia coli*) のほかに多くの腸内細菌科細菌 (*Citrobacter freundii, Klebsiella pneumoniae, Enterobacter cloacae, Erwinia cartovora* など) を含む．

もともと大腸菌群は井戸水などを介して発生する腸チフスや赤痢などの伝染病対策として，飲料水の汚染指標という意味で調べられた．すなわち，これらの病原菌はヒトや動物の腸内(糞便)にいるので，水が糞便で汚染されていれば，病原菌汚染の疑いがあるということになるが，水中の微量の糞便汚染を肉眼や化学検査で証明することはむずかしいので，糞便と密接に関係のある菌群として大腸菌群を調べることでその汚染状況を知るのである．

E. coli はヒトや動物の腸内の常在菌であり，体外ではあまり長く生存できないので自然界にはほとんど分布しない．これに対し，*E. coli* 以外の大腸菌群はヒトの糞便にも存在するが，それ以外にも広く分布し，ヒトの生活と無関係の山岳地の土壌や渓流にも存在している．したがって，食品から *E.*

表 I.2.9 食品の汚染指標としての大腸菌群と腸球菌の比較[45]

特 性	大腸菌群	腸球菌
形態	桿菌	球菌
グラム染色性	陰性	陽性
腸管内における菌量	$10^7 \sim 10^9$/g 糞便	$10^5 \sim 10^8$/g 糞便
各種動物の糞便中における存在	動物によっては存在せず	大部分に存在
腸管に対する特異性	一般的に特異性あり	一般的に特異性は少ない
腸管以外における存在	一般的に低い菌量	一般的に高い菌量
分離同定の難易度	比較的容易	比較的困難
悪い環境条件に対する抵抗力	比較的低い	比較的高い
凍結に対する抵抗力	比較的低い	比較的高い
冷凍食品中における生残性	一般的に低い	高い
乾燥食品中における生残性	低い	高い
生鮮野菜中における存在	低い	一般的に高い
生鮮食肉中における存在	一般的に低い	一般的に低い
塩漬肉中における存在	低いか存在せず	一般的に高い
食品媒介腸管系病原菌との関係	一般的に高い	比較的低い
非腸管系食品媒介病原菌との関係	低い	低い

coli が検出されれば糞便汚染の可能性が高いが, *E. coli* 以外の大腸菌群が検出された場合には, 糞便とは無関係に自然界の土壌や植物からの汚染の可能性も考えられる. しかし *E. coli* は自然界での死滅がほかの大腸菌群より速いので, *E. coli* が陰性の場合でも糞便汚染の可能性は否定できない.

なお, 二枚貝や生野菜には糞便汚染とは関係なく, はじめから大腸菌群が存在しているので, これらの汚染指標には EC テスト (44.5°C での増殖能と乳糖発酵・ガス産生能の試験) による糞便系大腸菌群が用いられる.

わが国では, 戦後, 食品衛生法が公布されたときに, 飲料水や各種食品の汚染指標として大腸菌群を汚染指標菌とする考え方が取り入れられ, 食品の規格・基準に組み込まれている. 上述のように, 大腸菌群が飲食物から検出されても糞便汚染とは無関係のこともありうるが, 無関係とも言い切れないので, 疑わしきは避けるべきとの考えから, これらが検出されれば, 原料の段階や製品の製造・流通の段階で不潔な取扱いを受けた可能性があるとみなされる.

c. 腸球菌

腸球菌 (enterococci) とは, 単一の細菌種をいうのではなく, *Streptococcus* 属の菌群のうち, Lancefield の血清型 D 群に属するすべての連鎖球菌をさす. これに属する主な菌種は *S. faecalis* と *S. faecium* で, ヒトおよび動物の常在菌である. そのほか昆虫, 植物, 土壌などからも検出され, 自然界での分布は広い. グラム陽性の乳酸球菌で, カタラーゼ陰性, 10°C および 45°C, pH 9.6, 食塩 6.5% などの条件下で増殖でき, 60°C, 30 分間の耐熱性を有する.

ヒトの糞便中における菌数は大腸菌群より少なく, また食水系感染症原因菌との相関関係は大腸菌群の方が高いといわれている. それにもかかわらず本菌群が汚染指標細菌となるのは, 比較的きびしい環境条件に対する抵抗性において, 大腸菌群より優れた点があるためであり, 特に凍結に対する抵抗性が非常に強い (表 I.2.9[45]) ので, 冷凍食品の汚染指標として有用である.

[藤井建夫]

文 献

1) 石田祐三郎:日食工誌, **18**, 538-546, 1971.
2) McElhaney, R. N.: Extreme Environments-Mechanisms of Microbial Adaptation (Heinrich, M. R. ed.), p. 255-281, Academic Press, London, 1976.
3) 高野光男:コールドチェーン研究, **3**, 16-25, 1977.
4) Inniss, W. E. and Ingraham, J. L.: Microbial Life in Extreme Environments (Kushner, D. J. ed.), p. 73-102, Academic Press, London, 1978.
5) Herbert, R. A. and Bhakoo, M.: Cold Tolerant Microbes in Spoilage and the Environment (Russell, A. D. and Fuller, R. ed.), p. 1-16, Academic Press, London, 1979.
6) Herbert, R. A.: Effects of Low Temperatures on Biological Membranes (Morris, G. J. and Clarke, A. ed.), p. 41-53, Academic Press, London, 1981.
7) Shewan, J. M. and Murray, C. K.: *ibid.*, p. 117-136, 1979.
8) Morita, R. Y.: *Bacteriol. Rev.*, **39**, 144-167, 1975.
9) Herbert, R. A. and Bell, C. R.: *Arch. Microbiol.*, **113**, 215-220, 1977.
10) Larkin, J. M. and Stokes, J. L.: *Can J. Microbiol.*, **14**,

97-101, 1969.
11) 小川益男：食品への予測微生物学の適用（矢野信禮，小林登史夫，藤川　浩編），p. 141-150, サイエンスフォーラム，1997.
12) Lee, J. S. and Pfeifer, D. K. : *Appl. Environ. Microbiol.*, **33**, 853-859, 1977.
13) Chattopadhyay, P. : Encyclopedia of Food Microbiology, Vol. 2 (Robinson, R.K., Batt, C. A. and Patel, P. D. ed.), p. 845-849, Academic Press, San Diego, 2000.
14) 奥積昌世，清水達也，松本　明：日水誌，**47**, 239-242, 1981.
15) Mossel, D. A. A. *et al.* : Essentials of the Microbiology of Foods, p. 241, John Wiley & Sons, 1995.
16) Fujii, T. *et al.* : *Fisheries Sci.*, **63**, 807-810, 1997.
17) Okuzumi, M. *et al.* : *Nippon Suisan Gakkaishi*, **48**, 799-801, 1982.
18) Hanus, F. J. and Morita, R. Y. : *J. Bacteriol.*, **95**, 736-737, 1968.
19) Marr, A. G. and Ingraham, J. L. : *ibid.*, **84**, 1260-1267, 1962.
20) Okuyama, H. : *Biochim. Biophys. Acta*, **176**, 125-134, 1969.
21) Sinensky, M. : *J. Bacteriol.*, **106**, 449-455, 1971.
22) Fulco, A. J. : *J. Biol. Chem.*, **244**, 889-895, 1969.
23) Brown, C. M. and Rose, A. H. : *J. Bacteriol.*, **97**, 261-272, 1969.
24) Brown, C. M. and Rose, A. H. : *ibid.*, **99**, 371-378, 1969.
25) Farrell, J. and Rose, A. H. : *J. gen. Microbiol.*, **50**, 429-439, 1968.
26) Gill, C. O. : *ibid.*, **89**, 293-298, 1975.
27) Bhakoo, M. and Herbert, R. A. : *Arch. Microbiol.*, **121**, 121-127, 1979.
28) Sinensky, M. : *Proc. Nat. Acad. Sci. USA*, **71**, 522-525, 1974.
29) Szer, W. : *Biochim. Biophys. Acta*, **213**, 159-170, 1970.
30) Harder, W. and Veldkamp, H. : *Arch. Mikrobiol.*, **59**, 123-130, 1969.
31) Haines, R. B. : *Proc. Royal Soc. London*, **124**, 451-463, 1937.
32) Rose, A. H. and Evison, L. M. : *J. gen. Microbiol.*, **38**, 131-141, 1965.
33) Farrell, J. and Rose, A. H. : *ibid.*, **50**, 429-439, 1968.
34) 森地敏樹：凍結・乾燥細胞障害（根井外喜男編），p. 45-63, 東京大学出版会，1970.
35) 高橋　甫：微生物の生態 8（微生物生態研究会編），p. 33-47, 東京大学出版会，1980.
36) 堀江　進：ニューフードインダストリー，**14** (5), 2-9, 1972.
37) 奥積昌世：魚の低温貯蔵と品質評価法（小泉千秋編），p. 106-116, 恒星社厚生閣，1986.
38) Farrant, J. : Low Temperature Preservation in Medicine and Biology (Ashwood-Smith, M. J. and Farrant, J. ed.), p. 1-17, Pitman Medical, Great Britain, 1980.
39) 横関源延：食品微生物学（相磯和嘉監修），p. 245-267, 医歯薬出版，1976.
40) 奥積昌世：最新微生物制御システムデータ集，p. 51-65, サイエンスフォーラム，1983.
41) 藤井建夫：HACCP の基礎と実際（日本保全研究会編），p. 74-86, 中央法規出版，1997.
42) 奥積昌世ほか：食衛誌，**13**, 418-421, 1972.
43) 藤井建夫：東水大研報，**75**, 415-424, 1988.
44) 藤井建夫：防菌防黴，**21**(3), 155-160, 1993.
45) Jay, J. M. : Food Microbiology, p. 400, Chapman & Hall, New York, 1992.

2.5　食品冷凍の栄養学的問題

食品産業をはじめ，給食施設，病院，家庭などにおいて，冷凍食品は生鮮食品をしのぐ活用状況にある。したがって，これらの食品は栄養素の供給源としてどのように評価すべきかその内容の検討が必要である。

急速凍結され，保存温度が適正に保持され，さらに解凍条件が良好であれば，原則的には栄養素の変化はわずかであるが，おのおのの栄養素によりその間における挙動は異なる。

2.5.1　タンパク質

タンパク質を多く含む魚介類，獣鳥肉類，卵類，乳類などでは，冷凍するとタンパク質の一部は保水性を失い変性することが報告されている。しかし，食品によって変性を起こしやすいものと起こしにくいものがある。魚類の中でもタラは前者の例であり，タコ，イカは後者の例としてあげられている。

変性タンパク質は，タンパク質分解酵素の作用を受けやすいというのが一般的認識である。したがって，消化率の点では問題ないであろう。

岩尾らは，ラットを用いて次のような試験を行っている[1]。

凍結変性の著しいタラとこの変性の比較的少ないイカを材料として選び，両者を漁獲後直ちに -28℃で冷凍し，-20℃で貯蔵した。実験にあたっては半解凍後，内臓，皮部を除き，細かく刻んで同量の水を加えてホモジナイズしたものを凍結乾燥し，試料としている。

この粉末を，タンパク質ベースでイカの場合 16%，タラの場合 14% になるように配合し，15% カゼイン食を対照として用いてラットの成長に対する効果を観察した。

なお，この凍結イカおよびタラの貯蔵中のタンパク質および脂質の変化は図 I. 2. 22, I. 2. 23 に示す。

9 カ月および 18 カ月 -20℃ に貯蔵したイカを与

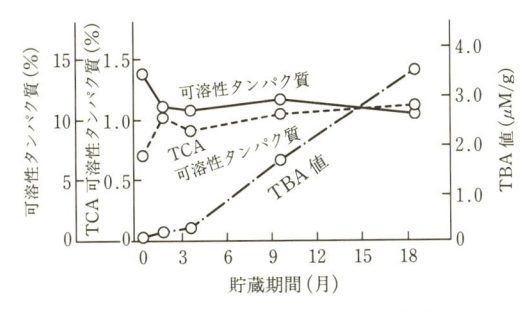

図 I.2.22 イカ肉の冷凍貯蔵時の変化[1]

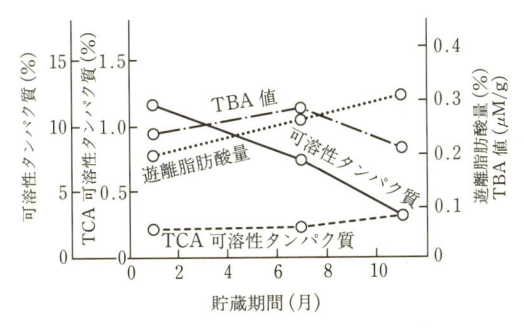

図 I.2.23 タラ肉の冷凍貯蔵時の変化[1]

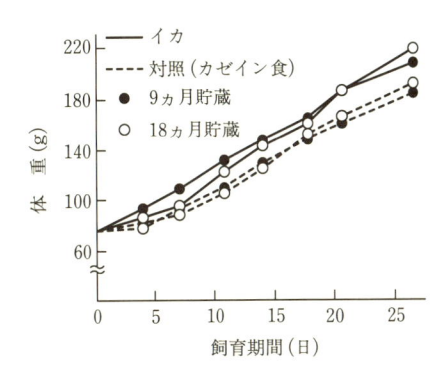

図 I.2.24 冷凍イカ肉投与ラットの成長曲線[1]

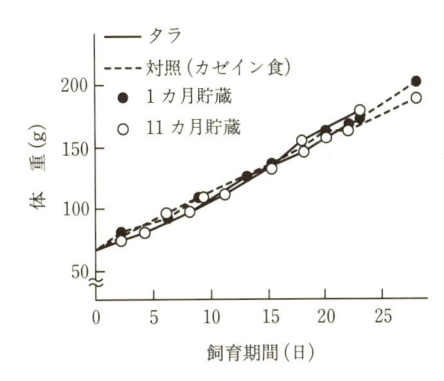

図 I.2.25 冷凍タラ肉投与ラットの成長曲線[1]

えたラットの成長曲線は図 I.2.24 のようで，対照として用いたカゼイン群に比較して若干成長が劣っているが，貯蔵期間による影響はほとんどみられない．また，1 カ月および 11 カ月貯蔵したタラの場合には図 I.2.25 のような成長曲線となり，この場合には対照群との差も貯蔵による差もみられない．また体重増加率，飼料摂取率，飼料効率，タンパク質の見かけの消化吸収率，窒素体内保留率などについても対照カゼイン群とタラ群の間には何ら有意差が認められなかったと報告されている．

急速凍結で生ずる程度のタンパク質の変性は，以上の実験結果より栄養面にはほとんど影響がないとみてよいであろう．

2.5.2 糖　　質

果実類などに多く含有される単糖や二糖類は，凍結による変化は少ないので，栄養面から問題とはならない．

ブランチングその他の方法で処理せず酵素作用が抑えられていない場合には，貯蔵中に二糖類が一部分解するので，体内における糖の吸収はむしろ速くなる．

デンプン性食品の場合には，いったん糊化デンプンとして冷凍するのが一般的である．したがって老化の問題が生ずる．老化デンプンは消化率が劣るので，老化の程度により栄養価に差が生ずる．しかし，加熱解凍する場合には糊化デンプン（α-デンプン）にもどるので消化はよくなる．

パンの場合には水分が少ないので凍結による老化はあまり進まない．したがって，自然解凍でも栄養上問題ないと考えてよいであろう．

2.5.3 脂　　質

凍結貯蔵中に脂質の一部が酵素リパーゼの作用で加水分解し，遊離脂肪酸が増加する．そうなると酸化が進みやすくなる．また，生じた遊離脂肪酸がタンパク質の変性を加速することが知られている．

魚肉では獣鳥肉と比べて高度不飽和脂肪酸が多く含まれるので，脂質が劣化しやすいことに特徴がある．

酸化によって過酸化物価(POV)や TBA 価(2-thiobarbituric acid value)が高くなり，風味や栄養価が低下してくる．一般に過酸化物価 30 以上になると食品として好ましくないとされている．

表 I.2.10 はサバを $-40℃$ および $-18℃$ で凍結し，$-18℃$ の倉庫内に貯蔵した場合の脂肪の変化を検討した岩尾らの報告である[1]．ここでは，TBA 価を測定しているが，TBA 価 0.18～0.20 という

表 I.2.10　サバ脂質の凍結中の変質 (TBA 価)[1]
(−18℃ 貯蔵)

凍結温度＼貯蔵期間	1ヵ月	4ヵ月	7ヵ月
−40℃	0.009	0.160	0.255
−18℃	0.110	0.178	0.278

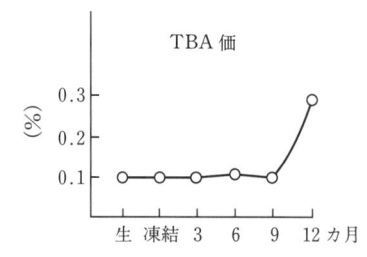

図 I.2.26　−20℃ 貯蔵中の豚肉の品質変化

表 I.2.11　アスコルビン酸が半減するまでにかかる冷凍保存期間 (月)[4]

製品別	品温		
	−18℃	−12℃	−7℃
サヤインゲン	16	4	1.0
ピース	48	10	1.8
ホウレンソウ	33	12	4.2
カリフラワー	25	6	1.7

のは過酸化物価で 68 位に対応する値である．この対応は必ずしも比例的にはいかないが，表 I.2.10 の貯蔵 4 ヵ月目はかなり酸化が進んだ状態と推察される[1]．図 I.2.26 に示すように豚肉の場合はサバより安定である．

過酸化物価は脂質の酸化の初期に生ずるハイドロパーオキサイドのような過酸化物を測定するものであり，TBA 価は脂質が酸化分解して最終的に生ずるアルデヒド (匂い成分) を測定するものである．

脂質の酸化が極端に進むと，人体にも直接的に有毒作用を示すという研究は多くみられ，下痢，肝臓障害，成長阻害，発がん作用などが報告されている．

これら有害作用のほかに，多少でも酸化が進むと脂肪酸組成に変化が生ずるので，栄養効果にも影響を受ける．

脂肪酸には飽和脂肪酸，1 価不飽和脂肪酸，多価不飽和脂肪酸があるが，脂質の摂取に際して，これらの脂肪酸のバランスをとることが大切であるとされている．これらの脂肪酸の望ましい摂取比率はおおむね 3：4：3 とされている．

2.5.4　ビタミン類

凍結によるビタミン類の変化は主に次の点に由来して生ずるものである．
① ブランチング処理による水溶性ビタミンの溶出と加熱酸化
② 凍結保存中の酸化による変化
③ 解凍時におけるドリップへの溶出，加熱による溶出と酸化

各種ビタミンの中で，非常に変化しやすいのはビタミン C (アスコルビン酸) である．

ビタミン C は酸化によってデヒドロアスコルビン酸を経てジケトグロン酸となり，ビタミン C としての生理的な活性を失う．このような問題とあわせて冷凍食品の場合に注目すべきことは，このような酸化が生じているということは，ビタミン C の有する抗酸化的作用の減少によって，食品それ自体の品質の酸化劣化も同時に生じているということである．

ビタミン C の供給源は主に野菜・果実であるので，これらの食品を対象とした研究が多くみられる．

表 I.2.11 は Dietrich らによる結果を示したものである[4]．これによると，アスコルビン酸が半減するまでの貯蔵期間は，野菜の種類，貯蔵温度などによって異なる．ピースのようにデンプンを多く含有し，しかも種皮がしっかりしている食品のアスコルビン酸はかなり安定であることがわかる．

図 I.2.27 は，市販の冷凍ホウレンソウおよび生鮮ホウレンソウのビタミン C 含量を測定した結果である[8]．

冷凍食品の原料とする場合には，ホウレンソウの最盛期の品質の優れたものが選択される．ホウレン

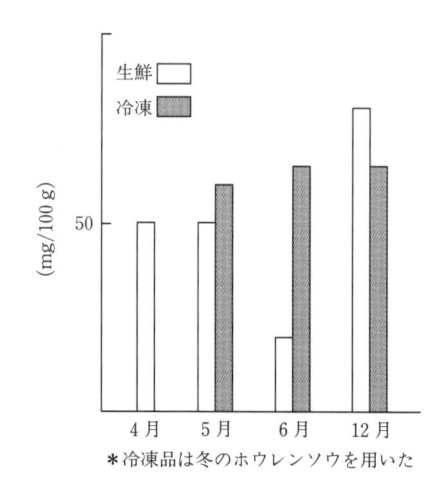

図 I.2.27　市販ホウレンソウのビタミン C 含量[8]
＊冷凍品は冬のホウレンソウを用いた

ソウの旬は冬であるので，一般にはこの時期のものが原料となるであろう．

冷凍時にブランチング処理を行っているので，それによるビタミンCの損失は生ずるが，年間を通じてほとんど同じ含有量である．すなわち，1年の期間において保存中の減少はあまり生じていない．

一方，生鮮ホウレンソウは夏期では冬期の1/3～1/5の含量である．

保存が適正になされるのであれば，冷凍ホウレンソウの方が品質が一定していることになる．さらに解凍時の扱い方により異なる変化が生ずると推察されるので，その点を検討したところ，表Ⅰ.2.12に

表Ⅰ.2.12 市販生鮮ホウレンソウと冷凍ホウレンソウのビタミンC含有量とゆでたときの損失量

試料	ゆでる前			1分間ゆでた後			3分間ゆでた後		
	水分(%)	ビタミンC(mg%)	残存率(%)	水分(%)	ビタミンC(mg%)	残存率(%)	水分(%)	ビタミンC(mg%)	残存率(%)
市販生鮮品	92	48	100	91	34	70	91	24	50
冷 凍 品	89	58	100	89	44	75	89	30	51

水1.5 l を沸騰させた中で300 gのホウレンソウをゆでる．

表Ⅰ.2.13 バラ凍結された市販ホウレンソウのビタミンC含量

原産国	輸入者	冷凍されている形態	水分(%)	ビタミンC含量(mg/100 g)
中 国	A	長いままの状態	93.4	19±1.8
〃	B	〃	90.7	45±0.1
〃	C	おひたしサイズにカット	91.3	49±0.2
〃	D	〃	91.9	27±0.1

測定：1999年1～2月．

表Ⅰ.2.14 低温貯蔵中のビタミンの変化(100 g 中)[1]

食品名とビタミン	温度(℃)	貯蔵前	15日	1カ月	3カ月
豚 肝 臓 ビタミンA	0 −10 −20	8,500 I.U.	8,750 9,350 9,200	8,930 9,270 9,270	— 7,650 8,230
マグロ脂身 ビタミンA	0 −10 −20	120 I.U.	130 135 128	128 120 122	— 102 108
豚かた肉 ビタミンB_1	0 −10 −20	0.59 mg	0.58 0.60 0.59	0.53 0.58 0.57	— 0.49 0.50
豚 肝 臓 ビタミンB_1	0 −10 −20	0.70 mg	0.68 0.71 0.70	0.63 0.68 0.65	— 0.52 0.60
ア ジ ビタミンB_1	0 −10 −20	0.15 mg	0.16 0.15 0.15	— 0.14 0.13	— 0.13 0.14
豚ロース肉 ビタミンB_2	0 −10 −20	0.18 mg	0.17 0.18 0.18	0.15 0.18 0.17	— 0.17 0.17
豚 肝 臓 ビタミンB_2	0 −10 −20	2.32 mg	2.35 2.33 2.31	1.92 2.08 2.25	— 1.85 1.97
ア ジ ビタミンB_2	0 −10 −20	0.13 mg	0.15 0.16 0.13	0.11 0.12 0.14	— 0.11 0.13

示すように，ゆで時間が同じであれば，ビタミンCの残存率は生鮮ホウレンソウの場合と変わらない結果が得られている．

近年は，葉菜類のバラ凍結製品が増加している．そこで，市販品を求めてビタミンC含量を測定したところ，表 I.2.13 に示すようにかなりばらつきがみられた．

表 I.2.14 は数種の動物性食品について，ビタミン A，B_1，B_2 などの変化を検討した結果である[1]．これらのビタミンは，貯蔵温度および貯蔵期間における変動はビタミンCのようには大きくはない．

2.5.5 ミネラル

ミネラル類は凍結時のブランチング処理により一部損失が生ずる．特に流失しやすいのはカリウム，ナトリウムなどである．しかし野菜の種類により鉄の損失の方が大きいものもある．凍結保存中の損失はないが，解凍時にドリップを流出させてしまうとそれに伴う損失が生ずる．

2.5.6 解凍方式と栄養分

a. 凍結牛肉の解凍とドリップ量およびアミノ態窒素量との関係

冷凍食品をおいしく，しかも栄養素の損失を抑えて調理するためには，ドリップの流出が極力少ない状態で扱うことが必要である．

表 I.2.15 は輸入凍結牛肉について解凍方法とドリップ量アミノ酸態窒素量などとの関係を検討したものである．

ドリップ量が最も少ないのは①の方法で，次いで④の方法によるものである．これらは解凍後の肉の中心温度が $-2℃$ である．④のように解凍時の温度は $22℃$ と高くても，解凍終了時の温度を $-2℃$ に抑えるとドリップ量が少ないことが示されている．ドリップ量が多いのは解凍終了時の中心温度が高い③である．同じ解凍温度（冷蔵庫 $4℃$）では，解凍時間が長く，解凍終了時の肉の中心温度が高かった②の方が①よりドリップ量が多い（表 I.2.16）．

以上の点より，解凍時間および解凍温度より解凍終了時の肉の中心温度がドリップ量に大きく影響することがわかる．また，表 I.2.16 より最大氷結晶生成帯（$-0.5～-5℃$）を通過するまでは，ドリップ量は少ないが，その温度帯を過ぎると著しく多くなることが示された．

ドリップ中のアミノ態窒素量は，解凍終了時の中心温度が $-2℃$ の場合は，ドリップ中の濃度は小さいことが示されている．

表 I.2.15 輸入凍結牛肉の解凍方法とドリップ量およびアミノ酸態窒素量などとの関係
―― 2 cm 角切り肉について ――

解凍条件	解凍終了時の肉の温度		ドリップ量*(g)	アミノ酸態窒素量		pH	屈折率	色差 表面色	
	中心温度(℃)	周囲温度(℃)		平均(%)	ドリップ中(mg)			a	b
① 4℃の冷蔵庫で18時間	-2	0～2	32	2.90±0.78	912	5.66	14.7	2.7	0.7
② 4℃の冷蔵庫で21時間	0	3～5	95	3.01±0	2,850	5.74	14.3	3.9	0.9
③ 4℃の冷蔵庫で15時間解凍後22℃の室温で3時間	6～8	10	109	2.35±0.15	2,559	5.76	14.6	3.8	0.9
④ 22℃の室温で4時間	-2	7～11	41	2.00±0.25	810	5.77	13.6	4.6	1.2
⑤ 10℃の水温で2時間	0～3	5	89	1.88±0.78	1,679	5.69	13.7	5.5	14.

* 肉1kgから得られた量．

表 I.2.16 解凍時間および肉の中心温度とドリップ量の関係

解凍方法	肉の中心温度 (℃)	ドリップ量 (g/肉 1 kg)	単位時間当たりのドリップ量	
			−2℃ に至るまでのドリップ量 (32/18)	−2℃ から 0℃ に至るまでのドリップ量 (95-32/21-18)
			(g)	(g)
① 冷蔵庫 (4℃) 18 時間	−2	32	1.8	2.1
② 冷蔵庫 (4℃) 21 時間	0	95		

b. 解凍室付き冷蔵庫,冷蔵室,電子レンジ解凍による比較

近年,凍結食品の解凍に焦点をあてた機能をもつ冷凍冷蔵庫が普及している.このような機種の解凍室は,最終品温が −1℃ で保たれるので食品の劣化が抑えられ,また解凍が過度に進まない点で好ましい.

一方,電子レンジについてもインバーターオーブンが普及して,より好適条件で解凍できるようになっている.

このような解凍機能を活用した場合と冷蔵庫内で解凍した場合について比較検討した.

食品としてはマグロ,甘エビおよびステーキ用牛肉を選び,これらは市場より新鮮品を求め,−40℃ で急速冷凍,48 時間後に解凍した.

図 I.2.28〜I.2.30にはドリップ中の総アミノ酸およびグルタミン酸含量を示した[6].食品の種類によって傾向は異なるが,全体的に電子レンジ解凍による場合がドリップ中のアミノ酸含量が多く,この実験では最も損失が大きい結果となっている.

ステーキ用牛肉では,いずれの解凍方法においてもあまり差はみられない.

c. 冷凍フライ類の吸油率

表 I.2.17,I.2.18には市販冷凍フライ6種類を購入し,表示に従って揚げた場合の揚げ上り時の中心温度,吸油率を示した.揚げ物は食品中の水分と揚げ油の交換になるのであわせて水分量を示した.

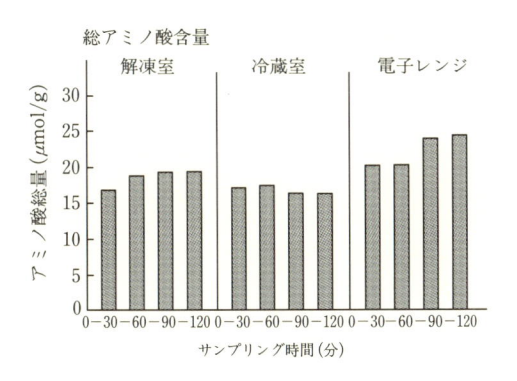

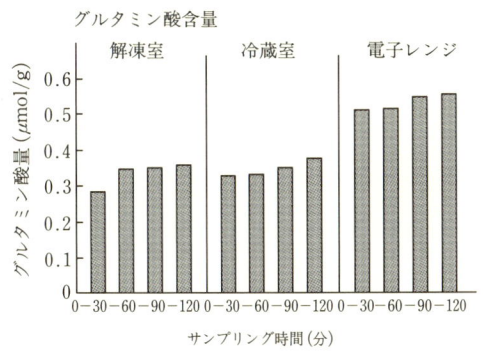

図 I.2.28 ドリップ中のアミノ酸含量(マグロ)[6]

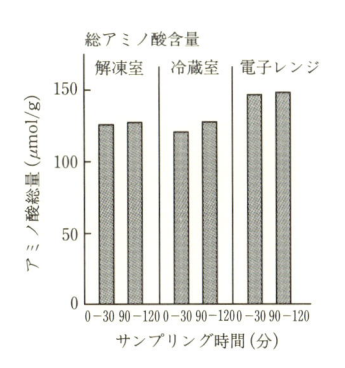

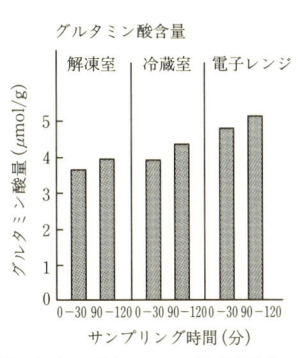

図 I.2.29 ドリップ中のアミノ酸含量(甘エビ)[6]

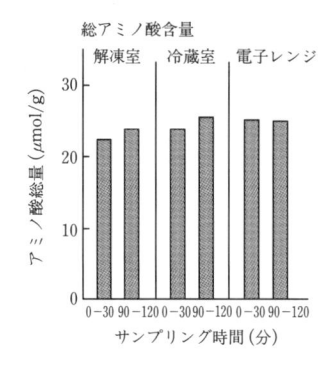

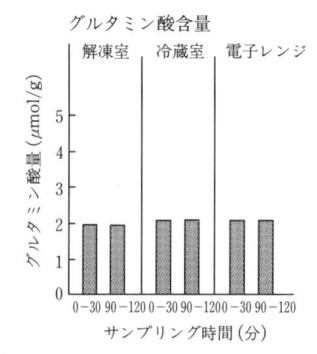

図 I.2.30 ドリップ中のアミノ酸含量（ステーキ用牛肉）[6]

揚げ上ったときの中心温度65℃というのは，直ちに食するのであればあまり問題はないが，給食施設などで大量に揚げ，数時間後に食する場合ではやや危険性が伴う．腐敗菌などが繁殖する可能性が考えられるのである．

生鮮品を揚げる場合とは熱の伝わり方が異なることを意識する必要がある．

揚げ上ったときの脂肪量をみると，かなり吸油率が多いことも注目される点である．例えば，エビフライを家庭で衣をつけて揚げる場合は，平均12～15％くらいの脂肪量となる．

体内では脂肪1gから9kcalのエネルギーが生成されるので，揚げ調理によりどの程度吸油されるかということは栄養面で大きな問題となる．フライ類の吸油率には，食品の表面積，衣の種類，製品中の衣の割合などが影響するので，冷凍フライ類を製造する際には，これらの点に注目することが必要であろう．

［吉田企世子］

文　献

1) 岩尾裕之：国立栄養研報告，昭和42，43年度，75, 1969.
2) 厚生省保健医薬局健康増進栄養課監修：第五次改定日本人の栄養所要量 平成7年度.
3) 斉藤不二男：食肉界，生肉処理技術シリーズ，No.7, 1972.
4) Dietrich, W.C. and Neumann, H.J.: *Food Tech.*, 19, 1965.
5) 日本体育・学校健康センター：学校給食用輸入牛肉の調理適性に関する研究，1988.
6) 榊原弥佳ほか：女子栄養大学紀要，21, 1990.
7) 五明紀春ほか：食品加工学，学文社，1997.
8) 吉田企世子編：新食品学，学文社，1998.

表 I.2.17　揚げ条件と食品の内部温度

食品の種類	1回に揚げた量		揚げ時間	油の温度	揚上り時の食品の内部温度
	概量	食品量/油			
アジフライ	2枚	8%	3.5分	160°～170℃	70℃
メルルーサフライ	3	10	4.0	168～174	65
イカリングフライ	4	7	3.0	166～172	
仔牛フライ	5	6	2.5	175～179	65
エビフライ	5	5	4.0	168～178	80
サケコロッケ	5	10	3.5	168～172	65

表 I.2.18　脂肪と水分の変化

食品の種類	1個当たり重量		脂肪		水分		吸油率	
	揚げる前	揚げた後	揚げる前	揚げた後	揚げる前	揚げた後	生の重量に対して	揚上り重量に対して
アジフライ	58.5g	53.5g	6.3%	19.4%	59.7%	39.4%	11.2%	12.3%
メルルーサフライ	48.5	44.4	1.4	13.1	65.5	49.7	10.7	11.7
イカリングフライ	26.1	24.8	1.6	25.5	52.8	27.8	22.6	23.8
仔牛フライ	17.8	15.2	1.5	18.2	65.7	42.6	14.1	16.4
エビフライ	16.3	14.6	0.7	20.3	61.6	37.6	17.2	19.2
サケコロッケ	30.0	27.2	6.0	17.4	61.2	47.7	9.6	10.2

II. 製　　造

1. 農産冷凍食品

1.1 総　　論

1.1.1　農産原料の特性

　農産物の冷凍食品の原料として用いられるものは，青果物が主体である．野菜類は，イモ類，豆類，スイートコーン，さいの目切りニンジン，ホウレンソウ，ブロッコリーなどの冷凍食品が多く，また，調理冷凍食品の材料として使用されることも多い．一方，野菜や果実の生の状態での輸入が冷凍品あるいは冷凍食品として輸入されることも非常に増加している．このような状況の中で，より良い冷凍食品の流通・消費を促すためには，その素材となる原材料の生の状態における特性と凍結に対する耐性を十分に理解しておく必要がある．

a. 原材料の生理および品質特性

　収穫された青果物は生活作用を営み，その活性は品質変化に密接に関係している．一般にその変化は速く，外観上で観察される変色やしおれだけでなく，内容成分の変化に伴う風味の劣化や栄養成分の損失も起こる．緑黄色野菜ではクロロフィルの分解に伴い黄色化がみられ，またアスコルビン酸の減少を伴う場合が多い．収穫後のブロッコリーの花蕾は顕著にこのような変化を示し，20℃前後の温度帯では2～3日で黄色化し，花蕾のアスコルビン酸も減少する[1]．花蕾の黄色化指数の増大とアスコルビン酸含量の低下との間にはかなり高い相関があることが示されている[2]．ホウレンソウでも20℃下ではアスコルビン酸が急速に減少することが認められている．アスパラガスでも先端部のアスコルビン酸は下部のそれよりも減少しやすい．また，未熟種実を食材として取り扱われる場合が多く，エンドウ，エダマメやソラマメのような未熟種実では，登熟する方向で物質代謝が営まれるので，甘みや旨みのもととなる糖や遊離アミノ酸は，それぞれ急速にデンプンやタンパク質に代謝され，風味の低下が起こる[3]．図II.1.1は実エンドウの糖および遊離アミノ酸含量の変化を示したもので，20℃では収穫後急速に減少していることが示されている[4]．スイートコーンも同様な変化が生じるが，品種改良が進み，甘みの原因となる糖の絶対量が多く[5]，問題は軽減されているが，この点に注意を払う必要がある．肉質の変化にも注意を払う必要があり，野菜類では葉柄や茎の繊維化，果実類で軟化などが問題となる．

b. 果実野菜の組織構造と凍結や解凍に伴う肉質の変化

　植物の組織形態は，基本的には図II.1.2のような細胞壁に囲まれた細胞の集まりで，それに表皮や維管束部が支持体となり組織構造ができている．植物の細胞の特徴は細胞膜をもつ細胞の中にトノプラストに囲まれた大きな液胞をもつことで，この液胞

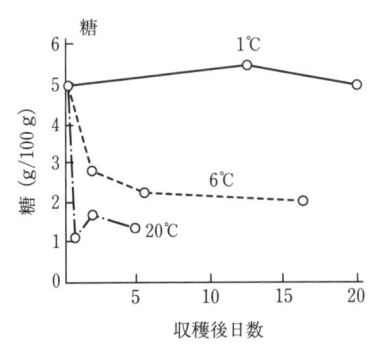

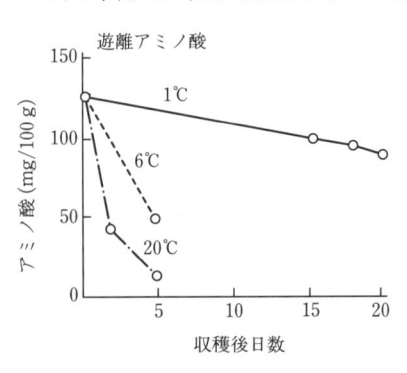

図 II.1.1　実エンドウの収穫後における糖および遊離アミノ酸含量の変化[4]

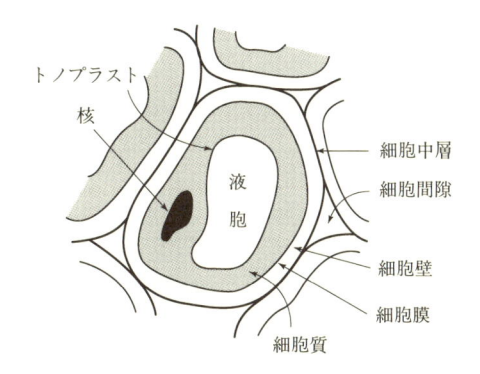

図 II.1.2　植物細胞の模式図

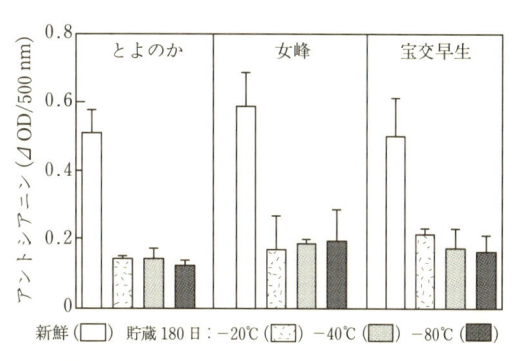

図 II.1.3　イチゴのアントシアニン含量の凍結に伴う変化[8]

中の細胞液に糖, 酸, アミノ酸, アントシアニン, ミネラルなど可溶性の物質が溶存している. 凍結によって生じる氷結晶はトノプラストや細胞膜を破壊し, また細胞壁やその他の構造体も亀裂を生じた[6]りして, 果実や野菜の組織は損傷を受ける. このような凍結に伴う損傷は解凍時におけるドリップを生じる原因となるとともに, 硬い肉質を歯ごたえのない肉質に変える. また, 生細胞やその液胞に可溶性の成分を多く含んでいることは細胞外より細胞膜を通して細胞内へ水を吸収する. それによって細胞は膨張するが, 細胞壁で囲まれているのでそこに膨圧を生じ, この張り切った細胞の状態はパリッとした歯ざわりをもたらす. 凍結に伴う細胞の破壊はこのような歯ざわりも壊すことになる[7].

このように果実や野菜の肉質は, 凍結に伴う細胞の損傷によって大きく変化するが, このような変化をより受けにくい品目としては, 細胞内あるいは組織にデンプンやペクチン質など多糖類の高分子成分を多く含むものや凍結によって表皮が破壊されにくい組織構造をもちその中に成分を保有できるようなものなどで, イモ類, 豆類, ニンジン, ホウレンソウ, ブロッコリー, レイシやマンゴスチンなど熱帯・亜熱帯果実があげられる.

c. 原材料の特性と凍結に伴う変色および風味の変化

生物の細胞内の物質代謝は有機的な制御と区画化, あるいは局在化によって営まれている. このような状態は, 凍結に伴い細胞内に生じる氷結晶によって破壊され, 植物細胞においてはその程度が大きい. その結果, 凍結に伴う細胞内の部分的濃縮状態の場や解凍時では, 成分の合成方向の反応は阻止されるが, 酸化酵素, 加水分解酵素, CSリアーゼなどが働く酸化や分解が進められ, それによって褐変などの変色, あるいは異味異臭が発生する. ポリフェノール物質含量とポリフェノール酸化酵素を多く含む素材では褐変が起こりやすく, 緑色色素クロロフィルを含み細胞のpHが低い素材ではフェオフィチンへの変化も起こり美しい緑色を保ちにくく, またイチゴ[8]やブルーベリー[9]のように水溶性赤色色素アントシアニンを含むものでは, 凍結保存中の量的減少 (図 II.1.3) や解凍時のドリップとともに損失が起こりやすい. ナツミカンでは凍結に伴う細胞の破壊により苦味物質のナリンギンが溶出しやすくなり, 生のものに比べて苦味が非常に感じられるようになる. さらにイチゴでは凍結後直ちに解凍しても異臭が発生する場合が認められ, この現象は品種間差異があることも認められているが, この原因はイチゴに含まれるS^{2-}が細胞の破壊によって形成された低いpH環境においてH^+と結合し, H_2Sを生成することによる[10].

1.1.2　製造技術の基本

果実や野菜の優良な冷凍品を製造するためには, 基本的には前項で述べた問題の発生を防止することにあり, 冷凍前と冷凍貯蔵および解凍過程における対処について考える必要がある.

a. 原材料の選択と処理

冷凍に適した原材料を選択することが原則であるが, 次のことについても注意を払う必要がある. 果実や野菜の生理活性は, 一般に種類, 器官, 部位などによって異なり, 未発達のものほど生理活性は強い. 総生理活性の程度は, 通常, 呼吸量 (速度) で示され, 温度に対する反応性は10℃上昇に対する比数Q_{10}で示され, その値はほぼ2～3にある. また呼吸量の大きいものほど呼吸熱の発生も大きい[11]. それゆえ, 多量の原材料の取扱いにおいては, 原材料を収穫後できるだけ速やかに低温処理し, 加工工程に導入することが求められる. 環境温度が高い条

件での加工処理までの遅延は物質代謝を進行させ成分の損耗を招き，ひいては冷凍品の風味劣化につながる．一方，これらの生産物は一般に土壌細菌や環境に存在する微生物の汚染を受けているので[12]，収穫後の低温処理は微生物の発育を抑制する効果もあり，また冷凍加工用原材料としては洗浄および殺菌あるいは除菌などを通して，微生物学的問題に対処する必要がある．

b. ブランチング（加熱処理）

原材料の中から腐敗や損傷を受けたもの，熟度，形状や色沢など不適当なものの選別や土砂，塵埃，農薬，微生物の洗浄・除去，不可食部の除去・調整などに加え，ブランチング，あるいはスコールディングと呼ばれる加熱処理が求められる．ブランチングの目的は，主に酵素を不活性化させ酵素作用による褐変や風味の変化にもとづく変質を防止することにある．このブランチングは熱湯浸漬処理，あるいは蒸気処理によって行われるので，洗浄の仕上効果も期待できる．表II.1.1は数種野菜や果実のブランチング条件を示したものであるが，一般に果実類にあっては加熱処理によって果実特有の風味や肉質が著しく変わるので，ブランチングは行われることは少ない[13]．熱湯浸漬処理では原材料の可溶性固形物の流出が多くなるので，蒸気処理の方法について検討されており，表II.1.2では通常の蒸気処理よりIQB (individual quick blanching, バラ急速ブランチング，第1段階で1層に並べられた原材料を蒸気処理し，第2段階では蒸気処理で加熱された材料を一定時間保持する方法）やブランチング前に水分を除去すると固形物の損失量が少なくできることが示されている[14]．

c. 糖，アスコルビン酸などの処理

果実類では野菜類のように凍結に伴う変質が酵素の作用に起因することが少なく，先に述べたようにブランチングは通常行われない．加熱処理によって，むしろ風味や肉質の変化が顕著に発生する．し

表II.1.1 果実・野菜のブランチング条件の例

種 類	例 A*		例 B**	
	温度 (℃)	時間 (min)	温度 (℃)	時間 (min)
アスパラガス(白)	90	3～4	100	1～4
アスパラガス(緑)	—	—	100	1.5～6
スイートコーン	90	2～3	100	3～4
ニンジン	90～100	3～4	90	3
ピース	85～90	3～6	85～90	1.5～4
インゲン	85～90	2～3	90	3～6
マッシュルーム	90～100	5～10	100	15
フ キ	90～100	4～8	—	—
レンコン	90～100	10～15	100	3～4
ホウレンソウ	90～100	1～3	90	0.5～1
カリフラワー	90～100	2～4	100	2～3
キャベツ	90～100	3～4	90	2～3
ブロッコリー	—	—	100	4～5
サトイモ	—	—	100	7～12
カボチャ薄切り	—	—	100	5
サツマイモ薄切り	—	—	100	3～4
白 桃	—	—	100	2～5
ビ ワ	—	—	100	5

蒸気ブランチングの場合はこの値(分)より1～2分長くする．果実類のブランチングは，一般に缶・びん詰においては行われる場合が少なく，冷凍においてはアスコルビン酸や糖処理が，乾燥においてはアスコルビン酸処理や硫黄燻蒸が行われる．

* (財)日本缶詰協会：缶・びん詰，レトルト食品製造流通基準(GMP)マニュアル，p.88, 1979 より．
** 加藤舜郎：改訂新版，食品冷凍の理論と応用，p.768, 光琳，1966 より．

表 II.1.2 蒸気ブランチングの方法による固形物流出量の差異[14]

種類	方法	加熱時間[1]（分）	保持時間[2]（分）	乾燥前処理[3]重量減(%)	ブランチング損失量（%）
サヤインゲン	A	2.5	—	—	3.6
	B	1.3	1.3	—	1.7
	C	1.3	1.3	9	0.9
ライマビーン	A	3.0	—	—	1.2
	B	1.5	1.5	—	1.6
	C	1.5	1.5	14	0.6
芽キャベツ	A	4.5	—	—	0.9
	B	2.2	2.2	—	0.7
	C	2.2	2.2	6	0.2
エンドウ	A	1.5	—	0	2.3
	B	0.5	1.0	0	1.6
	C	0.5	1.0	9	0.9

A：通常の蒸気ブランチング，B：IQB，C：乾燥前処理＋IQB．
[1] 99.4℃，[2] 85～93℃に平均化，[3] 熱風入口温度：乾球 104℃，湿球 15.6℃．
流速：244 m/min（ベルト平行），サヤインゲンは 37 m/min（ベルト貫通）．

かし，ポリフェノール物質やポリフェノール酸化酵素を多く含み，凍結貯蔵中に褐変は起こりやすいので，果実材料を糖液に浸す，あるいはショ糖にまぶすなどの処理によって空気中の酸素との接触を遮断し褐変を抑えることが行われる．糖の添加は風味を改善する効果もある．糖液を用いる場合は酸化防止剤としてアスコルビン酸，エリソルビン酸のような還元剤を併用すると効果は大きくなる[15]．アスコルビン酸はビタミンCの強化にもなる．このような糖の処理は，果実材料より遊離水を減少させることになり，解凍時におけるドリップを減少させる[16]．さらに凍結に伴う果実の硬度の低下を軽減させる効果も期待できる（表II.1.3）．しかし，減圧浸透のような処理はドリップを減少させる効果はないようである．

d. 凍　結

凍結の方法としては幾種類かの方法が検討されてきたが，エアーブラスト（−35～−40℃の冷気，3～5 m/sec 送風），あるいは，液体窒素の利用（噴霧あるいは浸漬）が最も普遍的である．凍結速度は最大氷結晶生成帯を約30分以内で通過させるような速度が採用され，続いて冷凍貯蔵温度の −18℃以下に保管される[17]．いわゆる急速凍結が適用され，凍結時における生成氷結晶を微小化し氷結晶の分布の均質化がはかられるが，果実・野菜にあっては魚類や畜肉類と比べて肉質の変化は大きい．液体窒素を用いた場合は大きさにより果実野菜材料に亀裂のような凍結損傷を生じる場合があるので，凍結過程での低温順化が求められる．

ピース，コーン，さいの目切りのニンジンなどのような小型のものには，下部より冷気を当て浮遊している流動層状態で凍結する流動凍結と呼ばれるバラ凍結（individual quick freezing：IQF）が，効果的な急速凍結方法として採用されている．

e. 包装，貯蔵，解凍など

冷凍食品の流通・貯蔵においては，一貫した所定の低温管理が優良な冷凍食品を保証するために求められる．いままでに冷凍食品の経過時間と保管温度がその品質にどのように影響するかが調べられ，time-temperature tolerance の概念が示され，一般に保管温度が低くなると，品質保持期間が指数関数的に長くなることが認められている．冷凍食品の種類によって異なるが，これらの品質は −18℃付近で保管すれば，数カ月から1年は保証されるとみなされる[18]．

冷凍食品の包装も，冷凍食品の乾燥防止，衛生的取扱い，商品性向上，取扱いの簡便化や規格化など

表 II.1.3 冷凍モモの硬度に及ぼすショ糖液処理の影響（茶珍，未発表）

処理区	ドリップ(%)	硬度 (10^5 dyne/cm²)
生果		13.5
浸漬なし	2	1.0
水	17	1.0
0.1 M	22	1.0
0.2 M	19	1.5
0.3 M	17	1.6
0.4 M	15	1.8
0.5 M	12	1.9

のうえから必要である．果実や野菜の包装には，低密度ポリエチレン袋，ポリエステル/ポリエチレンのラミネートフィルム袋に含気包装する方式が多く採用されている[19]．ショーケース中で光が当たると，脂溶性のクロロフィルやカロチノドが酸化分解を起こして退色する問題が認められているので[16]，内容物が包装袋に設けられた透明の窓からみられるよう工夫された包装形態もみられる．

冷凍食品は最終段階では解凍し使用するのが一般的であるが，冷凍野菜類では完全解凍を待たず調理に用いるのも品質を損わせないために効果的である．また，冷凍果実類では，完全解凍すると肉質が変わってしまうものが多いので，半解凍状態のシャーベット状で利用するのも，冷凍果実の用途を拡大する方法と考えられる．　　　［茶珍和雄］

文　献

1) Chachin, K. et al.: *Acta Horticulturae*, No. 483, 255, 1999.
2) 龔　一平ほか：日食低温誌, **16**(4), 145, 1990.
3) 増田　亮ほか：日食工誌, **35**(11), 763, 1988.
4) 伊東卓爾ほか：園学誌, **41**, 223, 1972.
5) 真部孝明, 大友譲二：食品と低温, **10**(4), 113, 1984.
6) Brown, M. S.: *Advan. Food Res.*, **25**, 181, 1979.
7) 岩田　隆：冷凍空調技術, **33**(391), 35, 1982.
8) 鄧　紅：博士論文(冷凍イチゴにおける風味劣化とその発生機構), 大阪府立大学, 9, 1995.
9) Sapers, G. M. et al.: *J. Food Sci*, **50**, 432, 1985.
10) Deng, H. et al.: *Postharvest Biol. Tec.*, **9**, 31, 1996.
11) 緒方邦安編：青果保蔵汎論, p. 34, 建帛社, 1977.
12) 宮尾茂雄：日食保誌, **24**(4), 267, 1998.
13) 苫名　孝, 浅平　端：園芸ハンドブック, p. 611, 講談社サイエンティフィク, 1987.
14) Bomben, J. C. et al.: *J. Food Sci.*, **38**, 590, 1973.
15) 日本冷凍協会編：食品冷凍テキスト, p. 107, 1992.
16) 山田耕二：食の科学, No. 79, 22, 1984.
17) 加藤舜郎：食品冷凍の理論と応用, p. 333, 光琳書院, 1966.
18) 加藤舜郎：食品冷凍の理論と応用, p. 103, 光琳書院, 1966.
19) 山田耕二監修：要説冷凍食品, p. 118, 建帛社, 1979.

1.1.3　有機農産物の動向
a. 有機農産物の現状と課題

近年，生活者の食品に対する「安全，安心」や健康志向の高まりによって，有機農産物をはじめとする有機食品の市場が大きく拡大している．アメリカでの有機食品の売上げは，USDAの調査によると，1994年23億ドル，1996年40億ドルと2年間で80％のアップとなっている．また，アメリカからの日本，EUへの輸出は2億ドルと拡大の傾向にある．

一方，わが国における有機食品(特別栽培農産物を含む)の市場は，1996年1,500億円，1997年3,000億円と急激に拡大している．しかしながら，オーガニック認定の青果物となるとこのうちの3％であり，その多くは味噌，醤油，豆腐といった加工食品(48％)や加工原料作物(15％：茶，梅)，穀物・豆類(12％：米，麦，大豆)が占めている．有機農産物を生産する農家は300万農家のうち1％以下であり，国内の農産物に限っていえば有機食品の市場拡大とはギャップがある．

このギャップの主因は，わが国の農業が小規模の営農家が主体であること，ならびに，わが国の湿潤で多様な気候では欧米型のオーガニック農法が現実には困難であることがあげられる．そのため，わが国における有機農産物はいわゆるオーガニック農産物ではなく，後述する農林水産省のガイドラインに定義されている特別栽培農産物(無農薬，減農薬農産物など)が大部分を占めているのが実態である．

このため，消費者に有機農産物と特別栽培農産物の混同が生じており，改善を必要としている．この改善策を検討するため，農林水産省も有機農産物・加工品の検査・認証制度の検討委員会を設置し，法制化の準備を進めてきた．また，この問題と並行して遺伝子組換え農産物・加工品の表示問題が提起され，あわせて検討されてきた．この結果，JAS法を改正し，有機農産物・加工品ならびに遺伝子組換え農産物・加工品の表示が，2001年4月より施行されることとなった．

b. 有機農産物の定義

従来，わが国の「有機」と欧米の「オーガニック」とは厳密な意味では異なるものであったが，わが国においても2000年1月に「農林物資の規格化および品質表示の適正化に関する法律(JAS法)」により，有機農産物およびそれを原料とした加工品の規格基準が法制化された．

これは1998年，食品に関する国際的規格基準を作成する機関であるCodex (FAO/WHO合同食品規格委員会)の食品表示部会において，有機農産物およびそれを原料とする加工品についての認証基準がガイドラインとして決定されたことを受けている．このことにより有機農産物およびその加工品に関する定義は国際的に統一された．

このCodexガイドラインの概要は次の通りである．

〈制度の概要〉
・有機的生産のみでなく，販売に至るまでのすべての有機的扱い（加工・包装・貯蔵・輸送）に関して基準を定めている．
・政府は，指定機関もしくは公的に認可された検査・認証団体が運営する検査システムを確立し，これらの団体の認可および監督を行う．

〈有機農産物の定義〉
・有機農産物は播種前の2年間，多年生作物は3年間有機生産を実施すること．ただし，公的に認可された検査団体は当該期間（12カ月以上）の変更が可能で，1回だけ有機生産ができる．
・有機生産用の種子，栄養繁殖用植物は原則として1世代，多年生栽培の場合は2世代有機生産したものであること．
・転換期間中農産物は12カ月以上有機生産を実施していること．有機栽培と慣行栽培を交互にしてはならない．有機生産が12カ月を経過したのちは「転換期間中」と表示できる．
・遺伝子操作されたもの，放射線照射されたものは有機農産物の対象外とする．

〈有機農産物を原料とする加工品〉
・加工品の調整において，農業由来の原材料で有機的なものを十分量確保できない場合には，最終生産品における農産物の5％まで非有機原材料が使用可能．
・加工品の農業由来原材料の70％以上が有機であれば，有機的生産方法に言及してもよい．
・加工品の農業由来原材料の70％未満が有機の場合には，原材料リストに有機的生産方法に言及が可能．

〈有機生産に関する表示事項〉
・organic, biological, biodynamic, ecological などの表記がある場合は有機生産に関するものと見なす．
・認可された検査・認証団体の表示事項．

このCodexガイドラインは現在，各国において詳細事項の検討がなされ，法制化が進められている．

c．JAS法における有機農産物およびその加工品の認証方法

農林水産大臣の登録を受けた認定機関が，生産者からの申請を受け，その生産・管理の方法などについて調査を行い，農林水産大臣が定める「認定の技術的基準」にもとづいて認証する．

なお，登録認定機関は認定業務規定について農林水産大臣の認可を受けなければならない．認証を受けた有機農産物・加工品はJAS法に定める方法で，JASマークを貼付することになる．言い換えれば，有機認証のJASマークが貼付されたものだけが有機農産物・加工品として販売可能となる．

なお，これらの概要を有機農産物の検査・認証の例で図II.1.4に示す．

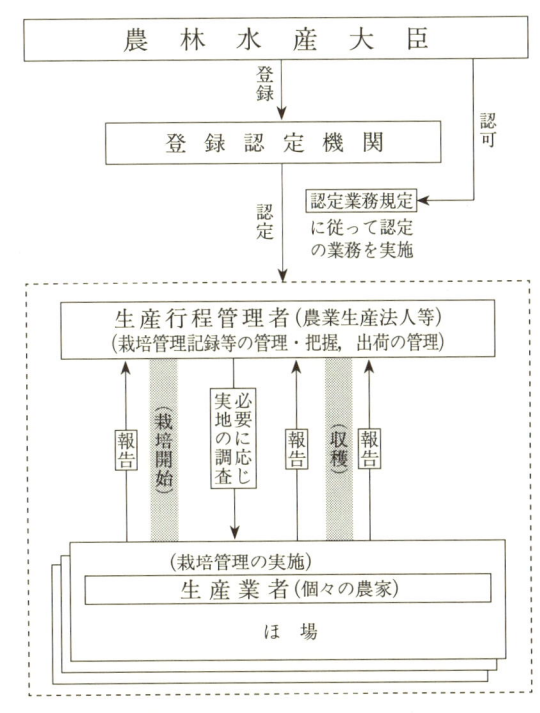

図II.1.4 有機農産物の認証フロー図

d．JAS法における表示方法

〈有機農産物〉
次のいずれかにより名称を記載する．
・「有機農産物」
・「有機栽培農産物」
・「有機農産物○○」または「○○（有機農産物）」
・「有機栽培○○」または「○○（有機栽培）」
・「有機○○」または「○○（有機栽培）」
・「オーガニック○○」または「○○オーガニック」
注）転換期間中のものにあっては名称の前またはあとに「転換期間中」と記載する．

〈有機農産物加工品〉
次のいずれかにより名称を記載する．
・「有機農産物加工品」
・「有機○○」または「○○（有機）」
・「オーガニック○○」または「○○オーガニック」
注）・転換期間中農産物を原料として使用する場合は名称前またはあとに「転換期間中」と記載する．

表 II.1.4　表示区分別農薬・化学肥料の使用について[2]

	農薬		化学肥料
	化学合成農薬	天然系農薬	
有機農産物（3年以上）	×		×
転換期間中有機農産物（3年未満12カ月以上）	×		×
無農薬栽培農産物（栽培期間中）	×	×	
無化学肥料栽培農産物（栽培期間中）			×
減農薬栽培農産物（栽培期間中）	△		
減化学肥料栽培農産物（栽培期間中）			△

×：使用不可．
△：各地域における慣行栽培に比し5割以上に削減．
　（栽培期間中）とは，前作の収穫後から当該農産物の収穫・調製までの期間をいう．

・食塩，水を除いた原材料のうち有機農産物・加工品でないものの割合が原材料の5％以下でなければならないが，これに該当しない場合の表示は，品質表示基準第5条の「強調表示」の方法に従って記載する．

e. 特別栽培農産物

有機農産物・加工品については，前述の通りCodexガイドラインに則ってJAS法として法制化されたが，わが国独自で運用してきた特別栽培農産物のガイドラインは今後も引き続き運用される．

農林水産省では有機農産物・加工品に関するJAS法が施行されたのち，特別栽培農産物についても法制化する意向であるが，この実施にはまだ時間を要するものと考えられるので，ここでは現行の特別栽培農産物のガイドラインについて説明する．

特別栽培農産物とは農薬または化学肥料を全く使用しないもの，あるいは一定程度削減された農産物をいい，4種類に区分されている．

〈特別栽培農産物の基準〉

無農薬栽培農産物：栽培期間中，農薬を使用しない農産物

無化学肥料栽培農産物：栽培期間中，化学肥料を使用しない農産物

減農薬栽培農産物：栽培期間中，化学合成農薬の使用回数を慣行的に使われる回数の5割以上に削減して栽培した農産物

減化学肥料栽培農産物：栽培期間中，化学肥料の使用量を慣行的に使われる使用量の5割以上削減して栽培した農産物

注）「栽培期間中」とは前作の収穫後から当該農産物の収穫，調整までの期間をいう．

わが国では有機農産物，転換期間中有機農産物，特別栽培農産物の3種類に区分されたうえで，表示方法が法律，ガイドラインで決められているが，表示区分別農薬・化学肥料の使用について表II.1.4に示す[2]．

このように有機農産物などに関しては，現在，法の整備や認証の技術的課題を抱えた状況で，変革しつつあり，あるべき姿になるためには今しばらくの時間を要するものと考えられる．　　[新宮和裕]

文　献

1) サイエンスフォーラム編：オーガニック食品実務ハンドブック，品質課，1998.
2) 農林水産省：有機農産物と特別栽培農産物の生産・表示ルール，1998.
3) 新宮和裕：有機食品の認証早わかり（日本経済新聞社編），日本経済新聞社 1998.

1.1.4　国産および輸入冷凍野菜の傾向

a. 国産冷凍野菜

わが国において，冷凍野菜が文献に登場したのは(社)日本冷凍協会（現：日本冷凍空調学会）の「冷凍」誌1929年（昭和4）11月号で，冷凍野菜に関する海外文献の抄録（筆者名なし）が掲載され，1931

年9月号には戸畑冷蔵(株)の加藤舜郎氏が9ページにわたり，冷凍野菜・果実，魚介類の将来性を論じている．

1930年頃には戸畑冷蔵(株)において各種の冷凍野菜の製造が開始されたが，中国で始まった戦争の軍納用が目的であった．1937年，戸畑冷蔵(株)は日本水産(株)の冷凍野菜製造の中核工場になった．1942年，日本水産(株)は加藤舜郎氏らを中心に175ページにわたる『凍菜製法テキスト』を発行したが，わが国の冷凍野菜技術書の嚆矢である．戦中も冷凍野菜は軍用食糧として製造が続けられたが，1945年，敗戦で中断した．

戦後の冷凍野菜は，1947年に開始した南氷洋捕鯨船員の食糧としてであった．1950年代には遠洋漁船への積込量が急増し，さらに国内でも1955年頃より百貨店に冷凍食品売場が開設され，徐々に生産量を回復していった．

戦前の生産量の最多記録は1944年の33,679トンであったが，戦後の統計記録は1958年の139トンに始まり，1944年の記録を超えたのは1973年である．1961年から冷凍野菜の輸入が開始され，国産・輸入ともに飛躍的に伸び出したのは1973年頃である．冷凍野菜に飛躍のチャンスを与えたのは，1970年の日本万国博覧会(大阪)，そしてこの年を「元年」と呼ぶ外食産業の発展であったと思われる．前年の1969年には(社)日本冷凍食品協会が設立されている．

国産凍菜はその後も順調に生産量を伸ばしたが，1978年に輸入量に抜かれ(77,787トン：81,293トン)，その後ほとんど横ばい状態で推移し，1999年には90,382トン：742,697トンと，冷凍野菜全流通量の11%程度に弱体化した．全国各地に点在した凍菜工場も，今は北海道，四国および九州にほぼ限定されている．

最近10年間の国産品目を，1989年と1999年について比較してみた(カッコ内は(社)日本冷凍食品協会統計から，1989年国産冷凍野菜総量90,431トン，1999年総量90,382トンの生産百分率の推移を示す．?印はその年に統計項目がない品目である)．フレンチフライポテトを主とするポテト製品(34.6→34.8)，カボチャ(13.5→13.8)，軸付き・カーネルコーン製品(12.8→11.8)，ホウレンソウ(8.3→6.4)，ニンジン(?→6.4)，サトイモ(?→2.0)，豆類(1.0→?)，その他野菜(29.7→24.7)で，地域的傾向としては，ポテト，カボチャ，コーン，ニンジン，グリンアスパラガスなど，後者より比較的装置産業的で，缶詰製造技術を継承した形での北海道，バッチ式ブランチングでスタートし，ホウレンソウ，サトイモ，ゴボウ，葉菜類が主体の西日本(四国・九州)と両極化し，ともに原料産地に立地している．

その他野菜には，ナバナ(菜の花)，コマツナ，ヨモギ，ピーマン，ピーナッツ，ダイコン，ゴボウ，サツマイモ，ヤマノイモ(ナガイモ)，ブナシメジなど，品目数は多いが生産量はそれぞれ比較的少ない．

b. 輸入冷凍野菜

1960年に農林水産物121品目の輸入が自由化され，1961年から冷凍野菜の輸入が始まったが，同年の通関統計には記載項目がなく，1962年に3トン(アメリカ1.5トン，オーストラリア1.4トン，カナダ0.1トン)が記録されている．ちなみに1963年は39トン(オーストラリア27トン，アメリカ12トン)，その後1964年に3カ国160トン，1965年に6カ国181トンと続き，この年に中国が初登場(台湾は1966年)する．1968年には1,000トンを超える．1975年までは通関統計に野菜名は記載されず，国名のみである．

最近の輸入傾向を1989年と1999年の大蔵省通関によって比較すると次のようになる．

まず国別上位10カ国の輸入総量に対する比率をみると1989年(総量315,354トン)は，①アメリカ51.9，②台湾22.0，③中国8.2，④カナダ6.5，⑤ニュージーランド5.3，⑥西ドイツ1.6，⑦オランダ0.3，⑧メキシコ0.6，⑨フランス0.5，⑩スウェーデン0.3．

1999年(総量742,697トン)，①アメリカ42.6，②中国38.8，③カナダ4.7，④タイ3.6，⑤台湾3.5，⑥ニュージーランド3.4，⑦メキシコ1.5，⑧チリ0.4，⑨オランダ0.3，⑩オーストラリア0.2．

1989年に22.0%占めていた台湾はわずか3.5%に激減．1999年はアメリカ・中国で81.4%を占め，両国の寡占傾向が顕著になってきた．輸入相手国数は，1989年の34カ国に対し1999年は33カ国にとどまった．

次に品目別でみると輸入総量中1989年は，①ポテト43.9，②エダマメ10.9，③コーン10.7，④エンドウ7.2，⑤インゲン6.4，⑥ミックス野菜5.7，⑦ホウレンソウ2.1であったが，1999年では，①ポテト37.9，②エダマメ9.8，③コーン7.3，④サトイモ7.0，⑤ホウレンソウ6.0，⑥ミックス野菜5.0，⑦インゲン4.7，⑧エンドウ

表 II.1.5 冷凍野菜，国内生産/輸入量の推移

(単位：トン)

年	国産 合計	輸入冷凍野菜 (内訳の"その他野菜"は省略) 合計	
1958	139	0	
1959	490	0	
1960	588	0	〈この年，冷凍野菜の輸入自由化決まる〉
1961	1,226	?	〈この年，冷凍野菜の輸入開始，数量は統計項目なく不明〉
1962	1,969	3	
1963	2,465	39	
1964	2,070	160	
1965	3,015	181	
1966	4,929	378	
1967	6,982	916	
1968	11,605	1,088	
1969	22,477	4,022	
1970	30,627	8,474	
1971	23,237	8,529	
1972	31,500	11,006	
1973	40,804	29,598	
1974	63,622	49,339	
1975	53,215	24,954	

戦前の国産冷凍野菜/果実の生産量

	野菜(トン)	果実(トン)
1939 年	2,490	
1940	2,239	
1941	6,518	
1942	15,013	
1943	23,764	323
1944	33,679	8,141
1945	9,690	304
合計	93,390	8,768

日本食品低温保蔵学会誌，**16**(3)，1990．
加藤舜郎：敗戦前15年間の食品凍結事業の回想，より，冷凍青果物協会調べ．

年	国産 合計	輸入冷凍野菜				
		合計	ポテト	豆類	うちエダマメ	コーン
1976	60,034	52,031	5,970	25,474		5,932
1977	83,359	63,869	8,851	31,016		9,658
1978	77,787	81,293	16,403	34,336		14,354
1979	80,769	117,624	24,661	51,428		17,666
1980	76,084	140,756	29,202	55,563		28,330
1981	83,026	150,248	34,226	59,557		28,820
1982	84,987	157,067	37,565	69,483	32,859	24,923
1983	86,783	149,762	44,619	56,106	25,777	25,476
1984	99,436	178,156	50,186	74,186	33,818	22,997
1985	94,821	179,605	56,006	70,925	31,044	24,506
1986	95,961	214,495	72,069	77,380	36,232	29,300
1987	89,658	254,760	97,973	85,272	42,683	33,166

(農水省野菜振興課が下記期間，通関統計に記載されていない輸入冷凍野菜31品目を植物防疫所検査結果より調査したもの，冷凍食品情報，**12**(5)，1984より)

	ポテト	エンドウ	インゲン	エダマメ	ホウレンソウ	コーン	サトイモ
1980		15,054	10,914	14,339	5,073		1,393
1981		24,028	12,144	25,567	2,942		317
1982		21,858	12,993		1,344		1,216
1983		17,379	9,738		1,486		1,492

(表 II.1.5 つづき)

年	国産合計	輸入冷凍野菜									
		合計	ポテト	エンドウ	インゲン	エダマメ	ホウレンソウ	コーン	サトイモ	ミックス野菜	ブロッコリー
1988	80,269	312,525	127,421	23,236	21,444	36,842	3,255	39,802		17,340	
1989	90,431	315,354	138,584	22,809	20,214	34,241	6,472	33,629		18,150	
1990	101,145	305,144	130,794	21,503	20,394	40,071	4,011	35,408	13,150	18,618	
1991	92,992	387,022	144,486	23,863	29,815	42,621	14,025	36,537	27,287	21,315	
1992	102,620	400,805	159,102	21,327	29,446	44,063	11,499	39,819	20,019	22,768	
1993	112,073	431,818	155,433	21,897	23,597	51,249	15,781	42,365	31,440	25,126	
1994	109,955	501,039	175,601	21,227	28,846	56,700	21,846	43,695	42,084	25,709	
1995	102,005	548,429	199,613	21,235	29,902	52,608	21,216	46,740	48,383	28,872	9,785
1996	89,496	604,036	227,656	20,528	8,075	57,972	27,074	46,389	61,924	29,490	10,647
1997	86,397	627,242	241,120	20,957	30,080	60,314	30,633	50,139	54,435	31,356	11,921
1998	86,908	705,568	266,651	20,059	36,375	68,260	45,814	51,903	52,516	35,445	14,963

資料:大蔵省「日本貿易月表」,日本冷凍食品協会「生産高・消費高に関する統計」.

2.8, ⑨ ブロッコリー 2.0％となっている.

品目ではともに外食産業の需要の多いポテトと豆類が圧倒的である.ホウレンソウは,1996年頃から20g/個程度のポーションタイプが登場し,従来の業務用主体に加えて電子レンジ対応の家庭用が急速に伸びている.サトイモもその便宜性で主婦の人気が高まっている.ミックス野菜は外食産業のガロニ(garnish,付合せ野菜)としての地位(当初はグリンピース,ニンジン,コーン3種混合が主流)から,1990年代前半には,和風野菜ミックス,中華野菜ミックスなど,核家族の惣菜として格好の用途を得て順調に伸びた.

わが国の冷凍野菜流通量は,1970年(大阪万博,外食元年)の39,101トンが約30年後の1999年には829,605トンと約21倍に増加した.外食産業の発展のほかに,品質向上,流通の整備,比較的安定した価格などが冷凍野菜の今日の発展に寄与しているものと考える.

輸入冷凍野菜の産地は,ポテトはアメリカ北西部のオレゴン,アイダホ,ワシントン諸州,エダマメは中国福建省と台湾中・南部,サトイモは中国山東省,コーンはアメリカ中・西部,ミックス野菜は,洋食向けがアメリカカリフォルニア州とニュージーランド,オリエンタルタイプが中国福建・山東省,ホウレンソウは中国山東,江蘇,浙江各省,インゲン(ジュウロクササゲを含む)は中国山東,江蘇,浙江,福建各省とタイ北・中部,エンドウはグリンピースがアメリカ西部とニュージーランド,キヌサヤが中国山東,江蘇,浙江,福建各省,ブロッコリーはメキシコ中部高原のグアナファト(Guanajuato)州などである.

c. 大蔵省通関統計と冷凍野菜輸入量

冷凍野菜の輸入数量を知るうえで参考になるものは唯一,大蔵省の「日本貿易月報」であるが,この場合HS分類(HS条約:商品の名称および分類についての統一システムに関する国際条約 Harmonized Commodity Description and Coding System の品目分類)により,輸入相手国と数量・金額をほぼ知ることができる.

1-1 冷凍生野菜とブランチング後凍結した野菜……07.10群.0710.10-000〜0710.90-200

1-2 調製(prepared)した野菜.07.10群の調製品である……20.04群.2004.10-100〜2004.90-299

2-1 1-1と同じであるが,デンプン,イヌリン(inulin)を多く含む根および塊茎……07.14群のうち,0714.20-110カンショおよび0714.90-110サトイモ

2-2 1-2(07.14)群の調製品……20.08群.うち2008.99-228調製したサトイモ(無糖,冷凍品)

以上を集計して一般に「輸入冷凍野菜」としている.(社)日本冷凍食品協会の「冷凍食品に関連する諸統計」の輸入冷凍野菜の数量・金額も同様である.

ただ,大蔵省通関統計は関税徴収の目的とその記録のために作成されているので,輸入冷凍野菜の分類と数量・金額を知るために利用するには若干の問題がある.特に2004.90-210「調製したアスパラガスおよびマメ(無糖,冷凍したもの)」の内容は多くの人が誤解しているようである.上記1-1に相当するアスパラガスは0710.80-090に属し,1-2に相当する調製品は2004.90-299または2004.90-120に属する.

この2004.90-210(調製・無糖・冷凍アスパラガス・マメ)に分類されるものは,アスパラガス・マメ

に限定せず，野菜が主体の調製品で，上記1-2の他の2つの項目に含められない1-1の調製品がすべてここに入れられる．例えば，ロールキャベツ，アスパラガスのベーコン巻き，お好み焼き，五目煮，筑前煮，きんちゃく類など多数があるが，原料の構成割合，調理方法などによりさらに別のHS分類に分類される．一例として食肉が20％以上含まれていれば食肉調製品となる．

通称「SLB」と称する「塩ゆでエダマメ」は普通のエダマメ（「RB」）と同じ0710.29-010に分類されるが，冷凍塩ゆで殻付きラッカセイは，0710.29-090または2004-90-299ではなく，2008.11-299に分類される．

冷凍したレンコンは0710.80-090に分類されるが，オオクログワイ（ミズグワイ）やヤマノイモ類はダイジョなどと0714.90-120に，また冷凍ショウガ（すりおろし品など）は非冷凍品とともに0910.10-239に，冷凍カンショ（0714.20-110）も，大学イモ原料用にフライドしたものは，2008.99-229に分類される．

また，一方，調製タケノコは，2004.90-220の独立した分類項目があるが，0710.80-090に分類されているタケノコもあり，冷凍カンショ，冷凍タケノコの正確な輸入数量などは不明であると説明するのが正しい．

また冷凍クリ，ギンナンは，ナッツとして0811.90-290に分類されている．

全体的には上記したように1-1～2-2以外にも統計上，数量・金額を把握できない冷凍野菜があり，他のHS項目に含まれており，輸入冷凍野菜の数量・金額はその年の輸入量とされているものをいくらか上回っているといえる． ［小泉栄一郎］

文　　献

1) 大蔵省：日本貿易月報，関係各年度の12月号．
2) 日本冷凍食品協会：冷凍食品に関連する諸統計，関係各年度版．
3) 日本冷凍空調学会：冷凍，関係号．
4) 安藤幹雄：冷凍，**72**，837-849，1997．

1.2　各　　論

1.2.1　果菜・マメ類
a．スイートコーン

主な製品スタイルは，軸つき，ホールカーネル（全粒）などで，軸つきは主として小売用の嗜好品として消費される．ホールカーネルはそのまま売られるほか，ダイスカットのニンジンおよびピースと混合したミックスベジタブルとしても消費される．

（1）原　料　スイートコーンは，トウモロコシの中の甘味種に属するもので，イネ科の一年生草本である．品種は「Golden Cross Bantam」に代表されるスイート群と「Honey Bantam」に代表されるスーパースイート群に大別される．後者は収穫期の子実のスクロース含量がスイート群に比べると3倍もあり，それだけに甘い．また，スイート群が収穫後子実のスクロースが急速にデンプンに変わり，甘味を失っていくが，スーパースイート群は収穫後の甘味の低下も穏やかで，品質保証期間が長いことも特徴である．現在は，青果用栽培はスーパースイート群「Bicolor」が大半を占めている．

原料として次の条件を備えたものがよいとされる．

① 多収で病虫害が少ないこと．
② 適熟期ができるだけ長いこと．
③ 穂が大きく，長さ・重量がそろうこと．
④ 粒は14列以内で，あまり小さくないこと．
⑤ 色調が鮮黄色であること．
⑥ 香気が強く，風味良好であること．
⑦ 種皮が硬くないこと．
⑧ 不稔部分（結実不良部分）が少ないこと．
⑨ 加工歩留りが大きいこと．

子実に甘味が乗り食べ頃になるのは，絹糸抽出20日頃で，絹糸が褐色に枯れ，包葉の外から指でつついて子実がつぶれる程度の時期である．適期を過ぎると糖が減り，デンプンが増え，甘さと風味が落ち，歯ざわりも悪くなる．なお，その適期は品種や栽培時期で多少変わるので注意が必要である．

収穫後，子実の糖はデンプンに変わるが，高温ほど，その変化が早くて品質低下が助長される．この糖分は気温10℃では1日で17％程度低下し，気温30℃では50％も低下する．このように，収穫後はできるだけ早く低温にし，直射日光を避け，速やかに（収穫後2～3時間以内に）工場に運び，迅速に加

工工程に移すことが望ましい．

(2) 製造　ここでは，ホールコーンについて述べるが，その工程はほぼ次の通りである．

剥皮→選別調整→ブランチング→冷却→水切り→凍結→包装→冷凍貯蔵

剥皮は農家で薄皮2～3枚残るまで剥皮させて受け入れるか，大規模には専用のコーンハスカーを使う．軸のもとは1cmくらいの柄を残し，先端も未結実部が1cm以上あれば，粒のところでカットする．先端のカット部分が3cm以上になるものは一級品にはならない．未熟，過熟，病虫害品などは除く．

ブランチングは蒸気で10～15分，熱水で5～7分を標準とするが，前者の方が風味は抜けない．ブランチ後冷水で品温10℃以下に芯まで十分急冷する．長時間水に浸けないで，水切りも十分に行う必要がある．

急速凍結後規格に従って重量分けし，袋に詰め，シールして冷凍貯蔵する．

〈生産の注意点〉
① どうしても過熟で甘味に乏しいものになりがちである．適熟期採取，収穫後の保存条件，迅速な加工がポイントである．
② ブランチで香気がとびやすい．オーバーブランチに注意する必要がある．
③ ブランチ不足も貯蔵中オフフレーバーを起こしやすいので，適正な加熱条件を決定し，守らなければならない．

(3) 製品規格
① 熟度：未熟，過熟でないもの．
② 色：色は黄色で濃いもの．
③ 香味：風味良好なもの．
④ その他：皮，絹糸が除去されていること．

b. カボチャ

冷凍カボチャは，大きく乱切りにした形で，小売用のほか，給食など業務用にも活用されている．また，用途としては煮つけ，コロッケ，天ぷら，スープなどに料理されたり，ジャム，あん，パイなどに加工される．

(1) 原料　日本の栽培カボチャは「ニホンカボチャ」，「セイヨウカボチャ」，「ペポカボチャ」の3種がある．しかしながら，現在では，肉質がクリのようにホクッとしていることからクリカボチャと呼ばれる「セイヨウカボチャ」（えびす，みやこ）が主流となっている．「セイヨウカボチャ」は冷涼な気候のもとで，デンプンをよく蓄積し，肉質は緻密で粉質，甘みが強く，煮物ばかりでなく，揚げ物にも適している．

カボチャには熟成（キュアリング）が必要であり，これにより，外皮は厚くなり貯蔵性が増す．カボチャはキュアリングの温度が高いほど，含まれるデンプンが分解し，糖分に急速に変わる．そのため，とれたての粉質で甘みのない，モサモサした感じのカボチャからやや粘質で甘みがあるものに変わる．

具体的には，カボチャを25℃で13日間キュアリングし，10℃で貯蔵すると，ほぼ1カ月で食べ頃になり，2カ月以上たつと，だんだんと水分が多くなり，いわゆる水カボチャとなる．

(2) 製造　おおむね次の工程による．

洗浄→カット（半割）→種子除去（種子部を繊維組織とともに取り除く）→小切り（三角または四角にカットする）→ブランチング（主に蒸気で5～10分）→冷却（風冷などで品温を15℃以下に）→凍結（凍結パンに乗せてエアーブラストにて凍結する）→包装→冷凍貯蔵

〈生産の注意点〉
① 原料の適切な熟期採取および収穫後のキュアリング・保存が重要である．
② ブランチの適正な加熱（未加熱では果肉が水っぽく，過加熱では粉質すぎてもろくなる）．

(3) 製品規格
① 形態：皮つきとし，皮部の形は四角形ないし三角形で，多角形にならないこと．果実部は梯形ないし鐘形であること．個々の大きさおよび形がそろっていること．
② 色：果皮は灰緑色で品種固有のものであり，果肉は濃橙黄色であること．
③ 香味：品種特有の香味を有すること．
④ 硬さ：身がしまり水分が少ないこと．果肉中心まで熱が通っていること．
⑤ その他：病虫害，腐敗，種子，未熟品，その他異物のないこと．

c. エダマメ

わが国特有の冷凍野菜で，小売・業務いずれの需要も多い．主に台湾，中国，タイから製品輸入が多い．

(1) 原料　292種（鶴の子系），75種（緑光系）などの品種が主に冷凍野菜の原料として用いられる．

原料として次の条件を備えたものがよいとされる．

① さやは濃緑色で表面の毛は白色であること．
② 結実が完全で1さや2～3粒であること．
③ 虫害果，未熟，過熟果が混入していないこと．
④ 大粒で甘みがあること．

エダマメにはメイガなどの幼虫が繁殖し，最終製品に異物として混入するので，農薬の管理(農薬の種類・量および時期)を重点的に行うことが大切である．

エダマメは収穫後の鮮度低下が早く，変色しやすいので，茎からはずしたものは通気性のある容器で速やかに工場に搬入する．工場ではその日のうちに加工処理をすること．

また，輸送・貯蔵時は厚く堆積すると呼吸熱で急速に変質するので注意が必要である．

(2) 製 造　おおむね次の工程による．

水洗→ブランチング(原料の10倍量，96～98℃の熱湯で2.5～3分)→冷却(豆の中心まで十分に水冷)→水切り→凍結(IQF凍結)→包装→冷凍貯蔵

〈生産の注意点〉
① エダマメは収穫期間が短く，一度に多量の原料が入荷して，鮮度低下も早いので，迅速に処理することが必要である．
② 通常は，バルクで冷凍貯蔵し，必要なつど選別し小分けにする．
③ ブランチングは高温の熱湯で行いオーバーブランチング(退色の原因となる)に注意する．

(3) 製品規格
① 色：緑色の濃いもの．
② 粒：さやは大きく，豆は2粒以上入っていること．
③ 毛：毛はないか，あっても白毛のもの．
④ 整形：両端の形がよく切ってあること．
⑤ 硬さ：豆の硬さが適当なものであること．
⑥ その他：虫食い，過熟，未熟豆のないこと．

最近は，ブランチング時間を長くし，製品を解凍後，加熱しないでそのまま喫食できるものが製品化されている．

d. インゲン

インゲンは若さやを野菜として利用するさやインゲンと煮豆，甘納豆，アンなどにする乾燥種実に大別される．日本で主に利用されるのは，さやインゲン(インゲンの若さや)で，軟さや用で緑色のものである．

(1) 原 料　さやインゲンでは次の品種がよく食される．

① ドジョウインゲン：つる性の品種で，ケンタッキーワンダーともいい，歯ごたえがあり，かつ軟らかく，濃い緑色をしている．
② 丸さやインゲン：スンナリと丸みを帯び，筋が少ないのが特徴である．
③ 平さやインゲン：つるなしインゲンとも呼ばれる矮性の品種で，筋が少なく，さやの曲がりが少ないのが特徴である．

原料として次の条件を備えたものがよいとされる．
① 多収で病虫害に耐えるもの．
② 鮮緑色で丸さやであること．
③ まっすぐで，あまり大きくならないこと．
④ 軟らかく筋がないこと．
⑤ 収穫適期が長いこと．

(2) 製 造　整形(両端を3mmくらいまでにカットし，筋を取る)→サイズ選別→水洗→ブランチング(熱湯で1分)→冷却(冷水で15分以内に15℃以下とする)→水切り→凍結(IQF)→包装→冷凍貯蔵

〈生産の注意点〉
収穫後速やかに工場に搬入し，30cm以上の堆積を避け，できるだけ早く加工する．

(3) 製品規格
① サイズ：両端が切ってあり，おおむねそろっていること．
② 香味：特有の風味を有すること．
③ 肉質：適当な軟らかさで，筋がないこと．
④ さやの断面：丸形であること．
⑤ さやの形：豆部が膨らまず，固有以外の曲がりのないこと．
⑥ 色：鮮緑または緑色であること．
⑦ その他：病虫害，異物，夾雑物がないこと．

e. ソラマメ

わが国特有の冷凍野菜で，小売用，業務用ともに需要がある．

(1) 原 料　一般に出回っているものは，長さや種の「さぬき長さや」，大粒種の「一寸ソラマメ」などの早生種である．また，完熟した品種は，フライビーンや甘納豆などの原料として使用される．凍菜には「一寸ソラマメ」や「於多福」などの大粒種が好まれる．

原料として次の条件を備えたものがよいとされる．
① 多収で病虫害に強いこと．
② 淡緑色で大粒であること．サイズは1粒4g

以上のものが2粒以上入っていること．
③ 白目，肉厚で軟らかいこと．
④ 風味良好であること．
⑤ 白花の方が品質がよいとされている．
（2）製 造　おおむね次の工程による．
脱さや(脱さや機使用)→選別(ロール選別機などによる)→ブランチング(サイズ別に熱湯ブランチングする．時間はサイズにより1～3分)→冷却(冷水を用いる)→水切り→凍結(IQF)→包装→冷凍貯蔵
〈生産の注意点〉
① 収穫期はさやの縫合線が色づく頃を採取適期とする．
② 収穫後，迅速に工場に搬入しないと，ブランチング後の豆の表面に赤い斑点が出ることがある．また，急速に糖分がデンプンに変化し，品質が劣化する．
③ 選別後放置して，品温が20℃以上になると豆が赤変する．
④ ブランチング時間が長くなると，豆が退色し，水っぽくなる．
⑤ ブランチング時に鉄器具を用いると，鉄イオンで豆が赤変する．
（3）製品規格
① 一様に緑色で淡赤色部のないもの．
② 虫食い，皮やぶれなどがないこと．
③ 香味良好で水っぽくないこと．
④ へた部は白か，黒い線が入ったままのもの．
⑤ 黒目の多いものはオハグロとして，徳用品とする．

1.2.2　根菜・イモ類

大部分のものがよい冷凍品となるが，なかでも馬鈴薯は各国とも生産量が多い．特にフレンチフライポテトがそのほとんどを占めている．そこでフレンチフライポテトについては別項を設けて記述する．根菜・イモ類ともに原料収穫から加工までの生理変化がほかの野菜類より少ないため，取扱いは比較的容易ではあるが，高く堆積したり，高温状態に長く放置するなど好ましくなく保管には注意が必要である．

a．ニンジン

主にミックスベジタブルの原料としてダイス状にカットされ，コーン，ピースと混ぜて業務用，市販用として広く使用されている．ほかにロングスライス，乱切り，短冊，クリンクルカットなどの製品がある．ビタミンAの含有は野菜の中でも特に多い．

（1）原 料　多くの品種が使用されるが，原料として次の条件を備えたものがよいとされる．
① 赤みが強いこと．
② 肉質が均一で軟らかいこと．
③ 甘みに富むこと．
④ ニンジン特有の匂いが少なく風味がよいこと．
（2）製 造
洗浄→剝皮→トリミング(葉部，肩部の不可食部分および先端部を除去)→カット(ダイスカットは1.3cm角以下，ロングスタイルでは1/2または1/4に縦割りする)→ブランチング(ダイスカットは沸騰水で1～2分，ロングカットで4～5分，製品の太さで時間を変える)→冷却→凍結→包装→冷凍保管．
（3）製造規格
① 濃赤から濃橙赤色であること．
② 肉質が緻密で軟らかいこと．
③ 病虫害部がないこと．
④ 異物が混入していないこと．
⑤ ダイスカットは，大きさが均一で角がしっかりしていること．
凍ったまま加熱解凍し使用する．

b．ゴボウ

丸のまま，乱切り，千切りなどの形態で業務用に使用されるほか，サトイモ，ニンジン，タケノコなどとともに，和風ミックス野菜の原料として業務用，市販用に使用される．食物繊維を豊富に含む．

（1）原 料　原料として次の条件を備えたものがよいとされる．
① 外皮は淡黄褐色で内部は灰白色であること．
② 肉質が緻密で筋っぽくないこと．
③ あくが少なく香味良好であること．
④ 水煮によって容易に軟らかくなること．
⑤ す入りでないこと．
（2）製 造
洗浄→剝皮→水さらし(変色を防ぐとともに，あくを抜く)→カット(丸のままは20～30cm，乱切りは3g程度で形状を揃える)→ブランチング(沸騰水中で1～5分，大きさによって時間を変える．金属による変色に注意する)→冷却→凍結→包装→冷凍保管
（3）製品規格　半解凍または解凍して使用する方が扱いやすい．あらかじめブランチングしてあるが解凍時の加熱は不足がないよう十分に行う．

c．馬鈴薯

冷凍野菜では，輸入数量が最も多く，そのほとん

どがフレンチフライポテトとして業務用，市販用に使用される．ほかにベイクドポテト，整形ポテト，ポテトサラダベース，パリジャンポテトなどが業務用として使用される．主成分はデンプンでビタミンC，カリウムを多く含む．また，芽や緑になった皮に有毒物質ソラニンを含む．主にアメリカで生産されるが，国内産では北海道のものがある．

（1）原　料　原料として次の条件を備えたものがよいとされる．
① デンプン含有量が多いこと．
② 水分量が少なく固形含量が高いこと．
③ 肉色が白く変色していないこと．
④ 病変や打撲などによる黒変がないこと．
⑤ 芽が浅く，貯蔵性があること．

（2）製　造　生産量が圧倒的に多いフレンチフライポテトについて別項を設けて説明する．

（3）製品規格
① ベイクドポテトは，形状，サイズがそろっていること．
② 整形ポテトでは，形状がそろっており，皮および芽の混入がないこと．
③ ポテトサラダベースについては，白色で黄味を帯びていないこと，皮および芽の混入がないこと，一定以上の大きさの固形を含まないこと．
④ パリジャンポテトは，形状，サイズがそろっていること，皮および芽の混入がないこと．油ちょうは凍結したまま行う．

d. サトイモ

単独で業務用，市販用に使用されるほか，タケノコ，ニンジン，シイタケなどとともに，和風ミックス野菜の原料として使用される．主に中国で生産されるが，国内産では九州のものがある．形状は球形，ナチュラル，六角形に面取りしたものなどがある．

（1）原　料　品種は非常に多く，中国と日本ではやや異なるが，通常小芋種が使用される．原料として次の条件を備えたものがよいとされる．
① 丸型で肉質に粘性のあること．
② 剝皮が容易であること．
③ エグ味が少ないこと．
④ 硬い部分（ゴリ）のないこと．

（2）製　造
選別→剝皮（ピーラーにより皮を除去）→整形（傷，残皮，青皮などを除去し，形を整える）→水さらし（変色を防ぐとともに，アクを抜く）→サイズ選別→ブランチング（沸騰水中で5～15分，サイズによって時間を変える）→冷却→凍結（トンネルフリーザーによるバラ凍結，割れないように時間，温度を調整する）→グレージング→包装→冷凍保管

（3）製品規格
① 各形状ごとに形・サイズがそろっていること．
② 白色またはわずかに黄色味がかった白色であること．
③ 褐変，斑点などがないこと．
④ 繊維質が少なく粘質で煮崩れしにくいこと．
煮込みに使用される．

e. サツマイモ

乱切りしたものを大学いもの原料として，また，スライスしたものを天ぷら原料として主に業務用で使用される．中国での生産が多いが，ほとんどが大学いもの原料用，国内産では九州のものがある．ビタミンC，食物繊維，カリウムを多く含む．

（1）原　料　原料として次の条件を備えたものがよいとされる．
① 甘みが強いこと．
② 皮色は赤紫，肉色は黄色ないし黄白色であること．
③ 粉質で食感がホクホクしていること．

（2）製　造
選別→洗浄→剝皮→カット→水さらし（変色を防ぐとともに，アクを抜く）→フライング（150℃程度の植物油で内部まで完全に熱が通るまでフライする．サイズにより時間を変える）→冷却→凍結（エアーブラストフリーザーでバラ凍結）→包装→冷凍保管

（3）製品規格
① 各形状ごとに形・サイズがそろっていること．
② 肉色が淡黄色であること．
③ 乾燥による変色がないこと．
④ 繊維質ではなく粉質であること．
⑤ サツマイモ特有の香味があること．

1.2.3　フレンチフライポテト

フレンチフライポテトは，馬鈴薯を剝皮し，カット，ブランチ，フライしたのち凍結したものである．肉料理の付合せとしてのアルカリ性食品として意義がある．またビール，酒類のつまみ，子供のおやつ，スナックとして，食の洋風化に伴い一般化している．

（1）原　料　馬鈴薯一般として，

① デンプン含有量が多く，水分量が少なく，固形含量が高いこと
② 肉色が白く変色していないこと
③ 病変や打撲などによる黒変がないこと
④ 芽が浅く，貯蔵性があること

が要件としてあげられる．特にフレンチフライポテトについては，小さいと歩留り，形態が悪くなるため

⑤ 形状は細長く大きいこと
⑥ 表皮と内部のデンプン含有量の差が小さいこと
⑦ 糖含量が少ないこと
⑧ 内部に内部黒斑，中心空洞，褐色心腐などの欠点がないこと

がよい原料の条件となる．この条件を満たすものとして，アメリカではラセットバーバンク種，日本では，トヨシロ，ホッカイコガネなどが使用されている．

(2) 製　造

原料選別→洗浄→剝皮→芽取り→カット→選別→ブランチング→乾燥→フライング→凍結→包装→冷凍保存

(a) 原料選別：サイズ選別はローラー式，ネット式，スター式などの選別機を適宜組み合わせて行う．

(b) 剝皮：スチームないし強アルカリで処理したあと，ブラッシングにより皮を剝く．
① スチーム剝皮法：高圧蒸気と高圧洗浄機で水洗除去する．
② アルカリ剝皮法：高温の水酸化ナトリウム液に浸漬して水洗除去する．
③ 乾式アルカリ剝皮法：高温のアルカリ溶液に浸漬後に高熱を加え，水洗せずにブラッシングで剝皮を行う．

(c) 芽取り：手作業でナイフにより芽，黒点，腐れなどの除去を行う．

(d) カット：カット面の形状により，面が平らなストレートカットと面が波形のクリンクルカットに区別され，カットする断面寸法により 7.5 mm 角，9.5 mm 角，12.7 mm 角，15 mm 角がある．

(e) 選別：水洗により表面のデンプン質を除去するとともに，厚みの薄いもの，長さの短いものなどを網状のラインを振動させながら進むことにより機械的に行われる．また芽取りで取り残された芽や黒点などはカラーソーターによりはじかれ，自動的に芽や黒点などを除去する機械を通り，サイズが規格内のものはラインにもどされる．

(f) ブランチング：ブランチングの目的は，
① 酵素を失活させ，変性を防ぐ．
② 還元糖の除去を行い，フライ後の色を均一にする．
③ 表面のデンプン層を糊化し，油の吸収を少なくする．
④ フライ時間を短縮する．
⑤ デンプンを糊化し，細胞膜の破壊を防ぎ，粉質感を与える．

ブランチング温度は 60～90℃ で，品種，貯蔵時間などにより調整する．一般的には自動ネットコンベヤー式のブランチャーを 2 台使用し，第 1 ブランチャーで表面の糖の調整を行う．ブランチングと次のフライングとは関連があり，これを調節することにより，肉質のよい製品が生産される．

(g) 乾燥：フライング前に脱水スクリーンを通し，さらに熱風によって表面の水分を除去，乾燥させる．水分を除去することにより，フライ油の酸化を防止するとともに，固形含量の高い粉質感のある製品となる．

(h) フライング：最終的なフライはユーザーが行うので，ここではプレフライを行う．フライ条件は約 180℃ で 1 分が標準であるが，原料品質および製品の用途により調整する．この条件により，色沢，肉質，歩留りが変化する．プレフライにより表面に皮膜をつくり，再フライの際に製品が油っこくなるのを防ぐ．

(i) 凍結：品温を冷風で 20℃ 程度に下げ，−35～−40℃ のトンネルフリーザーでバラ凍結を行う．緩慢凍結になると組織の破壊が起こり，品質が落ちる．

(3) 製品規格
① 表面の色が均一な黄金色であること．
② 表面がべとつかず，内部は粉をふいたようであること．
③ 肉質で油っこくなく，クリスピーな食感を有すること．

1.2.4　葉茎菜類

葉茎菜類は需要が多く，冷凍品も品質の優れたものがでてきている．特に，葉物冷凍品は品質向上で市場を拡大しており，今後有望な商材である．

a. ホウレンソウ

従来は根冠部のついたホールが主流であったが，現在は適度な長さにカットしたものが増加してい

る．これらは業務用が主流で，解凍後再調理される．最近，葉と根の向きをそろえ適度な長さにカットしブロック状にしたタイプが市販用で急速に市場を拡大した．必要な量を必要な分だけ調理でき，電子レンジ調理も可能で，利便性が高いことから市販用冷凍野菜の定番の地位を確立した．業務用，市販用を問わず，中国産が大半を占める．

（1）原料　ホウレンソウの品種は東洋種，西洋種，その雑種に大別される．その特徴は，東洋種は葉の切込みが深く，根冠部は赤く，土臭さは少ない．耐寒性が強く秋播きに適している．西洋種は葉に丸みがあり，肉厚で軟らかく，一般に土臭い．耐寒性は低いので春播きに適している．雑種は東洋種と西洋種の組合せが多く，近年は1代雑種（F1）が主流になってきている．葉肉が厚い，とう立ちが遅い，味がよい，耐病性が高いといった品種がつくりだされている．鮮度低下を防ぐため，収穫したホウレンソウは即日工場で加工する．

（2）製造
調整→洗浄→ブランチング→冷却→水切り→秤量→凍結→グレーズ→包装→冷凍保管

ホウレンソウは土砂や昆虫などの異物を巻き込みやすいので，洗浄は十分に行う必要がある．特にホールは根冠部に土砂が溜りやすいので念入りに洗浄する．

ブランチングは茎部と葉部で時間を変える．茎部40～60秒，葉部15～30秒，ブランチ時間が短いと保管時に変色が進み，時間が長いと食感が損われるので注意が必要である．

凍結は用途に合わせ，IQFもしくはパン凍結する．

（3）製品規格
① 色沢：緑鮮色の固有の色沢を有し，黄化葉が混入しないこと．
② 香味：風味良好であること．
③ 肉質：柔軟で繊維が軟らかいこと．
④ 欠点：乾燥による変色がないこと．病虫害がないこと．
⑤ 異物：混入しないこと．

カットホウレンソウではさらに，
・カットサイズ．
・葉と茎の比率．

b. ブロッコリー

近年緑黄色野菜として人気が高い．以前は国産が多かったが，近年チルドコンテナの進歩で生鮮品が輸入できるようになり，アメリカ，メキシコから大量に輸入されている．冷凍品は生鮮品を補完する形で増加している．収穫作業は機械化できず手作業にたよっているため，主産地はアメリカからメキシコにシフトしている．また，近年中国産も急増している．

（1）原料　品種は一代雑種が多数あり，栽培時期や畑により使い分けられている．頂部に大きな花蕾をつける頂花蕾どり専用種と側枝からも花蕾がとれる品種がある．品質面で品種間の差はほとんどない．花蕾のため収穫後は迅速に加工するか低温で保持する必要がある．花蕾は濃緑色で引き締まったものを選ぶ．

（2）製造
調整→洗浄→ブランチ→冷却→水切り→凍結→包装→冷凍保管

IQF凍結の場合，花蕾が壊れやすいので，包装工程は十分注意して行う．また，花蕾の損傷を最小限にするため包装後凍結する方法もある．

（3）製品規格
① 色沢：濃緑色の固有の色沢を有し，黄色を帯びていないこと．
② 香味：風味良好であること．
③ 肉質：柔軟で花蕾特有の食感があること．
④ 欠点：乾燥による変色がないこと．病虫害がないこと．
⑤ 異物：混入しないこと．

c. カリフラワー

以前は人気が高かったが，最近ではブロッコリーに押され，需要は急減している．

（1）原料　日本では花蕾が白色のものが主体であるが，外国ではオレンジ色，紫色のものもある．花蕾のため収穫後は迅速に加工するか低温で保持する必要がある．花蕾は白色で引き締まったものを選ぶ．

（2）製造　ブロッコリーと同じ，長期保存すると淡い赤褐色に変色することがある．ブランチ水を弱酸性にすると有効である．

（3）製品規格
① 色沢：白色の固有の色沢を有し，変色していないこと．
② 香味：風味良好であること．
③ 肉質：柔軟で花蕾特有の食感があること．
④ 欠点：病虫害がないこと．
⑤ 異物：混入しないこと．

d. 芽キャベツ

主茎の腋芽が結球したもので，キャベツの仲間で

は最も歴史が浅い．味はキャベツより強く，ややくどい．

（1）原料　濃緑色で締まりがよく粒がそろったものがよい．

（2）製造
調整→洗浄→サイズ選別→ブランチング→冷却→水切り→凍結→包装→冷凍保管

ブランチングが不十分であると中心部がピンクになるので，サイズ別に十分ブランチングする必要がある．

（3）製品規格
① 色沢：緑色の固有の色沢を有し，変色していないこと．
② 香味：風味良好であること．
③ 肉質：柔軟で芽キャベツ特有の食感があること．
④ 欠点：病虫害がないこと．
⑤ 異物：混入しないこと．

1.2.5　その他の野菜

その他の冷凍野菜はアスパラガス，ニンニクの芽，レンコン，ゴボウ，タケノコ，シイタケ，マッシュルーム，落花生，菜の花などがある．このなかには単体ではなくミックス野菜の原料としてのみ用いられるものも少なくない．

a. アスパラガス

缶詰用には土をかぶせて軟白したホワイトアスパラガスが使用されるが，冷凍用としては緑色のグリーンアスパラガスが使用される．

主に業務用が主流であるが市販用もあり，また，近年，ブロッコリーやカリフラワーなどとともにミックス野菜用としても使用される．産地はアメリカ，チリ，ニュージーランド，中国などがある．

（1）原料　収穫後の変質（食感，色調）が速いため，できるだけ低温を保持し，迅速に処理する必要がある．

主に「メリーワシントン」などの品種が使用され，鮮やかな緑色で繊維質でないものが好まれる．根元の紫色や淡緑色の部分は筋っぽい場合が多いため，この部分は原料処理段階にカットしておく．

（2）製品規格　できるだけまっすぐで大きさがそろい，穂先がしっかり閉じていることが望ましい．

緩慢凍結により食感が低下する場合があるため，液体窒素や液化炭素ガスによる凍結が行われる場合がある．

b. 菜の花

以前は業務用で和えもの用が主流であったが，近年は市販用も販売数量が増加している．一部国産品もあるが，ほとんどは中国からの輸入品である．

（1）原料　一般に独特の苦味を有するため，嗜好には個人差がある．なお，季節品でもあり需要期は春先（2～4月頃）に集中するため，11月～翌年2月までに収穫が可能な品種「秋華」や「冬華」などの品種が向いている．また，中国の在来種である「金華1号」と呼ばれる品種も冷凍原料として使用される．

いずれも花芽の先端部分を大きい葉を含まないように5～10 cm程度の長さにカットして原料として使用する．

（2）製品規格　鮮やかな緑色で花芽が十分に成熟しているもので，蕾が開花しておらず，一部のみ黄色くなっているものがよい．製造工程はホウレンソウに準じる．

c. ナス

近年生産量が増加しており，中華惣菜用などに乱切りを素揚げしたものや丸のまま焙焼して剥皮した「焼きなす」が市販用，業務用ともに出回っている．インドネシア，タイ，中国から輸入されている．

（1）原料　色調が黒紫色で光沢があり，果皮が軟らかく，香味に優れるものが好まれ，品種は「千両2号」が使用される場合が多い．焼きなすの場合はさらにサイズや形状がそろっていることが重要である．

一般的になすは適熟期を過ぎると種が目立ち内部の黒変が進行するため，過熟原料は避けることが必要である．

（2）製品規格　色，つやがよく，焼きなすの場合は香ばしいものが好まれる．

d. ニンニクの芽

業務用，市販用があり，いずれも中華惣菜用として使用される．品種としては白皮種である「嘉定大蒜」が主に使用される．収穫期は5～6月であるが，チルド貯蔵庫で約6カ月間は貯蔵が可能である．

e. 落花生

千葉県，静岡県，九州南部など以外では国内ではあまり一般的ではないが，「ゆで落花生」の名称で市販用として商品化されている．主に中国産であるが，塩水で60分以上の加熱工程（ボイルまたはスチーム）があり，連続生産はむずかしい．また，一般に塩ゆでされるため，塩分のコントロールが重要である．一部に圧力釜を使用して加熱の効率化およ

び味の均一化をはかっているものもある．

f．レンコン

単体で使用されるものはほとんどが業務用であり，スライスは天ぷらや煮物用として使用される．また，乱切りは和風野菜ミックスとしても使用される．多くは中国産である．

g．タケノコ

スライス，千切りなどがあるが，ほとんどが加工原料として使用される業務用である．原料には主に孟宗竹と麻竹があり，一般向けには軟らかく風味の優れた孟宗竹が使用される．

なお，和風野菜ミックスに使用されるタケノコは通常水煮の缶詰が使用される．

h．ミックス野菜

従来はニンジン，コーン，ピースの3種混合のミックスベジタブルにほぼ限られていたが，近年，前処理されているという簡便性や，むだがでない経済性が評価され多様化が進んでいる．

ミックス野菜の場合，調理後の食感が各野菜で均一となるようにブランチングの条件に注意する必要がある．なお，代表的なものには下記のものがある．

① ミックスベジタブル：ニンジン，コーン，ピースを混合する．配合比率は 40：30：30 が一般的であるが，各野菜の混合比率やグレードなどにはさまざまな規格がある．

② 和風ミックス：通常，サトイモ，ゴボウ，レンコン，ニンジン，タケノコ，シイタケ，インゲンなどの混合が一般的である．

このなかでインゲンは他に比べて火の通りが早いため，別添とする場合もある．

③ 中華ミックス：タケノコ，ニンジン，キクラゲ，キヌサヤ，ヤングコーン，水クワイ，マッシュルームなどを混合する．

④ 洋風野菜ミックス：ブロッコリー，カリフラワー，ニンジン，グリーンアスパラガスなどを混合する．

このほか，ジャガイモ，ニンジン，タマネギなどを混合した「カレー・シチューミックス」，サラダやきんぴらごぼうなどに用いられる「ゴボウ・ニンジンミックス」，シイタケ，シメジ，マッシュルームなどを混合した「キノコミックス」などがあり，今後とも新しい商品が登場することが予想される．

i．その他

マッシュルーム，タマネギ，ダイコンなどがあるが，数量的にはあまり多くない．

また，今後はホウレンソウの炒め物，ソテータマネギ，トマトソースなど加工度の比較的高い冷凍品についても伸びが予想される．

1.2.6 果実類

平成7年（1995）度の冷凍果実類の国内生産量は 2,300 トン，輸入量は5万トンである．これは冷凍野菜の国内生産量と輸入量の合計が約65万トンであるのに比べると，実に 1/10 以下にすぎず，近年は消費量の伸びも野菜ほどには認められない．

一般的に果実は野菜に比べると酵素による品質劣化は少なく，また加熱により風味や食感の劣化が生じるため通常はブランチングを行わない．しかし酵素の作用により褐変しやすいものも多く，この酵素による酸化を防ぐためにシラップ（糖液）漬けとして酸素を遮断したりアスコルビン酸などの抗酸化剤を使用する場合がある．

また，果実は水分が多く組織も軟らかいため凍結・解凍したものは生鮮品に比べると食感が劣る場合が多い．このため，冷凍果実の用途としては，ブロークン原料にシラップを加えて凍結し，使用時に凍結したまま水，砂糖とともにミキサーで混合して飲料とするミキサー用やプレザーブジャムの原料用などの加工用の業務用が多い．

また，冷凍果実の種類としては，イチゴ，メロン，ミカンなどがあるが，あまり種類は多くない．

a．イチゴ

冷凍果実の中では最も需要が多く，解凍してそのまま食べる IQF のほか，ミキサー用，プレザーブ，ジャムの原料などいろいろな用途がある．生産地はアメリカ，中国などからの輸入品が主体であるが，一部であるが国産品もある．

(1) 原料　一般的に鮮紅色で香りがよく，へたが取りやすいものが原料として好まれる．使用される品種はアメリカでは「チャンドラー」，「セルバ」など，韓国や中国では「宝交」，「マーシャル」など，日本では「宝交」，「女峰」などが使用される．

(2) 製造　種類によりさまざまであるが，IQF の例を示す．イチゴは非常に傷みやすいため，全工程中の取扱いには特に注意が必要である．

へた除去→洗浄→水切り→選別→凍結→グレーズ→計量→包装→重量・金属チェック

変色防止のために凍結前に2％程度のアスコルビン酸をスプレーすることがある．

(3) 製品規格　IQF の場合は，完全に解凍することにより果肉が軟弱に崩れてしまいドリップも多くなるため，半解凍状態でデザートなどに使用

する.

b. ミカン

丸のまま冷凍されるほかミキサー用があり,いずれも国産が主流である.ミキサー用の原料には,缶詰製造時のブロークンが用いられる.

(1) 原料　原料は国産の温州ミカンが使用されるが,一般的に完熟で色鮮やかで緑色部分がなく,香味良好で,甘味と酸味のバランスがよく,果皮表面に病虫害や損傷がないものが原料として要求される.

(2) 製造　丸ミカンの製造工程はイチゴに準じる.ミキサー用はおおむね以下の通りである.

ブロークン原料→選別→計量→袋詰め→シロップ充填→凍結→重量・金属チェック

シロップはブドウ糖,液糖,砂糖,酸味料,香料などで構成される.

(3) 製品規格　丸ミカンの場合は保管中の乾燥防止および果皮の変色防止のため,製品に対し4～5%程度のグレーズ(薄い氷の被膜)処理を行う.

c. メロン

ミキサー用が主体であるが,アメリカでは果肉を球状にくりぬいたものを凍結した「メロンボール」という商品も生産されている.

(1) 原料　主にアンデス,アムス,ハネデューなどの緑色系品種が使用される.完熟であるが過熟となっていないもので,香りの高いものが望まれる.

通常,果肉のみを使用するため原料果の形状や軽度の損傷は特に問わないが,メロンはほかの果実と比べるとpHが高く微生物による汚染を受けやすいため,割れているものは使用しないことが望ましい.

(2) 製造

選別→洗浄→剥皮→カット→計量→袋詰め→シロップ充填→凍結→重量・金属チェック

d. その他果実類

冷凍果実としては,上記のほかにパイナップル,ライチ,マンゴーなどがある.数量はいずれもあまり多くない.

1.2.7 果　汁

果汁類は日本農林規格(JAS)で,1998年(平成10)8月21日以前は下記の通り分類されていた.しかし同日よりの改正で図II.1.5の通り規格の統廃合などの大幅な変更が行われた.ただし,この改正には,2000年(平成12)7月31日までの約2年間の

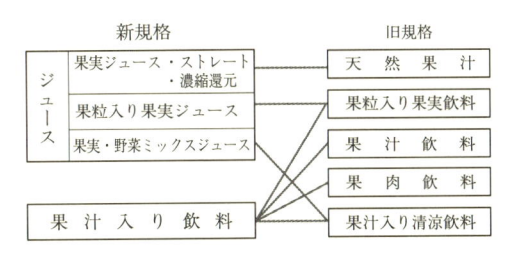

図II.1.5　果汁類分類の新旧対照表

猶予期間が設けられており,その間は新旧両規格の商品が市場に流通することが許されている.

① 天然果汁:果汁分100%のもの.
② 果汁飲料:果汁分50%以上100%未満のもの.
③ 果汁入り清涼飲料:果汁分10%以上50%未満のもの.
④ 果実ピューレ:果実を破砕し裏ごししたもの.
⑤ 果肉飲料:果実ピューレを希釈し,ピューレ含有量20～50%としたもの(ネクター).
⑥ 果粒入り果実飲料:果粒含有率30%以下のもの(つぶつぶジュース).
⑦ 濃縮果汁:果汁を濃縮し,濃縮度1/3～1/7にしたもの.
⑧ 冷凍果実飲料:果汁または濃縮果汁を凍結したもの.

これらのうち,最後の冷凍果実飲料は,外国では家庭用としてもかなり消費されているが,わが国では,この形での消費はきわめて少ない.家庭用を中心としたわが国の果汁の消費形態には,以下のようなものがある.

① 常温流通品:ホットパックまたは無菌充填の缶,瓶,紙,プラスチック容器詰めしたもの.
② チルド流通品:コールドパックの主に紙容器詰めしたもの.

わが国では,このような常温あるいはチルドの果汁が一般的であるため,流通,保管,解凍などの点で取り扱いがやっかいで,かつなじみが薄く,冷凍果実飲料の形態での家庭用消費はきわめて少ないのが実体である.しかしこれらの常温,チルド流通果実飲料の原料としての冷凍果汁の消費は年々増加傾向にある.

ここでは冷凍に限らず,果汁飲料全体について記述する.

(1) 原料果実　果汁として加工されている原料果実は国産では,温州ミカン,夏ミカン,リンゴ,ブドウ,モモ,ナシ,ウメ,メロンなどがありこのほかに野菜でトマト,ニンジンなどがある.外国産ではバレンシアオレンジ,グレープフルー

表 II.1.6 温州ミカン果汁に対する香気改善のためのブレンド用品種(伊藤ら, 1975)

A 群	B 群	C 群
バレンシアオレンジ	トロビタオレンジ	ネーブルオレンジ
福原オレンジ	夏ミカン	日向ナツ
ポンカン	甘夏ミカン(川野ナツ)	河内晩カン
	金コウジ	イヨカン
	宝来カン	三宝カン
	タンカン	ダイダイ
	ユゲヒョウカン	九年母
	ハナニズ	
	ウジュキツ	

A:ブレンド効果が優, B:同じく良, C:同じく不可.

表 II.1.7 リンゴの透明果汁と混濁果汁の成分比較

区別	酸度(%)	全糖(%)	全ビタミンC(mg)	アミノ態窒素(mg)	全窒素(mg)	ペクチン(mg)	タンニン(mg)
透明果汁	0.35	13.1	2.6	6.8	13.2	17.1	13.4
混濁果汁	0.38	12.3	16.5*	9.2	20.5	100.3	43.6

* 混濁果汁は50 mg/100 gのビタミンCおよび食塩液を磨砕時に噴霧.

ツ, レモン, パイナップル, グアバなどがある. 原料として使用する場合, 熟度が適切で新鮮なものが必要である. 均一な果汁を得るために搾汁後, 色, 味, 香気などを調整する混合すなわちブレンドも重要となる. 表 II.1.6は温州ミカンのブレンド品種の事例である.

(2) 製造　一般的な果汁の製造工程はを次に示す.

原料果→選別→洗浄→搾汁→粗大パルプ除去→脱気→(濃縮:濃縮果汁の場合)→ブレンド→(1次冷凍:冷凍果汁の場合)→充填・密封→(2次冷凍:冷凍果汁の場合)→保管

搾汁工程は原料果実の種類によって, 組織, 構造が異なっており, それぞれ応じた搾汁機が用いられている. 搾汁機は大きく分けると

① 搾り取る方式:リーマ搾汁機
② 加圧搾汁方式:油圧プレス, ローラープレス, ジュースエキストラクター, インラインプレス
③ 遠心分離方式:バスケットタイプ
④ 破砕・裏ごし方式:パルパーフィニッシャー

などがある.

一般的に果汁飲料の原料として用いられている冷凍果汁の大部分は濃縮果汁である. 冷凍濃縮果汁を解凍, 希釈, 還元したものは, 搾汁直後の未加熱果汁に比べて, 香味, 色調, その他成分の一部に劣化がみられることが多い. 通常果汁の濃縮には, 噴流薄膜瞬間蒸発機などの真空蒸発装置が使用されるが, 殺菌工程とともに, これらが成分劣化の原因となりやすく, できるだけ低温で短時間の濃縮, 殺菌を心がける必要がある. 特に香気成分の劣化が著しい場合, 真空蒸発過程で揮散する香気成分を回収し, 果汁への添加が行われる.

(3) 製品規格　果汁の規格には前述の成分規格のほかに, 果汁の清澄度からの区分がある.

① 混濁果汁:果汁中のペクチン, パルプ質などがコロイド状態をなして混濁したもの(トマト, オレンジなど).
② 透明果汁:ペクチン分解酵素を用いて果汁中のペクチンを分解したのち, 遠心分離などによってパルプ質を除き, 透明な果汁としたもの(リンゴ, ブドウなど).

リンゴ果汁で混濁果汁と清澄果汁の成分を比較した事例が表 II.1.7である.　　　　[山本宏樹]

文　献

1) 早瀬広司ほか著:野菜園芸大百科6, 農山漁村文化協会, 1989.
2) 武田正倫ほか著:食材図典, 小学館, 1995.
3) 立山茂雄ほか著:新版冷凍野菜・果実のすべて, 冷凍産業新聞社, 1993.
4) 伊東三郎編:果実の科学(シリーズ食品の科学), 朝倉書店, 1991.
5) 山田耕二監修:要説冷凍食品, 建帛社, 1979.

2. 水産冷凍食品

2.1 総　　論

2.1.1 水産原料の特性

　水産冷凍食品の原料となる水産物は，魚類のみならず甲殻類(エビ，カニなど)，軟体類(イカ，タコ，貝など)など幅広く，種類も多い．さらに，同一種であっても天然と養殖の違いや，あるいは漁獲海域(産地)，サイズの違いなどにより性状が異なり，成熟度(産卵期)に伴う体成分の周年変動もみられる．また，畜肉に比べて鮮度低下が速く，微生物の分解も受けやすいうえに，ときに有毒成分を含むものもあり，水産物の冷凍と保管およびその利用・加工に際しては，原料の性状，品質に十分な注意を払う必要がある[1]．

a. 体組織(皮膚と筋肉構造)

　魚類の皮膚は表皮層(epidermis)と真皮層(dermis)とから成り，表皮層には粘液を分泌する粘液細胞が存在し，真皮層からは鱗(scale)が発生している(図Ⅱ.2.1)．真皮層の下には数種の色素細胞が存在し，次いで皮下組織，筋肉層に移行する．一般に魚介類の皮膚は薄く物理的な損傷を受けやすいため，細菌汚染の原因となる．

　魚類の体躯を形成する骨格筋(skeletal muscle)は横紋筋(striated muscle)である普通筋(ordinary muscle)と血合筋(dark muscle)とから成る．これ

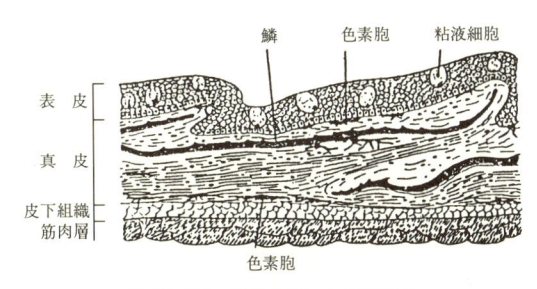

図Ⅱ.2.1　硬骨魚類の皮膚断面図

らは哺乳類の速筋(fast muscle)と遅筋(slow muscle)に相当するが，血合筋は，カツオ，サバなどの赤身の魚に多く，マダイ，イサキなどの白身魚には少ない(図Ⅱ.2.2)．

b. 体 成 分

　魚介類の筋肉・可食部の成分は，水分70〜85％，タンパク質15〜20％，脂質1〜10％，炭水化物0.5〜1.0％，灰分1.0〜1.5％であるが，種類ごとに組成が異なるうえに，年齢・季節などによる変化(特に産卵の前後)，漁獲海域，天然・養殖の違いがみられる．また，部位によっても著しい成分変化が生じる(表Ⅱ.2.1)．この成分変化は，主に水分と脂質の存在比にもとづくが，底生魚よりも回遊魚で変化が大きい．

魚　種	Ⅰ. 白身の魚		Ⅱ. 赤身の魚(沿岸性)		Ⅲ. 赤身の魚(外洋性)	
	クロダイ	マガレイ	サバ	マイワシ	カツオ	マグロ
割合(％)	4	5	15	24	16(13)[*1]	—
分　布	表層血合肉				真正血合肉	

[*1] (　)内は真正血合肉のみの割合.

図Ⅱ.2.2　可食部筋肉に占める血合肉の割合とその分布[2]

表 II.2.1

(a) 魚介肉の一般成分 (%)[3]

種　類	水　分	タンパク質	脂　肪	炭水化物	灰　分
カ　ツ　オ	70.4	25.8	2.0	0.4	1.4
マ　グ　ロ (赤身)	68.7	28.3	1.4	0.1	1.5
〃　　　(脂身)	52.6	21.4	24.6	0.1	1.3
ブ　　　リ	59.6	21.4	17.6	0.3	1.1
サ　　　バ	62.5	19.8	16.5	0.1	1.1
サ　ン　マ	61.8	20.6	16.2	0.1	1.3
マ　イ　ワ　シ	64.6	19.2	13.8	0.5	1.9
ア　ジ	72.4	18.7	6.9	0.1	1.5
サ　ケ	69.3	20.7	8.4	0.1	1.5
マ　ダ　イ	76.4	19.0	3.4	+	1.2
タ　ラ	82.3	15.7	0.4	+	1.2
ヒ　ラ　メ	78.0	19.1	1.2	0.1	1.6
ア　ブ　ラ　ザ　メ	71.7	16.8	10.0	0.1	1.4
コ　イ	75.4	17.3	6.0	0.2	1.1
ウ　ナ　ギ	61.1	16.4	21.3	0.1	1.1
ア　サ　リ	86.8	8.3	1.0	1.2	2.7
ハ　マ　グ　リ	84.2	10.4	0.9	1.9	2.6
カ　キ	81.9	9.7	1.8	5.0	1.6
ア　ワ　ビ	83.9	13.0	0.4	0.6	2.1
イ　カ	81.8	15.6	1.0	0.1	1.5
マ　ダ　コ	81.1	16.4	0.7	0.1	1.7
ク　ル　マ　エ　ビ	77.2	20.5	0.7	+	1.6
ズ　ワ　イ　ガ　ニ	82.8	14.8	0.5	0.1	1.8

+：微量．
四訂日本食品標準成分表より．

(b) 血合肉と普通肉の一般成分 (%)[3]

魚　類	部　位	水　分	タンパク質	脂　質	灰　分
マ　サ　バ	血　合　肉	73.6	19.4	4.9	1.1
	普　通　肉	75.8	23.6	0.8	1.4
マ　イ　ワ　シ	血　合　肉	70.0	15.9	12.8	1.0
	普　通　肉	72.0	23.1	2.9	1.4
マ　ア　ジ	血　合　肉	73.7	19.3	5.9	1.2
	普　通　肉	78.2	20.2	1.7	1.3
タ　ラ	血　合　肉	77.8	18.6	2.5	1.1
	普　通　肉	78.4	19.9	0.5	1.3
オ　ヒ　ョ　ウ	血　合　肉	62.0	11.3	27.3	0.8
	普　通　肉	77.7	14.5	7.0	1.1

(1) **筋肉タンパク質**　魚介類の筋肉タンパク質は，筋形質タンパク質，筋原繊維タンパク質，筋基質タンパク質の3つに大別でき，溶媒に対する溶解性からそれぞれ水溶性タンパク質，塩溶性タンパク質，不溶性タンパク質ともいう．

筋形質タンパク質には，筋運動のエネルギー供給にかかわる諸酵素(解糖系酵素やTCA回路の酵素)，自己消化酵素(プロテアーゼ)，パルブアルブミン(parvalbumin)やミオグロビン(myoglobin)が含まれる．

筋原繊維タンパク質にはATPase活性を有し筋収縮にかかわるミオシン(myosin)やアクチン(actin)，その制御に関与する調節タンパク質トロポミオシン(tropomyosin)，トロポニン(troponin)などが含まれる(図II.2.3)．コイは生息温度によって1次構造の異なるミオシン・アイソフォームを発現させて機能を維持すると報告されているが[4]，魚種によってアクチンとミオシンの結合したアクトミ

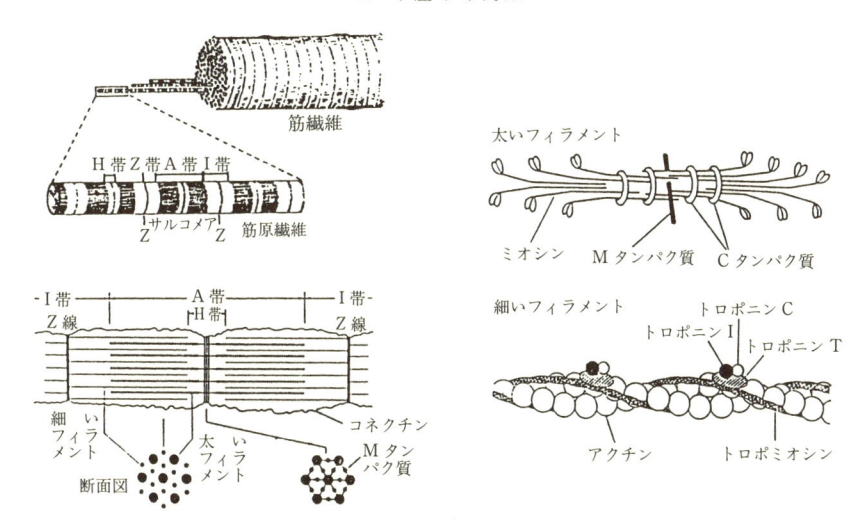

図 II.2.3 筋原繊維の微細構造[3]
実際にはCタンパク質によるタガは中央から左右に7個ずつある．1つのタガは3分子のCタンパク質によってできていると推定されている．この図ではCタンパク質やMタンパク質の大きさを少し誇張して描いてある．

表 II.2.2 加熱による各種動物アクトミオシン Ca-ATPase の変性速度恒数[5]

	変性速度恒数 (sec^{-1})				
	25℃	30℃	35℃	40℃	45℃
ウ　　サ　　ギ			0.3×10^{-5}	2.1×10^{-5}	2.3×10^{-4}
ク　　ジ　　ラ				1.3×10^{-5}	2.2×10^{-4}
ティ　ラ　ピ　ア			1.7×10^{-5}	31.1×10^{-5}	
ウ　　ナ　　ギ		0.3×10^{-5}	3.7×10^{-5}	41.1×10^{-5}	
コ　　　　　イ		1.1×10^{-5}	7.7×10^{-5}	55.5×10^{-5}	
マ　グ　ロ		1.2×10^{-5}	15.3×10^{-5}		
ブ　　　　　リ		3.6×10^{-5}	33.8×10^{-5}		
ニ　ジ　マ　ス		5.6×10^{-5}	46.1×10^{-5}		
メ　　バ　　ル		6.7×10^{-5}	65.0×10^{-5}		
ヒ　　ラ　　メ		13.0×10^{-5}			
ア　ブ　ラ　コ		33.3×10^{-5}			
ホ　　ッ　　ケ	9.7×10^{-5}	55.5×10^{-5}			
スケトウダラ	11.6×10^{-5}	68.3×10^{-5}			

＊ アクトミオシンの加熱変性は，0.6 M KCl-5 mM tris-maleate (pH 6.8) 中で実施．
Ca-ATPase 活性は，60 mM KCl-25 mM tris-maleate (pH 7.0) 中，5 mM CaCl$_2$，1 mM ATP の存在下，25℃で測定．

オシンの安定性は大きく異なり（表 II.2.2）[5]，低温水域の魚類ほど熱安定性に劣る．

一方，筋基質タンパク質としてコラーゲン (collagen) があり，骨格筋の細胞間に存在して構造を維持している．魚類のコラーゲンは，希酸や塩溶液に溶ける点で畜肉と異なり，I 型，V 型では部分構造も異なっている[6]．

（2）**脂　質**　魚介類の脂質は，トリグリセリド (triglyceride)，ステロール (sterol)，ステロールエステル (sterol ester)，ワックスエステル (wax ester) などの非極性脂質とホスファチジルコリン (phosphatidylcholine)，ホスファチジルエタノールアミン (phosphatidylethanol amine) などの極性脂質から成り，筋肉，内臓に多く存在する．水産物の脂質の特徴として，エイコサペンタエン酸 (eicosapentaenoic acid：EPA) やドコサヘキサエン酸 (docosahexaenoic acid：DHA) などの n-3 系の高度不飽和脂肪酸 (polyunsaturated fatty acid：PUFA) を含むことがあげられる（図 II.2.4）．これら高度不飽和脂肪酸は，動脈硬化，虚血性心疾患，高脂血症などの予防や，脳機能改善などに有効といわれているが，酸化されやすく不安定であり，冷凍

(EPA)　$C_{20}H_{30}O_2$　分子量：302.35

$H_3C\diagup\diagup\diagup\diagup\diagup COOH$

(DHA)　$C_{22}H_{32}O_2$　分子量：328.48

$H_3C\diagup\diagup\diagup\diagup\diagup\diagup COOH$

図 II.2.4　エイコサペンタエン酸 (EPA) とドコサヘキサエン酸 (DHA) の構造式

保管中にも変化する.

　水産物の脂質含量は, 魚種, 部位, 年齢, 漁期, 漁場によって異なる. これは貯蔵脂質であるトリグリセリドの多寡によるもので, 一般に脂質含量は産卵前に多く, 産卵後に少ない. また, 筋肉における脂質含量は白身魚よりも赤身魚の方が多く, 逆に内臓脂質は白身魚の方が概して多い.

　回遊魚の一種であり, 代表的な養殖魚となっているブリでは, 脂質含量の季節変動が著しく, 成魚では冬期に高値を示す. さらに, その値も天然と養殖では大きく異なる (図 II.2.5)[7]. また, マイワシ, マダラでも成分変化が認められている[1].

（3）色素　魚介類の体表にはカロテノイド (carotenoid), メラニン (melanin), グアニン (guanin), オンモクロム (ommochrome) などの色素が存在して種特有の体色を呈しているが, これは保護色や太陽光線に対する生体防御物質としても機能している. また, ミオグロビン, ヘモグロビン (hemoglobin), ヘモシアニン (hemocyanin), ビリ

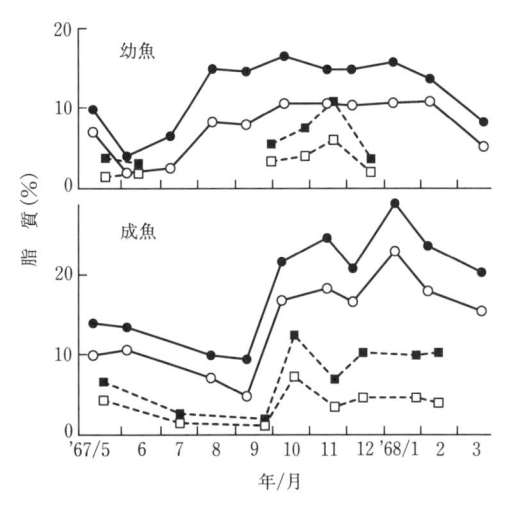

図 II.2.5　養殖および天然ブリ筋肉脂質の周年変化[7]
○：養殖魚背部筋肉, □：天然魚背部筋肉, ●：養殖魚腹部筋肉, ■：天然魚腹部筋肉.

	幼魚の平均体重	成魚の平均体重
天然	1.13 kg	6.32 kg
養殖	1.65 kg	6.25 kg

図 II.2.6　主要なカロテノイドの構造式
(β-カロテン, アスタキサンチン, ルテイン, ゼアキサンチン)

ン (bilin), シトクロム (cytochrome) などは, 筋肉, 内臓, 血液中に存在して生体機能を維持する役割を担っている[8]. これら生体色素のうちカロテノイド, ミオグロビンは冷凍保管中に変質して冷凍魚介類の商品価値を低下させる. また, 甲殻類では解凍保管時にメラニンが生成して黒変し問題化する場合がある.

　マダイ, メヌケなど体表の赤い魚の色素やサケ・マス類の筋肉色素は, 赤色系カロテノイドであるアスタキサンチン (astaxanthin) が主成分で, その他ツナキサンチン (tunaxanthin), ゼアキサンチン (zeaxanthin) も含まれる (図 II.2.6).

　サケ・マス類筋肉では, 種によりアスタキサンチン含量が異なり, サケで 0.5 mg/100 g, ギンザケで 1.1～2.0 mg/100 g, ベニザケで約 3 mg/100 g である[9]. このほかアスタキサンチンはエビ・カニ類甲殻の主要色素でもあり, タンパク質と複合体を形成してカロテノプロテインとなり暗紫色を呈することもある. カロテノイド色素は, 一般に脂溶性成分で, 酸素, 光, 酵素 (リポキシゲナーゼ), 熱などによって分解され, 退色する. したがって, 冷凍貯蔵時には酸素を遮断するためのグレーズや真空パック, 酸素除去剤や抗酸化剤の利用が必要となってくる. また, 解凍時には遮光も必要である.

　一方, カツオやマグロなどの赤身魚筋肉やマダイ, イサキなどの白身魚の血合筋にはミオグロビンが存在し, 筋肉の色調の発現に関与している. マグロ肉の色調を成すミオグロビンは, 酸素と結合 (オキシ型) して鮮紅色に, 酸素と解離 (デオキシ型) すると暗紫赤色を呈する (図 II.2.7). マグロ肉のミオグロビン含量は魚種により異なり, 普通筋ではクロ

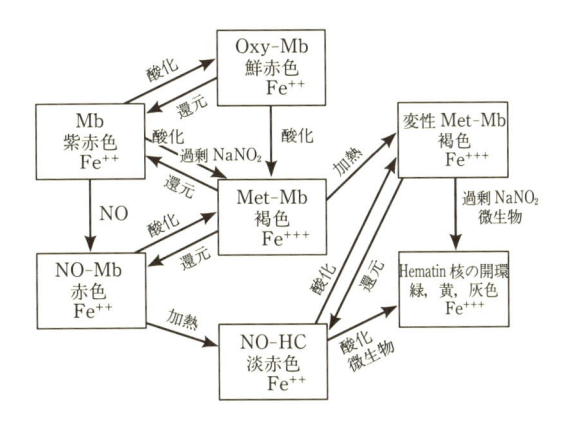

図 II.2.7 筋肉ミオグロビン保存中の変化[10]

マグロで500~600 mg/100 g, メバチで50~250 mg/100 g, キワダで50~200 mg/100 gで, ウマの310 mg/100 gに匹敵する[11]. このミオグロビンに含まれる鉄は, 貯蔵温度や凍結・解凍の繰返し, pH, 塩濃度などの影響を受けて2価から3価に自動酸化され, ミオグロビンがメト化して褐色となる. ミオグロビンのメト化率が50％を超えると褐変が明瞭となり, 商品価値が著しく低下する. 一般に船凍マグロ品は高鮮度のうちに急速凍結しており, pH低下や魚体温度の上昇は生じていない場合が多いが, メト化率を抑制するにはpH 6.5付近の原料を使用すべきで, 特にpH 6以下のものは使用すべきではない.

エビ・カニなどの甲殻類では, いわゆる黒変(melanosis)の問題がある. これは鮮度低下した原料や解凍後の保管期間が長い場合にみられるが, 高鮮度原料のエビでも発生する場合がある. この現象は, 甲殻類の筋肉や体液中に存在するチロシンがフェノールオキシダーゼ(チロシナーゼ)により酸化重合してメラニンを生成するためで(図II.2.8), 加工前に十分水洗浄・水浸漬して体液を洗い流したり, カニの加熱加工では筋肉と体液の熱凝固温度差を利用して体液を排除する方法がとられている. また, 黒変防止には, 酸化化合物を還元する亜硫酸塩類や銅のキレート剤が有効であるが, 海外ではフェノールオキシダーゼの阻害剤も開発されている[12].

c. 鮮　度

水産物の鮮度低下は速く, 取扱い時の感覚的な評価(匂い, 体表や眼球の色調, 鱗の損失程度など)や理化学的な評価(死後硬直, pH変化, K値, VBN値, 筋肉ATPase活性, 細菌数など)により鮮度を把握する.

水産物は漁獲後, 硬直→解硬→腐敗といった経過をとるが, 死後硬直(rigor mortis)は魚の場合30分から3時間程度の短い時間で開始する. また, その持続時間も, 保管条件により大きく異なるが, 筋肉ではおおむね5時間~1日程度と短い.

死後硬直は, 筋肉中のATPの消失によって引き起こされるアクチンとミオシンの不可逆的な結合によるもので, 筋小胞体(sarcoplasmic reticulum)から流入するCa^{2+}はこれを促進する[13]. ATPの供給源はクレアチンリン酸やグリコーゲン(グルコース)であるため, これら生育時の含有量およびアデニル

図 II.2.8 チロシンからのメラニン生成経路

表 II.2.3 天然および養殖マダイ，ヒラメの 0°C と 10°C 貯蔵における死後硬直の進行と化学的変化の関係[14]

試料区分	硬直開始〜完全硬直到達時間	ATP 消失時間（1μmol/g 以下）	乳酸最大量到達時間
即殺区：			
養殖マダイ 0°C	4〜10 h	10 h	10 h (63.9)*
10°C	8〜24	24	24 (62.2)
天然マダイ 0°C	4〜16	16	16 (55.0)
10°C	8〜48	48	48 (54.3)
養殖ヒラメ 0°C	3〜21	18	15 (34.1)
10°C	6〜32<	32<	32<(30.4)
天然ヒラメ 0°C	3〜21	15	15 (34.3)
10°C	6〜32	32	32 (33.2)
苦悶死区：			
養殖ヒラメ 10°C	2〜 8	2	6 (38.6)
天然ヒラメ 10°C	2〜 8	4	6 (43.2)

* 乳酸量 (μmol/g)．

酸キナーゼや解糖系酸素の活性，あるいは冷蔵保管時の温度条件などにより硬直は異なる．表 II.2.3 に死後硬直の進行状態，ATP の消長を示したように，マダイやヒラメを即殺（延髄刺殺）した場合は完全硬直に達するのに 16〜21 時間であるのに対して，苦悶死させ ATP を消費させた魚では数時間で完全硬直状態に至る[14]．完全硬直または解硬した魚肉の歯ごたえは低下してしまうが，高鮮度で凍結した魚肉でも解凍時に解凍硬直を起こしてスポンジ様の肉質に変化する場合があるので注意が必要である．

また，死後変化として pH 低下もあげられる．マグロ，ハマチ，マサバなどの回遊性魚類では pH 低下が著しく，pH 5.5 程度にまでなることがあり，原料魚肉の pH を測定することにより大まかな鮮度を把握することができる．この pH 低下は，解糖により生じる乳酸や ATP 分解により生じる H^+ が原因と考えられている[15]．

一方，化学分析では ATP の分解程度を鮮度指標とする K 値を用いたり，最近ではキサンチンオキシダーゼなどの酵素を利用した迅速法（K_1 値）も開発されている[16]．なお，K 値，K_1 値の定義は以下の通りである．

$$K 値 = (HxR+Hx)/(ATP+ADP+AMP+IMP+HxR+Hx) \times 100 (\%)$$
$$K_1 値 = (HxR+Hx)/(IMP+HxR \times Hx) \times 100 (\%)$$

また，揮発性塩基窒素（volatile basic nitrogen：VBN）を測定して鮮度判定する場合もあるが，VBN 値はむしろ腐敗の指標と捉えた方がよい．

2.1.2 製造技術の基本
a. 冷凍製品形態と凍結法

冷凍水産物の形態は多様である．魚類の場合は，未加工またはえらを除去したラウンド（丸），えらと内臓を除去したセミドレス（または H & G；head & gut），さらに頭部を除去したドレス，ドレスからひれを除去したトリム，えら・内臓ぬきをセミドレス，三枚におろしたフィレー，フィレーを上身と下身に分けたロインなどがある．また，フィレーに皮がついたものはスキンオンフィレー，皮を除去したものはスキンレスフィレーと呼ばれている．さらに細分化して切り身，輪切りをチャンク，スライス，ダイス加工品もある．一方，エビなどでは頭つきをラウンドまたはヘッドオン，頭部除去をヘッドレス，消化管除去品をディベイン（deveined），甲殻除去品をピール，むき身と称している．

これらの原料を凍結する際には，バラで個別に凍結する IQF (individually quick freezing) とパン立て凍結のような BQF (block quick freezing) がある．エビではパン立てして冷水を注ぎ凍結する注水凍結が一般的である．この方法は，エビの乾燥と形態損傷の防止に有効である．

凍結装置としては，管棚式凍結装置，送風式凍結装置（エアーブラストフリーザー；air-blast freezer），ブライン凍結装置，接触凍結装置，液化ガス凍結装置などがあり，それぞれインライン方式とバッチ方式に分けられる．

（1）管棚式凍結　古くから水産物の凍結に用いられており，冷却管を棚状に配列してこの上に原料魚介類そのものか凍結パンを並べて凍結する方法

で，マグロのラウンド凍結にも用いられている．

（2） 送風式凍結装置　近年技術進歩が著しく，−40℃の冷気を風速12〜20 m/sで対象物に当てる装置もあり，凍結時間の短縮が可能となっている．

（3） ブライン凍結　冷媒の食塩（凍結点−19.4℃），塩化カルシウム（同−50.6℃），アルコール類（エタノール，プロピレングリコール（同−25℃））に水産物を浸漬，または散布して凍結する方法で，カツオの冷凍には塩化カルシウムブラインが用いられている．

（4） 接触凍結　広く採用されているコンタクトフリーザー（プレートフリーザー）があり，魚類のドレス，フィレーやすり身をパン立てして凍結したり，エビ類を注水で凍結する際に利用される．また，ラウンドの原料を凍結する際には通常のコンタクトフリーザーでは接触面積が少なく，凍結効率が低いためにフレキシブルコンタクトフリーザーが開発されている．

（5） 液化ガス凍結　凍結媒体により液化炭酸ガス，液体窒素凍結がある．ランニングコストがかかり，カニ製品など高級商材加工に用いられる．

凍結水産物の適正保管温度を表II.2.4に示した．

b．冷凍保管中の変化と対応策

冷凍魚介類は，冷凍条件が悪いとタンパク質変性，脂質酸化，退色，乾燥などにより品質低下が生じるため，高鮮度での加工処理，変性防止剤溶液（糖アルコール類や抗酸化剤）への浸漬，あるいはグレーズ処理などを行う．

（1） タンパク質の変性　長期の冷凍保存や冷凍保存中の温度変化により品質が低下するが，タラ類で顕著なのが筋肉中でのホルマリン（formaldehyde：FA）生成による物性変化である[18]．魚類の筋肉中にはトリメチルアミンオキシド（trimethylamine oxide：TMAO）が存在するが，タラ類にはTMAOを還元する酵素が内臓や筋肉中に存在し，FAとジメチルアミン（dimethylamine：DMA）を生成する（図II.2.9）．生じたFAは筋肉タンパク質を構成するアミノ酸の官能基と反応して安定した架橋構造をつくり，結果的に硬化した魚肉となる[19]．この変性が進むと筋肉がスポンジ化するとともに，DMAによる異臭で商品価値はまったくなくなる．この反応は，鉄やヘムタンパク質，アスコルビン酸などにより促進される．したがって，タラ類の製造技術として，高鮮度原料を用いて，血液も含め内臓を除去し水洗を十分に行う必要がある．

また，マイワシ，マアジ，マサバのような脆弱な筋肉とエイコサペンタエン酸などの高度不飽和脂肪酸を有する魚では，冷凍貯蔵中に脂質酸化とタンパク質の変性が起こりやすく，また解凍後の鮮度変化は未凍結魚に比べて速い[20]．これは，凍結・解凍により筋肉細胞が破壊され，細胞内酵素や筋肉色素ミオグロビンが溶出して劣化を促進するとともに，死後の急激なpH低下が冷凍貯蔵中の劣化を招くためである[21]．また，過酸化脂質生成（ヒドロペルオキシド：hydroperoxide）もタンパク質変性に関与していると考えられている[22]．筋肉タンパク質の変性指標であるATPase活性は，冷凍貯蔵により低下し，特に低pHでの変化が著しい（図II.2.10）．同様の傾向がパシフィックホワイティングでも報告されている[23]．したがって，pH低下の起こらない高鮮度での急速な凍結が必要である．

（2） 脂質の変性　脂質の劣化は，大別して自動酸化と酵素による加水分解がある．自動酸化は空気中の酸素により不飽和脂肪酸が酸化されてヒドロペルオキシドになり，さらにラジカルとなって起こる連鎖反応である．そのため，いったん反応が始まると重合体のような安定な化合物を形成するまで続く．また，自動酸化中に脂質の過酸化物が分解して低級脂肪酸とカルボニル化合物を生成し，酸味，渋味，不快な刺激臭を発する酸敗（oxidative rancidi-

$$CH_3-\underset{\underset{CH_3}{|}}{\overset{\overset{CH_3}{|}}{N}}-O^{\delta-} \xrightleftharpoons{\text{TMAOase}} \underset{\underset{CH_3}{|}}{\overset{\overset{CH_3}{|}}{N}}H + H-\overset{O}{\underset{H}{\overset{\|}{C}}}$$

TMAO　　　　　　　DMA　　　FA

図II.2.9　トリメチルアミンオキシド（TMAO）のジメチルアミン（DMA）とホルムアルデヒド（FA）への分解（トリメチルアミンオキシド脱メチル化酵素（TMAOase）による反応）[18]

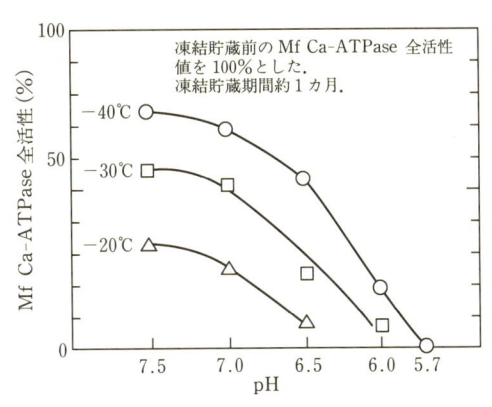

図II.2.10　マサバ筋原繊維タンパク質のpHとCa-ATPase全活性の関係[20]

表 II.2.4　凍結水産物適正保管温度[17]

品　目	保管温度 (℃)	保管期間 (月)	備　考
マイワシ	−18 −23	6 12	(多脂肪魚)
マサバ	−18 −23	6 8	(多脂肪魚)
サンマ	−18 −23	6 12	(多脂肪魚)
ニシン	−18〜−20	4〜6	(多脂肪魚)
マダラ	−18 −20 −23	4〜6 8〜9 9〜10	
カレイ	−18	7〜12	特に脂肪の多い種類は，多脂肪魚と同じ扱いとする．
マアジ	−18	12	
シシャモ	−18〜−20	4〜6	
マグロ カジキ (生食用)	−30 −40	3〜6 6	キハダ，メバチ，ミナミマグロの船上凍結品でメト化率30％を限度とし6カ月保管を目標とした場合の研究報告による．マカジキ，クロカワ(刺身用)はマグロと一緒に取り扱われることが多い．
カツオ (生食用) 　　　 (加工用)	−30 −40 −20以下	6 6	メト化率30％を限界とした研究報告による．ビン長マグロ，加工用のカジキ類は，カツオと一緒に取り扱われることが多い．
スルメイカ	−18	12	
タコ	−20 −25	6 12	
サケ・マス	−18 −23	5〜8 10	
タイ	−18 −25	3〜5 12	
すり身 (スケトウダラ)	−23〜−25	6〜12	種類(無塩，加塩)，等級によって保管条件は異なる．
イクラ・スジコ・タラコ (塩蔵)	−18〜−22	6〜12	たるもしくは木箱入り
数の子 (製品) 　　　(塩蔵原卵)	−14 −14	6 12	ポリバケツ入り
塩魚	−23	6〜10	木箱入り
にぼし・干しするめ	−18〜−25	6〜12	ポリ袋，カートン入り
エビ・カニ	−18 −25	6〜12 12〜25	エビは注水凍結品
カキ・ホタテ	−18 −23	5〜9 9	カキは注水凍結品
クジラ	−18 −20	4〜6 12	
ワカメ (塩蔵)	−14	6	ポリ袋，木箱入り

1. 分類　(1) 多脂肪魚　イワシ，サバ，サンマ，ニシン，ブリ
　　　　(2) 少脂肪魚　タラ類，カレイ
　　　　(3) 独立分類　アジ，シシャモ，マグロ，カジキ，カツオ，イカ・タコ類，サケ・マス類，タイ類(マダイ，ワンコダイなど)，すり身(スケトウスリ身)，魚卵(イクラ，スジコ，タラコ，数の子)，塩魚(サケ，マス)，乾物(にぼし，干しするめ，みりんぼし)，エビ，カニ類，貝類(カキ，ホタテ)，クジラ，海藻類(ワカメ)
2. 荷姿は特記のない場合，ブロック凍結・グレーズかけポリ袋包装カートン箱入りである．

ty)も起こる．さらに，多脂肪魚の場合(イワシ，サバ)では貯蔵中に鰓蓋や腹肉が黄色，赤橙色に変化する油焼け(rusting)もある．一方，酵素による加水分解では，リパーゼやホスホリパーゼ，リゾホスホリパーゼがかかわっており，冷凍保管中にも作用が進行する[24]．これは酵素や基質，補助因子などが冷凍濃縮するために起こると考えられている．

脂質の劣化を抑制するには，まず酸素との反応を遮断する必要があり，アイスグレーズ処理，包装処理が利用されている．特に，グレーズ処理は冷凍焼けの防止にも有効であるので，多くの冷凍水産物に利用されている．また，アスコルビン酸，エリソルビン酸，トコフェロールなどの抗酸化剤が有効である．

2.1.3 最近の製品の傾向

水産冷凍食品は増加の一途をたどっているが，特に輸入製品の増加が著しい．これは200海里専管水域の制定，円高の進行，海外における水産加工技術の定着などの要因が相まったためと考えられる．さらに，国内の水産加工従事者の減少も大きく影響している．そのため，国内では解凍・リパックあるいは加熱調理するだけで食せるような最終加工品や中間製品の輸入が増えている．

a. 冷凍蒲焼き(ウナギ)

活ウナギ(Anguilla japonica)は以前より台湾，中国から輸入されているが，蒲焼き加工はヨーロッパウナギ(Anguilla anguilla；フランスウナギ)の養殖技術が確立して急激に増加した．それと同時に日本国内にも廉価な蒲焼き製品が市場に流通するようになり，現在では一般的な加工食品となっている．

原料ウナギは池水で養殖されるため，池に発生したアオコの特有の異臭(泥臭，かび臭；原因物質は2-メチルイソボルネオール，ジオスミン)を呈する場合があり，原料購入時には臭気検査を行う．

b. 魚卵製品

従来，和食の素材として扱われてきたタラコも，食の洋風化に伴い製品形態が変化し，調味バラ子(またはペースト)にしても利用されている．これは，塩子や辛子明太子の需要の伸び悩みの打開や卵囊破損による商品価値低下を防ぐことも目的であったが，卵粒感や独特の風味を活かした用途拡大につながっている．製法は，生卵や凍結した冷凍卵の卵粒を卵囊から採取し，調味付けして凍結したものである．

同様に，大西洋ニシン卵を原料に用いた調味付けカズノコも流通するようになっており，季節を限定した利用から脱却しつつある．

ただし，従来のような塩蔵品から調味付け製品への移行，すなわち魚卵製品の低塩分化は，嗜好に合致するものの，水分活性(water activity：a_w)が上昇して細菌に対する保存性を低下させる原因となり，食品衛生上の問題を抱えている．

c. 水産加工品の食品衛生管理

水産加工場が中間原料ではなくそのまま利用される食品を製造するようになってきているが，生産現地の加工場の衛生状態や安全管理が輸入国の利用者の健康や安全に直接影響を及ぼしている．このような状況から，国内のみならず海外でもHACCP(hazard analysis critical control point；危害分析重要管理点)システムにのっとった水産加工品の製造がなされるようになってきている．水産食品における危害リストと関係する工程リストを表II.2.5，表II.2.6に示したが，すでに「冷凍魚肉フィレー(加熱調理用)」，「冷凍貝類(生食用)」，「冷凍すり身」の3品目については公表され，その他の水産加工品に関してもマニュアル化が進められており，近

表II.2.5 水産食品における危害リスト[25]

No. 1	メチル水銀以外の化学汚染物(PCB，残留農薬，抗生物質など)
No. 2	メチル水銀(カジキマグロ，サメ；1.0 ppm以下)
No. 3	自然毒—マリンバイオトキシン
3 a	麻痺性貝毒(PSP, saxitoxin)
3 b	神経毒性貝毒(NSP, brevetoxin)
3 c	下痢性貝毒(DSP, okadaic acid)
3 d	記憶喪失性貝毒(ASP, domoic acid)
3 e	シガテラ食中毒
3 f	clupeotoxin(ヘリング)
3 g	chondrichthytoxin(サメ，エイ類)
3 h	tetorodotoxin(フグ)
3 i	gempylotoxin(escolar)
No. 4	有害な異物
No. 5	デコンポジション(鮮度低下による腐敗)
No. 6	ヒスタミン(鮮魚では5 mg/100 g以下)
No. 7	食品添加物および色素添加物
No. 8	寄生虫
No. 9	動物用薬剤
No. 10	病原性細菌(ボツリヌス菌，腸炎ビブリオほか)

疾病などの安定性に直接関係する危害と，異物・寄生虫・デコンポジション(鮮度低下)などの安定性に関係する危害に大別される．
資料：FDA, 1994．

表 II.2.6　水産食品の危害に関係する工程のリスト[25]

No. 1	乾燥品中の汚物
No. 2	死んだ甲殻類や軟体動物の加工
No. 3	原料貯蔵中の温度の逸脱
No. 4	過大な水分活性（塩蔵品等が対象）
No. 5	不十分な食塩，糖，および/または亜硝酸塩の濃度
No. 6	クッキング中の病原性細菌の生残（即席調理食品等が対象）
No. 7	交差汚染（クッキング済水産食品とナマとの交差，調理器具や従業員等の交差に由来する汚染）
No. 8	加熱処理製品の処理中の温度逸脱およびナマの軟体動物の処理中の温度逸脱
No. 9	無加熱製品の処理中の温度逸脱
No. 10	バター中での微生物発育
No. 11	低温殺菌（パステライゼーション）中の病原性細菌の生残
No. 12	低温殺菌（パステライゼーション）後の再汚染
No. 13	最終クッキング中の温度逸脱
No. 14	最終製品貯蔵中の温度逸脱
No. 15	最終製品流通中の温度逸脱
No. 16	金属含有
No. 17	食品添加物，色素添加物（使用基準があるもの，許可されたもの）

資料：FDA，1994．

い将来水産加工分野の衛生管理が効果的に運用されると思われる．　　　　　　　　　　［森　　　徹］

文　献

1) 日本冷凍食品協会：冷凍食品事典，p. 109-129，朝倉書店，1988．
2) 鴻巣章二：魚の科学（シリーズ食品の科学），p. 186，朝倉書店，1994．
3) 須山三千三，鴻巣章二：水産食品学，p. 341，恒星社厚生閣，1987．
4) 渡部終五：水産ねり製品技術研究会誌，23(12)，486-499，1998．
5) 新井健一ほか：日水誌，39(10)，1077-1085，1973．
6) Sato, K.: *Trends in Comp. Biochem. Physiol.*, 1, 557-567, 1993.
7) 中川平介：養殖魚の価格と品質（水産学シリーズ78），p. 38-47，恒星社厚生閣，1990．
8) 同上2) の p. 63-69．
9) 森　徹：養成ギンザケにおけるカロテノイドの蓄積機構に関する研究，東京大学博士論文，1989．
10) 杉本昌明：冷凍，62(722)，23-29，1987．
11) 橋本周久：白身の魚と赤身の魚（水産学シリーズ13），p. 28-41，恒星社厚生閣，1976．
12) McEvily, A. J. et al.: *Food Technology*, 45(9), 80-86, 1991.
13) 潮　秀樹：魚類の死後硬直（水産学シリーズ86），p. 21-30，恒星社厚生閣，1991．
14) 岩本宗昭：魚類の死後硬直（水産学シリーズ86），p. 74-82，恒星社厚生閣，1991．
15) Hochachka, P. W. and Mommsen, T. P.: *Science*, 219, 1391-1397, 1983.
16) 渡邊悦生：魚介類の鮮度判定と品質保持（水産学シリーズ106），p. 32-43，恒星社厚生閣，1991．
17) 小嶋秋夫：FFIジャーナル，No. 171，31-36，1997．
18) Sotelo, C. G. et al.: *Z. Lebensm. Unters. Forsch.*, 200, 14-23, 1995.
19) Del Mazo, M. L. et al.: *Z. Lebensm. Unters. Forsch.*, 198, 459-464, 1994.
20) 福田　裕：水産の研究，14(2)，36-41，1995．
21) 渡部終五：凍結及び乾燥研究会会誌，37，107-111，1991．
22) 川崎賢一，大泉　徹：FFIジャーナル，No.175，92-98，1998．
23) Hsu, C. K. et al.: *J. Food Sci.*, 5(5), 1055-1056, 1993.
24) 高間浩蔵：冷凍，62(722)，14-22，1987．
25) 森　光國：食品工業，38(19)，42-50，1995．

2.1.4　冷凍原料の解凍

一口に解凍といっても，解凍する側の規模によって次のように3通りに分類できる．

・工場用解凍（大規模）——食品工場など
・業務用解凍（中規模）——レストラン，ホテル，病院，量販店など
・家庭用解凍（小規模）——一般家庭

ここでは，工場用解凍を中心にして述べる．

工場用解凍では業務用の場合も含め，大量にそして安価にといった営業的要求が強い特色をもつが，基本的には上記の3解凍とも，よい解凍，すなわち解凍したときに解凍前のよい状態にできるだけ近くもどるような解凍を，目標にしていることに変わりはない．

a. 解凍にあたり考慮すべき条件

冷凍食品工場で原料とする冷凍水産物は，最近輸入品の急増もあって種類が多く，その品質もさまざまである．また解凍に際しての形態も大型・小型，不整形か方形かといったように一様ではない．さらに解凍後生食用にするか加工用にするかの用途の違いもある．このような冷凍原料についての各種の違いは，よりよい解凍を目指すうえで考慮しなくてはならない前提条件といえるだろう．

（1）種類の違い　水産原料は魚類，エビ・カニ類，イカ・タコ類，貝類，冷凍すり身，その他に分類される．魚類はさらに回遊性魚類（赤身魚），底生魚類（白身魚）とその中間魚類（タイ，ヒラメなど）に分けられる．これらの種類のうちには冷凍耐性の高低があって，全く同様の凍結・貯蔵条件を受けながら品質が劣化しにくいものと劣化しやすいものがある．一般にマグロ，カツオ，サバ，アジ，サンマなどの赤身魚[1,2]やタイ，ヒラメなど，またイ

カ・タコ類[3]は比較的冷凍耐性が高く品質が劣化しにくい(この場合,冷凍耐性は筋肉タンパク質の変性しにくさ[1]を中心に,その他筋肉組織の強靱さも考慮して調べている).一方,タラ,メヌケなどの白身魚[2]やエビ・カニ類[4]はその逆で,冷凍耐性が低く品質が劣化しやすい(この種類の筋肉は水分含量が80%以上と高く,組織も比較的脆弱であるのを特徴としている[2]).

したがって解凍前の原料の品質吟味はいずれの種類でも十分に行わなければならないが,特に冷凍耐性の低い種類においては入念に行う必要がある(品質吟味の官能的方法については文献5を参照).

(2) 品質の違い 冷凍水産物は解凍以前に原料-凍結-貯蔵といった前歴を経てきており,その間に品質は徐々に低下してきている.前記(1)の冷凍耐性の高い種類でも,軽微とはいえ品質低下は免れない.まして冷凍耐性の低い種類では,そのままの条件では品質低下が確実に起こるので,それを防止するためにきびしい鮮度管理や低温管理を実施しているのが現状である.最近の冷凍水産物の品質は,以前に比べ著しく向上し,解凍後には生鮮物と見誤るほどのものがある.しかし数ある冷凍原料のうちには,品質に注意を要するものが少なくない.特に輸入冷凍原料のなかには前歴不詳のものがあり安心できない.マグロ業者の話によると,輸入冷凍マグロのうち,最近は産卵直後のマグロが混入していて,このマグロは解凍後に著しく水っぽく,スポンジ状の肉質になっているという.産卵直後の魚[6]や脱皮後のカニ[7]は,肉の保水性がはなはだしく低下しているので,冷凍原料には元来向いていない.上記の輸入マグロも凍結-貯蔵条件はよかったので肉色は赤くきれいであったが,原料マグロが悪かったために解凍後の品質は粗悪なものとなった.この場合,解凍後の品質の悪さの責任は当然解凍操作にはない.明らかに原料魚の品質の悪さに責任がある.このほか,流通過程における温度上昇のために氷結晶が一部融解し再凍結となった冷凍原料など,解凍後の品質の悪さに原料が責任を負うべき例は少なくない.

すでに(1)で述べたことではあるが,冷凍原料の品質の調査はよき解凍を行う第1条件であることを重ねて強調しておきたい.

(3) 形態の違い 冷凍原料の形態はIQF(個別凍結)とBQF(ブロック凍結)に大別される.IQFにはえら・内臓ぬき(セミドレス形態という)のマグロやブリ,丸(無処理の丸ごと)のカツオ(ブライン凍結品),カニなど,比較的大型で不整形の形態のものが多い.一方BQFは,それ以下のサバ,アジ,イワシ,カレイなどの小型魚を何十尾とまとめてブロック化した方形形態が主体となっている.一般に解凍に際しての形態は,できるだけ小型の方が扱いやすい.それは,製品化された冷凍食品の解凍が,いずれも厚さ5cm以下の小型化された形態になっているために,きわめて容易であることからも理解される.

かつてマグロの解凍は,凍結もそうであるが最もむずかしいといわれた.その理由のほとんどはマグロが大型であることによる.重さ40〜60kg,最大厚さ30cm以上というマグロでは砕氷でおおって解凍すると2日間もかかる.その間肉色は褐変してしまうととうてい生食用にはならない.筆者はこの問題に挑戦し,大型のまま吊り下げて誘電加熱解凍を施し約30分で肉色よく解凍した[8]経験をもつ.しかし最近ではこのようなことはしない.凍った状態でバンドソウを用い「四つ割り」(ロインともいい,たてに2分割しさらに背,腹に分けた精肉部分)か「ころ」(チャンクともいい,「四つ割り」を3つに切り分けたもの)の形態にして解凍,時にはさらに「ころ」から厚さ2〜3cmの「さく」の形にまでして解凍する.著しく楽になり,いずれも生食用になる.

他方BQFでは,国内規格で10kgか15kg,厚さ7.5cm(実際は9cm)の方形とされているので,このようなブロック形態のものが多いが,輸入品では20kgを超える大型の形態も見受けられる.凍結状態のブロックの分割小型化は魚体を損傷するのでできないし,また無理に小型化する必要もない(解凍に影響するのは主にブロックの厚さであり,元来BQF品はそれほど厚くない).以前見たBQF品で厚さを3分割するようにポリフィルムを挿入したものがあったが,解凍を考えてのこのような凍結段階での配慮は,ユーザーを大事にする生産者のよき習慣といえよう.

(4) 解凍後の用途の違い(衛生管理面の徹底)

冷凍食品の諸統計(1998)[9]によれば,水産冷凍食品の品目数は231で,加工食品と刺身に分かれる.加工食品には開き,切身,焼き物などのほか,品目外ではあるが水産フライ,揚げ物,その他の水産調理食品などがある.これらの加工食品は加熱ずみか,あるいは摂取時に加熱されるから食品衛生上問題は少ないが,問題なのは刺身,たたきの生食用食品である.生食用食品の半分以上は冷凍原料であろうから,この解凍操作,解凍後の取扱いに関しては

格別の注意が必要である．例えば，解凍媒体の空気や水は除菌し清浄なものを低温(10℃以下)にして使用する．後述するが，発泡-水解凍では浮上する泡沫の中に細菌や異物が混入して除かれる．解凍後はオゾン吹込み洗浄水で洗浄仕上げをし，身おろし包装後は紫外線照射下を通して殺菌し，凍結室に搬送する．身おろし整形には手や用具の殺菌を徹底させることはもちろん，HACCP(危険度分析による衛生管理)の手法に従い解凍工程，凍結前の解凍後処理工程ごとに細菌検査を行う．

以上のように，従来ややもすればおろそかになりがちであった解凍と解凍後処理における衛生管理の面を徹底させることは，原料の解凍-凍結製品化工程を近代化させるための必須条件であろう．生食用食品の解凍に限らず加工食品用の解凍に関しても，生食用で培ったきびしい衛生監視の目を光らせなければならない．

b. 解凍後の品質に影響する解凍条件——解凍速度，解凍終温度，解凍方法——

解凍後の品質の善し悪しを決定するものはいろいろあげられるが，ここで特に取り上げたいのは上記の3条件である．それは，解凍と全く逆の立場にある凍結では，凍結速度，凍結終温度，凍結方法の3条件が凍結後の品質を決定するといわれているので，それを参照して上の3つをピックアップした．

(1) 解凍速度 解凍中の品温の上昇は一般に図II.2.11[10]のような解凍曲線図で示される．図に示される通り，解凍曲線は図左側の凍結曲線のほぼ逆の形をしており，両曲線とも特徴的に−5〜0℃の温度帯を通過するのに最も時間がかかっている．

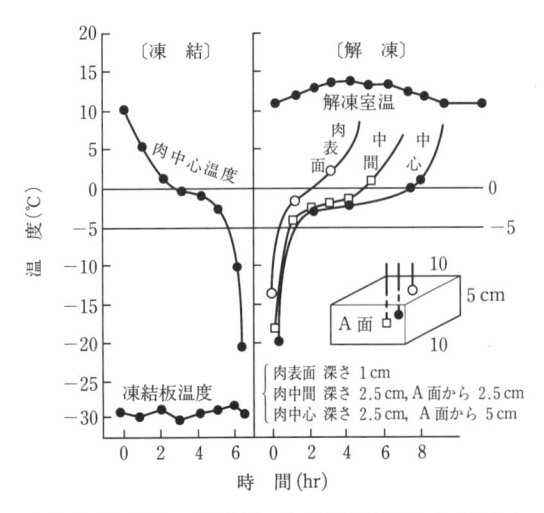

図II.2.11 鯨肉の室温放置による解凍曲線図およびそれと比較するための鯨肉の凍結曲線図

この温度帯が，水分含量70〜80%の生鮮食品の場合，凍結過程では最大氷結晶生成帯であり，一方解凍過程では氷が最もとける最大氷結晶融解帯(仮称)に相当する．そこで解凍の場合，急速に解凍するためには凍結の場合と同様，最大氷結晶融解帯を速く通過させることが必要となる．

① ところで0〜−5℃の温度域は氷ができかかって成分が濃縮されているために，成分間の生化学ならびに酵素的変化が時に促進し合い時に拮抗し合う特異の反応帯[11]を形成しており，その結果従来から食品の変色，異味異臭の発生，タンパク質変性などの悪変化が生じやすい危険帯とみなされている．事実，水産物においてもa項(3)で述べたようなマグロ肉の褐変化[12]や生すり身のタンパク質変性[13]などが0〜−5℃域で発生しており，そのためこれら温度に敏感な食材では急速凍結はもちろん，急速解凍が望まれる．

② 一方，氷結晶融解の面から考察してみると，商業的規模で凍結された魚貝肉では，筋細胞内に存在していた水が凍結過程で順次細胞の外ににじみ出てそこで氷結する，いわゆる細胞外凍結を起こしているのが普通である．そしてこの状態で解凍すると，凍結の場合と逆の水の動きを見せて，細胞外でとけた氷は再び細胞内に吸収され細胞内タンパク質となじむ．このような細胞内への復水-なじみによって解凍による復元は完成されるが，この復元性を支配しているのは筋細胞の生きのよさと細胞内タンパク質の健全さである(このことは，魚肉組織片を冷凍顕微鏡下で細胞外凍結された後に解凍すると新鮮細胞では直ちに細胞内へ復水する[14]ことからみても明らかである)．原料-凍結-貯蔵の条件が良好で筋細胞内の構造タンパク質の変性がほとんど起きていない，すなわちa項(2)で既述した解凍前の原料の品質が上等であるならば，解凍による復元はかなりよく行われるとみてよい．解凍過程において，主として筋細胞への復水は最大氷結晶融解帯(−5〜0℃)で起こり，一方，復水した水と細胞内タンパク質とのなじみは融解帯通過後0℃以上で起こるとみてよいから，前者の復水は上記した通り直ちに行われるので急速解凍下でも差し支えないが，後者のなじみはある程度の時間をかけた方がよいと思われる．細胞レベルと異なり，大きな筋肉組織や肉塊ともなれば，全体への融解水のなじみには，魚の塩蔵や乾燥で行われる醸蒸(塩分や水分のならし)に当たる放置が必要であろう．この放置の間に，水分の平衡化や時には温度の平均化がはかられること

になる．また前者の復水を完全に行わせるためにもそうした方がよい．

以上①，②の観点から，解凍速度については，最大氷結晶融解帯の通過時間にもとづく解凍速度は急速がよく，そして解凍後はある程度時間をかけて融解水をなじませる，というように結論される．ただ，ここにひとつ特例ではあるが解凍硬直の問題がある．解凍硬直とは，死後硬直前または硬直中の鮮度で凍結された魚貝肉や食肉を解凍したときに，死後硬直が再現されて筋収縮が生じ，硬い食感とドリップ流出を伴う現象であって，好ましくない現象である．解凍硬直は特に赤みの濃いマグロ，カツオの肉や食肉で顕著に現れ，またマイクロ波や流水で急速に解凍した場合に著しい[15]．したがって解凍硬直をなくすためには，あまり急速な解凍(例えば30分以内の解凍)は避けた方がよい．もちろん死後硬直後の普通鮮度で凍結した場合には解凍硬直の問題はない．

(2) 解凍終温度 品温が0℃に達すれば解凍は終了するわけであるが，実際上は0℃以上においても解凍操作を続けることが多く，その間に到達した食品の最高温度を解凍終温度という．凍結品の場合には凍結終温度よりも凍結速度の方が品質に及ぼす影響は大きいが，解凍品の場合には解凍速度よりもむしろ解凍終温度の方が品質に大きく影響する．それは，解凍後の品質劣化は生鮮品同様温度上昇に比例して進行し，かつ生鮮品以上に顕著に進行するおそれがあるからである．

そこで解凍終温度に対しては，食品のどの部分でもできるだけ低く(細菌学的見地からは5℃以下が望ましく，許容される上限は10℃)，そしてひとたびその温度に達してからは，できるだけ短時間にとどめた方がよい．実際には食品全部を完全解凍させないで，中心部がまだ凍って若干硬い，しかし包丁は入る半解凍の段階(中心温度で-3～-4℃)で身おろしなど次の処理に移った方がよい．この場合には身崩れなくきれいにおろしができるうえに，身おろしによりその後の解凍が促進されて，結果的には急速解凍になって好都合である．

(3) 解凍方法 現在わが国で用いられている工場向け解凍法の主なものは表II.2.7[16]にみる通りであるが，このどれを採用するかを誤ってはならない．解凍速度は大きくないが食品の種類・形態を問わない汎用性が長所である空気解凍では，魚卵や肉面が露出している切り身のBQF品が特に向いていて，この解凍の本命である低温加湿送風解凍(装置)

表II.2.7 現行の主な工場用解凍法*(装置化され普及している代表的解凍法をアンダーラインで示す)

空気解凍	静止空気解凍(低温微風解凍を含む)
	<u>加湿送風解凍</u>
水解凍	水浸漬解凍 { <u>流水解凍</u> / <u>発泡解凍</u> }
	スプレー解凍
	水蒸気解凍
接触解凍	コンタクト解凍
電気解凍	誘電加熱解凍 { 高周波解凍 / マイクロ波解凍 }
	静電気解凍
組合せ解凍	上記4解凍の組合せ

* 加熱解凍は含めない．

がよく使われる．また，こんにち工場で最もよく用いられているであろう水解凍では，丸の魚のBQF品を中心にIQF品でも丸かセミドレス形態なら，本命の発泡-水解凍(装置)が比較的急速に品質よく解凍する．この水浸漬解凍の場合には，既述したように10℃以下の除菌した清浄水を常に用い，半解凍状態で止める(BQF品ならブロックがばらばらにほぐれたらひき揚げる)，決してもどしすぎないことが大切である．なお海産魚には一般に海水や塩水を用いるが，青い皮肌のサンマ，サバまたイカなどは塩化カルシウム入り塩水を用いると色・つやよく解凍できる[17]．エビのBQF品はスプレー解凍が一般的であったが，最近では殻やひげの破片，細菌も除去できるため発泡解凍に主力の座を奪われた．方形の冷凍すり身には，低温加湿送風解凍のほかコンタクト解凍と高周波解凍が急速解凍向けとして使われている．さらに業務用であるが，「ころ」か「四つ割り」形態のマグロをアルミ接触解凍する，あるいは温海水に短時間浸漬後低温の塩水に浸漬するか低温室に放置して品温の平衡化をはかる均温解凍[18]も最近は試みられている．このような水産物の品目別解凍方法の詳細については他の報告[19,20]を参照されたい．また解凍装置の実際については拙著[16,21]に詳しい．

c. まとめ —— 原料を選定し衛生管理下に低温(急速)解凍すること ——

冷凍原料の解凍に当たり，原料の魚種，凍結，貯蔵などに由来する品質変化を見誤ることなく，品質を十分に吟味して上等な原料を選定するのが基本的態度である．さらに大型のIQF形態では，できれば小型化(厚さを小さく)して解凍を容易にする．生食用冷凍食品を製造する際の解凍においては，加

工用冷凍食品における以上に徹底した衛生監視の目を解凍操作, 解凍後処理を通じて注がなければならない. 次に解凍実際に入ってからは, その冷凍原料に適した解凍方法を採用して, 急速に (せいぜい 1~1.5 時間で) 品温 0℃ まで解凍し, その後 1~2 時間放置して融解水をなじませる. その間品温を 10℃ 以下, できれば 5℃ 以下にとどめることが肝要である. このような条件を満たすためには, 空気, 水など解凍媒体の温度, あるいは接触解凍, 電気解凍の雰囲気温度は 10℃ 以下の低温に抑えた低温解凍をとらなければならない. 解凍後の品温を 5℃ ないし 10℃ 以下とする限り, 解凍に由来する品質上のトラブルはほとんどなくなるから, 低温解凍はぜひとも実行されたい. 現行の代表的解凍装置の多くは, 低温でかつ急速の条件を満足させるべく開発され普及している機種といえる.

［田 中 武 夫］

文　献

1) 鈴木たね子：白身の魚と赤身の魚(日本水産学会編), p. 49-50, 恒星社厚生閣, 1976.
2) 田中和夫：同書, p. 93-105.
3) 田中武夫：東海水研報, No. 20, 77-89, 1958.
4) 田中武夫：日本水産学会(小樽)で口頭発表, 1963.
5) 田中武夫：冷凍, 66(769), 1175-1183, 1991.
6) 田中武夫：東海水研報, No. 60, 143-168, 1969.
7) 田中武夫：日本水産学会(東京)で口頭発表, 1965.
8) 田中武夫：日本冷凍協会論文集, 1(2), 171-174, 1984.
9) 日本冷凍食品協会：冷凍食品に関連する諸統計, 31-33, 1998.
10) 田中武夫：調理科学, 2(1), 48-53, 1969.
11) Love, R. M. and Elerian, M. K.: *J. Sci. Fd. Agric.*, 15(11), 805-809, 1964.
12) 尾藤方通：日水誌, 36(4), 402-406, 1970.
13) 杉本昌明, 藤田孝夫：魚のスーパーチリング(小嶋秩夫編), p. 88-98, 恒星社厚生閣, 1986.
14) 田中武夫：コールドチェーン研究, 2(3), 109-116, 1976.
15) 田中武夫, 西脇興二, 角田聖斉, 富松隆夫：日本冷凍協会論文集, 1(2), 183-194, 1984.
16) 田中武夫：冷凍空調便覧(改訂第 5 版), 第 4 巻「冷凍応用装置」(日本冷凍協会編), p. 269-273, 日本冷凍協会, 1993.
17) 大森秀聡, 堀 知寛, 中村一幸：冷凍, 50(572), 435-438, 1975.
18) 田中和夫, 畑 政蔵：冷凍, 67(782), 1389-1394, 1992.
19) 杉本昌明：食品解凍の最新技術(工業技術会編), p. 72-95, 工業技術会, 1992.
20) 田中武夫：食品流通技術, 19(1), 4-9, 1990.
21) 田中武夫：食品加工技術, 10(4), 277-286, 1990.

2.2　各　　論

2.2.1　魚　　類

a. 冷凍すり身

1960 年代にわが国で開発された冷凍すり身は, 現在では日本のみならず北米やロシア海域, 南米, 東南アジアで年間計約 50 万トンが生産されており, かまぼこ, ちくわ, 揚げ物などの水産練り製品の主原料として利用されている[1].

冷凍すり身の原料は主にスケソウダラであるが, ほかにホッケ, コマイ, マダラ, マイワシ(北洋海域), イトヨリダイ, グチ, アジ, エソ(西日本海域), ホキ, ミナミダラ, メルルーサ(南米・南洋海域), メンヘーデンなどさまざまで, 原料魚種により, 物性, 色調, 呈味・風味が異なり, 最終加工品である練り製品の特徴が決定づけられる[2].

共通する製造工程は, ①除鱗, 頭部除去, 内臓除去後のドレスまたはフィレー加工, ②スタンプ式またはロール式採肉機での採肉(落とし身), ③清水での水さらし, ④リファイナーでの夾雑物除去, ⑤スクリュープレスでの脱水(脱水肉), ⑥ハイニーダーまたは連続混練り機での添加物混合, ⑦ 10 kg 単位での充填包装と急速凍結(コンタクトフリーザーまたはセミエアーブラスト)であり, マイワシのように pH 低下の速い原料魚の場合は, 水さらしの段階で pH 調整を行う. 添加物には冷凍変性防止剤として砂糖, ソルビトール, 重合リン酸塩が一般に用いられている. なお, 品質規格は冷凍すり身品質基準に準拠して, 上等級から SA, FA, A で規格分けされており, おおよそ水分は 75~77%, pH は 7.2 程度である (図 II. 2. 12).

練り製品製造では, 冷凍すり身の解凍を -2~-3℃ 程度にしてサイレントカッターやボールカッターで塩ずり後調味料を添加して練り上げる(練上り温度 12℃ 以下). 練上り後に放置(置き身)すると坐りを起こして成形しなくなるすり身もあり, 置き身は極力避けるか氷水などを使用して低温に保存する必要がある.

b. マグロ (刺身用)

マグロ類は, クロマグロ, メバチ, キワダ, ビンナガ, ミナミマグロ, タイセイヨウマグロなどが産業上重要で, わが国近海で漁獲されるクロマグロは

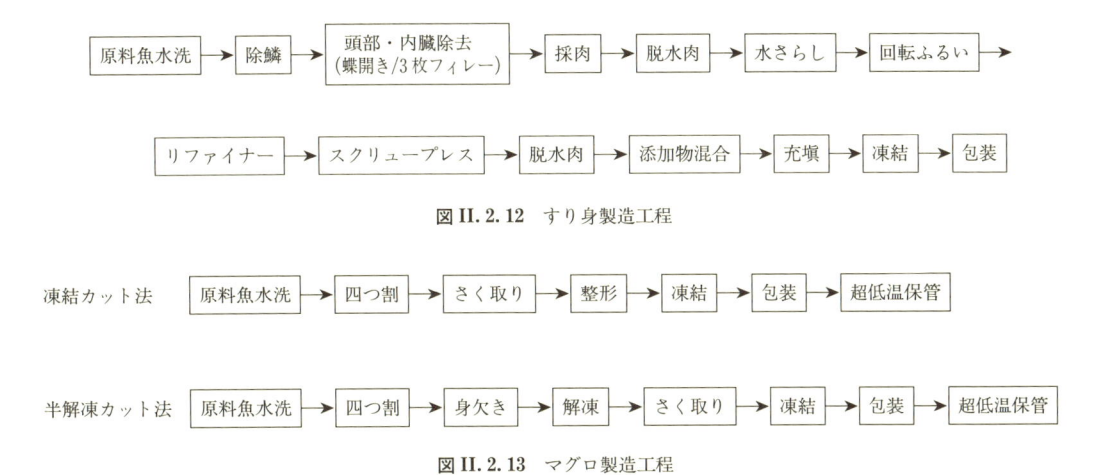

2. 水産冷凍食品

```
原料魚水洗 → 除鱗 → 頭部・内臓除去 → 採肉 → 脱水肉 → 水さらし → 回転ふるい →
          (蝶開き/3枚フィレー)
リファイナー → スクリュープレス → 脱水肉 → 添加物混合 → 充填 → 凍結 → 包装
```

図 II.2.12　すり身製造工程

```
凍結カット法  原料魚水洗 → 四つ割 → さく取り → 整形 → 凍結 → 包装 → 超低温保管

半解凍カット法 原料魚水洗 → 四つ割 → 身欠き → 解凍 → さく取り → 凍結 → 包装 → 超低温保管
```

図 II.2.13　マグロ製造工程

特に高級魚とされている．マグロ類（カジキ類も含む）の1996年の輸入量は約31万トンに及び，台湾，韓国，インドネシアが主要な生産国である[3]．

冷凍マグロ類の普及は冷凍技術の進歩とともに，冷凍保管中の肉色変化（筋肉色素ミオグロビンの褐変，メト化）のメカニズム解明とその対応策の構築によるところが大きい[4]．メト化は保管温度，筋肉pH，筋肉内酸素分圧などの条件により影響を受けるため，長期保存の場合には $-40℃$ 以下で保管する必要があるが，1カ月程度の保存であれば $-20℃$ でも可能である．なお，pH 6以下になるとメト化進行が顕著になるので注意が必要である．

製造法には，半解凍して包丁でさく取りする半解凍カット法と凍結状態のままバンドソーでさく取りする凍結カット法がある（図 II.2.13）．凍結カットでは切りくずが発生して歩留り低下を招くとともに，装置に付着した切りくずが細菌繁殖の温床となりやすいので衛生維持には注意を要する．冷凍さくを解凍する場合は，高鮮度品では解凍硬直が起こるので冷蔵室で緩慢に解凍し，普通品では $-2 \sim -3℃$（包丁が入る程度）の半解凍状態で調理するのがよい．

c. サケ・マス類（刺身用）

サケ・マス類は，主に太平洋で漁獲されるベニザケ，サケ（シロサケ），カラフトマス，ギンザケ，マスノスケ（キングサーモン），サクラマスのほか，大西洋サケ，ニジマス（トラウト）などがある．また，現在は養殖魚も冷凍および生鮮で流通しており，その産地もわが国（ギンザケ）のみならずノルウェー，フィンランドなどの北欧（大西洋サケ，トラウト），チリ（ギンザケ，トラウト），ニュージーランド・オーストラリア（キングサーモン），イギリス（大西洋サケ）など拡がっている．

サケ・マス類の筋肉はアスタキサンチンにより赤色を呈するが，天然魚では魚種によりその含量が異なるため肉色は魚種ごとに異なる．養殖魚では餌飼料にアスタキサンチンやカンタキサンチン，あるいはこれらを含む甲殻類（オキアミなど）を添加するため，肉色は添加色素の色調を反映する[5]．

天然魚は，2～3年の索餌回遊期間に成長し産卵のために河川を遡上するが，索餌回遊期の魚肉は脂がのって身質はやや軟らかいが，産卵回遊期に河口に近づくに従い脂肪が落ちて銀色の体色もやや茶色化するブナ現象がみられ，さらに肉質も軟化・溶解してホッチャレとなる[5]．

サケ・マス類の冷凍品は，ドレス・セミドレスのBQF，IQFが主流であるが，養殖魚ではフィレーやロインに加工した製品が増加している．冷凍フィレーとロインの製法は，養殖魚を水揚げしたのち，

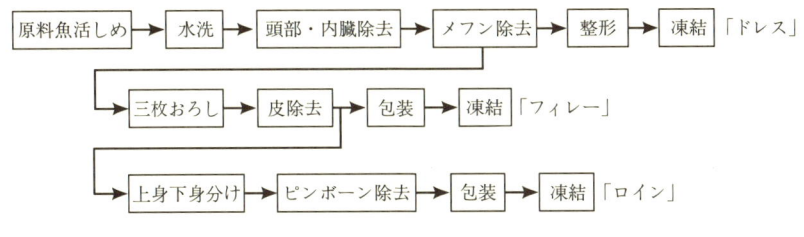

```
原料魚活しめ → 水洗 → 頭部・内臓除去 → メフン除去 → 整形 → 凍結 「ドレス」
                                    ↓
                              三枚おろし → 皮除去 → 包装 → 凍結 「フィレー」
                                    ↓
                              上身下身分け → ピンボーン除去 → 包装 → 凍結 「ロイン」
```

図 II.2.14　ドレス・フィレー・ロインの製造工程

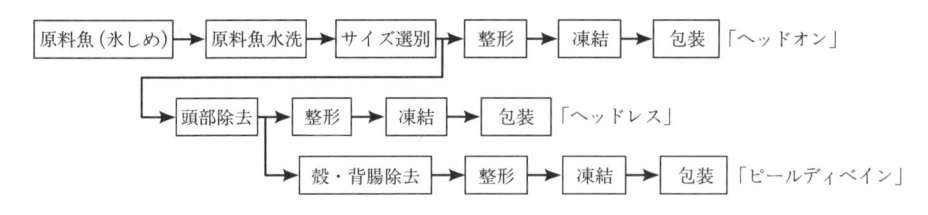

```
原料魚(氷しめ) → 原料魚水洗 → サイズ選別 → 整形 → 凍結 → 包装 「ヘッドオン」
                                    ↓
                              頭部除去 → 整形 → 凍結 → 包装 「ヘッドレス」
                                    ↓
                              殻・背腸除去 → 整形 → 凍結 → 包装 「ピールディベイン」
```

図 II.2.15　ブラックタイガー製品の製造工程

活きしめし頭部と内臓を除去してメフンを掻き取り，清水にて洗浄する．次いで，フィレーマシンや包丁にて三枚におろし，スキンナーで皮を除去する．さらにピンボーン(上神経骨)を抜き，真空袋詰めしてエアーブラスト凍結する(図II.2.14)．

アスタキサンチンは酸素，光に弱いため[6]，解凍は袋のまま遮光して行い，解凍後は冷蔵保存して3日程度以内に消費する．

2.2.2 エビ・カニ類
a. エビ類

エビ類はクルマエビ類，イセエビ類，ザリガニ類などに大別されるが，産業上特に重要なのはクルマエビ類であり，クルマエビ，ホワイト，ブラウン，ピンク，バナナエビ，ブラックタイガー等がある．

加工形態として，ラウンド(round, whole, head on)，無頭殻つき(headless, shell on, head off)，尾つき剥きエビ(fan tail)，剥きエビ(peeled, shelled)，背腸抜き(peeled & deveined)があり，凍結保管時の乾燥と損傷を防ぐための注水凍結品やグレーズ処理したIQF品がある．最近では，寿司だね用に開き加工し真空パックした製品もある．

エビの鮮度は，その甲殻の強度や体色の鮮やかさ，光沢，肉の透明感と硬さ，黒変，臭気などで判定するが，筋組織はそれ自体が弱いうえにpHが高くエキス分も多いため，細菌の分解を受けやすい．

エビ製品で問題となる黒変は，鮮度低下した原料や体液洗浄が不十分な原料，解凍後の保存が長い製品で生じる．そのため，一般に亜硫酸水素ナトリウム(sodium bisulfite)や抗酸化剤などの水溶液に浸漬した原料を凍結して製品とし黒変を防止する．ただし，残存量(SO_2として)100 ppm以下に規制されている．なお，一般に原料の解凍は，体液やドリップの洗浄をかねて散水により行う．また，アカエビや小エビは乾燥や鮮度低下によって白色化することがある(図II.2.15)．

エビは，生よりも冷凍品で，また冷凍解凍を繰り返すことにより肉の硬さが増して劣化するため[7]，再凍結は極力避けるべきである．

b. カニ類

産業上重要な種類は，タラバガニ，イバラガニ，ズワイガニ，ケガニ，ワタリガニなどで，形態はラウンド，肩肉つき足(section)，カニ爪(portion)，脚肉，フレークなどがある．セクションでは，脱甲してえらを除去したのち洗浄して，生またはボイルしてエアーブラスト凍結，ブライン凍結，液化ガス凍結する(図II.2.16)．生原料は解凍後青肉の起こる場合がある．これは無色であった血液色素ヘモシアニン(hemocyanin)が酸素と結合してオキシヘモシアニンとなり，さらに青色の酸化型メトヘモシアニンになるためである．防止法としては脱血処理が最も効果的である．特に，筋肉タンパク質(55～60℃)と血液(ヘモシアニン70℃)の熱凝固温度差を利用した脱血法がよく利用されている[8]．また，間接部や爪先，損傷部位で黒変が認められる場合もあるが，この防止にはエビと同様に亜硫酸水素ナトリウムの使用が有効である．なお，残存量(SO_2として)はエビと同様の100 ppm以下に規制されている．

2.2.3 イカ・タコ類
a. イカ類

イカ類外套膜(筋肉)は，グリシン，プロリン，アラニン，アルギニン，タウリンなどの遊離アミノ酸を多く含むため，淡白ではあるが甘味のある水産物として刺身，素干し，燻製，塩辛，缶詰，すり身で幅広く利用されている．

イカ類は，コウイカ目(甲イカ)とツツイカ目に属する動物の総称で，一般にイカと呼ばれるのはヤリイカ類，マツイカ類，アカイカ類のツツイカ目のものである．特に，産業上よく利用されるのはアカイカ類のカナダイレックス，アルゼンチンイレックス(マツイカ)，スルメイカ，アカイカである．

イカ類は生時鮮やかに体色を変化させるが，これはオンモクロムを含む色素胞が伸縮するためである．漁獲後，色素胞が収縮して体色は徐々に白くな

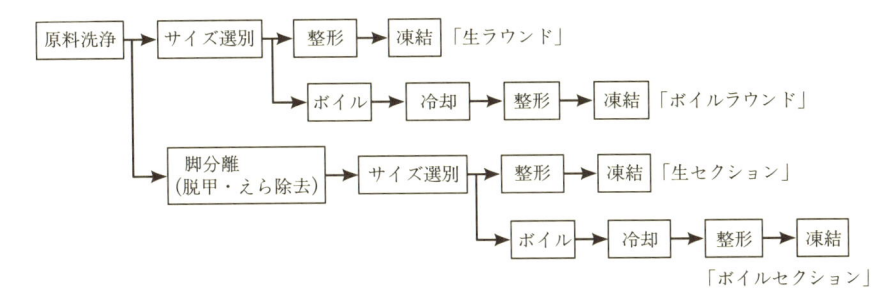

```
原料洗浄 → サイズ選別 → 整形 → 凍結 「生ラウンド」
                      ↓ ボイル → 冷却 → 整形 → 凍結 「ボイルラウンド」
         → 脚分離（脱甲・えら除去）→ サイズ選別 → 整形 → 凍結 「生セクション」
                                        ↓ ボイル → 冷却 → 整形 → 凍結 「ボイルセクション」
```

図 II. 2. 16　カニ製品の製造工程

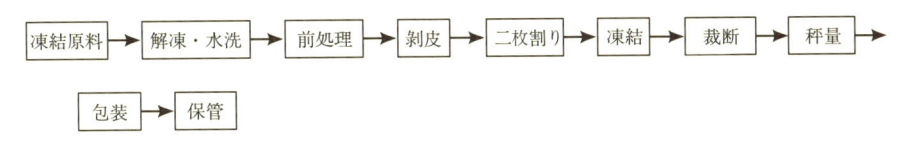

```
凍結原料 → 解凍・水洗 → 前処理 → 剝皮 → 二枚割り → 凍結 → 裁断 → 秤量 → 包装 → 保管
```

図 II. 2. 17　イカ糸づくりの製造工程

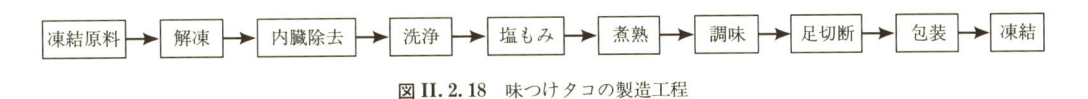

```
凍結原料 → 解凍 → 内臓除去 → 洗浄 → 塩もみ → 煮熟 → 調味 → 足切断 → 包装 → 凍結
```

図 II. 2. 18　味つけタコの製造工程

るが，鮮度低下が進むと体表が赤褐色を呈するばかりでなく，色素が溶出して肉が赤みを帯びることもある．また，冷凍イカでは重なり合った部分や氷に触れている部分は白くなることもある．肉の水分，粗脂肪量は少ない．スルメイカでは水分が75～77%，粗脂肪が0.2～1.7%程度であり，環状筋と放射状筋からなる強い筋肉組織とともに冷凍耐性を付与している．

イカ製品の製造工程として，低温庫または流水により半解凍し，胴体を裁割して内臓，眼球，口球，貝殻（または軟甲），脚を除去する．脚の利用には吸盤の角質環を除去しなければならない．また，墨袋を破らないようにして除去した内臓は塩辛に利用されるが，特にスルメイカの内臓が適しているといわれている（図 II. 2. 17）．

表皮は数層からなり嚙み切りにくいため除去しなければならないが，手剝き，温湯剝き，酵素処理，スキンナーによる機械剝きで行われている．

なお，アメリカオオアカイカでは塩化アンモニウムが主原因の異味（酸味，えぐ味）が感じられることがある．薄切りにして水さらしし，調味づけをして利用されているが，大型品では十分な異味除去ができず利用が困難な場合がある[9]．

b. タ コ 類

マダコ，ミズダコ，イイダコなどが一般に用いられているが，アフリカ周辺海域で漁獲された冷凍製品が中心である．利用は，主に煮熟した煮ダコであ

る．その製法は，冷凍原料を解凍し，裁割して内臓を除去して3～4時間回転機で塩もみ（10～15%の食塩水）する．その後，洗浄して煮熟するが，煮上がり時の色調を良好にするため，煮熟液に発色剤としてエリソルビン酸ナトリウムや重曹などを添加する．なお，金属キレート剤は煮熟製品の形態がまとまらないため利用すべきではない（図 II. 2. 18）．

2.2.4　貝類（ホタテ・カキ）

a. ホタテ（貝柱）

ホタテ貝の生産地は，北海道オホーツク海沿岸，噴火湾とその周辺，青森県の陸奥湾，内浦湾で，養殖品がほとんどである．製品は冷凍の場合貝柱が中心である．ホタテ貝や他の二枚貝類は餌料プランクトン由来の貝毒（サキシトキシン，ゴニオトキシン，ペクテノトキシン）（図 II. 2. 19）を有することもあり，ホタテ貝仕入れ時には安全性を確認しなければならない．なお，貝毒検査では麻痺性貝毒 4 MU/g 以下，下痢性貝毒 0.05 MU/g 以下が定められている．

貝柱の製造では，まず生きた原貝を冷水に浸漬して保管し，砂泥，異物を吐き出させ洗浄し，脱殻して内臓，外套膜，斧足を除去して貝柱を取り出す．その後，冷水中で1時間程度保管して水洗し，水切りして凍結する．凍結は IQF で行われ，凍結後選別し清水グレーズ処理して計量・包装する．選別は凍結前の場合もあるが，鮮度低下を避けるため凍結

麻痺性貝毒構造式

	R¹	R²	R³	R⁴
1. サキシトキシン (saxitoxin)	H	H	H	H
2. ネオサキシトキシン (neosaxitoxin)	OH	H	H	H
3. ゴニオトキシン I (gonyautoxin I)	OH	H	OSO_3^-	H
4. ゴニオトキシン II (gonyautoxin II)	H	H	OSO_3^-	H
5. ゴニオトキシン III (gonyautoxin III)	H	OSO_3^-	H	H
6. ゴニオトキシン IV (gonyautoxin IV)	OH	OSO_3^-	H	H
7. ゴニオトキシン V (gonyautoxin V)	H	H	H	SO_3^-
8. ゴニオトキシン VI (gonyautoxin VI)	OH	H	H	SO_3^-
9. ゴニオトキシン VII (gonyautoxin VII)	H	H	OSO_3^-	SO_3^-
10. ゴニオトキシンVIIIエピマー	H	H	OSO_3^-	SO_3^-
11. その他1	OH	H	OSO_3^-	SO_3^-
12. その他2	OH	OSO_3^-	H	SO_3^-

ペクテノトキシン-1

図 II.2.19 麻痺性貝毒(上)と下痢性貝毒(下)の構造式[10]

後に行う．冷凍ホタテ貝は生で食される場合が多く，無加熱摂取冷凍食品として食品衛生法の成分規格(細菌数，大腸菌群)が適用される(図II.2.20)．

鮮度低下した原貝を使用した場合には，冷凍保管中に脂質酸化による変色がみられる．また，ホタテ貝柱に多く含まれているグリコーゲンが分解して，グルコース-6-リン酸，フルクトース-6-リン酸が増加し，加熱褐変の原因となるが，安全性に問題はない．

ホタテ貝柱はエキス分が多いため解凍ドリップが生じやすく，利用する場合には半解凍状態での調理加工が望ましい．

b. カ キ

カキ類は欧米でも生食される数少ない魚介類であるが，一般に流通しているものはほとんどが養殖物でその歴史は古い．わが国で養殖されているものはマガキだけであるが，ほかにイワガキ，スミノエガキ，ケガキなど15種程度が知られている．また，欧米ではヨーロッパヒラガキ，オリンピアガキ，アメリカガキなどがある．マガキにはグリコーゲンが多いが，季節変動が激しく1～5月で8%程度存在するのに対して，6～12月では3%以下となる[11]．また，遊離アミノ酸としてアラニンとβ-アラニンが多いのが特徴である[12]．

カキの肉質は水っぽく，組織が脆弱なため冷凍耐性が低い．特に鮮度低下すると肉質はさらに低下するため，生きた原料を用いることが重要である．冷水で殻片，異物を除去し，1%食塩水でブライニング処理したのち，次亜塩素酸ナトリウム溶液にて殺菌，水切りして凍結する．凍結後，グレーズ処理を

原貝保管 → 洗浄 → 脱殻・内臓除去 → 水切り・洗浄 → 凍結 → 選別 → グレージング → 秤量 → 包装 → 保管

図 II.2.20 貝柱の製造工程

原貝保管 → 洗浄 → 脱殻 → 洗浄 → 水切り → 選別 → 凍結 → グレージング → 包装 → 保管

図 II.2.21 カキの製造工程

行うが，カキは脂質含量が高いためグレーズが不十分であると，冷凍変性（油焼け）して変色し，不快味を生じる[13]（図 II.2.21）．また，冷凍カキを原料に用いて加熱調理した際に変色する場合もあるが，単なる Maillard 反応だけではないといわれている[14]．

なお，カキも麻痺性貝毒，下痢性貝毒や微生物による食中毒が知られているが，近年では SRSV (small round structured virus) を含むウイルスを食中毒の原因物質に加えており，食品衛生上注意が必要である[15]．

2.2.5 その他

タラコ，イクラ，スジコ，カズノコなどの魚卵製品は，いずれも高濃度の塩で処理加工するため製品の塩濃度が高くなり，その結果水分活性が抑制されて細菌耐性と冷凍耐性が備わる．

冷凍タラコには塩蔵品と無処理品がある．塩蔵品は，北海道の前浜などで水揚げされたスケソウダラの卵巣を洗浄後，回転樽を用いて4～8時間程度塩処理して脱水と調味つけをし，その後水切り成形，サイズ選別を行って凍結する．また，無処理品は船凍品が多く，高鮮度のうちに急速凍結するために品質がよい．冷凍タラコの解凍は，緩慢解凍でも品質上大きな影響はほとんどない．なお，原卵は成熟度によって未熟卵（ガムコ），成熟卵（マコ，セイコ），過熟卵（ミズコ）に区別される．

サケ・マス類の卵巣を塩蔵したものがスジコであるが，その製法は採卵後の洗浄（塩水），飽和食塩水中での撹拌（亜硝酸ナトリウム添加），水切り，等級選別，箱詰めと塩振り，加圧脱水，熟成からなり，最終的に凍結保存される．発色剤として使用する亜硝酸塩の残存基準は5 ppm 以下である．一方，イクラは卵巣から卵粒を採取して，塩水処理したもので，脱水が不十分であるため卵粒破裂を起こしやすく，これを防止するために少量単位で容器詰めし，冷凍する．

冷凍ウニは，解凍後の身崩れや異味（えぐ味）が問題となり，ミョウバン処理，清水ブランチングや市販の漬込み剤などの利用が行われている[16]．しかし，ミョウバン処理は冷凍耐性が付与されるものの食味が変化して苦味が発生し，またブランチング処理では風味が低下して品質変化するなど，いまだウニの冷凍技術は完成されていない．

［森　徹］

文　献

1) 北上誠一：日本食品保蔵科学会誌，**23** (3)，29-39，1997．
2) 柴　眞：ジャパンフードサイエンス，**36** (7)，41-46，1997．
3) 三輪勝利：冷凍，**71** (821)，21-26，1996．
4) 渡部終五・橋本周久：冷凍，**62** (722)，30-36，1987．
5) 篠山茂行：冷凍，**70** (811)，88-94，1995．
6) Ingemansson, T. et al.: *J. Food Sci.*, **58** (3), 513-518, 1993.
7) Srinivasan, S. et al.: *J. Food Sci.*, **62** (1), 123-127, 1997.
8) 小山　光：冷凍，**62** (722)，48-55，1987．
9) 蛯谷幸司，金子博実，北海道立中央水産試験場事業報告書，p. 168-172，1996．
10) 山崎幹夫ほか：天然の毒，p. 96-153，講談社，1986．
11) 野村　正：カキ，ホタテガイ，アワビ，p. 107-113，恒星社厚生閣，1994．
12) Sakaguchi, M. et al.: *Nippon Suisan Gakkaishi*, **55** (11), 2037-2041, 1989.
13) 羽田野六男ほか：日水誌，**56** (9)，1481-1484，1990．
14) 中村　孝ほか：日水誌，**58** (5)，909-913，1992．
15) 関根大正：食品衛生学雑誌，**40** (2)，123-130，1999．
16) 熊野芳明：食品工業，**39** (18)，41-48，1996．

3. 畜産冷凍食品

3.1 総　　論

　畜産冷凍食品を日本冷凍食品協会の分類に従い，食肉に限り述べることにする．調理冷凍食品のハンバーグ・ミートボールと卵加工品についてはⅡ編製造4.3.2項のeとgを参照願いたい．

　わが国では，6世紀に仏教が伝来し，7世紀には仏教思想の影響や家畜の保護などの目的から肉食禁止令が出され，長い間表向きに肉食は行われなかった．文明開化の波とともに，公に肉食が行われるようになってからまだ約130年程度しか経過していない．その間，第二次世界大戦があり，戦中戦後の食料不足を経験した．戦後，食生活の欧米化，経済成長とともに，日本人の食肉摂取量は飛躍的に増加し，その増加と相まって，平均寿命も驚異的に伸びてきている．

　食肉をはじめとする良質タンパク質の摂取が，医学の進歩，衛生環境の改善とともにわが国の平均寿命の伸びに寄与したことは疑う余地はないと思われる．むしろ，近年わが国では，飽食の時代といわれ，食生活と健康に対する関心が非常に高まっている．食の基本はバランスである．しかし食と健康に関する多くの情報にややもすると惑わされがちである．例えば，食肉の摂取によるコレステロールの上昇に対する危惧の念についても，正しい理解がなされていない部分がある．疫学的調査によると，65歳以上の人の低コレステロールは感染症への抵抗性が低くなり，ほどよいコレステロール値を示す高齢者群より平均余命が短いという．活気あふれる老後をおくるには，コレステロールへの無用な心配をせず，高齢者でも毎日50g程度の食肉は摂取すべきであるとの指摘もある[1]．

　近年，食肉中の生理活性物質にかかわる研究も進んでおり，健康・活力に寄与する食肉の機能特性が科学的に実証される日もそう遠くないと期待されている．さらに，これからの食料事情，ライフスタイル，生活環境などの観点から畜産冷凍食品はますます重要な意味をもち，また冷凍，解凍，加工技術，衛生対策などの向上から，より安全でおいしい畜産冷凍食品が普及していくことであろう．

3.1.1　食　肉　原　料
a. 食肉原料の推移

　わが国の食肉需給量の推移と構成割合を図Ⅱ.3.1に示した．1997年から過去10年間と1977年，1967年についての枝肉(3.1.2項a参照)ベースで示している．食肉需給量は1967年の133万トンから1997年の530万トンへとこの30年間に約4.0倍，さらに1977年の314万トンからこの20年間に1.7倍に増加した．この10年間では，1989年500万トンの大台にのり，翌年の1990年は500万トン

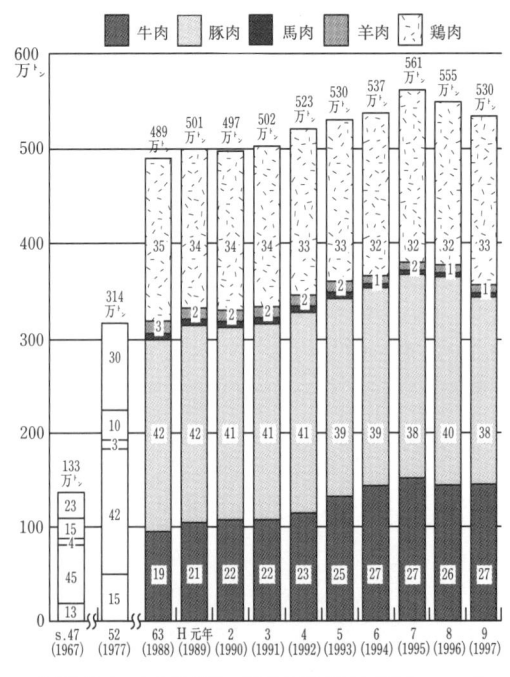

図Ⅱ.3.1　食肉需給量の推移と構成割合(枝肉ベース)
(農林水産省「食肉関係資料」より作成)[2]

割れであったが,その後増加し続け,1995年には561万トンに達した.この2～3年景気の低迷,「腸管出血性大腸菌O157」食中毒事件,イギリスで発生した牛海綿状脳症(狂牛病)などの影響を受け,1997年は530万トンにとどまった.次に,食肉需給量の構成割合(%)をみると,1967年には鶏肉23,羊肉15,馬肉4,豚肉45,牛肉13,1977年には鶏肉30,羊肉10,馬肉3,豚肉42,牛肉15,1987年は1988年と同じく鶏肉35,羊肉3,馬肉1,豚肉42,牛肉19,そして1997年には鶏肉33,羊肉1,馬肉1,豚肉38,牛肉27となった.近年,羊肉と馬肉の構成割合が低下し,牛肉の割合が著しく増加した.過去における羊肉と馬肉の構成割合の高さは,その背景に第二次世界大戦後日本が歩んできた食肉産業の姿を反映している.すなわち,戦後食生活の欧米化が進み,魚肉ソーセージの普及と相まって,畜肉のソーセージへの欲求が高まり,海外からの安価な凍結の羊肉と馬肉を上手に利用したソーセージ・プレスハムが1961年頃から1970年頃まで一世を風靡した(後述の表II.3.8参照).牛肉の増加は1991年の牛肉の完全自由化から拍車がかかり,1997年には構成割合の27%にまで達した.しかし,1997年の食肉需給量の国内生産量と輸入の割合をみると(図II.3.2),食肉需給量の58%が国内生産で,残り42%は輸入に頼っているのが現状である.食肉別にみると牛肉の36%,豚肉の64%,鶏肉の71%が国内産でまかなわれている.農林水産省の2005年度「農産物の需要と生産の長期見通し」によると,肉類の自給率は59,牛肉40,豚肉67,鶏肉72を目標としている.

食肉輸入先の正肉(しょうにく:枝肉を分割後,それぞれの部位から除骨し,さらにリンパ節など食用に供されない部分を除去した食肉のすべてのこと)ベースの内訳は以下の通りである[4].1997年の牛肉の輸入量は65万トンで,わが国の需給量の64%を占める.国別輸入量の概数はアメリカ31万トンで輸入牛肉に占める割合は48%,オーストラリアが30万トンでその割合は47%である.牛肉の輸入のほとんどはアメリカとオーストラリア両国で占められている.1996年まで豚肉の輸入量は年々増加傾向にあった.1997年主要輸入地域のひとつ台湾で口蹄疫(法定家畜伝染病のひとつで,ウイルスの感染により偶蹄類がかかる.伝染性の強さから非常に恐れられている)の発生が認められ,同地からの輸入が禁止されている.1997年の豚肉の輸入量は51万トンで,わが国の需給量の36%である.国別輸入量の概数はデンマークは14万5,000トンで割合は28%で,アメリカが13万7,000トンで割合は27%である.鶏肉の輸入量は,安価な労賃などの背景から中国,タイ,ブラジルなどから日本の要求に合った形で供給され,全体として増加傾向にある.1997年の家禽肉の輸入量は51万トンで,わが国の需給量の29%である.国別輸入量の概数は中国が21万トンで輸入鶏肉に占める割合は42%,アメリカが10万1,000トンで割合は20%,ブラジルは10万トンで割合は19%,タイは9万トンで割合は18%である.

牛肉と豚肉の輸入形態はほとんどが部分肉(正肉の各部位から余剰脂肪などを削り取って整形した状態の食肉をいう.図II.3.9,II.3.10参照)であり,冷蔵(チルド:chilled)と冷凍(フローズン:frozen)とに大別される.1991年から1997年までの牛肉と豚肉の総輸入量,主要国別,冷蔵・冷凍別の部分肉ベースの輸入量とその比率を表II.3.1に示した.牛肉の場合,輸入の形態は年により多少の変動はあるが冷蔵・冷凍がほぼ半々の状況にある.1997年の輸入牛肉の51%は冷蔵,49%は冷凍形態であった.国別ではオーストラリア産の約60%から70%,アメリカ産は30%から44%が冷蔵形態で輸入された.近年,アメリカ産の輸入牛肉の冷蔵形態の割合が増加,逆にオーストラリア産が減少傾向にある.豚肉の場合,輸入形態の70%強が冷凍形態で輸入され,主に加工用原料肉に利用されている.国別では台湾産の約70%,デンマーク産のほとんど,アメリカ産は約30%から50%程度が冷凍形態で輸入された.近年,牛肉において,エージドビーフ(aged beef)が注目されている.エージドビーフとは,と殺後枝肉を分割し,整形後真空包装し,0°C

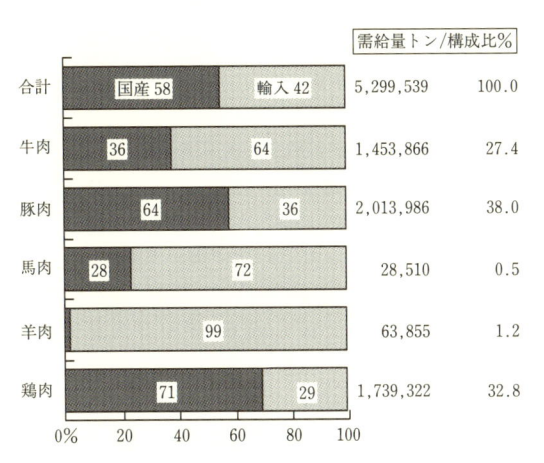

			需給量トン	構成比%
合計	国産58	輸入42	5,299,539	100.0
牛肉	36	64	1,453,866	27.4
豚肉	64	36	2,013,986	38.0
馬肉	28	72	28,510	0.5
羊肉		99	63,855	1.2
鶏肉	71	29	1,739,322	32.8

図II.3.2 1997年の食肉需給量の構成割合(概数)[3]

表 II.3.1 牛肉・豚肉の総輸入量，主要国別，冷凍・冷蔵別輸入量（部分肉ベース：トン）[5]

		合計				オーストラリア				アメリカ			
		総合計	冷蔵	冷凍	その他	小計	冷蔵	冷凍	その他	小計	冷蔵	冷凍	その他
牛肉	1991	355,603(100)	169,303(48)	181,731(51)	4,568	186,999(100)	124,019(66)	60,153(32)	2,823	154,305(100)	43,894(28)	110,374(72)	36
	1992	413,357(100)	205,001(50)	205,272(50)	3,085	215,484(100)	141,867(66)	72,505(34)	1,117	184,877(100)	60,837(33)	124,038(67)	2
	1993	512,746(100)	273,276(53)	236,965(46)	2,592	277,052(100)	196,030(71)	80,391(29)	631	216,525(100)	73,495(34)	143,030(66)	0
	1994	589,103(100)	335,074(57)	251,920(43)	2,111	312,108(100)	230,399(72)	81,230(26)	478	250,328(100)	97,578(39)	152,741(61)	9
	1995	649,353(100)	362,723(56)	284,405(44)	2,224	314,668(100)	220,513(70)	93,567(30)	586	298,425(100)	131,175(44)	167,233(56)	16
	1996	629,238(100)	318,380(51)	308,734(49)	2,124	284,155(100)	183,893(65)	99,747(35)	516	308,057(100)	125,279(41)	182,751(59)	27
	1997	646,677(100)	329,260(51)	315,960(49)	1,359	304,185(100)	186,655(61)	116,988(38)	542	306,270(100)	133,402(44)	172,856(56)	12

		合計			台湾			デンマーク			アメリカ		
		総合計	冷蔵	冷凍	小計	冷蔵	冷凍	小計	冷蔵	冷凍	小計	冷蔵	冷凍
豚肉	1991	412,777(100)	60,398(15)	352,379(85)	209,303(100)	41,048(20)	168,255(80)	135,435(100)	39(−)	135,395(100)	40,798(100)	17,768(44)	23,030(56)
	1992	479,091(100)	109,617(23)	369,474(77)	216,797(100)	75,886(35)	140,911(65)	148,671(100)	23(−)	148,648(100)	66,850(100)	31,460(47)	35,390(53)
	1993	456,656(100)	119,468(26)	337,188(74)	197,341(100)	74,100(38)	123,241(62)	141,633(100)	62(−)	141,571(100)	68,374(100)	41,887(61)	26,460(39)
	1994	498,115(100)	134,485(27)	358,627(72)	234,179(100)	77,937(33)	156,242(67)	133,482(100)	574(−)	132,911(100)	72,279(100)	50,458(70)	21,812(30)
	1995	580,165(100)	167,236(29)	412,930(72)	266,447(100)	83,150(31)	183,298(69)	134,275(100)	207(−)	134,068(100)	108,486(100)	76,113(70)	32,373(30)
	1996	652,869(100)	168,657(26)	484,212(74)	265,936(100)	79,636(30)	186,300(70)	118,706(100)	64(−)	118,642(100)	141,754(100)	77,210(54)	64,544(46)
	1997	511,488(100)	128,826(25)	382,658(75)	47,441(100)	12,310(26)	35,131(74)	144,917(100)	272(−)	144,644(100)	136,960(100)	89,070(65)	47,889(35)

資料：大蔵省「貿易月報」，農林水産省．牛肉その他は「煮沸肉，ほほ肉，頭肉」の合計．（　）内数字は割合（％）を表示．

前後の冷蔵状態で輸出される．その輸送中に牛肉の熟成が進行する．この牛肉を輸入して，急速凍結したものである．この牛肉は必要なときに解凍すれば肉質が適度に軟らかく，多汁性に富み，風味豊かな好ましい状態で使える利点を有している．鶏肉は部分肉の冷凍形態がほとんどで，焼き鳥，チキンナゲット，唐揚げなどの鶏肉調製品の輸入がタイ，中国などから伸びている[6]．

b. 食肉原料の種類と構造

家畜・家禽を構成している筋肉を分類すると図II.3.3の通りである．形態的には顕微鏡下で規則正しい横紋が観察される横紋筋（striated muscle）と規則性の認められない平滑筋（smooth muscle）とに分けられる．機能的には骨格筋は随意筋であり，心筋と平滑筋は不随意筋である．さらに，骨格筋は筋線維の代謝的特徴により赤色筋と白色筋とに分類できる．心筋と内臓壁などを構成する平滑筋も食用に供されるが，食肉として利用される家畜・家禽の筋肉の主体は骨格筋（skeletal muscle）である．その骨格筋の模式図は図II.3.4の通りである．一般に50～100本の筋線維（muscle fiber）が筋内膜で束ねられ第1次筋線維束を形成し，数十本の第1次筋線維束が筋周膜で束ねられて第2次筋線維束を形成する．さらに第2次筋線維束が筋上膜で束ねられ，筋肉となり，その末端は腱を介して骨に付着している．筋肉内には血管，神経，脂肪組織が分布し，それらすべてが，体液に浸った状態で存在している．筋線維を構成している最小単位は筋原線維（myofibril）と呼ばれ，その模式図は図II.3.5の通りである．規則正しい横紋を呈し，そのひとつの単位は筋節（sarcomere）であり，Z線からZ線までをいう．筋節内の太いフィラメントを構成している主タンパク質はミオシン（myosin），細いフィラメントを構

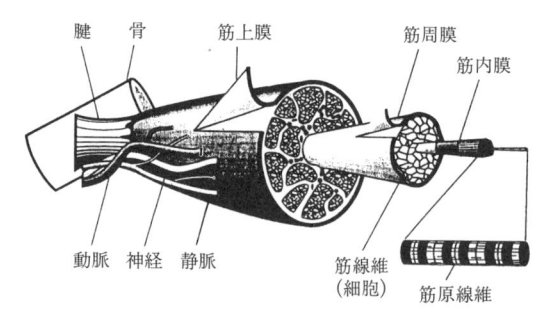

図 II.3.4　骨格筋の模式図[7]

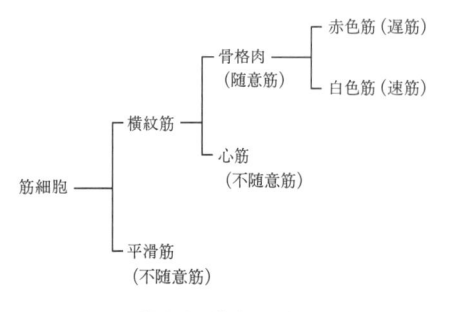

図 II.3.3　筋肉の分類

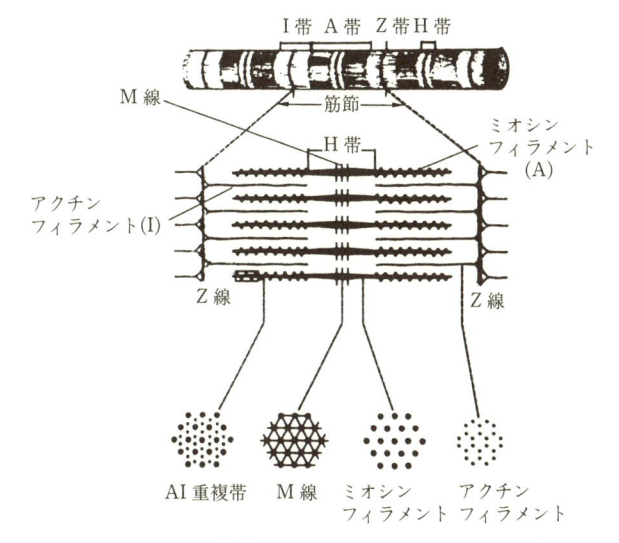

図 II. 3. 5 筋節の縦断面と横断面におけるアクチンとミオシンフィラメントの位置関係 (Bloom and Fawcett, 1975)[8]

成している主タンパク質はアクチン (actin) である．動物が動けるゆえんは，このアクチン・ミオシン間の相互作用による筋肉の収縮・弛緩にほかならない．後述の死後硬直，解凍硬直，寒冷短縮なども，このZ線とZ線の間の短縮によるものである．アクチン・ミオシンの間の重なり具合が多い (収縮) と重なり具合の少ない (弛緩) が食肉の物性に大きく影響を及ぼす要因のひとつである．食肉製品製造の際，これら塩溶性タンパク質を食塩類で抽出し，水と脂肪を含む網目構造をつくらせることが，食肉製品の結着性・保水性発現の必須の基本条件となる．

c. 食肉原料の死後変化

現在，食肉 (畜肉＋家禽肉) のうち，特に畜肉 (牛，豚，馬，羊，山羊) をと殺直後供することはなく，と殺後一定期間保持したのち消費される．その間に筋肉から食肉への変換が起こる．その最も顕著な変化が死後硬直 (rigor mortis) である．死後硬直の開始は図 II. 3. 6 に示すように，筋肉中の ATP (アデノシン三リン酸；adenosine triphosphate, 筋収縮のエネルギー源) の枯渇と pH の低下によってもたらされる．図中，クレアチンリン酸 (creatine phosphate：CP) は ATP の再生に寄与している成分である．CP を利用した ATP の再生ができなくなると ATP は低下し始める．と殺から最大硬直期まで，0～4℃の条件下では，通常，牛で24時間，豚で12時間，鶏で2時間程度である．死後硬直時の筋肉は硬く，多汁性もなく，風味も乏しく，食用に不適である．しかし，さらに低温で保持すると，死後硬直の解除 (解硬) により硬かった筋肉は軟ら

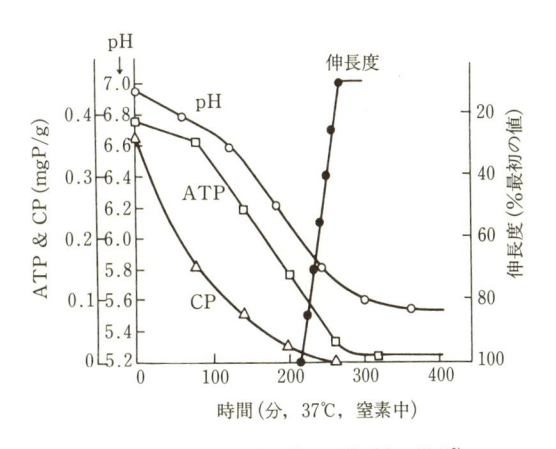

図 II. 3. 6 馬の胸最長筋の死後硬直の経過[9]
37℃，窒素中における時間の経過による ATP, CP, pH および伸長度の変化．0 時は死後 1 時間．ATP と CP は種々の時間間隔で，筋からの TCA 抽出物で決定した．ATP-P と CP-P は mgP/g (筋の生重量) で表した．伸長度は最初の値の％で表した．ATP：adenosine triphosphate, CP：creatine phosphate.

かさを回復する．それと同時に，硬直により低下した多汁性も増し，さらに風味も向上する．これらの目的のための貯蔵が熟成 (ageing, conditioning) である．食肉の硬さ，その他の観点から，特に，牛肉において，この熟成は大変重要な意味をもっている．

最近，解硬のメカニズムも次第に明らかになりつつあり，現在，Ca^{2+} の直接説[10]とプロテアーゼ説[11]が提唱されている．死後硬直の時期，ATP の残存状態などが後述の解凍硬直や寒冷短縮などの現象と直接的に関連している．

3.1.2 処　理
a. と殺・解体

家畜(牛,豚,馬,羊,山羊)がと殺され,畜肉として一般消費者に供されるには,一連の処理工程が必要である.一連のと殺解体作業における生体,枝肉(dressed carcass)および内臓は「と畜場法」により義務づけられた検査を受けなければならない.所定の検査に合格した枝肉には合格検印が押され,一般に流通することが可能になる.

生体から枝肉までの家畜の解体工程の一例は図II.3.7の通りである.牛と豚で解体工程に違いもあるが,基本的には下記の通りである.なお,豚のはく皮の方法には皮はぎ法と湯はぎ法があるが,ほとんどは皮はぎ法である.さらに,家畜の解体工程は機械化と自動化に伴い変更されるであろう.①搬入:と畜場(食肉センター)への家畜の搬入である.②係留工程:輸送中のストレスをやわらげ,また家畜に異常がないか生体検査をするための工程.③追込み工程:と畜場のと殺工程への家畜の誘導をいう.特にストレス感受性の高い豚の取扱いには注意を要する.④スタニング(失神)工程:家畜を失神させる工程であり,豚では電撃方法あるいは炭酸ガス麻酔方法が利用され,牛ではボルトピストルが一般に用いられる.いずれにしても,動物福祉の観点から,さらにと殺後の肉質に関しても家畜になるべくストレスをかけないで失神させることが重要である.⑤放血工程:スタニング後,後肢を吊り下げ,頸動・静脈から放血を行う.できるだけ放血を良好にしないと筋肉中に血液が残り,微生物の繁殖を容易にし,食肉の腐敗を早めることになる.放血により家畜は死に至る.その後,四肢,頭部,尾部の切断,はく皮,内臓摘出により枝肉が得られ,枝肉の背柱の中心から左右に分割,いわゆる背割りにより,半丸枝肉となる.腸管出血性大腸菌O157の発生から,特に牛のと殺解体に対しては,ナイフなどの洗浄消毒設備,給湯設備の設置が義務づけられ,食道,直腸結紮などを含め,と畜場・と殺設備へのHACCP(VI編「衛生管理」を参照)の導入で衛生面の整備が着々と進められている.最終的には,半丸枝肉で冷蔵庫で冷却後,一般に牛・豚の枝肉取引規格格付けが行われる.去勢和牛の生体重に対する平均的な重量歩留りは生体重を100とした比率(%)で,枝肉63,内臓21,皮6,頭・足4,血液その他6である[12].

食鳥(鶏,アヒル,七面鳥など)の肉の安全性を得るための法律「食鳥検査法」は1990年に制定された.この法律により,食鳥検査は,食鳥処理場において獣医師の資格をもった検査員によって行わなければならない.検査の内容は生体検査,脱羽後のと体についての脱羽後検査,と体から内臓を摘出した

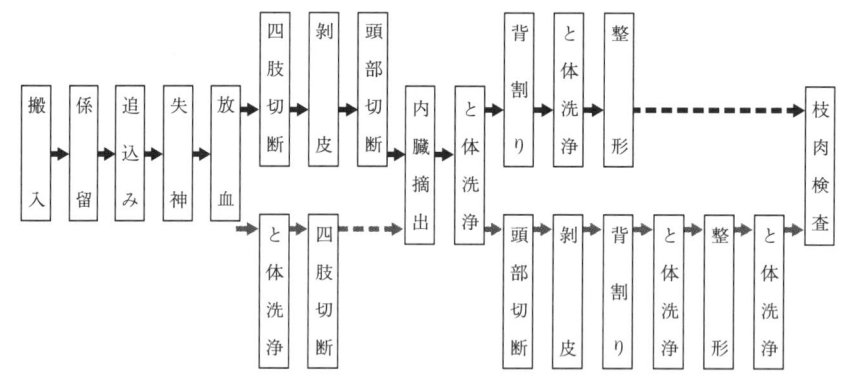

図II.3.7　家畜の解体工程の一例
上段:牛,中段:共通,下段:豚の皮はぎ法.

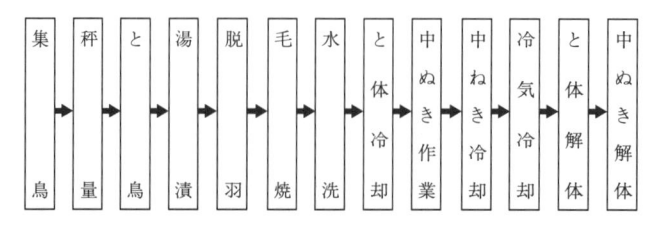

図II.3.8　食鶏の処理加工工程[14]

のち，その内臓および中ぬきと体に行われる内臓摘出後検査などがある[13]．わが国で消費される食鳥のほとんどは鶏であり，食鶏の処理加工工程は図II.3.8に示す通りである．大規模処理場では，と鳥から解体までほとんど自動化されている．食鶏若どりの生体重に対する平均的な重量歩留りは生体重を100とした比率（％）で，と体90，血液羽毛10である[12]．

b. 牛・豚枝肉の規格格付け

牛枝肉取引規格格付けは1988年にこれまでの「サシ」（脂肪交雑）重視評価格付けから，表II.3.2と表II.3.3に示す通り，枝肉の歩留り等級（yield grade）と肉質等級（meat quality grade）とによる2点評価に大きく改変された．その適用条件の一部は以下の通りである[17]．この規格は，枝肉の2分体で第6～第7肋骨間において平直に切り開き，胸最長筋，背半棘筋および頭半棘筋の状態ならびにばら，皮下脂肪および筋間脂肪の厚さがわかるようにしたものに適用するものとする．

豚の枝肉取引規格は生産・流通の実態に即して改正が行われてきた．最近の改正は1996年に重量動向の変化，部分肉流通の増大，輸入豚肉の増加に対応して，規定の見直しが必要との要望が強まり，以下の点が改正された．①等級別の下限重量の引上げと上限重量の見直し，②輸入豚肉に対応するため，品質の維持向上が必要であり，これに関連して背脂肪の厚さの範囲の見直しが行われた．これらの見直しの結果，定められた豚枝肉の取引規格を表II.3.4に示した．なお，背脂肪の厚さの区分[19]については省略した．その適用条件の一部は以下の通りである[18]．この規格による背脂肪の厚さは，第9～第13胸椎関節部直上における背脂肪の薄い部位の厚さとする．

牛枝肉の取引規格に基づく部分肉は図II.3.9の通りである．豚枝肉の取引規格に基づく部分肉は図II.3.10の通りである．牛・豚の部分肉についても取引規格と適用条件が定められている[22,23]が，ここでは省略する．

表II.3.2　牛枝肉の歩留り等級[15]

等級	歩留り基準値	歩留り
A	72以上	部分肉歩留りが標準よりよいもの
B	69以上72未満	部分肉歩留りの標準のもの
C	69未満	部分肉歩留りが標準より劣るもの

表II.3.3　牛枝肉の肉質等級[16]

項目／等級	脂肪交雑	肉の色沢	肉の締まりおよびきめ	脂肪の色沢と質
5	胸最長筋ならびに背半棘筋および頭半棘筋における脂肪交雑がかなり多いもの	肉色および光沢がかなりよいもの	締まりはかなりよく，きめがかなり細かいもの	脂肪の色，光沢および質がかなりよいもの
4	胸最長筋ならびに背半棘筋および頭半棘筋における脂肪交雑がやや多いもの	肉色および光沢がややよいもの	締まりはややよく，きめがやや細かいもの	脂肪の色，光沢および質がややよいもの
3	胸最長筋ならびに背半棘筋および頭半棘筋における脂肪交雑が標準のもの	肉色および光沢が標準のもの	締まりおよびきめが標準のもの	脂肪の色，光沢および質が標準のもの
2	胸最長筋ならびに背半棘筋および頭半棘筋における脂肪交雑がやや少ないもの	肉色および光沢が標準に準ずるもの	締まりおよびきめが標準に準ずるもの	脂肪の色，光沢および質が標準に準ずるもの
1	胸最長筋ならびに背半棘筋および頭半棘筋における脂肪交雑がほとんどないもの	肉色および光沢が劣るもの	締まりが劣りまたはきめが粗いもの	脂肪の色，光沢および質が劣るもの

表 II.3.4 豚枝肉の取引規格[18]

等級	重量および背脂肪の厚さの範囲 (半丸)	外観		
		均称	肉づき	脂肪付着
極上	皮はぎ 35 kg 以上 39 kg 以下 湯はぎ 38 kg 以上 42 kg 以下	長さ,広さが適当で厚く,もも,ロース,ばら,かたの各部がよく充実して,釣合の特によいもの	厚く,なめらかで肉づきが特によく,枝肉に対する赤肉の割合が脂肪と骨よりも多いもの	背脂肪および腹部脂肪の付着が適度のもの
上	皮はぎ 32.5 kg 以上 40 kg 以下 湯はぎ 35.5 kg 以上 43 kg 以下	長さ,広さが適当で厚く,もも,ロース,ばら,かたの各部が充実して,釣合のよいもの	厚く,なめらかで肉づきがよく,枝肉に対する赤肉の割合が,おおむね脂肪と骨よりも多いもの	背脂肪および腹部脂肪の付着が適度のもの
中	皮はぎ 30 kg 以上 42.5 kg 以下 湯はぎ 33 kg 以上 45.5 kg 以下	長さ,広さ,厚さ,全体の形,各部の釣合において,いずれにも優れたところがなく,また大きな欠点のないもの	特に優れたところもなく,赤肉の発達も普通で,大きな欠点のないもの	背脂肪および腹部脂肪の付着に大きな欠点のないもの
並	皮はぎ 30 kg 未満 42.5 kg 超過 湯はぎ 33 kg 未満 45.5 kg 超過	全体の形,各部の釣合ともに欠点の多いもの	薄く,付着状態が悪く,赤肉の割合が劣っているもの	背脂肪および腹部脂肪の付着に欠点の認められるもの
等外	(1) 以上の等級のいずれにも該当しないもの (2) 外観または肉質の特に悪いもの (3) 黄豚または脂肪の質の特に悪いもの	(4) 牡臭その他異臭のあるもの (5) 衛生検査による割除部の多いもの (6) 著しく汚染されているもの		

等級	肉質				
	仕上げ	肉の締まりおよびきめ	肉の色沢	脂肪の色沢と質	脂肪の沈着
極上	放血が十分で,疾病などによる損傷がなく,取扱の不適による汚染,損傷などの欠点のないもの	締まりは特によく,きめが細かいもの	肉色は,淡灰紅色で,鮮明であり,光沢のよいもの	色白く,光沢があり,締まり,粘りともに特によいもの	適度のもの
上	放血が十分で,疾病などによる損傷がなく,取扱の不適による汚染,損傷などの欠点のほとんどないもの	締まりはよく,きめが細かいもの	肉色は,淡灰紅色でまたはそれに近く,鮮明で光沢のよいもの	色白く,光沢があり,締まり,粘りともによいもの	適度のもの
中	放血普通で,疾病などによる損傷がなく,取扱の不適による汚染,損傷などの大きな欠点のないもの	締まり,きめともに大きな欠点のないもの	肉色,光沢ともに特に大きな欠点のないもの	色沢普通のもので,締まり,粘りともに大きな欠点のないもの	普通のもの
並	放血がやや不十分で,多少の損傷があり,取扱の不適による汚染などの欠点の認められるもの	締まり,きめともに欠点のあるもの	肉色は,かなり濃いかまたは過度に淡く,光沢のよくないもの	やや異色があり,光沢も不十分で,締まり粘りともに十分でないもの	過小かまたは過多のもの
等外					

3. 畜産冷凍食品

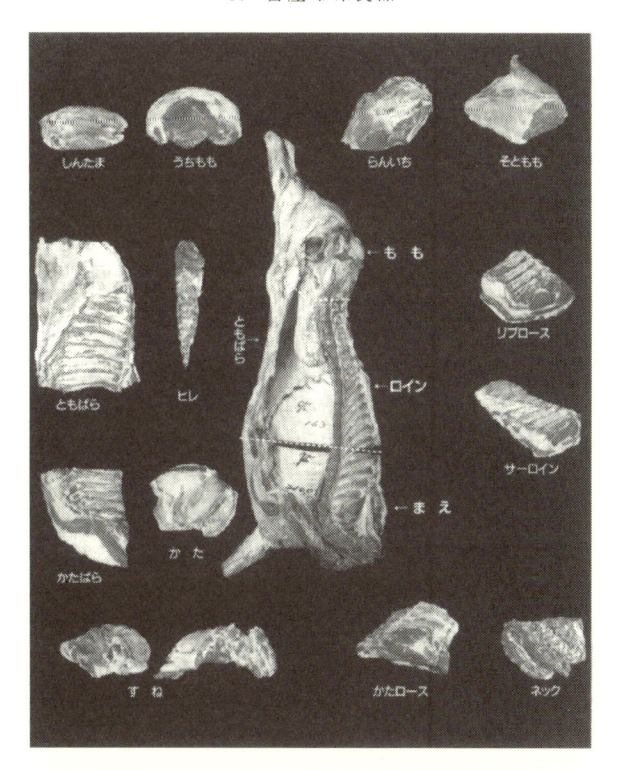

図 II. 3. 9 牛部分肉取引規格にもとづく部分肉[20]

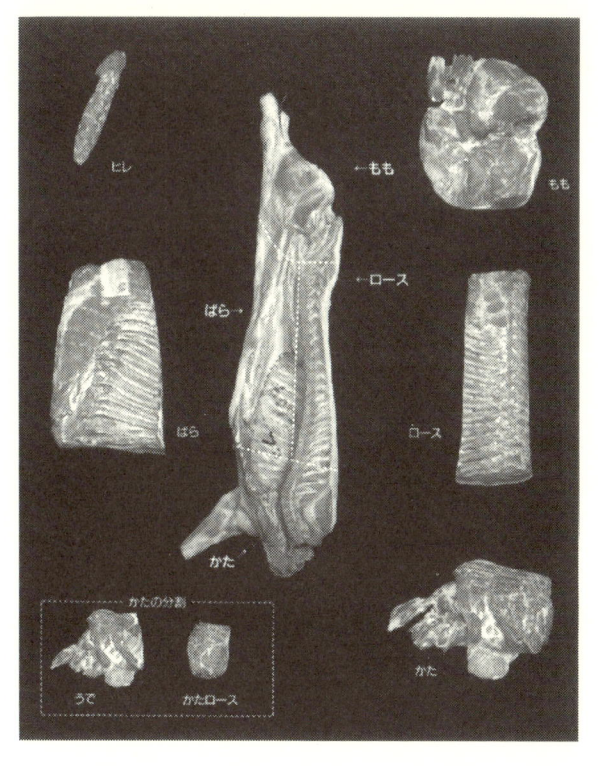

図 II. 3. 10 豚部分肉取引規格にもとづく部分肉[21]

3.1.3 食肉の凍結・解凍と品質変化

食肉の凍結・解凍の基本的な要点は食品一般，特に，水産食品と同様である．食肉の凍結時の最も重要な点のひとつは最大氷結晶生成帯（$-1\sim-5$°C）をいかに最適条件で通過できるか，すなわち筋肉細胞内外に大きな損傷を与えないことである．

これらの基本的な事柄は前述（I編2.2節「食品冷凍の物理的問題」）の通りである．ここでは，食肉の凍結・冷蔵の場合，特に注意しなければならない事柄を述べる．3.1.1項cで述べたように，通常と殺後しばらくの間はと体の筋肉内にATPが存在している．ATPの枯渇とともに死後硬直が生じる．この死後硬直の起こる前に，原料肉を凍結した場合，解凍時に非常に強い収縮が起こり，解凍後も硬い食肉になることがある．この現象を解凍硬直（thaw rigor）という．枝肉の状態で本現象が起こっても筋肉の多くは骨に付着していることから，ある程度の収縮でおさまるが，もし，温と体除骨で得られた部分肉でこの現象が生じた場合は強い収縮を引き起こし，解凍後も非常に硬い食肉となる．

解凍硬直と同じく温度の変化により筋肉が短縮する現象に寒冷（冷却）短縮（コールドショートニング，cold shortening）がある．これはと殺後枝肉を急速に冷却するとき，いわゆる寒冷刺激によって発生する筋肉の過度の短縮現象をいう．羊と牛の枝肉に発生しやすく，本現象を起こした枝肉は熟成しても硬い食肉となる．本現象の発生は死後硬直前の筋肉が10°C以下に曝されることによって，筋小胞体やミトコンドリアのカルシウムイオン（Ca^{2+}）の保持機能が低下し，Ca^{2+}が漏出し，筋肉内にまだATPが存在する条件下で起こる短縮といわれているが，詳細な原因についてはまだ不明の点もある．なお，Ca^{2+}イオンが引き金となり，ATPをエネルギーとして筋肉が収縮する現象は生筋の場合と同じである．

上記二つの現象を防止するには，短縮のエネルギー源となるATPを枯渇させればよく，と殺した枝肉に電気刺激（electrical stimulation）を与え，強制的にATPを枯渇させる方法が有効である．

食肉の冷凍貯蔵中の問題のひとつに冷凍（凍結）焼け（freezer burn）がある．この食肉の冷凍焼けとは，食肉を長期間冷凍すると食肉の表面が過度に乾燥し白っぽい状態になることをいう．食肉の表面から氷が昇華して失われるとその部分の組織や水分が濃縮された状態となり，下層からの水分の移動を妨げ，やがては乾燥し，あたかも焼け焦げたような冷

表 II.3.5 食肉・食肉製品の凍結貯蔵温度と保蔵期間[24]

食肉・食肉製品	保蔵期間（月）			
	-12°C	-18°C	-24°C	-30°C
牛　肉	4	6	12	12 以上
羊　肉	3	6	12	12 以上
子牛肉	3	4	8	10
豚肉				
生　肉	2	4	6	8
塩漬肉（未スライス）	0.5	1.5	2	2
内　臓				
肝臓，心臓，舌	2	3	4	4
食鳥肉	2	4	8	10
牛肉，子羊肉（ひき肉）	3	6	8	10
ソーセージ（ポーク）	0.5	2	3	4
フライドチキン[*1]（パン粉つき）	—	3	—	—
加熱鶏肉[*1]（パン粉つき）	—	9	—	—
加熱鶏肉[*1]（パン粉つき，トリポリリン酸塩処理）	—	12	—	—
スライス七面鳥肉[*1]（グレービー）	—	18	—	—
ロール七面鳥肉[*2]（トリポリリン酸塩処理）	—	24	—	—
ディープフライドビーフパティ[*3]（パン粉つき，組織状大豆粉）	—	6	—	—
ローストビーフ[*4]（未スライス）	—	18	—	—
コンビーフサンドイッチ，ハムサンドイッチ，ローストビーフサンドイッチ[*5]	—	2	—	—

[*1]：アルミニウム皿，[*2]：ファイブラスケーシング，[*3]：ポリエチレン包装，[*4]：クライオバック包装，[*5]：サラン包装．

凍焼けを起こす．食肉などの冷凍焼けした部分はタンパク質の変性や脂肪の酸化を伴い，その部分の多くは水分含量が10～15%くらいに低下し，水を加えても復元せず，風味抜けとなる．

冷凍焼けを防ぐには貯蔵温度の管理と，真空包装などによる食肉表面の保護処理がよいとされている（I編2.2.3項「冷凍貯蔵中の食品の物理的変化」を参照）．

その他，食肉の貯蔵中にも種々の変化が生じ，肉質に影響を及ぼす可能性がある．特に，脂肪の酸化には十分な注意が必要である．一般に，食肉の冷凍貯蔵の際に最も重要な点のひとつは貯蔵温度の管理である（冷凍貯蔵中の種々の変化についてはI編2.3節「食品冷凍の化学的問題」を参照）．食肉・食肉製品の凍結貯蔵温度と保蔵期間の目安は表II.3.5に示す通りである．

食肉の解凍方法には，①冷蔵庫内で解凍する冷気解凍法，②水道水などの流水で解凍する流水解凍法，③高周波を利用した電子解凍法などがある．それぞれの目的・条件で使い分けされている[24]．

3.2 各 論

3.2.1 牛肉・豚肉・鶏肉の冷凍

食肉の冷凍に関するいくつかの報告を，以下に紹介する．牛肉の冷凍に関して，Grujicら[25]とPetrovicら[26]は，牛肉に最適な凍結速度を見いだす目的で下記の実験を行った．試料は12～18カ月齢のシンメンタール去勢牛を常法によりと殺し，得られた背最長筋（ロース）をステーキ状に整形し，その約200gを使用した．各試料は-14℃と-20℃のフリーザーで凍結して得られた凍結速度0.22cm/hと0.39cm/hと，液化炭酸ガス式連続トンネルフリーザー-40，-50，-60と-78℃の条件下で得られた凍結速度3.33，3.95，4.92と5.66cm/hである．各試料につき，凍結時間，氷結晶の局在，大きさ，形が測定され，さらに筋肉の微細構造が観察された．

得られた結果を表II.3.6に示した．凍結速度0.22 cm/hと0.39 cm/hの緩慢凍結では，細胞間に氷結晶が局在し，その直径は43.62μmと30.00μmと他の凍結速度条件の試料より有意に大きい値を示した．-50℃，凍結速度3.95 cm/h以上の凍結条件では氷結晶は細胞内にも局在し，その数が多く，その直径は小さいものであった．これらの凍結条件下で最も筋原線維に損傷を与えたのは-14℃凍結試料で，逆に最も損傷の少ない試料は-50℃，すなわち3.95 cm/h凍結速度の試料であった．これより速い凍結速度の試料では電子顕微鏡による観察から筋原線維間にゆるみができ，筋原線維間に空間が認められ，-60℃と-78℃による凍結試料の筋原線維は裂傷を受けていたと報告した．

次に，同条件下で凍結した牛肉試料を4～6℃で7時間以上解凍し，その物理化学的特性の分析と官能検査を行った．得られた結果の一部は表II.3.7の通りである．0.22 cm/hと0.39 cm/hの緩慢凍結試料において，より硬く，多汁性に乏しい結果が得られた．3.33 cm/hと3.95 cm/hの凍結速度試料において，物理化学的特性に対して最も影響が少なく，筋原線維タンパク質の抽出性も高く，その加熱試料も有意に軟らかであった．これらの結果から，筆者らは牛部分肉の最適凍結速度は2～5 cm/hであろうと結論づけた．

表II.3.6 牛肉の凍結時間，氷結晶の大きさと局在に及ぼす凍結速度の影響[25]

凍結温度 (℃)	凍結速度 (cm/h)	凍結時間 [中心温度が-1℃から-7℃に要する時間(min)]	氷結晶の局在	氷結晶の大きさ 直径(μm)±S.D.
-14	0.22	216.0	細胞間	43.62±4.10^x
-20	0.39	142.0	細胞間	30.00±3.95^x
-40	3.33	12.8	細胞間＋細胞内	21.31±2.60^y
-50	3.95	11.6	細胞内	19.14±1.79^y
-60	4.92	9.9	細胞内	13.50±1.90^z
-78	5.66	8.2	細胞内	10.15±1.51^z

x,y,z：違った文字間に0.05%のレベルで有意差あり．

表 II.3.7 牛肉の食感,軟らかさ,多汁性に及ぼす凍結速度の影響[26]($n=18$)

凍結温度 (°C)	凍結速度 (cm/h)	感 触[1] (加熱前評価)	軟らかさ[2] (加熱後評価)	多汁性[3] (加熱後評価)
対照	対照	7.0 ± 0.3^x	6.8 ± 0.1^x	7.0 ± 0.1^x
−14	0.22	7.0 ± 0.2^x	6.0 ± 0.1^x	6.7 ± 0.2^x
−20	0.39	7.0 ± 0.2^x	6.5 ± 0.3^x	7.0 ± 0.2^x
−40	3.33	7.0 ± 0.1^x	7.5 ± 0.2^y	7.5 ± 0.1^y
−50	3.95	7.0 ± 0.4^x	8.0 ± 0.5^z	8.0 ± 0.4^z
−60	4.92	7.0 ± 0.3^x	8.5 ± 0.5^z	8.5 ± 0.4^z
−78	5.66	6.0 ± 0.5^y	7.0 ± 0.1^x	7.3 ± 0.3^y

[1]:1は非常に悪い,7は非常によい.
[2]:1は非常に硬い,9は非常に軟らかい.
[3]:1は非常に乾燥している,9は非常にジューシー.
x,y,z:違った文字間に0.05%のレベルで有意差あり.

次に,凍結処理が牛肉の熟成に及ぼす影響について,西村と中井[27]はホルスタイン去勢牛のサーロインを用いた実験結果より,解凍後の熟成によるペプチドおよび遊離アミノ酸は非凍結肉より増加し,凍結によりタンパク質の分解が促進されることを示した.しかし,凍結期間が1週間より長くなるとこれらの増加量は減少し,−50°C凍結肉より−20°C凍結肉においてその減少は顕著であったと報告した.

さらに,ShibataとYasuhara[28]は解凍後の熟成が牛肉の食味に及ぼす影響について検討を行った.ホルスタイン去勢牛の胸最長筋を解凍後,0°Cで0,2,5,10日間熟成させ,その物理化学的測定と官能検査を行い,以下の結果を示した.解凍後の熟成は保水性の向上および多汁性の増加を導き,調理損失を減少させた.解凍後の熟成により遊離アミノ酸と軟らかさの増加を認め,さらに,筋原線維の脆弱化を観察した.解凍後の熟成により官能検査の総合評価が向上した.ただし,熟成5日と10日との間に有意差は認められず,調理前の解凍後の熟成は5日間でよいと報告した.

豚肉に関して,Sakataら[29]は加工用豚肉の最適凍結処理条件について検討した.凍結時の温度と凍結期間が加工用豚肉の品質に及ぼす影響を明らかにする目的で,−20°Cおよび−80°Cで凍結後,どちらも−20°Cで1カ月間貯蔵した.凍結処理した試料と未凍結試料につき色調,保水性,肉汁損失量,TBA値および筋漿の透過率などを測定した.同時に組織化学的方法により筋線維の状態も観察した.その結果,未凍結試料との間に,保水性,肉汁損失量,TBA値および透過率などに明らかな差異はなく,また凍結中に脂肪の酸化は進行しなかった.しかし,細胞内・細胞間に氷結晶を生成した−20°C凍結試料は筋線維の直径が有意に小さくなった.また,凍結により筋原線維の小片化(筋節4個以下)は未凍結試料より有意に高い値が得られた.この小片化の増加は凍結処理によって起こる筋肉組織内の物理化学的変化に起因していると考察した.組織化学的観察から−80°C凍結試料において前述の牛肉での報告[25]と同じように筋原線維間の空間が存在することを認めている.各試料で製造したモデルソーセージを用いた検討から,クッキングロスおよび発色率に差異は認められなかったが,−20°Cで凍結した試料で製造したモデルソーセージにおいて有意に硬いという結果が得られたと報告した.

鶏肉の冷凍について,Mead編の著書[30]で,鶏の形の大きさの変化,部分肉の増加,湯漬けによると体に吸収される水,内臓摘出中の傷の程度,浸漬冷却処理中のと体の摩擦による影響などがあり,食鳥の凍結の困難さを複雑にしていると述べられている.

3.2.2 食肉製品の冷凍

わが国における食肉製品の生産量と種類別生産比率の推移を表II.3.8に示した.総生産量は1955年から1997年までの40数年間で約20倍に増加した.その内訳をみると,1955年から1975年まではプレスハム・ソーセージ類の割合が非常に高く,肉塊からのみなる単味品のハム・ベーコン類の生産比率はわずかであった.しかし,1985年頃から高級化志向が起こり,ハム・ベーコン類の生産比率はともに2桁を占めるようになった.最近,ソーセージ類の原料肉はオールポークのものが増え,また,特定JASの熟成ソーセージが売上げを伸ばしている.

わが国の食肉製品の規格基準は,食肉製品に対する嗜好の多様化,その製造技術の進歩,諸外国にお

表 II.3.8　わが国における食肉製品の生産量と種類別生産比率の推移

年	1955	1965	1975	1985	1995	1997
総生産量(千トン) 比率(%)	27(100)	136(100)	298(100)	466(100)	554(100)	531(100)
ハム類	2(8)	7(5)	37(13)	105(23)	131(24)	122(23)
ベーコン類	1(4)	3(2)	17(6)	54(12)	77(14)	78(15)
プレスハム類	17(61)	59(44)	101(34)	79(17)	36(6)	31(6)
ソーセージ類	7(27)	66(49)	143(48)	228(49)	310(56)	300(56)

食肉通信社編：数字でみる食肉産業，各年版より作成．

ける生産および流通の実態などが勘案され改正されてきた．1993年の改正[31]で認められた食肉製品の分類と保存基準は図II.3.11の通りである．① 乾燥食肉製品とは，乾燥させた食肉製品であって，乾燥食肉製品として販売するものをいう．ドライソーセージやジャーキー類がこれに属する．② 非加熱食肉製品とは，食肉を塩漬けしたのち，燻煙し，または乾燥させ，かつ，その中心部の温度を63℃で30分間加熱する方法またはこれと同等以上の効力を有する方法による殺菌を行っていない食肉製品であって，非加熱食肉製品として販売するものをいう．ただし，乾燥食肉製品を除く．イタリアのパルマハム，コッパ，スペインのハモンセラーノ，ドイツのラックスシンケンなどの生ハムがこれにあたる．③ 特定加熱食肉製品とは，その中心部の温度を63℃で30分間加熱する方法またはこれと同等以上の効力を有する方法以外の方法による加熱殺菌を行った食肉製品をいう．ただし，乾燥食肉製品および非加熱食肉製品を除く．ローストビーフがこれにあたる．④ 加熱食肉製品とは，その中心部を63℃で30分間もしくはこれと同等以上の効力を有する方法による加熱殺菌を行った食肉製品をいう．通常のハム・ソーセージがこれに相当する．非加熱食肉製品と特定加熱食肉製品の原料食肉の解凍および整形は食肉の温度が10℃を超えないことと定めている．このことにより，できる限り微生物の増殖が少ない状態で解凍および整形が行われることを目的としている．また，保存基準は，非加熱食肉製品のうち肉塊のみを原料としたものと特定加熱食肉製品の水分活性が0.95以上の製品は4℃以下の保存が義務付けられている．また食肉販売施設が飲食店営業の許可を得て調理する，いわゆる自家製ソーセージでは冷凍肉を原料としてはならないとなっている[32]．食肉製品の保存(流通)温度は，4℃以下，10℃以

(1) 乾燥食肉製品—水分活性0.87未満でなければならない(保存基準なし：常温可)

(2) 非加熱食肉製品
- 亜硝酸塩使用
  - 肉塊のみ原料
    - 水分活性0.95未満(10℃以下保存)
    - 水分活性0.95以上(4℃以下保存)
  - 肉塊以外を原料(10℃以下保存，ただしpH 4.6未満またはpH 5.1未満，かつ水分活性0.93未満の製品は常温可)
- 亜硝酸塩非使用(10℃以下保存)

(3) 特定加熱食肉製品
- 水分活性0.95未満(10℃以下保存)
- 水分活性0.95以上(4℃以下保存)

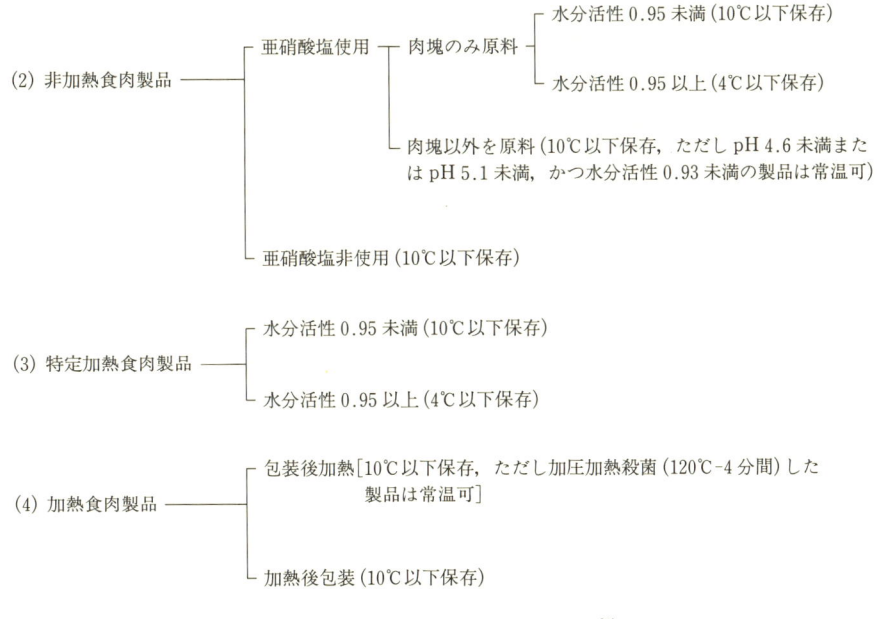

(4) 加熱食肉製品
- 包装後加熱[10℃以下保存，ただし加圧加熱殺菌(120℃-4分間)した製品は常温可]
- 加熱後包装(10℃以下保存)

図 II.3.11　食肉製品の分類と保存基準[31]

下と常温である．しかし，4°Cの保持（流通）を維持するため，あるいは業務用で必要な場合に，食肉製品は凍結されることがある．　　　　[岡山高秀]

文　献

1) 松崎俊久：長寿世界一は沖縄　その秘密は豚肉食だった，p. 179, 祥伝社, 1992.
2) 食肉通信社編：'99数字でみる食肉産業, p. 36, 食肉通信社, 1999.
3) 同2), p. 37.
4) 同2), p. 131.
5) 同2), p. 138, 146.
6) 日本食肉消費総合センター：食肉がわかる本, p. 23, 1998.
7) 森田重廣監修：食肉・肉製品の科学, p. 32, 学窓社, 1992.
8) 同7), p. 36.
9) 同7), p. 71.
10) Takahashi, K.: *Meat Science*, **43**(No. s), S67, 1996.
11) 沖谷明紘編：肉の科学（シリーズ食の科学）, p. 75, 朝倉書店, 1996.
12) 同11), p. 21.
13) 日本食肉消費総合センター：食肉がわかる本, p. 27, 1998.
14) 駒井亨：肉の科学, **23**, 1, 1982.
15) 日本食肉格付協会：牛・豚・枝肉・部分肉取引規格解説書, p. 12, 1996.
16) 同15), p. 7.
17) 同15), p. 8.
18) 同15), p. 32.
19) 同15), p. 34.
20) 同15), p. 52.
21) 同15), p. 80.
22) 同15), p. 48.
23) 同15), p. 76.
24) 沖谷明紘編：肉の科学（シリーズ食品の科学）, p. 165, 朝倉書店, 1996.
25) Grujic, R. *et al.*: *Meat Science*, **33**, 301, 1993.
26) Petrovic, L. *et al.*: *Meat Science*, **33**, 319, 1993.
27) 西村敏英, 中井雄治：食肉に関する助成研究成果報告書, 伊藤記念財団, **11**, 305, 1993.
28) Shibata, K. and Yasuhara, Y.: *J. Home Econ. Jpn.*, **47**, 213, 1996.
29) Sakata, R. *et al.*: *Meat Science*, **39**, 277, 1995.
30) 日本食鳥協会監修：食鳥の処理と肉の加工, p. 101, 建帛社, 1996.
31) 厚生省：食品衛生法施行規則及び食品, 添加物等の規格基準の一部改正について, 衛乳第54号, 1993.
32) 厚生省：飲食店営業許可を得ている食肉販売施設における自家製ソーセージの取り扱いについて, 衛乳第113号, 1993.

4. 調理冷凍食品

4.1 総　　論

4.1.1 調理冷凍食品の定義と範囲

調理冷凍食品の農林規格によると，調理冷凍食品とは，「農林畜水産物に，選別，洗浄，不可食部分の除去，整形等の前処理及び調味，成形，加熱等の調理を行ったものを凍結し，包装し及び凍結したまま保持したものであって，簡単な調理をし，又はしないで食用に供されるものをいう」と定義している．ここで「凍結」とは，「最大氷晶生成帯を急速に通過し，品温が－18℃に達するものでなければならない」としてあり，調理冷凍食品とは前処理を施し，調理加工したのち急速凍結して－18℃以下の凍結状態に保存した包装食品ということができる．

通常，調理冷凍食品は，調理加工の程度によってコロッケ，魚フライ，カツなど，フライなどの加熱調理をして摂取する半調理冷凍食品 (prepared frozen foods) と，単に解凍し再加熱するだけで喫食できる完全調理冷凍食品 (precooked frozen foods) に大別されるが，食品衛生法では，冷凍食品のうち，飲食に供する際に解凍したままで加熱することなく喫食する「無加熱摂取冷凍食品」と，何らかの加熱調理をしたのち摂取する「加熱後摂取冷凍食品」に大きく分類している．さらに加熱後摂取冷凍食品は，凍結直前（製造または加工工程の最終段階）で加熱操作が行われたかどうかによって，「凍結前加熱済」と「凍結前未加熱」に分けられる．ここで加熱とは，微生物学的安全性の立場から，冷凍食品の中心部の温度が少なくとも70℃以上に達する熱処理と解釈されている．

このように調理冷凍食品の分類について食品衛生法では摂取時の加熱の有無ならびに製造工程における凍結前加熱の有無によって分けられ，成分規格も「凍結前加熱済」は細菌数10万以下/g，大腸菌群陰性，「凍結前未加熱」は細菌数300万以下/g，大腸菌陰性と定められている．また，個々の冷凍食品がどの分類に属するかは一概に定めることはむずかしいため，表示基準によってメーカーに製造方法（凍結前加熱の有無）と使用方法（喫食時の加熱の必要性の有無）を表示することを義務づけ，実際の運用面で誤りのないようにしている．

凍結前加熱済製品には，例えばハンバーグ，ミートボール，シューマイ，ギョーザ，春巻などがこのカテゴリーに入り，凍結前未加熱製品には，エビフライ，魚フライ，カキフライなど，主原料である魚介類，バッター（衣の下地）のいずれも生の場合と，コロッケなど中身は工程中加熱されているが，バッターが未加熱のため全体が未加熱と分類されるものとがある．

また，(社)日本冷凍食品協会の自主的取扱基準では，冷凍食品とは，「前処理を施し，品温－18℃以下になるように急速凍結し，通常そのまま消費者に販売されることを目的として包装された食品」と定義し，主要原材料別に水産，農産，畜産，調理，その他の冷凍食品に分類しており，さらに調理冷凍食品はエビフライ，コロッケ，カツなどの「フライ類」と，ハンバーグ，シューマイ，ギョーザ，米飯類，めん類，卵製品などの「フライ類以外」に分類されている．かつて冷凍食品の5大品目といわれていた，エビフライ，シューマイ，ギョーザ，ハンバーグ，コロッケの生産比率は年々低下し，代って，米飯類，めん類が増加し，コロッケ，米飯類，めん類，ハンバーグ，カツなどが上位5品目を占めている．

4.1.2 最近の成長品目と製造技術の進歩

最近の調理冷凍食品は，家庭用を中心に電子レンジ対応商品の導入などにより伸長しており，特に冷凍米飯類，冷凍めん類，各種の電子レンジ対応調理食品，油ちょう済フライ製品などの伸びが著しい．

これは，① 原料品質はもとより加工調理技術，特に急速に進歩した凍結技術により，製品の食感・

食味(おいしさ)が向上し，冷凍ゆでめんや冷凍米飯などの新しい製品が開発されたこと，②凍結技術とともに解凍技術が進歩し，調理解凍に伴う品質変化やわずらわしさをあらかじめ商品設計や製造工程で解決し，新しい調理器具の普及に伴い，各種の「電子レンジ対応商品」やオーブントースターで加熱するだけでフライ食品が食べられる「油ちょう済冷凍食品」などが開発され，調理の簡便性が向上したこと，③最近の食生活の多様化，簡便化，合理化ニーズにマッチした商品として，冷凍食品が評価されてきたことなどがその要因としてあげられる．

a. 冷凍技術の進歩

従来，「おいしさ」に関与する品質属性のうち，外観(形・色)，香味など，どちらかといえば食品化学的要素が問題とされたが，最近は食生活の向上に伴い，これらの品質要素が基本的に満足された段階で，食感(テクスチャー)という物理的要素が食品の嗜好，おいしさを左右する品質要素として重視されている．

食品のテクスチャーを構成する要素として，タンパク質，脂肪，炭水化物と水との存在が重視され，これらが食品中でどのような状態で含まれているかによって物理的性質が決まる．食品の冷凍は食品中の水を氷の状態に変えることであり，質的にいろいろな変化を生じる．官能品質のうちテクスチャーについては，凍結前処理，凍結，冷凍保管および調理解凍などの条件によって影響を受けることが知られており，これらの影響を軽減するため，急速深温凍結をはじめ，いろいろな技術開発が行われてきた．しかし最近は急速に進歩した凍結技術を背景に，おいしさの決定因子である食感・食味の向上という新しい視点から凍結技術を見直し，積極的に凍結技術を利用したおいしい冷凍食品の開発・生産が進んでいる．

(1) 冷凍ゆでめん 例えば，めんのおいしさはめんの食味によるよりも，めんの硬さ，粘弾性など物理的性質によるところが大きい．めんはゆで直後がおいしいが，時間の経過とともに「ゆで伸び」の現象が始まり，めん特有の食感・食味が低下する．この原因は，ゆで直後のめん線は中心部の水分が低く(50%前後)，表面になるほど高い(80%前後)という水分勾配があるためであるが，時間の経過とともに水分が移動して均一化(70%前後)し，同時に加熱によって糊化(α化)したデンプンが老化してβ化し，物性が変化するためといわれている(図II.4.1)．

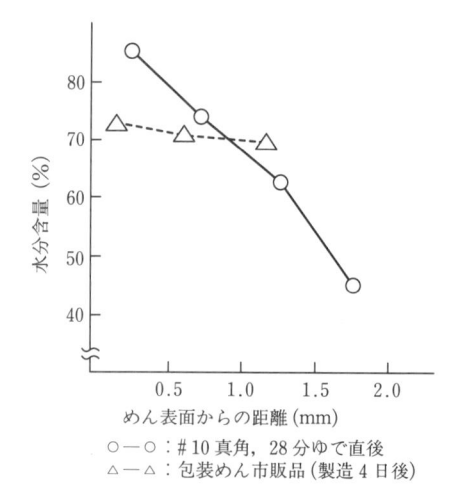

図 II. 4.1　ゆでめんにおける水分分布[1]

○─○: #10真角，28分ゆで直後
△─△: 包装めん市販品(製造4日後)

このため，ゆで直後の食感・食味のよさを保持するためには，「ゆで伸び」の原因である水分の均一化を抑えるため，0〜5℃の冷水で冷却したのち，急速凍結してゆで直後の水分勾配を固定し，同時にめんのデンプン老化を防ぎ，氷結晶を微細なものにする必要がある．冷凍ゆでめんは，めんのおいしさを決定するゆで直後の水分勾配を凍結技術を利用して固定し，1食分ずつ急速凍結して高品質を保持し，約1分の熱湯解凍で再現できる簡便性で伸長している．なお，冷凍めんはいったん解凍し再凍結すると水分勾配の均一化がおき，氷結晶が成長してゆで直後の食感を失い，食味が低下するので，貯蔵，流通段階の温度管理には十分留意する必要がある．

(2) 冷凍米飯類 一般に凍結速度が速いほど，氷結晶が微細で肉組織の損傷も少なく品質がよい．近年，冷凍食品の普及に伴い，解凍・調理の簡便化ニーズから，これまでのブロック凍結からバラ凍結(individual quick freezing)した製品が大勢を占めるようになった．そのため凍結する食品の形状が小さく，厚さも薄いため凍結時間が短縮されて，急速凍結による高品質の製品が生産されるようになり，また同時に凍結装置も従来のバッチ式から連続式のエアーブラスト方式によるスパイラルコンベヤー式やトンネル式などが導入され，これらの連続式凍結装置を製造工程に直結したインラインフリージング(in line freezing)システムの採用は，品質向上のほか生産の効率化・省力化に果たす効果は大きい．

冷凍ピラフを例にとると，米飯類の食味の大部分は，粘弾性など物理的な性質で決まり，主成分であるデンプンの物性に左右される．このため米飯類の冷凍においては，デンプンの老化による食感・食味

の低下を防ぐため，急速凍結して，品温を−18℃以下に保持する必要がある．

また，冷凍ピラフの商品特性から供食時に必要量取り出せ，簡単な調理で供食できる簡便性から，炊飯米1粒ずつのバラ凍結が要求される．したがって製造工程では，原料品質とともに適切な炊飯条件を設定して炊き上がりの食感を調整し，米飯類のバラ凍結をいかに品質よく，効果的に行うかがポイントになる．

バラ凍結法には，液化ガスを使用する「ガス方式」と，機械冷凍による「エアーブラスト方式」があるが，ガス方式はランニングコストが高く，エアーブラスト方式でも品質的に問題がないところから最近はエアーブラスト方式が主流となっている．凍結方式の一例として，炊飯米を30〜40℃まで予冷し，ほぐし機で均一に薄くならしながら凍結装置に送り，ネットコンベヤーの下部から−35°〜−40℃の冷風を吹き上げ，米飯粒を流動させながら連続式にバラ凍結(−35℃，約10分)する方式である．第1段階のコンベヤーで米飯表面をカプセル状に凍結し，さらにバラ化装置によってバラ化しながら第2段階のコンベヤーで−18℃以下に深温凍結するものである．このバラ凍結技術の確立によって，急速凍結による高品質と電子レンジ調理による簡便性で，その需要は伸長している．

b. 調理解凍技術の進歩

一方，解凍技術については，急速に進歩した凍結技術を背景に，急速な加熱調理解凍を中心に，解凍による品質変化，解凍のわずらわしさをあらかじめ商品設計や製造段階で吸収し，解凍の「簡便性」と「おいしさ」を同時に提供する方向で技術開発が進んでいる．調理冷凍食品は一般に凍結状態のまま直接加熱調理解凍し，氷結晶を解かすとともに調理も同時に行う調理解凍が行われるが，従来の蒸し，フライ，焼きを主体とした解凍方法から，「オーブントースター」や「電子レンジ」など新しい調理器具の普及に伴い．オーブントースターで8〜10分加熱するだけでフライ食品が食べられる「油ちょう済冷凍食品」や，各種の「電子レンジ用冷凍食品」が伸びている．また，凍ったまま沸騰水中で8〜10分間の加熱で食べられる各種の「ボイル・イン・バッグ製品」も調理の手間を省き，調理器具を汚さない簡便性で伸長している．

(1) 油ちょう済冷凍食品 一般にコロッケ，カツ，フライ類は，170°〜180℃の熱油で約4分油ちょう解凍されるが，冷凍食品の場合，衣のパンクなどフライ調理のむずかしい問題がある．油ちょう済食品とは，あらかじめ製造工程で衣づけしたのち比較的高温(190℃前後)の油で短時間(1〜2分)表面だけ油ちょうしたのち凍結した製品で，オーブントースターで8〜10分加熱解凍するだけで，油で揚げたときと同様のフライ食品が摂取でき，特に朝の忙しいときに調製する弁当商品が伸びている．製品もコロッケ，ナゲット，魚フライ，その他のフライで，1個の重量は25gと小型である．プリフライ後のコロッケの昇温経過をみると，揚げ終わって油から取り出したときの温度は，側縁部で91℃，中心部65℃であるが，その後も昇温し，4分で中心温度は89℃に達している．また，油ちょう済冷凍ミンチカツとコロッケの工程中の微生物の消長も最終製品で生菌数300/g以下，大腸菌群陰性と比較的安定している．なお，アルミ蒸着フィルムで包装し，−25℃で1年間保存テストをした結果は，酸価，過酸化物価ともほとんど変化なかったことが報告されている．

また，調理冷凍食品には，油ちょう済食品やピザなど部位によって水分含量が異なるものがある．これらの製品は，冷凍貯蔵中に水分が移動してフライ類の衣やクラストの水分が増加し，調理解凍した場合，解凍前のクリスピーな食感が損なわれることがある．これは凍結状態でも−18℃保存では，氷結率は90％弱で，未凍結水分は10％あり，この水分が冷凍貯蔵中に徐々に移動して平衡状態になるためと考えられている．同じことは加熱解凍時でも水分移行の問題があり，凍結時の水の挙動と同様に加熱時の水分の挙動が品質に影響を与えており，当面の技術課題となっているが，実用的には例えばピザでは，冷凍保管中にソースからクラストへの水分移行を抑制するため，ソースの粘度の調整，クラストへの油脂の添加，フライ類では中種からパン粉の水分移行を抑制するため，衣のバッターミックスの配合とパン粉に工夫をこらし，揚げたてのサクサク感を保持した製品の技術開発がされている．

(2) 電子レンジ対応商品 電子レンジの普及に伴い，各種の電子レンジ対応商品が開発・生産され，調理冷凍食品の主流になっている．電子レンジ解凍は従来の外部加熱方式に対し，マイクロ波が食品内部に浸透し，正負の両極をもつ水分子などに特異的に働き，これを振動，回転させて生じる分子相互間の摩擦熱によって加熱する内部加熱方式である．

このため熱効率がよく，解凍時間が短い利点があ

る反面，①食品の種類，形状，水分含量などによる部分加熱や加熱ムラによる品質劣化，②内部からの水分移行によるテクスチャーの劣化，③焼成感の不足，④加熱速度が早すぎて最適加熱時間のコントロールがむずかしいなどの問題がある．マイクロ波による加熱は，食品の電気的性質（誘電特性）に左右され，マイクロ波の吸収の大きいもの（誘電損失の大きいもの）は発熱が大きく，吸収の小さいものは発熱が小さい．水と氷では誘電損失係数が大きく異なり，水の方が氷より大きいため，冷凍食品の解凍においては状態変化に伴い加熱ムラが生じやすく，品質劣化を招きやすい．また内部からの水分移行により，例えばフライ類では中種の水分が衣に移行し，ピザではトッピングの具材などから水分がクラストに移行して，衣やクラストが軟化し，クリスピーな食感が低下する．また，ハンバーグやグラタンなど焼き目と焼き風味が必要な食品では，電子レンジ調理では温度が高温にならないため，焼成感が不足する．これらの品質上の問題点は商品設計や製造段階でいろいろ工夫して解決し，電子レンジ調理の簡便性とおいしさを同時に提供する開発技術で電子レンジ対応商品の製品化が進んでいる．

（3）ボイル・イン・バッグ製品　凍ったまま袋ごと熱湯中で加熱して食べられるボイル・イン・バッグ商品は，エビのチリソース煮やミートボール，ビーフシチューなど，さらにはシーフード，中華どんぶりの具など種類が増加し，大きな商品分野を形成している．これは袋ごと熱湯中で8～10分の加熱で供食でき，調理の手間を省き，調理器具を汚さない簡便性と，冷凍食品の場合，レトルトやチルドのボイル・イン・バッグ商品と比較して，殺菌条件が緩やかな条件で済むため，煮すぎによる食感や品質の低下を防ぐことができる利点がある．

製造技術としては，①食感のよさを保持するため加熱条件に留意する，また，②凍結後の摩擦や衝撃による破裂防止の問題がある．包材の要件として，シール強度，機械的強度，バリヤー性，安全性があるが，ボイル・イン・バッグでは特に$-50℃$～$100℃$まで幅広い温度に耐える低温・高温耐性が要求される．この商品の包装形態は，「四方シールのパウチ包装」と「深絞り真空包装」に大別されるが，前者の包材としては，ガスバリヤー，シール性，ピンホール耐性などの強度が要求され，ナイロンやポリエステル，ポリプロピレンとポリエチレンのラミネートフィルムが使われている．後者の深絞り真空包装は，成形用のボトムフィルムと上蓋用のトップフィルムからなっており，ボトムフィルムを機械上で熱成形したのち，ハンバーグなど内容物を充填し，トップフィルムで真空包装するもので，包材は本体は軟質タイプの成形性のよい未延伸ナイロン/ポリエチレン，蓋はポリエステル/ポリエチレンが一般的である．また，凍結方法は包装後の凍結のため，エアブラスト法では熱効率が悪く凍結効率が落ちるため，ボイル・イン・バッグのように軟包材に入った製品の凍結装置として，上側のフレキシブルベルトが商品を包み込むように密着し，下方からスチールベルトを通じてそれぞれ冷気が伝わり，短時間で凍結する方式の「フレキシブルフリーザー」が紹介されている．

4.1.3　製造技術の要点と今後の課題

調理冷凍食品の製造工程は，一般に原材料の受入れ，原料前処理，調理加工，凍結および包装工程からなる．

a. 原材料の受入れ

調理冷凍食品の品質は，最初の原材料の品質によって大きく左右される．したがって，原材料の受入れにあたっては主要原材料の受入規格を設定し，受入検査を実施して規格品を購入するようにし，また保管中の経時変化を防ぐため保存基準を定めて温度・期間を管理する．一般に水産物，農産物，畜産物その他副食原料の受入時には，ロットごとに規格，サイズ，数量，包装状態をチェックするとともに，異物・夾雑物，変色，異臭，異常肉などの有無について官能検査を行い，必要により細菌，理化学検査を実施し，その結果を原料検査日報に記録する．受け入れた原材料は，食肉・魚肉などの冷凍原料は$-25℃$以下の冷凍庫，野菜類・生パン粉などは$5℃$以下の冷蔵庫，ドライパン粉，小麦粉，デンプン，調味料などの副原料は$15℃$以下でそれぞれ保管する．表II.4.1，II.4.2に原材料の微生物受入基準例，表II.4.3に原料肉の微生物品質例，表II.4.4に一般原材料の微生物品質例を示している．

表II.4.1　原材料の微生物受入基準例[2)]

原材料名	生菌数(/g)	大腸菌	ブドウ球菌
冷凍エビ	$5.0×10^5$以下	(−)	(−)
パン粉	$3.0×10^3$以下	(−)	(−)
小麦粉	$1.0×10^3$以下	(−)	(−)
バターミックス	$3.0×10^3$以下	(−)	(−)
エキス類	$3.0×10^3$以下	(−)	(−)

表 II.4.2 原材料の微生物受入基準*(例)[2)]

	生 菌 数 (/g)	大腸菌群 (/g)	大 腸 菌 (/g)	サルモネラ (/g)	ブドウ球菌 (/g)
原 料 肉	—	—	—	陰 性	陰 性
タマネギ	—	—	陰 性	陰 性	陰 性
パ ン 粉	1×10^4以下	陰 性	陰 性	陰 性	陰 性
調 味 料	1×10^4以下	陰 性	陰 性	陰 性	陰 性
香 辛 料	3×10^2以下	陰 性	陰 性	陰 性	陰 性
小 麦 粉	1×10^4以下	陰 性	陰 性	陰 性	陰 性

* 現状品質では目標基準として設定せざるをえない.

表 II.4.3 原料肉の微生物[2)]

肉種・部位	生 菌 数 (/g)	大腸菌群 (/g)	ブドウ球菌 陽性率(%)	サルモネラ 陽性率(%)
豚肉(カタ)	$10^4\sim10^5$	$10^2\sim10^3$	<5	<5
豚 (硬脂)	$10^4\sim10^6$	$10^2\sim10^4$	<5	<5
牛肉(正肉)	$10^2\sim10^4$	<10	0	0
鶏肉(正肉)	$10^3\sim10^5$	$10^2\sim10^3$	<30	<5
鶏肉(ムネ)	$10^2\sim10^3$	<10^2	0	0

表 II.4.4 一般原料の微生物[2)]

	生 菌 数 (/g)	大腸菌群 (/g)	大 腸 菌 (/g)	ブドウ球菌 (/g)	サルモネラ (/g)
タマネギ(剝皮)	$10^2\sim10^3$	$0\sim10^2$	陰 性	陰 性	陰 性
天然調味料	$10^3\sim10^4$	$0\sim10$	陰 性	陰 性	陰 性
小 麦 粉	$10^2\sim10^3$	$0\sim10^2$	陰 性	陰 性	陰 性
電極式パン粉	$0\sim10^2$	0	陰 性	陰 性	陰 性
焙焼式パン粉	$0\sim10^2$	0	陰 性	陰 性	陰 性
生 パ ン 粉	$10^2\sim10^3$	0	陰 性	陰 性	陰 性

b. 原料前処理

前処理工程では肉組織の機械的ダメージを少なくし,「練れ」を軽減することが重要である.最も問題になるのはミートチョッパーで,肉質のダメージや切断熱,摩擦熱の発生が肉温上昇を招き,肉の旨味を低下させることから,最近ではカッターが多く使用されている.冷凍食肉やすり身ブロックは,冷凍庫から冷蔵庫に移し,品温を-7℃に調温(tempering)したのち,ブロックカッターあるいはハイドロフレーカーでチップ状に切削し,サイレントカッターで細断する方法で,効率よく低温で衛生的に解凍・処理できる.この場合,異物の有無と肉温(-3℃〜-5℃)を管理する.

野菜類は,腐れ,異物・夾雑物,不可食部分を選別除去し,水洗後,細切りする.野菜の切断は,たたき潰した状態では離水が多くて収量が落ち,製品の品質や収量にも影響するため,組織を傷めないように鋭利な刃を有する機械を選定する必要がある.なお原料処理後は計量して直ちに使用し,原則としてストックしないようにする.

冷凍原料の解凍方法としては,解凍時間が短く,均一にとけ,解凍後の品質が衛生的であることが要求される.そのためには品種形状に応じた適切な解凍方法を選定するとともに,①解凍前の品質,②解凍速度,③解凍終温度の三点に注意する.特に③の解凍終温度は,解凍後の品質に大きく影響する.解凍後は,冷凍保管中に活動が抑制されていた酵素や微生物が活性化して品質劣化が生鮮品以上に促進されたためである.一般に食肉や魚肉は氷結点以下の半解凍で止めた方が品質的に,また作業性からもよく,解凍後は低温(5℃以下)に保持し速やかに処理する.

冷凍エビは散水または発泡解凍し,異物・夾雑物,鮮度不良,黒変などを選別除去する.解凍水は飲用適の水を使用し,水温10℃以下に保持して解凍中の鮮度低下,黒変の発生,細菌汚染を防止する.黒変はエビに含まれるチロシンが酵素的酸化作用によって生じ,解凍により品温が上昇すると急激に進行するので,とかしすぎないようにし,ブロック外側から解凍して剝離したエビは順次処理して凍結工

程にもっていく．なお，解凍後の殻むき，筋切り工程は手作業から最近は機械の導入によってかなり省力化されている．

c. 混合工程

原料配合表にもとづき，食肉，野菜，植物性タンパク質，つなぎ，調味・香辛料，食用油脂，水などの原材料を混合順序に従って規定重量を正しくミキサーに投入する．原材料の混合は，調味をかねた混合具の調製工程で機能的によく混ぜ合わせる必要がある反面，練りすぎて食感を落とさないように混合時間（2～5分），ミキサーの撹拌翼の種類，回転速度，練肉の品温（5℃以下）を管理する必要がある．

d. 成形工程

コロッケ，ハンバーグなど一定の形状に成形するものと，シューマイ，ギョーザ，春巻，肉饅頭など，ひとつの材料を他の材料で包んだ複合食品に成形するものに大別される．成形機は具を定量に分割し成形する機能が重要で，製品の形状が一定で重量のバラツキが少なく，材料を損傷しない構造であること，衛生的な材質で成形後の洗浄・殺菌が容易な構造であることが要求される．最近は手づくり風の形が好まれ，微妙な人手の代りをする成形機は複雑化の傾向にあるが，大量生産の重要な機械だけに故障の少ない分解の容易なものが要求される．

ハンバーグの成形機にはモールド部分が回転式のドラムになっているものと，往復運動するスライド板になっているものとがあるが，充填密度が均一で肉の練れが少なく，形状の加熱後の収縮が少ないなどの点から，後者の機械が最近よく使われている．衣・パン粉つけ工程は，バタリング部門とパン粉をつけるブレッディング工程からなり，通常この工程は連続して自動的に行われるが，バッターの条件として揚上りの食感のよいこと，作業中一定粘度を保つことが要求される．このため，バッターミックスの選定とバッターの低温管理（8℃以下），粘度の調節が必要である．アメリカでは自動粘度調節機を使用してバッターの粘度，温度（5℃以下）を一定レベルに自動制御している．また，フライ製品の主な汚染源として衣・パン粉つけ工程が指摘され，その要因としてバッターそのものが細菌の好ましい培地であり，低温管理が悪く循環再使用される点をあげているが，使用水は5℃以下の冷却水とし，バッターは4時間以内に使用する量を目安に調製し，5°～8℃以下の低温に保持する必要がある．また生パン粉は水分が多く，冷食工場における温度管理が不十分な場合，細菌が増殖し2次汚染の原因になるので低温（5℃以下）に保管し，先入れ先出しの原則を守り，入荷翌日使いきるくらいの在庫にする．

e. 加熱工程

調理加熱条件は製品の味，テクスチャー，外観など品質を左右するとともに微生物管理のうえからも重要で，設定された加熱条件で殺菌されるものでなければならない．衛生管理のうえからは加熱後の品温は高いほどよいが，過度の加熱は食感・食味の劣化，脂肪や肉汁の流出，歩留りの低下などの悪影響があり，一般に中心温度70°～80℃で管理される．ハンバーグなど焙焼するものはオーブンの加熱温度（180℃），時間（15分）とともに焼上りのあとの色沢・形状・中心温度（70℃以上）も管理ポイントになる．また，連続式炊飯装置には，浸漬米を炊飯釜に入れガス炊飯する「釜方式」と，水切りした浸漬米をコンベヤーに定量ずつ供給し，蒸気を熱源として1次蒸し，熱湯浸漬，2次蒸しの工程で炊き上げる「コンベヤー方式」がある．焼きおにぎりは一般に成形適性から「釜方式」で，またピラフは「蒸気式の連続炊飯装置」で炊飯される．

品質管理のうえからは，①原料米の品質（食味・粒度がポイントでテスト炊飯して食感・食味の官能検査を行う）と，②炊飯条件（加水量と加熱条件など）のシステム化が重視される．また，微生物管理の点では，加熱時間の経過とともに微生物は徐々に死滅し，炊飯後まで生残するのは耐熱性芽胞菌のみで，その数も少なく，微生物汚染の原因になることはほとんどないとみられている．しかし，炊飯後の冷却工程や成形工程で，コンベヤーや成形機の洗浄不良があると2次汚染のおそれがあり，注意する必要がある．また，おにぎりの焼き工程では本焼き直後の中心温度は通常70℃以上で管理されるが，加熱不十分で60℃程度の場合などでは殺菌がむずかしいため，焼き工程以前の微生物管理の徹底と焼き工程の温度管理が重要となる．なお，「焼きおにぎり」は凍結直前に焼き工程で加熱されているため，加熱後摂取冷凍食品（凍結前加熱済）に分類され，冷凍ピラフは，混合する具材が加熱していないもの，またはブランチ程度の加熱しかしていないものが含まれ，扱い上は凍結前未加熱に分類される．

f. 凍結工程

一般に食品の凍結過程において，-1～-5℃の最大氷晶生成帯では食品中の水分の約80%が氷結する．また，この温度帯は同時にタンパク質の変性や変色など化学的変化の起こりやすい温度帯でもある．これを速やかに通過して生成する氷結晶を微細

なものにして組織の機械的損傷を防ぎ，品質変化を軽減するため急速凍結し，凍結後は $-18°C$ 以下の低温，少変動で貯蔵されてきた．しかし，近年，冷凍食品の品質に与える影響から，凍結速度とともに凍結終温度が重視され，未凍結水分をできるだけ少なくするように「深温凍結」が行われている．従来は最大氷晶生成帯を急速に通過する方法で凍結し，$-18°C$ 以下で凍結貯蔵していたが，最近は食品の中心温度が $-18°C$ 以下になるまで急速深温凍結し，その後 $-18°C$ 以下の低温少変動で貯蔵する方法がとられており，氷結晶の成長が軽減され，品質もよい．

また，凍結貯蔵中の温度変動により，食品表面の氷結晶の昇華乾燥による着霜，乾燥，変色，脂質の酸化など，商品価値を損うので，貯蔵温度は一定に保持するとともに密着包装など表面保護で防止する必要がある．なお今後の展望として，食品の凍結による品質変化は食品中の氷結晶の成長に起因するものが多く，これまでの技術開発も氷結晶の影響をいかに軽減するかに重点が置かれ，主に生物・化学的視点から成果をあげてきた．しかし，最近はテクスチャーなど食品の物理的品質が重視されており，これからは生物・化学的視点だけでなく，凍結による水溶液の相変化に伴う内部変化と品質への影響など，食品冷凍の物理的視点からの検討が必要で，研究の重点もその方向に移っていくものと思われる．その意味で，最近研究が進んでいる食品凍結のガラス質化や凍結防御タンパク質(AFP)の利用などにより，$-18°C$ 以下でも氷結晶はできるだけ少なくでき，また食品のガラス質化は無理にしても，食品内部に多数の均質化したガラス化部分をつくる技術など，今後の実用化試験の研究成果に期待したい[5]．

g. 包装工程

調理冷凍食品の包装は製造から流通・消費を通じて品質特性，特に表面変化と細菌2次汚染を防止し，さらに商品性を付与して調理の簡便化に役立つものが要求される．

このため包装材料としては，① 機械的強度(低温・高温耐性)，② 各種バリヤー性(遮断性)，③ 安全性が要求される．調理冷凍食品の包装形態は，プラスチックフィルムを基調としたフレキシブル包装が大半を占め，パウチによる包装とトレー入り横ピロー包装の2種類がある．前者はあらかじめ製袋したパウチに内容物を詰めてトップシールするもので，ボイル・イン・バッグ製品は真空包装される．包材としてポリエチレンとナイロンあるいはポリエステルなどのラミネートフィルムが使われる．一方，コロッケ，エビフライ，シューマイ，ハンバーグなどは，トレー入りピロー包装で，フィルムはポリエチレン(PE)とポリエステル(PET)またはポリプロピレン(PP)のラミネートフィルムが一般的で，トレーは製品の形状を良好に保つため，ハイインパクトポリスチロール(耐衝撃性PS)が，また蒸し工程のあるシューマイなどでは，耐熱性のあるプロピレントレイなどが多く使用される．

また，最近はアルミ蒸着フィルムが品質保持と高級イメージの面から使用され，さらにフラットな袋物包装に代って「トレーシール包装」や「深絞り真空包装」が導入されている．カートン包装では，PEやPPなどで両面ラミネートしたカートンを使用し，主なシステムとしてアメリカのアドコ，クリクロックシステムなどが採用されている．

また，電子レンジ用冷凍食品の包装材料にはポリエステル/紙，ポリプロピレン単体，耐熱性ポリエステルなどの容器が使われている．包装工程では重量不足，シール不良，ピンホールなどの包装不良と金属片など異物の検出が管理ポイントになる．検出機として金属検出機，重量選別機は正常に作動するか，テストピースを流して定期的に点検する．なお，最近は内容物の定量充填にコンピュータスケールが採用されている．また，異物混入源としては原料由来のものと製造工程由来のものに大別されるが，異物混入の特性要因図により混入防止対策を立てて管理する．

h. 製造工程の品質・衛生管理

(1) 品質管理 調理冷凍食品は原材料の種類が多く，製造工程も複雑なため品質が変動しやすいが，一定品質の製品を生産するうえで，製造基準を明確にし，製品ごとに原材料の受入れから最終製品に至るまで各工程の作業標準，管理基準を定め，製造管理と品質管理を実施する必要がある．冷凍食品の品質管理の計画にあたっては，① 製品規格・基準と検査方法，② 原材料受入規格，③ 製造工程順に，製造(作業)基準，製造工程管理基準，衛生管理基準，施設・機器管理基準とこれらの規格・基準の達成状況を点検する担当者，方法，頻度，記録，修正措置などを決める必要がある(図Ⅱ.4.2)．品質管理を進める手段としては，Plan(計画)-Do(実施)-Check(点検)-Action(対策・措置)のデミングサイクルに従うのが最も効果的であるといわれる．これは最初に品質管理の目標と管理基準を策定し，それを実施に移し，管理基準が達成されているか否

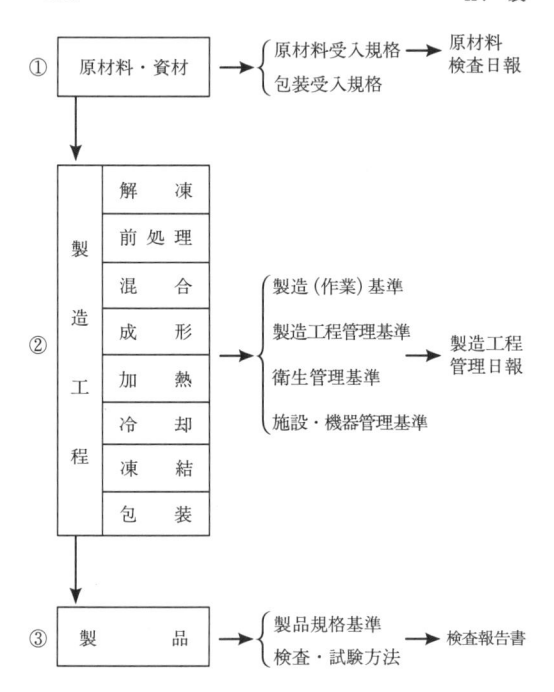

図 II.4.2 冷凍食品の品質管理の計画

①原材料・資材 → 原材料受入規格／包装受入規格 → 原材料検査日報

②製造工程：解凍／前処理／混合／成形／加熱／冷却／凍結／包装 → 製造（作業）基準／製造工程管理基準／衛生管理基準／施設・機器管理基準 → 製造工程管理日報

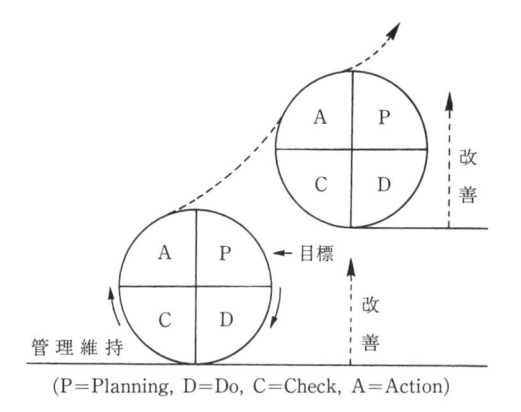

③製品 → 製品規格基準／検査・試験方法 → 検査報告書

(P＝Planning, D＝Do, C＝Check, A＝Action)

図 II.4.3 品質管理の PDCA サークル[3]

か点検し，もし計画通り達成されていない場合にはその原因を究明して対策を講じ，計画を修正する．次はこの修正された計画に従って PDCA を繰り返し，目標品質の維持・向上をはかっていくという考えである（図 II.4.3）．この場合大切なことは，品質を重視する概念，品質に対する責任感がその根底になければならず，こうした意識と全社的な協力によって効果的な品質管理が運営される．また，図 II.4.4 には製造工程管理基準が示されている．

（2）微生物管理　調理冷凍食品は，原料や工程が複雑なため微生物に汚染される機会が増加するが，食品の凍結・貯蔵によって細菌の死滅・減少を期待することがむずかしく，$-18℃$ 以下の低温に保持して細菌の発育を抑制し，静菌状態にしておくものだけに，衛生的な冷凍食品を製造するうえで，原材料の初発汚染を少なくし，工程中の増殖を防ぐため低温に保持するとともに迅速に処理し，また施設・機械器具・従業員・使用水など製造環境による汚染，特に加熱調理後の 2 次汚染防止に重点を置いた微生物管理が必要である．

冷凍食品の衛生品質は原材料の細菌汚染レベルによって大きく左右される．原料受入れにあたっては主要原材料の受入規格を設定し，細菌検査あるいは納入業者の保証書などにより規格合格品を購入し，保存基準を定めて温度・期間管理する．コロッケなど未加熱製品に使用される小麦粉，パン粉などの副原料は 2 次汚染を防ぐため，できる限り汚染の少ないものを選定する．図 II.4.5 はエビフライ製造工程中の細菌汚染の変化を示しているが，工程中の微生物管理が的確に行われていれば，主原料のエビの細菌レベルで製品化が可能である．

また，製造工程では，仕掛品は低温に保持して増殖を防ぎ，迅速に処理して細菌が増殖する前に凍結工程にもっていくように温度・時間に重点を置いた管理が必要である．加熱工程では適切な加熱条件（温度・時間）を設定するとともに，加熱後の品温（$70℃$ 以上）を確認し，加熱不十分による生残菌の増殖を防ぐとともに加熱後は細菌が増殖しやすいので清浄冷風などで急速に冷却し，直ちに凍結工程に送ることが大切である．図 II.4.6 はハンバーグ（凍結前加熱済）の製造工程の微生物の消長を示している．また，表 II.4.5 は製造工程の品質・衛生管理の要点を示している．

最近の日付表示制度の期限表示への改正や製造物責任制度（いわゆる PL 法）の導入に伴い，また，病原性大腸菌 O 157 による大型食中毒の発生を契機に，食品の安全性に対する消費者意識の高まりを背景に，食品のいっそうの安全性確保を求める社会的要請は年々増大しており，製品のいっそうの品質保証，安全確保をはかるため，現行の品質・衛生管理体制をさらに充実，強化することが求められている．食品の品質，安全性を高めるためには，従来の最終製品の抜取検査に重点を置いた方式では不十分で，原材料から製品まで製造工程に重点を置いた全体のシステムとして考えなければならないことは世界の潮流となっている．

いわゆる final check（最終製品検査）から process check（工程検査）重視の時代を迎えて，製造工程に重点を置いた製品の品質保証に関する国際的規

4. 調理冷凍食品

工程名	工程図	使用機器	管理項目	管理基準	測定法	データの記録
原　料 受入検査 保　管	調味料　副原料　肉類・野菜	冷凍庫 冷蔵庫	重量・規格・サイズ 品　質　品　温 細　菌　検　査 調　理　試　験 保　管　温　度	原材料受入規格 冷凍品 −25℃ 野菜 0〜5℃ 副原料 15℃	原材料検査 方法ロットごと 温　度　計	原材料受入 検　査　表 品質管理 日　報
解　凍 処　理		解凍庫 選別機 カッター チョッパー	解　凍　品　温 品　質　状　態 異物・夾雑物 カットの大きさ 品　質　性　状 品　温	5℃　以　下 良　　　好 選　別　除　去 製　造　規　格 良　　　好 5℃　以　下	温　度　計 官能検査 官能検査 温　度　計	同　　上 同　　上
計　量 混　合	パン粉 小麦粉 水	計量機 ミキサー	原　材　料　種　類 配　分　量 配　分　順　序 混　合　時　間	確　　認 配合割合表 製造基準 2　〜　5　分	1バッチごと 確　　認 ストップ・ ウオッチ	同　　上
成　形		成形機 衣・パン粉 付機	練　肉　温　度 形　　状 品　温 重　　量 皮　の　率 バッター温度 重　　量 衣　の　%	5℃　以　下 正　　　常 5　〜　8℃ 製造規格 〃 8℃　以　下 製造規格 〃	温　度　計 官能検査 温　度　計 $n=10$ $n=10$ 午前・午後4回 $n=10$ $n=10$	同　　上 $\bar{x}, R, S$ $\bar{x}, R, S$ 〃
蒸　煮 焙　焼		蒸煮庫 焙焼機	加　熱　温　度 加　熱　時　間 （コンベヤスピード）	95〜98℃ / 200℃ 10　〜　15　分	午前・午後4回 〃	日　報
冷　却 凍　結		冷却庫 凍結装置	加熱後品温 品　温 凍　結　温　度 時間(コンベヤスピード) 品　温	80℃　以　上 25℃　以　下 −35〜−45℃ 45分〜20分 −18℃	〃 温　度　計 温　度　計	同　　上 同　　上
包　装		包装機	表　示 作　動　状　態 シール状態	賞味期限等の 印字 正　　　常 シールミス・破袋	4　回／日	品質管理 日　報
金属検出 重　量		金属検出機 重量選別機	作　動　状　態 作　動　状　態 重　　量	正　　　常 正　　　常 規　格　重　量	4　回／日 4　回／日 $n=10 \sim 20$	〃 〃 $\bar{x}-R$管理図 品質管理日報
製品検査			品　質・異　物 重量・粗脂肪 衣・皮の率 細　菌　試　験	製品規格・基準 〃 〃 〃	官　能 計　量　器 〃 細菌試験器具	$\bar{x}-R$/ヒスト グラフ
保　管		冷蔵庫	保　管　温　度	−20℃　以　下	2　回／日	品質管理 日　報

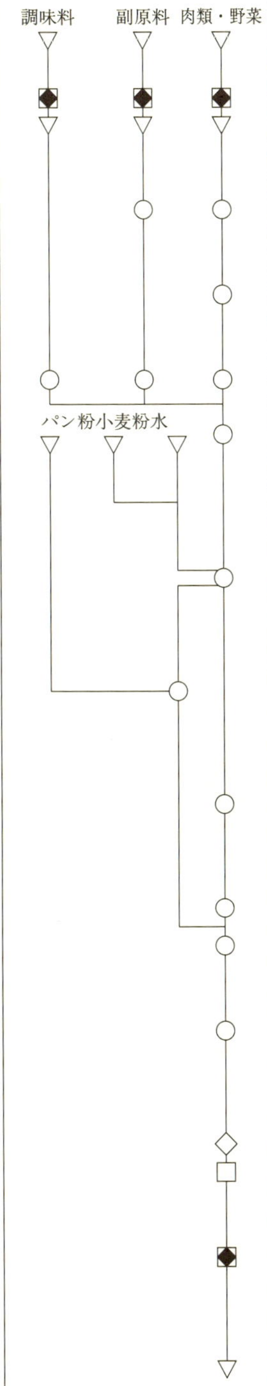

図 II.4.4　製造工程管理基準

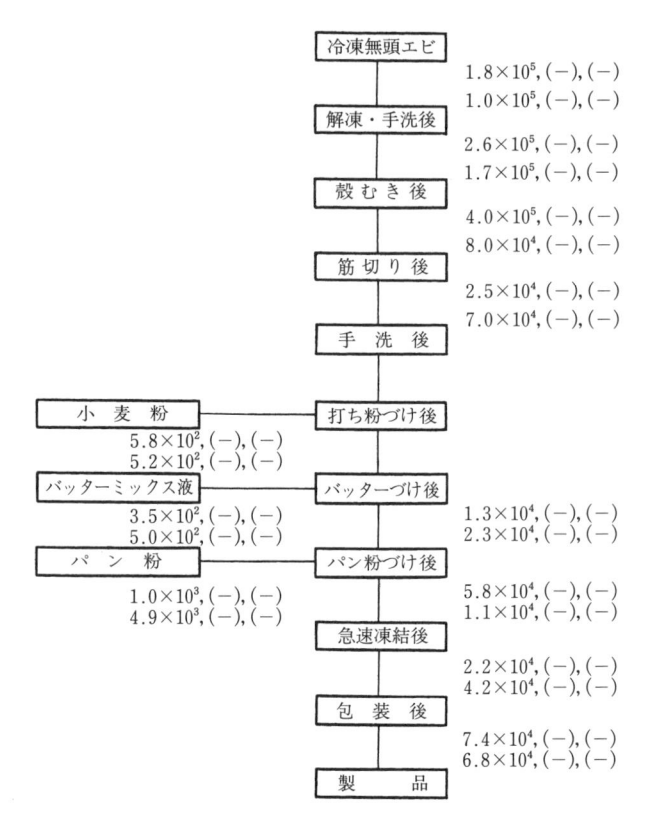

```
冷凍無頭エビ      1.8×10⁵, (−), (−)
     │           1.0×10⁵, (−), (−)
解凍・手洗後     2.6×10⁵, (−), (−)
     │           1.7×10⁵, (−), (−)
殻むき後         4.0×10⁵, (−), (−)
     │           8.0×10⁴, (−), (−)
筋切り後         2.5×10⁴, (−), (−)
     │           7.0×10⁴, (−), (−)
手洗後
     │
小麦粉 ──→ 打ち粉づけ後
5.8×10², (−), (−)
5.2×10², (−), (−)
バッターミックス液 ──→ バッターづけ後    1.3×10⁴, (−), (−)
3.5×10², (−), (−)                          2.3×10⁴, (−), (−)
5.0×10², (−), (−)
パン粉 ──→ パン粉づけ後      5.8×10⁴, (−), (−)
1.0×10³, (−), (−)            1.1×10⁴, (−), (−)
4.9×10³, (−), (−)
     │
急速凍結後       2.2×10⁴, (−), (−)
     │           4.2×10⁴, (−), (−)
包装後           7.4×10⁴, (−), (−)
     │           6.8×10⁴, (−), (−)
製品
```

$I\!I$**図 II.4.5** 冷凍エビフライ製造工程の細菌汚染[2)]
数字は生菌数(/g), 大腸菌(0.03/g), 黄色ブドウ球菌(0.02/g)の順, (−): 陰性.

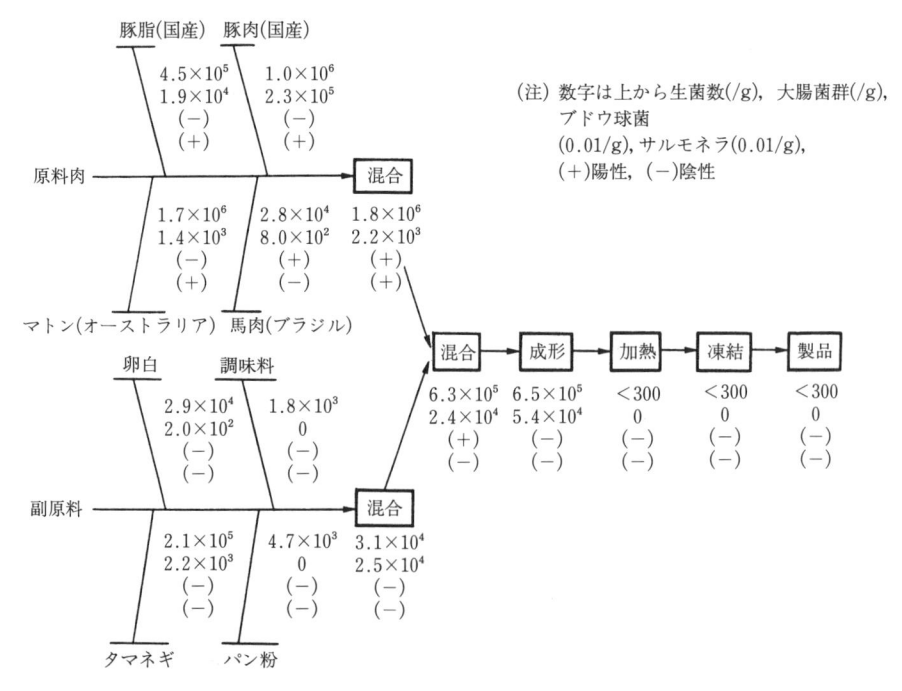

```
豚脂(国産)   豚肉(国産)
4.5×10⁵      1.0×10⁶
1.9×10⁴      2.3×10⁵
(−)          (−)
(+)          (+)

原料肉 ──→ 混合

マトン(オーストラリア)  馬肉(ブラジル)
1.7×10⁶    2.8×10⁴    1.8×10⁶
1.4×10³    8.0×10²    2.2×10³
(−)        (+)        (+)
(+)        (−)        (+)

                     混合 → 成形 → 加熱 → 凍結 → 製品
卵白      調味料
2.9×10⁴   1.8×10³    6.3×10⁵   6.5×10⁵   <300    <300    <300
2.0×10²   0          2.4×10⁴   5.4×10⁴   0       0       0
(−)       (−)        (+)       (−)       (−)     (−)     (−)
(−)       (−)        (−)       (−)       (−)     (−)     (−)

副原料 ──→ 混合

タマネギ  パン粉
2.1×10⁵   4.7×10³    3.1×10⁴
2.2×10³   0          2.5×10⁴
(−)       (−)        (−)
(−)       (−)        (−)
```

(注) 数字は上から生菌数(/g), 大腸菌群(/g), ブドウ球菌(0.01/g), サルモネラ(0.01/g), (+)陽性, (−)陰性

図 II.4.6 冷凍ハンバーグ(凍結前加熱済)製造工程の微生物の消長[4)]

表 II.4.5 製造工程の品質・衛生管理の要点

	工程	管理ポイント
1.	原料受入れ・保管	① 主要原材料の受入規格を設定し，ロットごとに規格，サイズ，重量，品質，異物・夾雑物，品温，包装状態などを検査し，必要により細菌試験，調理試験を行い規格合格品を受け入れる． ② 保管中の経時変化を防ぐため保存基準を定め，凍結原料は $-18℃$ 以下，野菜類は $5°〜10℃$ 以下に品種ごとに区分して保管し，相互汚染を防ぎ，温度・期間を管理する．
2.	解　　凍	① 品種・形状に応じ適切な解凍方法を選択し，解凍温度・時間，解凍終温度に注意する．② 解凍中の汚染・細菌増殖を防ぐため，飲用適の流水中か $10℃$ 以下の低温室で行い解凍後は鮮度不良，変色，異物などを選別除去し，$5℃$ 以下の低温に保持するとともに迅速に処理する．
3.	混合・成形	① バッチごとに原材料の配合量，配合順序をチェックし，混合時間 (3〜5分) を管理して均一に混合するとともに練肉温度を低温 ($5〜10℃$ 以下) に保持する． ② 成形後の形状，重量をチェックし，肉温を $5℃$ 以下に管理する． ③ 衣パン粉つけ工程のバッターは $8℃$ 以下に冷却し，循環使用時間は4時間以内とし，細菌増殖と粘度の増加を防ぎ，衣の比率を規格内に管理する．
4.	加熱・冷却	① 適当な加熱条件を設定し，加熱後の品温 ($70℃$ 以上) を点検し，加熱不十分による生残菌の増殖を防止する． ② 加熱後は，$5℃$ 以下の清浄冷風などで急速に冷却し，速やかに凍結工程に送る．
5.	凍　　結	凍結庫内温度 ($-35°〜-40℃$ 以下) 凍結時間 (30〜45分) あるいはコンベヤースピードを管理し，急速深温凍結する．凍結後は形状・品温 ($-18℃$ 以下) を確認し，速やかに包装工程に送る．
6.	包　　装	包装機械，重量選別機，金属検出機などの作動状態を点検し，異物の混入，破袋，シールミスなどの包装不良や賞味期限表示，内容重量・個数などをチェックする． 室温は $20℃$ 以下とし，包装工程の品温上昇を防ぐ．
一般衛生管理	施設の衛生管理	工場周辺の環境，作業場の防虫・防そ設備，水洗い，履物洗浄施設の設備状況，床，壁，天井の清掃状態，換気，照明，室温の調査，飲用適の使用水の管理，廃水，廃棄物の管理状況，汚染作業区域と清潔作業区域との区分状況などをチェックし，記録する．
	機械器具の衛生	機械器具については，洗浄・殺菌の方法，頻度など，管理基準を定めて管理し，記録する．また，機器の使用区分を明確にし，相互汚染を防止する．
	従業員の衛生	清潔な作業衣，ヘアネット，帽子の着用，作業前後の手洗い，履物洗浄の励行，定期的な健康診断，検便の実施，疾病者の早期発見と傷病者の就労管理，従業員の衛生教育の実施

格として，ISO 9000 シリーズ (国際標準化機構が定めた品質管理・品質保証の規格) と，製造工程に重点を置いた食品の安全確保に関する衛生管理システムとして，アメリカで開発された HACCP 方式 (危害分析，重要管理点方式) が注目されている．調理冷凍食品の品質・安全保証を高めるため，ISO や HACCP など高度なシステムを導入し，製造工程における品質・衛生管理の充実をはかる必要がある．

[熊谷義光]

文　献

1) 松本文子：調理科学, **11** (1), 9, 1978.
2) 食品産業センター：食品製造の微生物管理マニュアル, p. 133-142, 技報堂, 1996.
3) 村上公博：冷凍食品製造ハンドブック, p. 585, 光琳, 1994.
4) 和仁皓明：コールドチェーン研究, **4** (3), 84-95, 1978.
5) 髙井陸雄：冷凍, **71** (828), 26-30, 1996.

4.2 主 要 副 原 料

4.2.1 小　麦　粉

a. 小麦粉とは

日本人は少し前まであまり多くの小麦粉を食べていなかった．20世紀の後半になって欧米風のものが本格的に導入され，生活水準も向上したため，副食の種類と量が増えて米の摂取量は漸減したが，逆に新しい副食類に合う小麦粉食品や副食をつくる素材としての小麦粉の需要が高まった．簡便さを求めて加工食品や即席食品が多く食べられるようになったが，これらも小麦粉を素材にしたものが多い．外

表 II.4.6 小麦粉の種類，等級と品質，主な用途

等　級	1 等 粉	2 等 粉	3 等 粉	末 粉
灰分量(%)	0.3～0.4	0.5前後	1.0前後	2～3
強力粉	パン (11.5～12.5)	パン (12.0～13.0)	グルテンおよび デンプン	合板 飼料
準強力粉	パン (11.0～12.0) 中華めん (10.5～11.5)	パン (11.5～12.5)	グルテンおよび デンプン	
中力粉	ゆでめん・乾めん (8.0～9.0) 菓子 (7.5～8.5)	オールパーパス (9.5～10.5) 菓子 (9.0～10.0)	—	
薄力粉	菓子 (6.5～8.0)	菓子 オールパーパス (8.0～9.0)	—	

（　）内はタンパク質含有量(%)．

食市場でも小麦粉食品が活躍し，冷凍食品にも小麦粉はかなり幅広く使われている．

以前から，国内産小麦から挽いた粉は主としてうどんやそうめんに加工されていたので，「うどん粉」と呼ばれていた．明治時代の後半になってアメリカ産のタンパク質の量が多い小麦粉が輸入され，パンの原料として使われるようになったが，それまでのうどん粉とは品質や用途が違うこともあって，「メリケン粉」と呼ばれて区別された．粉を輸入する必要がなくなった現在では，本来の用語である「小麦粉」と呼ぶのが適当である．

日本には小麦粉についての定義や規格はない．簡単な数値では品質を表しにくいということもある．小麦を挽いて皮の部分を取り除いてできた細かい粉が「小麦粉」である．同じように小麦の皮を取り除いたものでも，粒子が細かくなくて粗いものは「セモリナ」と呼ばれる．皮を取り除かないで小麦の粒全部を粉にしたものもつくられており，「全粒粉」とか「小麦全粒粉」と呼ばれている．全粒粉にも粒子が細かいものと粗いものがある．アメリカの食品定義・規格では，「デュラム以外の小麦を粉砕，ふるい分けてつくった食品」と定められている．粒度についての規定もあり，210μmの布ふるいを通過するものが「小麦粉」，それよりも粗いものは「ファリナ」とか「セモリナ」と呼ばれる．

b. 種類と用途

世界の他の国ぐににはみられないほど多種類の小麦粉が，製パンや製めん工場などで使われる「業務用」として市販されている．生産されている小麦粉の約96%が業務用であり，家庭で消費されるのは全体の4%ほどにすぎない．

小麦粉は，表II.4.6のように「種類」と「等級」の組合せで分類されることが多い．種類は「強力粉」，「準強力粉」，「中力粉」，「薄力粉」という分け方であり，原料として使う小麦の品質の違いによってその差がつくりだされる．製粉工場では製品品質をつくりだすのに必要な種類・品質の小麦を選び，それらを最適の比率で配合する．強力粉の主原料は，カナダ・ウエスタン・レッド・スプリング小麦のNo.1等級のものと，アメリカ産ダーク・ノーザン・スプリング小麦のNo.2以上の等級のものである．中力粉のうちでうどん用に使われるものはオーストラリア・スタンダード・ホワイト小麦と国内産普通小麦でつくられ，薄力粉の主原料はアメリカ産のウエスタン・ホワイト小麦である．外国からの小麦輸入量と国内産小麦の政府買入量を表II.4.7に示した．

強力粉は，含まれているタンパク質の量が多くて，水を加えてこねるとできる生地の弾力が特に強い．準強力粉，中力粉，薄力粉の順にタンパク質の

表 II.4.7 外国産小麦輸入量と国内産
小麦政府買入量(1997年度)

産地別		(千トン)	(%)
輸入	アメリカ小麦	2,985	47.9
	カナダ小麦	1,551	24.9
	オーストラリア小麦	1,168	18.8
政府買入国内産小麦		522	8.4
合　計		6,226	100.0

食糧庁資料より．

量が少なくなり，生地の弾力も弱くなる．薄力粉は最もタンパク質の量が少なくて，生地の弾力が弱い．タンパク質の量は，強力粉が11.5～13%，準強力粉が10.5～12.5%，中力粉が7.5～10.5%，薄力粉が6.5～9%である．タンパク質の量が同じでも，種類によってその質が違う．

小麦を製粉工程で挽く過程で「1等粉」，「2等粉」，「3等粉」，「末粉」のような等級に分けられる．外国ではこんな細かい採り分け製粉は行っていない．上位等級の粉ほど灰分の量が少なく，色もきれいである．しかし，「等級」というのは便宜上のものにすぎない．灰分量の一応の目安としては，1等粉が0.3～0.4%，2等粉が約0.5%，3等粉が約1.0%，末粉が2～3%だが，灰分が多めでもほかに優れた特性があって全体としての品質がよい小麦粉もあるので，灰分量だけによらないで，小麦粉の総合的な品質で等級を考えることも多い．1等粉の中でも特別の品質のものを「特等粉」といったり，1等粉の中でも少し灰分が多めの小麦粉を「準1等粉」と呼んだりすることもある．等級は小麦粉の色がきれいかどうかの一応の目安にはなるが，その小麦粉を使ううえでの適性という点では，必ずしも上位等級のものが一番適しているとはいえないこともある．使用に際しては，小麦粉のどういう適性が必要なのかをよく考えて選ぶ必要がある．

種類と等級を組み合わせて，「強力2等」とか「薄力1等粉」のような呼び方をする．パンをつくるのには強力と準強力の2等粉以上が使われる．また，準強力の1等粉にはパン用のほかに，中華めん（ラーメン）用に適した粉もある．うどんやそうめんは中力の1等粉でつくられる．ケーキのような洋菓子や上等の天ぷらには薄力の1等粉が適しているが，まんじゅうやたい焼きのような日本的な菓子には中力粉も使われる．「パン用粉」，「めん用粉」，

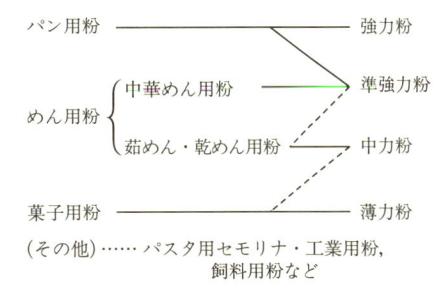

パン用粉 ——————————— 強力粉
めん用粉 ｛ 中華めん用粉 ——————— 準強力粉
　　　　　 茹めん・乾めん用粉 ———— 中力粉
菓子用粉 ——————————— 薄力粉
（その他）……パスタ用セモリナ・工業用粉，飼料用粉など

図 II.4.7 小麦粉の分類（用途別と種類別の関係）

「菓子用粉」という呼び方もある．用途による分類であり，種類別との関係は図II.4.7のようである．特定の用途に特に適した小麦粉が開発されると，種類別では分類しにくい中間的な性格の小麦粉も増える．「フランスパン用粉」，「ケーキ用粉」，「カステラ用粉」のように特殊な用途用につくられた専用粉も業務用には市販されている．マカロニやスパゲティ用としては，デュラム小麦を挽いてつくられる「セモリナ」が使われる．

これら業務用小麦粉の大部分は家庭用には市販されていない．家庭用の1kgや500g詰めの小麦粉の主流は「薄力1等粉」クラスのもので，天ぷらをはじめとする各種の料理，菓子やうどんづくりに向いている．パンをつくるには「強力粉」または「パン用粉」と表示してあるものを使う必要がある．ギョーザにも強力粉が適している．一般的な薄力小麦粉のほかに，ケーキ用として特に適している「薄力粉」または「ケーキ用粉」も市販されており，「手打ちうどん用」と表示してある小麦粉もある．特殊な加工をして粒状にした「顆粒小麦粉」も一部で家庭用に販売されている．

c. 生産量

表II.4.8には，1955年（昭和30）以降における小麦粉の用途別生産量を示した．戦後需要が急激に伸

表 II.4.8 小麦粉の用途別生産量の推移

（単位：千トン）

用途　　年度	パン用	めん用	菓子用	工業用	家庭用	その他	計
1955年	668	874	277		262		2,081
1965年	997	1,167	403	98	112	201	2,977
1975年	1,410	1,449	559	120	176	282	3,996
1985年	1,597	1,557	570	132	187	382	4,425
1990年	1,678	1,658	586	92	199	439	4,652
1995年	1,798	1,747	630	81	177	514	4,947
1996年	1,862	1,722	616	87	171	512	4,970
1997年	1,875	1,679	592	83	160	513	4,902

食糧庁資料より．

び続けていたが，1975年(昭和50)頃からその伸びが鈍化し，微増傾向で推移している．日本人1人当たり平均の年間小麦粉消費量は33.0 kg (1996年度)になったが，欧米先進国に比べると少ないので，まだ伸びる可能性がある．これらの小麦粉は，国内の大小132社の165工場(1997年現在)でつくられている．

d. 色と粒度

小麦粉の淡いクリーム色は胚乳のカロチノイド系色素に由来し，その色素量と色合いが原料小麦によって微妙に違う．外国では漂白している場合も多いが，日本での市販小麦粉は無漂白で，自然のままの色である．小麦粉の色を簡単に見る方法として，ペッカーテストがある．細長いプラスチックかガラス板の上に比べたい小麦粉を並べ，へらで軽く押さえて表面の色の差を見るが，粒度による反射の影響を除くためには軽く水につけて観察する．数値で記録するためにはフラワーカラーグレーダー，分光光度計，色差計などが使われている．

通常の小麦粉の直径は150μm以下であり，35μm以上の粒子(デンプンをタンパク質が包んでいる状態のもの)が40％以上，17～35μmの粒子(デンプン粒)が40％以上，17μm以下のもの(くさび形のタンパク質)が10％程度で構成されている．強力粉や準強力粉は粗めで，薄力粉は細かい．中力粉も薄力粉の方に近い．強力粉の原料である硬質小麦の胚乳はデンプンが周囲のタンパク質と強く結合して硬い構造になっているので，粉砕してもデンプン粒がばらばらになりにくいが，軟質小麦の場合はデンプンが浮いたような状態で分離しやすいので軟らかく，細かい粉になりやすいため，粒度に差がでる．

e. 成分

(1) タンパク質 小麦粉の成分組成の例を表II.4.9に示した．主成分は糖質(主としてデンプン)とタンパク質である．通常の小麦粉ではタンパク質の量が6.5～13％であり，デンプンに比べると多くないが，最も重要な成分である．タンパク質の約80％がグルテニンとグリアジンである．小麦粉に水を加えてこねると，この2つのタンパク質が結びついてグルテンが形成される．グルテンはチューインガムをかんで軟らかくなった状態のものに似ていて，粘りと弾力の両方を備えた特徴ある物質である．

パンをよく膨らませ，冷えても小さく縮まないでその形を保てるようにするには，タンパク質の量が多い小麦粉を使い，水とよくこねてグルテンを十分に形成させる．うどんが軟らかいだけでなくて適度の弾力がある食感になるのにも，グルテンの力が関与している．花が咲いたようなおいしい天ぷらをつくるのには，タンパク質の量が少ない薄力粉を使って，グルテンができすぎないように軽く混ぜるのがコツだが，ここでも少しできたグルテンがとろみのある状態の衣のたねをつくるのに役立っている．グルテンができるのは小麦粉だけがもつ優れた特性である．この特性があるため，小麦粉はパン，めん，菓子，料理など，さまざまな食べものに加工されて，穀粉の王者として世界中で愛用されている．

(2) デンプン 糖質の大部分はデンプンである．デンプン含量は薄力粉が一番多く，中力粉，準強力粉，強力粉の順に少なくなる．同一種類では上級粉ほど多い．薄力1等粉で70％程度，強力2等粉で63％前後である．直径25～30μmの円形か楕円形の平たい大粒と2～8μmの球形の小粒からな

表II.4.9 小麦粉の成分組成

(小麦粉100g当たり)

種類	等級	水分	タンパク質	脂質	炭水化物		灰分	無機質					ビタミン		
					糖質	繊維		カルシウム	リン	鉄	ナトリウム	カリウム	B₁	B₂	ナイアシン
		(·············· g ··············)						(·························· mg ··························)							
強力	1等粉	14.5	11.7	1.8	71.4	0.2	0.4	20	75	1.0	2	80	0.10	0.05	0.9
	2等粉	14.5	12.4	2.1	70.2	0.3	0.5	25	100	1.2	2	100	0.17	0.06	1.3
中力	1等粉	14.0	9.0	1.8	74.6	0.2	0.4	20	75	0.6	2	100	0.12	0.04	0.7
	2等粉	14.0	9.7	2.1	73.4	0.3	0.5	25	95	1.1	2	130	0.20	0.05	1.4
薄力	1等粉	14.0	8.0	1.7	75.7	0.2	0.4	23	70	0.6	2	120	0.13	0.04	0.7
	2等粉	14.0	8.8	2.1	74.3	0.3	0.5	27	95	1.1	2	150	0.24	0.04	1.2

科学技術庁編：四訂日本食品標準成分表より抜粋．

り，中間のものは少ない．アミロースが約25%，アミロペクチンが約75%で構成され，小麦粉の種類や等級による差はあまりなかったが，最近，日本で低アミロース小麦の開発が進んだ結果，アミロース含量がやや少なめの小麦粉も市販されている．

水が十分にあれば$61°\sim62°C$で糊化が始まり，$85°C$あたりから膨潤して構造が破壊（α化）されるので，小麦粉の加工ではグルテンとともに重要である．うどんの滑らかでモチモチッとした食感は糊化したデンプンの性質に負うところが大きい．パンのフワッとした食感にも，よく伸びた網目状のグルテンの間に入っている糊化したデンプンが大きな役割を果たしている．ケーキでの主役はデンプンで，オーブンの熱で膨張した気泡を薄く伸びたデンプン糊の膜が包むので，フワッとしたソフトな食感になる．デンプンの糊化性状はドイツ・ブラベンダー社製のアミログラフまたはビスコグラフで調べるのが一般的である．これは記録式粘度計であり，小麦粉$65g$に水$450ml$を加えて1分間に$1.5°C$ずつ温度を上げていくときの粘度変化曲線を自記する．得られる粘度曲線を「アミログラム」といい，糊化開始温度，最高粘度とそのときの温度を読み取る．アミログラム最高粘度がある値（用途によって異なる）以上ならデンプンやアミラーゼ活性が正常と考えてよいが，極端に低いものは問題点を抱えている可能性がある．フォーリングナンバーやラピッドビスコアナライザーなどの簡便法も目的に応じて使われている．

（3）その他の成分　小麦の皮や細胞膜を形成するヘミセルロースにはペントサンが多く含まれている．ペントサンは上位等級の粉には少なく（$2\sim3\%$），下位等級の粉ほど多い．水溶性のものと不溶性のものがあり，前者は粘着性があって製パンでプラスに作用するが，後者はマイナス面が多い．繊維は上位等級の粉には少なく$0.2\sim0.3\%$だが，下位等級になるほど多い．小麦ふすまは食物繊維源として注目されている．

小麦粉中には2%程度の脂質が含まれ，約半分がグルテンと結合したり，糖脂質やリン脂質として存在し，残りがグリセリンの脂肪酸エステルである．脂肪酸としてはリノール酸とリノレン酸が多い．下位等級の粉ほど脂質含量は多い．生地形成過程で脂質はグルテンと結合するし，レシチンはパンを軟らかくする．貯蔵中に酵素リパーゼの作用を受けて分解したり，酸素によって酸化されて変質の原因になることがあるので，製粉では脂質含量が多い胚芽やふすまが粉に混ざらないようにする．

小麦粉の灰分量は$0.3\sim3\%$だが，その多少は色と密接な関係があるため，品位（等級）を示す尺度と考えられている．一般に，低灰分の小麦粉はさえたきれいな色だが，灰分が多くなるにつれて赤っぽくなったり，灰白色でくすんだ感じになる．量は少ないが栄養上重要なものをほとんど含んでいる．カルシウムや鉄は米より多く，カルシウムとリンのバランスもよいが，牛乳や野菜に比べると少ない．

B_1，B_2，パントテン酸，ニコチン酸アミド，B_6，Eなどのビタミンが含まれているが，上級粉ほど少なく，精白米よりややましな程度なので十分ではない．A，CやDはほとんどない．小麦粉食品はほかのビタミンに富んだ副食類との組合せで食べられることが多いし，粉体なので栄養強化も容易なため，それ自身の少なさを補うことができる．

日本の小麦粉の水分は$14\sim15\%$である．強力粉や準強力粉は中力粉や薄力粉より$0.3\sim0.5\%$ぐらい多めで，同一銘柄の粉でも夏より冬の方が多い．結合水と自由水があって，結合水は小麦粉各成分に物理化学的に結合しているが，自由水は製粉条件，貯蔵中の温湿度などで変化する．硬い小麦や寒い季節には小麦に多めの水を含ませて少し軟らかくすることが，良質の粉をつくるために必須である．水分が多すぎると，微生物が増殖して変質・変敗を受けやすくなる．

f. 生地の構造と性状

（1）生地の状態　小麦粉100に対して$60\sim70$くらいの水を加えてよくこねると，つきたての餅より少し硬めで，軟らかいのに弾力がある「生地」ができる．つくろうとする食品に最適の硬さで，弾性と粘性のバランスがとれた生地にすることが，よい製品づくりのポイントである．小麦粉の種類や品質によって吸収力が違い，他の材料の影響も受けるので，加水量の決定は重要である．機械製めんの場合には，小麦粉100に対して$30\sim33$くらいの水でそぼろ状の生地をつくるが，手打ちうどんでは45くらい加えてよくこね，硬めの生地にまとめる．

ケーキや天ぷらをつくるときには，小麦粉に対して水や卵などの液体を2倍くらい加えて混ぜ，あまりこねすぎないようにしてトロッとした状態のものをつくる．この軟らかい練り生地を特に「バッター」と呼んでいる．ケーキづくりではグルテンよりもデンプンの方が主役である．卵，砂糖などと小麦粉からバッターをつくるときに空気をできるだけ抱き込むように混ぜるが，同時に，グルテンがなる

べくできないようにする．この抱き込まれた気泡がオーブンの中で膨張してフワッとしたケーキに焼き上がるのを助けるが，バッターの中に細かい気泡が多くあるほどおいしいケーキになる．天ぷらの種に衣をつけるときには，バッターの濃さが大切である．衣を薄くして，花が咲いたようなカラッとした天ぷらをつくりたいときには，サクッと混ぜる程度にしてボテボテでないバッターをつくる．

(2) SH基の役割と酸化剤 生地中のグルテン分子間はファン・デル・ワールス力，水素結合，イオン結合，S-S結合などで結ばれているが，最も重要なのはS-S結合で，これがグルテンの網目状構造の基本である．小麦タンパク質中にはSH基が$7.9〜9.9\mu$eq/g protein，SS基がその約10倍の$90〜124\mu$eq/g protein含まれている．小麦粉と水をミキシングすると，抱き込まれた空気中酸素によってSH基が減少し，酸化剤を添加するとさらに減少は大きくなるが，どの場合にももとのSH基の約半分は酸化されずに残る．残存したSH基がSS基に接触することにより，自らはSS基の一方のSと新たにSS基を形成して，残った方のSがSH基になる．これがSH・SS交換反応で，生地のミキシングで重要な役割を演ずる．ミキシングが進むとグルテンが十分に形成され，デンプンが繊維状になったグルテンの間に抱き込まれるようになって，しっかりした生地になる．生地にはある程度のミキシング耐性がある．

生地改良剤として日本で一般的なのはL-アスコルビン酸である．それ自体は還元剤だが，小麦中にある酵素L-アスコルビン酸オキシダーゼの作用により，生地中でデヒドロL-アスコルビン酸になり，酸化剤として働く．

(3) 生地物理性状の試験 小麦粉生地の物理性状を調べる試験機としては，ファリノグラフ，エキステンソグラフ，ミキソグラフ，アルベオグラフなどがあり，生地の発酵性をみるものとしてはチモタキグラフ，エキスパンソグラフなどが知られている．ファリノグラフでは，ミキサーに小麦粉を入れ，水を適当量加えながら一定の硬さになるようにこね上げ，さらにこね続ける間の生地物理性の変化を自記する．吸水率のほかにグラフからいくつかのデータを読み取る．

g．貯蔵と熟成

小麦は収穫してから少し時間が経った方が，パンやケーキをつくりやすい．収穫したての小麦の中では細胞組織が活発に呼吸しており，酵素の働きも活発で，品質的に不安定な状態にある．生地を軟化させる還元性物質の量も多い．めんのようにその影響がほとんどわからない用途もあるが，収穫したての小麦から挽いた粉でパンやケーキをつくっても，思ったほど膨らまないことがある．この不安定な状態も，収穫してから少し貯蔵しておくと安定してくる．安定した小麦を使い，製粉工程で小麦粉の粒子に空気中の酸素が混ざって，倉庫にしばらく置かれると，急激に自然の酸化が進む．その結果，小麦粉は安定した状態になってパンなどに加工しやすくなる．この変化を「熟成（エージング）」という．

日本では小麦の約92％を輸入しているので，収穫してから数カ月以上経った，ある程度熟成が進んだ小麦を使うことができる．こういう小麦から挽いた粉の場合，製粉してから3日くらいで実際のパンづくりにはほとんど問題のない程度にまで熟成が進む．しかし，業務用の小麦粉は従来からの商習慣や，品質検査と荷扱い上の都合から，実際にはこれよりも少し長めの期間倉庫に置かれたものが出荷される．家庭用の500gや1kg詰めのものは流通過程で十分な熟成期間が保たれるので，熟成についての配慮は不要である．

熟成されて安定状態に入った小麦粉は保蔵条件がよければ1年以上も長持ちする．微生物的にも安定した状態で推移する．しかし，保蔵条件が悪いと急激に変質する．特に，小麦粉は高温，高湿度，虫害に弱い．高温，高湿度の条件にさらされると，かびや細菌が増え，小麦粉の中に2％ほど含まれている脂質が分解されて脂肪酸が増える．また，グルテンの性質にも悪影響がでてくる．貯蔵，保管の際には，① 倉庫内ではスノコなどの上に置く，② できるだけ低温・低湿度にして貯蔵する，③ 長い間，下積みのままにしない，④ 先に入荷したものから使用する，⑤ 倉庫内は常に清潔にし，衛生上の配慮を怠らない，などの注意が必要である．

被害を受けないように貯蔵したものでも，長年月が経過すると安定状態から枯れすぎ（過熟成）になる．変質さえしなければ過熟成の状態でも食用に供して差し支えないが，小麦粉特有の匂いは飛散し，グルテンがややもろくなるので，用途によっては使いにくくなる．

h．小麦粉の利用

小麦粉からは多種類の食品をつくることができる．グルテンがもつ特性を活用することによってそれが可能である．各種のパン，めん，菓子のほか，カレールウ，焼麩，天ぷら，のり用など，小麦粉の

用途は限りなくある.

これに対応できるように小麦粉の種類, 品質もバラエティーに富んでおり, 銘柄がつけられて25kgのクラフト紙袋入りか, バラで販売されている. 小麦粉の性質を熟知し, 加工しやすく, 期待する品質の加工品ができるような小麦粉を選び, それがもつ品質特性を最も上手に引き出すような使い方をしたい.

[長尾精一]

4.2.2 パン粉

a. パン粉の歴史

戦後, 日本でつくられ世界に拡がったヒット食品は「カップラーメン」,「カニカマ」といわれているが,「パン粉」もまた隠れたヒット商材である. 日本においては第二次世界大戦前にはパン粉の専業メーカーはなく, 家内工業的なものが調理現場で食パンを粉砕して, フライ, コロッケに使用していたと考えられる. 昭和30年代に入ってパン粉の需要の伸びとともに専業メーカーによるパン粉の生産が開始され, さらに昭和40年代以降の冷凍食品の好調な伸長に支えられ規模を拡大した.

日本の食生活の洋風化からフライ食品が伸びていったため, パン粉も輸入食材と考えられがちであるが, 欧米には元来パン粉を使ったフライメニューは, ごく一部の地方料理を除いてほとんどなく, 中国, 東南アジア各国においても日本企業が進出し, 日本人とともに持ち込まれて徐々に増えているのが現状であり, いずれにしてもパン粉は日本発の食材とみてよい.

現在, ヨーロッパ, イギリス, アメリカでは, エビフライ, 魚のフィレーフライなどの専門メーカーがあり,「FINDUS」のような大手冷食メーカーもこれらを量産している. また欧米のフライ料理は, 食卓のメニューとして定着している.

日本での市場規模は1996年で約16万トン, その構成は業務用が約85%, 家庭用が約15%といわれている.

b. パン粉の種類

市場に出回っているパン粉は, 乾燥パン粉, 生パン粉, 真白いパン粉, こげ目のついたパン粉, またカラーパン粉などさまざまだが, 焼成方法からみると電極方式と焙焼方式にほぼ二分される. いずれも小麦粉をミキシングしてパン生地をつくり, 発酵・成形までは同じ工程だが焼成方法が異なる.

また, ハンバーグ, ミートボールの練込みには, パンメーカーの食パンやサンドイッチのミミから加工された赤パン粉が多く使われている. ほかにも細かいクラッカーパン粉があるが, 量が少なく日本では専門的には製造されていない.

c. パン粉の製法

パン粉にする原料パンは, 通常ベーカリーの食パンと原料・製法はほぼ同じであるが, 食パンは外見, 食味などが品質を決定する因子であるのに対して, パン粉用のパンはパン粉にしての目立, 食感(サクサク感), 色調, 揚げ色などが最終品質を決定する要因となる. この品質を目途に原料配合, 焼成を検討しなければならない点が, ベーカリーの食パンと製法において大きく異なる. 特に使用する糖の種類, 配合量によって, パン粉の揚げ色, また, 配合油脂によって食感に大きな差が生ずるので注意を要する.

（1）原　料　パン粉原料となるパンの原料は, 通常の食パンと基本的には大きく変わらない. 小麦粉, イースト, 食塩, 油脂, 糖類などの主原料のほか, 副原料としてイーストフード, パン粉としての特色を出すための乳化剤, 色素ほかの添加物を加えることもある. カラーパン粉の場合は色素は欠かせないが, 合成着色料がほとんど姿を消してアナトー, パプリカ, モナスカラーなど天然色素が主体となってきており, トマトパン粉に使われるトマトペースト, パウダーをはじめ, 天然色素を着色に使用する自然健康食品をアピールするパン粉もでてきている.

（2）パン粉の製造工程　図II.4.8にパン粉の

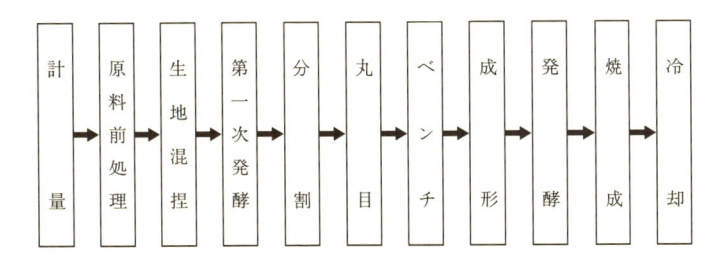

計量 → 原料前処理 → 生地混捏 → 第一次発酵 → 分割 → 丸目 → ベンチ → 成形 → 発酵 → 焼成 → 冷却

図II.4.8　パン粉の製造工程（ストレート法）

表 II.4.10 焼成方法による品質の特徴

	焙 焼 式	電 極 式
形状	鱗片状	針状
色調	薄く焼色がつく	白い
食感	良	良
香味	香ばしい(強)パン味よし.	香ばしい(普通)塩味が少ない.
フライ後の目立	丸目の鱗状	花が咲いたようで見栄えがよい.

製造工程を示す.

(ⅰ) **パン生地**: パン生地の製法は,ストレート法と中種法の2つに大別されるが,ここではストレート法について述べる.これは原料全部を一度に混合してから発酵させる方法で,風味がよく弾力にも富み,さっぱりとした食感が特徴であるが,発酵管理がむずかしく,機械耐性が劣る欠点もある.

(ⅱ) **パン生地の発酵**: パン粉用のよいパンを焼く製造工程の中で,焦点となるのはパン生地の発酵である.原料から始まってミキシング,ホイロなどの工程管理は,発酵工程にポイントを合わせている.生地の発酵はイースト菌の作用である.適当な温度,栄養,水分(湿度)の各条件のもとにイースト菌は活発に繁殖し,多くの炭酸ガスを発生させる(小麦粉の成分のタンパク質は,ガスを包み込む性質がある).その過程で発生するいろいろな酸,アルコールなどが作用して,パン生地の旨味がでる.そのために原料,添加物,水,温度,湿度(水分)の管理,各工程の時間管理が厳しくチェックされなければならない.各部条件としては,季節,原料などの変化があるので,きめ細かい対応が必要である.

(ⅲ) **焼 成**: 先述した通り,原料パンの焼成には電極方式と焙焼方式がある.電極方式は発酵,成形したパン生地を焼成ケースに詰め,パン生地の両サイドにチタン板を入れ,プラス,マイナスの電極にそれぞれ通電して焼きあげる.この製法によるパン粉の特徴はこげ色がつかないため,真っ白に焼きあがることである.焼成温度もパンの外部,内部ともほとんど100℃になり,均一に焼成できる.

これに対して焙焼方式はベーカリーの食パンと製法は同じであるが,できるだけ外面の焼き色を薄くする点が異なる.焼成温度は外面は200℃にもなるが,パンの内部は85℃くらいである.

焙焼方式,電極方式それぞれのパン粉の品質上の特徴をまとめると表 II.4.10 のようになる.

(ⅳ) **パン粉への加工**: パン粉の製造にあたって「老化」工程は欠かせない工程である.パンは焼成後の時間経過に伴い,デンプン質の老化を主体とする広義の老化現象が進行するが,ある程度の老化が進まないと,満足な粒度が得られないため粉砕作業にとりかかれない.粉砕にはパン粉粉砕に適した独特の粉砕機が使用されるが,製品規格に基づいたメッシュに仕上げるために,機械内部に取り付けた規格にもとづく粉砕網を通過させる.粒度の呼称は荒目,中目などの呼称や,メッシュ数値で表す場合があるが,メッシュの呼称は,JIS 日本工業規格による 25.4 mm (1 インチ) の間にある網目の数をもとに,この間を通過できるパン粉の大きさで表現される.したがって,粒度の数値が大きくなるとパン粉の目の大きさは小さくなる.しかし実際には,同じ網目であっても使用している線の太さが異なる場合には粒度も異なってくるため,網目の間隔の mm 数で表すこともある.

パン粉仕上げの粉砕,包装工程を通して特に重要なことは,製品の衛生管理である.衛生管理のポイントは,異物の混入とバクテリアのチェックである.最終段階でトラブルが発見されたとき,原料までさかのぼって各工程の原因を追究するシステムが必要なことは当然である (図 II.4.9).

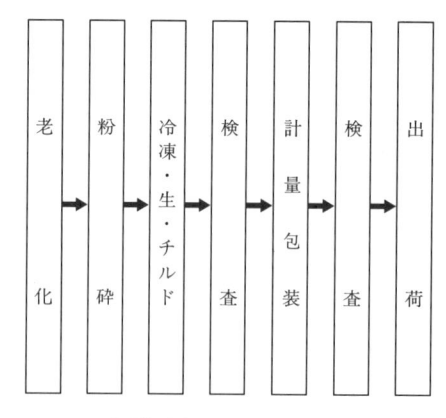

老化 → 粉砕 → 冷凍・生・チルド → 検査 → 計量包装 → 検査 → 出荷

図 II.4.9 パン粉への加工

d. パン粉製品と今後の対応

焼成方式の違いによるパン粉の特徴は上述した通りであるが,近年特に業務用においてパン粉の種類は多くなり,典型的な多品種少量生産となっている.原料配合,水分,粒度,色調などを単純に組み

合わせても数百種類の製品が送り出されていることになり，品種増加の傾向はさらに強まってきている．このような状況は，家庭用パン粉はメーカーサイドの規格品であるが，業務用パン粉は加工食品の多様化に伴うユーザーサイドのオーダー規格がほとんどを占めていることに起因する．

家庭用は乾燥品が多く種類も限定されているが，業務用は健康志向品や生産工場の製造ラインに合った機械適性，家庭用パック品のレンジ対応，油ちょう後の長時間経過の際のサクサク感の保持など，品種増だけでなく複雑な特性が求められている．これらの課題への適切な対応が，今後の需要の伸びに大きく貢献することになろう． 〔小 山　光〕

4.2.3 調味・香辛料

食品の風味は味，香り，テクスチャーなどの総合的な感覚の結果としてとらえられる．調理冷凍食品に風味を付与するための調味のポイントは，天然調味料，化学調味料，香辛料，フレーバー，糖類などである．

a. 調理冷凍食品と調味料[1]

加工食品は，グルタミン酸ナトリウム，核酸系調味料で代表される化学調味料と天然系調味料の複合により大きく発展してきた．天然系調味料は次のように分けられる．

（1）抽出型調味料　エキスと称される抽出型には水，溶剤，炭酸ガスなどの抽出方法がある．味を重視する場合には水抽出が一般的であるが，抽出方法を組み合わせることによって単一の抽出法の欠点を補ったタイプも可能となる．

畜産物調味料はビーフ，ポーク，チキンが一般的である．水産物調味料にはかつお節，煮干し，イカ，ホタテガイ，カニ，エビ，コンブなどがある．農産物調味料にはオニオン，ガーリック，ジンジャー，ネギなどの香辛野菜をはじめ，ハクサイ，キャベツ，ニンジン，シイタケなど多くの種類があるが，畜産系調味料とともに使用することによって相乗的に味にコクと深みが付与できる．

（2）分解型調味料　自己消化型の代表的な酵母エキスはビール酵母を主原料として各種のアミノ酸，ペプチドを多く含む，呈味力の強い調味料である．

加水分解型はタンパク質加水分解物またはアミノ酸調味料といわれるものである．原料が動物性（魚粉，ボーンエキス）のものは HAP と呼ばれ，植物性（脱脂大豆，小麦グルテン，コーングルテン）のものは HVP と呼ばれている．いずれも強い旨味と特有の甘味を有するため，エキス系調味料とともに多岐にわたって使用されている．

（3）配合型調味料　表 II.4.11 に示したような化学調味料や天然系調味料を配合したうえにフレーバーや香辛料を使用し，使用目的別に配合された複合調味料であり，このようなタイプの調味料の使用が増えていくものと思われる．

b. 調理冷凍食品と香辛料

香辛料は古代よりさまざま用途で使用されてきており，中世ヨーロッパにおいて食用として使われてから調理食品には欠かせないものとなっている．近年では，超臨界ガス抽出など新しい製法により香辛料の香辛味成分を有効に取り出す技術が検討されてきている．

（1）香辛料の使用形態　香辛料の使用形態は図 II.4.10 のようであり，また，表 II.4.12 にその利用指針を示した．

（i）**天然香辛料**：ホールスパイスは生スパイスを洗浄・乾燥などしたのち異物を除いたもので，天然の香味に優れており，長期保存しても品質，香味の変化が少ない．グラウンドスパイスはホールスパイスを粉砕したもので，天然の香味に優れており，ブレンドスパイスとして使用されているが，粒

表 II.4.11　配合型調味料の原料[2]

分　類	原　料
化学調味料	グルタミン酸ナトリウム，5′-イノシン酸ナトリウム，5′-グアニル酸ナトリウム，5′-リボヌクレオチド2ナトリウム，コハク酸1ナトリウム，コハク酸2ナトリウム
天然調味料（発酵調味料）	畜肉エキス，魚介エキス，野菜エキス，酵母エキス（ペースト型，粉末型），HAP, HVP, HPP（完全分解型，部分分解型），醤油，味噌，食酢，味りん，酒（一般型，濃縮型，粉末型）
スパイス	グラウンドスパイス，精油，コーティングスパイス
天然物粉砕品	かつお節，コンブ，貝柱，干しシイタケ，エビ殻
その他	食塩，糖類，有機酸，アミノ酸，油脂，糊料類，乳化剤，食品香料，強化剤，抗酸化剤

```
〈香辛料〉          〈香辛料抽出物〉      〈香辛料抽出物製剤〉

香辛料植物                              → 水溶性液体
  ↓乾燥
乾燥香辛料  水蒸気蒸留  精　油         → 油溶性液体
whole spice           (essential oil)
  ↓粉砕              ↗        ↓      → 乳化タイプ
                   ↗
粉末香辛料  溶剤抽出  オレオレジン     → コーティング粉末
(ground spice)        (oleoresin)
                                      → 吸着粉末
```

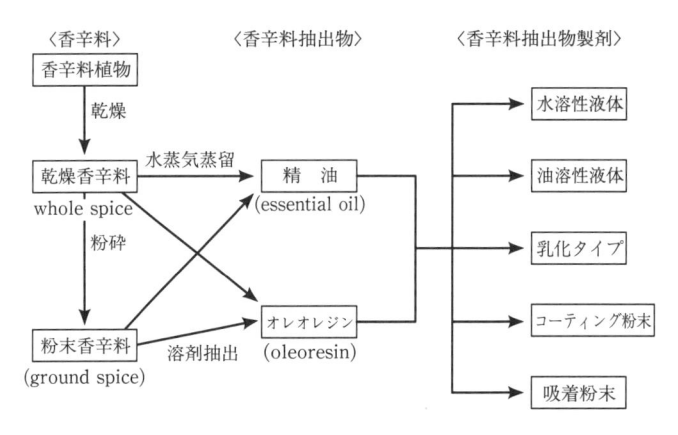

図 II. 4. 10　香辛料の使用形態[3]

表 II. 4. 12　スパイスの形態とその利用指針[3]

利用目的＼スパイスの形態	天然スパイス	スパイスオイル	スパイスオレオレジン	液体スパイス	コーティングスパイス	吸着スパイス
自然な香味を付ける	○				△	△
自然な香味をより強調する		△	△	△	○	○
少量添加で香味を付ける		○	○		○	△
外観をきれいに見せる					○	○
水溶性				△	○	△
油溶性		○	○	△		
粉末状製品に利用する	○				○	○
耐熱性タイプ	○	○	○	△	○	△

子が細かいほど香味が逃げやすい傾向にある．

（ii）**香辛料抽出物**：　天然香辛料から水蒸気蒸留によって得られた香気成分である精油（essential oil）や有機溶剤によって呈味成分などを抽出したオレオレジン（oleoresin）を一般に香辛料抽出物として天然の香辛料と区別している．

これらの香辛料抽出物は，水蒸気蒸留時に香気が変化したり，溶剤抽出の際に香気成分の低沸点部分が損失しやすい欠点がある．そのため，天然香辛料のもつ丸味，深み，雑味にやや欠けるが，衛生的でかつ保存などの品質管理がしやすい．

（iii）**香辛料抽出物製剤**：　精油やオレオレジンを用途に応じて加工製剤化したものが香辛料抽出物製剤である．

・水溶性液体型：　香辛料抽出物をアルコールなどの溶剤を用いて製剤化したもので，水に溶解しデリケートな香り立ちを呈する．

・油溶性液体型：　香辛料抽出物を植物油脂などを溶剤として製剤化したもので，耐熱性，保留性に優れている．

・乳化型：　香辛料抽出物を植物ガムや乳化剤を用いてエマルジョン化したもので，乳化液中に香辛成分が微粒状に分散しているため浸透性や分散性に優れている．

・コーティング粉末型：　天然賦形剤の溶液中に香辛料抽出物を分散乳化させたのち，噴霧乾燥によって微粒子粉末化したタイプである．微生物による汚染がなく，ほとんど無菌であり，酸化や揮発などの変化が少なく，経時安定性に優れている．

・吸着粉末型：　香辛料抽出物を糖質，デンプン，食塩などの粉末担体に吸着させたタイプである．香味成分が表面に露出しているため，瞬間的な香気の発現に優れているが，香気成分が揮発しやすいため保存や取扱いに注意を要する．

（2）**香辛料の基本的作用**

a）矯臭作用：　肉や魚などによる生臭みや不快臭をマスキングする．

ペパー類，ガーリック，ジンジャー，セージ，オレガノ，ローレル，タイムなど．

b）賦香作用：　食品に対して匂いや風味を付け，特徴付けをする．

ナツメグ，カルダモン，クミン，シンナモン，コリアンダー，セロリー，バジルなど．

c）辛味作用：　辛味が香りと一体となり，唾液

や消化液の分泌を誘発し，食欲を増進させる．

ペパー類，マスタード，ジンジャー，サンショウなど．

d) 着色作用： 食品の品位を向上させ食欲を高める．

ターメリック，パプリカ，サフランなど．

e) 抗酸化作用： 食品中の油脂の酸化を抑える．

ローズマリー，セージ，クローブ，オールスパイス，メース，ナツメグなど．

f) 抗菌作用： 精油中に抗菌作用を示す有効成分の多くが存在する．

ガーリック，マスタード，シンナモン，ローズマリー，セージなど．

c. 調理冷凍食品とフレーバー

調理冷凍食品は，1次加工の際の香気消失や調理感の減少により，再加熱したときに調理感に欠ける場合がある．それゆえに，フレーバーを使用することによる調理感の付与や，冷凍保存および再加熱における香りの安定性や保留性が重要となってくる．

（1） フレーバーの使用効果

a) フレーバリング効果： 製品の差別化，個性化などの高付加価値をつける．

b) エンハンス効果： 本来有している好ましい風味が製造工程中に飛散する場合に補強・増強したり，調理したての香味を保持する．

c) マスキング効果： 素材に由来する好ましくない風味や加工中に生成するオフフレーバーなどを抑え，嗜好性の高い風味を付与する．

（2） フレーバーの種類

a) 合成単品調合香料： 天然物や加工食品の香気分析の結果を参考に官能的なイメージを織り込みながら，特徴香や補強香となる成分（合成香料）を調合したフレーバーである．トップノートとして非常に有効ではあるが，複雑微妙な調理感を合成香料のみで表現するのはむずかしい．

b) 加熱反応系フレーバー： 自然な調理感や旨味感をだす目的で畜肉や野菜などの天然素材を主体に油脂とともに加熱処理を行い，加熱により生成される香味成分を油脂に移行させたフレーバーであり，合成単品調合フレーバーと併用されることが多い．

c) エキス系フレーバー： 調味料的な要素が強く，配合調味料と同様な原料（天然エキス，調味料，アミノ酸，タンパク質加水分解物，香辛料など）が使用され，調味香を付けるために加熱されることもある．

d) 抽出系フレーバー： 食品素材や天然物をアルコールや油脂，超臨界炭酸ガスなどで抽出することにより，天然の風味をそのまま取り出したフレーバーであり，天然感をだすために使用される．

（3） フレーバーの分類

a) ミート系： 調理したときに発生する香気，すなわち糖類とアミノ酸による加熱反応フレーバーが主体となったクックドアロマである．調理加工された芳香性のある野菜，香辛料などと相まって，多様なニーズに応じたフレーバーとして風味の増強に寄与する．

b) シーフード系フレーバー： シーフード系の特有香であるアミン系成分をむしろマスキングし，焼く，煮る，スモークを併用するなどの調理香を強調したタイプが主流である．

c) 野菜系フレーバー： 野菜は個々に特徴香をもっている場合が多く，フレッシュ感が必要な場合には分析などをもとにした調合フレーバーが有効である．調理感を要求される場合には，野菜が油などとともに加熱されて生成する調理香も加味され，より複雑な香気になる．

d) 調味料系フレーバー： 肉やシーフードだけを加熱するよりも，調味料を加えるとさらに複雑な香気を生成することから，単独で使用するだけでなく，総合的な調理フレーバーとして使用される．

e) 乳製品系フレーバー： 調合香料はもちろんのこと，乳製品や油脂類などの酵素処理によって生成される低級脂肪酸の香気が，発酵風味と相まって香気を形成する酵素処理フレーバーが利用される．

f) 調理系フレーバー： 肉料理，魚料理，野菜料理などの加熱調理香を中心に，中華系，洋風系など香調的にも幅広く開発されており，調理食品そのものの香りとして利用される． ［林　裕一］

文　献

1) 富田　剛, 田中嘉子：食品工業, No. 11, 73-79, 1990.
2) 北村太郎, 渋谷次郎：香料, No. 153, 89-96, 1987.
3) 竹内鐸也：香料, No. 153, 81-88, 1987.

4.2.4 油　脂
a. 油脂とは

（1） 油脂の定義　油脂とは，脂肪酸とグリセリンのエステル化合物であり，トリアシルグリセリン（triacylglycerol），慣用的にはトリグリセリド

$$\begin{array}{c} CH_2OH \\ | \\ CHOH \\ | \\ CH_2OH \end{array} + 3RCOOH \longrightarrow \begin{array}{c} CH_2OCOR \\ | \\ CHOCOR \\ | \\ CH_2OCOR \end{array} + 3H_2O$$

グリセリン　　脂肪酸　　　　トリアシルグリセリン　水

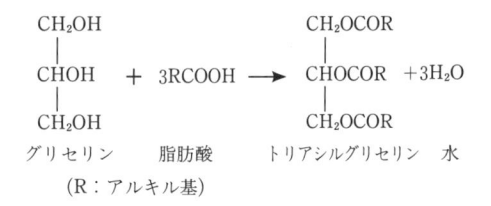

(R：アルキル基)

図 II.4.11 油脂の化学式

表 II.4.13 代表的な脂肪酸

脂肪酸名(慣用名)	炭素数	不飽和度
ラウリン酸	12	0
ミリスチン酸	14	0
パルミチン酸	16	0
ステアリン酸	18	0
オレイン酸	18	1
リノール酸	18	2
リノレン酸	18	3
エイコサペンタエン酸	20	5
ドコサヘキサエン酸	22	6

(triglyceride)と呼ばれており，その化学式を図 II.4.11 に示した．結合する脂肪酸の種類や配合割合により油脂の特徴が決定される．代表的な脂肪酸を表 II.4.13 に示したが，パルミチン酸，オレイン酸，リノール酸は多くの油脂に含まれている脂肪酸である．

(2) 油脂の分類　慣用的な名称であるが，常温で液状油のものを油(大豆油，ナタネ油など)，固体のものを脂(牛脂，ラードなど)という．代表的な植物油は，大豆油，ナタネ油，ヒマワリ油，綿実油，ゴマ油，オリーブ油などであり，植物脂は，パーム，カカオ脂などがあげられる．また，動物油は，魚油，鯨油，鶏油であり，動物脂は牛脂，ラード，乳脂などがあげられる．

(3) 油脂の精製工程　搾油した直後の粗油脂中には，原料に由来する種々の夾雑物などが混在しており，食用油脂とするためには，これらの不純物を除去する必要がある．食用油脂の精製工程は，前処理→脱ガム→脱酸→脱色→脱臭→分別工程により行われる．

a) 粗油脂の前処理：　通常は，原油搾油の後処理として行われ，ろ過法や遠心分離法により行われる．

b) 脱ガム：　油脂中に含まれるタンパク質，樹脂などのガム状，コロイド状の夾雑物，リン脂質などを除去する工程で，加水，無機酸，有機酸による方法がある．

c) 脱　酸：　油脂中の遊離脂肪酸を除去する工程で，アルカリ精製や物理的な精製法がある．同時に脱ガム工程で十分に除去できなかった不純物や微量金属および色素も除去される．

d) 脱　色：　脱酸処理された油は，色も濃くそのままでは食用とされにくいため，活性白土や活性炭素により，油脂中の色素，残存石けん，不純物，過酸化物などを吸着除去する工程である．

e) 脱　臭：　脱臭は，高温高真空下で油中の有臭成分やその他の揮発性成分を取り除き，安定性の高い風味のよい油をつくるために行うもので，油脂精製の最終工程で最も重要な工程である．

f) 分　別：　有効成分の利用を目的としてグリセリド組成または脂肪酸組成の分別操作が行われる．

g) 水素添加：　油脂の脂肪酸の二重結合に触媒を用い水素を付加させることを水素添加という．水素添加により，脂肪酸の飽和度が上がり，固体脂の量が増え，油脂は硬くなり(硬化)，融点が上昇する．また，物性的には，可塑性の油脂となり，酸化安定性が向上するなどの利点がある．

(4) 油脂の分析および試験方法　油脂の試験方法には，物理的試験方法と化学的試験方法とがある．物理的試験項目として比重，屈折率，融点，凝固点，粘度などがあり，化学的試験項目として，酸価，けん化価，ヨウ素価，過酸化物価などがあげられる．以下に，代表的な測定項目について述べる．

(i) 物理的試験項目

a) 比重：　油脂の比重は，グリセリドを構成する脂肪酸の種類により異なり，不飽和脂肪酸，低級脂肪酸などが増えるに従って大きくなる．天然油脂の比重は 15℃ で 0.91～0.95 の範囲にある．

b) 粘度：　一般に脂肪酸基の炭素数が少ない場合，不飽和度の高い場合に若干の粘度の低下がみられることがある．油脂の粘度は温度の上昇により著しく低下する．また，高温加熱により油が酸化重合すると粘度が上がるため，その程度は揚油の劣化の尺度として用いられる．

(ii) 化学的試験項目

a) 酸価(acid value：AV)：　酸価は，油脂中の遊離脂肪酸の量を示す数値で，精製油脂の使用後の劣化の目安となるものであり，品質評価に重要な意味をもつ指標である．

b) ヨウ素価(iodine value：IV)：　ヨウ素価は，油脂の不飽和度を示すもので，油脂の種類を推定するのに役立つ指標である．一般的に，液状油が高く，固形脂は低い．大豆，ナタネなどの液状油では 100 以上であり，パーム油では 50 前後，豚脂や

牛脂などは 40～60 前後である．

　c) 過酸化物価 (peroxide value：POV)：　過酸化物は油脂と空気中の酸素との結合により生成されるもので，劣化の目安となる指標である．精製直後の新鮮な油脂では，この値は 0 に近く，一般に食用油としての過酸化物価は，10 以下であれば問題はないといわれている．

　(iii)　酸化安定性試験法

　a) AOM 試験 (active oxygen method)：　試料を一定温度で加熱しながら空気を吹き込み，経時的に POV を測定し，100 に達するまでの時間で表す指標である．液状油は 10～20 程度である．油脂が硬化するに従いこの数字は大きくなり，熱安定性は高くなる．また，パーム油の場合は 80 程度であり，熱安定性は高いといえる．

　b) オープン試験：　官能により経日的に風味を判定する方法であり，十分に習熟したパネラーが実施した場合に有効である．結果が定性的なので必ず対象品と比較して解析する必要がある．

　b．冷凍食品に利用される油脂

　主に調理冷凍食品分野でさまざまな油脂が使用されている．

　(1) 冷凍食品における油脂の用途　冷凍食品に利用される油脂の用途は，フライ用，炒め用，練込み用 (バッター液用) などがあげられる．

　フライは，ディープフライとプリフライとに分類され，用途により各種の油脂が用いられている．製品特性，油脂の酸化安定性 (回転率) を考慮し，油脂が選択される．

　炒め用に用いられる油脂として液状油，マーガリン，バターなどが用途に応じて用いられる．焦げないことや，はねないことなどの現場レベルでの作業的な機能や商品に対する風味 (バター風味) などを考慮して選定される．

　練込み用途としては，マーガリンやショートニング類 (ラード，ヘッドを含む) が用いられる．必要な特性は，作業性を考慮し，練込みが容易なことであり，最終製品の風味に影響を与えるため，それぞれの特徴を生かすフレーバリングが必要である．また，電子レンジ対応食品が増えるに従い，食感向上のため，バッター液に油脂が使われており，ミックス粉に粉末油脂を添加する方法や水への分散性を向上させた乳化油脂を使用する方法，乳化剤，油脂などを配合する方法などがある．

　(2) 調理冷凍食品と油脂のかかわり

　(i) フライオイルに求められる特性：　フライ食品の製造において，フライオイルは食品を加熱するための媒体としての役割をもつと同時に食品に吸収され，その成分として食品に栄養価および特有の香味を与えるものである．一般に液状油は「こく」があり，固形脂は「淡白」である．また，植物油脂は「淡白」であり，動物油脂は「こく」がある．

　フライオイルには，① 安定性が高く色や匂いがよいこと，② 発煙が少なく，熱安定性 (酸化安定性が優れ，経済的である) がよいこと，③ 食感がよくカラッと揚がること，④ 冷凍保管中の油の染み出しがないこと，⑤ 冷凍保管中の油脂の劣化が少ないこと，⑥ 作業性に優れること，⑦ 吸油率が少ないこと，などが求められる．

　大豆，ナタネ，パーム，コーン，米などの植物油脂またはラード，ヘッドのように動物性の油脂が，単一もしくは混合され，フライオイルとして用いられる．また，液状油のほかにも硬化油が用いられている．液状の油脂は，作業性に優れているが，酸化安定性に劣る．また，製品からの油の染み出しやべとつきがみられる場合がある．これに対し，硬化油は，作業性の面で難点はあるものの，酸化安定性の問題は解決される．また，硬化油を使用して揚げた製品は，油のべとつきや染み出しも少なく，食感的にも優れている特徴がある．

　電子レンジ再加熱製品が増えており，食感の維持が重要な課題となりつつあり，フライオイルは，風味，経済性，食感などを総合的に判断し使い分ける必要があるといえる．

　(ii) バッター液に求められる特性：　冷凍食品のフライ類は，中種を成形しバッター液をつけ，パン粉づけがなされている．バッター液は，パン粉づけ作業が簡単であり，フライ時のパンクを防いで形態を保つこと，フライ後の製品が色よく歯ざわりが適当であることなどが求められる．バッター液は，製粉メーカーなどより市販されているミックス粉を使用する場合と，小麦粉を主体として自家配合する場合があげられる．食感を維持させるためには，パン粉，中種，製造工程などの改善も必要であるが，バッター液の調整も重要であり，それには油脂 (乳化剤) が大きく関与している．油脂としては，液状油，硬化油，乳化油脂，粉末油脂などが用いられている．

　バッター液に求められる油脂の特徴としては，① 冷水中に容易に分散する，② レンジアップ後の食感が維持できる，③ 製品に余計な風味を与えない，などがあげられる．

(3) フライ類以外の調理食品に利用される油脂

調理済加工食品は，ご飯類，めん類，中華点心類，練り製品，ハンバーグ類などに分類される．これらに対しても，冷凍保管中に起こる風味・食感などの劣化防止に油脂が果たす役割は大きいといえる．

(i) ご飯類に使用される油脂： ご飯類に用いられる油脂としては，炊飯油および炒め用油脂があげられる．炊飯油には，釜離れ性のよさ，つや出し，老化防止，ほぐれ性のよさ，香気の付与などが求められ，風味的に油っぽくないことが要求される．炒め油には，焦げない，はねない，よく伸びる，風味がよいことなどが求められる．

(ii) めん類に使用される油脂： 近年，冷凍めんの需要が伸びてきており，めん同士が付着しない(ほぐれ性)ことを目的として風味のよい液状油が用いられている．

(iii) 中華点心類に使用される油脂： 中華点心類には，春巻，ギョーザ，シューマイなどが含まれる．春巻を例にとると，レンジアップにより，皮が軟化し商品価値が低下する問題が指摘されている．皮の食感維持を目的として，油脂類が用いられている．

おわりに

油脂は，冷凍食品の製造に関し，直接または間接的に用いられている．冷凍食品は，機能面(食感，味)をさらに追究し，技術革新が加速されると思われる．そのなかで，油脂が冷凍食品において果たす役割は大きく，その他の副原料とともに重要な原料といえる．

〔久保文征〕

4.3 各 論

4.3.1 フライ類

a. コロッケ

コロッケは西洋風揚げ物料理の一種，クロケット(croquette)がなまった言葉であり，フランス料理では主に昼食に供せられた手軽な食べ物である．

わが国で広く惣菜として好まれているのは，正式の名をクロケット・ド・ポンム・ドテールというジャガイモのコロッケで，明治時代の末期から煮豆やつくだ煮などとともに街で売られる加工食品のひとつであった．

このように早くから普及した大衆料理であることから，使われる原材料，形状，味付け，食感，販売先，用途などによって多種に分かれている．またJASでは，①食肉，魚肉，卵，野菜など細切りし，②あえ材料(馬鈴薯などすりつぶしたものまたはホワイトソースなど)を加え混ぜ，③俵形などに成形したもの(フライ種)，④衣をつけたもの，⑤またはこれらを食用油脂で揚げたものと定義されている．

(1) 製品の種類と仕様

(i) 種類： 調理冷凍食品のコロッケは，原料配合のベースと具の種類によって表II.4.14のように大まかに分類される．

(ii) 製品の仕様

a) **形状：** 偏平型(楕円形や円形のもの)，ピロー型(枕形)，手造り型(側面にアールをつけた形)などがあり，成形方式も多様化している．

b) **食品衛生法上の分類：** 加熱後摂取冷凍食品に入り，一般に凍結前加熱済と凍結前未加熱の2通りに分けられ，それぞれのパターン別にJAS規格

表II.4.14 コロッケの種類

具の種類＼ベース	ポテトベース	クリームまたはソースベース
畜肉系	ビーフコロッケ，コンビーフコロッケ，ポークコロッケ，チキンコロッケなど	チキンクリームコロッケ，ビーフクリームコロッケ，ポーククリームコロッケなど
魚介系	カニコロッケ，ツナコロッケ，エビコロッケ，サーモンコロッケなど	カニクリームコロッケ，エビクリームコロッケ，ツナクリームコロッケなど
酪農系	チーズコロッケ，バターコロッケ，卵コロッケなど	チーズクリームコロッケなど
野菜系	野菜コロッケ，コーンコロッケ，カボチャコロッケなど	コーンクリームコロッケ，カボチャクリームコロッケなど
その他	カレーコロッケ，マカロニコロッケなど	グラタンコロッケなど

表 II.4.15　商品名に特定原材料を表示する場合の当該原材料含有量

品　名	原材料名	含　有　率	品　名	原材料名	含　有　率
コロッケ	エ　　ビ	製品に対し 10％以上	コロッケ	鶏　　肉	製品に対し 10％以上
	カ　　ニ	〃　　　 8％ 〃		トウモロコシ	〃　　　15％ 〃
	牛　　肉	〃　　　 8％ 〃		チ　ー　ズ	〃　　　15％ 〃
	豚　　肉	〃　　　10％ 〃		そ の 他	〃　　　 8％ 〃

JASによるコロッケの表示 別表（第4条、第5条）．

が定められている．

c）調理方法：　油で揚げる，オーブン，オーブントースター，電子レンジなどがあげられる．業務用製品は，油で揚げる調理が主体であるが，小売用製品については，近年加工技術が進歩し，油で揚げる調理から，簡便性の消費者ニーズに対応したオーブントースター，さらには電子レンジ調理の比率が高まりつつある．

（2）**主要原材料と商品名表示方法**　コロッケは大別して，馬鈴薯を合わせ材料のベースとしたものと，クリームソースをベースとしたものとに分けられることは表 II.4.14 の通りであるから，主たる原料は一方では馬鈴薯であり，他方は牛乳（クリーム），小麦粉を中心としたホワイトソースである．

（i）**商品名表示**：　コロッケベースに混入して合わせる具材原料を，商品名として「コロッケ」の文字に冠して表示する場合，その具材原料の種類により表 II.4.15 の混合割合の基準に示した数値以上の配合量が必要であり，数値未満の製品に対しては留意が必要である．

例えば8％未満の牛肉を配合した場合は，そのまま「牛肉コロッケ」とは商品名としては表示できず，含有率などを入れた「コロッケ（牛肉7パーセント入り）」として表示するなどの制約を受ける．

（ii）**主要原材料**

a）畜肉類：　牛肉，豚肉，鶏肉など

b）酪農類：　牛乳，脱脂粉乳，バター，チーズ，卵など

c）水産類：　カニ（フレーク肉），むきエビ，ホタテなど

d）野菜類：　馬鈴薯，タマネギ，コーン，マッシュルーム，ニンジン，グリンピース，カボチャなど

（1）馬鈴薯　加工用途としては，コロッケ，サラダ，フレンチフライポテト，ポテトチップスなどがあげられ，それぞれの用途に応じて品種，規格，産地，貯蔵方法などの吟味が必要である．

コロッケ用品種としては，男爵，農林1号，紅丸，雪白などがあるが，一般には男爵が受け入れられている．その理由として男爵は煮物などに使われるメークインなどとは違い，調理後の肉質が粘質より粉質（粉吹き）に相当し，加熱後の食感がホクホクしていること，そしていもの特性として酵素的黒変（剥皮後の黒変）のほかに，調理後黒変があるが，男爵イモの場合はこれがほとんどなく，年間を通して白度の高い安定した製品をつくることができるということがあげられる．

品種以外の馬鈴薯選定項目を列記すると，

・デンプン含量：　ライマン価（デンプン価）などとしてみるが，同じ品質であっても，産地，貯蔵時期などでデンプン質の量が異なり，その値が高いほど固形物も高く，加工歩留りも向上し食味もよくなる．

・貯蔵方法：　馬鈴薯は特に長期貯蔵中に発芽した部位や緑紫色に変化した部位に，有害成分ソラニンを含む．この抑制方法としては年間を通して最適の温度・湿度コントロールができる倉庫での貯蔵が必要である．また，強制休眠（低温貯蔵）などの自然発芽抑制方法も効果的である．

・規格の選定：　コロッケ原料としての馬鈴薯の選定にあたり，忘れてならないのはサイズをそろえることである．理由は2つあり，ひとつは同一産地，品種であってもデンプン含量が異なり，それが食味に影響を与えるということ，もうひとつは，丸のまま加熱工程を通す場合，サイズが違うと加熱ムラが発生してしまうことがあげられる．

以上，馬鈴薯の選定方法を述べたが，ポテトベースのコロッケの品質の安定と向上をはかるためには，加工技術がいかに優れていても原料の選定を誤るとよい商品はできないということに留意すべきである．

（2）その他の原材料　畜産類についてはⅡ編第3章「畜産冷凍食品」，水産類についてはⅡ編第2章「水産冷凍食品」，野菜類についてはⅡ編第1章

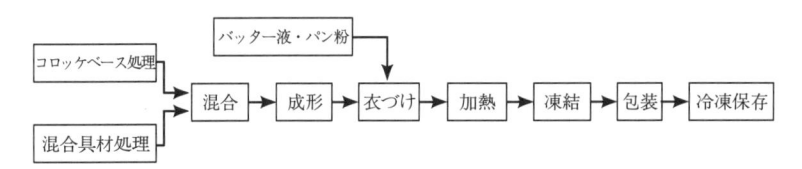

```
コロッケベース処理 ┐                 バッター液・パン粉
                  ├→ 混合 → 成形 → 衣づけ → 加熱 → 凍結 → 包装 → 冷凍保存
混合具材処理      ┘
```

図 II. 4. 12 コロッケ製造工程概略図

衣づけ工程後に加熱工程があるのは凍結前加熱済製品の場合であり，凍結前未加熱製品の場合は衣づけ後に加熱工程はない．

「農産冷凍食品」を参照されたい．

(3) コロッケの製造 コロッケの製造工程を図 II. 4. 12 に示す．

(i) コロッケベース処理と混合

a) ポテトベース： 冷凍ポテトを使用する場合もあるが，凍結によるドリップやデンプンの β 化によって保水力を失っていたり，食味にも悪影響を与えるため，生鮮馬鈴薯を使用することが望ましい．あらかじめ粒度を選別して，剥皮・芽取・トリミング・蒸煮工程に入るが，製品の仕様により剥皮〜蒸煮の工程が前後することもある．蒸し温度は 90℃ 以上を必要とし，温かいままもしくは十分な冷却を行ってからその他の具材と混合する．混合工程での留意点は，練りすぎてイモの粘度が上がり，もち状にならないよう，また水分調整のためのマッシュポテトなどを必要以上に投入しないよう食味低下防止などのために注意しなければならない．

剥皮から蒸煮工程間での処理順の違いは製品仕様の違いにより大きく 2 通りの方法に分けられる．ひとつは高圧蒸気によるスチームピーラー方式に代表される剥皮をしてから芽取，トリミングを行い丸のまま蒸煮するやり方である．この方法は蒸し上ったイモの固形感をだす仕様の製品に有効である．もうひとつは，洗浄，芽取を先に行い，皮つきのまま蒸煮し，そのあとで，皮と中身を裏ごし機で分離するやり方である．この方法はイモの固形感では前者より劣るが，歩留り面，能率面では大変有効な手段である．

b) クリームベース： ホワイトソースは，ホワイトルウに牛乳や小麦粉，調味料を加え，ニーダーなどで加熱したものである．ホワイトルウはバターなどの食用油脂と一定量の小麦粉（薄力粉）を混合し，直火釜などで炒め，小麦粉中に含まれているグルテンを熱変性させたものである．ホワイトルウは調整してそのまま使用する場合もあるが，一度冷却して必要に応じて使用するのが味のまろやかさなどの点からみても適している．

ホワイトソースをベースとするコロッケでは，水分の分離や具の遊離水がそのまま調理時のパンクの原因となるので，ホワイトソースの調整も注意して，時間をかけてつくることが肝要である．また混合する具材も，遊離水の混入や冷凍原料では，ドリップの発生がないよう，使用前に十分に水分を除いて使用することが望ましい．

(ii) 成形： コロッケの成形工程以降において，まず留意しなければならないのは，成形後に加熱工程のない凍結前未加熱製品を製造する際の，装置の細菌衛生管理であり，洗浄殺菌方法の工夫や装置自体のサニタリー構造が必要である．

コロッケの成形方式については表 II. 4. 16 に示したように，ポテトコロッケとクリームコロッケでは成形適性に大きな差があり，適性のよいポテトベースは物理的な衝撃が多少大きい方式であっても成形可能であるが，流動性のあるクリームベースの中種成形方式としては，冷却もしくは凍結方法も含め工夫が必要である．いずれにしてもクリームコロッケの場合は，中種を冷却してから成形する方式と，中種を成形してから冷却または凍結し，後の衣づけ工程へ送る方式に分けられる．

表 II. 4. 16 コロッケの成形方式

ポテトコロッケ	クリームコロッケ
(1) 回転ドラム方式	(1) スタッファー方式
(2) 型枠打抜き方式	(2) パン流し込み方式
など	(3) アイスキャンデー方式
	(4) 回転ドラム方式
	など

(iii) 衣づけ： この工程は，コロッケ，フライ類の特徴的な処理作業であり，大きく次の 2 工程に分けられる．

a) バッタリング： コロッケの中種成形品にバッター液を均一に付着させる工程で，主目的は中種とパン粉の接着であるが，その他の目的として食味食感の向上，パンクの防止，保形性・揚げ色の向上などがあげられる．そしてこれらの目的に対する管理項目として，配合，混合時間，粘度，温度，比重，付着量などがあり，製品の仕様に合わせた管理

方式や機種の選定が肝要である．

例えば，機種の選定についてバッター粘度の低いものであれば，整列状態が安定しているシャワーリング方式が適し，逆に粘度が高く付着量の多い仕様のものには浸漬槽（潜行）方式が適している．

また，パンクの防止においては，中種の水分調整と同様に本工程が重要であり，機種の選定，配合，付着量などによるバッター液仕様の物理的構造の工夫が肝要である．

b）ブレッディング： パン粉づけ工程は，大きく分けて，パン粉の表面コート→押え→過剰パン粉の分離の3工程からなり，付着させるパン粉の種類により，機種や設定条件が異なる．

パン粉の付着状態は外観，見栄えに大きく影響し，コロッケの商品価値を決める大事な要素のひとつである．工程上の留意点として，パン粉のメッシュサイズの特に大きいものについては，バッター仕様のほかに押え工程での工夫が必要である．通常ブレッディングマシンの特性として上下面には付着しやすく，側面にしづらいことがあげられるが，近年さまざまな機種の改良が進み，それぞれのパン粉付着仕様に合った機種の選定や改造が肝要である．

（iv）**凍結と包装**： 急速凍結が原則である．調理解凍時に発生するドリップは，コロッケの中身が急速凍結されない場合に生ずる水分の分離と氷晶の成長によることが多く，特に小売用のオーブントースターや電子レンジ調理仕様の製品については，保管中に衣にダメージを与えることにより食感が著しく低下する傾向があるため，管理上の留意が必要である．

包装形態については，小売用の少量パックと業務用の多量パック形態に分けられ，特にパン粉メッシュサイズの大きいものについては，パン粉のつぶれによる見栄えの低下防止を目的としたトレーや緩衝シートなどの使用検討が肝要である．

以上製造工程の要所を列記したが，その他の工程上のポイントとしては，ポテト冷却方法や成形直後衣づけ前の凍結方式，衣づけ工程におけるパウダリング工程の付加やパン粉の二度づけ方式などの工夫があげられ，さらにはオーブントースターや電子レンジ調理対応製品に至っては，衣づけ後のプリフライもしくはディープフライ工程の十分な検討が肝要であることを追記しておく． ［和田秀実］

b．カツ類

カツ類とは，小麦粉，とき卵，パン粉を付け，たっぷりの油で揚げられた日本独特の料理の総称である．カツ類は種々のバラエティーに富んだメニューができる．カツと名のつくものをあげれば，トンカツ（ロース，ヒレ），ビーフカツ，チキンカツ，ハムカツ，メンチカツなどがあるが，ここでは代表的な「トンカツ」について述べる．

豚肉を適当な厚さにスライスしたもの，厚くぜいたくに切ったもの，ブロック凍結したものをスライサーなどでカットしたものなどがあり，これに小麦粉，とき卵，パン粉を付け，衣を着せたものを多めの油で揚げたものをトンカツという．揚げ油としては，動物性油脂（ラード，ヘッド，バター），植物性油脂（サラダ油，大豆白絞油，菜種白絞油，コーン油，綿実油）が使用される．

トンカツは豚肉の「カツレツ」を意味し，西洋料理のコートレット（cutlet）と同じで，本来は肉を薄く切る切り方をいう．西洋料理では一般に油で揚げずに，バター，ラードなどで焼くので，本来のトンカツとは異なる．やはり「トンカツ」は日本で生み出された洋風和食の代名詞であるといえる．この「トンカツ」も現在は冷凍食品または冷凍食肉として，外食・学校給食・産業給食・惣菜・医療食・市販用（一般ユーザー向け）として生産され，販売されている．

（1）**分類** （表 II.4.17 参照）
・冷凍食肉（食肉含有率が50％を超える半製品）トンカツ材料などは食品衛生法上食肉として扱われる．
・冷凍食品（食肉含有率が50％以下のもの） 食肉含有率にこだわらず，社会通念上惣菜として流通するもの，例えば「トンカツ」など．

（2）**成分規格**

（i）**冷凍食肉**： 生の食肉に衣を付けたもので，食品衛生法上「食肉」として取り扱われ，厚生省告示と東京都指導基準をみると，細菌数（生菌数）1g当たり500万以下，サルモネラ菌陰性，揮発性塩基窒素 mg/100 g，20 mg 以下が適用される．この製品は通常でいう調理冷凍食品と一緒のショーケースに陳列して販売することはできない．

（ii）**冷凍食品**： 肉だけを加熱したものに衣を付けたものと，衣の付いたものを油揚げして冷凍したものがある．前者は衣が生であるので，加熱後摂取冷凍食品（凍結前未加熱）となり，細菌数（生菌数）は1g当たり300万以下，$E.\ coli$ 陰性，サルモネラ菌陰性，ブドウ球菌陰性，揮発性塩基窒素 20 mg/100 g 以下（生菌数，$E.\ coli$ 以外は東京都

134　　　　　　　　　　　　Ⅱ．製　　造

表 Ⅱ. 4. 17　食肉および食肉製品の分類

食肉		食肉製品				その他食肉を含む加工品
食肉	食肉加工品（半製品）	ハム・ソーセージ・ベーコンその他これらに類するもの				
		非加熱食肉製品	ハム・ソーセージ・ベーコン	コンビーフ	その他食肉製品	
鳥獣の肉および内臓 枝肉 （カット肉 スライス肉 ひき肉）	鳥獣の肉および内臓等の比率が50％を超える未加熱品 トンカツ材料 （味付生肉 つけもの 生ハンバーグ 生ソーセージ 生ウインナー） 食品衛生法上食肉として取扱う．	1．生ハム 2．ローストビーフ	1．食肉ハム ロースハム，ラックスハム，プレスハム，チキンハム 2．食肉ソーセージ （スモークソーセージ クックドソーセージ ドライソーセージ） 3．食肉ベーコン （ベーコン ショルダーベーコン ボイルドベーコン）	食肉コンビーフ （コンビーフ プレスコンビーフ）	1．焙焼肉 2．乾燥肉 3．食肉を50％以上含むハンバーグ，ミートボール	1．食肉含有率50％以下の半製品生シューマイ，生ギョーザ 2．食肉含有率50％以下の製品ハンバーグ，ミートボール 3．食肉含有率にこだわらず社会通念上惣菜として流通するもの とんかつ，大和煮，甘露煮，シューマイ，コロッケ，ギョーザ
他の食品と一緒に単に食品の素材として寄せ集めたものは，その量のいかんを問わず当該食肉の部分は食肉として取り扱う．		1．食肉製品をさらに細切，乾燥等簡易な加工を施したものは食肉製品とする． 2．食肉製品に他の食品を単に寄せ集めたものは当該食肉製品の部分は食肉製品とする． 3．ただし食肉製品をさらに調理加工し，他の食品としたものは，食肉製品とはいわない（ハムサラダ，ハムサンド，弁当など）．				
政令第5条第8号の3　食肉処理業 政令第5条第9号　食肉販売業		政令第5条第10号　食肉製品製造業				政令第5条第28号　そうざい製造業 （半製品を除く）
凍結品は冷凍食肉		凍結品は冷凍食肉製品				凍結品は冷凍食品

表 Ⅱ. 4. 18　わが国で流通する豚の種類

品種	原産地	特徴
ヨークシャー	イギリス ヨークシャー地方	白豚の優良種で，大，中，小の3型有．中型が主で，肉食良好であるが，発育がやや遅く背脂肪が厚い．
バークシャー	イギリス	黒豚で頭，四脚，尾端が白い（6白を特徴としている）．脂肪やや多いが肉しまりよく味もよい．特にロースの芯が大きい．
ランドレース	デンマーク在来種 大ヨークシャー	加工用の豚で白色大型で，発育が早く，小供を産む能力に優れている．純粋種では大多頭である．頭が小さく，胴が後にいくほど発達している．
ハンプシャー	アメリカ	毛・皮膚は黒いが，肩から前肢にかけて，帯状の白色をしている．肉質は良好で色合いもよい．背脂肪うすく，もも部分の肉量が多い．
デュロック	アメリカ	赤身がかった体で，耳はたれている．成長が早い，肉質はハンプシャー種に似ている．赤肉生産量に適している．

上記以外にポーランドチャイナ，スポット，チェスターホワイトなどが流通している．わが国の多くはランドレース×大ヨークシャー種が多いが，バークシャー種も増えてきている．

表 II.4.19 各部位の利用法

部位名	特　　質	料理ポイント	調理法
ヒ レ	一番軟らかく高級肉で100%赤身.	肉の軟らかさを求める料理に向き，厚めに切った方が味がよい.	ステーキ，カツ，バター焼き，バーベキュー
ロース	表面を脂でおおわれた軟らかい赤身肉，味もよく筋もない.	軟らかいので厚切り，薄切り，いずれにも向く.	カツ，ソティー，すき焼
も も	脂が少ない赤身肉，内ももは軟らかい，味には深み（こく）がある.	肉料理万能型，特に角切り，大切りにした料理に向く.	かつ，ロースト酢豚，すき焼き
か た	色は濃く肉質はやや固めであるが，こくのある味で，脂が適度にのっている.	脂が適度にあり，くせのない味のある肉で，種々の料理に適している.	焼豚，煮込み用野菜炒め，カレー
ば ら	赤身と脂身が交互の層になっていて，こくのある味で，だしがよくでる．食通好みであるタンパク質より脂肪が多い.	味がよく，だしがよくでる．長時間煮込む料理，焼物などに向く.	煮込み，カレー，ロースト，あみ焼，炒め物
す ね	脂なく，線維が多い．ひき肉，こま切れとなる.	煮込み，スープなどの時間をかける料理に向く.	煮込み，カレー，肉だんご，ハンバーグ
レバー	ビタミンB_1が多量に含まれており，栄養食のひとつとなる.	血抜き，くさみ抜きをしてから料理した方がよい.	ステーキ，炒め物

指導基準）と定められている．

後者はオーブントースター，電子レンジなどで温めるだけで食べられるお手軽商品（プリフライスタイル）で，加熱後摂取冷凍食品（凍結前加熱済）となり，細菌数（生菌数）は1g当たり10万以下，大腸菌群陰性，サルモネラ菌陰性，ブドウ球菌陰性（生菌数，大腸菌群以外は東京都指導基準）と定められている．

(iii) 原　料：　豚の種類は世界中で100種以上といわれている．日本で流通している代表的な種類は表II.4.18の通りである．また，各部位の利用法を表II.4.19に，各部位の名称を図II.4.13に示す．

(iv) 用途別タイプと品種
・脂肪型（ラードタイプ）：　デュロップ種
・生肉用型（ポークタイプ）：　中ヨークシャー種，バークシャー種，ハンプシャー種
・加工用型（ベーコンタイプ）：　大ヨークシャー種，ランドレース種系の雑種

現在の加工技術ではどのタイプでも使用可能となってきている．

(v) 枝肉の検収：　豚肉は，と畜場でと殺され，獣医検査員により健康状態をチェックされ，病気などの問題のないことが確認され合格した豚に対して検印が捺印され，はじめて流通されることになる．原料として購入する際に注意しなければならないことは，適齢豚か，鮮度はよいか，むれ豚（pale soft exudative）や水豚（watery pork），軟脂豚などの肉質異常がないか確認する必要がある．また豚に限らず他品種肉についてもこのような注意が必要である．また冷凍輸入肉などを買い付けるときは，ポストハーベスト，抗生物質使用の有無，細菌検査成績などを付けてもらい確認することを忘れてはならない．

(vi) カツ類の衣

a）**打粉**：　肉自体の水分を吸収させるか，衣づきをよくするために使用する．グルテン質の少ないべとつき感のない小麦粉がよい（例えば薄力粉）．その商品により打粉の選択が大切となる．

b）**バターミックス粉**：　惣菜店などでは卵をといて使用することもあるが，加工性からいくとその商品に合ったバターをつくることが大切である．バターの主成分は小麦粉であり，これに調味料などを配合し，冷水により加水して，目標とする商品に合わせた味にする．食感に非常に大きな影響を与えるので，小麦粉配合，温度管理，粘度管理に

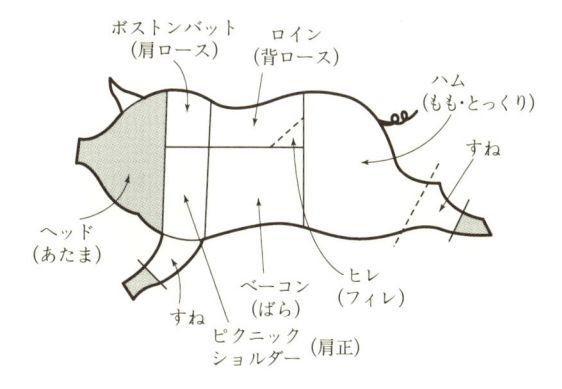

図 II.4.13　豚の各部位名称

II. 製造

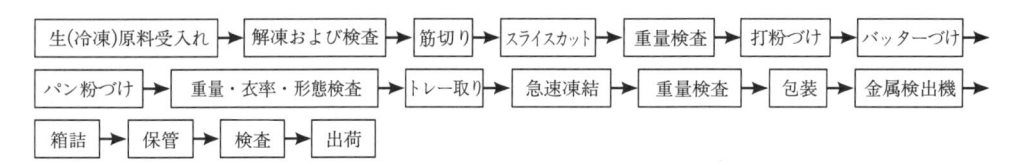

図 II.4.14 手造り

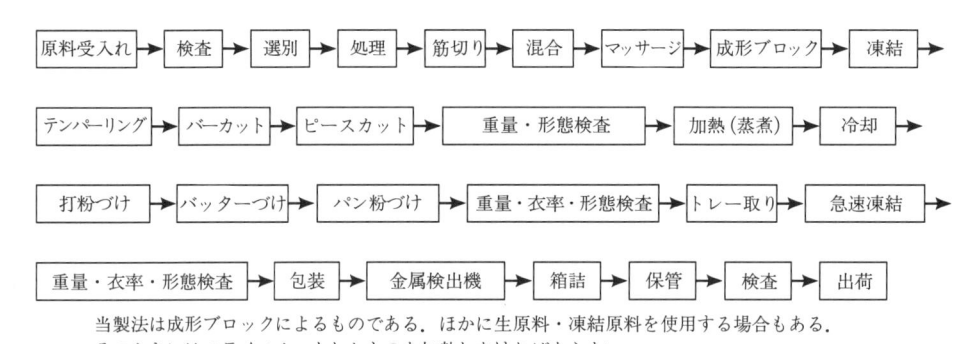

生(冷凍)原料受入れ → 解凍および検査 → 筋切り → スライスカット → 重量検査 → 打粉づけ → バッターづけ → パン粉づけ → 重量・衣率・形態検査 → トレー取り → 急速凍結 → 重量検査 → 包装 → 金属検出機 → 箱詰 → 保管 → 検査 → 出荷

図 II.4.15 ディープフライ(冷凍食品)の製造工程

原料受入れ → 検査 → 選別 → 処理 → 筋切り → 混合 → マッサージ → 成形ブロック → 凍結 → テンパーリング → バーカット → ピースカット → 重量・形態検査 → 加熱(蒸煮) → 冷却 → 打粉づけ → バッターづけ → パン粉づけ → 重量・衣率・形態検査 → トレー取り → 急速凍結 → 重量・衣率・形態検査 → 包装 → 金属検出機 → 箱詰 → 保管 → 検査 → 出荷

当製法は成形ブロックによるものである．ほかに生原料・凍結原料を使用する場合もある．そのときにはスライスカットしたものを加熱しなければならない．

十分な注意が必要である(現在は，バッター専門メーカーがあり，肉用，魚用などとして売られている)．

c) パン粉：　加工用に使用する食パンと考えればよい．ドライパン粉水分14％前後，生パン粉(チルド，冷凍，水分32〜38％)，パン粉などが使用される．商品に合わせたカラーパン粉もある．パン粉の製法には焙焼式と電極式があり，焙焼式は耳が焦げた状態となるので使用目的により選択する必要がある．

(vii) 製造方法

a) 手造り(冷凍食肉)：　図 II.4.14 を参照．

b) ディープフライ(冷凍食品)：　図 II.4.15 を参照．

c) プリフライ(冷凍食品)：　b) の説明のパン粉づけ，重量・衣・形態検査までは製法が同じなので，それ以降について説明する(図 II.4.16 参照)．

d) メンチカツ：　図 II.4.17 を参照．

油揚げ → 油切り → 冷却 → 重量・衣率・形態検査 → トレー取り → 急速凍結 → 重量・衣率・形態検査 → 包装 → 金属検出機 → 箱詰 → 保管 → 検査 → 出荷

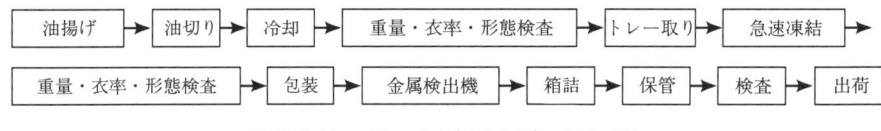

図 II.4.16 プリフライ(冷凍食品)の製造工程

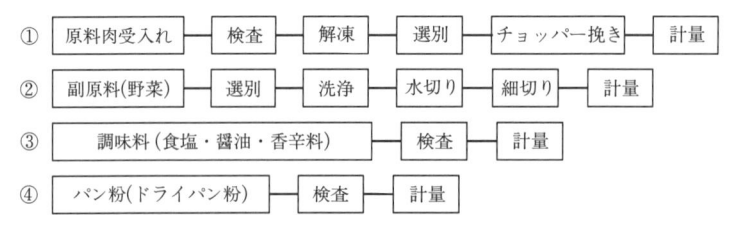

① 原料肉受入れ → 検査 → 解凍 → 選別 → チョッパー挽き → 計量
② 副原料(野菜) → 選別 → 洗浄 → 水切り → 細切り → 計量
③ 調味料(食塩・醤油・香辛料) → 検査 → 計量
④ パン粉(ドライパン粉) → 検査 → 計量

バッチ当たりの配合を決め，おのおの計量し，上記①＋②＋③＋④をミキシングする．

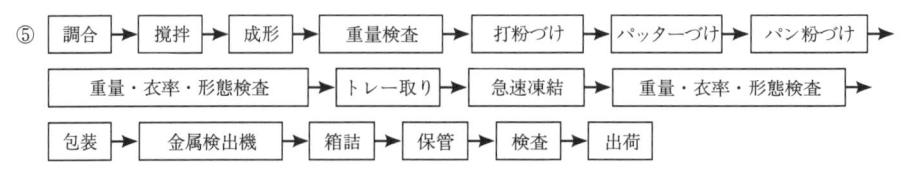

⑤ 調合 → 撹拌 → 成形 → 重量検査 → 打粉づけ → バッターづけ → パン粉づけ → 重量・衣率・形態検査 → トレー取り → 急速凍結 → 重量・衣率・形態検査 → 包装 → 金属検出機 → 箱詰 → 保管 → 検査 → 出荷

図 II.4.17 メンチカツの製造工程

e) その他
・すり身にエビ・調味料を入れミキシングして練り肉をつくり，これを成形し衣を付け，冷凍した製品もある．
・ハムなどをスライスカットして，これに衣を付け冷凍した製品もある

(viii) **製造方法の詳細**： ここでは成形ブロックを原料にした冷凍食品ディープフライについて詳しく説明する．

a) 原料受入れ・検査： 商品設計時にどのような原料を（部位など）使用するか決める．原料納入社と受入社の間で，受入基準書を設定し，受入基準に合致しているか検査を行う（肉の赤身と白身の比率，鮮度，異物夾雑物の混入のないもの，および細菌基準をクリアしていること）．

b) 解凍・選別・処理： 凍結原料使用の場合，原料を低温解凍（品温5°C以下）する．解凍された肉の不要部分（脂・筋・軟骨・異物・夾雑物）を除去し，肉自体に下味を付ける場合もある．そのときにはピックル液（調味液）をつくり，まんべんなく肉に吸収するようにする．そのために肉を一定の大きさに切り，原木成形をしやすくしてやる．でき上り時，食べやすく食感がよくなるように，肉の繊維方向を一定にしてやる必要がある．

c) 筋切り： 使用する肉の筋を一定間隔に切ることにより，ピックル液が一定に吸収しやすくなるのと食感が軟らかくなるように，スジッカー（ミートテンダーライザー）により筋を切ってやる．

d) 混合： 肉とピックル液を真空ミキサー，またはブレッダーにより混合し，風味を向上させ，肉質を軟らかくする．ピックル液は一般的に粉末状植物性タンパク質，粉末卵白，カゼインナトリウム，アミノ酸などの調味料，食塩，香辛料，エキスなどが調合される（ピックル液は細菌管理面より0°～5°Cが望ましい）．

e) マッサージ： さらにピックル液を肉に均一に吸収・浸透させるためと，物理的に肉の熟成を促進させるためにロータリーマッサージャーを使用して，肉のマッサージを行う．マッサージャーは10～12時間が通常である．品温上昇を防ぐために冷蔵庫内に設置するのが望ましい．

f) 成形ブロック： でき上り製品に合わせた大きさ・厚さを決める．能率，歩留りを考えてつくり，凍結する．

g) テンパーリング： 原木スライス時，肉がカールしない温度帯までもっていく．

h) バーカット，ピースカット： テンパーリングされた原木を特殊バンドソーでバーカットし，次にロータリーカッターにてスライスカットする．

i) 重量・形態の検査： 厚さ・幅・長さは基準通りか，重量は設計通りか検査する．

j) 加熱・冷却： 蒸煮ボックスなどにより，肉の中心に完全に熱が通るまで蒸煮し，蒸煮後は冷却装置により設定温度まで冷却する．

k) 衣づけ： パウディングマシンにより打粉し，バターリングマシンによりバッターを付け，ブレッディングマシンにより基準通りのパン粉を付ける．

l) 重量，衣率，形態検査： 設計品質通りか，検査を行う．

m) トレー取り： 決められた個数を衛生的にトレーにのせる．

n) 急速凍結： スパイラルフリーザーなどで製品が$-18°C$以下になるまで凍結する．

o) l)と同様の検査を行う．

p) 包装・金属検出機・箱詰： フィルム包装をし，金属検出機を通し，正常品のみを箱詰する（日付シール不良に気をつける）．

q) 保管・検査・出荷： 箱詰めされたものを冷蔵庫保管し，抜取検査（食品衛生法で決められた成分規格検査，JAS法に準じた官能検査）の合格したものを出荷指示書により出荷する．　［鈴木順晴］

c. エビフライ

油で揚げるフライ調理の起源は西洋といわれ，魚介類に卵や水溶き小麦粉を付けて，食べ残しのパンを小さく砕き表面に付けて油で揚げた食品である．フライ類のバリエーションは中種の変化により多数のアイテムが生まれ，このなかでトンカツ，エビフライは日本で独特な進化を遂げた代表的な日本風洋食である．エビは味にくせがなく，独特の旨味が日本人に好まれる材料で，エビフライはさらに油脂味が加わりいっそうおいしくなり，人気のある日本の洋食である．わが国では特に料理の外観を重視し，尾扇（尾脚）を残して尾端を開き，この部分にはパン粉を付けず，油で揚げたとき赤い尾扇をみせる独特の形状を呈するエビフライである．JAS定義では，①クルマエビ科，タラバエビ科，エビジャコ科，②頭胸部，甲殻を除去，または尾扇を除去，その小片をフライ種としたもの，③衣を付けたもの，④またはこれらを食用油脂で揚げたものとされている．

(1) 原　料　わが国のエビフライ原料は，クルマエビ科クルマエビ属の中で加熱時の発色のよいブラウン系，味のよいホワイト系が主流であったが，現在では養殖が軌道に乗っているブラックタイガーが主体になっている．ブラックタイガーはクルマエビと同科同属で，水温の高い地域に生息するブラウン系のエビである．したがって加熱すると赤色の発色がきわめてよく，肉質もしっかりした理想的な原料である．ただし，難点は鮮度による旨味の変化が激しい点で，産地は気温の高い地域だけに，水揚げしてから凍結までの時間と温度に影響されやすく注意が必要である．主要生産国はタイからベトナム，インドネシアに移り，メーカー（ブランド）により設備，衛生管理，鮮度管理に相当な違いがみられる．サイズについては国際規格で1ポンド当たり尾数を定めているがばらつきが大きく，特に凍結までの履歴により解凍時の重量変化があるので注意が必要である．エビフライには1ポンド当たり26～30尾（26/30と表示されている）の無頭殻つき原料が中心になり，用途によりサイズを指定して使い分けしている．前述の通り，生息地が熱帯水域のコレラ汚染地区の場合が多いが，厳重な輸入検査を受けているので，国内に入荷している原料はほとんど問題はない．しかし万一を考え，受入検査でのチェックは必要である．

(2) 原料解凍　輸送保管中の破損と乾燥防止のために，注水凍結ブロックで流通されるのが通常の荷姿である．殻つきエビは凍結前に黒変防止の目的で亜硫酸水素ナトリウム (sodium bisulfite) を主体にした製剤で処理されているが，品温の上昇を極力抑えることが重要である．さらに，エビはpHも高く，酵素活性も高いので組織の変化も早く，鮮度低下に伴う塩基性揮発性化合物が発生し，臭気が出やすいので低温で短時間解凍が必要である．ただし，水に直接浸漬すると短時間で解凍できるが，浸漬時間をシビアに管理しない限り，エビの呈味成分の流出，エビ肉の吸水がみられるので好ましい方法ではない．

使用前日から解凍を行う場合は5℃以下のC級冷蔵庫での解凍が好ましく，当日解凍の場合は水との接触を少しでも減らすシャワー方式の解凍を選択すべきである．エビの外皮の中で腹節，遊泳脚の細菌汚染が最も高く，表面を次亜塩素酸ソーダ (sodium hypochlorite) で殺菌する場合がある．ここで注意しなくてはならない点は水洗を十分行い，塩素臭を残さないことと同時に，水との接触時間が長くならないような工夫が必要である．また，すべての作業を通じ，砕氷を使用して品温を5℃以下に保持し，鮮度の低下防止と細菌増殖防止に心がけることが重要である．

(3) 殻むき，腸管除去　解凍エビの尾扇とこれに続く1節の殻を残してそれ以外の殻を除去する．種々機械も開発されているが，大型の原料は単価も高く，精度と歩留りを考えると手作業にならざるをえないようである．鮮度良好な原料を脱頭する際，腸管はかなり除去されているが，完全ではなく，腸管は泥や砂の混入，細菌汚染の原因になるので除去が必要である．除去方法は背筋に沿ってナイフを入れて除去する場合と，背筋の中間部に針金状の道具で腸管を引っかけて除去する方法が一般的である．前者は従来行われた方法で，現在は後者が主流になっている．ただし，エビの生息域により砂などの混入が激しい場合は，前者を選択し完全を期すべきである．

腸管除去後の精肉の殺菌は絶対に欠かせないが，この段階で注意を要する点は，除去した腸管は細菌

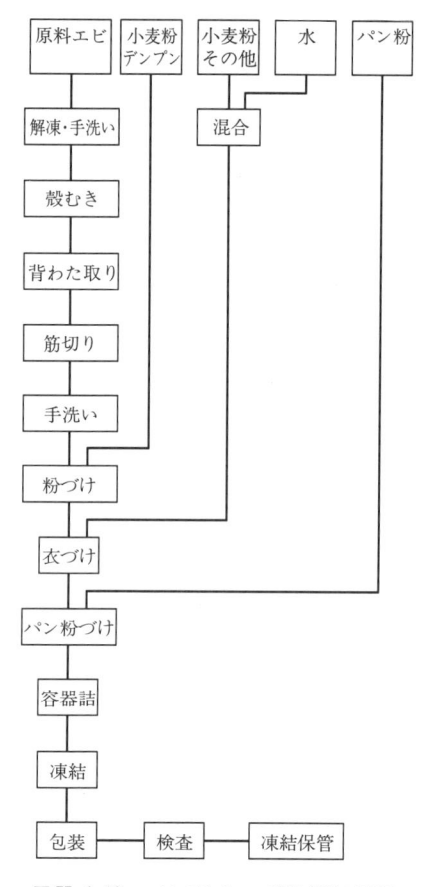

図 II.4.18　エビフライの一般的製造工程図

数が多いので 100～300 ppm の比較的高濃度の次亜塩素酸溶液の中に集め，増菌防止と腸管除去器具の殺菌が不可欠である．一部のメーカーではこの工程で膨潤剤を使用して精肉歩留りを上げているが，アルカリ性剤であるため鮮度いかんによっては臭気が出やすく，低温に保持することが重要である．また，凍結原料の場合，アルカリサイドで容易に吸水されるが，エキスの流出を伴うので味の補強が必要である．なお，エビを扱う作業はエビのケンや殻で刺し傷，切り傷ができやすく，それが化膿し黄色ブドウ球菌の汚染原因になるので，手袋の着用は絶対に必要である．

（4）筋切り，延ばし　エビ肉は加熱すると腹側に曲がり変形するので，腹側に 3～4 カ所浅く切れ目を入れる．この工程が筋切りと呼ばれ，この状態だけでは加熱時の変形防止が不十分なため，さらに背側から押さえ付け，筋肉を延ばす．これが延ばし工程である．これら一連の作業は機械が開発されているので，国内生産の場合はほとんど機械延ばしになっている．しかし，原料の選別精度が悪い場合は重量差が長さの差になって現れ，衣づけ後の重量ばらつきをよりいっそう大きくする原因となる．したがって，大型サイズの商品は機械延ばしでなく手作業で行う場合が多く，長さを同一にすることにより重量ばらつきを小さくし，製品の外観をそろえる工夫がなされている．

（5）衣づけ（打ち粉，バッタリング，ブレッディング）

（ⅰ）打ち粉：　加熱したときエビから出るエキス類を吸収させ，衣の密着性をよくするために，打ち粉をする．打ち粉に使う材料は，小麦粉，デンプン，乾燥卵白，植物性タンパク質など，保水力が強く加熱時にゲルを形成するものを選択すると効果が大きいようである．打ち粉は原料の加熱ドリップ量，中種の性状（収縮度合い）により配合を決定する（表II.4.20）．生エビの場合は加熱収縮が大きいため，デンプン主体の打ち粉になるが，原料の加熱ドリップ量により熱凝固性の高い粉末タンパク質を添加すると効果が大きいようである．エビの表面加熱殺菌を行った場合は，最終商品を油で揚げたときの加熱収縮が少ないが，衣の密着性が悪くなるので，打ち粉に熱凝固性の高いタンパク質の添加が必要である．いずれにしても，打ち粉はエビの表面に薄く均一に付けることがポイントで，エビの表面に付着している余剰な水分は除去しておくことが必要である．打ち粉に使用するデンプンは地上デンプンより地下デンプンを使用した方がサラサラした状態が持続しやすく，ダマができにくので，打ち粉の利用率も高い結果が得られている．

（ⅱ）バッタリング：　バッターは基本的には全卵を使用することが好ましいが，最終工程の凍結で物性が変化すること，コスト面から薄力小麦粉，デンプン，殺菌全卵を冷水で希釈してバッター液を調整するのが一般的である（表II.4.21）．バッターは常に 10℃ 以下に保持し，細菌の増殖防止と物性（粘度）変化を極力抑えることが重要である．手づけの場合はバッターの継ぎ足しは避けること，機械づけのときは細菌の増殖度合いを確認して一定時間ごとにバッタリングマシンの洗浄とバッターの交換を行うことが必要である．手づけの場合の粘度は 450～700 mPa·s で，最終衣率が 50% 程度である．一方，機械づけの場合はバッターづけの機構にもよるが，バッター切れのよいことが前提で，粘度は 400～600 mPa·s で同様の衣率に収まるようである．なお，打ち粉，バッターとも小麦粉を多くすると衣の食感はよくなるが，油で揚げたとき，衣と中種との間に空間ができやすくなる．デンプンを多くすると衣の食感はやや硬くなりやすいが，中種との密着性はよくなる．両者のバランスが重要である．精肉段階でアルカリ膨潤させた場合は，油で揚げた

表II.4.20　エビフライ用打ち粉の配合例

（単位：％）

	加熱原料使用	生鮮原料使用
薄力小麦粉	10～30	—
デンプン	20～40	30～40
米粉	0～10	5～10
乾燥卵白	30～70	20～50
調味香辛料	0～3	0～3

加熱原料：筋切り後表面加熱したエビの場合．
生鮮原料：未加熱エビの場合．

表II.4.21　エビフライ用バッターの配合例

（単位：％）

	加熱原料使用	生鮮原料使用
薄力小麦粉	40～60	20～40
デンプン	5～15	20～50
全卵	5～20	5～20
植物性油脂	5～20	5～20
増粘剤	0.5～1.0	0.5～1.0
膨張剤	1～4	1～4
植物性タンパク質	3～10	3～10
調味香辛料	10～15	10～15

添加水量は上記100部に対し，150～350部添加．

とき，衣のネチャツキ感が出やすいので打ち粉，バッターには熱凝固性の高い植物性タンパク質，全卵，卵白などの配合量を増加することが必要である．

(iii) ブレッディング： 国内のフライ用のパン粉はソフト系パン粉が主流で，焼成方法として培焼式と電極式がある．また，パンを粉砕したのちそのまま使用する生パン粉（水分36％以下）と，乾燥してから使用するドライパン粉（水分14％以下）に大別される．パンは粉砕すると針状の形状を呈するが，これをドライヤーで乾燥すると形状が崩れ粒状になりやすい．また，電極式の特徴はパン粉の剣立ちがよく，色が白い長所があるが，パン粉の風味が乏しく，食感がやや硬くなる欠点がある．エビフライの場合，エビの肉質は歯切れがよくしっかりした食感のため，ある程度パン粉が硬い方がバランスがよく，外見のよさ（花咲良好）から，電極式生パン粉を使用するケースが多いようである．なお，生パン粉は水分が高いので細菌が増殖しやすいため，保管日数が短い場合は冷蔵保管し，長くなるときは冷凍保管が必要である．パン粉は機械づけできるが，パン粉の付着圧力の微調整がむずかしいので衣の食感が硬くなりやすく，パン粉の剣立ちも悪くなるので，大型の製品は人手による手づけ（握り）の作業が圧倒的に多くなっている．このようにして，パン粉づけしたエビフライをトレーに並べて尾扇を拡げ形状を整えている．

エビフライを上手に油で揚げるためには，高温短時間がポイントである．過剰加熱になるとエビ肉が硬くなり，食感を損ねる心配がある．この点を考慮して，調理温度，時間の表示が必要であるが，それだけでなく衣率50％以下の商品には着色しやすいバッター，パン粉を使用し，加熱オーバーを防止することも必要である．また，衣率が高い商品（50％を超える）では加熱によりエビ肉が硬くなるのを遅らせることはできるが，衣自体の食味について工夫が必要である（衣率が50％を超える場合は衣率表示が必要）．

(6) 凍結，保管 エビは一般的に未加熱品の場合，凍結耐性は比較的良好であるため，エビフライの凍結による肉質変化は少ないと思われる．しかし，凍結原料の解凍，筋切り，延ばし，殺菌などで水との接触時間が長くなり，吸水して高水分の場合や表面殺菌のためにブランチングした場合は，凍結耐性の低下が観察される．特に緩慢凍結，保管中の温度変化があった場合，食感はパサつきやすく，製品を油で揚げたときエビのドリップ（エキス類）が衣の表面に溶出し，部分的な褐変により外観を損ねる原因になるので注意が必要である．

(7) 海外におけるエビフライの生産 以上の通り，エビフライの製造機械は種々考案されているが，品質は人手による生産品までには到達していない．日本国内では労働力，コストの問題から東南アジアのエビ生産国に作業が大幅にシフトしている．ブラックタイガーの養殖は，台湾からタイ，マレーシア，ベトナム，インドネシアに移っていったが，エビフライの生産は現在タイが中心になっている．タイでは日本のパン粉，バッターミックスの製造メーカーも進出しており，インフラも整備されていて品質も安定し始めている．しかし，タイのエビの養殖は種々の要因で峠を越え，インドネシアに移るとともにエビフライの生産も同時に南下してきている．エビ関連の東南アジアの事業は華橋が中心で，産地の移動に伴いタイで蓄積した技術・資金がシフト，または，海外への技術指導に向けられている．産地で最終製品まで一気に生産する利点は生鮮原料を使用しワンフローズンでエビフライができるので，凍結損傷も従来のツーフローズンに比べ少なく，エビ本来の食感が保持可能である．さらに，凍結原料は注水凍結であり，解凍時に水との接触時間が長くなるので，エキス類の流出や水分の吸収が高くなりエビの旨味が低下する．ワンフローズンの場合これらの欠点が改善でき，高品質のエビフライが生産可能である．

なお，現地生産では，水揚げ後のエビは冷水でショック死させたのち，以下の留意点が必要である．

① 褐変防止と鮮度維持のため，氷を使用して品温を常に5℃以下に保持する．
② 原料エビは死後商品化までの時間を可能な限り短縮する（6時間以内が好ましい）．
③ 原料，精肉の細菌管理についてのノウハウの蓄積が必要である．
④ 筋切り後の延ばしを強めにしないと，油で揚げたときの変形が強くなる．
⑤ 衣づけ後，急速凍結しないと，製品を油で揚げた際エキスが衣に溶出し，褐変しやすい．
⑥ 衛生管理について練度が低いので，十分な技術指導とマニュアル化と管理の徹底が必要である．

以上の通り冷凍原料を使用した場合に比べ，生原料を使ったワンフローズンの製法は多少の違いがあ

り，品質の優位性を発揮させるための調整と新たな管理基準の設定が必要である．

d. 白身魚フライ

白身魚フライはフライの代表的なアイテムで，主な魚種はマダラ，スケトウダラ，ホキ，メルルーサ，ヒラメ，カレイ，オヒョウなどが最もポピューラーな材料である．この中で冷凍食品の白身魚フライの原料は水揚げ数量，価格面からスケトウダラとホキに絞られている．商品の形態は欧米ではスキンレス，ボンレスのフィレブロックのフローズンカット品にクラッカーパン粉を付けたスティック，ポーションが圧倒的に多い．一方，わが国ではフローズンカット品や成形品は定着せず，皮つきの切り身にソフトパン粉を付けた商品が主流になっている．本項では切り身タイプの白身魚フライを中心に，その製造方法を述べる．

（1）**原　料**　主要原料であるスケトウダラはタラ科のスケトウダラ属で，北日本近海からベーリング海北米北部に分布する大量捕獲魚である．一方ホキはメルルーサ科メルルーサ属の魚で，ニュージーランド，オーストラリア南部の200～800 mの海底に棲息する魚である．加工用原料はラウンド（原魚のまま），セミドレス（えら，内臓除去），ドレス（えら，頭部，内臓除去），フィレ（三枚おろしにし背骨を除去）の凍結品で搬入されている．一般的に白身の魚は凍結耐性が低く，凍結期間が長くなるほど，原魚に手を加えるほど（ラウンド＜セミドレス＜ドレス＜フィレの順で冷凍耐性が低下する）冷凍変性は早くなり魚肉の保水力が低下する．

魚類の品質を決定する要因は鮮度で，漁獲後の温度と時間に左右される．動物の筋肉は一般的に死後に筋肉が硬くなる状態（死後硬直）を経過し，再び軟化（解硬）し，さらに筋肉タンパク質は熟成（自己消化）し，それ以降は微生物に分解（腐敗）されていく．食品として使用可能な範囲は自己消化前半までのものである．魚の旨味は核酸関連物質のイノシン酸（IMP）といわれ，これは自己消化前半に最大になるためである．これを核酸の代謝でみるとATP(adenosine triphosphate)→ ADP(adenosine diphosphate)→ AMP(adenosine monophosphate)→ IMP(inosine monophosphate)→ HxR(inosine)→ Hx(hypoxanthine)と変化する．現在この変化を利用して鮮度判定を次式で算出しているが，実施されている化学的な分析では官能による判定と最も相関性が高いといわれている（北洋系の魚やタイなど魚種により相関性の低いものもある）．

$$K値(\%) = \{(HxR + HX)/(ATP + ADP + AMP + IMP + HxR + HX)\} \times 100$$

で求められるが，核酸関連物質の測定に時間がかかる難点があった．だが，最近では簡易測定法が開発され，簡単に K 値（近似値）が測定でき，原料の受入検査に利用されるようになっている．

（2）**原料解凍**　畜肉によくみられる現象であるが，魚肉でも，水揚げ直後に凍結し急速に肉温を降下させると筋肉の硬化と収縮が急激に起こる．これは寒冷収縮と呼ばれる現象である．一度寒冷収縮した筋肉は熟成させても軟らかくなりにくく，ドリップが出る欠点がある．この現象は死後硬直の異常型で，死後に筋肉中のATPの分解がある程度まで進行すると筋肉中のアクチン（actin）とミオシン（myosin）が結合してアクトミオシンができるためである．このATPの分解速度と温度との関係は，15℃以下の場合は温度が下がると逆に速くなる．これは，船上凍結のラウンド原料を急速に解凍するとみられることがあり，鮮度がよすぎる場合は，低温で緩慢解凍するとある程度復元できるようである．加工用原料はドレスまたはフィレのブロック解凍品を使うのが一般的なため，スケトウダラ，ホキなどの低温水域（2℃程度）に棲息する魚種の場合，脱頭，フィレ化の工程中で解硬状態まで進みほとんど心配はないようである．

最適な解凍方法は解凍棚に凍結原料を乗せ，5℃以下の解凍庫内で融解し，半解凍で使用するのが理想である．注意が必要なのは，一般的によくみられる方法で凍結原料を室温に放置し解凍する自然解凍法がある．この方法は表面と内部の温度差が大きくなり，季節により品温の差が生じやすく，年間を通じ安定した解凍は不可能である．さらに，凍結により損傷を受けた魚肉は細菌の繁殖も早くなり，部分的な細菌汚染が全体に拡散するので避けるべきである．また，短時間で融解できる水中解凍法は旨味成分のエキスの流失，魚肉の吸収，細菌の拡散があり奨励できない．ただし，人手をかけて半解凍状態で解凍を終了できれば前述の欠点を解消でき，当日解凍には有効である．

その他，高周波（13～40 MHz）やマイクロ波（2,450 MHz）を利用した誘電加熱解凍方式がある．いずれの波長を使用しても解凍状態まで昇温させると部分加熱や，鮮度が非常によい原料の場合，解凍硬直が起き，前述の通り食感が硬くなり，ドリップの流出が激しくなる．−5～−2℃の半解凍状態で

止めて使用することが重要である．いずれにしても，解凍の場合は解凍最終温度が品質に影響が大きいと考えるべきである．

なお，スキンレスフィレブロックは－10℃前後に昇温しフローズンカットするが，品温が安定せず大型の解凍庫が必要である．これをマイクロ波を利用して連続昇温に成功している海外の事例がある．マイクロ波の水中の半減深度は 9 mm 程度であるが，－12℃における氷中のそれは 7,800 mm で，換言すれば，氷の状態であれば，非常に非効率ではあるが表面も内部も均一昇温できる特徴がある．解凍させず ON－OFF (加熱－伝導冷却) を繰り返し昇温させる理想的なマイクロ波の利用でもある．今後，わが国でも利用開発に心がけたい問題でもある．

(3) 中種 (切り身) 切り身タイプのフライは基本的に皮つきフィレを斜め切りして，笹形に成形するのが一般的である．原料は完全解凍ではなく，半解凍の原料を三枚おろしの皮つきフィレにし，腹腔部分 (腹須) とピンボーンを除去したボンレスフィレを，規定重量の切り身に仕上げる．切り身は衣づけとの関係から表面積と重量，さらに見た目を合わすことが重要なため熟練した人手に頼らざるをえない．スケトウダラの場合，産地や時期により内臓，腹腔内に寄生虫が多いものがあり注意が必要である．北方系のタラ属に感染する寄生虫は線虫類ではアニサキス・コントラシーカムで，条虫類ではニベリニアが代表的なもので，凍結により完全に死滅するので心配はないが，食品として混入していることは好ましくないので除去が必要である．

一方，ホキについては比較的寄生虫の感染率が低く (ニュージーランド産では大きい目立つような寄生虫はないが，非常に小さな線虫類の寄生は確認されている．未同定) 心配はないようである．ホキの切り身作業では側線に沿って血合肉が多く，尾 (尾びれがなく次第に細くなり，背びれと腹びれが交わる) に近い部分は大半が血合肉になり，色調，風味も劣り，肉厚も薄いので尾端部分はフライ原料として不向きである．また，歩留り向上と食感改善のために，フィレまたは切り身の段階で重合リン酸塩などで漬け込む場合がある．歩留りは確かに上がり，加熱時の保水力も多少よくなるが，液中漬込みのためエキスの流失による旨味の低下が避けられず，漬込みはしない方が良質のフライができるように思われる．なお，切り身の段階で砕氷を使い肉温を極力上げないことが重要で，これが再凍結後の商品を油で揚げたときのドリップ量に影響するので注意が必要である．

(4) 衣づけ (打ち粉，バッタリング，ブレッディング)

(ⅰ) 打ち粉：白身魚は凍結耐性が低く，冷凍食品の場合は解凍加熱時にドリップが出て衣との密着性が低下するので，打ち粉は絶対に必要である．切り身の表面の余剰な水分を取り除き，基本的には薄力小麦粉を薄く均一に付着させる工程である．ただし，原料の鮮度が非常によい場合，または小型の原料を使用し直角に近い切り方をした場合，加熱時に筋肉の収縮があり衣との密着性が低下する場合がある．このようなときは薄力小麦粉にデンプンを混合した打ち粉を使用すると衣との密着性は改善できる．また，原料によって加熱時のドリップが多い場合は打ち粉に熱凝固性の高いアルブミンやグロブリンの多い粉末タンパク質 (植物性タンパク質，乳タンパク質，卵白) を加えると改善効果は大きい．フィレオフィッシュのようなスキンレス，ボンレスのフィレブロックのフローズンカット商品は中種と衣の間に空間ができやすい．この原料は魚肉を加熱したとき縦方向に筋肉が収縮するためで，打ち粉，バッターともデンプン主体のものにする必要がある．小麦粉は加熱ゲルを形成するとき，グルテンの被膜が骨格になり保形性が高く，中種の収縮と関係なく衣層を形成しやすいためである．しかし，デンプンの加熱ゲルは流動性が高く，中種の変形に応じて密着状態を維持しながら糊化し，被膜を形成するためと思われる．

(ⅱ) バッタリング：バッターは中種の加熱ドリップ量により配合を決定する必要がある．白身魚は前述の通り凍結耐性が低いので加熱ドリップが多く，油で揚げたときいかに水蒸気を逃がすかが決め手になる．衣の空気抜けをよくする方法として，バッターにベーキングパウダーを添加し発泡させたり，乳化油脂を添加したり，冷凍粉砕した粉末油脂を添加する方法がとられている．気泡を混入した含気バッターは衣の食感はよいが，バッターの比重・粘度の安定性が悪く，衣率の安定性を欠く難点がある．乳化油脂添加の場合はバッターの安定性はよいが，衣の食感はやや劣り，その他の材料で食感の改善が必要である．いずれの方法でも一長一短があり，バッタリングの方法，滞留時間によりバッター配合の決定が必要である (表Ⅱ.4.22)．衣の食感としては薄力小麦粉ベースのバッターが好ましいが，衣率が高くなると打ち粉のところで述べたように衣の密着性が悪くなるので，デンプン類の添加は必要で

表 II.4.22　白身フライ用バッターの配合例
(単位：%)

	生鮮原料	凍結原料
薄力小麦粉	10～20	60～70
デンプン	70～80	5～10
大豆タンパク質	5～10	1～5
植物性油脂	5～10	5～10
増粘剤	0.5～1	0.5～1
調味香辛料	2～10	2～10

生鮮原料：未凍結の生原料を使用した場合.
凍結原料：凍結原料を一度解凍し使用した場合.
添加水量：上記100部に対し150～200部添加.

ある．打ち粉する商品の問題点は，バッターの中に打ち粉が混入し，経時的に濃度の上昇による衣率の上昇がみられる点である．バッターの細菌管理面とあわせて一定時間ごとにバッター交換が絶対に必要である．どのようなバッター配合であっても，細菌管理，物性の安定化のためにバッター温度は10℃以下で使用することが必要である．

(iii) ブレッディング：　衣の食感はバッターの影響が最も大きいが，パン粉は噛出しの食感を決定する要因である．エビフライの項で述べた通り，大きめサイズのパン粉を付ける場合は焙焼式のものを選択し，外観を重視する場合はやや細目の電極式の生パン粉を使うことが原則である．白身魚は食感が軟らかく，衣もソフトに仕上げることがコツで，風味，食感ともによい焙焼式の生パン粉を軽く付け，決して強く押さえすぎないことが理想である．なお，フローズンカットのポーションやスティックの場合，パン粉のサイズは小さいものがよく合い，クラッカーパン粉を薄く付けるのが一般的である．生パン粉を使用する場合はポリエチレンの袋に入れて冷凍保管し増菌を抑えるが，解凍する際は袋のまま室温近くまで昇温させ，結露させないように配慮すべきである．パン粉は微生物の育成用培地として非常に優れているので，使い残しのパン粉は廃棄すべきである．

(5) 凍結　原料は一度凍結損傷を受けているだけに，パン粉を付けてから凍結までの時間が長くなると，パン粉へドリップがしみだして製品の外観を損ねるので注意が必要である．当然のことながら，凍結速度が速い方が，氷結晶の成長を抑えられるので，連続バラ凍結が理想であり，設備的にバラ凍結ができない場合は，トレーに並べて急速凍結させるべきである．

(6) 海外における白身魚フライの生産　白身魚フライの国内市場での評価は，成形品よりは切り身スタイル，衣は機械づけよりは手づけの商品が好まれている．手づけ作業は生産性が低く，国内の労務費では売価に影響を与えることは否めない．タラ目の白身魚は鮮度低下と凍結耐性に正の相関性が強い魚類だけに，水揚げ後の温度と時間の管理が重要である．このような条件がそろっている国では，生鮮原料でワンフローズンの白身フライの生産が可能である．現在このような生産は，品質へのこだわりを強くもっている企業ではすでに実施されているので，その概要について述べる．

同一タラ目でもタラ科のマダラ，スケトウダラはメルルーサ科のメルルーサ，ホキなどに比べ漁獲後の変化が速く，生鮮原料による冷食フライの生産には後者の方が明らかに適性が高く，高品質のワンフローズンフライの生産が可能である．原魚であるホキは水揚げ後，砕氷で冷却し，3日以内にフライ製品にして凍結することが重要である．それ以上の日数が経過するとワンフローズンの優位性は発揮できなくなる．原料処理では脱頭，内臓除去，水洗までの工程と三枚おろし以降の工程を区別して別部屋での処理が必要である（細菌管理対策）．それ以降の切身作業までは解凍原料の場合と大差はないが，品温を上げないこと，切り身を工程中に滞留させず速やかに衣づけし凍結することである．打ち粉は薄力小麦粉でよいが，死後硬直中の原料を使用する場合はデンプン打ち粉の方が衣との密着性は高くなる．バッターは薄力小麦粉に必ずデンプンと熱凝固性の高いタンパク質を添加することが必要である．従来のツーフローズン品は原料解凍の際にエキスがドリップとして流出するが，生鮮原料の場合ドリップは切り身中に全量残っており，魚肉の旨味とジューシーな食感とは逆に商品を油で揚げたとき，衣のネチャツキの原因ともなるので注意が必要である．パン粉づけは生原料の場合肉質が軟らかく，ブレッディングマシーンでは身崩れが生じやすく，手作業による衣づけが必要である．パン粉は日本式ソフトパン粉が必要で，現地で調達できない場合は現地生産が必要である．海外の場合はパン用の強力小麦粉の品質が安定しておらず，焙焼式よりはむしろ小麦粉の影響が少ない電極式でパンを製造すべきである．海外で生産する場合，最も重要な点は衛生管理面からみた製造基準の設定と，それをもとにした作業手順のマニュアル化と定着，管理基準の設定である．

e．イカ天ぷら

天ぷらの起源は明確ではないが，長崎へ伝えられ

た揚げ物が最初といわれ，衣に味つけし天つゆは必要としなかったようで，厚く付けた衣をおいしく食べる工夫が特徴であった．一方，江戸天ぷらは，鮮度良好な中種の選択が重要で，衣は小麦粉を水で溶き，中種が見えるほどに薄く付け，天つゆを付けて食されていたようである．本来天ぷらの表面は比較的平滑なものであったが，戦後，表面に細かな樹氷状の突起を出した「花咲きタイプ」のものが主流になってきたといわれている．天ぷらを冷凍食品として製造することはむずかしく，種々試みられたが商品化に成功し定着しているものはイカ天ぷらが主体で，エビ天ぷら，かき揚げが追従している状態である．本項ではイカ天ぷらを中心にその製造方法について述べる．

(1) 原料　日本人はイカを好む国民である．世界のイカ資源は多いが，未利用の種もまた多いことも事実である．現在国内で流通しているものはアカイカ科(マツイカ，マイカ，スルメイカ，ムラサキイカ)，テカギイカ科(ドスイカ)，ヤリイカ科(アオリイカ，ヤリイカ)，コウイカ科(モンゴウイカ)程度である．これらはすべて天ぷらの材料となるが，加工用に利用されてきたのは大形で肉厚のムラサキイカである．国内で使用しているムラサキイカは北緯20～50度の太平洋と大西洋，インド洋に広く分布し，漁法が流し網漁から釣り方式になっている．ムラサキイカの寿命は約1年で，成長が非常に早く，成魚は胴長60 cmに達する．スルメイカに比べ漁場が遠く，凍結設備をもった大型漁船により，船上で内臓を除去した「壷抜き」と，さらに胴を縦方向に切り開いた「開き」が多くなっている．ムラサキイカの漁場が比較的遠いこと，用途のほとんどが加工用原料のため，船内で凍結して国内に搬入されている．冷凍保管中は表面乾燥が進行しやすい欠点はあるが，グレースをしっかりすれば長期保管できる原料である．

(2) 原料解凍，前処理，切身処理　イカは凍結耐性の強い魚種で凍結による肉質の変化も少なく，解凍中のドリップ発生量は軽微である．解凍は時間をかけても5℃以下の冷蔵庫内で融解することが最善である．最も悪い解凍方法は水に直接浸漬する方法で，イカのエキス成分が解凍水に溶出し白濁し，さらにイカ肉は吸水し旨味が低下する．イカの肉色は本来透明感があり淡褐色を呈するが，清水に浸けると透明感が消失し白色に変化してしまう．魚類はすべて共通であるが，イカの場合は特に水との接触を抑えることが重要なポイントである．イカの旨味成分は白身魚とは違い，イノシン酸ではなく遊離アミノ酸を含む水溶性のエキスが主体である．海産無脊椎動物の核酸関連物質の代謝はATP-ADP-AMP-AD (adenosine)-HxR-Hxとなり，AMP脱アミノ酵素の活性が低く脱リン酸酵素の活性が強いため，IMPが生成されずADが生成されるといわれている．一方，遊離アミノ酸はグリシン，アラニン，プロリン，アルギニン，ヒスチジン，タウリンが多く，特徴的なことは4級アンモニウム塩基のトリメチルアミンオキサイド，ベタインがきわめて多いことである．

次に，壷抜き原料の場合は腹側から縦方向に切り開き「開き」にする．さらに，ミミ(ひれ)を除去して，胴(外套膜)の先端部分を落とし，剥皮して「ベタ」原料に仕立てる．皮はぎの方法は種々あるが，イカ天ぷら用には機械はぎが最適である．イカの表皮は4層で形成され，外側の2層を剥離する．イカの色素は第1層と2層の間にあるので，脱皮後は透明感のある淡褐色のベタ原料が得られる．表面に残った3, 4層の皮は加熱するとゴム状を呈し噛み切れないので，表面に浅い切れ込みを入れておくと天ぷらが食べやすくなる．天ぷら用の切り身は斜め切りが原則である．天ぷらの衣はイカの皮(外皮，内皮とも)との密着性が悪く，最終製品の喫食時に衣から中種が離れやすくなる．しかし，イカ筋肉組織の断面は衣との密着性がよいので，斜め切りにして皮部分を小さくし，組織切断面を大きくして密着性を高めるのが得策である．

イカの筋肉組織は長手方向の筋肉組織はなく，外皮と内臓側の内皮にのみ縦方向の筋繊維が走り，皮と直角(肉厚方向)に全筋肉組織は横の筋繊維組織で直角に交わっている．イカの遊泳を観察すると明確なように，推進力は外套膜を横方向に膨らませて水を溜め，それを噴射して前進している．このため，イカの筋肉の大半は横方向の筋繊維で構成された柔軟な組織であるが，長手方向は縦の筋繊維は外皮のみに存在し，伸縮が乏しい硬い食感である．生の場合，皮の硬さは比較的気にならないが，刺し身にする場合も長手方向に切ると皮の硬さがでてくるが，横手方向に切ると噛み切りやすくなり軟らかく感じる．

天ぷらの切り身の場合も後者のような切り方が好ましいと考えられる．

(3) 衣づけ(打ち粉，バッター，プリフライ)
(i) 打ち粉：　天ぷらを製造する際バッター液を付けるだけでは衣は流れて取り扱いがむずかし

く、これを凍結し油で揚げても天ぷらにはならないので、プリフライによる衣の固定が必要である。イカ天ぷらの場合、前述の通り衣と中種の密着性が悪く、特にプリフライをする冷凍天ぷらは打ち粉が不可避である。打ち粉は薄力小麦粉を薄く均一に付けると効果があるが、原料処理の段階で水との接触時間が長く、吸水してしまった切り身を使う場合は薄力小麦粉に熱凝固性の高い粉末タンパク質を添加する必要がある。切り身に余剰な水分が付着していると打ち粉にダマが発生しやすく、ダマはふるいなどで除去することが必要である。打ち粉づけ用の機械は非常によいものが開発されて連続化され、バッタリングマシンでバッターを付けている。

（ⅱ）**バッター**： 冷凍食品用の天ぷらの衣はプリフライ後凍結し、再度油で揚げるため本来の天ぷらとは多少の違いはあるが、種々の研究がなされ、現在では本物に近いレベルまでになっている。特に冷凍食品の天ぷらに対する消費者の要求は「花咲きがよいこと」、「油で揚げたあとの食感が持続すること」など、非常にむずかしい要望があったことも事実である。天ぷらは本来お座敷天ぷらで、揚げたてを供され、一流の天ぷら屋では持ち帰りのおみやげは拒否されていた。しかし、専門店以外の天ぷらは店舗の大型化、大量生産、弁当向けの用途などから食感の持続性が重要な要素になり、バッターに卵や重炭酸ソーダを添加し食感の持続を試み、この品質が認知されるようになっている。バッターに重炭酸ソーダを添加すると加熱時に炭酸ガスが発生するので、中種の表面でゲル化しネチッとした衣層ができにくくなる。これは、水蒸気の抜けがよくなったためで、水と油の置換がよくなり、表面は樹氷状の突起ができ、揚げ後の食感の持続性も増すようである。ただし、小麦粉がアルカリ性になるので、フラボノイド系の色素が黄色に発色し、衣が黄色くなるので注意が必要である。

本来、天ぷら用のバッターは薄力小麦粉を水に分散させたものである。使用する薄力小麦粉は、アメリカ、カナダ産のウエスタンホワイト系の原麦を製粉し、粒度の小さいものが最良といわれており、製粉後のエージング期間は長いものほどソフトな衣に仕上がるといわれている。このためか、一流といわれる天ぷら屋では1袋25 kg入りの大袋で小麦粉を購入し、常に在庫をもっている。また、11月の新麦年度になってもニュークロップの小麦粉は嫌い、年明けまでは注文しないそうである。長期在庫した小麦粉は使用前にふるいにかけグルテンを空気に触れさせ酸化させるとさらに衣類の食感がソフトに仕上がるため、こだわりの強い天ぷら専門店では200メッシュ程度のふるいで小麦粉を再選別している。使用する水は氷水を使用し、小麦粉との混合はできるだけ軽く混ぜ、多少ダマが残る程度でよいといわれている。いずれにしても小麦粉のグルテンを出さないことがコツとされている。撹拌時間が長くなり、バッター温度が上昇すると揚げ玉は針状から半球状の凹形に変わり、やがて球状を呈するようになり、これに伴い食感も次第に硬くなり、ガリガリ状態の揚げ玉になってしまう。衣の形態は撹拌時間が長くなると、フリッター状になり花が咲かなくなる。それでは逆に、グルテンを物理的に破壊するまで撹拌した場合、すなわち、バッターを高速ホモジナイザーで長時間撹拌した結果、軽い食感とは違うが比較的ソフトになり、ガリガリの揚げ玉にはならないようである。

ただし、天ぷら衣にした場合、花咲き状態に相違がみられることから、小麦粉のグルテンが食感と花咲きに重要な役割を果たしていることが容易にうかがえる。本来天ぷらの花といわれるものは周辺部分にバッターが拡散し熱凝固し固定化されたものである。したがって、天ぷらの上下面は内部から出る水蒸気で花は固定化されず凹凸が少ないのが自然の形状である。しかし、専門店では上面に花が付いたきれいな花咲き天ぷらがみられるようである。天ぷら屋の製法は、揚げ油の液面を通常よりやや下げて、天ぷらのバッターが周囲に拡がったところで、上からバッターを落として上面に花を咲かせている。また、配合面からはバッターに酒、焼酎などアルコールを添加して沸点を下げ、細かい泡状の花を咲かせる方法をとっている店もある。バッターは一度に大量につくらず、油温が上昇し中種が用意できた段階で、必要なだけ小麦粉を1.5～2倍の氷水に分散させ使用し、残ったものは廃棄している。また、卵をバッターに使う場合は添加水の30%程度で、無添加のものに比べ食感はソフトになるが、揚げ後の吸湿性が高く、かき揚げ用の衣に使用されているようである。

工業的には花咲きをよくする方法は種々講じられているが、重炭酸ソーダのような発泡剤をバッターに添加するのが一般的である（表Ⅱ.4.23）。特にバッターに卵を添加している場合は黄色の衣は気にならず、逆に白色の衣よりも好まれるようである。プリフライ中の天ぷらにバッターを上からかける方法は、大量の揚げ玉が発生し、利用方法がある場合

表 II.4.23　イカ天ぷら用バッターの配合例
(単位：%)

	A	B
薄力小麦粉	80～95	80～95
膨張剤	0.5～2	
発泡液		5～10
調味香辛料	3～9	3～9

発泡液：タンパク質または乳化剤を用いて、事前に発泡液をつくり冷却水で希釈して添加．
添加水：上記100部に対し、150～200部添加．

は別として、バッター、油の消費量が非常に多くなり、必ずしも好ましい方法ではない．また、このように無理に付けた花は（直ちに喫食する場合は別であるが）凍結輸送中の落下が激しく、実質的な効果はあまり期待できない．

このように、冷食天ぷらの衣は凍結輸送を考えると天ぷらとして最高の衣である細かい花を咲かせるよりも、ある程度丸い揚げ玉状の花にして強度をもたせることが必要である．具体的には薄力小麦粉だけでなく加工デンプン、米粉、卵、植物性タンパク質などを併用し、バッター温度も5～10℃程度にとどめ、あまり下げすぎないことが必要である．バッター製造は可能な限り少量ずつつくり、フライ用のバッターミキサーでは過剰撹拌になってしまうので、できれば手作業で製造するくらいの配慮が必要である．バッターはフライ用のバッタリングマシンを使用している場合が多いが、ポンプによる循環は絶対に避けるべきで、バッターは落差で補充する程度の配慮はすべきである．バッタリングネットによる撹拌だけでも衣の物性に影響を与えるので注意が必要である．

(iii) **プリフライ**：プリフライの温度は高すぎると、花が揚げ玉になって分散してしまうので、やや低めで揚げることがポイントである．魚介類の天ぷらは中種のタンパク質が熱凝固した程度に抑えることが重要で、加熱過剰は食感を悪くする．したがってプリフライの場合は、衣が固定化する程度にとどめ、イカは生に近い状態の方が、最終的に油で揚げ直すのでおいしいイカ天ぷらになるとの評価が得られるようである．天ぷらの衣に卵を使用すると卵黄中に含まれるレシチンの影響で油の発泡が激しくなるので、少量のシリコンを油脂中に添加すると発泡は収まる．天ぷら衣類の水分は10～15%がおいしいといわれ、プリフライ製品でも15～20%の低水分である．したがって、プリフライに使用する油は熱安定性の高い油を使うことが重要で、製品の凍結保管中にも油の酸化は意外に進行が速いので（水が凍結状態では油脂の空気との接触が大きくなる）注意が必要である．揚げ油の酸化安定性は、揚げ温度が160～170℃で、AOM 15～20時間の場合では油の回転率は2回程度、AOM 40～50時間の油で1.5回転はさせないとフライ油の酸化は進み廃油を出す結果になる．回転率との関係でAVをどの程度で安定させるかが問題で、AV 1以下に保つことが理想的である．漸増的にAVが上昇する場合は油の回転率を上げるか（製品を流す量を増やす）AOM安定性の高い油脂に変更すべきである．したがってフライヤーの選択にあたり油量が極力少ない機種を選ぶことが重要である．油の酸化は紫外線によって促進されるので、少なくとも包装紙は光を遮断する材質（紙製内函またはアルミ蒸着フィルム）を選択する配慮が必要である．　　[対馬　徹]

f. 油ちょう(油煠, 油調)済フライ食品

(1) 製品の種類　油ちょうとは油で揚げることであり、油ちょう済冷凍食品とは「製造工程であらかじめ軽く油ちょう（フライング）して凍結させた製品で、オーブントースター、または電子レンジなどにより加熱解凍調理することで、あたかも油で揚げたものと同じ食感を有する冷凍食品」である．家庭で油を使用する必要がないことから、より簡便な冷凍食品として市場に定着してきている．

(i) **原料の種類**：油ちょう済フライ食品は使用される原材料の種類により農産物系（コーン、カボチャ、ポテトなどのフライ類）、水産物系（白身魚、エビ、カニ、サケなどのフライ類）、および畜産物系（鶏、牛、豚などのカツ類）に区分される．また素材そのものをあまり加工度を上げないで一定の形や重量にしたものに衣づけしフライにした素材タイプ（例：白身魚フライ、カツ）と、さまざまな処理加工を施した加工タイプとがある．後者は主要原材料（農産物系・水産物系・畜産物系）に野菜や小麦粉、デンプンなどを用いて混合加熱などの処理加工をしたのち成形した中種（フライ種）に衣づけして、フライ処理を施したのち、凍結したものである．

(ii) **食品衛生上の分類**：工程中でフライ工程を通したものであるが、製品中心部の加熱の程度により、①加熱後摂取（凍結前加熱済）の調理冷凍食品と、②加熱後摂取（凍結前未加熱）の調理冷凍食品に分類される．しかし凍結前加熱済がほとんどである．

(iii) **外観形状**: 個体は素材を一定の型，重量にカットしたものや，中種を金型で型抜き後，衣づけしてフライングした，小型の楕円形・円柱形のものが主となる．

(iv) **調理方法**: 調理方法としては，オーブントースター調理製品と電子レンジ調理製品，またはその併用に区分される．

(2) 製造工程 ここでは主に加工タイプの製造工程について述べる（図 II.4.19）．

(i) **原材料検品作業**: 原材料に混入している異物・夾雑物を除去する．種類としては原材料により違いがあり，農産物系〔土壌由来のもの（石，草，土など），ハスク，枝葉など〕，水産物系（エビ・カニの殻やヒゲ，貝殻など），畜産物系（骨，血合，羽毛など），その他（ビニール，プラスチック，毛髪，昆虫類，金属類など）がある．

除去の方法としては，比重差，静電気，流水を用いたり，ふるいなどを用いて粒径差で異物を除去する方法や，色度差異検出器を用いて色度・彩度の違いで異物を自動的に全量除去する方法とがあるが，最終的には製造前に目視で検品しながら製造している．

(ii) **加熱混合工程**: 中種をつくる際に，原材料の殺菌・調理の意味を含め行う工程である．原料（例：ポテト，カボチャ，コーンなど）は蒸気で蒸煮したり，熱湯でウォーターブランチングなどの加熱処理をして，喫食可能なまでデンプンを十分 α 化させ，ものによっては裏ごしをして冷却する．その後ミキサーで副原料とともに混和する．一方，製品によっては煮炊釜や，ケトル，ニーダーにより，蒸気やガスなどで煮たり，炒めたりしながら加熱混合し，中種を仕上げていく．中種の混合撹拌は均一で目標とする組織（テクスチャー）や物性を得るための大切な処理工程である．撹拌はアジテーター（撹拌羽根）で行う．このアジテーターには多くの種類があり，フライ類中種の特徴に合わせて選択する．

(iii) **成形工程**: 一般的には調合された中種（フライ種）は，十分保形性が得られるまでに冷蔵庫や真空冷却機を用いて15℃付近まで冷却される．冷却温度が不十分であると，微生物の増殖を招く可能性がある．

中種の成形は粘度，水分値，固形量などの違いにより成形方法が異なる．一般的な成形方式として，打抜き方式（モールド成形）があり，ホッパーから回転ドラム式の金型に一定量を押し込み，ピアノ線などでかきとる方式である．このほかに高水分で流動性の高いものはケーシングや型に流し込み，凍結させ，成形する方法もある．成形時のポイントは，形状が一定で重量のばらつきが少なく，定量性に優れていることが要求される．

(iv) **衣下地調合工程**[4]: 衣には中種（フライ種）に過不足なくしっかりと付着する性質が要求される．これには衣下地のベースとして，一般家庭でも同様だが，小麦粉・鶏卵などが主原料となる．

小麦粉（薄力粉）はフライ類衣下地のベースとなるものである．小麦粉にはグルテンが含まれてお

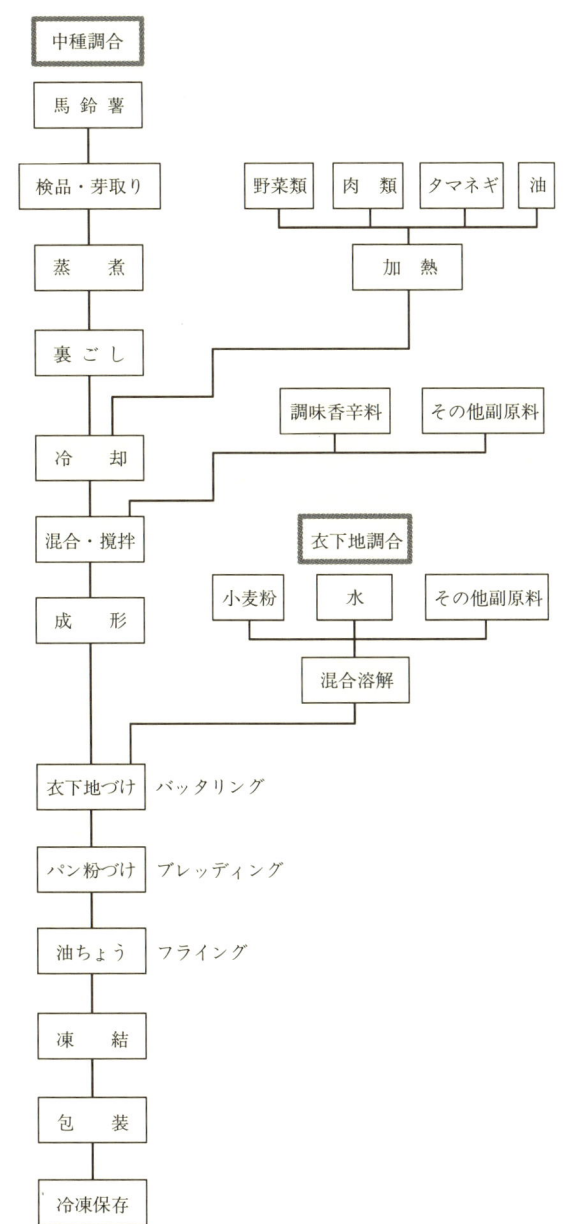

図 II.4.19 ポテト系の製造工程

り，これにより衣の骨格を形成するが，グルテン量が多い強力粉などでは揚げたあとガッチリとした固い衣となる．グルテン量の少ない薄力粉を使用することでサク味があり軽い衣が得られる．しかし薄力粉だけでは衣に要求されるさまざまな性質をクリアすることができないので，加工デンプンなども使用される．

卵はそのタンパク質が加熱することで変性して凝固する性質を利用し，保形性の向上を目的として配合されている．卵黄の代用品としては大豆タンパク質がある．これは脱脂大豆を微粉にしたもので，物質的性質において卵黄の代用ができ，適度の着色ができる．

その他副原料としては，食塩や調味香辛料を用いたり，適度な物性を得るために増粘多糖類や乳化剤，気泡剤が併用され，食感を改良したりするのに使用される．

(ⅴ) バッタリング，ブレッディング工程：バッタリング方法には大別すると浸漬槽方式（衣下地を投入した槽の中に成形した中種をくぐらす）とシャワーリング方式（中種を衣下地のシャワーの中を通す）の2通りの方法がある．

バッタリング工程で均一に定粘度の衣下地を付着させ，パン粉をつけるベースをつくる必要がある．ブレッディング工程では，中種全面に均一なパン粉を付着させるために，ローラーなどでパン粉付着後，しっかりと押える必要がある．使用するパン粉は生パン粉や乾燥パン粉があり，製品の目標品質によりメッシュを変えたり着色したりする．バッタリング，ブレッディング工程は中種の特性に大きく左右され，一度だけでは不十分で，2度づけ方式でしっかり衣づけする例が多い．

(ⅵ) フライング工程[1,2]：フライングは揚げ物機（オートフライヤー）を用い，後述の揚げ油を180℃付近まで加熱して一定時間加熱処理する工程である．フライ時に使用される揚げ油の役割としては大きく分けて，①熱媒体として製品に熱を伝える働き，②製品に吸収されて食味，栄養となる働きの2通りある．

フライングは一般的にディープフライ（中種の中心まで完全に火を通す）とパーシャルフライ（パーフライ）あるいはプリフライと称し，1分前後の短い加熱で主に衣の部分を喫食可能までフライする方法に区分される．製品別や目標品質設計により使い分けられるが，一般的には後者の方がほとんどである．その際，揚げ色がきれいになるようパン粉の成

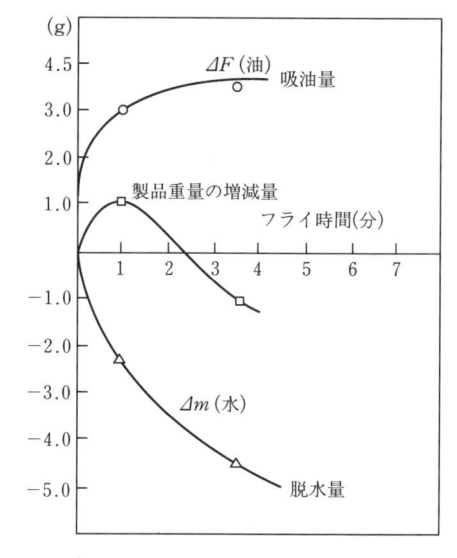

図Ⅱ.4.20 フライング工程の物質収支（水と油の置換）

分（糖分やカラー）を調整することがある．油で揚げる工程は衣の部分の水と油の置換，いい換えると脱水と吸油の出入り（収支）にあたる．図Ⅱ.4.20は吸油量と脱水量と製品全体の重量の変化を示した例である．フライ時間が長くなるにつれ，製品重量に目減りが生じてくる．

揚げ油の品質を評価する場合の重要な性質は次の通りである．

a) **熱安定性**：揚げ油は生で喫食するサラダ油と異なり，油脂として摂取される以前にフライという工程で加熱されることが特徴であり，熱安定性が要求される．熱安定性は，揚げ工程中に起こる泡立ち，発煙，着色，保存安定性，風味の安定度などで示される．使用される油の熱安定性の指標に，一例として，油に酸素を送り込んで強制劣化させて酸化の程度を調べるAOM値がある．また，油の劣化の指標としては酸価（AV），過酸化物価（POV）などで管理される．

b) **保存安定性**：冷凍食品の場合は－18℃以下で保管されることから，常温などで流通している製品に比べて流通上の保存安定性は高い．油の安定性はその脂肪酸組成や抗酸化性物質の存在にも左右される．店頭での光の影響が考えられるが，これを遮断するために，アルミ蒸着フィルムが使用されることが多い．

c) **色と風味**：油ちょう済製品には，特殊な場合以外は色も淡く，匂いも少なく，風味がよく，カラッと揚げる植物性液状油の食用油（大豆油，菜種油，コーン油，パーム油）が使用されている．

d) 使いやすさ：　一般に固形脂は液状油に比較して熱安定性・保存安定性とも良好であるが，風味の問題と使いやすさの点で問題があり，液状油が使用されている．

e) 油の変質：　油の変質の機構としては以下のものがある．

・熱酸化：　熱酸化は，空気の存在する状態での高温における激しい酸化反応であり，重合および分解を伴う．この熱酸化反応は揚げ油の変質に最も強く関与している反応であり，温度と油と空気の接触面積に影響を受ける．

・熱重合・熱分解：　この反応は，空気の存在しない状態の高温における重合・分解であり，温度の影響を受ける．温度としては290℃以上で激しく起こる．通常フライヤーの温度はこれほど高温にはならないが，局部的に過熱が起こり，反応を促進していることがある．

・加水分解：　フライヤー内で揚げ種の水分が蒸発して揚げ油の中に水分が混入するとこれが油と反応して分解物が発生する反応である．これらの油の変質は温度・空気・水が起因となっており，この要因をコントロールすることで変質を抑制することができる．

(3) 調理　油ちょう済フライ製品は，調理が簡単なため，お弁当のおかずとしてよく用いられる．調理器具としては，オーブントースターやオーブン，電子レンジが一般的である．

(i) オーブントースター調理：　オーブントースターでの調理は製品の外側からヒーターの熱が加わり，表面から内部へと伝熱していくため表面が最も品温が高く，中心にいくほど製品温度が低い．

油ちょう済フライ類のトースターでの調理は製品の重量や個数，オーブントースターのワット数で左右されるが，800 W で 7～8 分の加熱時間を要する．オーブンではさらに細かい温度調節が可能である．トースターでの調理はフライ表面から焼いていくため，電子レンジ調理に比べ衣のサクサク性が保持される．欠点としては衣が焦げやすいこと，また中心部温度が上がりにくく調理時間が長くなることである．

(ii) 電子レンジ調理：　電子レンジでの調理は高周波加熱または高周波誘電加熱といわれるもので，マイクロ波（周波数 2,450 MHz）のエネルギーにより，水分子の回転運動で摩擦熱が発生し，製品が加熱調理されていく．

電子レンジ調理時の注意点として，

・数十秒単位という短時間で製品温度が急上昇するために，調理の終点を見きわめなければならない．
・過加熱になると製品が破裂したり，乾燥したりする．
・調理する製品の重量や個数により条件が大きく左右される．
・レンジの出力（家庭用は 500 W または 600 W）でも条件が異なる．
・レンジ特有の局所加熱により加熱温度が大きくばらつき，均一な加熱になりにくい．
・調理ディレクションは最大公約数の調理条件であり，実際調理する際には実態に応じて失敗のないよう留意すべきである．

フライ製品を電子レンジで調理すると，中種からの水分移行で，衣のサクサク性が失われやすい．また長期保存で表面に霜や氷が付いた場合も同様である．

［岩田耕治］

文　献

1) 杉沢良之助：食品と科学，**34**, 4, 1992.
2) 尾崎顯一：冷凍食品製造ハンドブック（熊谷義光，山田嘉治，小嶋秩夫編），光琳，1994.
3) 岩田耕治：同上2).
4) 太田静行，湯木悦二：フライ食品の理論と実際，幸書房，1976.

4.3.2　フライ類以外

a. 米　飯　類

冷凍米飯には大きく分けて 2 つのカテゴリーがあり，一方はピラフ類であり，もう一方はおにぎり類である．1 人当たりの年間消費量でみると，双方とも毎年伸びており，今後も期待される商品群のひとつである．市場にも非常に多くの製品が投入されている．

(1) 主要な原材料

(i) 原料米：　ピラフ，おにぎり類の主原料は通常はうるち米を使用することが多く，場合によってもち米との混米で使用することもある．うるち米ともち米のいちばん大きな違いはデンプン成分の違いである．一般に米の成分のうち80％はデンプンであるといわれている．もち米のデンプンは100％アミロペクチンであるが，うるち米ではアミロースが15～20％含まれており，これが食感を大きく異ならせる要因となっている．一般にアミロース含量が多い米は粘りが少なく，パラパラする傾向にあるといえる．これらのことから考えると，おにぎりに

使用するうるち米はアミロペクチン成分の多い方が向いているということができる．また，一般においしいといわれている米は粘りがあるものが多いが，工場での大量生産ラインではこの粘りをうまく処理することが大きなポイントになっており，粘りが強すぎるとダマになってしまったり，炊飯米が練られたりするなど，解決していかなければならない問題は多い．

現在流通している米には通常の米のほかに無洗米といわれるものがあり，これは文字通りあらかじめ洗米してあるので，そのまま浸漬して炊飯することが可能である．また，無洗米にも2種類あり，一方は水を使って洗米後に乾燥させたものであり，もう一方は水を未使用もしくは少量使用して表面の糠を取り除いたものである．両者の優位性については今後の使用状況などをみていく必要があるが，共通して優れている点としては，工場内にこれまでのような洗米設備が不要なこと，廃水処理施設のBODの負荷を著しく軽減できることなどがあげられる．そのため使用している工場が増えてきている．

(ii) **うるち米の品質**：とう(搗)精工場から納入された米は受入検査を行い，米の状態がどんなものであるかを確認する必要がある．まず全体的には ① 未熟粒などの色の違う米粒の量，② 夾雑物の混入量はどうか，③ 異物は含まれていないかである．次に機械で測定可能な基本データとして，① 水分，② 千粒重，③ 粉状質粒，④ 砕粒，⑤ 被害粒，⑥ 白度について測る必要がある．参考までに大まかな数字をあげると水分値は 13.5～14.5%，千粒重は 20 g前後，粉状質粒はゼロコンマ%，砕粒は 5%（重量比）以下，白度は 35～40 くらいである．これらの数値はとう精してからの日数，米の銘柄，その年の米の作柄などによっても変わるので，定期的に検査を行い，データを蓄積しその数値をつかんだうえで判断することが必要である．ただ，砕粒に関しては食味を大きく低下させるため少なければ少ないほどよいのはいうまでもない．また，製造ライン中でも米粒が割れないようにするにはどうすべきかに注意すべきである．また，白度については，とう精を上げていけば数値はよくなる傾向にあるが，とう精時の熱などによる米へのダメージなどを考えると，必ずしも高い方がよいとは限らない．製造ラインの特性を考えてコントロールする必要がある．

(2) **ピラフ類の製造** 米飯類の中でおにぎり以外のものは大きく分けて赤飯，白飯類，すし類，和風御飯類，釜飯類，雑炊類，ピラフ類，チャーハン類に分類される．これらの上記の商品は家庭でつくる場合にはそれぞれ異なったつくり方をするものであるが，大量生産の冷食ラインの場合には各社で工夫をしているものの明確な定義はないようである．また，炊飯方式自体が釜を使った連続炊飯方式と連続式蒸米方式がある．特に蒸米方式の場合は基本的に家庭での製造方法とは異なるため，最終での求める品質に少しでも近づけていくことが肝要である．ここでは代表的な商品のひとつであるエビピラフを取り上げる．

(i) **製造工程フローシート**：基本となるフローシートを図II.4.21に示す．

(ii) **貯米設備**：現在のとう精技術では米の中から穀物害虫およびその卵を完全に排除するのはむずかしい．そのため工場での貯米時のベストコントロールと洗米工程が，製品への虫の混入を抑えるためには重要である．穀物害虫は主としてコクヌストモドキ，シバンムシ，コクゾウムシなどであるが，貯米施設内で成虫を発見してからでは対処が遅くなるので発生させないようにすることが必要である．これにはいろいろな手段があるが，基本は清掃である．穀物害虫のえさをなくすことで効果的な防除が期待できる．また，これらの害虫は誘虫捕虫機やフェロモントラップで捕れるものも多いため，これらをモニタリングの手段とすると大きな効果を得ることができる．

(iii) **洗米工程**：洗米工程では現在ではとう精不良によるぬか層の残留はほとんどない．そのためここでは米の表面に付着したぬかを洗い流すことと異物，夾雑物を除去することが主目的になっている．米が水に沈むという性質を利用して洗米水をオーバーフローさせることで水に浮くものとを分離させることが可能であり，特に昆虫の除去には有効である．

(iv) **浸漬工程**：洗米後の米は通常 30～90 分の間，水に浸漬することが必要である．このときに米の水分は約 30%程度になり，受入時の約 2 倍の水分値になる．また，浸漬米は浸漬開始から水分値を増していくが，ある程度のところで平衡状態になる．この平衡までの時間は浸漬水の温度と密接な関係があり，水温が低いほど時間がかかる傾向にあるようである．工場によっては品質の安定化のために水温を管理しているところもある．

(v) **炊飯工程**：米は世界中で食べられており，その炊飯方法もさまざまであるが，実際に工場で大量生産を行う場合には大きく分けて 2 種類の方

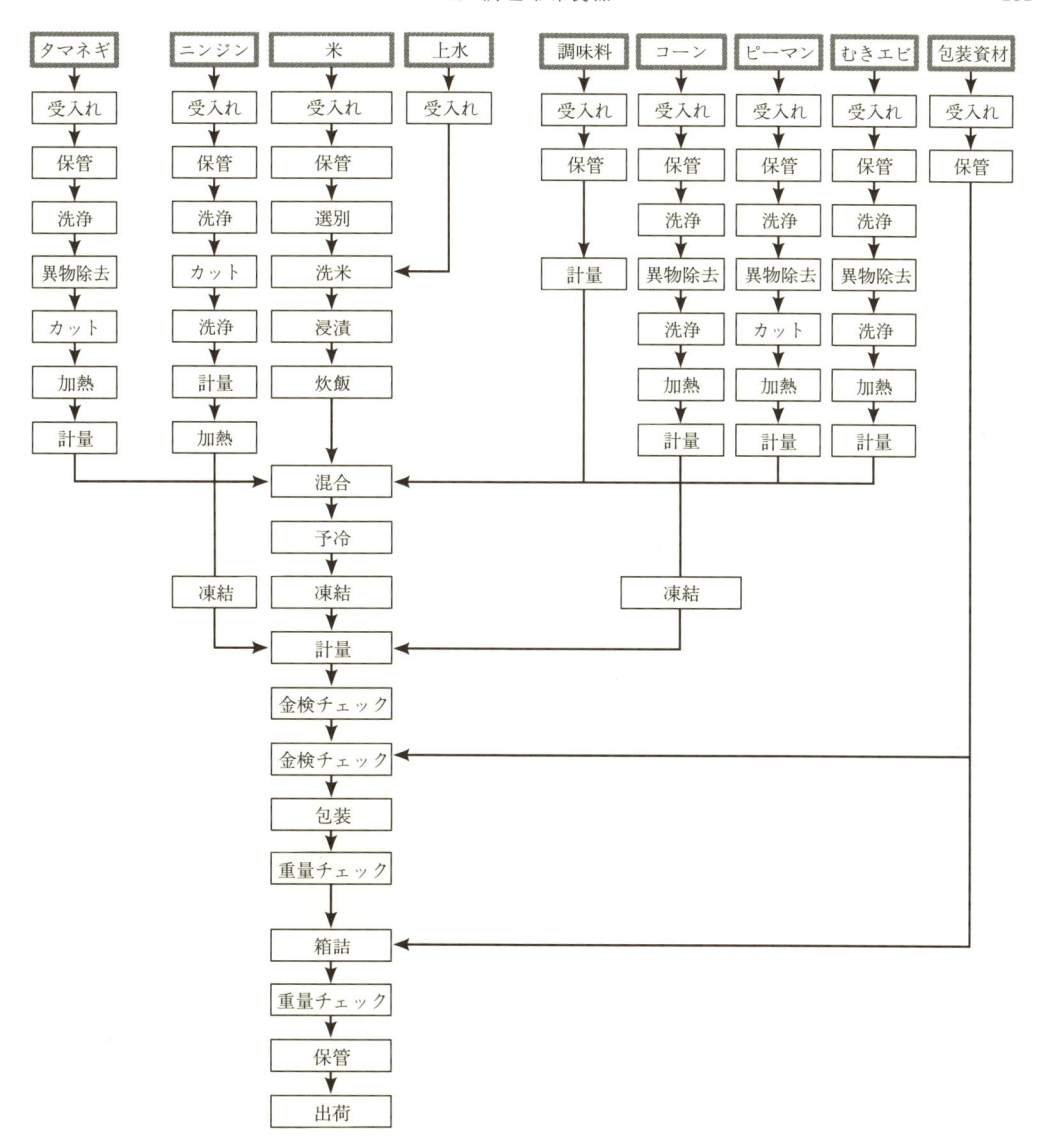

図 II.4.21 エビピラフの製造工程一覧図（フローダイアグラム）

法がある．ひとつは連続釜式の炊飯方法であり，もうひとつは連続蒸煮による炊飯方法である．

a）連続釜式の炊飯方法： この方法は家庭で米を炊くのとほぼ同じ方法で炊飯する．異なる点は釜がたくさんあり，個々の釜ごとに火力などを調整するのではなく，調整されたガスなどの加熱器具の上を連続して釜が流れていくことである．釜式の特徴としては炊飯水の中に米からの成分流出が起こり，これが炊飯の後半工程で再び米に付着することである．そのため照りがあり，粘りの強い米を炊くことができる．ただこの粘りのある飯はおいしい反面，ピラフなどに使用するにはむずかしい面ももっている．

b）連続蒸煮による炊飯方法： この方法は家庭で米を炊くのとは大きく異なった方法である．これは洗米後の米をコンベヤーの上に一定量流し，その後蒸し，熱湯に浸漬し，最後に再び蒸すという方法である．最初の蒸しの段階では，約100℃の蒸気で加熱し米の温度を上げ，かなりの割合をα化させる．次に75〜90℃の熱湯の中に米を浸し込み，水分を吸収させる．次の蒸し工程で蒸らしと乾燥を行う．こうして炊いた米は釜式と比べてパラパラしたものになり，ピラフなどに適したものとなる．また，この炊飯方法の場合は米の成分の浸漬水への流出が少ないために粘りが少なく，また米へのダメージも少ないため釜式の場合には溶けてしまうような

砕粒なども比較的残ることもあり，粘りがでにくいことの一因となっている．また浸漬槽の中に調味料などを入れて炊飯することも可能であり，応用のきく方法である．

（vi）**具材の混合**：　ピラフ類の具材の混合には大きく分けて3種類の方法が考えられる．そのひとつは米と一緒に炊き込む方法，もうひとつは炊飯後の米と混ぜる方法，最後はIQF具材として混ぜる方法である．炊飯後の米と混ぜる場合は水分の管理が重要で混合後に米がベチャベチャにならないようにすることが必要である．またIQF具材として混ぜる場合は喫食時の加熱工程で離水しないようにしなければならない．

（vii）**凍結工程**：　ピラフの場合には凍結方法は大きく分けると2種類あり，ひとつはBQF（ブロック凍結）とIQF方式がある．BQFの場合には凍結後に粉砕する必要があり，このときに米にダメージを与えるので食感の低下を招きやすい．また，IQF方式の場合は初期段階でおのおのの米粒表面を凍結することが大切で，これによってダマをある程度防ぐことができ，食感の優れたものを製造することができる．

（viii）**包装工程**：　昨今の競争激化も手伝ってか，包装工程での品質のつくり込みも大変重要になってきている．縦型ピロー包装機や横型ピロー包装機ともにトップシール部分の合わせ目，センターシール面での合わせ目のずれ具合が，製品を陳列したときの見栄えに影響する．このためこの部分の管理はミリ単位で行う必要がある．また最近世間を賑わせている毒物混入事件とも相まって，シール時にできるしわについては特に注意が必要である．またピラフ包装時にエアー抜きの穴を空けることがあるが，このような時流の中では早急に改善する必要があろう．また包装資材についてはバリヤー性などの理由でアルミ蒸着フィルムが多用されているが，印刷の色栄えもよく見栄えはよい．しかし，アルミ蒸着フィルムの場合は金検の感度がだしにくいので（特に非鉄），事前に金検を一度はかけておき，さらに包装後にもう一度かけることが必要である．また重量選別機（以後W/C）については始業前，終業後に必ず分銅などを用いて確認し，さらに連続式W/Cについては静的なチェックのほかに，動的状態でも実際の重量と表示重量の差がないことを確かめる必要がある．またこれらの金検およびW/C，シール状態については日々必ず一定様式のデータシートもしくはチェックシートに記録を残し，のちに確認

できるようにしておくことが必要である．

（3）**おにぎり類の製造工程**　おにぎり類の定義については細かく述べる必要もないと思われるが，現在市販されているものは大きく分けて3種類ある．ひとつは焼きおにぎり類，焼いていないものでは，白飯に具を入れたものと味つきの御飯のおにぎりである．なお，ここではピラフの製造工程との共通点が多いため，フローシート，成形工程，焼き工程に絞って記述する．

（i）**フローシート**：　ここでは代表的な製品である焼きおにぎりのフロー図を図II.4.22に示した．

（ii）**成形工程**：　炊飯後の米を成形するうえで大切な点は，いかに米が練られないようにするかである．また成形時に圧力をかけすぎて米がつぶれているものも食感が悪く注意が必要である．表面は固まっており，中はきちんと詰まっているが米はふっくらとしているように成形することが肝要である．また，通常の型に詰め込んで成形するタイプのものは型からスムーズに離れることも大切であり，表面が波打っているものは次の焼き工程でむらができるなど不具合が生じるので表面はフラットであることが望ましい．

（iii）**焼き工程**：　連続製造ラインで焼きおにぎりを製造する際には，醤油の塗布工程で型崩れを防止するために，先に表面を固めておいた方がよいと思われる．通常は最初に素焼き工程を入れて表面を固めるのであるが，固めるにはバーナーなどで焼く方法やオーブンなどの熱風で乾かす方法がある．製品は表面がカラッと香ばしく焼けていることが求められるため，醤油を付着させてからは長く焼くことは避けるべきである．特に焼きすぎは香りが悪くなり，えぐ味もでるなど注意が必要である．醤油の付着方法はスプレーする方法，ローラーなどで転写する方法，さっとくぐらせる方法などいくつかあるが大切なのは醤油の性質と付着量のバランスをとることである．醤油の塗布後はもう一度両面を焼き，放冷後速やかに凍結工程へと進めなければならない．

（4）**品質管理**　米飯類の製造において他の商品と比べて注意しなければならないことは，ラインの衛生状態の管理である．その理由は炊飯という加熱工程を最初に終了してしまうため，その後はきわめて衛生的なラインを通過していかないと衛生基準を満たすのはむずかしくなることである．そのため洗浄殺菌をきちんとマニュアル化したSSOPが必要であり，これなくして製造するのはむずかしい．

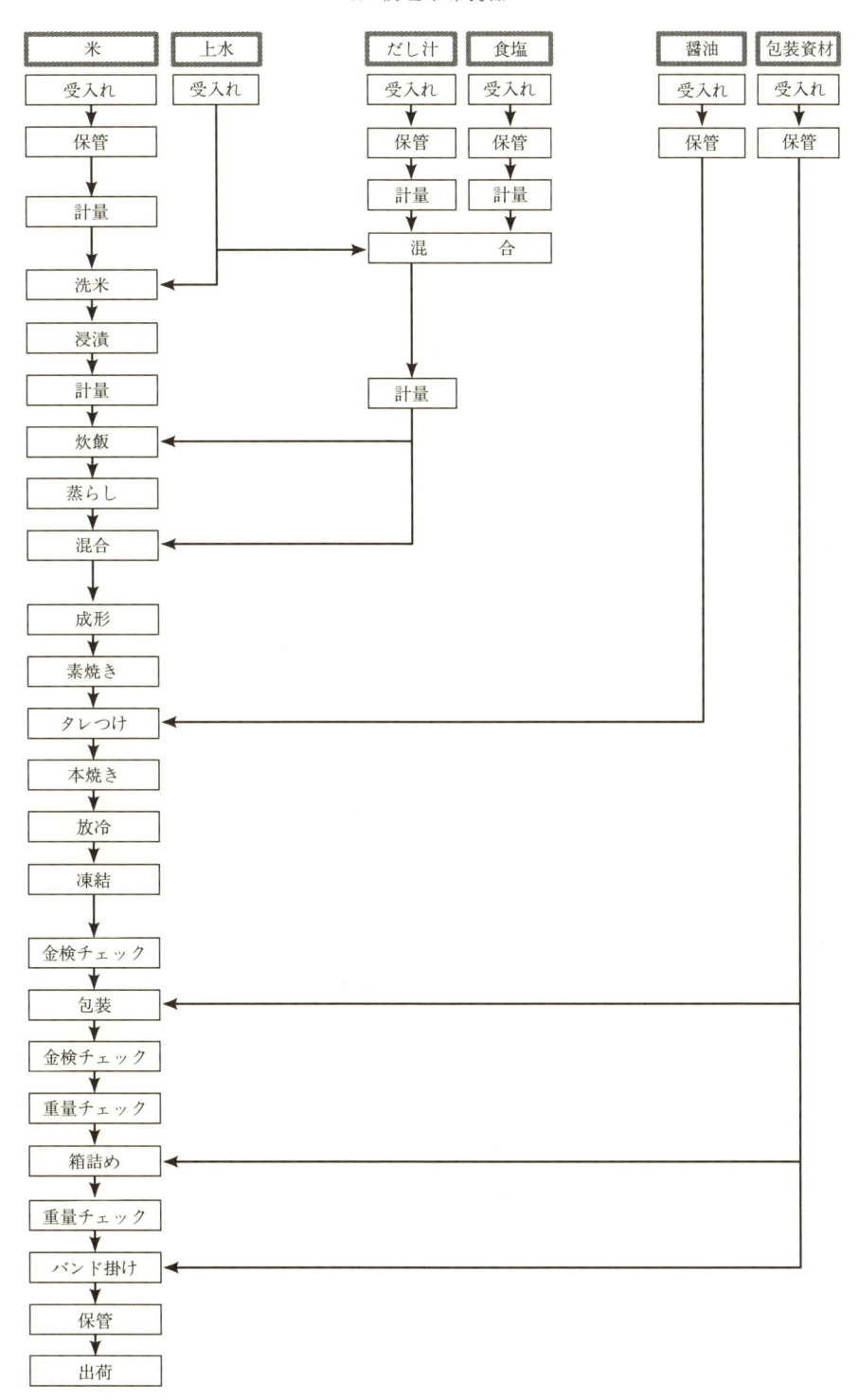

図 II.4.22 焼きおにぎり製造工程一覧図(フローダイアグラム)

基本的には製品検査は確認のために行い，日々のSSOPの管理運用がきちんと行われるように配慮する必要がある．最後に米飯類共通のテーマとして水分値が高く，なおかつ張りのある米を製造することがなお残されている重要な課題ということがいえる．

［富山　勉］

b. めん類

（1）製品の種類　日本人の食生活は戦後著しく変化し，小麦粉は米とともに国民の二大食糧となっている．その中で，めん類向けの消費量は小麦粉用途別消費量の第1位を占めている．1970年代半ばから，ほぼ順調な推移をみせてきた生ゆでめん類の生産も，1980年代半ばに近づくにつれて下降し，1987年以降横ばい傾向が続いている．

しかし，このような環境の中で「冷凍めん」だけは急速な消費増を示している．

ここで従来のめんの分類をまとめてみると，原料配合，形状の相違による分類として，①うどん，②きしめん，③ひやむぎ，④そうめん，⑤中華めん（ラーメン），⑦スパゲティなどに大別でき，製造工程の相違による分類として，①生めん，②ゆでめん，③蒸しめん，④乾めん，⑤即席めんなどに大別できる．

冷凍めんは，これらのめん類の延長線上に，従来の製造工程の相違による分類のひとつとして，「冷凍」という新しい製法が追加されたのである．したがって，冷凍めんにも原料配合，形状，製法によりたくさんの品目があることになるが，冷凍めんの商品特性からまとめると次の通りである．

（ⅰ）**冷凍生めん**：　生めんの段階で凍結した冷凍めんで，比較的，製造・保管・流通などでの取扱いにデリケートさを要求されないため，1960年頃から実用化されていた．現在商品化されている冷凍生めんは，ゆで時間の短い細物（日本そば・中華そば）が中心である．

冷凍生めんの商品特性は，一般的な冷凍食品と同じように，添加物を使わないで，防腐効果が得られる点にあり，安全性・保存性そしてロスの少ないことがメリットである．反面，簡便性においては，喫食時には解凍とゆでが必要になるため，生めんに比べゆで時間が長くかかることや，冷凍めんを投入したときに，湯温が低下することによる影響などから，むしろ生めんより品質が低下することがあり，その市場規模は冷凍ゆでめんに押され，年々縮小傾向にある．

（ⅱ）**冷凍ゆでめん**：　生めんをゆで上げ直後の状態で急速凍結させた冷凍めんで，現在の冷凍めんの主流を占めている．

同じ冷凍めんでありながら，冷凍生めんと冷凍ゆでめんとでは，そのコンセプトに大きな相違がある．冷凍ゆでめんの商品特性は，冷凍食品としての保存性・安定性に加え，食味のよさ，解凍における簡便性が大きなポイントになる．

ここでいう食味のよさとは，従来の生めんをゆでる方法や，ゆでめんを利用するのに比べ，システム的に食味のよいめんを提供することができる，という点にある．

冷凍ゆでめんは，めんをゆで上げ直後の状態で急速凍結し，この状態を定着したものであり，解凍することによって，短時間に，ゆで上げ直後の状態にもどるので，常にゆでたての状態のめんが提供できるため，当初，業務用市場を中心に伸長し，今では，食味の向上，簡便性が受けて家庭用にも普及してきた．

（ⅲ）**冷凍調理済めん**：　ゆでたてのめんに，スープ・具材をセットし，または完全調理して急速凍結した冷凍めんで，コンビニエンスストアにおけるアルミ容器入り鍋焼きスタイルや，調理済スパゲティ，調理済焼きそばなど，普及が目立ってきている．

冷凍調理済めんの商品特性は，調理する手間が不要であり，家庭用としても簡便性があり，業務用としてもシステム性に大きな魅力のある商品といえる．また，付加価値のある多様化メニューができるため，冷凍コストの比率を相対的に下げることができる．いずれにしても，加熱解凍（直火・電子レンジ・熱湯など）するだけで，そのまま喫食できる点がセールスポイントである．

（2）主要原材料　めんに用いられる主要原材料は，うどん（小麦粉・食塩・水），中華めん（小麦粉・かんすい・水），日本そば（小麦粉・そば粉・水）である．また，めんの食感改良として，デンプン，各種添加物（乾燥卵粉末，グルテン粉末，ヤマイモ粉末，ガム類）が使われることがある．

（ⅰ）**小麦粉**：　めんの良否を決めるのは，適正な小麦粉の選定と正しい製めん加工とであるが，希望するめん質に最も適う小麦粉と，製めん法の選択組合せが肝要である．

めん類に使用される小麦粉は，一般に灰分が低く，グルテンの親水性が強く，生地形成が速やかなものほど製めん性がよいとされている．各種めん類に対する小麦粉の品質特性は次の通りである．

a）**うどん用**：　うどん用に使用される小麦粉は，中力粉，粗タンパク質8.0～10.5％程度で色相が明るく，うどんにしたときにモチモチ感のあるものを選択する．グルテンの質については，水なじみが速く，網目形成能力の高いこと，グルテンが柔軟で，弾力的かつ伸展性に富むものがよい．デンプン

の質は，軟質の方が好ましいとされるが，これは加工性には関係なく，むしろ食感との関係である．食感改良のため，デンプンを利用する場合は5〜20%程度配合する．

　b) 中華めん用： 中華めんは，かんすいと呼ばれるアルカリ水で混ねつして生地をつくるが，このアルカリ水がグルテンに作用して特有の風味と食感を生ずるので，基本的にグルテン量の多い準強力粉，粗タンパク質10.3〜13.5%，灰分の0.4%以下で色相が明るく，食感に弾力のあるものを選択する．

　c) そばのつなぎ： 小麦粉をそばに使用する目的は，つなぎ粉といわれる通り，そば粉だけでは，生地からめん線に成形するのが困難であるので，小麦粉のグルテンの力を借りて成形するためである．したがってグルテンの量の多い小麦粉が必要となる．そして，そば粉の割合の多いほど，グルテンの多い小麦粉がいる．一般的には灰分0.6%程度，粗タンパク質13%以上の強力粉が望ましい．

　(ii) そば粉： そば粉の良否はフレーバー，色調，甘みといったものが主体となり，これらは，使用する玄ソバの種類と粉の灰分量で決まる．玄ソバとしての評価は，国内産のものが高く，その次にくるのが中国，カナダ産のもので，アメリカ，ブラジル産は評価が低い．そば特有の風味（フレーバー）は，冷凍することにより若干抜けるので，高級冷凍そばにはフレーバーのよいそば粉を選択する必要がある．「そば」と表示するためには，そば粉は配合率30%以上必要とする（生めん類の表示に関する公正競争規約より）．

　(iii) 水： めんを製造するうえで水は不可欠のものである．小麦粉に水を加え，こねることにより，グルテンの網状構造が形成され，めんの骨格となる．こねるときの水の量（加水率）が多いほど，グルテンの結合展開が容易になり，めん品質が向上する．

　(iv) 食塩： 食塩は主にうどんに使用され，対小麦粉3〜4%が標準だが，加水率などにより調整される．食塩の使用目的は，①グルテンに対して収れん作用をし，粘弾性を増加させる，②風味の向上，③ゆで時間の短縮など，製めん上に大きな役割を果たしている．

　(v) かんすい： かんすいとは，中華めんを製造するうえで欠かせないアルカリ剤（炭酸カリウム，炭酸ナトリウムが主成分）である．中華めんには0.5〜1.7%使用される．かんすいの使用目的は，①小麦粉中のフラボノイド系色素を，黄色く発色させ，中華めんの黄色をだす，②グルテンに対し収れん作用をし，ゴム状の性質となり，中華めん独特の食感となる．③デンプンの糊化を促進し，中華めん独特の風味をだすなどの作用を起こさせる．

　(vi) デンプン： 最近，各種デンプン（タピオカデンプン，馬鈴薯デンプン，ワキシーコーンスターチなど）を，副原料として使用するケースが増えてきている．これは，小麦粉の性格のみでは解決できない問題点を，デンプンを使用することにより解決していこうというものであり，ゆで時間の短縮，食感の改良に大いに役立つ．特に食感面においては，日本人の好む，滑らかさ，モチモチ感の発現に効果がある．

　(vii) その他添加物： 中華めん，日本そばなど細ものに，食感に弾力をつけ，ゆで伸びを遅くするため，乾燥卵白，活性グルテンなどを0.5〜2%使用する．また，日本そばでは，滑らかさ，粘性を増すため，ヤマイモ粉末，ガム類などを使用する場合もある．

　(3) 製造工程　　現在，最も一般的な冷凍めん製造工程を図II.4.23に示す．

　(i) 加水混合工程： 加水混合工程は，めんの品質を決定づける，製めん工程上最も重要な工程である．うどんの場合，小麦粉と食塩水，中華めんは，小麦粉とかんすい，日本そばは，小麦粉・そば粉と水をミキサーで混練りする．これにより，小麦粉中のタンパク質のうちグルテニンとグルアジンに水を加え，混練りすることによりグルテンが形成され，このグルテンが生地の中で複雑な網目構造を形成し，めんの骨格の役目を果たし，また弾力を与える．小麦粉中の約70%を占めるデンプンは，食感のうち粘りを与える．

　粘弾性に富んだ滑らかな食感のめんを得るには，加水量を増やしてグルテンの生成度を高めた方がよく，冷凍めんの製法としては，多加水めん製法が多く採用されている．また，ミキシングも減圧下で行う方法（真空ミキサー）が多く取り入れられ，これにより，めんに透明感がでて，滑らかさが向上し，煮崩れが少なく，また食感がしまり，特に中華そば，日本そばなど細ものを製造する際には，欠かせないものとなっている．さらに，最近では，定量された小麦粉に食塩水またはかんすいが，連続的に均一噴霧され，減圧下でミキシングができる自動連続ミキサーも導入され，機械製めんで手打ちのような高多加水めんの製造が可能になっている．

　(ii) 複合工程： ミキシングの終了した生地を

156　　　　　　　　　　　　　　　Ⅱ．製　造

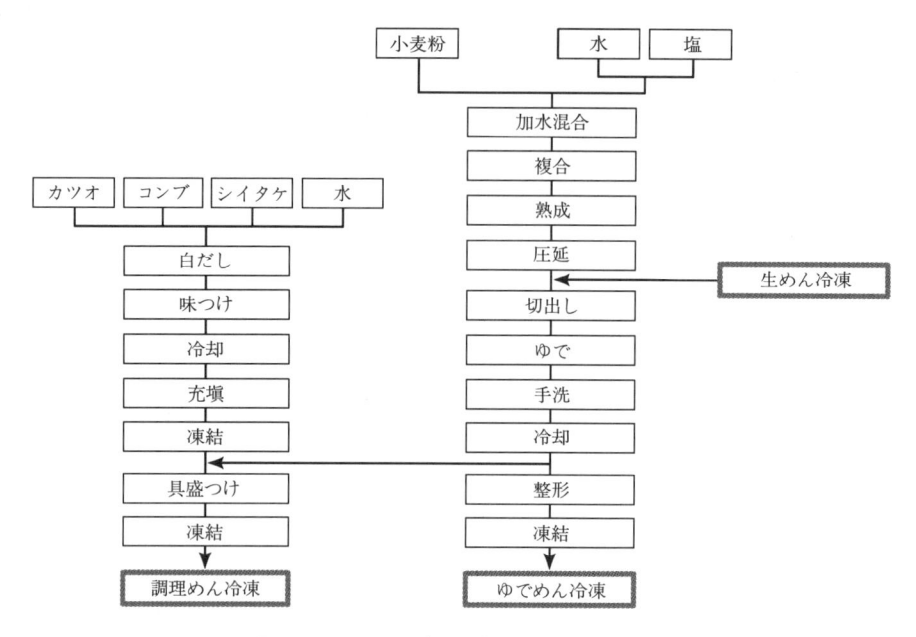

図 Ⅱ.4.23　冷凍めん（うどん）の製造工程概略図（例）

ロールでめん帯にし，その2枚のめん帯をさらにロールで1枚のめん帯に複合する工程である．これにより，グルテンの組織構造をより緊密にし，めん帯は強靱なものとなる．このときのロール間隔は，粗めん帯1枚分の厚み程度が普通である．

（iii）熟成工程：めん生地，めん帯あるいはめん線をある時間放置する工程で，これにより水和され，粘弾性に富むグルテンの生成が助成され，生地が均一化され，また圧延により加工硬化したグルテンが緩和され，めん帯が延ばしやすくなる．一般的には，機械製めんでは10分〜1時間くらいとられる．熟成においては，その環境温度が生地に大きく影響し，温度が高いと熟成の進行度が速く，温度管理に十分留意する必要がある．

（iv）圧延工程：複合後，熟成され軟らかくなっためん帯を，連続圧延ロールで数回に分け，徐々に所定の厚みまで圧延していく工程で，グルテンの網目構造を縦方向に延ばす．ロールは3〜5対がセットになっており，段階が進むにつれめん帯は薄くなるので，使用するロールの径もだんだん細くなり，自転の周速度は大きくなる．あまり圧延速度を速くしたり，圧延比を大きくすると，生地にダメージを与える．

（v）切出し工程：圧延されためん帯を，所定の厚み，めん幅と長さに切断する工程である．厚みによりゆで時間が変わり，食感が変動するため，切出し後の厚みを測定し，ロール間隔を調整し，その厚みを管理していかなければならない．

（vi）ゆで工程：沸騰水中で生めんを膨潤・糊化する工程で，良好なゆでにより，製品に光沢，照りがでて，めん肌に滑らかさがあり，めん角の崩れがでない．これは，ゆで中のめんの成分が熱水中に溶出する量と関係があり，ゆでのポイントは，いかにゆで中の煮崩れを少なくするかということにある．これは，めん歩留りの向上とともに排水の汚濁を少なくし，排水処理設備の負荷を減らすことになる．ゆで湯のpHによりめん歩留りが異なり，煮崩れに差を生ずる．アルカリ度の高い湯でゆでると，熱アルカリ水によってグルテンの結合が弱められ，煮崩れがひどくなるため，有機酸などを入れ，pHを5〜6に調整している．中華めんはゆで時間が短く，またかんすいというアルカリ剤を用いてめん自体がアルカリ性となっているので，このような調整は行わない．ゆで湯の温度管理も重要で，湯温が低いとゆで時間が長く糊化が遅くなるため，98〜99℃の温度でゆでる．ゆで程度により製品の食感が大きく異なるため，小麦粉100g分の生めんが，ゆで上がり後何gのゆでめんに増えているかを表した「ゆで歩留り」という数値で，そのゆで程度を管理する．

（vii）水洗・冷却工程：ゆで上がっためんは，めん表面のぬめりを洗い流す水洗工程をとり，0〜5℃の冷却水で急冷する．この冷却工程により，めん線の硬度と剛性を増加でき，その結果，めん同士の付着なしに凍結でき，解凍時間が短縮される．

また，めんがしまり，めん肌が滑らかになり，水切り後のめん伸びも遅く，良好な食感が得られる．この0～5℃の冷水でゆで上がっためんを予冷したのち凍結することは，冷凍めん製造の重要な基本条件である．

(viii) 整形工程： ゆで上げ直後のめんは，柔軟なフレキシブルな細長いめん線なので，凍結前に整形が必要である．一般には，柔軟性があり，耐寒性に優れているプラスチック製トレイが使われる．トレイに入っためんは，軽くならし，上から押える．凍結後，形状が不ぞろいだと包装が困難になると同時に，破損の原因にもなる．

(ix) 凍結工程： ゆでめんの凍結は，ゆで伸びの防止とデンプンの老化を防止するため，急速凍結が必要である．めんをゆでるということは，小麦粉中のデンプンの老化を膨潤・糊化させ可食状態にすることであるが，ゆで上がっためんはその中心部含有水分が低く，外側ほど含有水分が高い状態となる．すなわち水分の勾配ができ，これがめんの腰となるのである．しかし，時間とともに水分が中心部に移行し，めん全体が均一な水分率となり，腰のない伸びためんとなる．急速凍結は，めん線の外周水分を凍らせ，めん線中の水分の均一化を防ぎ，糊化されたデンプンの老化を防ぎ，氷結晶の成長による組織破壊を防ぐ．これにより，釜上げ直後の最高の状態を維持することが可能となる．

急速凍結には，エアーブラスト方式，液体窒素方式，コンタクトフリーザー方式，および液体浸漬凍結方式などが利用されている．

(x) 包装工程： 凍結後のめんは，乾燥防止，風味ぬけ防止，2次汚染，および移り香の防止などから，めん単独のシュリンク包装，数食を袋詰めする．家庭用のセットめんは，ここで具材，スープとセットし包装する． ［兎子尾正文］

c. シューマイ・ギョーザ

中国料理の軽食「点心」は日本では惣菜に含まれ，ご飯とともに食事に登場することが多いが，中国では点心だけで朝食や昼食，簡単な食事になったり，料理の間に出たり，料理の終わりに出たり，点心とお茶で「飲茶(ヤムチャ)」になったり，非常にバラエティーに富んでいる．その点心の代表的なものがシューマイ，ギョーザである．シューマイ，ギョーザはともに山海の幸を組み合わせて，そのおいしさをめんで包んで蒸したり焼いたりしたものである．

(1) シューマイ，ギョーザの定義　日本農林規格におけるシューマイとギョーザ定義は次のようである．

シューマイ（焼売）
1) 調理冷凍食品のうち，食肉を細切し，若しくはひき肉したもの又は魚肉を細切し，若しくはすりつぶしたものに，みじん切りし若しくはしないねぎその他の野菜，肉様の組織を有する植物性たん白，調味料，香辛料，つなぎ等を加え，又は加えないで調製したもの(あん)を皮で円筒形状又はきん着形状に包み成形したもの

2) 1)に蒸煮し，又は食用油脂で揚げること等の加熱処理をしたもの

ギョーザ（餃子）
1) 調理冷凍食品のうち，あんを皮で半円形状又は円形状に包み成形したもの

2) 1)に蒸煮し，ばい焼し，又は食用油脂で揚げること等の加熱処理をしたもの

また日本農林規格(JAS)によると表II.4.24に示すように脂肪分，肉含量，エビ，カニを冠する製品のそれぞれの含量，肉様植物性タンパク質の含量，皮の比率などが規定，使用原材料もポジティブリストの形で規定され，JASマークの商品(日本農林規格取得商品)はそれ以外の原料は使用できない．JASマーク以外の商品も品質表示基準があるため，JASに準じた表示が義務づけられている．

(2) 種　類　シューマイの種類は配合された原料により，畜産物系，水産物系，農産物系に大別される．当初は「ポークシューマイ」，「エビシュー

表II.4.24　シューマイ，ギョーザの成分の規格(JAS)

		シューマイ	ギョーザ
粗　脂　肪	製品に占める割合	13%以下	10%以下
食　　　肉	あんに占める割合	20%以上	21%以上
エビ製品のエビ	あんに占める割合	15%以上	15%以上
カニ製品のカニ	あんに占める割合	10%以上	10%以上
つ　な　ぎ	あんに占める割合	15%以下	10%以下
肉様植たん	食肉または魚肉に対する割合	40%以下	41%%以下
皮の比率		25%以下	45%以下

マイ」といった，畜産，水産物系から始まり，次に「揚げシューマイ」，「ロングシューマイ」，「ロールシューマイ」など，商品形態によるバラエティが出現し，最近はヘルシーブームも手伝って「山菜シューマイ」，「ゴボウシューマイ」など健康イメージのよい成分で特徴をつけた農産物系が多くなってきている．

ギョーザの種類は食べる状態による呼び方と，配合されている原料による呼び名がある．食べる状態によるものは，家庭で焼く「普通のギョーザ」，ゆでるまたはスープで煮る「水ギョーザ」，そして調理済の製品は電子レンジ調理の「焼きギョーザ」「揚げギョーザ」である．配合原料によるものは特に分類できない．おいしいものは何でも包んでしまう．その中具の特徴的なものを代表して「フカヒレギョーザ」などと呼んでいる．最近は中具が透けて見える透明皮の「水晶ギョーザ」，「ハーブにんにく入りのギョーザ」など，時代を反映し，健康的イメージのよいものが登場している．

(3) 原料

(i) 畜産原料

a) 豚肉： ひき肉加工肉はブロック肉である必要はなく，バラ肉，トリミングミート，頭肉が用いられる．工業用には大量入手可能な冷凍肉が用いられる．原料検査は凍結保管状態，解凍時のドリップ量，鮮度，赤身肉と脂肪の比率，夾雑物の混入状況(特に獣毛)などの点から評価される．

b) 鶏肉： 国産，輸入の冷凍廃鶏正肉が主として用いられる．原料検査は凍結保管状況，解凍時のドリップ，鮮度，夾雑物(特に皮部分の羽毛処理状態)の点から評価される．

(ii) 水産原料

a) 冷凍すり身： 一般にはスケトウダラの無塩冷凍すり身が用いられる．漁獲後船上で加工される「洋上すり身」と陸上加工の「陸上すり身」がある．色調，ゲル強度などによる等級規格があり，用途に応じて規格選定される．原料検査はゲル強度，色調，異物夾雑物混入状況(特に包装フィルムの冷凍すり身内への嚙み込み)の点から評価される．

b) 小エビ： 一般に1ポンド当たり100〜200匹以上の小型エビが用いられる．ほとんどが東南アジアからの輸入品で，産地や加工メーカーにより品質，鮮度，処理加工状態の優劣差がみられる．原料検査は鮮度，加熱歩留り，肉質風味，発色性，添加物使用状況，異物・夾雑物(1次加工時の毛髪，エビのひげ・殻，ウニトゲなどの混入)の点から評価される．

c) カニ肉： 加工食品用として一般に胴肉，足くず肉など棒肉以下の規格のものが用いられる．原料検査はエビとほぼ同様である．殻の混入防止がポイントとなる．

(iii) 農産原料

a) タマネギ： 生鮮原料が用いられる．産地は日本全国にわたり，端境期は輸入品が用いられる．品種，季節，産地により品質，保存性，歩留りに差があり，特に早生品は軟質で水分含量，歩留りなど，品質変動が大きい．他の製品に及ぼす影響を考慮して食品工場付近で皮をむき，ムキタマの状態で工場内に搬入される．原料検査は腐り，サイズ，発芽状態，異物混入の点から評価される．ムキタマ購入の場合は剝皮後の品質変化が早くなるので，計画購入，保管時間の管理が必要である．

b) キャベツ： 高原地帯を産地とし全国的に栽培されており，季節とともに移動する．春先，端境期に品薄となる．最近は中国からの輸入品も用いられる．品種，産地，季節により品質歩留りに差がある．原料検査は結球状態，腐り，サイズ，病気，異物混入(特に虫の付着混入)の点から評価される．

c) ニラ： 生鮮物がほとんどであるが，1次加工された凍結輸入品も利用される．輸入品は国産と品質差(特に風味)があるので，混用はむずかしい．原料検査は鮮度，品質(風味)，異物混入の点から評価される．

(iv) 穀類

a) 小麦粉： めん帯(皮)用小麦粉は製品コンセプトで求められる品質と製めん機の機械適性の両面で評価され，小麦粉の銘柄が選定される．小麦粉メーカーの品質管理は信頼性が高いので銘柄選定が品質管理のポイントとなる．購入後の取扱いが大切で，不要な原料在庫を抱えないような計画的購入・使用と保管管理(保管庫の防虫，温度，湿度)に留意する必要がある．

b) デンプン類： 具の結着(つなぎ)用として馬鈴薯デンプン，コーンスターチなどが，また具の食感に特性をもたせるために加工デンプンが選択使用される．小麦粉と同様に銘柄選定がポイントで，購入後も同様な管理が必要である．

(4) 製造方法

シューマイ，ギョーザの一般的製造工程図を図II.4.24，II.4.25に示した．

(i) 原料受入検査

原料品質検査を行い，あらかじめ取り決めた原料規格基準にもとづき合否判定を行い，合格品を納入する．土つき野菜は工場外

4. 調理冷凍食品

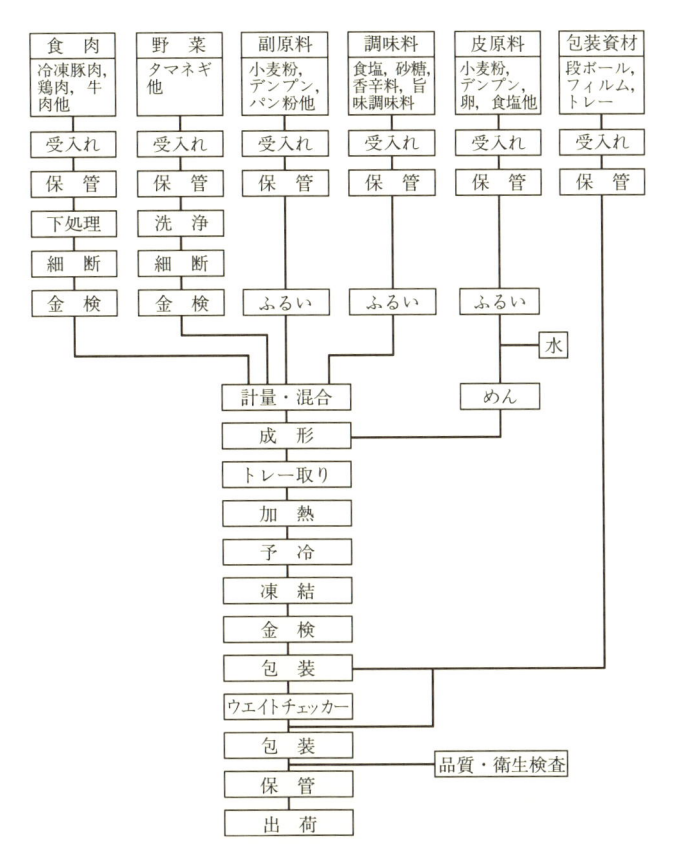

```
食肉          野菜        副原料        調味料        皮原料        包装資材
冷凍豚肉,     タマネギ     小麦粉,       食塩,砂糖,    小麦粉,       段ボール,
鶏肉,牛       他          デンプン,     香辛料,旨     デンプン,     フィルム,
肉他                      パン粉他     味調味料      卵,食塩他     トレー
 ↓           ↓           ↓            ↓            ↓            ↓
受入れ       受入れ       受入れ        受入れ        受入れ        受入れ
 ↓           ↓           ↓            ↓            ↓            ↓
保 管        保 管        保 管         保 管         保 管         保 管
 ↓           ↓           ↓            ↓            ↓
下処理       洗 浄        ふるい        ふるい        ふるい
 ↓           ↓                                      ↓
細 断        細 断                                   水
 ↓           ↓
金 検        金 検
         ↓
      計量・混合
         ↓
      成 形
         ↓
      トレー取り        めん
         ↓
      加 熱
         ↓
      予 冷
         ↓
      凍 結
         ↓
      金 検
         ↓
      包 装
         ↓
    ウエイトチェッカー
         ↓
      包 装 ── 品質・衛生検査
         ↓
      保 管
         ↓
      出 荷
```

図 II. 4. 24 シューマイ製造工程一覧図

で土落としと皮むき(1次処理)を行ったのち,工場内に入れ使用される.冷蔵庫に保管したのちに使用する方が混合成形時の品温管理が確実となる.冷凍原料は素早く冷凍庫に搬入する.

(ii) 原料前処理

a) 畜 肉: 冷凍原料を使用する場合が多いが,チルド原料を使用する場合はチルド温度帯で微生物が成育するので,冷凍原料に比較して保管管理が厳しくなる.冷凍原料の場合は解凍がポイントとなる.解凍しすぎは離水が問題となり,さらに温度が高すぎると鮮度低下につながる.低すぎると硬すぎてミンチできないか,できても肉の組織を傷め,製品の品質を低下させてしまう.冷凍畜肉原料は通常ブロックカッターやフレーカーで粗切りしたのちミンチされる.チルド原料はミンチ機に投入できる大きさに切断したのちミンチする.ミンチ肉の品質は,原料肉の温度管理とミンチの刃の切れ味,目皿の管理で決まる.

b) 水産原料: すり身,エビなど,冷凍原料が輸入されている.輸入原料,特に冷凍エビの品質はわれわれの期待するレベルに至っていないケースが多いので,鮮度劣化,異物夾雑物混入に対する品質確認と対策が必要となる.

・すり身: 一般に洋上すり身の方が漁獲直後にすり身加工するため肉質結着性(ゲル強度)はまさっている.用途に応じ,選定使用される.使用前に冷凍庫から解凍庫に移動し,設定の温度に保つ.使用直前に瞬間解凍する解凍技術が開発されているが,コスト面でまだまだ普及していない.解凍庫の原料すり身をフレーカーで粗切りし,その他原料と混合したり,そのまま直接ブレンダーに投入し混練りしたのち成形工程に入る.必要に応じ金属検出器を通し,金属混入を防止する.内包装フィルムが冷凍すり身にくい込んでいるケースがあるので,異物混入防止上十分注意し取り除く必要がある.仮にくい込んだフィルムの判別を容易にするため,一般に白色のすり身に対しわかりやすいブルーなどの色つき内装フィルムが使用されている.

・小エビ: インド,ベトナムなど東南アジアからの輸入品で,エビ殻を除いたムキエビが用いられる.この輸入原料は人毛,エビ殻,エビのひげ,海草,竹片,木片,針金,ウニのトゲなどの異物混入

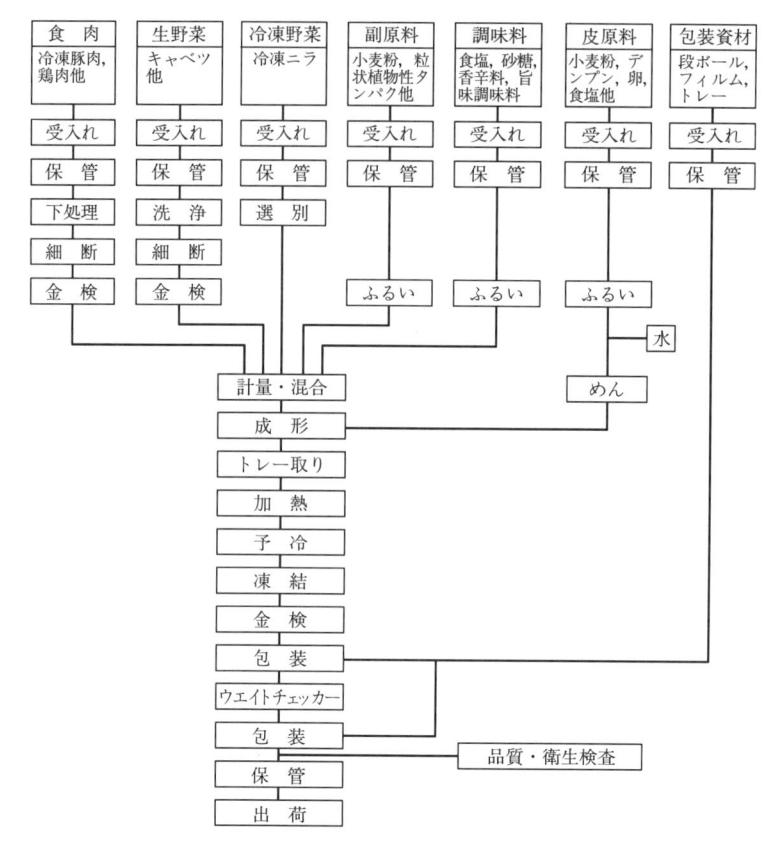

```
食肉                    生野菜              冷凍野菜            副原料              調味料              皮原料              包装資材
冷凍豚肉,          キャベツ           冷凍ニラ           小麦粉,粒状      食塩,砂糖,        小麦粉,デン       段ボール,
鶏肉他              他                                       植物性タン      香辛料,旨          プン,卵,          フィルム,
                                                                  パク他              味調味料          食塩他              トレー
  ↓                    ↓                    ↓                    ↓                    ↓                    ↓                    ↓
受入れ              受入れ              受入れ              受入れ              受入れ              受入れ              受入れ
  ↓                    ↓                    ↓                    ↓                    ↓                    ↓                    ↓
保 管                保 管                保 管                保 管                保 管                保 管                保 管
  ↓                    ↓                    ↓                                                                ↓
下処理              洗 浄                選 別                                                                
  ↓                    ↓                                                                                        
細 断                細 断                                            ふるい              ふるい              ふるい ← 水
  ↓                    ↓                                              ↓                    ↓                    ↓
金 検                金 検                                                                                      めん
```

(工程フロー: 計量・混合 → 成形 → トレー取り → 加熱 → 予冷 → 凍結 → 金検 → 包装 → ウエイトチェッカー → 包装 → 保管 → 出荷、品質・衛生検査)

図 II.4.25 ギョーザ製造工程一覧図

を前提として，使用前に異物選別する必要がある．水流を利用したもの，多連回転ブラシを利用したものなどいろいろな自動的異物選別装置が開発されている．

・その他： カニ，ホタテなど，他の原料も，形状は冷凍品，乾燥品，塩蔵品などさまざまであるが，すり身，小エビと同様，原料の性状に合わせて処理条件を決め，異物混入防止対策をして使用する．

　c）野菜類

・タマネギ： むきタマネギをみじん切り機で瞬時にみじん切りし，具材の原料とする．みじん切り後は味が変化してしまうため速やかに使用される．また早生品種で水分調整が必要な場合は振り切り脱水して使用される．

　d）粉体類

・小麦粉： めん帯用としては小麦粉の品質と加工適性から銘柄を選定する．

・デンプン類： 具の結着用（つなぎ）として使用される．また透明皮のめん帯用に用いられる．

　e）調味料： 均一調味のために，微量調味成分はその他の原料素材とプレミックス調製したものを使用する．

（iii）具材混合： ミンチ肉，すり身，みじんタマネギ，エビ，その他原料と調味料を計量，混合し，成形機ホッパーに投入する．具材は大量混合となるため，具が練られないよう混合機内に各原料を均一に分散投入し，短時間混合で仕上げられる．

（iv）めん帯製造： 小麦粉と水を速やかに均一に混合する．小麦粉への水の添加方法とミキサーの撹拌羽根の形状，回転数などにより仕上りのめん帯性状は異なる．またその日の湿度・温度がめん帯性状に微妙に影響する．真空下での混合は小麦粉内に均一加水ができ，良質のめん帯が得られる．加水小麦粉をめん帯状にする方法は2種類あり，多段ローラー方式とエクストルーダー方式である．多段ローラー方式は日本のそば，うどんの製法の機械化で，4段から5段のローラーを通してだんだんに薄くしてめん帯を得る方法で，エクストルーダー方式はスパゲッティ・パスタ方式でスリットから帯状に押し出したのち，2段ほどローラーを通してめん帯状にする方法である．それぞれ一長一短がある．

（v）成　形： 混合された具材は成形機ホッ

パーに投入される．シューマイの成形機は具材の定量分割とめん帯に包み，シューマイの形に仕上げる動作を連動して行う．品種によってはこの上にデコレーションのグリンピースやカニ肉，エビなどを自動的にのせる作業も行う．シューマイ形に仕上げる成形機は2種類あり，穴のあいたターンテーブル上でひとつひとつ独立したシューマイを複数個ずつ同時に成形し，ロボットまたは人手でトレー容器にセットする方法と，いきなり容器トレー内にシューマイを打ち込むトレー成形方法がある．

ギョーザの成形機もシューマイ成形機と同様に，具材定量分割部とめん帯に包みギョーザ形に仕上げる部分とからなる．ギョーザの成形法はあらかじめ円形に切っためん帯に具材を包み，トレー詰めする方法と，めん帯を刃つきキャタピラーに懸垂させ，具の充塡と同時に，成形プレスしながらめん帯を半月形のギョーザ形にカットし，トレーに直接打ち込む方法がある．円形めん帯に包み込む方法には2つあり，ひとつは成形専用パレットの上に置かれためん帯に具材を打ち出し，パレットでたたみ込みながら，ひだづけ成形する方法と，具材の詰め込み成形を同時に行いながら受け皿に直接打ち出す方法がある．いずれも成形後はロボットで摘みながらトレーに詰められる．トレーに詰められたのち，次の加熱調理工程に送られる．

(vi) 加熱調理

a) 蒸し：シューマイ，ギョーザは蒸し器，蒸し庫によるバッチ形蒸煮装置で，あるいはトンネル式，スパイラルコンベヤー式連続蒸煮装置で蒸される．少量を蒸すときはバッチ型が用いられ，大量生産の場合は連続蒸煮装置が用いられる．95°～100℃，10～15分間蒸したのち，速やかに清浄冷風で冷却され，冷凍工程に送られる．蒸煮工程ではタンパク質が熱変性し，生デンプンはα化し，食用に供する状態に調理されるとともに，殺菌の目的がある．したがって蒸煮工程以降は食中毒菌などの雑菌による2次汚染を防止するため，従業員の衛生管理，機械器具の洗浄殺菌，温度管理などが必要である．蒸煮加熱の程度は冷凍食品の調理解凍時の加熱を考慮して決められる．

b) 揚げ：揚げシューマイは蒸されたのちフライにされる．連続蒸し工程で加熱調理，殺菌の目的は達成されているので，フライ時間は着色，クリスピィーな食感など，目的とする品質が得られる程度となる．

c) 焼き：焼きギョーザは成形後，蒸し焼き専用のコンベヤーにのせられ連続的に加熱されたのちトレー取りされ，凍結工程に運ばれる．

(vii) 凍結

シューマイ，ギョーザの凍結は一般にトンネル式，スパイラルコンベヤー式連続凍結装置で，−35°～−40℃の冷却エアー（エアーブラスト）で30～40分間−18℃以下まで急速凍結されたのち，包装され製品化される．凍結時間はその大きさによって変わるが，最大氷結晶生成帯を短時間で通過し，氷結晶生成による食品素材の組織変化を最小限に抑えることがポイントである．

(viii) 包装・冷凍保管

包装前に計数（計量）が必要である．トレー入りの場合はそのまま横ピロー包装される．複数トレーを数えて包装する場合もある．大量をバラ包装する場合はコンピュータスケールなどを用いて自動的に計量し，縦ピロー包装される．少量生産の場合は人手により計量，袋詰め，熱シール，箱詰めされる．

家庭用商品の包装形態は，一般にトレー入り横ピロー包装である．横ピロー包装された製品は自動的に段積みされ段ボール包装される．業務用商品は複数トレー入り包装，バラ包装など大量荷姿で段ボール包装される．

搬送された製品は，冷凍庫前室で人手またはロボットによりパレットに積まれ，冷凍庫に搬入される．冷凍庫内作業は極低温（−25℃）下となるため，ロボットによる自動出入れ可能な立体自動倉庫が用いられる．製品はパレット単位で先入れ先出し管理が行われる．

(ix) 調理解凍

シューマイの調理法は蒸し解凍が一般的であるが，最近は包装されたまま電子レンジで解凍調理する方法が開発されている．これは包装袋に工夫があり，電子レンジ加熱が進むと発生する蒸気がある圧に到達したとき，自然に蒸気が抜けて調理解凍を完了させるものである．電子レンジ調理は蒸気による水分補給がないため，最初の製品設計段階で水分量が調整されている．揚げシューマイはパリッとした皮の食感の特徴から蒸し解凍は適さず，電子レンジ解凍または自然解凍となる．

ギョーザの調理法は蒸し焼きされる．蒸し工程は経ているので，少量の水分補給程度で焼かれる．焼きギョーザは揚げシューマイと同じ解凍法がとられる．

〔常田武彦〕

d. 春巻

春巻の原型は，春餅（ツンピン）と呼ばれる薄焼きの皮の上に味噌を塗って，炒めた豚肉や野菜を巻いたもので，

表 II.4.25 春巻(JAS)の原料比規格[2]

粗脂肪	製品に占める割合	8%以下	
食肉	あんに占める割合	10%以上	エビ春巻およびカニ春巻は除く
エビ	〃	10%以上	エビ春巻に限る
カニ	〃	8%以上	カニ春巻に限る
つなぎ	〃	15%以下	
肉様植たん	食肉または魚肉に対する割合	40%以下	
皮の率		50%以下	

中国で立春の日に食べていた料理である．その後，端を小麦粉でまとめ，油で揚げるようになり，現在，日本では春巻，アメリカではスプリングロールと直訳されている中華点心である．

JASの品質規格では，春巻は，①食肉を細切り，ひき肉したもの，または魚肉を細切り，すりつぶしたもの，②野菜，肉様植たん，調味料，香辛料，つなぎなどを加え，または加えないで調整した「あん」を③棒状に包んだもの，と定義している．さらに皮の率，粗脂肪およびあんに使用される特定原材料などの比率が表II.4.25のように規定されている．

使用する原材料や配合量は製品の種類によって異なるが，一般に畜肉，タケノコを主体としたもの，野菜類を主体としたもの，エビなどの特定原材料を主体としたものと大別される．さらに，製造方式によっても，焼皮で包んだ(巻いた)タイプのもの，さらに油ちょうを行い揚げ色までつけたプリフライあるいはディープフライタイプのもの，また，サイズ，重量などによって30g前後のミニタイプ，50～60g程度のレギュラーサイズのものなどに分けられる．ここでは，最も一般的な焼皮タイプの春巻を主体とした製造工程(図II.4.26)と品質管理のポイントを記す．

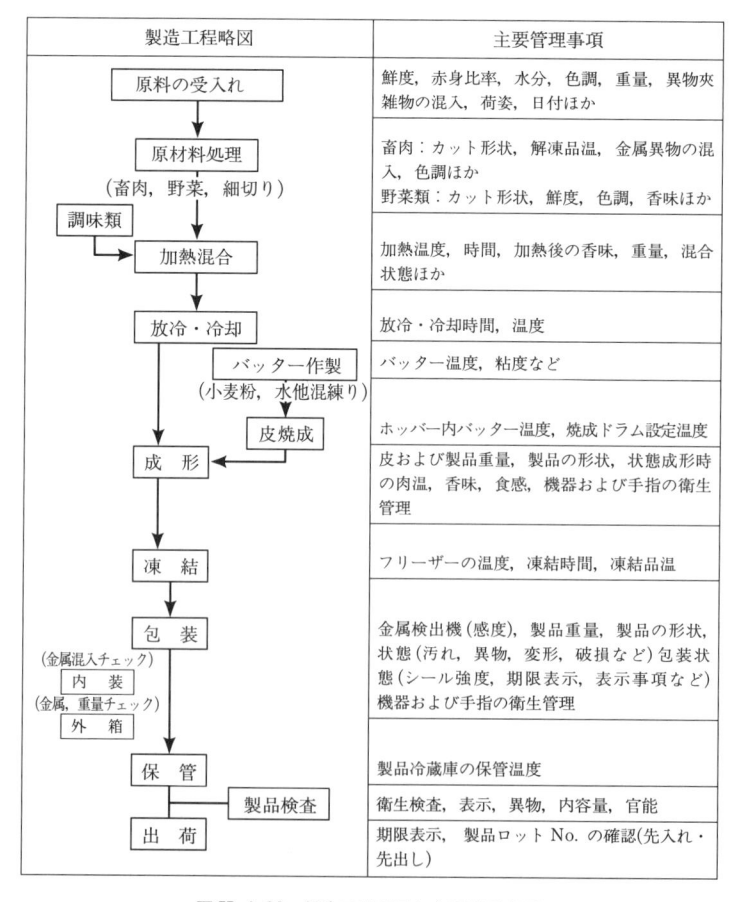

製造工程略図	主要管理事項
原料の受入れ	鮮度，赤身比率，水分，色調，重量，異物夾雑物の混入，荷姿，日付ほか
原材料処理 (畜肉，野菜，細切り)	畜肉：カット形状，解凍品温，金属異物の混入，色調ほか 野菜類：カット形状，鮮度，色調，香味ほか
調味類 → 加熱混合	加熱温度，時間，加熱後の香味，重量，混合状態ほか
放冷・冷却	放冷・冷却時間，温度
バッター作製 (小麦粉，水他混練り)	バッター温度，粘度など
皮焼成	ホッパー内バッター温度，焼成ドラム設定温度
成形	皮および製品重量，製品の形状，状態成形時の肉温，香味，食感，機器および手指の衛生管理
凍結	フリーザーの温度，凍結時間，凍結品温
包装 (金属混入チェック) 内装 (金属，重量チェック) 外箱	金属検出機(感度)，製品重量，製品の形状，状態(汚れ，異物，変形，破損など)包装状態(シール強度，期限表示，表示事項など)機器および手指の衛生管理
保管	製品冷蔵庫の保管温度
製品検査	衛生検査，表示，異物，内容量，官能
出荷	期限表示，製品ロットNo.の確認(先入れ・先出し)

図 II.4.26 製造工程略図と主要管理事項

(1) 原料処理工程

(ⅰ) **畜肉類**（豚肉，鶏肉など）： 豚肉などの冷凍食肉は，-5℃くらいに予備解凍したものをフローズンカッターで切断したのち，チョッパーにかけ所定サイズの挽肉とする．原料受入時は，鮮度，凍結管理状態，夾雑物の混入，脂肪比率などに留意する．

(ⅱ) **野菜類**（タケノコ，タマネギなど）： タケノコは中国からの冷凍品が主体なので，受入時，香味，色沢，品温，pH，異物，夾雑物の混入などの検査を行う．使用の際は-3℃くらいに予備解凍したのち，水さらしによる流水解凍，アク抜き，異物，夾雑物の除去などを行い，その後スライサーなどで所定のサイズに千切りする．他の野菜類は一般的に水洗い，選別後フードスライサーなどで細断するが，この際，鮮度低下，腐れ，表皮・筋・芯など不可食部の残存に留意する．さらに，品種や産地，時期によって水分，糖分などに差があり，製品の品質に影響を及ぼすことがあるので注意を要する．また，キクラゲも中国からの乾燥状態での輸入品が多く，水もどし後の異物除去選別は必要不可欠である．

(ⅲ) **水産物**（小エビ，カニなど）： エビは，インド，ベトナムなどから輸入される冷凍ムキエビが主体である．一般的にはサイズ100（匹/ポンド）より小さいムキエビが加工用として用いられるが，これらの輸入冷凍エビは，異物，夾雑物の混入だけでなく，現地における取扱不良などによる鮮度低下や変色などの問題もある．これらのエビの使用時には，散水あるいは流水解凍し，異物・夾雑物・鮮度不良品などを選別除去後使用する．カニ肉は加工用としては主に胴肉，脚先肉などが使用されるが，商品のグレードによっては棒肉などを用いる場合もある．エビ同様に鮮度や異物，夾雑物の検査を行うが，特に殻，爪先（ハサミ），腱の混入に注意する必要がある．

(2) 加熱混合工程

前処理した食肉，野菜類のほか，調味料，香辛料などの原材料を規定重量ずつ，順序に従って加熱混合する工程で，直火式の炒め機やホットニーダーなどが利用されている．この工程は調味をかねた混合具の調整工程であるため，一般的には植物性油脂，食肉，野菜類，調味料の順で加熱撹拌を行う．強い火力で短時間に炒めるのが望ましいが，加熱条件（温度，時間など）は製品の味，テクスチャー，外観などの品質に影響するため，混合順序，混合時間，加熱後の品温および重量は十分に管理する必要がある．また加熱条件は微生物管理上も重要であり，設定した条件で完全殺菌できるものでなければならない．さらに，ノンフライタイプの春巻では，当工程以降に熱処理などの殺菌工程がないので，使用する器具，備品などは完全に洗浄，除菌された衛生的なものでなければならない．なお，参考までに一般的な配合例を表II.4.26に示す．

表II.4.26 春巻の配合例

春巻あん(具)の配合例(%)	
豚　　　　　　　肉	15
鶏　　　　　　　肉	10
タ　ケ　ノ　コ	20
タ　マ　ネ　ギ	12
キ　ャ　ベ　ツ	12
ニ　ン　ジ　ン	10
キ　ク　ラ　ゲ	5
醤　　　　　　　油	3
植　物　油　脂	3
調　味　香　辛　料	5
デンプン，その他	5

皮(バッター)の配合例(%)	
小　麦　粉	42
保　湿　剤	3
糖類・油脂類	2
食　塩　ほか	1
水	52

(3) 成形工程

量産タイプの春巻成形機は，皮帯成形機と充填成形機から成り立っており，皮帯成形機で焼成された焼皮を充填成形機により所定サイズにカットしたのち，あらかじめ3℃前後に冷却した具を充填して成形（皮の両端を切り曲げ，回転爪により巻きつけ）する方式が多い．

皮はバッターを皮帯成形機で焼成してつくるが，皮の品質が，成形時の巻きの安定や調理後の食感，パンク，外観，形状などの品質に影響を及ぼすため，バッターの混練時間，条件および低温管理などに留意する必要がある．なお，基本的な配合例を表II.4.26に示しているが，製品の種類，用途，ユーザーの求める品質（食感，外観，揚げ色，強度など）によっては，製法や配合面の工夫も必要である．特にレンジ調理用春巻の場合は，電子レンジ調理時に所定の食感を保持するためには，配合上の工夫が不可欠である．また，成形工程では規定の打出し重量であるかをチェックして製品の重量管理を行うが，春巻については，成形機の部品（カム，カムクラッチ，ピストンなど）の磨耗や具の肉質，硬さなどにより充填される具の重量が変動するとともに，皮の重量変動によっても製品の重量が変動する．皮重量の変動要因としては，皮の厚み，カットサイズ，焼成機の温度，皮帯の水分・温度，混練時間・方法などが指摘されている．

成形機の機能としては，故障が少なく保守管理が容易なこと，製品の形状が一定で重量のばらつきが

少ないこと，具材を損傷しない構造であること，衛生的な材質で作業後の分解・洗浄が容易な構造であること，運転操作，段取り替えが容易であることなどが要求される．特に，衛生管理の面では，ノンフライタイプの春巻では，成形後に加熱工程がないため成形機が2次汚染源になりうるので，十分洗浄，殺菌してから使用する必要がある．

また，成形工程での2次汚染防止のためには，一貫した低温管理を行い，成形後は速やかに凍結工程に送る．

一方，プリフライタイプの春巻では，成形後に揚げ工程が入るが，フライヤーの温度，スピード，滞留時間などの条件設定とあわせて，製品の揚げ色，食感，芯温，さらには油の酸価を管理する必要がある．特に春巻の場合，パン粉衣の商品に比較すると，揚げ油の酸価が上りやすいので注意を要する．

（4） 凍結工程　凍結装置の仕様は，凍結方法（バラ凍結，トレイ詰め凍結など），商品特性，コスト，能力，レイアウトなどにより最適なものを選定する必要がある．

通常，スパイラルフリーザー，トンネルフリーザーなどの連続凍結装置により急速凍結を行う．凍結条件は，製品芯温が最大氷結晶生成帯を速やかに通過するように設定し，凍結庫内温度，風量，コンベヤースピード（凍結時間），製品投入量，凍結後の中心品温などをチェック管理する．

凍結装置の清掃は作業終了後十分に行い，凍結中の細菌汚染を防止する．特に，バラ凍結の場合は，念入りに洗浄・殺菌を行う必要がある．また，除霜作業を定期的に行い，凍結効率の低下を防止する．

（5） 包装工程　包装工程では，最終重量の過不足，形状チェック，シール不良，ピンホール，絵柄のズレなどの包装不全と，金属片など異物の検出が品質管理のポイントとなる．

一般的には，金属検出機と重量選別機がコンベヤーと選別・振分装置をセットしてライン化されているが，金属検出後の特性（欠点）として針金状の細長い金属などの場合，流れる方向により検出能力に差が生じることがある．特に，近年食品機械の素材として広く利用されているステンレスなど非鉄金属の場合，著しく検出能力が低下する傾向にある．このため，包装ライン構築の際には，製品の流れ方向を考慮したダブルチェック体制にすることが望ましい．ラインスペースなどの事情により，製品の流れ方向を変えられない場合は，高感度検出場所が異なる対向型金属検出機と同軸型金属検出機を組み合わせるのも有効な手段のひとつである．参考までに表II.4.27に機種による検出感度の比較を記す．

各検出機は設定通りに正常作動しているか，規定通りに取扱い調整されているかなどをチェック管理する．

また，製品の汚れ，破損の有無，賞味期限表示が正しく行われているかなどをチェックするとともに，包装工程における品温の上昇を防ぐため，前後の工程のラインバランスを考慮し，製品の停滞を最小限にとどめる必要がある．

春巻は品温の上昇により皮部に含まれるデンプンの老化が進行し，皮のひび割れやフライ時のパンクなどにつながるおそれがあるので，包装終了後は速やかに−20℃以下の低温で保管する．

さらに，フライ済春巻では商品特性上，ノンフライタイプ以上に温度変化（上昇）の影響を受けやす

表 II.4.27　金属の形状と機種（タイプ）による検出感度の比較

金属の形状	流れ方向（横から見た形状）	対向型の検出感度		同軸型の検出感度	
		Fe	SUS 304	Fe	SUS 304
針金状	▯ —	1	3	3	2
	▭ —	2	2	1	3
	▯ —	3	1	2	1
円板状	⬭ —	3	1	1	2
	⬭ —	2	2	3	1
	◯ —	1	3	2	3

各項目ごとに感度が高い順に1, 2, 3．

い傾向にあり，電子レンジ調理時に設計品質通りの食感を得られないなどの品質劣化が起こりやすいのでいっそうの低温管理が必要である．

［古澤和幸］

文　献

1) 程　一彦：程さんの台湾料理店, p. 126-127, 晶文社, 1992.
2) JAS調理冷凍食品, p. 2, 14, 15, 日本農林規格協会, 1992.

e．ハンバーグ・ミートボール

日本農林規格の定義によれば，ハンバーグは①食肉のひき肉またはこれに魚肉の細切り，すりつぶしたもの（食肉の量より少ないこと）もしくは肉様植たんを加えたもの，②野菜のみじん切り，つなぎ調味料，結着補強剤などを加え，または加えないで練り合わせたのち，③だ円形状などに成形したもの，④またはこれを焙焼し蒸煮し，または食用油脂で揚げることなどの加熱処理したものまたはこれにソースを加えたもの，と定義している．ミートボールは「球形に成形する」という部分が異なるだけで，それ以外はまったく同じである．したがってここでは成形工程前の前処理までは共通のものとして記述する．

（1）製品の種類

（i）使用主原料による分類

a) 畜肉系：　牛肉，豚肉，鶏肉それぞれを主原料としたビーフ，ポーク，チキン（ハンバーグ，ミートボール）があり，それぞれの原料の特性を生かして組み合わせたものが一般的である．

b) 魚肉系：　フィッシュハンバーグ，フィッシュボールと称される製品で，魚肉すり身をベースにエビ，カニ，イカなどを加えてそれぞれの特徴を生かしたものがある．

c) 植物系：　粒状組織タンパク質や粉末状の植物タンパク質を組み合わせて主原料として低カロリーをうたったものや，豆腐ハンバーグなどがある．このほかにもゴボウハンバーグ，キャベツハンバーグなど畜肉，魚肉系のものに野菜を混ぜて健康イメージを訴える製品も増えてきた．

（ii）加工・包装の形態や調理方法による分類：

生ハンバーグと凍結前の加熱方法により，焼き・蒸し・揚げハンバーグなどがある．また，ソースやたれの有無，フライパンなどで焼き蒸しする以外に，真空包装したボイル・イン・バッグハンバーグ，電子レンジ調理可能なハンバーグなど調理方法による分類もできる．

（2）原材料

（i）畜産物：　牛肉，豚肉，鶏肉が主に使用されるが，一部馬肉，マトン，家兎肉が使われることもある．これら畜肉原料は国産品と輸入品があるが，いずれも凍結されたものを使用するのが一般的である．牛，豚肉は部位により脂肪の多寡にばらつきがあるので，調達の際には赤身比率を規格として厳密にチェックすることが肝要である．

a) 牛　肉：　コストの関係で国産では経産牛や裾物，輸入品でトリミングビーフなどが使用されるが，獣毛や骨などの異物には十分な注意が必要で継続的な屠場の指導が欠かせない．

b) 豚　肉：　牛肉と同じくテーブルミートのような正肉が使われることは少なく，大貫や裾物が使用される．異物対策は牛肉と同様である．

c) 鶏　肉：　以前は国産の廃鶏正肉が食味もよく広く使用されたが，近年は中国・東南アジア・ブラジルなどから輸入されるブロイラーが使用されることが多くなった．異物管理としては骨および毛根が問題となる．また，飼料由来の農薬がしばしば問題となるので産地の管理が欠かせない．

（ii）水産物

a) 魚肉すり身：　スケソウすり身が主であるが，近年東南アジアのイトヨリやキンメなどのすり身も輸入されている．すり身によりゲル形成能や水分に大きな差があるので，購買時に十分な管理が必要である．

b) その他：　エビはポンド当たり61〜70尾サイズ以下のむきエビが使用されるが，東南アジアやインドからの輸入物が多く，鮮度落ちや人毛・殻・触角の混入が多く，注意が必要である．カニは国産のむき身を使用することが多いが，殻の混入，イカは集魚灯のガラスの破片の混入に注意を要する．

（iii）野菜類

a) タマネギ：　ほとんどのハンバーグ，ミートボールに使用される．北海道，淡路島などが主要産地であるが，一部ニュージーランドやアメリカなどから輸入される．

b) その他：　タマネギ以外の野菜を混ぜて目先を変えるときに，ゴボウ，ニンジン，キャベツなどが用いられることがあり，通常生鮮品である．一方，コーンやグリンピースは冷凍の輸入品が使用される．

(iv) 穀類

a) 植物タンパク質： 原料面からは脱脂大豆から調製した大豆タンパク質と小麦グルテンからつくる小麦タンパク質があり，乾燥品と冷凍品がある．形態として粒状と粉末状が一般に用いられるが，繊維状などもある．

b) パン粉： 混合肉の水分や固さの調整に用いられ製品にソフト感を与える．通常乾燥品が使用される．

(v) その他

つなぎとして冷凍全卵，冷凍卵白などが使用される．また，基本的な調味料・香辛料以外に各種肉エキス，タンパク質加水分解物，粉末チーズなどが使用される．

(3) 製造工程

ハンバーグ，ミートボールの一般的な製造工程は図II.4.27の通りである．

(i) 原料の前処理

a) 水畜産物 （金属検査）→粗切り→（金属検査）→細切り

一般に水畜産原料は冷凍品が使用される．

金属検査： 完全に凍った状態では金属検知機でのノイズも少ないので感度はよいが，ブロックが大きい場合検知部が大きくなり感度が落ちるので，半解凍で粗切りしたのちにかける場合も多い．

解凍： いずれも主成分がタンパク質であるので，過解凍は変敗やタンパク質の変性を引き起こし解凍不足はあとの細切り処理に支障をきたす．したがって解凍工程はたいへん重要である．解凍の温度曲線は凍結時の逆になるので，解凍潜熱を要する最大氷結晶生成帯の通過に時間を要する．この温度帯で処理すれば温度管理からみれば安定した条件が得やすい．解凍方法として空気解凍（常温・低温での静止空気・送風），水解凍（真水・塩水での止水・散水・流動水），電気解凍（高周波誘電・マイクロ波誘電）が一般に行われているが，それぞれ一長一短があり，種々の組合せで行われる．

畜産物は半解凍と呼ばれる氷結晶生成帯で処理さ

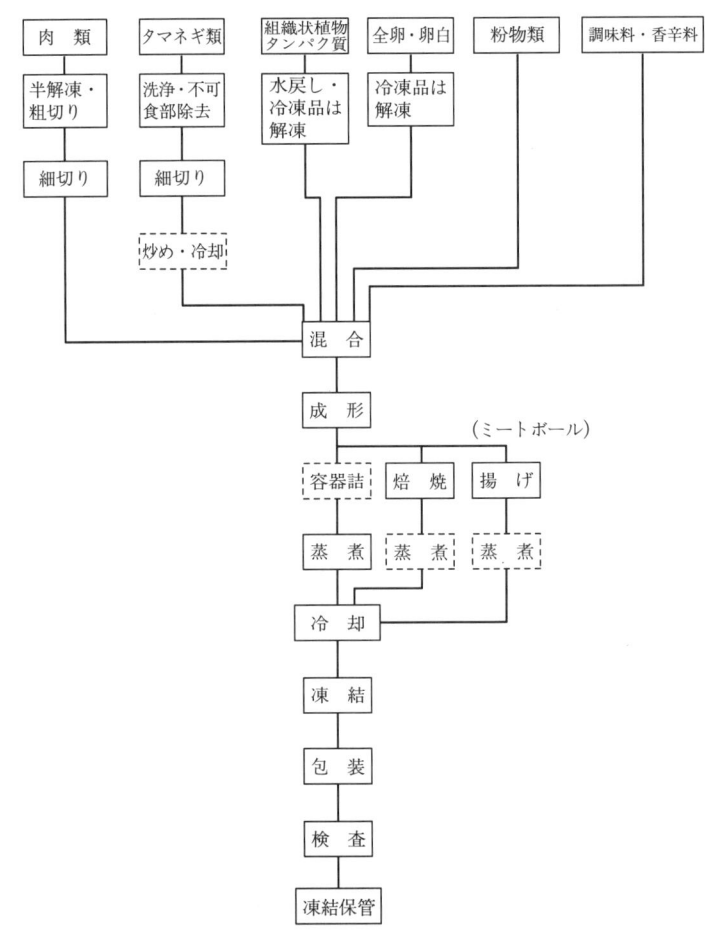

図II.4.27 ハンバーグ，ミートボールの一般的製造工程図

れることが多い．しかしながら解凍時の外気温の影響も受けて，この状態の原料の氷結水分率は一定ではない．氷結水分率が低ければ細切り処理時に肉の切れがよいが，高いと潰されるようになり，肉組織が破壊される．また，成形後も氷結晶が残っているようであれば加熱処理時に解凍潜熱をも与えねばならず，加熱条件の設定や品質・歩留りに与える影響も大きい．水産物特に冷凍すり身は解凍終温が高いと容易に塩溶性タンパク質の変性が起こり，低すぎると塩練りの際に氷点降下が起きて塩溶性のタンパク質の溶解が妨げられ，いずれも結着性を発揮できず，食感に多大の影響を与えるので，畜肉以上に注意が必要である．

b) タマネギ： 剥皮→洗浄→細切り→(炒煮)→(冷却)

食品工場内でタマネギの剥皮作業を行うと品質管理上問題が多いので，納入業者の加工場で剥皮し，変敗を防ぐため十分に冷却して納入されるのが一般的である．工場ではこのむきタマネギを冷水で洗浄し，カッターでダイス状に細切りする．この際カッターの種類や状態によりドリップが出て歩留りや品質に影響するので刃の研磨などカッターの維持保全が重要である．このダイスカットしたタマネギをそのまま混合する場合と，さらに歩留り 70～80％まで炒めて水分を蒸発させ甘みと加熱フレーバーを出して使用する場合がある．

c) 植物タンパク質： 小麦系の冷凍品は畜肉と同じく，チョッパーなどで細切りして使用される．冷凍品を使用するメリットは混合肉温を低く保てる点にある．乾燥粒状タンパク質は前処理として水もどしをする場合が多い．このもどし工程で肉エキスを混ぜて味つけと大豆臭のマスキングをかねることがある．もどしに時間をかける場合は低温保持に気をつける．粉末状タンパク質はそのまま使用することもあるが，植物タンパク質の乳化機能とゲル形成能を利用して，水と油脂といっしょに高速カッターで叩いてカードを作成してから混合するのが一般的である．

(ii) 混　合： 前処理を終えた食肉，野菜，植物タンパク質にパン粉，調味料，香辛料を加え混合する工程である．手順としてはまずミキサーに食肉を投入し，食塩や塩分の多い調味料を加え，5 分程度混合して塩溶性タンパク質を溶出させて保水性・結着性をもたせる．あとは順次調味香辛料，植物タンパク質，野菜，パン粉などを投入混合していく．混合不良とならないよう混合状態を確認しなければならない．特に調味香辛料は量が少なく，投入方法によっては偏在して問題を起こしやすいので，あらかじめパン粉などと混ぜて分散させておくなどの工夫が必要となる．温度管理も重要で，特に魚肉系のものでは混合時の温度上昇を避けるとともに速やかに次の成形・加熱工程に移らなければならない．

(iii) 搬　送： 混合後ミキサーから排出し，ミートワゴン，各種コンベヤー，ミートポンプとパイプの組合せなどで成形機へ搬送する．この際，のちの成形工程でも同様であるが，畜肉系の混合肉にはなるべく圧力を加えない方法が望ましい．

(iv) 成　形： 所定の形状と重量に混合肉を成形する．このための成形機は，国産，輸入品とそれぞれの特徴をうたったものが各種開発されている．

a) ハンバーグ成形機： 大別すると金属の回転ドラム式とプラスチックなどの成形板が往復運動をするタイプのものがある．いずれもドラムと成形板にモールド(抜き型)があり，これにホッパーから混合肉を押し込み，その後打ち出す点に変わりはないが，このモールドへの混合肉の送り込み方法にさまざまな工夫がこらされており，機種による特徴が現れる．一般的には混合肉にダメージを与えない方法によるものは重量が不安定になる傾向がある．また，ドラム式，成形板方式ともに運動方向に筋膜などの肉の繊維の流れができ，加熱時にこのコラーゲンの繊維が流れ方向に収縮し，意図した形状にならないのでモールドの設計には注意が必要である．近年，手づくり感をだすために，混合肉をいったん定量に分割し，その後に形を整える方式も普及している．

b) ミートボール成形機： いったん円柱状に分割後，溝を付けたローラーを通して丸める方式や，ミートポンプで送られた混合肉を円形のシャッターでカットする方式が一般的である．

(v) 加　熱： 成形を終えたハンバーグ，ミートボールは生ハンバーグ以外は次の加熱工程に入る．この加熱工程は，細菌的に食品衛生法に合致する製品とするための加熱殺菌の目的と，食味，外観など食品として好ましい状態にするための調理加熱工程の 2 つの目的をもつ．なおこの工程は HACCP の CCP にあたり，中心品温 70℃ 以上 1 分間の保持が要求される．衛生的にはなるべく高い中心温度が望ましいが，食味の面からみれば過度の加熱は脂質やエキス分の過度の流出を招き，食味やジューシーさを損なうとともに歩留りの悪化をきたす．

加熱方式には次のような方法があり，それぞれの

特徴を生かす組合せも行われている．

a) 蒸煮装置： 蒸気を当てて加熱する方法で，一般的な方法である．

b) 湯煮装置： 魚肉系のフィッシュボールなどに主に用いられる．

c) オーブン： ガスや電気を熱源とし，熱風を当てる対流式と輻射式があり，遠赤外線を利用するものもある．

d) 焙焼機： 加熱した鉄板などに乗せ，伝導熱で加熱する．耐熱性テフロンベルトを通して電気ヒーターで焼くベルトグリル方式もある．

e) フライヤー： 主にミートボール，フィッシュボールの加熱に使用される．熱源はガス，電気などがあり，加熱方法にさまざまな工夫がされた機種が多数出回っている．

f) マイクロウェーブ加熱装置： e)までの加熱装置が表面からの加熱であるのに対して，中心部からも熱が加わるため，組合せにより有効な場合がある．

(vi) 冷却・凍結： 加熱を終えたハンバーグ，ミートボールは，凍結工程に向かうコンベヤーなどで荒熱を取り凍結される．次の包装工程を含め製品は加熱工程を終えているので，細菌による2次汚染に十分な注意が必要である．真空包装するものは凍結する前に包装する場合と，凍結後包装する場合がある．

(vii) 包装： ここでは製品の品温上昇に注意するとともに形状などを確認しながら包装し，賞味期限を印字し，金属検知機(CCP)・重量選別機を通して製品化する．包装形態は業務用は1kgなど比較的大きな包装形態で，小売用は数個をトレイに詰め，いずれもプラスチックフィルム包装し，段ボールの外箱に詰めて出荷するのが一般的である．

(4) 規格・基準　ハンバーグ，ミートボールにかかわる規格基準として，強制法としての食品衛生法と，各種法規の品質表示基準，任意法としての日本農林規格，指導基準としての東京都条例および冷凍食品協会自主基準がある．ここで注意すべき点は，冷凍のハンバーグ，ミートボールはその食肉比率により食品衛生法上の分類が異なり，50％を超えるものは冷凍加熱食肉製品，下回るものを冷凍食品と呼び，その遵守すべき細菌の規格基準が異なることである．

［熊澤端夫］

f. グラタン・ドリア

(1) 製品の種類と特徴　グラタン(仏: gratin)とは鍋底の焦げてくっついたものを指す語から，料理用語では表面に薄い焦げ目をつけた料理全体を指すようである．一般的なグラタンは，浅い陶器性のグラタン皿に，サケ，エビ，カキ，ホタテなどの魚介類のほか，キノコやポテト，カリフラワー，ハム，ベーコンなどの各種素材に，ホワイトソース(ベシャメルソース)とパルメザンチーズやバターをかけ，オーブンで焼き上げた料理である．

市販用調理冷凍食品でのグラタンは，アルミ製のトレーにマカロニとホワイトソースを充填し，エビや鶏肉と粉チーズをトッピングしたものが一般的である．特にマカロニにホワイトソースをかけ，エビと粉チーズをトッピングした，エビマカロニグラタンが主流であり，各冷凍食品メーカーから発売されている．一方ドリアは，マカロニの代わりにバターライスにソースをかけた，いわゆるライスグラタンである．具材はグラタンと同様に，エビと粉チーズをトッピングしたエビドリアが主流である．

製品の解凍は，オーブントースター調理が主であるが，電子レンジの普及とともに，各メーカーからプラスチックトレーに充填された，レンジ調理専用品種も発売され始めた．近年，製品のバラエティーが増え，マカロニの代わりにポテトやナスを使い，ホワイトソースやミートソースをかけた品種も販売されている．また，イタリア料理の流行もあり，平パスタを使ったラザニアも発売されている．一部には，ひとつのトレーにグラタンとドリアを入れたものもある．現在市販用に発売されている主なグラタンとドリアを表II.4.28にまとめた．

また，業務用では，カニの甲羅に充填したものや，ファミリーレストランなどのように，凍結品を厨房でグラタン皿に移して，オーブンで焼き上げるものなどいろいろな形態がある．

冷凍食品におけるグラタンは，もともと子どものおやつとして販売されていた．しかし，市販用ではメニューの多様化，ソースや具材の本格化などで，主婦や若い女性へ受容され，軽食としても市場が拡がった．また業務用では，ファミリーレストランやコンビニエンスストアーなどでグラタンメニューが定着し，その消費者層を大きく拡げた．この結果，冷凍グラタンは，冷凍食品スナック市場の中心的アイテムに育った．

(2) ソースおよび各具材の処理

(i) ホワイトソース：　食用油脂(主にバター)と小麦粉を弱火で混ぜながら，比較的短時間で色がつかないように仕上げた(110〜120℃)ホワイトルー

表 II. 4. 28 市販用グラタン・ドリアの種類

	主具材	ソースの種類	トッピング具材	商品名	備考
グラタン	マカロニ	ホワイトソース	チーズ 魚介類(エビ, ホタテ, イカなど) 畜肉類(鶏肉, ベーコン) 野菜類(ホウレンソウ, ブロッコリー, キノコなど)	エビグラタン シーフードグラタン チキングラタン ホウレンソウグラタン	マカロニは主にエルボ, シェルタイプが使われている.
	ポテト	ミートソース ホワイトソース	チーズ	ポテトのグラタン	素材にソースをかけたタイプのグラタン
	ナス	ミートソース ホワイトソース	チーズ	ナスのグラタン	メニュー性があり, 本来のグラタン
ドリア	バターライス	ホワイトソース	チーズ 魚介類(エビ・ホタテ・イカなど) 畜肉類(鶏肉, ベーコン) 野菜類(ホウレンソウ, ブロッコリー, キノコなど)	エビドリア シーフードドリア チキンドリア	マカロニの代わりにライスを使用した, いわゆるライスグラタン
他	平パスタ	ミートソース ホワイトソース	チーズ	ラザニア	

(ルーブラン)を牛乳で伸ばし, 調味料, 香辛料などを加えたホワイトソース(ベシャメルソース)を使用したものが多い.

牛乳はソースのこく味や風味, 色調を左右することから, その品質は重要となる. また, 調製したルーを牛乳で伸ばす際はその温度が重要である. ルーと牛乳を混ぜた際, 温度が高いとルーの小麦デンプンにダマが発生し, 滑らかなソースに仕上がらない. また, このときの温度が低すぎると, 伸ばしたソースの加熱に時間がかかり, 焦げの発生や風味低下を起こす. 牛乳でルーを伸ばす工程は, ホワイトソースの口溶け, 風味, 色調などの良否を左右する. この工程は生産上の重要なポイントである. また, 各メーカーとも調味料や香辛料を工夫し, ソースの特徴づけを行っている.

(ii) **マカロニ**: 一般的にエルボマカロニが使われている. 形状は円筒形で中心に穴があいたものである. このエルボマカロニは, 肉厚や長さなどの違いでいろいろなタイプがある. マカロニの形状は, 生産時の充填性や歯切れなどの食感に大きく影響することから, その選択は慎重に行うことが望ましい. また, 弁当用の比較的製品の容量の少ないものには, シェルタイプも使用されている.

マカロニはボイル後ソースと和えられ, 調理解凍で再度加熱されることから, マカロニのボイル条件は最終的な喫食時の水分に注意して決めることがポイントである.

市販マカロニの多くは, 原料小麦としてデュラム種を使用する. この小麦のタンパク質は独特で, 好ましい食感のマカロニをつくるのに適している. デュラム種は小麦粒が硬いことから, 普通の小麦粉と異なり粗挽き(セモリナ粉)で使用される. 一部に強力粉を混ぜた安価なマカロニも市販されているが, 弾力感や色調とコストを比較して, 商品に合ったものを選択すればよい.

(iii) **バターライス**: ドリアに使われるライスはバターライスやサフランライス(ターメリックなどで着色したものが多いようであるが)である. バターライスは, タマネギやニンジンなど具材の入ったものも広く使用されている.

バターライスはソースをかけた状態で調理されることから, マカロニのボイルと同様に調理後の食感に留意して, 炊飯時の加水条件を設定することが重要である. また, 原料米の品種は粘り気の少ないものが, 調理後の米粒にべたつきや軟化がなく好ましい.

(iv) **チーズ**: チーズは表面にトッピングされることが多く, 焼き上がりの外観, 風味やこく味などの点で製品全体の品位を決めるものである. したがって, その原料選択は非常に重要となる. 主にパルメザンやエダムチーズなど, 硬質系のナチュラルチーズを粉に挽いて使用される. また, モツァレラやゴーダチーズもシュレッドしてよく使われる. これはピザに使用されるものと同様で, 調理時に溶けやすく, 糸引きのあるチーズである. 前者は糸ひき良好で風味がマイルドであり, 後者は風味やこく味が特徴である.

(v) **その他のトッピング具材**: 具材としては

エビ，ホタテなどの魚介類のほか，鶏肉，ベーコン，ホウレンソウやキノコなどがよく使用される．表II.4.28に示したように，この具材の種類により各製品が特徴づけられる．したがって，トッピング材の選択は，商品価値を高めるうえで非常に重要なものとなる．

具材の中心はエビで，冷凍の無頭むき小エビが多く使用されている．むき小エビの産地はインドやベトナムである．エビは見栄えの点で，製品の表面にトッピングしたものが多い．したがって，エビ原料は，加熱後の赤色の発色性が重視される．原料は解凍後，殻などの夾雑物を選別し，必要に応じ味つけを行い，ボイル処理後利用される．

エビ以外の具材では，鶏肉やホウレンソウもよく使われる．いずれもボイルやソテー後にトッピングされることが多い．しかし，ホウレンソウは彩りからホワイトソースと和えて使用されることもある．また，ポテトやナスは，マカロニやバターライスと同様に調理時の食感の軟化が起こりやすい．そこで，これら素材はフライで水分調整を行ってから使用することもある．

（3）エビマカロニグラタンの製造方法　グラタンの代表例である市販用エビグラタンの製造工程概略を図II.4.28に示す．各原料は事前に受入検査を行い，合格したもののみを使用する．

小麦粉と油脂を焦げつかないように炒め，ホワイトルーを調製する．でき上がったルーを設定温度まで放冷し，加温した牛乳と調味料や香辛料を加えルーを伸ばしつつ煮込み上げ，ホワイトソースを調製する．このときにソースが焦げないよう加熱条件には注意する．

マカロニは5～10倍量の熱湯でボイル後，すばやく水冷水切りを行い，トレーに充填し，そこにホワイトソースを充填する．

エビは殻などの夾雑物を選別除去し，ボイル後水を切る．生産では，ボイルエビの滞留時の微生物増殖を避けるため，冷水などで十分に冷却する．

ナチュラルチーズは粉砕機で粉状にする．チーズ処理時は温度管理を十分に行い，微生物増殖と粉砕チーズのダマ発生防止に配慮が必要である．

マカロニとホワイトソースを充填したうえに，ボイルエビをバランスよくトッピングし，この上にさらに粉チーズを薄く拡げるようにトッピングする．チーズはトースター調理時に焦げやすいので，片寄らないように，表面に薄く均一にトッピングする．

この後，速やかに急速凍結を行い，ホワイトソースの冷凍変成とソースからのマカロニへの水分移行による食感の軟化を防止する．

凍結後は，製品輸送時などのチーズの脱落防止のため，シュリンクフィルムで包装する．販売時の光

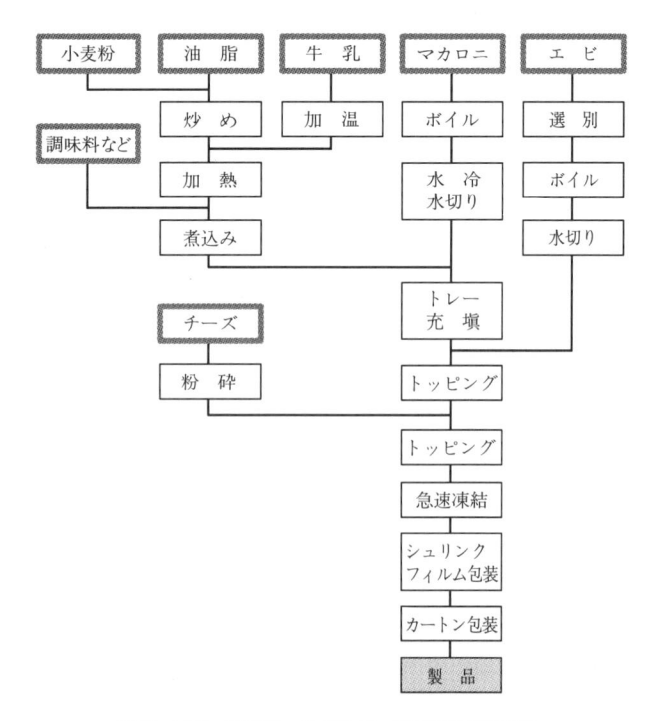

図II.4.28　市販用エビグラタンの製造工程概略図

による品質劣化防止のため，紙カートンやアルミ蒸着フィルムで個包装し，製品とする．包装後の製品は段ボールに詰め，速やかに −18℃ 以下に保管する．製品は官能検査および微生物検査を行い，これら検査に合格したもののみを出荷する．

（4）グラタン類の冷凍保存と劣化 ホワイトソースは凍結時および冷凍保管により品質劣化を生じやすい．劣化したソースは，調理時に水浮きが発生し，滑らかさの減少とボテが発生し食感が低下する．この劣化は，商品性を著しく損なう大きな課題である．この現象は，緩慢凍結時にはよりひどくなることが知られている．

このホワイトソースの劣化は，煮込み時にルーの小麦デンプン粒からデンプン糊が溶出し，凍結および保管により，糊が糸状に凝集するために発生すると考えられている．その対策として，ソース調製時に乳化剤を配合し，ソースからの水浮きの防止が可能であることが知られている．乳化剤を加えるとデンプンと乳化剤の相互作用により，それらの複合体が形成され，デンプン粒からのデンプン糊の溶出が減少する．このことで，冷凍時の糊の糸状化が激減し，凍結時の劣化抑制に効果があるといわれている．特にショ糖脂肪酸エステルの HLB 9・14 において，その効果が高いとの報告がされている[1]．また，糖アルコールやガム質もその保水力の高さから，ソースの水浮き防止に効果がある．近年，凍結時の変成を受けにくい加工デンプンが，各メーカーから発売されており，それらの使用も有効である．

（5）電子レンジ調理グラタン グラタンはもともと焼きメニューであることから，調理解凍方法はオーブントースターやオーブンに限られていた．しかし，近年の電子レンジの普及とあわせ，グラタン類も電子レンジ専用調理品が各社から発売されている．

グラタンのおいしさは表面のチーズの焼き目にある．しかし，レンジ調理では，その調理特性から焼き目がつかず，いろいろな工夫を行っている．例えば，チーズにアミノ酸と糖類を加えて使用することにより，比較的低温でも褐変反応を生じ，レンジ調理時に焦げ目をつけることができる．また，生産時凍結前にオーブンで焼成し，事前に焦げ目をつけておくものがある．この場合，レンジ調理用のプラスチックトレーでは，通常焼成時に溶けてしまい不都合が生じる．そこで，遠赤外線オーブンを使用し，比較的低温短時間で焼き目をつけるもの[2]なども見受けられる． ［水澤 一］

文 献

1) 松本美鈴ほか：家庭誌, **37**, 369-375, 1986.
2) 小杉直輝：食品工業, **39**(21), 54, 1996.

g. 卵加工品

卵加工品は簡単な調理でバラエティーに富み，昔から日本人に親しまれている．具体例をあげると，厚焼きたまご，だし巻きたまご，薄焼きたまご，錦糸卵，オムレツ，スクランブルエッグなどがある．これらは惣菜のひとつとして一般家庭でもつくられるが，近年，業務用として大量に生産されるようになったこともあり，学校給食，事務所給食，外食産業，コンビニエンスストアーの惣菜などでの消費量が著しく伸びている．またそれぞれの卵加工品が大量に生産できる専用の焼成機械が開発されている．

（1）厚焼きたまご 一口に卵焼きといってもいろいろあり，四角い定形の焼成物を何枚か重ね合わせる方式によってつくるのが厚焼きたまごであり，これに対して薄く焼き上げた焼成物を巻き取る方式でつくるのが，だし巻きたまごである．厚焼きたまごとだし巻きたまごの違いは，その形状もあるが一番の相違点は味つけである．和風だし，食塩，砂糖，みりんなどの調味料を使用して味つけするが，厚焼きたまごは比較的甘い味つけをするのに対して，だし巻きたまごは甘さを控え，だし汁を多くしたジューシーな味つけをする．以降は厚焼きたまごを中心に述べる．

（i）主要原材料

主原料：全卵液，または全卵液・卵白液・卵黄液を併用した卵液．

「おいしい食品は，よい原料の選択にあり」といわれるように，卵加工品も例外ではなく，高品位の原料を選択するところから始まる．卵液に関しては，割卵した直後の新鮮卵を使用するのが最適であるが，凍結全卵などを使用する場合は冷凍変性および細菌数の少ないものを選択する．

副原料：食塩，砂糖，みりん，デンプン，醤油，化学調味料，和風だし，その他

（ii）製造工程

a）調合：図II.4.29 の製造工程図で示したように調合タンクに全原料を投入し，均一になるよう撹拌する．表II.4.29 の配合例ではデンプンを副原料として使用しているが，使用目的は厚焼きたまごの冷凍変性防止であり，これを使用しないと著し

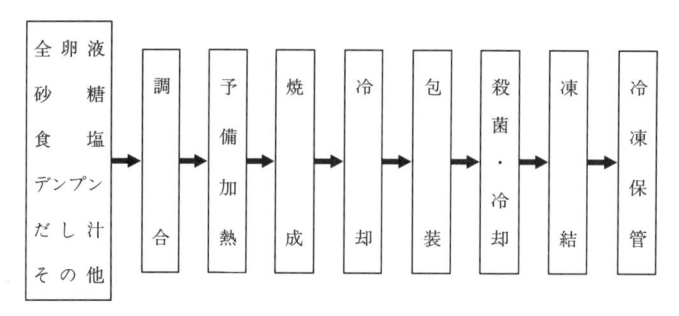

全卵液
砂糖
食塩
デンプン
だし汁
その他
→ 調合 → 予備加熱 → 焼成 → 冷却 → 包装 → 殺菌・冷却 → 凍結 → 冷凍保管

図 II.4.29　厚焼きたまご製造工程図

表 II.4.29　厚焼きたまご配合例

	例1(%)	例2(%)	例3(%)
全卵液	75.0	62.0	50.0
卵白液	—	10.0	25.0
砂糖	5.0	6.0	6.5
食塩	0.5	0.8	0.3
みりん	3.0	4.5	—
化学調味料	0.1	0.2	0.2
デンプン	3.5	4.0	4.5
増粘多糖類	—	0.1	0.2
だし汁	12.9	12.4	13.3

い冷凍変性が生じて多量の離水(ドリップ)が発生する.近年,各種の化工デンプンが開発されているので,目的に沿ったデンプンの選択と使用が望ましいのはもちろんであり,通常の使用量は2~5%である.デンプンは使用量が多いほど冷凍変性を防止するが,多すぎると食感を損なうので注意を要する.また,増粘多糖類,ゼラチンなどにも冷凍変性を防止する作用があり,これらが副原料として併用されることもある.

調味した卵液は,酢酸,クエン酸などの酸を用いてpHが6.5~7.0の範囲になるように調整する.これは厚焼きたまごの硫化黒変を抑えるためである.硫化黒変とは,焼成中に卵白から発生する硫化水素と卵黄中の鉄分が結合して生じた硫化鉄の色であり,著しい黒変は,見た目が悪いため不良品扱いされることが多い.pHが7.0以上では,硫化黒変の発生を抑えられず,6.5未満では卵液の熱凝固性が低下しておいしい厚焼きたまごにならない.この工程における卵液のpH管理は重要であることがわかる.

b) 予備加熱：卵液の温度が低いと焼成に時間を要するので,一般的にはプレートヒーターなどを用いて30°~40℃に加温してから焼成工程に入る.30°~40℃に加温したのちは速やかに焼成することが重要であり,あまり長い時間放置すると細菌が増殖する原因になる.

c) 焼成：連続焼成機の四角い焼成鍋に調味卵液を定量流し入れて焼成する.熱源はガスバーナーによる直火式が一般的であるが,近年,職場環境への配慮から電気ヒーターを組み入れた焼成機も開発されている.焼成鍋の表面温度が120℃前後の低い温度帯で焼成する場合と180℃前後の高温帯で焼成する場合がある.いずれの場合も,焼き上がった厚焼きたまごの組織に「ス」といわれる細かい空洞が無数に点在しているものがおいしい厚焼きたまごといわれている.焼成方法の具体例を示すと次の通りである.

焼成鍋(縦200 mm×横115 mm×深さ25 mm)に145 gの調味卵液を流し入れて定形の卵焼きを連続的に得る.これを4枚重ね合わせて1個当たり約500 gの厚焼きたまごを焼き上げる.焼成中および次工程の冷却中に水分が蒸発し,この工程では約86%の歩留りである.

d) 冷却：焼成直後の熱い厚焼きたまごを真空包装すると製品に含まれていた水分が突沸し,組織に割れ・裂けなどが発生して商品価値を損なう.これを防止するために,冷却工程は必須である.具体的には,厚焼きたまごを架台に載せて,架台ごと冷蔵庫内で冷却する方式か,コンベヤーに載せた厚焼きたまごを冷蔵庫に移送して冷却する方式がとられている.いずれの場合も,包装前の工程であるため,ゴミ,ホコリ,異物などが付着しない衛生的な環境を必要とする.

e) 包装：冷却後,真空包装または含気包装するが,真空包装の方が一般的である.この包装工程は次の殺菌工程への必須条件であり,用いる包材は殺菌時の90℃以上の熱,冷凍保管時の氷点下温度などに耐える材質でなければならない.また,落下などの物理的な力に対しても,ある程度強い材質が求められる.真空包装機には,連続式のものとバッチ式のものとがあるが,いずれの場合も,包装

時の真空度は厚焼きたまごの品温を考慮した適正な条件を選択する必要がある．

f）殺菌・冷却：　焼成工程から包装工程の間は，程度の差はあれ，大気中の落下菌などによる細菌汚染は避けられない．したがって，包装工程後の熱湯やスチームを媒体とした殺菌が必要になる．厚焼きたまごの形状・大きさにもよるが，中心品温が85℃以上になるよう15～30分程度の時間をかけて行う．この殺菌工程は焼成工程における加熱不足を補う意味もある．殺菌後の厚焼きたまごは，可能な限り短時間で10℃以下に冷却する．これは他の加工食品にも共通することであり，残存する細菌（耐熱性菌）の増殖を抑えるとともに，次工程の凍結装置の負荷を軽減する．

g）凍　結：　エアーブラスト凍結装置，コンタクト凍結装置，ブライン凍結装置などを用いて－30℃以下の低温で急速凍結を行う．組織の氷結晶が可能な限り微細になるよう最大氷結晶生成温度帯は速やかに通過させる．凍結時間は製品の形状・大きさによって異なるが，30～60分が目安である．

h）冷凍保管：　凍結後は－18℃以下で保管し，品温が上昇しないように保管温度を一定に保つことが重要である．保管時，流通時の品温が一定に保たれないと，0℃以下の条件であっても組織中の氷結晶が成長して，品位の低下をもたらす．また，一度解凍したものを再凍結することは，極端な品位の低下につながることが多いので注意を要する．

（2）**オムレツ**　食品工場で生産されるオムレツと一般家庭やレストランの厨房でつくられるオムレツでは，形状・品位において違いがある．これは，機械によって大量につくられるオムレツとフライパンを使った手づくりオムレツとの違いでもあり，一般に後者はトロリとしたレアー（半凝固）部を有しているのが特徴である．しかし，今後のオムレツ生産機械の技術進歩によっては，レアー部を有した手づくり感に近いオムレツも誕生すると思われる．

オムレツは木の葉形の定形の焼成鍋で焼いた2枚を張り合わせるなどの方法でつくられるので，中心部に具材を入れることも可能であり，おいしさとバリエーションを引き出すことができる．厚焼きたまごが個包装されるのに対して，オムレツは個包装されずにバラ凍結されることが多い．したがって，厚焼きたまごが熱湯，スチームなどによって解凍するのに対して，オムレツはサラダ油によってフライ解凍されることも多い．冷凍変性を防止するために，調味卵液にデンプンなどの副原料を使用すること，硫化黒変を抑えるためにpH管理が重要なことは厚焼きたまごと同じである．表II.4.30にオムレツ配合例，図II.4.30にオムレツ製造工程図を示した．

表II.4.30　オムレツ配合例

	例1(%)	例2(%)	例3(%)
全卵液	65.0	35.0	50.0
卵白液	—	35.0	15.0
砂　糖	1.0	1.0	2.0
食　塩	0.5	0.8	0.5
デンプン	4.0	3.5	5.0
化学調味料	0.1	0.1	0.2
増粘多糖類	—	0.1	0.1
だし汁	28.9	24.5	27.2

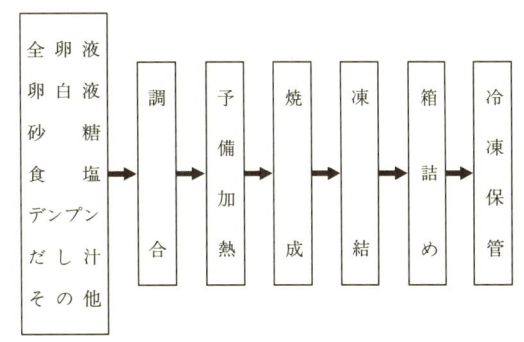

全卵液・卵白液・砂糖・食塩・デンプン・だし汁・その他　→　調合　→　予備加熱　→　焼成　→　凍結　→　箱詰め　→　冷凍保管

図II.4.30　オムレツ製造工程図

（3）**スクランブルエッグ**　一般家庭では，食塩，コショウなどで調味した卵液をフライパンに流し，フォークなどで撹拌しながら，加熱凝固させてつくる．機械でつくる場合も，基本的原理は同じである．フライパンに相当する設備としては直火またはスチームを熱源とした釜であり，フォークなどに相当する設備としては，スクレイパー（かき取り部）とくし歯が一体化した撹拌機である．焼き上がった卵液を釜面から，スクレイパーでかき取り，くし歯で小さく砕いてつくる．できあがったスクランブルエッグは大小不揃いなので，大きさを揃える必要がある場合は，チョッパーを通して均一化する．調味卵液にデンプンなどの副原料を使用すること，pH管理が重要なことは厚焼きたまご，オムレツと同じである．

〔髙嶋雪夫〕

h．中華まんじゅう

中華まんじゅうは古く『三国志』の頃から始まる中国の代表的な麺点のひとつである．中国では中身のない，つまり蒸しパン状の生地だけの麺点が「饅頭（マントウ）」で，餡入りは「包子（パオズ）」とされている．粉食が食事の基本となってきた華北地方

では，庶民の食事に炒めものやスープとともに，餡のない饅頭が主食とされる場合が多い．とはいえ，上海名物の繁盛店「南翔（ナンシャン）饅頭」で売られている「小篭包（シャオロンパオ）」は，肉汁をたっぷり含んだ小型の肉まんじゅうである．つまり，饅頭には餡入りのケースもあるわけで，『中国烹 6 食王；百科全書』（中国大百科全書出版社）には，「餡のあるのが"包子"，餡のないのが"饅頭"．ただし南方（主として長江下流のある地方）では餡のあるなしに限らず"饅頭"と総称している」とあるように上海やその周辺の江蘇，浙江省あたりでは，どちらも饅頭と呼ぶ習慣がある．「肉まん」，「あんまん」の呼び名で親しまれているいわゆる日本の「中華まんじゅう」は，中国でいう「包（パオ）」，または「包子（パオズ）」のことであり，これらは普通「肉包（ロウパオ）」とか「豆沙包（ドウシャアパオ）」（豆沙は豆の餡，一般に小豆餡のこと）と呼ばれる[1,2]．

（1）製品の種類　日本で流通しているまんじゅうについて要素別に分類すると次のようになる．

フィリングは，従来からの「肉まん」，「あんまん」のほかに セイボリー系では「ピザまん」，「カレーまん」，「フカヒレまん」，「牛カルビまん」，「ジャガバターまん」など，スイート系では「プリンまん」，「チーズまん」，「ワインまん」，「チョコまん」，「焼き芋まん」などのニューフェイスまでバラエティー化が進んでいる．

外観的にも，生地に黒糖を練り込んで風味と色をつけた「黒糖まん」，桜の葉を練り込んだ「さくらまん」，「カレーまん」など皮からフィリングの種類が想像できるようなものがある．また，「肉まん」のように生地のトップにひねりを加えてひだをつけたり，焼き印をつけたり，竹串を使い食紅で斑点をつけたりして識別させる手法も用いられる．

形状的にも，桃状に成形し彩色した「桃まん」やはさみでさまざまな模様を剪りだし，蒸して顔料で染めた金魚の形をしたものもある．また，最近では，ソーセージを生地で棒状に包んだ形のものや串つきのソーセージに生地をコルネ状に巻き付けた形のものなどもある．

調理法としては，まだ蒸篭（せいろう）や加温スチーマーにより蒸すのが一般的であるが，簡便性指向を配慮した電子レンジ調理のものやフライ調理のものも販売されている．

平成9年度販売高における商品別構成比は，肉まん48.6%，あんまん18.9%，カレーまん8.3%，ピザまん12.9%，その他11.3%の比率となっている[3]．販売ルート別構成比は，CVS 48.0%，量販店29.1%，一般店20.9%，その他2.0%の比率となっている[3]．また，流通温度帯別販売高は，常温49.3%，冷凍45.4%，チルド5.3%の比率となっている[3]．

法的区分については，「冷凍食品」として販売されているものと，「生菓子」として販売されているものとがある．「冷凍食品」の場合は，凍結前加熱済加熱後摂取冷凍食品（製造し，または加工した食品を凍結させたものであって，飲食に供する際に加熱を要するとされているもの）に分類されるものが一般的で，微生物品質規格としては，一般細菌数10万個/g以下，大腸菌群陰性が適用される．

常温やチルド流通のまんじゅうの場合は，酢酸ナトリウム製剤などの日持ち向上剤の添加が一般的である．

（2）配合と製造工程

（i）皮：　主要原料は，小麦粉，イースト，ベーキングパウダー，砂糖，食塩，油脂，水などであり，直捏法による生地配合例を表Ⅱ.4.31に示す．小麦粉は，強力粉と薄力粉をブレンドする場合が多いが，目標とする皮の弾力性の水準によりその比率が選択される．ミキシングは，直捏法や中種法で行われ，伸展性のよい生地に仕上げる．縦型ミキサー（フック，ビーターなど）や横型ドウミキサーを適用し，低速3分，高速8分，目標捏上温度20℃設定とする．生地製造工程例を図Ⅱ.4.31に示す．

表Ⅱ.4.31　まんじゅう生地配合例（直捏法）

原料名	配合比（%）
小麦粉（強力粉）	30.0
小麦粉（薄力粉）	70.0
小計	100.0
イースト	3.0
ベーキングパウダー	1.5
砂糖	10.0
食塩	0.5
油脂	2.5
水	48.0

（ii）フィリング（あんまん）：　主要原料は，小豆，砂糖，水あめなどの糖類，食塩，増粘多糖類などであり，練りあん（粒あん）の配合例を表Ⅱ.4.32に示す．豆類としては小豆が主体であるが，インゲン豆，エンドウ豆などの雑豆を用いることもある．いろいろな種類のあんが製あんメーカーで製造されており，低温や冷凍で流通しているものをアレンジして適用することが多い．製造工程例を図Ⅱ.4.32

4. 調理冷凍食品

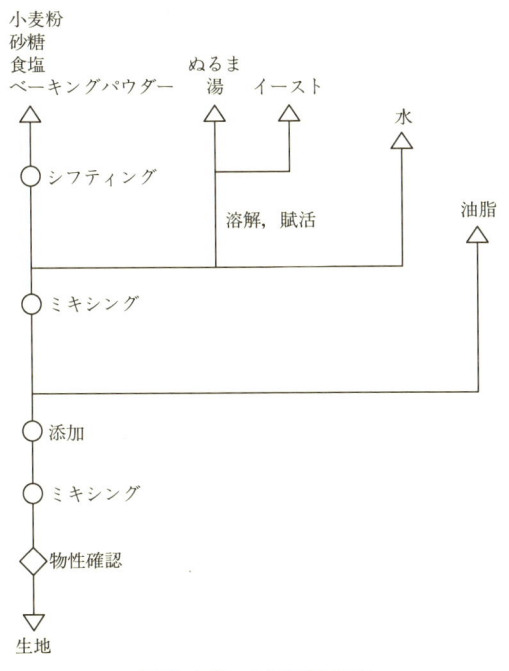

図 II.4.31 生地製造工程例

表 II.4.32 あんまんフィリング配合例

原料名	配合比(%)
小豆	15.0
生あん	30.0
砂糖	45.0
水あめ	5.0
食塩	0.1
増粘多糖類	微量
水	4.9
合計	100.0

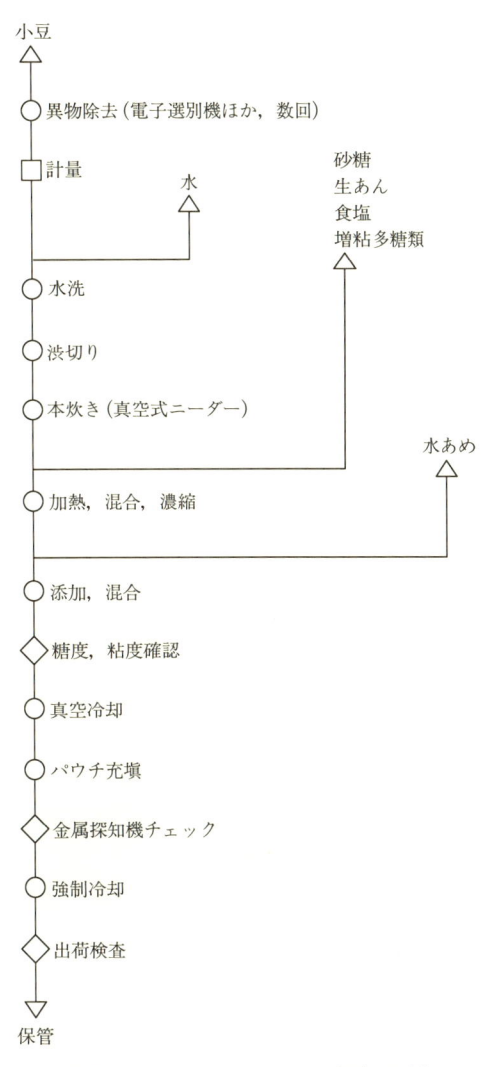

図 II.4.32 あんまんフィリング製造工程例

(iii) **フィリング**(肉まん)：主要原料は，豚肉，牛肉などの畜肉類と脂肪，タマネギ，タケノコなどの野菜類，シイタケ，パン粉などのつなぎ，ゴマ油，砂糖，食塩，醤油，清酒，ミリン，ニンニク，ショウガ，コショウなどの調味香辛料などである．ニーダーなどの加熱混合機を用い，豚脂肪で，ニンニク，ショウガ，タマネギ，豚肉などを油炒めし調製する方法と，ミートミキサーなどの混合機を用いまったく加熱しないで調製する方法とがある．いずれにしろ畜肉類と野菜類を極力細胞が壊れないようにカッティングし，パン粉などのつなぎを添加したのちは極力ストレスをかけないようミキシングし，軽く仕上げるのが風味とジューシー感を高めるためのポイントである（図 II.4.33, II.4.34）．

表 II.4.33 肉まんフィリング配合例

原料名	配合比(%)
豚赤身肉	28.0
豚脂肪	7.0
タマネギ	33.0
タケノコ	13.0
シイタケ(乾燥)	2.0
水	4.0
砂糖	4.0
醤油	4.0
食塩	1.0
ゴマ油	0.5
その他調味香辛料	3.0
パン粉	0.5
合計	100.0

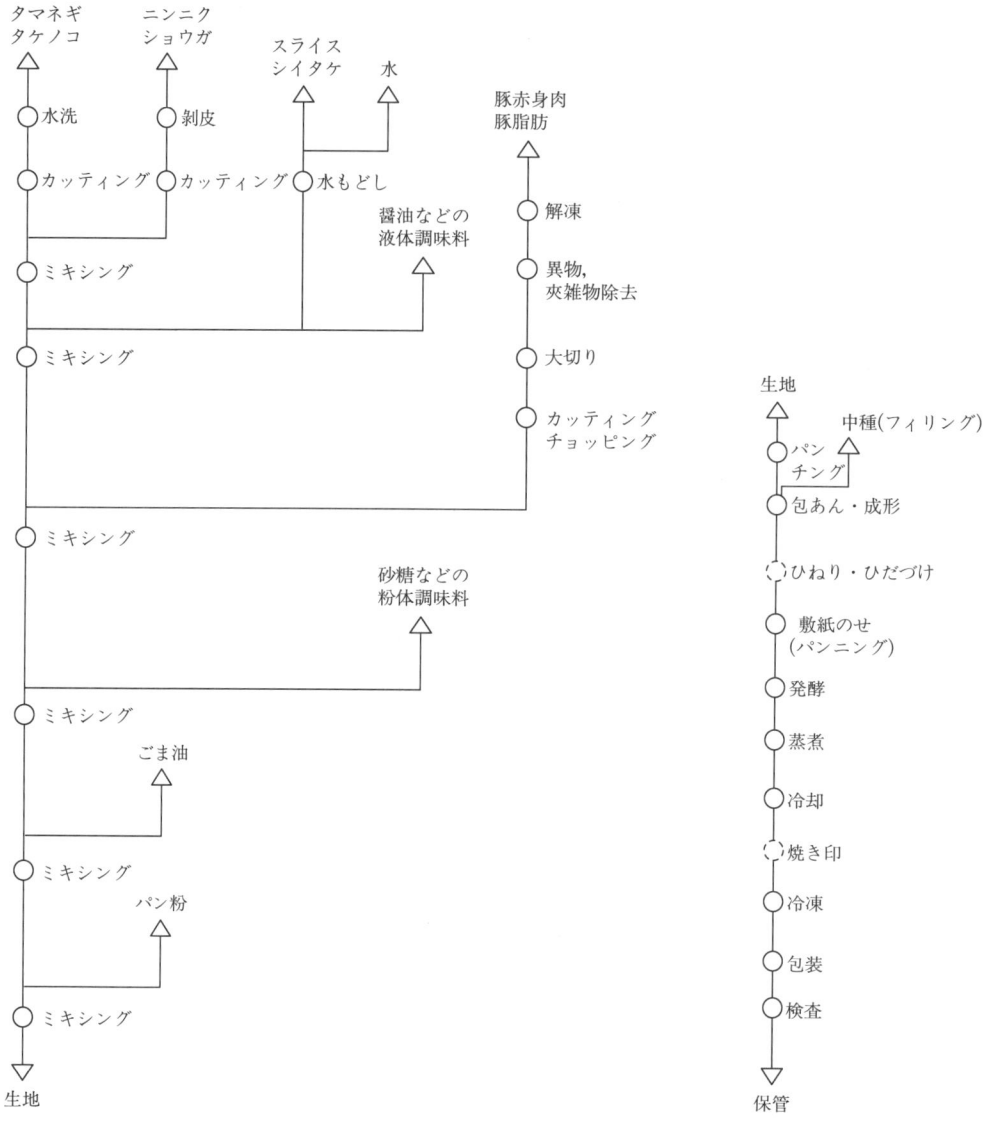

図 II. 4. 33　肉まんフィリング製造工程例

図 II. 4. 34　まんじゅうの製造工程図

(iv) メーキャップ以降の工程：　包あん工程では，いろいろな成形機が開発されている．代表的な装置としては，生地とフィリングを重合させながら棒状に吐出したものを「包着盤」にて丸めながら球状成形する万能自動包あん機(図 II. 4. 35)と，「非粘着インクラスター」にて打粉なしに剪りだしながら両端を閉じ球状成形するタイプ[5](図 II. 4. 36)がある．また，8列生産が可能な高能力でコンパクトなマルチヘッドインクラスターもある[6](図 II. 4. 37)．

めん棒による手作業を目標に生地にストレスをかけないよういったんシートをつくってから包あんする装置としては，パン成形機がある[7](図 II. 4. 38)．

図 II. 4. 35　自動包あん機(包着盤による球状成形工程)

図 II.4.36 非粘着インクラスターによる球状成形とひだづけ工程

図 II.4.37 マルチヘッドインクラスター生地分割工程

図 II.4.39 菓子パン包成機による包あん工程

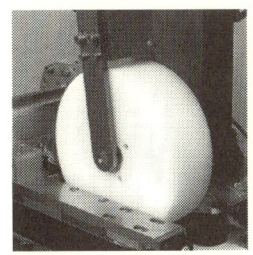

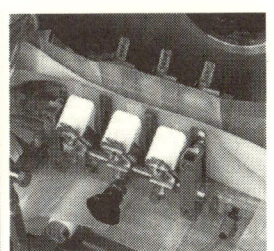

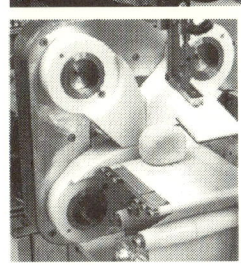

図 II.4.38 パン成形機
振り子ローラーつき幅ぎめコンベヤー（左上），特殊筒状成形部工程（右上），球状成形切断部（フィラー成形部）工程（左下）

また，分割・丸目・発酵させた生地玉をモルダーへ投入・圧延したシートにフィリングをデポジットし，「フィンガー」機構により包あんする，菓子パン包成機がある[8]（図II.4.39）．

なお，包あんをスムーズに実施するためには，生地とフィリングの硬さのバランスが重要であり，品温制御などの注意が必要である．

ひねりを加えたひだづけ工程は，「非粘着インクラスター」にて包あんする際に同時に行う場合と，包あん直後に位置制御し8個程度の金属製の爪で強制的につまみあげ強く入れる場合とがある．

ホイロによる発酵は，庫内温度40°〜50℃にて40〜60分，スチーマーによる蒸煮は，庫内温度100℃にて20〜30分，焼き印は蒸煮・冷却後に実施する．

（3）**敷紙** 蒸し調理後の敷紙への皮付着を抑制するため，シリコンコーティングしたグラシン

紙を適用する．また，中華まんからの敷紙の脱落を防止するため，シリコンはパートコートする．

（4）加温調理　CVSの店頭では，「加温スチーマー」によるサービスが一般的であるが，おいしく仕上げるためには次のような取扱い上の注意が必要である．

タンクに給水，電源スイッチを「入」にし，庫内温度が70℃になるまで約15分間待つ．

中華まんを投入し，追い炊きスイッチまたはタイマーを押すと約40～50分で蒸し上がる．追加蒸しの場合も追い炊きスイッチを押すと20～30分で蒸し上がる．

加温スチーマーに入れてから4時間以内に売り切る．加温時間が長くなると表面が茶色に変色し，水分も多く含むようになり，風味が落ちる．

加温スチーマーに入れる直前に業務用電子レンジで解凍する場合は，マイクロ波を極力低出力に抑えて間欠照射しないと硬くなる．

また，最近開発された「クイックスチーマー」は，容器内の針に中華まんを刺し，ふたを閉めると針の穴から約170℃以上の高温蒸気が噴き出し，客の注文に応じ約70秒の短時間でひとつずつふかすことができる新機種である[9]．　　　　〔幸田　昇〕

文　献

1) 木村春子：月刊専門料理，**33**(7)，136-137，1998．
2) 木村春子：月刊専門料理，**33**(8)，132-133，1998．
3) 食糧タイムス新聞，第1967号，1998年12月9日．
4) レオン自動機(株)：万能自動包あん機N208型カタログ，1996．
5) レオン自動機(株)：中華まん，火星人KN300型カタログ，1995．
6) レオン自動機(株)：マルチヘッドインクラスターカタログ，1992．
7) (株)コバード：パン成形機ブレッドシェイパーカタログ，1998．
8) (株)ハイト：菓子パン包成機アンパーカーカタログ，1986．
9) 日経産業新聞，1998年12月3日．

4.3.3　菓　子　類

a. ピ　ザ

ピザの前身は，火の中の石の上で焼かれいろいろなトッピングで味つけされた原パンである．18世紀になり，南米よりイタリアに持ち込まれたトマトがトッピングされ，現在のピザのスタイルとなった．1830年にはピッツェリア（ピザ専門店）がナポリで登場している．19世紀後半，イタリアでは南北の貧富の差が拡がり，アメリカへの大量の移民とともにピザも渡っていった．アメリカではパン屋でピザを焼いた経緯から，パン生地タイプが基本となったといわれている．その後，ガス式オーブンの開発，工場生産，冷凍生地の生産など技術の変遷を経て全米に拡がっていった．わが国でのピザの流行は北米を経て伝えられたものに端を発している．

（1）製品の種類　ピザは，本来イタリアのナポリ地方で生まれた家庭料理である．最初は小麦粉をこねてイーストで発酵させ，木の棒でパンパンとたたきつぶし（ナポリの方言でたたきつぶすという意味の動詞が pizzare である），焼いて水煮したトマトを上にあしらっただけの簡単なものであったという．その後，手軽なスナックということでイタリア全土に拡がった．

イタリアでは，真っ赤に熟したトマトをシーズンに各家庭が大量に買い入れて自家用のトマトピューレをつくり貯蔵する．またイタリアにはパルメザン，プロボローネ，モザレラ，ゴルゴンゾラなどの世界的に知られたチーズがあり，地方特有のソーセージ，野菜，香辛料の組合せで自然発生的に製品の種類が生まれてきたものであろう．したがって，ピザの種類は具の数だけあるといってもよい．

一般的にはピザは，クラスト，ソース，チーズ，具の4要素で構成され，組合せにより次のような慣行的分類がされている．

（ⅰ）**クラストの種類**：　厚くてパンタイプの食感のものから，2mm程度の厚みの薄焼きタイプのもの，オーブンで焼き上げたものや，パイ皿に入れて焼いたもの，油で揚げたもの，周囲に盛り上がった縁のあるものやないもの，ピケ（穿孔）のあるものやないものなどがある

（ⅱ）**ソースの種類**：　トマトおよびトマト製品を主原料としたものが主流である．トマトの風味を生かしたもの，香辛料をきかせたものなどがある．

（ⅲ）**チーズの種類**：　モザレラ，ゴーダ，ステッペンなどのナチュラルチーズ単体，およびこれらチーズの混用がある．またチーズが1層のものと多層のものがある．

（ⅳ）**具の種類**：　野菜（ピーマン，コーン，トマト，マッシュルーム，オニオン，オリーブなど），食肉製品（ベーコン，サラミソーセージ，セミドライソーセージ，ハム，ナゲットなど），魚介類（エビ，イカ，アンチョビ，アサリなど），果物類（パイナップルなど）がある．

（ⅴ）**形　状**：　丸形（例：直径15cm，20cm），

角形(例:10×12 cm),その他ステック形などがある.

(2) 主要原材料

(i) クラスト: 小麦粉を主原料に,砂糖,油脂類,イースト,食塩,乳製品,乳化剤などを使用する.小麦粉は一般にタンパク質含有量の多寡で強力粉,中力粉,薄力粉の3種類に分けられる.タンパク質含有量が高いほどグルテンの形成量が多くなり,目的とするクラストの種類により配合を変えて使用する.ピザ生地の焼き上げた食感は,グルテンの形成量に関係し,サクサクした生地を得るには薄力粉を多くし,硬い食感の生地を得るには強力粉を多く配合する.砂糖はイーストの栄養源となり,製品の風味に影響する.イーストには生イーストとドライイーストがあり,使用法は異なるが,大切なのはイースト菌の活性を安定かつベストな状態に保つことで,イーストの製造日の把握や保存管理が不可欠である.

(ii) ピザソース: トマト(トマトペースト,トマトピューレ,冷凍トマトなど)をベースに,砂糖,食塩,タマネギなどの調味料,オレガノ,ガーリックなどの香辛料を使用する.

トマト製品はソースのベースとなるものであるから,できるだけ品質のよいものを使用すべきである.またトマトはアメリカ,イタリア,チリ,トルコなど世界各地で生産されており,産地により風味,色沢などが違うことから目標品質に合わせた選択が必要である.香辛料の配合は各メーカーが苦心するところであり,オレガノを主体にガーリック,コショウ,バジル,コリアンダーなどを組み合わせる.

(iii) チーズ: チーズはピザにこくのある旨味を与え,また加熱により溶けたチーズの糸引きがピザの特徴といえるもので,このため,チーズの選択は重要といえる.一般的に糸引き性をだすには若いチーズを使用し,こくを付与するためには熟成の進んだチーズを使用する.またこれらを混用することもある.

チーズとしては,比較的マイルドな風味で,加熱時に曳糸性のよいモザレラチーズ(イタリア産),ゴーダチーズ(オランダ産),ステッペンチーズ(ドイツ産)などが使用されている.

(iv) その他の具: 以下のような具が冷凍食品のピザに使用されている.

a) ピーマン: ブランチングにより酵素を失活させ使用する.近年,緑色だけでなく,黄色や赤色のピーマンが使用されてきている.

b) サラミソーセージ,ベーコン,ハムなど: 変敗しやすいものであるから,細菌管理,日付管理などが必要である.

c) エビ:ムキエビを凍結したものが使用される.異物,夾雑物の除去のため全数検査をして使用することが望ましい.

製造作業中にこれらの具が2次汚染しないよう,品温が上昇しないように管理する.

(3) 製造工程(図II.4.40)

(i) 前処理

a) クラスト: ミキシング,成形,焼成,冷却工程を経てクラストができあがる.小麦粉をドウミキサーに入れ,イースト,砂糖,食塩,油脂類,水を加え,ミキシングする.良好なドウができあがったらドウボックスに入れ恒温室で発酵させる.発酵条件は30°~40°C,RH 80%,30~40分くらいである.クラストの成形工程はシート方式,プレス方式およびシートラミネート方式などがある.シート方式ではドウをローラーで展延し,型抜きをする.プレス方式ではドウを一定のサイズに分割し,プレス成形する.こののち,後発酵装置で発酵させ,オーブンで焼成する.焼成したクラストは冷風により冷却する.

b) ソース: タマネギ,ニンニクは磨砕装置でペースト状に粉砕し,これにトマトペースト,トマトピューレ,またオレガノ,ローレルなどの香辛料とともに加熱混合釜で85°C以上に煮込み,冷却後,ソース掛け機に供給する.

c) チーズ: シュレッダー装置の機種に合わせてチーズをブロック状または薄板状に切断し,シュレッダー装置で細断する.チーズはこのとき,5°C程度に冷却されていた方が作業性がよい.

d) 具材: 材料の特質にあわせて,調味,細断,殺菌,ブランチング処理,冷却が必要である.

(ii) トッピング: クラストの上に規定量のソースを乗せる.クラストの縁を残す方式と全面に掛ける方式がある.次いで規定量のシュレッドチーズを乗せ,製品仕様に合わせてピーマン,マッシュルーム,ソーセージあるいはエビなどの具材を乗せる.

(iii) 急速凍結: 連続式のスパイラルフリーザー,トンネルフリーザーまたはバッチ式フリーザーなどで急速凍結する.

(iv) 包装および重量検査: 凍結された製品をシュリンクフィルムで包み,シュリンクトンネルを

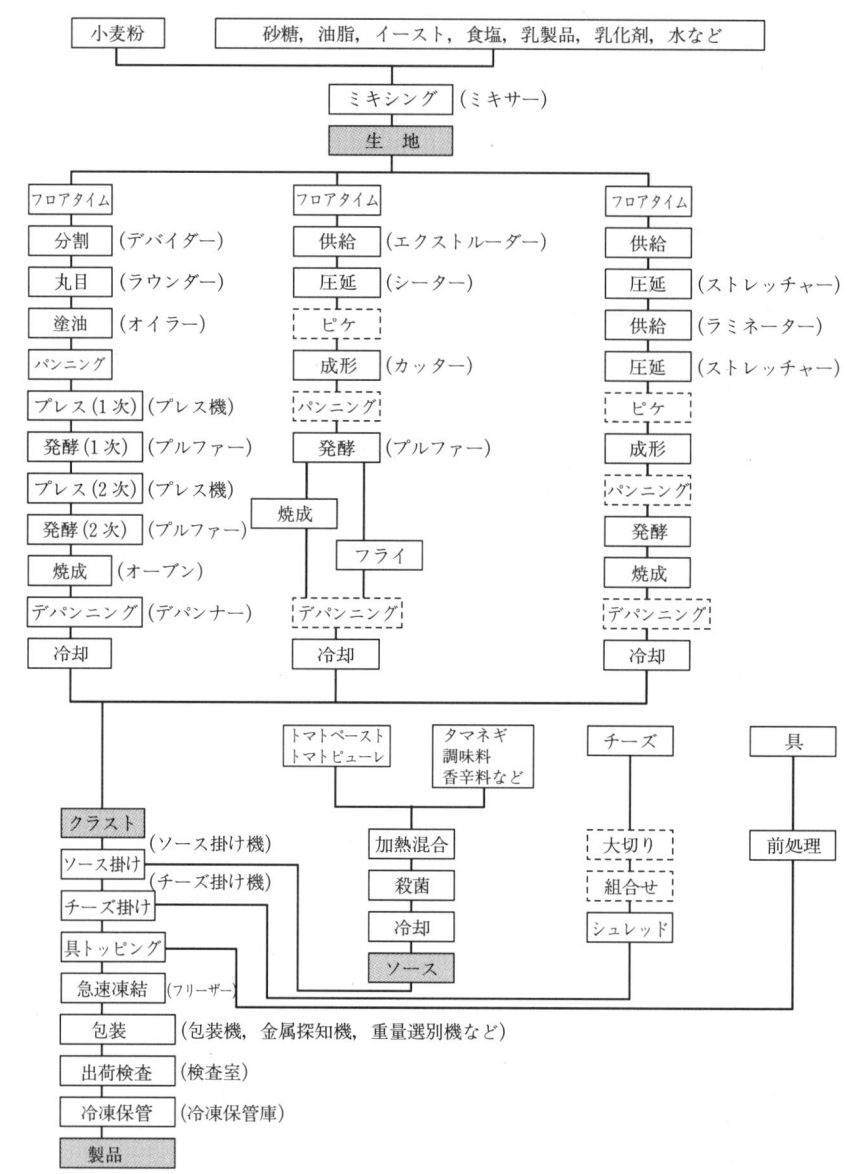

図 II.4.40 冷凍ピザ製造工程

通してシュリンクさせる．シュリンク後ウエイトチェッカー，重量選別機を通す．凍結前にシュリンク包装する方式もある．その後，製品仕様に合わせて，カルトンまたはプラスチックフィルム包装し，日付捺印後，段ボール箱に詰める．

（v）冷凍保管： −18℃以下の冷凍庫で保管し，出荷に備える．

（4）微生物管理

a）種類： 加熱後摂取冷凍食品であって，凍結させる直前に加熱された以外のもの（食品衛生法）に該当する．

b）規格： 大腸菌（$E. coli$）陰性，病原性ブドウ球菌陰性，サルモネラ菌陰性でなければならない．またナチュラルチーズなど微生物を利用した原料をトッピングしていることから一般生菌数の規格は適用除外となる．

c）管理： 加熱工程を経ないで最終製品となる原料（ナチュラルチーズ，ソーセージ，缶詰のマッシュルームなど）については，受入検査の徹底と2次汚染の防止に努める必要がある．

［競　知之］

文　献

1) 日本冷凍食品協会監修：最新冷凍食品事典，朝倉書店，1987．
2) 熊谷義光，山田嘉治，小嶋秩夫編：冷凍食品製造ハンドブック，光琳，1994．
3) 永瀬正人編：ピザパスタ料理（料理と食品シリーズ），旭屋出版，1996．

b．パン・パン生地

パンは小麦粉を主原料とした生地（ドウ，dough）をイーストにより発酵・膨化させたのち焼成し，組織構造を固定して得られる食品であり，その基本製造工程は図II.4.41の通りであり，原料配合―混捏（ミキシング）―発酵―分割・丸目―成形―最終発酵（ホイロ）―焼成よりなっている．これらの工程を経て製造される焼きたてのパンは，消費者を魅了する芳香，風味，食感を有している．しかし，このような新鮮パンの好ましい諸特性は焼成後の時間経過とともに速やかに劣化してしまう．この変化はパンの老化と呼ばれており，パンを製造および販売するにあたってきわめて大きな問題となっている．パンの老化はデンプンのもどりを中心に水分の移動，グルテンの硬化，芳香成分の散逸あるいは酸化などのきわめて複雑な諸反応によって起こり，これを防止するためにはパンを冷凍する方法が最も有効である[1]．ただし，この方法でも凍結および解凍中にある程度の老化が進行してしまう．またコストがかかるため，商業ベースでのパンの冷凍は限られている．これに対して，パン生地を製パン工程の途中で冷凍した冷凍生地を使用した製パンが近年顕著に増加している．これは冷凍生地の使用によって消費者への新鮮なパンの提供が合理化および簡易化されるためである．

（1）パンの冷凍　パンの冷凍技術のポイントはいかにパンの老化を抑制するかにある．そのためには以下に示す項目が重要である．

（i）凍結前のパンの鮮度：　パンの老化現象は糊化デンプンの再結晶化が主要因になっていると考えられている．糊化デンプンの再結晶化は焼成後2～3時間以内に最も急速に進行する[2]．したがって，パンの冷凍に関しては，パンを焼成後できるだけ早くフリーザーに入れる必要がある[3]．

（ii）凍結速度：　パンの老化速度は$-2.8°$～$-1.7°C$で最も速く，この温度帯よりも高くあるい

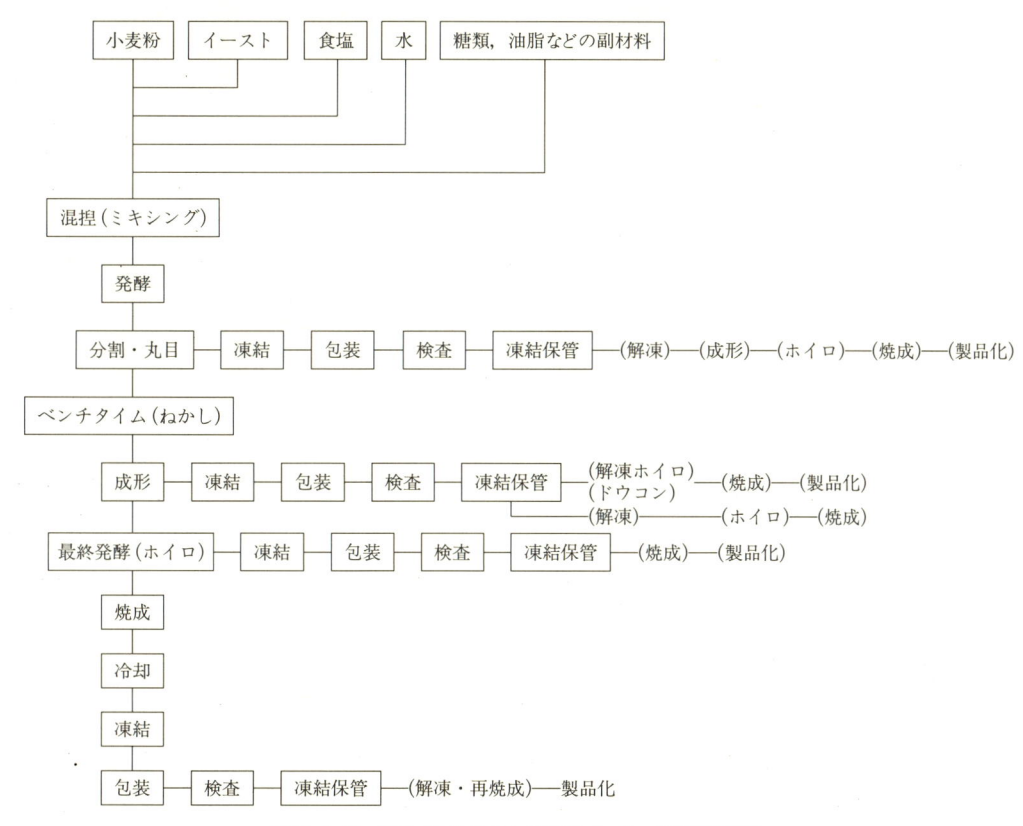

図II.4.41　冷凍パン生地および冷凍パンの一般的製造工程

は低くなるに従って遅くなる[4]. したがって, パンの冷凍に関しては, できる限り急速に中心部を凍結点以下に冷却することが望ましい[5]. このためには液体窒素による急速凍結が有効であるが, この方法ではコストが高くなってしまう. そこで, 実際的には－30℃, 風速120～180 m/minのエアーブラストフリーザーで凍結する方法が用いられている. 凍結したパンをさらに貯蔵温度（－18℃）に冷却するには, 低コストの静止フリーザーで問題ない.

(iii) **包装の有無**: 無包装パンは包装パンと比較してかなり速く凍結することができ, また凍結時の水分ロスも無視することができる[6]. したがって, 凍結によるパンの品質低下を最小限に抑制するためには, パンを無包装で凍結する方法が推奨される. しかし, スライスしたパンは作業効率上包装後に凍結を行う必要がある. 無包装パンの凍結速度がフリーザーの温度, 風速, 風に対するパンの方向に影響されるのに対して, 包装パンの凍結速度は主にフリーザーの温度に影響される[6]. したがって, 包装パン凍結時のフリーザー温度は無包装パンの場合よりも5℃以上低くする必要がある. また, パンを配送用のダンボール箱に詰めたのち凍結すると, 空気層の断熱作用によって凍結速度がきわめて顕著に低下する[6]. したがって, パンは凍結後にダンボール箱に詰めなければならない.

なお, 貯蔵中には顕著な水分ロスが起こるため, 貯蔵期間が数日間以上に及ぶ場合は, 無包装で凍結したパンも包装し貯蔵する必要がある.

(iv) **凍結貯蔵温度**: 凍結貯蔵温度はパンのクラム（内相）の硬さおよびフレーバーに多大な影響を及ぼす. 例えば, 凍結貯蔵温度が－18℃であれば顕著な品質低下なしに冷凍パンを4週間貯蔵できるのに対して, 貯蔵温度が－9℃になるとかなり早い段階でパンのクラムの硬化およびフレーバーの損失が起こる[5]. これらのことから, 冷凍パンの品質を最大限に維持するためには, 凍結貯蔵温度を－18℃以下にすることが必要である.

また, 凍結貯蔵温度の頻繁な変動や解凍―再凍結は冷凍食品の品質を顕著に低下させることがよく知られている. 冷凍パンに関しては, このような不適切な凍結貯蔵条件によってクラムの硬さが増加する[5].

なお, 凍結はパンの異臭の吸着を遅延はするが完全に防止できない[5]. すなわち, 凍結貯蔵中にフリーザー内の異臭がパンに吸着される. このことから, たとえ低温の貯蔵温度であっても冷凍パンの貯蔵期間は1カ月を超えるべきではない.

(v) **解凍条件**: 解凍速度がパンの硬化に及ぼす影響は凍結速度の場合と比較すると低いが, 解凍時間が5時間以上になるとパンの硬さが明らかに増大する[5]. また, 解凍時に生じる製品の水分の増減は重要な問題である. 例えば, 無包装の冷凍パンを乾燥した空気中で解凍するとかなりの水分ロスが起こり, 比較的湿度が高い空気中で解凍するとかなりの水分がパンに吸収され, クラストがゴム状の湿った状態になってしまう. このようなことから, 冷凍パン解凍時の外気湿度は40～60％が望ましい.

(2) **パン生地の冷凍** パン生地を冷凍することによって製パン工程を中断することができる. したがって, パン生地の冷凍および冷凍した生地を用いての製パンには次のような利点がある[8]. ①新鮮パンの提供, ②夜間, 早朝作業の廃止あるいは軽減, ③多品種少量生産, ④配送の合理化, ⑤オーブンフレッシュベーカリーでの労働力・設備・スペースの省略化. しかし, 冷凍生地には凍結, 凍結貯蔵, および解凍に伴う種々のストレスが付加されるため, その製パン性を決定するガス発生力（イーストの活性）およびガス保持力（生地構造）のいずれもが低下しやすいという問題点がある. したがって, 冷凍生地を用いて高品質のパンを製造するためには, 冷凍生地に生じる問題点を把握し, それらに対応した冷凍生地の製造および取扱いが行われなければならない.

なお, 図II.4.41に示したように, 冷凍生地は製パン工程のどの段階で生地を凍結するかによって生地玉, 成形, およびホイロ後冷凍生地の3種類に大別されるが, 成形冷凍生地が合理性, 簡便性, および安定性のバランスが最も優れており, この使用が一般的である. 成形冷凍生地では好ましい品質を達成できない製品類には生地玉冷凍生地が用いられている. また, 最近の冷凍生地の利用動向としてカフェベーカリーなどでのホイロ後冷凍生地の使用が注目されている.

以下, 成形冷凍生地について解説する.

(i) **ガス発生力の低下**

a) **凍結前発酵**: 冷凍生地の品質は他の冷凍食品の場合と異なり, 生物学的に活性なイーストの活動に大きく依存している. このために冷凍生地中のイーストの活性低下現象に関しては数多くの研究が行われてきた. その結果, 通常のパン用イーストは凍結前の発酵が進むほど凍結耐性が著しく低下することが明らかになり[8], 凍結前の発酵を極力抑制す

る方法が冷凍生地の基本製法として確立されている.

しかし,基本製法によったパンは通常のパンと比較して生地発酵にもとづく芳香,風味,および食感が劣るという問題点がある.そこで冷凍生地によるパンの高品質化をはかる目的で,パン生地中で発酵を行ったのちでも高い凍結耐性を示すイースト菌株の検索・育種が行われてきており,今日ではそのような特性を有するイーストが冷凍生地専用イーストとして市販されるに至っている.冷凍生地専用イーストの冷凍耐性に関与する要因として,酵母菌体内に存在するトレハロースの含有量や細胞膜の脂肪酸組成があげられている[9].

b) 凍結速度: 生地の凍結速度が過度に急速(生地中心部の冷却速度:1.5℃/min以上)になると,イーストの死滅が著しくなり,生地の製パン性が顕著に低下することが明らかになっている[10].これは過度に急速な凍結を行うとイーストの水分が細胞内で凍結され,細胞内に形成された氷結晶によって細胞膜が損傷するためであると考えられている[11].したがって,パン生地の凍結に関しては,生地中心部の冷却速度を1.2℃/分程度にとどめる必要がある.

以上のような研究の成果によって,今日では冷凍生地中のイーストをかなり安定に保持できるようになっている.

(ii) **ガス保持力の低下**: イーストの活性を高い水準に維持することが可能である今日の冷凍生地に関しては,その最大の問題点がガス保持力の低下にある.パン生地のガス保持力は気泡膜の骨格を形成するグルテンマトリックスの粘弾性と気泡構造に起因しているが,冷凍生地では氷結晶によるグルテンマトリックスの損傷や凍結あるいは解凍工程中の炭酸ガスの挙動に起因する気泡数の減少が起こりやすいため,製パン性が劣化しやすい.

a) 氷結晶によるグルテンマトリックスの損傷: パン生地の物性が凍結-解凍サイクルあるいは凍結貯蔵の長期化によって軟弱化することが改良エクステンソグラフ法という最終発酵をしたパン生地の引張試験法によって明らかになっている[12,13].また,物性が軟弱化した生地から焼成したパンは,体積が減少し,内相が粗く,気泡膜が厚くなるなど,品質が劣化することが示されている[12].この主原因は生地(気泡膜)の骨格を形成するグルテンマトリックスが氷結晶の成長によって損傷されるためであることが走査型電子顕微鏡によって観察されている[14].

氷結晶によるグルテンマトリックスの損傷を軽減するためには,凍結をできるだけ急速に行い,生地中の氷結晶を細かく均一な形態に揃えることが有効であるが,先に示したように,過度に急速な凍結を行うと生地中のイーストが死滅してしまうため凍結速度には制限がある.そこで,安定性(冷凍耐性)の高い冷凍生地を製造するためには,通常よりもタンパク質含量が高いあるいはタンパク質の質が強い小麦粉の配合[13],バイタルグルテンの添加,酸化剤の添加量の増加[12]などによるグルテンマトリックスの強化が必要となる.

また,凍結-解凍サイクルによる生地物性の軟弱化は生地配合からイーストを除くことによって顕著に軽減される[12].そこでこの原因を明らかにする目的で,急速あるいは緩慢凍結したパン生地およびその配合からイーストを除いた無イースト生地の微細組織構造を走査型電子顕微鏡で観察し比較検討した結果,冷凍生地のグルテンマトリックスはイーストの凍結前発酵および凍結工程初期に起こる発酵によって薄層化が進んでいるために,氷結晶によって損傷されやすいことが明らかになった[15].したがって,安定性の高い冷凍生地を製造するためには,凍結前発酵を行えるタイプの冷凍生地専用イーストを使用したとしても,凍結前の発酵を最小限に抑制する必要がある.

b) 冷却時の炭酸ガス溶解度増加による気泡数の減少: Sluimer[16]はパン生地の冷蔵障害について研究を行った結果,冷蔵前の発酵を通常の製パンと同様に行った生地は生地中の気泡のガス組成が炭酸ガス100%になるため,生地冷却中に炭酸ガスの溶解度の増大によって気泡の一部が消滅し,冷却後の生地には気泡数の減少による種々の障害が起きることを示唆している.この障害は生地冷却を行う冷凍生地にも共通している.したがって,これを防止するためにも冷凍生地の凍結前発酵は最小限に抑制する必要がある.

c) 解凍時の炭酸ガスの拡散による気泡数の減少: また,Sluimer[16]は,気泡構造が不均一な冷蔵生地は気泡の大小,すなわち気泡の内圧の差異にもとづく気泡間の炭酸ガスの拡散が顕著なため,冷蔵時に気泡数の減少が進むことを示唆している.この障害は冷凍生地の解凍時にも生じる.特に低温長時間解凍(冷蔵庫内での解凍)を行うと,生地は冷蔵状態で長時間推移するため,炭酸ガスの拡散による気泡数の減少が顕著になる.したがって,この障害を軽減するためには,細かく均一な気泡構造をも

つ生地の形成およびその保持が必要である.

d) 冷凍生地の基礎製法: 以上に示した気泡膜の軟弱化および気泡数の減少を最小限に抑制する方法が冷凍生地の基本的な製造法あるいは取扱い方となる. その要約を以下に示す. ①小麦粉の強力度を高める. ②適切な生地改良剤を添加する. ③生地をミキシングで十分にディベロップする. ④凍結前発酵を最小限に抑制する. ⑤成形時に生地を薄く伸ばし, 細かく均一な気泡構造にする. ⑥適切な凍結速度を維持する. ⑦凍結貯蔵, 輸送時の温度変化を最小限にする. ⑧短時間解凍が望ましい, ⑨オーバーナイト解凍の場合はより低温が望ましい.

e) 基本的冷凍生地の問題点: 上記した基本にのっとって冷凍生地を製造し取り扱えば, ほとんどの種類のパンを良好な外観に製造することができる. しかし, 多くの種類のパンに関しては, 凍結前発酵抑制のために, おいしさ(香り, 風味, 食感)が通常の製法による製品と比較して劣るという問題が残されている. これは糖類, 油脂などの副材料の配合量が少ない製品ほど顕著である.

f) 今後の冷凍生地製法: 先に述べたように, わが国では凍結前発酵を十分に行える特殊なタイプの冷凍生地専用イーストが市販されるに至っている. このタイプのイーストの出現によって, いままで不可能とされていた中種法, 小麦粉液種法, あるいはリミックス法による冷凍生地の製造が可能になってきている. これらの製法では, 中種, 小麦粉液種, あるいはストレート法生地を発酵後, 中種あるいは小麦粉液種法の生地は残りの原材料を加え, またリミックス法の場合はそのまま再度ミキシングを行い, 新たに空気の気泡核を生地中に形成することができる. また, 再ミキシング以降の工程は基本的冷凍生地製法と同様に行うことができる. これらのために, 炭酸ガスの挙動にもとづく気泡数の減少が生じにくい. したがって, これらの製法を用いれば, 発酵による香り, 風味が強く, またソフトなパンを冷凍生地から製造することが可能である. しかし, この新しいタイプの冷凍生地中のグルテンマトリックスは基本的冷凍生地の場合よりも薄層化が進んでいるために(これによってよりソフトな触感および食感を有するパンとなるのであるが), 氷結晶による損傷を受けやすい. このために, 生地の凍結貯蔵耐性が低いという問題が残されている. したがって, この高品質のパンを製造することが可能な新しいタイプの冷凍生地を幅広く実用化するためには, いままで以上に, 氷結晶によるグルテンマトリックスの損傷を軽減する対策を講じることが重要な課題となる.

［井上好文］

文　献

1) Pyler, E. J.: Baking Science and Technology, 3rd. ed., Vol. 11, p. 815, Sosland Publ., 1988.
2) Kim, S. K. and D'Appolonia, B. L.: *Baker's Dig.*, **51**(1), 38, 1977.
3) Pence, J. W. and Standridge, N. N.: *Cereal Chem.*, **32**, 519, 1955.
4) Katz, J. R.: A Comprehensive Survey of Starch Chemistry, Vol. 1, p. 28, Chemical Catalog, 1938.
5) Pence, J. W. *et al.*: *Food Technol.*, **9**, 495, 1955.
6) Pence, J. W. *et al.*: *Food Technol.*, **9**, 342, 1955.
7) Pence, J. W. *et al.*: *Food Technol.*, **10**, 492, 1956.
8) 田中康夫: 日食工誌, **28**(2), 100, 1981.
9) 日野明寛: 醸協, **89**, 100, 1994.
10) Neyreneuf, O. and Delpuech, B.: *Cereal Chem.*, **70**, 109, 1993.
11) Mazur, P.: *Biophys, J.*, **1**, 247, 1961.
12) Inoue, Y. and Bushuk, W.: *Cereal Chem.*, **68**, 627, 1991.
13) Inoue, Y. and Bushuk, W.: *Cereal Chem.*, **69**, 423, 1992.
14) Berglund, P. T. *et al.*: *Cereal Chem.*, **68**, 105, 1991.
15) 井上好文: 日食低温誌, **21**(4), 239, 1995.
16) Sluimer, Ir. P.: *Baker's Dig.*, **47**(2), 1973.

c. チーズケーキ・ババロア

(1) チーズケーキ

(i) 種類: チーズを主原料とし, 糖類, 油脂類などを加えてつくられるケーキをチーズケーキと称している. 冷却して固めるレアタイプと焼成するベイクドタイプがある.

(ii) 原材料, 配合上の特徴: 日本ではクリームチーズが最もポピュラーに使われるが, 近年, 外国産のナチュラルチーズが消費者に浸透するにつれてさまざまなチーズが使用されるようになってきている. フランス産フロマージュ・ブラン, イタリア産リコッタチーズ, オランダ産エダムチーズ, ドイツ産クワルクなど, 原料チーズも多様化している. また, オセアニア産チーズも増え, 輸入国も拡がりつつある.

配合上の特徴としては, ナチュラルチーズ, 牛乳, 乳製品, 糖類, 小麦粉, 卵類, 果汁を主に用いる. 必要に応じて, ゼラチン, 香料も配合する. また, 上下にスポンジ, タルト, パイを敷くこともある.

(iii) 工程上の特徴: レアタイプを大量生産す

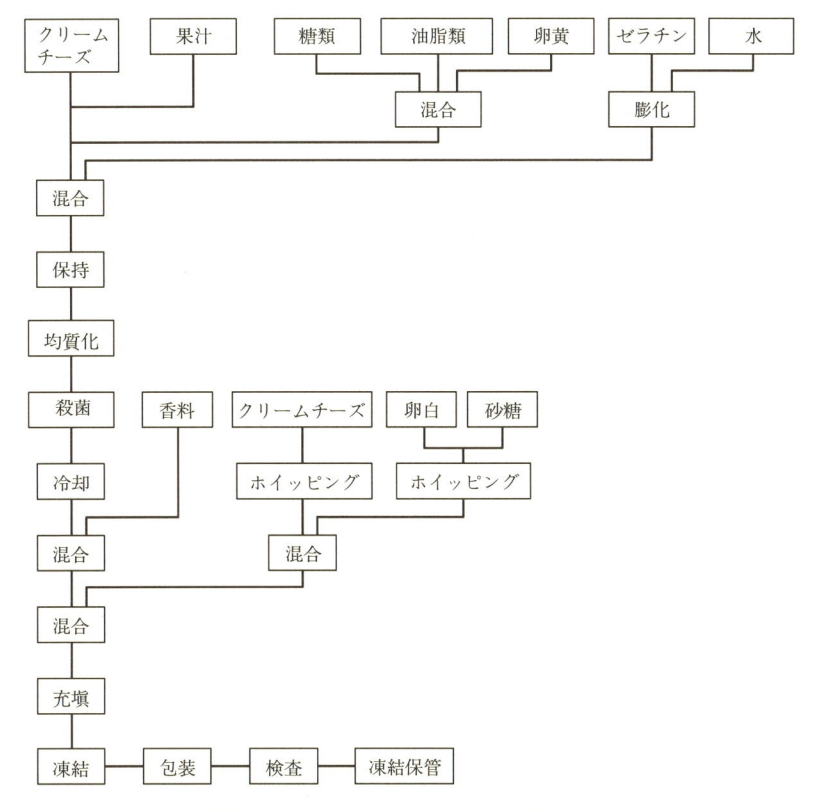

```
クリームチーズ   果汁   糖類  油脂類  卵黄   ゼラチン  水
    │           │     │    │     │       │     │
    │           │     └────┼────┬┘       └──┬──┘
    │           │          混合              膨化
    │           │           │                │
    │           └───────────┼────────────────┘
    │                       │
    └───────────┬───────────┘
              混合
                │
              保持
                │
              均質化
                │
              殺菌      香料   クリームチーズ   卵白   砂糖
                │       │         │          │     │
              冷却      │       ホイッピング  ホイッピング
                │       │         │          │
                │       └─────────┤          │
              混合                混合
                │                  │
                └────────┬─────────┘
                       混合
                         │
                       充塡
                         │
                       凍結 ─ 包装 ─ 検査 ─ 凍結保管
```

図 II. 4. 42 レアチーズケーキの一般的製造工程

るためには，殺菌パス，ホモジナイザー，プレート式熱交換機，連続式充塡機，竪型ミキサー，連続ホイッパーなどの設備が必要である．ベイクドタイプの場合には，これらの設備のほかにオーブンが必要となる．

ミックスは，クリームチーズ，糖類，油脂類，果汁，ゼラチンなどを均一に混合・殺菌することでできあがる．ゼラチンは約3倍量の水で膨潤させておく．クリームチーズにその他の原料を入れ混合後，加熱保持（70℃，5分）し，均質化（50 kg/cm²），殺菌（85～90℃，15秒），ホイップクリーム（O.R. 90%）と混合・充塡する．このとき，原料の投入順序，品温管理，O.R.管理には十分に注意を払う必要がある．またpH，耐熱性，耐凍性を考慮した安定剤（ゲル化剤）の使用が前提条件として必要である．

乳タンパク質は，pHが低下すると凝固する性質を有している．したがって，レモン果汁などの酸味原料の添加時期には注意を要する．溶解・混合初期は，投入を控え，ナチュラルチーズ，牛乳，小麦粉，卵類などで十分にボディーが形成され，カスタードクリーム状の物性を有したのちに添加すると

よい．果汁類は，酸味の付与とともにチーズケーキを固まりやすくする効果を発揮する．

少量生産の場合には，ナチュラルチーズの加熱溶解が大きなポイントとなる．70℃以上となると，乳タンパク質の凝固，脂肪の分離が起こるので，牛乳などに入れて，70℃くらいを目安に間接的な加熱をすべきである．このときに卵や小麦粉と牛乳を混合し，ある程度加熱（85℃くらい）し，小麦粉のデンプン質をあらかじめ糊化し，そこにナチュラルチーズを加えて溶解すると加熱溶解がより容易になる．

ベイクドタイプの特徴的な工程は，焼成工程である．焼成において最も注意すべきことは，ケーキ中央部がへこんだ形にならないようにすることである．こうした現象が起こる原因のひとつは，ミックス製造の条件が不十分なために，ナチュラルチーズが所定通りに溶解されず，乳タンパク質と脂肪が分離していることである．もうひとつの原因は，密閉性の高いオーブンでは，蒸気が抜けず，膨らみすぎることである．気泡が大きくなりすぎ，フィルターが薄くなるため，全体を支えきれずにへこむのである．したがって，オーブンのダンパーを開放するこ

とで対応することとなる．

(iv) 法的な規格基準：チーズケーキを包装し，凍結した製品は，食品衛生法上の無加熱摂取冷凍食品（冷凍食品のうち製造または加工した食品を凍結させたものであって，飲食に供する際に加熱を要しないとされているもの）に該当する．したがって，細菌規格は，生菌数の10万/g以下，大腸菌群が陰性である．

(2) ババロア

(i) 種類：ババロアは牛乳，乳製品，卵類，ゼラチンを主原料としたデザートである．ドイツ・バイエルン地方の飲料が起源といわれ，フランス人コックによりゼラチンで固めたデザートに生まれ変わったとされている．ムースとの違いは，ホイップクリームやメレンゲの気泡の力を利用して生地をもち上げ，軽さをだしているムースに対し，ババロアは本来，空気を含ませずに仕上げるものとされていることである．しかし，最近ではババロアにホイップクリームを配合することが多くなってきている．

(ii) 原材料，配合上の特徴：卵黄，砂糖，牛乳，ゼラチン，生クリーム，バニラエッセンスでつくるババロアをババロア・ア・ラ・クレーム（ババロア・ア・ラ・バニーユ）といい，最もオーソドックスなババロアである．リキュール，チョコレート，コーヒー，イチゴを配合したり，スポンジ，ゼリーを併用することがある．また，最近紅茶風味（アールグレーほか）のババロアも人気を呼んでいる．

ババロアには凝固剤としてゼラチンを使用することが多いが，一般的には，150ブルームのゼラチンでは，水に3%程度，180ブルームであれば2.5%くらいの使用量である．最近280～300ブルームのゼラチンが登場し，この場合には，1.8%程度の使用量となり，格段に使用量を減らすことができる．ただし，ババロアには210ブルーム程度までが向いているといわれている．求めるゼリー強度，食感，適性，旨味などを考慮のうえ，適切なゼラチンを選択する必要がある．

(iii) 工程上の特徴：一般的な製造工程は図II.4.43の通りである．製造設備としては，レアタイプのチーズケーキと同様の設備が必要である．少量の製造設備としては，縦型ミキサー，裏ごし機などがあれば可能である．

ミックスは，卵黄，糖類，牛乳，ゼラチン，バニ

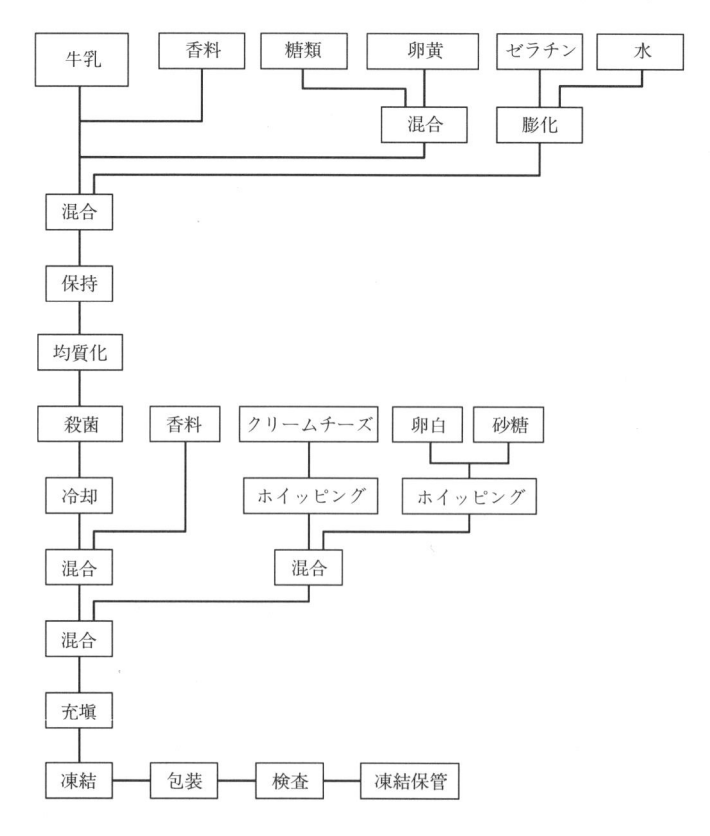

図II.4.43 ババロアの一般的製造工程

ラエッセンスなどを均一に混合・殺菌することでできあがる．ゼラチンは約3倍量の水で膨潤させておく．すべての原材料を投入し，混合後，加熱保持（70℃，10分），均質化（100 kg/cm²），殺菌（85～90℃，15秒）し，ホイップクリーム（O.R. 90%）と混合・充填する．このとき，チーズケーキと同様に原料の投入順序，品温管理，O.R.管理には十分な注意が必要となる．

ババロアは，ゼラチンだけで固めるのではなく，タンパク質（特に卵黄）の乳化性や熱凝固性を利用するので，急速な加熱は避ける方がよい食感を得られるといわれている．したがって手づくりの場合，卵黄のこうした機能を最大限に引きだすため，あらかじめ，牛乳を温めたり，糖類と卵黄を事前に混合したのちに混合する．このようにして，卵黄にかかる熱履歴をコントロールしているのである．

クリームババロアの製造に際しては，品温管理が特に重要である．ババロアミックスの品温は12～13℃，ホイップクリームは10℃前後で混合すると均一性が得られる．

ババロアに果汁を使用する際には，pHとタンパク質分解酵素の存在に特に注意すべきである（pHについてはチーズケーキの項を参照）．タンパク質分解酵素の強い果汁（パイナップル，キウイ，イチジク，パパイヤ，マスクメロンなど）を使用するにあたっては，加熱による十分な酵素の失活処理を前処理として行っておく必要がある．なお，気温の変動に強く，タンパク質分解酵素の影響を受けにくくする目的で，ゼラチンの代わりにジュレ・ド・ババロアが使われることがある．

(iv) 法的な規格基準： ババロアを包装し，凍結した製品は，チーズケーキと同様に無加熱摂取冷凍食品の規格基準が食品衛生法上適用される．

(3) チーズケーキ，ババロアの配合例 表II.4.34，II.4.35にチーズケーキ，ババロアの配合例を示す．

[望月正人]

表 II.4.34 チーズケーキの配合例[1]

クリームチーズ	40.0%
液 糖	17.0
マーガリン	12.5
ゼラチン	1.3
濃縮果汁	1.5
フレーバーエッセンス	0.3
水	10.4
ホイップドクリーム	17.0
計	100.0

表 II.4.35 ババロアの配合例[1]

牛 乳	43.0%
砂 糖	17.0
ゼラチン	1.7
卵 黄	10.0
35%生クリーム	6.0
コーン油	5.0
乳化剤	0.2
脱 粉	2.0
バニラエッセンス	0.1
水	15.0
計	100.0

文 献

1) 金子昇平：最新冷凍食品事典（日本冷凍食品協会監修），p. 227-228, 朝倉書店，1987.
2) 望月正人：冷凍食品製造ハンドブック，p. 382-384, 光琳，1994.

III. 装置・機械

1. 食品冷凍装置

1.1 スパイラルフリーザー

本装置が日本の冷凍食品工場で最初に導入されたのは，1971年(昭和46)頃，Frigoscandia社製のものと思われる．時期をほぼ同じくして，国産スパイラルフリーザーも登場してきた．

冷風の当て方には縦風と横風の違いがあったが，スパイラルコンベヤーの駆動方法は当時ほぼ同じであった．ところがFrigoscandia社はスパイラルフリーザーに要求される性能向上，工事期間短縮などに向けて画期的な開発改善を加えた．現在では国産スパイラルフリーザーにもさまざまな改善が付加されてきたが，構造的には2極化している．

このような背景のもと，ドラム駆動スパイラルフリーザー(国産ならびに海外他社)とドラムアームレススパイラルフリーザー(Frigoscandia社)の基本構造と特徴を述べるとともに，冷凍食品を製造する際の留意点を述べる．

1.1.1 ドラム駆動スパイラルフリーザー

シングルドラム型(図III.1.1)の基本構造は，凍結庫内 −35℃程度の中に，スパイラルコンベヤー幅の約5倍の直径をもつドラムにスパイラルコンベヤーを一定のピッチで巻きつけ，ドラムを回転駆動させる．この場合ドラムとスパイラルコンベヤー間に発生する摩擦力でスパイラルコンベヤーを回し，製品の搬送機能を与える．一定ピッチで回るスパイラルコンベヤーのサポート支持金具は外周に固定されている．摩擦によるスリップも約3%発生する．スパイラルコンベヤーの長さも200 m, 300 m, 400 mとたいへん長く，凍結庫床荷重もたいへん大きい．さらにスパイラルコンベヤーの出口先端には補助駆動を装備してテンション調整をはかっている．製品への冷風の当て方は当初横風が主流であったが，最近は製品だけに効率よく冷風を当てる工夫が開発されてきた(表III.1.1)．そのほか，凍結庫内にはクーラー，クーラーファンがあり，付属設備にスパイラルコンベヤー洗浄設備が一般に装備される．

(1) 特徴1　大きな特徴は平面的なトンネルフリーザー，スチールベルトフリーザーに比較して本体の床占有面積が一般的に小さい点にある．

(2) 特徴2　シングルドラムの場合，立体的搬送の特徴を生かして，凍結の前後工程を建物上下階を利用すると，レイアウト的にたいへん有効である．

(3) 特徴3　ドラム駆動のスパイラルコンベヤーは，生産中，製品の詰まりが発生して連続生産を突然停止する事態がごくまれにあった．大きな発生原因として次の3点が考えられる．

(ⅰ) 第1点: スパイラルコンベヤーをサポートする支持金具が一定ピッチで外周に固定されているが，生産中に連続搬送されている製品がこの支持金具に当たり，移動停止されると後からの搬送製品をすべて停止する事態が起こる．当然一定ピッチのスパイラルコンベヤー間に逃げ場所のない製品は固く凍結されて，スパイラルコンベヤーの搬送機能を停止させることになる．この事態を正常な生産状況に復帰させる作業は人手に頼るしかない．低温下

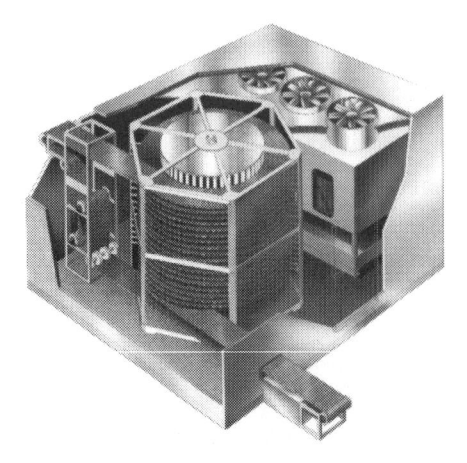

図III.1.1　シングルドラム型スパイラルフリーザー

1. 食品冷凍装置

表 III.1.1 冷風の当て方の工夫

性能比較	従来の水平流式トンネルタイプ	垂直流ジェット式トンネルタイプ
処理風速（U）	3〜8 m/sec 風速を上げると被冷却物が飛び散る.	10〜35 m/sec 上下ノズルのバランスがよく高風速でも安定性がある.
熱伝導率	1 $U=5$ m/sec $U=8$ としても1.4倍しかとれなかった.	1.7〜3 $U=15$ m/sec スリット・ピッチ・距離によって自在に設計.
処理時間	1	1/2〜1/3
有効装置長さ	1	1/2〜1/3
品質向上への対応性	コンベヤー幅方向で品質ムラが発生する. 長さ方向の温度差をつけにくい. 特殊な条件での対応性が悪い.	ムラが起きない. 同一チャンバーでのノズル形状, 風速, 温度を変えることができるので, 被冷却物に応じた適切条件が確保できる.
セクション構成	長さ方向での構成数が少ない. 構成数が少なく安価に製作できるが変更がしにくい.	ユニット単位で細分化も, 増設も容易にできる. 予冷・本冷など構成長さが自由にできる. 能力対応が容易にでき, 増産体制に即応できる.
所要熱量	1	0.8〜0.95
冷凍機容量	1	0.8〜0.9
風の流れ	下側が流れにくい. コンベヤー幅サイドのバイパス量が多い. サイドにガイドを設けるとメンテナンスがしにくい.	むだがない.
動力	1	0.8〜0.95
設置条件	床面積が大 1 前後ラインへの接続制限が多い.	床面積が小 0.5 長さが短いので前後ラインとの直列配置が可能.
メンテナンス		装置内部の空間が広いのでメンテナンスや洗浄作業が容易.

（−35℃）で，凍結した大量の製品を凍結庫外に手作業で排出する作業は，時間と人手を多く要する．この後スパイラルコンベヤーの正常運転を確認し，洗浄して，庫内を所定の温度にクールダウンして生産を再スタートさせる．凍結工程前の生産ライン上の製品にも長時間の生産停止に対応した事前処置を施す．生産能力が大きいラインほど，これら一連の人手作業はたいへんである．当然生産管理上ライン稼働率，生産歩留りが大きくダウンする．このような事態の発生防止に向けた，さまざまなセンサーならびに安全装置が各メーカーで工夫され装備されている．冷凍食品工場側でも独自の発生防止策が各社各生産アイテムごとに工夫されている．製品詰まりが発生してもできるだけ早期に発見できること，さらには凍結前工程のラインもインターロックをかけ，短時間復帰に向け工夫が必要である．特に生産ライン上の製品取扱処置を誤ると，生産復帰後の品質，特に細菌面の衛生基準がクリアされない危険性がある．

（ii）第2点： 平常時スパイラルコンベヤーは駆動ドラムに一定ピッチで巻きついて，摩擦力でサポート用固定支持金具のレール上を滑らかに移動している．ところが何らかの原因でスパイラルコンベヤーの外周側がレールから浮き上がるという事態が発生する．これは生産中，準備中，サニテーション中にかかわらず発生する場合がある．生産開始前のクールダウンで，スパイラルコンベヤーは全長にもよるが，長さ方向の収縮は数百mmある．したがってスパイラルフリーザー出口テンション調整の補助駆動と，ドラム駆動のバランスが許容範囲を逸脱すると，外周側レールから浮き上がる事態を招くことがありうる．これらのバランス関係は1台1台のフリーザーごとに，経年変化も含めて微妙に異なるようである．

（iii）第3点： 前述のように，フリーザー出口のテンション調整用補助駆動装置は調整範囲を逸脱した場合，インターロックでスパイラルコンベヤー全体の駆動停止が自動で作動するのが一般的である．これはスパイラルフリーザーの装置保護が主目的である．

以上3点が冷凍食品工場の経験と推察から述べられる主要ポイントである．このほか，スパイラルコンベヤーが一度外周側レールから浮き上がるのは，同じところで再発するという場合がこれまで散見さ

れた．目視では何ら異常はわからないが，スパイラルコンベヤーに外周側レールから浮き上がる習性条件が形成されたと判断される．

（4）特徴4　スパイラルフリーザーを選定する大きなメリットとして，生産ラインのコンベヤー幅とスパイラルコンベヤー幅を同サイズにして連続生産する製品の列を乱さない点があげられる．その目的は，コンベヤー乗り継ぎごとに，製品の列幅をコンベヤー幅に合わせて拡げてあるいは縮めて，乗り継がせる必要がないためである．特にフリーザー入口では裸凍結の場合，製品形状の変形防止がたいへん重要な仕様項目である．未凍結製品は変形しやすい場合が往々にしてある．変形が発生すれば商品価値は基本的に失われ，生産歩留りを大きく低下させる要因になる．一方フリーザー出口で製品が列を乱さず出てくると，包装工程の自動化がたいへんやりやすいというメリットを含んでいる．いい換えれば，不良品発生防止による歩留り向上と包装工程の省人化の面で，コスト面の商品力がどれだけ付加できるかにかかわる．

（5）特徴5　スパイラルフリーザーは製品変形について，コンベヤー乗り継ぎ部分ではたいへん優位ではあるが，入口でスパイラルコンベヤーに乗り移ってから変形させる要素を2点含んでいる．

（ⅰ）第1点：スパイラルコンベヤーは前工程から製品を乗り移る時点では，直線的に搬送している．ところが駆動ドラムに巻きつく時点で，内周側は曲線搬送のため収縮する．このときスパイラルコンベヤー上の製品が同時に収縮しないよう，製品の保形性とスパイラルコンベヤーの種類選定に配慮が必要である．

（ⅱ）第2点：前記は製品自体の保形性であるが，次は製品の列間隔による変形である．スパイラルコンベヤーは駆動ドラムに巻きつく段階で内周部は収縮する．進行方向の製品と製品の隙間が小さいと，このスパイラルコンベヤー収縮時点で，内周部搬送の製品は前後の製品と互いに押し合い，変形が発生する．ひいては，詰まり発生で停止事故に至る．

（6）特徴6　特殊な場合であるが，スパイラルコンベヤーは駆動ドラムに巻きつく段数が少ないと，回転駆動の摩擦力で搬送不可能の事態が想定される．この場合ドラム駆動装置は用いず，ドラムをフリー状態にして補助駆動にあたる出口プーリー駆動を用いるのが一般的である．このようなケースは，凍結工程より冷却工程で往々にしてみられる．

（7）特徴7　外周に固定されているスパイラルコンベヤーのサポート支持金具は，段ピッチが150 mmの場合，約70 mm程度を高さ方向で占有する．換言すれば製品の有効高さは，75 mm程度に制限され，建物高さを有効利用した凍結能力の大きいスパイラルフリーザーを要求される場合，外周に固定されているサポート支持金具はない方がよいと考えられる．さらには，スパイラルフリーザー内での製品の詰まり防止からみても安心である．

以上が現段階のドラム駆動スパイラルフリーザーの一般的特徴であるが，各メーカーで改善工夫されている事例の一部を付記する．

（ⅰ）改善1：スパイラルフリーザーのドラム駆動装置は凍結庫内のドラムの下に装備されている．この位置は庫内全体を洗浄する場合，駆動伝導装置のチェーンとギア潤滑油が一緒に洗われてそのつど再給油が必要で，日常のメンテナンスが大変である．これらドラム下の煩雑な駆動伝導装置を凍結

図Ⅲ.1.2　冷凍庫外上部に駆動装置を装備した事例

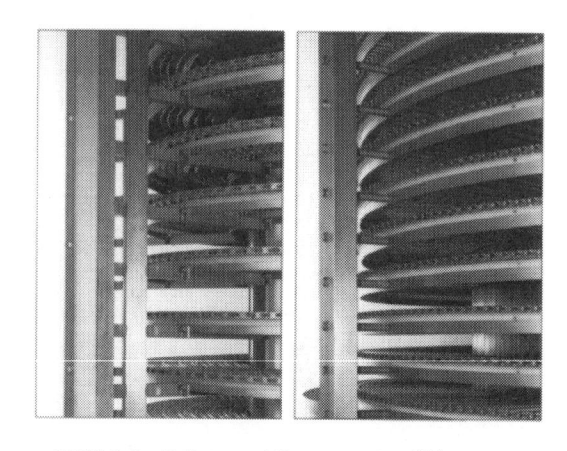

図Ⅲ.1.3　従来のスパイラルコンベヤー（左）とアームレススパイラルコンベヤー（右）の比較

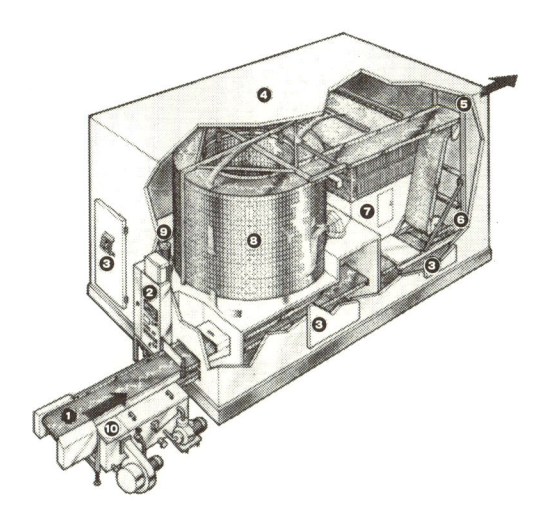

図 III. 1.4 ドラムアームレススパイラルフリーザー
1：入口，2：制御パネル，3：入口ドア，4：断熱パネル，5：出口，6：ベルトテークアップ，7：蒸発器，8：自動積上げ式フリゴベルト，9：駆動モーター，10：ベルト洗浄器．

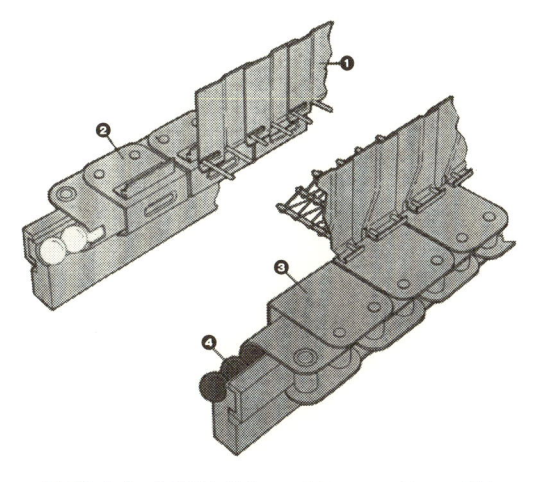

図 III. 1.5 自動積上げ式スパイラルコンベヤーの構造
1：フリゴベルトのスタック，2：内部駆動チェーン，3：外部駆動チェーン，4：ベアリング．

庫外上部に装備された事例がある（図 III. 1.2）．この結果，凍結庫内の床洗浄はたいへん作業性がよく，メンテナンス性，衛生面，サニテーションの作業安全性でも向上する．

（ii）改善 2： アームレススパイラルフリーザー（図 III. 1.3）が国産メーカーで開発実用化されている．大きな特徴はスパイラルコンベヤーをサポートするレールを必要としない構造で，前記したドラム駆動スパイラルフリーザーに比べ，高さ方向で約 30%のスペース削減効果がある．天井高さの低い加工場でも生産能力が高められる．さらにアームレスのため，製品が凍結庫内で詰まる事故発生は大きく減少すると同時に，アームへの付着発生がないため，サニタリー性も向上する．

1.1.2 ドラムアームレススパイラルフリーザー

このタイプが日本に導入され始めたのは 1983 年（昭和 58）頃からである．画期的な特徴は，駆動ドラムとスパイラルコンベヤーの固定サポートを完全に排除した装置に仕上げた点である．その基本構造は図 III. 1.4 に示す通り，新しく開発された自動積上げ式スパイラルコンベヤー（図 III. 1.5）を下部の駆動システムに載せて連続回転駆動させ，冷風は縦風で有効ベルト幅の間以外ほとんど漏れることはない．したがって製品が凍結庫内で連続搬送凍結される際，固定サポートに触れて詰まり，フリーザーが停止する心配はない．駆動ドラムと固定サポートが排除された結果，構造がたいへんシンプルになり，洗浄性が大幅に向上し，ユーザーにとっては HACCP 対応にふさわしい性能を有している．運転上で注意すべき点といえば，始業時クールダウンする場合スパイラルコンベヤーを十分乾燥することである．乾燥が不十分な場合，自動積上げ式の段の隙間に氷が成長してスパイラルコンベヤー全体が傾く事態を招く心配がある．建物高さ方向の空間はドラム駆動スパイラルフリーザーに比較して約 2 倍の有効性があり，処理能力を増強する場合，段数を追加できるフレキシブル性も兼ね備えている．さらには現地据え付け工事を 2 週間で完了するモジュール化されたタイプもある．

1.2 トンネルフリーザー

冷凍食品業界にトンネルフリーザーが登場したのは昭和 40 年代半ばであり，それ以前はバッチ凍結が主流であった．アイスクリーム業界は冷凍食品業界より導入が 10 年程早かった．現在の国産トンネルフリーザーは各メーカーがさまざまな特徴を付加しているが，初めにスパイラルフリーザーと基本的項目で特徴を比較し，そのあと主要メーカーの機種にふれる．

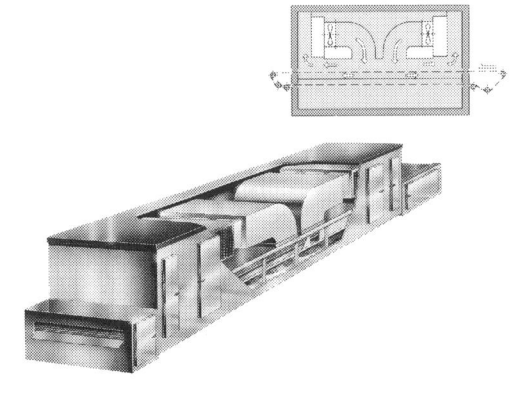

図 III.1.6　エアーブラストタイプトンネルフリーザー

トンネルフリーザーのエアーブラストタイプの基本構造は図 III.1.6 の通りである．

a. 基本項目による特徴の比較

① 設置スペースは，トンネルが平面的直線に対しスパイラルは立体的円筒のため，占有床面積はトンネルの約 50～70％で収まる．ただしスパイラルはそのぶん立体的空間が必要になる．冷凍食品工場の建物設計段階で，フリーザーの機種選定は，ライン全体のレイアウト上たいへん重要な意味をもつことをユーザーは認識しておくべきである．

② ライン化の場合，トンネルフリーザーはコンベヤーネット幅を生産ラインコンベヤー幅より通常広くする．このためトンネル入口ではシャトルコンベヤーなどの分散供給装置が，トンネル出口では逆に集合排出装置が必要である．特に裸凍結の場合，トンネル入口でシャトルコンベヤーなどによる乗り移し分散供給の際，製品変形などの品質低下防止にユーザーは最大限の配慮を事前にすべきである．同様にトンネル出口では包装ラインへの適切な供給を配慮した集合排出装置を導入すべきである．この点スパイラルフリーザーは，コンベヤーネット幅を生産ラインコンベヤー幅に合致させやすく，入口，出口での製品乗り移しが直線的でたいへん容易である．

③ 洗浄性は，トンネルフリーザーのコンベヤーシステムが平面的でシンプルなため，スパイラルフリーザーに比較して一般的には高い．CIP 洗浄に加えて，殺菌乾燥対応の機種も各社たいへん多いのがトンネルフリーザーである．

④ トンネルフリーザーのコンベヤーはさまざまなタイプを用途によって選択できる．米飯のように小粒な製品を凍結する場合はメッシュの細かいネットを，トレーに製品を詰めて凍結する場合はメッシュの粗いネットを選定できる．スパイラルコンベヤーに比較してネットの種類がたいへん多く，ユーザーの製品に最適なきめ細かい対応が可能である．

⑤ トンネルフリーザーは凍結方法の種類として，通常のエアーブラストのほか，フローフリーズ，スチールベルトを用いた接触凍結などがある．これら製品の品質，ライン生産能力，設備投資価格，ランニングコストなどからユーザーは最適凍結方法を選択できる．

⑥ 凍結所要時間についての数値的比較は，トンネルフリーザーの機種が多いためできない．機種選定をユーザーが誤らなければ，凍結所要時間は一般的にスパイラルフリーザーより短いと考えられる．

b. 最近の特徴あるトンネルフリーザー

（1） CIP フリーザー　　冷凍食品やチルド食品を，衛生面でより安心して生産できるように，図 III.1.7 に示すようなモノコックボディーの，内外装オールステンレス製のトンネルフリーザーが，数年前から国産フリーザーメーカー各社から市場にでてきた．サニタリー性を最優先に開発されたもので，主な特徴は次の通りである．

（ⅰ）特徴 1：　装置全体を非常にコンパクトにして，凍結庫内の部品点数を最小限にしたシンプル構造が大きな特徴である．これは CIP 自動洗浄に加え，庫内殺菌・乾燥を容易にするためである．庫内の部品点数の削減，さびを含めた耐薬品性，オイルレス化，洗浄排水の水切りのよさに主眼を置き，駆動装置などを庫外に装備している．

（ⅱ）特徴 2：　モノコックボディーの形状は各社異なる．筒状の断面形状が楕円形，四角形，六角形のものがあるが，要点は，凍結，蒸気殺菌を毎日繰り返した場合の熱歪みによる開口部の気密性で，フリーザー機能の優劣が評価されることである．気密性が悪いと外気の侵入でクーラーフィンに着霜が起こり，長時間凍結運転で大きく性能がダウンす

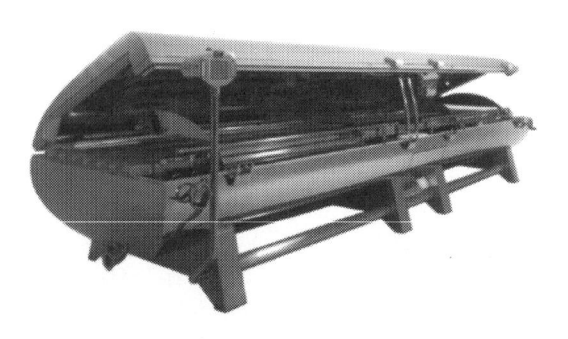

図 III.1.7　CIP フリーザー

る．なお，生産ラインのレイアウト変更などでフリーザーの移設がしやすい面も有している．

（2）短時間凍結フリーザー 冷凍食品の短時間凍結は，最大氷結晶生成帯をより速く通過させて，よりおいしい品質を維持することである．例として冷凍めんの釜ゆで直後の腰，つや，すすり込む食感を維持する場合にも，短時間凍結はたいへん有効である．エアーブラストトンネルフリーザーで単位時間当たり製品から奪う熱量を高める要素は2つある．ひとつは冷風温度を極力下げることで，もうひとつは冷風の風速，風量，風向を熱交換に最適な条件とすることである．冷風温度を極力下げる方法は，フリーザーに用いる冷凍機システムならびに運転方法によりさまざまな選定があり，イニシャルコスト，ランニングコスト，冷凍機システム占有スペース，運転・メンテナンスの簡便さなどに十分配慮を要する．ここでは冷風の当て方（風速・風量・風向）で短時間凍結を実現した事例について，図III.1.8を参照しながら述べる．

（i）**特徴1**： 製品に対し高速垂直流の冷風を当て，製品中心部に冷気の深い到達効果を短時間内に発揮させる．従来機種の半分の凍結所要時間をめん類で実現した結果，前述の品質向上とあわせて，フリーザーの占有床面積を半減させた．換言すれば同じ床面積，空間で生産能力が2倍のフリーザーが収納可能である．大型生産ラインの場合，トンネルフリーザーは加工場棟のライン流れ方向で一般的に約25%を占有する状況であった．土地，建物建設費を含めて考察した場合，経済効果はたいへん大きい．冷風の高速垂直流を吹き出すジェットノズルは冷風のエアーチャンバーに装備される．その理由はエアーチャンバーで静圧をかけ，各ジェットノズルから均一な風量・風速で吹き出すためである．製品の厚みにより，高速垂直流を上から下に吹き降ろす場合と，下から上に吹き上げる垂直流を，交互に組み合わせる2方法を，凍結所要時間から選定すべきと考える．

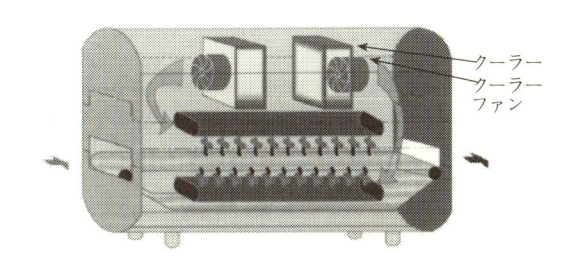

図 III.1.8 短時間凍結フリーザー

（ii）**特徴2**： 製品の品質ダメージのない範囲で，ジェットノズルは極力製品に近づけ冷風を吹き当てること．製品のベルト面積占有率は極力高め，むだな冷風吹出しを極力抑えること．この2つについて設計製作段階でユーザーとフリーザーメーカーが十分なテスト，調査，討議をして凍結能力を算定すべきである．このほか構造的には洗浄性，メンテナンス性の向上に配慮して，部品点数の少ないシンプル化がはかられている．

1.3 スチールベルトフリーザー

最近のスチールベルトフリーザーは，冷却メカニズムから判断して3機種に区分される．これら3機種の構造的特徴とユーザー側の機種選定に関して述べる．3機種共通して，ユーザーがスチールベルトフリーザーを選定する大きな理由は，凍結するメイン製品がベルトに対し接触性がよいことが第1条件である．さらに製品厚みは15～20 mm以下が最適である．

（1）第1機種 冷風をスチールベルトの上面からエアーチャンバーの吹出しスリットを通して製品に高速垂直流で当てる方式と，スチールベルト下面にも横風を当て，製品上下から両面冷却する方式とがある（図III.1.9）．どちらを選定するかは，ユーザーが製品形状（パティならば上面冷風のみで十分）とイニシャルコストから判断すべきである．注意すべき点は，裸凍結の場合，スチールベルトに強く密着凍結して出口においてスクレイパーなどで製品を剥離する際，身割れを起こして不良品を発生させないことである．ブライン不要による，ブライン濃度・循環管理，スチールベルト両面の洗浄性で

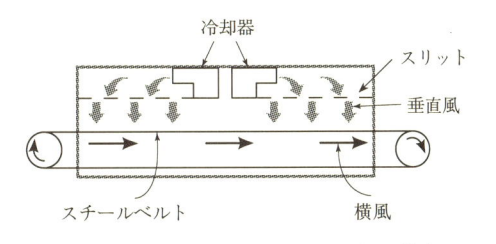

図 III.1.9 スチールベルトフリーザーの構造

たいへん優れている．エアーブラストトンネルフリーザーとほぼ同機能により接触性の悪い製品にも十分対応できる．ネットベルトと機械設計上異なる点は，スチールベルトの駆動，従動プーリー直径が800〜1,000 mm（スチールベルト厚みの約1,000倍）でユーザーとして製品の投入，排出装置に配慮が必要である．

（2）第2機種　下面からブライン冷却されるスチールベルトと，ブラインを袋に入れた形のフレキシブルシートベルトで製品をサンドイッチのように挟みこんで接触凍結するフレキシブルフリーザーである（図III.1.10，III.1.11）．この機種の大きな特徴は，エアーブラスト凍結を一切用いない，製品全面をブラインで完全接触凍結することで，スチールベルトフリーザー3機種の中で急速凍結所要時間が最小と考えられる．ユーザーが機種選定の上で考慮すべき点を次に列記する．

① 最適な製品はスープなどの袋入り液状製品，魚卵などの素材あるいは軽加工の袋入り製品が考えられる．理由は最大氷結晶生成帯の通過スピードが非常に速い高品質性と，袋入り製品をフラットに凍結成形する点がユーザーにとってたいへん魅力である．

② 凍結所要時間が最小ならば設置床占有スペースも最小で，かつエアーブラストがないため，フリーザー庫内のクーラー着霜問題が一切ない．したがって長時間生産にはたいへん有効である．極論すれば24時間生産も装置的には可能となる．

③ 注意すべき大きな点は，装置の洗浄性，製品の保形性，ブライン濃度・循環管理面にある．裸凍結後包装して製品出荷する場合などの衛生面，フレキシブルシートとスチールベルトで挟みこまれる投入段階で，製品の破袋あるいは変形などによる商品価値の損失に関しては詳細な検討吟味が必要である．

④ フレキシブルフリーザーは製品全面からほぼ完全に接触凍結するため，第1機種や第3機種と比較して，製品中心に向けての冷熱が均一に伝達されやすいと考えられる．

（3）第3機種　スチールベルトフリーザーとして最もオーソドックスなタイプとして，下面からブライン冷却したスチールベルトに製品を載せて接触凍結させ，製品上面はエアーブラスト凍結する機種がある（図III.1.12）．製品下面からの接触凍結能力と，上面からのエアーブラスト凍結能力のエネルギー配分は，標準的にはほぼ60％：40％の割合である．第1機種と同様，一般的には凍結する製品への制約条件の少ない汎用型である．ただし前述の凍結能力配分から推察すれば，第1機種より製品形状がスチールベルトに密着した平板の方が凍結機械適性が高いと判断される．ユーザー側に立てば，裸凍結の場合，凍結所要時間が短いほど，高品質と同時に，凍結乾燥歩留りが高いことも認識すべきである．高価格，高品質の製品で，大量生産ラインであるほど，凍結乾燥歩留りは製品コストに大きく影響する．

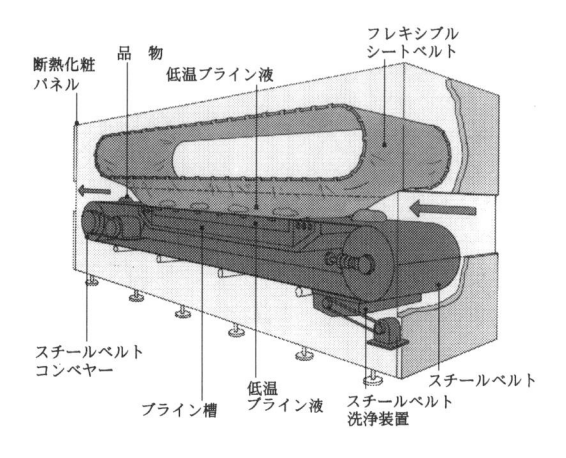

図III.1.10　フレキシブルフリーザーの構造

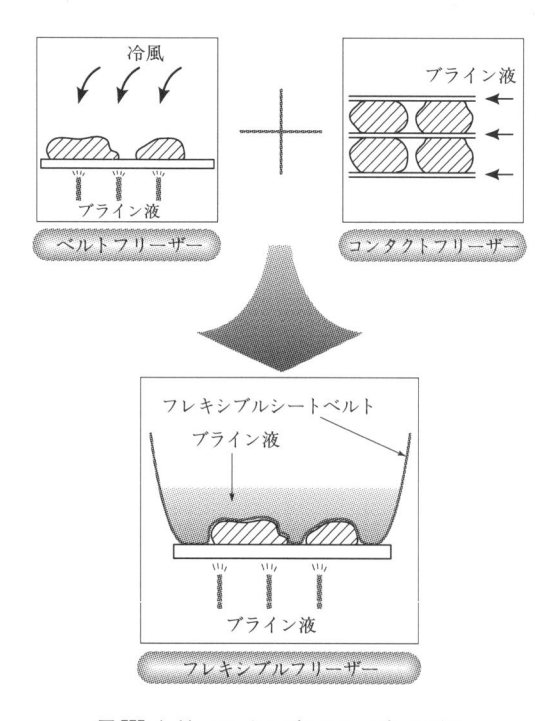

図III.1.11　フレキシブルフリーザーの原理

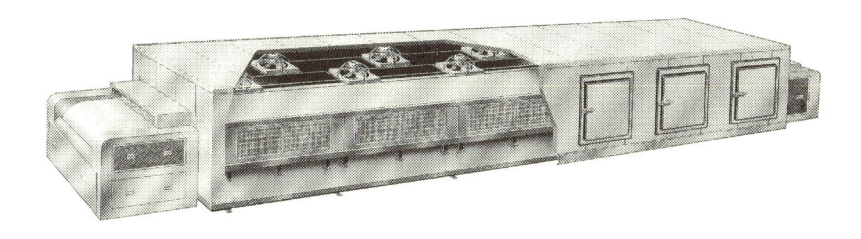

図 III.1.12　スチールベルトフリーザー

1.4　ガス凍結フリーザー，浸漬凍結フリーザー

スパイラルフリーザー，トンネルフリーザー，スチールベルトフリーザーは，冷凍食品の連続凍結装置としてこれまで一般に広く利用されてきたが，このほかに液体窒素ガスあるいは炭酸ガスを冷熱源として用いるガス凍結フリーザーがある．消費するガスコストが安い海外では広く利用されている．さらに，フリーザー全機種の中で凍結速度が最も速いといわれる浸漬凍結フリーザーについても述べる．

1.4.1　ガス凍結フリーザー

液体窒素（液化炭酸）ガスによる急速凍結方式の原理は，断熱された凍結庫内で－196℃(－78.9℃)で気化する液体窒素（液化炭酸）ガスを，直接食品にスプレーすることにより，食品を瞬時に凍結することにある．空気やブラインを仲介とした機械的間接凍結方式と，凍結速度，凍結装置のシンプルさではたいへん優位にある．液体窒素・液化炭酸ガスの物理的特性を表 III.1.2 に，ガス凍結フリーザーの外観を図 III.1.13 に示す．ユーザーとして，機種選定上留意すべき点を次に列記する．

① ガス凍結は，凍結ランニングコストが，他の凍結方式と比較して日本国内では一般的に高価になる．その他の要素である品質，設備コスト，運転維持管理，占有床面積などに関してはたいへん優位にある．したがってユーザーは，製品の収益面で凍結ランニングコストが見合うなら採用してほぼ問題ないと判断できる．しいて確認すべき点は凍結所要時間がたいへん速いことによる品質の良否である．急速凍結で品質が向上して付加価値が高められる場合と，逆に下がる場合とがある．なお凍結ガスの使用量と運搬条件でランニングコストは異なる．

② 運転維持管理上で有益な点は，冷凍機が不要で法的運転資格者がいらず，冷凍機のメンテナンスがまったく不要で，生産中の機械トラブルの発生率がたいへん低いことである．通年冷凍食品を生産しないユーザーはガス凍結フリーザーが有効と考えられる．

③ 補助凍結装置として選定すべき場合をユーザーは考慮するべきである．例えばパン粉づけ製品で中種の具は凍結されていて，衣部分のみ凍結する場合である．最も冷熱エネルギーを要する部分は，

表 III.1.2　ガス凍結フリーザーの性質

		$L-N_2$	$L-CO_2$
沸　点　(℃)		－195.8	－78.9
融　点　(℃)		－210.0	昇華点 (℃) －78.5 (1 atm)
潜　熱　(kcal/kg)		47.5 (沸点)	67.79 (－20℃) 昇華熱 137.0℃ (昇華点)
比　熱　(kcal/kg・℃)		0.248	0.199
臨界温度　(℃)		－147.1	31.0
臨界圧力　(atm)		33.5	72.9
比　重　(空気＝1)		0.967	1.52
利用しうる冷熱 (排出温度 －15℃) (kcal/kg)		93	77

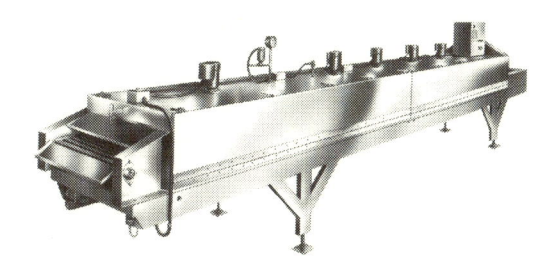

図 III.1.13　ガストンネルフリーザーの外観
（$L-N_2$ 専用機）

機械凍結に当てると，ランニングコスト面で経済性がはかれるので，その点をユーザーは検討すべきである．

1.4.2 浸漬凍結フリーザー

調理冷凍食品よりむしろ食品素材を重視した場合，例えば水産・畜産素材の原料段階で急速凍結に期待する大きな品質要素は，凍結段階で細胞破壊を起こさないように最大氷結晶生成帯を短時間で通過させる点にある．その大きな理由は解凍段階でドリップがほとんど出ない高品質にある．原料段階の品質の良否は調理工程後の品質を大きく左右する．特に素材を活かした食品は商品価値評価に直接影響する．このような場合，ユーザーは浸漬凍結フリーザーの導入を検討すべきである．浸漬凍結の特徴として，アルコールなどの液体に品物を直接漬け込む方式であることから，ユーザーが選定導入する場合には以下の留意点が必要となる．

① 接触ならびにエアーブラスト凍結に多い裸凍結，トレー詰め凍結の方式は避けて，脱気処理を施されたフィルムパック製品の急速凍結が最適とまず考えるべきである．

② 凍結装置はコンパクトでイニシャルコストも安価で，エアーブラストのようにデフロストの心配もない．したがって長時間の生産にたいへん有効と判断される．

③ 2次ブラインは冷熱の蓄熱材も兼ねるため，エネルギー面で経済効果が期待できる．今後の環境負荷低減に寄与する機種でもある．［水谷順一］

2. 食品加工機械

　近年外食産業が著しく発展したことによって，食品加工機械と調理機器の境界があいまいとなり，明確に区別することがむずかしくなった．特に，この傾向は製パン，製菓機械や水産製品製造機械ならびに調理食品機械などに顕著で，調理機器の間に相互に重複する機器が多い．例えば，前者の油揚げ機は後者のフライヤーと同じものであり，焼成機は焼物機に相当する．同じ機械が食品工場で使用する場合と厨房調理室で使用する場合とがあって，別の名称となっているのである．したがって，ここでは食品加工機器として工場などで利用されている機械・装置に限定して説明し，調理機器との区別をつけておくようにしたい．

　さて，次に原料処理加工工程に関する最近の動向について少しふれておきたい．原料処理加工工程は，それぞれの製品を成形するために必要な状態に食材を加工する最初に位置する工程であることから，最終製品の品質を管理するうえでも，異物混入や細菌による汚染などに注意を要する工程といえる．加えて，食品衛生法の改正により，「総合衛生管理製造過程の承認制度（HACCPシステムによる衛生管理）」が同法に加えられ，1996年5月24日に施行されたことから，HACCPシステムによる衛生管理の導入が多くの分野で検討されるようになった．このため，いっそう原料処理工程において使用される機械の安全・衛生に対する重要性は増している．ここでは，なかでも特に重要と思われる「原料洗浄機」，「原料解凍機」，「食肉加工機械」，「水産加工機械」，「製パン/製菓機械」，「製めん機械」とともに，食品加工において重要な工程として数えられる「成形機械」，「加熱調理機械」をそれぞれ取り上げ，それらの概要について解説する．

2.1 原料洗浄機

　洗浄工程は，食品の原料処理のなかでも上流の工程に位置し，食品の衛生管理を考えるうえでも大切な工程といえる．なぜなら，仮に一部の食品が汚染されていた場合でも，この段階で衛生が確保されていれば，危害の発生を未然に防ぐことができるからである．しかし，洗浄が確実に行われなければ，この食品を使った製品だけでなく，この食品が接触したすべての後工程において2次汚染を引き起こす可能性が高く，最悪の場合，他の製品にまで広範囲にわたって汚染を拡大させてしまうことも考えられる．

　汚物の除去に求められる主な因子には，「噴霧」，「撹拌」，「接触」，「ブラシ」があるとされている．ここではこれらの原理を応用した，それぞれの食品に使用される代表的な洗浄機について述べる．

a. 野菜洗浄機

　ダイコン，ニンジンなどの根野菜類には主に回転ブラシ式が使用される．この機械は一般にバッチ式が多く，シャワーとブラシの回転により根野菜を洗浄するが，ブラシの線径を選ぶことにより使用根菜によっては皮むきにも利用できる．

　ハクサイ，キャベツなどの葉物野菜には主に反転式，高圧噴射式が使用される．高圧噴射式は高水圧によって製品を連続的に洗浄し，水流またはコンベヤーにより，次工程に送る機械である．これに対し，反転式は殺菌/洗浄槽やすすぎ槽からなる3～4槽により構成されており，バケットを用いて製品をバッチごとにこれらの各槽を通過させるもので，必要に応じて高水圧噴射，エアレーションなどを組み合わせ，洗浄/殺菌，すすぎの効率アップがはかられている．高圧噴射式は大量の野菜を連続処理できるメリットがあり，反転式は除去した虫や汚れなどを次工程へ送ることを防止するとともに，高い洗浄，殺菌効果をあげることができる特徴をもつ．

b. 果実洗浄機

　上記で解説した洗浄機のほかに，浸漬式，流水溝式，回転ドラム式などがあり，これらは場合によっては組み合わされて使用される．

図 III.2.1 魚洗機（左：バッチ式，右：連続式）

浸漬式は，洗浄機構内に「洗浄水撹拌部」，「エスカレーター」をもち，製品が構内通過時に浸漬，予備洗浄を行う．流水溝式は，水洗コンベヤーに果実を流して洗浄を行う機械で，回転ドラム式は，内部にリボンスクリューを付けたドラムに製品を入れ，回転させることで洗浄を行う装置である．

c. 魚 洗 機

魚洗機には主にバッチ式と連続式の2通りが使用されている（図 III.2.1）．バッチ式はちょうど横型ミキサーの撹拌羽根がそのまま撹拌翼になったような構造をしており，換水しながら洗浄を行う．洗浄された魚の取り出しはタンクを横転させて行い，一度に 80 kg くらいまで処理できるものがある．

一方，連続式は円筒内部に取り付けたスクリューにより，入り口から水とともに投入された魚を洗浄しながら送り出すもので，処理量はおよそ 1〜2 トン/時である．連続式はその処理量により，大規模な水産工場において使用される．

2.2 原料解凍機

解凍工程は，組織が氷結晶により損傷を受けたり，ドリップが流出したりと，食品にとって好ましくない影響を与えることから，使用する食品に応じて最も適した解凍方法を適宜選択し，採用する必要がある．また，解凍媒体との接触，食品の温度上昇などの理由から，前記の洗浄工程同様，衛生管理においても注意を要する工程といえる．次に主な解凍装置を紹介する．

a. 空気解凍装置

この装置は，バッチ式と連続式に大別することができる．バッチ式は，ある任意の温度に加温された空気を場合によっては加湿し，断熱材を用いて密閉された解凍庫内を強制循環させ，解凍するものである．連続式は，同様に一定温度に加温された空気が強制循環された装置内を，コンベヤーで製品を移動させながら解凍を行う．この装置の利点は汎用性が高いことや，解凍後も低温で保存できることなどがあるが，欠点としては，空気中の汚れによる汚染の危険があることや，送風するため操作によっては表面が乾燥しやすいことなどが考えられる．

b. 水解凍装置

（1）流水解凍装置　流水解凍装置は，5〜12℃の水または食塩水を循環させた槽の中へ食品を通すことにより解凍させる装置で，空気解凍より解凍時間を大幅に短縮することができるとともに，循環式は用水量，排水量が少なくてすむ特徴がある．

（2）散水解凍装置　散水解凍装置は，通常多段式コンベヤーを用いて，装置内を上から下へ移動させる間に水を散水し解凍するもので，清浄水のスプレーによる洗浄効果があることが特徴とされる．

上記2種の解凍機の欠点としては，水の吸収がよい食品には使用できないということがあげられる．

c. 接触解凍装置

内部に温水を流すなどして，20℃前後に加温された金属板に，凍結した食品を接触させて解凍させる方法である．冷凍すり身のように表面が平滑な冷凍食品は，金属板との接触面積が大きく，効率よく熱を伝えることができることから，このような食品に多用されている．

d. 電気解凍装置

電気を利用した解凍装置には，大別して，① 915/2,450 MHz のマイクロ波を用いた「マイクロ波解凍装置」，② 13.56 MHz の高周波を用いた「高周波解凍装置」がある．これらはそれぞれ特有の周

波数の電磁波を利用した誘電加熱により，食品自体を自己発熱させて解凍を行う（図III.2.2）．

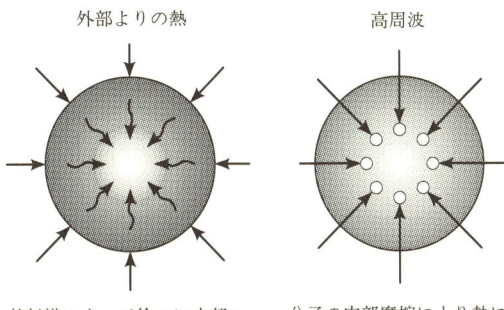

図III.2.2 直接加熱と誘電加熱の違い
(a) 従来の加熱法：熱伝導によって徐々に内部へと熱が伝わる．
(b) 高周波による加熱法：分子の内部摩擦により熱に変換される．

マイクロ波は，電子レンジに利用されていることで広く知られている．加熱速度は速いが，食品の表面，特に突出部にエネルギーが集中しやすいうえ，水分子を加熱する能力が高いので，食品の加熱温度にバラツキが大きく，"煮え"が発生しやすい．同機は，比較的厚さの薄い食品の解凍に優れている．

高周波は，一般的には木材の接着やプラスチックの溶着などに利用されていたものであるが，近年食品解凍に使われるようになった．高周波はエネルギーを深達させることができ，かつ水分子を加熱する能力が低いという特徴がある．このため，食品ブロックなどの厚みがある大容量の食品解凍に適しており，また加熱ムラが生じにくい（図III.2.3）．

これら2つの装置は，解凍時間が短く，連続処理化が可能である点で，他の解凍法に比べ優れているといえる．

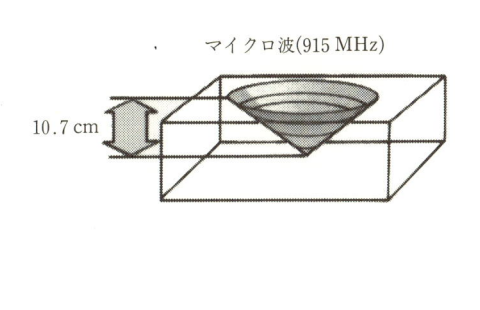

マイクロ波(915 MHz) 10.7 cm
高周波(13.56 MHz) 65 cm

図III.2.3 加熱の深さの比較

2.3 食肉加工機械

食肉加工産業を代表する主な製造工程を図III.2.4に示したが，ここでは，これらの工程に使用されている主な食肉加工機械・装置について述べる．

原料加工段階において使用される肉類加工機械および装置には，カッター，スライサー，チョッパー，ミキサーなどがある．

ハム・ソーセージの加工部門では，製造規模の拡大に伴い，連続化，自動化が進んでいる．

a. サイレントカッター

内部に撹拌皿および回転ナイフをもち，食肉素材を細断，混合，および撹拌する機械で，ナイフ部分には肉の飛散を防ぐふたが取り付けられており，3,500 rpmという高速回転も可能である．同機はバッチ式であるが，容量が750lという大型もある．また，混和肉の品質を落とさないために真空減圧機を装備したものや，円盤状のアンローダー，原料投入リフト，注水装置，消音カバー，また運転時にふたを開けてもすぐに回転ナイフが停止するようインターロック装置を装備するなど，安全性を考慮した機能を備えたものが登場している．

b. スライサー

食肉を所定の重量，または厚さにスライスする機械で，自重落下または動力による送り機構をもつ機械（図III.2.5）である．従来はすべて丸刃物を用いていたが，最近では勾玉型の刃物を備えたものが多く登場している．一昔前に比べ，処理能力は約4倍に向上したほか，肉の厚みもより薄く，あるいは均一にスライスすることが可能になるなどの進歩がみられる．

c. チョッパー

食肉素材を破砕，ばんさい，混合，および撹拌するためのアジテーター，および送り機構を内装する

製造工程	受入れ	解体処理	切断	塩水注入	塩漬け	調整	肉挽き	熟成	混合	殺菌	貯蔵	計量	混合	乳化
ハンバーグ	○	○	○		○	○	○		○	○	○	○	○	
ソーセージ	○	○		○			○							○
ロースハム	○	○	○	○	○			○		○	○	○		
機械・装置	ベルトコンベヤー	バンドソウ 解体台 スキンナー	カッター 切断機	インジェクター	塩漬槽 マッサージャー	調整機	チョッパー カッター ミキサー	熟成室	ミキサー 混和機 真空混合機 他	殺菌機	テーブル 型供給層	計量器	ミキサー 真空混合機	カッター 乳化機

	充填	燻煙/乾燥	ボイル	検査	焼成	冷却	切裁	包装	検査	貯蔵
	○		○	○	○	○		○	○	
	○	○								○
	○						○			
	スタッファー 充填結紮機	スモークハウス 連続式燻煙ボイル機	ボイル槽	検査台	オーブン	冷却機 冷却庫	スライサー	包装機	検査台	冷凍庫

図 III.2.4 食肉加工製品の製造工程ならびに構成機械

図 III.2.5 スライサー

ホッパー,ならびに回転ナイフ,固定カッタープレートを内装する排出口をもつ.粗カットした肉をホッパーに投入する作業は従来人の手により行われていたが,最近ではブロックの肉をカットし,荒挽き,仕上げを行い,トレーに詰めるまでの一連の作業を完全自動化し,省力化,ならびに人が触れることによる汚染を防止することができる機械も登場している.また,近年ではスクリューなどの素材にステンレスを用いたものが多く登場するなど,衛生面の向上がはかられている.

d. ピックルインジェクター

タンクに貯蔵されたピックル液(塩漬液)を加圧して,等間隔に並べられた数十〜数百本の上下する注射針により原料肉に均一に,かつ一定量を連続的に注入する装置である.従来塩漬けはピックル液に原料肉を漬ける方法がとられていたが,最近ではピックルインジェクターを用いて塩漬けする方法が一般的となっている.

e. マッサージャー

ピックル液を注入された肉塊を揉みほぐす機械で,ピックル液を肉塊の中に均一に分散・吸収させるとともに,肉中の塩溶性タンパク質であるミオシンの抽出性が促進され,保水性を向上させる.肉を入れるタンクの中に撹拌棒があって肉を撹拌する方式で,肉と肉が揉み合うのでこの名称がある.内壁に側板を取り付けたタンクを横にセットし回転させる方式のものはタンブラーと呼ばれる.最近ではマッサージの際に発生する熱を直接取り除くための冷却機能が備わったものも登場している.

f. ミキサー

ミキサーは原料の均質な分散,混和を行う機械である(2.5節「製パン・製菓機械」参照).プレスハムの製造時における肉塊のつなぎ合わせ肉や,チーズ,果物,野菜などの小さな塊をソーセージの中に浮かせる製品において,互いによく混和されるよう設計されている.この機械もバッチ式で,1トン処理の大容量のものもある.真空式の機器も出ている.

g. スタッファー

ソーセージのスタッファー(充填機)は大部分が縦型の動力式で,上部から味つけ練合せした材料を投入し,水平に横から突出しているノズルから押し

出し，ノズルにセットしたケーシングに受けるようになっている．近年では空気圧縮式に代わって電動式，油圧式のものが主流となってきている．これらは特殊回転ポンプ・スクリュー機構と，途中で空気を抜き取る機構を有している．

h. 結紮機

ハムの結紮はアルミのクリップやワイヤーが用いられ，機械化されている．単独または真空包装機と連動して使用される．ソーセージの結紮は，牛腸を使用するような大型ケーシングの場合を除き，クリップやワイヤーを使用せず，ほとんどが一定間隔に撚り結紮（リンク）する方式が多い．最近，充填・結紮の機械は複合化・自動化が急激に進んでおり，定量機能も付加されるようになってきている．ソーセージでは，電子制御油圧式コントロール装置で定量充填リンク作業を行い，定量1～10 g±1 gという精度で280個/分のスピードを有し，最大能力6トン/時という驚異的なものも開発されている．ハムでも同様で，ロースハム，ボンレスハムの原料を計量，成形，定量充填，ケーシングまでの工程を一体化した装置も開発されている．

i. スモークハウス

スモークハウスは可動部分の少ない設備のため，自動化・連続化が比較的容易である．従来，燻煙，ボイル，冷却と独立していたものがシステム化され，全自動装置となっている．さらにコンピュータによる管理方式の採用により，品物をオーブンに送り込んだあとはコンピュータに必要なカードを差し込んで，スイッチを入れれば冷却された完成品が出てくるところまで進んでいる．

近年，わが国の食肉機械メーカーは，自動化・連続化の面で外国機械に負けない新鋭機械を送り出しており，連続式ウインナー製造機械は5～30トン/日の能力を有し，フランク熱処理燻煙装置は温度・湿度の適確な自動コントロールにより，製品の目減りが従来の12～13％から3％へと大幅に改善されている．

2.4 水産加工機械

水産加工機械は，水産物の魚介類，海藻類の加工機械をいう．ここでは，従来わが国独特の製品であったが，今では世界各国で製造されている，すり身の工程（図III.2.6）において利用される主な機械について解説を行う．水産機械は動物性の原料も扱うことから，「食肉加工機械」と共通した機能をもつ機械が多く利用されるが，ここで取り上げる機械は，前節で紹介したもの以外に限定した．

a. 魚肉採取機

前処理で頭や内臓が除去されたのち，再び魚洗機にかけられ洗浄された魚体，または三枚おろしとなったフィレー状のものから，肉だけを分離採取するために使用される機械である．主にスタンプ式とロール式がある．

スタンプ式は，魚肉採取用の小孔が多数開けられた水平に回転する円盤に魚が乗せられると，その上から圧縮板により魚がたたき潰され，軟らかい肉だ

製造工程	受入れ	貯蔵	解凍	水洗	解体	採肉	水さらし	分離精製	脱水	肉挽き	擂潰
機械・装置	ベルトコンベヤー	冷蔵庫 冷凍庫	温水解凍機 流水解凍機 高周波解凍機	魚洗機	魚体処理機	魚肉採取機	水さらし装置	リファイナー	脱水機 スクリュープレス	チョッパー	擂潰機 サイレントカッター ボールカッター ミキサー

混合添加	裏ごし	成形	計量	包装	凍結	検査	箱詰め	貯蔵
サイレントカッター ボールカッター	裏ごし機	成形機	計量器	包装機	コンタクトフリーザー	重量検出器 金属検出器	ケーサー	冷凍庫

図 III. 2. 6 冷凍すり身の製造工程ならびに構成機械

図 III.2.7　魚肉採取機（ロール式）

けが小孔を通り，採取されるようになっている．

ロール式（図 III.2.7）は，小孔の空いたドラム状の網ロールの外側にゴムベルトと残滓を取り除くナイフが装備されていて，ドラムとゴムベルトが回転するところへ魚体処理された魚が網ロールに接触し，ゴムベルトの圧迫力により，魚の身が小孔を通りドラムの内側へ採取される．肉が採取されたあとに残る残滓はドラムの外側に設けられたナイフにより機外へ排出される．採肉状態の調整はゴムベルトの圧迫力の調整によって行うことができる．

b. スクリュープレス

スクリュープレスは，水さらしした魚肉をテーパー状のスクリューで圧送しながら，スクリューの外側をおおう多数のパンチングメタルの小穴から連続的に脱水する機械である．

c. フローズンカッター

回転しているドラム状の表面にきわめて強固に設計された刃物が取り付けられており，機械的送込み装置，または適当な送り台の勾配によって凍結された魚肉すり身のブロック状の素材が，装置内へ送り込まれる．このような凍結ブロックを解凍せずにチップ状またはこぶし大に切削を行う機械である．

d. ボールカッター

ボールカッター（図 III.2.8）は，チップ状または

図 III.2.8　ボールカッター

こぶし大の凍結状すり身や半解凍したすり身ブロックを細断，混合，撹拌するもので，球形容器中にはナイフが斜めに，またバッフルがナイフの反対側にそれぞれセットされており，これらの動きによって，投入された凍結すり身の裁断撹拌混合が短時間で完全に行われる．

e. 擂潰機

擂潰機は，ちょうどすり鉢を機械化したような機械で，蒲鉾製造機を代表する機械として知られている．原理はステンレスや石でできた臼と杵により魚肉を磨砕するもので，固定された臼の内側を杵が回転するタイプと，両方が反対方向に回転するタイプに大別することができる．ステンレス臼のタイプは摩擦熱により魚肉タンパク質が変性するのを防ぐために，臼の外側に冷却機能を備えているものもある．また場合によっては臼の内部を真空にするタイプが利用される．また，近年では石臼と杵の本来の擂潰機能が見直されてきている．

2.5　製パン・製菓機械

製パン機械装置による製造工程の特性を次の5点にまとめた．

① パン・菓子で使われる生地製造の基本条件としては，主原料の小麦粉に水とイースト菌を配合し，湿度と時間のバランスで管理する．これに食塩や油脂，砂糖，その他の副原料を加えることにより，多様な特徴をもった製品が生まれ，また，それぞれの製品の特性によって製造条件が微妙に変わってくる．

② 第1次工程から順次連続的に加工されてゆく

2. 食品加工機械

製造工程	受入れ	計量	中種混合	第1発酵	生地混合	分割	丸目	中間発酵	整形	パンニング	最終発酵
機械・装置	サイロ タンク 冷蔵庫	シフター 各種計量計	ミキサー	発酵室	ミキサー	デバイダー	ラウンダー	プルファー	モルダー	パンナー	ホイロ ファイナルプルファー

	ふたかぶせ	焼成	ふたはずし	デパンニング	冷却	スライス	包装	計量	貯蔵
	リッダー	オーブン ローダー アンローダー	デリッダー	デパンナー	クーラー クーリングコンベヤー	スライサー	包装機	重量計	貯蔵庫

図 III. 2.9　食パンの製造工程ならびに構成機械

製造タイプである.

③ 連続製造工程の自動化により, 量産型または装置工業型生産が可能となり, スケールメリットが比較的追究しやすくなった.

④ 受入れからの品質管理が重視されるので, 主原料となる小麦粉などの品質吟味はもちろんのこと, 製造設備, 道具類, 工場建物まで, 生産施設全般への配慮が必要である.

⑤ 嗜好食品の要素が強く, 製品形態の多様化が要求される商品であることから, 生産のロットサイズや品種別により生産方式が異なる.

以上これらの製造特性により, 大型製パン工場はほとんど無人化に近い連続自動製造ラインとなっており, 大きいものでは1時間当たり小麦粉100袋の加工能力をもつ工場もある. 製品の多様化にあわせて, ライン構成も専用方式に多列化している. また他方では, 手作り方式の労働集約型の加工形態を採用したオーブンフレッシュベーカリーも増加しているが, 製造規模の大小に関係なく, 連続した加工工程の流れには変わりはない.

製パン, 製菓機械はおのおの特徴をもった機械が多いが, これらの業界で共通して使用されているものも多い. ここでは両者を特に区別せず,「製パン機械」を中心に, 図III.2.9のパンの製造工程において使用される代表的な装置を紹介する.

a. 混合機

原料を撹拌しながら煮炊きできる加熱撹拌機と, 一般にミキサーと呼ぶ原料混合機とがある. 加熱撹拌機は, 和菓子用の場合, あん練り機その他の原料の加熱撹拌に使用される. ミキサーは, 製菓用のみならず製めん用, 製パン用, 食肉・水産用または調理用と多方面で使用されるが, その用途によって機械・機能とも異なるものと, 撹拌羽根の交換で使用できるものがある. ミキサーの混合作業には, エアレーション(空気を抱き込む), ビーティング(打着), ニーディング(こねる), カッティング(粉砕)などの機能を有する. 容器の底部に撹拌子をもつ餅つき機もミキサーの一種と考えられる.

パンの製造工程のはじめの段階に位置するミキシング工程に用いられる混合機には, ①縦型ミキサーと, ②横型ミキサーがある. ミキシングの目的は, 小麦粉とほかの原料をよく混合し, また, グルテンを十分に形成させることにあり, これら2種のミキサーは生産規模, 製品によって使い分けられている.

b. ディバイダー

こね上がったドウ生地を製品および生産ラインに応じて, 定められた重量に分割する機械である. 生地を一定重量に分割する際の誤差をいかに小さくするか, また, 分割するとき生地にいかにダメージを与えず行えるかが, 設計上の大きなポイントになっている.

c. ラウンダー

分割された生地を発酵工程に送る前に, 分割工程で受けたダメージを回復させるために丸目工程が必要とされる. ラウンダーのタイプには, 大きく分けて, すり鉢型と傘型がある(図III.2.10)が, 最近では円筒型が徐々に普及し始めている. すり鉢型は, すり鉢状になっている内側の面を底部より供給された生地が, らせん状に下方から上方へ丸まりながら運ばれる. 一方傘型は, 傘状の外側の面をガイド下方から供給された生地が丸められながら上方へ同じくらせん状に運ばれる.

普及し始めた頃のラウンダーはすべてすり鉢型で

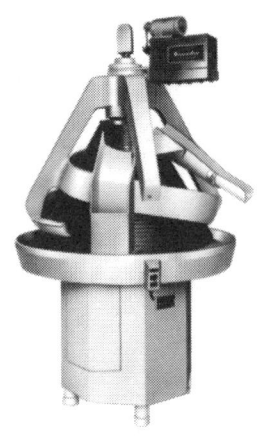

(a) 標準型傘型丸目機　(b) 標準型すり鉢型丸目機
　　（右回転）

図 III. 2. 10　ラウンダー

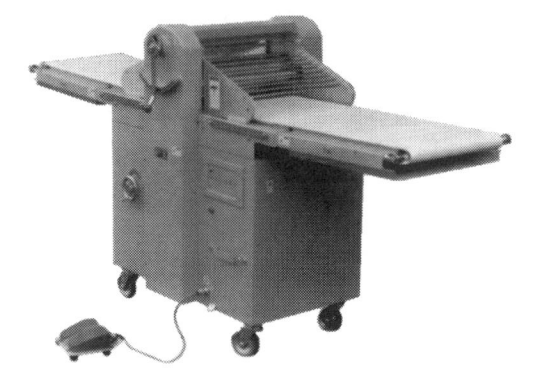

図 III. 2. 11　リバースシーター

あったが，丸めのさいちゅうに生地から出るクズが下に落ち次の生地に付着するおそれもあることから，傘型が開発され，次第にこのタイプが主流になっていった．しかし，傘型は設定した生地の重量の最適幅が小さく，重量が異なる生地を同時に丸めることが不可能であり，生地の大きさを変える場合は，ガイドをそのたびに付け替えなければならないという短所がある．最近ではこの最適幅を大きくするため，生地の重量によってガイドの調節ができる円筒型が注目されている．

d．プルファー

分割・丸めの工程を経た生地は傷みが生じていることから，生地を休め回復をはかるとともに，発酵促進のためにプルファーが使用される．生地のねかしには，製品により異なるが，中間発酵と最終発酵の工程がある．

プルファーには，無限ベルトの上に生地を乗せて発酵室内を移動させるものと，生地を入れるバケットが移動する2種に大別できる．

e．モルダー

モルダーは，中間発酵が終わった生地を最終的な形に整えるための機械で，圧延，巻込み，転がしの3つの工程を合わせて行う．はじめに圧延工程で生地のガス抜きが行われ，次の巻込み工程で先端の比較的乾燥している部分を中心に巻き込み，最後に形が整えられる．重量が500gを超える大きな生地を扱う工場では，圧延された生地を直角方向に巻き込むと，大きい生地でも内部に水分が均一に分散されることから，直角交差式が多く利用されている．

f．ファイナルプルファー（ホイロ）

最終発酵装置としてパン生地を十分に発酵させる装置であり，食パンの場合はモルダーにより成形された生地は食型に入れられ，各種の菓子パン・調理パン・バンズ類にメーキャップテーブルなどで成形される．次に，型抜き天板に乗せられ，ホイロにて最終発酵の工程を経て，焼成工程に移行され，製品となる．

ホイロには，食型や天板をスパイラルコンベヤーにて自動運行される方式などがあり，また天板の場合には，ラックに載せ，モノレールにより移行される方式などもある．

g．リバースシーター

主に菓子パン生地や菓子生地の圧延に用いられる機械で（図 III. 2. 11），等速に回る一対のローラーの左右にコンベヤーベルトを備え，あらかじめ厚さ約30mm以下に調整された生地を徐々にローラー間の隙間を狭くしながら左右に何度か通過させ，任意の厚さに圧延するために用いる．近年はシートがローラーを通過するごとに自動的にローラーの間が狭くなるものや，この作業全体を自動化したものなどが多く使われている．

2.6　製めん機械

製めん機械は，製めん用混合機，めん帯機，圧延機，切出機などが主なものである．製品として売られているめん類には，切り出されためん線を乾燥させる乾めん，めん線をゆで（蒸し）たのち包装され

るゆでめん，めんのタンパク質を α 化させたのちに油揚げなどにより乾燥させたインスタントめんがある．近年ではゆで(蒸し)上がっためんを冷凍させる冷凍めんも多数生産されている．

次に製めん工程で使用される主な機械の概要について述べる．

a. めん帯機

生産規模の大きい工場では一度に大きな生地をつくるが，この塊を最終的な厚さに直接圧延をかけるには，変形量が大きく，めんの組織構造を破壊してしまう．そのため，圧延機にかける前に，大径ロールを用いたこのめん帯機を用いて，所定の厚みのめん帯がつくられる．

この工程の前後で，前節 d 項「プルファー」で述べたと同様，グルテンの構造を回復させるため，「ねかし」がめんの品質を落とさないためにも重要となる．

b. 連続圧延機

めん帯を最終的な厚さに圧延するために用いる機械で，めん帯のグルテン形成を促進させるとともに方向性を与えるため，製めんロールを直線上に大径ロールから順に，小径ロールへと小さいものが並んでおり，圧延を何度かに分けて行う．前節 g 項で紹介したリバースシーター同様，徐々に圧延を行う

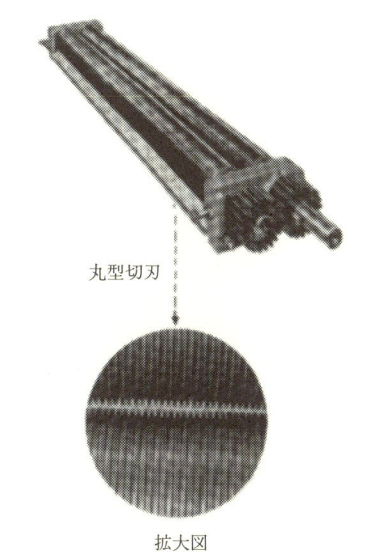

図 III. 2.12　丸型切刃

機械である．

c. 切出機

圧延工程を通っためん帯をめん線に切り出す機械で，めん線を所定の長さにそろえるカッターを備える．切出しロールには，角刃，丸刃，面取刃などの種類があり，機械本体に容易に着脱することができる(図 III. 2.12)．

2.7 成形機械

a. 包あん機

製菓だけではなく，今や惣菜分野の成形機としても活躍する．素材を包み込む「包あん」の自動製造機であり，国際的にはインクラスティングマシン(encrusting machine)と呼ばれる(図 III. 2.13)．包あん機の機能は，接線応力と，その近辺に生ずるずれ勾配を計算的に設計利用し，2種の材料を内外の球状に複合成形するという，独特の成形技術である．これは，いずれも生地の粘弾性を利用したもので，粘弾性物質領域のための独特の応用工学といえる．

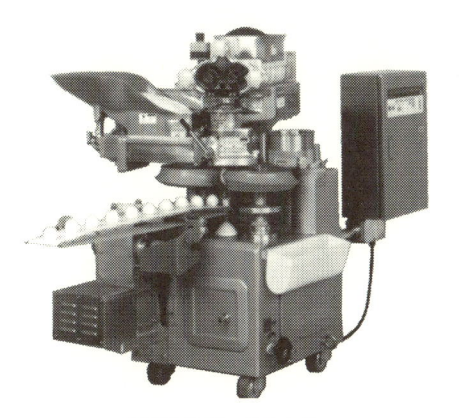

b. ハンバーグ成形機

ハンバーグ成形機は，副原料や調味料とともに挽き肉を混合し，こね上がった生地をホッパーへ投入するだけで自動的に一定重量のハンバーグの成形が行われる機械で，成形方法は，①スライドする板の成形型内に生地を埋め込み打ち抜く方法，②回転するドラムの成形型内に生地を埋め込み，ピアノ線などで排出コンベヤー上に切り落とす方法の2タイプに大別することができる．

c. シューマイ成形機

シューマイ成形機は，できあがった皮を使用する半自動式，皮からつくる全自動式がある．成形方法

図 III. 2.13　包あん機

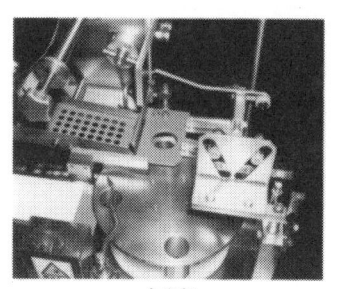

成形部

図III.2.14 シューマイ成形機（ターンテーブル式）

についてはターンテーブル式（図III.2.14），トレー充填成形式に分けることができる．

ターンテーブル式は，回転する円盤を利用して円筒型のシューマイを成形するもので，現在のシューマイ成形機の主流となっている．一度に充填するピストン本数が1本から10本までと機械により異なる．

トレー充填成形式は，トレー成形を利用し，シューマイを充填成形するもので，一度に充填するピストン本数が4本から6本までとなる．

d. おにぎり成形機

おにぎり成形機（図III.2.15）は，一昔前に人手により行われていた，型にご飯と具を入れ，プレスする工程を自動化した機械といえる．機械にはご飯を供給するホッパーがあり，樹脂製の円盤に三角形の型が彫り抜かれており，ここへご飯が供給されたのち，適切な圧力でプレスされ，次の包装，またはのり巻き工程へ搬送される．生産能力は，1時間当たり数百個～数千個と機械によりさまざまである．

e. エクストルーダー

エクストルーダー（図III.2.16）を用いた成形加工製品には，機械により膨化または組織化されることを利用したスナック菓子，シリアル，魚肉の組織状タンパク質などがある．エクストルーダーは主に，ホッパーから投入された食品を奥へ送り込むス

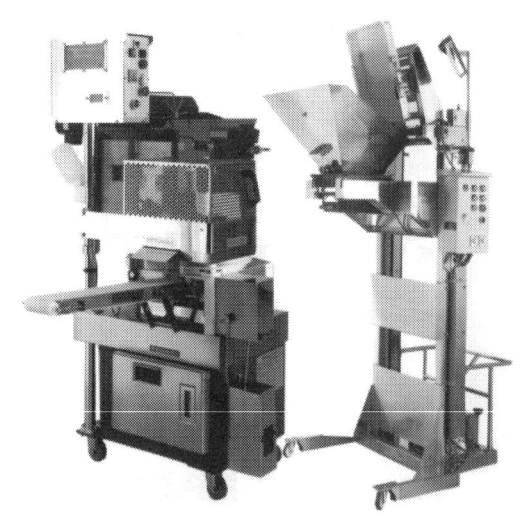

図III.2.15 おにぎり成形機

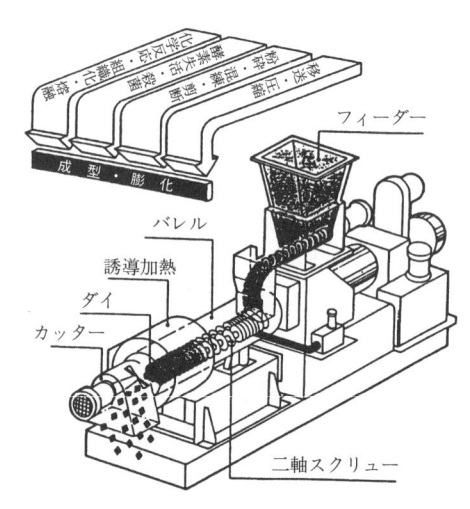

図III.2.16 エクストルーダーの基本構造

2. 食品加工機械

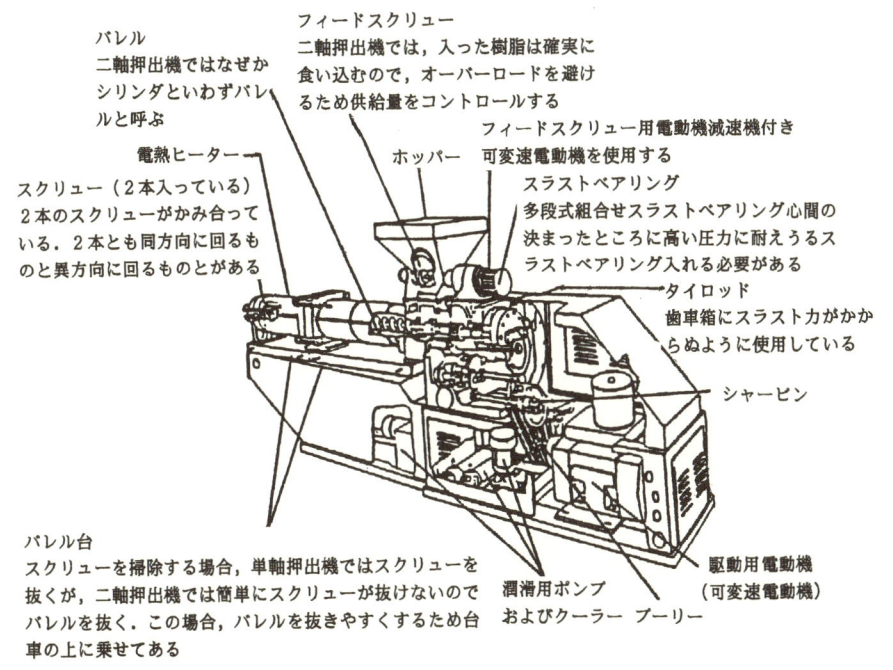

バレル
二軸押出機ではなぜかシリンダといわずバレルと呼ぶ

フィードスクリュー
二軸押出機では，入った樹脂は確実に食い込むので，オーバーロードを避けるため供給量をコントロールする

電熱ヒーター

ホッパー

フィードスクリュー用電動機減速機付き
可変速電動機を使用する

スクリュー（2本入っている）
2本のスクリューがかみ合っている．2本とも同方向に回るものと異方向に回るものとがある

スラストベアリング
多段式組合せスラストベアリング心間の決まったところに高い圧力に耐えうるスラストベアリング入れる必要がある

タイロッド
歯車箱にスラスト力がかからぬように使用している

シャーピン

バレル台
スクリューを掃除する場合，単軸押出機ではスクリューを抜くが，二軸押出機では簡単にスクリューが抜けないのでバレルを抜く．この場合，バレルを抜きやすくするため台車の上に乗せてある

潤滑用ポンプおよびクーラー

プーリー

駆動用電動機（可変速電動機）

図 III.2.17　二軸型エクストルーダーの外観および内部で発生する諸現象[6]

クリュー，そしてスクリューの外側をおおうバレル，食品が押し出される押出口「ダイ」より構成されており，投入された食品はスクリューで搬送される途中で，必要に応じて加水され，混練り，粉砕，剪断作用が働き，加熱加圧により熔融し，ダイより押し出されたときに膨化，組織化が起こる（図 III.2.17）．エクストルーダーの種類には，加熱形式から分類すると，原料の自己発熱によるもの，ジャケット加熱型，スチーム吹込型，温度の上昇を抑えるための冷却ジャケット冷却型などがある．またそのほかに，スクリューが1本のものと2本のものが一般的に利用されている．

2.8　加熱調理機械

a. 炒め機

「炒める」という工程は，異なる複数の食材の形状を崩すことなく均一に混合加熱し，食材から水分を抜き，熱変化により味と風味をつくりだすもので，現在加熱容器自体が回転する「回転式」と，アジテーターを使用した「撹拌式」が主流となっている．

回転式は，外側を加熱されるドラムの中に入れられた食材を，ドラムを回転させることで，均一に炒めるもので，内部に取り付けられた羽根により効果的な調理が行われる．

一方，撹拌式（図 III.2.18）は，釜を回転させずに加熱容器中に入れられた食材をパドルやリボン型のアジテーターにより混合させるもので，食材によりアジテーターを使い分けることができる．また，最近では生産規模の大型化に対応し，2.5節 a 項で

図 III.2.18　炒め機（撹拌式）

紹介した横型ミキサーに似た形態をした大量処理用の炒め機もある．

b. 油揚機（フライヤー）

一般的にフライヤーと呼ばれる．フライヤーは油槽に蓄えられた油を加熱し，食材を揚げる機械で，加熱方式には大きく分けて「直接加熱」と「間接加熱」がある．

直接加熱は，「油槽の下部を直接加熱するタイプ」，「油槽の中に設けられた加熱部に熱媒体を通すタイプ」，「油の加熱部を分離させ加熱した油を循環させるタイプ」，に大きく分けることができる．これに対し間接加熱は，上記の加熱循環タイプと似て，加熱部を機械本体より分離させ，直火ではなく熱交換機を用いて油を加熱し，循環させる機械で，温度調節が容易であるという特徴をもつ．大量生産を行う工場では，これらのフライヤーはいずれもベルトコンベヤーによる搬送中に，油揚げが完了する連続処理型が使われており，このときの搬送コンベヤーには，主にチェーンコンベヤーが用いられている．

c. 焼成機（オーブン）

焼成機には，ピールオーブン，ラックオーブン，トンネルオーブン，トレイオーブン，リールオーブンなど多くの種類があり，これらは食材や規模によりそれぞれ使い分けられている．加熱方式から分類すると大きく分けて「直接加熱式」，「間接加熱式」に分けることができる．直接加熱式はバーナーなどで焼成室内を直接加熱するタイプで，肉のローストや惣菜の調理に主に使用されている．それに対し間接加熱式は，高温で熱せられたエアーを焼成室へ送り込み加熱させるもので，このエアーは回収され再利用される．このタイプは焼成室を強制対流させることで，室内を均一な温度にすることができることから，製パン関連業界において，この間接加熱タイプが多く利用されている．

d. 蒸し機（スチーマー）

蒸し機は水蒸気を熱媒体とし，タンパク質の凝固化，デンプンのα化，食肉細胞の軟質化，貝類の開殻，殺菌などを行う目的で，焼成機同様，蒸し機も多くの食材加熱工程で使用されている．加工する食材や量に応じて，バッチ式，トンネル式，旋回式，「セイロ」を原型とする縦型などがある．加熱は，食材に直接蒸気を接触させる「直接加熱」が用いられる．

e. ゆで機

ゆで機は食品により多々あるが，ここではゆでめんの生産において使用される機械を紹介する．ゆで機は厨房などの小規模生産現場では丸釜などが使用されているが，大量に生産する工場生産現場では，全自動のゆでめん装置が利用されている．一般的なゆでめん装置は，一定量に計られた生めんをバケットに入れ，熱湯槽を設定した時間で通過させ，ゆで加工するもので，熱湯槽中のめんを撹拌させるために空気でバブリングするか，ノズルを用いて熱湯を噴射するなどの工夫がこらされている．

f. 卵焼き機

卵焼き機によりつくられる卵焼きの種類は，薄い半熟卵を何枚も重ねて厚焼き卵とする「重ね式」（図III.2.19）と，薄い焼き卵を巻いていく「ロール式」に大別できる．また，卵焼き機も「重ね」や「ロール」の操作を手で行う手動式と，全自動で行う自動式に分けることができ，現在ともに生産規模に応じて使い分けられている．

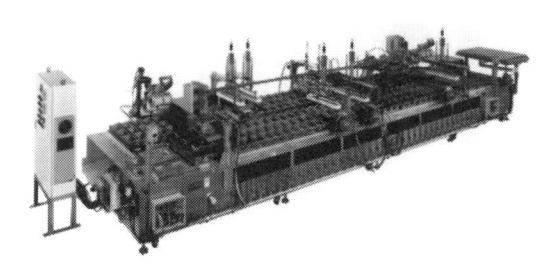

図III.2.19　卵焼き機（重ね式）

自動式の卵焼き機は，1970年前半に登場し，ロール式もその数年後に製品化されている．当時の機械の熱源は主にガスが使われており，また，生産能力も100〜150本/hであったが，近年の装置は熱源にIH（電磁加熱）や電気なども使用されるようになり，作業環境の改善に大きな役割を果たしている．また，温度コントロールがガスタイプのものは±10℃であったのに対し，近年は，±数度の範囲での制御が可能となるなど，安定した品質の製品を供給できるようになった．また，生産能力の面においても，500〜1,000本/hの生産が可能となるなど，大幅に向上している．

従来卵焼き機の開発テーマは「省力化」，「量産化」であったが，近年は，省力化の過程から実現された「液調合」から製品の「保管」までの無人化ラインが注目されるように，各種センサーを用いてより高度な制御を目指した，HACCPシステム対応型の開発に向かうと思われる．　　　　［嶋田季一］

文　献

1) 編集委員会編：新しい食品加工技術と装置，産業調査会辞典出版センター，1998.
2) 日本食品工業学会編：新版 食品工業総合辞典，光淋，1993.
3) 食品設備実用総覧編集委員会編：食品設備実用総覧，産業調査会，1981.
4) 日本食品機械工業会編：最新 日本の食品機械総覧，光淋，1998.
5) 日本食品機械工業会編：食料品加工機械の安全化とPL問題への対応に関する調査研究報告書，1996〜1998.

3. 包装機械

3.1 包装機械の分類

　工場から出荷される商品の包装は，単一的のものばかりではない．ほとんどの商品はいくつかの包装が重なって施されている場合が多い．すなわち，内側からみると，個装，内装，外装などの包装である．食品の場合を例にとると，工場から出荷される際の包装（ダンボール箱）は外装の状態であり，店頭の棚に並べられている包装は，個装や内装の状態である．

　販売される各種の商品は，さまざまな包装形態にデザインされている．これらの包装形態に適合するように，包装機械の種類もまた多種多様にならざるをえない．

　冷凍食品であっても，包装される過程では，ほとんど常温やチルド食品などと同様の温度や湿度条件下にあるわけであり，冷凍食品仕様という包装機械は，特殊な場合を除いてあまりみられない．

3.2 包装機械の技術的傾向

3.2.1 サニタリー性

　包装機械全生産額の60%は食品製造に向けられているが，食品を扱う包装機械としては，食品が汚染されることのないように，特別の注意が望まれている．そのための強い要求がサニタリー性である．サニタリー性の要件を概略説明すると次の通りである．なお最近，包装機械メーカーの中にもHACCP (hazard analysis critical control points：危害分析・重要管理点) 仕様を強調している企業があるが，基本はサニタリー性の順守にほかならない．
　a) 材質について
　① 食品を汚染することがないこと．
　② 特にさびの発生がないこと．
　③ 液体を吸収するような材質（例えば，木材など）でないこと．
　b) 構造について
　① 各部品の表面は，平滑に仕上げられていること．
　② 機械の内部に食品の残滓が付着したり，とどまらないこと．
　③ 洗浄が可能であり，洗浄後に洗浄液が内部に残らないこと．
　④ 分解・組立が容易に可能なこと．
　⑤ CIP (cleaning in place：定置洗浄) の可能であることが理想的

　洗浄作業の効率化をはかるとともに，個人差による洗浄のむらを排除するために，定置洗浄が可能な構造に設計されることを望ましい．

3.2.2 安全性

　包装機械によるオペレーターのけががないわけではない．主として指，手掌，腕などの損傷で，具体的にはカッターでの切り傷やヒーターでの火傷，機構の運動による打撲などである．オペレーターの不注意にもよるがメーカーとしても対策を行っている．
　危険箇所への安全カバーの設置は当然であり，頻繁に調整を行うため解放を必要とするカバーのためには，解放中には機械が起動されないようなインターロック機構が設置されている．特に包装機械の高速化とともに自動化が進むことによる安全対策はますます重要性を増している．1996年7月に施行されたPL (製造物責任) 法によって，包装機械の安全性への要求は一段と高まっており，各メーカーは，(社)日本包装機械工業会が策定している「包装・荷造機械安全衛生基準」に準拠して製造を行っている．

3.2.3 先端技術の導入

現在進歩しつつある多くの機械技術やエレクトロニクス技術が，包装機械の各所に取り入れられた結果，今日生産されている包装機械にも著しい進歩がみられ，性能は向上し信頼性は一段と高まるものとなった．さらに，性能の向上は包装機械の高速化をももたらしている．

設計段階での進歩をみると次の通りである．1台の包装機械の機能は，いくつかの異なったメカニズムの組合せによって構成されている．しばらく前までは，包装機械は動力源として1台の電動機を用いてカムやリンクに運動を行わせ，それによって各メカニズムの操作を行わせていたものである．しかし，現在の包装機械では，各メカニズムごとにサーボモーターをはじめ，各種のマイクロモーターを動力源として専用に使用するようになっている．また，メカニズムの操作の制御にはマイクロコンピュータが使われるようになり，さらに，ヒートシール部には，高性能熱伝導体としてのヒートパイプが採用されるようになった．

さらに，従来の部品の設計から加工に至るまでの作業工程を，CAD/CAMの導入によって自動化するようになったため，部品製作の合理化とともに精度が向上して，包装機械の信頼性の向上を促進している．

3.2.4 包装工程のシステム化

包装には，個装，内装，外装があるが，各種の生産工場から出荷される商品は，いくつかの異なったこれらの包装が重ねて施されているものが多い．この操作が行われるために，工程には個装機，内装機，外装機など，機能の異なった各種の包装機械が必要となってくる．また大量生産が必要な工程では，同一機種の包装機械を多数必要とすることにもなるが，これらの場合，包装機械を単純に順序よく並べればすむというものではない．それぞれ包装機械が互いにバランスよく機能するように配置され，組織化された群として形成されなければならない．これらの要望が満足された工程の状態がシステム化であり，全包装機械の合理的な運転が可能になるのである．

システム化によって，被包装物は上流側の包装機械から，下流側の包装機械へと次第に移動していくことになるが，そのためには各包装機械の間を機能的に連結しなければならない．つまり，被包装物がスムーズに流れるための工夫が必要である．

なお，食品加工などの工程の場合は，包装工程のシステム化のみならず，上流工程である原料が加工されている工程との連続性が必要であり，工場の全工程のシステム化が行われることが理想である．

3.3 包装機械の種類と特徴

3.3.1 包装機用計量機

包装機械によって包装作業を行う場合，包装される品物が1個の単体である場合には問題ないが，粉体，粒体，バラ物(複数個の集団)などのような品物については，あらかじめそれらの品物を計量したのちに包装機械に供給する必要がある．計量には重量の場合，容積の場合，計数の場合などがあるが，それぞれに適した計量機が使用されることになる．次に主な計量機について述べる．なお，粉体や液体などの容積の計量機は，ほとんど充填機と一体化されている状況にある．

a. 流量制御式重量定量計量機

食品の包装の場合，量の表示として重量が最も多い．重量式の計量機として，最も古くから使用されているものに，流量制御式重量定量計量機と呼ばれる計量機がある．

図III.3.1に示されるように，ストック部へ大量に供給された品物は，移送部を定量的に流れ，カットオフの信号が来るまで計量ホッパーへ供給される．計量ホッパーで重量値が検出され，その信号が制御部へ送られて設定値と比較され，設置値に達していれば停止信号が移送部へ発し，計量は停止する．

この計量機の特徴は機構と制御が単純であるため価格が安く，また，多連として使用することができる一方，落差誤差や電磁フィーダーの振動による誤差が無視できないという欠点がある．

b. 組合せ選択式重量計量機

バラ物(複数個の集団)を包装する場合，あらかじめ大きい集団から必要な重量の小集団に分ける必要がある．この際，大きい集団からランダムに分配した小集団をつくり，その各小集団の組合せの合計重量が，設定重量に最も近い値を選択し，計量値とする方式である(図III.3.2)．

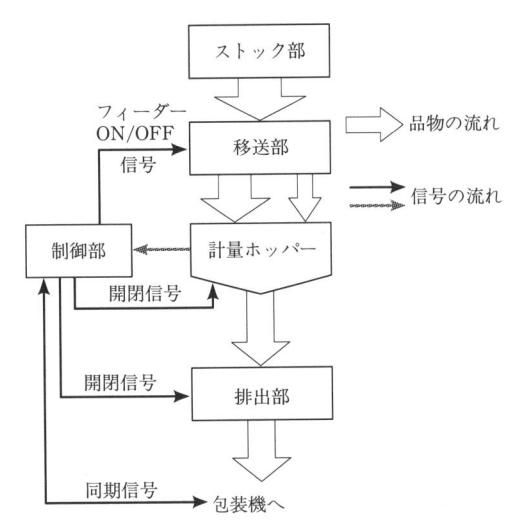

図 III.3.1 流量制御式の動作説明図

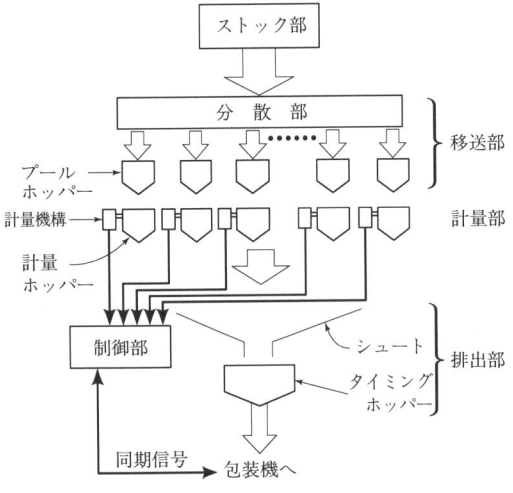

図 III.3.2 組合せ選択式の動作説明図

この計量機の最大の特徴は，重量にばらつきの大きい品物であっても，計量値の組合せ選択により，歩留りのよい計量が得られる点である．一般に10個の組合せを行う場合が多いが，組合せ数は1,023通りとなる．

3.3.2 製袋充填機（ピロー包装機）

製袋充填機は包装された形が枕状にみえることから，別名ピロー包装機と呼ばれている．製袋充填機の生産は，わが国での包装機の中では最も多い機種であり，また世界一の生産機種でもある．大別すると，縦型，横型およびその他の充填機がある．

a. 縦型製袋充填機（縦型ピロー包装機）

この機種が使用されるのは，固形のバラ物，粉・粒体，粘稠物などである．したがって，計量機との連動が必要になってくる．なお計量機と直結された縦型ピロー包装機も多く出回っている．シングルタイプとツインタイプの縦型ピロー包装機がある．

被包装物は計量機によって一定量ずつ計量されたのち，機械上部にあるホッパーに供給される．一方，機械の後方から連続的に供給される包装材料のプラスチックフィルムは巻取りから繰り出され，機械内部を鉛直下方に進みながら筒状となり，下部がヒートシールされ，上部が開いた状態の袋が成形される．その内部へ被包装物が落下し，袋の上部はヒートシーラーによって封止される．次いで一定の長さにカッターで切断され，袋は包装機から排出される．この操作が繰り返される．

b. 横型製袋充填機（横型ピロー包装機）

被包装物は1個ずつプッシャーチェーンによって，水平・直線方向に送り込まれる．一方，上の方向から連続的に進んでくるプラスチックフィルムは，筒状に成形されながら被包装物を包み込み，センターシーラーによってフィルムの両端は熱接着される．さらに進むと，独立したひとつの袋となるように袋の後部が熱接着（エンドシール）され，同時に切断され，排出される．上記の説明でわかるように，被包装物は固形物である．

c. その他の製袋充填機

その他の製袋充填機として，三方シール包装機と四方シール包装機とがある．

図 III.3.3 に示したように，三方シール包装機は，プラスチックフィルムの包装材料を巻取りから繰り出しながら2つ折りにし，その内側に被包装物を間欠的に供給（充填）する．次いで，折り返し辺以外の三方の辺を熱接着したのち，繰り出し方向と直角に熱接着面の中央をカットすることにより，袋体が成形され排出される．

四方シール包装機は図 III.3.3 に示すように，2つの巻取りから繰り出されるプラスチックフィルムを重ね合わせながら，その内側に被包装物を間欠的に供給（充填）し，四方の辺を熱接着する方式である．

また，四方シール包装機はひとつの巻取りから繰り出されるプラスチックフィルムを中央で切断したのち，上記のように2つの巻取りから繰り出された方式と同様な操作を行うものもある．

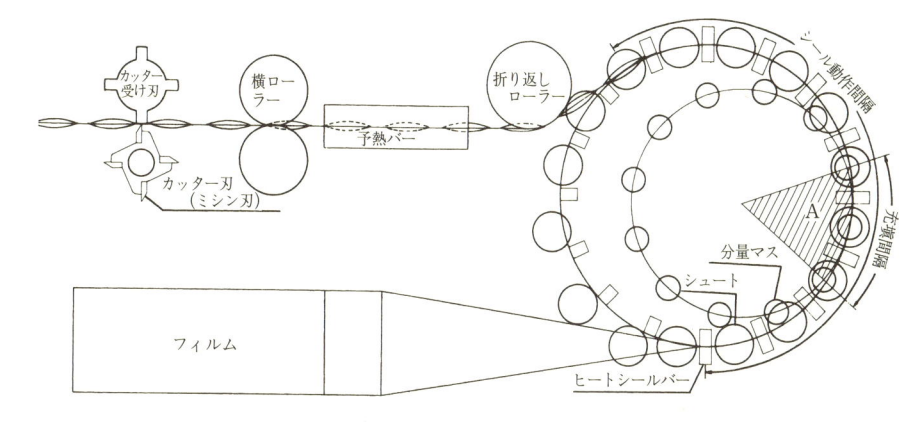

図 III.3.3 高速型三方(四方)シール包装機

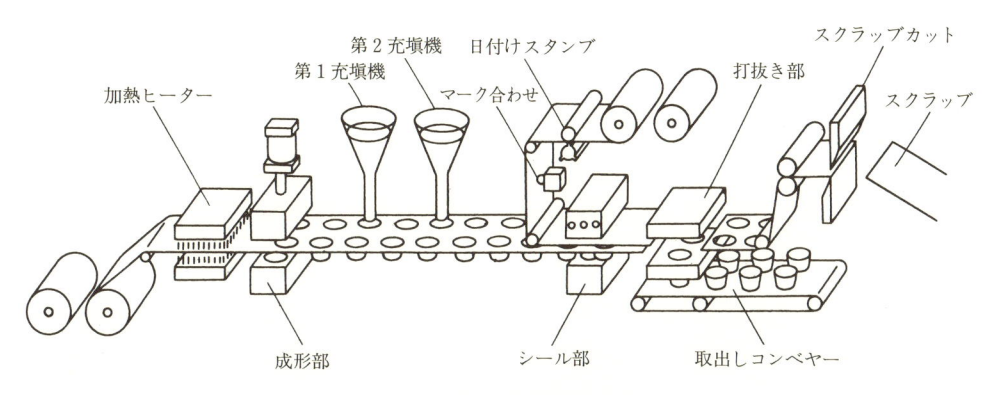

図 III.3.4 間欠型成形充填工程図

3.3.3 容器成形充填機
ブリスター包装機

ブリスター包装機(間欠型成形充填機)の工程(操作順序)(図III.3.4)は，左側のリールから繰り出された下部フィルムはヒーターにて加熱され，容器が成形される．次に，被充填物(包装物)が充填される．上方のリールからは上部フィルムが繰り出され，下部フィルムと重ね合わされてシール部にてシールされる．さらに打抜き部にてトリミングカットされ，排出される．

容器に成形される下部フィルムは硬質のものが使用されているため，被充填物の保護特性が優れている．包装される商品の種類は多いが，主なものをあげると，食品では液状のゼリーやミルク，さらに固形状の菓子，チーズなどがある．

3.3.4 上 包 み 機
a. 折たたみ式上包み機

「上包み」とは，包装材料が固形状の被包装物の表面形状に接しながら包装する形式であり，いわゆる「ラッピング」である．包装材料には紙をはじめ，OPPフィルム(または防湿セロファンフィルム)，プラスチックフィルム，アルミ箔などが使用される．

被包装物は間欠的に供給され，折たたみ式上包みは，特に防湿性が要求される製品の場合に適しており，タバコの小箱をはじめ，多くの菓子の小箱の上包みとしては，防湿性，ヒートシール性に優れたOPPフィルムが用いられている．

b. ストレッチ上包み機

緊張復元性フィルム(ストレッチフィルム)を引っ張って包装するのがストレッチ包装である．後述の収縮包装に似ているが，収縮包装の場合のように収縮トンネルを必要としない．スーパーやコンビニの店頭に陳列されている精肉，鮮魚，青果などの生鮮食品の大部分は，スチロフォームや紙でつくられたトレーに乗せられたのち，この方式によって包装されている．この包装機はトレーの寸法にかなりの幅をもたせることができる．

3.3.5 収 縮 包 装 機

収縮包装機は塩化ビニル，ポリエチレン，ポリプ

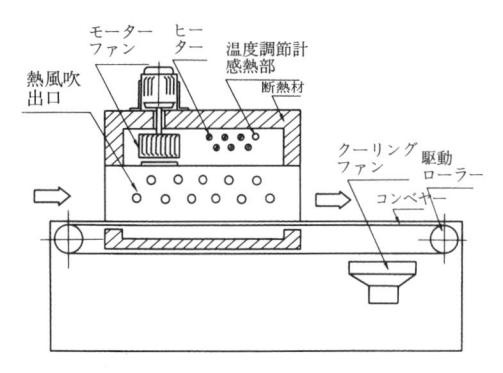

図 III.3.5 熱収縮トンネル内部

ロピレンなどの熱収縮プラスチックフィルムを使用して被包装物をラフに包装したのち，熱収縮トンネルを通す．加熱によってフィルムは収縮し，被包装物をタイトに包む方式である．形の異なったもの，まとめての包装などが可能である．図 III.3.5 には熱収縮トンネルの内部を示す．

3.3.6 真空包装機

真空包装機は食品の保存性の向上が目的である．そのためフィルムにはガスバリア性の高いものが使用されている．多くの機種があるが，主なものは次の通りである．

① 供給された袋に被包装物を充填後，真空箱内でヒートシールする．

② 被包装物が製袋充填機を通過したのち，真空箱内でヒートシールする．

③ 被包装物を容器に充填したのち，ふたをかぶせ，真空箱内でヒートシールする．

④ 被包装物を袋に充填したのち，ノズルを差し込み，吸引脱気し，ヒートシールする．

ガス封入包装機は，上記の機械にガス充填装置が付加されたものである．つまり，真空箱内の真空度が所定の値に達すると，真空ポンプの停止と同時にガスが封入され，ヒートシールされる

3.3.7 シール機

フィルム製の袋の開いた口を封緘するため，通常，熱による接着が行われる．ヒートシーラーといわれ，単体の機械としてのヒートシーラーが普及しているほか，すでに述べた上記各種の包装機械の中で熱接着機構として使用されている．ヒートシーラーの種類には，熱板式，ベルト式，インパルス式，高周波式，超音波式などがあり，シール目には多くの種類がある．

3.3.8 小箱詰機

小箱詰機は化粧箱といわれる小箱（カートン）に被包装物を詰め込む機械である．図 III.3.6 に横型小箱詰機の操作順序が示してある．その包装工程（操作順序）は小箱が折りたたまれた状態でマガジンに積み上げられ，下方から1個ずつ取り出されてから開口成形されて水平に進む．カートンの開口側から被包装物が挿入されたのち，サイドフラップが閉じられ，さらにメインフラップが閉じられて完了する．

3.3.9 外装・荷造機械

工場から出荷され，流通市場を経過して販売の店頭に至るまでの間，製品の保護とともに取扱いの利便性に配慮した包装や荷造が必要になる．外装・荷造機械には多くの種類があるが，代表的なものについて述べる．

a. 製函機（ケース組立機）

段ボールケースは，平面状に折られた状態で食品

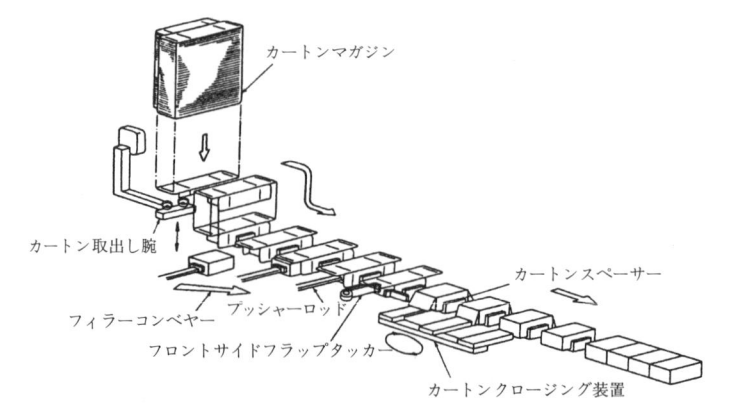

図 III.3.6 横型小箱詰機（連続式）の包装工程図

工場などへ搬送されてくるが，それを箱状に成形する機械である．段ボールケースを箱状に起こしたのちテープで貼り合わせるか糊またはステープルによって止める方式がある．その操作が箱を立てて行われるか横にした状態で行われるかの違いがある．

b. 封　函　機

片側のフラップが開口状態にある段ボールケースに被包装物が入れられたのち，そのケースの開口フラップを閉じるため，テープで貼り合わせるか糊付けによって封函する機械である．

c. ケーサー

製函機を使用することなく，供給される被包装物を直接段ボールケースで包み込み封函する機械であり，主な機械には次の2種類のケーサーがある．

（1）セットアップケーサー　セットアップケーサーは，段ボールケースを組み立てて被包装物を包み込み封函する機械である．この場合，ケースの開口部が上向きにある方式，横にある方式，また下向きの方式がある．

（2）ラップアラウンドケーサー　この場合も製函機を使用しないことには変わりないが，平面状に切り抜かれた段ボールケースを箱状に起こしながら，被包装物を包み込み封函する機械である．

3.3.10　包装関連機器

包装工程で使用される関連機器には多くのものがある．主なものは，印字機には転写式印字機，ホットプリンター，インクジェットプリンター，レーザーマーカーなどがある．また，重量選別機，異物検出機などがある．

3.3.11　無菌包装システム

被包装物と容器包装材料とが，それぞれ個別に殺菌処理されたのち，無菌的雰囲気の中で包装（あるいは充塡）操作が行われるシステムである．したがって，被包装物，容器包装材料，包装設備の三者がすべて無菌状態に保たれる必要がある．このシステムのために各種無菌技術が生まれ，無菌包装は食品包装技術として急速な発展を遂げている．

無菌包装の特徴は，食品の風味・組織・色調・栄養素などに与える変化が少なく，商品の流通に際しては，冷蔵や冷凍の必要がなく，常温流通を可能にしている．

3.4　包装品各種検査機

3.4.1　重　量　選　別　機

包装された食品は，その重量値が規定された範囲内に収められているもののみを商品とすることになる．これは企業にとって品質保証上きわめて重要な行為であり，そのためのチェックとして重量選別機が必要となる．

重量選別機には多くの種類と使用法があるが，一般的には包装機の出口に直結して設置され，両者が連続稼働する．また，図III.3.7は重量選別機の内部の構成を示している．

計量器と搬送部からなる測定部，それに指示器および選別機の構成である．計量される品物は搬送用のコンベヤーベルトに乗り，計量器の秤量台上を通過するが，この間，被計量品の位置が秤量台出口側にある位置検出器によって検出され，それと同時に，その重量値に比例した電気信号が指示器へ発せられる．一方，指示器内にはあらかじめ重量の上限値および下限値が設定されているので，それとの比較が行われ，万一，上・下限値をオーバーしているのであれば，過量または軽量の選別信号が出されて選別機構が作動し，被計量品を選別排除することになる．

3.4.2　異　物　検　出　機

商品としての食品には各種の異物が含まれている場合があり，消費者クレームの主要な原因となっている．食品原料が工場に搬入される段階で，異物はすでに含まれている場合もあるが，加工工場内の環

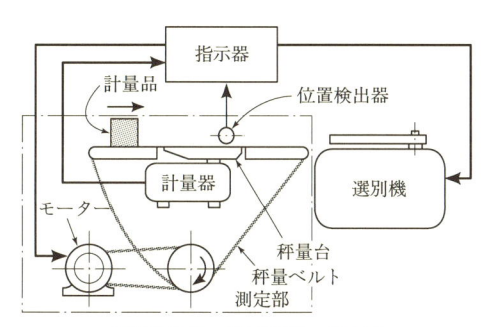

図 III. 3.7　重量選別機の構成図

境や建物，あるいは工程中での発生によって食品内へ混入したり，さらには不注意な従業員によって外部から持ち込まれる場合もある．

異物の種類としては，主に次のものがあげられる．

金属異物：鉄，ステンレススチール，アルミニウム，銅線，その他の金属などの小片．

非金属異物：毛髪・体毛，小昆虫類，紙・繊維屑片，プラスチックフィルム片，土砂，ガラス，鼠糞，原料魚・動物の小骨，未熟穀物原料，その他従業員携帯の常備薬など．

これらの異物に対応した各種の検出除去技術は，原料が加工される前の段階では比較的適切なものがあり，特に金属異物の検出除去には，それほど問題はない．しかし，非金属異物の検出除去技術には困難なものが多い状況にある．ここでは包装機械の関連が主題であるので，包装工程以後の異物検出機について述べる．

3.4.3 金属検出機

金属異物には磁性金属異物と非磁性金属異物とがあるため，それぞれの特性を生かした金属検出機がある．これらは包装機械の出口に直結して設置され，連続的に使用される．通常，磁性金属異物と非磁性金属異物との検出は一体化された機械としてつくられ，さらに，重量選別機との一体化された機械も市場化されている．

a. 磁性金属異物検出機

鉄片などの磁性金属異物は，磁界中で磁化させることにより検出が行われる．図Ⅲ.3.8(a)に示したように，コンベヤーの上側に磁気を発生する電磁コイルがあり，下側には差動接続された2つの受信コイルがある．この2つは上側の電磁コイルからの磁束に対して互いにバランスしている．いま，金属片を含む包装体が上下コイルの間を通過すると，図Ⅲ.3.8(b)のように2つの受信コイルのバランスがくずれ，出力信号に変化を生じ，金属片が検出されることになる．

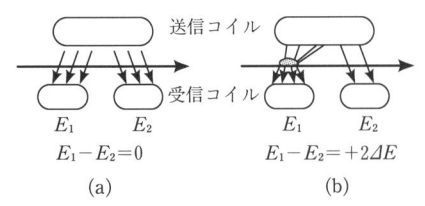

図Ⅲ.3.8

b. 非磁性金属異物検出機

SUS 304のステンレススチールやアルミニウム

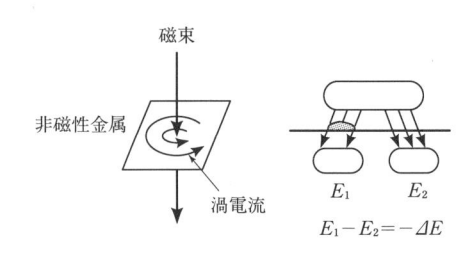

図Ⅲ.3.9

などは非磁性金属であるため，上記とは異なる方式がとられる．図Ⅲ.3.9に示すように，金属が交番磁界の中に置かれると，その交番磁束の進む方向に直交する面内に渦電流が発生する．この渦電流によって2次的に磁束がつくられることになり，これがはじめの磁界との間に干渉を起こし，2つの受信コイルを通る磁束にアンバランスを生じるため，出力信号に変化が生まれ，金属片の検出が行われることになる．

この場合，渦電流によって発生する磁束は，渦電流の円の大きいほど大きくなるので，検出される金属片の交番磁束の方向に直交する面の大きさが，検出能力を左右することになる．なお，最近の市場にみられるアルミ蒸着されたフィルムによる包装の場合，非磁性金属としての特性が小さいため，内部の金属異物の検出には影響が少ない．

3.4.4 非金属検出機

食品に非金属異物が混入されて包装されているものについて，非金属異物を検出することは，現在ではきわめて困難な状況にある．非金属異物の存在を非接触的に検知するよい方法がないためである．ところが困ったことに，非金属異物によるクレームが金属異物のレームより多い状況にある．

非接触的に検知する現状の方法としては，X線による検査がある．X線を包装体に照射し，モニター画面で見分ける方法である．しかし，包装機との連続使用はむずかしい．

3.4.5 シール不良検出機

食品を包装するプラスチックフィルムには，フィルムメーカーから出荷する際，すでにピンホールの欠陥がある場合がある．また，食品が入れられて袋状に成形あるいは封緘される段階で，ヒートシールが不完全な場合が起こりうる．この不完全な袋をチェックする機械がシール不良検出機である．包装機の操作が終了後，この不良包装袋が検出され排除される．図Ⅲ.3.10にその原理が示してある．

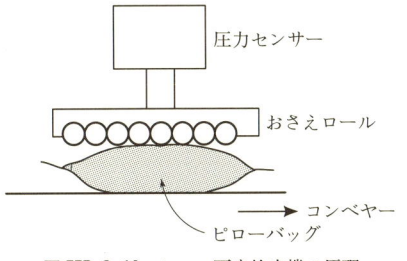

図 III.3.10　シール不良検出機の原理

シール不良による消費者クレームも少ないとはいえない.　　　　　　　　　　　　　　　　[石井泰造]

文　献

1) '99 日本包装機械便覧, 日本包装機械工業会.
2) 食品包装事典, 産業調査会.
3) 石井泰造監修：微生物制御実用事典, フジ・テクノシステム, 1993.

IV. 包　　装

1. 冷凍食品の包装形態

冷凍食品の包装形態[1]は，包装材料，包装機械，用途，環境対応，消費者の好みなどによって決まる．冷凍食品は，家庭用と業務用の2つに大きく分けることができる．それら冷凍食品の包装形態も用途別に異なっており，家庭用は食品を包む内装容器と包装冷凍食品を保護するカートンケースによって包装形態が決まってくる．業務用冷凍食品は，ポリエチレンフィルムなどで包装されたのち，段ボールケースに詰められるものが多い．

わが国の冷凍食品の包装形態

わが国の冷凍食品[2]は，家庭用に比べ業務用の比率が高く，業務用が70％を超えている．業務用の包装形態は，調理食品などでは，急速凍結後，厚手のポリエチレンフィルムで含気包装され，段ボールに詰められたものが多い．外食産業向けには，専用のコンテナに詰められ，凍結状態で各チェーン店に配送される．

一方，家庭用は，個別包装されてから紙カートンに詰められているものや耐寒性のあるナイロン/ポリエチレンのラミネートパウチに詰められているものが多い．最近では，調理食品用には，電子レンジ調理したときの内部蒸気を排出する口をつけたパウチが使われている．

1.1.1 野菜類

冷凍コーンは，突起物による破袋を防ぐため延伸ナイロン/ポリエチレンのラミネートパウチに含気包装されている．また，ミックスベジタブルとフレンチフライの冷凍野菜類は，ポリエステル/ポリエチレンか延伸ナイロン/ポリエチレンのラミネート袋に含気包装されている．これらの包装形態は，フレキシブル包材によるパウチ包装であり，プラスチック複合フィルムの巻取りフィルムを自動包装機に取り付け，製袋，充填シールが一貫して行われたものである．

1.1.2 魚介類と水産加工品

魚介類は，トレーに入れられストレッチ包装されてチルドの状態で売られているものが多い．イカ，カニ，エビなどは，凍結されてから，厚手のポリエチレン袋に含気包装されて売られている．空気中の酸素による酸化を防ぐために，それら魚介類は，スキンパックか真空包装されているものが増えてきている．この包装方法は，ヒートシールできる発泡スチロールトレイに冷凍エビなどを入れ，赤外線で温めたアイオノマー/エチレン-酢酸ビニルの包材でヒートシールさせたものである．包装材料がエビなどに密着しているので，外観がよく，消費者受けする包装形態である．

真空包装されたむきエビとウナギ蒲焼き包装材料は，低温時のピンホールや破袋を防ぐために延伸ナイロン/ポリエチレンの複合フィルムが使われている．

1.1.3 コロッケ，シューマイなどの調理食品

コロッケ，シューマイなどの調理冷凍食品の包装形態は，低温衝撃に強いスチロールトレイに入れられたのち，ポリエステル/ポリエチレンの包装材料でオーバーラップされたものである．トレイに透明な延伸スチロールが使われるときもある．オーバーラップに使う包装材料には価格の安い延伸ポリプロピレン/ポリエチレンも使われている．

1.1.4 グラタンとピザパイの調理冷凍食品

グラタンは，オーブンで調理できるように厚手のアルミ箔容器に入っており，ナイロン/ポリエチレンのラミネートパウチで真空包装されてから，カートンケースに入れられている．ホテルブランドの高級調理冷凍食品は，アルミ箔容器に入っているものが多く，オーブンで調理できると同時に高級イメージをだすよう，良質なカートンケースに詰められている．

ピザパイには，収縮塩化ビニルフィルムが使われていたが，最近では，収縮ポリプロピレンフィルム

や収縮ポリエチレンフィルムでピザを包装後収縮してカートンケースに入れられている．

1.1.5 エビピラフなどの米飯類

エビピラフなどの米飯類は，脂肪の酸化防止と香気逸散を防ぐために，ポリエステル/ポリエチレンなどの包装材料で軽く脱気し，包装されてから紙カートンケースに入れられている．また，焼きおにぎりは，アルミ蒸着ポリエステル/ポリエチレンのラミネート包装材料で包装されている．

1.1.6 スープ

冷凍スープの包装形態としては，塩化ビニリデンチューブに詰められたものと，ポリプロピレン/ポリエチレンに詰められ，ポリエステル/ポリエチレンのラミネートフィルムで密封されたものとがある．いずれもプラスチック包装材料で包装されたのち，紙カートンケースに詰められている．特に，スープ類は，脂肪の酸化と香気逸散を防止するため，バリヤー性包装材料が使われている．

1.1.7 電子レンジ対応冷凍調理食品

電子レンジで温める冷凍調理食品には，調理ハンバーグ，中華料理，洋風一品料理などがある．調理されたハンバーグはソースとともにナイロン/ポリエチレンのパウチに脱気包装されている．このパウチは，電子レンジで加温するとき発生する蒸気を排出する口が付いている．脱気包装されたハンバーグは，紙カートンケースに詰められている．冷凍中華料理 (酢豚) は蒸気排出口の付いたナイロン/ポリエチレンのパウチに詰められ，脱気包装され，凍結後耐衝撃性ポリスチレンの容器に入れられ，ポリエステル/ポリエチレンのラミネートフィルムで外装されている．

冷凍ハンバーグとドリアの冷凍食品が売られている．この食品は TV ディナーといわれるもので，米飯類，ハンバーグと野菜がセットされたものであり，容器は，ポリエステル繊維の混入された再生紙が使われており，ポリエステル/ポリエチレンのラミネートフィルムでシールされている．また，外装には，ポリプロピレン/ポリエチレンのラミネート包装材料が使われている．

2. 冷凍食品の包装材料

2.1 使用されている包装材料

冷凍食品の包装材料は，$-35℃$ のような低温でも破損せず，冷凍保管中でも品質を保持するような材質でなくてはならない．そのため，プラスチックフィルムでは，それら条件を満たすものは少なく，わずかにナイロン，ポリエステルのラミネートフィルムがあるにすぎない．

表 IV.2.1 に，わが国の家庭用冷凍食品[1]に使用されている包装材料について示した．表からもわかるように，グリンピースや細切ニンジンなどの野菜には，低密度 (LD) PE が使われており，軸つきのスイートコーンには高密度 (HD) PE が使われている．なお，フレンチフライなどは OPP/PE, PET/PE のラミネートフィルムが使われている．

魚介類については，一般の冷凍魚は発泡 PS, HIPS のトレイに入れられ，PET/PE, OPP/PE のラミネートフィルムで包装されており，エビや貝柱のような高級魚介類は，EVA コート発泡 PS に入れられ，サーリン/EVA で密着包装されている．また刺身用のマグロは，切り口が鋭角になっており，包装材料が破れやすいので，ON/PE, ON/サーリンのラミネートフィルムで真空包装されている．ウナギの蒲焼きのように，解凍後ボイルするようなものは，ボイルが可能である ON/PE のラミネートフィルムで真空包装されている．

冷凍食品の主流となっている調理食品では，ハンバーグ，シューマイやギョーザなどは HIPS, OPS, PS のトレイに入れられ，外装材としては印刷適性と機械適性に優れている PET/PE, OPP/PE が使われている．また，最近では，調味つきハンバーグが蒸気排出口のついた ONY/PE のラミネートパウチで真空包装されている．グラタン，シチューなどの高級冷凍食品は，オーブンで調理できるようにアルミ箔容器に詰められ，PE か ON/PE で外装されたのちカートンケースに入れられている．ピラフなどの外装材には PET/PE, ON/PE が使われており，外装にはカートンが使われてい

表 IV.2.1 現在市販されている冷凍食品の包装材料[1]

食　　品	包装形態	包装材料
野　菜	パウチ，含気包装	PE, OPP/PE, PET/PE
魚介類　一般魚	オーバーラップ，含気包装	トレイ：発泡PS, HIPS 外装材：PET/PE, OPP/PE
魚介類　エビ，貝柱	スキンパック，密着包装	トレイ：EVAコート発泡PS 密着包材：サーリン/EVA
魚介類　マグロ切身	パウチ，真空包装	ON/PE, ON/サーリン
水産加工品 （ウナギ蒲焼き）	パウチ，真空包装	ON/PE
調理食品　ハンバーグ ギョーザ	オーバーラップ，含気包装	トレイ：HIPS, OPS, PP 外装材：PET/PE, OPP/PE
調理食品　グラタン シチュー	カートン，含気包装	トレイ：アルミ箔容器 外装材：PE, ON/PE 外箱：カートンケース
調理食品　米飯	カートン，真空包装	外装材：PET/PE, ON/PE 外箱：カートンケース
調理食品　ピザパイ	カートン，収縮包装	外装材：収縮PP 外箱：カートンケース
果　物	パウチ，含気包装	PE, OPP/PE, ON/PE
冷凍ケーキ	カートン，含気包装	トレイ：アルミ箔容量 外装材：PE 外箱：カートンケース
スープ	カートン，脱気包装	チューブ：PE, PVDC トレイ：PP/PE 外装材：PET/PE 外箱：カートンケース
電子レンジ対応 一品料理	オーバーラップ，脱気包装	内装材：蒸気排出口のついたONY/PE 外装材：PET/PE, OPP/PE
TVディナー	カートン，含気包装	トレイ：C-PET, 再生トレイ ふた材：PET/PE, OPP/PE 外箱：カートンケース

PE：ポリエチレン，OPP：延伸ポリプロピレン，PET：ポリエステル，PS：ポリスチレン，HIPS：耐衝撃性ポリスチレン，EVA：エチレン-酢酸ビニル共重合物，ON：延伸ナイロン，OPS：延伸ポリスチレン，PP：ポリプロピレン，PVDC：塩化ビニリデン．

る．また，ピザパイなどは，収縮PPで包装されたのち，カートンケースに入れられている．

果物類では冷凍ミカンはPE袋に入れられたものが多く，イチゴなどはOPP/PEで包装され，切り口が鋭角になるものはON/PEで包装されている．

冷凍ケーキはアルミ箔容器に入れられ，PEで外装されたのち，カートンケースに入れられている．

スープ類は，PEかPVDCのチューブに詰め，脱気して結紮されたのちカートンケースに入れられたものと，PP/PEのトレイに入れ，PET/PEのふた材でヒートシールされたのちカートンケースに入れられたものがある．

電子レンジ対応の一品料理やTVディナーは，蒸気排出口[3]付のONY/PEかC-PET，耐熱性紙トレイ[4]か再生ファイバートレイに入れられている．

わが国の冷凍食品の包装材料についていえることは，アメリカに比べてカートンケース直詰めが少なく，プラスチック包装材料が多く使われていることである．プラスチックフィルムでは，単体フィルムとして低密度PEと高密度PEが，複合フィルムとしてはON/PE, PET/PEとOPP/PEが使われている．トレイ容器はPP, HIPS, OPS, 発泡ポリエチレン，無公害トレイと再生ファイバートレイが使用されている．なお高級品については，アルミ箔容器に入れられたのち，カートンケースに入れられたものが多い．

2.2 電子レンジ・オーブン用容器

海外の中でも，アメリカにおいて電子レンジ・オーブン食品の動き[5]は活発になってきている．これらの食品は2種類に大別することができる．

ひとつは，常温流通される食品群であり，レトルト殺菌か熱充填か無菌充填包装されたものであり，常温で半年か1年間保存可能である．

もうひとつは，低温流通される冷凍食品群であり，電子レンジ・オーブン可能な容器に詰められている．

わが国では，冷凍食品や冷蔵食品の中には，電子レンジで温めたり，調理加工するものが増えてきている．

表IV.2.2に，わが国で使用されている電子レンジ・オーブン用容器[6]を示した．ケーキや蒸しパンについては，PET/紙に詰められたものが多く，一般の冷凍食品や冷蔵（チルド）食品は，PP単体かPP+CaCO$_3$の容器に詰められたものが多い．また，米飯やパスタ類は，PP/PVDCまたはEVOH/PPのバリヤー性容器に詰め，密封ののちレトルト殺菌されている．PPを主体とした容器は耐熱性が低いので，電子レンジで解凍し，温める冷凍食品に使われている．

電子レンジ・オーブン用の冷凍食品には，C-PETが使われているが，オーブン焼上げ後に取り出すとき容器が変形することがある．そのため，C-PET以上の耐熱性が要求されている．

電子レンジ用の食器としてポリサルフォン（PSO）やポリメチルペンテン（PMP）が使われており，PMPはプラスチックの中でも軽く，マイクロ波の透過性に優れている．

価格の高い高級冷凍食品容器や食器として不飽和PET，全芳香族PETが使われている．これらの容器は，電子レンジ・オーブンの高温にも耐えられ，全芳香族PETの耐熱性は260℃ともいわれている．

表IV.2.2 わが国で使用されている電子レンジ・オーブン用容器[6]

容器材質*	耐熱温度（℃）	備考
PET/紙	140	電子レンジ用，ケーキ・蒸しパン
PP単体	−20〜120	オーブン・グリル機能はない，チルド食品，冷凍食品
PP+CaCO$_3$	−20〜140	
C-PET	−18〜225	電子レンジ・オーブン用・冷凍食品
PSO	−40〜180	オーブン・グリル機能はない，食器用
PP/PVDCまたはEVOH/PP	〜120	電子レンジ用・レトルト殺菌食品
PET/PSP/PET	−30〜140	電子レンジ用，冷凍食品
不飽和PET	−30〜230	電子レンジ・オーブン用，高級冷凍食品
PMP	〜200	オーブン・グリル機能はない，食器用
全芳香族PET	−40〜260	電子レンジ・オーブン用，高級食器

* PET：ポリエステル，PP：ポリプロピレン，C-PET：結晶化ポリエステル，PSO：ポリサルフォン，PVDC：ポリ塩化ビニリデン，EVOH：エチレン・酢ビ共重合物けん化物，PSP：発泡ポリスチロール．

2.3 プラスチック包装材料とその他容器

わが国の冷凍食品の包装材料は，プラスチック複合フィルムとプラスチック容器とが主体であり，一部の製品にはアルミ箔容器やオーブナブルトレイ，および紙容器などが使われている．

2.3.1 プラスチックフィルム

表IV.2.3に，冷凍食品の包装材料に使われているフィルムと各素材の物性[7]について示した．この表からもわかるように，冷凍食品の複合フィルムに使われている各種素材は，次のような特徴をもっている．

表 IV.2.3 冷凍食品の包装材料に使われているプラスチックフィルムの特性[7]

フィルム品目 項目	PP			PET		ナイロン6			PE 50μ		PVDC (40μ)	ビニロン (15μ)
	OPP #20	KOP #20	CPP #20	PET #12	KPET #12	ON #15	KON #15	CN #25	L.D	H.D		
密度 (g/cm³)	0.91	0.92	0.88〜0.91	1.41	1.43	1.15	1.17	1.13	0.91〜0.925	0.941〜0.965	1.65〜1.69	1.26〜1.28
ヘイズ (%)	1〜2	2	3	1〜2	2	1〜2	2	1〜3	—	—	—	1
引張強度 (kg/mm²)	4.5〜8	4.5〜8	2〜4	18〜24	18〜22	15〜25	15〜25	10	1〜2.5	2〜7	6〜15	12
引張伸度 (%)	35〜110	35〜110	200〜500	50〜100	50〜100	60〜120	60〜120	400	225〜600	5〜400	40〜80	10〜100
衝撃強度 (kg·cm)	7	7	1〜2	8	8	8	8	4	7〜11	1〜3	10〜15	25
水蒸気透過率 (g/m²·24h)	7	5	15	30〜35	5〜6	250	10〜15	800	18	5〜10	8	1,800
酸素透過率 (cc/m²·24h·atm)	1,500〜2,000	10	2,500	110〜120	7〜10	50〜60	5〜7	150〜250	3,900〜13,000	520〜3,900	30	7
使用温度範囲 (℃)	−50〜120	−50〜95	−50〜120	−70〜150	−70〜95	−70〜120	−70〜95	−70〜120	−51〜65	−51〜110	−50〜120	−90
熱収縮率 (%)	1.5	1.5	少	0.1↓	0.1↓	1〜3	1〜3	少	少	少	25	—
静電気発生の多少	多	多	多	多	多	やや少	やや少	やや少	多	多	多	無
印刷,ラミネート適性	良	良	可	良	良	良	良	可	可	可	可	良

KOP：塩化ビニリデンコート延伸ポリプロピレン，CPP：未延伸ポリプロピレン，KON：塩化ビニリデンコート延伸ナイロン，ON：延伸ナイロン，CN：未延伸ナイロン，PET：ポリエステル，PP：ポリプロピレン，PE：ポリエチレン，PVDC：塩化ビニリデン．

a. 低密度ポリエチレン (LDPE)

このフィルムは密度が0.926〜0.940g/cm³のポリエチレンフィルム[8]であり，冷凍野菜や冷凍魚の包装材料として使われている．ガスバリヤー性に劣るが，引張強さ，伸び，引裂強さに優れており，低温に強いので，単体フィルムばかりか複合フィルムのシーラントとしても使われている．しかし，耐熱性に若干難点がある．

b. ポリプロピレン (PP) フィルム

ポリプロピレンフィルムには，未延伸フィルムと延伸フィルムがある．2軸延伸されたフィルムは，透明性，印刷適性がよいので，ポリエステルフィルムとラミネートされて，冷凍食品の外装材に使われている．

c. ポリエステル (PET) フィルム

優れた透明性と耐寒性，耐熱性，耐摩擦性をもっており，印刷適性と機械適性にも優れているので，冷凍食品の包装材料としては最適であり，ポリエチレンフィルムとラミネートされ，巻取りフィルムの形で使われている．

d. ナイロン (NY) フィルム

冷凍食品用包装材料の基材として欠かせないものであり，2軸延伸されたものと未延伸のナイロン6は，耐熱性，耐寒性に優れ，そのうえ引裂強度と耐ピンホール性にも優れているので，他の素材とラミネートされている．また，深絞り構成品には未延伸のナイロン6が使用されており，絞り深さによりナイロン6の厚みを増している．この未延伸ナイロン6の性質は，引張強さ，伸び，引裂強さなどが大きく，−70〜120℃までの使用温度範囲をもっており，ガスバリヤー性は乾燥した条件下では小さな数字を示すが，温度が高い場合は大きな数値になる．

2.3.2 プラスチック複合フィルム

表IV.2.4に冷凍食品の包装材料に使われている複合フィルムの物性[7]について示した．これらの複合フィルムのうち，冷凍食品の包装材料として多く使われているものは，OPP/PE, ON/PE, PET/PEである．これらの複合フィルムは次のような特徴をもっている．

a. OPP/PE

低温における使用温度範囲は，−20℃までであり，印刷適性も良好である．ガスバリヤー性において若干劣るが，包装材料の価格がナイロン，ポリエステル構成のものに比べて安価であるので，一般の冷凍食品の包装材料として使われている．

2. 冷凍食品の包装材料

表 IV.2.4　冷凍食品の包装材料に使われている複合フィルムの特性[7]

項　目＼複合フィルム	OPP/PE #20 40	PT/PE/CPP #300 20 30	OPP/CPP #20 30	KOP/PE #20 40	ON/PE #15 40	PET/PE #12 40	KOP/CPP #20 30
引張強度 (kg/15 mm 幅)	5.2〜8.5	4.1〜4.8	5.3〜8.5	5.4〜9.4	5.6〜6.0	4.6〜4.8	5.8〜10
引張伸度 (%)	30〜130	20〜60	38〜130	30〜130	77〜81	92〜100	38〜130
衝撃強度 (kg・cm)	8.9	6.5	8.8	8.9	12	9	8.8
水蒸気透過率 (g/m²・24 h) 20℃, 80%RH	5.2	11	4.8	4.0	16	15	4.1
酸素透過率 (cc/m²・24 h・atm) 20℃, 80%RH	1,500	200	1,500	10	120	120	10
使用温度範囲 (℃) 実用	−20〜50	0〜50	0〜50	−20〜90	−40〜95	−40〜95	0〜50
熱収縮率 (%)	—	—	—	—	—	—	—
静電気発生の多少	多	少	多	多	やや少	多	多
印刷適性	良	良	良	良	良	良	良
ラミネート強度 (g/25 mm 幅)	200↑	200↑	200↑	200↑	200↑	200↑	200↑
ヒートシール強度 (g/15 mm 幅)	2,000	1,600	1,600	2,000	3,000	3,000	1,600

b. PET/PE

低温における使用温度範囲は −40℃ であり，機械適性などに優れているので，自動包装機用にはこの包装材料が多く使われている．

c. ON/PE

使用温度範囲は −40℃ であり，衝撃強度は 12 kg・cm と他の構成のものに比べて強いので，真空包装されたのち冷凍するものに多く使われている．

冷凍食品の包装工程や流通・販売過程で，包装材料の衝撃強度（インパクト）が問題になっている．表 IV.2.5 に，低温における冷凍食品包装材料の衝撃強度[9]について示した．表から，CN/PE，ON/PE は −20℃ になると衝撃強度が低下するが，他の構成の PET/PE，OPP/CPP に比べてその数値が高いことがわかる．

冷凍ハンバーグの包装材料に，蒸気排出口のついたプラスチックパウチ[10]が使われている．この包装材料は ONY/PE の構成であり，電子レンジでの加熱時，ハンバーグ中の水蒸気が排出される構造になっている．

2.3.3　プラスチックトレイ

冷凍食品のうち，シューマイ，ギョーザのように蒸気による蒸し工程があるものは PP（ポリプロピレン）トレイが使われている．この PP トレイは，耐熱性，透明性，耐油性，耐寒性にも優れている．それらの物性値は，400 μm の厚さで，透湿度は 0.7 g/m²・24 h であり，酸素透過量は 150〜250 cc/m²・24 h・atm，30℃，90%RH である．

一般の冷凍食品には PS（ポリスチレン）トレイが使われている[1]．この PS トレイは，剛性と耐衝撃性のバランスが他の素材に比べて優れているので，冷凍食品の容器として最適である．PS トレイには，2 軸延伸された OPS（延伸ポリスチロール）と，合成ゴムで補強され耐衝撃性の向上した HIPS（ハイインパクトポリスチロール）とがある．この OPS トレイは透明性に優れ，剛性の高い性質をもっており，HIPS トレイは不透明で，OPS に比べ剛性は若干低下するが，耐衝撃性-剛性-強度のバランスのとれた容器である．また，冷凍魚などは PSP（発泡ポリスチレン）トレイに詰められている．この

表 IV.2.5　低温における包材の衝撃強度[9]

試料＼試験区分	20℃	0℃	−20℃
CN/PE (40/40)	>30.0	19.7	16.9
ON/PE (15/50)	25.2	20.0	15.3
PE (80)	7.1	9.6	10.1
PET/PE (12/50)	6.9	8.0	7.7
PT/PE (#300/50)	4.7	3.9	2.9
OPP/CPP (20/30)	9.0	8.0	8.3

PSPトレイはカップラーメンの容器に多く使われており，断熱性と軽量化ができる特徴をもっている．

C-PET（結晶化ポリエステル）は，TVディナーなどの冷凍食品の容器に使われている．PET樹脂の結晶溶融温度[11]は約250℃であるので，C-PET詰冷凍食品を230℃以上のオーブンで解凍，焼上げをすることはできない．そのため，PET樹脂と耐熱性エンジニアリング樹脂の複合トレイがオーブン用に開発されている．

2.3.4 アルミ箔容器と電子レンジ発熱材

アルミ箔容器は，耐熱性，耐寒性とガスバリヤー性に優れており，冷凍保管中でも食品の変質を防ぎ，解凍後もオーブンでそのまま焼き上げることができるので，グラタン，シチューなどの調理冷凍食品用に使われている．しかし，電子レンジが普及してくるにつれ，アルミ箔は極超短波（マイクロ波）を反射するという欠陥をもっているので，電子レンジに不向きといわれている．アルミ表面をエナメル/エポキシコーティングした容器[12]を，有機物質でコーティングしたアルミ箔容器が売り出されている．

最近，アメリカでは，アルミ箔をバリヤー層と4層のラミネートパウチ[13]にアルコール飲料を詰め，凍結させたドリンクミックスが売られている．

電子レンジ発熱材[14]は，アルミの薄膜をPET（ポリエステル）フィルムにラミネートし，板紙にはり付けたものである．それを使うと，冷凍ピザを電子レンジで調理するとき，底面が加熱され，こげてクリスピー感がでてくる．冷凍ピザには，電子レンジ発熱材がついている．

2.3.5 紙製容器とカートンケース

電子レンジが普及するにつれ，グラタン，冷凍ケーキを電子レンジで調理するようになってきた．それら冷凍食品の容器にオーブナブルボードトレイが使われている．このトレイは，アメリカでは長繊維の原紙にポリエステルをエクストルージョンコーティングしたもので，紙厚は 0.43～0.64 mm，コーティング厚さ 22～38 μm，200～230℃の耐熱性をもった両用トレイ（dual oven tray）である．

また，紙の表面に耐熱樹脂をコーティングした紙トレイが開発され，冷凍食品用容器として使われている．この特殊紙トレイ[4]は，250℃オーブン加熱でも変色が少なく，そのうえ，焼却が可能であり，環境時代の包装容器といえる．また，食品抽出物を紙にコーティングした冷凍食品用包材[15]が実用化されている．この包材で包装された冷凍魚類を電子レンジ・オーブンで加熱した場合，魚の表面にこげ目がつくが，水蒸気は紙を透過して，膨張による破裂はみられない．

冷凍食品も高級化されてくるにつれ，陳列効果，内容物の保護性などからカートンケースが使われるようになってきた．冷凍食品用カートンは，板紙の耐寒性と耐水性を向上させるために，表面をワックスコートしたり，ポリエチレンのライニング処理が行われている．これらカートンケースには，トップロードタイプとエンドロードタイプがある．トップロードは製函機で組み立て，内容物を入れたのちふたをシールする方式であり，包装の自動化もできにくいので，最近は，多品種少量生産ができ，包装が自動化しやすいエンドロード方式に変わりつつある．

3. 冷凍食品の包装方法

冷凍食品の包装方法については，包装機械や包装材料の開発が進むにつれて多様化してきている．かつては手で包まれていた冷凍食品は，ほとんど自動包装化されるようになり，包装速度も上がり，包装の無人化が行われようとしている．冷凍食品の包装方法について次に述べる．

3.1 冷凍食品の製造面からみた包装方法

3.1.1 製袋充填包装方法

この方法は，スナック食品，食肉加工品や乳製品，冷凍食品の包装に使われている．冷凍食品においては，冷凍ミックスベジタブルとフレンチフライ

などの食品は，縦型のピロー包装機で包装される．これら冷凍食品は，一定量秤量されたのち，500gの製品[16]が1分間に35～40袋充填包装される．コロッケ，シューマイなどの調理冷凍食品は，トレイに入れられたのち，横型のピロー包装機で包装されている．この製袋充填包装方法[17]は，包装材料を製袋し，そのつくられた袋に食品を充填したのち密封することに特徴があり，空気を含んだまま包装する場合とガス置換包装する場合とがある．冷凍ハンバーグなどを，毎分200～300個のスピードで包装することができる．

3.1.2 成形充填包装方法[18]

この方法は，医薬品の錠剤のPTP包装，ミルクのポーションパックやスライスハムの深絞り真空包装に用いられている．冷凍食品においては，調理加工されたハンバーグなどが成形充填包装されている．この成形充填包装方法[18]は，プラスチックシートを加熱しながら包装内容品に合わせて成形し，その成形容器に食品を詰めてふた材で密封する方式であり，食品の種類によって包装容器内部を真空にしたり，空気を不活性ガスで置換したりすることができる．冷凍ハンバーグなどは，1分間に40～60個真空包装することができる．

3.1.3 カートン包装

アルミ箔容器に詰められた高級調理冷凍食品やプラスチック複合包装材料に詰められたピラフ，スープ類などは，耐水性カートンケースで包装されたものが多い．これら冷凍食品は，トップロードタイプとエンドロードタイプのカートンで外装されている．カートン包装の特殊なものとしてダブルカートン包装[19]がある．この包装方法は，グリンピースやミックスベジタブルの包装に採用されており，外装のカートンと内装の袋が同時につくられ，食品を充填したのち密封する方式である．

3.1.4 コンテナ包装

冷凍食品のコンテナ包装は，グラタン，シチューなどの食品とプラスチック容器，アルミ箔容器，オーブナブル紙トレイに詰めてからふたをして冷凍する方式である．冷凍食品の高級化[20]に伴い，アルミ箔容器に詰められたシチュー，スープなどの冷凍食品が伸びてきている．これらの食品は，プラスチックやアルミ箔をラミネートした紙で密封されており，その密封方法としてヒートシール方式と巻締め方式がとられている．

3.2 冷凍食品の保存面からみた包装方法

冷凍食品は，低温保管中，空気の存在下で脂肪や色素の酸化とタンパク質変性が生ずる．このため，最近では，冷凍食品を含めた食品を保存させるために，各種の包装方法が使われている．表IV.3.1に，食品会社で使用されている包装方法[21]について示した．これら包装方法のうち，冷凍食品では次の3つの方法が採用されている．

表IV.3.1 食品会社で使用されている食品包装方法[21]

包装方法	特徴	対象食品
真空包装	容器中の空気を脱気して密封，一般に再加熱する	乳製品，食肉加工品，生産加工品，惣菜・漬物
ガス置換包装	容器中の空気を脱気し，N_2, CO_2, O_2 ガスと置換後密封	けずり節，スライスハム・スライスチーズ，生肉・生鮮魚，スナック菓子，お茶
レトルト殺菌包装	バリヤー性容器に脱気，密封した食品を120℃，4分以上の殺菌	カレー，米飯，食肉加工品，魚肉練り製品，油揚げ，豆腐
脱酸素剤封入包装	バリヤー性容器に食品とともに脱酸素剤を入れ完全密封	菓子，餅，米飯，食肉加工品，乳製品
無菌充填包装	食品を高温短時間殺菌し，冷却後殺菌済容器に無菌的に充填	ロングライフミルク，果汁飲料，酒，豆腐，豆乳
無菌化包装	食品を無菌化し，バイオクリーンルーム内で無菌化包装する	スライスハム，スライスチーズ，無菌化米飯，魚肉練り製品

3.2.1 真空包装方法

冷凍食品の中でも，ウナギの蒲焼きやむきエビは，パウチに詰められたのち，真空包装されており，冷凍エビや貝柱などは，トレイに入れられたのち，密着(スキン)包装されている．このスキンパックも，空気を強制的に追い出して食品に密着させた包装方法であり，一種の真空包装方法といえる．

この真空包装方法は，多くの食品の包装に使われており，食品を真空状態で包装することにより，食品に生育している微生物の発育を防ぎ，脂肪や色素の酸化を防止することができる．特に冷凍食品も高級化するにつれ，脂肪含有量が多く，食品のもっている色素が鮮やかな製品が多くなる傾向にある．このような食品は，真空包装したのち冷凍保管すれば，品質が長時間維持できる．

3.2.2 ガス置換包装方法

けずり節，油菓子，生鮮魚，食肉加工品，乳製品には，カビ，細菌などの微生物の発育を抑えるために，袋内部の空気を不活性ガスで置換する包装方法[22]がとられている．冷凍食品の包装においては，ガス置換包装されたものは少ないが，ビーフシチューなどの高級冷凍食品では窒素ガス封入されたものがある．

これら食品のガス置換包装方法としてフラッシュ方式と置換方式の2通りがあり，フラッシュ方式は，包装容器内に窒素ガスをフラッシュして包装する方式であり，置換方式[23]は，包装容器内部の空気を真空にしてから，不活性ガスなどと置換する方式である．

3.2.3 無菌包装方法[24]

食品の無菌包装は次の4つに大別される．①液体食品の無菌充填包装，②業務用を中心とした高粘性食品の無菌充填包装，③固液混合食品の無菌包装，④固形食品の無菌化包装．

冷凍食品分野では，食中毒菌対策として，原材料の洗浄殺菌，タレなどの加熱殺菌，ハンバーグなどの無菌化包装が行われている．

無菌化包装は，微生物的なレベルが商業的無菌までにはいたらないが，冷蔵などで保存期間を延長させるため，食品を無菌化し，バイオクリーンルーム内で無菌的に包装することをいう．

冷凍食品は，家庭での解凍条件によって腐敗するおそれがあるので，できる限り無菌化包装する必要がある．冷凍食品の無菌化包装では，①食品の製造工程をバイオクリーンルームの環境整備，②食品原料の初発菌数と生育している微生物の殺菌，③包材の殺菌と無菌包装システムの運用，④食品工場の床，機械器具の洗浄殺菌，⑤無菌化包装された冷凍食品の微生物検査と品質管理，⑥無菌化包装冷凍食品の保管，流通時の温度管理などの6項目について留意しなければならない．

4. 包装による品質保持[1]

家庭向けの冷凍食品は，PET/PEのラミネートフィルムで包装されているものが多い．業務用の食肉や魚は，ポリエチレンフィルムかバリヤー性包材で包装されたのち凍結貯蔵されている．食肉は，凍結貯蔵した場合，乾燥による重量減少，タンパク質変化とメトミオグロビン化，TBA値，過酸化物価の増大などが起こる．

a. 脂肪と色素の酸化防止

冷凍食品は，凍結貯蔵中，乾燥，目減り，油焼け，冷凍焼け，変色などが起き，食肉や魚肉などのタンパク質系食品ではタンパク質変性，冷凍焼けなどが起きやすい．脂肪を多く含んだ冷凍食品は，凍結貯蔵中に，油脂分が空気中の酸素と反応して，パーオキシラジカル，ハイドロパーオキサイドになり，油焼けが起こる．それらを防ぐために，ウナギの蒲焼きなどは，ONY/PEの包装材料を用いて真空包装されている．

図IV.4.1に，生肉と蒸煮肉を酸素透過度の異なるフィルムで包装してから，-10℃と-20℃で貯蔵したときのTBA値変化[25]について示した．図からもわかるように，-10℃で貯蔵したときは，生肉と蒸煮肉のいずれも酸素透過量の上昇とともにTBA値も増大し，酸素透過量とTBA値の間に相関関係はみられるが，-20℃で貯蔵したときは両者の間に相互関係はみられない．

冷凍食品では，保管，流通過程での温度のばらつきにより品質劣化が生じるので，一部の冷凍食品会社では，低温モニターマーク[26]によって低温管理

図 IV.4.1 生肉と蒸煮肉を酸素透過度の異なるフィルムで包装してから-10℃と-20℃で貯蔵したときの TBA 値変化[25]

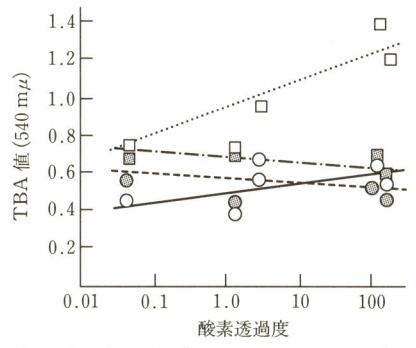

○ ── 生 肉 -10℃ ($r=0.561$, $p:0.3～0.4$)
● --- 生 肉 -20℃ ($r=-0.324$, $p:0.5～0.6$)
□ ···· 蒸煮肉 -10℃ ($r=0.849$, $p:0.5～0.1$)
■ -·- 蒸煮肉 -20℃ ($r=-0.720$, $p:0.1～0.2$)

を行っている．

包装によって，冷凍食品の脂肪や色素の酸化を防ぐためには，包装系内の酸素分圧[27]を小さくすること，酸素透過量の少ないバリヤー性包材や光を遮断する包材を使うことが指摘されている．

b. 包装による物性変化と官能検査

冷凍食品は，凍結状態で長期間保存した場合，乾燥や目減りなどが生じ，解凍後のテクスチャー，フレーバーなども変化してくる．そのため，ポリエチレンフィルム単体か PET/PE の包装材料で冷凍食品を包装するようになっている．

ワックス紙で包装した牛と豚の挽肉[28]は，温度変動した場合，5.46～6.14％の重量損失があったが，-18℃の一定温度で貯蔵したときの牛と豚肉の挽肉の重量損失は 1.58～1.94％であった．一方，アルミホイルで包装された場合，一定温度と温度変動で貯蔵しても，いずれの製品も 0.08～0.11％の重量損失にすぎなかった．

c. フローズン・チルド製品の品質保持

外食産業で使用されている牛肉やハンバーグの原料などは，バリヤー性のある包装材料で包装されたのち，急速凍結をしてから凍結貯蔵し，使用する前にチルドの状態にもどして使うようになってきている．これらの包装材料としては，EVA/PVDC/EVA，EVA/PVDC/アイオノマーなどの共押出し多層フィルムが使われている．

表 IV.4.1 に，バリヤー性包装材料で包装された冷凍ハンバーグの貯蔵中における変化[1]について示した．表からもわかるように，-20～-25℃で 60 日間貯蔵後の一般生菌数と大腸菌数は，0 日に比べ，わずかに減少する傾向にあるが，乳酸菌群数，pH，酸度，VBN には変化がみられなかった．

-2±1℃，3 日間，解凍後の官能検査では，60 日間貯蔵後でも外観，ドリップ発生度合，匂いなどは極端に低下せず，チルドハンバーグとしても十分商品価値があることがわかった．外食産業においても，この方式を導入するところが増えてきている．

表 IV.4.1 バリヤー性包材で包装された冷凍ハンバーグの貯蔵中における変化[1]

検査項目		貯蔵日数（-20～-25℃）			
		0	15	30	60
細菌	一般生菌数（n/g）	$4.57×10^6$	$2.53×10^6$	$2.53×10^6$	$1.09×10^6$
	大腸菌群数（n/g）	$9.4×10^3$	$3.1×10^3$	$7.2×10^3$	$1.0×10^3$
	乳酸菌群数（n/g）	$1.3×10^5$	$4.6×10^4$	$3.8×10^5$	$2.0×10^5$
化学分析	pH	5.91	6.02	5.82	6.18
	酸度（mg%）	363.15	395.73	419.01	446.95
	VBN（mg%）	14.61	15.12	20.26	13.17
官能検査	包装品の外観	10 点	8	7.5	7.5
	開封後の外観	10 点	9	8.0	8.0
	ドリップ発生度合い	10 点	8.5	7.5	7.5
	匂い	10 点	9.0	9.0	9.0
	ガス発生度合い	―	―	―	＋
成形品の弾力（g/cm²）		176.4	230.2	200.2	175.0

解凍 -2℃±1℃，3 日間．
包装材料：クレハロン MLB EVA/PVDC/アイオノマー．
包材の物性：酸素透過度 50 cc/m²·24 h·atm，30℃．
透湿度：4.8 g/m²·24 h，40℃，90% RH．

表 IV.4.2 新しい機能をもった食品包装材料[29]

区 分	特 徴	効 果
酸素吸収性包装容器	容器内に酸素吸収剤(塩ビゾルコンパウンド)を練り込む。容器内の酸素と侵入酸素を除去。	ヘッドスペースによる褐変防止と食品の色素維持。
吸湿性包装材料	吸湿性無機フィラーを内層面にラミネートする。外部よりの湿気を吸湿する。	凍結乾燥食品の包装材料に使うことにより、食品の吸湿が防げる。
ハイバリヤー透明蒸着包装材料	PETフィルムにシリカ(SiO_x)を蒸着したハイバリヤー包装材料。外部からの酸素透過を防ぐ。	液体調味料食品のスタンディングパウチに適している。食品の褐変を防ぐ。
ガス選択透過性包装材料	O_2：CO_2の透過率を1:15~17に上げた包装材料。(プラスチック包装材料では1:3~6)	包装させた食品のCO_2を外部に透過する。チーズのCO_2除去に使われている。

d. 機能性包材による品質保持[29]

最近，特別な機能をもった包装材料が開発され，食品分野にも採用されだしてきている。冷凍食品でも，香り逸散防止，酸化防止と旨味維持から機能性包装材料による包装が検討されている。

表 IV.4.2 に，新しい機能をもった食品包装材料[29]について示した。これらの包装材料は，酸素吸収性，吸湿性，透明ハイバリヤー性とガス選択性の機能などをもっている。

酸素吸収包装容器[30]は，容器内部に酸素吸収剤を練り込んだものであり，食品容器内のヘッドスペースの溶存酸素や外部から侵入する酸素を吸収して冷凍食品の変色や褐変を防止することができる。

吸湿性包装材料[31]は，ラミネート包装材料の内層面に，無機ライナーが貼り合わされたものである。外部の水分をこの層で吸湿し，凍結乾燥食品などの吸湿・固化を防ぐことができる。

ハイバリヤー性包装材料[32]は，PETフィルムにシリカが蒸着されたものであり，外部からの酸素透過を防ぐことができるので，液体調味料や冷凍一品料理食品の包装材料として使われる。

ガス選択性包装材料[33]は，チーズの熟成中に発生する炭酸ガスを透過させるために開発されたものである。酸素に対する炭酸ガス透過の比率を上げたものであり，包装後，食品から発生する炭酸ガスを包装材料外部に透過させ，食品の膨張を防ぐことができる。

［横山理雄］

文 献

1) 横山理雄：最新冷凍食品事典(冷凍食品協会編)，p. 269-281，朝倉書店，1987.
2) 市場レポート：食品と容器，**38**(5)，281-287，1997.
3) 御手洗元：ジャパンフードサイエンス，**36**(12)，42-46，1998.
4) 技術情報：ジャパンフードサイエンス，**36**(12)，53-57，1998.
5) Fizgerald, K. R.: *Plastic World*, Sept., 63-70, 1987.
6) プラスチック衛生連絡会：厚生省食品化学レポートシリーズ，No. 46, 1987.
7) 河野通紀：パッケージング，**284**(9)，67-75，1980.
8) 芝崎 勲，横山理雄：食品包装材料，新版食品包装講座，p. 161-231，日報，1993.
9) 田中常雄：フードパッケージング，**28**(7)，121-133，1984.
10) 軟包装技術情報：包装タイムス，1998年10月12日.
11) 久保直紀：包装技術，**35**(11)，36-43，1988.
12) Kass, M.: *The Packaging Reference Issue*, 8-15, 1986
13) Lingle, R.: *Packaging Digest* (USA), **33**(4), 28-30, 32, 35, 37-49, 1994.
14) 水澤 一：食品と科学，**38**(6)，94-98，1996.
15) 技術情報：包装タイムス，1998年3月23日.
16) 田中治平次：包装技術便覧(矢野俊正編)，p. 1660-1667，日本包装技術協会，1995.
17) 世古 清：包装技術便覧(矢野俊正編)，p. 1667-1673，日本包装技術協会，1995.
18) 松井互吉：包装技術便覧(矢野俊正編)，p. 1643-1648，日本包装技術協会，1995.
19) 熊谷義光：冷凍食品事典(冷凍食品協会監修)，p. 301，朝倉書店，1975.
20) 市場レポート：食品と容器，**38**(5)，281-287，1997.
21) 横山理雄：マテリアルライフ，**10**(4)，173-180，1988.
22) 横山理雄：石川県農業短期大学報告書，**27**，141-147，1997.
23) 田中好雄：フードパッケージング，**28**(7)，75-86，1984.
24) 横山理雄：*SUT BULLETIN*，11月号，17-23，1998.
25) 森高 明：食品の包装と材料，食品工業別刷，141-147，1980.
26) 楠 慧：フードパッケージング，**28**(9)，86-90，1984.
27) 里見弘治：マテリアルライフ，**10**(4)，181-185，1998.
28) 小嶋秋夫：冷凍食品技術者講習会テキスト，p. 61，1980.
29) 横山理雄：食品衛生学会誌，**39**(3)，J.270-J.276，1998.
30) 小山正泰：包装技術，**34**，10-13，1996.
31) 清水太一：包装技術，**34**，22-24，1996.
32) 八木敬子：包装技術，**33**，29-34，1995.
33) 広瀬和彦：包装技術，**33**，13-17，1995.

V. 生産管理

1. 生産管理

1.1 生産管理とは

生産管理とは生産の三つの要件である「品質」「原価」「納期」を満足する生産の方法やルールについて設計・実施・改善を行うことである．また製品の生産予測や受注から出荷までの過程について計画し，実施した結果の差をチェックし，計画通りの結果を得るために対策をとり，改善を行うことである．

1.1.1 生産とは

「生産」＝経済活動(もうけるための活動)を通じて付加価値を創造し，増加させることと定義されるが，物をつくる際のポイントとして前述した品質・原価・納期を満たすために四つのMといわれるMan(作業者)，Machine(機械)，Material(材料)，Method(作業方法)を上手に組み合わせて運用し，良い製品をつくることである．これらの関係について図V.1.1に整理した．

1.1.2 管理とは

a. 管理のサイクル

管理するには問題点を見つけだし，改善し，管理レベルの安定と向上をはかることが重要であるが，このことはPDCA(図V.1.2)として表現される．PDCAサイクルは，P(考えて)D(やってみて)C(見直して)A(改善する)ということになるが，管理とは仕事をやりやすくすることであり，それは改善機能をもつことにより成り立つといえる．

b. 管理のポイント

生産管理を行うにあたって次の三つのポイントをしっかりおさえておくことが重要である．

・何を管理するのか，その対象とする管理項目を明確にする．
・管理の結果を測定する単位を決めておく．
・何をどれだけ改善するのか目標をきちんと決めておく．

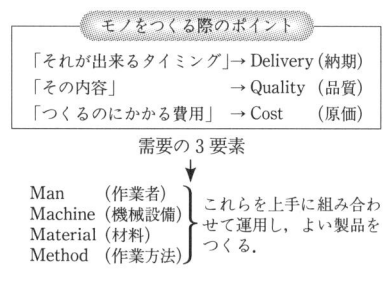

図 V.1.1 物をつくる際のポイント

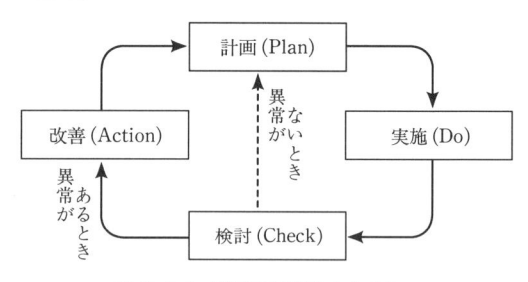

図 V.1.2 管理(PDCA)のサイクル

1.2 生産管理の体系

生産管理は目標とする品質・原価・納期のできばえを管理する第1次管理と，目標とする品質・原価・納期を満足するために人・機械などを最適の状態にする第2次管理の二つに大別される．

① 第1次管理
　納期管理……納期の確実化と生産の迅速化
　品質管理……品質の向上と均一化
　原価管理……生産コストの維持と引下げ
② 第2次管理
　要員管理……適正要員配置による能率の向上
　設備管理……維持保全と稼働率の向上
　資材管理……合理的使用によるコストダウン

1.3 生産管理のシステム

1.3.1 管理システム構造

管理システムの構造は品質・納期・原価といった三つの要件を満たすために、材料を投入し、作業者・機械・方法を運用して製品に仕上げる過程で、「物」を管理する活動と「場」を管理する活動の関係として表すことができる.

具体的には図 V.1.3 のようになるが、これらの要因がいかに円滑に機能するシステムとして構築されるかが重要である.

1.3.2 生産管理システムの構築

生産管理システムを構築する前提として、商品の特性（製造方法など）を十分考慮し、物の流れと情報の流れ、さらに管理運用組織を分析しなければならない. そのことにより、より現状に合った機能を

する管理システムが構築されるわけで、これを整理すると図 V.1.4 のようになる.

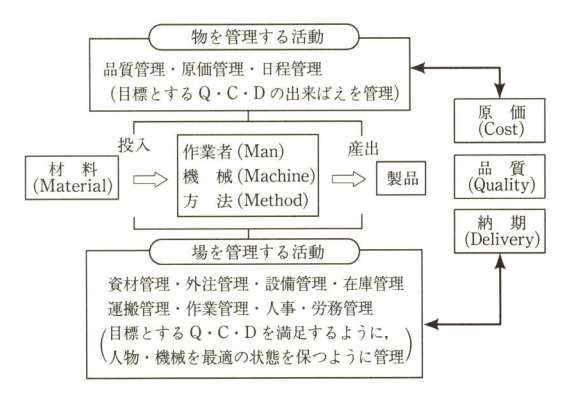

図 V.1.3 管理システムの構造

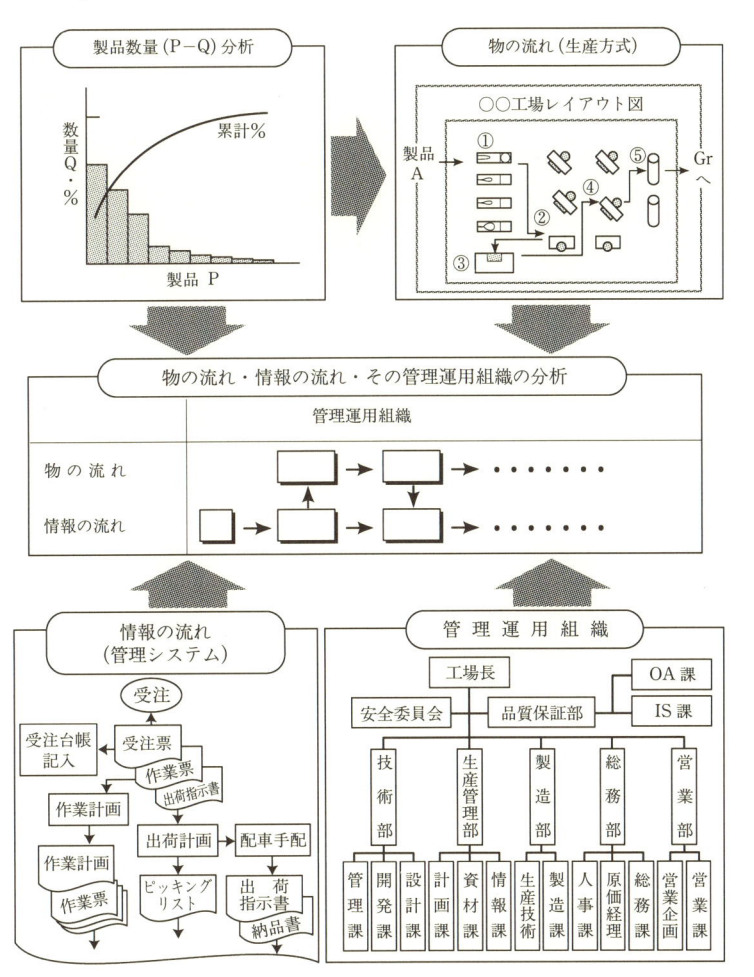

図 V.1.4 物の流れと情報の流れ、その管理運用組織の分析（日本能率協会：実践生産管理）

V. 生産管理

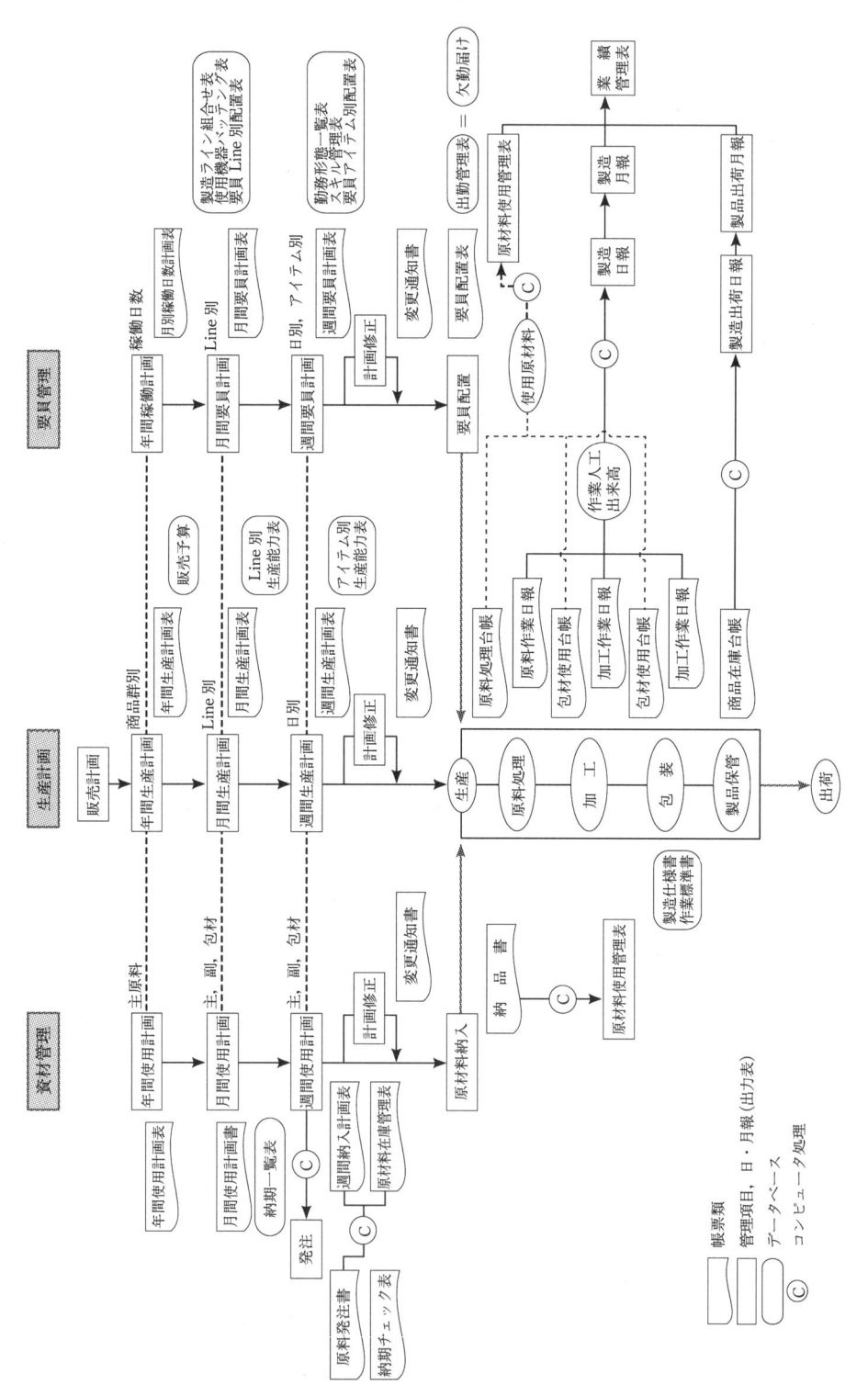

図 V.1.5 生産管理システムの事例

1.3.3 生産管理システムの事例(モデルケース)

生産活動における要件である情報・物・人の流れについて,販売計画から製品の出荷に至るまでの過程でフロー図として整理したのが図V.1.5である.

このフロー図により,管理すべき事項,必要とする情報および相互の関係が明確にされる.このシステムを構築するにあたって留意すべきことは次の通りである.

・情報と物の流れをリンクさせ,かつ管理上重要な事項について明確にする.
・管理を行うにあたって必要な帳票類について,その目的(役割)を明確にする.
・生産計画,資材管理,要員管理の相互の関係を明確にする.

1.4 工程管理における標準化

1.4.1 標準化の考え方

工程管理を実施するにあたって重要なことは,「何をどのように管理するのか」ということが明確にされなければならない.

また,管理するためには管理するための基準(標準)が必要であり,標準化を行うことになる.標準化とは具体的には次のように整理される.
・作業の内容を調査・分析し,問題点を明確にし,
・問題点(ムリ,ムラ,ムダ)を改善し,
・守るべき正しい作業の方法,製品や原材料の規格あるいは使用する設備について,
・あるべき姿を明確にし,成文化のうえ,
・責任者の承認を受け,
・相当する従業員を教育,指導して組織的に運用,活用し,
・品質と生産性を向上させていく.

1.4.2 製造仕様書

商品はその開発段階において使用する原材料,生産設備,製造方法について検討されるが,その結果決定された品質を「設計品質」という.この設計品質を安定して生産するために必要な事項を成文化したものが製造仕様書であるが,表V.1.1のように体系づけられる.

製造仕様書を作成するときに最も重要なことは,製造現場で活用され,品質・生産性の向上といった成果を生み出すということである.

そのほかに,製造仕様書作成時のポイントとして次の事項があげられる.

① 製造現場(作業者)の立場で作成する.

製造仕様書の作成を担当するのは,一般に商品開発担当や品質管理担当の部門であるスタッフ部門の場合が多い.このため,ややもするとスタッフ部門が単独で作成し,製造現場に押しつけるパターンになりがちである.

これでは製造現場での活用は期待できず,作成にあたってはスタッフ部門と製造部門とのコミュニケーションをよくし,製造現場と協力のうえつくりあげることが重要である.要は作成する者が製造現場の立場に立ってより現場の状況に合致したものを作成するということである.

② できるだけ数値化し,抽象的な表現は避ける.

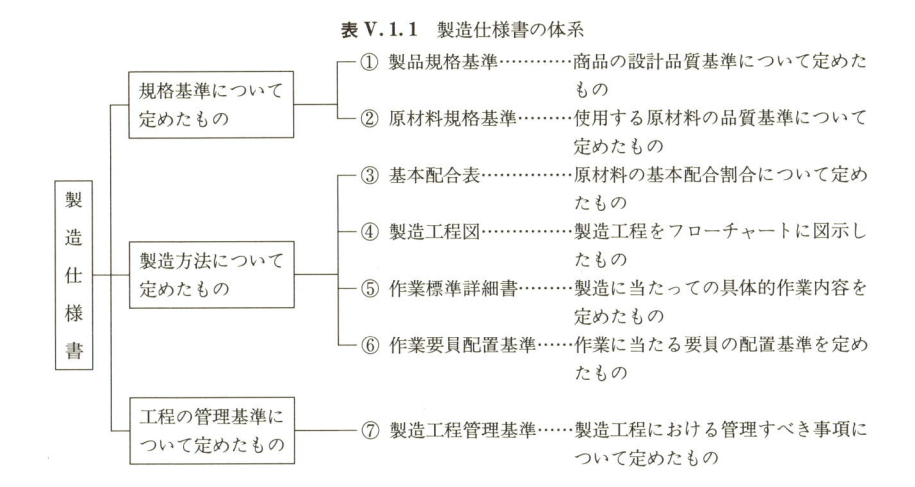

表V.1.1 製造仕様書の体系

製造仕様書	規格基準について定めたもの	① 製品規格基準	商品の設計品質基準について定めたもの
		② 原材料規格基準	使用する原材料の品質基準について定めたもの
	製造方法について定めたもの	③ 基本配合表	原材料の基本配合割合について定めたもの
		④ 製造工程図	製造工程をフローチャートに図示したもの
		⑤ 作業標準詳細書	製造に当たっての具体的作業内容を定めたもの
		⑥ 作業要員配置基準	作業に当たる要員の配置基準を定めたもの
	工程の管理基準について定めたもの	⑦ 製造工程管理基準	製造工程における管理すべき事項について定めたもの

規格・基準は明確化され，できるだけ数値化し，正確に伝わるようにする必要がある．例えば，作業手順書において混合作業を「適切な時間混合する」と表現したのでは作業者はよく理解することができない．

そこで「毎分20回転（ゲージは目盛5に設定）で2～2.5分間混合する」と具体的数値で表現することにより，初心者にも使用できる作業手順書となる．

③ 図，表，写真などを使用してわかりやすくする．

文章のみで書かれた製造仕様書は読む人が見ただけでイヤになり，場合によってはそこで製造現場での活用のチャンスを失うことになる．読んでわかるのではなく，見てすぐわかることが重要であり，図，表，写真などを使用してわかりやすく表現することがポイントである．

④ 5W1Hをより具体的に表現する．

When, Who, Where, What, Why, How は文章表現の重要なポイントであるが，このポイントが欠落している文章をよく見受ける．作業について「どうする」だけでは作業者に正確には伝わらず，誤って伝わる主因となっていることが多く，これを防ぐためには5W1Hをできるだけ簡潔に表現して文章を作成することが重要である．

⑤ 改訂時の対応を想定して作成する．

生産活動を取り巻く環境である原材料供給や設備の変更などは状況により発生する．このため製造仕様書の改訂が必要となるが，あまりに重厚なものをつくったために改訂がしづらくなり，改訂作業が遅れ，製造現場に合わなくなってしまうケースがある．このため，できるだけシンプルな形で作成しておき，改訂時の対応をやりやすくしておくことが必要である．

1.4.3 製造工程管理基準書

製造工程管理基準書は製造工程において管理すべき事項について定めたものであるが，「何を」，「どのように」，「何を基準に」，「だれが管理するのか」を成文化したもので，工程管理上重要な管理基準である．

また，これらの管理は，食品の安全性を確保するための管理システムであるHACCP（hazard analysis critical control point）システムと同様に「製造工程で重要となる管理項目をピックアップし，それを重点的に管理・記録する」がポイントである．このため，製造工程管理基準書はHACCPで対象とする管理項目と，対象にはならないがよい商品を生産するためには不可欠な管理項目を区分・整理したうえで，これらの統合的な管理基準書として作成することになる．作成時に特に注意すべきことは実際の生産ラインにマッチした基準が必要であり，机上で作成した基準書では製造現場では活用されず，意味をなさないことに留意しなければならない．

次に，具体的な作成の事例を紹介する（表V.1.2参照）．

a. 製造工程

製造工程図をリンクさせた形で，原料処理より出荷までの工程をフローとして記載する．

b. 管理事項および製造条件

各工程で何を管理すべきかを明確にすることが大切であるが，そのためには各工程での品質，生産性に影響する要因を分析し，優先順位を整理する．また，安全性にかかわる管理事項はHACCPの手法により決定する．

製造条件は作業標準書とリンクさせ，そのポイントになる部分を記載する．

c. 管理基準

選定した管理項目に対し，「何が良く」，「何が悪い」のかその基準を明確にする必要があるが，極力数値化することが重要である．基準値はHACCPでいうCL（critical limit）ではなく，OL（operating limit：作業限界）とする．また，その許容範囲を明らかにして，生産現場における管理範囲内のばらつきに対応する必要がある．さらに数値化できない事項（官能的チェック）については写真などのビジュアルで判断できるよう工夫すると生産現場で有効である．基準値を設定するとき成形機や焼き機などの制御能力を加味したものとし，あまり理想的数値を設定してしまうと生産現場の実情と合致しないものになるので留意する．管理基準はその工場のレベルを考慮し，段階的にステップアップすることが現実的であり，生産現場で活用されるものとなる．

d. チェックの目的

何を目的としてチェックするのかを明らかにしておくことは，実際にそれを担当する人にとって大切である．目的を理解してチェックするのと，理解せずにただチェックするのみとではチェックの結果に問題が生じた場合の行動に大きな違いが生じる．目的が理解されていれば，チェック者が適切な判断と措置がより正確にでき，現象の裏に隠れている大きな問題を事前に発見することが可能となる．

表 V.1.2 製造工程管理基準書（事例）

製造工程	管理事項	製造条件，管理基準	チェックの目的	区分	測定方法	頻度	記録	担当	不合格の処置
原料の受入れ	鮮度，赤身比率，色調，水分，粒度，異夾雑物の混入，包装状態，加工年月日，保管温度	原材料購入基準による（別紙1参照）	原料品質の確認	PP	原料検査マニュアルによる	原料1tあたり○kg	DS(1)：原材料受入検査報告書	原材料受入検査担当者	原料検査マニュアルにより処置
原材料処理	畜肉：カット形状 解凍品温度	○mmφプレートでミンチャー処理解凍品温○〜○度	食感，味への影響	PP	目視（ノギス）サーミスタ温度計	○回／時	原料処理CS日報	原料処理担当者	不使用・返品
	タマネギ：カット状態 ドリップの流出状況保管温度	○×○mm（ミジン切り）ドリップの流出○%以内 ○℃	食感，味への影響	B	目視（ノギス）目視（計量）サーミスタ温度計		-QC日報		
	畜肉，タマネギ：金属異物の混入	金検感度 Fe 1.2φ, SUS 2.5φ	金属異物防止	B	目視，金属検出機		金検CS(1)		
混合	混合状態 混合後品温	回転／分○〜○分 混合混合時料温は均一であること混合後品温○℃以下	混合のバラツキを防止成形適性	PP	目視 サーミスタ温度計	1Mixごと	混合CS(3)-QC日報	混合担当者	再混合 品温が高い場合，低温度にて冷却不使用処分
成形	異物混入の有無	調味料袋等の使用容器の混入が無いこと	異物混入防止	PP	目視				
	成形重量	50g：○±○g70g：○±○g90g：○±○g	重量管理	B	デジタル秤		重量CS(1)日報	成型機担当者集計はLQC	成型機調整
	成形後の形状	基本モデルに合致する形状の範囲	形状不良防止	B	基本モデルと比較目視	始業時と○回／時	成型CS(2)-QC日報		不良品成形もどし
焙焼	連続焙焼オーブンの焼き温度と時間 焙焼後品温	温度○±○℃ 時間○±○分 品温：中心部で○±○℃	衛生基準クリア	CCP	オーブン温度操作盤計器（自動記録）品温：サーミスタ温度計	始業時と○回／時	焙焼CS(2)-QC日報オーブン温度は自動記録	焙焼担当者データ集計はLQC	オーブン温度調整破棄処分
	焙焼後品温と形状，焼き色	形状：基本モデルに合致する形状焼き色：基本モデルに合致する焼き色	検数状態	A	基本モデルと比較（目視）				破棄処分
	焙焼後の重量	50g：○±○g70g：○±○g90g：○±○g	重量管理	B	デジタル秤	始業時と○回／時	重量CS(2)-集計-QC日報		要チェック重量はB品に
冷却	連続冷却機雰囲気温度 冷却後品温	○℃−○分間冷却品温：中心部で○℃以下	冷却状態	PP	冷却機・操作整計器（自動記録）	始業時と○回／時	冷却自動記録冷却CS(1)-QC日報	冷却担当者	冷却機調整再冷却
凍結	機器の洗浄，設備		二次汚染の防止	CCP	拭き取り検査	清掃終了毎日	拭き取り検査報告書	品質管理課（検査）	再洗浄 始業時
	連続凍結機雰囲気温度 凍結後品温	−○℃〜○分間凍結品温：中心部で−○℃以下	凍結状態	B	凍結機・操作整計器（自動記録）品温：サーミスタ温度計	始業時と○回／時	凍結CS(2)-QC日報		凍結機調整凍結時間延長
包装	シール温度，状態	シール温度：上ヒーター○℃下ヒーター○℃	包装状態	A	包装機操作整計器		包装CS(2)-QC日報	包装担当者	包装機調整
	表示事項，期限表示	商品表示による	表示の適合	PP	目視		包装CS(1)-QC日報		再包装
	金属検査	金検感度：(1)Fe○φ, SUS○φ(2)Fe○φ, SUS○φ	金属異物の有無	CCP	テストピース ダミーチェック 0.点チェック		金属CS(2)-QC日報		破棄処分
	ウエイトチェッカー 機器および手指の衛生管理	計量法による下限値をクリアCf(-), ST(-)	重量管理	B			W.C.CS(1)-QC日報		B品に
保管	製品庫の保管温度	サーマリーマニュアルによるCf(-), ST(-)	二次汚染の防止	PP	拭き取りを取る		拭き取り検査記録	品質管理課（検査）	再洗浄
製品検査		製品庫温度−○℃以下	保管状態	PP	冷凍機操作整計器		自動記録	製造技術課	冷凍機調整製品庫の検査
	衛生検査（SPC, Cf, ST, SA）表示，異物，内容量，官能	製品規格基準による（品質検査規定案）	HACCPの検証	・	品質検査基準による	夏季：1回／○日それ以外○回／週	製品検査報告書PC入力	品質管理課（検査）	品質管理規定による出荷止め・修正
出荷	期限表示 製造ロット No.の確認	商品表示マニュアルによる	先入し先入れの確認	PP	目視	1回／時	出荷記録	出荷担当者	出荷調整
	ブラストホーム冷室（ドッグシェルダー）	○℃ 以下	解凍の防止	PP	自己品温度計	出荷パレットごと	自動記録		室温調整凍結延長

(注) CCP, PP は HACCP による区分, A, B はその他の管理における重要度.

e. 管理の重要度

HACCPの基本的考え方をベースに管理の重要度を分析し,次のように分類して効率的な管理をはかる.

〈安全性にかかわるもの〉
CCP：HACCPでCCPとなる管理項目
PP　：HACCPで一般的衛生管理プログラム(PP)となる管理項目

〈安全性以外の品質にかかわるもの〉
A：重要事項で必ず管理する必要がある管理事項
B：日常の管理の中で,必要な頻度に応じて管理する必要がある管理事項

f. 測定方法

チェック(モニタリング)するとき,その方法について適切な方法を設定しておく必要がある.正確なデータにより,良否の判定や改善の取組みがスムーズに行われることになる.

g. 測定頻度

食品はその特性上,ウエイトチェッカーや金属検出機,軟X線異物検出機などを除き,全数をチェックすることはできない.このため,抽出サンプルによってチェックするのが大半となるが,その頻度はチェック結果の信頼性に大きく影響する.信頼性が高く,かつ効率的にチェックするためにも適正なチェックの頻度を設定しなければならない.

h. 担　　当

よくある例で「何を」,「どう」管理するのかだけを決め,「だれが」管理するのかを明確にしておかなかったために,実施が徹底されないということがある.「だれが」を明確にすることは,業務上の責任を明確にするうえでも大切である.

i. 管理基準逸脱時の措置

管理基準を逸脱した場合,その措置を事前にルール化しておくことにより,対応をより正確でスピーディーなものにする.特に連続生産ラインの場合,問題発生時の措置のスピードが不良品の発生量に大きく影響を及ぼすことになる.

また,製造現場で判断し,措置する権限の範囲をルール化しておき,担当者レベルでの措置がすみやかにできるよう,さらに現場では対応できない高度の判断を要する場合には上長者への報告を行うよう,日常の教育指導を徹底することが重要である.

1.5　生産性の指標

生産管理を行うにあたって生産性の指標は生産現場における現状把握や問題点の改善を進めるうえでたいへん重要である.

生産性の指標として一般的に使用される指標は歩留り,能率,稼働率であるが,管理する目的や対象とする製造ラインの特性によって算出方法などが異なるので,指標を設定する前にこれらの点を十分検討しておく必要がある.

1.5.1　歩　留　り

a. 加工・処理歩留り

原料処理(剥皮,トリミングなど)や製造工程中における調理(煮込み,ボイルなど),および蒸煮,焙焼などの加工に伴って発生する歩留りであるが,一般的には重量比で算出される.

$$加工・処理歩留り = \frac{加工・処理後の重量}{仕込重量(加工・処理前の重量)} \times 100$$

b. 工程歩留り

製造工程における管理(重量管理や作業手順のミスなど)の不徹底によって生じるロスによる歩留りであるが,一般的に個数比で算出する.

$$工程歩留り = \frac{実際出来高個数}{標準出来高個数(設定値)} \times 100$$

1.5.2　能率(1人工当たり能率)

能率は通常1人工(M/D)当たりの製品出来高重量(kg/人工)でみるが,手作業の工程の場合は出来高重量が少ないため,出来高個数(個/人工)でみる場合がより現状把握がやりやすい場合もある.

$$能率 = \frac{製品出来高重量(もしくは個数)}{作業人工数(M/D)} \times 100$$

1.5.3　稼　働　率

a. 製造ライン稼働率

製造ラインにおける作業開始時から終了までの製造ライン全体の稼働状況を示す指標として,ライン稼働率をみる.なお,分母となる標準可能稼働時間にラインの洗浄時間を含めるか含めないかは,洗浄作業の外注などの有無や,生産体制(勤務シフト)

の状況によって判断する．

$$製造ライン稼働率 = \frac{実際ライン稼働時間}{標準可能稼働時間（設定値）} \times 100$$

b. 機械稼働率

成形機や包装機など，生産性に大きく影響する生産機械について，その稼働状態を把握するための指標である．近年，後述する稼働管理計によって自動的にデータ処理され，管理状況をアウトプットするシステムもできてきた．

また，あわせて機械の停止原因を正確に把握しておくことが重要である．

$$機械稼働率 = \frac{実際機械稼働時間}{標準機械可能稼働時間（設定値）} \times 100$$

1.5.4 POPによるリアルタイム管理

POP (point of production) システムとは，製造工程における情報（製品出来高，重量管理データ，稼働状況データなど）を自動的もしくはタッチパネルにてそのつどコンピュータに入力し，その出力をリアルタイムに行って管理するシステムである．システム全体のフロー図は図V.1.6の通りであるが，従来の工程管理データが作業終了後に算出され，数値管理が後追いになっていたのに対し，POPシステムによるリアルタイム管理によって管理データが改善措置のためにその場で活用され，その効果は大きい．

また，POPによるデータ活用の事例として表V.1.3に整理したが，前述のようにPOPシステムを構築する前段で，該当する製造ラインでどのような管理指標を必要とするのかが十分に検討されていなければならない．

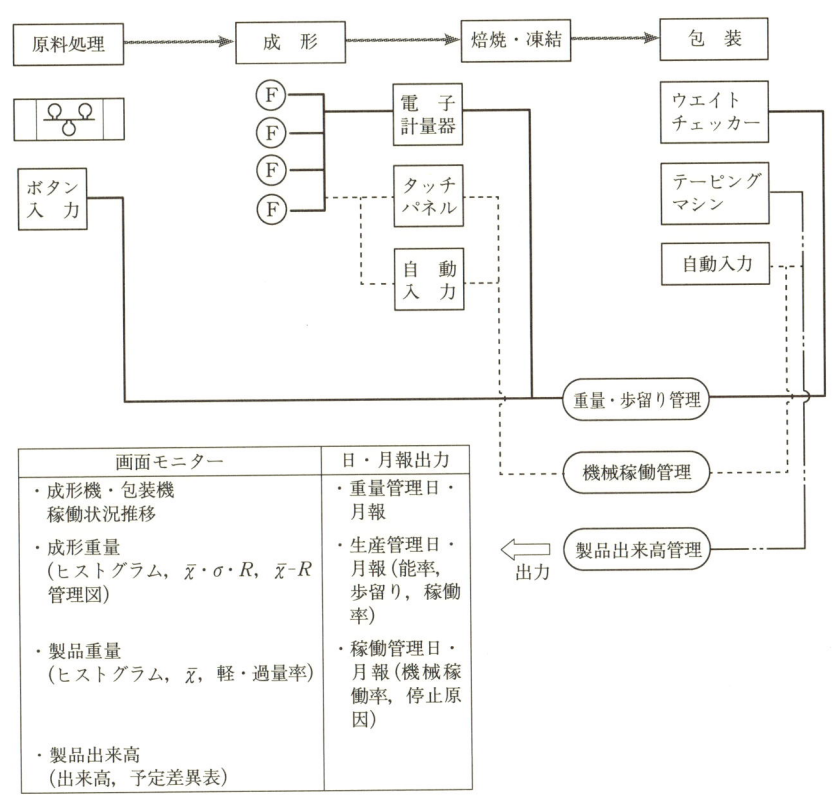

図V.1.6 POPシステムフロー図（ハンバーグラインの事例）

表 V.1.3　POPによるデータ活用（ハンバーグラインの事例）

取出工程	機械名	何のデータをとるか	どう加工するか	何の形で役に立てるか
原料		原料投入回数（原料投入ごとに人が投入ボタンを押して投入信号を送る．1バッチごとの投入量は，あらかじめ各品目ごとに登録しておく．	歩留り計算に利用する．	生産日報・生産月報へ出力する．
成形	成形機	稼働信号	稼働率を算出する． 稼働率＝$\frac{実際稼働時間}{予定生産時間} \times 100$	モニターによる稼働率の監視．稼働日報・稼働月報へ出力する．
	電子秤	成形直後の製品重量のサンプリング測定	時間帯ごとの平均重量・標準偏差を算出し，最大重量・最小重量を記録する．	重量管理日報・月報へ出力する．モニターによる製品重量の監視．
	タッチパネル	成形機が停止したときの停止要因を手入力する．	成形機の停止要因別件数および停止時間を集計する．	稼働日報・稼働月報へ出力する．
包装	包装機	稼働信号	稼働率を算出する． 稼働率＝$\frac{実際稼働時間}{予定生産時間} \times 100$	モニターによる稼働率の監視．稼働日報・稼働月報へ出力する．
	ウエイトチェッカー	包装機直後の全製品重量	時間帯ごとの平均重量・標準偏差を算出する．	重量管理日報・月報へ出力する．モニターによる製品重量の監視．
	タッチパネル	包装機が停止したときの停止要因を手入力する．	包装機の停止要因別件数および停止時間を集計する．	稼働日報・稼働月報へ出力する．
	テーピングマシン	通過する製品の数	通過する製品の数を製品出来高として集計するとともに，歩留り計算に使用する	モニターにより，実際生産状況（出来高）を把握する．生産日報・生産月報へ出力する．

1.6　原　価　管　理

1.6.1　原価の構成

「原価とは，一定単位の製品などに関係づけてとらえた経済的価値の消費額」と定義されているが，ここでは製品をつくりだす過程で生じる原価，いわゆる製造原価について述べることとする．

製造原価は，図 V.1.7 に表現されるように変動費と固定費から構成され，おのおの次のようになっている．

・**変動費**

生産数量の増減によって比例的に変動する費用であり，主に次のような費用が該当する．

原材料費，変動工場費（光熱費，修繕費），人件費（時間外やパート賃金）

・**固定費**

生産数量の増減に関係なく，期間総額が一定である費用であり，主に次のような費用が該当する．

人件費（基本給），固定工場費（減価償却費，光熱費基本契約額），福利費，保険料

さらにこれらの経費は直接費と間接費の2つに配賦区分される．

・**直接費**

製品に直結してつかむことのできる経費で，おのおのの製品の原価に直接配課される．

・**間接費**

製品に直接結びつけることのできない各商品間に共通して生じる経費で，一定基準によりおのおのの製品の原価に配賦される．

1.6.2　付加価値と限界利益

製造する製品の収益性を判断する指標として，付加価値と限界利益がある．付加価値とは原材料を加工することによってどれだけ価値が上がったかをみるもので，売上高から原材料費を引いた差である．

また，限界利益とは売上高から変動費を引いた差，もしくは固定費と利益を加算したもので，経費を変動費と固定費に区分して算出することにより，付加価値よりさらに受益性を詳しく分析することが

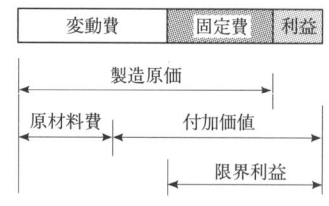

図 V.1.7　原価の構成

できる．

付加価値＝売上高－原材料費
限界利益＝売上高－変動費＝固定費＋利益

限界利益で商品の収益性をみる場合，次のような比較を行う．

1人工当たり限界利益＞1人工当たり工場費
‖
kg当たり限界利益×1人工当たり能率（kg/人工）

能率が大きい商品と小さい商品は次のような考え方で，1人工当たり限界利益を確保することにより価格競争力（収益性）が向上することになる．

能率 大 の商品：kg当たり限界利益 小 ×能率 大
能率 小 の商品：kg当たり限界利益 大 ×能率 小

1.6.3 損益分岐点

損益分岐点は変動費と売上高の交点で，損益分岐点を売上高が越えることにより利益が発生するが，メーカー利益（製造利益）は損益分岐点を越えると，加速的に利益が増加することになる（図V.1.8参照）．

損益分岐点と目標利益を確保するための目標売上高は次のように算出される．

損益分岐点＝ 固定費 / 限界利益率（売上高に占める限界利益の割合）

目標売上高＝(目標利益＋固定費) / 限界利益率

利益をあげるためには損益分岐点を引き下げる必要があるが，その方法として次の3つの事項が考えられる．

① 固定費を下げる：　経費の削減……能率の向上による人件費の削減
② 変動費を下げる：　原材料費の削減……工程での歩留りの向上

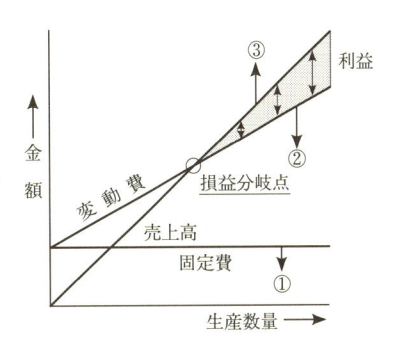

図V.1.8 損益分岐点と利益

③ 売上単価のアップ：　付加価値の高い商品の生産にシフトする．

1.6.4 全部原価計算と直接原価計算

全部原価計算は財務的な原価計算方式で，直接費はそのまま賦課し，間接費は一定の基準で配賦するが，製品の製造のために要したすべての原価を集計することになる．それに対し，直接原価計算は変動費は製品原価とするが，固定費は製品に配賦しないで，そのまま期間原価として一括計上する．

なお，直接原価計算の直接原価とは製品に直結している直接費の意味ではなく，変動費をさしており，変動（費）原価計算といいかえることができる．生産管理上の原価計算としては，間接費の配賦により実態とのくい違いがでやすい全部原価計算より，管理状況が直接的に原価計算の数値に現れやすい直接原価計算が望ましいといえる．

全部原価計算と直接原価計算の相違点を計算式で示すと次のようになる．

全部原価計算：　売上高－原価（直接費＋間接費）＝利益

直接原価計算：　売上高－変動費＝限界利益
　　　　　　　　限界利益－固定費＝利益

1.7　要員管理

1.7.1　要員配置基準とスキル管理

要員管理をスムーズに行うには，まず適切な要員が配置されることが必要であり，このための基準となるものが要員配置基準である．この要員配置のやり方によって，製造ラインの生産性（能率）が大きく影響されるわけで，適材適所の配置を行うことは大変重要である．

具体的には図V.1.9のように製造ラインもしくは主要商品ごとの製造ラインレイアウトとそれに要員を配置したもの，あわせて従業員の能力（熟練度）を整理した要員配置の一覧表を作成して管理することになる．

員数だけの配置ではなく，従業員個々の技能を考慮したスキル管理は要員の「質」の管理として重要

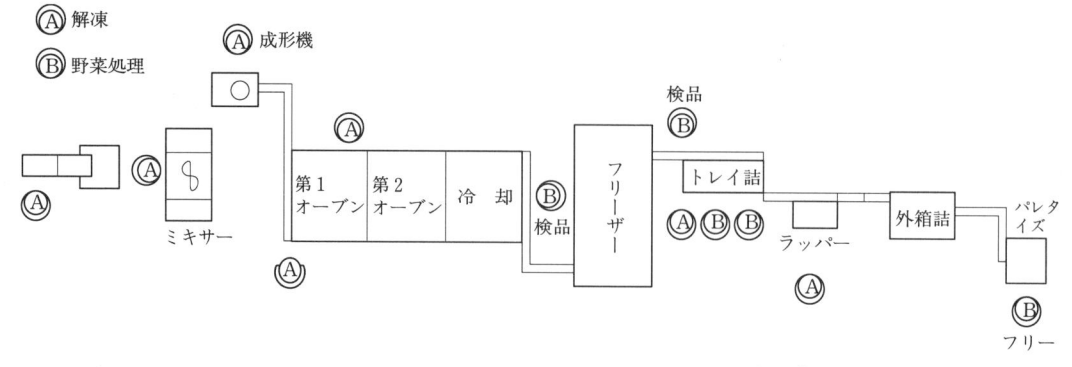

Ⓐ 解凍
Ⓑ 野菜処理
Ⓐ 成形機
Ⓑ 検品

ミキサー — 第1オーブン — 第2オーブン — 冷却 — Ⓑ検品 — フリーザー — ⒶⒷ — トレイ詰 — ラッパー — 外箱詰 — パレタイズ — Ⓑフリー

スキルA：ベテラン
スキルB：パートにて可

〈要員配置表〉

原料	スキルA	スキルB	加工	スキルA	スキルB	包装	スキルA	スキルB			
解凍		1人	成形機	1		トレイ詰め	1	2			
肉処理	1	1	オーブン	1	1	ラッパー	1	1			
タマネギ処理		1	検品		1	検品		1			
混合	1		フリー	1		フリー	1		A	B	計
計 4	2	2	4	3	1	6	3	3	8	6	14

図 V.1.9 作業要員配置基準表の事例
（ライン名：焼きハンバーグ）

表 V.1.4 要員スキル管理表の事例

氏名 / 作業内容	加工			包装					備考	
	成形機	検品	供給	自動計量機	ピロー包装機	検品	トレイ詰	箱詰		
高橋花子	○	○	○	×	△	○	○	○	ピロー包装機訓練中(7月修了)	社員
田中洋子	×	○	○	○	○	○	○	○		社員
佐藤圭子	○	○	○	×	×	○	○	○		社員
鈴木良子	○	○	○	×	×	○	×	○		パート
大川さつき	△	○	○	×	△	○	○	○	ハーフタイム	パート
山田美子	×	○	○	△	×	○	○	○		パート
大石幸子	×	○	○	×	×	○	○	○		パート

であり，このことにより人材を有効活用することができる．また，従業員のレベルアップをはかるためのOJT教育の指標としても有効であり，表V.1.4を事例として紹介する．

このスキル管理表は該当する製造ラインで必要とするスキルについて，各自の習熟度を整理したもので，定期的(半年ごと程度)に作成・改訂される必要がある．

1.7.2 生産現場でのOJT教育
a. OJTの目的と意味
(1) OJTの目的 「企業は人なり」といわれているが，企業がきびしい社会環境の中を生き抜いていくには，従業員の能力を最大限に発揮させ，目標を確実に達成していくことが重要である．そこで，OJTは人材育成の手法の基本として位置づけられ，その目的は，社員の能力の向上，そして働きがいを創りだすことにある．

(2) OJTの意味 OJTは，上司が仕事を通じて部下を指導・育成していく方法である．つまり，上司が部下に対して業務に必要な知識，技能，技術などの能力向上を目的として，仕事を通じて行う計画的・意図的・継続的かつシステム的な教育活動ということができる．

(3) OJTの実施により期待される効果

OJTの実施により，目標の達成による業績の向

上のみにとどまらず，従業員ひとりひとりの能力の向上や働きがいに結びつけることが大切である．具体的には次のような効果が期待される．

① 部下に仕事の移管ができ，Job 領域が拡がる．
② 確かな仕事ができるようになり，部下の仕事のチェックの頻度が少なくなる．
③ 部下の仕事上のミスが少なくなり，歩留りが向上する．（品質の向上）
④ メンテナンスコストを下げ，生産性，利益向上に結びつける．（コストダウン）
⑤ 相互の信頼関係が深まる．（全体水準の向上）
⑥ 自分の時間的余裕がつくれ，新しい業務を取り込める．（時間，機会の創出）
⑦ 自己業務のマンネリ化を防止し，啓発の必要性を理解する．（相互啓発）

b．OJTの進め方

（1） OJTの手順

① 個人別のスキルを把握する．（部下の個々のスキルについて現状把握する．）
② 育成プランを作成する．（自己申告時の面談により個人別の目標を設定し，それをスケジュール化する．）
③ 計画により実施する．（計画表に従って指導する．）
④ 定期的な面談により，フォローアップを行うとともに，その進捗状況を記録する．
⑤ 上長者への報告と人事移動時の継承を行う．

（2） 部下を育てる着眼点

① どのような能力特性をもっているか……部下の能力把握
② どのような仕事をやらせるか……仕事とその範囲の決定
③ どのような方法でやらせるか……方法の選択
④ どのようなスキルを期待するか……スキル水準の明確化
⑤ 仕事のアウトプットをどう評価するか……判断基準の明確化

（3） 効果的な育成を行うには

① 全員に公平に対応することはできないので，優先順位を決める．（重点化）
② やってもあまり意味がないことはやらない．（合理性の追求）
③ 一人ですべてやろうとせず，上司や同僚の協力を得て行う．（共有体制の確立）
④ 課題となる次の点を明らかにして育成する．
・物理的……部下との時間・距離の問題をどう克服するか．
・態度的……部下の仕事に対する興味・関心の度合いはどの程度か．
・技術的……部下が固有技術，詳細技術をどの程度知っているか．
・精神的……自分は部下の私的な事情・状況をどの程度理解しているか．
⑤ 全員集まる機会を利用する．（集団指導の論理）

（4） OJTを阻害する要因

OJTを実施するうえで，それぞれの側に阻害要因があるが，これらを排除することが重要である．

① 上司側の責任： 一貫性の欠如，押しつけ教育，無計画さ，部下への無理解，実力不足
② 部下側の責任： やる気のなさ，認識不足，適材適所になっていない，評価への不満
③ 会社の責任： 制度やしくみの不備，集合研修への偏重，会社の方針の不徹底　　〔新宮和裕〕

文　献

1) 日本能率協会コンサルタント編：実践生産管理 CPE 育成コース，1994.
2) 新宮和裕：冷凍食品技術者講習会テキスト（日本冷凍食品協会編），1994年版，1995年版.
3) 産能大学編：原価のしくみ，1989.
4) 日本能率協会コンサルタント編：OJT 教育テキスト，1994.
5) 新宮和裕：冷凍食品製造ハンドブック，光琳，1995.

2. 品質管理

2.1 品質管理の基本

　良い品質の製品を「経済的」,「効果的」につくり,お客様に満足して使用してもらうことが,その企業を永く繁栄させる必須の条件といえる.そこで,これを可能にする方法として,「品質管理」が存在する.

　なぜなら「支払った代価に対応した満足をお客様に感じてもらい,継続的にご愛顧賜る」という活動を体系的に,全組織的に取り組むのが「品質管理」と定義されるからである.21世紀において,進むべき方向性として,次のことがあげられる.

① 100万個に1個の不良品発生も許さず,「設計品質」通りの商品を生産し,物流・販売するための品質管理でなければならない.

② その実現のためには,生産部門中心の品質管理から,「全社」,「全部門」あげての品質管理の実現は,論を待たない.

③ これらの品質管理の「考え方」,「指針」は文書化し,社外のお客様にも明確な形で開示するという,「品質保証」の考え方が当然となる.

　また,その基本的取組み姿勢として次のことがあげられる.

① 「欠陥ゼロ」を実現し,お客様に安心していただくために,「始めから正しく行う」が行動規範となる.

② 関係法規・条例および社内外の基準等を遵守するとともに,積極的に品質水準の向上を目指さねばならない.

③ そして,「おいしくて」,「安全な」商品をお届けするために,「顧客志向」の本質を認識し,すべての組織が一貫して,継続的な取組みを行うことが肝要である.

　そこで,商品やサービスを創出し,最終お客様にお届けするまでの各過程と,その管理ポイントを表V.2.1に示す.その4つの各過程が確実に実践されてはじめて「お客様満足」を得ることができ,「品質管理」が機能し,「品質保証」が達成されることになるのである.

表V.2.1 各過程における品質管理

各過程	要　　点	具体的必要事項
設計過程の品質管理	商品の開発,改良に当たっては商品設計上の意図する「設計品質」を確保する.	・品質理念にもとづいた商品設計であること. ・「生産」「物流」「販売」過程の実態を把握したものであること. ・「安全性」を十分に考慮し,「重大品質事故」「PL事故」「立上げトラブル」を発生させないこと.
生産過程の品質管理	生産過程においては,設計品質通り生産し,物流過程に商品を引き渡す品質管理を行う.	・生産環境,生産設備,作業方法などを標準化し,HACCPを主要な工程管理に位置づける. ・「品質」を確保し,生産起因の「重大品質事故」「PL事故」「お客様クレーム」を防止する.
物流過程の品質管理	物流過程においては,商品を劣化させることなく,販売過程に引き渡す品質管理を行う.	・「品質」を維持するためにHACCPの管理技法を活用する. ・物流各過程において,日付管理,品温管理,取扱方法および設備などを標準化し遵守する. ・「品質」を確保し,物流起因の「重大品質事故」「お客様クレーム」を防止する.
販売過程の品質管理	販売過程においては,商品を劣化させることなく,最終お客様に引き渡すための品質管理を行う.	・「品質」を確保するためにHACCPの管理技法を活用する. ・販売各過程において,日付管理,品温管理,取扱方法などを標準化し遵守する. ・「品質」を確保し,販売起因の「重大品質事故」「お客様クレーム」を防止する.

2.2 品質管理の進め方

上記「品質管理の基本」にのっとり，冷凍食品の生産工場における「品質管理の進め方」について述べる．

2.2.1 工場の品質管理活動体系の構築

工場は組織として運営されており，そこで働く全員が同じ情報のもと，同じ価値観で行動せねばならない．そのためには，皆がはっきりわかる「行動方針，指針」の提示と，組織としての運営が必要である．

a. 行動方針，指針の提示

（1）**工場運営方針**　工場における品質管理活動は，トップがその必要性を強力に訴え，率先垂範すべきである．この具体的アピール方法としては，各年度の工場運営方針に明確に記載することが有効である．

（2）**品質活動計画の策定**　次に，運営方針を具現化すべき品質活動計画を策定する．「重点方針」，「具体的取組内容」，「スケジュール」，「担当」は最低構成要素である．

（3）**総合品質対策の企画，推進**　上記品質活動計画の内容には，単に現状維持だけでなく，市場での熾烈な競争に勝ち抜いていくための継続的な商品の改良，および品質に影響を及ぼす製造工程の改善が含まれていなければならない．その進め方のポイントを次に記す．

① お客様の目を「ものさし」とした商品の不良要因の摘出
② 不良要因を解決する「ソフト」，「ハード」の改善策の考案
③ 優先順位とスケジュール化

b. 品質管理活動の組織編成

品質管理を効果的に進めていくためには，有用な組織編成と効率的運営が必要となる．品質管理を実践する部門の職務を明確にし，その責任と権限が遂行できる能力をもたせ，関係部門間の「報・連・相」が円滑に遂行できるように組織化することが必要である．そのため，品質管理専門セクションは所属長直轄とし，実務の生産部門から独立させねばならない．また，一般的組織として存在する品質管理セクションのほかに，機能部門として次の組織をつくることも考慮したい．

① 品質管理の方針を決定し，実施を推進するための委員会の設置（例：QA推進委員会）
② 品質管理の具体化に向け，企画・推進・調整する部門の設置（例：QA事務局）
③ 職場において品質管理を実践するグループ（例：QAサークル，QAリーダー）

3.2.2 安全な食品を提供するための品質管理の実践

食品をお客様に提供するとき，まず第1に基本に置くべきことは「安全」すなわち「安心してお客様に食べていただく品質の確保」である．「安全」とは「微生物的」，「化学的」，「物理的」に品質を確保することであり，どれひとつ欠けても問題となる．

多くの冷凍食品の製造工程は，ろ過工程が組み込めず，しかも使用原料が「農・畜・水産物」と生鮮1次産物の場合が多い．異物，夾雑物の製品への混入危険度は高く，病原性微生物の付着，有害化学物質の汚染についてもきびしい管理が必要となる．そこで，

① よい原料のみを調達する工夫
② 工場受入れ時，および使用時によい原料のみを使用するチェック体制
③ 加熱処理等適正作業条件の設定と確実に実行する工程管理
④ もし不良品が発生しても工場から出荷しない検査・管理体制

が品質管理上，大きな柱となる．

これら品質管理の実践にあたっては，各製品の製造工程ごとに存在する管理のポイントを明確にし，重要管理点としてだれもがわかるようにした「HACCP」手法を有効な現場管理手法として積極的に活用すべきである．その進めるべき管理の具体例について次に述べる．

a. 主要原材料管理ポイント

（1）**原材料規格の設定**（よい原料のみを調達するために）　各原材料ごとに，管理すべきまたは把握しておくべき項目を整理し，規格として設定する．規格項目としては

① 官能品質：風味，色沢，外観，異物，夾雑物など
② 測定品質：水分，タンパク質，脂肪，灰分，

pHなど
③ 化学的安定性：ヒ素，重金属，残留農薬，アフラトキシンなど
④ 微生物的安定性：一般細菌数，大腸菌，有害菌など

の4項目に整理し，原料業者との購入契約時に互いに内容を確認し，規格書として取り交わしておくことが必要である．

(2) 原料受入れ時および使用時のチェック検査と記録　チェックすべき検査項目として，「ロット」，「包装状態」，「品温」，「規格（サイズ，数量，異物・夾雑物，変色，鮮度，異味，異臭，微生物など）」があげられる．

(ⅰ) 原料受入れ時の検査：　原料受入れ時は可能な限り全数検査を行うべきである．特に生鮮原料については，金属検出機による全数検査は必須のものとし，計画的な抜取りによる「異味・異臭」，「鮮度」，「有害細菌」，「異物・夾雑物」の検査を実施し，原料品質状況の把握を行うとともに，「良質原料」のみの受入れ体制を築かねばならない．また，自工場内で「調合および殺菌工程」を経ず，そのまま製品化される原料については，原料受入れ段階での「微生物」および「官能品質」確認検査は必須である．

(ⅱ) 原料使用時の検査：　原料使用時は原則として全数検査を行う．目視による検査が中心とはなるが，処理の各工程において担当者が必ず実施すべきである．特に過去のデータおよび原料受入れ時の品質情報にもとづき，必要であれば使用前に，特別な全数検査工程を設ける必要もある．

b. 工程管理の実際

「品質は工程にてつくりこまれる」といわれる通り，工程管理の重要性は日増しに強くなってきている．特に「HACCP」は食品製造過程において必須手法として活用せねばならない．そこで，「HACCP」において必ず「CCP」に設定されるであろう「加熱工程」とそれに伴う微生物管理について述べる．

① 「CCP」に設定される加熱殺菌工程の条件は「加熱温度」と「加熱時間」であろう．そして「監視データ」として「製品中心温度」の測定となる．しかし，前処理条件の一定化が必須前提条件となることに注意を要する．

② 出荷検査基準の中で一般生菌数は食品衛生法に定められている0.5～0.8掛けにて設定し，検査のばらつきおよび，流通時の増菌対策とするのが望ましい．

③ 工程管理基準においては
・一般生菌数では，製品ごとに黄色信号の菌数を定めておき，出荷検査結果にもとづき工程検査に入る．
・凍結前未加熱製品では，「大腸菌」検査と同時に「大腸菌群」も検査し，検出菌数により黄色信号を発することも重要である．

「異物・夾雑物」「重量」などの管理においてもHACCPの手法を活用し，管理基準の作成，実施，異常時の処置・改善・記録と体系的管理が必要である．

また，冷凍食品などの惣菜製造工程は開放系であり，微生物汚染や異物混入の防止のためには，環境整備（天井，壁，床などの）の充実をはかるとともに，製品および半製品の密閉状態の実現にも配慮すべきである．

c. 工場から不良品を出荷しない管理

会社の信用を守り，お客様の信頼を失わないためにも，不良品を絶対に工場外に出荷してはいけない．その管理としては次のことが必要と考えられる．

(1) 微生物管理　検査単位は製品ごとに1日1ロットが一般的と考えられるが，製造時間が長いときには製品品質条件に応じたサブロット区分が必要となる．

（例）　凍結前加熱済製品：　1日3サブロット
　　　　凍結前未加熱製品：　1日5サブロット

(2) 異物混入管理　製品への異物・夾雑物混入チェックおよび不良品管理については，「ハード」と「ソフト」の両面からのアプローチが必要となる．

ハード面においては，「金属検出機」，「色彩選別機」，「軟X線検査装置」などの導入や，「特別異物検査ライン」の設定および「防虫，防鼠」の環境整備を考えねばならない．

ソフト面においては，各工程ごとに「チェックすべき項目」と「担当者」，「異常発見時の対応，記録」を明確にするとともに，万一工程内で異物が発見された場合は，「間髪入れない連絡体制」，「異物混入の原因調査」，「異常品の範囲の特定」を通じ不良品を出荷しないシステムづくりが必要である．

2.2.3　改善の実現に向けての方策

a. 小集団活動の推進

改善実現に向けては，働いているひとりひとりがその気になる「従業員の参画意識の高揚」が必須で

ある．この実現のために「QAサークル活動」などの小集団活動を活用することが望ましい．具体的進め方は次の通りである．

① テーマの設定　改善すべき職場の課題を決定する．
② テーマの共有化　テーマ選択理由をサークルメンバーで共有化する．また，「スケジュール」「担当」も明確化する．
③ 現状把握と解析．現場の課題を客観的データとして正確につかむ(不良の程度，発生頻度など)．課題要因を「人」，「機械」，「原料」，「作業方法」，「環境」などに分類し，QC技法を駆使し，真の原因を探索する．
④ 対策の立案　対策の決定には作業性，経済性，技術性や他への影響を考慮する．
⑤ 効果の確認と標準化　対策の結果を評価し，不十分であれば現状把握段階から検討を再開する．効果が確認されたら，継続できるよう標準化する．

b. 改善のサイクルをまわす

目的を明確にし，改善していくためには「PDCAサイクル」をまわすことが基本である．このPDCAサイクルは「管理のサイクル」とも呼ばれている．

① P (plan 計画)：　目的および目的達成の方法を決める
② D (do 実行)：　計画の実行
③ C (check 確認)：　実施結果の調査・解析
④ A (action 処置)：　目標からはずれている場合は是正処置を行う

この4つのステップを回転させ，らせん状にレベルアップしていくことが管理の基本である．この「PDCAサイクル」の仕事の進め方は「品質管理」だけでなく，「生産活動」，「課題解決」など職場のあらゆる改善活動に応用できる．

2.3　品質管理技法

2.3.1　統計的考え方

「データでものを言え」という表現があるが，「事実にもとづいた判断・処理をせよ」という意味である．事実を正しく知るための手掛かりを「情報」というが，情報には「定性的」と「定量的」情報があり，一般的には数量で表現する定量的情報を「データ」ということが多い．工場現場では数多くのデータがとられている．これらデータの「とり方」や「まとめ方」を研究する基礎になっているのが「統計的考え方」である．

この「統計的考え方」にもとづいて行われる「統計的手法」には「サンプリング法」，「抜取検査法」，「検定・推定」などがあるが，ここでは述べない．

2.3.2　QC 7つの道具

統計的考え方をもとに，現場でよく使用される「QC手法」を7つ説明したい．次に示すこれらは一般に「QC 7つの道具」といわれている．

a. チェックシート，b. パレート図，c. ヒストグラム，d. 特性要因図，e. 散布図，f. 管理図，g. グラフ

また，そのほかにも多数のQC手法があるが，必要に応じた活用が望まれる．

a. チェックシート(現実の把握)(表V.2.2)

誤りや漏れをなくし，データ・記録をとりやすくするために，事実調査の第一歩として「チェックシート」が活用される．チェックシートはチェック結果を簡単に記入でき，データの集計・整理をしやすくした記録用紙であり，「日常管理用(日常の定期定時の仕事管理)」と「特別調査用(不良要因調査等特別な調査解析)」がある．チェックシートの記録事項としては「目的」，「対象と項目」，「方法」，「日時・期間」，「人」，「場所・工程」，「結果のまとめ」，「シート回覧ルート」があげられる．

b. パレート図(改善目標と効果の確認)
　　(図V.2.1)

不良品，欠点，故障や事故などが発生している場合，「どのような不具合」が「どの程度存在する」のか，「どの不具合に手をつけたら」少ない努力で大きな効果をあげられるかを知るためのもので，使用頻度が高く，重要問題選定に欠かせない道具のひとつである．描き方と見方のポイントは次のようである．

① 上位項目に重点指向する．
② 結果よりも原因で層別する．
③ 順位の変化で改善度合をみる．
④ ダントツの項目がでるような分け方を工夫する．

表 V.2.2 現場チェックシート

工場長	課長	主任	担当者
(印)	(印)	(印)	(印)(印)

○：異常なし
△：現場調整依頼（出荷可）
×：現場調整依頼（出荷不可）
検査日：1998年10月18日　〈品質管理室〉

ライン		A			B			C		
製品名			エビシューマイ			ディナーハンバーグ			コーンクリームコロッケ	
ロット		A	B	C	A	B	C	A	B	C
チェック時間		9:12	13:15	17:10	9:15	13:20	17:16	9:20	13:25	17:28
個装	製品名	○	○	○	○	○	○	○	○	○
	印刷状態	○	○	○	○	○	○	○	○	○
	包装状態	○	○	○	×シール弱い	○	○	○	○	○
	印字状態	○	○	○	○	○	○	○	○	○
	表示	99.10.18	99.10.18	99.10.18	99.10.18	99.10.18	99.10.18	99.10.18	99.10.18	99.10.18
外装	製品名	○	○	○	○	○	○	○	○	○
	印刷状態	○	○	○	○	○	○	○	○	○
	包装状態	○	○	○	○	○	○	○	○	○
	印字状態	○	△若干薄い	○	○	○	○	○	○	○
	表示	99.10.18迄A	99.10.18迄B	99.10.18迄C	99.10.18迄A	99.10.18迄B	99.10.18迄C	99.10.18迄A	99.10.18迄B	99.10.18迄C
備考			即,修正OK		課長に報告 15ケース全数検査実施					

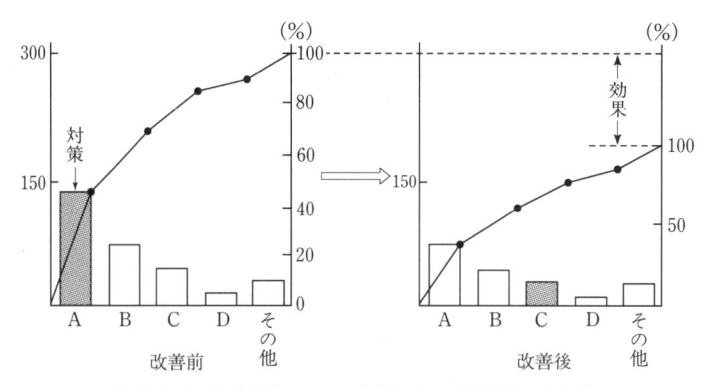

図 V.2.1　改善前後のパレート図による改善効果の表し方

c. 特性要因図（原因の洗出し）（図 V.2.2）

真の原因を誤りなく見つけだして効果的な対策を打つために，原因と思われる項目を書き出して，どれが寄与率の大きな真の原因かを検定する道具である．この特徴は他の道具と違い，データが「数値」でなく「言葉」である．品質，生産性，コストなどの仕事の結果（「特性」という）は4M（Man "人"，Machine "設備・機械"，Method "作業方法"，Material "原材料"）などの要因に影響を受けるが，この4Mを大骨として，その具体的内容ごとに細かい要因について中骨，小骨と分解していく「大骨展開法」と特性の原因と考えられる要因について思いつくままあげていき，小骨から中骨，大骨とまとめあげていく「小骨拡張法」がある．

活発な意見をだすためにブレーンストーミングを活用するが，この実施の原則は次の通りである．
① 多くの人の意見を大切にする（全員参加，自由な雰囲気，全員発言）．
② 他人の意見を批判しない．
③ 人の意見に便乗する．
④ 要因は具体的に表現し，一般論としない．

d. ヒストグラム法（ばらつき状態の把握）
（表 V.2.3）

寸法，重量，強さなど，連続量としてはかれる特性について「どのくらいの値」が「どのくらいの頻度」で発生するかを調査するのに使用する．測定値

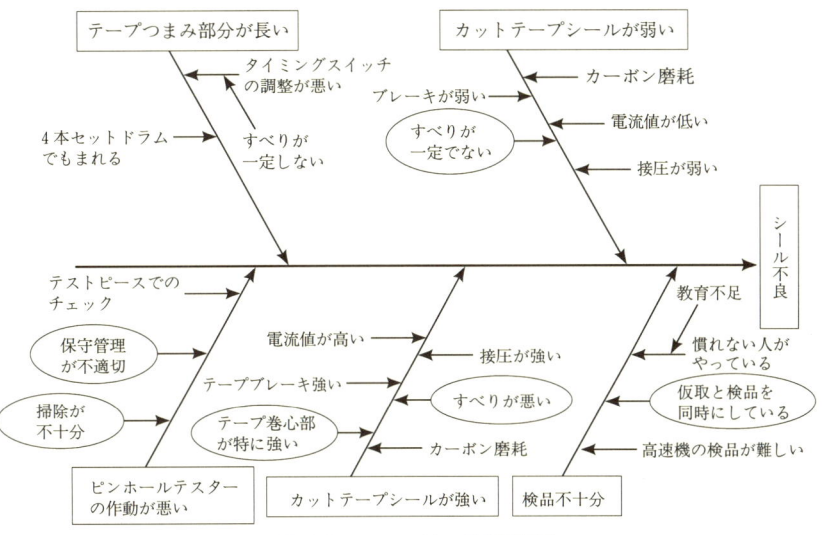

図 V.2.2 シール不良の特性要因図

表 V.2.3 ヒストグラムの型とチェックポイント

名称・型	型の説明	チェックポイント
一般型	典型的な分布の型	一般に現れる形
右すそ引き型 (左すそ引き型)	平均値が分布の中心より左寄りにあり，左右非対称型	規格値などで下限が抑えられており，ある値以下の値をとらない場合など.
左絶壁型 (右絶壁型)	平均値が分布の中心より極端に左寄りにあり，度数は左側が急に，右側はなだらかに少なくなっている．左右非対称型	規格以下のものを全数選別して取り除いた場合などに現れる．測定のごまかし，検査ミス，測定誤差などがないかをチェックする.
ふた山型	分布の中心付近の度数が少なく，左右に山がある.	平均値の異なる二つの分布が混じり合っている場合に現れる．層別したヒストグラムをつくってみる.
離れ小島型	普通のヒストグラムの右側または左側に離れた小島がある.	異なった分布からのデータがわずか混入した場合に現れる．何か異常な原因があったときにみられる．通常は標準以外の作業が行われているときにみられる.
高原型	各区間に含まれる度数があまり変わらず，高原状態になっている.	平均値が多少異なるいくつかの分布が混じり合った場合に現れる．ふた山型が互いにもう少し中心に接近した場合にもこの型をとる．層別したヒストグラムをつくってみる.
歯抜け型または くしの歯型	区間の1つおきに度数が少なくなっており，歯抜けやくしの歯の形になっている.	データの数に比べて柱の数が多すぎるときや，測定者の目盛の読み方にクセがあるときに起こる．また，区間の幅を測定単位の整数倍したかどうかをチェックする.

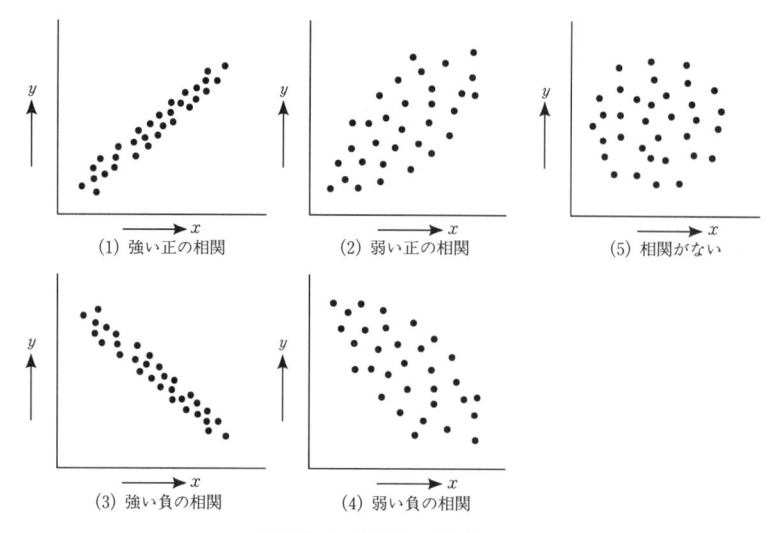

図 V.2.3 散布図の典型的な型

のばらつく範囲をいくつかの区間に分け，各区間に入ったデータ数を棒グラフとして描いたのがヒストグラムである．

描き方のポイントとしては

① データ数： 情報やばらつきによって異なるが，一般的には 50〜200 個．
② 区間の数： 少ないとばらつきがわからない．多すぎると全体の姿を見誤る．データ数を N としたら $\sqrt{N}$ が基本である（だいたい 6〜15）．
③ 区間の幅： 最大値と最小値との差を区間数で割って得た数値にデータ目盛の整数倍で一番近い値とする．

見方としては，多少の凹凸は無視し，全体の姿として大局的にとらえることが必要である．

① 規格や標準値に対しての分布状況はどうか．
② 分布の形はどうか．

これらをみることにより異常やミスが発見でき，対策に結びつけられる．

e. 散布図（相関関係の確認）（図 V.2.3）

2つの対になったデータ (x, y) の相関関係の有無を知るために使用する．対になったデータの事例としては次のものがある．

① 原因と結果の関係： （例）ハンバーグ加熱時間と歩留り
② ある結果に対する2つの原因： （例）殺菌効果に対する殺菌時間と殺菌温度．

グラフの横軸にデータ x，縦軸にデータ y として作図し，図上の点のばらつき方によって相関関係の有無を知る．

　x が増すと y が増す ── 正の相関関係

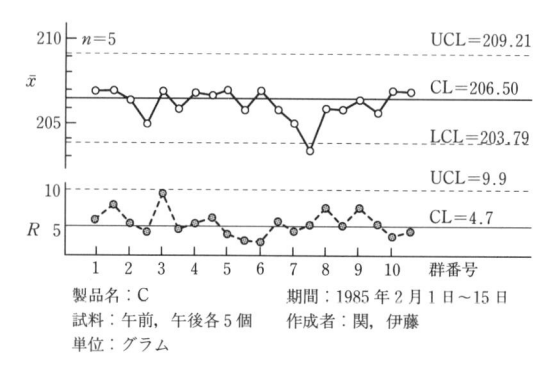

図 V.2.4 冷凍食品 C 製品重量の $\bar{x}$-R 管理図

　x が増すと y が減る ── 負の相関関係
　まったくバラバラ ── 相関関係なし

f. 管理図（工程が安定か異常かのチェック）
（図 V.2.4）

ばらつきにはやむをえず起こるものと，何らかの異常によって起こる2つのばらつきがある．管理図はこの異常要因によるばらつきを早期に発見し，再発防止の処置をとるためのものである．

管理図には，中心線（CL）と上部管理限界線（UCL），下部管理限界線（LCL）があり，データの折れ線グラフでばらつきを表す．折れ線のデータのすべての点が管理限界内にあり，また並び方にクセがなければ管理状態にあるとみなす．管理状態にない場合はその原因を調査し改善措置をとる．

管理図の種類としては，「X̄-R」，「X」，「P」，「Pn」管理図などがある．

g. グラフ（時間的変化の数値比較）（表 V.2.4）

データをグラフ化する狙いは次の通りである．

2. 品 質 管 理

表 V.2.4 よく使われるグラフの種類と特徴

	種　類	形	目　的	特　徴
1	棒グラフ		数量の大きさを比較するグラフ	一定の幅の棒を並べ，その棒の長短によって数値の大小が比較できる．
2	折れ線グラフ		数量の変化の状態をみるグラフ	線の高低により，数値の大小が比較できるとともに，時間の経過による変化がわかりやすい．
3	円グラフ		内訳の割合をみるグラフ	全体を円で表し，内訳の部分に相当する割合で，扇形に区切ったもの．全体と部分，部分と部分の割合がわかりやすい
4	帯グラフ		内訳の割合をみるグラフ	全体を細長い長方形の帯の長さで表し，それを内訳の部分に相当する割合で区切ったもの．全体と部分，部分と部分の割合がわかるのは円グラフと同じであるが，作成に分度器がいらない

① データ解析のために： 数字の意味を正しく読み取り，原因調査と問題点を把握
② 管理のために： データの傾向や異常の発見（工程管理や日程管理）
③ 説明のために： 数字の意味をわかりやすく説明
④ 記録のために： グラフにして保存．即座にデータ検討ができる．

　グラフはデータの統計解析結果が一目でわかるように図示したものであり，多数の種類があり，使用目的に合ったグラフを使用することが重要である．よく使用されているグラフには「棒グラフ」，「折れ線グラフ」，「円グラフ」，「帯グラフ」などがある．

おわりに

　品質向上に向けて，われわれはいろいろな課題を有している．これを一度にすべて解決することはかなわず，ひとつひとつ地道に改善への努力を行っていくしかない．具体的改善の切り口を以下に整理する．
　① 発生した品質異常（お客様，工程内）の原因追求を徹底して行う．
　ともすると，「報告するための原因探し」を行っていないか．管理者，担当者は真の原因追求に向けてしつこく調査すべきである．

　② 短期的対応策と長期的・根本的対応策に分けて考えるべきで，それは現実的（できる）対応策でなければならない（お客様の立場に立った対応策）．
　よく「現実性に乏しい，机上の対応策」を考えることがあるが，実際には対応できず改善に結びつかなければ意味がない．
　③ 改善策は文書に残し，その実施状況および結果を，管理者が定期的に確認する必要がある．
　「現実的かつ具体的内容の対策を決める」「決めたことは必ず実行する」という簡単なようで，しかし完全実施がたいへん難しいことに，われわれはチャレンジしていかねば品質向上はありえない．「お客様が求めるもののみをつくり，提供する」というメーカーとしての本分を達成するためには，「品質管理」は絶対的な必須条件であり，ときには販売促進の大きな武器になることがある．　［近藤　智］

文　献

1) 日本冷凍食品協会監修：最新冷凍食品事典，朝倉書店，1987．
2) 谷津　進：品質管理の実際，日本経済新聞社，1995．
3) 石原勝吉編著：やさしいQC七つ道具，日本規格協会，1988．
4) 佐々木　修：品質管理の実際，工業調査会，1979．

2.4 ISO 9000 シリーズによる品質管理

ISO とは International Organization for Standardization の頭文字をとったもので，正式な日本語名は国際標準化機構である．

ISO 9000 は，供給する側が，購入する者の要求事項を満足させる製品・サービスを継続的に供給するために，必要な品質保証体制（品質システム）を構築し，その実施状況が適切に行われているか否かをチェックするための尺度を果たすものである．ISO 9000 が求めるものは，品質保証体制（品質システム）を確立させるために「責任と権限を明確にする」して実施していくものであり，世界で通用する品質保証システムである．

ISO は 1947 年に設立され，1994 年 ISO 9000 シリーズ第 2 版発行，同年 JIS 規格改訂で，現在は 1994 年版で運用されている．

2.4.1 ISO 9000 シリーズの品質管理と日本的品質管理

ISO 9000 シリーズは，「買う立場（ユーザー）」での品質管理であり，日本的品質管理は「売る立場・つくる立場（メーカー）」での品質管理であるが，よい製品を，サービスや納期を含め，安く提供することにより顧客の満足を得るという考え方では，目的は同じである．

〈ISO 9000 と日本的品質管理の違い〉

ISO 9000	日本的品質管理
・買う立場での規格・基準	・つくる立場での規格・基準
・性悪的管理	・性善説的管理
・マニュアル化，契約，責任等厳格な管理	・人と人との信頼関係のうえに成り立つ

2.4.2 経営管理における ISO 9000 シリーズの位置づけ

企業活動の流れの概略は図 V.2.5 の通りである．製品・サービス・納期の提供を通して，企業業績の向上，従業員の満足度の向上，地域社会への貢献，地球環境の保全に貢献していくものと考えられる．

製品・サービスの創造のためのプロセス管理が重要となってくる．このプロセス管理を経営管理としてみると図 V.2.6 のように表すことができる．この考え方は『品質による経営』（久米 均著，1993 年）に示されたものをもとに図式化したものである．

2.4.3 ISO 9000 シリーズ内容についての概略

ISO 9000 シリーズは，お客様の品質保証に対する要求事項がメーカー側の品質保証システムの内容

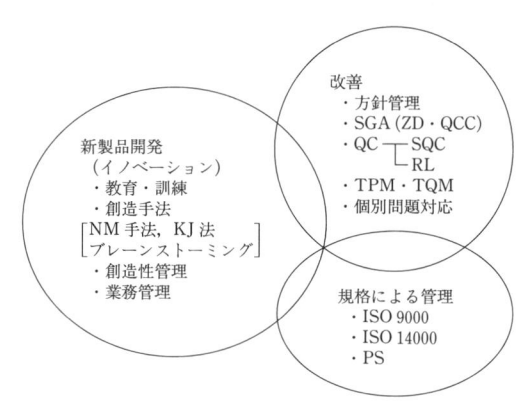

図 V.2.6 経営管理

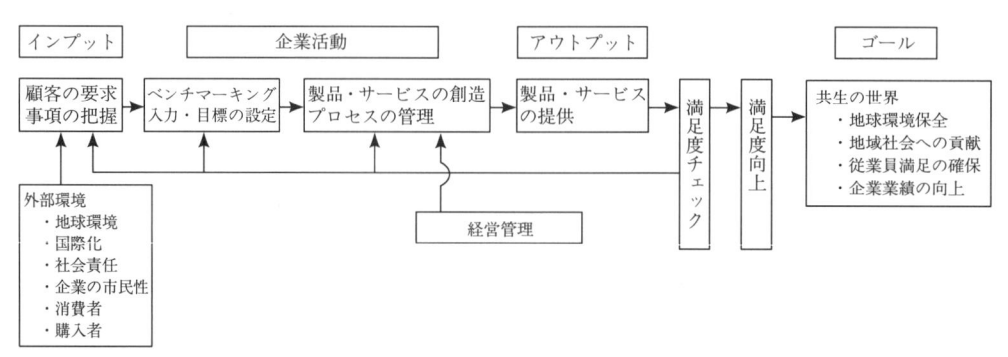

図 V.2.5 経営管理コンセプト

にどう合致しているか，また，それが本当に安心して製品・サービスを提供できる能力を保持しているかどうかを確認するための国際規格である．

ISO 9000 シリーズに含まれる規格の種類を表 V.2.5 に示す．その他 ISO 9000 シリーズに関係するものとして制定された品質システムの審査に関する国際規格を表 V.2.6 に示す．

第三者認証に関係の深い ISO 9000～9004 の 5 つのパーツについて概説する．

ISO 9000 には品質管理および品質保証に対する基本理念と概念，および供給者と購入者の二者間契約に際しての標準の選び方および使用の指針が示されている．

ISO 9001 は構築されるべき品質システムで，設計・開発・製造・据付けおよび付帯サービスにおける品質保証モデルを示しており，品質保証を行うための品質システムの要求事項が記述されている．

ISO 9002 は製造，据付けおよび付帯サービスに

表 V.2.5 ISO 9000 シリーズの国際規格

(1994年12月現在)

国際規格番号	規　格　名　称
ISO 8402 1986年6月制定 1994年4月改訂2版	Quality Management and Quality Assurance-Vocabulary 品質管理及び品質保証―用語
ISO 9000-1 1994年7月制定	Quality Management and Quality Assurance Standards-Part 1: Guidelines for Selection and Use 品質管理及び品質保証の規格-第1部選択及び使用の指針 [JIS Z 9900 制定 1992年10月，改正 1994年12月]
ISO 9000-2 1993年制定	Quality Management and Quality Assurance Standards-Part 2: Generic Guidelines for the Application of ISO 9001, ISO 9002 and ISO 9003 品質管理及び品質保証の規格-第2部：ISO 9001，9002 及び 9003 の適用のための一般的指針
ISO 9000-3 1991年6月制定	Quality Management and Quality Assurance Standards-Part 3: Guidelines for the Application of ISO 9001 to The Development, Supply and Maintenance of Software 品質管理及び品質保証の規格-第3部：ISO 9001 のソフトウェアの開発，供給及び保守への適用のための指針
ISO 9000-4 1993年制定	Quality Management and Quality Assurance Standards-Part 4: Application for Dependability Programme Management 品質管理及び品質保証の規格-4部：ディペンダビリティプログラム管理のための指針
ISO 9001 1987年3月制定 1994年7月改訂2版	Quality Systems-Model for Quality Assurance in Design/Development, Production, Installation and Servicing 品質システム-設計・開発，製造，据付け及び付帯サービスにおける品質保証モデル [JIS Z 9901 制定 1992年10月，改正 1994年12月]
ISO 9002 1987年3月制定 1994年7月改訂2版	Quality Systems-Model for Quality Assurance in Production and Installation 品質システム-製造及び据付け及び付帯サービスにおける品質保証モデル [JIS Z 9902 制定 1992年10月，改正 1994年12月]
ISO 9003 1987年3月制定 1994年7月改訂2版	Quality Systems-Model for Quality Assurance in Final Inspection and Test 品質システム-最終検査及び試験における品質保証モデル [JIS Z 9903 制定 1992年10月，改正 1994年12月]
ISO 9004-1 1994年7月制定	Quality Management and Quality System Elements-Guidelines 品質管理及び品質システムの要素-第1部：指針 [JIS Z 9904 制定 1994年12月]
ISO 9004-2 1991年8月制定	Quality Management and Quality System Elements-Guidelines for Services 品質管理及び品質システムの要素-第2部：サービスのための指針
ISO 9004-3 1993年6月制定	Quality Management and Quality System Elements-Part 3: Guidelines for Processed Materials 品質管理及び品質システムの要素-第3部：プロセス製品のための指針
ISO 9004-4 1993年6月制定	Quality Management and Quality System Elements-Part 4: Guidelines for Quality Improvement 品質管理及び品質システムの要素-第4部：品質改善のための指針

表 V. 2. 6　ISO/TC 176 の ISO 9000 シリーズ以外の国際規格

(1994年12月現在)

国際規格番号	規　格　名　称
ISO 10011-1 1990年12月制定	Guidelines for Auditing Quality Systems-Part 1 : Auditing 品質システムの監査の指針-第1部：監査
ISO 10011-2 1991年5月制定	Guidelines for Auditing Quality Systems-Part 2 : Qualification Criteria for Auditor 品質システムの監査の指針-第2部：監査員の資格基準
ISO 10011-3 1991年5月制定	Guidelines for Auditing Quality Systems-Part 3 : Management of Audit Programmes 品質システムの監査の指針-第3部：監査プログラムの管理
ISO 10012-1 1992年1月制定	Quality Assurance Requirements for Measuring Equipment-Part 1 : Metrological Confirmation System for Measuring Equipment 計測機器の品質保証要求事項-第1部：計測機器の管理システム

おける品質保証モデルを示している．

ISO 9003 は最終検査・試験における品質保証モデルで，それぞれ品質保証システムの要求項目を明示したものである．

ISO 9004 は品質管理および品質システムの要素・指針を示したものである．

図 V. 2. 7 は上記 9001, 9002, 9003 の内容を比較したものであり，表 V. 2. 7 は 9001, 9002, 9003, 9004

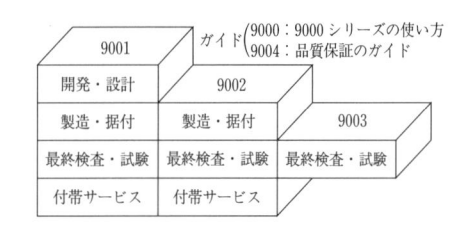

図 V. 2. 7　ISO 9000 シリーズの仕組み

表 V. 2. 7　付属書（参考）品質システム要素の対照表

この付属書は参考のために示すもので，この規格の一部を構成するものではない．

JIS Z 9904 の箇条番号	題　名	対応する箇条番号		
		JIS Z 9901	JIS Z 9902	JIS Z 9903
4.	経営者の責任	4.1 ●	4.1 ●	4.1 ●
5.	品質システムの原則	4.2 ●	4.2 ●	4.2 ●
5.4	品質システムの監査(内部)	4.17 ●	4.17 ●	4.17 ●
6.	経済性―品質関連コストに対する配慮	―	―	―
7.	マーケティングにおける品質(契約内容の見直し)	4.3 ●	4.3 ●	4.3 ●
8.	仕様及び設計における品質(設計管理)	4.4 ●	―	―
9.	調達における品質(購買)	4.6 ●	4.6 ●	―
10.	製造における品質(工程管理)	4.9 ●	4.9 ●	―
11.	製造の管理	4.9 ●	4.9 ●	―
11.2	材料管理及びトレーサビリティ(製品の識別及びトレーサビリティ)	4.8 ●	4.8 ●	4.8 ●
11.7	検証状況の管理(検査及び試験の状態)	4.12 ●	4.12 ●	4.12 ●
12.	製品検証(検査及び試験)	4.10 ●	4.10 ●	4.10 ●
13.	測定及び試験装置の管理(検査，測定及び試験の装置)	4.11 ●	4.11 ●	4.11 ●
14.	不適合(不適合品の管理)	4.13 ●	4.13 ●	4.13 ●
15.	是正処置	4.14 ●	4.14 ●	4.14 ●
16.	取扱い及び製造後の諸業務(取扱い，保管，包装及び引渡し)	4.15 ●	4.15 ●	4.15 ●
16.2	アフターサービス(付帯サービス)	4.19 ●	4.19 ●	―
17.	品質文書及び記録(文書管理)	4.5 ●	4.5 ●	4.5 ●
17.3	品質記録	4.16 ●	4.16 ●	4.16 ●
18.	要員(教育・訓練)	4.18 ●	4.18 ●	4.18 ●
19.	製品の安全性及び製造物責任	4.4 ●	―	―
20.	統計的方法の使用(統計的手法)	4.20 ●	4.20 ●	4.20 ●
―	購入者による支給品	4.7 ●	4.7 ●	4.7 ●

● 完全な要求事項，― ない要素．

備考 1. 表に引用された項の題名は JIS Z 9904 から抜粋した：(　)内の題名は JIS Z 9901, JIS Z 9902 及び JIS Z 9903 の対応する項から引いた．
　　 2. JIS Z 9901, JIS Z 9902 及び JIS Z 9903 における各品質システム要素の要求事項は多くの場合に同一であるが，すべてが同一であるというわけではないことに注意すること．

表 V.2.8　ISO 9000 シリーズの構成と各要求項目との関係

項番号		項目	内容別区分		
9001	9002		経営	全社	特定部門
4.1	4.1	経営者の責任	■		
4.2	4.2	品質システム	■		
4.3	4.3	契約内容の確認			■
4.4	4.4	設計管理			■
4.4	適用外				
4.5	4.5	文書及びデータの管理		■	
4.6	4.6	購買			■
4.7	4.7	顧客支給品の管理			■
4.8	4.8	製品の識別及びトレーサビリティ		■	
4.9	4.9	工程管理			■
4.10	4.10	検査・試験			■
4.11	4.11	検査，測定及び試験装置の管理			■
4.12	4.12	検査・試験の状態		■	
4.13	4.13	不適合品の管理		■	
4.14	4.14	是正処置及び予防処置		■	
4.15	4.15	取扱い，保管，包装，保存及び引渡し			■
4.16	4.16	品質記録の管理		■	
4.17	4.17	内部品質監査		■	
4.18	4.18	教育・訓練		■	
4.19	4.19	付帯サービス			■
4.20	4.20	統計的手法			■

の内容についてその品質システム要素を比較したものである．

次に，要求事項内容を 9001 を例に説明する．
20 項目を大きく分けると 3 つになる．
「経営に関する要求項目」が 2 項目 (経営者の責任，品質システム)，「全体的な要求項目」8 項目 (文書およびデータの管理，製品の識別およびトレーサビリティ，検査および試験の状態，不適合品の管理，是正処置および予防処置，品質記録，内部品質監査，教育・訓練)，「特定部門への要求項目」10 項目 (契約内容の確認，設計管理，購買，顧客支給品の管理，工程管理，検査，試験，測定および試験の装置，取扱い・保管・包装・保存および引渡し，付帯サービス，統計的手法) である (表 V.2.8)．

2.4.4　品質保証体系の構築

ISO 9000 シリーズの品質保証体系構築については下記事項を考慮する．
① ISO 9000 への対応は品質保証体系の基礎づくりと位置づける．
② 基礎づくりができあがったかの判定に第三者審査を活用する．
③ 構築された品質保証体系を維持管理していくために，内部監査を活用する．

品質保証体系を構築させるため下記手順で行う (案)．

a. 第 1 段階：第三者認証取得までの段階

a) ISO 9000 シリーズ対応体制構築推進プロジェクト発足：　各部門またはラインより問題発見能力の優れた人材を 1〜2 名選出し，影響力のあるリーダー (部長・課長クラス可) のもとにプロジェクトを設置する．

b) 現状把握：　ISO 9000 シリーズ要求項目と現状の品質管理内容を把握して，比較対照表を作成．

c) 問題点の抽出：　b) の比較対照表より問題点をみつけだす．

d) 問題点の解消実行：　ISO 9000 シリーズの要求項目に合致させるため，ないものはしくみをつくり，合致していないものは見直し検討し，規格規定数を整備実施してみる．

e) チェック：　内部監査，トップ診断を実施して品質システムの定期的な見直しをする．第 1 段階で重要なことは，現状を正直な形で表現して，ISO 9000 での要求項目に合致するよう実施活動していくことである．また品質保証の形態，レベルは認証を受ける側で決めることであって，ISO 9000 で要求するものではない．したがって第三者審査は企業側が申告した品質システムの遵守状況を確認・

表 V.2.9　ISO 9002 認証取得への概略スケジュール

ISO推進チーム

実施項目	H○○ 1月	2月	3月	4月	5月	6月	7月	8月	9月	10月	11月	12月	H○○ 1月	2月	3月
1. 推進体制		2/1 推進チーム(事務局)設置 2名専任(社員)								10/1 専任1名増 (社員)					
2. システム化(文書化) (1) 品質マニュアル				←素案作成 (工場内説明) →				8/1 第1版		10/1 第2版		12/15 第3版		2/16 第4版	
(2) 規定類						←素案作成		8/1 第1版 (23 規定)		←適宜 改定・改版→					
(3) 基準書・手順書類							←素案作成→			←適宜 作成・改定・改版→					
3. 研修会 (1) コンサルタント指導	1/10	2/25	3/7 3/25	4/9 4/25	5/9 5/28	6/6 6/24	7/10 7/23		9/26	10/21	11/11 11/27			2/6	(計16回)
(2) 社外研修会				4/4	5/8	6/11	7/11	8/5 8/26	9/30	10/24	11/7 11/21	12/4 12/17	1/21	2/26	(計15回)
(3) 社内研修会(内部品質監査員)	1/22〜24 2名					6/20〜21 12名				10/15〜16 1名					
4. 内部品質監査									9/11〜12 第1次			12/10〜11 第2次			
5. 審査登録機関 (1) ○○品質マニュアル審査									9/8 マニュアル審査						
(2) ○○予備審査										10/7〜8 第1次予備審査		12/25〜26 第2次予備審査			
(3) ○○登録審査(本審査)															3/3〜6 本審査

b. 第2段階：品質保証体系をレベルアップしていく段階

品質保証体系のレベルアップをするには，経営管理の基本であるPDCAを確実にまわせる体質をつくりあげることである．

① 目標段階の設定(P)，② 実施上で問題点抽出と対策(D)，③ チェック(確認)(C)，④ 是正処置(A)

2.4.5 Aメーカー(食品工場)のISO 9002取得活動

例として，Aメーカーは従業員約400名の生産工場で，本年ISO 9002を取得したので，取得までの活動内容をみてみる．

a. ISO 9002認証取得概略スケジュール

取得までに15カ月かけているが，本格的に活動したのは11カ月の1年間であった(表V.2.9)．

b. 品質マニュアル

適用範囲

a) 目的： この品質マニュアルは○○株式会社○○工場(以下当工場)の品質システムについて述べる．また，この品質マニュアルは，国際規格ISO 9002(1994年版)にもとづいて品質システムを構築し，全従業員に徹底させ，その品質システムが効果的であり，顧客が満足する製品を供給することを目的とする．

b) 適用範囲： この品質マニュアルは，当工場で生産する○○食品の製造・検査・出荷に関する品質保証業務全般に適用する．

c. 工場の品質方針・目標をトップが決定する
d. ISO 9002の要求項目を満たすための内容(順次つくり上げていく)

a) 教育訓練について．
b) 内部品質監査年度計画・実施表，指摘事項/是正報告書．

e. 注意点

システム化・文章化・要求項目については簡潔明瞭にし，誰が見てもわかる内容とし，第三者が検討できるようにする(うそは厳禁)．品質に対する確証を確実に残さなければならない．したがって実際に工場で行っている内容を要求事項(ISO)に合わせてシステム化・文章化していくことが大切である．

［鈴木順晴］

文 献

1) 日本規格協会：品質月間テキスト「品質に関する国際認証」
2) NECファクトリエンジニアリングISO研修センター「内部品質監査員養成セミナーテキスト」

2.5 製造物責任と注意表示

製品には，安全性，信頼性などが備わっていることが求められる．消費者が製品の「欠陥」により被害を受けたときに，製造業者に損害賠償を求めることができる法律が，製造物責任法(PL法という)である．

PL法は1995年(平成7)年7月1日から施行された．

消費者が被害を受けたときに損害賠償を求める際の責任ルールが，民法では「過失」であったものが，PL法では「欠陥」に改められたものである．民法では製造業者の故意・過失により製品に欠陥があり被害を受けたことによる損害賠償となるわけである．PL法では，製造業者の故意・過失を問わず，製品に欠陥があり被害を受けたことによる損害賠償となるのである．消費者が製造業者の故意・過失を立証することが困難となってきているときに，製品の欠陥を立証するルールに変更したことは，消費者保護基本に立った考え方に沿ったものである．

損害賠償を求めることができる損害は，製品の欠陥が原因となった生命，身体または財産への被害(拡大損害という)である．拡大損害とは，食品を食べたら異物により歯が折れたとか，食中毒により入院・治療をしたとか，食品の袋やふたを開けたとき，袋やふたの不備により衣服が汚れ，クリーニングに出したなどである．単なる食品の異味，異臭，かび，包装の破れは対象にならない．欠陥とは，製造物が通常有すべき安全性を欠いていることをいう．

欠陥の有無の判断は，製造業者らが製造物を引き渡した時点に欠陥があったかどうかで判断されるが，次の事情が総合的に考慮される．

① 製造物の特性・表示について，事故を防止するための警告表示(調理方法，保存方法など)があったか．

② 通常予見される使用形態について，一般消費

者が考えうる使用方法であったか．

③ 製造物を引き渡した時期について，一般的に考えられている安全性の程度に達していたか．

ここでいう事故を防止するための表示について，注意表示として後述する．

製造物とは，製造または加工された動産とされているが，未加工農林畜水産物は，基本的に自然の力を利用して生産されるものであり，PL法の対象とならない．「加工」か「未加工」かの判断は，具体的には個々の事案において当該製造物に加えられた行為などの諸々の事情を考慮し，社会通念に照らして判断される．加熱（煎る，煮る，焼く，ゆでる）や味つけ（調味，塩漬け，燻製）や粉挽き，搾汁などは「製造または加工」であるので対象となる．単なる切断，冷凍，冷蔵，乾燥などや何も手が加えられていないものは「製造または加工」でないので対象外となる．

製造物責任を負う者は，製造・加工業者，輸入業者であるが，自ら製造等をしていない場合でも，次のような表示をしたときは責任を負わなければならない．

① 製造業者または輸入業者として製造物に氏名，商号，商標その他の表示をした者．「製造者○○」「輸入者○○」など．

② 製造業者または輸入業者と誤らせるような氏名などの表示をした者．単に企業名，ブランド名を表示した場合．

③ 製造，加工，輸入または販売にかかわる形態その他の事情からみて，実質的な製造業者とわかる氏名などを表示した者．「販売者○○」，「販売元○○」と表示した場合（製造業者名と併記した場合も対象となる）．

PL法は，全文が6カ条で構成されている民法の特別法として位置づけされるが，ここで紹介した部分は，法律の目的・定義・製造物責任についてである．免責事由・期間の制限・民法の適用については省略する．

次に食品の事故防止の観点から表示の充実を通じて製品自体の特性および取扱上の注意に関する消費者への適切かつ的確な情報伝達を行うため，食品の注意表示，警告表示（以下，注意表示等という）の適正化への取組みが望まれている．

食品は安全かつ無害なものでなくてはならない．したがって食品はそれ自体，人の生命，身体または財産を侵害するような欠陥のない安全なものとなるように設計・製造されることが，まずもって事業者に課せられる基本的な使命である．このため，製品の表示は，法律，条例，業界の自主基準に適合したものが基本となる．

注意表示等の本来の目的は，PL法でいう責任主体が製品の使用者に対して，製品の誤使用や内在する危険性について，表示をもって注意・警告することにより，使用者に製品を適正に使用させたり，危険を回避させ，被害の発生を未然に防止することにある．

食品で想定される事故には次のような要因が考えられる．

a) 食品そのものによる事故
① 腐敗などの劣化によるもの
② 原材料素材の特性によるもの（アレルギー，自然毒など）
③ 重金属などの汚染によるもの
④ 摂取量の過多によるもの
⑤ 異物混入によるもの
b) 食品の流通，保管の過程で発生する事故
① 工場在庫中の不適切な管理によるもの
② 出荷時の配送車などの温度管理などの不備によるもの
③ 販売店舗における在庫中の不適切な管理によるもの
④ 製品の販売時の温度管理などの不適切によるもの
⑤ 家庭在庫中の不適切な保管によるもの
c) 食品の調理の過程で発生する事故
① 調理方法の説明の不備によるもの
② 調理方法を誤ったことにより生じるもの
③ 賞味期限などの設定の誤りによるもの
④ 保管方法の誤りによるもの
d) 容器包装による事故
① 容器包装の破裂，ピンホール，密封不良によるもの
② 容器包装の劣化によるもの
③ 容器包装の取扱不適によるもの
④ 容器包装の素材に由来するもの
⑤ 容器包装に対するいたずらによるもの

以上の観点から，食品の注意表示等の内容には次のようなものが含まれると考えられる．

① JAS法，食品衛生法，条例など表示に関する国，地方自治体の規格・基準，関係団体の自主基準で定められた事項

② 特定成分を添加または除去した調整食品については，その操作により何らかの影響がある場合，

予測される場合はその旨表示

③ 開封前，開封後に分けた具体的な保管条件の指示および開封後の取扱いの注意表示等

④ 容器包装の取扱いに関して，食品製造業者が期待していない取扱方法であっても，予想できる取扱方法をとったため事故が起こるようなケースにおいてはその旨の表示

⑤ いたずら防止など容器包装したものについては，その見分け方，開封したのちの取扱方法などの表示

以上の観点から，製品ごとに注意表示等の重要性，スペースの大きさ，予見される誤使用，消費者クレームの頻度や重大性を勘案して優先順位を決め，これらを改善する設計変更が不可能な場合に表示すべきである．

表示の内容は，何が危険か，何をしてはならないか，注意表示などを守らなかった場合どうなるかなどの回避方法を原則とする．

注意表示などの表現方法としては，簡潔・明瞭な表現をとるなど次のようなことに心がけなければならない．また，食品製造業者ごと，事業者団体ごとなど表現を統一することが望ましい．

① 複文，重文を避け，単文で簡潔に表現する．
② あいまいな表現を避け，具体的で明確な表現とする．
③ むだな修飾や繰返しを避ける．
④ 意味が同じなら，より平易な単語を使用する．
⑤ 難しい漢字を避け，原則として常用漢字を使用する（必要があれば，ルビを付す）．
⑥ より重要な項目は字体（ゴシック体など），文字サイズ，色などにより他の項目より目立たせる．
⑦ 見やすいところへ記載する．

冷凍食品の注意表示等については，冷凍食品の品目数が多岐にわたっていて，包材・包装形態もさまざまであるので，事故を未然に防止するために，次の基本的事項を表示の参考事例とした．なお，この参考事例は（社）日本冷凍食品協会が作成したものである．

1．調理時の注意

電子レンジ用
＊オーブントースターでは調理できません．
＊袋ごと電子レンジに入れないで下さい．
＊必要以上に加熱しないで下さい．

オーブントースター用
＊電子レンジでは調理できません．
＊袋ごとオーブントースターに入れないで下さい．
＊必要以上に加熱しないで下さい．

電子レンジ・オーブントースター両用
＊袋から出して調理して下さい．
＊必要以上に加熱しないで下さい．

油ちょう用
＊霜は取り除いて下さい．
＊一度にたくさん入れますと油の温度が下がり調理不良やパンクのおそれがあります．

油の温度の見分け方（イラストなどの工夫もよい）

パン粉をひとつまみ落とし，底に沈まず，浮き上がり泡をたてながら油の表面に浮く状態が適温（170～180℃）です．

2．加熱，調理，喫食時の注意
＊表面がさめていても中身が熱い場合があります．
＊ラップを取り除く際は熱いので十分ご注意下さい．

3．原材料素材の特性

卵，そば，青物魚などに特異的に敏感な体質（アレルギー）者がいるので，このような原材料を配合している製品については，たとえ使用割合が少量であっても原材料表示欄にこれを記載することが望ましい．

（例） 衣（パン粉，小麦粉，粉末状植物たん白，食塩，脱脂粉乳，卵）

4．購入後の注意

再凍結の禁止
＊一度解凍したものは，再び凍結しないで下さい．

［大場秀夫］

文献

1) 製造物責任法，日本農林規格協会．
2) 平成6年度食品の注意表示のあり方について，報告書，日本農林規格協会．
3) 日本冷凍食品協会：冷凍食品の注意表示等について，冷食協第135号，1995年6月22日．
4) 日本冷凍食品協会：冷凍食品の品質・衛生についての自主的指導基準，1998年9月．

3. 環境対策

3.1 廃水処理の基本と実際

3.1.1 冷凍食品工場の排水

食品工場から排出される排水の水質は，その工場の生産品目によって大きく異なる．表 V.3.1 は食品工場の排水の水質・水量の例である．一口に冷凍食品といっても，実際にはさまざまな形態がある．水産物，食肉を原料として多く使用する場合，排水は全体に油脂分を多く含み，米，小麦粉の使用が多い場合，炭水化物が多く含まれるなどの特徴がある．

冷凍食品工場の排水量は，工場で使用する全水量の 0.6～1.0 相当が一般的であるが，これらの排水の大部分は原料処理工程と生産機器・設備の洗浄水であることが多い．近年は排水処理水の放流基準がきびしくなっていること，排水処理に伴うコスト削減が必要なこと，排水処理から発生する固形物，スカム，余剰汚泥といった副次的な廃棄物の処理がコスト的にも最終処分の点からもきびしくなっており，排水の水質，水量の削減は生産工場にとって重要な課題となっている．

食品工場の排水処理を考えるうえでポイントとなることは，以下の通りである．

① 原料処理を中心に製造工程で使用する用水の節水につとめ，水量削減を徹底すること．

② 機器・設備の洗浄に際して，あらかじめ固形物をできるだけ除去し，排水に混入する汚染物質を減らすこと．

③ 冷却水など汚染のない水は，処理を要する排水系統に混入させないこと．

冷凍食品の中心となる調理冷凍食品の排水は，pH が 6～8，BOD が 200～4,000 ppm，SS 100～1,000 ppm 程度の有機性排水であるのが普通である．排水の濃度が工場の規模，生産品目，製造工程，用水量によって異なることはいうまでもない．したがって同一工場でも水質・水量には季節，月間，日間の変動があり，処理設備の設置にあたってはこれを十分考慮して負荷量を設定することが重要である．例えば，1 日の排水量 500 m³/日，日間平均 BOD 1,000 ppm，SS 500 ppm の工場を想定すると，その汚濁負荷量は，

BOD 負荷量＝500 m³×1.0 kg/m³＝500 kg/日
SS 負荷量＝500 m³×0.5 kg/m³＝250 kg/日

となる．

3.1.2 排水処理法

排水処理法を大別すると，物理・化学的方法と生物学的方法に大別できる．冷凍食品工場排水のように有機物が主体の排水では，微生物による有機物の分解を利用した生物学的方法によって処理されるのが普通である．

しかし，実際の処理に際しては生物処理の負荷軽減，効率化，余剰汚泥量低減などの点から，生物処理の前段階で SS，油脂分の除去のため物理・化学的方法を併用することが多い．さらに最近は窒素，リンなど生物処理のみでは十分除去できない汚濁物質の除去，あるいは処理水の再利用といった目的で生物学的処理に高度処理と呼ばれる物理・化学的および生物学的処理を行うことも増えている．

これらの処理の過程，順序を表すのに，1 次，2 次，3 次処理という用語が使われる．これらを整理すると，

① 1 次処理： 主として SS (浮遊物質)，油分などを物理的に除去するもので，スクリーン，沈降または浮上分離を行うこと．

② 2 次処理： 活性汚泥法などの生物学的方法によって，排水中の BOD，COD (有機物) を除去すること．

③ 3 次処理： 2 次処理で除去できなかった有機物，窒素，リンなど (栄養塩類)，その他の成分を除去すること．

2 次処理の中心である活性汚泥法および 3 次処理，いわゆる高度処理については後述するとして，

3. 環境対策

表 V.3.1 有機性で比較的濃度の高い排水の例[1]

産業中分類	業種	製品名	排水の根源	排水の水質・量	一般的処理法	備考
食料品製造業	肉製品製造業	ソーセージ，ハム，ベーコン（肉製品の缶詰，びん詰などを含む）	原料処理施設 湯煮施設冷却水	pH 7前後 BOD 300～600 COD 200～400 SS 100～300 T-N 50～80 T-P 10～15 排水量 50～100	活性汚泥法	生物処理の場合，栄養塩類に注意が必要である．
	水産食料品製造業	魚介類の缶詰，びん詰，つぼ詰，食肉ハム，ソーセージその他魚介類の加工製品	原料処理施設 湯煮施設冷却水	pH 7～8.5 BOD 200～2,000 COD 200～1,800 SS 150～1,000 T-N 100～200 T-P 30～80 排水量 200～400～5,000	活性汚泥法	可溶性タンパク質，栄養塩類，臭気などに注意が必要である．
	寒天製造業	寒天（工業用を含む）	原料処理施設 融解施設 さらし施設	pH 1～14 BOD 300～600 SS 250～600	活性汚泥法	可溶性物質，pHに注意が必要である．
	野菜缶詰，果実缶詰，農産保存食料品製造業	野菜・果実の缶詰，びん詰，つぼ詰，野菜の漬物，ジャム，マーマレード，ゼリー，ピーナッツバター，冷凍野菜，果物など	原料処理施設（脱塩，さらしなど）殺菌 冷却水	pH 1～12 BOD 200～600～2,500 COD 100～2,500 SS 120～200～1,000 Cl^-（漬物）2,500～8,000 T-N 100 T-P 30 排水量 50～300～600	活性汚泥法	pH，塩分（漬物の場合）に注意が必要である．
	パン，菓子製造業	各種パン，和洋菓子，ビスケット，せんべい，乾菓子，クラッカー，キャンデー，チョコレート，あられ，砂糖漬け，ウエハースなど	ミキサーの洗浄排水 その他各種容器の洗浄	pH 6～8 BOD 200～600～1,300 COD 200～800 SS 100～150～900 T-N 20～40 T-P 10～20 排水量 20～50～200	浮上分離法 活性汚泥法	油分離が必要である．活性汚泥法の場合，栄養塩類のバランスに注意が必要である．
	めん類製造業	製めん，うどん，そうめん，そば，マカロニ，手打めん	原料処理施設 湯煮施設	pH 6～8 BOD 250～600 SS 200～500 排水量 50～200	凝集沈殿処理法 活性汚泥法	
	粗製めん製造業	生めん	原料処理施設 沈殿施設 圧搾施設	pH 6～8 BOD 500～4,000 COD 400～3,000 SS 250～500 T-N 60 T-P 15 排水量 30～300	活性汚泥法	栄養塩類の変化に注意が必要である．豆1トン当たり30～35 m^3
	冷凍調理食品製造法	魚肉フライ，畜肉フライ，コロッケ，カツ，スティック，ハンバーグ，シューマイ，ギョーザ，ボール，肉ダンゴなど調理加工半成品，冷凍品	原料処理施設 湯煮施設 洗浄施設	pH 6～8 BOD 200～1,000～4,000 COD 150～2,000 SS 100～500～1,000 油分 30～200 T-N 30 T-P 6 排水量 100～1,000	活性汚泥法（油分離）	

ここでは1次処理について簡単にふれる．

① 沈降分離：　排水を自然に放置することにより排水中の固形物を沈殿分離する方法で，沈砂池，沈殿池（クラリファイヤー）などが一般的に用いられる．

② 凝集分離：　水中の1μm以下の粒子は自然沈降では沈殿しないため，無機あるいは有機高分子を加えてコロイド粒子とし，粒子表面の荷電作用により凝集作用を起こして粗大粒子化して分離する方法である．凝集分離には沈殿法と次の浮上法とがある．

③ 浮上分離：　凝集作用で生成した粗大粒子を，

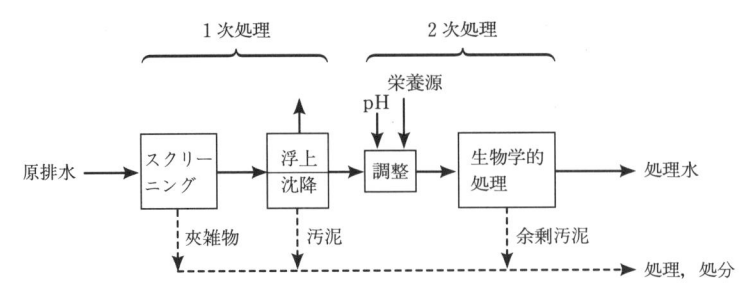

図 V.3.1 生物学的処理の工程[1]

加圧下で空気を溶解させて大気中に放出してできる微細な気泡とともに浮上させる方法が，加圧浮上と呼ばれる方法で，冷凍食品工場などでもよく利用されている．浮上法のもうひとつの代表的な事例が油水分離である．これは要するに排水を自然に放置して浮いてくる遊離油をかき取ったり，吸着したりして取り除く方法である．

④ 清澄ろ過： スクリーンによる粗大なSS除去も広義にはろ過であるが，ここでは砂ろ過繊維質のろ材によるろ過装置などが使用されることが多い．

3.1.3 活性汚泥処理

冷凍食品工場のような有機性排水の処理でBOD，CODなどの有機物の除去は生物学的処理が一般的である．実際にはこれまで述べてきた通り，1次処理を経て，図V.3.1のように2次処理の行程で生物学的処理を行うのが普通である．

生物学的処理法には，大きく好気性処理と嫌気性処理がある．前者は微生物が有機物を分解する際に酸素を利用するのに対して後者は酸素を利用しないことが両者の違いである．その結果それぞれの処理では最終生成物が異なり，図V.3.2の通りとなる．

好気性処理の最も代表的な方法が活性汚泥処理である．活性汚泥処理法の標準的なフローシートは図V.3.3の通り，エアレーションタンク内で排水中の有機物が活性汚泥（微生物）に吸着，酸化，分解され，沈殿池で再度汚泥と分離され処理水が放流される．エアレーションタンク内での有機物の分解能力はBOD（有機物）量と活性汚泥量（MLSS）の関係によって変わる．各種の活性汚泥法のBOD，MLSS，送気量，ばっ気時間などの関係は表V.3.2

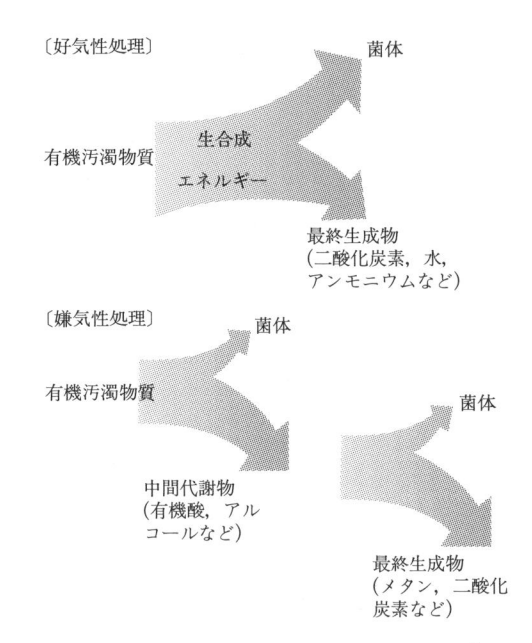

図 V.3.2 生物学的処理における微生物の代謝[2]

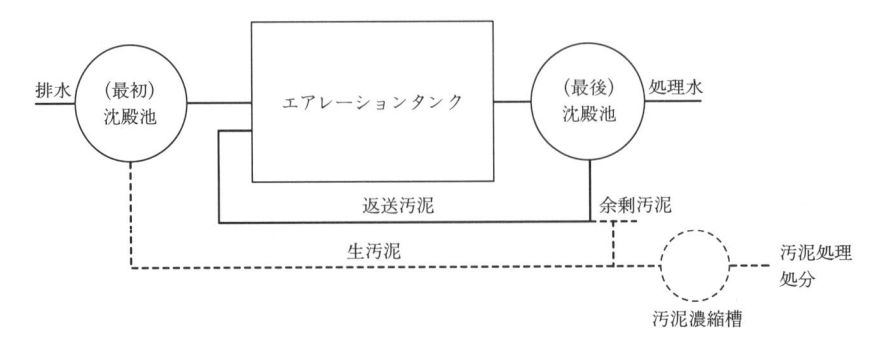

図 V.3.3 標準活性汚泥法のフローシート[1]

表 V.3.2 各種活性汚泥法[1]

処理方式	BOD 負荷/d		MLSS (mg/l)	汚泥日令 (d)	送気量 倍下水	ばっ気時間 (h)
	(kg/kg MLSS)	(kg/m³)				
標準活性汚泥法	0.2〜0.4	0.3〜0.8	1,500〜2,000	2〜4	3〜7	6〜8
分注法[*1]	0.2〜0.4	0.4〜1.4	1,000〜1,500	2〜4	3〜8	4〜6
酸素活性汚泥法	0.3〜0.6	1.0〜2.0	3,000〜4,000	1.8〜2.7	—	1〜3
再ばっ気法[*2]	0.2	0.8〜1.4	2,000〜8,000	4	12以上	5以上
長時間ばっ気法	0.03〜0.05	0.05〜0.25	3,000〜6,000	15〜30	15以上	16〜24
酸化溝法	0.03〜0.05	0.1〜0.2	3,000〜4,000	15〜30	—	24〜48

[*1] ステップエアレーション法.
[*2] コンタクトスタビリゼーション法.
(日本下水道協会, 1984より改変)

の通りである.

活性汚泥法にはこのほかに変形として, 生物膜法と呼ばれる処理法が採用されている.

主なものは,
① 散水ろ床法
② 回転接触体(円板)法
③ 接触ばっ気法
などがある.

図 V.3.4 は散水ろ床法, 図 V.3.5 は回転接触体法の例を示したものである.

3.1.4 処理水の高度処理(再利用)

活性汚泥法に代表される生物処理された排水も, 何らかの用途に再利用を考えた場合, 有機物その他の汚染物質の除去は不十分である. また近年水域の汚染として問題となっている窒素, リンなどによる富栄養化の観点からもさらなる処理が要求される. このような目的で行う処理を総称して高度処理と呼んでいる. 高度処理にも物理化学的処理と生物学的処理があり, これらが併用されることもある.

それぞれの方法を列記すると次の通りである.

① pH 調整: 望ましい pH へ酸またはアルカリで中和する.
② 酸化・還元: 通常は塩素を用いることが多いが殺菌の目的とあわせて, 有機物その他の分解を行う.
③ 活性炭吸着: 微量の溶存有機物, 例えばフェノール, ABS などの除去に有効である.
④ イオン交換: 微量のイオンの除去に用いる.
⑤ 膜分離: 限外ろ過, 逆浸透などの方法で微細な細菌, 多糖類, タンパク質などの有機物の除去に利用される.
⑥ 窒素除去: アンモニア態窒素を好気的に亜

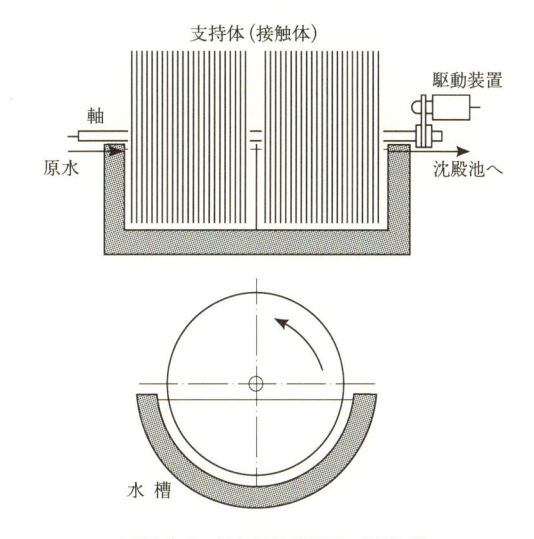

図 V.3.5 回転接触体装置の概要図[3]

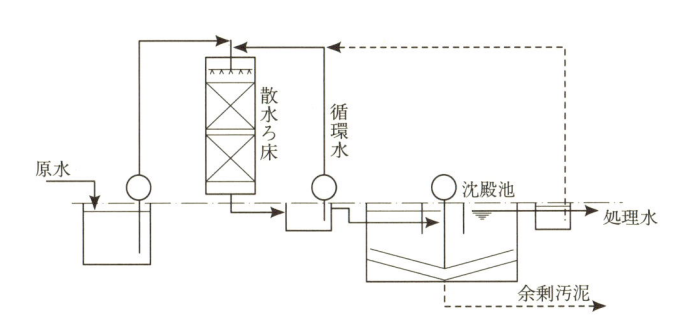

図 V.3.4 散水ろ床法フローシート[1]

(a) 再利用

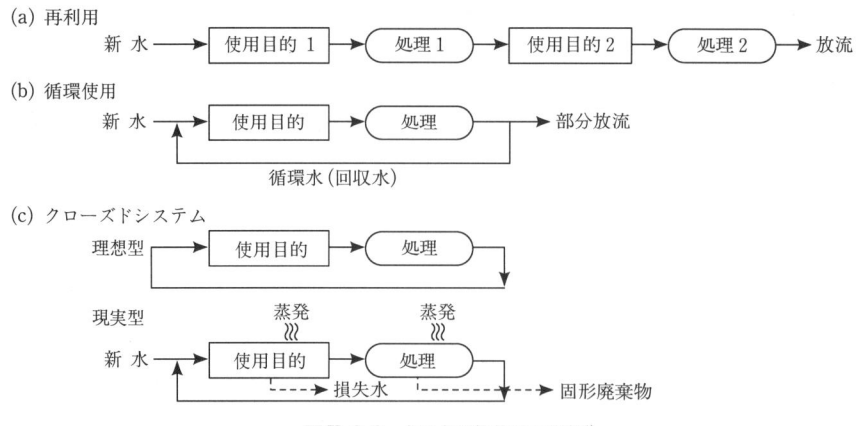

新水 → 使用目的1 → 処理1 → 使用目的2 → 処理2 → 放流

(b) 循環使用

新水 → 使用目的 → 処理 → 部分放流
         ↑__循環水(回収水)__|

(c) クローズドシステム

理想型 使用目的 → 処理 ──┐
         ↑_____|

現実型 蒸発   蒸発
新水 → 使用目的 → 処理 ──┐
         ↑----損失水----|----→ 固形廃棄物

図 V.3.6　水の合理的使用の形態[1]

硝酸, 硝酸を経て窒素として除去する生物学的処理が一般的である.

⑦ リンの除去: 嫌気的な条件で生物学的処理または凝集沈殿法が独立あるいは併用される. これらの高度処理法を利用して, 水の合理的使用形態をパターン化したものが図 V.3.6 である.

3.2　廃棄物処理の基本と実際

3.2.1　わが国の産業廃棄物処理の現状

a. 排出・処理状況

わが国の産業廃棄物の排出状況は, 1990年度以降, これまでの右肩上がりの増加傾向から横ばい状態に変化している. ここ数年の排出状況は図 V.3.7 の通りで, 1994年度は, 総排出量約4億500万トン, 種類別では汚泥, 動物の糞尿, 建設廃材が全体の約8割を占めており (種類別排出量は図 V.3.8 の通り), 業種別では, 建設業, 農業, 電気・ガス・熱供給・水道業がそれぞれ20％弱を占め, 食品業の総排出量に占める割合は低いものとなっている. また, 総排出量のうち38％が再生利用され, 最終処分に回った量は約8,000万トンで, 産業廃棄物の最終処分場残余年数は, 全国平均約2.6年といわれ, かなりきびしい状況になっている.

b. 産業廃棄物処理に伴う問題

産業廃棄物の処理に伴う問題には, 大きく分けて2つある. ひとつは, 廃棄物の排出量の増加による処分場の逼迫, もうひとつは, 廃棄物の質の多様化に伴う有害物質を含む廃棄物の最終処分の増加と不法投棄, 不適正処理, 不適正管理などがあいまって発生する地下水や土壌の汚染, 焼却に伴うダイオキシンの発生といった環境汚染, 周辺住民への健康被害である. 現在, 後者の問題が大きく取り上げられ新規の最終処分場の確保が難しくなっており, このためにますます適正処理が困難になるといった悪循環の様相を呈してきている.

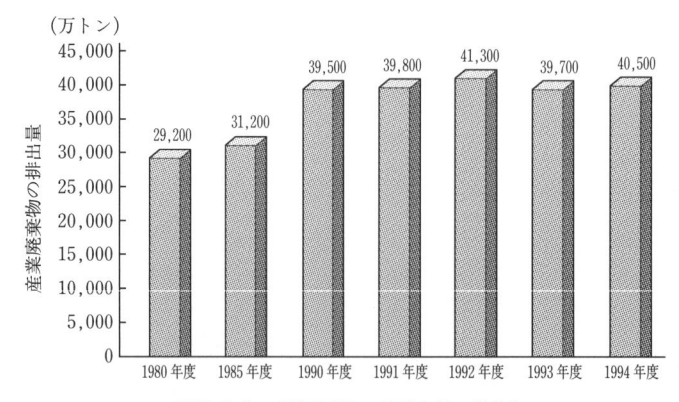

図 V.3.7　産業廃棄物の総排出量の推移[4]

年度	排出量(万トン)
1980	29,200
1985	31,200
1990	39,500
1991	39,800
1992	41,300
1993	39,700
1994	40,500

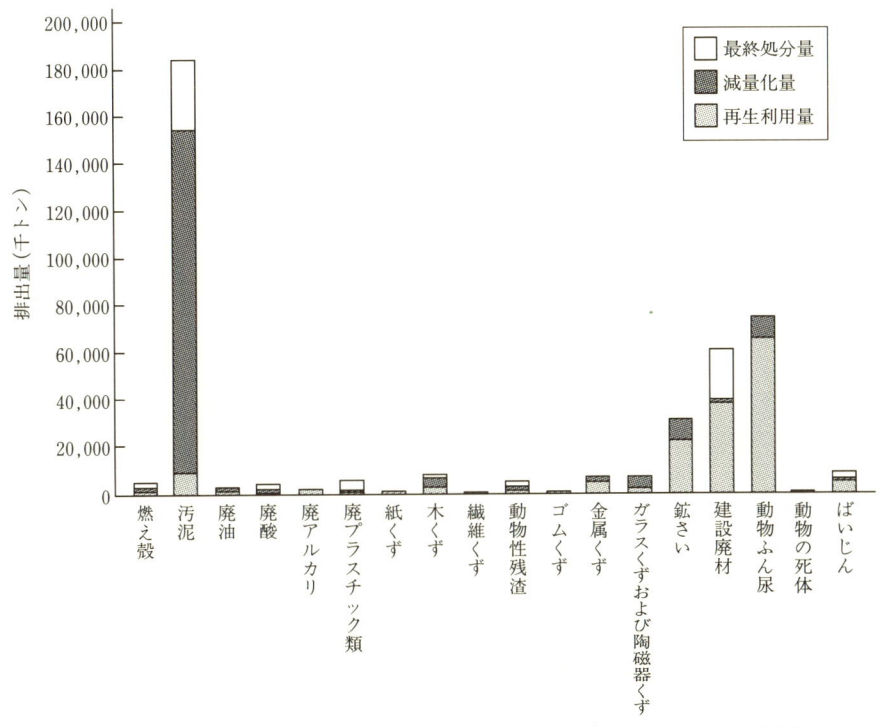

図 V.3.8　産業廃棄物の種類別再生利用量，中間処理による減量化および最終処分量[5]

3.2.2　産業廃棄物処理に関する法規制とその強化

　廃棄物の処理は，腐敗しやすい生ゴミを放置しておくことによる伝染病の蔓延を防ぐためといった公衆衛生上の見地から行政によって始められた．1954年に汚物の衛生的処理を市町村の役割とした「清掃法」が制定され，その後，1970年には，公衆衛生保持のみでなく，生活環境保全の観点から廃棄物の適正な処理を確保するため，「廃棄物の処理及び清掃に関する法律」（廃棄物処理法）が制定された．この中では，廃棄物を一般廃棄物と産業廃棄物に区分し，それぞれの処理を市町村と排出事業者に義務づけるといった新たな廃棄物処理の体系が作りあげられた．その後，廃棄物の排出量の増加，質の多様化，最終処分場の逼迫，不法投棄や不適正処理の増加などの問題が生じ，1991年に廃棄物処理法が改正され，これにより，廃棄物処理重点の対策から廃棄物の排出抑制と減量化の推進を含めた総合的な対策へと方向転換がはかられた．また同時に，「再生資源の利用の促進に関する法律」（リサイクル法）が制定され，資源の有効利用の促進が進められている．以下に，最近の改正，制定法規についていくつか述べる．

a．廃棄物処理法の改正

　「廃棄物の減量化・リサイクルの推進」，「廃棄物処理に関する信頼性・安全性の向上」，「不法投棄対策」を3本の柱として，1997年6月に廃棄物処理法の大幅改正が行われた．上記のうち，冷凍食品の製造に最も直接的にかかわってくる「不法投棄対策」について若干の解説を加える．今回の改正では排出者の責任の徹底がはかられている．まず，不法投棄の未然の抑止効果をねらって，大幅な罰則（法人最高1億円の罰金）の強化がはかられた．また，排出事業者が廃棄物の最終処分までの流れを管理し，適正な処理を確保する産業廃棄物管理票（マニフェスト）制度をすべての産業廃棄物に適用することにより，排出事業者の処理責任の明確化がはかられた．従来，排出事業者は，特別な産業廃棄物を除けば，いったん処分業者へ処分委託してしまえば最終処分先や処分方法について確認する義務はなかった．このことが不法投棄や不適正処理を助長したとされている．この改正により排出事業者は産業廃棄物の最終処分までの流れを確認できるようになった反面，その義務も負うことになった．これにより，事業者は適正処理・処分の契約上の確認だけではなく，実際にマニフェストに沿って自ら産業廃棄物の処理を確認することを義務づけられることになった．廃棄

物処理は処理業者へ委託すれば終わりだとする考え方は通じなくなり，適正処理が行われていることを事業者自らが確認して，はじめて排出者としての責任を果たしたことになったわけである．

b. ダイオキシン類に関する規制強化

近年，廃棄物焼却施設から発生する排出ガス中のダイオキシン類の有毒性が問題となり，大気汚染防止法施行令の一部改正等が行われた．ダイオキシン類が指定物質（排出・飛散を早急に抑制しなければならない物質）に指定されるとともに，廃棄物焼却炉等についてダイオキシンの指定物質抑制基準が定められた．また，廃棄物処理法施行令等の一部も改正され，許可される廃棄物焼却施設の規模を引き下げて規制範囲を拡大するとともに，排ガス処理設備の基準等の構造・維持管理基準が強化された．いずれも，1997年12月1日より施行されている．

c. 容器包装リサイクル法の制定

一般廃棄物の最終処分場の残余年数が逼迫していることを受け，一般廃棄物のうち，容積比にして約6割を占める缶，びん，プラスチック容器，紙容器などの包装が廃棄物（容器包装廃棄物）となり，市町村による分別収集，事業者による再商品化の実施などの義務が課せられた．これにより事業者は，販売した商品に付された容器包装を自ら回収し再商品化するか，(財)日本容器包装リサイクル協会に再商品化委託料を支払いその責務を代行してもらうかのいずれかを選択することになった．

3.2.3 冷凍食品工場における廃棄物の現状

冷凍食品の製造に伴い排出される産業廃棄物について述べる．通常，冷凍食品を製造している工場で排出される廃棄物の主なものは，排水処理汚泥・脱水ケーキ・フロス，原料加工残滓などの生ごみ，原料・資材などを梱包している段ボール・紙，ビニール類となっている．(社)日本冷凍食品協会の調査によれば，冷凍食品業界で排出される廃棄物の構成比（図V.3.9）は，排水処理汚泥類が45.5％，生ごみが26.4％，紙類が10.4％と，この3種類で80％以上を占めている．このうち，紙・段ボール類については比較的リサイクルに回るケースが多いことから，大きな問題となってくるのは，排水処理汚泥類と生ゴミの処理ということになる．また，容積とその処理の困難さから廃プラスチック類の処理も大きな問題となっている．また，近年調理済冷凍食品の増加から食用廃油の排出が増加傾向にあるが，石けんへのリサイクル，燃料としての利用など，有効利

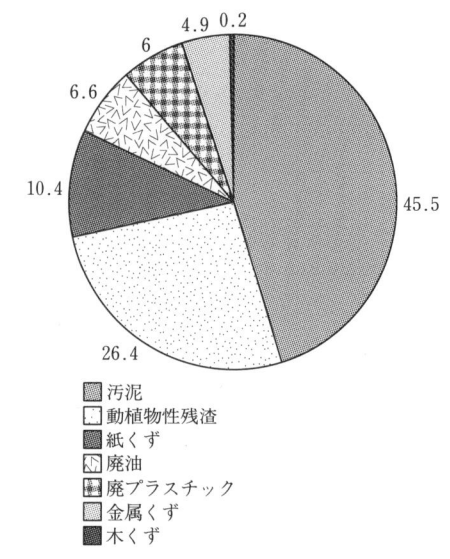

図V.3.9 冷凍食品工場の廃棄物構成比（％）

用されるケースも多くみられている．

3.2.4 廃棄物処理の実際

上記であげた，排水処理汚泥類，生ゴミ，廃プラスチック類の減量・リサイクルに効果的な処理方法というのは，まだ確立されたとはいいがたく，現在，さまざまな処理技術が模索されている段階にある．ここでは，現状の一般的な処理状況について若干紹介する．

a. 排水処理汚泥など

排水処理汚泥などの一般的な処理は，業者委託による埋立て，海洋投棄，焼却または脱水・乾燥などの中間処理による減量化が主体であった．しかし，海洋投棄の禁止やダイオキシン問題の発生による焼却炉規制から，その処理方法の選択の幅が狭くなってきており，最終処分場の新規確保が難しいなか，排水処理汚泥類ができるだけ出ない排水処理，汚泥類の有効利用といったことが課題となっている．

このようななかで，冷凍食品業界で最も一般的に行われている有効利用法が肥料としての再利用である．肥料製造業者による肥料原料としての利用が行われている．しかし，多品種少量生産のため，排水汚泥の質・量が不安定であるケースが多く，実際にはすべての工場でこれを実施できないのが現状である．汚泥を出さない水処理技術については一部実用化されているものもあるが，いまだ研究段階にあり，今後の研究成果が待たれている．

b. 生ゴミ

冷凍食品を製造するうえで避けて通れないのが生

ゴミである．生ゴミ処理のポイントは迅速処理であり，数日放置すれば，悪臭，害虫発生などのさまざま問題が発生する．現状は毎日業者に引き取ってもらい焼却するか，工場内で他のものと一緒に焼却しているケースと家畜飼料，肥料原料(一部工場内で肥料化)として業者に引き取ってもらうといったケースが主である．ただし，冷凍食品製造工場は，多品種少量生産のところも多く，毎日の生ゴミの種類・量が一定せず肥料化が難しい，工場内で肥料化してもその処分に困り，結局は廃棄物となってしまう．油分や異物などの混入が肥料化を妨げる，確実な分別が要求されるなどの理由から，まだ生ゴミの肥料化は十分に普及しているとはいえない状況である．最近では，微生物を利用して生ゴミを処理し工場外へ排出しないといった技術もあるが，処理委託するよりコストがかかるケースが多いため，技術的な安定性も含め様子見の状況が強い．

c. 廃プラスチック類

工場から出る，廃プラスチック類の大部分は原料または製品の包材である．これは，先にも述べた通り，重量で考えた場合全体に占める割合はそれほど多くないが，容積で考えた場合にはかなり大きなものとなっている．また，処分方法も現状では工場内で焼却するか業者委託するかのどちらかしかなく，発泡スチロールなどの一部を除いてリサイクルはほとんどされていない．一方，ダイオキシンの問題から工場内におけるプラスチック類の焼却は非常に難しくなっており，今後は工場内でのプラスチック類の焼却はできる限り避ける方向に動くと思われる．このようななか，プラスチックの油化，溶鉱炉への吹込みなどの新しい技術が実用化されてきている．食品において廃プラスチックの有効利用が進まない理由として，技術的な課題が未解決であるほかに，食品関連廃棄包材の特徴である有機物の付着がある．有機物の付着したプラスチック類は放置しておけば腐敗し，臭気や害虫の発生につながるため長距離輸送や長期ストックが難しく，リサイクルを考えた場合には洗浄，乾燥などの中間処理が必要になり，これがリサイクルの推進を妨げるひとつの要因ともなっている．

3.3 大気汚染，悪臭，騒音，振動の防止

3.3.1 大気汚染

わが国では大気汚染を防止するために大気汚染防止法を定めており，ボイラー，焼却炉などから排出されるばい煙，自動車からの排出ガス，有害大気汚染物質などを規制している．冷凍食品を製造・販売するうえでも，これらの法律で定められた基準を守るために適正設備の導入および保守点検が必要となる．ところが近年，ダイオキシン対策のような新しい問題の発生により，従来の設備や技術では対応できない部分もでてきている．通常，冷凍食品製造工場では法規制対象となる大型焼却炉を保有しているケースはきわめてまれであるが，地方自治体の規制強化や周辺住民感情を考えると，小型焼却炉であっても焼却の継続は大きなリスクとコスト負担を背負うものとなっている．今後，ダイオキシン抑制とリサイクル推進の両面から焼却炉の使用が減っていくと考えられる．

3.3.2 悪 臭

食品関連の工場にとって，悪臭対策は非常に難しい問題となっている．悪臭防止法では敷地境界線，気体排出口，排出水について特定悪臭物質(22物質)および臭気指数(人間の嗅覚で測定)の規制が行われているが，実際に規制を越える臭気が問題になるケースのほかに，規制値以下の臭気や特定悪臭物質以外の臭気(調理時の匂い，香辛料・調味料の匂いなど)について不快感を示す周辺住民のクレームも数多くある．前者の問題が発生した場合には，悪臭の発生源を特定し適切な対処を行うとともに，その効果を確認する必要がある．脱臭法には以下の方法がある．

① 燃焼法： 臭気成分の完全焼焼を行う．コストは最も高くつく．

② ガス洗浄法： 臭気が水や他の液体に可溶性の成分を含む場合，この脱臭法が最もよく行われている．

③ 吸着法： 活性炭，イオン交換樹脂，シリカゲル，活性白土などのガス吸着能の高い物質中を通して臭気成分を吸着除去する．吸着剤の選択がポイントとなる．

④ オゾン酸化法： オゾンの酸化作用を利用した脱臭法．臭気量に対して少量で効果を発揮し，運転管理が容易でランニングコストが比較的小さくてすむ．

⑤ マスキング法： 対象臭気より強い芳香をもつ物質で悪臭を隠蔽する方法．芳香物質が逆にクレームにつながる場合もあるので注意が必要である．

⑥ 中和法： ある特定の匂いが別の匂いと混合すると双方の臭気が弱まる性質を利用した脱臭法．

どの脱臭法を採用するかは発生状況（臭気が連続的に発生しているか，間欠的に発生するか，煙突などから集中的に出ているのか，工場全体から発生しているのか，など）や臭気成分（可燃性か，受容性かなど）を事前に調査する必要がある．

後者の問題のような，人の感覚部分が大きく影響する問題については対処が難しい．法基準は遵守しているが，一部の周辺住民に不快感を与えているといった場合に必要になるのは，周辺住民とのコミュニケーションである．一般的に，十分な説明を行うことで問題の半分以上は解決する場合が多いからである．それでも解決しない場合にどう対処するのかについては企業や工場の方針によって変わってくると思われるが，いずれにしても，周辺との共生なしに企業や工場の運営は成り立たなくなってきていることは確かであり，十分注意が必要である．

3.3.3 騒音・振動

冷凍食品製造・販売関係で騒音・振動が問題になるケースは臭気に比べれば少ないが，人の感覚による部分が大きいということでは悪臭と同様である．したがって，基本的な対応も悪臭と同様となる．特徴的にあげられるのが，冷凍輸送車のアイドリング音による問題である．冷凍能力維持のためにエンジンを回しておく必要があるため，夜間や早朝の待機時のエンジン音が問題になるケースがある．今後は，CO_2排出の問題ともあわせて何らかの対応が必要になってくる．

騒音，振動発生時の一般的対処は大きく二つに分けられる．ひとつは，音源・振動源対策である．機械・装置の改良，低騒音・低振動の機械に換えるなど，原因となっているものへ直接対処である．もうひとつが，伝播経路への対策である．建物に吸音材を貼る，伝播途中に遮蔽物を置く，距離をとるなど，伝播の途中でできるだけ低減する処置を行う．そのほかに，操業時間や受音・受振側への対策もある．この中でも一番効果が高く，コスト的にも低く抑えられるのが，音源，振動源への対策といわれているが，一般的には困難な場合が多く，実際には塀や建物でカバーするといった対策がとられる場合の方が多くなっている．

3.4 ISO 14000

従来，わが国の環境問題は，公害問題がクローズアップされ，数々の規制が実施されてきた．しかし，1980年代に入り，深刻化した地球温暖化，オゾン層破壊，酸性雨，海洋汚染などのいわゆる地球環境問題は構造的に従来の環境問題とは異なった様相を呈してきた．それは

① 企業などの組織や，個人の日常の活動に伴う環境負荷に起因する問題が大部分である
② 影響が及ぶ海洋や大気などは地球全体の共通資源であるため，対策には組織，企業の範囲にとどまらず，国際的協調が必要となる

などの点である．

したがってその対策も，従来の体系とは異なり，社会，企業，個人の活動全体をとらえ，そのしくみについて対処することが必要になってきたわけである．

また，環境問題への対応は，特に企業にとってリスクマネジメントやマーケティングの問題として，より現実味を帯びた戦略的課題になりつつあるという一方の変化も見逃せない．ISO 14000は，組織，特に企業などが環境負荷を低減させ，活動を地球環境保護の観点から管理するための世界共通の規準として誕生したのである．

3.4.1 ISO規格
a. 概　要

ISOとは International Organization for Standardization の略称で，日本名「国際標準化機構」と呼ばれている．本部がスイスのジュネーブにある民間の組織・機関である．1947年に設立され，世界共通の規格，規準などの設定を行うことがその主な業務となっている．

略称「ISO」は，語順からすれば「IOS」となるが，ギリシャ語の平等・標準を意味する「ISOS」から「ISO」という呼称になったといわれている．

b. 国際規格制定の経緯

従来，製品の規格には通常，国家規格，地域規格，団体規格，社内規格などがそれぞれの国にあり，おのおの独自の規格にもとづいて製品は生産されてきた．しかし，流通が拡大し，消費活動が地域，国家の壁を越えて行われるようになると，この異なった規格により製造された商品は消費者に著しい不便，非効率性をもたらすことになった．

ここにその障害を取り除き，国際的に統一した規格を制定するという趣旨により，国際機関ISOが設立されたのである．

c. 構成・組織

EU諸国，日本などを中心に世界80数カ国が加盟しており，ここで行われている取り決めが，ISOの制定規格となる．

組織的には，18カ国からなる理事会がISOの最高位の運営機関となる．

総会はISOの最高決議機関であり，全会員団体の代表者が参加し，原則的に毎年1回開催されている．

その他，中央事務局，各種専門委員会などが組織されており，本部には，各分野ごとにTC（専門委員会），SC（分科会），WG，特別研究班などが設けられている．

ISO 14000 シリーズを担当している部門はこの中のTC 207（環境マネジメント専門委員会）であり，1993年3月に設立された．

d. 制定されている規格の分野

ISOの設立以来，すでに現在まで約数千にのぼるISO規格が制定されており，その分野は，情報処理，機械，鉄鋼，自動車，繊維，化学，銀行業務，包装など多岐に及んでいる．

3.4.2 ISO 14000 の概要

a. 規格制定の背景

地球環境問題に対する国際的な関心は，特に1980年代頃から欧米を中心に強まり，政府機関，民間機関などの各レベルで産業活動，製品，サービスなど環境に与える影響を最小限に止めようとする試みがなされ始めた．

1991年，いわゆる「地球サミット」への産業界からの参加を目的として，「持続可能な開発のための経済人会議（BCSD）」が設置され，この中で，国際規格制定の必要性が叫ばれ，ISOに対し環境に関する国際規格化に取り組むよう要請が行われたのである．この要請を受け，ISO（国際標準化機構）は1992年に環境マネジメントに関する検討を行う専門委員会，TC 207（technical committee）の設置を決定し，以降，協議が重ねられ，1996年9月，この規格が制定された．ISO 14000はこの国際標準化機構が制定した規格番号が14000番から始まる「環境管理に関する国際規格」であり，組織のマネジメントを環境保護の観点から規格化したものである．

b. 規格の項目

規格は，まず一般要求事項といわれている環境マネジメントシステムの仕様に関する項目から始まる．

この規格には，システムが機能し，持続的改善がなされていることを審査する認証取得制度があるが（後述），通常，認証はこの規格の中の14001に対して行われることになる．規格の項目は，

① 14001: 一般要求事項，環境マネジメントシステムの仕様，利用の手引きについての規格

② 14004: 要求事項の理解をサポートする補助的な規格．14001のサブテキスト的位置づけにある．環境マネジメントシステムの原則，システムおよび支援技法の一般指針などについての規格

③ 14010: 環境監査のための要求事項．指針，一般原則の規格

④ 14011: 環境監査の指針，監査手順，環境マネジメントシステムの監査がその内容

⑤ 14012: 環境監査の指針，環境監査員のための資格規準に関する規格

と続き，これがいわゆる「14000シリーズ」の構成項目になる．

c. 現在検討中の規格

上記の規格のほか，現在，制定化を目指し検討を重ねている規格として

① 14020～14025: 環境ラベルに関する規格．環境ISOに適合した製品に対しつける「環境ラベル」に関する規格

② 14031: 環境パフォーマンス評価に関する規格，環境マネジメントシステムの成果の評価方法に関する規格

③ 14040～14043: ライフサイクルアセスメントに関する規格．原料調達から廃棄に至るまで，製品のライフサイクル全般にわたり環境負荷を軽減するための規格

④ 14050: 用語と定義に関する規格，環境ISO規格で仕様される用語と定義を整理，統一するための規格

などがある．

3.4.3 環境マネジメントシステム
a. 環境マネジメントシステムの概要
ISO 14000は，別名「環境マネジメントシステム」とも呼ばれている．

それは，企業などが自主的に経営システムの中に環境配慮の視点を入れ，環境対策を進める手法についての規格であるからである．

この中で特に重要なことは，組織の全体的なシステムであることおよび，将来にわたり持続するシステムであることなどの点である．

b. 環境マネジメントシステムの構成内容
具体的には組織が，

① 日常の生産活動における環境負荷状況を洗い出し，その環境に与える影響度合を評価する．

② 企業・組織活動，施設などに関わる環境関連法規を把握する．

③ 経営者らの組織のトップは，上記の状況などを考慮に入れ，自ら環境方針の策定に関与する．(PLAN)

④ その方針にもとづいた環境目標，計画を策定する．(PLAN)

⑤ 体制を構築し，責任の所在を明確にする．

⑥ 計画を実施する．(DO)

⑦ 実施の過程の中で，問題があれば是正措置を講じる．(CHECK)

⑧ 最後に，取組みの結果に対し経営者自らが「見直し」を行う．(ACTION)

一連のこのPDCAのサイクルが展開することにより，「継続的改善」がはかられることを確認する．これがいわゆる「環境マネジメントシステム」の概要である（図V.3.10）．

3.4.4 主要規格の概要
主要規格 ISO 14001 の規格の概要

この規格は14000シリーズの骨格をなすものである．「序文」，「適用範囲」，「引用規格」，「定義」，「環境マネジメントシステム要求事項」，「附属書」より構成されている．この中で認証取得の対象となる規格要求事項は下記6項目である．

① 一般要求事項
② 環境方針
③ 計画
④ 実施および運用
⑤ 点検および是正措置
⑥ 経営層による見直し

これらの要求事項は，どのような業種，組織にも該当するように配慮がなされているため，包括的，簡潔に表現されている．

ISO-14001の要求事項

	サイクル	項目
1	PLAN	環境方針の策定
2	PLAN (計画)	環境側面の洗出し
		法的およびその要求事項の把握
		環境目的および目標の設定
		環境マネジメントプログラムの策定
3	DO (実施および運用)	体制の構築および責任の明確化
		訓練の実施，自覚，能力の把握
		コミュニケーションの確立
		環境マネジメントシステム文書
		文書管理
		運用管理
		緊急事態への準備および対応
4	CHECK (点検および是正措置)	監視および測定
		不適合ならびに是正および予防措置
		記録および保管
		環境マネジメントシステム監査
5	ACTION (見直し)	経営層による見直し

環境マネジメントシステム概略図

PDCA ── のサイクル展開により，「継続的改善」を図る．

図 V.3.10 ISO 14001の要求事項と環境マネジメントシステムの概略図[7]

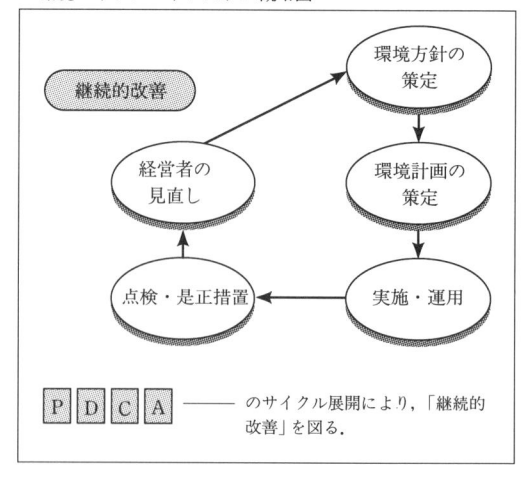

3.4.5 ISO 9000 との比較

双方ともマネジメントシステムに関する国際規格であるが，企業・組織のマネジメントシステムは本来ひとつであり，品質，環境と区分けする意味合いは薄いと考えることが自然である．

それぞれの審査に関しても，すでにいくつかの審査機関は 9000 と 14000 の審査を同時に行う「複合審査」を行っている．

特に
① 4—4—1　体制および責任
② 4—4—2　訓練，自覚および能力
③ 4—4—5　文書管理
④ 4—5—1　監視および測定
⑤ 4—5—2　不適合ならびに是正および予防措置
⑥ 4—5—3　記録
⑦ 4—6　　経営層による見直し

などの要求事項は 9000, 14000 に共通，類似しており，近い将来，この統合の検討も加速されることが予想されている．

3.4.6 認 証 取 得

ISO 14000 の規格には認証取得制度がある．

組織，企業がこの規格に適合し，環境マネジメントシステムが機能，定着しているか否かを審査し，クリアされていれば認証取得を申請した組織，企業に対し認証が与えられる．

a. 認証制度のしくみ，内容

組織，企業が認証を得ようとするとき，構築した環境マネジメントシステムが規格に適合しているか否かを審査する機関が「審査登録機関」になる．公式な，第三者機関として公平な審査を行うことになる．

認証取得をするためには，まず審査登録機関（後述）を選定し，審査登録の申請を行う．申請受理後，登録審査機関との間で契約書が取り交わされ，取組みはスタートする．

一般的には，体制が構築されたのち，初期レビューといわれる環境側面の洗い出し，環境影響評価などから作業が始まり，一連の規格にもとづいて PDCA のサイクルが展開していることを確認し，システムが定着・機能しているかの審査を受けることになる．

審査は数日間（2〜4日：対象範囲により異なる）にわたり行われ，終了後，登録審査機関の「登録判定委員会」にかけられ，登録の合否が決定される．

審査は本審査に入る前に，通常，予備審査が実施されるケースが多い．

b. 審査登録機関

審査登録機関は ISO の本部より認可が与えられたわが国では唯一の「(財) 日本適合性認定協会」（通称 JAB）が認定・登録する機関であり，現在約 30 近くの法人がある．

JAB は審査登録機関の認定を行う機関であり，組織・企業の審査登録は行わない．審査登録機関には認定範囲があり（例：飲料等製造，一般機械，電気機械，石油製品など），審査登録機関の審査はこの認定範囲の中で行われる．

c. 認証取得の意義，メリット

実利的なメリットとしては，次のことが指摘されている．

① 特に海外企業などとの取引きにおいて表れる．製品によっては，認証取得を取引条件とする企業が多く，認証の取得がなければ取引き自体が不可能となるケースが多い．

② コストダウンについてもその効果が期待できる．省エネや産業廃棄物の削減などにより，そのコストが削減できる．

③ マネジメントシステムの確立により，業務遂行レベルの向上が期待できる．

④ 環境リスクの回避につながる．事業所を取り巻くあらゆる環境課題の洗い出しを行い，対応を行うことになるため，環境問題は必然的に解決へと向かう．

また，認証取得組織，企業が環境問題に確実に対応する企業として得られる社会的評価はきわめて高く，企業 PR，地位向上につながり，企業イメージの向上が期待できる．

反面，認証取得費用，サーベランス，更新などに費用がかかり，また，一時的に認証取得に伴う労力など，いわゆる産みの苦しみがあることも否定できない．

d. 認証取得に要する期間

審査を受ける事業所の規模，従業員数，取組みを行うスタッフ数などにより千差万別だが，平均して審査機関に審査登録申請を行い，キックオフ後，1年〜2年程度で取得する事業所が多いとされている．

e. わが国の認証取得状況

わが国における ISO 9000 の対応の遅れは，品質，商品取引きなどにおけるグローバル化の遅れにつながったとする反省や，逼迫する環境問題への切実な対応の必要性，実利的取引きの優位性の確保などの事由から，ISO 14000 の認証取得への動きは早く，

すでに制定後2年余りで1,320事業所が認証取得をしている(1998年10月末現在).業種別では,やはり海外取引きに関係する企業の取得が多く,全体の45%強を占め,続いて一般機械,化学,精密機械などが続いている.食品企業では,いまだ対応は遅く,その取得件数も1%未満と少ない.

最近の動きの中では,自治体,サービス業の取得が増加している.

［山本宏樹］

文　献

1) 通産省環境立地局監修：公害防止の技術と法規—水質編,産業環境管理協会.
2) 鈴木智雄監修：微生物工学技術ハンドブック,朝倉書店,1990.
3) 井出哲夫編著：水処理工学(第2版),技報堂出版,1992.
4) 環境庁：平成10年度版　環境白書.
5) 通産省環境産業立地局監修：96環境総覧,通産省資料調査会.
6) 通産省工業技術院　藤代尚武寄稿：国際環境規格ISO 14000シリーズの背景と概要について,月刊「産業と環境」,No. 5,オートメレビュー社,1996.
7) 萩原睦幸監修：環境ISOが見る見るわかる,サンマーク出版,1998.
8) 高圧ガス保安協会(KHK)：ISO 14000,環境マネジメントシステムテキスト,1998.
9) 吉澤　正監修：環境マネジメントの国際規格,日本規格協会,1998.

VI. 衛生管理

1. HACCP 計画の概要

1.1 HACCP 7つの原則

　HACCP (hazard analysis and critical control point) システムとは，原材料から製造・加工工程を経て最終製品の保管，流通，さらには消費者が消費するまでの各過程において，発生するおそれのある危害の原因物質を予測・評価 (hazard analysis : HA) し，その防止措置を過程ごとに決めたうえで，特に厳重に管理すべき工程を CCP (critical control point) として定め，その工程を連続的または相当の頻度で管理することにより，製品ひとつひとつの安全性を保証する衛生管理の手法である．

　国際的には，FAO/WHO 国際食品規格委員会 (Codex：コーデックス委員会) が，「HACCP システム及びその適用に関するガイドライン」の中で，HACCP システムを食品産業に適用するための7原則12手順などを示しており，わが国を含め各国とも，これにもとづいた HACCP の導入を進めている．なお，ガイドラインにおいても，HACCP システムによる衛生管理を実施するためには，清潔で衛生的な環境で食品を取り扱うことが前提条件とされている (第2章「一般衛生管理プログラム」参照)．

〔HACCP 7 原則〕
① 危害分析 (hazard analysis)
② 重要管理点の決定 (critical control points)
③ 管理基準の決定 (critical limit)
④ モニタリング方法の設定 (monitoring)
⑤ 改善措置の決定 (corrective action)
⑥ 検証方法の設定 (verification)
⑦ 記録の維持管理 (record keeping)

a．原則1：危害分析

　危害分析においては，各工程ごとに，発生しうるすべての潜在的危害の原因物質を列挙するとともに，それらの危害の発生要因を解析し，起こりうる危害の発生を防止するための措置を検討しなければならない．ここでいう危害 (hazard) とは，食品衛生上の危害であり，一般的には品質および経済的事項は含めない．つまり，その食品を喫食することによりヒトの健康を損なうおそれのある生物学的・化学的ならびに物理学的要因あるいは原因物質が危害であり，食品衛生法第4条に規定される腐敗・変敗，有毒または有害な物質，病原微生物，不潔，異物の混入，および同法第7条の成分規格違反などがこれに該当する．

　列挙された危害については，予防，排除または許容範囲内にまで収めることができる性質のものであると同時に，最終消費まで考慮に入れて，どのレベルまで危害を排除すればよいのかを明確にして危害分析を行う必要がある．

　また，各危害に対して，防止するための措置がいくつかある場合，どのような方法によって管理するのかを，すべての工程を通じて検討しなくてはならない．ひとつの危害に対して複数の防止措置による管理が必要な場合もありうるし，複数の危害をひとつの防止措置により管理しうる場合もある．

b．原則2：重要管理点の決定

　おのおのの危害の原因物質について CCP を特定する．危害分析において特定された食品の安全性を確保するうえで重要な危害については，一般衛生管理プログラムにより管理できない場合には，CCP に該当するのかどうかを特定し，管理する必要がある．

　HACCP システムにおける CCP の決定については，決定樹 (図 VI.1.1) を用いることにより明確となりうる場合もあるが，画一的には決定できない場合もあるので，あくまで CCP を判定するときの補助手段として柔軟に対応する必要がある．

　なお，一般衛生管理を考慮に入れずに決定樹を使用すると CCP が必要以上に増えてしまい，HACCP プランが継続して維持できなくなってしまう可能性があるので，注意が必要である．

1. HACCP 計画の概要

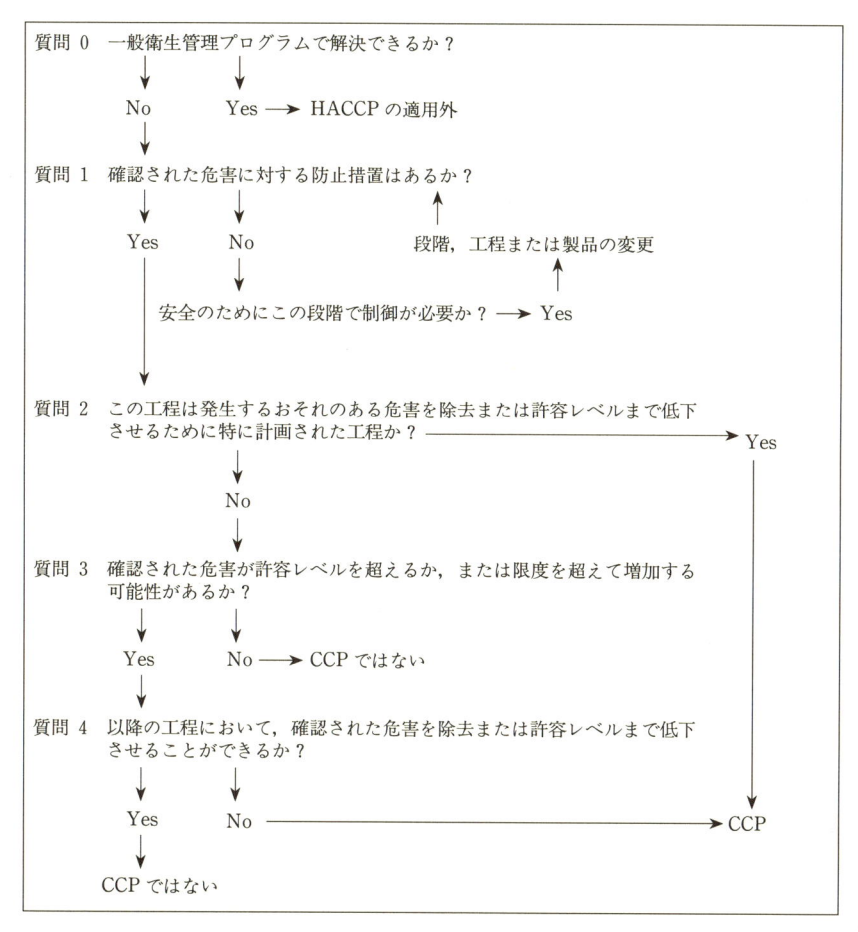

```
質問 0  一般衛生管理プログラムで解決できるか？
         │
    No ──┴── Yes ──→ HACCP の適用外
    ↓
質問 1  確認された危害に対する防止措置はあるか？
         │
    Yes ─┴─ No ──→ 段階，工程または製品の変更 ↑
    ↓          ↓
              安全のためにこの段階で制御が必要か？ ──→ Yes
    ↓          ↓ No
質問 2  この工程は発生するおそれのある危害を除去または許容レベルまで低下
        させるために特に計画された工程か？ ──────────→ Yes
    ↓ No
質問 3  確認された危害が許容レベルを超えるか，または限度を超えて増加する
        可能性があるか？
    Yes ─┴─ No ──→ CCP ではない
    ↓
質問 4  以降の工程において，確認された危害を除去または許容レベルまで低下
        させることができるか？
    Yes ─┴─ No ──────────────────────────→ CCP
    ↓
  CCP ではない
```

図 VI.1.1 CCP 決定の決定樹

c. 原則 3：管理基準の決定

おのおのの決定された CCP について，危害を防止するための CL を設定する．CL はおのおのの CCP において，危害を予防，排除または許容範囲に収めるために管理されなければならない工程のパラメータの最大または最小値であり，温度，時間，物理的な大きさ，湿度，水分活性，pH，酸度，塩分濃度，有効塩素濃度などのパラメータが用いられることが多い．CL としては，短時間のうちに正確な結果が得られ，連続的に監視可能なパラメータが理想的である．また，例えば加熱殺菌工程の温度と時間など，工程によっては複数の CL が必要な場合もある．

なお，これら CL の設定は，科学的なデータ（文献，実験結果）にもとづく必要があることはいうまでもない．

d. 原則 4：モニタリング方法の設定

モニタリングは，CCP の管理が，設定された CL の範囲内で行われていることを確認するための観察，測定または検査である．モニタリングとしては，CCP での管理状態が CL を逸脱したかどうかを明らかにするための連続的なモニタリングが望ましく，また，CL を逸脱したことがあとで判明すると改善措置に負担がかかるため，工程での変化の状況が短時間のうちに把握できるモニタリングが望ましいが，これを行いにくい場合には，CCP の管理状態が適切であることを保証できる十分な頻度で行う必要がある．

おのおのの CCP においてモニタリング担当者を指名することは重要であり，指名されたモニタリング担当者は，管理の状況を適切に評価でき，モニタリング結果にもとづき，工程を最良の状態に維持しなくてはならない．また，CCP のモニタリングに関するすべての記録および文書は，モニタリング担当者およびその記録を確認する者によって署名されなくてはならない．

e. 原則 5：改善措置の決定

HACCP プランにおいては，モニタリングの結

果，あるCCPにおいてCLからの逸脱が明らかとなった場合の改善措置を明確に設定しておかなければならない．HACCPプラン作成には，危害発止を防止するために十分配慮するが，HACCPプランがあるからといって危害が起こらないことを保証しているわけではないことから，CL逸脱時にとるべき措置計画を設定しておくことは重要である．

この場合，改善措置としては，安全性が損なわれている可能性のある製品に対して，食品衛生上必要な処分を行うとともに，逸脱原因を特定したうえで排除（逸脱時に製造されていた食品に対する措置）し，工程の管理状態をもとに戻す（工程に対する措置）ものでなくてはならない．

また，改善措置は文書化されていなくてはならないし，逸脱時にとられた措置は記録として保管されなくてはならない．

f. 原則6：検証方法の設定

HACCPプランにおいては，危害の発生防止のために，HACCPシステムが計画通り機能していることを定期的に検証しなければならない．このため，実際の危害原因物質の検査などを含めた検証の方法を設定する必要がある．定期的な検証としては，計画通りにシステムが行われているかどうかを評価するとともに，より機能的なシステムとするためのHACCPプランの修正も合わせて評価する必要がある．検証事項に含めるべき事項としては以下のものがある．

・CL逸脱時の改善措置およびその原因の解析
・CCPおよびCLが適切で，危害のコントロールが十分であることの科学的・技術的な確認
・製品に対する苦情などの解析

g. 原則7：記録の維持管理

正確で適切な記録はHACCPシステムに必須の事項であり，まずHACCPシステム全体を効果的に記録する方法，担当者，様式などが決められ，かつ，その通りに実施されていなければならない．HACCPプランを実施している間，継続的かつ信頼のある記録が維持管理されていなければ，HACCPシステムは成り立たない．また，これらの記録をもとに，HACCPプランの見直しを行っていく必要がある．

なお，HACCPシステムによる工程の衛生管理を行うことにより客観的かつ適切な記録が得られることは，営業者自身や行政などのメリットのひとつとなる．

1.2 HACCP計画作成の12の手順

〔HACCPの12手順〕
① HACCPチームの編成
② 製品についての記述
③ 使用方法の記述
④ 製造工程一覧図，施設の図面および標準作業手順書の作成
⑤ 現場での確認
⑥ 危害分析　　　　　　　　（原則1）
⑦ 重要管理点の決定　　　　（原則2）
⑧ 管理基準の決定　　　　　（原則3）
⑨ モニタリング方法の設定　（原則4）
⑩ 改善措置の決定　　　　　（原則5）
⑪ 検証方法の設定　　　　　（原則6）
⑫ 記録の維持管理　　　　　（原則7）

HACCPシステムの適用は，1.1節で示したHACCP7つの原則を組み込んだ12の手順に従って行う．HACCP12手順のうち，手順1から手順5は，手順6（原則1）の危害分析とそれ以降の手順を実施するための準備段階であり，HACCPプラン作成の基本となる作業である．

わが国でも，食品衛生法第7条の3に規定する「総合衛生管理製造過程」の承認基準として，これらの手順を採用しており，対象とする食品ごとに12の手順によりHACCPプランを作成することとしている．

なお，この12手順を実施しHACCPプランを作成する前に，HACCPの前提となる一般衛生管理プログラムを確立しておくことが必要である．

a. HACCPチームの編成（手順1）

HACCPプランを作成してこれを完全に実施していくためには，企業の組織全体の目的遂行意識の維持と関係者の教育訓練が不可欠であり，まず経営トップがHACCPシステムの導入決定を決断することが重要である．また，この実施に当たって中心となる役割を果たし，外部からの査察への対応，システムの維持管理や見直しなどを行うのがHACCPチームである．

各企業において，自社で製造する製品に関し，製

1. HACCP計画の概要

造する食品に固有の知識のほか,製造工程で使用される機械器具,製品の検査などを含めた広範な知識にもとづき,HACCPプランを作成しなければならない.工場内でこうした専門知識を利用できない場合は,外部の専門家などからの情報も利用し,HACCPチームを編成する必要がある.

b. 製品についての記述(手順2)

原材料などおよび製品に関する固有の情報は,危害分析の基礎資料として必要不可欠である.このため,原材料などおよび製品について,使用する原材料,標準組成,性状(水分活性,pHなど),製品の規格(危害原因物質に関する最終製品での目標値など),包装,保存条件,消費期限などの安全性に関係する情報についての完全な記述を行う必要がある.

c. 使用方法の記述(手順3)

危害原因物質の設定を含め,的確なHACCPプランを設定するためには,製造・加工施設を出荷された製品が,どのようなルートで,誰に使用されるかを予測することが必要である.消費者が製品をそのまま利用するのか,他の製品の原料に利用されるのか,そのまま摂取されるのかなど,製品の使用方法を明確に記述しなければならない.

また,想定される危害原因物質に対して,感受性の高い特定集団(集団給食,病院食など)に摂取されるのかどうかについて十分考慮しておくことも,HACCPプランを作成するうえで重要である.

d. 製造工程一覧図,施設の図面および標準作業手順書の作成(手順4)

危害分析を容易かつ正確にするため,危害分析に先立ち,従事者からの事情聴取,実際の作業状況の観察を行ったうえで,原材料の受け取りから最終製品の出荷に至る一連の製造・加工の工程において,おのおのの工程における作業内容,配置などがわかるような製造工程一覧図(フローダイアグラム),施設の図面などを作成する.

また,標準作業手順書の作成は,危害分析のみでなく,作業の標準化,逸脱発生時の原因究明にも有用である.これらは,HACCPチームにより,操作のすべてに関して記載される必要がある.

e. 現場での確認(手順5)

現場での確認の主目的は,各製造工程での操作および操作時間などについて,フローダイアグラム,標準作業手順書に照らし合わせて,誤りや不足などがないか十分確認し,正しい現場の状況を把握することである.HACCPチームは,食品衛生上重要な工程,作業などの見落しをなくしたうえで,危害分析における論議を十分なものとする必要がある.

なお,操業中の施設に立ち入り,作業手順,人やものの動き,稼働中の機器,空気の流れなどを調査することにより,潜在的危害の確認を行い,危害リスト作成に役立てることは有用である.

f. 危害分析(手順6,原則1の適用)

HACCPチームは,製造・加工で使用するすべての原材料,製造・加工工程,最終製品を対象に,手順2~5により収集したデータなどにもとづいて危害分析を実施し,食品衛生上考慮すべき危害についての防止措置を記載した危害リスト(様式例:表VI.1.1)を作成する.この危害リストは,以降の手順を実施する際の基礎資料となるものであることから,漏れのないように作成しなければならない.

g. 重要管理点の決定(手順7,原則2の適用)

CCPを決定する前に,まず,その危害が一般衛生管理プログラムで管理できるかどうか判断する.なお,CCP決定の決定樹を用いる際には,この決定樹がすべての場合に適用できるものではないことに留意し,柔軟な対応を必要とする.

h. 管理基準の決定(手順8,原則3の適用)

CLをおのおのの防止措置に対応して設定する.なお,CLと製品管理のための基準として設定されるOPL (operational limit)は混同しやすいが,適切に整理・区別しておく必要がある.

i. モニタリング方法の設定(手順9,原則4の適用)

各CCPにおけるCLを,規定した方法に従って測定または観察するモニタリング方法を設定する.

表 VI.1.1 危害リストのフォーマット

危害の関連する工程	危害の原因物質	危害の発生要因	危害の防止措置
原材料由来	生物学的: 化学的: 物理学的:		
製造・加工工程由来	生物学的: 化学的: 物理学的		

モニタリング方法は，CCPにおける管理からの逸脱が容易，迅速かつ客観的にわかる方法を採用する．

j. 改善措置の決定（手順10，原則5の適用）

各CCPにおいて，CLからの逸脱が発生した際に対処するための改善措置をあらかじめ設定しておき，文書化しておく．

k. 検証方法の設定（手順11，原則6の適用）

HACCPシステムによる衛生管理が正常に機能していることを確認するための検証方法をあらかじめ設定する．この中には，検証の定期的な頻度の設定も含まれる．

l. 記録の維持管理（手順12，原則7の適用）

HACCPプラン作成に関する記録およびそのプランに沿った衛生管理の実施中に得られる記録について，それらの記載方法および保管方法を設定する．また，これらの記録類については，第三者が見て客観的にわかるように整理しておく必要がある．

［三木　朗］

文　献

1) Codex Alimentarius Commission ; Codex Committee on Food Hygiene : Hazard Analysis Critical Control Point (HACCP) system and guideline for its application, Annex to CAC/RCP 1-1969, Rev. 3, 1997.
2) HACCP：衛生管理計画の作成と実践，総論編，中央法規出版，1997.

2. 一般衛生管理プログラム

　一般衛生管理プログラムとは，HACCPシステムによる衛生管理を効果的に実施するために，まず基礎として整備しておくべき衛生管理の実施要件のことである．食品の製造に用いる施設・設備の構造，保守点検・衛生管理，機械器具の保守点検・精度管理・衛生管理，製品の回収，およびこれらを実施する従業員の教育訓練などの衛生管理にかかわる一般的事項がこれに該当する．

　一般衛生管理プログラムがHACCPシステムの前提として必要であるのは，HACCPシステムがそれ単独で機能するものではなく，包括的な衛生管理システムの一部であるからである．一般衛生管理プログラムとHACCPシステムの関係については図VI.2.1の通りである．HACCPシステムの概念は，ハード面を含めた製造環境の整備，衛生確保を土台として，危害の発生防止上きわめて重要な工程管理に注意を集中させたものである．CCPだけに注意を集中しても，製造環境，原材料，包装資材の保管管理，従事者の衛生管理等といった土台の部分がおろそかになれば，食品の安全性確保は困難となってしまう．したがって，CCP管理に注意を集中させられるよう，一般衛生管理プログラムにより製造環境からの汚染を効果的に予防することが，HACCPシステムを実施するに際して重要となる．

　また，国際的には，コーデックス委員会が示しているガイドラインにおいて，HACCPシステムを食品産業のどの分野に適用するにせよ，まず食品衛生のコーデックス一般原則 (Codex General Principles of Food Hygiene) およびその領域に該当するコーデックス食品取扱規則 (Codex Code of Practice) ならびに適切な食品安全規則に従って操業されなくてはならないとされており，HACCPシステムの導入を図るため，その前提となる一般衛生管理の原則を勧告している．

　諸外国においても，HACCPシステムによる衛生管理を確実に実施するためには，施設設備などの一般的な衛生管理を実施することが必要であるとされている．具体的には，各国でさまざまな方法がとら

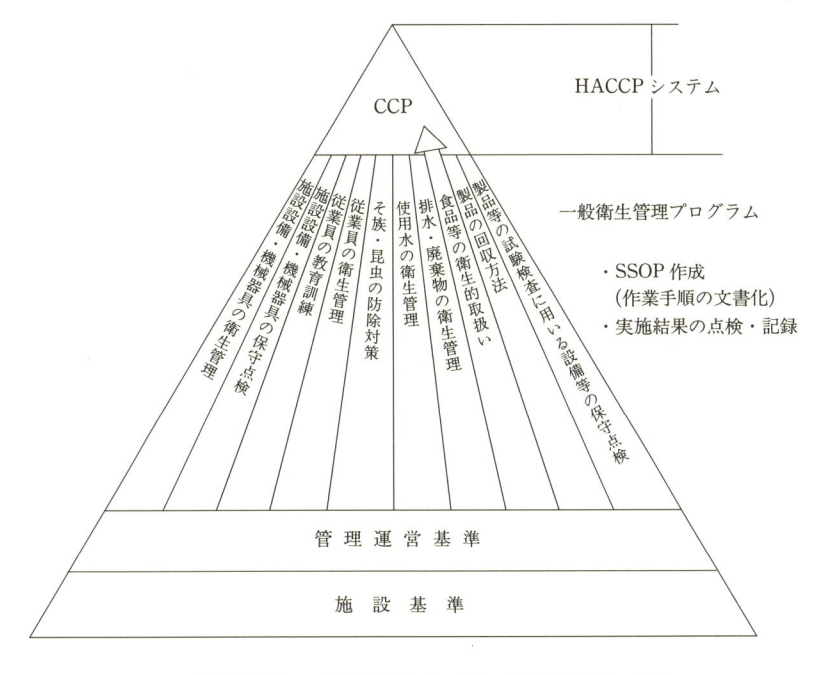

図 VI.2.1　一般衛生管理プログラムとHACCPシステム

れているが，アメリカ，EU などにおいては，PP (prerequisite program, HACCP を効果的に実施するための基礎となる衛生プログラム), GMP (good manufacturing program, 適正製造規範) などの方法により，一般衛生管理が実施されている．

一般衛生管理プログラムとして必要な事項およびその具体的な内容は，以下の①～⑩に示す通りである．これらの要件は，わが国の都道府県が定める施設基準などに沿ってハード面を整備したうえで，食品衛生法第19条の18に規定する管理運営基準を基礎としたものである．

① 施設設備，機械器具の衛生管理
- 施設の周囲は定期的に清掃，点検し，清潔に維持すること．
- 施設設備は，定期的に清掃，点検し，清潔に維持すること．
- 天井および内壁は，定期的に清掃し，清潔に維持すること．
- 照明設備は，定期的に清掃し，照度測定を定期的に行うこと．
- 換気および空調設備は，定期的に清掃し，清潔に維持すること．
- 窓および出入口は，開放しないこと．

② 施設設備，機械器具の保守点検
- 機械器具は，破損または故障の有無について適正な頻度で点検し，良好に維持すること．
- 食品に直接接触する機械の表面および器具は，少なくとも作業開始前，作業中および作業終了後に洗浄殺菌し，点検すること．

③ 従事者の教育訓練　営業者は，文書化された以下のような教育訓練プログラムを保持し，実施すること．
- 教育訓練の全体計画　新規採用者，中堅の従事者，部門の責任者など各レベルの従事者に対する教育訓練のスケジュール，目的，内容，講師などを規定する．
- 教育訓練履歴の従事者ごとの記録および保管の方法

④ 従事者の衛生管理　営業者は，文書化された以下のような管理計画を作成し実施するとともに，実施状況を記録する．
- 従事者の健康　従事者に対し，採用時および少なくとも年1回以上健康診断を受けさせるとともに，常に従事者の健康管理に留意し，異常が認められた場合は，適切な指導を行うこと．
- 従事者は手指を頻繁に水洗いし，常に清潔に保つこと．
- 清潔で専用の作業着，帽子，マスクなどを着用すること．
- 製造場内での飲食，喫煙を行わせないこと．また，製造場内に不要物を持ち込まないこと．

⑤ そ族昆虫の防除対策
- 防そ，防虫設備の破損，そ族昆虫などの有無について，定期的に点検し，問題があるときには必要な措置を講ずること．
- そ族昆虫などの駆除作業を定期的に行うこと．
- 水洗い設備には，手指の洗浄，殺菌のための石けん，爪ブラシ，ペーパータオル，殺菌液などを常備し，適正な頻度で点検すること．

⑥ 使用水の衛生管理　給水設備は次のように管理すること．
- 水道水以外の水を使用する場合はその水源から，水道水を貯水槽に受けている場合および井戸水などは蛇口から，それぞれ適正な頻度で採水して水質試験を行うこと．
- 殺菌または浄水装置を使用する場合は，定期的に点検し，清浄に維持すること．
- 貯水槽を使用する場合は，定期的に清掃，点検し，清潔に維持すること．
- 配水管は，定期的に点検，必要に応じて交換し，清潔に維持すること．
- 蛇口での遊離残留塩素濃度を適正な頻度で測定し，常に 0.1 ppm 以上に維持すること．

⑦ 排水および廃棄物の衛生管理
- 排水について定期的に処理水の検査を行うなど，適切な浄化能力の維持管理を行うこと．
- 廃棄物は，特定の表示をしたふた付きの容器に収納し，毎日製造場から搬出すること．
- 製造場から搬出された廃棄物は，処分されるまで素材ごとに区分し，周囲に悪影響を及ぼさないよう適切に保管すること．
- 廃棄物用の容器，器具および保管設備は，使用後，洗浄，殺菌するなど清潔に保管すること．

⑧ 食品などの衛生的な取扱い
- 原材料の購入に当たっては，その生産，流通過程などを把握するとともに，納入業者において衛生管理が十分行われていることを文書などで確認すること．
- 原材料は，製造量に応じて，その必要量を計画的に購入すること．
- 原材料の検収に当たっては，必要事項を点検すること．

- 原材料または中間製品を保管する場合は，当該食品に適した方法で衛生的に保管すること．
- 製造または加工中の食品および機械器具の食品に直接接触する部分は，従事者の手指などによる汚染，異物の混入，機械油などによる汚染，結露，ドリップ，床面からの水の跳ね返りなどによる汚染を防止するために必要な措置を講ずること．
- 添加物を使用する場合は，正確に秤量し，均等に混和するよう十分に撹拌すること．
- 製品は，衛生的に保管し，冷蔵する製品は，製造後できる限りすみやかに適切な温度以下の保管場所に移して保管すること．

⑨ 製品などの回収方法
- 営業者は，不良な製品を出荷後に回収するための責任者，手順などを記載した回収プログラムを作成すること．
- また，この回収プログラムが実施できるように従事者を訓練することも含まれる．

⑩ 製品などの試験検査に用いる設備などの保守点検
- 営業者は，試験検査設備の保守点検のための責任者を選任し，適切に管理させること．
- 営業者は，試験検査の責任者を選任し，試験成績の信頼性保証のため必要な精度管理を実施させること．

　営業者は，組織的な衛生管理体制の確立と実施状況の記録・点検，製品の回収および製品などの試験にかかわる信頼性保証などの要素を加えて，上記①〜⑩についての管理を行うための具体的な方法を記したSSOP (sanitation standard operational procedure) を作成することが必要である．

　SSOPを作成する目的は，HACCPプランの実施の前提となる一般衛生管理プログラムを積極的に推進し，かつムダ・ムラが生じないように確実に実施するため，「いつ，どこで，誰が，何を，どのようにすべきか」を明確にし，文書でこの手順などを取り決めるということである．

　営業者は，自らが一定水準の一般的な衛生管理要件の維持を目指して活動するために，組織の役割分担やその分担に従った仕事のやり方を明確に取り決めるとともに，この取り決めに従いさえすれば，誰でもいつでもその役割が果たせるように，材料・機械器具，方法などを統一化し，その具体的な方法を文書にしておくことが重要である．

　SSOP確立のステップは次に示す通りである．
① 衛生管理体制の確立

- 営業者（工場長）は，施設または作業の部門ごとに食品衛生の責任者を選任し，この責任者を中心とする衛生管理体制を確立すること．
- 営業者は，衛生管理の実施状況に不備を認めた場合には，すみやかに改善のための措置を講ずること．なお，この場合の作業担当者から責任者への連絡体制についても，衛生管理体制として整備しておく必要がある．
- 営業者は，日常的な施設設備および食品などの衛生管理にかかわる事項について，作業担当者，作業の内容，頻度，点検および記録の方法を記載したSSOPを作成し，作業上の見やすい場所に掲示して従事者に遵守させるとともに，記録などにより実施状況を確認すること．

② SSOPの作成
- SSOPの要件　　SSOPは次の事項を念頭において作成する．
・作業内容は目的に合った適当なものであること．
・実行可能なものであること．
・できるだけ具体的で，実施する者によって解析が異なるようなものではないこと．
・科学的・記述的な裏づけにもとづいたものであること．また，経験的なコツなどもできる限り具体的にしておくこと．
・誰もが遵守できる内容のものであること．
・現場の意見を取り入れ，実情に即したものであること．
・作業の手順を盛り込んだものであること．
・責任と権限が明確にされていること．
・見やすく，使いやすいものであること．
- SSOPの具体的事項　　SSOPとして規定する事項としては，以下のようなものがある．
・使用水の管理
・機械器具の洗浄殺菌
・従事者の手指，作業服，機械器具などから食品への汚染防止
・従事者の手指の洗浄殺菌
・有毒有害物質，金属異物などの食品などへの混入防止
・飛沫，ドリップなどによる食品の汚染防止
・従事者の健康管理
・便所の清潔維持
・そ族昆虫などの防除
- SSOP中で規定する内容　　1つのSSOPの中で，一般的に記載しておく必要がある事項としては以下のものがある．

- 適用範囲
- 使用する薬剤（濃度，温度を含む）など
- 使用する設備，機械器具
- 作業方法，作業条件，作業上の注意事項
- 作業時間
- 作業頻度
- 作業の管理項目と点検項目
- 異常時の措置
- 一般衛生管理上の欠陥を修正することを保証するシステム
- 点検結果および修正内容の記録システム
- SSOP作成上の注意　内容の記載方法は文書で箇条書きとし，それに必要な図面，票，作業のコツや注意点などについて図や写真を使用し，できるだけ簡単に直感的にわかるものが望ましい．SSOPを実用的なものとするためにも，できる限り簡素化すること，検索が容易なものとすることが必要である．
- SSOP実施上の注意点　SSOPに従って業務を実施していくうえで，注意する点は以下の通りである．なお，従事者がSSOPについて十分理解している必要があることはいうまでもない．
- 決められた手順通り，確実に作業を実施する．
- 決められた手順通り，確実に作業を実施したことを記録する．
- 作業の効果を目視または試験検査により点検し，その結果を記録する．
- 作業の手順に問題があれば，製造管理責任者の合意のもと，これを改め，文書も訂正し，訂正理由および訂正年月日を記録する．
- 施設のラインで従事している従事者，清掃洗浄殺菌担当者，品質管理担当，その他の関係者が一般衛生管理プログラム，記録の維持保管について適切な教育訓練を受けているかどうか評価すること．

［三木　朗］

文　献

1) Codex ; Code of Practice, General Principles of Food Hygiene, CAC/RCP 1-1969, Rev. 3, 1997.
2) HACCP：衛生管理計画の作成と実践，総論編，中央法規出版，1997.

3. 冷凍食品の HACCP 計画

3.1 HACCP 導入の前提となる一般衛生管理プログラム

　HACCP は，危害分析(HA)と重要管理点(CCP)を主体としたシステムで，危害の発生防止上，きわめて重要な製造工程の管理に重点を置き，各段階で発生が予測される危害因子を特定し，危害予防のため特に厳重な管理が必要とする箇所に重要管理点を設定し，常時監視することにより，より安全な製品を得ることを目標とした衛生管理システムである．しかし，CCP だけ重点監視しても衛生管理の土台である施設・設備・機械器具，従業員，使用水など製造環境の衛生が不十分な場合，その分製造工程の HACCP システムに余分の負荷がかかり，最終製品の安全確保は困難になる．このため，冷凍食品工場に HACCP を導入する際には，前提条件として製造環境の「一般衛生管理プログラム」(PP)を設定し，適切に運営管理することが重要で，これが達成されないと HACCP の十分な効果は期待できない．

　一般衛生管理プログラムの要件は表 VI.3.1 の通りで，各項目について食品衛生法にもとづく施設基準や管理運営基準，さらには各種の衛生規範，またアメリカ FDA の GMP(適正製造基準, 21 CRF PART 110)などを参照して管理基準と作業手順などを文書化する．次に一般衛生管理プログラムを確実に実行するための手段を文書化した「衛生標準作業手順」(sanitation standard operation procedure：SSOP)を作成する．これは食品を製造するうえで，従業員が衛生的に行うべき作業手順を具体的に文書化したもので，作業担当者，作業内容，実施頻度，実施状況の点検，記録の方法などを記載

表 VI.3.1　一般的衛生管理プログラムの要件

① 施設設備の衛生管理
② 従事者の衛生教育
③ 施設設備，機械器具の保守点検
④ そ族昆虫の防除
⑤ 使用水の衛生管理
⑥ 排水および廃棄物の衛生管理
⑦ 従事者の衛生管理
⑧ 食品などの衛生的な取扱い
⑨ 製品の回収プログラム
⑩ 製品などの試験検査に用いる設備などの保守管理

し，従業員に遵守させるとともに，その実施状況を記録し，確認する必要がある．HACCP では一般衛生管理プログラムを SSOP によって確実に実施し，それでは制御できない製造工程に関する衛生上の危害を，工程中の HACCP システムで直接制御する考え方が手順となる．なお，施設の衛生管理で重要なことは，① 原材料の受入れ，前処理などを行う「汚染作業区域」と，加工・調理工程の「準清潔作業区域」，加熱後の冷却・凍結・包装などを行う「清潔作業区域」を明確に区分し，相互汚染を防止する．また，使用機器を区分し，従業員の作業動線も汚染交差しないよう措置する．② 製造ラインは相互汚染防止のため "one-way-flow"(一方通行の流れ方式)とし，工程フローの逆行または交差がないようにレイアウトする．③ いわゆる「5 S 運動」を実践し，工場内の不用な機械器具などを整理・整頓し，清掃することから始めて，床のドライ化を図る必要がある．

3.2 冷凍食品の HACCP 計画

　冷凍食品の HACCP 計画の作成手順については，基本的に「HACCP 7 つの原則」にもとづき，WHO/FAO の国際食品規格委員会が定めた「HACCP の適用に関するガイドラインの 12 の手順」に従って作成する．ここでは調理冷凍食品について，次の 12 の作成手順に従って述べることとする．

表 VI.3.2 製品についての説明

項　　目	説　　明
1. 製品名	ハンバーグ
2. 重要な製品の特性 （水分活性，組成，pH，保存料など）	品温 −18℃以下 加熱後摂取加熱済冷凍食品
3. 使用方法	フライパンにて加熱調理後摂取する．
4. 包装形態	30 g×6個/30袋 外箱（ダンボール箱） トレイ（ポリプロピレン）フィルム（ナイロン/ポリプロピレン）
5. 日付表示 （品質保持期間，賞味期限，保存条件を含む）	賞味期間 製造後 −18℃で1年
6. 出荷先	一般家庭用
7. 表示上の指示 （警告表示関連を含む）	−18℃以下の冷凍庫で保存してください． 一度とけた冷凍食品をふたたび凍らせると，味・品質・鮮度が落ちますのでご注意下さい．
8. 輸送条件	冷凍設備（−18℃以下）を有する車両が必要

① HACCPチームの編成
② 製品についての説明
③ 原材料リスト
④ 製造工程一覧図
⑤ 施設内見取り図
⑥ 危害分析（HACCPの原則第1）
⑦ CCPの決定（HACCPの原則第2）
⑧ CCPにおける管理基準の設定（HACCPの原則第3）
⑨ CCPにおける監視・測定方法の設定（HACCPの原則第4）
⑩ 逸脱時にとるべき修正措置の設定（HACCPの原則第5）
⑪ 検証方法の設定（HACCPの原則第6）
⑫ 記録保存および文書作成要領の規定（HACCPの原則第7）

3.2.1　HACCPチームの編成

HACCPの導入に当たっては，工場長をリーダーとして，品質管理および生産管理部門の責任者，施設・機械設備など工務関係の保守管理責任者などを中心に専門家チームを編成する．また，必要により外部機関の参加や適切な助言・指導を受けるようにする．専門家チームの役割は，①一般的衛生管理プログラム（PP）の作成，②工程中のHACCP計画の作成，③HACCP計画実施のための従業員の教育訓練，④HACCPシステムの検証と定期的見直しなどである．

3.2.2　製品についての説明（表 VI.3.2）

適切なHACCP計画を作成するためには，適用する製品について製品特性を把握し整理しておく必要がある．そのため開発時点の製造仕様書の内容とリンクした形で次の事項を記載した「製品説明書」を作成する．①製品の名称，②重要な製品の特性（保存温度 −18℃以下，食品衛生法上の分類，特に凍結前加熱の有無など），③使用方法（摂食時の具体的な使用・調理加熱方法），④包装形態（製品の入数・規格，内装・外装の種類，包装材質など），⑤日付表示（賞味期限，保存条件など），⑥出荷先（的確なHACCPプランの作成上，業務用か一般家庭用か，特に危害原因物質に感受性のある病院食や老人ホーム用かなどを明確に記載する），⑦表示上の注意（PL法の関連で取扱い上の注意事項，保管条件や再凍結の禁止など），⑧流通条件（−18℃以下の冷凍設備のある車両の必要性など）．

3.2.3　原材料リスト

原材料などに起因する危害分析を容易にするため，主原料，副原材料，加工助剤，水・氷，包装資材など，製品を製造する過程で使用されるすべての原材料についてリストアップする．

3.2.4　製造工程一覧図（フローダイヤグラム）

危害分析を十分かつ正確に行うため，原材料の受入れから最終製品の出荷に至る一連の製造工程について，製品の流れ，各工程の作業内容，施設内での位置関係など製造工程の全容が把握できるように作業内容を十分調査して詳細に記入する．また，原材料受入れから最終製品の出荷までの各工程順に一連番号をつけ，この番号は「危害リスト」の制御段階とリンクするようにする．作成した製造工程一覧図

は現場で再チェックし，正確で主なプロセスが特定されていることを確認する．

例えば，調理冷凍食品（ハンバーグ）の製造工程は，一般に原料受入れ・保管，前処理，混合，成形，加熱，凍結，包装，保管の各工程からなる．原材料の冷凍食肉は低温空気解凍したのち切断しチョッパーにかけるか，あるいは最近は解凍中の細菌汚染を考慮して，品温 −7℃に調温（tempering）したのち，ブロックカッター（ハイドロフレーカー）で切断し，サイレントカッターで細断・解凍する．タマネギは水洗後，野菜調理機で細断し，植物タンパク質は水もどしする．前処理した食肉類，タマネギ，植物タンパク質と副原材料，調味・香辛料は計量後ミキサーで混合され，成形機で一定の形に打ち出されたのち，焙焼，放冷，凍結，包装の各工程を連続的に移動して製品化される．

図 VI.3.1 は冷凍ハンバーグの製造工程一覧図を示している．

3.2.5 施設内見取図

施設内見取図は，施設，機器器具の配置，すべての原材料・包装資材の受入れから保管，加工，調理，凍結，包装，最終製品までの製品の流れと，従業員の作業動線が示されたもので，施設内の相互汚染の

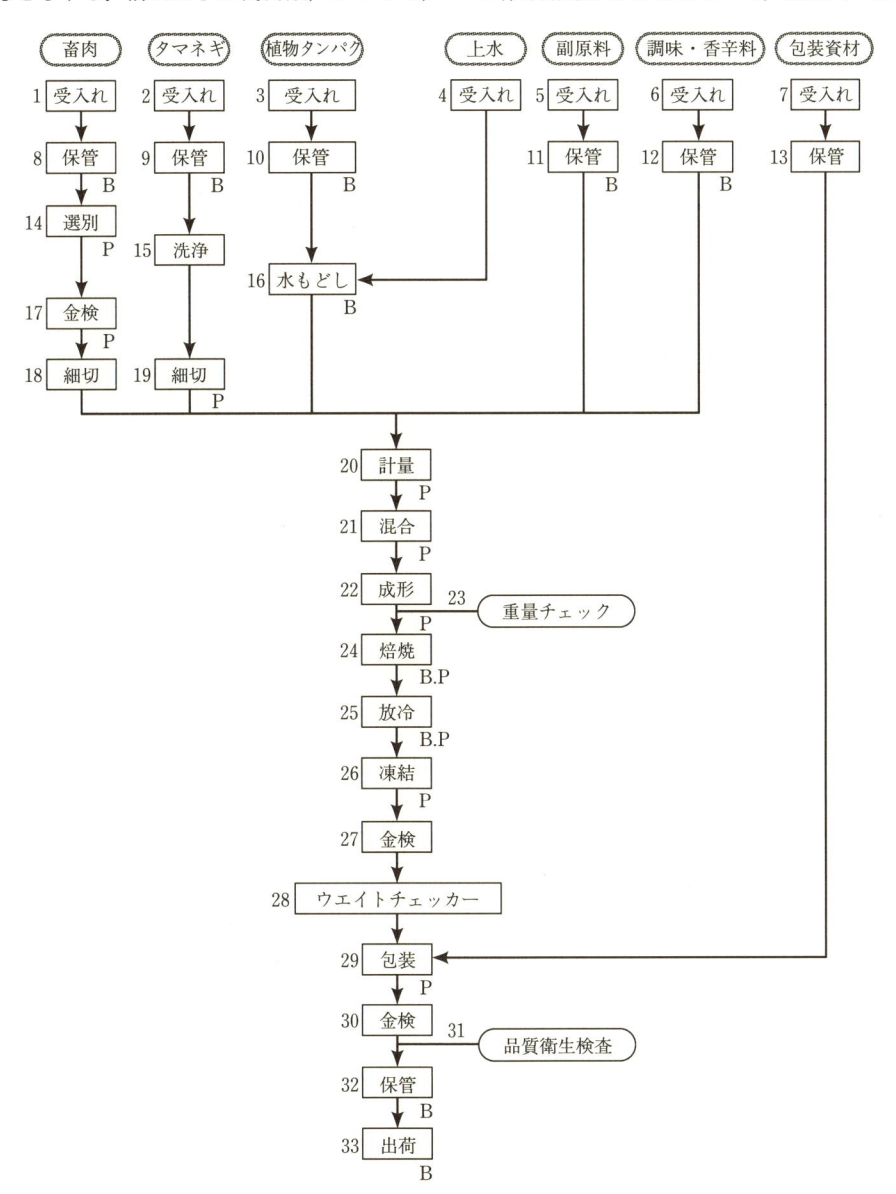

図 VI.3.1 冷凍ハンバーグ製造工程一覧図（フローダイアグラム）

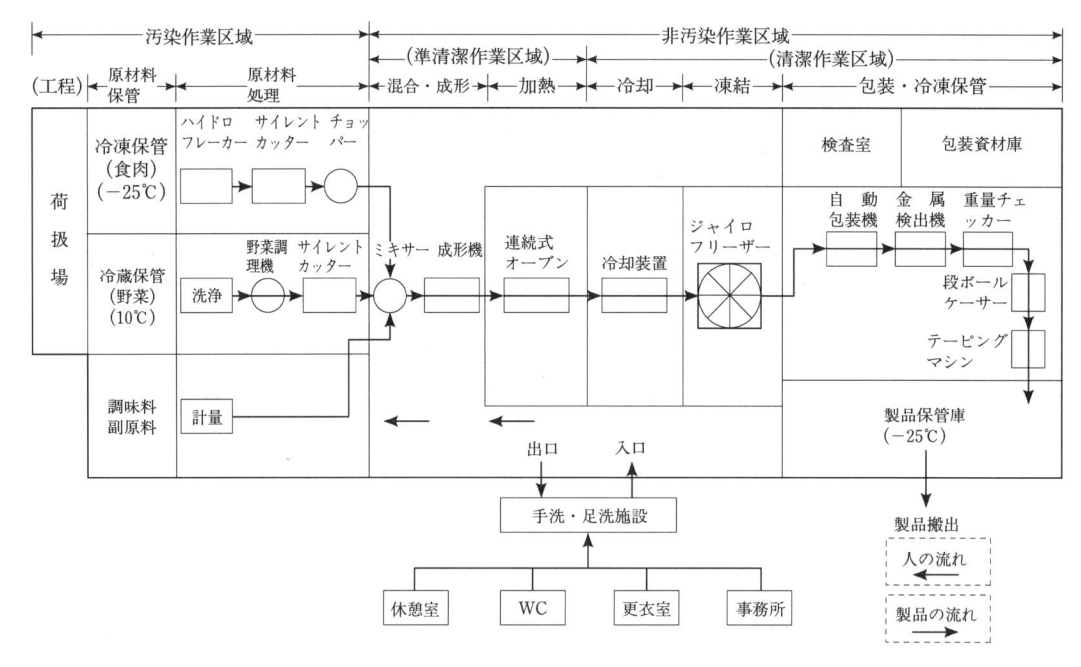

図VI.3.2 冷凍調理品(ハンバーグ)工場の配置図例

危険性を把握し，汚染防止対策をとるうえで必要である．調理冷凍食品の場合，原材料受入れから保管，解凍，切断など下処理を行う「汚染作業区域」と，混合，成形，加熱(焙焼，蒸煮，油ちょう)処理を行う「準清潔作業区域」，加熱後の放冷，凍結，包装，保管の「清潔作業区域」は明確に区分し，相互汚染を防止する必要がある．また，使用する機械器具も区分し，従業員の汚染区域から清潔作業区域への移動による汚染交差も防止するよう措置する．図VI.3.2は冷凍調理食品(ハンバーグ)工場の配置図例を示している．

3.2.6 危害分析

危害分析はHACCPの第1原則で，次のCCPの設定とともに重要なステップである．危害分析とは，原材料の受入れから製品出荷までの各工程において発生するおそれのある危害の原因物質をリストアップし，その危害の発生要因および防止措置を記載した「危害リスト」を作成することである．危害リストの作成に当たっては，事前に危害分析に必要な対象食品(調理冷凍食品)に関連した，① 食中毒・疫学情報や苦情事例，② 原材料の細菌・抗生物質などの汚染状況や異物の混入状況，③ 製造工程における製品の温度と保持時間，加熱条件，作業手順と微生物の経時的変化など必要な関連情報，データを収集し，解析する(表VI.3.3)．次に「危害リ

表VI.3.3 危害分析に当たりあらかじめ収集しておくべきデータ(豊福)

① 疫学的データ
・食中毒，違反，腐敗変敗などの苦情事例
・過去の疫学調査，感染症サーベイランスデータ
② 生の原材料，中間製品および最終製品に関するデータ
・原材料の入手先，ものによっては，種類，漁獲海域など
・組成(配合割合)
・pH，水分活性
・使用される添加物(保存料など)の品名，添加量，予想されるpHにおける添加量による当該添加物の効果
・製造・加工条件
・保存・流通条件
・最終的使用または喫食条件
・対象消費者
③ 加工・製造データ
・原材料から配送までの工程の数および順序
・各工程における製品の温度と保持時間
・汚染区域と清浄区域の区分
・施設および製造加工に用いる機械器具の構造
・洗浄消毒方法とその効果
・その他相互汚染の可能性
④ 微生物学的データ
・生の原材料を汚染する可能性のある有害微生物(疫学データも参照)
・食品中における有害微生物の経時的推移(特に加熱殺菌工程における減少割合，冷却・保管状態における増殖割合)

3. 冷凍食品の HACCP 計画

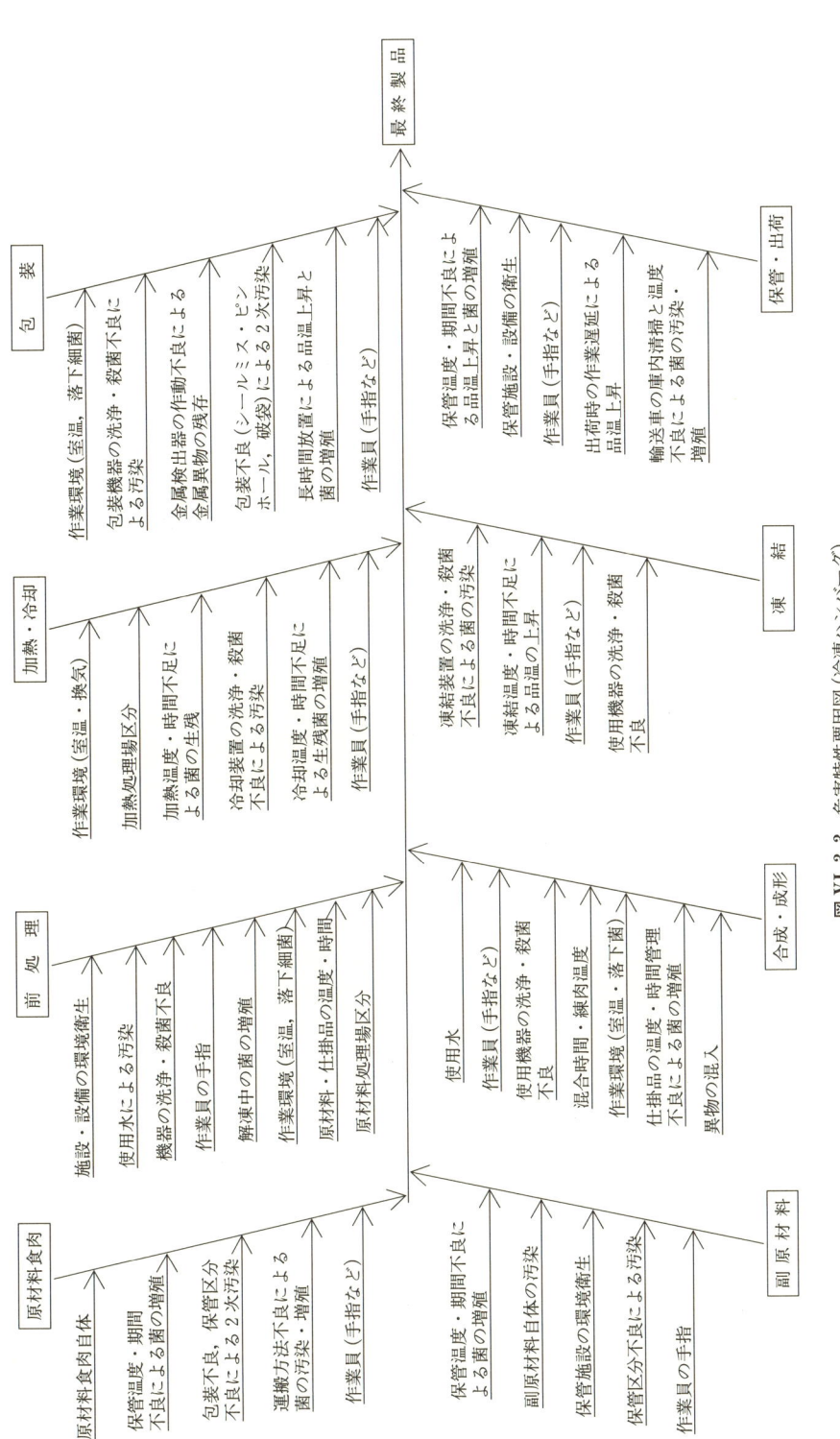

原材料食肉

- 原材料食肉自体
- 保管温度・期間不良による菌の増殖
- 包装不良、保管区分不良による2次汚染
- 運搬方法不良による菌の汚染・増殖
- 作業員（手指など）

副原材料

- 保管温度・期間不良による菌の増殖
- 副原材料自体の汚染
- 保管施設の環境衛生
- 保管区分不良による汚染
- 作業員の手指

前処理

- 施設・設備の環境衛生
- 使用水による汚染
- 機器の洗浄・殺菌不良
- 作業員の手指
- 解凍中の菌の増殖
- 作業環境（室温、落下細菌）
- 原材料・仕掛品の温度・時間
- 原材料処理場区分

合成・成形

- 使用水
- 作業員（手指など）
- 使用機器の洗浄・殺菌不良
- 混合時間、練肉温度
- 作業環境（室温、落下細菌）
- 仕掛品の温度・時間管理不良による菌の増殖
- 異物の混入

加熱・冷却

- 作業環境（室温・換気）
- 加熱処理場区分
- 加熱温度・時間不足による菌の生残
- 冷却装置の洗浄・殺菌不良による汚染
- 冷却温度・時間不足による生残菌の増殖
- 作業員（手指など）

凍結

- 凍結装置の洗浄・殺菌不良による菌の汚染
- 凍結温度・時間不足による品温の上昇
- 作業員（手指など）
- 使用機器の洗浄・殺菌不良

包装

- 作業環境（室温、落下細菌）
- 包装機器の洗浄・殺菌不良による汚染
- 金属検出器の作動不良による金属異物の残存
- 包装不良（シール ミス、ピンホール、破袋）による2次汚染
- 長時間放置による品温上昇と菌の増殖
- 作業員（手指など）

保管・出荷

- 保管温度・期間不良による品温上昇と菌の増殖
- 保管施設・設備の衛生
- 作業員（手指など）
- 出荷時の作業遅延による品温上昇
- 輸送車の庫内清掃と温度不良による菌の汚染・増殖

→ **最終製品**

図VI.3.3 危害特性要因図（冷凍ハンバーグ）

スト」を次の4つの手順で作成する．

①「製品説明書」,「原材料リスト」,「製造工程一覧表」,「施設見取図」などを参考に，原材料および製造工程に由来する潜在的な危害の原因となる物質を，工程順にリストアップする．② 上記①でリストアップされた潜在的危害について，その発生頻度，発生した場合の影響度を前述の疫学情報や製造作業実態調査結果などを参考に危害評価（リスクアセスメント）する．なお，総合衛生管理製造過程では，食肉製品などについて制御対象となる危害の原因物質が定められている．③ ②でリストアップされた危害について,「危害の発生原因」を特定する．特定方法としては品質管理の一方策として利用される「特性要因図」を活用し，工程ごとに危害要因を分枝状に図示した製造工程の「危害特性要因図」（図VI.3.3）を作成する方法が推奨されている．次に④上記③でリストアップした危害要因を予防・排除または許容範囲に収めるための防止措置を記載する．なお，防止措置には加熱殺菌温度と時間など，製造工程の直接指標のほか，一般衛生管理プログラム（PP）が適切に運営管理されている場合には，PP（原料受入基準），PP（機器の洗浄・消毒マニュアル），PP（従業員の衛生管理基準）によるなどと記載する．

調理冷凍食品では，生物学的危害として，① 原材料由来では，食肉のサルモネラ，黄色ブドウ球菌，カンピロバクター，病原性大腸菌など，パン粉，植物タンパク質の大腸菌群，野菜の土壌細菌，デンプン，調味，香辛料などの微生物汚染が問題になるが，受入検査と加熱工程で制御される．② 加工工程では，原材料・仕掛品・製品の保管温度・時間の管理不良による細菌の増殖，加熱工程での焙焼温度・時間の管理不良による細菌の残存，機械器具の洗浄・殺菌不良による2次汚染などがあるが，いずれも温度・時間管理と洗浄・殺菌の徹底が防除手段の主体となる．

化学的危害では，原材料由来の残留農薬および抗生物質，包装フィルムのモノマーなどの有害物質があげられる．これらは受入時のチェックが望ましいが，現実には納入業者より分析証明書を提出させて管理することが主体となる．物理的危害では異物混入が主体となる．食肉類，野菜，パン粉など原材料からの金属，石，ガラスなどの混入や製造工程でのメンテナンス不良によるボルト，ネジなどの部品混入の可能性がある．制御手段としては，下処理段階の選別，洗浄の徹底と金属検出機による機械的排除が主体となる．表VI.3.4は冷凍食品（ハンバーグ）の危害リスト（例）を示している．

3.2.7 CCPの決定（HACCPの原則第2）

CCPとは，食品の製造工程で，危害の発生上特に厳重な管理が必要であり，かつ，その危害の発生を防止（制御）できる工程（段階）とされている．また，CCPの要件として，① 製造工程中で連続的にあるいは相当の頻度で監視・記録でき，管理水準を逸脱した場合にはすみやかに適切な改善措置が行われ，危害の制御が可能な管理点で，例えば，加熱工程における温度・時間管理や，未加熱製品の仕掛品の保管温度・時間管理などは管理ポイントをリアルタイムでチェックし，記録でき，管理基準を越えた場合には迅速に対処可能であり，CCPとなる．また，② ある工程で発生する危害がその後の工程でも制御されず，最終製品において危害原因物質の目標基準を達成できない可能性がある場合は，その工程をCCPとする．③ 製造工程そのもののコントロールでなく，製造施設環境からの危害原因物質による汚染・混入を防止するための措置，例えば施設・設備，機械器具の洗浄・殺菌，保守管理などは，一般にCCPではなく,「一般衛生管理プログラム」（PP）で管理される．また，原材料由来の残留農薬や抗生物質は，原料受入時の検査は現実的に困難なため，納入業者から分析証明書を提出させて管理するため，PPとして取り扱い，CCPにはならない．

次に重要管理点（CCP）の設定手順としては，① 危害分析によりリストアップされた各工程の危害のうち，一般衛生管理プログラム（PP）によって防止できる場合には，CCPの対象から除き，② それ以外の危害について「CCPであるか否かの判断図」（desision tree）によって，CCPであるか否か，Q1～Q4の質問に答える形で決定する（表VI.3.5）．Q1では，その危害に防除手段があるかを確認し，次いで，Q2で，この段階は危害を防止または許容水準まで低下させるために特に製造工程に導入した工程（例えば加熱殺菌工程など）か確認し，Yesの場合，この工程をまずCCPにする．次に上記以外の工程についても工程ごとに確認を行い，Q3で，確認された危害が許容レベルを越える可能性があるか，すなわち製品の安全性に影響するかを評価し，Yesの場合，さらに，Q4で，次の段階で危害を除去または許容レベルまで低下させることができるか検討し，この段階で直接制御できなくても（つまりCCPでなくても），次の加熱工程や包装工程

3. 冷凍食品の HACCP 計画

表 VI.3.4 危害リスト（冷凍ハンバーグ）

危害に関連する原材料/工程	特定された危害原因物質	危害の発生要因	危害の防止措置
1. 原材料受入れ			
① 食肉	・微生物による汚染 　サルモネラ属菌 　黄色ブドウ球菌 　病原性大腸菌 ・抗生物質の残留 ・金属異物の混入 ・石・ガラスの混入	・食肉処理場での汚染，保管温度管理不良 ・輸送時の包装破損・温度管理不良 ・生産者の取扱い不適 ・食肉処理業者の異物選別・除去不良 ・取扱い・保管不良，輸送時の段ボール破損による混入	・受入検査の実施 　（官能検査，温度，包装状態検査，細菌検査） ・焙焼温度・時間の管理 ・納入業者よりの規格書 ・原材料受入検査で確認 ・原材料および下処理段階での金属検出機で排除 ・選別時の目視検査
② タマネギ	・芽胞形成菌 ・残留農薬 ・異物の付着	・生産段階で汚染 ・生産段階での使用管理不良 ・生産・納入段階での取扱い管理不良	・納入業者の保証文書の取付け ・原材料受入検査 ・納入業者の保証書 ・原材料受入取付検査 ・洗浄工程で除去
③ パン粉	・大腸菌群 ・金属異物の混入	・生産段階の衛生管理不良	・原材料受入検査 ・焙焼温度・時間の管理 ・包装工程の金属検出機で排除
④ デンプン・調味料・香辛料	・芽胞形成菌 ・残留農薬	・生産段階の衛生管理不良 ・生産段階の使用管理不良	・納入業者の保証書取付け ・原材料受入検査
⑤ 包装フィルム	・モノマーなどの有害物質	・製造者の衛生管理不良	・納入業者の保証書取付け
2. 製造工程			
① 原材料保管 　食肉 　副原材料	・微生物による汚染・増殖 ・同上	・包装資材の破損，原材料保管区分不良 ・保管温度・時間管理不良	・使用時包装状態の目視検査 ・保管温度・期間チェックの徹底
② 解凍	・食肉，鶏卵の解凍工程における微生物の増殖	・解凍温度・時間の管理不良と解凍後の保管温度・時間の管理不良	・解凍温度・時間，終温度と保管温度・時間の管理
③ 混合・成形	・微生物による汚染 ・微生物の増殖 ・異物の混入	・機器の洗浄・殺菌不良 ・混合時間・練肉温度の管理不良と成形後の仕掛品の長時間室温放置 ・混合原材料からの異物混入	・洗浄・殺菌作業の徹底（PP） ・当該工程の標準作業基準の徹底による温度・時間管理 ・焙焼温度・時間の管理 ・原材料投入時の目視検査
④ 焙焼	・微生物の生残	・加熱温度・時間の不足	・規定の加熱温度・時間の管理と加熱後品温の測定
⑤ 放冷	・微生物の汚染・増殖	・冷却装置の洗浄・殺菌不良 ・冷却温度・時間の管理不良	・洗浄・殺菌の徹底（PP） ・規定の冷却温度・時間管理の徹底
⑥ 凍結	・微生物の汚染	・凍結装置の洗浄・殺菌不良	・洗浄・殺菌の徹底（PP）
⑦ 包装	・微生物の汚染	・機器の洗浄・殺菌不良 ・作業環境，作業員の手指等による汚染 ・包装不良（シールミス・破袋）による汚染	・機器の洗浄・殺菌の徹底（PP） ・作業環境（床，壁，落下細菌，空調など）と従業員の衛生管理の徹底（PP） ・包装工程の標準作業基準書の遵守・徹底（PP）
	・金属異物の混入	・原材料，製造環境からの金属異物の付着・混入 ・金属検出機の作動不良	・金属検出機による除去 ・金属検出機の定期的な保守点検
⑧ 製品保管	・微生物の増殖	・保管温度不良による解凍	・保管温度・期間管理の徹底
⑨ 出荷	・微生物の増殖	・温度管理不良による品温上昇 ・緩慢な作業による品温上昇 ・配送車の温度上昇	・出庫作業標準基準書の徹底（PP） ・配送車の温度管理の徹底（PP）

表VI.3.5 CCPであるか否かの判断図(冷凍ハンバーグ)

工程	確認された危害の原因微生物	一般的衛生管理プログラムで解決できるか？ Yes：HACCPの適用外 No：Q1へ	Q1. 確認された危害に対する防止措置はあるか？ Yes：管理のための手続きを簡単に記載し、Q2へ No：安全のためにこの段階で制御が必要か？ Yes；段階、工程または製品を変更して再度Q1へ No；CCPではない	Q2. この工程は発生するおそれのある危害を除去または許容レベルまで低下させるためにとくに計画されたものか？ Yes：CCPである No：Q3へ	Q3. 確認された危害が許容レベルを越えるか、または限度を越えて増加する可能性があるか？ Yes：Q4へ No：CCPではない.	Q4. 以降の工程において、当該危害を除去または許容レベルまで低下させるか？ Yes：CCPではない、当該工程を特定 No：CCPである
原材料保管(8〜13)	不適当な保管温度による微生物の増殖	Yes(原料保管マニュアル)				
解凍(14)	解凍中の微生物の増殖	No	Yes. 解凍条件(温度時間・解凍終温)の管理	No	Yes	Yes(焙焼工程)
選別・洗浄(15・17)	異物の混入	Yes(標準作業マニュアル)				
	金属異物の混入	No	Yes(金属検出機で除去)	No	Yes	Yes(包装工程の金属検出機で除去)
混合(20)	異物の混入	Yes(標準作業マニュアル)				
成形(21)	機器の洗浄・殺菌不良による微生物汚染	Yes(機器の洗浄・殺菌マニュアル)				
	温度・時間の管理不良による微生物の増殖	No	Yes. 処理条件(温度・時間)の管理	No	Yes	Yes(焙焼工程)
焙焼(22)	加熱不足による微生物の残存	No	Yes. 加熱条件(温度・時間)、加熱後品温の管理	Yes(CCP 1)		
放冷(23)	機器の洗浄・殺菌不良による微生物汚染	Yes(機器の洗浄・殺菌マニュアル)				
凍結(24)	装置の洗浄・殺菌不良による微生物汚染	Yes(機器の洗浄・殺菌マニュアル)				
包装(25)	機器の洗浄・殺菌不良、作業員の手指などによる菌の汚染	Yes(機器の洗浄・殺菌マニュアル, 従業員の衛生マニュアル, 包装の標準作業マニュアル)				
	金属異物の残存	No	Yes. 金属検出機による排除	Yes(CCP 2)		
製品保管(27)	保管温度・期間の管理不良による微生物の増殖	Yes(製品保管マニュアル)				

3. 冷凍食品の HACCP 計画

表 VI.3.6 CCP 整理表

製品の名称：ハンバーグ

CCP 番号	CCP 1
工程	焙焼
危害原因物質	加熱温度・時間の不足による微生物の生残
管理基準	・焙焼装置内温度：○○○ ℃ ・焙 焼 時 間：○○分またはコンベヤー速度○ m/分 ・加 熱 後 品 温：○○ ℃以上
モニタリング方法 頻度 担当者	・焙焼装置の設定温度・時間の始業前確認と操業中の加熱温度・時間の自記温度記録計による確認あるいは1時間ごとの実測 ・焙焼後の品温測定（○分ごとにコンベヤーベルトの左右・中央の3カ所より各5個を抜き取って測定する） ・担当者：加熱処理担当者
改善措置 担当者	・焙焼後の中心温度が管理基準の温度に達しない場合は，あらかじめ定めた措置方法により措置する．また，焙焼装置の温度・時間を再調整する．
検証方法 頻度	・加熱処理記録（装置内雰囲気温度・時間，加熱後品温の自動計測あるいは実測記録）と改善措置内容の確認（毎日，品質管理担当者） ・装置内温度分布の確認と補正（○回/年，同上） ・自動温度記録計，実測用温度計の校正（○回/月，同上） ・加熱装置の作動状況，担当者の作業確認（○回/週，同上）
記録文書名 記録内容	・加熱処理記録：装置 No.，処理製品名，モニタリング結果，基準逸脱時の改善措置の内容，実施者など ・装置内温度分布記録：装置 No.，試験月日，温度分布，装置の補修措置，実施者など ・温度計校正記録：装置温度計 No.，日時，校正内容など

CCP 番号	CCP 2
工程	包装
危害原因物質	金属異物の残存，金属検出機の作動不良
管理基準	金属異物が混入していないこと，金属検出機の感度：Fe：0.9φ，SUS 304：1.5φ
モニタリング方法 頻度 担当者	・金属検出機を通過させて確認する． ・全数 ・包装担当者
改善措置 担当者	・始業時と操業中，1回/時にテストピースを流して，金属検出機の感度を確認する．作動不良が認められた場合は，正常に作動した時間にさかのぼって再度金検にかけ，金属異物の有無を確認する． ・金属異物の混入が認められた場合は，あらかじめ定めた措置方法により措置する． ・担当者：包装担当者
検証方法 頻度	・金属検出機チェック記録の確認（○回/日，品質管理担当者） ・金属検出機の精度確認（○回/日，品質管理担当者） ・改善措置の記録の確認（○回/日，同上）
記録文書名 記録内容	・金属検出機のチェック記録：製品名，検査数量，ロット No.，モニタリング結果，日時，担当者名 ・金属検出機の精度記録：確認日，結果，確認者 ・改善措置の記録：改善措置の内容（日時，異常の状況，措置内容など）

などで確実に危害を防止できるときは，次の工程を CCP とする．

調理冷凍食品（ハンバーグ）の製造工程の CCP としては，① 焙焼工程の加熱条件，② 包装工程の金属異物の排除があげられる．焙焼工程では，原材料由来の微生物危害の制御が行われるため，焙焼装置の雰囲気温度，コンベヤー速度（加熱時間），焙焼後の品温チェックは重要な CCP となる．また，包装工程での金属検出機による金属異物の排除は，以降の工程で当該危害を除去することができないため CCP となる．

次に，CCP として決定した危害の除去について，危害原因物質，管理基準，モニタリング方法，改善措置，検証方法，記録の各項目を一覧表にまとめた「CCP 整理表」を作成する（表 VI.3.6）．

3.2.8 管理基準の設定（HACCP の原則第3）

管理基準（critical limit）とは，重要管理点（CCP）が適正にコントロールされて許容範囲内にあることを検証する際の指標で，これらの数値が

ボーダーライン内にある場合，製品は安全であると確認される．

HACCPでいう管理基準はCCPを管理するうえで必要な基準で，この基準に従ってCCPを常時監視し，その結果によっては修正措置が行われることを前提に，その設定には十分な検討が必要である．管理基準の要件として，①危害が防止あるいは許容水準まで低減されていることを確認するうえで最適は指標で，科学的根拠で裏づけされていること，②モニタリングが連続的あるいは管理上十分な頻度で実施できるように，リアルタイムで判断できる指標を用いた基準であること，があげられる．

加熱温度・時間については，品目ごとに，殺菌対象となる微生物の食品中での死滅条件と，香味・食感・色沢など品質の両面を考慮し，また製品の種類，配合組成，大きさ（厚さ）によって加熱時間が異なるため，それぞれ製品ごとに加熱温度・時間の管理基準を設定する．加熱は生菌数のオーダーを下げ，腸内細菌やサルモネラ，黄色ブドウ球菌，病原性大腸菌O157などの病原微生物を陰性にするため製品中心温度70℃以上が必要とされる．なお，加熱工程の温度・時間管理は近年自動化が進み，加熱装置のコントロール装置で自動制御される場合が多いが，制御装置の不良などにより，実際の加熱温度と設定温度に差異の生ずる場合もあり，始業前点検と作業開始後の確認が必要である．

管理基準の設定については，一般に文献やバックデータなどを参考にして設定されるが，適当な参考文献がない場合は，例えば「冷凍クリームコロッケ」の中種となるソースの加熱調製後の冷却保管（CCP）の管理基準は，温度と時間で設定されるが，設定温度10℃で保存試験を行い，仕掛品の増殖曲線を作成して，管理上適切な保管時間（分）を設定する．また，冷凍シューマイの蒸煮工程（CCP）の管理基準は，加熱装置に通常生産時と同量の加熱前製品を入れて負荷量を一定にし，装置の雰囲気温度と製品の中心品温を自動隔測温度測定装置で測定して昇温曲線を作成し，微生物の殺菌温度・時間の目安となる63℃，30分と同等の温度・時間（品温70℃以上2分間）を管理基準として設定する．しかし，品温を連続的に測定することは困難なため，実際には製造基準（蒸煮装置内の雰囲気温度と時間，97℃，8分）が管理基準となるが，品温と加熱条件の関係は検証しておく必要がある[4]．

金属検出機の管理基準は感度によって設定されるが，一般にはテストピースのサイズで，鉄0.8mmϕ，ステンレス1.2mmϕなどと設定される．

3.2.9　監視・測定方法の設定（HACCPの原則第4）

（1）設定されたCCPについて，管理基準内でコントロールされているか否かをチェックするために必要な監視・測定方法を定める．モニタリング方法としては，CCPにおける管理基準からの逸脱がタイムリーに検知でき，操業中または出荷前に適切な改善措置がとれるものが望ましく，モニタリングの要件としては，①連続的または相当の頻度でチェックでき，②チェック結果が迅速かつ正確に得られる方法である必要がある．

連続的にチェックできるものとしては，加熱工程の温度・時間や金属検出機による金属異物のチェックなどがある．また，連続的なチェックが困難な場合には，危害の制御が確認できる十分な頻度で行う必要があるが，モニタリングの頻度は，一般にモニタリング時のデータがばらつく場合や測定値が管理基準に接近して余裕がない場合には頻度を多くする必要がある．また，②については製造工程中の細菌増殖や2次汚染のモニタリングの例がある．細菌増殖のモニタリング指標としては，細菌試験で相関が裏づけされた温度・時間で管理（監視）し，2次汚染については細菌のふき取検査に代えて，機器の洗浄・殺菌など「衛生標準作業手順」（SSOP）によって管理することとなる．

（2）モニタリングの方法は各CCPについて，①何をモニタリングするか（例えば加熱装置の温度・時間と加熱後の品温を測定するなど），②どんな方法で管理基準および防止措置をモニタリングするか，③どんな頻度でモニタリングするか（例えば加熱温度の生産開始時および生産開始後○分ごとなど），④誰がモニタリングするか（CCPの内容を理解し，モニタリングの教育訓練を受けた現場担当者で，チェック結果の適否を判断し，逸脱時の改善措置を適切に行え，モニタリングの結果や措置の記録を正しく行える加工担当者）などを具体的に定める．

（3）モニタリング結果の記録については，次の事項を記載する．①記録様式の名称（加熱あるいは包装工程チェックシートなど），②工場名・部署名，③製品名とロット番号，④製品の規格，⑤モニタリングした日付・時間，⑥管理基準，⑦モニタリング結果（実測値，官能検査の判定結果など），⑧チェック者のサイン，⑨記録の点検者のサインと

点検時間，⑩逸脱時の内容と措置.

3.2.10 修正措置 (HACCP の原則第 5)

修正(改善)措置とは，CCP のモニタリングの結果，管理基準からの逸脱が判明した場合に講ずる措置で，逸脱を迅速に検出し，影響を受けた製品を排除し，工程の管理状態をもとにもどすための手順と，逸脱時に製造された製品の措置について，事前に CCP ごとに文書化しておく必要がある．HACCP システムは，管理基準からの逸脱を防止するためのものであるが，万一逸脱した場合を想定してすみやかに適切な措置がとられ，正常な管理状態にもどす手順がシステム化されている．

修正(改善)措置の手順として次の事項を定めておく．①製造工程を止める．②逸脱ロットの区分(逸脱の状況を確認し，自動温度記録，温度チェックシートから逸脱時の時間帯を特定し，影響を受けたロットを区分する)，③逸脱原因の調査と修正(改善)措置，④工程の管理状態をもとにもどす措置(生産再開)，⑤逸脱ロットの措置(②で区分保管した製品の衛生検査を行い，その結果によって廃棄・転用などの措置を構ずる)，⑥措置の記録，⑦必要により HACCP プランの改善．

なお，⑥の改善(修正)措置の記録には次の事項を記載する．①製品の名称，ロット番号，数量など，②発生した製造工程，発生日時，③逸脱原因の調査結果，④実施した改善措置，⑤逸脱時の製品などの処分(衛生検査結果を含む)，⑥以上の事項の実施・記録の担当者ならびに点検者のサイン(図 VI.3.4).

3.2.11 検証方法の設定 (HACCP の原則第 6)

検証とは，HACCP システムが計画通り実施され，適切に機能しているか否かを確認することである．また，検証の結果，HACCP プランに問題がある場合は HACCP プランを修正し，適切なプランに改善する必要がある．なお，検証はモニタリングと異なり，モニタリングは製造担当者が CCP について例えば加熱装置の温度・時間が管理基準より逸脱がないかチェック・記録し，その結果により改善措置をとるのに対し，検証は検証担当者が現場を巡回し，製造担当者が行う CCP のモニタリングが適切に実施され，HACCP システムが機能しているか否かを確認するものである．検証の具体的内容としては次のような事項があげられる．

①記録の確認(モニタリング，改善措置の結果が

図 VI.3.4 HACCP 改善措置記録

適切に記録され，記入もれなどの有無を点検する．また，モニタリング記録から工程の管理状況を確認する)，②実際のモニタリング作業の適正度の現場確認(製造担当者の行うモニタリングが適切か，検証担当者が現場でダブルチェックする)，③原材料，中間製品および最終製品の試験検査(原材料，仕掛品，最終製品が HACCP プランの管理基準に適合しているか，細菌試験あるいは理化学検査を実施して，HACCP システムが機能していることを確認する)，④モニタリングに使用する計測機器の校正(計測用機器が正常な状態で使用されているか，例えば温度計を標準温度計で確認し，校正(キャリブレーション)する)，⑤ HACCP プランの見直しなどが含まれる．なお，HACCP プラン全体の見直しは，①検証の結果，HACCP プランの欠陥またはその可能性が示唆される場合，②同一食品または食品群で，新たな危害が発生した場合，③製造ライン，製造方法または原材料の変更などにより，危害分析を新たにやり直さなければならない場合，④製品の安全性に関する新たな情報が得られた場合などに行う必要がある．また，これ以外でも最低1年に1回は HACCP プラン全体の見直しが必要と

されている．また，検証には工場の内部検証と第三者が行う外部検証とがある．なお，検証結果の記録には，①実施月日，実施結果，実施者のサイン，②検証結果を点検した者のサイン，点検日，③検証の結果にもとづく措置を構じた場合はその内容と実施者のサインの記載が必要とされる．

3.2.12 記録およびその保管(HACCPの原則7)

HACCPシステムでは，モニタリング，改善措置，一般衛生管理プログラムおよび検証の実施結果を一定の方法で記録し，HACCPプランに関する文書とともに一定期間保管する必要がある．記録をとることによりHACCPシステムが適切に運用され機能していることが証明され，品質保証上重要である．

記録には，次に示す(1) HACCPプランの実施に関するものと，(2) HACCPプラン作成に関する文書の2種類がある．

(1) HACCPプランの実施に関する記録としては，①モニタリングの結果，②改善措置の実施結果，③一般衛生管理プログラムの実施結果，④検証の実施結果がある．上記①，②，④の記録の要件については前述したが，③については次の項目について，記入の様式，方法，記録担当者および点検者のサインを規定しておく必要がある．1)施設設備の保守点検実施記録と，食品と直接接触する機械器具の洗浄殺菌記録，2)そ属，昆虫の防除実施記録，3)使用水の残留塩素検査，細菌検査結果記録，4)排水・廃棄物の衛生(清掃，搬出)記録，5)従事者の衛生教育実施記録，6)従事者の衛生管理(定期検診，検便結果，服装，手指洗浄殺菌状況点検記録など)，7)原材料，製品などの衛生的取扱い(原材料受入検査，原材料，仕掛品，製品保管温度記録，各工程の衛生標準作業手順の実施記録，異物点検記録など)，8)製品回収記録，9)製品検査および検査に用いる機器の保守点検(機械器具のふき取検査などのSOP，使用機器の校正記録など)．

(2) HACCPプランの作成に関する文書として，①HACCPチームの編成内容と分担，②原材料に関する事項，③製品の特性，仕様に関する事項，④製造工程一覧図，⑤標準作業手順書，⑥施設・設備のレイアウト図，⑦危害分析の根拠となる資料と危害リスト，⑧一般衛生管理プログラム，⑨CCPおよび管理基準を決定した根拠となるもの，⑩HACCP総括表，⑪CCP整理票，⑫製品などの試験成績，⑬文書・記録の保管ルール，がある．

なお，記録の保管方法は，HACCPプランの実施に関する記録は一般に最低1年以上(ただし，品質保持期限が1年を超える場合は，品質保持期間プラスアルファで必要な期間)保存することとなる．冷凍食品で賞味期限が1年とした場合は1年に安全率を考慮して2年間とする．また，HACCPプランの作成に関する文書についても一定の場所に保存責任者を決めて保存する必要がある．　　[熊谷義光]

文　　献

1) 熊谷　進監修：HACCP管理実用マニュアル，サイエンスフォーラム，1998.
2) 日本食肉加工協会：食肉製品の綜合衛生管理製造過程(ガイド)，1997.
3) 食品産業センター：調理冷凍食品のHACCPマニュアル，1995.
4) 新宮和裕：HACCP実践のポイント，日本規格協会，1999.

4. 殺菌・消毒および洗剤・洗浄

4.1 殺菌・消毒

　微生物による食品の変敗・変質の面からみると，冷凍食品に限らず食品が凍結状態にある場合は，これに存在する微生物は増殖せず，したがって，付着・残存する微生物による変敗・変質は起きない（一般に食品などを冷凍した場合，当該物に付着・残存する菌数は減少するものの，すべての菌が凍結によって死滅するのではなく，単に増殖が止まっているだけであり，当該品の取扱い中の解凍には注意が必要である）．冷凍食品の利点のひとつはここにある．しかし，凍結中には食品に付着存在する微生物は増殖しないとはいうものの，凍結に至る前の段階で使用する機械・器具，あるいは作業者の手指などからの食中毒起因菌を含む微生物の2次汚染防止への配慮は，他食品と同様か同様以上に行わなければならない．一般生菌数が少なく，かつ食中毒起因菌を含む病原性菌などがいない衛生的な食品を得るための手段は，対象とする食品や微生物によって異なるものの，要は，主・副原料，機械・器具，作業環境，作業者などに付着・存在すると想定される微生物による汚染を防ぎ，さらに付着・存在する微生物を，「殺す」か「除去」するか，あるいは「発育できないようにする」ことである．各種の微生物制御手段は，芝崎によりまとめられているが，これらの制御手段の中の低温保持，水分活性の調整，酸素除去，pH調整，およびその他の方法（遠心分離，ろ過，包装，洗浄）は，積極的な意味での「殺菌・消毒」とは異なると考えるのでここでは省略し，殺菌・消毒を主体にまとめると表VI.4.1のようになる．食品の衛生管理や工場の衛生対策などでは，「殺菌」，「消毒」，「滅菌」という言葉がよく使用されているが，それぞれの意味するところは下記の通りである．

　① 殺菌：対象とする微生物（病原性菌であることが多い）を殺すことで，「殺菌」処理によって当該品は無菌になる場合もあるが，当該品に含まれる微生物全部を殺すことを意味していないので，殺菌対象とした微生物以外の菌は残存することもありうることになる．

　② 消毒：病気の原因として「毒」が考えられた時代に，これによる感染や病気を防ぐために「毒」を消す意味で使用された言葉で，本来は感染防止の意味である．したがって，対象の「毒」がヒト・動物などに感染しないような状態にすればよいので，たとえば「毒」を希釈することも含まれ，必ずしも「殺すこと」は必要ではない．しかし，病気の原因が微生物によることがわかってきて，その感染防止には原因微生物を殺すことが特に有効であることから，現在では一般に「殺菌・消毒」といわれるように，「殺菌」とほぼ同じ意味で使用されていることが多い．

　なお，滅菌とは対象物に存在する病原菌や非病原菌などすべての微生物を殺すことで，処理後の対象物は無菌状態になる．微生物の制御法としては種々の方法があるが，殺菌・消毒という点ではこれらの中で最も効果的な方法は加熱である．しかし，加熱処理を単独で採用した場合に，殺菌効果は顕著でも食品に与える影響が大きく，食品として不適になる場合もあり，現実にはひとつの方法で行われるよ

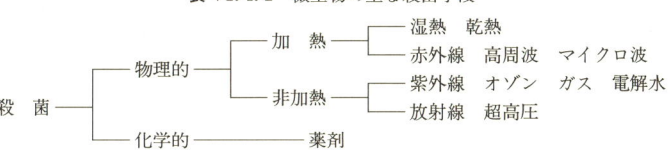

表VI.4.1　微生物の主な殺菌手段

```
                    ┌─ 加 熱 ──┬─ 湿熱　乾熱
          ┌─ 物理的 ─┤          └─ 赤外線　高周波　マイクロ波
殺 菌 ────┤          └─ 非加熱 ─┬─ 紫外線　オゾン　ガス　電解水
          └─ 化学的 ──── 薬剤       └─ 放射線　超高圧
```

り，前述した各種制御手段のいくつかを組み合わせて行われることが多い．

4.1.1 物理的殺菌法
a. 加熱殺菌
（1）湿熱・乾熱殺菌 殺菌処理することで被加熱物の温度（品温）を上昇させ，被加熱物に含まれる微生物を，上昇したその温度によって死滅させる方法である（この方法は処理によって被加熱物の品温が上昇するため，熱殺菌法ともいわれる）．これは「熱湯水中で煮沸する」などにみられるように，通常行われる一般的な「加熱殺菌」に代表されるものである．さらに，これは湿熱殺菌（温めた水や蒸気を使用する）と乾熱殺菌（加熱・過熱された空気や火炎を使用するなど）とに区別されるが，湿熱殺菌の方が，乾熱殺菌より有効なので，一般的には熱水を使った湿熱殺菌が多く行われている．表VI.4.2に卵アルブミンの凝固温度と水分との関係を示したが，湿熱殺菌が乾熱殺菌より有効なことがこの表からも示唆される．いずれにしても加熱による微生物の死滅機構は，タンパク質の変性である．なお，牛乳など液体の殺菌では，UHT法（ultra high temperature sterilization：120～150℃，1秒間以上3秒間以下で殺菌する方法）やHTST法（high temperature short time pasteurization：75℃，15秒間以上で殺菌する方法）が知られている．

表 VI. 4. 2 卵アルブミンの含水量と凝固温度[21]

卵アルブミン	+50% H_2O	56℃	で凝固
〃	+25% H_2O	74～80℃	〃
〃	+18% H_2O	80～90℃	〃
〃	+ 6% H_2O	145℃	〃
〃	+ 0% H_2O	160～170℃	〃

（2）高周波・マイクロ波 一般に，高周波は300 MHz以下のもの，マイクロ波は300～300,000 MHzの波長のものである．マイクロ波は家庭用の電子レンジとしても使用されているが，これらは通常の加熱と異なり，熱伝導ではないので昇温が早く，殺菌時間の短縮ができるといわれている．この殺菌機構はよくわかっていない点が多いが，照射によって対象物に存在する微生物同士や，菌体を構成する物質同士の衝突や摩擦によって当該物が昇温し，結果として菌のタンパク質や核酸が熱変性するために，殺菌されると考えられている．したがって，殺菌対象物は水分含量の多いものに適しているとされる．

（3）遠赤外線 可視光線とマイクロ波の間の波長のものが赤外線で，この中でマイクロ波に近い領域のものを遠赤外線というが，熱の伝わり方は放射で，昇温は速いとされている．殺菌機構は基本的には加熱殺菌と同じと考えられているが，熱以外の要素については不明の点が多い．

b. 非加熱殺菌
殺菌処理してもほとんど被加熱物の温度（品温）が上昇しない殺菌法のため，「冷殺菌」ともいわれる．これに含まれる殺菌技法として，「紫外線殺菌」，「放射線殺菌」，「ガス殺菌」，「超高圧殺菌」などがある（なお，この殺菌法には薬剤による殺菌も含まれるが，ここでは薬剤による殺菌は，化学的殺菌法とした）．

（1）紫外線殺菌[5] 260 nm付近の波長のものが最も殺菌力が強いとされ，これが殺菌灯として食品工場内の空気や器具などの殺菌によく使用されている．紫外線は，広い範囲の微生物に対して有効とされているが，照射によって最も死滅しやすいのは，グラム陰性桿菌で，以下グラム陽性菌，酵母，細菌の芽胞の順に殺菌され，最も耐性のあるのはかびとされている．紫外線は固形物への浸透力がほとんどなく，また，対象物が液体の場合でも海水や牛乳などでは浸透力は少ないので，食品自体の殺菌には不向きであり，主として対象物の表面の殺菌に使用されている．しかし，空気では，30 cmでも80％の浸透率なので，環境空気の殺菌にはよく使用されている．殺菌の機序は，核酸の最大吸収帯が260 nm前後であることから，照射を受けた微生物は，核酸に損傷を受けるため死滅するとされている．なお，殺菌灯の殺菌効果は時間とともに低下するため，点灯していても100％殺菌効果があるわけではなく，おおよそ3,000時間（15 Wの場合）から4,000時間（30 Wの場合）が経済的寿命とされており，また，殺菌灯表面の汚れでも効力が低下するので，紫外線殺菌庫でまな板・包丁などの殺菌を行う場合には，殺菌灯の交換時期や殺菌灯の表面を常に「きれい」に保つことや殺菌対象物とする器具・器材などの入れ方（重ねて入れないなど）を含めて，使用に当たっては注意が必要である．

紫外線殺菌法での注意事項を表VI.4.3に示す．

（2）放射線 わが国では，ジャガイモの発芽防止にのみ使用が許可されていて，一般の食品には使用されていない．殺菌の機構は，構成菌体タンパク質の損傷とされている．

表 VI.4.3 紫外線使用時の注意事項[21]

長　　　所	短　　　所
① 抗菌スペクトルが広い.	① 脂肪やタンパク質が多い食品に直接強く照射すると異臭・変色する場合がある.
② 一般に照射後対象物にほとんど変化を与えない.	② 経済的寿命はほぼ 4,000 時間とされている.
③ 使用方法が簡単.	③ 光の当たった部分にのみ有効で，ものの陰や内部に無効.
④ 室温 20°C で殺菌効果が最も高い.	④ 必要以上に当たると結膜炎症状や日焼けを起こす.
⑤ 残留効果はない.	⑤ 湿度が高いと殺菌効果が減少する.

紫外線殺菌灯の所要灯数は次式で求められる.
$$N = 0.05 V/HF$$
N：所要灯数，V：室容積 (m³)，H：灯具と天井の位置 (m)，F：器具の係数で，15 W つり下げ型で 1.5，15 W 壁掛型で 0.72.

（3） **超高圧**　100～600 気圧の圧力をかけて，微生物を殺菌する方法である．この方法は，加熱殺菌と異なり食品に与える影響が少ないが，処理後の食品の物性が変化する場合もあり[6]，また，設備的にも一般的ではない．

（4） **オゾン**[7]　オゾンの殺菌性はその強力な酸化力にあり，殺菌効果は細菌 (芽胞を除く)，かび，酵母など広く認められているが，芽胞やかびの殺菌の場合には，より高濃度が必要とされている．この殺菌には，相対湿度 50% 以上が必要とされていて (環境浮遊菌・落下菌の制御には，この点注意が必要である)，したがって，殺菌力は空気中より水中の方が強いが，効果の持続性はない．ヒトにも害があるため，作業環境中の安全濃度は 0.1 ppm に定められている (環境衛生学会許容濃度委員会の労働環境における制御濃度)．多くの場合は，オゾンで殺菌した水を用いた対象物の表面の洗浄・殺菌 (例えば，鮮魚，冷凍魚，野菜など) や工場内の空気の殺菌 (例えば，和・洋菓子工場や水産練り製品工場など) に使用されている．殺菌の機構は，細胞壁を酸化・破壊し，酵素・核酸を不活性化するためと考えられている．

（5） **ガ　ス**　一般に，エチレンオキサイド (ethylene oxide：EO) がよく使用されている．抗菌効果は広い範囲の微生物に認められている．わが国では食品への使用は許可されていないが，医療用のディスポーザブル器材 (注射器・注射針，ゴム手袋・ポリ手袋など) などに使用されている[8]．なお，殺菌の機構は，細胞に浸透したガスが，タンパク質や核酸と結合し，これらを変性させるためとされている．

（6） **機能水**[9,10]　これには，①水を電気分解処理したもの，②ミネラル水のようにある種の物質を添加したもの，さらに，③脱気水のようにある種の物質を除去したものなどがあり，なかでも水に少量の食塩を添加し，電気分解して得られる電解水 (隔膜を隔てて陰極には (強) アルカリ水，陽極には (強) 酸性水が得られる) には，殺菌作用があるといわれていて，洗浄用水として時に使用される例もあるが，今後に課題を残している．

4.1.2　化学的殺菌法

一般の食品には，安全性の確保や保存性などの向上を目的として，食品添加物として認められた，各種静 (制)・殺菌剤などの薬剤が使用されている例が多い．冷凍食品ではこれらの添加の必要性はないものの，しかし，製造に当たって，原料に付着している菌数の減少や製造工程中で使用する各種機械・器具・器材，あるいはまた作業者の手指・衣服などからの微生物汚染を防ぐための殺菌に，次亜塩素酸ナトリウムやアルコールなどをはじめとするいくつかの薬剤が使用されている．このような薬剤による除・殺菌法を一般に化学的除・殺菌法といっている．

a. 主な薬剤

（1） **次亜塩素酸ナトリウム** (sodium hypochlorite)[11]　本剤は，殺菌剤として食品衛生法で使用が認められたものであり，使用法が簡単でかつ安価であり，さらに濃度の測定も簡単にできることもあって，上水道・地下水の殺菌をはじめとして，一般の食品関係の工場では，機械・器具や場内専用靴・手指の殺菌などによく使用されている．本剤は比較的広い範囲の微生物に対して有効で，その殺菌効果は，水中で解離したときに生成される次亜塩素酸 (HClO) の量に依存し，この量は pH による影響を受け，酸性側で多く，アルカリ側で少ない (pH 6.5 以下で，有効塩素量の 100% が次亜塩素酸

表 VI. 4. 4 pHの相違による次亜塩素酸ナトリウムの殺菌効果(文献11を改変)

pH \ 秒 \ ppm	pH：5.8						pH：8.0					
	5	10	30	60	90	120	5	10	30	60	90	120
1.0	−	−	−	−	−	−	−	−	−	−	−	−
0.5	−	−	−	−	−	−	−	−	−	−	−	−
0.2	−	−	−	−	−	−	＋	＋	＋	−	−	−
0.1	＋	＋	＋	＋	＋	−	＋	＋	＋	＋	＋	＋
0.06	＋	＋	＋	＋	＋	＋	＋	＋	＋	＋	＋	＋
対　照	＋	＋	＋	＋	＋	＋	＋	＋	＋	＋	＋	＋

供試品：NaClO 5%　　使用水：pH 5.8(リン酸緩衝液)
作用温度：20±1℃　　　　　　　pH 8.0(リン酸緩衝液)
＋：菌が発育する．
−：菌が発育しない．
供試菌：大腸菌 O 6

として存在する)．したがって，使用時は弱酸性側が望ましいが，pHを下げると塩素ガスが発生するので注意が必要である．pHの相違による殺菌効果の違いの例を表 VI. 4. 4 に示す．また，このほかの塩素化合物としてサラシ粉・クロラミンなどがあるが，これらの薬剤を用いた場合では，次亜塩素酸ナトリウムに比べ，その殺菌には長時間が必要なので，使用に当たっては注意が必要である．なお，残留塩素[12]とは次の内容のものである．

　残留塩素：水中で，次亜塩素酸またはそのイオンになっている状態の塩素
　結合残留塩素：水中で，アンモニア，アミン類，アミノ酸などと結合している塩素のことで，安定性がよく殺菌効果もあるものの，その作用速度は遅く，短時間では対象物を殺菌しにくい．塩素含有溶液にオルトトリジン溶液を加えた場合，約5秒以内に呈色した色調は遊離残留塩素によるもので，25分後の色調は遊離塩素と結合塩素とによるものである．

なお，必要濃度・必要量の次亜塩素酸ナトリウム溶液の作成は次式により作成する．

100/原液の濃度(％)×作成量(ml)×作成
塩素濃度(ppm)/1,000,000＝必要量(ml)

たとえば，有効塩素12％含有の原液から，150 ppmの溶液を10l作成する場合の原液の必要量は，100/12×10,000×150/1,000,000≒12.5 ml となり，12.5 ml を 10 l の水に加えればよい．

次亜塩素酸ナトリウムの特徴・使用時の注意事項を表 VI. 4. 5 に示す．

（2）**アルコール**(alcohol)　本剤は機械・器具類，食品の外装，容器，手指などの殺菌に使用される．殺菌性のあるアルコール薬剤として，エチルアルコール(ethyl alcohol＝ethanol)やイソプロピルアルコール(isoplopyl alcohol)などがあるが，臭気の点などでエチルアルコール(エタノール)が使用されている．なお，メチルアルコールは，毒性があるので使用できないが，殺菌力はこれらと変わりはない．殺菌作用は，グラム陽性・陰性菌，ウイルス，かび，酵母など広い範囲の微生物に対して有効であ

表 VI. 4. 5　次亜塩素酸ナトリウムの特徴[11]

長　　所	短　　所
① 殺菌効果が迅速で比較的抗菌スペクトルが広い．	① 特有の臭気がある．
② 器具表面フィルムを形成しない．	② シミとなったり，漂白する．
③ 水の硬度成分などの影響をあまり受けない．	③ 寒冷期に凍結する．
④ 薄めた液は非毒性である．	④ 光や熱に不安定なので冷暗所(20℃以下)に保管しなければならない．
⑤ 濃度の測定が容易である．	⑤ 希釈した液の「つくりおき」ができにくい．
⑥ 液体のため計量が容易である．	⑥ 有機物があると効果が減少する．
⑦ 価格が安い．	⑦ 鉄を含む水に加えて沈殿する場合はできない．
⑧ 高濃度の活性成分を含有している．	⑧ 金属腐食性がある．
⑨ 悪臭を除去する．	⑨ 製品のアルカリ度で殺菌効果が影響される．

るが，細菌芽胞には無効である．殺菌作用は菌体タンパク質の変性，溶菌，代謝機能の阻害，脱水などによるとされている．一般に，アルコール濃度が70～80％のときに最も殺菌力が強いとされているが，アルコール濃度が60～90％では実用的にほとんど差がなく有効とされる．本剤は揮発性が強く容易に揮発するので（ふた付き容器での保管が必要），効果の持続性には欠けるものの，残留物がなく無色であり，さらに人体に対する毒性も少なく（75～80％の濃度では揮発性も適度であり，また，ヒトの皮膚の損傷や脂質の溶解も比較的少ないといわれる），また耐性菌ができにくいことや，有機物が存在していても殺菌力の低下がないこともあり，一般によく使用されている．アルコールの殺菌作用は，有機酸（乳酸，酢酸）や無機酸（リン酸）などとの相乗効果が認められている[13]．なお，本剤は可燃性のため使用・保管時は注意が必要である．

（3）陽イオン界面活性剤（逆性石けん）　通常使用している石けんは，界面活性剤の一種であり，水中で解離すると活性を示す部分が，陰（－）イオンになる陰（－）イオン界面活性剤である（これらは洗浄力はあるが，殺菌力は弱い）．一方，界面活性剤の中には水中で解離したとき，活性を示す部分が陽（＋）イオンになるものがあり，これは活性を示すイオンが普通の石けんと逆なので，逆性石けん，陽イオン界面活性剤，陽性石けんなどと呼ばれる．本剤の主成分として，塩化ベンザルコニウム（benzalkonium chloride）や塩化ベンゼトニウム（benzethonium chloride）などが多く使用されている．本剤の殺菌機構は酵素阻害，細胞膜の損傷，核酸の沈殿などによるとされていて，グラム陽性・陰性細菌（ただしシュードモナス属など一部の菌には効かないとされる），かび・酵母などに有効であるが，細菌芽胞やウイルスには無効とされている．また，本剤は殺菌力はあるが，洗浄力は弱いとされている．本剤は，次亜塩素酸ナトリウムに比べ価格が高いことや，普通石けんや有機物があるとその効果が減少するなど，使用に当たっては注意が必要である．逆性石けんの特徴・使用時の注意事項などを表VI.4.6に示した[14]．

（4）両性界面活性剤　界面活性剤の中には，水中で解離したとき，溶液のpHによって活性を示す部分が異なるものがある．この種の界面活性剤は，溶液が酸性の場合には活性を示す部分は陽（＋）イオンとなり，アルカリ性の場合には，陰（－）イオンになる．このように両方の性質を示す界面活性剤を両性界面活性剤と呼んでいる．主剤はアルキルポリアミノエチルグリシン塩酸塩（alkyl polyaminoethyl glycine hydrochloride）である．一般に殺菌力は逆性石けんより弱いが，洗浄力は逆性石けんより強いとされている．本剤は有機物存在下でもそれほど殺菌力が低下しないので，その点で有用である．殺菌効果は，グラム陽性・陰性菌（シュードモナス属など一部の菌には効かないとされる），かび・酵母に有効であるが，細菌芽胞やウイルスには無効とされている．両性界面活性剤の特徴・使用時

表VI.4.6　逆性石けんの特徴（文献14を改変）

長　所	短　所
① 殺菌力が非常に強い（石炭酸の20倍以上）． ② ほとんど無味・無臭である（揮発しないため）． ③ 皮膚・粘膜に刺激性がなく日常の使用濃度・回収では障害がない（石炭酸，クレゾール製剤よりはるかに毒性が弱い）． ④ 時間・温度に安定である（10年経過，高温高圧，凍結にも効力変わらず）． ⑤ 洗浄力を有する（普通石けんより弱い）． ⑥ アクリフラビンおよびプロフラン色素，第二，第三リン酸ソーダ，炭酸ソーダ，カセイソーダ，ホウ砂，次亜塩素酸化合物などを併用すると殺菌力が増加する（第三リン酸ソーダを0.3％併用すると殺菌力が2倍になる）． ⑦ 水に溶けやすい． ⑧ 高温ほど殺菌力が強い． ⑨ 一般にアルカリ側で有効である．	① 普通の石けんと混用すると無効になる（水溶のときのイオン解離が反対であるため）． ② 有機物の影響を受けると効力が減少する（事前に下洗いをするとよい）． ③ 金属製容器は腐食される（希釈液でも長期の使用で侵されるからホーロー引きがよい．また亜硝酸ソーダ，炭酸ソーダ，ホウ砂の併用によって腐食を防止できる）． ④ 細菌の種類によって効果が選択的である（消化器系伝染病原菌には有効であるが，結核菌に適しない）． ⑤ 洗浄力が普通の石けんより弱い． ⑥ 合成ゴムの殺菌には不適である． ⑦ 硬水で殺菌力が低下する．

表 VI.4.7　両性界面活性剤の特徴[22,23]

長　所	短　所
① 殺菌力と洗浄力がある. ② グラム陽性・陰性細菌, 真菌に有効であるが, 肝炎ウイルスには期待できない. ③ タンパク質, 脂質などの有機物および金属イオンの存在で殺菌力の低下が少ない. ④ ポリエチレン, プラスチック, ゴムなどの腐食性が少ない. ⑤ 低濃度で起泡性がある.	① 逆性石けんに比べて殺菌力は弱い. ② 特有の臭気がある. ③ 銅などの金属に若干の腐食性がある. ④ 発疹など過敏症がでることがある. ⑤ 高濃度で繁回使用すると手が荒れることがある.

の注意事項を表 VI.4.7 に示した.

(5) その他の薬剤　クロルヘキシジン (chlorhexidine) やグルコン酸クロルヘキシジン (chlorhexidine gluconate) などがあり, 手指や室内環境の殺菌に使用されている.

4.2　洗　　剤[15,16]

4.2.1　洗剤 (detergent)

一般に機械・器具あるいは食品などを洗浄する場合, 水 (冷水・温水) だけで行うよりも洗剤を併用した方がよく汚れが落ちることは, 経験的にも理解されているが, これは洗剤が汚れや汚れの付着部分に作用してこれらを取りやすくしたためであるが, このような界面活性作用によって, 汚れを取り除く働きをもつ物質を洗剤 (洗浄剤) と総称している.

4.2.2　洗剤のもつべき条件[18]

洗剤のもつべき条件を要約すると次のようである.

① 洗浄性がよいこと (汚れの再付着防止作用があること, すすぎが簡単であること, 無泡性か低気泡性であること (泡切れがよいこと), 洗浄力が持続すること)
② 使用水に影響されず, 硬水でも軟水でも使用でき, スケールが付きにくいこと
③ 機器の材質や部品などを痛めないこと (腐食性のないこと)
④ 安全であること (毒性物質を含まず, 取扱いに危険がないこと, 使用時に悪臭が発生したり, 目などを痛めないこと)
⑤ 廃水処理性がよいこと (微生物による生分解性がよく, 河川の生物に安全であること)
⑥ 経済性があること (使用濃度での価格が安いこと)

などであるが, すべてを満足する洗剤はないので, 対象による使い分けが必要である.

4.2.3　洗剤の組成・種類・特性

洗剤は一般には表 VI.4.8 のような組成であり, また, 食品工場で主に使用される洗剤は, 表 VI.4.9 のように大別される. これらによれば,

表 VI.4.8　洗剤の組成[15]

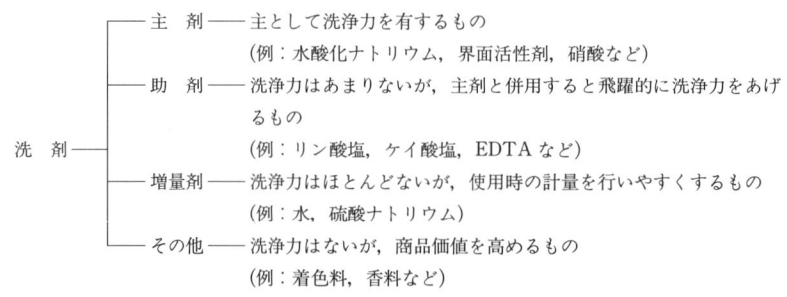

洗剤
- 主剤 —— 主として洗浄力を有するもの
  (例: 水酸化ナトリウム, 界面活性剤, 硝酸など)
- 助剤 —— 洗浄力はあまりないが, 主剤と併用すると飛躍的に洗浄力をあげるもの
  (例: リン酸塩, ケイ酸塩, EDTA など)
- 増量剤 —— 洗浄力はほとんどないが, 使用時の計量を行いやすくするもの
  (例: 水, 硫酸ナトリウム)
- その他 —— 洗浄力はないが, 商品価値を高めるもの
  (例: 着色料, 香料など)

表VI.4.9 食品工場で使用されている洗剤の種類[1]

種類	成分	用途	特徴
強性アルカリ洗剤	カセイソーダ(カリ) 無機塩類 有機キレート剤 界面活性剤	自動洗びん機用 加熱処理装置 CIP用(乳製品,発酵製品) 畜水産加工装置	・強度の無機・有機質の汚れに適する. ・キレート剤配合品はスケールの除去作用あり.
弱性アルカリ洗剤	弱アルカリ性の有機および無機塩類 界面活性剤	浸漬または半自動洗びん用 CIP用(清涼・果汁飲料) 輸送容器の自動洗浄機用 加工機器・床・壁の洗浄用	・中程度の無機・有機質の汚れに適する. ・塩素系洗剤は強度の有機質の汚れに適する.
中性洗剤	中性の無機・有機塩 界面活性剤	食品原料の洗浄用 容器類の水洗い洗浄用 一般機器類の洗浄用 手指の洗浄用	・硬度の一般的汚れに適する. ・中～強度の汚れは加温やブラッシングが必要.
酸性洗剤	無機酸 有機酸 界面活性剤	CIP用(乳製品,発酵製品) 酪農機器の乳石除去用 口錆びんの除去用 洗びん機のスケール除去用	・無機の重質のスケール,鉄さびの除去に適する.
殺菌性洗剤	無機・有機の塩素化合物および過酸化物 ヨウ素化合物 界面活性剤(カチオン系,両性系)	CIP用(各種食品工場) 機器・壁・床の洗浄用 作業衣・手指の洗浄用	・アルカリ性と酸性のものがある.酸性のものは腐食に注意. ・中～軽程度の無機・有機質の汚れに適する.
酵素洗剤	アミラーゼ,プロテアーゼ,リパーゼなど	食品素材,特に生鮮食品素材の洗浄用,自動皿洗機,精密機器の洗浄用	・基質特異性が大きい. ・温度,pHその他の条件に影響を受けやすい. ・作用時間が長くかかる.

① アルカリ洗剤のうちカセイソーダ(カリ)やケイ酸塩を主成分とし,キレート剤,リン酸塩,ケイ酸塩,界面活性剤などからなる強アルカリ洗剤は,強度の脂肪・タンパク質の汚れ除去に使用されている.

② 炭酸塩を主成分とし,界面活性剤などからなる弱アルカリ洗剤は,軽度の脂肪・タンパク質・炭水化物などの汚れ除去に使用されている.

③ 硝酸,リン酸,乳酸などを主成分とする酸性洗浄剤は,炭酸塩スケールや鉄さびの除去に使用されている.

4.5 洗　　浄

冷凍食品といえども,原材料に由来する各種の汚れの除去や,製造機器・器具・容器・従業員などからの微生物による2次汚染を防ぎ,衛生的で安全な製品を製造するためには,作業環境を「きれい」にしなければならないが,一般にこの工程は軽くみられている傾向がある.もちろん洗浄だけでは,完全に微生物を含めた「汚れ」を除去できるとはいえないが,洗浄も微生物制御のひとつの方法であり,殺菌・消毒に先立つ行為として,これらと同程度かそれ以上に非常に重要な行為であることを常に認識すべきである.

4.3.1 洗浄の目的

洗浄は,冷凍食品に限らず安全で衛生的な食品の製造には欠かせない行為であるが,その目的は,

① 原材料・機械・器具・道具類などに付着・残存する可能性のある食中毒原因菌,腐敗細菌やいわゆる雑菌などの菌数を減少させ,さらに農薬,昆虫,夾雑物など原料に付着・残存する可能性のある有害物や異物を除去すること

② 機械・器具・道具類などに付着・残存し,微生物の栄養源となる食品の残りかすを除去すること

③ 多くの場合，洗浄後に薬剤による殺菌を行っているが，この洗浄後に使用する静・殺菌剤の効力を100%引き出すことである．したがって，洗浄の意味をよく理解せずに，単にホースで対象物に水をかけるだけでは，洗浄とはいわない．洗浄の対象は，① 原材料，② 工場内施設(機械，器具，容器，道具類および壁・床などの工場内の環境)，③ 従業員(衣服，靴，手指など)がある．

4.3.2 汚れの種類と特徴

(1) **炭水化物** 水溶性の糖類とデンプンがある．糖類は一般には溶けやすいが，加熱によってカラメル化すると溶けにくくなる．また，デンプンは55℃以上になったりアルカリになると糊化現象を生じるので，このような場合は，過酸化水素や次亜塩素酸塩などの酸化剤を添加し，糊化を防ぐことが必要である．

(2) **脂 肪** 界面活性剤で可溶化・乳化できる．牛脂やラードなどでは50℃以上，また，乳脂肪では40℃以上の温度が効果的とされる．脂肪でも加熱変性したものは，界面活性剤だけでは除去できないので，アルカリによるけん化などによって除去するのがよい．

(3) **タンパク質** 60℃以上の加熱で変性すると除去は困難になる．変性したタンパク質の溶解度は，使用する洗剤のアルカリ度(pH)に依存するので，このような場合には，強アルカリの洗剤を高温下で使用するとタンパク質を加水分解するので落ちやすくなる．

(4) **スケール** 代表的なものは，リン酸カルシウムや炭酸カルシウムなどのカルシウム沈斥物であるが，これらの除去には硝酸やリン酸系の酸性洗剤を使用する．

なお，食品工場においては，その汚れが単一であることよりは，種々の成分が混在していることが多いので，1種類の洗剤ではなく，異なったタイプの洗剤を組み合わせて使用することも必要である．なお，糖質・デンプン質などの汚れにはアミラーゼを，タンパク質の汚れにはプロテアーゼを，油脂系の汚れにはリパーゼなどの酵素剤も利用されている[19]．

4.3.3 洗浄方法と対象

食品工場で一般的に採用されている洗浄方法は次のようである．

a. 機械・器具類

(1) **人手による洗浄**

ブラシ・タワシなどを使用した人手による洗浄方法で，多くの工場では分解した機械・器具の部品を洗う際などに通常行っている．この方法では，誰でもできるようにせっかく洗浄マニュアルを作成しても，ⓐ 洗浄作業を行う人によって個人差があり，したがって対象物の清浄度が異なる例が多いこと，ⓑ 作業性が悪く時間がかかること(一般に食品加工機械は分解しにくく掃除がしにくいので，脱着が容易にできるように改良することが必要な例が多い)，ⓒ 作業コストが高くなることなどの点が指摘されている．しかし，水洗浄は欠かすことのできないものなので，洗浄作業について，実務担当者に細かく説明し，具体的に場所を指示することが大切である．

(2) **機械・器具による洗浄**

① シンクの中に洗浄液を入れ，これに被洗浄物を浸け，これを機械的に振動させたり，洗浄液を撹拌したりして水流を起こして洗浄する．

② 回転ブラシで洗浄する(床面などの掃除の場合にみられる)．

③ 超音波をかけて洗浄する 超音波洗浄機で水中に振動を与え(例えば，30 kHzでは1秒間に3万回程度の波動を与える)，ここに対象物を入れて洗浄する．

④ 圧力をかけた水(熱水)で洗浄する これには水のものと蒸気(熱水)によるものがある．多くの工場内でよく見かける高圧($20\sim220$ kg/cm^3)水の洗浄機はこの方式である．この方式は短時間で汚れを除去できる利点はあるが，工場内で使用する場合には，対象物を囲むなどしないと，例えば，高圧によって跳ね飛ばされた水しぶきとともに，汚れが隣接機械や天井・壁などに飛散し，逆に汚れの拡散につながるので，使用に当たっては，対象物の選択や飛散防止などに十分な注意が必要である．高圧蒸気(熱水)によるものでは，あまり高圧では作業上危険が伴うこともあり，さらに，対象物との距離によっては，対象物の表面温度が上がらない場合もあり，結果として殺菌が不十分になるので，使用に当たっては十分な配慮が必要である．

⑤ 定置洗浄(cleaning in place : CIP)[20] この方式は，装置を分解しないでそのまま洗浄・殺菌するもので，これには1回ごとに洗浄液などを捨てる方法(シングルユース方式)と洗剤などを回収して使用する方法(マルチタンク方式)とがある．これ

らは飲料関係の工場で洗浄・殺菌システムとして行われている例が多い．

b. 作業者の手指

工場で生産される食品の最大の汚染源は，そこに働く従業員であるといえる．したがって，従業員自体の衛生管理もまた非常に重要である．このことは冷凍食品工場でも全く変わらず，冷凍食品であるだけに重要度が高い場合もある．いわゆる工場の衛生対策の中で，洗浄行為は軽視されがちであるが，改めるべきである．洗浄行為の中で重要な部分である．手洗いにおける注意事項は次のようである．

① 手洗い水道の蛇口は自動式か肘押し式・足踏み式がよい．また，手洗水槽は肘が入る程度の大きさのものが必要である．

② 個人でもっている手拭きは使用禁止とする．最近，空気を強力に吹きつけ，手指の水分を除去する例もあるが，機械自体が汚れてくるので機械自体の洗浄・殺菌も定期的に行うこと．また，機械下部に溜まった水を定期的に抜くこと（抜かないとこの水が腐敗する場合もある）．

③ つめは1週間に1回は切り，長く伸ばさないこと．

④ つめブラシでつめの間を洗うときは，必ず流水下で行い，使用後は水を切ってから殺菌液に入れ，つめブラシを殺菌すること．

⑤ はじめに普通の石けんで洗浄し，そのあとで逆性石けんで殺菌する場合は，普通石けんが残っていると，逆性石けんの効果が減少するので，十分に水洗して普通石けんを洗い流すこと．

⑥ 洗浄後，アルコールで殺菌することもよく行われるが，手指に水分が残っているとアルコールの濃度が低くなり効果が減少するので，手指の水分をよく除去すること．

4.3.4 洗浄効果の判定

洗浄は通常毎日作業終了後に行われるが，これが不十分だと夏場など室温が高い時期，特に休日明けの場合では，製造ラインの各所の食品残渣を栄養源として微生物が増殖し，製品を汚染させることもある．したがって，洗浄後に残留物があるかどうかを調べることは非常に重要である．比較的容易にできる検査方法を表VI.4.10に示した．

表VI.4.10 洗浄度検査・判定法[16,24]

① 試薬を用いる方法[1]

対象物	試薬	方法および判定
デンプン系	N/10 ヨード液 （ヨードカリ20gを少量の水で溶解後これにヨード12.5gを加えて完全溶解し，全量を1lとする．）	検査対象物にヨード液をまんべんなくかけて軽く水洗し，呈色の有無を観察する． ・紫色の呈色があれば陽性（デンプン質が残留している）とする．
脂肪系	0.1％バターイエロー液または0.1％イエローOB液 （試薬0.1gをアルコール100mlに溶解する．）	検査対象物に左のどちらかの薬液をまんべんなくかけて軽く水洗し，呈色の有無を観察する． ・黄色の呈色があれば陽性（脂肪が残留している）とする．
タンパク質系	1％フクシン液 （フクシン1gを100mlのアルコールに溶かす．）	検査対象物に1％フクシン液をまんべんなくかけて水洗し，呈色の有無を観察する． ・赤紫の呈色があれば陽性（タンパク質系が残留している）とする．

② 微生物試薬による方法
  ・ふき取り法：被検査対象物をガーゼ棒などでふき取り，一般生菌数や大腸菌群を常法により測定する．なお，この場合，大腸菌群では完全試験まで行う必要はない．
  ・接　触　法：市販の既製各種微生物検査用培地を被検査対象物に直接接触させ，そのまま培養する．また，例えば手指などの検査では，手指を直接培地に接触させ，そのまま培養してもよい（+1，+2などで結果を表示する）．
  しかし，これらの方法は結果が得られるまで1〜2日必要なので，その点不便である．

③ その他の方法
  ・ATP測定法[2]：蛍のルシフェリン-ルシフェラーゼ系が，Mgイオンおよび分子状の酸素の存在下でATP（アデノシン三リン酸）と接触するとATP量に比例して発光するが，これを利用した測定法である．ATPは微生物も含めた生きた細胞に含まれているので，ATP量が直接微生物数とはいえないが，リアルタイムで測定結果がわかるので，汚れの指標としては使用できる．

4.3.5 洗浄時の留意事項

洗浄対象,作業条件に合った適切な洗剤の選定と,下記の事項に留意する.

① 洗浄に用いる水は飲用適の水であること.

壁・床などのように食品に直接接触しない部分を洗浄する場合を除き,原料の洗浄をはじめ機械・器具・容器・手指など直接食品に触れるものの洗浄に使用する水は,飲用適の水であることが必要で,さらに温水が供給できることが望ましい.なお,公営の上水道や水質基準に合格した水は飲用適であるが,多くの工場では上水道でもいったん貯水槽に溜めてから使用するので,自主衛生管理として,日常次の項目について検査を行うことが必要である.

・1回/1日作業前に給水栓水のpH・味・臭気・色・濁度・異物などの検査
・2回/1日(作業前と作業終了後)残留塩素量が0.1 ppm以上であることの確認および水質検査,貯水槽の清掃など

② 具体的な分解マニュアル,洗浄マニュアルを作成すること.

例えば,ニーダーのシャフトと撹拌ブレードの付け根ねじ止め部分とか,ドラム式成形機のシャフトや型抜盤の隙間,ベルトコンベヤーの支えローラーのシャフト部分,あるいは,連続フライヤーの外づけのネットコンベヤーといったように,単に「ニーダーの洗浄」ではなく,具体的に掃除する場所を指示することが大切である.

③ 物理的なかき落とし(たとえば,ふいたりブラシなどでこするなど)を行うこと.

表VI.4.11にアルキルベンゼンスルホン酸ソーダを用いた,デンプン性の汚れと脂肪性の汚れの洗浄方法別の洗浄効果の一例を示したが,単なる浸漬(静置)よりも,拭く・こするなど,物理的なかき落としを行う方が,洗浄効果が優れていることが示されている.

④ 目線を変えてみること.

すぐ目に入る部分よりも,裏面,側面,上部やものの陰になる部分など,見えにくい部分など目線を変えて意識的に観察し,洗浄することが必要である.

⑤ 洗浄作業終了時に点検すること.

洗浄作業担当者以外の者が,チェックリストによって洗浄作業終了後に点検し,汚れが残っていれば再度洗浄を命ずることが必要である.

⑥ 洗浄作業に使用するブラシ・タワシなどの道具の洗浄・殺菌を確実に行うこと.

表 VI.4.11 デンプン性および脂肪性汚れの洗浄効果[16]

(a) デンプン性汚れの洗浄効果

試験区分	洗剤液中で静置した場合						洗剤液中で数回拭いた場合					
洗剤濃度 \ 時間	3分	5分	10分	20分	30分	60分	3分	5分	10分	20分	30分	60分
1%	++	+	+	±	±	-	±	±	-	-	-	-
0.5%	++	+	+	±	±	-	±	±	-	-	-	-
0.3%	++	+	+	±	±	-	±	±	-	-	-	-
0.1%	++	++	+	+	±	-	±	±	-	-	-	-
0.05%	++	++	++	+	±	-	+	±	+	-	-	-
蒸留水	++	++	++	+	±	-	++	+	+	±	±	-

(b) 油脂性汚れの洗浄効果

試験区分	洗剤液中で静置した場合					洗剤液中で数回拭いた場合				
洗剤濃度 \ 時間	5分	10分	20分	30分	60分	5分	10分	20分	30分	60分
1%	+	±	-	-	-	-	-	-	-	-
0.5%	+	±	-	-	-	-	-	-	-	-
0.3%	+	+	-	-	-	±	±	-	-	-
0.1%	+	+	±	-	-	±	±	-	-	-
0.05%	+	+	±	±	-	±	±	-	-	-
蒸留水	+	+	+	+	±	+	+	+	+	±

-:完全に洗浄されたもの,±:わずかに汚れが残ったもの,
+:少し汚れが残ったもの,++:多く汚れが残ったもの.

意外にこれらの洗浄用の道具類の殺菌については無関心な例が多い．注意すべきである．これらの最も効果的な殺菌方法は，沸騰水中で10分間程度ボイルし，その後乾燥することである．

［小出欽一郎］

文　献

1) 芝崎　勲：防菌防黴ハンドブック（日本防菌防黴学会編），p. 133-214，技報堂出版，1986.
2) 井上富士男：殺菌・除菌応用ハンドブック（芝崎　勲監修），p. 460-480，サイエンスフォーラム，1985.
3) 第十三改正　日本薬局方解説書，p. B-885-887，廣川書店，1996.
4) 上田　修：防菌防黴，**9**(3), 133-144, 1981.
5) 内山龍夫，古海　浩：食品の衛生管理―殺菌・減菌・除菌・静菌技術―，p. 271-294，三秀書房，1983.
6) 昌子　有：新殺菌工学実用ハンドブック（高野光男，横山理雄監修），p. 55，サイエンスフォーラム，1994.
7) 内藤茂三：食品と科学，**37**(5), 101-110, 1995.
8) 藤岡一郎：防菌防黴ハンドブック（日本防菌防黴学会編），p. 262，技報堂出版，1986.
9) 岩元睦夫：食品加工技術，**13**(1), 51-59, 1993.
10) 小野晴寛：食品工業，**40**(10), 49-56, 1997.
11) 浅野俊雄：食品工業の洗浄と殺菌（辻　薦ほか編），p. 200-222，衛生技術会，1979.
12) 相磯和嘉監修：食品衛生学事典，p. 277-278，中央法規出版，1984.
13) 松田敏生：殺菌・除菌応用ハンドブック（芝崎　勲監修），p. 194，サイエンスフォーラム，1985.
14) 田口勝久：魚肉ソーセージ協会会報，**69**, 11, 1961.
15) 上田　修：防菌防黴事典（日本防菌防黴学会事典編集委員会），p. 39-44，日本防菌防黴学会，1986.
16) 毛利善一：食品工業の洗浄と殺菌（辻　薦ほか編），p. 28-88，衛生技術会，1979.
17) 井上哲秀：調理食品と技術，**23**(3), 198-205, 1996.
18) 山口皓司：ジャパンフードサイエンス，**32**(2), 54-59, 1974.
19) 芝崎　勲：新・食品殺菌工学，p. 11，光淋，1983.
20) 横山理雄：ジャパンフードサイエンス，**20**(5), 21-32, 1981.
21) 芝崎　勲：食品殺菌工学，p. 11, 286-289，光淋，1967.
22) 川名林治：防菌防黴ハンドブック（日本防菌防黴学会編），p. 600-601，技報堂出版，1986.
23) 上田　修：食品工業の洗浄と殺菌（辻　薦ほか編），p. 241，衛生技術会，1975.
24) 羽毛田　靖：防菌防黴，**25**(8), 457-466, 1997.

VII. 規格・基準

1. 食品衛生法にもとづく冷凍食品の規格・基準

1.1 制定の経緯

　食品の規格基準は，1959年に食品衛生法第7条にもとづいて告示されたものである．しかし，冷凍食品については，当初からこの規格基準に含まれていたものではない．冷凍食品という用語も当時は一般的ではなかった．

　1961年6月に告示改正が行われ，はじめて「スチック」の保存基準が設定されたが，このとき，保存基準に「摂氏−15度以上にならない温度で保存しなければならない」と規定されたことが冷凍食品の規格基準の設定の起源である．

　今日，「スチック」という名前は耳にしなくなっているが，この食品は当時急激に出現し始めたインスタントラーメンなどのインスタント食品のひとつで，魚肉，鯨肉，畜肉，鶏肉のいずれか，あるいはこれらに野菜などを混合したものを原料として磨砕，圧縮し，急速凍結したものを切断し，パン粉をつけたものである．あとは油で揚げるだけで食べられる食品で，コロッケや天ぷら，フライなどの素ともいうべき冷凍半製品であったというべきものである．

　その後，スチックの生産が増大するとともに，種類が豊富になってきて，これまでのスチックの範疇に入りきれない凍結した食品が量産され，市場に流通するようになった．このような状況のなかで，これらの凍結食品の衛生を確保するためには，スチックを含む広い概念の冷凍食品の規格基準を設定する必要性がでてきたわけである．

　1969年7月に，スチックを含む「調理し，又は加工した食品を容器包装に入れて凍結したもの」という食品を新たに「冷凍食品」の定義としてこれに該当する冷凍した食品すべてに保存基準(摂氏−15度以下の保存)が適用されることとなった．

　また，このとき同時に，製造年月日の表示も義務づけられ，冷凍食品では「凍結した年月日」が製造年月日とすることとされた．

　この当時の「冷凍食品」は，上の定義から簡易な調理や加工をほどこしただけで容器に入れられた「冷凍鮮魚介類」は含まれていなかった．これら冷凍鮮魚介類が冷凍食品に含まれるようになるのは，1971年4月になって新たに鮮魚介類のうち「切身又はむき身にした鮮魚介類を凍結させたものであって容器包装に入れられたもの」が冷凍食品の定義に追加されることによって冷凍食品としての取扱いを受けるようになり，同時に，保存基準が適用されるようになった．このときに，特に「生食用」冷凍鮮魚介類については保存基準以外に成分規格と加工基準が新たに設定され適用されることとなった．これをもって，生食用冷凍鮮魚介類の衛生の確保が強化されたのである．

　これら冷凍食品の規格基準の整備とは別に，1967年には「生食用カキ」の規格基準が制定されていたが，「摂氏−10度以下で保存すること．ただし，冷凍のものにあっては，摂氏−20度以下で保存するよう指導すること」という保存基準について生食用冷凍鮮魚介類との整合性をとる必要性がでてきたため，「生食用冷凍カキ」にも生食用冷凍鮮魚介類と同じ保存基準が適用されることとなった．また，これまであった「生食用冷凍鮮肉」について，従来から海獣の生肉は魚介類の肉として取り扱われてきたことから，生食用冷凍鮮魚介類の規格基準がそのまま適用されることとなった．

　このように鮮魚介類の冷凍食品の方は，成分規格，加工基準の整備が進んでいたが，一方，ますますその消費量が増大していた調理済または半調理冷凍食品の方は，保存基準と製造年月日の表示基準があるのみで，衛生確保の見地から早急に成分規格を設定する必要性が生じてきた．

　1973年4月に，このような「調理冷凍食品」について成分規格が設定された．調理冷凍食品を，「製造し，又は加工した食品(食肉製品及び鯨肉製品，

魚肉ねり製品並びにゆでだこを除く）を凍結させたものであって，容器包装に入れられたもの」を
- 飲食に供する際に加熱を要しないもの
- 飲食に供する際に加熱を要するものであって
    - 凍結直前に加熱されたもの
    - 凍結直前に加熱されたもの以外のもの

の3種類に分類されて，それぞれに成分規格が設定された．

なお，従来，冷凍食品の定義に使用されていた「調理し」が「製造し」に変更されたのは文言上の整理のためだけであって，これまでとの意味の変更はないものである．

調理冷凍食品の成分規格設定に当たって検討されたことは，材料も製造方法も非常に多岐にわたる食品群をいかにして合理的に分類し，規格を設定すべきかということであった．

調理冷凍食品を分類する方法としては，
- 主要原材料別
- 製造方法別
- 摂取時の調理方法別

が検討された．

主要原材料別の場合は，複合食品といわれるものが大半を占める調理冷凍食品では，主要原材料を決めるだけでも意見が分かれることから，原材料を考慮した分類は不適当という結論となり，結局，製造方法別（凍結直前の加熱の有無）と摂取時の調理方法別（加熱を要するか否か）という二つの面を組み合わせた上記の3分類によって成分規格を制定し，さらに表示事項を強化することによって衛生確保の課題を達成しようということとなった．

また，このときに従来はブランチングした野菜などを凍結して容器に入れただけのものは冷凍食品としては取り扱われていなかったのであるが，このとき以降は「冷凍食品」に含まれることとなった．ただし，ブランチングは「加熱」とはみなされないこととされた．

このように，冷凍食品の規格は，種類の増大と，その時々の要請に応えて漸時整備と拡大が行われてきたわけであるが，個別の食品として規格基準が設定されている食品についてもコールドチェーンシステムの普及につれて，凍結したまま流通するものが増えてきたために必要な整備が行われている．すでに述べた，生食用冷凍生カキや生食用冷凍鯨肉以外に，1973年の冷凍食品を改正した際に，同時に
- 冷凍食肉製品
- 冷凍鯨肉製品
- 冷凍魚肉練り製品
- 冷凍ゆでだこ
- 細切した食肉および鯨肉を凍結したものであって容器包装に入れられたもの

についても成分規格（「冷凍ゆでだこ」のみ）と保存基準が設けられた．

また，1973年12月には，冷凍果実飲料の製造基準と保存基準が制定され，1982年2月の清涼飲料水の改正の折に，冷凍原料用果汁の保存基準が定められ，今日に至っている．

1.2　冷凍食品の定義

冷凍食品を分類すると「冷凍食品」として定義され，規格基準が設定されているいわゆる「狭義の冷凍食品」と，個別食品として規格基準が設けられている食品であって凍結した形態で流通する食品を含めた広義の冷凍食品に分けられる．

1.2.1　冷凍食品（狭義）

冷凍食品とは，「製造し，又は加工した食品（清涼飲料水，食肉製品及び鯨肉製品，魚肉ねり製品並びにゆでだこを除く），及び切身又はむき身にした鮮魚介類（生カキを除く）を凍結したものであって，容器包装に入れられたもの」である．

これをさらに詳述すれば，以下のようになる．

a. 冷凍鮮魚介類

切り身[*1]またはむき身[*2]にした鮮魚介類（生カキを除く）を凍結させたものであって，容器包装に入れられたもの．

- [*1] マグロやカジキのさく，アジやサバの三枚におろしたもの，イカのつぼぬき（外套部と頭足部を分離し内臓を除去したもの），（脊椎骨のついたままの状態で）アジやサバの胴を2〜3分割したものなどをいう．
- [*2] 有頭有尾で胴部のみむき身にしたエビ類，無頭有尾で可食部がむき身になっているエビ類，貝を脱殻したもの，ウニの卵巣を摘出したものなどをいう．

（1）生食用冷凍鮮魚介類　冷凍鮮魚介類のう

表 VII.1.1 冷凍食品の規格基準一覧表

種類別			成分規格(注1)			加工又は製造基準	保存基準	
			生菌数/g	大腸菌群	E. coli (注2)		温度(℃)	包装
冷凍食品(狭義)	冷凍鮮魚介類(鯨肉を含む)	生食用鮮魚介類冷凍	10^5以下	陰性		1. 原料用鮮魚介類は鮮度が良好なものでなければならない. 2. 原料用鮮魚介類が冷凍されたものである場合は,その解凍は,衛生的な場所で行うか,または清潔な水槽中で衛生的な水を用い,かつ十分に換水しながら行わなければならない. 3. 原料用鮮魚介類は,衛生的な水で十分に洗浄し,頭,うろこ,内臓その他製品を汚染するおそれのあるものを除去しなければならない. 4. 3.の処理を行った鮮魚介類の加工は,その処理を行った場所以外の衛生的な場所で行わなければならない.また,その加工にあたっては,化学的合成品たる添加物(次亜塩素酸ナトリウムを除く.)を使用してはならない. 5. 加工に使用する器具は洗浄及び殺菌が容易なものでなければならない.また,その使用にあたっては,洗浄した上殺菌しなければならない. 6. 加工した生食用鮮魚介類はすみやかに冷凍させなければならない.	-15℃以下	清潔で衛生的な合成樹脂,アルミニウム箔又は耐水性の加工紙で包装して保存
		非生食用鮮魚介類冷凍					-15℃以下	清潔で衛生的な合成樹脂,アルミニウム箔又は耐水性の加工紙で包装して保存
	調理冷凍食品	無加熱摂取冷凍食品	10^5以下	陰性			-15℃以下	清潔で衛生的な合成樹脂,アルミニウム箔又は耐水性の加工紙で包装して保存
		加熱後摂取冷凍食品 凍結前加熱済	10^5以下	陰性			-15℃以下	清潔で衛生的な合成樹脂,アルミニウム箔又は耐水性の加工紙で包装して保存
		凍結前未加熱	3×10^6以下		陰性		-15℃以下	清潔で衛生的な合成樹脂,アルミニウム箔又は耐水性の加工紙で包装して保存
個別冷凍食品	生食用冷凍カキ		5×10^4以下		$230/100g$以下	1. 原料用カキは,海水100ml当り大腸菌群最確数が70以下の海域で採取されたものであるか,又はそれ以外の海域で採取されたものであって,100ml当り大腸菌群最確数が70以下の海水又は塩分濃度3%の人工塩水を用い,かつ当該海水若しくは人工塩水を随時換え,または殺菌しながら浄化したものでなければならない. 2. 原料用カキを一次水中で貯蔵する場合は,100ml当り大腸菌群最確数が70以下の海水又は塩分濃度3%の人工塩水を用い,かつ当該海水若しくは人工塩水を随時換え,または殺菌しながら貯蔵しなければならない.	-15℃以下	清潔で衛生的な合成樹脂,アルミニウム箔又は耐水性の加工紙で包装して保存

				3. 原料用カキは，水揚げ後すみやかに衛生的な水で十分洗浄しなければならない． 4. 生食用カキの加工は衛生的な場所で行わなければならない．また，その加工に当たっては，化学的合成品たる添加物(次亜塩素酸ナトリウムを除く．)を使用してはならない． 5. むき身作業に使用する器具は洗浄及び殺菌が容易なものでなければならない．また，その使用にあたっては，洗浄した上殺菌しなければならない． 6. むき身容器は，洗浄及び殺菌が容易な金属，合成樹脂などでできた不浸透性のものでなければならない．またその使用に当たっては，専用とし，かつ洗浄した上殺菌しなければならない． 7. むき身は生成的な水で十分洗浄しなければならない． 8. 生食用冷凍カキにあっては，加工後すみやかに凍結させなければならない． 9. 生食用カキの加工中に生じたカキ殻については，当該加工を行う場所の衛生を保つため，すみやかに他の場所に搬出するなどの処理を行わなければならない．	
冷凍食肉製品	乾燥食肉製品		陰性	一般基準 1. 製造に使用する原料食肉は，鮮度が良好であって，微生物汚染の少ないものでなければならない． 2. 製造に使用する冷凍原料食肉の解凍は，衛生的な場所で行わなければならない．この場合において，水を用いるときは，飲用適の流水で行わなければならない． 3. 食肉は，金属又は合成樹脂等でできた清潔で洗浄の容易な不浸透性の容器に収めなければならない． 4. 製造に使用する香辛料，砂糖及びでんぷんは，その1g当たりの芽胞数が1,000以下でなければならない． 5. 製造には，清潔で洗浄及び殺菌の容易な器具を用いなければならない． 個別基準(略)	−15℃以下	清潔で衛生的な容器に収めて密封するか，ケーシングするか，または清潔で衛生的な合成樹脂フィルム，合成樹脂加工紙，硫酸紙もしくはパラフィン紙で包装して運搬
	非加熱食肉製品		100/g以下(注3)			
	特定加熱食肉製品		100/g以下(注4)			
	加熱食肉製品		陰性(注5)			
冷凍鯨肉製品			陰性	1. 製造に使用する原料鯨肉は，鮮度が良好であって，微生物汚染の少ないものでなければならない． 2. 製造に使用する冷凍原料鯨肉の解凍は，衛生的な場所で行わなければならない．この場合において，水を用いるときは，飲用適の流水で行わなければならない． 3. 鯨肉は，金属又は合成樹脂等でできた清潔で洗浄の容易な不浸透性の容器に収めなければならない． 4. 製造に使用する香辛料，砂糖及びでんぷんは，その1g当たりの芽胞数が1,000以下でなければならない． 5. 製造には，清潔で洗浄及び殺菌の容易な器具を用いなければならない． 6. 製品は，その中心部の温度を63℃で30分間加熱する方法又はこれと同等以上の効力を有する方法により殺菌しなければならない．	−15℃以下	清潔で衛生的な容器に収めて密封するか，ケーシングするか，または清潔で衛生的な合成樹脂フィルム，合成樹脂加工紙，硫酸紙もしくはパラフィン紙で包装して運搬

				7. 加熱殺菌後の冷却は，衛生的な場所において十分行わなければならない．この場合において，水を用いるときは，飲用適の流水で行わなければならない．		
冷凍魚肉ねり製品		陰性		1. 製造に使用する魚類は，鮮度が良好なものでなければならない． 2. 製造に使用する魚類は，加工前に水で十分洗浄して，清潔な洗浄しやすい金属又は合成樹脂などでできた不浸透性の容器に収めなければならない． 3. 身卸しには清潔な調理器具を使用し，身卸しした精肉は，清潔な洗浄しやすい金属又は合成樹脂などでできた不浸透性の専用容器に収めなければならない． 4. 精肉の水さらしは，冷たい衛生的な水を用い，かつ十分に換水しながら行わなければならない． 5. 製造に使用する冷凍原料肉の解凍は，衛生的な場所で行わなければならない．この場合において，水を用いるときは，衛生的な流水で行わなければならない． 6. 魚肉ねり製品を製造する場合に使用する砂糖，でんぷん及び香辛料は，その1g当たりの耐熱性菌総数(芽胞数)が1,000以下でなければならない． 7. 製造には，清潔な，かつ洗浄及び殺菌をしやすい機械器具を用いなければならない． 8. 魚肉ソーセージ及び魚肉ハムにあっては，その中心部の温度を80℃で45分間加熱する方法又はこれと同等以上の効力を有する方法により，特殊包装かまぼこにあっては，その中心部の温度を80℃で20分間加熱する方法又はこれと同等以上の効力を有する方法により，その他の魚肉ねり製品にあっては，その中心部の温度を75℃に保って加熱する方法又はこれと同等以上の効力を有する方法により殺菌しなければならない．ただし，魚肉すり身にあっては，この限りでない． 9. 加熱後殺菌の放冷は，衛生的な場所において十分に行わなければならない．この場合において，水を用いるときは，飲用適の流水で行うか，または遊離残留塩素1.0ppm以上を含む水で絶えず換水しながら行わなければならない．	-15℃以下	清潔で衛生的にケーシングするか，清潔で衛生的な有蓋の容器に収めるか，または清潔な合成樹脂フィルム，合成樹脂加工紙，硫酸紙もしくはパラフィン紙で包装して運搬
冷凍ゆでだこ	10^5以下	陰性		1. 加工に使用するたこは，鮮度が良好なものでなければならない． 2. 加工に使用する水は，衛生的なものでなければならない． 3. たこは，ゆでた後，すみやかに衛生的な水で十分冷却しなければならない． 4. ゆでだこは，冷却後，清潔な洗浄しやすい金属または合成樹脂などでできた不浸透性の有蓋の容器に収めなければならない．	-15℃以下	清潔で衛生的な有蓋の容器に収めるか，または清潔な合成樹脂フィルム，合成樹脂加工紙，硫酸紙もしくはパラフィン紙で包装して運搬
冷凍食肉・鯨肉 (生食用冷凍鯨肉を除く)					-15℃以下	清潔で衛生的な有蓋の容器に収めるか，または清潔な合成樹脂フィルム，合成樹脂加工紙，パ

					ラフィン紙,硫酸紙もしくは布で包装して運搬
冷凍果実飲料		陰性	1. 原料用果実は,傷果,腐敗果,病害果などでない健全なものを用いなければならない. 2. 原料用果実は,水,洗浄剤などに浸して果皮の付着物を膨潤させ,ブラッシングその他適当な方法で洗浄し,十分に水洗した後,次亜塩素酸ナトリウム液その他適当な殺菌剤を用いて殺菌し,十分に水洗しなければならない. 3. 殺菌した原料果実は,汚染しないように衛生的に取り扱わなければならない. 4. 搾汁及び搾汁された果汁の加工は,衛生的に行わなければならない. 5. 製造に使用する器具及び容器包装は,適当な方法で洗浄し,かつ,殺菌したものでなければならない.ただし,未使用の容器包装であって,かつ,殺菌され,又は殺菌効果を有する製造方法で製造され,使用されるまでに汚染されるおそれのないように取り扱われたものにあっては,この限りでない. 6. 搾汁された果汁(密閉型全自動搾汁機により搾汁されたものを除く.)の殺菌は,次の方法で行わなければならない. a pH 4.0 未満のものにあっては,その中心部の温度を 65℃ で 10 分間加熱する方法又はこれと同等以上の効力を有する方法で殺菌すること. b pH 4.0 以上のものにあっては,その中心部の温度を 85℃ で 30 分間加熱する方法又はこれと同等以上の効力を有する方法で殺菌すること. 7. 6. の殺菌に係る殺菌温度及び殺菌時間の記録は 6 月間保存しなければならない. 8. 搾汁された果汁は,自動的に容器包装に充填し,密封しなければならない. 9. 化学的合成品たる添加物(酸化防止剤を除く.)を使用してはならない.	−15℃以下	
冷凍原料用果汁		陰性	1. 製造に使用する果実は,鮮度その他の品質が良好なものであり,かつ必要に応じて十分洗浄したものでなければならない. 2. 搾汁及び搾汁された果汁の加工は衛生的に行わなければならない.	−15℃以下	清潔で衛生的な容器包装に収めて保存

(注1) 微生物規格以外は除く.
(注2) 大腸菌群のうち,44.5℃ で 24 時間培養したときに,乳糖を分解して酸及びガスを産生するものをいう.
(注3) 黄色ブドウ球菌:1,000/g 以下,サルモネラ属菌:陰性.
(注4) クロストリジウム属菌:1,000/g 以下,黄色ブドウ球菌:1,000/g 以下,サルモネラ属菌:陰性.
(注5) 黄色ブドウ球菌:1,000/g 以下,サルモネラ属菌:陰性.

ち,生食用(喫食する際に加熱しないもの,例えば「刺身」など)に用いられるもの.これに従来の「生食用冷凍鯨肉」も含まれる.

(2) 非生食用冷凍鮮魚介類 冷凍鮮魚介類から,生食用冷凍鮮魚介類を除いたもの.すなわち,喫食の際,煮物,焼き物,フライなどに用いるもの.

b. 調理冷凍食品

製造[*3] し,または加工[*4] した食品(清涼飲料水,食肉製品および鯨肉製品,魚肉ねり製品並びにゆでだこを除く)を凍結させたものであって,容器包装に入れられたもの.

*3 あるものに工作を加えて,その本質を変化させ,別のものをつくりだすこと.

*4 あるものに工作を加える点では製造と同様であるが,そのものの本質を変えないで形態だけを変化させること.

（1） 無加熱摂取冷凍食品 調理冷凍食品のうち，飲食に供する際に加熱を要しないとされているもの．ただし，冷凍前の加熱の有無は問わない．
（2） 加熱後摂取冷凍食品 調理冷凍食品のうち，無加熱摂取冷凍食品を除いたもの．すなわち，飲食に供する際に加熱を必要とされているもの．
（i） 加熱後摂取冷凍食品（凍結前加熱済）： 加熱後摂取冷凍食品のうち，凍結直前（製造または加工工程の最終段階）で加熱操作が行われたもの．
（ii） 加熱後摂取冷凍食品（凍結前未加熱）： 加熱後摂取冷凍食品のうち，凍結直前の加熱操作が行われていないもの．

1.2.2 個別冷凍食品

個別に食品の規格基準が定められている食品のうち，冷凍食品(広義)の範囲に入るものとしては以下の食品である．
　生食用冷凍カキ
　生食用冷凍鯨肉　　生食用冷凍鮮魚介類に含まれる．
　冷凍食肉製品
　冷凍鯨肉製品
　冷凍魚肉練り製品
　冷凍ゆでだこ
　冷凍食肉および鯨肉　　細切りした食肉および鯨肉を凍結させたものであって，容器包装に入れられたもの．
　冷凍果実飲料　　果実の搾汁または果実の搾汁を濃縮したものを冷凍したものであって，原料用果汁以外のもの．
　冷凍原料用果汁

1.3　冷凍食品の規格・基準

　冷凍食品(狭義)の規格基準については，微生物にターゲットを置いたものとなっている．つまり，成分規格として汚染指標菌である生菌数，大腸菌群，**E. coli** を採用している．
　加工基準についても，成分規格で設定されている微生物の規格を満足するための必要条件として加工に当たっての要件が規定されている．
　保存基準としては，保存温度の基準はもちろんのこと，保存する容器包装について清潔で衛生的なものに入れ，運搬するように規定されている．
　生菌数が大きい場合は，一般的に原材料の汚染が高かったか，加工などの食品の取扱いが不潔で非衛生的なものであるか，または，温度管理が不適切であったことの間接的な指標となっている．
　大腸菌群は動物の糞便汚染の指標となる．大腸菌群とは「グラム陰性，無芽胞の桿菌で，乳糖を分解してガスと酸を産生する好気性または通性嫌気性の細菌群」と定義されている．このため，この菌群には，$E.\ coli$ 以外に $Citrobactor\ freundii,\ Klebsiella\ aerogenes$ などの腸内細菌科に属する菌種も包含されている．
　大腸菌群のうちで44.5℃で発育して乳糖を分解してガスを産生する菌群を糞便系大腸菌群(faecal coliforms)と呼んでいる．成分規格で **E. coli** となっているものは，その検査法から実は $E.\ coli$ ではなくこの糞便系大腸菌群に相当するものである．したがって，本来の $Esherichia\ coli$ と区別するために「**E. coli**」のように斜体ではなく立体で表記されている．

　　　　　　　　　　　　　　　［加地祥文］

2. 調理冷凍食品の日本農林規格（JAS規格）

JAS規格の概要

JAS規格の内容は，①適用の範囲，②定義，③規格および，④測定方法により構成されている．

2.1.1 適用の範囲

この規格の対象となる調理冷凍食品の範囲を，エビフライ，コロッケ，シューマイ，ギョーザ，春巻，ハンバーグステーキ，ミートボール，フィッシュハンバーグおよびフィッシュボールの9品目に限定して適用することとしている．

これは，JAS規格制定当時の生産の動向，消費者の規格化に対する要望などを考慮し，9品目に限定して規格を制定したものである．

2.1.2 定　義

まず，JAS規格の対象となる「調理冷凍食品」について定義し，次に規格が適用される「エビフライ」，「コロッケ」，「シューマイ」，「ギョーザ」，「春巻」，「ハンバーグステーキ」，「ミートボール」，「フィッシュハンバーグ」および「フィッシュボール」について，それぞれ定義し，さらにこれらに使用される「衣」，「つなぎ」および「皮」についても定義している．

a. 調理冷凍食品

調理冷凍食品全体について定義しているもので，「農林畜水産物に，選別，洗浄，不可食部分の除去，整形等の前処理を施した後，調味，成形，加熱等の調理を行い，これを凍結し，包装して凍結したままの状態を保持したもので，そのまま又は簡単な調理によって食用に供されるもの」としている．

b. エビフライ

調理冷凍食品のうち，「クルマエビ科，タラバエビ科，エビジャコ科及びテナガエビ科のえびの頭胸部及び甲殻を除去したもの又はこれから尾扇を除去したもの若しくはこれの小片をフライ種とし，これに衣を付けたもの又はこれを食用油脂で揚げたもの」としている．ここで，エビを4つの科に属するものに限定しているのは，オキアミなどが「エビのかき揚げ」として利用されていることから，本来のエビと混同されないように考慮したものである．

c. コロッケ

調理冷凍食品のうち，「食肉（牛肉，豚肉，馬肉，めん羊肉，山羊肉，家と肉又は家きん肉をいう．以下同じ．），魚肉（えび，貝その他の水産動物の肉を含む．以下同じ．），卵，野菜等を細切し，調味等を行ったものに，ばれいしょ，さつまいも等をすりつぶして調味したもの又はソースを加えて混ぜ合わせ，俵形等にしたものをフライ種にし，これに衣を付けたもの又はこれを食用油脂で揚げたもの」としている．

このように，コロッケには多様な原材料が使用されているが，これらをおおむね包含することとして定義している．

d. シューマイ

調理冷凍食品のうち，「食肉又は魚肉に，野菜，肉様の植物性たん白，調味料，香辛料，つなぎ等を加え，又は加えないで調製した「あん」を薄く伸ばした皮で円筒形状又はきん着形状に包み成形したもの又はこれに蒸煮，揚げ等の加熱処理をしたもの」としている．

e. ギョーザ

シューマイの定義とほとんど同様であり，「「あん」を皮で半円形状又は円形状に包み成形したもの又はこれに蒸煮，ばい焼，揚げ等の加熱処理をしたもの」としている．

なお，シューマイとの相違点は，「形状」の違いおよび加熱処理として一般に行われる「ばい焼」を明示していることである．

f. 春　巻

これもシューマイの定義とほとんど同様であり，「「あん」を皮で棒状に包み成形したもの又はこれに

蒸煮，揚げ等の加熱処理をしたもの」としており，形状のみがシューマイの定義と異なっている．

g. ハンバーグステーキ

調理冷凍食品のうち，「食肉を主原料とし，これに魚肉，野菜，肉様の植物性たん白，調味料，香辛料，つなぎ等を加え，又は加えないで練り合わせた後，円形状等に成形したもの又はこれにばい焼，蒸煮，揚げ等の加熱処理をしたもの」とし，さらにソースを加えたものも対象としている．

なお，フィッシュハンバーグとの区分を明確にするため，魚肉の使用量は食肉の使用量以下とし，また，植物性タンパク質の使用量は品質向上の観点から製品に占める重量の割合を20％以下としている．

h. ミートボール

ハンバーグステーキの定義とほとんど同様であり，相違点は，形状が「球形」であることおよび加熱処理として一般に行われない「ばい焼」を明示していないことである．

i. フィッシュハンバーグ

ハンバーグステーキの定義とほとんど同様で，相違点は食肉および魚肉の使用量が異なることであり，フィッシュハンバーグは「魚肉の使用量が食肉の使用量より多いもの」としている．

j. フィッシュボール

ミートボールの定義とほとんど同様で，相違点は食肉および魚肉の使用量が異なることであり，フィッシュボールは「魚肉の使用量が食肉の使用量より多いもの」としている．

k. 衣

エビフライおよびコロッケに使用する「衣」について定義しているもので，「小麦粉，でん粉，脱脂粉乳，卵等を混ぜ合わせたものの上にパン粉，クラッカー，はるさめ等をつけたもので，油脂で揚げる際に主に水分の蒸発を防ぎ，又は油脂の浸透を防ぐためにあらかじめ当該食品を包むもの」としている．

l. つなぎ

シューマイ類およびハンバーグステーキ類に使用する「つなぎ」について定義しているもので，「パン粉，小麦粉，粉末状植物性たん白等で，食肉をひき肉したもの等に加えるもの」としている．

表VII.2.1 品質基準項目一覧

区分＼品目	エビフライ	コロッケ	シューマイギョーザ春巻	ハンバーグステーキミートボール	フィッシュハンバーグフィッシュボール
性状	○	○	○	○	○
粗脂肪	—	—	○	○	○
食肉	—	—	○	○	○
魚肉	—	—	—	○	○
エビ	—	—	○	—	—
カニ	—	—	○	—	—
肉様植たん	—	—	—	○	○
つなぎ	—	—	○	○	○
衣の率	○	○	—	—	—
皮の率	—	—	○	—	—
原材料 フライ種	○	○	—	—	—
原材料 衣	○	○	—	—	—
原材料 あん	—	—	○	—	—
原材料 皮	—	—	○	—	—
原材料 加熱調理用油脂	○	○	○	—	—
原材料 食品添加物以外の原材料	—	—	—	○	○
原材料 食品添加物	○	○	○	○	○
品温	○	○	○	○	○
異物	○	○	○	○	○
内容量	○	○	○	○	○
容器または包装の状態	○	○	○	○	○

m. 皮

シューマイ類のあんを包む「皮」について定義しているもので,「小麦粉に食塩,食用油脂等を加え,又は加えないで練り合わせ,薄く伸ばしたもの」としている.

2.1.3 規 格

規格は,「エビフライ」,「コロッケ」,「シューマイ,ギョーザおよび春巻」,「ハンバーグステーキおよびミートボール」および「フィッシュハンバーグおよびフィッシュボール」に区分し,それぞれについて,品質に関する基準と表示に関する基準とに区分して具体的に規定している.

a. 品質の基準

品質の基準は,それぞれの規格の共通事項として,①性状,②原材料,③品温,④異物,⑤内容量,⑥容器または包装の状態について規定しているほか,それぞれの品目について品質特性に応じた項目について追加して規定しており,品目ごとの品質項目の概要は表 VII.2.1 の通りである.

これら共通項目の基準の概要は次の通りである.

(1) 性 状 凍結の状態としては外観,形の揃いなどについて,解凍後には原料の配合状態およびきょう雑物について,また,使用方法に従って調理したあとの製品の形状について官能により判定するものである.

(2) 原材料 原材料は,他の品目と同様にポジティブリストにより規定しており,このうち食品添加物のリストは表 VII.2.2 の通りである.

なお,JAS 規格が制定されている原材料については,生産の合理化と品質管理の向上を図る観点から JAS 格付の行われた製品を使用するよう規定している.

表 VII.2.2 品目別使用可能食品添加物一覧

区分 \ 品目	エビフライ	コロッケ	シューマイ ギョーザ 春巻	ハンバーグステーキ ミートボール	フィッシュハンバーグ フィッシュボール
乳化剤	レシチン グリセリン脂肪酸エステル ショ糖脂肪酸エステル ソルビタン脂肪酸エステル	同左	同左	×	×
乳化安定剤	×	酸カゼイン	同左	カゼインナトリウム	同左
品質改良剤	乳酸ナトリウム	乳酸カルシウム	×	×	×
pH 調整剤	グルコノデルタラクトン	クエン酸 DL-リンゴ酸	同左	同左	同左
結着補強剤	×	×	×	重合リン酸塩	同左
調味料	5′-イノシン酸二ナトリウム 5′-グアニル酸二ナトリウム L-グルタミン酸ナトリウム コハク酸二ナトリウム 5′-リボヌクレオチド二ナトリウム 5′-リボヌクレオチドカルシウム	同左	同左 (グリシンも可)	同左 (クエン酸三ナトリウムおよびグリシンも可)	同左
膨張剤	一剤式合成膨張剤	同左	×	×	×
保湿剤	D-ソルビトール	同左	同左	同左	同左
殺菌料	次亜塩素酸ナトリウム	×	×	×	×
糊料	カラギナン カロブビーンガム グァーガム	同左 (ペクチンも可)	×	タマリンドシードガム (ソースに使用が可)	同左
着色料	β-カロチン	同左 (カラメルも可)	β-カロチン (春巻にリボフラビンも可)	カラメル	同左
甘味料	甘草抽出物 酵素処理甘草	同左	同左	同左	同左
香辛料抽出物	同左	同左	同左	同左	同左
香料	×	香料	同左	×	×
強化剤	栄養改善法施行規則第11条に規定する栄養成分の強化を目的に使用するもの	同左	同左	同左	同左

（3）品温　品温については，食品衛生法では冷凍食品の保存温度を－15℃以下としているが，JAS規格では国際食品規格に準じて「－18℃以下」と規定している．

また，別途，凍結方法についても，「凍結は，最大氷結晶生成帯を急速に通過し，品温が－18℃に達する方法によるもの」と規定している．

（4）異物　異物が混入することは品質上問題があり，「混入していないこと」と規定している．

（5）内容量　内容量については，内容重量と個数について，「表示重量及び表示個数に適合していること」と規定している．

（6）容器または包装の状態　冷凍食品を保管する容器包装として，「耐寒性，防湿性及び十分な強度を有する資材を用い，かつ，油脂で揚げたものにあっては耐油性を有する資材を，更に，シューマイ，ギョーザ及び春巻のうち，容器又は包装のまま加熱調理するものにあっては耐熱性を有する資材を用いて密封していること」と規定している．

次に，品目固有の基準の概要は次の通りである．

（1）エビフライの「衣の率」　「50％以下であること．ただし，頭胸部及び甲殻を除去した1尾当たりのエビの重量が6g以下のものにあっては60％以下であること」と規定している．

これは，品質向上の観点から通常のものは「50％以下」としているが，実際には小型のエビが多く利用されていることから，衣の付着する表面積が単位重量当たり多くなる6g以下のものは「60％以下」としているものである．

（2）コロッケの「衣の率」　「30％以下であること」と規定している．これは，品質向上の観点から一定の基準として規定しているものである．

（3）シューマイ，ギョーザおよび春巻　これらは，基本的には形態の違いによるものであるが，品質的には「あん」の内容に違いがあることから下表のように品目ごとに規定しているものである．

（4）ハンバーグステーキおよびミートボール
これも基本的には形態の違いによるものであるため，規格の内容は下記のように規定しているものである．

事　項	内　　　容
粗脂肪	製品（ソースを除く．以下同じ）に占める重量の割合が20％以下
食　肉	製品に占める重量の割合が40％以上（うち，めん羊肉，馬肉および家と肉の食肉に占める重量の割合が30％以下）
魚　肉	製品に占める重量の割合が10％以下
肉様植たん	食肉に対する重量の割合が40％以下
つなぎ	製品に占める重量の割合が15％以下

（5）フィッシュハンバーグおよびフィッシュボール　これも基本的には形態の違いによるものであるため，規格の内容は下記のように規定しているものである．

事　項	内　　　容
粗脂肪	製品に占める重量の割合が10％以下
魚　肉	製品に占める重量の割合が40％以上
食　肉	製品に占める重量の割合が10％以下
肉様植たん	魚肉に対する重量の割合が40％以下
つなぎ	製品に占める重量の割合が15％以下

b. 表示の基準

JAS規格では，品質の基準とともに，消費者が商品を購入する際に商品選択の目安として最小限必要な情報を提供することを目的にして，表示の基準を規定している．

この表示の基準は，「一括表示事項」，「表示の方法」，「その他の表示事項及びその表示の方法」および「表示禁止事項」に区分して規定しているところである．

（1）一括表示事項　一括表示事項とは，消費者が商品を手にした際に，品質を識別するための情報が一目で得られるよう四角の枠で囲んで一括して表示する事項のことである．

その項目は，「品名」，「原材料名」，「内容量」，「賞味期限（品質保持期限）」，「保存方法」，「使用方

区分	品目	シューマイ	ギョーザ	春巻
粗脂肪	製品に占める重量の割合	13％以下	10％以下	8％以下
食　肉	あんに占める重量の割合	20％以上	20％以上	10％以上
エ　ビ	あんに占める重量の割合	15％以上	15％以上	10％以上
カ　ニ	あんに占める重量の割合	10％以上	10％以上	8％以上
つなぎ	あんに占める重量の割合	15％以下	10％以下	15％以下
肉様植たん	食肉または魚肉に対する重量の割合	40％以下	40％以下	40％以下
皮の率	—	25％以下	45％以下	50％以下

法」,「加熱調理の必要性」,「凍結前加熱の有無(加熱調理の必要性のあるものに限る)」,「原産国名(輸入品に限る)」および「製造業者等の氏名又は名称及び住所」である.

(一括表示の様式)

```
品        名
原  材  料  名
内   容   量
賞  味  期  限
保  存  方  法
使  用  方  法
凍結前加熱の有無
加熱調理の必要性
原  産  国  名
製     造     者
```

(2) **表示の方法** 一括表示事項について,その表示の方法を定め,表示をする者の間に齟齬をきたさないように,表示に用いる文字,用語,単位,順序などについて規定しているものである.

このうち,主な事項の表示の方法は,次の通りである.

(i) **品名**: 品名は,それぞれ定義に規定している品名を記載する.ただし,ハンバーグステーキおよびミートボールで魚肉および肉様植たんを使用しないで1種類の食肉のみを使用したものには「ハンバーグステーキ(ビーフ)」などと原料食肉の名称を入れて記載することとしている.なお,フィッシュハンバーグおよびフィッシュボールについても同様に,1種類の魚肉のみを使用したものには「フィッシュハンバーグ(えび)」などと原料魚肉の名称を入れて記載することとしている.

(ii) **原材料名**: 原材料名は,使用した原材料の最も一般的な名称で,製品に占める重量の割合の多いものから順に記載することとしている.また,「衣」,「皮」,「あん」などについても,それぞれの文字の次に( )を付して同様に記載することとしている.

(iii) **内容量**: 内容重量を,グラムまたはキログラムの単位で記載するとともに,( )を付して「○個入り」または「○尾入り」と記載することとしている.

(iv) **凍結前加熱の有無**: 凍結前に加熱されたか否かの別を記載するものであり,これは食品衛生法でも表示が義務づけられているものである.

(v) **加熱調理の必要性**: 飲食する際に加熱を要するか否かの別を記載するものであり,これも食品衛生法でも表示が義務づけられているものである.

なお,加熱調理の必要のないものは,この事項の表示を省略することとしている.

(3) **その他の表示事項およびその表示の方法**

一括表示事項とは別に,その商品についての固有の情報を消費者に提供するもので,エビフライおよびコロッケで事前に油揚げしているもの,ハンバーグステーキ,ミートボールなどでソースを添付しているものやソースで煮込んだものにあっては,それぞれその旨を16ポイント以上の文字で見やすい箇所に表示することとしている.

(4) **表示禁止事項** 一般的には,表示してある事項の内容と矛盾する用語や,内容物を誤認させるような文字,絵,写真その他の表示を禁止している.

また,個別品目について,ハンバーグステーキ,ミートボール,フィッシュハンバーグまたはフィッシュボールでは,原料食肉または魚肉を2種類以上使用しているものに特定の種類を特に強調する用語を禁止(ただし,特定原材料の含有率を表示し,それを含む旨を表示する場合を除く)しており,さらに,ハンバーグステーキおよびミートボールで魚肉,肉様植たんを使用したものについて,すべてが食肉であるかのように誤認させる用語も禁止している.

しかし,コロッケ,シューマイ,ギョーザおよび春巻にあっては,原材料の含有率が表VII.2.3に規定する以上のものであれば「かにコロッケ」など

表VII.2.3 品目別原材料別含有率一覧

品 目	原材料名	含 有 率	
コロッケ	エ ビ	製品に対し	10%
	カ ニ	〃	8%
	牛 肉	〃	8%
	豚 肉	〃	10%
	鶏 肉	〃	10%
	トウモロコシ	〃	15%
	チ ー ズ	〃	10%
	そ の 他	〃	8%
シューマイ	エ ビ	あんに対し	15%
	カ ニ	〃	10%
	豚 肉	〃	15%
	鶏 肉	〃	15%
	そ の 他	〃	10%
ギョーザ	エ ビ	あんに対し	15%
	カ ニ	〃	10%
	そ の 他	〃	10%
春 巻	エ ビ	あんに対し	10%
	カ ニ	〃	8%
	そ の 他	〃	8%

と商品名などで特定の原材料名を表示することを認めている．また，コロッケについて，クリームが8％以上のものにあっては「クリームコロッケ」の用語の使用を認め，馬鈴薯，サツマイモおよびカボチャを使用しているものに当該原材料名，さらに「カレー」の用語の使用を認めている．

2.1.4 測定方法

基準値の検査項目として，「品温」，「衣又は皮の率」，「粗脂肪」について測定方法を規定している．

a. 品温

電気抵抗温度計を用いて，試料の中心部の温度を測定することとしている．

b. 衣または皮の率

1容器または1包装の内容量が150 g以上のものにあっては150 gとなる個数または尾数(150 g以下のものにあっては全個数または尾数)について，フライ種を除去した衣またはあんを除去した皮の重量をはかり，その重量の製品に占める割合の百分比をもって，衣または皮の率とすることとしている．

c. 粗脂肪

試料(ソースを加えたものにあっては，ソースを除去したもの) 4 gについて，ソックスレー型脂肪抽出器により測定することとしている．

［大西詳三］

3. 冷凍食品の栄養表示

食品の栄養表示基準制度は，1998年4月1日より始まった．1996年5月24日に食品衛生法と栄養改善法が改正され，2年間の経過措置を経たものである．

従来は，表示する内容や方法が統一されていなかったので栄養表示はさまざまであり，栄養成分の表示については，国際的な動向もあって，その基準を設ける必要があった．

制度の概要は，販売する食品について，栄養成分や熱量などを表示しようとする場合，表示しようとする栄養成分の含有量だけでなく，あわせて主要栄養成分として，タンパク質，脂質，糖質，ナトリウムならびに熱量を表示することとなった．

たとえば，ビタミンCが豊富に含まれていることをわかるように表示しようとする場合は，ビタミンCだけでなく，タンパク質，脂質，糖質，ナトリウムならびに熱量も表示しなければならない．

食品の栄養表示は，表示が強制されているのではなく，栄養表示をする場合には，この基準によって行うこととされたものである．

また，厚生大臣は，栄養表示基準に従った表示をしない者があるときは，その者に対し必要な表示をすべき旨を指示し，その指示に従わない者があるときは，その旨を公表することができる．

3.1 栄養表示の適用対象および対象外の食品

栄養表示基準の対象となるのは，一般消費者に販売される食品であるが，学校給食や病院給食などにそのままの形で提供されるものも対象となる．もっぱら営業者が使用する加工用原料は含まれない．また，生鮮食品は適用対象外である．鶏卵などは，特定の栄養成分を飼料に添加し，通常のものに比べて栄養成分に変化を生じさせ，その旨を強調したいわゆる特殊卵が流通・販売されており，対象となっている．なお，塩などを加えたり乾燥させたりして栄養成分が変化しているものについては，加工食品として対象となる．

栄養表示基準を適用する範囲は，日本語で栄養表示をする場合と日本語で栄養表示がなされた食品を輸入する場合である．

商品名に栄養成分名が含まれる場合も対象となる．

3.2 表示すべき事項およびその表示方法

3.2.1 表示すべき事項

表示を行う際には，次の栄養成分および熱量の含有量を必ず記載すること．

① 熱量(キロカロリー)
② タンパク質(グラム)
③ 脂質(グラム)
④ 糖質(または炭水化物)(グラム)
⑤ ナトリウム(ミリグラムまたは1,000 mg以上の場合は場合はグラム)
⑥ 表示しようとする栄養成分(または栄養表示された栄養成分)

無機質(ミネラル)
　亜鉛，カリウム，カルシウム，セレン，鉄，銅，ナトリウム，マグネシウム，マンガン，ヨウ素およびリンの11成分

ビタミン
　ナイアシン，ビタミンA，ビタミンB_1，ビタミンB_2，ビタミンB_6，ビタミンB_{12}，ビタミンC，ビタミンD，ビタミンE，ビタミンK，および葉酸の11成分

④の糖質とは，炭水化物から消化・吸収されにくい食物繊維を除いた利用可能な炭水化物をいう．た

だし，糖質の量を表示する際，食物繊維の分析が必要であり，この分析には時間や経費がかかる問題があるので，糖質の量に代えて，炭水化物の量を記載することができるとされている．

3.2.2 表示方法

表示は，日本語で，原則として容器包装を開かないでも見える場所に，読みやすく記載することとされている．縦または横に列記するときも必ず前記の①～⑥の順番で記載する．

含有量の表示は，上記括弧内の単位を用い，食品単位当たり（例：100 g, 100 ml, 1 食分, 1 包装等）の量で記載する．

活字は原則として8ポイント以上のもので記載する．表面積が $100 cm^2$ 以下の場合は5.5ポイント以上の活字で記載することができる．

含有量が「0」の場合でも省略することはできない．ただし，複数の栄養成分が「0」の場合，「脂質と糖質が0」とまとめて表示することもできる．

表示面積が小さい場合であっても，表示事項を省略することはできない．

熱量および栄養成分の含有量の記載は一定値または下限値および上限値により表示する．一定値で表示されている場合，分析値の誤差が次の範囲内になければならない．

① 熱量，タンパク質，脂質，糖質，ナトリウムは，－20％～＋20％

② カルシウム，鉄，ビタミンA，ビタミンDは，－20％～＋50％

③ ナイアシン，ビタミンB_1，ビタミンB_2，ビタミンCは，－20％～＋80％

下限値および上限値で表示されている場合は，分析値がその範囲内になければならない．

含有量の分析については，その食品を販売する製造業者等の判断に委ねられている．栄養成分の含有量は，必ずしも分析試験を行わなければならないものではなく，結果として表示された含有量が正確な値であり，基準に適合しているものであればかまわない．食品によっては，「自社試験室の分析による」などその分析先が記載されていることもある．

栄養表示をした加工食品は，当該食品の消費期限または賞味期限（または品質保持期限）の期間中，いつの時点において分析試験をしても，常にその分析値は，一定値表示の場合は，誤差の範囲内に，また下限値および上限値表示の場合は，その範囲内に収まっていなければならないことになっている．

セットで販売され，通常一緒に食される食品（即席めんなどにおけるめん，かやく，スープの素，ハンバーグセットにおけるハンバーグとソース等）の表示については，セット合計の含有量を表示すること．これにあわせて，セットを構成する個々の食品についても，含有量を表示することは差し支えない．

1食分の量は，通常人が1回に摂取する量として当該食品の製造者などが独自に定めたものであるので，どのくらいの量を1食分としたかは，必ず表示することになる．表示に用いる名称は，熱量は「エネルギー」，タンパク質は「蛋白質」，「たん白質」，「タンパク質」，「たんぱく」，「タンパク」，ナトリウムは「Na」，カルシウムは「Ca」，鉄は「Fe」，ビタミンAは「VA」（その他のビタミンも同様）と表示することができる．

無機質（ミネラル），ビタミンなどの含有量の単位については，カルシウムと鉄，ナトリウムはミリグラムとなっているが，ナトリウムについては1,000 mg以上の場合はグラムでもよいことになっている．ビタミンは，ビタミンAとビタミンDが国際単位IUで，ナイアシン，ビタミンB_1, B_2, Cはミリグラムである．これ以外の無機質（ミネラル）やビタミンについては，単位の規定はないが，通常用いられている単位で表示するのが適当である．なお，食物繊維は糖質と同様にグラムとなっている．

栄養成分表示は，品名，製造者，添加物，賞味期限などの表示とともに一括表示する必要はない．

外国語による栄養表示は，適用対象とはならないが，栄養表示基準の適用対象部分のみ外国語で行うことは適切な表示とはいえないので，この場合，適切な指導が行われることになる．

3.2.3 強調表示基準

栄養摂取状況からみて，その欠乏が国民の健康の保持増進に影響を与えている栄養成分が補給できることを強調して表示する場合（例：カルシウムたっぷり，ビタミンC強化等）．

また，栄養摂取状況からみて，その過剰な摂取が国民の健康の保持増進に影響を与えている栄養成分および熱量が適切に摂取できることを強調して表示する場合（例：カロリー50％カット，減塩など）．

このように，ある特定の栄養成分を強調して表示するときに守るべき事項として定められた規定を強調表示基準という．

a. 強調表示の分類

強調表示は「補給できる旨」と「適切な摂取ができる旨」に分類される．

① 「補給できる旨」(「高い旨」，「含む旨」および「強化された旨」) の基準は，食物繊維，タンパク質，カルシウム，鉄，ビタミンA，ビタミンB_1，ビタミンB_2，ナイアシン，ビタミンCおよびビタミンDについて定められた．

② 「適切な摂取ができる旨」(「含まない旨」，「低い旨」および「低減された旨」) の基準は，熱量，脂質，飽和脂肪酸，糖類 (単糖類および二糖類に限り糖アルコールは除く) およびナトリウムについて定められた．なお，醤油に含まれるナトリウムに関する「低減された旨」の表示については特例があり，同種の標準的な醤油に比べて低減割合が20%以上あることと定められている．

b. 強調表示の種類

強調表示の表示方法には，「絶対表示」と「相対表示」の2種類がある．

① 「絶対表示」は，ある基準値以上あるいは以下 (未満) の条件を満たしていることを強調して表示する場合をいい，「高い旨」，「含む旨」，「含まない旨」および「低い旨」の表示が該当する．

② 「相対表示」は，同種の商品と比較したとき

表 VII.3.1　強調表示の基準値

(a) 栄養成分を多く含んでいることを強調する (補給できる旨) 表示の基準

栄養成分	(第1欄) 高, 多, 豊富, 強化, 増等高い旨の表示をする場合は, いずれかの基準値以上であること		(第2欄) 源, 供給, 含む, 入り等含む旨の表示をする場合は, 次のいずれかの基準値以上であること	
	食品100g当たり ( ) 内は, 飲用に供する食品100m*l*当たりの場合	100 kcal 当たり	食品100g当たり ( ) 内は, 飲用に供する食品100m*l*当たりの場合	100 kcal 当たり
食物繊維	6 g (3 g)	3 g	3 g (1.5 g)	1.5 g
タンパク質	14 g (7 g)	7 g	7 g (3.5 g)	3.5 g
カルシウム	180 mg (90 mg)	60 mg	90 mg (50 mg)	30 mg
鉄	3 mg (1.5 mg)	1 mg	1.5 mg (0.8 mg)	0.5 mg
ビタミンA	600 IU (300 IU)	200 IU	300 IU (150 IU)	100 IU
ビタミンB_1	0.3 mg (0.15 mg)	0.1 mg	0.15 mg (0.08 mg)	0.05 mg
ビタミンB_2	0.42 mg (0.21 mg)	0.14 mg	0.21 mg (0.11 mg)	0.07 mg
ナイアシン	5.1 mg (2.6 mg)	1.7 mg	2.6 mg (1.3 mg)	0.9 mg
ビタミンC	15 mg (8 mg)	5 mg	8 mg (4 mg)	3 mg
ビタミンD	30 IU (15 IU)	10 IU	15 IU (8 IU)	5 IU

(b) 栄養成分が少ないことを強調する (適切な摂取ができる旨) 表示の基準

栄養成分	(第1欄) 無, ゼロ, ノン等含まない旨の表示は次の基準値に満たないこと	(第2欄) 低, 軽, ひかえめ, 低減, カット, オフ等低い旨の表示は次の基準値以下であること
	食品100g当たり (飲用に供する食品にあっては100m*l*当たり)	食品100g当たり ( ) 内は飲用に供する食品100m*l*当たりの場合
熱量	5 kcal	40 kcal (20 kcal)
脂質	0.5 g	3 g (1.5 g)
飽和脂肪酸	0.1 g	1.5 g かつ飽和脂肪酸由来エネルギーが全エネルギーの10% (0.75 g かつ飽和脂肪酸由来エネルギーが全エネルギーの10%)
糖類	0.5 g	5 g (2.5 g)
ナトリウム	5 mg	120 mg (120 mg)

(注) 「ノンオイルドレッシング」について，脂質の無, ゼロ, ノン等含まない旨の表示については「0.5 g」を, 当分の間「3 g」とする．

○ 相対表示 (他の食品と比較した強調表示) の基準

　・他の食品より強化された旨の表示をする場合…表 (a) の (第2欄) の基準値以上増加していなければならない．

　・他の食品より低減された旨の表示をする場合…表 (b) の (第2欄) の基準値以上低減していなければならない．

に，その食品に含まれている栄養成分がそれよりも高い，あるいは低いことを表示する場合をいい，「強化された旨」および「低減された旨」の表示が該当する．

強調表示については，ある栄養成分の含有量が強調表示基準に適合しているときだけ，「高い旨」，「低い旨」などの強調表示をすることができるので，栄養成分の含有量表示において一定量を表示するときに許容されているような誤差の範囲は認められていない．

強調表示基準において規定されていない栄養成分を強調する表示（例「マグネシウムを含む」や「マンガン強化」）は，強調表示基準は適用されない．ただし，栄養表示基準の適用対象にはなるので，「主要栄養表示事項」およびマグネシウムやマンガンについての栄養表示をすることとなる．

「補給できる旨」について，「高い旨」とは，当該栄養成分がその食品中に多く含まれる旨の表示であり，「高」，「多」，「豊富」，「増」，「たっぷり」，「濃厚」，「強化」等これに類する表示をいう．「含む旨」とは，当該栄養成分がその食品中に含まれている旨の表示であり，多く含まれているものではない．「源」，「供給」，「含有」，「入り」などこれに類する表示をいう．「強化された旨」の表示をすることができる食品は，他の食品に比べて当該栄養成分の量が強化されている食品のことである．また，その増加量は，定められた分析方法によって「含む旨」の基準値以上であることを確認したものでなければならない．「強化された旨」の表示は相対表示であるので，比較対象食品名と増加量または増加の割合も表示しなければならない．

「適切な摂取ができる旨」について，「含まない旨」とは，当該栄養成分または熱量を含まないことを意味し，「無」，「ゼロ」，「ノン」，その他これに類する表示のことをいう．「含まない旨」の表示をするときは，定められた分析方法によって，その栄養成分量または熱量が「含まない旨」の基準値未満であることを確認しなければならない．「不使用」や「無添加」の表示は使用していない，あるいは添加していないことを強調した表示であり，含まれていないことを強調した表示ではない．「低い旨」とは，「低」，「ひかえめ」，「少」，「ライト」，「ダイエット」その他これに類する表示をいう．この場合，定められた分析方法による栄養成分量または熱量が「低い旨」の基準値以下でなければならない．「低減された旨」の表示をすることができる食品は，他の食品に比べて当該栄養成分の量または熱量が低減されている食品のことである．「低減された旨」の表示は「相対表示」なので，比較対象食品名と低減量または低減の割合の表示をしなければならない．

c. 強調表示の基準値

強調表示の基準値は表 VII.3.1（前ページ）のようである．

［大 場 秀 夫］

文　　献

1) 厚生省生活衛生局食品保健課食品保健対策室監修，東京顕微鏡院食品衛生相談室編著：栄養表示基準制度のてびき，新企画出版社，1997.
2) 細谷憲政：加工食品の栄養成分表示，調理栄養教育公社，1997.

4. （社）日本冷凍食品協会の自主的指導基準

1970年に(社)日本冷凍食品協会（以下冷食協会という）が制定した「冷凍食品の品質・衛生についての自主的指導基準」(以下自主的指導基準という)は，日本における冷凍食品に関する「取決め」の中で最も古いものである．冷食協会は，品質についての指導基準，衛生についての指導基準の制定と同時に，確認工場を基盤とする自主検査制度も発足させ，冷凍食品の品質向上のために製造業者自らの努力を継続させる力となっている．

以下，自主的指導基準の内容を紹介する．

4.1 冷凍食品品質，衛生指導要綱

a. 趣　　旨

冷食協会は，品質および衛生についての指導基準を定め，消費者の信頼しうる冷凍食品の生産および流通に寄与するため，会員の生産する冷凍食品の品質および衛生について自主的に指導を行う．

b. 措　　置

① 協会の行う指導の実務は，(財)日本冷凍食品検査協会(以下検査協会という)に委託する．

② 協会の行う指導は，それがもつ指導的・教育的機能に重点を置き，粗悪品の生産を事前に予防するとともに品質および衛生の向上を図ることを主眼とする．

③ 協会の行う指導は，品質および衛生についての指導ならびに製造工場確認制を採用し，特に確認工場における品質管理および衛生管理の充実に重点を置くものとする．

④ 前項の確認工場の認定は，3年を限度とし，協会の審査を受けて更新するものとする．

⑤ 確認工場の認定を受けた者は，この要綱にもとづく協会の指導を受け，品質および衛生の向上に努めなければならない．

⑥ 協会は，品質および衛生の指導に当たり，以下の事項を特に配慮するものとする．

1) 確認工場の製造に従事する者の指導教育に力を注ぎ，これらを指導補助員として活用できるようにする．

2) 確認工場の認定については，前処理，冷却，冷凍，冷蔵などの各装置の一部が分業化して，下請，委託等の関係のともに分散している場合であっても主工場を中心として各装置(工場)が有機的・継続的に関連している場合には，一体と見なし，認定対象として判定する．

⑦ 品質および衛生についての指導ならびに確認工場の認定は，それぞれ別に定める冷凍食品の品質についての指導基準・冷凍食品の衛生についての指導基準・冷凍食品の品質についての指導方法，冷凍食品の衛生についての指導方法および冷凍食品確認工場認定要領の定めるところによって行うものとする．

4.2 冷凍食品確認工場認定要領

冷食協会は，確認工場の認定要領を制定するに当たり，冷凍食品の定義を次のように定めた．

冷凍食品とは，前処理を施し，急速凍結を行って，凍結状態で保持した包装食品を，水産冷凍食品とは，水産物の冷凍食品を，農産冷凍食品とは，農産物の冷凍食品を，畜産冷凍食品とは，畜産物の冷凍食品を，調理冷凍食品とは，水産物，農産物，畜産物を原料として調理，加工した冷凍食品を，その他の冷凍食品とは，水産冷凍食品，農産冷凍食品，畜産冷凍食品，調理冷凍食品以外の冷凍食品をいう．

冷食協会の会員は，冷食協会に対し，冷凍食品を

製造する工場について,水産冷凍食品,農産冷凍食品,畜産冷凍食品,調理冷凍食品およびその他の冷凍食品の区分ごとに冷凍食品確認工場の認定を受けたい旨申請することができる.

a. 冷凍食品確認工場認定申請

確認工場認定申請は,冷食協会の定めた様式によるが,記載する内容は次の通りである.
① 氏名または名称および住所
② 工場の名称および所在地
③ 認定を受けたい冷凍食品の種類
④ 申請書提出以降1カ年間の生産予定数量および指導確認依頼予定数量
⑤ 品質管理を担当する技術者の履歴書
⑥ 機構図および機構ごとの人員
⑦ 工場略図および機械配置図
⑧ その他確認工場基準に定める各事項についての内容は次の通りである.
1) 施　設
　1. 作業場, 2. 凍結施設, 3. 機械器具, 4. 保管施設, 5. 品質および衛生管理施設
2) 品質および衛生管理
　1. 品質および衛生管理組織, 2. 品質および衛生管理基準, 3. 品質および衛生管理の実施, 4. 品質管理の結果
3) 作業者の衛生管理
4) 品質および衛生管理を担当する技術者の資格およびその数

次の各号の一に該当する者1名以上であること.
1. 学校教育法(昭和22年法律第26号)による大学,もしくは旧専門学校令(明治36年勅令第61号)による専門学校において食品の製造もしくは加工に関する科目を修得して卒業した者,またはこれらと同等以上の資格を有する者で2年以上冷凍食品の製造または試験研究に従事した経験を有するもの,もしくはこれに準ずるもの.
2. 学校教育法による高等学校もしくは旧中等学校令(昭和18年勅令第36号)による中等学校を卒業した者,またはこれと同等以上の資格を有する者で,5年以上冷凍食品の製造または試験研究に従事した経験を有するもの,もしくはこれに準ずるもの.
3. 前2号に掲げる者以外の者であって,冷食協会が前各号に掲げる資格に準ずる資格があると認めた者.

b. 冷凍食品確認工場認定更新

確認工場認定の更新は1985年4月1日以降3年ごとに確認工場の認定を更新する制度とした.更新を希望する確認工場は,冷食協会に対し,更新の申請を行うこととし,冷食協会は申請があった確認工場について審査を行い,適格と認めるときは,認定更新を行うものとする.

4.3　冷凍食品の品質についての指導基準

「冷凍食品の品質についての指導基準」は,自主的指導基準書の中にあって,相当な頁数を占めており,冷凍食品業界にあって製造業者の製品規格の役割を果たすとともに,検査協会が行う検査基準としても機能している.これの内容は,第1章 総則,第2章 水産冷凍食品の品質指導基準,第3章 農産冷凍食品の品質指導基準,第4章 畜産冷凍食品の品質指導基準,第5章 調理冷凍食品の品質指導基準,第6章 その他の冷凍食品の品質指導基準,から構成されている.
　第1章 総則
　冷凍食品の定義,用語の定義は省略する.
　第2章 水産冷凍食品の品質指導基準
　タラ類,サケ・マス類,アジおよびサバ類,その他の魚類,イカ,タコ,貝類,エビ類,カニ類,クジラ類,その他の水産物
　第3章 農産冷凍食品の品質指導基準
　イチゴ,ミカン,その他の果実類,グリーンアスパラガス,ホウレンソウ,グリンピースおよびソラマメ,エダマメ,トウモロコシ,サトイモ,カボチャ,フレンチフライポテト,ミックス野菜,その他の農産物
　第4章 畜産冷凍食品の品質指導基準
　牛肉,豚肉およびめん羊肉,鶏肉,その他の畜産物
　第5章 調理冷凍食品の品質指導基準
　エビフライ,魚類フライ,スティック,コロッケ,茶わんむし,ウナギ蒲焼き,シューマイ,ギョーザ,春巻,ハンバーグ,ミートボール,フィッシュハンバーグ,フィッシュボール,ピザ,米飯

類，めん類，卵焼き類，その他の調理食品
　第6章　その他の冷凍食品の品質指導基準
　パン類，菓子類，果実飲料
　また，冷凍食品の品質指導基準は，次の6項目からなる．
　a）品　位：　採点基準により採点した結果，平均点が3.0点以上であって，1点の項目がないものであること．
　b）品　温：　−18℃以下であること．
　c）異　物：　混入していないこと．
　d）包　装：　資材および方法が当該食品の品質および用途を満足させるに足るものであること．
　e）内容量：　表示重量および表示個数に適合していること．
　f）表　示：　品目によって記載する事項が要求されるので，一括表示として示されていること．
　品位についての品質指導基準における採点の項目と基準は次の通りである．
　「形態」，「色沢」，「香味」，「肉質または組織」，「その他の事項」の5項目について，それぞれ5点法によって採点することを定めている．

4.4　冷凍食品の品質についての指導方法

品質についての指導は，抜取検査により行う．

a. 抽出の割合

原料および製造条件が同一と認められる同一品種の冷凍食品の7日分の製造荷口を検査荷口とし，その検査荷口から無作為に試料を抽出する．

事項記号	検査荷口の大きさ	抽出個数
A	50,000個以下	8個
B	50,001個以上	13個

b. 検査の基準

冷凍食品の品質についての指導基準にもとづいて検査を行い，その結果，基準に達しないものを不良品とし，その個数が合格判定個数以下であり，かつ，重欠点（品温が−18℃を超えるもの，異物が混入しているもの，腐敗しているものをいう）がないときは，合格と判定する．

事項記号	合格判定個数
A	1個
B	2個

c. 冷凍食品に付す証票の様式および表示の方法

認定証マークを図 VII.4.1 に示す．

図 VII.4.1　認定証マーク

4.5　冷凍食品の衛生についての指導基準

a. 水産冷凍食品の衛生についての指導基準

① 生食用に供してよい旨の表示があるもの（ただし，カキおよびゆでだこを除く）

区　分	基　準
細　菌　数	10万以下/1 g
大腸菌群	陰性
揮発性塩基態窒素	20 mg 以下/100 g

② カキ（生食用に供してよい旨の表示があるもの）

区　分	基　準
細　菌　数	5万以下/1 g
E. coli	230 MPN 以下/100 g
揮発性塩基態窒素	20 mg 以下/100 g

③ ゆでだこ

区　分	基　準
細　菌　数	10万以下/1 g
大腸菌群	陰性

④ 生食用に供してよい旨の表示がないもの

区　　分	基　　準
細　菌　数	500万以下/1 g
大　腸　菌　群	陰　性
揮発性塩基態窒素	25 mg 以下/100 g

（注）エビ類およびカニ類にあっては，揮発性塩基態窒素が25 mgを超える場合であっても，細菌数は500万以下であればさしつかえない．

b. 農産冷凍食品の衛生についての指導基準

① ブランチングまたは加糖した農産食品であって飲食に供する際に加熱を要する旨および凍結直前に加熱されていない旨の表示があるもの．

区　　分	基　　準
細　菌　数	300万以下/1 g
E. coli	陰　性

② 凍結直前に加熱された旨の表示がある農産食品であって，飲食に供する際に加熱を要する旨の表示があるもの．

区　　分	基　　準
細　菌　数	10万以下/1 g
大　腸　菌　群	陰　性

③ 飲食に供する際に加熱を要しない旨
④ 飲食に供する際に加熱を要するか否かの表示のない農産食品．
（以上③，④の2項目の基準は省略）

c. 畜産冷凍食品の衛生についての指導基準

区　　分	基　　準
細　菌　数	500万以下/1 g
サルモネラ菌	陰　性
揮発性塩基態窒素	20 mg 以下/100 g

d. 調理冷凍食品の衛生についての指導基準

① 飲食に供する際に加熱を要する旨および凍結前に加熱されていない旨の表示があるもの．

区　　分	基　　準
細　菌　数	300万以下/1 g
E. coli	陰　性
黄色ブドウ球菌	陰　性
サルモネラ菌	陰　性
揮発性塩基態窒素	20 mg 以下/100 g

② 飲食に供する際に加熱を要する旨の表示があるものであって，凍結直前に加熱されている旨の表示があるもの，および飲食に供する際に加熱を要しない旨の表示があるもの．

区　　分	基　　準
細　菌　数	10万以下/1 g
大　腸　菌　群	陰　性
黄色ブドウ球菌	陰　性
サルモネラ菌	陰　性

③ 飲食に供する際に加熱を要するか否かの表示がないもの（鯨肉製品，魚肉練り製品）．
④ 冷凍食肉製品
（以上③，④の2項目の基準は省略）

4.6　冷凍食品の衛生についての指導方法

衛生についての指導は抽出して行う．

a. 抽出の方法

冷凍食品の衛生についての指導基準に定める分類別の冷凍食品の7日分の製造荷口から，無作為に必要量の試料を抽出する．

b. 指導の基準

抽出した試料ごとに試験を行い，その結果，当該試料にかかわる冷凍食品の衛生についての指導基準に合致しているときは，衛生管理は適正であると判定する．

c. 試験の方法

食品衛生法公定法に準拠して行う．
なお，詳細は文献に示す参考資料を参照されたい．

［大場秀夫］

文　　献

1) 日本冷凍食品協会：冷凍食品の品質・衛生についての自主的指導基準，1998．

5. 冷凍食品関連産業協力委員会の定める自主的取扱基準

　日本の冷凍食品自主的取扱基準は，冷凍食品製造業者を主な会員とする団体である(社)日本冷凍食品協会の発意によって，1971年(昭和46)6月24日に制定された．この基準策定に当たっては，日本冷凍食品協会事務局と当時の農林省農林経済局企業流通部市場課が事務局となり，冷凍食品産業に関係の深い農林省，通商産業省，運輸省，厚生省の諸官庁の指導を受け，冷凍食品の製造業者，貯蔵業者，輸送業者，配送業者，小売業者および関連機器製造業者の代表が消費者代表と学識経験者の参画を得て「冷凍食品関連産業協力委員会」を組織したうえ，ほぼ1年間の審議を経て，冷凍食品関連産業界の自主的取扱基準(それを守るべき者が自ら定めた基準)として策定された．この自主的である点がアメリカの自主的取扱基準の思想に連なるものであるが，関係官庁と消費者代表の参画を得ている点がアメリカと異なる点である．

　この当時は，わが国の冷凍食品産業もようやく成長期を迎えて日本冷凍食品協会が設立され，同協会は1969年の設立と同時に，消費者に高品質の冷凍食品を提供するために，第1に冷凍食品の規格を定めて製造段階における検査体制を整備すること，第2に検査で確認した品質をそのまま消費者の手元まで届けるために流通過程ではどのような取扱いを行うべきかを定めることとし，第1の検査体制を1970年春にスタートさせると同時に，第2の取扱基準策定作業を開始したのである．

　なぜこの時代に自主的取扱基準を策定するに至ったか，その動機について，当時関連産業協力委員会の事務局長を勤めた亀田喜美治氏(日本冷凍食品協会初代専務理事)は，本書の旧版において，次の5.1節に示すように記述している．

5.1 冷凍食品自主的取扱基準を策定した動機

　（1）アメリカでは第二次世界大戦後，洪水のように冷凍食品産業が膨張したのにともない粗悪品が氾濫し，しかも何らの基準もなく流通したために，消費者は冷凍食品から離れていった．そのため冷凍食品産業界は50％を越す在庫に悩まされたのである．そこで，産業界は自らの力でこの難局を乗り切るべく冷凍食品取扱基準をつくりだし，消費者に高品質の冷凍食品を提供する態勢を整えていった．

　また，スウェーデンにおいては，冷凍食品産業は国際的規模で量質ともに発展し，消費者に対し膨大な量の冷凍食品が提供されていった時点において，冷凍食品関連機器(輸送機器，ショーケースなど)を含めた冷凍食品の取扱いに対する懸念が社会問題となりかけたときに取扱指導基準が策定された．

　日本で冷凍食品取扱基準が策定された1971年当時は，日本冷凍食品協会の会員数(製造業者数)は130であり，その生産量は約18万トン，国民1人当たり消費量は年間わずか1.8 kgにすぎない状況であった．当時，主要冷凍食品生産国の消費量はアメリカ35 kg，その他10 kg前後であり，日本の冷凍食品産業は生産規模においても，品質管理に関する思想的な面においても，まだまだ萌芽期であったといえる．［筆者注：1997年における同協会の製造業者会員数は約960社，冷凍食品の生産量は148万トン，国民1人当たり年間消費量は16.72 kgとなっている．］

　このような時期に冷凍食品の規格や取扱基準を策定することは，かなり問題があった．何となれば，冷凍食品取扱基準を策定する必要性がまだ社会的声として盛り上がっておらず，これの遵守につき疑義なしとしなかったからである．しかし，生産量が増大することが予想される反面，これらが何らの基準もなく無軌道に流通するとすれば，アメリカの轍を踏むことは明らかである．たとえ困難であるとしても，まさに発展しようとする前夜においてこそ，冷凍食品関係者がよるべき基準を明確にした方が，取扱関係者は容易に軌道に乗りうるだろうと考えられたのであった．

(2) 日本冷凍食品協会の課題は、いかにして日本の食生活に冷凍食品を定着せしめ、日本の冷凍食品産業を伸長せしめるかにあった。そのためには、高品質の冷凍食品を高品質のまま消費者の手元に届ける体制を整えることが基本的問題であることを思い、まず第1に冷凍食品の品質規格を定めて工場段階における検査体制を整備し、次いで、検査で確認した品質をそのまま消費者の手元まで届けるために、流通過程ではいかように取り扱うべきか、その基準を明確にしようとしたのである。

以上の動機に書かれている事項は、冷凍食品産業発展のための基本であり、現在の冷凍食品産業関係者にとっても心すべき問題であり、法や規則によって規制される以前の問題として常に心掛けるべきことであろう。

5.2 冷凍食品自主的取扱基準の内容

日本の冷凍食品自主的取扱基準は、FAO/WHO食品規格委員会と欧州経済委員会(ECE)の専門家グループとの合同の冷凍食品規格化のための専門家会議において検討された急速冷凍食品取扱基準草案ステップ2、アメリカ食品医薬品取締関係官吏協会(AFDOUS)が策定した冷凍食品規則、アメリカの冷凍食品全関連産業協力委員会が自主的に策定した冷凍食品自主的取扱基準およびスウェーデン冷凍食品取扱指導基準などを範として、当時まだ発展途上にあった冷凍食品産業をわが国に定着させ、そして伸長させることを念願として策定されたものである。内容の詳細は省略するが、要約すれば以下の通りである。

(1) はしがきに、冷凍食品関連産業協力委員会の委員長名をもって、この冷凍食品自主的取扱基準策定の思想と姿勢について述べたうえ、冷凍食品取扱関係者はわが国の冷凍食品産業を健全に発展させるために、この取扱基準を遵守することを強く要請している。

(2) この取扱基準が策定された当時は、製造技術や品質管理技術が十分でないまま安易に冷凍食品産業に参入しようとする企業が多くみられたので、取扱基準の中に、冷凍食品の製造段階における施設、製造工程、包装などの基準およびそれらの取扱基準などを具体的に明示した。このことは他にない日本の取扱基準の特徴である。

(3) この取扱基準が策定された当時は、冷凍食品の流通各段階のうち貯蔵段階ならびに大量の輸送段階は一応整備されていたが、特に冷凍食品の小口配送段階と小売段階の実態はまだまだ未整備で、この取扱基準をそのまま適用しても遵守できない状態であった。

なかでも、当時の配送車や売り場の陳列用冷凍ショーケースなどの機能が不十分であったうえ、冷凍食品取扱の経験不足から、冷凍食品の品温を基準通り−18℃以下に保持することは困難であるばかりでなく、特に配送段階においては−15℃はおろか−10℃ですら困難視されていた。しかし、保存温度についてはすでに食品衛生法において「冷凍食品は−15℃にならない温度で保存しなければならない」(これは当時の表現であるが、その後−15℃以下にと改められた)と規定されていたので、配送段階と小売段階については配送用車両や陳列用冷凍ショーケースなどの性能を改善する期間をみて、この取扱基準では次の通り暫定的に許容温度と3年間の猶予期間を設けたのである。

配送・小売段階における保存温度基準
　　1974年まで　−15℃以下
　　1975年以降　−18℃以下

このような経過的措置によって現実との調和をはかりながら、理想とする−18℃以下の温度体系への対応を、冷凍食品関連産業界に要請したのである。このような努力が実を結んで、現在ではわが国の冷凍食品の取扱いにおける保存温度は、食品衛生法で定められている−15℃以下にとらわれず、この取扱基準で定められた−18℃以下の取扱いが各段階に定着してきているようである。

(4) 各国の取扱基準の多くは、品温の測定方法にはふれていないが、流通過程の品温管理は冷凍食品取扱上の基本問題であるので、この取扱基準では最終章に品温の測定方法を具体的に定めて、冷凍食品取扱者の指針としている。

(5) この取扱基準の適用範囲として「この取扱基準は、前処理を施し、品温が−18℃以下になるように急速凍結し、通常そのまま消費者(大口需要者を含む)に販売されることを目的として包装されるものの製造、貯蔵、運搬、および販売についての取扱の基準である」と明確に定めている。

以下に，この冷凍食品自主的取扱基準に定められている項目のみを記載する．
　第1　適用の範囲
　第2　製造工場における取扱基準
　　1．施設に関する基準
　　2．施設の取扱基準
　　3．作業者の衛生管理に関する基準
　　4．製造工程に関する基準
　　5．包装に関する基準
　第3　製造段階および卸段階における冷蔵に関する取扱基準
　　1．冷蔵施設に関する基準
　　2．冷蔵に関する取扱基準
　第4　輸送および配送に関する取扱基準
　　1．冷凍食品を輸送または配送する手段に関する基準
　　2．輸送における冷凍食品の取扱基準
　　3．配送用車両で冷凍食品を配送する場合の取扱基準
　　4．配送用保冷箱その他の方法で配送する場合の取扱基準
　　5．衛生に関する基準
　第5　小売における取扱基準
　　1．小売店における設備に関する基準
　　2．小売店における冷凍食品の取扱基準
　第6　冷凍食品の品温の測定方法

5.3　冷凍食品自主的取扱基準遵守の重要性

　よい冷凍食品をユーザーに提供するためには，製造段階において品質のよい原料を選択し，製造工程の品質・衛生管理を厳格に行うことが重要であることは当然であるが，製造されたあとの貯蔵，輸送，配送，小売の各段階における取扱いが正しくなければ製造時の品質は低下し，冷凍食品の特質は失われるか半減してしまう．日本における冷凍食品産業が恒久的に発展を続けるために，日本冷凍食品協会が冷凍食品関連産業協力委員会を組織して冷凍食品自主的取扱基準を策定したものであり，冷凍食品に関連する製造業者も，流通を担当する輸送業者，卸売業者，配送業者そして最後にユーザーと接触する小売業者が，それぞれの責任を果たし，一体となってこの冷凍食品自主的取扱基準を遵守してゆく必要がある．
　　　　　　　　　　　　　　　　［比佐　勤］

文　献

1) 冷凍食品関連産業協力委員会：冷凍食品自主的取扱基準，1971．
2) 日本冷凍食品協会監修：最新冷凍食品事典，p.408-411，朝倉書店，1988．
3) 比佐　勤：冷凍食品入門(改訂新版)，p.81-98，日本食糧新聞社，1998．

6. 地方自治体による基準

近年，市場には，さまざまなバリエーションの食品が広域に流通するようになり，多種多様な食品が集中する東京都では，一大消費地としての特性を考慮し，きめ細かい基準を定めて食品による危害の発生防止に努めている．ここでは，東京都の定めている各種基準等について説明する．また，ここでいう，基準とは，食品の製造，加工から販売に至る一連の行為について，営業者が守るべき最低限度の規範ならびに行政指導を行ううえでの目安として規定したものをいう．

以下，東京都の「営業施設の基準」，「衛生管理運営基準」および「乳肉水産食品指導基準」について述べる．

6.1 営業施設の基準

食品衛生法第20条に基づく基準は，都道府県が条例で定めることになっている．東京都では東京都食品衛生法等施行条例（東京都条例第40号：平成12年3月31日）により，営業施設の基準をすべての許可業種に適用する共通基準と各種事業ごとに適用する特定基準とに分けて規定している．

また，東京都では，食品製造業等取締条例（東京都条例第111号：昭和28年10月20日）を制定し，食品衛生法で規定する許可業種以外に許可を要する営業を定めている．冷凍食品の一部（飲食に供する際に加熱を要しないもの）を販売するには「食料品等販売業」の許可が必要となる．

冷凍食品の製造に必須な「食品の冷凍業または冷蔵業」および「食料品等販売業」について，該当する共通基準および特定基準ならびに運用心得の概要を説明する．

6.1.1 共 通 基 準
a. 営業施設の構造
a) 場所： 営業施設（以下「施設」という）は，清潔な場所に位置すること．ただし，衛生上必要な措置の講じてあるものはこの限りではない．
b) 区画： 施設は，それぞれ使用目的に応じて，壁，板その他適当なものにより区画すること．
c) 面積： 施設は，取扱量に応じた広さを有すること．
d) 床： 施設の床は，タイル，コンクリートなどの耐水性材料を使用し，排水がよく，かつ，清掃しやすい構造であること．ただし，水を使用しない場所においては，厚板等を使用することができる．
e) 内壁： 施設の内壁は，床から少なくとも1mまでは耐水性材料または厚板で腰張りし，かつ，清掃しやすい構造であること．
f) 天井： 施設の天井は，清掃しやすい構造であること．
g) 明るさ： 施設の明るさは，50ルクス以上とすること．
h) 換気： 施設には，ばい煙，蒸気等の排除設備を設けること．
i) 周囲の構造： 施設の周囲の地面は，耐水性材料を使用し，排水がよく，清掃しやすい状態であること．
j) そ族，昆虫の防除： 施設は，そ族，昆虫等の防除のための設備を設けること．
k) 洗浄設備： 施設には，原材料，食品，器具および容器類を洗浄するに便利で，かつ，十分な流水式の洗浄設備ならびに従業者専用の流水受槽式手洗設備および手指の消毒装置を設けること．
l) 更衣室： 従業者の数に応じた清潔な更衣室または更衣箱を，作業場外に設けること．

b. 食品取扱設備
a) 器具等の整備： 施設には，その取扱量に応じた数の機械器具および容器包装を備え，衛生的に使用できるものであること．
b) 器具等の配置： 固定されまたは移動しにくい機械器具等は，作業に便利で，かつ，清掃および

洗浄しやすい位置に配置されていること．

c) 保管設備： 取扱量に応じた原材料，食品，添加物ならびに器具および容器包装を衛生的に保管することができる設備を設けること．

d) 器具等の材質： 食品に直接接触する機械器具等は，耐水性で洗浄しやすく，熱湯，蒸気または殺菌剤等で消毒が可能なものであること．

e) 運搬具： 必要に応じ，防虫，防じんおよび保冷の装置のある清潔な食品運搬具を備えること．

f) 計器類： 冷蔵，殺菌，加熱，圧搾等の設備には，見やすい箇所に温度計および圧力計を備えること．また，必要に応じて計量器を備えること．

c. 給水および汚物処理給水設備

a) 給水設備

① 給水設備は，水道法による水道水または官公立衛生試験機関等の機関もしくは建築物における飲料水の水質検査を行う事業者として知事の登録を受けた者が行う検査において飲用適と認められた水を豊富に供給することができるものであること．ただし，島しょ等で飲用適の水を，土質その他の関係で得られない場合には，ろ過，殺菌等の設備を設けること．

② 貯水そうを使用する場合は，衛生上支障のない構造であること．

b) 便所： 便所（し尿浄化槽を含む）は，作業場に影響のない位置および構造とし，従業者に応じた数を設け，使用に便利なもので，そ族，昆虫等の侵入を防止する設備を設けること．また，専用の流水受槽式手洗い設備および手指の消毒装置を設けること．

c) 汚物処理設備： 廃棄物容器は，ふたがあり，耐水性で十分な容量を有し，清掃しやすく，汚液・汚臭のもれないものであること．

d) 清掃器具の格納設備： 作業場専用の，清掃器具と格納設備を設けること．

6.1.2 特 定 基 準

a. 食品の冷凍または冷蔵業

a) 施設・区画： 施設は，荷揚場，処理室，凍結予備室，凍結室，冷蔵室，機械室その他必要な設備を設け，それぞれ区画すること（庫内は，食品の種類に応じて区分すること）．

b) 器具等

① 食品の冷凍業： 取扱量に応じた数および能力のある処理台，すのこ等を備え，凍結予備室，凍結室には，見やすい箇所に最高最低温度計を備えること．

② 食品の冷蔵業： 取扱量に応じた数および能力のある作業台，すのこ等を備え，冷蔵室には，見やすい箇所に最高最低温度計を備えること（ⓘ 庫内の通路：冷蔵室内は，通路としてすのことすのこの間を最低 500 mm くらいあけておくこと．ⓘⓘ 最高最低温度計：最高最低温度計は，食品がどのような温度条件により冷凍処理されているか，また，保管されているか，その食品にとって品質管理上重要な点であり，これを測定するために備えるよう規定したものである）．

c) 解凍設備： 凍結原料を加工する目的で解凍する場合は，解凍設備を設けること（解凍設備とは，解凍中に食品の品質低下を防止する目的で設置するものであって，解凍用冷蔵庫で行うことが望ましいが，冷蔵庫以外であっても食品によって前述の目的にかなった設備を設ければよい）．

d) 洗浄設備： 荷揚場の床および器具等を洗浄するための給水設備を設けること（プラットホームへの昇降口には，はき物を洗浄する設備を設けること．また，各階の作業場には，従業員専用の流水受槽式手洗設備を設けること）．

b. 食料品等販売業

① 取扱量に応じた陳列ケース，取扱器具を備えること．

② 冷蔵設備は，常に 5℃（法に保存基準が定められているものは，それによる）以下に冷却保存できる能力を有すること．

③ 運搬容器はふたがあり，専用のものであること．

④ 発酵乳または乳酸菌飲料を扱う場合は，汚染防止の設備をした空びん置場が設けられていること．

6.2 衛生管理運営の基準

食品衛生法第 19 条の 18 の第 2 項にもとづき，東京都では，食品営業者が守るべき「衛生管理運営の基準」を定めた（東京都規則第 130 号：昭和 23.9.16）．

6.2.1 食品衛生責任者等
a. 食品衛生責任者の設置

① 営業者(食品衛生管理者を置かなければならない営業者を除く)は,許可施設ごとに自ら食品衛生に関する責任者(以下「食品衛生責任者」という)となるか,または当該従事者のうちから食品衛生責任者1名を定めて置かなければならない.ただし,必要のある場合は増員または減員することができるものとする.

② この衛生管理基準の適用にあたっては,食品衛生管理者を食品衛生責任者と見なす.

③ 営業者は,製造場,調理場,加工場もしくは処理場(以下「作業場」という)または販売所等の見やすい場所に,食品衛生責任者の氏名を掲示すること.

④ 食品衛生責任者は,営業者の指示に従い,食品衛生上の管理運営に当たるものとする.

⑤ 食品衛生責任者は,食品衛生管理上の不備または不適事項を発見した場合は,営業者に対して改善を進言し,その促進を図らなければならない.

⑥ 営業者は,食品衛生責任者の食品衛生管理上の進言に対してすみやかに対処し,改善しなければならない.

⑦ 食品衛生責任者は,次のいずれかに該当し,常時,施設,取扱い等を管理できる者のうちから選任されなければならない.

ⅰ 原則として,業種ごとに,栄養士,調理師,製菓衛生師,食鳥処理衛生管理者もしくは船舶料理士の資格または食品衛生管理者もしくは食品衛生監視員となることができる資格を有する者

ⅱ 保健所長(特別区の区域にあっては,特別区の区長)が実施する食品衛生責任者のための講習会または知事が指定した講習会の受講修了者

ⅲ 道府県,指定都市もしくは中核市の衛生関係の条例にもとづく資格または道府県の知事もしくは指定都市もしくは中核市の市長が食品衛生等に関して同等以上の知識を有する資格として認めた資格を有する者

ⅳ その他知事が食品衛生等に関して同等以上の知識を有する資格として認めた資格を有する者

⑧ 食品衛生責任者は,法令の改廃等に留意し,違反行為のないよう努めなければならない.

b. 管理運営要綱

営業者は,施設および取扱い等にかかわる衛生上の管理運営について,この基準にもとづき,具体的な要綱を作成することができる.なお,この基準またはこの要綱は,従事者に周知徹底させなければならない.

c. 衛生教育

① 営業者または食品衛生責任者は,従事者由来の食中毒病因微生物による食品の汚染が防止されるよう,また,製造,加工,調理,販売等が衛生的に行われるよう,従事者の衛生教育に努めなければならない.

② 営業者は,従事者を各種の食品衛生に関する講習会に出席させ,衛生知識の向上に努めなければならない.

6.2.2 衛生措置
a. 共通事項

① 施設の管理

ⅰ 施設およびその周囲は,毎日清掃し,常に整理整頓に努め,衛生上支障のないよう清潔に保つこと.

ⅱ 作業場内に不必要な物品等を置かないこと.

ⅲ 作業場内の壁,天井および床は常に清潔に保つこと.

ⅳ 作業場内の採光,照明,換気および通風を十分にすること.

ⅴ 施設内のそ族および昆虫の駆除作業を随時実施し,その実施記録を1年間保存すること.

ⅵ 作業場の窓および出入口等は開放しないこと.

ⅶ 施設の排水がよく行われるよう廃棄物の流出を防ぎ,かつ排水溝の清掃および補修に努めること.

ⅷ 施設の手洗設備には,石けんおよび適当な消毒液等を常に使用できる状態にしておくこと.

ⅸ 作業場には,関係者以外の者を立ち入らせたり,動物等を入れたりしないこと.

ⅹ 施設が常に営業施設の基準に合致するよう,補修または補充に努めること.

ⅺ 排煙,臭気,騒音または排水等による生活環境の破壊行為により,近隣の快適な生活を阻害することのないようにすること.

② 食品取扱設備の管理

ⅰ 機械器具類は,常に清潔に保つこと.

ⅱ 機械器具類は,使用目的に応じ,区分して使用すること.

ⅲ 機械器具類および温度計,圧力計,流量計その他の計器類は,常に点検し,故障,破損等があるときはすみやかに補修し,常に使用できるよう整備しておくこと.

ⅳ 冷蔵，加温または殺菌の温度は，常に適正に管理すること．

ⅴ 機械器具類の洗浄に洗剤を使用する場合は適正な洗剤を適正な濃度および方法で使用すること．

ⅵ ふきん，包丁およびまな板等は，熱湯，蒸気または殺菌剤等で消毒し，乾燥させること．

ⅶ 機械器具類および部品は，それぞれ所定の場所に衛生的に保管すること．

③ 給水および汚物処理

ⅰ 水道水以外の水を使用する場合は，年1回以上水質検査を行い，成績書を1年間保存すること．

ⅱ 水道水以外の水を使用し，滅菌装置または浄水装置を設置した場合は，常に正常に作動しているかを確認すること．

ⅲ 貯水そうを使用する場合は，定期的に清掃し，清潔に保ち，年1回以上水質検査を実施して記録をしておくこと．なお，所有者が異なる場合は，管理者等に申し入れすること．

ⅳ 水質検査の結果，飲用不適となったときは，ただちに保健所長の指示を受けて適切な措置を講ずること．

ⅴ 廃棄物容器は，汚液および汚臭のもれないようにし，かつ，清潔にしておくこと．なお，廃棄物の処理は，近隣等と協力して適正に行い，環境衛生の保持に努めること．

ⅵ 清掃用器材は専用の場所に保管すること．

ⅶ 便所は，常に清潔にし，定期的に殺虫および消毒をすること．

④ 食品等の取扱い

ⅰ 原材料および製品の仕入れにあたっては，品質，鮮度，表示等について点検すること．

ⅱ 原材料として使用する生鮮食品は，当該食品に適した状態または方法で衛生的に保存すること．

ⅲ 冷蔵庫(室)内では，相互汚染が生じない方法で保存すること．

ⅳ 添加物を使用する場合は，正確に秤量し，適正に使用すること．

ⅴ 添加物，殺虫剤，殺菌剤等は，それぞれ明確な表示をし，製造等に関係のない薬品は作業場に置かないこと．

ⅵ 製品は，冷蔵保存する等，衛生的に管理すること．

ⅶ 製品の出荷または販売に際しては，法定の表示事項を点検すること．

ⅷ 原材料製品の運搬または配達にあたっては，温度管理，運搬方法等により食品衛生上の取扱いに留意すること．

ⅸ 衛生管理が不適当なため，または売れ残ったために飲食に供することができなくなった製品は，出荷または販売されることのないよう，すみやかに処理すること．

⑤ 従事者の衛生管理

ⅰ 食品衛生上必要な健康状態の把握に留意して，従事者の健康診断が行われるようにすること．

ⅱ 保健所長から検便を受けるべき旨の指示があったときまたは自ら必要と認めるときは，従事者に適宜検便を受けさせること．

ⅲ 常に従事者の健康に留意し，従事者が飲食物を介して感染するおそれのある疾病にかかったとき，またはその疾病の病原体を保有していることが判明したとき，もしくはその疾病にかかっていることが疑われる症状を有するときは，そのおそれがなくなるまでの期間，その従事者が食品に直接接触することのないよう食品の取扱作業には十分注意するとともに，食中毒の発生防止に努めること．

ⅳ 従事者は，作業中清潔な外衣を着用し，作業場内では専用のはきものを用いること．なお，必要に応じてマスクまたは帽子を着用すること．

ⅴ 従事者は，常につめを短く切り，食品を取扱う前および用便後は手指の洗浄および消毒を行うこと．

ⅵ 作業者は作業場においては，所定の場所以外で更衣，喫煙，放たんまたは食事等をしないこと．

b. 特定事項

a) 食品の冷凍または冷蔵業

ⅰ コイル管を使用する冷凍または冷蔵場にあっては，たえず除霜に留意し，常に十分な機能を発揮させること．

ⅱ 製品は適宜自主検査し，成績書を1年間保存すること．

ⅲ 製造または加工が自動的に行われる工程については，制御装置が正確に作動しているかを常に確認すること．

b) 食料品等販売業：

ⅰ 空びん，空箱等は，専用の場所に保管すること．

ⅱ 食品の保存は，法の基準に従い，常に適正に行うこと．

ⅲ 製品の保管管理は，特に先入れ先出しに留意すること．

ⅳ 冷凍食品の保管管理は，特に冷凍ケース内の除霜に留意し，温度管理に努めること．

6.3 乳肉水産食品指導基準

東京都衛生局では，1961（昭和36）年2月に，乳肉水産食品指導基準（以下「指導基準」という）を設定した．この指導基準を設けた目的は，食品衛生法等関係法令に成分規格などの定められていない乳肉水産食品について衛生指導の補助的指針となる基礎を定めたものである．（最終改正は1970年（昭和45）1月）．

冷凍食品の成分規格と乳肉水産食品指導基準との関係を表Ⅶ.6.1に示した．

表 Ⅶ.6.1 冷凍食品の成分規格と指導基準との関係

品　名		成分規格			指導基準			
		細菌数 (生菌数) 1g 当たり	大腸菌群 0.01 g 当たり	E. coli	腸炎ビブリオ 0.01 g 当たり	サルモネラ菌 1 g 当たり	ブドウ球菌 0.01 g 当たり	揮発性塩 基窒素 mg/100 g
急速冷凍食品	無加熱摂取冷凍食品	10万以下	陰性			陰性	陰性	
	加熱後摂取冷凍食品 （凍結前加熱済）	10万以下	陰性			陰性	陰性	
	加熱後摂取冷凍食品 （凍結前未加熱）	300万以下		陰性 0.01 g 当り		陰性	陰性	20 mg 以下
	生食用冷凍鮮魚介類	10万以下	陰性		陰性			20 mg 以下
	冷凍ゆでだこ	10万以下	陰性					
	生食用冷凍かき	5万以下		最確数 230/100 g 以下				
	加工用冷凍鮮魚介類	500万以下	陰性		陰性			25 mg 以下*
	冷凍食肉	500万以下				陰性		20 mg 以下
	冷凍果実類	10万以下		陰性 0.1 g 当り				

□……厚生省告示で定められている冷凍食品の成分規格
□……厚生省告示で定められている成分規格
□……都の指導基準

* エビ，カニ類で細菌数が基準以内のものには適用しない．

6.4 表示に対する運用上の注意

冷凍食品の表示については，食品衛生法第11条で基準が定められているが，東京都では，指導事項を含め，以下の項目の表示を指導し，周知徹底を図っている（48衛環乳第692号：48.10.26）．

① 冷凍食品のうちで製造または加工されたもの
ⅰ 名称または品名（冷凍食品であることを明記すること）
ⅱ 飲食に供する際に加熱を要するかどうかの別
ⅲ 加熱後摂取冷凍食品にあっては，凍結直前に加熱されたか否かの別
ⅳ 製造者氏名（加工者氏名または輸入業者氏名）
ⅴ 製造者住所（加工者住所または輸入業者住所）
ⅵ 保存方法（−15℃以下）
ⅶ 添加物名
ⅷ 品質保持期限または賞味期限

② 冷凍鮮魚介類のうちで切り身またはむき身のもの
ⅰ 名称または品名（冷凍食品であることを明記すること）
ⅱ 生食用であるかないかの別
ⅲ 製造者氏名（加工者氏名または輸入業者氏名）
ⅳ 製造者住所（加工者住所または輸入業者住所）

ⓥ 添加物名　　　　　　　　　　　ⓥⅱ 品質保持期限または賞味期限
ⓥⅰ 保存方法（−15℃以下）

6.5 「冷凍食品」等の取扱いの適正化

　冷凍食品の流通経路の中で，販売店の一部に，包装を解いてばら売りするなど，食品衛生法に基づく保存基準などに抵触する行為がみられることから，東京都は1975年(昭和50)9月3日に50衛環乳第607号により「「冷凍食品」を流通過程において解凍すること，または包装を解いて，ばら売り，量り売りすることは認めないこと」を衛生局長名で通知した(最終使用者である購入者の手に渡るまでは，「冷凍食品」の製造者が行った容器包装のまま「冷凍食品」として管理すること．したがって，いわゆる「業務用」として製造されたものは，本来購入者が直接「業務用」として使用すべきであり，「業務用」を流通過程においていわゆる「ばら売り」のものとして取り扱ってはならない．また，販売者が「冷凍食品」として容器包装されたものを，他の種類のものまたは製造年月日の違うものと組み合わせて販売するなどのために，容器包装を解き，再包装することは当然禁止されるものである．　　［新井英人］

VIII. 検　　査

1. 冷凍食品の品質検査

1.1 冷凍食品の検査の概要

1.1.1 冷凍食品の検査

「検査とは,品物を一定の方法で測定した結果を判定基準と比較して,個々の品物の良・不良またはロットの合格・不合格の判定を下すことである」と定義されている.

この定義の一定の測定方法および判定基準に当たるものが,冷凍食品業界では(社)日本冷凍食品協会の「品質についての指導方法」および「衛生についての指導基準」であり,また,国のJAS規格では「調理冷凍食品の日本農林規格」などが相当する.

なお,判定方法は,その判定方法の内容を誰にでもわかりやすく,具体的な表現で詳細に定めた検査実施要領,検査方法ハンドブックなどが別に定められているのが一般的である.この内容については後記する「検査の実施要領」の中で記述する.

1.1.2 検査の種類

検査の種類は多種多様であるが,目的別,実施場所別,性質別,方法別などにより,次のように分類されている.

a. 検査の目的による分類

(1) **受入検査**(購入検査・先行検査) 受け入れた原材料が使用できるかどうかの可否を判定する場合に行われるが,先行サンプルによって判定を行う場合もある.多くは原材料が対象になるが,中間製品,最終製品の場合もある.

(2) **工程検査**(中間検査) 生産工程で,不良品が次工程に流れていくのを避けるための検査であり,半製品を抜き取り,形態,揚げ色,焦げの混入などの検査,細菌の拭取検査などがある.

(3) **最終検査**(出荷検査) 製品が仕様書通りにでき上がっているかどうかを判定するための検査であり,品質特性のみでなく,品温,異物,内容量,表示,衛生などすべての内容が含まれ,その検査に合格したものが商品として出荷される.

b. 検査の行われる実施場所による分類

(1) **定位置検査** 冷凍食品の「形態」,「香味」,「色沢」,「肉質」,「テクスチャー」など人間の官能による品質の採点は環境の変化を受けやすく,官能検査専用の検査室で実施することが望ましく,また,細菌検査,理化学試験などは必要な測定機器を備えた検査室が検査の定位置となる.

(2) **巡回検査**(工場内外の生産拠点) 検査員が現場を巡回し,適時生産ラインに立ち入って行う検査である.また,原料の納入先,製品の委託先の品質管理が十分に実施されているかどうかを巡回してチェックする場合もある.

c. 検査の性質別による分類

(1) **破壊検査** 製品を破壊するとか,損傷を与えることが避けられないような検査であり,冷凍食品を調理方法により調理をして行う官能検査,製品の一部を試料として採取しなければ検査ができない細菌検査,細菌検査と同様に粗脂肪の測定および揮発性塩基態窒素の測定などの理化学検査,シューマイ,ギョーザの皮を剥離して測定する皮の率の検査などがあげられる.

(2) **非破壊検査** 製品に何の損傷も与えずに行うことができる検査であり,工程中の外観検査,製造工程に組み込まれた重量検査,透視検査,金属探知検査などがあり,一般的には全数検査が可能である.

d. 検査の方法別による分類

(1) **全数検査** 検査ロットの全数を検査するもので,製造ライン中に組み込まれた自動計量器,金属検出機により,重量検査,金属異物検査などが行われている.

(2) **ロット別抜取検査** ロットからサンプルを抜き取って検査し,その結果を判定基準と比較して,ロットの合格・不合格を判定する最も一般的な検査である.これには計数抜取検査と計量抜取検査

に分類できる．

e. 検査の主体別による分類
（1） **自主検査** 原料の受入基準，製品の品質基準，細菌基準などに合致しているかどうかを生産者が自ら行う検査である．

（2） **業界団体または登録格付機関の検査** 業界の自主基準または国の基準に合致しているかどうかを第三者機関が行う検査である．

（3） **行政収去検査** 国の基準に合致しているかどうかを行政機関が行う検査である．

1.1.3 検査の取決め

冷凍食品の検査基準には，1970年に(社)日本冷凍食品協会の「冷凍食品の品質・衛生についての自主的指導基準」が定められ，品質の向上および安全性向上の指針となり，大いに寄与することとなった．

この自主的指導基準は認定工場制度を採用し，「施設および設備」，「品質および衛生管理の状況」など，一定の条件に適合する冷凍食品工場を「確認工場」として認定し，その工場で生産される製品の品質検査，衛生検査についての検査方法および基準を定めている．

わが国では1970年に団体規格として自主的指導基準，国家規格として1973年に食品衛生法による冷凍食品の衛生についての規格基準（成分規格，保存基準，加工基準），1978年には調理冷凍食品の日本農林規格および品質表示基準，そのほか地方自治体規格が設定されており，自社の検査項目の設定にはこれらの基準を取り入れておく必要がある．1970年にできた自主的指導基準も，食品衛生法，日本農林規格，地方自治体規格の制定にともない，それらの基準を取り入れながら自主的指導基準の改定を行い，今日に至っている．以下に，(社)日本冷凍食品協会の自主的指導基準の検査を主体にして説明する．

a. 検査方式
検査方式としては全数検査方式と抜取検査方式に分けられるが，自主的指導基準の検査方法では計数規準型1回抜取検査方式が用いられ，定められた期間に製造された製品の必要最小限の検体を抜き取って検査することにより，その期間に製造されたロット全体を判定する方法が用いられている．

b. 検査項目
自主的指導基準での製品の検査項目は，品温，異物，包装，衣の率，内容量，品位，表示などの品質についての項目，揮発性塩基態窒素などの理化学についての項目および細菌数，大腸菌群，E. coli，ブドウ球菌，サルモネラなどの衛生に関する項目がある．

これらの検査項目には，その項目の重要度に応じて，重欠点（品温，異物，腐敗）と軽欠点の2段階の重み付けがされている．

c. 判定基準
各項目別の品質の判定の表し方としては，表現尺度値，測定値，欠点値，良（適），不良（否）の区分があり，総合評価の判定は合格・不合格によって表す方法が一般的に用いられている．自主的指導基準では，各項目別の品質の判定を適・否の区分により表し，総合評価の判定は適格・不適格として表す方法が用いられている．

d. 検査荷口（検査ロット）
検査荷口とは検査の対象となるひとまとめの製品の集まりをいい，そのため原料および製造条件がほぼ同一と認められる同一銘柄の冷凍食品を検査荷口として選ぶことになる．自主的指導基準では，確認工場で7日間に製造された，同一銘柄の製造荷口（製造個数）を検査荷口としている．

e. 検査単位（検体）
検査単位は，市販用製品・業務用製品の包装形態に関係なく「必要な表示がされた最小の包装単位のもの」を検査単位としている．しかし，業務用は最小包装単位体がマスターカートンになる場合が多く，検査単位が著しく多量になるので，マスターカートンの中からさらに無作為に試料を抽出して検査単位とする．

なお，調理冷凍食品のJAS規格では「一容器または一包装の内容量が500グラムを超えまたは150グラム未満のもの」は150グラムを検査単位としている．

f. 試料の抽出方法（サンプリング）
製品検査を実施するに当たり，抜取検査の対象となる検査荷口を代表するような，試料（検査荷口から抽出される検体の1以上の集まりをいう）を抽出しなければならない．

g. 試料の大きさ（サンプルサイズ）
試料の数を増やせば検査精度は高まるが，検査に要する時間および経費は増加する．試料の数は検査精度および経済性を考慮して決めなければならない．

h. 検査荷口（検査ロット）の総合判定基準
自主的指導基準の検査には計数基準型1回抜取検

査方式が用いられており，抜き取った全部の試料について良品(適)，不良品(否)の判定をし，不良品(否)の合計個数が合格判定個数以下ならば，その荷口を適格とする．自主的指導基準での「検査荷口の大きさ」，「抽出個数」および「合格判定個数」は表VIII.1.1の通りである．

合格判定個数と試料の大きさの決め方は，検査の「精度」，「きびしさ」をどのように定めるかにより，検査荷口の不良率と合格の確率との関係から統計的に求めて決められる．自主的指導基準の指導方法およびJAS規格の検査方法においては，AQL(合格品質水準)が6.5またはこれに近い値としている．これは95%の確率で検査荷口が合格となる場合の最大の不良率をいう．

なお，JAS規格の抜取検査方法は，第1方式格付方法，第2方式格付方法，第3方式格付方法の3種類からなり，それぞれの格付方法により「検査荷口の大きさ」，「抽出個数」および「合格判定個数」が異なる．

[原田　眞]

表VIII.1.1　抽出の割合および検査の基準(同一品種の7日分の製造荷口を検査荷口とする．)

検査荷口の大きさ	抽出個数	合格判定個数
50,000 個以下	8 個	1 個
50,001 個以上	13 個	2 個

品質管理が適正と認められた工場の製品については，次の抽出の割合および検査の規準を適用することができる．

検査荷口の大きさ	抽出個数	合格判定個数
50,000 個以下	2 個	0 個
50,001 個以上	3 個	0 個

1.2　冷凍食品の基準と検査方法

自主的指導基準での検査項目は「品温」，「異物」，「包装」，「衣・皮の率」，「内容量」，「品位」，「表示」などの品質についての項目，「揮発性塩基態窒素」，「粗脂肪」などの理化学についての項目および「細菌数」，「大腸菌群」，「E. coli」，「ブドウ球菌」，「サルモネラ」などの衛生についての項目に大別される．

1.2.1　品質についての項目

a. 品温の検査

冷凍食品の品温とは，製品の温度中心点(凍結完了時にその食品内で最も高い個所)の温度をいうが，平衡温度に達していると認められる場合は表面温度で表す場合もある．冷凍食品の保存温度は自主的指導基準では「−18℃以下」とし，−18℃を超える場合は重欠点項目として扱われている．また，食品衛生法では「−15℃以下」，JAS規格では「−18℃以下」と定められている．

（1）**温度計**　品温測定用に使用される器具としては，電気抵抗温度計，熱伝対温度計が幅広く使用されている．なお，使用する温度計は標準温度計を用い，0℃および−18℃～−21℃において示度の差が±0.5℃以内であることを確認する．

（2）**測定方法**　電気ドリルなどを用い試料の中心部まで穿孔して温度計の感温部を挿入し，温度計の指針が安定するまで放置したのち，その示度を読む．また，品温が平衡温度に達していると認められる場合は温度計の感温部を直接冷凍食品に刺すか，冷凍食品2個の間に感温部をはさみ，食品の上から手で強く圧したときの温度を品温とすることもできる．なお，電気ドリルなどの測定用器具は予冷してから使用する(図VIII.1.1)．

b. 異物の検査

食品への毛髪，昆虫，木片，土砂，金属片，プラスチック，糸くず等々の異物混入によって，消費者に不快感を抱かせたり，会社の信用を著しく低下さ

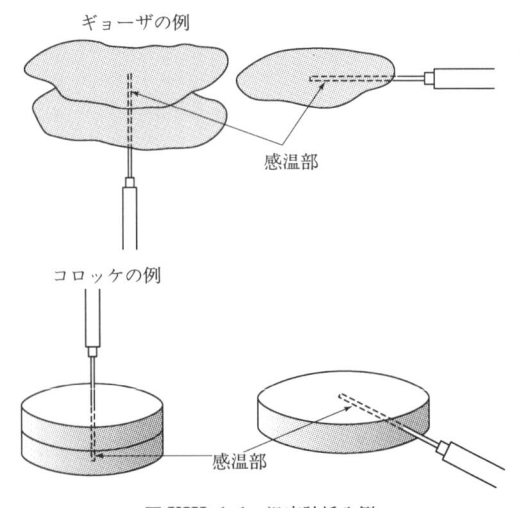

図VIII.1.1　温度計挿入例

1. 冷凍食品の品質検査

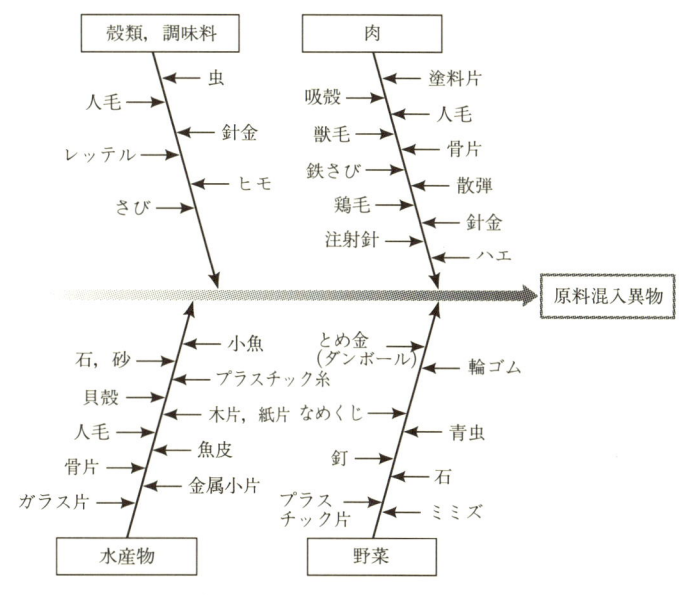

(a) 原料由来混入異物の特性要因図

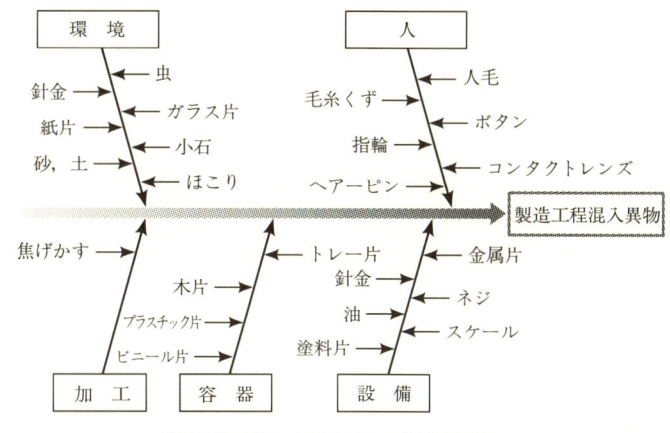

(b) 製造工程由来混入異物の特性要因図

図 VIII.1.2 混入異物の特性要因図[5]

せるなど，異物混入はたとえ軽微なものでもおろそかにはできない（図 VIII.1.2）．

自主的指導基準および JAS 規格では，「異物は混入していないこと」と定められており，品質の検査項目の中では品温とともに異物の混入は重欠点項目として取り扱われている．異物の検査は冷凍食品を解凍し，徹底して破壊してその内容物の目視検査を行う．製造工程での検査は目視検査以外に金属検出機，軟 X 線異物検出機などで異物を防除している．

c. 容器包装

冷凍食品の容器包装については，自主的指導基準では「資材および方法が当該食品の品質および用途を満足させるに足るものであること」とあり，冷凍食品の品質特性を保持し，細菌の汚染からの防止，また，衛生的な包装資材を使用するように定められている．包装の検査はシールの良否，包装の破損の有無，内容物からの液漏れおよび汚れ，真空包装ではピンホールなどによる空気の侵入の有無などをチェックしている．

なお，食品衛生法では「冷凍食品は，清潔で衛生的な合成樹脂，アルミニウム箔または耐水性の加工紙で包装して保存しなければならない」と定められ，調理冷凍食品では「耐寒性，防湿性及び十分な強度を有する資材を用いており，かつ，食用油脂で揚げたものにあっては，耐油性を有する資材を用いていること」と定められている．

d. 衣または皮の率の検査

（1） 衣または皮の率の検査単位（JAS 規格を準

表VIII.1.2 衣または皮の率の規格

項目＼品目	衣の率の規格		皮の率の規格		
	エビフライ	コロッケ	シューマイ	ギョーザ	春巻
JAS基準	50％以下	30％以下	25％以下	45％以下	50％以下
自主基準	60％以下	—	—	—	—

JAS規格のエビフライで，エビ1尾の重量が6g以下の場合は，衣率の規格は60％以下．

用している）　1容器または1包装の内容量が150gを超えるものにあっては150gとなる個数または尾数について，1容器または1包装の内容量が150g以下のものにあっては全個数または尾数について，フライ種を除去した衣，またはあんを除去した皮の重量をはかり，その重量の製品に占める割合の百分比をもって衣または皮の率とする（表VIII.1.2）．

（2）　測定方法
（i）　**A法**：　通常は，皮の測定方法に用いられる．

試料を容器包装に入れたまま室温に放置し，衣または皮がフライ種またはあんから容易に剥離できる状態になるまで解凍したのち，試料を容器包装から取り出し，その重量をはかる．なお，この際，フライ種またはあんはできるだけ解凍しないように注意する．

次に，ナイフ，ヘラなど適当な器具を用い，フライ種またはあんが付着しないように注意しながら衣または皮を試料から剥離する．剥離した衣または皮に付着したあん，脂肪および水分をペーパータオルなどを用いて拭き取る．フライ種またはあんを除去した衣または皮の重量をはかり，その重量の製品に占める割合の百分比を次式により算出して，衣または皮の率とする．

$$\text{衣または皮の率(\%)} = \frac{\text{衣または皮の重量}}{\text{試料重量}} \times 100$$

（ii）　**B法**：　通常は，衣の測定方法に用いられる．

試料を容器包装から取り出し，重量をはかる．次に解凍容器に水（20～27℃）を入れ，試料を浸せきさせ，衣がフライ種から容易に剥離できる状態になるまで解凍したのち，容器中で揺り動かしながら衣を除去するか，または試料を取り出し，衣の比較的厚い部分から薄い部分へと流水をかけ衣を除去する．この際，フライ種はできるだけ解凍しないように注意する．衣を除去したフライ種は，余分な水分をペーパータオルなどを用いて軽く吸着させ，その重量をはかり，次式により衣の重量の製品に占める割合の百分比を算出して衣の率とする．

表VIII.1.3　内容重量を測定する場合の秤の種類および精度

秤の種類および精度	
表す量	精度
100g以下	0.1g
100g超え～1kg以下	0.5g
1kg超え～2kg以下	1g
2kg超え～5kg以下	2g
5kg超え～20kg以下	10g

$$\text{衣の率(\%)} = \left\{1 - \frac{\text{フライ種重量}}{\text{試料重量}}\right\} \times 100$$

e．内容量の検査

自主的指導基準およびJAS規格では，「表示重量及び表示個数に適合していること」と定められている（表VIII.1.3）．

（1）　内容重量の測定方法
（i）　**ドライパックのもの**（凍結後そのまま包装したもの）

① 計量する全試料の容器包装表面に付着している水分などをペーパータオルなどを用いて拭き取ったのちに重量を秤量し，それを「総重量（A）」とする．

② 次に内容物を取り出し，試料の中から無作為に2個の容器包装を選び，容器包装の内面に付着する．水分，脂肪，パン粉，皮の破片などをペーパータオルなどを用いてよく拭き取り，2個の容器包装の重量を同時に秤量する．その2個の容器包装の平均重量を「包装重量（B）」とする．

③ 「内容重量〔正味重量〕（C）」の計算は，次式による．

$$C = A - B$$

④ 正味重量に冷凍食品の計量公差を加えたものが，表示重量以上であれば適格，表示重量未満であれば不適格と判定する．

　適　格：表示重量≦内容重量〔正味重量〕(C)＋計量公差
　不適格：表示重量＞内容重量〔正味重量〕(C)＋計量公差

(ⅱ) グレーズ処理したもの

① 計量する全試料の容器包装表面に付着している水分などをペーパータオルなどを用いて拭き取ったのちに重量を秤量し，それを「総重量(A)」とする．

② 次に内容物を取り出し，試料の中から無作為に2個の容器包装を選び，容器包装の内面に付着する水分をペーパータオルなどを用いてよく拭き取り，2個の容器包装の重量を同時に秤量する．その2個の容器包装の平均重量を「包装重量(B)」とする．

③ 「内容総量(C)」の計算は次式による．
$$C = A - B$$

④ 無作為に2試料を選び，内容総量を同時に秤量し，その重量を「試料重量(D)」とする．

試料に流水を注ぎ，表面のグレーズを除去し，試料に付着している余分な水分をペーパータオルなどを用いて拭き取ったのちに重量を秤量し，その重量を「2試料の正味重量(E)」とする．

⑤ 「グレーズ量(%)(F)」の計算は次式による．
$$F = (D - E) \div E \times 100$$

⑥ 各試料の「内容重量〔正味重量〕(G)」の計算は次式による．
$$G = C \div (1 + F)$$

⑦ 正味重量に冷凍食品の計算公差を加えたものが，表示重量以上であれば適格，表示重量未満であれば不適格と判定する．

適　格：表示重量≦内容重量〔正味重量〕(G)＋計量公差

不適格：表示重量＞内容重量〔正味重量〕(G)＋計量公差

(ⅲ) 固形量の測定方法

① ハンバーグ，ミートボールにソースを加えたものにあっては，包装容器より内容物を取り出す．

② 取り出した内容物を，流水または容器に水を入れた中で揺り動かしながらソースを除去する．

③ ソースを取り除いたのち，固形物の表面に付着している余分な水分をペーパタオルなどを用いて拭き取ったのちに秤量し，その重量を固形量とする．

④ 固形量に冷凍食品の計量公差を加えたものが，表示固形量以上であれば適格，表示固形量未満であれば不適格と判定する．

適　格：表示固形量≦固形量＋計量公差

不適格：表示固形量＞固形量＋計量公差

冷凍食品の計量公差範囲は計量法改正(1993年7月

表 VIII.1.4　冷凍食品の計量公差範囲

正味量図示で表記する質量	公差区分
5 g 以上　～　 50 g 以下	−6%
50 g を超え～ 100 g 以下	−3 g
100 g を超え～ 500 g 以下	−3%
500 g を超え～1.5 kg 以下	−15
1.5 kg を超え～ 10 kg 以下	−1%

9日)に伴い，政令第249号 指定商品の販売に係る計量に関する政令により，1993年11月1日より冷凍食品に適用された(表 VIII.1.4)．

f. 品位または性状の検査

自主的指導基準では「品位」，JAS規格では「性状」として定められている．

一般的には食品の品質特性としてとらえている項目であって，自主基準では「形態」，「色沢」，「香味」，「肉質または組織」，「その他」の5項目に区分され，それぞれの採点の基準は次の5点法で行われている．

5項目を5点法で採点し，その平均点が3.0以上であって，かつ，1点の項目がないものを適格としている．なお，水産冷凍食品の生食用にあっては，その平均点が3.5以上であって，かつ，2点以下の項目がないものを適格としている．

5点 ……… 欠点がなく良好なものは，5点とする．

4～3点 …… おおむね良好で，その他欠点がほとんどないものは，その程度により4点または3点とする．

2点 ……… 欠点があり，品質特性の劣るものは，2点とする．

1点 ……… 欠点が著しく目立ち，品質特性が著しく劣るものは，1点とする．

(1) 形　態　製品固有の形または整形が良好で，損傷などのないものを5点とし，損傷のあるもの(身割れ，身くずれ，裂き傷，つぶれ，折れなど)，整形の不良なもの(長さ，厚さ，幅，ひれおよび表皮の除去など)，衣の付着が不均一なもの(ハロー：フライの外側に異常に突き出ている衣，ボーリングアップ：こぶのように異常に盛り上がっている衣，ホリディ：衣の着いていない部分のあるもの)，その他トッピングの具の量が不均一なものなどをチェックし，その程度により判定する．

(2) 色　沢　製品固有の色沢を有し，変色のないものを5点とし，乾燥による変色，油やけ，肉質の緑変，黒変，褐変，青変，うっ血，製造過程による焼きむら，揚げむらなどをチェックし，その程

表 VIII.1.5　自主基準における"えびフライ"の品位の採点基準例

事　項	採　点　の　基　準
形　態	1. 形が良好で，割れ，つぶれその他の損傷がなく，衣が均一に付着していてハロー，ボーリングアップ，ホリディなどがないものは，5点とする． 2. 形がおおむね良好で，割れ，つぶれ，その他の損傷がほとんどなく，衣がおおむね均一に付着していてハロー，ボーリングアップ，ホリディなどがほとんどないものは，その程度により，4点または3点とする． 3. 形が劣るもの，割れ，つぶれその他の損傷が目立つものまたは衣の付着が均一でなくハロー，ボーリングアップ，ホリディなどがあるものは，2点とする． 4. 形が著しく劣るもの，割れ，つぶれその他損傷が著しく目立つものまたは衣の付着が著しく均一でなくハロー，ボーリングアップ，ホリディなどの目立つものは，1点とする．
色　沢	1. 色沢が良好で，変色がないものは，5点とする． 2. 色沢がおおむね良好で変色がほとんどないものは，その程度により，4点または3点とする． 3. 色沢が劣るものまたは変色が目立つものは，2点とする． 4. 色沢が著しく劣るものまたは変色が著しく目立つものは，1点とする．
香　味	1. 異臭がなく，油揚後の香味が良好なものは，5点とする． 2. 異臭がなく油揚後の香味がおおむね良好なものは，その程度により，4点または3点とする． 3. 異臭がほとんどないものまたは油揚後の香味が劣るものは，2点とする． 4. 異臭があるものまたは油揚後の香味が著しく劣るものは，1点とする．
肉質または組織	1. 中味にスポンジ状その他異常な肉組織がなく，油揚後の衣の硬軟ならびに中味の肉締りが適当なものは，5点とする． 2. 中味にスポンジ状その他異常は肉組織がほとんどなく，油揚後の衣の硬軟ならびに中味の肉締りがおおむね適当なものは，その程度により，4点または3点とする． 3. 中味にスポンジ状その他異常な肉組織が目立つもの，油揚後の衣の硬軟または中味の肉締りが適当でないものは，2点とする． 4. 中味にスポンジ状その他異常な肉組織が著しく目立つもの，油揚後の衣の硬軟または中味の肉締りが著しく適当でないものは，1点とする．
その他の事項	1. 大きさがそろっていて，甲殻，脚，触覚などの遊離したものその他きょう雑物の混入がないものは，5点とする． 2. 大きさがおおむねそろっていて，殻，脚，触覚などの遊離したものその他のきょう雑物の混入がほとんどないものは，その程度により，4点または3点とする． 3. 大きさがそろっていないものまたは殻，脚，触覚などの遊離したものその他きょう雑物の混入が目立つものは，2点とする． 4. 大きさが著しくそろっていないものまたは殻，脚，触覚などの遊離したものその他のきょう雑物の混入が著しく目立つものは，1点とする．

表 VIII.1.6 冷凍食品の保存中の変化

変　化	主たる食品例	原因となる変化			防止策
		物理的	化学的	酵素的	
乾　燥	ほとんどの冷凍食品(特に水分の多いもの)	氷の昇華	—	—	グレーズ処理, 気密性の高い包装, 庫内空気循環のコントロール(空気に直接触れさせないこと)
油焼け	脂肪の多い水, 畜産品	同　上	脂肪酸の酸化・分解	脂肪分解酵素の作用	同　上
冷凍焼け	ほとんどの冷凍食品(特に水分の多いもの)	氷の昇華	タンパク質の凍結変性, 脂肪の変化	同　上	同　上
変　色	畜肉, 魚肉魚肉, 果実	同　上(光)	色彩の酸化有色物の生成	色素の分解	同上のほかに, 暗所の保存, 事前処理(ブランチング, シュガリング)の徹底
タンパク質変性	動物性食品	結合水の氷結分離, 不凍部分の濃縮による塩析	タンパク質の脱水型への変化	—	急速凍結糖類または食塩添加後凍結
成分分解	ほとんどの冷凍食品	凍結による成分変化	分解作用	分解作用に関係する	事前処理(ブランチング)急速凍結
肉質の損傷	肉質構造のある食品	氷結晶の生成による破壊	—	—	急速凍結, 庫内温度変化のコントロール
風味抜け	ほとんどの冷凍食品	揮発成分の逸散	揮発成分の分解	—	同　上
ドリップの発生	魚肉, 食肉野菜, 果実	結合水の分離肉質の損傷塩濃度による塩析	タンパク質の変性解凍硬直	解凍硬直に関係する	肉の冷温熟成, 急速凍結, 糖類添加による保護

(参考)　高橋雅弘監修：冷凍食品の知識, 稗田福二：冷凍食品の科学．

度により判定する．

(3) **香　味**　製品特有の香味が良好なものを5点とし, 特有の香味のないもの, 異味のあるもの(渋味, 酸味, 古臭など), 異臭のあるもの(発酵臭, かび臭, 油焼け臭, 薬品臭など)および調理後の香味などをチェックし, その程度により判定する．

(4) **肉質または組織**　肉質・組織または食感が良好なものを5点とし, 異常肉組織のあるもの(ハニカム状, スポンジ状, ドリップ), す入り, 熟度および調理加工品では混合状態の均一性などをチェックし, その程度により判定する．

(5) **その他**　大きさがそろっていて, 夾雑物の混入がないものを5点とし, 夾雑物(骨, 皮, うろこ, 葉, 茎, へた)の混入の有無, 病虫害の被害部の程度, からさや, 焦げなどをチェックし, その程度により判定する．　参考までに, 「自主基準での"えびフライ"の品位の採点基準」(表VIII.1.5)およ

び「冷凍食品の保存中の変化」(表VIII.1.6)を示す．

g. 表示の検査

自主的指導基準では一括表示事項としては, 次の項目を表示することになっている．

(1) **品　名**　JAS規格の指定品目では, 一括表示内の品名欄には「えびフライ, コロッケ, しゅうまい, ぎょうざ, 春巻, ハンバーグ, ミートボール, フィッシュハンバーグ, フィッシュミートボール」の9品目の用語を表記することが規定され, 「冷凍食品」である旨の表示は一括表示外に記載する．

JAS規格の指定品目以外の自主的指導基準の表示では, 「冷凍食品」である旨の表示は, 一括表示内の品名欄に「冷凍食品 ピラフ」などと記載する．

(2) **原材料名**　原材料は, ① 食品添加物以外の原材料, ② 加熱調理用の食用油脂, ③ 食品添加

物の区分に分けられ，それぞれ製品に占める重量の多いものから順に記載する．

① 食品添加物以外の使用した原料は，製品に占める重量の多いものから順に記載する．

（1）①の規定にかかわらず，使用した食肉，魚肉，野菜およびつなぎなどが2種類以上の場合は，「食肉」などの文字の次に括弧を付して（牛肉，豚肉，鶏肉）など製品に占める重量の多いものから順に記載し，植物タンパクを2種類以上使用した場合は，「粒状・繊維状植物性たん白」などと記載する．

（2）衣，皮およびソースの原材料は「皮」などの文字の次に括弧を付して（小麦粉，食塩，食用油脂）などその最も一般的な名称をもって，製品に占める重量の多いものから順に記載する．

② 加熱調理用の食用油脂：「揚げ油またはいため油」などの文字の次に括弧を付して（大豆油，なたね油）などその最も一般的な名称をもって，配合された重量の多いものから順に記載する．

③ 食品添加物：製品に占める重量の多いものから順に，食品衛生法の規定に従い記載する．

（3）**衣の率**（皮の率）　衣の率または皮の率を実比率を下回らない5の整数倍の数値によりパーセントの単位をもって，単位を明記して記載する．ただし，「衣の率または皮の率」が基準以下であれば表示を省略することができる．

（4）**内容量**　グラムまたはキログラムの単位を明記して記載するとともに，内容重量の表示の次に「　」を付して「○○個入り」または「○○尾入り」とし，「○○グラム（○○個入り）」などと記載する．

（5）**賞味期限**（品質保持期限）　開封されていない製品が表示された保存方法に従って保存した場合，その製品の品質特性を十分保持しうると認められる期限をいう．表示の方法の例を次に示す．

① 平成11年2月　または　① 平成11年2月1日
② 11.2　　　　　　　　　② 11.2.1
③ 1999.2　　　　　　　　③ 1999.2.1
④ 99.2　　　　　　　　　④ 99.2.1

（6）**保存方法**　「−18℃以下で保存すること．」などと記載する．

（7）**使用方法**　解凍方法，調理方法などについて記載する．

（8）**加熱調理の必要性**　飲食に供する際に加熱を要するかどうかの別を記載する．

（9）**凍結前加熱の有無**　凍結させる直前に加熱されたものであるかどうかの別を記載する．

（10）**製造者または販売者**　氏名または名称および住所を記載する（輸入品にあっては輸入業者および原産国名を一括して表示する）．

（11）**その他**　調理冷凍食品の規格では，食用油脂で揚げたものならびにエビまたはその小片をフライ種にしたものは，その旨の表示を統一のとれた16ポイント以上の活字で商品名の表示されている箇所に接近して表示する．

ハンバーグ，ミートボール，フィッシュハンバーグ，フィッシュボールなどで，ソースを加えたものはその旨を，食肉および魚肉の含有量が40％未満のハンバーグ，ミートボール，フィッシュハンバーグ，フィッシュボールにあっては，それぞれ実質含有量を上回らない5の整数倍の数値により，パーセントの単位をもって，その含有率を容器包装の見やすい箇所にその旨の表示（統一のとれた16ポイント以上の活字）を，背景の色と対象的な色で表示する．

その他，特定原材料の冠名表示，クリームの用語，内容物を誤認させるような絵・文字などについて表示の禁止事項が定められている．

1.2.2 衛生についての項目

自主基準での衛生についての指導基準は，食品衛生法で定められている冷凍食品の成分規格および東京都条令乳肉水産食品指導基準と同様である．その基準の内容は表 VII.6.1 (p.338) に示してある．

製造物の欠陥により被害が生じた場合における被害者保護を目的として，1994年7月1日に製造物責任法（product liability：PL法）が公布され，1年間の猶予期間ののち1995年7月1日に施行され，欠陥製品に起因する事故に対してメーカーの無過失責任が追及されることになった．PL制度に対応するための手段として，ISO 9000, HACCP (hazard analysis critical control point) 管理方式などを冷食工場で取り入れるようになった．HACCP管理方式は，原料の受入れから，食品の製造工程での生物学的・化学的・物理的な危害の発生する頻度を最小限にするためのシステムであり，危害の発生を皆無にするために設計されたものではない．最終製品の検査は製品の設計品質，規格などに合っているかどうかの判定をしたり，HACCP管理方式が十分に機能しているかを検証するための手段でもあり，今後も最終製品の検査をおろそかにすることはできない．

〔原田　眞〕

文献

1) 日本冷凍食品協会：冷凍食品の品質・衛生についての自主的指導基準.
2) 佐川泰久：新・品質管理のすすめ，日本農林規格協会.
3) 農林水産省監修：調理冷凍食品，日本農林規格協会.
4) 村上公博：食品冷凍テキスト，日本冷凍協会.
5) 松野武夫，近藤 正：調理冷凍食品JAS専門講習会資料，日本冷凍食品検査協会.

1.3 理化学検査

法律にかかわる項目として調理冷凍食品の日本農林規格（JAS）に粗脂肪の基準が定められており，また東京都の乳肉水産食品指導基準として揮発性塩基窒素が定められている．さらに酸価，過酸化物価も品質評価にかかわる重要な項目である．

1.3.1 粗 脂 肪

調理冷凍食品のJASでは，シューマイ13%以下，ギョーザ10%以下，春巻8%以下，ハンバーグおよびミートボール20%以下，フィッシュハンバーグおよびフィッシュボール10%以下となっている．

a. 測定方法：ソックスレー抽出法

（1） 試料の調製

a) 試料を摩砕して均一とする．

b) ソースを加えたものにあっては，ソースを除去したあとに調製する．

（2） 脂肪の抽出 調製した試料約4gを少量の無水硫酸ナトリウムを入れた円筒ろ紙にはかりとり，ガラス棒でよく混ぜたのち，上から脱脂綿を入れておおい，100～102℃の乾燥器中で6時間乾燥する．乾燥後の試料をソックスレー型抽出器に移し，エチルエーテルを溶剤として50～70℃の水浴上で16時間抽出する．

エチルエーテルを留去したのち，95～100℃で30分間乾燥してデシケーター中で放冷させて秤量する操作を，恒量を得るまで繰り返す．

（3） 計 算 粗脂肪含量は次式によって計算する．

$$粗脂肪 (\%) = \frac{W - W_0}{S} \times 100$$

ここで，W は抽出後のフラスコの重量(g)，W_0 は抽出前のフラスコの重量(g)，S は円筒ろ紙に入れた試料の重量(g)である．

b. その他の方法[1]

このようにJASにもとづく検査ではソックスレー抽出法が適用されているが，JAS以外の場合は，試料の種類に応じて試験方法を使い分ける必要がある．

（1） ソックスレー抽出法 多くの固形食品に適用するが，デンプンがノリ化した状態の食品，パンやクッキーのような焼き物，ゆばのようにタンパク質と脂質が一緒に乾燥されたような食品，その他動物性食品の一部には適用できない．

（2） レーゼゴットリーブ法 牛乳，乳製品，比較的脂質含量の高い液状または乳状の食品に適用される．

（3） 酸分解法 水には溶けないが酸による加水分解では液状になる食品，例えば卵類，マヨネーズ，肉・魚およびその加工品に適用する．ハンバーグ，シューマイ，ギョーザ，春巻などの脂肪の多い冷凍食品にもこの方法を適用するとよい．

1.3.2 揮発性塩基窒素

揮発性塩基窒素は，タンパク質が細菌の増殖によって分解して生じたアミン類およびアンモニアを主体としている．

東京都の乳肉水産食品指導基準の揮発性塩基窒素の基準は，加熱後摂取冷凍食品（凍結前未加熱）20 mg%以下，生食用冷凍鮮魚介類20 mg%以下，加工用冷凍鮮魚介類25 mg%以下，冷凍食肉20 mg%以下となっている．

測定方法：微量拡散法（コンウェイ法）[2] コンウェイ微量拡散ユニットの外室に試料抽出液，内室に吸収剤を入れ，外室に強アルカリを加えて直ちに密封し恒温に保つと，張力によってガス拡散が行われ，内室中の吸収剤の表面において張力が中和され張力がゼロとなる．ここで内室の吸収剤を酸またはアルカリで滴定し，消費した緩衝液または酸の量から揮発性塩基窒素値を求める．

1.3.3 酸価，過酸化物価

食品衛生法における食品の規格基準では，即席めん類について，めんに含まれる酸価が3を超え，ま

たは過酸化物価が30を超えるものであってはならないとなっており，その測定法が示されている．また「弁当及びそうざいの衛生規範 第5 食品等の取扱い」では，油脂（再処理のものを除く）は，酸価は1以下，過酸化物価は10以下のものを原材料として使用することとなっている．揚げ物やこれに用いる食用油の品質の指標として用いられ，脂質の酸化にともないこれらの値は大きくなる．

a. 酸　　価

油脂1g中に含まれる遊離脂肪酸を中和するのに要する水酸化カリウムの量を酸価という．

測定方法　試料（油脂）約10gを精密にはかりとり，共栓三角フラスコに入れてエタノール-エーテル混液（1：1）100mlを加えて溶解する．これにフェノールフタレイン試薬を指示薬として，30秒間持続する淡紅色を呈するまで0.1Nエタノール製水酸化カリウム溶液で滴定する．酸価は次式により求める．

$$酸価 = \frac{5.611 \times a \times F}{S}$$

ここで，S は試料の採取量(g)，a は0.1Nエタノール製水酸化カリウム溶液の消費量(ml)，F は0.1Nエタノール製水酸化カリウム溶液の力価である．

b. 過酸化物価

油脂は，酸化のはじめにヒドロペルオキシドあるいは過酸化物を形成する．これはヨウ化カリウムと反応してヨウ素を遊離させる．このヨウ素をチオ硫酸ナトリウム溶液で滴定し，試料1kgに対するミリ当量数で表したものを過酸化物価という．

測定方法　試料（油脂）約5gを精密にはかりとり，共栓三角フラスコに入れて，クロロホルム-酢酸混液（2：3 V/V）35mlを加えて溶解する．均一に溶解しないときは，さらにクロロホルム-酢酸混液を適当に加える．次いで，フラスコ内の空気を窒素または二酸化炭素で置換し，窒素または二酸化炭素を通じながら飽和ヨウ化カリウム溶液1mlを正しく加え，直ちに共栓して約1分間振り混ぜたのち，デンプン溶液を指示薬として0.01Nチオ硫酸ナトリウム溶液で滴定する．別に同様にして空試験を行い補正する．

過酸化物価は次式により求める．

$$過酸化物価(meq/kg) = \frac{a \times F}{S} \times 10$$

ここで，S は試料の採取量(g)，a は0.01Nチオ硫酸ナトリウム溶液の消費量(ml)，F は0.01Nチオ硫酸ナトリウム溶液の力価である．

［徳岡旗一］

文　　献

1) 永原太郎，岩尾裕之，久保彰治：全訂 食品分析法，p. 111-119，柴田書店，1993．
2) 山形　誠：冷凍食品の細菌検査法（改訂版），p. 33-36，日本冷凍食品検査協会，1981．

1.4 官能検査

食品工業において官能検査が適用されている主な分野は，商品開発と品質管理の2つである．おのおのの適用目的の違いにより，官能検査の考え方や手法も異なっている．

商品開発においては，新製品開発や既存品の改良において，消費者に好まれる製品を開発するため，消費者の代わりに社内パネルを用いて，試作品の嗜好特性（おいしさ，好ましさ）や品質上の改良点を把握する官能検査が実施される．ここでの官能検査はマスパネル（通常$N=20\sim80$）を用い，評価データの統計解析を行う場合が多い．時代とともに消費者の嗜好も変化するため，今後とも官能検査はなくてはならない分野である．また，製品検査で合格し出荷された商品も，使用されるまでの時間が長いと保存中に品質変化が起こる．このため，商品の発売以前に適切な保存テストを実施し，賞味期限の設定をする必要がある．賞味期限の予測を行うために官能検査が用いられる．

一方，工場の品質管理においては，目標とする品質の製品を安定して生産しているか，製品の香り・味・テクスチャーなどの感覚特性に関し標準品との差を官能検査を用いて測定する．官能検査に用いられるパネルの数には実際上制約があり，通常製品ごとに，品質特性に関し十分教育訓練された少人数の専門パネルが用いられる．このような定型的な官能検査には，一般的には機器測定による代替が望まれるが，食品の香り・味・テクスチャーなどの感覚特性に関する機器測定技術が実用化されていない現状では，官能検査が唯一の方法となっている．

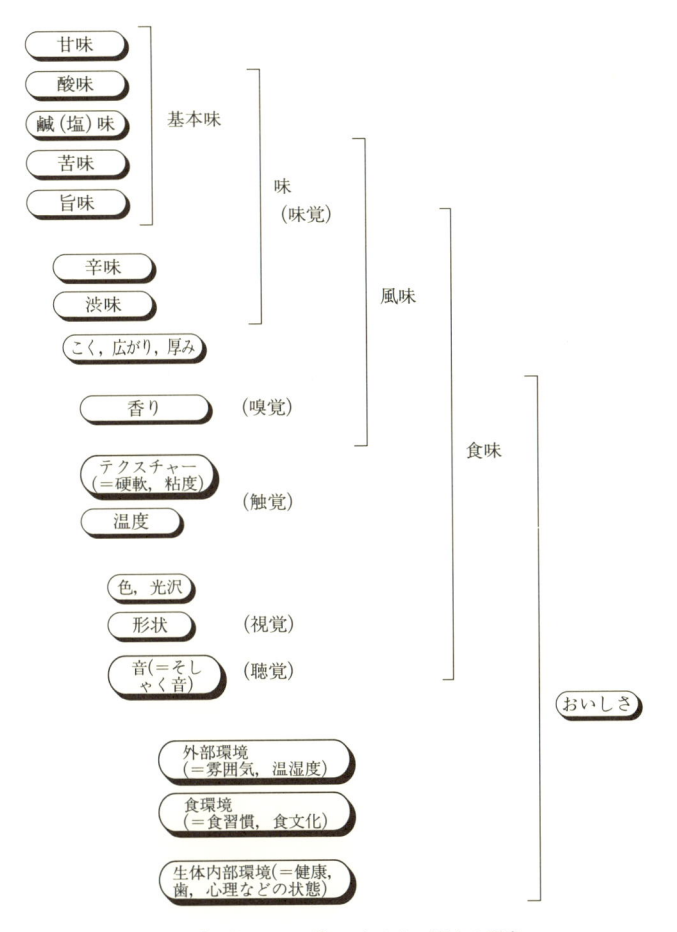

```
         ┌ 甘味
         │ 酸味
         │ 鹹(塩)味  ┐基本味
         │ 苦味
         └ 旨味              ┐
           辛味               │
           渋味               │味(味覚)
           こく, 広がり, 厚み  │
           香り        (嗅覚) ┘         ┐
           テクスチャー                  │
           (＝硬軟, 粘度) (触覚)          │風味
           温度                          │
           色, 光沢                      │食味    ┐
           形状           (視覚)          │       │おいしさ
           音(＝そしゃく音) (聴覚)         ┘       │
           外部環境                              │
           (＝雰囲気, 温湿度)                     │
           食環境                                │
           (＝食習慣, 食文化)                     │
           生体内部環境(＝健康,                   │
           歯, 心理などの状態)                   ┘
```

図 VIII.1.3 「食物」の味,「おいしさ」に関する要素

1.4.1 食品のおいしさとは[1)]

食品の味は，味覚をはじめとする五感で感じられる．すなわち，味蕾が受ける甘味，酸味，塩味，苦味，旨味の5基本味に，皮膚感覚を伴った辛味，渋味などを含めた「味覚」をベースとし，「嗅覚」による香りおよび口中から鼻に抜けて嗅覚を刺激する感じ(風味)，「触覚」による口腔内での食感(texture；テクスチャー)および食品の温度感覚，「視覚」による食品の色および光沢，「聴覚」によるそしゃく音などが複合されたものとして食味が存在する．しかしながら「おいしさ」は食味がそのまま評価されるものではない．まず，天候，温湿度，明暗，装飾，食器など食べるときの外部環境に大きく左右される．また，食べる人の食習慣，食経験の程度により嗜好差が生じ，「おいしさ」の評価も異なってくる．さらに，食べる人の喜怒哀楽の感情や精神の緊張度合いなどの心理状態や，健康か否かの生理状態，空腹の程度および栄養状態も「おいしさ」の評価に大きく影響を与える(図 VIII.1.3).

このように，食品の「おいしさ」は，食品そのもの，食品を食べる人および食べる人の心理・生理・栄養状態，食品を食べるときの環境の総合として表現される．「おいしさ」を評価する場合，これらは常に注意を払わなければならないことである．

1.4.2 官能検査と理化学検査

食品の「おいしさ」の測定方法には，人間の感覚に頼る官能検査による方法と理化学機器に頼る方法とがある．官能検査とは，心理学，生理学，統計学などを基礎として人間の五感により食品を評価する方法である．理化学機器による測定方法としては，視覚に対応した測色機器，食感に対応した物理的性質(硬さ，粘り，付着力など)の測定機器，匂いの強さに対応したガスクロマトグラフィーや高速液体クロマトグラフィーなどがある．官能検査と理化学検査の一般的な特徴を表 VIII.1.7 に示した．

官能検査の最大の特徴は測定手段が人間であることである．人間の感覚は個人差が大きく，再現性に

表 VIII.1.7 理化学的検査と官能検査の一般的な特徴 (JIS Z 9080, 1979)

	理化学的検査	官能検査
測定手段	理化学的機器	人間 (パネル)
測定の過程	物理的, 化学的	生理的, 心理的
出力	物理的な数値または図形など	言葉
測定器間または測定員間の差	管理により小さく保つことが可能	個人差は大きい.
校正	容易	難易は場合による.
感度	物により限度がある.	理化学的検査よりはるかに優れている場合がある.
再現性	高い.	低い.
疲労と順応	小さい.	大きい.
訓練効果	小さい.	大きい.
環境の影響	一般に小さい.	大きいが設備の充実とパネルの訓練で小さくできる.
実施しやすさ	機器が必要. 取扱いがめんどう	機器は不要. 簡便・迅速
測定可能領域	測れるものに限度がある. 嗜好などは測れない.	嗜好などの測定が可能である.
総合判定	やりにくい.	やりやすい.

乏しく, 理化学検査の方が信頼できると考えられる場合が多いが, 今なお多方面で官能検査が用いられている. この理由として次の2つが考えられる. ① 官能検査による方が, 迅速, 簡単, 安価であり, いまだ適当な機器測定法が開発されていない場合に有効な方法である. また, たとえ機器測定法がすでに開発されている場合でも, 官能検査による方がはるかに精度に優れていることが多い. ② 食品に対する好みなど, 個人の主観が基礎となる測定は官能検査に頼らざるをえない. 前者は, 分析型官能検査, 後者は嗜好型官能検査と呼ばれている.

1.4.3 官能検査の留意点[2~4]

官能検査とは, 食品 (試料) の特性を, パネルを用いて測定し, 結果を心理学, 生理学, 統計学などの基礎に立って解析し, 結論をだすことをいう (図 VIII.1.4).

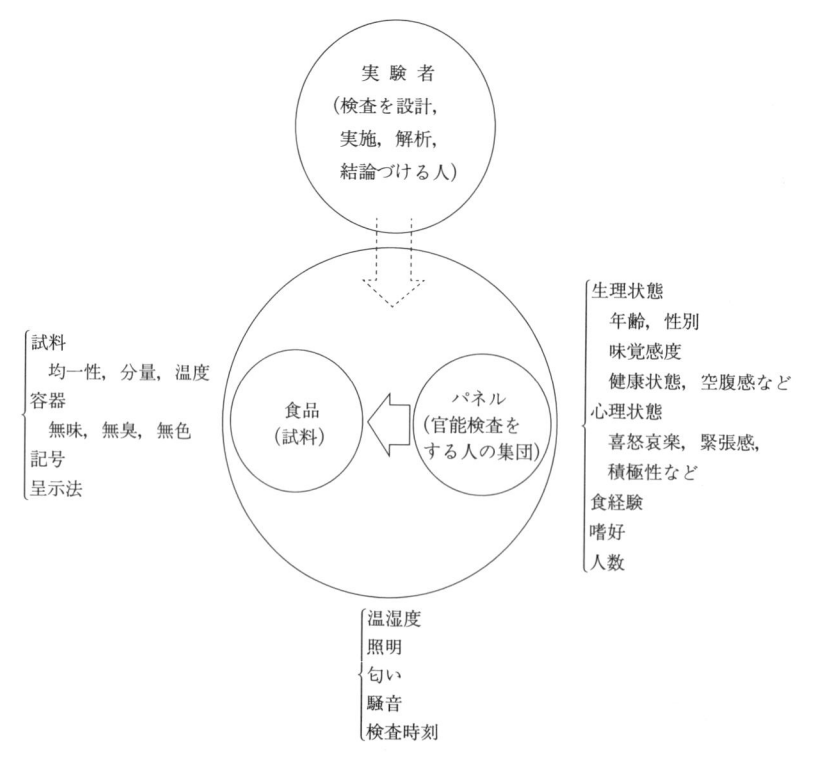

図 VIII.1.4 官能検査の概要および留意点

表VIII.1.8　5味の識別テスト用の試料濃度（3個の蒸留水とともにだす）

味の種類	甘味	塩味	酸味	苦味	旨味
溶質	ショ糖	食塩	酒石酸	硫酸キニーネ	MSG*
濃度(g/dl)	0.4	0.13	0.005	0.0004	0.05

* グルタミン酸ナトリウム

表VIII.1.9　味の濃度差識別テスト用の試料濃度

味の種類	溶質	1回目			2回目		
		S (g/dl)	X_1 (g/dl)	濃度比 X_1/S	S (g/dl)	X_2 (g/dl)	濃度比 X_2/S
甘味	ショ糖	5.00	5.50	(1.10)	5.00	5.25	(1.05)
塩味	食塩	1.00	1.06	(1.06)	1.00	1.03	(1.03)
酸味	酒石酸	0.020	0.024	(1.20)	0.020	0.022	(1.10)
旨味	MSG*	0.200	0.266	(1.33)	0.200	0.242	(1.21)

* グルタミン酸ナトリウム　　　　　　　　　　　　　　　　　　　　（SとXの比較）

「おいしさ」は各種要因に大きく左右される．官能検査は得られる結果が普遍性・妥当性のあるものでなければ科学的方法として成立しない．そのためには，検査結果を左右する各種要因に留意し，検査条件を明確にすること，および条件の標準化を行い，検査データ間の比較ができるようにすることが必要である．以下，各条件について説明する．

a. パネル

感覚感度，経験，年齢，性別などによりパネル（官能検査員の集団）を選定する．パネルは官能検査の目的により，大きく分析型パネルと嗜好型パネルに分けられる．

分析型パネルは，試料間の差異の識別や，特性の描写，評価を行う場合に用いられ，感度の優れた人が選ばれる．また，分析的な判断力，表現能力の豊かなこと，感覚を数量的に表現する能力に富むことなどの資質も要求される．パネルの選定には，閾値前後の基本味の識別や弁別閾付近のわずかな濃度差を識別するテスト（表VIII.1.8および9）などが用いられる．5味の識別テストは，蒸留水にて調整された5味の溶液に3点の蒸留水を加えた計8点の試料の中から，5味に相当するものを選ばせるものである．また，味の濃度差識別テストは，甘味，塩味，酸味，旨味それぞれの濃度を変えた一対の溶液について味の強弱を識別させるものである．それぞれ，一定レベル以上の正答率を必要とする．

嗜好型パネルは，食品の嗜好を調べる場合に用いられる．どのような人びとの好みを調べるのかを明確にし，目的に沿った人びとの集団を代表するようにパネルを選ぶ．選択基準としては，年齢，性別，職業，出身地，居住地，生活程度などのデモグラフィック要因，ライフスタイル，食生活に関する意識，食品に対する好み，摂食状況などがある．

統計学的には，パネルの数が多ければ多いほど実験の精度は高くなり，信頼度は上昇する．しかし，人数を増やすために，パネルを構成する人びとの中に検査能力の低い人や検査目的に合致しない人が増加するのでは意味がない．一応の目安としては，差の識別試験や試料の描写などの分析型の場合は3～10名，嗜好を調べる場合は20～80名が必要である．

パネルが共通の認識で官能検査の方法を理解していることが，的確な評価を行う要件である．試料の味わい方，用語・尺度の理解と使い方，数量的な表現方法などの教育・訓練を適宜行うことが必要である．

一方，パネル自身にも心構えが要求される．食品の「おいしさ」はパネルの心理・生理状態により大きく変化する．やる気のないとき，起き抜け時，満腹時，病気のときなどは結果のブレも大きい．また，タバコ，コーヒー，酒なども少なからず結果に影響を与える．パネル自身，心身の健康に留意し，検査前には結果に影響を与えるような飲食・喫煙を避け，さらに，食品や官能検査に積極的な関心をもつよう常日頃から心掛けていることが必要である．

b. 試料

検査に用いる試料については，調製の簡単な水溶液の場合と，調製が複雑で変動要因の多い調理加工食品のような固形物の場合とがある．いずれの場合も平均化した均一試料であることが必要である．そのためには，まず，正確な計量をし，加熱条件，撹拌条件，保存条件，調製器具，調理時間などの調理

条件をコントロールし，また，その種類，ロット，産地を代表するようなサンプリングを心掛ける．さらに，料理の多くは，調整後急速に変化する場合が多く，パネルに供するタイミングも重要な点である．

供試する試料の分量は，溶液の場合で少なくとも30 ml 以上，固形物の場合には数回繰り返して味わうのに必要な量を過不足なく供する．

試料調製で大切なことは試料の温度である．喫食時の適温で供する（表 VIII.1.10）．また，試料の形状，大きさ，分量，温度などは一定にそろえる．

表 VIII.1.10　食品の適温

食品名	好まれる温度（℃）
ご飯	60〜70
汁物	60〜70
清酒のかん	50〜60
茶，コーヒー，紅茶	60〜65
酢の物	20
冷奴	15〜16
ビール，ジュース	10
サイダー	5
冷し麦茶	10
水	10〜15

食品にはそれぞれ適温があり，「おいしさ」におおいに関係をもっている．
われわれが一般的に好む食品の温度は，体温を中心に±25〜25℃の範囲にあるといわれている．

c. 試料の呈示方法

各試料は公平に評価されなければならない．官能検査に使用する容器についてもいくつかの配慮が必要である．形状については，味覚研究の場合は無色透明のウイスキーグラス様のものを用いるが，食品の場合はその食品にふさわしい容器（スープ皿，コーヒーカップ，汁碗など）を用いる．材質はガラス製，陶磁器製の無味・無臭・無地のものが好ましい．ただし，色の異なる試料を比較して評価する場合，色の影響がでないように着色容器を用いることもある．

容器に付する番号または記号はランダムなものを用いる．特に番号の場合，順序を連想させやすい1桁，2桁の数字を避け3桁以上の数字を用いることが好ましい．

用いる手法により，単独で試料を呈示する場合と複数個呈示する場合とがあるが，後者の場合，その順序，位置，組合せなどによる影響に偏りが生じないように呈示方法に工夫をする．また，味覚には相乗効果（同質の2種以上の呈味物質を混合併用した場合，それぞれ単体の味の強さを合わせた以上の強い味を示す現象，グルタミン酸ナトリウムと核酸関連物質の例がよく知られている）や変調現象（先に食べた食品の影響であとに食べる食品の味が著しく違って感じとられる現象．例えば，スルメイカを食べたあとのミカンを苦く感ずるのはこの現象である）のような味の相互作用がみられるので，複数個の試料を連続して味わう場合には，味わう間隔，口すすぎなど，工夫が必要である．

特殊なケースであるが，香りの影響を除いて味のみを評価する場合には，ノーズクリップを用いたり，外観の影響を除いて評価する場合には目隠しをするなどの工夫もなされている．

検査時刻については，食事の前後は避け，体調のよいときを選ぶ．一般的には午前10〜11時頃，午後2〜4時頃が好ましい．

d. 環境，設備

官能検査は試料の微妙な差異を検出するために行うものであるから，恒温（20℃前後），恒湿（相対湿度60％前後），一定照明，無臭で雑音のない環境で行うことが検査結果の信頼性，再現性の上からも必須の要件である．

官能検査の手法には，クローズドシステム法とオープンシステム法の2つがあるが，その手法に対応して，官能検査室にも個室と円卓室の2つのタイプがある（図 VIII.1.5, VIII.1.6）．個室における検査はパネルひとりひとりが他人の影響を受けずに

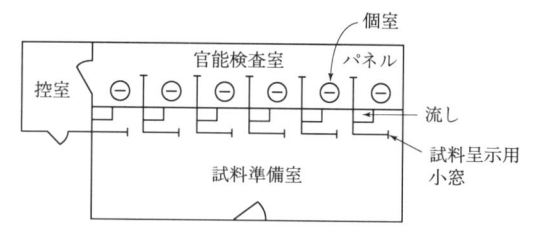

図 VIII.1.5　個室法官能検査設備の概略図

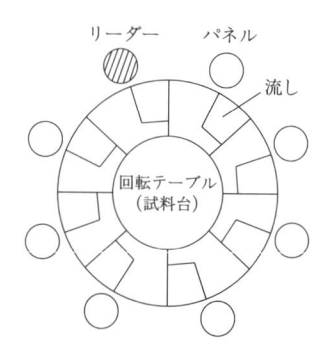

図 VIII.1.6　円卓法官能検査設備の概略図

検査するものであり，それぞれの個室（ブース）に入って行うものである．各個室には，水道の蛇口，流しがあり，試飲，口すすぎを繰り返して検査を行う．円卓室における評価は，高度に訓練された専門家によるフレーバープロファイル法や記述的な検査に用いられ，少人数（通常7～8名）のパネルが1人のリーダーのもとで意見を交換しながら評価の結論をだすものである．実際には試料について評価を個人別に行ったあと，その結果をもとにパネル間で意見を交換する．留意する点は，各パネルが検査対象の食品についてよく知っていること，およびリーダーがインタビュアーとしての手腕を有し，食品に関する知識の高いことである．

一方，実験の目的によっては，管理された官能検査室以外の，より現実に近い雰囲気のなかで行った方がよい場合もある．家庭に持ち帰っての評価（ホームユーステスト）や野外で運動をしたあとで行う評価などがこれである．これは，次の2つの場合に行われる．①実際に食べられるときの条件には相当のばらつきがある．このばらつきを上回る差があるか否かを問題にする場合であり，積極的にばらつきをデータの中に取り入れる場合．②食事は食べたいときに食べてこそ本当のおいしさが発揮される．空腹時の間食，スポーツ後の飲料，湯上り時のビールなどがこれにあたる．その食品の本当の「おいしさ」を評価する場合であり，その食品に最も相応しい環境条件を設定するものである．

e. 質問票

検査の目的にかなった的確な質問を設定することが肝要である．留意すべき点は次の通りである．
① パネルに与えるべき情報や質問はすべて完全に文章化して質問票に入れる．
② 試料の特徴を正確に把握するのに必要な用語を用いる．各用語には定義を与え，感覚と用語の対応を理解させる．
③ 1つの質問を読み，解答するのに長時間を要するのは好ましくない．1質問1分くらいが限度であろう．理解しにくい表現やいく通りにも解釈できるような表現は避け，明快平易な文章を用いる（標準化）．
④ 長時間の検査はパネルの疲労を招き，結果に悪い影響を及ぼす．1回の検査は15分くらいが一応の目安と思われる．質問数は多すぎないように設計する．

本検査に入る前に予備検査を数人で行い，上記視点からチェックするとよい．

f. 官能検査の手法

官能検査のための統計的手法にはいろいろあるが，どの場合にどの手法を用いるべきという一般的な基準はない．どの手法が検査の目的に合っているか考えて選ぶべきである．実験者の経験と資質に帰するところが多い．以下，日常よく使われる手法について概要を紹介する．

（1） 二つの試料間の差を識別する場合 A, B2つの試料間の差は識別されるか，あるいはある特性について差が識別されるかをみるための方法であり，以下3つの方法がある．

（i） 二点比較法（pair test）： A, B2個の試料を与え，甘味の強い方，苦味の強い方など該当する方を選ばせる．n人について行い，一方が選ばれた度数から試料間に差があるか否かを判断する．

（ii） 一，二点比較法（duo-trio test）： AまたはBを標準品として与え，その特徴を十分に記憶させてからさらにA, B2種を同時に与え，標準品と同じものを選ばせる．

（iii） 三点比較法（triangle test）： A, B2種の試料を，〈A, A, B〉および〈A, B, B〉の2通りに組み合わせ，それぞれの組合せについて同人数のパネルに味わせ，異なる1個の試料を選ばせる．その正解数から2種間の差を検定する．本手法は呈味物質の閾値の測定など，わずかの差を検定する場合によく用いられる．

（2） 特性の大きさに対して順位をつける場合

順位法（ranking）： n個の試料を与え，ある特性の大きさ，嗜好度について順位づけさせる方法である．試料が少量しかなく，数が多いときなどによく用いられる．ただし，パネル1人が1回に味わう試料は5～6個が限度であろう．結果の判定は単純に順位合計で行うことが多い．

（3） 対にして比較をする場合

一対比較法（paired comparison）： 官能検査で一度に多数の試料を評価するやり方は味覚の疲労などを招き，結果の信頼性が失われるおそれがある．多数の試料がある場合，2個ずつを対にして比較させ，その判定をもとに試料間の相対的位置関係を求める．

（4） 特性の大きさの程度を評価する場合 前述（1）～（3）の手法は，あるひとつを選ぶ，順位をつける，というものであったが，以下の3つは評価の程度を数値として表すものである．

（i） 採点法（scoring）： 各試料のある特性について適当な基準（10点満点など）で数字を与えさ

せる．

(ii) **評価尺度法**(rating scale)： 試料のある特性の大きさの程度について尺度上の該当する位置に印をつけさせる．尺度には，目盛と言葉を対応させた場合と，末端のみを定義する場合とがある．

(iii) **分量評定法**(magnitude estimation)： 標準試料を与え，ある特性の大きさを例えば10とする．次に評価試料を与え，ある特性の大きさを，標準試料の2倍であれば20，半分であれば5という具合に比によって判断するものである．

1.4.4 品質管理における官能検査

品質管理の重要なポイントは，製造部門が各種標準類にもとづき設計品質通りのものを安定的に製造し，工場の入口と出口，すなわち，原料・包材および製品の検査を製造部門と独立の品質管理部門が行うことにある．特に食品の製造においては，原料・包材の受入検査や製品の出荷検査の中で官能検査が重要な位置を占めている．

官能検査の実施方法については，通産省の日本工業規格(JIS)の中に官能検査通則(JIS-Z-9080)がある．品質管理ではこれら国家規格にもとづいて官能検査を実施するのが普通であるが，大まかな事柄しか決められていないため，各業界・企業ごとに官能検査実施方法の細部を自主的に決め運用されている．

工場において食品の官能検査に一般的に用いられている一例を表VIII.1.11に示す．製品ごとに専門パネルを教育・編成(3～5名)する．なお，風邪などで体調の悪いときは検査から外す．検査ロットごとに決められた点数につき，製品そのままの状態および喫食状態(冷凍食品の場合，凍結状態および解凍状態または加熱調理後の状態)に分けて検査を実施する．調整条件(解凍，加熱調理条件)は，商品に表示された標準条件を用いる．所定の手順にて調整された試料と標準品とを準備する．1回ごとの官能検査は二点試験法にて標準見本(設計品質目標)と試料との差の大きさを測定する．評価項目は製品ごとに外観，香り，風味，味，食感および総合評価などが定められ，評価尺度は「標準品と同じ」を0.0点，「かなり差あり」を3.0点とし，0.1点刻みで表現する．評価点は各項目ごとに点数をつけて，一番高い(悪い)値を総合評価点とする．少人数の官能検査結果から合否の判定を導き出す手順を表VIII.1.12に示す．「やや差あり」の1.1点以上の評価をつけたパネルの数で合否の判定を行う．また，再検査はパネルの数を増やして同様に行う．

表 VIII.1.11 工場における官能検査

・パネル編成	・商品ごとの専門パネル (n=5, 製造担当者は除く)
・テスト内容	・1回のテスト　3～5名のパネル 　　　　　　　　　5～7ロットサンプル 　　　　　　　　　所要時間：30分
・テスト手法	・二点試験法(標準品との差をみる) ・評価項目　商品別に設定 　　　　　(外観，風味，味…総合) ・評価尺度　0　標準品と同じ 　　　合格　1.0　やや差あり 　　　　　　2.0　差あり 　　　　　　3.0　かなり差あり

表 VIII.1.12 少人数パネルの官能検査判定法

1次検査	・パネル数	3～4人	5人	判定
	・評価≧1.1 のパネル数	0人 1 ≧2	0人 1～2 ≧3	合格 再検査 不合格
2次検査 (再検査)	・パネル数	6～8人	9～10人	判定
	・評価≧1.1 のパネル数	0～1人 ≧2	0～2人 ≧3	合格 不合格

検査とは，品質特性を評価し，判定基準(規格)と照合して判定を行うことをいう．判定結果は，原料受入可否，製品出荷可否の判断に用いられる．そこでは信頼性が要求され，精度管理を行わなければならない．特に，官能検査においては，測定器として人間を用いるため，①検査員によって判定に差がでやすい(パネル間変動が大きい)，②同一検査員でも場合により判定に差が生じやすい(パネル員内変動が大きい)，③結果を正確に表現することがむずかしい，などが想定され，厳重な管理が必要である．以下の事項に関して標準化された作業標準を作成し，確実に運用することが肝要である．

a. 検査員の管理

品質管理においては，差を検出するための検査員として，試料間のある程度以上の差を検出できること，検査員自身の内部にもっている標準に偏りがないこと，その標準が時間的に安定していることが要求される．

検査員の選定は，パネル選定テストで基準に合格した者の中から行う．

検査員の判断基準は時間的に変動しやすいもので

ある.例えば,検査に従事している検査員の判断が次第に厳格になり不良率が大きくなっていくことはよく経験されることである.検査水準を一定に保つため,ラインの製品の中にチェック用の製品を盲で流し,その判定結果を利用する方法や,検査員に対して定期的に教育・訓練を行い,識別能力,判断基準の安定性および妥当性を照合する.教育・訓練の内容は,①検査用語・検査手順・評価方法・判定基準など,②原料・製品および製造法,③現物を用いての評価ポイントの確認と試食などである.また,定期的に,識別能力・判定基準の安定性をチェックし,必要であれば再教育ないしは検査員の解任を行う.

同一製品で複数の工場で生産される製品の場合,共通の手法・判定基準をもとに実施すると同時に,ある一定期間ごとに同一サンプルによる同時官能検査を行い,工場パネル間の精度確認を実施することなどを行い,製品品質の安定化・標準化をはかる必要がある.

b. 検査方法

何人かの検査員がいる場合,各検査員に製品担当制を適用するか否かが,結果に大きく影響を与える可能性があり,標準化が必要となる.検査の速度も,時間をかけて検査を行えば軽微欠点までも含めて検出力が上がるが,どこまでの欠点を検出するかを明確に規定しなければならない.

判定の方法も,標準見本・限度見本を使用するか否か,どのような場合に専門家・上司の判断を仰ぐのかなどを明確に規定する.

官能検査においては,検査員の疲労・順応・やる気などに対する配慮が大切である.適当なタイミングでの適切な休憩,例えば30分作業で5分間休憩や,検査実施時間,例えば午前10時頃・午後2時頃など,標準化しておく.

c. 検査環境

官能検査においては作業環境が大きく影響し,十分な配慮が必要である.適切な温湿度,騒音のないこと,十分な換気設備,適切な照明など,検査員の感覚を狂わせたり,疲労を早めることのないよう管理を行う.

d. 判定基準(標準見本および限度見本)

官能検査を行う場合の品質の表し方には,言葉による表現,数値による表現,図や写真による表現,検査見本による表現があるが,具体的であればあるほど好ましい.言葉による表現を用いる場合,検査員間で認識の差が生じないよう,教育・訓練が必要である.見本が製作できる場合は,検査員間の判定のばらつきや偏りを少なくできるので,極力見本を使用する.標準見本は品質の標準を示すものであり,製作は可能であるが,項目が多項目にわたるためすべての品質の限度を示す限度見本は製作が不可能な場合が多い.この場合,標準見本からどのくらい外れていたら不良とするかは,検査員の判断に委ねられる.検査員は開発の段階から評価に参画し,当該製品をよく知ることが肝要であり,そのうえで検査員間の認識を合わせる訓練を行う.

e. 標準品管理

標準見本,限度見本は検査基準の一種であるから,検査規格との関連づけ,作成の基準および手順を文書化しておくことが望ましい.見本は,検査見本管理台帳などで管理し,変化を受けにくい方法(冷凍),場所で保管する.定期的に期限を定めて,および劣化または変化が認められ更新の必要を認めた場合,見本を更新する.

f. 新規導入時の管理

新製品導入および既存品改良に伴い新しく検査を導入する場合,設計品質に関し開発部門と綿密なすり合わせが必要となる.評価のポイントをできるだけ具体的な表現で,好ましくは標準見本および限度見本をもとに共有化する.特に,限度見本に関しては,改めて作成するのは困難であり,開発の段階から連絡を密にするのが望ましい. [竹下思東]

文献

1) 小俣 靖:"美味しさ"と味覚の科学,p.35-40, 67-100,日本工業新聞社,1986.
2) 佐藤 信:官能検査入門,日科技連出版社,1978.
3) 日科技連官能検査委員会:官能検査ハンドブック,日科技連出版社,1985.
4) 古川秀子:おいしさを測る,p.1-66, 106-122,幸書房,1994.

1.5 冷凍食品の賞味期間の設定方法

食品の日付表示制度は，従来食品衛生法上の表示の基準やJAS法による規格および品質表示基準において，原則として製造年月日を表示することとされていた．しかし，

① 食品製造・流通技術の進歩により，製造年月日表示では食品の品質がいつまで保たれるのかわかりにくい商品が増えていること
② 国際的な規格・基準である国際食品規格（Codex）では日付表示として期限表示が推奨されていること
③ ECおよびアメリカなど多くの国で期限表示が食品の日付表示として推奨されており，日本の日付表示に対しても期限表示が望ましいとの意見がだされていること

等々の理由から，その原則を，製造年月日表示から期限表示へ転換することとし，この新たな日付表示が1995年4月1日から義務づけられている（なお，施行日は1997年4月1日なので，2年間の移行期間が設けられている）．

その結果，これらの法律にもとづく日付表示においては，食品をその保存性ないし品質の経時変化の速さの特性に応じて，以下のように4分類に区分している．

① 品質が急速に変化しやすく，製造後すみやかに（製造日を含めて，おおむね5日以内）消費すべき食品については，「消費期限」を表示する．
② 品質の保たれる期間が3カ月以内の食品については，「賞味期限又は品質保持期限」を表示する（この場合，食品の品質が保持される期限を［年月日］で表示する）．
③ 品質の保たれる期間が3カ月を超える食品については，「賞味期限又は品質保持期限」を表示する（この場合，食品の品質が保持される期限を［年月］のみで表示してもよい）．
④ 品質の保たれる期間が数年以上の食品については，日付表示を省略することができる．

冷凍食品にあっては，上記分類中③に該当するものが大半と思われる．

1.5.1 期限表示の設定方法

冷凍食品の「賞味期限又は品質保持期間」を設定する際には，保存試験を行うこととする．

試験項目は官能試験ならびに細菌試験とし，さらに必要に応じて理化学試験を実施して，品質の評価を行ったうえで，「賞味期限又は品質保持期限」を決定する．

a. 試験条件

a) 試験に供する製品の形態： 流通実態に応じた包装形態（一括表示が記載された最終包装単位品）の製品とする．

b) 試験用試料数： 試験日1日（回）当たり3試料とする．

c) 保存試験温度： 試験品保管庫温度は，原則として一括表示欄に記載された温度（一般的には－18℃）とする．ただし，必要に応じて自ら任意に設定した温度帯で対応する．

d) 保存試験実施期間： 安全率を設定し，表示したい期間をその安全率で除して切り上げた月数を保存試験実施期間とする．

〈例〉（安全率を0.8と設定した場合）
賞味期限を3カ月としたい場合
3÷0.8＝3.75　　4カ月
賞味期限を12カ月としたい場合
12÷0.8＝15　　15カ月

ただし，試験途中で評価基準を越えた場合は，その時点で試験は中止する．

e) 試験の開始と試験区（官能試験ならびに細菌試験の実施日）の設定： 試験区（官能試験ならびに細菌試験の実施日）の設定に当たり，賞味期限の比較的短い製品は試験区間の間隔を短くし，賞味期限の長い製品は試験区間の間隔を初期の段階では長くし，終期に近づくに従って短くする（表VIII.1.13）．

表 VIII.1.13　試験区の設定

〈例〉
◎賞味期限の比較的短い製品
＊保存期間：月

＊試験区	製造時	1	2	3	4
試料数	3	3	3	3	3

◎賞味期限の長い製品
＊保存期間：月

＊試験区	製造時	1	2	3	4	5	6	7	8	9	10	11	12	13	14	15
試料数	3			3			3			3			3	3	3	3

b. 試験項目

試験区ごとに3試料を採取し，次の試験を行う．

a) 官能試験

ⅰ) 試験員　試験員は冷凍食品の基礎的知識を有し，評価方法について訓練された者3名とする．

ⅱ) 評価基準　色沢・香味・食感の3項目について，下記の官能試験採点基準（表 VIII.1.14）により，五点評価法にて行う．

表 VIII.1.14　官能試験採点基準

色沢	1. 良好で変色がないものは	5点
	2. おおむね良好で，変色がほとんどないものはその程度により	4または3点
	3. 劣るもの，変色が目立つものは	2点
	4. 著しく劣るもの，変色が著しく目立つもの	1点
香味	1. 良好なものは	5点
	2. おおむね良好なものは，その程度により	4または3点
	3. 劣るものは	2点
	4. 著しく劣るもは	1点
食感	1. 良好なものは	5点
	2. おおむね良好なものは，その程度により	4または3点
	3. 劣るものは	2点
	4. 著しく劣るもは	1点

ⅲ) 判定　試験の結果，試験員3名中2名に1点と判定された項目がある時点，または試験員3名中2名の平均点が3点未満と判定した時点で，その試料は不適格と判定する．

b) 細菌試験

ⅰ) 試験項目　試験項目は，生菌数，大腸菌群，$E.\ coli$ とする．

ⅱ) 試験方法ならびに判定基準　試験方法ならびに判定基準（表 VIII.1.15）は食品衛生法，食品，添加物などの規格規準冷凍食品の成分規格による．

ⅲ) 判定　試験の結果，いずれかの試験項目で3試料中1試料が判定基準を超えた時点で，その試料を不適格とする．

表 VIII.1.15　細菌試験判定基準

試験項目＼製品の形態	生菌数/g	大腸菌群/g	$E.\ coli$
無加熱摂取冷凍食品	1.0×10^5以下	陰性	—
加熱後摂取冷凍食品（凍結前加熱）	1.0×10^5以下	陰性	—
加熱後摂取冷凍食品（凍結前未加熱）	3.0×10^6以下	—	陰性
生食用冷凍食品	1.0×10^5以下	陰性	—

表 VIII.1.16　期限設定の事例

〈保存条件 −18℃〉
＊保存期間：月

＊試験区	製造時	1	2	3	4	5
試料数	3	3	3	3	3	3

試験項目：官能試験・細菌試験ならびに必要に応じて理化学試験
判定基準：官能試験　試験員3名中2名が1点と判定した項目がある時点
　　　　　　　　　　または，3名中2名の平均点が3点未満と判定した時点
　　　　　細菌試験　いずれかの試験項目で，3試料中1試料が不適の時点
　　　　　理化学試験　いずれかの試験項目で，3試料中1試料が不適の時点

試験結果	製造時	1	2	3	4	5	（カ月後の試験結果）
官能試験	○	○	○	○	○	×	3名のパネルの結果
	○	○	○	○	×	×	
	○	○	○	○	○	○	
判定	適	適	適	適	適	否	5カ月目不適
細菌試験	○	○	○	○	○	○	3試料の細菌試験結果
	○	○	○	○	○	○	
	○	○	○	○	○	○	
判定	適	適	適	適	適	適	いずれも適格
総合判定	適	適	適	適	適	否	5カ月目不適格

適格期間　├──適格期間──┤　4カ月
賞味期間　├──賞味期限──┤　4カ月×0.8＝3.2〈3カ月〉

c) 理化学試験

ⅰ) 試験項目　油脂の酸化が品質に影響を及ぼすと考えられるものについては，酸価(AV)，過酸化物価(POV)を測定する．

その他，製品の品質特性により，必要に応じて試験項目を設定する．

ⅱ) 試験方法ならびに判定基準　試験方法は，衛生試験法注解等にもとづき，

　　AVについては……アルカリ滴定法
　　POVについては……チオ硫酸ナトリウム滴定法
にて行う．

判定基準は，AV：3以下，POV：30以下とする．

ⅲ) 判定　試験の結果いずれかの試験項目で3試料中1試料が判定基準を超えた時点で，その試料を不適格とする．

c. 期限設定の方法(表VIII.1.16)

a) 適格期間　適格期間とは，いずれかの試験項目において不適格となった試験区の前試験区までの経過月数をいう．

b) 期限表示　適格期間に安全率(例えば0.8)を乗じ，小数点以下を切り捨てた月数をもって，「賞味期限又は品質保持期限」とする．

〈例〉
　適格期間(4カ月)×安全率(例えば0.8)=3.2
　賞味期限：3カ月
　適格期間(15カ月)×安全率(例えば0.8)=12
　賞味期限：12カ月

d. 期限設定を行う者

期限設定に当たっては，当該製品に関する知見や情報を有している製造または加工を行う営業者自身の責任において行うものとする．

e. 保存試験を行うに当たっての注意点

調理冷凍食品について保存試験を実施する際，使用する冷凍庫が，直冷式横型冷凍庫(通称，冷凍ストッカー)や家庭用冷凍冷蔵庫の場合は，

① 試料採取時の扉の開閉時の温度変化
② 自動霜取り時における温度変化
③ 冷凍庫内の試料保管位置による温度変化

などの要因で，着霜・乾燥が早期に一部の試料にみられる場合があるので，保存実験を行うに当たっては，できるだけ温度変化の小さい(営業冷蔵庫など)条件下で実施することが望ましい．

f. 冷凍食品の保存試験結果の参考資料

冷凍食品の保存試験結果の参考資料を例示する．なお，ここに示す3資料の保存試験方法は同一ではないため，実験データの数値に一部相違がみられるが，期限表示設定の目安としては近似的な手引として十分参考になると考えられる．

a) (社)日本冷凍食品協会の実験データ(表VIII.1.17)
b) 米国農務省農業研究局西部農産物利用研究開発部の実験データ(表VIII.1.18)
c) 国際冷凍協会の実験データ(表VIII.1.19)

表VIII.1.17　保存温度 −18℃下の賞味期限

品　目	賞味期限
魚フライ	12～18カ月
コロッケ	8～12カ月
油ちょう済コロッケ	12～18カ月
ハンバーグ	10～12カ月
シューマイ・春巻	10～12カ月
米飯類	12～15カ月
うどん	10～12カ月
グラタン	15～18カ月
中華どんの具	15～18カ月

表VIII.1.18　種々の温度下の冷凍食品のおよその貯蔵寿命

品　目 \ 保存温度期間	−18℃ (0°F)	−23℃ (−10°F)
(魚類)	月	月
多脂肪のもの	6～8	10～12
少脂肪のもの	10～12	14～16
(エビ類)		
イセエビ(ロブスター)	8～10	10～12
生のエビ(シュリンプ)	12	16～18
(果実類)		
アンズ	18～24	24
スライスしたモモ	18～24	24
ラズベリー(木イチゴ)	18	24
スライスしたイチゴ	18	24
(肉類)		
ローストビーフ	16～18	18～24
羊肉	14～16	16～18
ポークソーセージ	4～6	8～10
(家きん類)		
ローストチキン類	8～10	12～15
(野菜類)		
アスパラガス	8～12	16～18
インゲン，サヤインゲン	8～12	16～18
ライマビーン	14～16	24以上
ブロッコリー	14～16	24以上
芽キャベツ	8～12	16～18
カリフラワー	14～16	24以上
軸つきコーン	8～10	14
カットコーン	24	36以上
ニンジン	24	36以上
マッシュルーム	8～10	12～14
グリンピース	14～16	24以上
カボチャ類	24	36以上
ホウレンソウ	14～16	24以上

「Quality and Stability in Frozen Food」より抜粋.

表 VIII.1.19 冷凍食品の実用貯蔵期間（国際冷凍協会）

製　　品	貯蔵期間（月）		
	−18℃ (0°F)	−25℃ (−13°F)	−30℃ (−22°F)
（果　実）			
モモ，アンズ（加糖）	12	18	24
チェリー（スイート，サワー）（加糖）	12	18	24
モモ（加糖，アスコルビン酸添加）	18	24	>24
ラズベリー，イチゴ（無糖）	12	18	24
ラズベリー，イチゴ（加糖）	18	>24	>24
（果　汁）			
柑橘またはその他の果汁の濃縮ジュース	24	>24	>24
（野　菜）			
アルパラガス，インゲン，ライマ・ビーンズ	18	>24	>24
ブロッコリー，芽キャベツ，カリフラワー	15	24	>24
フレンチフライポテト	24	>24	>24
ニンジン，グリンピース，ホウレンソウ	18	>24	>24
軸つきコーン	12	18	24
（生の肉および肉加工品）			
牛肉	12	18	24
ロースト，ステーキ，包装品	12	18	24
ひき肉，包装品（無塩）	10	>12	>12
仔牛肉	9	12	24
ロースト，チョップしたもの	9	10～12	12
ラム肉	9	12	24
ロースト，チョップしたもの	10	12	24
豚肉	6	12	15
ロースト，チョップしたもの	6	12	15
ひき肉ソーセージ	6	10	
ベーコン（生，未燻製）	2～4	6	12
ラード	9	12	12
鶏肉	12	24	24
フライドチキン	6	9	12
可食の内臓	4		
（全卵，液状）	12	24	>24
（水産物）			
多脂肪魚	4	8	12
少脂肪魚	8	18	24
ヒラメ・カレイの類	10	24	>24
イセエビの類，カニ	6	12	15
エビ	6	12	12
真空包装したエビ	12	15	18
二枚貝，カキ	4	10	12
（ベーカリー製品および菓子）			
ケーキ類，チーズ，スポンジ， 　チョコレート，フルーツなど	12	24	>24

上記中 > の記号は「～より長い期間」を意味する．

［後藤憲司］

2. 冷凍食品の細菌学的検査

冷凍食品の細菌学的基準は食品衛生法の食品, 添加物などの規格基準 (厚生省告示第 370 号:昭和 34 年 12 月 28 日) の改正 (厚生省告示第 98 号:昭和 48 年 4 月 28 日) の中の「冷凍食品の成分規格」に記載されている. ここでは成分規格にもとづく細菌数 (生菌数), 大腸菌群および E. coli (大腸菌) 検査法について述べる. またサルモネラ, 黄色ブドウ球菌および腸炎ビブリオの検査法については食品衛生検査指針にもとづき, さらに大腸菌 O 157 の検査法については衛食第 207 号, 衛乳第 199 号 (平成 9 年 7 月 4 日) にもとづいて述べる.

2.1 機 器

① アルコール綿:70%エタノールに浸した脱脂綿.
② ピンセット, ハサミ:試料採取用 (オートクレーブにての滅菌が望ましい).
③ 電子上皿天秤:試料採取用 (感量 0.1 g, 秤量 2 kg 程度).
④ シャーレ:内径約 90 mm の硬質ガラス製またはプラスチック製のシャーレ (混釈用としては深型;深さ約 20 mm, 分離用としては浅型;深さ約 13 mm で可).
⑤ 駒込ピペット (2 ml, 5 ml, 10 ml):試料液採取用 (乾熱滅菌して使用する).
⑥ 牛乳ピペット (2.2 ml), メスピペット (10 ml):試料液採取用 (乾熱滅菌して使用する).
⑦ 三角フラスコ (100 ml 容, 300 ml 容), 耐圧ねじ口びん (1,000 ml 容), 中試験管:滅菌リン酸緩衝液用容器.
⑧ ルー氏式コルベン (ルコルベン):標準寒天培地用容器 (耐熱ねじ口びん, 三角フラスコでも可).
⑨ 高圧滅菌器 (オートクレーブ):培地, 緩衝液, 器具, 廃棄物などの滅菌に使用する.
⑩ 乾熱滅菌器:ガラス器具 (シャーレ, ピペット, 試験管など) の滅菌に使用する.
⑪ 恒温器 (ふ卵器):常温は 35±1℃で使用する.
⑫ 恒温水槽:EC テスト用, 44.5±0.2℃の精度で培養できるもの.
⑬ ストマッカー:試料調製に使用する.
⑭ 滅菌缶:ピペット類の滅菌または保管に使用する (ステンレス製が望ましい).
⑮ 菌数計算機 (コロニーカウンター):発生した集落を計測する.
⑯ 白金耳, 白金線:釣菌用, 画線培養用. ニクロム線を代用可.
⑰ 顕微鏡:倍率 1,000 倍の生物顕微鏡.
⑱ その他:硫酸紙 (トレーシングペーパーも可), アルミキャップ, シリコン栓, 試験管立て, 雑ガラス器具類など.

2.2 生 菌 数

生菌数 (標準寒天培養法) は, 好気的条件において発育する中温性の細菌を測定する方法である. 通常 SPC (standard plate count) 法と呼ばれており, 食品の微生物汚染の程度を示す有力な指標となっている.

2.2.1 生菌数の測定法
a. 培地および試薬
（1） 標準寒天培地 (生菌数測定用培地) 市販品を処方に従って秤量 (一般的には, 11.75 g/500 ml) し, 高圧滅菌して使用する.
（2） リン酸緩衝希釈水 (試料希釈用) リン酸

二水素カリウム(KH$_2$PO$_4$)34gを500mlの精製水に溶かし,これに約1規定の水酸化ナトリウム(1N NaOH 40g/1,000ml)溶液175mlを加え,さらに精製水を加えて1,000mlとしてpH7.2に修正*),これを原液とする.精製水800mlに原液1mlの割合で加えて作成する.

  *)pH修正には,10%炭酸ナトリウム(Na$_2$CO$_3$),4%水酸化ナトリウム(NaOH),1N塩酸(HCl),1N酢酸(CH$_3$COOH)などを使用する.

（3）**70%エタノール**(市販品あり,消毒用)

局方または試薬95%エタノール132mlに精製水368mlを加えて混合し作成する.

（4）**BTB pH試験紙**(pH域6.0～7.6)
またはガラス電極pHメーター

b. 操　作　法

生菌数の測定法術式を図VIII.2.1に示す.

（1）**試料の調製**　試料の採取は冷凍のままあるいはハサミが入る程度まで解凍したのち(容器包装の表面をアルコール綿でよくふいて消毒し,無菌的に開封する),滅菌したハサミ,ピンセットなど

[試料原液]
　　　* 400ml容ストマッキング用袋使用
　　　* 試料：25g
　　　* リン酸緩衝希釈水：225ml

(10倍希釈液)

ストマッキング(1分)
10ml採取

* 上記10倍希釈液を10ml採取
* リン酸緩衝希釈水：90ml

【試料原液】
(100倍希釈液)

[希　釈]　1ml採取　1ml採取　1ml採取

* リン酸緩衝希釈水9ml入り中試験管

1,000希釈　10,000希釈　100,000希釈

1ml採取　1ml採取　1ml採取　1ml採取

[シャーレへの分注]　0.01g　0.001g　0.0001g　0.00001g　＊各段階でシャーレ2枚宛使用

[培地注加]　標準寒天培地
(43～45℃ 15～20ml注加)

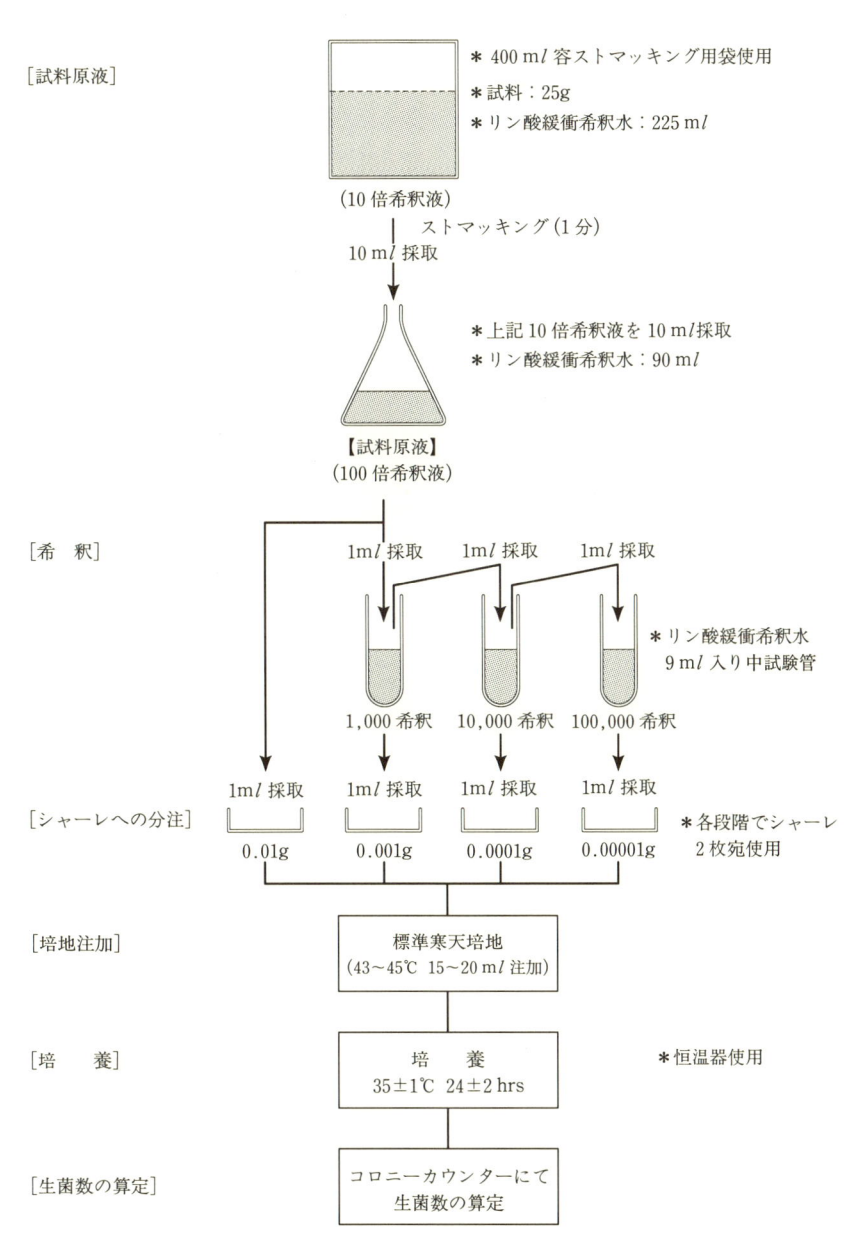

[培　養]　培　養　　＊恒温器使用
35±1℃ 24±2 hrs

[生菌数の算定]　コロニーカウンターにて生菌数の算定

図 VIII.2.1　生菌数の測定法術式

の器具を用いて行う．冷凍食品の内容物の全体を細切したのち，無作為に 25 g を無菌的にストマッカー用滅菌袋に採取し，滅菌リン酸緩衝希釈水 225 ml を加えて 1 分間ホモジナイズする（この試料液 1 ml は試料 0.1 g を含む：10 倍希釈）．試料が，未加熱の魚介類などのように，試料内で菌数のばらつきが予想される場合は，十分細切し均一化してから採取する．その 10 ml を滅菌ピペットを用いて滅菌リン酸緩衝希釈水 90 ml 入り希釈瓶に入れてよく混和し，これを試料原液（試料原液 1 ml は試料 0.01 g を含む：100 倍希釈）とする．

通常の細菌検査では，ホモジナイズした 10 倍希釈液（0.1 g/ml）を試料原液と称しているので，冷凍食品の成分規格でいう試料原液と通常の細菌検査法の試料原液とを混同しないように注意する．

（2）**シャーレへの分注** 滅菌牛乳ピペット（2.2 ml）を用いて，試料原液を 1 ml ずつ 2 枚のシャーレにすばやく分注する．次いで各希釈ごとにピペットを交換しながら，1 枚のシャーレの中に 30～300 個の集落（コロニー）が出現するように段階希釈を行い，試料原液と同様にシャーレに分注する．冷凍食品の場合，通常 10,000 倍の希釈段階で十分である．

（3）**標準寒天培地の注加** 試料液をシャーレに注入し終わったのち，あらかじめルコルベンで高圧滅菌後 45°C 前後に保った標準寒天培地を 15～20 ml 注加．すばやくふたをしてゆっくり回しながら揺り動かし，試料液と培地を混合させる．室温に放置して凝固させたのち，ふたを下側にして速やかに恒温器に収納する．

（4）**培　養** 35±1°C の恒温器に 24 時間±2 時間培養する．シャーレのふたを上側の状態で収納しておくと，蒸発した培地内の水分が水滴となって培地面に落下し，細菌の集落が拡散して計測に支障をきたすことがある．また培養した細菌の種類（特に耐熱性の *bacillus* 属の細菌）によっては，拡散および拡大した集落を形成して計測の妨げになることがある．これを防ぐ方法として恒温器中でシャーレのふたを下側にして，ふたをずらし 1 時間程度乾燥させるか，培地が凝固したのち培地上に標準寒天培地を 5 ml 程度重層すればよい．通常はこのような操作をしなくても十分測定できる．

（5）**対照試験** 試料液の代わりに滅菌リン酸緩衝希釈水 1 ml を入れて標準寒天培地を注加したものおよび培地だけを注加したものを同様に培養して，緩衝液および培地が無菌であることを確認する．オートクレーブ，乾熱滅菌器の滅菌が完全かどうかの確認には，耐熱芽胞菌の芽胞を乾燥させた試験紙（市販品あり）を使用する．恒温器内の汚染が確認された場合は 70％エタノールで恒温器内をよくふくとよい．

c. **集落の数え方**

培養の終わったシャーレは菌数計算器を用い，出現した集落数を数える．シャーレ全体の集落数が 30～300 個の範囲にあるのが理想的であるが，30 個以下または 300 個以上の発生があった場合，次のように記載する．なお 30～300 個の集落はすべて実測する．

（1）**30 個未満の場合** 1 枚のシャーレに発生した集落数が 30 個未満の場合には，統計上信頼できる数値とされないため，以下のように記載する．

すべての希釈段階のものが 30 個未満の場合には，最も希釈倍数の少ない平板について表記する．

試料濃度	集落数	記載法/g
10 倍希釈（0.1 g/ml）	30 個未満	<300
100 倍希釈（0.01 g/ml）	30 個未満	<3,000

（2）**300 個以上の場合**

① 1 cm² 当たり 10 個以下： 集落計算板の中心を通過して直角に交差する 2 線をつくり，その中心より各 1 cm² ずつ区分し，それぞれ 6 カ所（計 12 カ所）の区画の面積中の集落を数え，1 cm² の平板集落数を求めてシャーレの面積を乗じ，これをシャーレの集落数とする．

② 1 cm² 当たり 10 個以上： 上記 6 カ所の代わりに 4 カ所（計 8 カ所）の区画について数え，同様に算出する．

シャーレは内径がメーカーによって 9 cm とは限らないので，使用前に正確にはかり，面積を算出しておく必要がある．

シャーレの面積 $= 3.14 \times r^2$，r：シャーレの半径

（3）**拡散集落の場合** 拡散集落が生じて全平板の計測が困難になった場合には，拡散集落が生じていない部分，例えば面積の 2 分の 1 が計測可能な場合はその部分を計測し，全面積に換算して集落数とする．また拡散集落が分散している場合は，拡散集落を回避して 1 cm² 区画を 8 カ所程度計測し，同様に算出する．

（4）**実験室事故** 同一希釈の 1 枚のシャーレに集落の発生があったにもかかわらず，他の 1 枚のシャーレにはなかった場合，希釈段階が異なるにもかかわらず，同じような計測数となった場合（培地や希釈水の汚染による場合が多い），対照試験に集

落が生じた場合などは実験室事故（laboratory accident：LA）であり，再試験するとともにその原因を究明すること．

（5）計算および記載法　希釈倍数が同一の平板ごとに2枚のシャーレの集落数を平均して，これに希釈倍数を乗ずればよい．結果は四捨五入して以下のように有効数字2桁で表記する．

（例1）30から300の集落が1つの希釈段階に出現

シャーレ2枚の平均集落数	
100倍希釈	145（採用）
1,000倍希釈	13
10,000倍希釈	2

計　算：145×100（100倍希釈）$= 14{,}500 \fallingdotseq 15{,}000$
記載法：$1.5 \times 10^4/g$

（例2）二つの希釈段階に30から300の集落が出現

シャーレ2枚の平均集落数	
100倍希釈	246（採用）
1,000倍希釈	31（採用）
10,000倍希釈	2

計　算：$(246 \times 100 + 31 \times 1{,}000) \div 2 = 27{,}800$
　　　　　$\fallingdotseq 28{,}000$
記載法：$2.8 \times 10^4/g$

2.3　大腸菌群の検査法

大腸菌群（Coliform group）とは，グラム陰性無芽胞の桿菌で乳糖を分解してガスを産生するすべての好気性，通性嫌気性菌をいう．大腸菌群には大腸菌（*Escherichia coli*）をはじめ，サイトロバクター属菌やクレブシラ属菌など多くの腸内細菌科に属する菌種を含んでいる．病原微生物である赤痢菌やコレラ菌などの腸管系伝染病菌や食中毒菌は，日常検査において食品から検出することは操作も煩雑で時間も要する．ゆえに病原菌と棲息場所を同じくする大腸菌群を検査することは，病原菌の汚染の指標となる．

大腸菌群検査法には，デソキシコーレイト混釈寒天平板培養法が公定法として採用されている．

2.3.1　デソキシコーレイト混釈寒天培地による大腸菌群検査法

対象品目：　生食用冷凍鮮魚介類，無加熱摂取冷凍食品，加熱後摂取冷凍食品であって冷凍される前に加熱されたもの，冷凍ゆでだこ

a. 培地（市販培地を処方に従って調製する）
デソキシコーレイト寒天培地（desoxycholate agar medium）　高圧滅菌はせず，用時調製とする．

b. 操作法
デソキシコーレイト寒天培地による大腸菌群検査法術式を図Ⅷ.2.2に示す．
（1）**試料の調製**　2.2節「生菌数」の項目で調製した試料原液（100倍希釈液）を用いる．
（2）**試料液の分注**　試料原液をシャーレ2枚に1 m*l* ずつ分注する．試料の汚染が激しく確認が困難と思われるときにはさらに希釈を行う．
（3）**デソキシコーレイト寒天培地の注加**
45℃前後に保った培地をシャーレに10～15 m*l* 注ぎ，すばやくふたをしてゆっくり回しながら揺り動かし，試料液と培地をよく混合させる．これを室温に放置して凝固させたのち，さらに同培地約3～4 m*l* を培地表面に重層する．これは通性嫌気状態にして大腸菌群が赤変集落をつくりやすいようにし，集落の判定を容易にすることと，菌の拡散を防ぐためである．

c. 推定試験
（1）**集落の数え方**　混濁赤変した集落を菌数計測器を用いて数える．
（2）**計算および記載方法**　生菌数の測定法に準じて行う．
（3）**判　定**　混濁赤変した集落を認めたものは，数にかかわらず推定試験陽性と判定し，次に確定試験を行う．該当しないものは陰性とし，試験終了とする．

d. 確定試験
（1）**培地**（市販培地を処方に従って調製する）
① EMB培地（eosin methylene blue medium）
② 乳糖ブイヨン培地（lactose broth）
③ 普通寒天斜面培地
（2）**操作法**　推定試験の結果陽性の場合は，定型的集落を白金線で釣菌して，EMB培地表面に画線塗抹し，35±1℃で24時間培養後，EMB培地上に発育した定型的集落の3個以上釣菌して，乳糖

VIII. 検 査

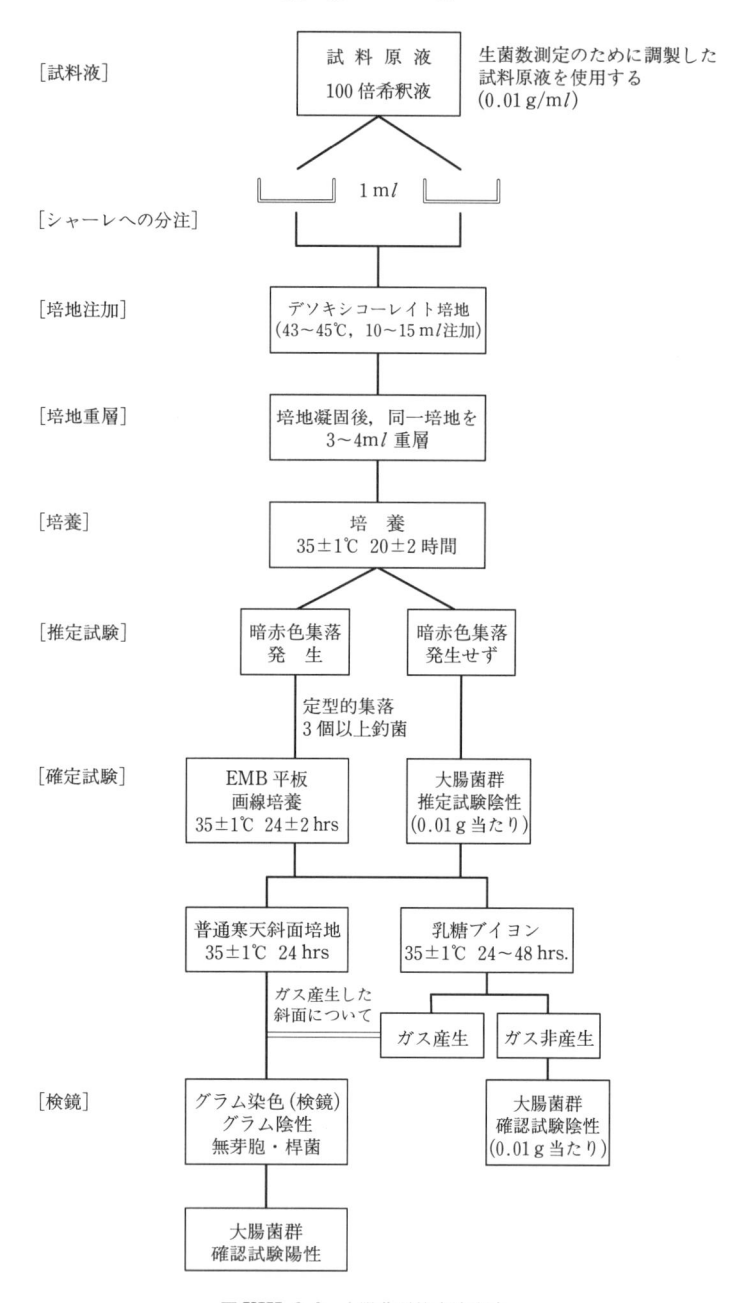

```
[試料液]         試 料 原 液        生菌数測定のために調製した
                100倍希釈液        試料原液を使用する
                                  (0.01 g/ml)
                      │
                     1 ml
                      │
[シャーレへの分注]    ↓
                      │
[培地注加]       デソキシコーレイト培地
                (43～45℃, 10～15 ml注加)
                      │
[培地重層]       培地凝固後, 同一培地を
                3～4 ml 重層
                      │
[培養]           培  養
                35±1℃ 20±2 時間
                      │
[推定試験]    暗赤色集落      暗赤色集落
              発 生          発生せず
                │
          定型的集落
          3個以上釣菌
                │
[確定試験]   EMB 平板        大腸菌群
            画線培養        推定試験陰性
            35±1℃ 24±2 hrs  (0.01 g 当たり)
                │
          普通寒天斜面培地    乳糖ブイヨン
          35±1℃ 24 hrs     35±1℃ 24～48 hrs.
                              │
          ガス産生した      ガス産生  ガス非産生
          斜面について
                │                      │
[検鏡]    グラム染色(検鏡)          大腸菌群
          グラム陰性                確認試験陰性
          無芽胞・桿菌              (0.01 g 当たり)
                │
          大腸菌群
          確認試験陽性
```

図 VIII. 2.2　大腸菌群検査法術式

ブイヨン培地と普通寒天斜面培地に移植する．

（3）判 定　乳糖ブイヨン培地は 35±1℃ で 24 時間培養し，ガス発生が認められたら推定試験陽性とする．ガス発生が認められなければ，さらに 48±3 時間まで培養する．普通寒天斜面培地は 35±1℃ で 24±2 時間培養する．乳糖ブイヨン培地においてガスと酸の産生を確認した場合に，これに対応する普通寒天斜面培地の集落についてグラム染色し，グラム陰性無芽胞の桿菌であることを認めた 場合は大腸菌群陽性と判定する．

2.3.2 BGLB はっ酵管培地による冷凍食品の成分規格以外の大腸菌群の検査法

対象品目：冷凍食肉製品

BGLB はっ酵管培地は，栄養素が豊富に含まれる牛乳や加熱食肉製品に用いられる．

a. 培地（市販培地を処方に従って調製する）

① BGLB 培地 (brilliant green lactose bile broth)

b. 操 作 法
（1） **試料の調製**　冷凍食品成分規格の試験法外なので，試料原液は 10 倍液とする．
（2） **試料液の分注**　試料原液（10 倍希釈液）を BGLB はっ酵管に 10 ml ずつ 3 本に接種する．試料原液を 10 ml 接種する場合には，倍濃度の BGLB はっ酵管を使用する．

c. 推 定 試 験
ガス産生が認められた場合は推定試験陽性とし，次の確定試験を行う．

d. 確 定 試 験
（1） **培　地**
① EMB 培地
② 乳糖ブイヨン培地
③ 普通寒天斜面培地
（2） **操作法**　ガス産生の認められた BGLB 培地より白金耳で釣菌して，EMB 培地に画線塗抹する．35±1℃ で 24 時間培養後，EMB 培地上に発育した定型的集落を 3 個以上釣菌し，乳糖ブイヨン培地と普通寒天斜面培地に移植する．
（3） **判　定**　乳糖ブイヨン培地は 35±1℃ で 24 時間培養し，ガス発生が認められたら推定試験陽性とする．ガス発生が認められなければ，さらに 48 時間まで培養する．普通寒天斜面培地は 35±1℃ で 24±2 時間培養する．乳糖ブイヨン培地においてガスと酸の産生を確認した場合に，これに対応する普通寒天斜面培地の集落についてグラム染色をする．グラム陰性桿菌であることを認めた場合は，大腸菌群陽性と判定する．

2.3.3　酵素基質法による大腸菌群および *E. coli* の検査法
酵素基質法は，わが国において水道水の *E. coli* 検査に MMO-MUG（コリラートシステム）が公定法として採用されている．

2.4　*E. coli* の検査

大腸菌群は自然界に広く分布するが，その中でも大腸菌（*Escherichia coli : E. coli*）はヒトおよび動物の腸管内に生息し，その排泄物に存在する．しかしヒトおよび動物の腸管外では消滅しやすい．このため食品からの *E. coli* の検出は直接または間接的に比較的新しい糞便汚染を示すものと考えられている．したがって，*E. coli* が検出された食品では大腸菌群よりもいっそう不潔な取扱いを受けたことが推測され，それだけ腸管系病原菌（コレラ，赤痢，サルモネラなど）の存在の可能性が高いといえる．

冷凍食品の成分規格では，44.5℃ で発育し，乳糖を分解してガスを産生するもので，大腸菌群の生化学的性状を示すものを E.coli と判定している．

2.4.1　EC テスト法
対象品目：加熱後摂取冷凍食品であって，凍結される直前に加熱されたもの以外のもの．
a. 培地（市販培地を処方に従って調製する）
① EC 培地
b. 操 作 法
EC テストによる *E. coli* の検査法術式を図 VIII.2.3 に示す．
（1） **試料の調製**　2.2 節「生菌数」で調製した試料原液（0.01 g/ml : -2）を用いる．
（2） **分　注**　試料原液を 1 ml ずつ 3 本の EC はっ酵管ブロスに分注する．
（3） **培　養**　恒温水槽を用いて 44.5±0.2℃ で 24±2 時間培養する．特に温度が低下すると，*E. coli* 以外の大腸菌群などがガスを産生し，判定ができなくなる．すなわち，確定試験を行っても *E. coli* 以外の菌を *E. coli* と誤認する可能性があるので注意する必要がある．なお，恒温水槽の水温は標準温度計（0〜50℃，最小目盛 0.1℃）でときどきチェックをする．

c. 推定試験の判定
3 本のはっ酵管中 1 本でもガス産生を認めた場合，推定試験陽性とする．ガス産生の認められない場合は陰性と判定する．

d. 確 定 試 験
（1） **培　地**　大腸菌群の確定試験の培地と同じ．
（2） **操作法**　確定試験は前項で述べたデソキシコーレイト混釈平板培養法の d 項による．したがって，ガス陽性管より 1 白金耳 EMB へ画線培養し，定型的集落を 3 個以上釣菌して，以後，大腸菌群の確定試験法通り乳糖ブイヨンはっ酵管への接種や普通寒天斜面培地への接種および鏡検試験を実施

VIII. 検 査

[試料液] 試料原液 100倍希釈液 — 生菌数測定のために調製した試料原液を使用する (0.01 g/ml)

[分 注] — 試料原液各 1 ml／EC ブロス 10 ml／(ダーラム管)

[培養] 培養 44.5±0.2℃ 24±2 時間 — 恒温水槽使用

(はっ酵管中)

[推定試験] ガス産生／ガス非産生

[確定試験] EMB 平板画線培養 35±1℃ 24±2 hrs／E. coli 推定試験陰性 (0.01 g 当たり)

普通寒天斜面培地 35±1℃ 24 hrs／乳糖ブイヨン 35±1℃ 24〜48 hrs.

ガス産生した斜面について：ガス産生／ガス非産生

[検鏡] グラム染色(検鏡) グラム陰性 無芽胞・桿菌／E. coli 確認試験陰性 (0.01 g 当たり)

E. coli 確認試験陽性

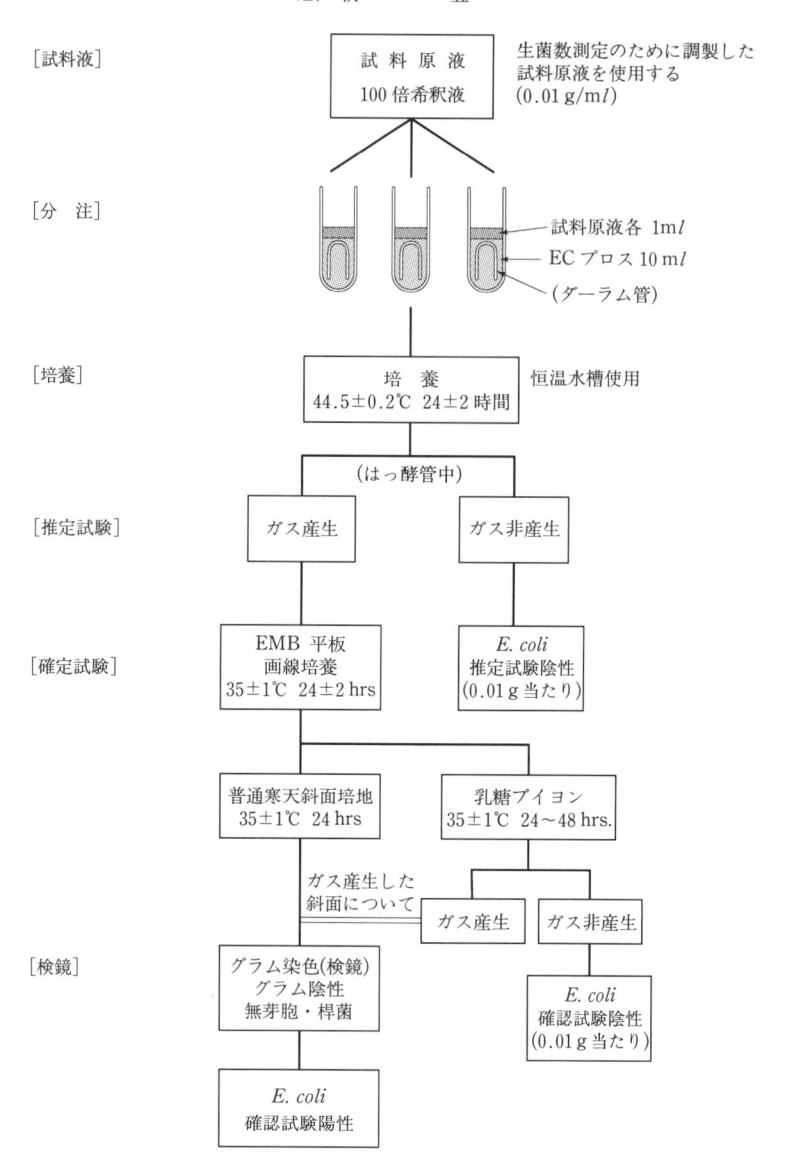

図 VIII. 2.3 E. coli 検査法術式

する．冷凍食品の成分規格では，この時点で陽性となったものを E. coli 陽性と判定する．

(3) **記録**(記載)　陰性(0/3)，陽性(1/3, 2/3, 3/3)のように記載する．すなわち，分子はガス陽性管数，分母は試験管本数(3本)とすれば管理上都合がよい．

e. IMViC 試験

　冷凍食品の成分規格では，上記の確定試験で陽性となったものを E. coli 陽性と判定するが，厳密な意味で E. coli の確認には，さらに IMViC 試験〔インドール産生能(I)，メチルレッド反応(M)，Voges-Proskauer 反応(V)およびクエン酸利用能(C)試験〕を実施し，IMViC 試験の性状のパターンが「＋＋−−」または「−＋−−」のものを E. coli 陽性とする．

(1) **培地**(市販培地を処方に従って調製する)
① SIM 培地
② ブドウ糖リン酸塩ペプトン水
③ シモンズのクエン酸塩培地

(2) **操作法**

(i) **インドール産生能試験**：　SIM 培地に被検菌を穿刺し，35±1℃，18〜24 時間培養したものにクロロホルム 0.5〜1 ml を重層し，振とうすることなく，さらに発色用試薬コバックまたはエール

リッヒ試薬 0.5 ml を滴下する．インドール産生能陽性の場合は添加した試薬が数分以内に赤色となるが，陰性では無色または淡黄色である．

（ii）**メチルレッド反応試験**： ブドウ糖リン酸塩ペプトン水に被検菌を接種して 35±1℃，72±3 時間培養後，メチルレッド試薬を数滴下する．陽性の場合は酸の形成により鮮やかな赤色となるが，陰性では橙黄色〜黄色である．

（iii）**Voges-Proskauer 反応試験**： 被検菌を接種したブドウ糖リン酸塩ペプトン水を 35±1℃，48±3 時間培養後，これに VP 試薬 1 を 0.5 ml および VP 試薬 2 を 0.2 ml 加えてよく振とうする．室温に 2 時間放置し，その間に赤褐色となったものを陽性とする．この色調は時間の経過とともに強くなるが，陰性ではぼやけた薄いピンク色である．試験には市販の VP 半流動培地を用いてもよい．

（iv）**クエン酸利用能試験**： シモンズのクエン酸塩培地の斜面部に被検菌を少量塗抹し，35±1℃，72 時間まで培養する．陽性の場合は斜面部に菌の発育が認められ，培地色が緑から青に変化する．このような変化が認められないものは陰性と判定する．

2.4.2 EC テストによる *E. coli* 最確数（MPN）法

食品添加物等の規格基準（厚生省告示第 349 号：昭和 42 年 8 月 24 日）による．

対象品目：生食用冷凍カキ

a. 培 地

EC 培地　調製方法は 2.4.1 項 a に同じ．

b. 操 作 法

（1）**試料の調製**　むき身にして販売されるカキについては，200 g 以上を滅菌器具を用いて滅菌容器に採取し，これを検体とする．殻つきのまま販売されるカキについては，殻の表面をアルコール綿で消毒したのち，滅菌器具を用いて殻を取り除いたうえで貝汁を含め 200 g 以上を滅菌容器に採取し，これを検体とする．次に，検体 200 g 以上を無菌的にストマッカー用滅菌袋に移したのち，同量のリン酸緩衝希釈水を加えて 1 分間ホモジナイズし，これを試料原液とする．この試料原液 2 ml は試料 1 g を含む．

次に試料原液 20 ml にリン酸緩衝希釈水 80 ml を加えて検体の 10 倍希釈液を，さらに当該 10 倍希釈液 10 ml にリン酸緩衝希釈水 90 ml を加えて検体の 100 倍希釈液を調製する．このほか，必要に応

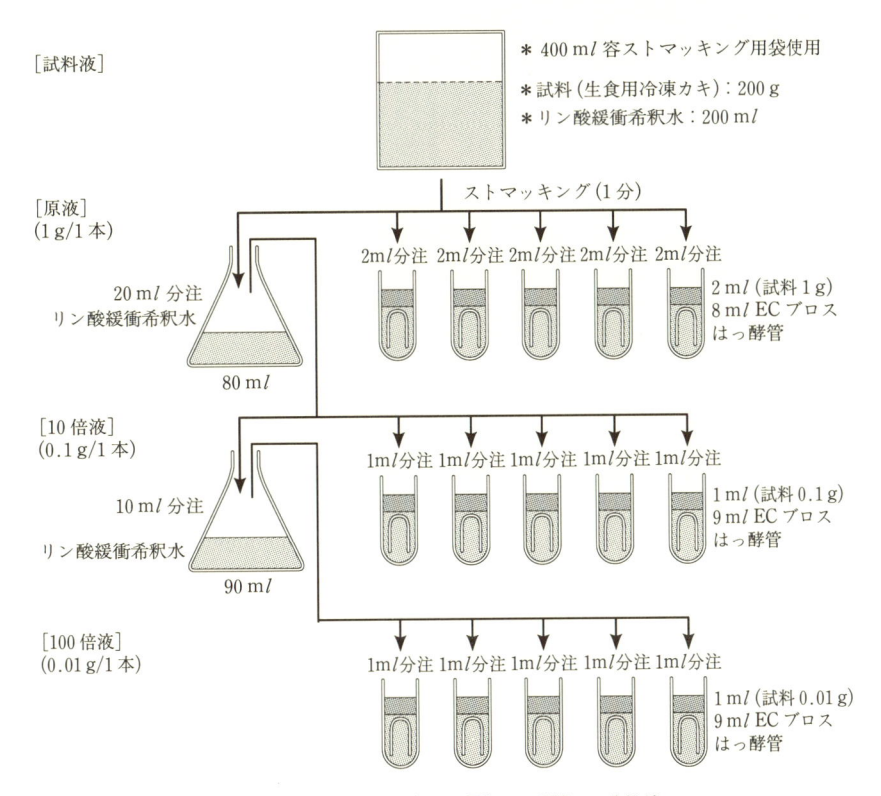

図 VIII.2.4　生食用冷凍カキ EC はっ酵管への分注法

じて，100倍希釈液の調製方法に準じて検体の段階希釈液を調製する．

(2) **ECはっ酵管への試料の分注**　試料原液2 mlを駒込ピペットで5本のECはっ酵管へ分注する（はっ酵管1本中につき試料1 g）．さらに10倍希釈液1 mlを5本のECはっ酵管へ分注する（はっ酵管1本中につき試料0.1 g）．同様に100倍希釈液1 mlを5本のECはっ酵管へ分注する（はっ酵管1本中につき試料0.01 g）．汚染菌数の程度によるが，1,000倍まで希釈すれば十分である．

分注法を図VIII.2.4（前ページ）に示す．

(3) **培養**　恒温水槽を用いて44.5±0.2℃で24±2時間培養する．

c. E. coli 最確数算出法

培養後，ガスの産生を認めたECはっ酵管の数（陽性管）に応じて，表VIII.2.1のMPN表により算出された係数を10倍して100 g当たりのMPNを算出する．なお，本法の場合，確定試験は行わない．

生食用冷凍カキは固体であるので表中のmlをg

表VIII.2.1 *E. coli* 最確数表（MPN）
幾何級数的に3段階希釈したもののおのおのを5本接種して得た試料100 ml当たりの最確数（MPN）

(1)			(2)	(1)			(2)	(1)			(2)	(1)			(2)	(1)			(2)	(1)			(2)
ml 10	ml 1	ml 0.1		10	1	0.1		10	1	0.1		10	1	0.1		10	1	0.1		10	1	0.1	
0	0	0	0	1	0	0	2	2	0	0	4.5	3	0	0	7.8	4	0	0	13	5	0	0	23
0	0	1	1.8	1	0	1	4	2	0	1	6.8	3	0	1	11	4	0	1	17	5	0	1	31
0	0	2	3.6	1	0	2	6	2	0	2	9.1	3	0	2	13	4	0	2	21	5	0	2	43
0	0	3	5.5	1	0	3	8	2	0	3	12	3	0	3	16	4	0	3	25	5	0	3	58
0	0	4	7.2	1	0	4	10	2	0	4	14	3	0	4	20	4	0	4	30	5	0	4	76
0	0	5	9	1	0	5	12	2	0	5	16	3	0	5	23	4	0	5	36	5	0	5	95
0	1	0	1.8	1	1	0	4	2	1	0	6.8	3	1	0	11	4	1	0	17	5	1	0	33
0	1	1	3.6	1	1	1	6.1	2	1	1	9.2	3	1	1	14	4	1	1	21	5	1	1	46
0	1	2	5.5	1	1	2	8.1	2	1	2	12	3	1	2	17	4	1	2	26	5	1	2	64
0	1	3	7.3	1	1	3	10	2	1	3	14	3	1	3	20	4	1	3	31	5	1	3	84
0	1	4	9.1	1	1	4	12	2	1	4	17	3	1	4	23	4	1	4	36	5	1	4	110
0	1	5	11	1	1	5	14	2	1	5	19	3	1	5	27	4	1	5	42	5	1	5	130
0	2	0	3.7	1	2	0	6.1	2	2	0	9.3	3	2	0	14	4	2	0	22	5	2	0	49
0	2	1	5.5	1	2	1	8.2	2	2	1	12	3	2	1	17	4	2	1	26	5	2	1	70
0	2	2	7.4	1	2	2	10	2	2	2	14	3	2	2	20	4	2	2	32	5	2	2	95
0	2	3	9.2	1	2	3	12	2	2	3	17	3	2	3	24	4	2	3	38	5	2	3	120
0	2	4	11	1	2	4	15	2	2	4	19	3	2	4	27	4	2	4	44	5	2	4	150
0	2	5	13	1	2	5	17	2	2	5	22	3	2	5	31	4	2	5	50	5	2	5	180
0	3	0	5.6	1	3	0	8.3	2	3	0	12	3	3	0	17	4	3	0	27	5	3	0	79
0	3	1	7.4	1	3	1	10	2	3	1	14	3	3	1	21	4	3	1	33	5	3	1	110
0	3	2	9.3	1	3	2	13	2	3	2	17	3	3	2	24	4	3	2	39	5	3	2	140
0	3	3	11	1	3	3	15	2	3	3	20	3	3	3	28	4	3	3	45	5	3	3	180
0	3	4	13	1	3	4	17	2	3	4	22	3	3	4	31	4	3	4	52	5	3	4	210
0	3	5	15	1	3	5	19	2	3	5	25	3	3	5	35	4	3	5	59	5	3	5	250
0	4	0	7.5	1	4	0	11	2	4	0	15	3	4	0	21	4	4	0	34	5	4	0	130
0	4	1	9.4	1	4	1	13	2	4	1	17	3	4	1	24	4	4	1	40	5	4	1	170
0	4	2	11	1	4	2	15	2	4	2	20	3	4	2	28	4	4	2	47	5	4	2	220
0	4	3	13	1	4	3	17	2	4	3	22	3	4	3	32	4	4	3	54	5	4	3	280
0	4	4	15	1	4	4	19	2	4	4	25	3	4	4	36	4	4	4	62	5	4	4	350
0	4	5	17	1	4	5	22	2	4	5	28	3	4	5	40	4	4	5	69	5	4	5	430
0	5	0	9.4	1	5	0	13	2	5	0	17	3	5	0	25	4	5	0	41	5	5	0	240
0	5	1	11	1	5	1	15	2	5	1	20	3	5	1	29	4	5	1	48	5	5	1	350
0	5	2	13	1	5	2	17	2	5	2	23	3	5	2	32	4	5	2	56	5	5	2	540
0	5	3	15	1	5	3	19	2	5	3	26	3	5	3	37	4	5	3	64	5	5	3	920
0	5	4	17	1	5	4	22	2	5	4	29	3	5	4	41	4	5	4	72	5	5	4	1,600
0	5	5	19	1	5	5	24	2	5	5	32	3	5	5	45	4	5	5	81	5	5	5	1,800

(1) 移植量に対するはっ酵管陽性数，(2) 試料100 ml中の最確数

表 VIII.2.2　MPN の算出例(5本法)

陽性管数＼移植量	1 g	0.1 g	0.01 g	0.001 g	陽性管数組合せ	MPN/100 g
例 (1)	5	4	3	0	5-4-3	2,800
例 (2)	5	4	3	1	4-3-1	3,300
例 (3)	0	1	0	0	0-1-0	18
例 (4)	5	4	1	1	5-4-2	2,200
例 (5)	5	5	5	—	5-5-5	>24,000

例 (1)　表の 5-4-3 の組合せより 280 の値を得るが，100 g 当たりに換算するために 10 倍し 2,800 となる．

例 (2)　3 段階希釈より 1 桁高い希釈においても陽性管数がでた場合には 2 段階希釈目より数字をとり，4-3-1 の組合せより 33 の値を得るが，100 g 当たりに換算するには 100 倍し 3,300 となる．

例 (3)　1-0-0 ではなく，0-1-0 とする．

例 (4)　3 段階希釈より 1 桁高い希釈においても陽性となった場合，加えて 1+1=2 とし 5-4-2 とする．

例 (5)　1 桁高い希釈を行っていないとき，5-5-0 としないで >2,400 MPN/100 g とし，この値より多いことを示す．

に置き換える．表 VIII.2.1 の 10 ml は，1 g の試料を分注したため表中の係数を 10 倍するわけである．

MPN の算出例は表 VIII.2.2 の通りである．

2.5　サルモネラ

サルモネラ (*Salmonella*) とはチフス菌，パラチフス菌などを含む病原性腸内細菌の一群で，腸チフスの患者は著しく減少しているが，下痢症からのサルモネラの検出率は増加する傾向にある．最近では卵を中心とした，*Salmonella enteritidis* の汚染が深刻な問題となっており，1992 年の食中毒発生件数は，それまで長年第 1 位であった腸炎ビブリオを抜いた．

サルモネラはグラム陰性桿菌で，長い周毛性の鞭毛を有し，活発に運動する．サルモネラの最低発育温度は 7℃ 前後で，死滅温度条件は 70℃ では 1 分以内に死滅する．またサルモネラは，凍結状態ではほとんど菌数が変化せず，乾燥にも強いという報告がある．

2.5.1　サルモネラの検査法

a. 培地(市販培地を処方に従って調製する)

① EEM ブイヨン (サルモネラ前増菌用培地)
② 緩衝ペプトン水 (サルモネラ前増菌用培地)
③ ハーナのテトラチオン酸塩培地 (tetorathionate medium：増菌用培地)
④ ラパポート培地 (rappaport medium：増菌用培地)
⑤ ラパポートバシリディアス (RV) ブイヨン (増菌用培地)
⑥ SBG スルファ培地 (selenite brilliant green sulfur medium：増菌用培地)
⑦ セレナイト培地 (増菌用培地)
⑧ DHL 寒天培地 (desoxycholate hydrogen sulfide lactose agar：分離用培地)
⑨ MLCB 寒天培地 (分離用培地)
⑩ ランバック寒天培地 (分離用培地)
⑪ ブリリアントグリーン寒天培地 (分離用培地)
⑫ TSI 培地 (triple sugar iron agar medium：確認試験用培地)
⑬ LIM 培地 (確認試験用培地)

b. 操作法 (増菌法)

サルモネラの検査法術式を図 VIII.2.5 に示す．

通常 25 g で試験を行うが，1 g，10 g，50 g 当たりで試験を行うこともある．冷凍食品の場合，食品に混在するサルモネラは，コールドショックにより損傷を受けて弱っていることが考えられるので前培養を行う．培地は，EEM ブイヨンまたは緩衝ペプトン水を使用する．

(1) 試料の調製　検体 25 g を無菌的に採取して試料とする．試料に対して 10 倍量になるように前増菌培地 225 ml を加えてホモジナイズする．

(2) 前増菌培養　試料液を 35±1℃ で 22 時

[試料液]
* 400 ml容ストマッキング用袋使用
* EEMブイヨン 225 ml
  （または緩衝ペプトン水）
* 試料 25 g

ストマッキング（1分）

[前増菌培養]
* 空気が通るように軽くシール
* 時々撹拌すること

培養（35±1℃　22±2 hrs）
0.5～1 ml選択増菌培地に接種

[選択増菌培養]
* ハーナテトライオン酸塩培地
  （またはラパポート培地，
  ラパポートパシリディアス培地）

培養（35±1℃　18～24 hrs）
（培地の種類によって培養条件が異なる）
選択増菌培養液より1白金耳分離培地に画線塗抹

[分離培養]
* DHL培地，MLCB培地，ランバック培地，
  ブリリアントグリーン寒天培地

培養（35±1℃　18～24 hrs）
生物学的性状確認試験
（定型的集落を白金線で接種）

[確認試験]　TSI培地　　LIM培地

培養（35±1℃　18～24 hrs）

[判　定]
TSI培地
　斜面：赤色
　高層：黒色（硫化水素）
　ガス：＋

LIM培地
　リジン脱炭酸：＋（紫）
　インドール　：−
　運動性　　　：＋（高層部の混濁）
　IPA　　　　：−

サルモネラ陽性

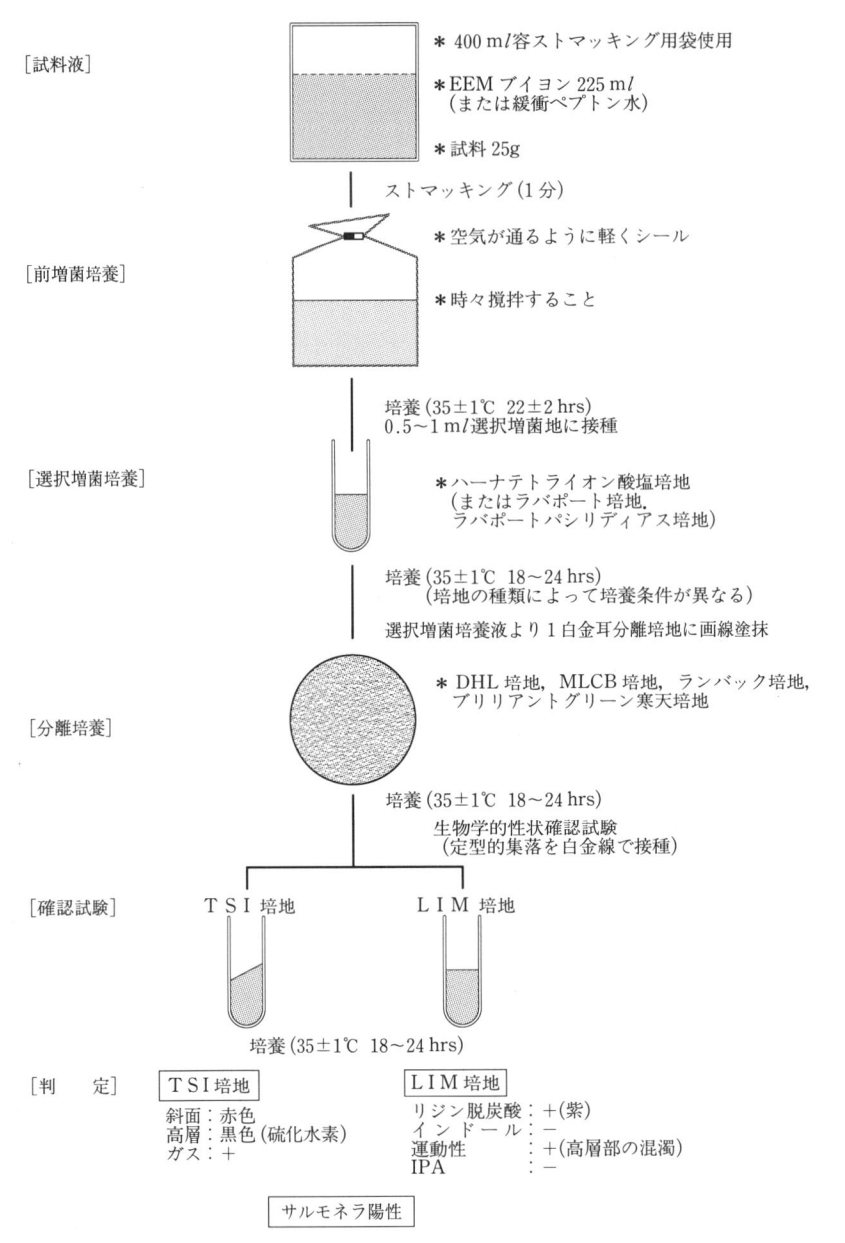

図 VIII. 2. 5　サルモネラの検査法術式

間±2時間培養する．この培養液 0.5～1 ml 採取して増菌培地に接種する．

（3）**増菌培養**　増菌培地の種類によって，培養温度および時間が異なるので確認を要する．培養後，培養液1白金耳を分離培地に画線塗抹する．

（4）**分離培養**　分離培地は 35±1℃ の温度で 18～24 時間培養する．分離培地は，硫化水素産生性で判定する培地（DHL，MLCB）と非産生の菌でも判定できる培地（BGM および BGS，ランバック寒天）を併用するのが望ましい．この時点で全く集落が見られない場合，および定型的集落が確認されない場合は陰性と判定する．

（5）**確認試験**　各分離培地に発育・増殖した定型的集落を釣菌して，TSI培地，LIM培地に接種する．35±1℃ の温度で 18～24 時間培養する．培養後，TSI培地にあっては，高層部黄変，黒変，ガス産生（高層部における亀裂または気泡の発生）および斜面部が赤変したものを，LIM培地にあっては培地全体が紫変，インドール陰性，運動性陽性（まれに陰性あり）のものをサルモネラと判定し，血

清学的試験ならびに生化学的試験(同定用キットの使用も可)を行い，サルモネラと同定する．近年のサルモネラ同定に関する考え方としては，硫化水素非産生，運動性陰性というような，従来は陰性と判定されていた菌についても陽性と判定する方向に進んでいる．最近では腸内細菌同定キットをはじめ各種のサルモネラ同定キットが市販されており，これらを有効に利用することが時間短縮につながる．

2.6 黄色ブドウ球菌

黄色ブドウ球菌(*Staphylococcus aureus*)は，ヒトや動物の化膿性疾患，髄膜炎，敗血症，あるいは食中毒の原因菌として知られており，動物の皮膚，健常者の鼻腔，咽頭，皮膚など，ヒトを取り巻く環境に広く分布している．黄色ブドウ球菌による食中毒はブドウ球菌が食品中で増殖する過程で産生する菌体外毒素(エンテロトキシン)が原因で，これを人が食品とともに摂取することによって起こる典型的な食物内毒素型の食中毒である．菌体外毒素(エンテロトキシン)は120°Cで20分間加熱しても無毒化されないという報告があり，いったん毒素を産生すると加熱殺菌しても食中毒を防止することはできない．そのために，原材料，調理器具，調理従事者などの食品の製造工程に関わる要因について黄色ブドウ球菌検査を行い，汚染防止対策を講じる必要がある．

2.6.1 黄色ブドウ球菌の検査法(平板菌数法)
a. 培　　　地
(1) 卵黄加マンニット食塩寒天培地(mannitol salts egg-yolk agar medium)(選択分離用培地)
　市販培地を処方に従って調製，滅菌後，培地を45〜50°Cに冷却し，この中に卵黄と生理食塩水を同量混合したものを，培地に対し10%の割合で加える．市販の無菌卵黄を使用することもできる．卵黄を加えた培地をよく撹拌後シャーレにすばやく15〜20 m*l* 分注して平板とする．平板は恒温器中でふたを下側にしてふたをずらし，1時間ほど乾燥したのち使用する．上記のマンニット卵黄寒天培地と同様の原理の分離用培地として次のものがある．
　(1) 卵黄加ブドウ球菌110培地
　(2) 食塩卵黄寒天基礎培地
　(3) ポアメディア・エッグヨーク食塩寒天培地
　　　(生培地)
(2) ベアード−パーカー寒天培地(Baird-Parker agar medium)(選択分離用培地)　黄色ブドウ球菌は，亜テルル酸を還元して黒色集落を形成し，周囲に白濁および透明帯の卵黄反応を呈する．市販品あり．使用方法については，各社の使用説明書を参照されたい．

(3) ハートインフュージョン(heart infusion：HI)寒天斜面培地(分離菌培養用)　市販培地を処方に従って調製する．普通寒天培地でも可．
(4) ブレンハートインフュージョン培地(brain heart infusion培地：以下BHIと記載する)(確認試験菌液用)　市販培地を処方に従って調製する．
(5) クランピングファクター試験用試薬
　市販品あり．使用方法については，各社の使用説明書を参照されたい．
(6) コアグラーゼ試験用試薬　市販品あり．使用方法については，各社の使用説明書．

b. 操　作　法
黄色ブドウ球菌の検査法術式を図VIII.2.6に示す．
(1) 試料の調製　2.2節「生菌数」の10倍希釈液を試料液とする．
(2) 試料液の塗抹　試料液をあらかじめ作成しておいた選択分離用寒天培地2枚に0.1 m*l* ずつ接種して，コンラージ棒を用いて培地全体に塗抹する．黄色ブドウ球菌による汚染が想定される場合は，100倍，1,000倍に希釈し，同様に操作する．
(3) 培　養　35±1°Cの恒温器で48時間±3時間培養する．

c. 推 定 試 験
卵黄反応陽性*)の定型的集落を黄色ブドウ球菌陽性と判定し，集落数を算定する．

　* 卵黄反応(egg-yolk reaction)：黄色ブドウ球菌の多くは菌体内中にレシチナーゼを有し，培地中のリポプロテインであるレシチンを分解して集落の周囲に遊離脂肪酸のカルシウム，マグネシウム塩による白濁環をつくる反応のことである．

d. 確 認 試 験
選択分離用培地上に発育した定型的集落を3個以上釣菌し，それぞれ普通寒天培地およびBHIに移植，培養後，次のいずれかの確認試験を行う．
(1) コアグラーゼ試験　コアグラーゼ試験操作手順を図VIII.2.7に示す．市販の家兎プラズマを生理食塩水で希釈したものを処方に従って操作する．

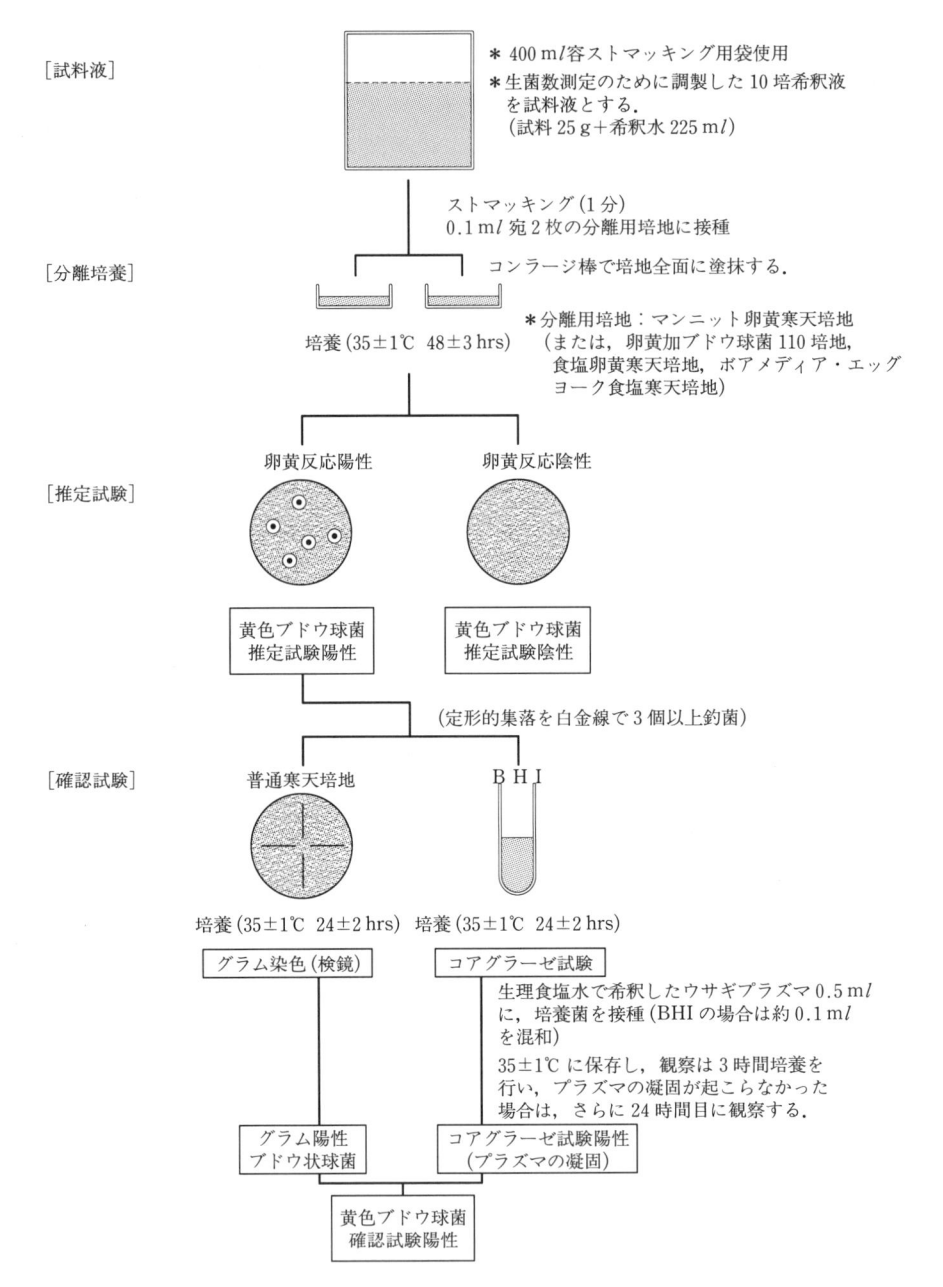

図VIII.2.6 黄色ブドウ球菌の検査法術式

(2) クランピングファクター試験 スライドグラスに血漿と生理食塩水をそれぞれ1滴滴下しておき，選択培地の定型的集落をBHIまたは普通寒天培地に培養した新鮮培養菌を混和して30秒以内に凝集反応が起こるものを陽性とする．この際に新鮮培養菌と生理食塩水を混和したものが自然凝集しないことを確認しておく．

(参考) エンテロトキシンの検査
食品の安全性を確認するためには，黄色ブドウ球菌の検出だけでは不十分な場合がある．食品の加熱以前に黄色ブドウ球菌により汚染がありエンテロトキシンが産生された場合，加熱後に検査して黄色ブドウ球菌は検出されなくてもエンテロトキシンが残存していることになり，この毒素検査をしなければ食品の安全性は確認できない．これは逆受け身ラテックス凝集反応(RPLA)法により比較的簡易に検査が可能である．

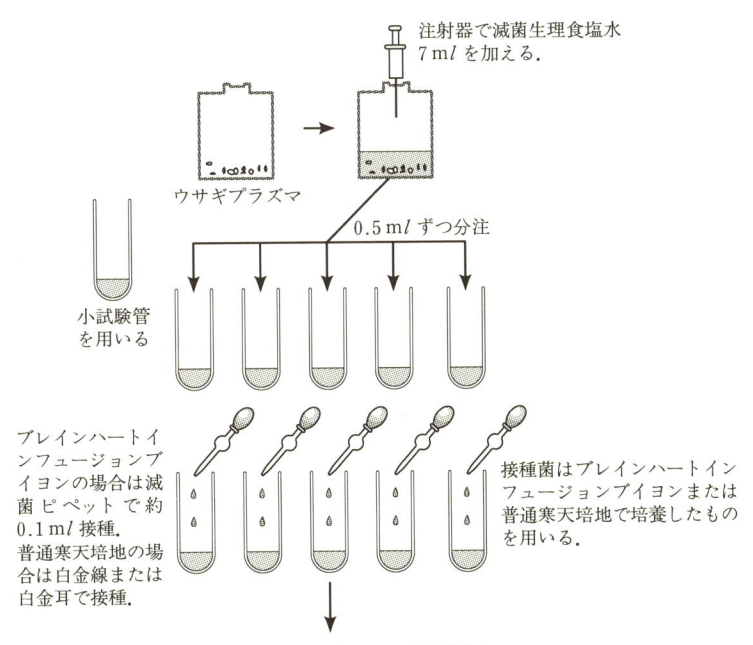

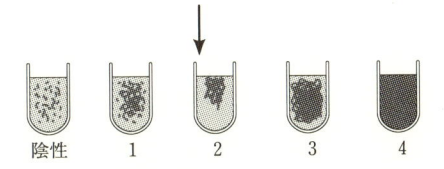

図 VIII.2.7 コアグラーゼ試験操作手順

2.7 腸炎ビブリオ

　腸炎ビブリオ (*Vibrio parahaemolyticus*) は，わが国で発見された食中毒菌で，特にわが国では夏期の魚介類による食中毒の大半は本菌によるものである．これは日本人が刺身や寿司などの生の魚介類を食する習慣をもつためである．

　腸炎ビブリオの最低発育温度は10℃で，死滅温度は50～60℃で1～2分である．本菌は好塩性で，その発育に塩分を必要とし，それを含まない培地には発育できない．発育しうる培地中の塩分濃度域は0.5～8%であるが，2%内外で最も旺盛に発育する．発育至適温度は30～37℃で，42℃でも発育できるが，10℃以下では発育できない．至適 pH は8.0で，発育可能な pH 域は5.6～9.6である．至適条件での世代交替時間は10～13分である．

2.7.1 腸炎ビブリオの検査法

a. 培地（市販培地を処方に従って調製する）

① 食塩ポリミキシンブイヨン（選択増菌用培地）

② TCBS 寒天培地 (thiosulfate citrate bile salts sucrose)（分離用培地）

③ 2%NaCl 加 TSI 培地（確認用培地：市販培地に NaCl を2%添加する．）

④ 2%NaCl 加 SIM 培地（確認用培地：市販培地に NaCl を2%添加する．）

⑤ 2%NaCl加LIM培地（確認用培地：市販培地にNaClを2%添加する．）
⑥ 2%NaCl加VP培地（確認用培地：市販培地にNaClを2%添加する．）
⑦ 0.3, 8, 10%NaCl加ブイヨン（確認用培地）
⑧ オキシダーゼろ紙（確認試験用，市販品あり）

b. 操作法（増菌法）
　増菌法による腸炎ビブリオの検査法術式を図VIII.2.8に示す．
（1）試料の調製　試料100g以上を無菌的に細分し，そのうち10gをストマッカー用滅菌袋（三角フラスコでも可）に採取し，これに食塩ポリミキシンブイヨン90mlを加える．次いでストマッ

[試料液]
* 400 ml容ストマッキング用袋使用
* 食塩ポリミキシンブイヨン：90 ml
* 試料 10 g

[選択増菌培養]
* 空気が通るように軽くシール
* 時々撹拌すること
培養（35±1℃　16～18時間）

[分離培養]
選択増菌培養液より1白金耳分離培地に画線塗抹
* TCBS寒天培地使用
（ほかにビブリオ寒天培地）
培養（35±1℃　16～18 hrs）

[推定試験]
緑青色集落発生 ／ 緑青色集落発生せず → 腸炎ビブリオ推定試験陰性

[確認試験]
2%NaCl含有TSI培地
培養（35±1℃　18～24 hrs）

斜面：赤色
高層：黄色
ガス：−
／ いずれかの性状が違う → 腸炎ビブリオ推定試験陰性

生物学的性状確認試験（定型的集落を白金線で接種）

2%NaCl加SIM培地 ／ 2%NaCl加LIM培地 ／ 2%NaCl加VP半流動培地 ／ 0%NaCl加普通ブイヨン ／ 3%NaCl加普通ブイヨン ／ 8%NaCl加普通ブイヨン ／ 10%NaCl加普通ブイヨン

培養（35±1℃　18～24 hrs）

[判定]
インドール：+　リジン脱炭酸：+　VP：−　　菌の発育：−　菌の発育：+　菌の発育：±　菌の発育：−
運動性：+
IPA：−　　　　　　　　　　　　　　　　＊チトクロームオキシダーゼ試験：+

腸炎ビブリオ推定試験陽性

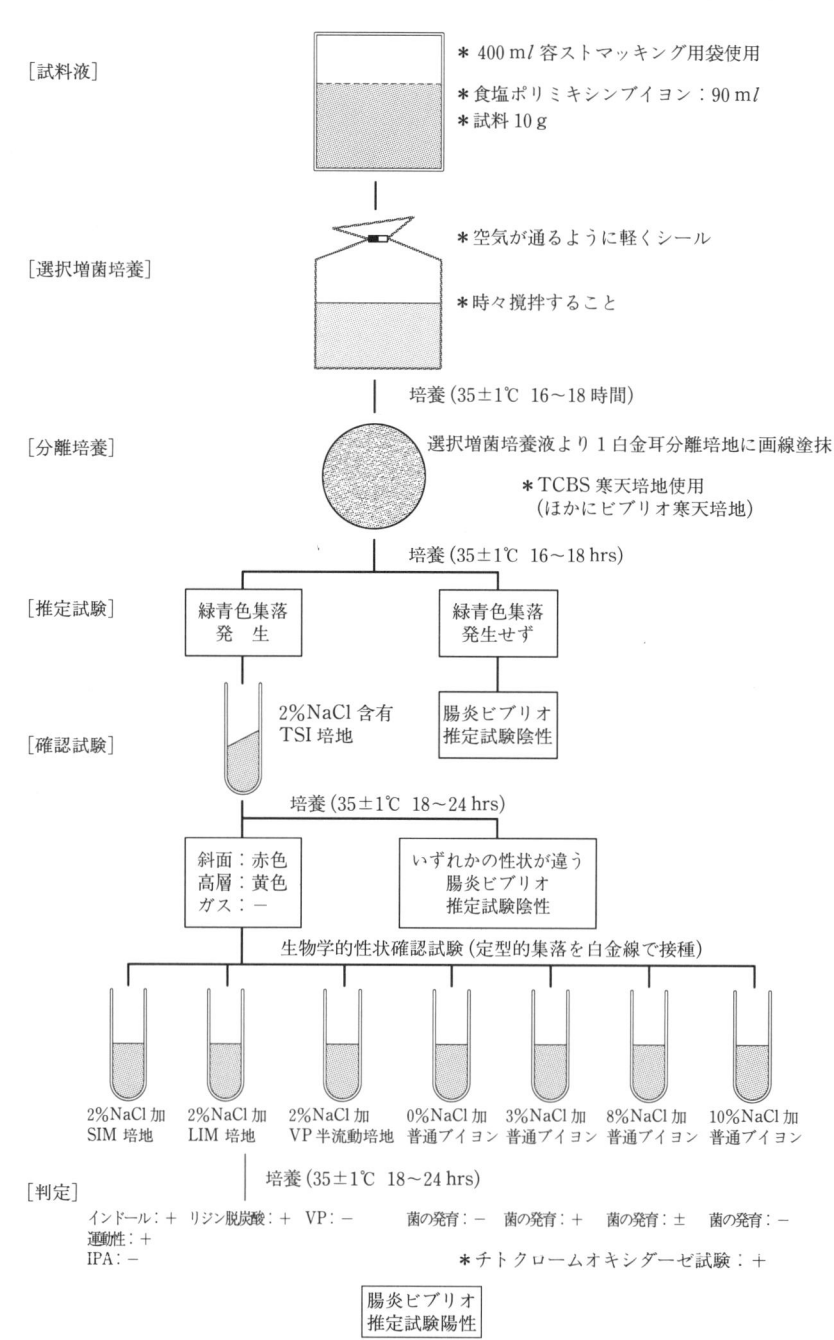

図VIII.2.8　増菌法による腸炎ビブリオの検査法術式

カー用滅菌袋の口を空気が通るようにゆるく縛り試料液とする．

(2) **選択増菌培養** 試料液をストマッカー用滅菌袋のまま 35±1.0℃ で 16〜18 時間培養し，培養液を得る．

(3) **分離培養** 培養液の上層部から 1 白金耳を 2%NaCl 加 TCBS 寒天培地に画線塗沫し，35±1.0℃ で 16〜18 時間培養する．

c. 判　定

腸炎ビブリオは TCBS 寒天培地上で直径 2 mm 内外の白糖非分解性の緑青色の集落をつくる．一方，コレラ菌など白糖分解菌は黄色集落を形成するのでそれらとの鑑別が必要となる．緑青色の定型的集落が発生しない場合は腸炎ビブリオ陰性と判定する．緑青色の定型的集落が発生した場合は，次の確認試験を実施する．

d. 確認試験

(1) **ブドウ糖のはっ酵試験** 2%NaCl 加 TCBS 培地上の緑青色の定型的集落を，2% NaCl 加 TSI 培地に穿刺して，35±1℃，18〜24 時間培養する．斜面は赤変し，高層部は黄変しかつ黒変，気泡および亀裂を生じない場合は，さらにその 2% NaCl 加 TSI 培地の菌を用いて次の②〜⑥の試験を行う．上記の生物学的性状に該当しない場合は陰性とする．

(2) **運動性，IPA およびインドール試験**

2% NaCl 加 SIM 培地を用い，35±1℃ で，18〜24 時間培養する．運動性陽性(培地のにごり)，IPA 反応陰性(培地上層部の褐色化がみられない)およびインドール試験陽性(Kovacs の試薬を培地表面に滴下して培地表面が赤色を呈したもの)のものを陽性と判定する．

(3) **リジン反応試験** 2% NaCl 加 LIM 培地を用い，35±1℃ で，18〜24 時間培養する．リジン脱炭酸反応により深部まで紫色になったものを陽性と判定する．

(4) **食塩耐性試験** 普通ブイヨンに塩化ナトリウムをそれぞれ 0, 3, 8, 10% 加える．それぞれのブイヨン 3 ml に被検菌の培養菌を白金線でごく微量接種し，18 時間培養する．発育が 0%(−)，3%(+)，8%(±)，10%(−)の性状を示したものを陽性と判定する．

(5) **Voges-Proskauer テスト** 2% NaCl 加 VP 培地で一夜培養後，その上層部に 6% α-ナフトール・アルコール溶液 0.2 ml および 40% 水酸化ナトリウム水溶液 0.2 ml を加える．1 時間以内に赤色ないし深紅色を呈しなかったものを陰性とする．

(6) **オキシダーゼ試験** 市販のオキシダーゼろ紙を用いる．ろ紙の一片に滅菌精製水を滴下してろ紙全体を湿らせたのち，菌を白金耳(ニクロム線では不可)でオキシダーゼろ紙上に塗沫する．陽性の場合には塗沫部が 30 秒以内に濃紫色を呈する．数分後にみられる淡青色は陰性と判定する．

腸炎ビブリオの生物学的性状を表 VIII.2.3 に示す．

なお，生物学的性状試験に関しては現在さまざまなキットが市販されているので，これを利用すれば試験に要する時間が短縮可能である．

表 VIII.2.3　腸炎ビブリオの生物学的性状

TSI 斜面	TSI 高層	硫化水素	ガス	SIM インドール	SIM IPA *1	SIM 運動性	LIM リジン	VP 反応	0% 食塩	3% 食塩	8% 食塩	10% 食塩	オキシダーゼ	推定されるビブリオ菌種
赤	黄	−	−	+	−	+	+	−	−	+	±	−	±	腸炎ビブリオ
黄	黄	−	−	+	−	+	+	+	−	+	+	+	+	V. alginolyticus
赤, 黄	黄	−	−	+	−	+	+	−	−	+	−	−	+	V. vulnificus
黄*2	黄	−	−	+	−	+	+	d	+	+	−	−	+	V. cholerae
赤	黄	−	−	+	−	+	+	−	−	+	−	−	+	V. minicus
黄	黄	−	−	d	−	+	+	−	−	+	−	−	+	V. fluvialis
黄	黄	−	+	d	−	+	+	−	−	+	−	−	+	V. furnissii
赤	黄	−	−	+	*3	−	+	−	−	+	−	−	+	V. hollisae
赤	黄	−	+	−	−	+	+	d	+	−	+	−	+	V. damsela

*1: インドールピルビン酸，*2: または上層部が赤変，*3: 室温培養菌では 2 日で陽性.

2.8 腸管出血性大腸菌 O 157

大腸菌 (*Escherichia coli*) は，ヒトの腸管内正常細菌叢に含まれるグラム陰性桿菌で，一部の菌は腸管感染症を起こし，下痢原性大腸菌と呼ばれている．現在までに，少なくとも5種類の大腸菌が，ヒトの下痢の原因となることが認められている．このうち腸管出血性大腸菌 O 157 は細胞毒 (vero 毒素) を産生し，この毒素が出血性大腸炎や溶血性尿毒症症候群の原因毒素と考えられている．

腸管出血性大腸菌 O 157 による下痢症はわが国においても，1984 年の大阪府での報告を最初に，川崎市，東京都，千葉県などからの散発例，東京都，愛媛県からの集団発症例がある．1990 年に埼玉県浦和市の幼稚園で発生した集団下痢症も，腸管出血性大腸菌 O 157 によるものである．

1996 年に入り，岡山県の小学校において学校給食を原因とした集団食中毒事件に始まり，大阪府堺市においては，有症者 5,727 名，死者 2 名となる大規模な集団食中毒事件となった．主として飲食物を介し，時には手指などを介して経口的に伝搬され，きわめてわずかの菌量によっても感染することから 3 類感染症に指定されている．

衛食 207 号，衛乳 199 号 (平成 9 年 7 月 4 日)「食品中の腸管出血性大腸菌 O 157 の検査法」を図 VIII. 2.9 に示す．

分離した菌が O 157 であることを確定するためには，ポリメラーゼ鎖反応 (polymerase chain reaction : PCR) によりベロ毒素産生遺伝子を検出することにより，ベロ毒素産生を調べる必要がある．

〔後藤憲司・長崎俊夫〕

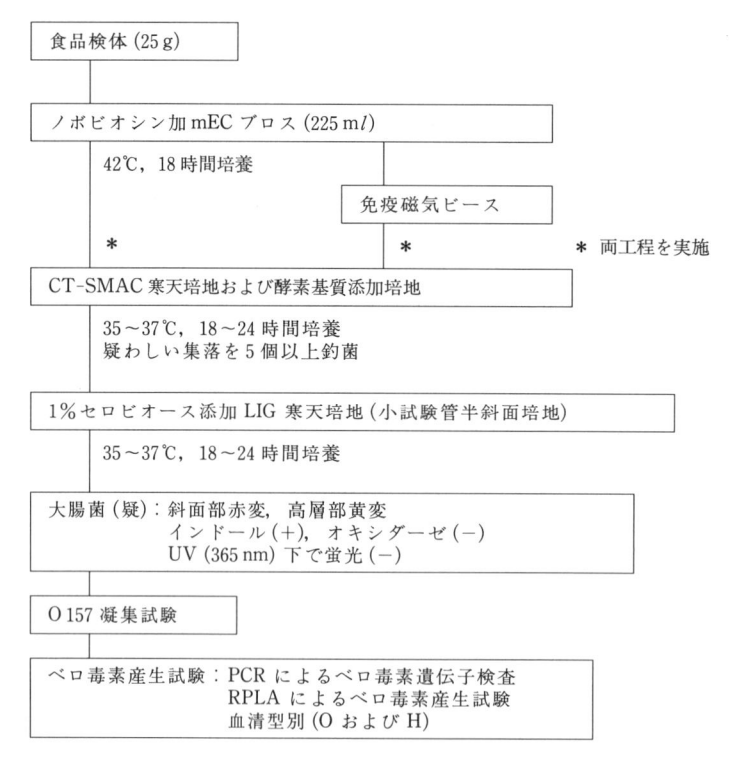

図 VIII. 2.9　食品からの腸管出血性大腸菌 O 157 の検出法術式

IX. 流　　通

1. 冷凍食品の流通とコールドチェーン

1.1 食品サプライチェーンにおけるコールドチェーン

昨今の食品流通においてはコンピュータ技術の発展により，在庫，入庫，出庫，商品マスターなどの各種データの企業間でのやりとり(EDI)や，サーバーを活用したデータベース活用による需要予測が可能となり，サプライチェーン全体の最適化をはかることが流通業に携わる企業の経営課題となっている．

サプライチェーン全体の最適化の指標としては，製造から販売までの流通コストと流通品質があるが，流通コストはあくまでも最低限そのサプライチェーンにおいて流通させるものの品質を劣化させないか，劣化を抑えるための管理がなされていることが条件となる．

特に冷凍食品は，品温が−18℃以下になるように急速凍結しそのまま消費者に販売されることを目的とするものであるから，サプライチェーン全体において常に品温が−18℃以下に保持しうるよう管理がなされる(コールドチェーン)ことが必要となる．

サプライチェーンの構成員としては，消費者，小売業，中間流通業，倉庫会社，運送会社，製造業があげられるが，サプライチェーン全体の最適化のためには個々の構成員のコアコンピタンスを十分発揮しうるよう役割分担(アウトソーシング)を明確化し，情報を共有化し，サプライチェーンにおける個々の構成員の業務基準および業務基準尺度を共有化し，サプライチェーン全体において従来企業内にとどまっていた業務改革運動を展開することが必要となる．

サプライチェーン全体において，常に品温が−18℃以下に保持されなければならない冷凍食品のサプライチェーンにおける個々の構成員の業務基準および業務基準尺度は，商品を常に−18℃以上の温度に全く触れさせないようにするか，触れたとしても可能な限り時間を短くするか，温度を常温ではなく管理された温度帯(0±5℃)とすることを目的として設定されなければならない．現実問題として冷凍食品流通においては生産地(生産工場)から消費地(小売業店舗ショーケース)までに至る過程で，①生産工場保管庫から流通型倉庫，②流通型倉庫から小売業店舗ショーケースにおいて輸送・荷役が発生し，品温の維持にとって非常に重要な管理ポイントとなっている．そこで工場保管庫・小売業店舗ショーケースのあるべき姿はもちろんであるが，配送車両および流通型倉庫のあるべき姿が問われる必要があり，その際にはインフラなどのハード面とともに管理運用手法としての業務基準および業務基準尺度管理といったソフト面が重要となる．

サプライチェーン全体の管理運営は小売企業が独自に行うか，中間流通業にアウトソースする形で行うのが一般的であるが，サプライチェーンの優劣は，その管理運営主体の管理運営手法の優劣に負うところが大きく，自社の経営資源をコアコンピタンスに集中化させるためには，サプライチェーン全体の管理運営自体をコアコンピタンスとしている中間流通業に業務委託して行うことが，社会経済的には経済合理性があるといえる(図IX.1.1)．

冷凍食品のサプライチェーンにおける業務基準および業務基準尺度は「常に品温が−18℃以下に保持しうるよう管理」するために設定されなければならないが，具体的には個々の構成員のもつインフラをベースに設定されなければならない．例えば倉庫会社がサプライチェーンのなかで果たす役割として商品の保管・仕分けがあるが，入庫→格納→保管→ピッキング→仕分け→出荷待機→出庫という業務の流れの中で入庫バースのドックシェルター化，F級の保管冷蔵庫までの格納時間の短縮ツール・格納ロードの低温化，ピッキングの簡略化・効率化ツール，仕分け時間の短縮ツール，出荷待機場所のF級冷蔵庫化，出庫時間の短縮ツール・出荷ロードの

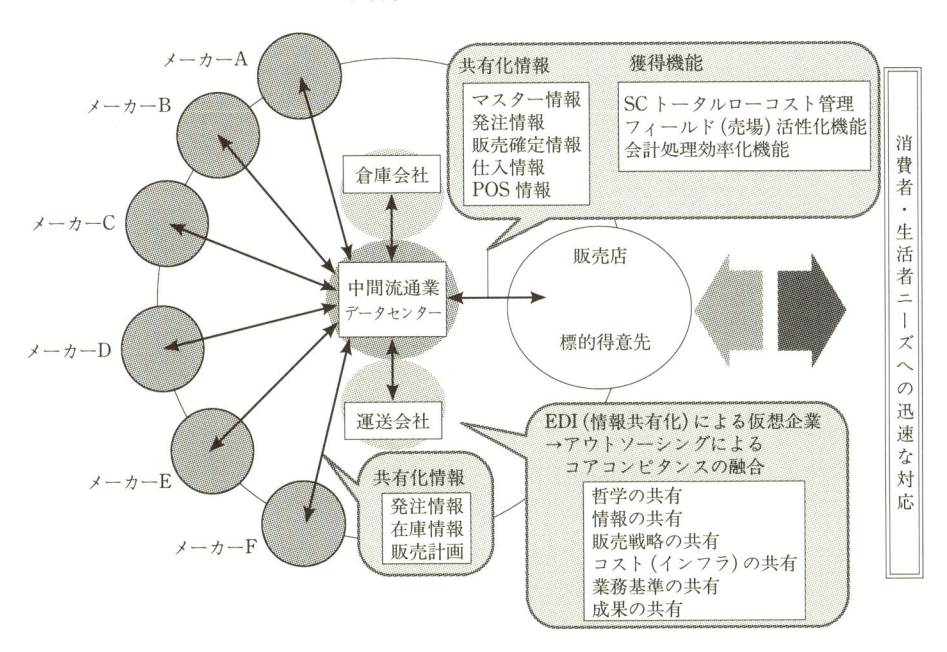

図 IX.1.1　EDI 情報共有化による SCM 実践型 ECR

低温化などが倉庫会社がその役割分担を果たすうえで整備しなければならないインフラである．しかし，その整備の度合いは企業によって差があるのが現状である．

本編では現在実用化されている技術をベースに，冷蔵倉庫，配送車両，物流センターシステム（流通型倉庫）のあるべき姿に関して記述することとする．

1.2　冷凍食品流通の現状と SCM

冷凍食品も他の食品類と同様に多品種少量多頻度出荷が求められるカテゴリーである．本来，冷凍食品は $-18°C$ 以下にしておく限り非常に貯蔵性が高いものであるから，ある程度量をまとめて配送する方が局部的な物流コストの面からみれば有利なはずであるが，わが国の消費者の鮮度追求指向，土地住宅事情からの家庭用冷蔵庫の容量の限界，小売業の経営合理化要求からの在庫の圧縮などの市場ニーズにもとづき「必要なものを必要なだけ必要なときに」届けることを前提にサプライチェーンの構築がなされている．

このようなプルディマンド型流通を可能にしたことは情報システムの発達に負うことが大きいが，サプライチェーン全体の最適化を推進するうえで欠かすことができないのが EDI 機能の発達とサーバー活用によるデータベース活用技術の進歩である．冷凍食品の物流はその商品特性（常に品温を $-18°C$ 以下にしておく）から保管冷凍庫建築コスト，消費電力料金，冷凍車両，車両消費燃料など，イニシャルコストにおいてもオペレーションコストにおいても通常の加工食品より高コストになる．しかし EDI により流通倉庫における倉庫データ，出庫データ，入庫データ，販売計画の送受信を行い，製造から販売に至るまでの各段階において情報を共有化し，データベース活用による需要予測を高精度化することにより，サプライチェーン全体での在庫量を圧縮し，在庫回転を高めることが可能となる．結果として情報通信インフラの高度化がサプライチェーン全体での運営コストの削減を実現している．

また，従来はメーカー工場保管庫→メーカーエリアフォローセンター→流通型倉庫（小売業店舗フォローセンター）→店舗という商品の流れが一般的であったが，中間流通業の業務委託先の流通型倉庫を多数のメーカーがエリアフォローセンターとして共用することにより，工場保管倉庫→流通型倉庫（各メーカーエリアフォローセンター機能，小売業店舗フォローセンター機能）→店舗という商品の流れに

変えることにより，小売業店舗ショーケースまでのインフラ（流通型倉庫，店舗配送用冷凍車両）の共用化が可能となり，さらにサプライチェーン全体での運営コストの削減を実現している．このインフラ共用化の実現にも EDI 機能の発達など，情報通信インフラの高度化が欠かせないものであることはいうまでもない．このインフラの共有化は，各メーカーが中間流通業社からの出荷情報・入荷情報・在庫情報を EDI によりデイリーに受信することが可能となり「ものの動きが目に見える」（自社で管理しているのと同じ状況）という信頼性がなければ成り立たないものだからである．

このように，ややもすれば非常に高コストになりがちな冷凍食品のプルディマンド型流通を，社会に散在するむだなコストを省くことにより，適正コストにて消費者まで届けるというマーケットニーズに適合した流通形態へ変革していくには，高度化した情報通信技術の活用が欠かせないものであり，高度化した情報通信技術への投資はサプライチェーン全体の管理運営主体である中間流通業の役割でもある．

以上は情報通信技術の高度化が冷凍食品流通のコスト面に及ぼす影響に関して記述してきたが，インフラ共有化は冷凍食品の流通での品質管理上においてもメーカーエリアフォローセンター機能を流通型倉庫にもたせているため，メーカーエリアフォローセンターにて発生していた入庫→格納→保管→ピッキング→仕分け→出荷待機→出庫という過程上で発生する品温上昇の危険を回避できるという面も合わせもつことも付け加えておく．

1.3 温度保証

冷凍食品は製造されてから消費者の手に渡るまで，その流通の過程で一貫して品温が $-18°C$ 以下になっていることが必要であるが，厳格に考えれば品温自体がその流通の過程で一貫して $-18°C$ 以下になっているという温度履歴をもって保証されなければならない．しかし流通過程で品温上昇の危険のある過程を通過するごと，アイテムごとに，抜き打ちであれ，品温検査を挿入式センサーによって確認することは不可能であり，無用に流通コストを上昇させる結果ともなる．また，時間・温度インジケーターをアイテムごとに外箱上に貼付することも製造コストを押し上げる結果となる．

アメリカの NASA で開発された衛生管理手法である HACCP (hazard analysis critical control point) の導入により，流通の過程（入庫→格納→保管→ピッキング→仕分け→出荷待機→出庫→配送→店舗納品→ショーケース陳列）における品温上昇局面において，時間・温度を適切に割り出すためのツールとして，挿入式センサーや時間・温度インジケーターを活用すべきである．

そしてこれらのツールを通じて得られた結果にもとづき，商品が通過する場所の温度設定，その場所での作業時間を設定し，それぞれの作業の業務管理基準尺度として日々運営を管理していくことが重要である．

流通の過程の業務管理基準尺度としては，流通型倉庫内での作業場所ごとの温度管理基準尺度，配送車両コンテナ内の温度管理基準尺度が重要である．流通型倉庫内での重点庫内温度管理エリアは，入庫受付エリア，格納ロード，保管エリア（後述の通り保管アイテムにより基準温度が異なる），ピッキングエリア（保管エリアと同一の場合が多い），仕分けエリア，出荷待機エリア，出荷検品エリア（入庫受付エリアと同一の場合が多い）であり，保管エリアと出荷待機エリア（格納ロードが機械化されていれば格納ロードも含むが，多品種多数アイテムを取り扱う流通型倉庫では格納ロケーションを効率よく活用するため，人手による場合がほとんどである）においては冷凍食品の場合 F 級の冷蔵庫の庫内温度（$-20°C$ 以下）が管理基準尺度となる．その他のエリアにおいては $0±5°C$ を管理基準尺度としてそれぞれの作業時間を割り出し，作業時間ごとのバッチコントロールにより品温管理と作業効率を両立させるのが一般的である．また，入庫→格納作業の時間短縮のためのパレタイズ化，出庫作業の時間短縮のためのカーゴテナー物流，外気の遮断のための入庫バースのドックシェルター化はサプライチェーン管理上の標準仕様である．ピッキング・仕分け作業の短縮のためには，F 級の冷蔵庫の庫内温度においてデジタルアソートシステムを用いる方法や，仕分けエリアに自動ソーターシステム（時間当たり 3,000 ケースから 4,500 ケースの仕分け能力）も実用化されている．

次に配送車両コンテナ内での重点温度管理エリア

は開閉扉付近であるが，庫内温度設定は冷凍食品の場合，F級の冷蔵庫の庫内温度（-20℃以下）と同じ設定としているのが一般的であり，季節に応じて庫内設定温度と冷気吹出口付近（前室）温度，開閉扉付近（後室）温度との相関関係により庫内設定温度を変更することが望ましい．この場合も可能な限りの外気遮断の方策として積卸し時間短縮のためのカーゴテナー物流，カーゴテナー物流対応のためのパワーゲートの搭載，外気に触れる面を縮小するための開閉扉の三枚扉化，空気の熱伝導率を利用したカーテン（空気を間に挟んだビニールカーテン）の装着などが実用化されている．

このようなかたちで流通型倉庫内および配送車両コンテナ内において品温維持のための方策をとり温度の確認を行っているが，昨今では，情報通信技術の発展により，流通型倉庫内および配送車両コンテナ内の重点温度管理エリアに設置した温度センサーの情報を，流通型倉庫内は庫内温管理パソコンへ，配送車両コンテナの場合は運行管理システムの車載端末でパック上に落としたデータを流通型倉庫内に設置してある運行管理システムパソコンへ，それぞれアップロードさせることによりデイリーにて温度管理履歴をとることにより，流通過程において切れ目のない温度管理履歴を入手することが可能となった．この切れ目のない温度管理履歴は，重点温度管理エリアの管理温度をサプライチェーン内の業務管理基準尺度とした場合のルールが遵守されているか否か，物流品質が保たれているか否かの証明書となり，PL法の施行，O157のような病原性大腸菌流行などから，サプライチェーンを構成する構成員（メーカー，小売業はもちろん消費者をも含む）からの信頼に応えうるサプライチェーンであることの証となるものである．

また現在では，配送車両に搭載してある車載端末からの配送車両コンテナ内の温度情報をデジタルMCA無線を通じて，随時，流通型倉庫内に設置してある運行管理システムパソコンへアップロードし，事後の履歴によらずリアルタイムにて温度管理を実現する方法も考案されて実用段階となっている．

このように現在の冷凍食品の信頼に足るサプライチェーンの構築には，情報通信技術の活用とサプライチェーン内の業務基準管理の徹底が不可欠であり，サプライチェーンの管理運営主体である中間流通業には，この分野におけるインフラの整備とノウハウの蓄積が要求されている．物流インフラとしての冷凍食品流通型倉庫および配送冷凍車両に関しては，冷凍食品流通型倉庫は倉庫業者，配送冷凍車両は配送業者にインフラの整備および管理運営を業務委託し，サプライチェーン内の業務基準管理徹底のための情報通信インフラの整備とノウハウの蓄積を中間流通業が担う形が，現存する社会的インフラを有効利用するうえでも，それぞれの経営資源をコアコンピタンスに集中させるうえでも望ましい形である．

〔川 北 敬 二〕

2. 冷凍食品の流通管理技術

冷凍食品の品質保持と T-T T

　冷凍食品が最終的に消費される時点での品質は，その冷凍食品の製造直後の品質が，その後の冷凍保管，輸送・配送などの流通段階でどのような温度変化があり，どの程度の期間経過したかによって変わることは古くから知られていた．この点に関する研究が，ここで述べる T-T T (time-temperature tolerance)，いわゆる時間-温度許容限度である．しかし，この T-T T の重要性については十分理解されながらも，わが国ではごく近年まで冷凍食品の品質に関しては，生産段階での技術の開発が主として注目され，さまざまな検討が行われてきた．これが大きく変わるきっかけとなったのは，食品衛生法の改正による食品の日付表示が製造日付から賞味期限（品質保持期間）へと変わることになったことからである．

　冷凍食品の生産者が適切な期限表示を行うためには，自ら生産した冷凍食品について，製造直後の品質だけではなく，表示した期限内で最終的に消費される際の品質を保証できることが求められるようになった．言い換えると，生産した冷凍食品の T-T T を把握しておかなければ，適切な期限表示ができないことになるからである．

2.1.1 T-T T 研究

　T-T T の研究が開始されたのは，冷凍食品の先進国アメリカにおいて，1948年頃からといわれている．この背景は，当時のアメリカ冷凍食品業界の低価格と品質不良による売行き不振にあった．冷凍食品の品質改善が市場の混乱を回復するために必要と判断した冷凍食品業界の強い要望が，T-T T 研究を促進したといわれている．

　この研究は，アメリカ農務省西部地域研究所 (WRRL) を中心として行われた．農務省はカリフォルニア州にある研究所の施設，機器を提供し，専用の実験施設を設置し，関係の科学，食品工学の研究者・技術者による組織的な研究を行った．

　10年間にわたる研究で，商業的に生産された冷凍イチゴ，ナシ，レッドサワーチェリー，ラズベリー，濃縮オレンジジュース，フルーツパイ，グリンピース，サヤインゲン，ホウレンソウ，カリフラワー，鶏肉，チキンフライ，シチュー，家禽肉調理品，スープストック，フルーツ（バルク包装）について品質の安定性に関するさまざま実験結果が得られた．これらの研究・調査結果は1960年11月の「冷凍食品の品質に関する会議」で報告された．この報告の概要は次の通りである．

　① 冷凍食品は食品ごとに貯蔵温度と，その温度で食品がある品質劣化を示すに要する時間との間には一定の関係がある．

　② 品質劣化を起こす時間-温度の影響は，全貯蔵期限にわたって蓄積され，非可逆的である．また，その時間-温度の順序は，蓄積される品質劣化の総量に影響しない．

　③ 品質の相対的安定性は食品によって異なるが，その温度が低くなればなるほど品質は安定するものの，実用上は $-18℃(0℉)$ 以下であればよい．

　このアメリカの T-T T 研究の成果は，その後世界の冷凍食品産業にとって，冷凍食品の取扱基準として，科学的・技術的基礎を与えるものとなっている．

a. 貯蔵温度と時間

　各種の冷凍食品について，貯蔵温度と時間の関係を示したものが図 IX.2.1 である．実際の実験に際しては，品質評価試験を熟練した官能検査員による3点（一部2点）比較法で標準品との比較を行っている．これらの熟練官能検査員の識別精度と一般消費者が異常を検知する精度との間に，前者が数倍高いことも実証されており，実際の冷凍食品流通上 $-18℃$ 以下の貯蔵温度は一部の食品を除けば1年間の貯蔵期間を保証することができる．T-T T 研究

の品質変化測定方法は原則として官能検査を用いている．これは栄養的価値の変化は感覚的価値の変化よりも遅いし，理化学的測定値は常に感覚的価値に対して標準化しなければ実用性に乏しいからである．まして微生物の変化は冷凍状態では実質的に生じないと見なしうる．ただし，実際には理化学的変化の測定が価値を有するものもあり，その事例として図 IX.2.2 のグリンピースでの結果を示す．

b. 冷凍食品の実用貯蔵期間

冷凍食品が最終的に消費される段階の品質を考えるうえで，このような T-T T 研究の果たした貢献は大きい．しかしこれらの研究結果についても，全く疑問がないわけではない．一部の食品で問題となる低温度下での品質変化の促進現象，家庭用冷蔵庫の自動霜取りのような頻繁な温度変動による著しい品質低下，温度-時間以外に原料特性，加工条件，包装形態などが品質変化に与える影響など，実際の冷凍食品流通で発生する品質変化の問題はかなり複雑である．そこで，この研究にもとづき，近似的な数値が実用貯蔵期間として国際冷凍協会によりまとめられ，表 IX.2.1 の通り示されている．

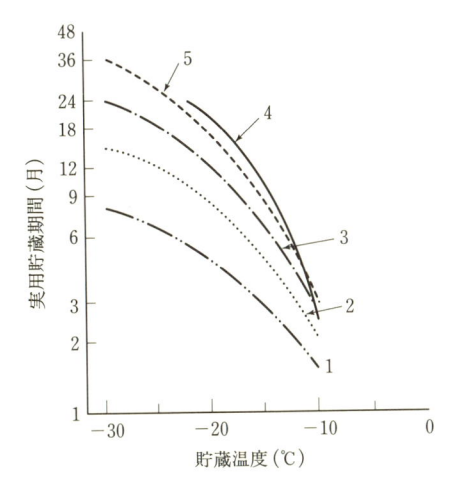

図 IX.2.1 −10～−30℃ の温度範囲における冷凍食品の T-T T 曲線の数例を実用上の貯蔵期間（貯蔵後もまだ食用に適した品質をもっていること）で表したもの．
1. 脂身の多い魚（マス）とフライドチキン，2. 脂身の少ない魚，3. サヤインゲンと芽キャベツ，4. ピースとイチゴ，5. キイチゴ

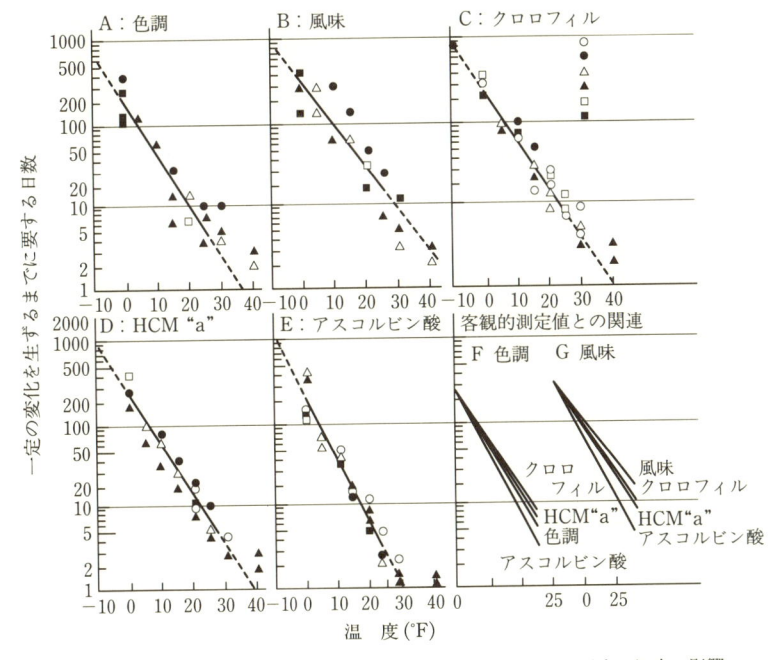

図 IX.2.2 冷凍ピースに次の変化を生ずるまでに要する時間に対する温度の影響
図 A および B：色調および風味の差異を判定者 (75%) が感知するまでに経過した時間．
図 C, D および E：客観的測定値に一定の減少を生じた時間．一定の減少とは 0°F (−17.8℃) において感知しうる色調の差違を生ずるまでの間に減少した水量の平均値である．クロロフィル 1.78%，HCM "a" 0.37，アスコルビン酸 1.50 mg/100 g．
図 F：図 A, C, D, E の回帰直線の比較．
図 G：図 F と同様の回帰直線の比較であるが，客観的測定値の減少量は 0°F において感知しうる風味の差違を生ずる時間に対応している．クロロフィル 2.61%，HCM "a" 0.56，アスコルビン酸 2.30 mg/100 g．

表 IX.2.1 冷凍食品の実用貯蔵期間

製品	貯蔵期間(月)		
	−18℃ (0°F)	−25℃ (−13°F)	−30℃ (−22°F)
果実			
モモ,アンズ,チェリー(スイート,サワー),加糖	12	18	24
モモ,加糖,アスコルビン酸添加	18	24	>24
ラズベリー,イチゴ,無糖	12	18	24
ラズベリー,イチゴ,加糖	18	>24	>24
果汁			
柑橘,またはその他の果実の濃縮ジュース	24	>24	>24
野菜			
アスパラガス,インゲン,ライマビーンズ	18	>24	>24
ブロッコリー,芽キャベツ,カリフラワー	15	24	>24
フレンチフライドポテト	24	>24	>24
ニンジン,グリンピース,ホウレンソウ	18	>24	>24
軸つきコーン	12	18	24
生の肉および肉加工品			
牛肉	12	18	24
ロースト,ステーキ,包装品	12	18	24
ひき肉,包装品(無塩)	10	>12	>12
仔牛肉	9	12	24
ロースト,チョップしたもの	9	10–12	12
ラム肉	9	12	24
ロースト,チョップしたもの	10	12	24
豚肉	6	12	15
ロースト,チョップしたもの	6	12	15
ひき肉ソーセージ	6	10	
ベーコン(生,未燻蒸)	2–4	6	12
ラード	9	12	12
とり肉,内臓ぬき,包装良好	12	24	24
フライドチキン	6	9	12
可食の内臓	4		
全卵,液状	12	24	>24
水産物			
多脂肪魚	4	8	12
少脂肪魚	8	18	24
ヒラメ,カレイの類	10	24	>24
イセエビの類,カニ	6	12	15
エビ	6	12	12
真空包装したエビ	12	15	18
二枚貝,カキ	4	10	12
乳製品			
バター,殺菌し熟成したクリームから製造したもの	8	12	15
クリーム,アイスクリーム	6	12	18
ベーカリー製品および菓子			
ケーキ類,チーズ,スポンジ,チョコレート,フルーツなど	12	24	>24

上表中 > の記号は「~より長い期間」を意味する.

2.1.2 日本のT-T T研究

アメリカの研究は,わが国でも冷凍食品産業にとって取扱いの基本原理になったという意味で,大きな役割を果たしてきた.しかしアメリカの実験は,主として農産物,畜産物,水産物などの素材品で行われたため,調理冷凍の生産・消費が多いわが国の場合,国内で生産された調理冷凍食品についての品質保持と温度-時間関係のデータがなく,日本版 T-T T の実施が必要となった.

そこで日本冷凍食品協会ではこのテーマについて,冷凍食品メーカー,機器メーカー,検査機関,関係団体,学識経験者で構成された実験調査委員会

表 IX.2.2 実験供試品目

	品目	製造年月日	内容量		包装材料
農産品	エダマメ	54.6.8	500 g	—	PE 80μ 袋
	カボチャ	—	250 g	—	N 15μ/PE. 20μ/EVA. 40μ 袋
	ミックス野菜	54.7.4	250 g	—	PE 80μ 袋
	フレンチフライポテト	54.3.5	300 g	—	N 15μ/PE 15μ/PE 30μ 袋
水産品	むきエビ	54.3.18	150 g	—	OPS 250μ 皿, PE 70μ 袋
	モンゴイカ	54.7.11	130 g	1 枚	PE 70μ 袋
	マダラ切身	54.7.23	240 g	3 枚	PE
畜産品	鶏ひき肉	54.7.17	200 g	—	PE 60μ 袋
	豚ひき肉	54.7.17	200 g	—	PE 60μ 袋
調理品	エビフライ	54.7.16	110 g	8 尾	レポック 250μ 皿, OPP 20μ//PE 35μ 袋
	イカ天ぷら	54.7.21	150 g	3 枚	PP 270μ 皿, OPP 25μ/PP 25μ 袋
	クリームコロッケ	54.7.19	200 g	8 個	PP 250μ 皿, 300 g/m² カルメン S 両面, PE コート函
	シューマイ	54.7.20	240 g	15 個	PP 250μ 皿, PET 12μ/PE 30μ 袋
	ギョーザ	54.7.24	240 g	12 個	PP 300μ 皿, PET 12μ/PE 30μ 袋
	ハンバーグ	54.6.25	220 g	4 個	PP 300μ 皿, フードボード 14 ポイント両面, PE 20μ コート函
	グラタン	54.7.5	220 g	1 個	アルミ 70μ 皿, 13.5μ PT 300 g/m² カルメン S 両面 PE コート函
	ピザパイ	54.6.21	160 g	1 枚	PP 13.5μ 260 g/m² 両面 PE コート函
	スープ	54.7.2	400 g	2 本	N/PE 55μ アルミワイヤ 2.1 mm 中袋 両面 PE コート紙 320 g/m² 函

PE：ポリエチレン(低密), OPS：延伸ポリスチレン, N：ナイロン, OPP：延伸ポリプロピレン, PET：ポリエステル, EVA：エチレン酢酸ビニル共重合体, PT：セロファン.

を設置し，数次にわたり実験を繰り返した．実験内容と年次は次の通りであった．

① 家庭用冷凍冷蔵庫における保存性(1979 年度)

② 冷凍食品の保存温度による品質影響実験(1980 年度および 1981 年度)

③ 冷凍食品の品質に及ぼす包装の影響(I)(1982 年度)

④ 冷凍食品の品質に及ぼす包装の影響(II)(1983 年度)

a. 家庭用冷凍冷蔵庫での貯蔵性

2 形式 (冷気強制循環方式, 冷気自然対流方式) の家庭用冷凍冷蔵庫を使用し，-18～-20℃の温度で，表 IX.2.2 の 18 品種の冷凍食品について 4 カ月の保管期間中の品質変化を調べた．その実験結果の要約は以下の通りであった．

① 冷凍食品の家庭用冷凍冷蔵庫の冷凍室本体では，その保管状態(包装，扉の開閉など)を適切にすれば，4 カ月間保管しても品質を維持することができる．

② 家庭用冷凍冷蔵庫の扉面の収容スペースでの保管は，2 カ月以上経過すると，品種，包装形態によって異なるが，エダマメなどのようにグレーズがなく小型バラ凍結のような表面積の大きい有色野菜では外観を損い，重量損失をまねくおそれがあるので，長期間保管を避けることが望ましい．

③ 凍結室の本体においては，収容箇所によって着霜により外観を損なう試料がみられたが，外観変化のわりに調理後の香味・食感の変化はそれほどみられなかった．このことは，家庭において保存中の冷凍食品の商品価値がいくらか劣ったとしても，食材として使用に耐えることが多いことを示している．しかし，外観の著しい変化は調理意欲をなくし，さらに調理時の油はね現象を引き起こすことがあるので，これらの変化が現れるまで保管することは適当ではない．

④ 冷凍保管中の細菌は，一般に減少ないし死滅の傾向にあるとされているが，本実験でも同様におおむね減少の傾向を示した．

⑤ 扉の開閉は，食品の温度と外気温度との差をまねき，その開閉頻度に伴って着霜が促進される．したがって，品質保持のためには扉の開閉は必要最小限にとどめることが必要である．

b. 保存温度による品質影響

わが国で生産されている表 IX.2.3 の代表的な冷凍食品 6 品目を，-13℃，-18℃，-23℃，-40℃(対象試験)で保存し 6 カ月間(市販用包装状態)～18

表 IX.2.3 実験供試品目

品 目	包 装 形 態	内 容 量	製造年月日
白身魚フライ (油揚げ済)	トレイ入り フィルム包装	120 g (5個入)	55. 7. 12 (56. 4. 11)
クリームコロッケ	同　　上	210 g (6個入)	55. 6. 29 55. 7. 1 (56. 4. 8)
ハンバーグ	同　　上	110 g (4個入)	55. 7. 9 (56. 4. 15)
ギョーザ	同　　上	240 g (12個入)	55. 7. 8 (56. 3. 26)
ポタージュ(コーン)	トレイトップシール カートン入り	300 g (2食分)	55. 7. 4 (　—　)
ピザ(ミックス)	シュリンクフィルム包装 カートン入り	160 g (1枚入)	55. 7. 7 (56. 4. 8)

注1：各品目の製造年月日のうち，上段は個別包装実験6カ月間保存試料と外箱包装保存実験のうち18カ月間保存試料の製造年月日を示す．

注2：各品目の製造年月日のうち，下段(　)入は外箱入り保存実験の6カ月間保存試料の製造年月日を示す．

カ月間(ダンボール箱入り：外箱)の品質変化を調べた．その結果以下の結論が得られた．

① 市販用包装状態で6カ月保存した場合，官能検査の結果は，−13℃，−18℃，−23℃のいずれの保存温度においても商品価値を損ねるような大きな評点の低下はみられなかった．ただ一部の項目，特に食味で，−13℃に保存した場合に，保存期間の延長にともない評点が低下する傾向を示すものがあった．衛生検査および理化学検査の結果，全試料とも問題はなかった．また，市販用包装状態で6カ月間保存した場合をダンボール箱のままで同じ期間保存した場合と比較してみると，品質の変化の傾向はダンボール箱のままの方が小さかった．

② ダンボール箱入りのままで12カ月間保存した場合，保存期間を通じ，品質がわずかに変化した品目があったが，全体として商品価値を損なうような変化はみられなかった．しかし−13℃で保存した場合，全品目とも保存期間の延長にともなって品質が低下する傾向がみられた．衛生検査の結果は問題がなかったが，理化学検査では保存期間の延長にともなって脂質の酸化がみられたものがあった．

調理冷凍食品を市販用包装の状態およびダンボール箱入りのままで−13℃，−18℃，−23℃で保存した場合，いずれの温度においても市販用包装で6カ月間，ダンボール箱のままで18カ月間の保存において，品質にほとんど変化はみられなかった．ただ−13℃での保管では，保存期間の延長にともなって品質がやや変化する傾向がみられるので，長期保存の場合には−18℃以下での保存が望ましいと考えられる．

c. 品質に及ぼす包装の影響

市販の冷凍食品の中で，ごく一般的かつ包装の影響を受けやすい品目と考えられるインゲンとギョーザを選び，表 IX.2.4 の包装材料で包装した場合の保存に伴う品質影響を調べた．保存温度は−13℃，−18℃，−23℃，−40℃とし，直冷式横型冷凍庫で4週間保管した．またこの試験では包装材料の表面印刷，照明の影響なども調査した．

この試験結果の総合的考察は，

① −18℃以下に保管された冷凍食品は，実験に用いた包装材料で3週間冷凍ショーケースに陳列後でも品質変化はなかった．

② 冷凍ショーケース陳列時の照明の影響は最上層試料にみられ，また陳列期間の延長も好ましくないので，冷凍食品での陳列期間は短いことが望ましく，先入れ・先出しの原則を守る必要がある．

③ 今回の試験で明確でなかった各種包装材料の影響や強度などについては，さらに検討を要する．

この③の考察から，包装内の空隙の影響，アルミ蒸着フィルムを加えた照明の影響，油ちょう済冷凍食品の品質に及ぼす影響などを加味した追試験を実施した．

実験結果の要約は以下の通りであった．

① カートン包装の場合，冷凍食品をフィルム内装した方が着霜が少なかった．

② 包装材料の材質および印刷の有無は着霜に差を生じ，ポリエチレン単体フィルムが最も着霜が大きく，ラミネート透明フィルムがそれにつぎ，あと

2. 冷凍食品の流通管理技術

表 IX.2.4 実験供試品目および包装材料

用途	区分	実験用包装材料名	材質構成	内容サンプル
インゲン用	A	低密度ポリエチレン単体フィルム (印刷)	PE 0.075 mm (袋寸法) 190 mm×155 mm	インゲン
	B	延伸ナイロンと低密度ポリエチレンのラミネートフィルム (印刷)	ON 0.015 mm/PE 0.045 mm (袋寸法) 190 mm×155 mm	インゲン
	C	カートン (無地)	カートン 耐水カード紙 300 g/m^2 両面 PE コート 0.015 mm/0.015 mm (内寸法) 167 mm×130 mm×40 mm	インゲン
ギョーザ用	A	低密度ポリエチレン単体フィルム (印刷)	PE 0.050 mm (袋寸法) 270 mm×147 mm	ギョーザ
	B	延伸ポリプロピレンと低密度ポリエチレンのラミネートフィルム (印刷)	OPE 0.020 mm/PE 0.025 mm (袋寸法) 270 mm×147 mm	ギョーザ
	C	カートン (無地)	カートン:耐水カード紙 300 g/m^2 両面 PE コート 0.015 mm/0.015 mm (内寸法) 240 mm×130 mm×40 mm	ギョーザ

ON:延伸ナイロン, PE:低密度ポリエチレン, OPP:延伸ポリプロピレン.

はラミネートの印刷フィルム，アルミ蒸着フィルムの順であった．しかし，包装材料の材質および印刷の有無はビタミン C には影響を及ぼさず，その含有量には全く変化がみられなかった．

③ 包装材料の材質の相違が油ちょう済冷凍食品の品質に及ぼす影響のうち，着霜については上記②の結果と同じ傾向を示した．ラミネート透明フィルムで包装した場合，陳列期間の延長にともなって油の過酸化物価にわずかな増加が認められたが，ラミネート印刷フィルムおよびアルミ蒸着フィルム包装した場合には，油の酸化の兆候は全く認められなかった．

[川北敬二]

文献

1) 山田耕二監修:要説冷凍食品, 建帛社, 1979.
2) 日本冷凍食品協会編:冷凍食品の品質と安定性, 日本冷凍食品協会, 1981.

3. 冷蔵倉庫の管理

流通型倉庫での管理

3.1.1 流通型倉庫

「必要なものを必要なだけ必要なときに」という市場ニーズにもとづくプルディマンド型サプライチェーンの構成要素として流通型倉庫は位置づけられる．第2章で記述の通り，冷凍食品流通の本来的要求である「常に品温が-18℃以下に保持されるように，商品を常に-18℃以上の温度に全く触れさせないようにするか，触れたとしても可能な限り時間を短くするか，温度を常温ではなく管理された温度帯（0 ± 5℃）とすることを目的として設定されなければならない」という条件を満たしながら，プルディマンド型サプライチェーンの機能である多品種小口多頻度配送に対応しうることが，流通型倉庫に求められている機能である．

取り扱う商品が多品種になり，取り扱う1アイテム当たりの量が小口化するということは，流通の過程（入庫→格納→保管→ピッキング→仕分け→出荷待機→出庫→配送→店舗納品→ショーケース陳列）における各段階での作業時間が長くなることを意味する．

概論でも記述した通り，保管エリアと出荷待機エリア以外の入庫受付エリア，格納ロード，ピッキングエリア（保管エリアと同一の場合は除く），仕分けエリア，出荷検品エリア（入庫受付エリアと同一の場合が多い）は冷凍食品を長時間保管しても品温の上昇をもたらさない温度（F級の要件である-20℃以下）に管理されていないのが一般的である．そのため流通倉庫では従来型の保管型倉庫以上に，① 外気の遮断のための施策（倉庫自体だけではなくサプライチェーン全体での外気の遮断を考慮しての配送車両への対応も含む），② 各作業段階での作業効率の追求のための施策，③ 各作業場の低温管理が要求される．

3.1.2 外気の遮断

外気の遮断のうえで第1に考慮されなければならないのは，入出庫の配送車両接車時の配送車両コンテナと倉庫との気密性である．つまり車両コンテナと倉庫の隙間を開けないということである．これは保管型の倉庫でも同様であり，入出庫バースのドックシェルター化により気密性を保っている．

しかし，流通型倉庫では保管型の倉庫と違い，入庫時接車車両は8〜10トンの大型車両が多く，出庫時は2〜4トンの中・小型車両が多くなるというように，接車車両サイズが多岐にわたっている．2〜10トンの車両の標準的なコンテナ床面の地上面からの高さ，コンテナ自体の内寸の高さと幅は表IX.3.1に示す通りであり，コンテナ床面のサイズにしても，コンテナの内寸サイズにしてもかなりの差がある．そこで流通型倉庫では，① 車両サイズに合わせてドックシェルターを数基ずつ設けたり，② 車両サイズより接車した場合のタイヤの接地位置が異なることを利用して外構自体に高低差をつける，③ シェルターのパットの幅を広くとってヘッドパットにロールカーテンを付けて可変式にする，④ エアーの注入により車両コンテナサイズまでパットが

表 IX.3.1 車両サイズ別コンテナサイズ（内径）と地上面からのコンテナ床面の高さ

車両サイズ	コンテナ幅 (mm)	コンテナ高さ (mm)	コンテナ床面までの高さ (mm)
2トン車両	1,640	1,740	1,000〜1,100
3トン車両	1,860	1,840	1,100
4トン車両	2,070	1,990	1,150
10トン車両	2,250	2,195	1,450

膨らむエアーパット式シェルターを設けるなどの方策により気密性を保っている．ただし，④の場合はコスト的な問題があり，①～③の方策を併用することが一般的である．

また，流通型倉庫の出庫車両は（第4章の配送車両とその管理で記述するが）積卸し作業時間の短縮のためパワーゲートの搭載が条件となるため，ドックシェルターの床下にパワーゲートの格納スペースを設けることが必要となる．

3.1.3 作業効率の追求
a. 入荷受付時
通常の場合，入荷受付エリアはF級（－20℃以下）ではなく，低温管理下（0±5℃）である．これは外気からいきなりF級（－20℃以下）エリアとなると結露の問題があり，前室を設けざるをえないからである．

流通型倉庫における入荷受付時の作業としては，①アイテム別総数検品と，②日付（賞味期間）チェック・品質チェックおよび，③格納ユニットへの移し替えがある．

まず，アイテム別総数検品をスムースに行うためには，あらかじめサプライチェーン運営主体より入庫予定データが流されており，その入庫予定データにもとづき入庫受付スケジュールや受付バースコントロールをすることが必要である．入庫予定データには，①入荷年月日，②メーカー名，③ブランド，④品名，⑤規格，⑥入数，⑦入庫予定数がデータ内容として記載されているのが一般的であるが，最近では複数の工場をもつメーカーに対する対応としてメーカーの出庫地マスターを登録し，商品マスター上に記載，1メーカーの入庫予定データをメーカー出庫地別（＝配送車両別）に切り分けて入庫受付スケジュール・入庫検品作業に活かす方策もとられている．また，商品の外箱に表示してあるJANコード，ITFコードおよび入庫予定にもとづき，あらかじめ発行しておいた商品貼付用の代表バーコードシールにより，アイテムの検品をバーコードをスキャンすることで済ませるとともに，入庫確定もその場で済ませる方法も普及しつつある．

次に，日付（賞味期間）チェックに関してであるが，製造年月日表示から賞味期間日付表示に移行したことにより以前よりも緩和されたが，わが国の消費者の鮮度追求指向は依然として強いものがあり，出荷ピッキング時に先入れ・先出しをしても入荷時にバッチ（製造日付）の逆転が発生していては小売業店頭でのバッチの逆転が発生してしまうため，流通型倉庫では特に必要とされる機能である．実際の現場では，入庫検品伝票もしくは入庫予定リストにて入庫検品する際に，入庫予定のある商品の現在庫日付をコンピュータ画面にて検索し，入庫検品伝票・入庫予定リストに転記しておくか，現在庫日付を入庫検品伝票・入庫予定リスト上に打ち出すかの対応をし，新たに入荷した商品の日付を入庫検品伝票・入庫予定リストに記入し，入庫確定入力時に商品の日付も入力するのが一般的である．最近の新たな手法として，入荷受付時にバーコードをスキャニングする際にハンディー端末にて入力する方法や，ITFコードに商品日付情報をもたせスキャニングによりデータをアップロードする方法なども導入が検討されている．

持ち込まれた商品の品質チェックに関しては，ケース物流されている以上，外箱の外観からみて破損・汚損がないかのチェックとなるが，冷凍食品の場合，入荷時の入荷車両のコンテナ内の温度が－20℃以下になっているか否かのチェックは最低限必要となる．また，定期的に抜打ちにて挿入式温度センサーによるチェックを実施すべきである．

格納ユニットへの移し替え作業は，格納ロケーション間口のサイズのとりかたを工夫する必要があるが，一般的にはAランク商品に関してはパレット単位にて発注数量を作成し，入庫パレットをそのまま活用する方法がとられている．

b. 格　　納
格納に関しては，流通型倉庫における時間当たりの入庫受付量に見合う能力をもった自動搬送機の設置か，フォークリフトによる運用および両者の併用が一般的である．格納ロードに関してはできる限り自動化し，F級（－20℃以下）での搬送が望ましい．

c. ピッキング，仕分け時
ピッキングは保管場所からシングルピッキングする場合には，F級（－20℃以下）状態に置かれているので品温上は問題ない．しかし，取扱いアイテムが増加し，1アイテム当たりの数量が小口化している流通型倉庫では，保管場所から配送エリア別もしくは企業別のバッチごとにトータルピッキングをして，その後配送車両別もしくは店舗別に仕分ける方法がとられている．これはシングルピッキングよりトータルピッキングの方が作業動線が簡略であること，F級（－20℃以下）倉庫での作業時間（同じ数量をピッキングする場合）が格段に短くてすむこと，在庫誤差が発生しずらいことなどによる．ただ

し，トータルピッキングを採用した場合，短時間で大量のピッキングが可能となるため仕分けの時間当たりの処理能力が低いと(例えば，F級(−20℃以下)倉庫内に仕分けエリアを設けてデジタルアソートシステムを用いて仕分け作業を簡略化し，仕分けミスを抑える方策をとったとしても，人時生産性は1人当たりMAX 300ケース前後であり，1ラインに2人が投入の限界であるため，1バッチ当たりの人時生産性は600ケースを超えられない)．トータルピッキングしたものを仕分け開始までの間，一時保管しておくF級(−20℃以下)エリアが必要となり，むだなコストが発生する．そこで流通型倉庫でボトルネックとなっている仕分け作業を効率化するために短時間で大量に，しかも正確に仕分けられるしくみが必要となる．

このような要請に応えられるしくみとして，自動ソータ仕分けシステムが実用化されている．しかし，時間処理能力の高い(時間生産性MAX 4,500ケース/時)自動ソータ仕分けシステムはF級(−20℃以下)エリア内で稼働させることが不可能なため，低温管理(0±5℃)状態での作業となり，この仕分け作業の1バッチ当たりに要する時間が品温維持に大きく作用することとなる．F級(−20℃以下)エリアで管理されていた冷凍食品が低温管理下(0±5℃)に置かれた場合，品温−18℃以下を保てるのは+5℃で2〜3時間，0℃で4時間が限度であるため，F級(−20℃以下)エリアから搬送され仕分けられたのち，再度F級(−20℃以下)エリア(出荷待機場所もしくは車両コンテナ)に格納されるまでの時間が2〜3時間以下となるように，1バッチ所要時間の設定が必要となる．自動ソータ仕分けシステムに関しては第5章「物流センターの現状と課題」で記述する．

d. 出荷時

出荷エリアは入荷受付エリアと同じエリアであることがほとんどであり，入荷時同様，いかに素早くF級(−20℃以下)エリア(出荷の場合は配送車両コンテナ内)内に商品を持ち込むかが課題となる．現状では，流通型倉庫においては積卸し作業の時間短縮のため，カーゴテナーを使用することが一般的であり，カーゴテナーを使った場合実際の積込みに要する時間は5〜10分であるため，品温に与える影響はない．ただし，c項「ピッキング，仕分け時」のところで記述したように，自動ソータ仕分けシステムなど，低温管理下(0±5℃)での作業後に配送車両コンテナ内に積み込む場合は，積込みに要する時間も作業1バッチの時間に組み入れて考えるべきである．また，EDI対象データとして事前出荷情報を送信する必要がある場合，データと現物の一致を100%にすべく出荷時に再度店別に全数検品をする場合には，それに要する時間も同様の扱いとすべきである．

3.1.4 作業場の低温管理

保管エリアがF級の要件である−20℃以下に設定されていることは当然のこととして，流通型倉庫の場合は，F級(−20℃以下)の温度管理ができないエリアが従来の保管型倉庫よりも多い(従来の保管型倉庫でも入出荷エリアはF級ではない)．このため各作業エリアが何度に保たれているか，何度に保たれていたかが確認証明できることが要求される．現状，入出庫エリア・仕分けエリアの設定温度は0±5℃が一般的であるが，この重点管理エリアの温度データをリアルタイムで事務所内のパソコンのディスプレイに表示し，デイリーにて温度履歴管理することにより，配送車両の運行管理システムに組み込まれた車両コンテナ内の温度履歴と合わせてサプライチェーン内の切れ目のない温度履歴管理をすることの意義については，概論にて記述した通りである．

また，作業場の低温管理と合わせて当日の1バッチ当たりの所要時間帯をバッチごとにチェックすることが，流通型倉庫の管理においては重要なことである．

［川北敬二］

4. 配送車両とその管理

プルディマンド型流通における冷凍食品配送と車両

4.1.1 プルディマンド型流通における冷凍食品配送

「必要なものを必要なだけ必要なときに」という市場ニーズにもとづくプルディマンド型サプライチェーンの構成要素としての冷凍食品配送の役割は、多品種少量の受注データ通りに、品質劣化することなく、F級（－20℃以下）管理エリア（配送車両コンテナ）から、F級（－20℃以下）管理エリア（店舗バックヤードもしくは店舗ショーケース）へ格納することである．

プルディマンド型流通における配送過程で発生する作業は、①配送車両への積込み検品作業（第3章の3.1.3項「作業効率の追求」d. 出荷時において流通型倉庫サイドの課題は記述ずみ）、②店舗での荷卸し、③店舗での検品（バックヤードへの）格納作業、④店舗ショーケースへの陳列作業である．

現在のスーパーマーケットに対する標準的な市販用冷凍食品の配送状況を示すと、デイリー配送で1回の1店舗当たりの納品アイテムと数量は、平常時15アイテム30ケースが標準であり、通常特売時で100アイテム180ケースが標準である．カーゴテナーの台数で示すと、平常時が1台、通常特売時が6台となる（1カーゴテナー当たり30ケースの積付けが標準）．また、市販用冷凍食品の場合、店舗の売上げに占める特売時の売上比率が60％あるため、物量の多い特売時を想定したうえで、品温が－18℃以下に保てる業務基準管理が必要とされる．

a. 配送車両への積込作業

配送車両への積込作業の事前準備として、配送車両コンテナの予冷がある．予冷の目安となる配送車両コンテナ内の温度は－7℃であるとされている．コンテナ内の温度が－7℃であれば、F級（－20℃以下）管理エリアから持ち込まれた冷凍食品自体から発せられる冷気によりコンテナ内は－18℃以下に保てる．季節（外気温度）によって予冷に要する時間は異なる．例えば冬期は30分の予冷で－20℃まで下がるが、夏期においては60分の予冷をしないと－20℃まで下がらない．また、車両コンテナ温度を－20℃になるまで予冷をしても出荷エリアは低温管理下（0±5℃）であるため、リア扉を開きバースに接車してから積込み完了までの間に時間がかかりすぎると車両コンテナ内の温度は上昇し、出荷エリアの温度と同じになる．そこで後述するようにリア扉付近にカーテンを取り付けたり、積込用のツールとしてカーゴテナーを用いることが必要となるのである．また、予冷による設定温度は積み込む冷凍食品の量によっても変更されるべきである．積み込む冷凍食品の量が多ければ、予冷設定温度が高くても品温が－18℃以上になることなしに配送車両コンテナ内の温度は－18℃以下となる．反対に、積み込む冷凍食品の量が少ない場合は、予冷設定温度を低く設定しないと配送車両コンテナ内の温度が－18℃以下となる前に品温が－18℃以上になってしまう．

そこでドライバーは前日のうちに翌日の予想気温と翌日の配送予定数量を確認し、予冷に必要な時間を判断し、出社時間を決定しなければならない（小売業に対する納品は定時納品を要求されている場合が多いため、配送車両の出発時間を遅らせることはできないのが現状である）．実際の運営では、サプライチェーンの運営主体から配送前日のEOS受注データをベースとしたエリア号車別配送予定数量リストを運行管理者に渡し、運行管理者の判断にて各ドライバーに指示がだされるのが一般的である．

b. 店舗での荷卸し、検品、格納

既述の通り、プルディマンド型冷凍食品流通においては、積卸し作業の効率化のためにカーゴテナー納品が一般的となっているため、店舗バックヤードに納品する場合、検品時間を入れても5～6分である（1カーゴテナー（平均15アイテム30ケース）を

検品するのに要する時間は5分以内である）．ただし，配送車両コンテナから店舗バックヤード冷凍庫までの間はコールドチェーンの中で唯一常温にさらされる時間であるため迅速な行動が要求されることはいうまでもない．また，店舗バックヤードにある店舗冷凍庫が－20℃以下に保たれていることが前提であり，サプライチェーンの構成員であるドライバーは店舗冷凍庫の状況をチェックのうえ，納品作業を開始すべきである．

c. 店舗ショーケースへの陳列作業

小売業に対するプルディマンド型冷凍食品流通の配送形態は，前項で述べた店舗バックヤード冷凍庫への置場渡しのパターンと，店舗ショーケースへの陳列までドライバーが行うパターンの2通りある．

配送車両コンテナから店舗ショーケースまでの間も店舗バックヤード冷凍庫までと同様常温であり，なおかつ1カーゴテナー（平均15アイテム30ケース）分の商品を陳列するには約30分の時間を要する．この場合，季節によっては，品温が－18℃以上となるおそれがある．また，通常特売時のようにカーゴテナー台数が6台以上となると陳列に要する時間は3時間近くになり（実際には単純倍数ほど時間はかかっていない），何の方策も施さなければ，間違いなく品温は－18℃以上となり，商品は劣化する．

こういったコールドチェーンの切れ目に対する方策として，保冷ジッパーを活用し，ジッパー内にドライアイスを入れてジッパー内の商品の品温の上昇を防ぐなどの方策がとられている．また，特売時の対応としてはジッパーを使用したうえでカーゴテナー1台分ずつの陳列をして，できるだけ長期にカーゴテナーが常温帯に置かれることを防ぐ対応がとられている．

これらの対応も前日に運行管理者に受け渡されるエリア号車別配送予定数量リストをもとに運行管理者が判断し，各ドライバーに指示がだされるのが一般的である．

4.1.2 プルディマンド型流通における冷凍食品配送車両

1971年（昭和46）に作成された「冷凍食品自主的取扱い基準」によると「輸送車両は冷凍食品の品温を－18℃以下の温度に保つような保冷構造になっており，かつ冷凍機またはその他の冷却設備を備えていること．庫内温度を示す温度計または温度測定装置を備え，庫内温度は庫外から読み取ることができるようになっていることが望ましい．冷凍食品は冷気が輸送用車両の庫内の前後，両側部，天井および床との間を円滑に循環できるように庫内に積み付けなければならないので，輸送用車両はかかる積付けをした場合，輸送中荷くずれを起こさないような構造になっていること」となっている．ここで示されている「保冷構造」，「冷却設備」，「温度測定装置」，「冷気の循環を考慮した荷崩れのない積付けと構造」に関しては，現行使用されている冷凍車両の場合全く問題はない．

プルディマンド型流通の特徴である多品種少量の物流に対応するため，配送車両に装着された装置などに関し次に記述する．

a. パワーゲート

多品種少量物流における作業時間の短縮のために，プルディマンド型流通ではカーゴテナーを使用するため，配送車両にパワーゲートを搭載している．カーゴテナー物流の課題はカーゴテナー自体が1台40kg弱の重量があるため，3トン車に15台のカーゴテナーを積み込むとそれだけで600kgの積載となり，商品の積載量が制約を受けるという問題がある．さらにパワーゲートを搭載することによりさらに商品の積載量は制約を受ける．そこでパワーゲート搭載に当たっては，搭載するコンテナのパネルの軽量化，パワーゲート，シャーシーの根太部分・コンテナの床材，コンテナ内フロント部の補強材などをスチール製からアルミ鋼板に替えることにより車両の積載量を確保する工夫がなされている．結果として3トン冷凍庫パワーゲート搭載車両にて3トンの積載が確保できている．また，通常のパワーゲートではリア扉を2枚とも開かないと車両コンテナ床面とパワーゲート面がフラットにならずカーゴテナーの積卸しが不可能であったが，昨今ではリア扉を次項で述べるように3枚扉にしてパワーゲートを上げた状態で3枚扉の中央部の開閉が可能なパワーゲートが開発され実用化されている．

b. 3枚扉

通常の冷凍車両のコンテナのリア扉は2枚扉の観音開きが一般的であった（積卸し時には最低でもリア扉の表面積の半分が外気に触れる）が，昨今ではリア扉を3枚扉化することにより，リア扉を開けたときに外気に触れる表面積をリア扉の表面積の3分の1に抑える工夫がなされた車両が標準になりつつある．

c. カーテン，仕切り板

冷凍車両のコンテナのリア扉付近にカーテンを設

置してコンテナ内に外気が直接流れ込むのを防ぐことや，コンテナに仕切り板を設けてコンテナを前室と後室に分割し冷凍食品が積んである後室への外気の直接の侵入を防ぐ方策も検討されている．また，カーテンを可動式にして積込商品が少なくなった場合，カーテンを庫内全面(エバハウス側)に押しやることにより冷却する容積を少量化して熱効率を上げる工夫もなされている．この可動式カーテンは夏場，複数店舗(5～8店舗)に納品予定の車両で，コンテナ内の商品が少なくなったとき，コンテナ内のすべての空気をF級に保つのは現実問題不可能に近いため，品温の維持には非常に有効な手段である．

d. 車両搭載冷凍機

通常，冷凍車に搭載する冷凍機は車両サイズでの馬力が標準化されているが，現在，品温管理の徹底のために1ランク上の車両サイズの冷凍機を搭載させる場合が増えてきている．特に，冷凍食品とアイスクリームを同時に運ぶ際には，アイスクリームの管理温度が冷凍食品より低い($-25°C$)ためコンテナ内の温度をさらに引き下げる必要が生じ，上記方策がとられている．物流の基本として1カ所により多くのものを運ぶことが効率的であることは明白であり，このような仕様の車両は今後増加していくと思われる．

e. コンテナパネル

通常の冷凍車両のコンテナパネルは75ミリが標準であるが，冷凍機の馬力を1ランク上の仕様に変更するのに合わせて，より断熱性に優れた100ミリパネルを使用することも実用化されている．

f. 庫内温度測定センサー連動警報ブザー

配送車両コンテナ内に設置されている庫内温度測定センサーからの温度データが管理基準温度を上回った場合，運転席に設置された警報ブザーが鳴り異常を知らせる．運転席に庫内温度が表示されるだけの状態から，行動を促す警報装置が設置されたことにより，扉の開け放しの防止などの効果がでている．

g. 運行管理システム

従来から車軸に取り付けた走行センサーとGPSによる地理情報およびドライバーによる作業内容選択ボタンの押下の組合せにより，車両の運行状況とドライバーの作業状況を時系列にて，車載端末にて記録したデータを書込み用のカードに落とし，配送業務終了後，流通型倉庫事務所内に設置してある運行管理システム用パソコンにデータをアップロードさせることにより，配送日報を作成するしくみとして一般的に用いられている．冷凍食品配送車両においては，運行状況・作業状況に加えて庫内温度測定センサーからの庫内温度データも時系列にて車載端末にて記録，同様の手順にて配送日報上に記載したり，車両別もしくは企業別・店舗別に1カ月の温度管理状況を抽出することも可能となっている．この冷凍食品配送車両用運行管理システムから得られた庫内温度管理データと流通型倉庫の庫内温度管理システムからのデータにより，切れ目のないサプライチェーン温度管理データが得られることは前述の通りである．

h. システム車両

a～g項までの機能を装備した現在実用化されているプルディマンド型冷凍食品配送車両の概要説明図を図IX.4.1に示す． ［川北敬二］

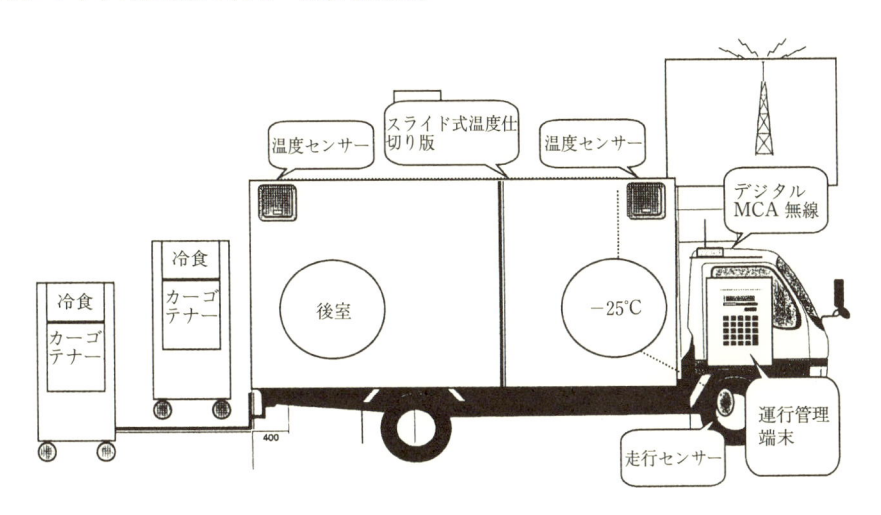

図IX.4.1 プルディマンド型冷凍食品配送車両の概要

5. 物流センターの現状と課題

5.1 プルディマンド型物流センターの現状

プルディマンド型サプライチェーンにおいてはすべての作業が，店舗発注データにもとづいて起動される．そのためサプライチェーン内における情報の共有化が不可欠である．共有化されるべき情報としては，マスター情報，店舗発注情報，流通型倉庫出荷情報，入荷情報，在庫情報，店舗販売計画などがある．サプライチェーン内においてその構成員たる企業（小売業，中間流通業，倉庫会社，運送会社，製造業）はそれぞれのコアコンピタンスを発揮し，あたかも一つの企業体のごとくに活動しなければならない（仮想企業体の構成）．そしてその仮想企業体の目指すところは「消費者（生活者）ニーズへの迅速な対応」である．この「消費者（生活者）ニーズへの迅速な対応」という哲学を共有化したうえで，販売戦略上でのそれぞれの役割を共通認識としてもち，サプライチェーン内で共有化された業務基準尺度の達成を実現する．

中間流通業はサプライチェーンの運営コストと品質がその目標とするところとなるようにサプライチェーン全体を管理運営する立場にあるため，サプライチェーン内の構成員が情報の共有化をしうる情報システムインフラをもたなければならない（図IX.5.1）．プルディマンド型サプライチェーンはシステムネットワーク上にて運営されているといっても過言ではない．冷凍食品の品温維持の問題もサプライチェーン品質をはかる重要な基準として位置づけられ，その基準をクリアすべくシステムネットワーク上のデータをフル活用している．以下はシス

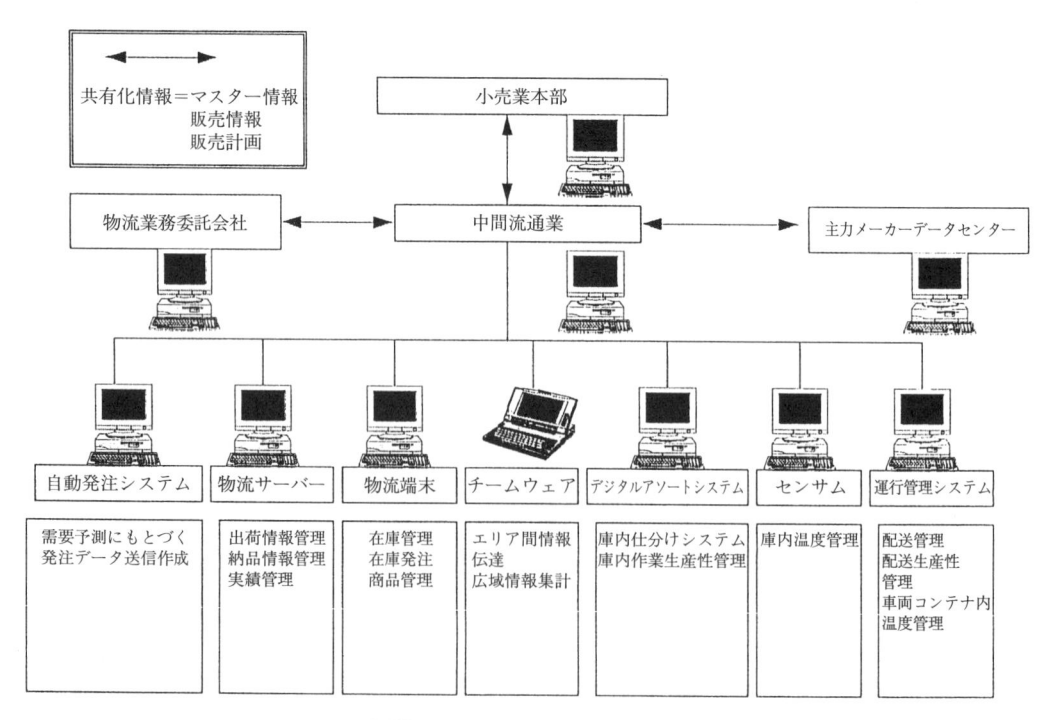

図 IX.5.1 システムネットワーク図

テムネットワーク上で運営されている個々の物流システムに関して記述する.

5.1.1 プルディマンド型物流センターの物流システム

a. 自動ソーターシステム

このシステムが冷凍食品のコールドチェーン確立に果たす役割は第3章「冷蔵倉庫の管理」で述べた通り，プルディマンド型冷凍食品物流においてボトルネックとなるトータルピッキング後の仕分け作業の効率化である．

自動ソーターシステムの設置されている場所が低温管理(0±5℃)エリアであるため，トータルピッキング終了から次のF級管理エリアへ格納される時間が2時間以内という制約があるため，その範囲内にて仕分け可能な物量が1バッチとなるよう店舗発注データを分割する．

1バッチごとに分割されたデータは，自動ソーターシステム制御コントローラーに送り込まれる．自動ソーターシステム制御コントローラーは1バッチごとのデータをもとに，トータルピッキングされた冷凍食品を1アイテムごとにどのシュートに振り分けるかを判断する．現場の従業員がトータルピッキングした冷凍食品1アイテムごとにあらかじめ出力してある代表バーコードラベルをスキャニングし，1アイテムごとにソーター投入口より商品を投入する．ソーター投入口に設置されているラベルプリンターは，1アイテムごとに投入口より投入された商品に対して仕分け単位ごと（ボール，ケース）に，1バッチごとのシュートナンバーに割り当てられた仕分け先名（店舗ナンバーもしくはエリアルートナンバー），仕分け先バーコード，商品名，規格，入数を印字する．ラベルプリンターにて印字された仕分け先バーコードをソーターラインに設置されたスキャナーが読み取り，商品をどのシュートに振り分けるかを自動ソーターが認識する．10年ほど前に実用化されたこの自動ソーターシステムの1バッチでの仕分け先数は41，MAX仕分け量は理論値で1時間当たり4,500ケースである．

b. 自動シール貼り機

このシステムの基本的な機能は自動ソーターシステムと変わらないが，自動ソーターシステムを導入するほど物量がない場合や，自動ソーターシステムに必要な仕分け場がとれない場合に利用されている．データ作成からバーコード印字までは自動ソーターシステムの作業と変わらないが駆動ローラーにて各シュートまで送り込まれるのではなく，印字されたバーコードラベルをもとに作業員によりローラー上からピックアップされてカーゴテナーに積み付けられる．低温管理下(0±5℃)の作業となるため，ピッキングリストによらずバーコードラベルに印字されたナンバーにより作業可能となるため，リストピッキングより作業効率はよい．

この自動シール貼り機と自動ソーターシステムの中間となるシステムとして自動シール貼り仕分け機があり，簡易なバーコードラベル印字機とソーターシステムを組み合わせたタイプであり，自動ソーターシステムほど多量ではないが，リージョナルの中心センターでの活用に適している．自動シール貼り機も自動シール貼り仕分け機も自動ソーターシステムと同様に低温管理下(0±5℃)の作業となるため，1バッチごとの作業時間（F級エリアからF級エリアまで）の制御が必要となる．

c. デジタルアソートシステム

このシステムはF級（−20℃以下）での運用が可能なため，冷凍食品よりも管理温度が低いアイスクリームの仕分け効率の向上のためには有効なシステムである（アイスクリームは−25℃以下での管理が必要であり，冷凍食品の品温管理基準である−18℃でも溶け始めるアイテムがある）．ただし，時間効率は自動ソーターシステムなどに比べ劣っているし，F級（−20℃以下）での労働時間は長くとれないため交替制にて人員を用意するか，休憩を50分ごとにとらせるかが必要となる．最近では低温管理下(0±5℃)にてデジタルアソートシステムを使用する例も見受けられるが，1バッチの時間管理の徹底が品温維持の鍵を握っているため，作業時間管理に関するオペレーションチェック表をベースに，当日の物量に応じたフレキシブルな人員シフトができないといたずらに仕分けコストが上昇することになる．

デジタルアソートシステムの業務フローはアイスクリームを仕分ける場合と冷凍食品を仕分ける場合とでは若干異なる．1バッチごとのデータ作成までは同じだが，アイスクリームの場合外箱に商品JANコードがほとんどすべてのケースに印字されているため，この商品JANコードを活用したオペレーションとなっている．冷凍食品の場合は，アイスクリームの場合と比較して外箱に商品JANコード印字のない場合が多いため，自動ソーターシステムの場合と同様に代表バーコードを出力し，外箱に商品JANコードの代わりに使用するのが一般的で

ある．

トータルピッキングされた冷凍食品1アイテムごとに，代表バーコードをスキャニングすると，仕分け格納要カーゴテナー上部の架台に設置されたデジタル表示器のうち商品が投入されるべきデジタル表示器ランプが点灯するとともに，仕分け単位ごとの数量が表示される．作業員がデジタル表示器に表示された数量をカーゴテナーごとに積みつけ，デジタル表示器の完了ボタンを押下すると仕分けカーゴテナーごとに設置されたデジタル表示器のランプが消灯する．すべての仕分けラインのデジタル表示器のランプが消灯（1アイテムのカーゴテナーへの投入が完了）すると，スキャナーホルダーに設置されているトータル完了ランプが点灯する．スキャニング担当者は，1アイテムの仕分けが完了したことを確認してトータル完了ボタンを押下し，次のアイテムへ作業を進める．

d. 入荷検品システム

あらかじめサプライチェーン運営主体より流されている入庫予定データを入庫検品用のパソコンにダウンロードしておく．商品が入荷した時点で，あらかじめ入庫予定データをもとに作成しておいた入荷検品用の代表バーコードラベル（印字内容はメーカー名，商品名，規格，入数，商品，コード，入庫予定数量，格納ロケーション）と入荷した商品の一致を確認し，代表バーコードラベルをスキャニング後入荷数量が予定と異なる場合にはハンディー端末にて入荷実数を入力する．入荷数量が予定と同数の場合は確定入力をする．格納ロードがシステム化されている場合には，その後代表バーコードラベルを格納用パレットに貼付し格納ロードにのせると，格納ロード入口のバーコードリーダーにて格納ロケーションを判断し，自動倉庫に格納される．メーカー工場との情報の共有化が進むと，メーカー工場からパレタイズ納品される際に入荷用パレット自体にバーコードラベルが貼付された状態で納品されるため，流通型倉庫サイドで代表バーコードラベルを用意する必要はなくなる．メーカーの工場倉庫と自社エリアセンター間の納品では従来よりのオペレーションが可能であったが，情報通信技術の発達は，このようなオペレーションをサプライチェーン内にある多数のメーカー工場と流通型工場との間で可能にする．

e. 自動発注システム，自動名変システム

自動発注システムは，物流データベースをもとに適正在庫数量（発注点）と発注ロットを登録し，店舗発注データから作成した在庫引落しデータを在庫データから引き落とした場合に発注点割れした商品を，登録発注量分，自動的にオンラインにて発注するシステムである．

自動名変システムは，メーカーエリアセンターを兼ねている流通型倉庫において，店舗発注データを集計し，受注当日の仕分けに必要な数量をメーカーホストコンピュータに名義変更依頼として送信するシステムである．このシステムにより理論的には流通型倉庫の在庫は当日仕分けに必要な分だけとなり，サプライチェーントータルの在庫が圧縮され，より効率のよい，サプライチェーンの構築が可能となる．特に常温管理できる加工食品と比べて流通コストの高い冷凍食品流通には効果的なシステムである．

おわりに

a〜e項で紹介した仕分けシステムは低温管理下（$0\pm5℃$）にて効率よく仕分けをして品温の上昇を抑えると同時に，多品種少量化したプルディマンド型流通における仕分け作業の精度向上という効果をもあわせもつ．それはこれらのシステムが冷凍食品以外の加工食品などの仕分け作業にも使用されていることからでも理解できる．これらのシステムが仕分け作業の精度向上のツールたりうるのは，これらのシステムがサプライチェーン上で共有化されているマスター情報をベースとして人間の判断を介することなく（番号の認識と積付け以外）店舗発注データがシステム的に加工され，仕分けデータが作成されるからである．これらのシステムの円滑運用が図られ，サプライチェーンが効率よく機能するか否かは，サプライチェーンの管理運営主体が有するシステムネットワークの優劣にかかっている．

5.2 物流センターの今後の課題

5.2.1 冷凍倉庫の今後の課題
a. 環境問題対応

冷凍倉庫にしても，冷凍配送車両にしても，現在の冷媒の主流はフロンであり，フロンはモントリオール条約により2010年に製造を全廃する．数年間は貯蔵しておいたフロンを使用することになると

思われるが，今後代替となる冷媒が何になるのかは明確ではない．アンモニアを冷媒とした冷凍倉庫も再度実用化されているが，冷媒としてのアンモニアのコストが高いという課題がある．

冷凍配送車両に関しては，排気ガス規制の問題からCNG(圧縮天然ガス)車両が実用化の段階に入っているが，ガスの基地が整備されていないこと，車両コストが倍かかる(現在は助成金制度があり，購入者の車両コストは抑えられている)などの課題が残っている．

b. 労働環境問題

冷凍食品の品温維持のために冷凍倉庫の作業場はF級(−20℃以下)もしくは低温管理下(0±5℃)とならざるをえず，できるかぎりの無人・自動作業化が課題となっている．多品種少量多頻度が標準のプルディマンド型流通においては仕分け作業が細かくなっているため，本章で記述したような仕分けシステムが開発され実用化されているが，まだまだ過酷な労働条件であることにかわりはない．

冷凍機自体では従来の吹出型室内機から吸引型室内機へ替えて人体に直接冷気がかからないしくみも実用化されているが，熱効率が悪く，室内機の取付台数が従来機の倍になるという課題が残っている．

5.2.2 プルディマンド型物流センターにおける課題

プルディマンド型サプライチェーンの効率的運営にはサプライチェーン内における情報の共有化が不可欠である．情報内容によっては，他企業との差別化を図るべくしのぎを削っている小売業・メーカーにとって共有化しずらいものがあるのは事実である．しかし，この問題は情報通信上のセキュリティーと情報漏えいに対する法規制(契約ベースも考えられる)によって解決すべき課題であり，消費者(生活者)にとってどのようなサプライチェーンの形が有益かを考慮すると，情報を共有化してローコスト運営されるサプライチェーンを構築すべきである．

情報の共有化が図られれば，インフラの共有化に関しては容易に合意できるケースが多い．ただし，サプライチェーンの構成員である中間流通業，倉庫業，配送業各社の業務精度，品質がサプライチェーンが拡がりをもてるか否かの鍵を握っている．そこでサプライチェーンの管理運営主体である中間流通業は，自社内にとどまらず倉庫業・配送業各社を含めた形でサプライチェーン運営のための業務基準・業務管理尺度を設定し，業務改革運動を展開すべきである．

また，現在の食品流通業界においては，商品マスターは各社とも独自の体系のもとに独自のマスターにて運用しているが，発注データもそれぞれの企業コードにてデータ送信されている．データの通信手順，データフォーマットに関しても各企業まちまちであり，業界標準の設定が必要である．

［川 北 敬 二］

6. 販売段階での温度管理

プルディマンド型流通における販売段階での温度管理

販売段階での温度管理上重要なことは，①店舗バックヤード冷凍庫と店舗冷凍ショーケースが冷凍食品の品温が－18℃以下に保てるような設備であること，②店舗バックヤード冷凍庫・店舗冷凍ショーケースが正しく管理されていること，③その管理がサプライチェーン管理という一貫した管理下にあることである．

6.1.1 販売段階での温度管理設備

販売段階での温度管理設備としては店舗バックヤード冷凍庫と店舗冷凍ショーケースがあるが，店舗バックヤード冷凍庫の場合，基本条件としてF級（－20℃以下）で保管しうること，外気との接触を極力避ける，もしくは短時間にすることなどは流通型倉庫と同様である．最近ではプレハブ冷凍庫の機能が向上したこと，基本的に店舗バックヤード冷凍庫は大きさに制限があり冷却容積は狭いことがあり，多品種少量のプルディマンド型流通における課題は，多品種管理のための庫内の整理整頓，扉の開閉頻度と外気遮断というオペレーション上の課題が重要になっている．

a. 店舗冷凍ショーケース

店舗冷凍ショーケースの機能としては，来店するお客さまが購入しやすい・見やすい売場であること，店舗からみれば，売りたい商品，来店するお客さまにアピールしたい商品をいかにディスプレイするかということ（「見せる」という機能＝外気に触れやすい）と冷凍食品の保管基準である品温を－18℃以下に保つ（品温維持の機能）という二律背反的要求に対応する機能が求められている．

特に多品種少量のプルディマンド型流通においては多様化する消費者の消費行動に対応するため，ディスプレイアイテムが増加傾向にあるため，購入しやすい・見やすい売場を訴求するためにはどうしても品温維持の機能の向上が切り離せない条件と

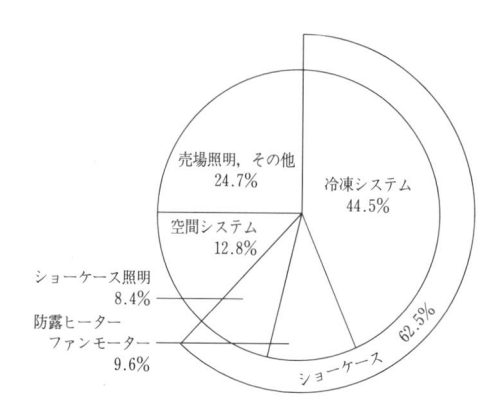

図 IX. 6.1 スーパーマーケットの電力消費割合
（日本セルフサービス協会）

売場照明，その他 24.7%
空間システム 12.8%
ショーケース照明 8.4%
防露ヒーター ファンモーター 9.6%
冷凍システム 44.5%
62.5% ショーケース

なっている．

また，冷凍ショーケースには，スーパーマーケットで消費される電力の過半が冷凍ショーケースとそれを冷却する冷凍システムで占められる（図IX.6.1）という一面がある．そして消費電力は店舗の販売効率を上げるためにどのような冷凍ショーケースを使用するかによっても異なるため，店舗における省エネルギー技術の開発は，冷凍ショーケースを中心として展開されてきているといえる．

b. ショーケースの分類

ショーケースは種々の形態・構造が混在し，一概に分類するのは困難であるが，機能ごと・形態ごとあるいは，商品の保冷温度帯ごとに大まかに分類することができる．

（1） 機能による分類 機能による分類とは，ショーケースの冷気循環方式（自然対流・強制対流）や冷凍機の設置方式（内蔵型・別置型），対消費者との関係（セルフサービス型・サービス型）などそのショーケースがもつ機能による分類方法である．

（2） 形態による分類 形態による分類とは，ショーケースの外観形状による分類方法であり，スーパーマーケットやCVSなどの店舗業態，立

地，販売形態，ショーケースの店内配置位置などの相違により種々の形態のショーケースが使用されている．

スーパーマーケットでは，セルフサービスによる大量販売のため，オープンタイプのショーケースを多用するが，陳列量が多い場合，壁面では，高さが約1,940 mmクラスの多段型ショーケース（図IX.6.3(a)），通路間では，店内が見渡せるように，1,250〜1,700 mmクラスのセミハイ型ショーケースを使用する．また陳列量が少なめであるが，一定量の販売を行う場合，壁面では平型ショーケース（図(c)），通路間ではアイランド型ショーケース（図(d)）を使用するのが一般的である．

また，コンビニエンスストアーのような長時間営業の狭い店舗で，大量の商品を陳列する場合は，ショーケース設置面積当たりの陳列効率のよいリーチインショーケースが適しているが，近年では販売効率面から，多段型オープンショーケースの使用も増加しつつある．そのほかにも，リーチインタイプと平型オープンタイプを組み合わせたコンビネーション型ショーケース（図(b)）があるように，販売形態に適した種類に分類される．

なおアメリカのスーパーマーケットでは，省エネルギー面と大量販売面から，リーチインショーケースが冷凍食品用に多用されている．

（3）保冷温度帯による分類　商品の保冷温度帯による分類とは，陳列する商品に適した温度帯ごとの分類方法であるが，ショーケースは非常に広い温度範囲をカバーできるものであり，また，陳列商品も多様であるため，ここではJISの保冷性能によるL・M・H・Sの分類について説明する．ショーケースにとって重要な性能は，庫内空気温度もさることながら，使用環境において陳列する商品の品温を所定の温度に維持することで，これを保冷性能と呼んでいる．保冷性能試験については，JIS B

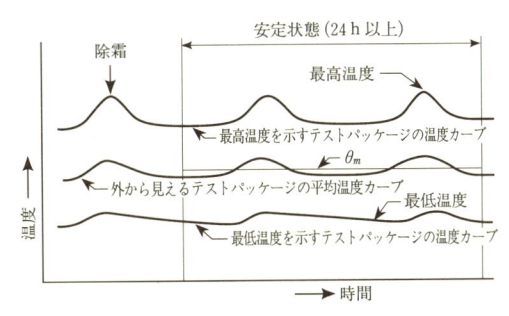

図IX.6.2　積分平均温度，最高温度，最低温度

$$\theta_m = \frac{1}{T}\int_0^T \theta_c dt$$

θ_m：積分平均温度，T：試験時間（24h以上），θ_c：外から見えるテストパッケージの平均温度の時間に対する関数．

8611に規定されており，保冷性能による分類は，JIS B 8612に定められている（表IX.6.1）．

なお，この保冷性能試験には，多くの食品の特性を代表するものとして，テストパッケージと呼ばれる模擬食品を使っている．

このテストパッケージの品温変化を測定することにより，保冷性能によるショーケースの分類を行うことができる（図IX.6.2）．

ショーケースは，使用環境（店舗内温湿度，風の対流，照明による放射熱，除霜など）の影響で，庫内温度変動が避けられず，陳列する商品の品温もまた変動が避けられない．したがって，ショーケースでは，陳列商品を長期保存することは不向きで，早めに陳列商品を回転（販売）させることが重要である．

c. 最近の冷凍ショーケースの形態別傾向

近年，スーパーマーケットにおける冷凍食品の占める割合は増加の傾向にある．

したがって，店舗で使用する冷凍ショーケースの形態も変化しつつある．

店舗で使用されているショーケースを形態別にみると，大規模小売店舗法の規制緩和により店舗の増

表IX.6.1　保冷性能による分類

保冷性能による種類	最高温度を示すテストパッケージの最高温度（℃）	最低温度を示すテストパッケージの最低温度（℃）	外から見えるテストパッケージの積分平均温度（℃）	庫内温度（℃）
L	−12以下	—	−15以下	−18以下
M	＋7以下	−1以上	—	＋5以下
H	＋10以下	＋1以上	—	＋10以下
S	＊	＊	＊	＊

＊印は，使用者と製造者との間で用途に応じて設定される温度であってL, M, Hに属さないもの．

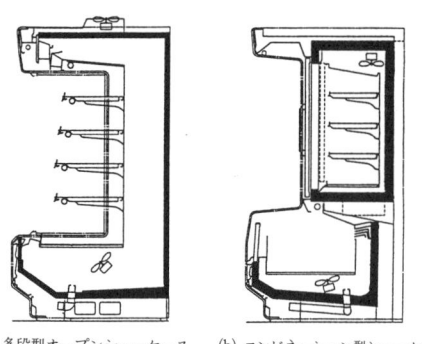

(a) 多段型オープンショーケース　(b) コンビネーション型ショーケース

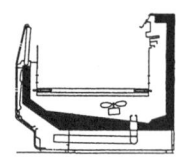

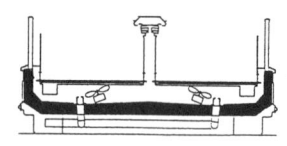

(c) 平型オープンショーケース　(d) アイランド型ショーケース

図 IX.6.3　ショーケースのタイプ別形状

床が進み，アイランド型，平型ショーケースの出荷の伸びがみられる．特に1993年以降，アイランド型ショーケースは急激に出荷台数が伸びている（図IX.6.3(d)）．アイランド型増加の理由として，多段型などに比べ陳列商品の見えるフェイス面積が大きく，商品が選びやすく，取りやすいため，消費者への購買訴求力が高いことがあげられる．

また，消費電力（ランニングコスト）も多段型に比べ格段に少ないことが特徴である．

多段オープンショーケースはランニングコストの面では不利であるが，ケース設置面積当たりの陳列量を比較したとき，アイランド型に比べ，陳列効率が1.7倍と優れているため，店舗面積が小さい店舗，坪効率を重視する都心型立地（大都市中心立地）の店舗を中心に使用されている．また，上記の形態のショーケースとは別に，冷凍機内蔵型スポットショーケース（平型キャスター付ケース）も冷凍・冷蔵切替えの多目的販売用として，数多くの店舗で併用される傾向にある．

d. 熱回収システム

スーパーマーケットの空調設備と冷凍設備は別々なものとして考えられがちであったが，昭和50年頃よりショーケースの冷凍によるコールドアイル（冷たい通路）の発生や，冷凍機の凝縮熱の排熱を捨てずに再利用し，空調設備と冷凍設備を組み合わせてトータルな省エネルギー・店内環境整備システムすなわち熱回収システムが開発された．

冬期はショーケースや冷凍・冷蔵庫を冷却している冷凍機の凝縮熱を暖房に利用し，ショーケース前面のコールドアイルの冷気は回収し店外へ排出させる．夏期は冷凍機の凝縮熱を直接店外へ排熱し，ショーケースのコールドアイルの冷気を回収し，フィルターでほこりを取り去り，空調機へ流入し，店内冷房として利用する．中間期は回収冷気・冷凍機の凝縮熱を適当にコントロールし店内の除湿を行う．

熱回収システム試算例を示すと表 IX.6.2 のようになる．

スーパーマーケットのショーケースは大部分がオープンショーケースであり，オープンショーケースは店内環境により性能が大きく左右される．特に店内温度の上昇，湿度の増大など消費電力の増加とともに庫内温度の不安定化，除霜回収増となるため，適切な店内環境の維持と熱回収システムは省エネルギー効果とともに鮮度管理の向上に役立つ（図 IX.6.4）．

表 IX.6.2　熱回収システム試算例

	回収熱量	熱回収システム	従来方式	店舗規模
冷　房	43,800 kcal/h	106,200 kcal/h	150,000 kcal/h	売場面積 =1,000 m² ショーケース =45本/8換算
暖　房	47,500 kcal/h	82,500 kcal/h	130,000 kcal/h	
空調機		40HP	60HP	
年間消費電力	—	77,900 kWh	113,800 kWh	

（ショーケース内訳　青果：10本　日配：14本　魚肉：11本　冷凍：3本）　　（日本冷凍空調工業会）

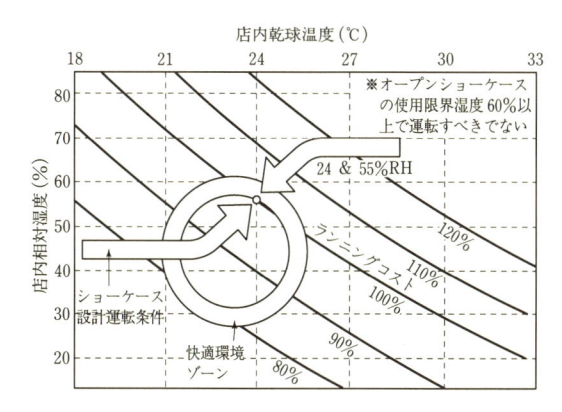

図 IX.6.4 店内環境とショーケースランニングコストの関係
(日本冷凍空調工業会)

文 献

1) 冷凍, No.2, 47-53, 1986.

6.1.2 冷凍ショーケースの管理

前項で述べたように，販売段階における冷凍食品の品温管理のための機器(冷凍ショーケース)に関しては，機器を取り巻く店内環境も含めた形で整備が進んでいるが，いくら優れた機器を使用しても正しい使用方法を守らなければ，その機器の機能によって得られるはずの効果は半減される．この項では，冷凍ショーケースがその機能を十分発揮し，期待された効果($-18℃$以下に品温を保つ)を得るためにはどのような使用方法・管理をしていかなければならないかに関して記述する．

a. 冷凍ショーケース内の整理・整頓・清掃

① 冷凍ショーケース内に商品が乱雑に置かれていると冷気の流れを阻害し，品温維持の機能の低下要因となる．商品の整理・整頓をしやすくし，冷気の流れを整えるためにも，間仕切りの利用が有効である．また内部の汚れ・霜の付着なども品温維持の機能の低下に結びつき，ひいては衛生管理上の問題発生につながる．

② 日本では見られないことだが，冷凍ショーケース内に冷凍食品と一緒に管理温度帯の高い商品(冷蔵肉など)を並べることも，管理温度帯の高い商品のもつ品温の影響が冷凍食品に及ぶため避けなければならない．

③ 商品の陳列に当たっては，商品が冷気の吹出口・吸込口を塞いでいないこと，冷凍ショーケース内に示されているロードラインを越えて陳列しないことが品温維持のための大前提である．冷凍ショーケース内のロードラインは冷気の吹出口から冷気の吸込口までの冷気の流れ(エアーカーテン)を乱さないところに設定されているため，このロードラインを越えての陳列は外気との遮断効果を著しく減殺し，冷凍ショーケース内に設置されている温度計が基準を満たしていたとしても，品温維持がされているという保証はない．

b. 冷凍ショーケースの保守・メンテナンス

最近では冷凍ショーケースメーカーが保守・メンテナンスサービスにちからを入れており，サービス体制も整ってきたため，定期訪問点検・緊急対応などを含めた保守・メンテナンス契約を結び，冷凍ショーケース使用のハード面およびソフト面の点検チェックを受けることを励行したい．店舗における冷凍食品担当者を教育し，定期点検チェックさせることはコストと時間を要し，経営資源の浪費につながる．また店舗冷凍食品担当が異常に気づいたとき，すぐに連絡がとれるよう緊急連絡先の表示ステッカーを冷凍ショーケースに貼付しておくことも必要である．

c. 冷凍ショーケースのデフロスト

冷凍ショーケースの場合，外気の侵入による着霜が多く，着霜の放置は冷却機能の低下につながるため，自動デフロスト(除霜)装置がついているのが一般的である．デフロストの必要回数が冷凍ショーケースの種類により異なることは前項表 IX.6.1 に示した通りであるが，デフロストのタイミングは営業時間や熱負荷の大きい時間帯を避けることが必要である．デフロスト装置作動の場合，冷凍ショーケース内の温度は極端に上昇するため，外気温の高い時間帯にデフロスト装置の作動があると思いがけずに品温の上昇につながることとなる．

6.1.3 SCM における販売段階での温度管理

プルディマンド型流通における販売段階での温度管理は，商品アイテムの増加，ディスプレイの多様化，販促手法の多様化により，よりきめの細かい管理が必要となってくるため，店舗冷凍食品売場担当だけでなく，サプライチェーン全体の構成員による役割分担が必要となる．

a. 通 常 時

第4章の「配送車両とその管理」で記述した通り，店舗納品形態にはバックヤード納品と陳列納品がある．バックヤード納品の場合，バックヤード冷凍庫の庫内温度チェック，庫内整理整頓(先入れ・先出し対応)に関してドライバーサポートが必要とされ

る．陳列納品の場合はバックヤード冷凍庫内商品と冷凍ショーケース内陳列商品との先入れ・先出しの同期管理，冷凍ショーケース内の整理・整頓・清掃管理などがドライバーサポート項目に追加される．ドライバーサポートと店舗冷凍食品売場担当（発注者・バックヤードからの品出し担当・売場管理者など）との連動によりきめの細かい管理が実現される．サプライチェーンの管理運営主体である中間流通業には，上記のようなドライバーサポート項目に関する業務基準管理も求められる．また，保守・メンテナンス業者との連携（役割分担）業務基準管理共有なども推進されるべきである．

b. 緊急時

バックヤード冷凍庫・店舗冷凍ショーケースの故障・停電などの対応に関しては，それぞれのケースに対応した緊急管理マニュアルの作成が必要である．マニュアルには応急処置の方法・緊急連絡先の明記が不可欠である．応急処置の方法としては，バックヤード冷凍庫の場合，冷凍庫の開閉を抑制し，サプライチェーンの管理運営主体に連絡し，店舗に一番近いところを走行中の車両にデジタルMCA無線を通じて商品引上げ依頼，もしくは保管待機依頼を行う．店舗冷凍ショーケースの場合，バックヤード冷凍庫への商品移動，格納しきれない場合はダンボールなどで冷気が逃げないように開口面を塞いだうえで，バックヤード冷凍庫故障時と同様の処置が必要となる．

おわりに

プルディマンド型流通において，消費者・生活者の手もとに鮮度がよく，高品質な（きちんと品温管理された）冷凍食品を届けるためには，サプライチェーン全体の管理運営という観点からの役割分担・業務基準管理共有がその構成員の間で必要であり，そのコーディネーションの善し悪しがサプライチェーン全体の品質に影響する．また，サプライチェーンのデザイン自体は優れていても，オペレーションスキルがともなわなければ意味がない．そしてデザイン通りのオペレーションができているか，デザイン自体の問題はなかったかなどの検証を行い，検証結果から改善点を抽出し，改善方法の決定に当たっては知識を広く世間に求め，決定された改善方法を知識として蓄え，マニュアルに追加・訂正を加える作業を不断に行える組織体制となっていることがサプライチェーン管理運営主体に求められる．

情報通信技術を活用し，サプライチェーン内にて知識を創造し続けることによってのみ，時代における消費者・生活者ニーズに応える流通は構築可能である．本編で記述した内容は実際に運用されている実務ベースの事柄にもとづいているが，情報通信技術の発達は目ざましく，より品温管理の実態が目に見え，より消費者・生活者の安心感に応えうるサプライチェーンの登場も遠い将来のことではないと思われる．

〔川北敬二〕

X. 消　　費

1. 総　　　論

1.1 最近の食生活と冷凍食品

　食生活には，家庭内で摂るいわゆる内食と，レストラン，食堂，給食など外で摂る外食，それらの中間に位置する惣菜やテイクアウト弁当などの中食とあるが，最近はそのいずれにも冷凍食品が深く関わっている．冷凍食品はさまざまな食品の品温を奪って低温にし，その食品の最初の品質をそのまま長期間保持するもので，ほとんどの食品は冷凍食品とすることが可能である．したがって，内食として消費される家庭用（一般用・市販用といわれることもある）も，中食や外食に向けられる業務用もユーザーの要望に応じて品目が非常に多様化している．

　冷凍食品は国民所得の多い国，経済的に発展している国ほど消費量が多く，欧米先進諸国についで日本でも消費が急速に拡大している．経済の発展にともなう社会の変化は当然，ライフスタイルの変化や食生活の変化をもたらす．女性の高学歴化と社会進出，特に就労婦人の増加によって生活全体のコンビニエンス化が進む．コンビニエンス化といっても単なる簡便化ではなく，満足度の高い内容の充実した簡便化である．

　それを食生活の面でみれば，食材の調達，保管，下ごしらえ，調理，後片づけまでの一連の工程について必要に応じ他人(外部)への依存化が進む．ちなみに，総理府の家計調査[1]によれば，1996年における1世帯当たりの食料費の費目別構成比率は，調理食品購入と外食支出を合わせた，いわゆる外部化支出が26.5%になっており，16年前の1980年に比較して7.1%も増加している．冷凍食品は優れた保存性をもち，種類も豊富で，凍結前の下処理によって下ごしらえもすんでおり，調理も簡単で，ものによっては解凍するだけあるいは温めるだけで食べられるものもある．そのうえ生ゴミもでないなどのほか，価格が安定し計画的に利用できるなど，ユーザーの要請に十分応えることのできる食材である．そのため，家庭用においても業務用においても，あらゆる分野で活用されているのである．

1.2 冷凍食品の消費状況

1.2.1 家庭用冷凍食品

　かつての日本の経済成長に伴い，女性・主婦の就労人口が増加し，いまや60%を超えるといわれているほか，少子・高齢化社会の到来といわれるように，世帯の人員構成が大きく変化してきている．1995年の国勢調査によれば，単身世帯が全世帯の24.8%，二人世帯が同23.2%と大幅に増加，この両世帯の合計48.0%は，20年前の35.2%に比較して12.8%も増加している．この両世帯に三人世帯18.6%を加えると66.6%が三人以下，10軒のうち7軒近くが三人以下の小家族となっているのである．

　単身世帯の食生活は，まさに個・孤食であり，二人世帯といっても夫婦共働きであれば，平日は単身世帯とほとんど変わらない食生活を送っていると考えられるし，三人世帯でも両親と乳幼児という構成であれば，食生活は二人世帯とみた方がよいくらいである．また二人世帯のなかで老人だけの二人世帯も増えている．このような世帯構成の場合に個・孤食化が顕著であるし，老人世帯の場合は多品種・少量の献立になる．

　そのような生活状況のなかで主婦が忙しければ，買い物や炊事などの省時間化志向や家事全般の合理化志向が強くなるので，当然加工型食材に頼ることが多くなる．冷凍食品は「とりたて」，「つくりたて」そのままの品質・衛生状態を長期間安定して保存でき，種類も豊富で，必要なときに短時間で復元

1. 総論

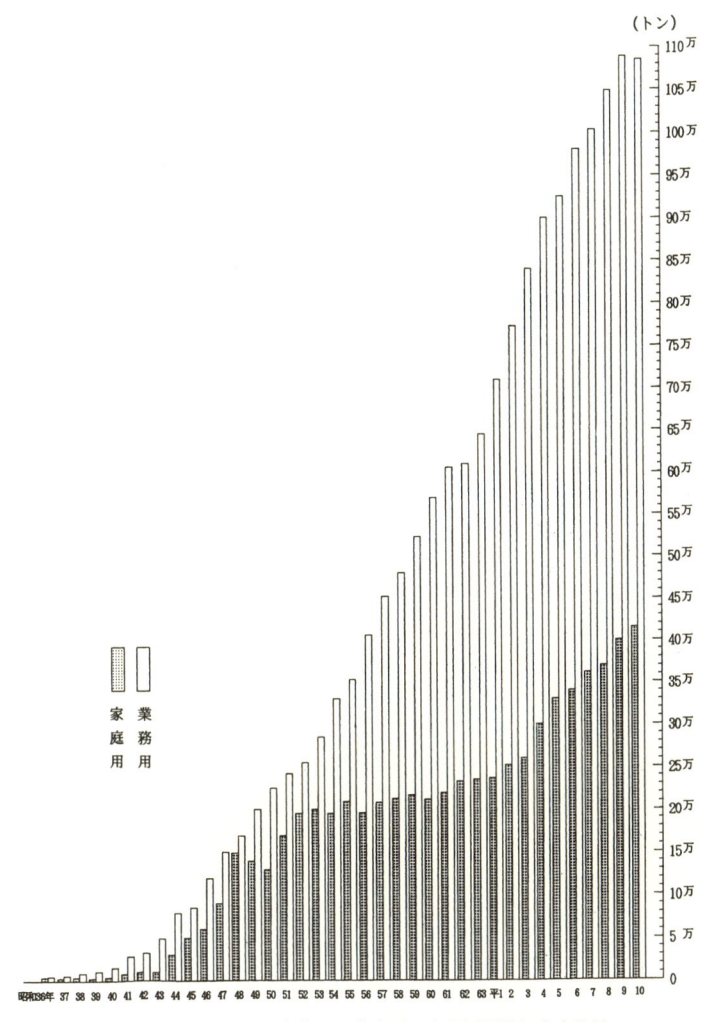

図 X.1.1 日本の冷凍食品の業務用・家庭用別累年生産数量

できるうえ，冷凍庫があればまとめ買いして家庭でも貯蔵することができ，ワンパックのうち一部少量だけ使用した残りもそのまま再度貯蔵できるし，下ごしらえが不要，調理が簡単で生ゴミもでないという特徴が現代社会の食生活にうってつけである．したがって，以前は業務用の伸びが大きく1975年（昭和50）以降は業務用製品の伸びによって日本の冷凍食品産業が支えられてきた感が強いが，近年家庭用の生産が増加し，比率としては特別大きくなってはいないが，図 X.1.1 に示す通り，平成に入って家庭用の生産量が右肩上りに伸びている．

これは，1986年から日本冷凍食品協会によって開始された冷凍食品市場活性化対策特別事業の成果によって，一般消費者の冷凍食品に対するイメージが向上したことや，冷凍食品に関する正しい知識が拡まったことが影響していると考えられる．また，上記のような冷凍食品のもつさまざまな特性が現代の生活者に積極的に受け入れられてきていると考えてよいであろう．

わが国の家庭用冷凍食品は，1997年（平成9）の場合，全生産量の26.8％で，種類別にみると調理食品が多い．調理食品の29.8％が家庭用で，全体の傾向より3％多く，なかでもフライ類以外の調理食品が34.1％とかなり多い[2]．その内訳については明確な資料はないが，近年急速に生産が伸びている米飯類やめん類のほか，油ちょう済フライ類やミートボール，ハンバーグなど，弁当のおかずによいものなどが利用されているようである．

1.2.2 業務用冷凍食品

わが国における業務用冷凍食品は，1954年に学校給食法が制定されて，学校給食の食材として冷凍し

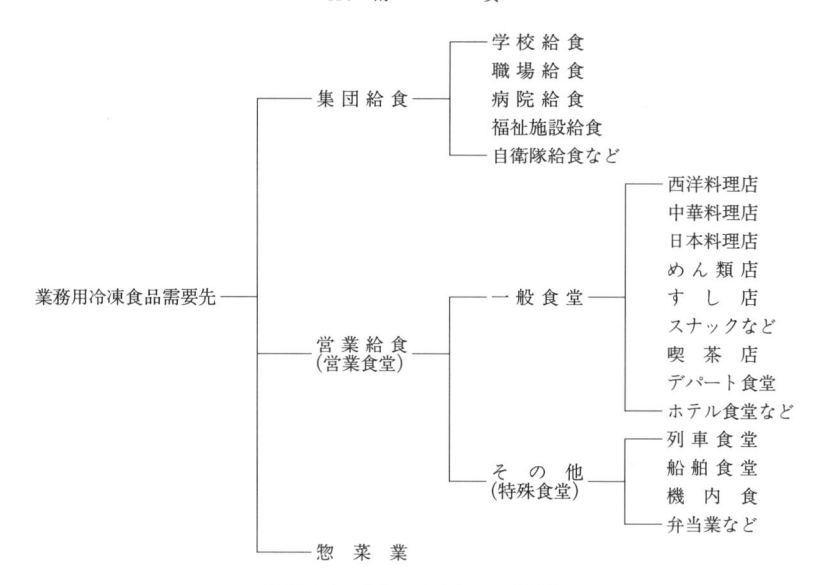

```
業務用冷凍食品需要先 ─┬─ 集団給食 ─┬─ 学校給食
                     │            ├─ 職場給食
                     │            ├─ 病院給食
                     │            ├─ 福祉施設給食
                     │            └─ 自衛隊給食など
                     │
                     ├─ 営業給食 ─┬─ 一般食堂 ─┬─ 西洋料理店
                     │  (営業食堂) │           ├─ 中華料理店
                     │            │           ├─ 日本料理店
                     │            │           ├─ めん類店
                     │            │           ├─ すし店
                     │            │           ├─ スナックなど
                     │            │           ├─ 喫茶店
                     │            │           ├─ デパート食堂
                     │            │           └─ ホテル食堂など
                     │            │
                     │            └─ その他 ─┬─ 列車食堂
                     │              (特殊食堂)├─ 船舶食堂
                     │                       ├─ 機内食
                     │                       └─ 弁当業など
                     │
                     └─ 惣菜業
```

図 X.1.2　業務用冷凍食品の需要先

た魚のフィレーやコロッケ・スチック類などが採用されたことに始まる．その後，南極観測隊の越冬食料や東京オリンピック選手村の食料などに利用されたほか，大阪万国博覧会の食堂・レストランで活用されてその価値が評価されてから各分野に浸透し，大きく成長していった．業務用冷凍食品の需要先はおおよそ図 X.1.2 のように分類される．

これらの各業態は，それぞれ異なる特徴をもっていると同時に，予算や人手の制約を受けながら短時間のうちに大量の食事を，衛生的に安全で，かつ品質も常に均一に仕上げなければならないという共通の課題を抱えている．それらの課題に対して，冷凍食品は，

① 「とりたて」，「つくりたて」の品質がそのまま長期間保存できるので，原料の調達や品質に対する心配が不要である

② 保存料などを使用するのではなく，低温で管理されているので，安全で衛生的にも安心な同一品質の食材が安定して入手できる

③ 食材の相場変動や季節による価格変動の心配が不要である

④ 食材の発注や受入れを簡素化できるので，仕入業務の仕事量を減らすことができる

⑤ 下処理してあるので調理作業が合理化できるうえ，仕事量も適正にできる．また，厨房の環境をきわめて良好に保つことができる．

⑥ 食材の廃棄ロスを少なくし，生ゴミの処理にも悩まされない

⑦ 調理場のスペースを減らすことが可能で，そのスペースを客席に活用できる

⑧ 調理作業をマニュアル化できるので，常に一定品質のものを提供できる

⑨ 通常，簡単な調理ののち盛りつけすれば提供できるので，高給の熟練者を必要としない

⑩ 通常，短時間で提供できるので，客を待たせず，客席の回転率が向上する

⑪ 一人分の分量を標準化できるので，コスト管理が容易になる

⑫ そのつど必要量を使えばよく，つくりすぎなどのロスがなくなる

⑬ 多数の品種から食材を選択できるので，弾力性のあるメニュープランニングが可能である

⑭ 冷凍食品の活用によって生じた時間や労力を，客に満足を与える他のサービスに振り向けることができる

等々さまざまな効用を備えているのである．

しかし，現実には複雑な業務用ユーザーの業態に対して，大口ユーザーは別としても中小店舗に対する小口配送など，メーカーや卸店の対応が不十分な面が多い．そのうえ，ユーザー側の設備や受入体制の不備，冷凍食品に対する知識不足や偏見などがあって，このような業務用にうってつけの冷凍食品のメリットが十分生かされていないのは残念なことである．

このような諸問題を解決してゆくことによって，業務用冷凍食品の利用が拡がることに期待したいものである．

1.2.3 今後の展望

 アメリカには,「現在販売されている冷凍食品の50％は10年前には存在していなかったものであり,現在販売されている冷凍食品の50％は10年後には存在していないであろう」という有名な言葉がある.いいかえれば,冷凍食品は変化することによって発展してきたものであり,これからも変化することによって発展してゆくものであるという意味であろう.実際にわが国の冷凍食品も年々大きく変化してきている.

 メーカーの新製品開発努力は大変なものであり,毎年春と秋の2回,大手冷凍食品メーカーから,従来品のリニューアル品まで含めると200～300品目にも及ぶ新製品が発表されている.それらのうち市場に定着するものは必ずしも多くはないが,この新製品開発に使われる労力と費用は大変なものである.その結果,Ⅰ編1.2.2項b「(5)冷凍食品の品目」に記したように,1997年までにわが国で生産されたことのある品目は3,426品目にも及んでいる.

 既存の品目のなかで興味深いものとして,長年生産数量のトップの座を守ってきたコロッケの生産数量の推移がある.コロッケは1986年に106,714トン[3]とはじめて10万トン台の生産をあげるようになってから,一応は年々生産量を少しずつ伸ばしてはいたものの,それまでのような大きな増加はみられなくなった.1992年に152,241トン[4]と15万トンの大台に乗ったが,翌1993年には148,046トン[5]とはじめて生産量が減少し,コロッケも遂に頭打ちかと思われるようになった.ところが1994年に油ちょう済でしかも電子レンジで解凍しても従来品のように仕上がりがベタッとならず,油で揚げたもののようにサクサクと仕上がるタイプのコロッケが開発され,油を使わなくてもコロッケが手軽にできることが喜ばれて,またコロッケの生産が増えはじめ,1997年には168,544トン[2]の生産量をあげるようになった.新技術が開発されて生産を伸ばした好例である.

 また,近年生産量が急激に増加しているめん類と米飯類も同じような例といえよう.めん類の中のラーメンはかなり以前から販売されていたが,それほど高品質のものでなかったためか生産量もわずかで,1986年にようやく10,460トン[3]と1万トンを超えた程度であった.しかしその後,讃岐うどんが冷凍食品としてデビューしてから,そのコシの強さと歯触りのよさが注目を集めて,1989年には32,054トン[6],1991年には前年より2万トン以上増加して62,023トン[7]になり,その後も年々増加を続けて1994年には110,598トン[8]と10万トンを超えた.そのため,この年から冷凍食品協会の生産統計もうどんとその他めん類に分けるようになった.その後も急速に増加して,1997年には前年より3万トン以上も増え,165,137トン[2]の生産量となり,コロッケとほとんど肩を並べて,品目別で第2位になったのである.

 米飯類についても同じようなことがいえる.ピラフの冷凍食品はかなり以前から生産されていたが,数量的にはそれほど多くはなかった.1980年までは日本冷凍食品協会の生産統計にも米飯類の分類はなく,その他調理食品としてめん類や練り製品・卵製品などと一括されていたが,生産量が増えてきたため,1981年にはじめて米飯類の品目が設けられて,その年の生産量は12,178トンと記録されている程度であった[9].

 それから年々3,000～5,000トン程度ずつ増加して,1988年には40,258トン[10]にまで増加していたが,1988年におにぎりを成形する際の型くずれや米粒の粘り気,あるいは焼き方による香ばしさの問題などを解決した新技術による「焼きおにぎり」が開発されて,まず居酒屋などの業務用筋に発売され,ついで翌年に家庭用が発売されて爆発的な人気を呼んだ.折からの食生活のスナック化もあって,おにぎりのほかにピラフやその他の米飯類にまで需要が拡大して,1989年の生産量は48,639トンに急増した[6].

 その後も急増を続け,1991年には前年より23,963トン増加して86,980トン[7]に,翌1992年には23,995トンも増加して110,975トンと10万トン台に乗り,その後1994年の米不足騒動で12,000トンほど減少したものの,1995年以降は再び増え続け,1997年には128,938トン[2]となって品目別ではコロッケ・めん類についで第3位の生産量になった.ちなみに,この年の米飯類の内訳は,ピラフ91,940トン,おにぎり20,775トン,その他の米飯類16,223トンとなっている.

 めん類や米飯類のような大型の新製品はなかなか生まれないが,社会の変化やユーザーのニーズに合致した新製品開発努力が続けられることによって,消費者の満足度を高めると同時に,現在最も要求されている安心・安全にかなう高品質の製品を製造してゆくことと,冷凍食品に関する正しい知識を広める努力を継続してゆけば,冷凍食品の将来は限りなく広いといえよう.

〔比佐 勤〕

文　献

1) 総務庁統計局：家計調査 1996 年版.
2) 日本冷凍食品協会：平成 9 年冷凍食品に関連する諸統計，同協会資料第 10-2, 1998 年 9 月.
3) 同：昭和 61 年冷凍食品に関連する諸統計，同協会資料第 62-2, p.18, 1987 年 8 月.
4) 同：平成 4 年冷凍食品に関連する諸統計，同協会資料第 5-2, p.18, 1993 年 8 月.
5) 同：平成 5 年冷凍食品に関連する諸統計，同協会資料第 6-2, p.18, 1994 年 8 月.
6) 同：平成元年冷凍食品に関連する諸統計，同協会資料第 2-2, p.18, 1990 年 10 月.
7) 同：平成 3 年冷凍食品に関連する諸統計，同協会資料第 2-2, p.18, 1992 年 8 月.
8) 同：平成 6 年冷凍食品に関連する諸統計，同協会資料第 7-2, p.18, 1995 年 9 月.
9) 同：昭和 56 年冷凍食品に関連する諸統計，同協会資料第 45, p.20, 1982 年 8 月.
10) 同：昭和 63 年冷凍食品に関連する諸統計，同協会資料第 1-2, p.18, 1989 年 9 月.

2. 家庭における冷凍食品の利用

2.1 家庭用冷凍食品の利用実態

　働く女性の増加と，大型冷凍冷蔵庫や電子レンジの普及により，食生活は大きく変化しており，そして忙しい現代社会において食べたいときにいつでも頼りになるストックとして，冷凍食品は欠かせないものになっている．主婦にとっては日々の買い物やメニューを考えることは毎日の大変な仕事のひとつであるが，特に食品の買い置きは，買いすぎてしまったり，長くストックしすぎたりと，いろいろ気を使うことが多いものである．

　日本冷凍食品協会は食品のストック状況や冷凍食品の利用実態を明らかにするために，食品のストックとフローに関する消費者の意識と実態について，20歳以上の女性1,000人（既婚者919人，未婚者81人）を対象に1996年12月に調査を実施した[1]．なお，同協会では1990年にも同じテーマの調査を実施しているので，そのときの調査結果の一部は前回調査として比較しながら以下に記述する．

　なお，この調査は日本冷凍食品協会が1996年に全国の消費者を対象として実施したプレミアムキャンペーンに応募し当選した10,018名に調査票を送付し，回答者の中から無作為に抽出した1,000人の回答を集計したものである．

2.1.1 食品を購入する頻度

　1週間のうちに食品を買いに行く回数は3回(24.5%)が最も多く，次いで4回(16.9%)，2回(16.6%)，5回(16.2%)とばらつきがみられ，平均は3.9回で2日に1回は購入している．なかには7回以上(10.3%)という人もいるが，30歳台以下は3.5～6回と回数が少ないのは子育てなど何かと忙しい年代は頻繁に買い物に行かないことがわかる．

　前回調査では5回が最も多く，平均は4.5回で今回の調査結果は前回に比べてかなり少なくなっている．これは，平成に入ってバブルがはじけ始めた時代と平成不況の真っただ中との差が買い物回数にも現れているものと考えられる．

2.1.2 生鮮食品のストック期間の目安

　日頃，生鮮食品を購入する際に，何日くらいストックするつもりで購入しているかについて「肉」，「魚」，「根菜以外の野菜」，「冷凍食品」の4種類の食品について聞いたところ，「肉」については2日間くらい(31.6%)，3日間くらい(27.0%)という人が多く，合わせて58.6%を占め，10～11日(8.3%)と冷凍して長期間ストックする人もあるが，平均は4.3日であった．次いで「魚」については2日間くらいが39.3%で最も多く，それに1日間くらい(24.4%)と3日間くらい(19.4%)が続き，3日以内という回答が8割以上(83.5%)を占めている．肉に比べてストック期間は1日以上短く，平均は2.9日であった．

　「根菜以外の野菜」については，3日間くらい(29.8%)，2日間くらい(22.5%)が多数派で，7日間くらい(15.3%)，5日間くらい(12.5%)なども10%以上を示しており，個人による差がかなりあるが，平均は4.2日で，魚より長く肉並みといえる．

　最後に「冷凍食品」のストック期間であるが，10～14日間くらいが(29.4%)，5～9日間くらい(27.5%)がそれぞれ20%台を示し，5日～14日の範囲で56.9%と半数以上を占めており，平均は16.1日と他の食品に比べてかなり長く，冷凍食品の保存性に頼っていることがうかがえる．年齢別でみても，他の食品とは違い年齢による顕著な差はなく，いずれの年代でも16日前後となっている．冷凍食品の購入個数別で比較すると，ヘビーユーザーは平均13.6日，ミドルユーザーは平均17.5日，ライトユーザーは平均21.3となっており，購入個数が少ない人ほどストック期間が長い．ライトユーザーはすぐ食べるというよりも，保存しておいて急な来客や忙しくて買い物に行けないときのためにストッ

2.1.3 1カ月当たりの冷凍食品平均購入個数

1カ月当たりの冷凍食品平均購入個数をみると、「月に10個以上」(32.8%) が最も多く、「月に7～9個」も19.3%あり、「月に7～10個以上」のヘビーユーザーが52.1%と半数強を占めている。次いで「月に4～6個」のミドルユーザーが約3割 (30.8%) を占め、「月に2～3個」(15.7%) と「月に1個以下」(1.0%) のライトユーザーが16.7%となっており、平均は「月に7.1個」であった。

これを年齢別でみると、40歳代ではヘビーユーザーが66.5%と3人に2人を占め、他の年代に比べて圧倒的に冷凍食品を購入している。これは子供が育ち盛りであるためと考えられ、この年代の平均も月に8.2個で他の年代の平均に比べて最も多い。一番少ないのは60歳以上の6.3個である。

また、これを地域別にみると、最も購入個数が多いのは「中国・四国・九州」で、64.5%がヘビーユーザーであり、一方、最も少ないのは「北海道・東北」で、ヘビーユーザーは46.1%になっており、地域差がみられた。

2.1.4 冷凍食品のイメージ

冷凍食品のイメージは「保存食品」というイメージか、それとも「すぐ食べる食品」かについて聞いた結果、「保存食品」との回答が78.3%と8割弱を占め、保存食品が主たるイメージになっており、「すぐ食べる食品」の回答は21.6%と2割強であった。

この点、前回調査では「保存食品」が81.4%で「すぐ食べる食品」は18.1%であった。冷凍食品の普及が進むにつれて冷凍食品も日常の惣菜というイメージがやや強くなってきているのであろうか。これを年齢別でみると、いずれの年代でも「保存食品」が主であるが、特に30歳代の82.1%と60歳代の84.1%が8割を超えており、これらの年代は冷凍食品をいざというときの食べ物という考えが強いようである。

冷凍食品の購入個数別でみても、やはり「保存食品」の考え方が圧倒的に多いことは変わらないが、ヘビーユーザーほど冷凍食品を上手に活用しているのか、「すぐ食べる食品」というイメージが高めになっている。

2.1.5 利用する冷凍食品ベスト5

よく利用する冷凍食品を自由回答で3つあげてもらった結果、「コロッケ」が44.2%と群を抜いてトップ、次いで「ミックスベジタブル」20.3%、「ピザ」17.6%、「うどん」14.8%、「シューマイ」14.5%がベスト5となり、以下「ピラフ」13.2%、「ハンバーグ」11.5%、「鶏の唐揚/ナゲット」10.3%、「フライドポテト」9.7%、「エビフライ」9.2%と続いている。

これを中分類でみると、「フライ揚げ物類」が67.7%と断然多く、次いで「野菜類」が45.7%と半数近くを占め、以下、「米飯類」23.3%、「めん類」16.7%、「いも類」7.4%の順になっている。

また、年齢別では、いずれの年代でも「コロッケ」が40～50%を占めて最も多い点は変わらないが、「ミックスベジタブル」は若い人ほど高い割合を示し、29歳以下が28.1%であるのに対し、60歳代では14.2%とほぼ2分の1になっている。また、洋食系のものは比較的若い層に人気があり、「ハンバーグ」や「鶏の唐揚/ナゲット」は高率を示している。

また、冷凍食品のイメージ別にみると、個々の食品には大きな差はないが「保存食品」のイメージという人は「野菜類」を利用する人が48.1%と多く、「すぐ食べる食品」のイメージの人は「フライ・揚げ物類」72.7%、「米飯類」26.9%のように、これらの冷凍食品を利用する率が高いようである。

2.1.6 食品のストック場所

食品のストック方法として考えられる「冷凍庫 (室)」、「冷蔵庫 (室)」、「常温」に、各家庭で米以外の食品をどのような方法でストックしているかについて、合計を100%としてそれぞれの割合を聞いた結果、食品の20～40%を「冷凍庫 (室)」にストックしている家庭が55.0%と半数以上あり、50～60%という家庭も11.4%に及んでおり、平均は33.1%であった。

次いで、「冷蔵庫 (室)」のストックをみると、人によってかなりの差がみられたが、平均は44.1%であった。要するに、現代の家庭では食品の77.2% 約4分の3を「冷凍庫 (室)」もしくは「冷蔵庫 (室)」に保存 (低温保存) しているようである。

最後に、常温での保存の割合は、食品の20～40%を常温でという人が46.9%と最も多く、次いで20%未満が33.9%で、全般に低率であり、平均で22.8%であった。1996年のO157などによ

る食中毒事件多発ののち，食品の常温による保存は一般の家庭でも敬遠されているようである．

なお，前回調査では「冷凍庫(室)」保存が29.7%，「冷蔵庫(室)」保存が46.0%，「常温」保存が22.8%となっており，今回調査の「冷凍庫(室)」保存が1.9%減と「常温」保存1.5%減の合わせて3.4%分が「冷凍庫(室)」保存に変わって，冷凍庫の役割がますます大きくなっていることがうかがえる．「冷凍庫(室)」の中の食品がすべて冷凍食品とはいえないものの，冷凍食品が増えていることは間違いのないところであろう．

2.2 解凍調理の品種別ポイント[2)]

冷凍食品は，一部の特殊なものを除いて，喫食する前に食品中の氷結晶をとかして凍結前の状態に復元する(もどす)ための解凍を行わなければならない．

冷凍食品には，魚介類や肉類あるいは果実類や菓子類などのように，生の状態のまま凍結してあって，いったん凍結前の生の状態に解凍してからそのまま喫食したり，調理にとりかかるものと，半調理または完全調理した状態で凍結してある冷凍調理食品類や冷凍野菜類などのように，凍結状態のまま直接加熱して解凍と仕上調理を同時に行うことの多いものとがあるが，ここではいずれの場合も「解凍」と呼ぶことにする．

冷凍食品を上手によりおいしく調理できるかどうかは，解凍の善し悪しによって大きく左右されるので，解凍に当たっては包装に表示されている「調理

表 X.2.1 解凍方法の種類と適応する冷凍食品の例[3)]

解凍の種類		解凍方法	解凍機器	解凍温度	適応する冷凍食品の例
緩慢解凍	生鮮解凍 [凍結品を一度生鮮状態にもどしたあと調理するもの]	○低温解凍 ○自然解凍 ○液体中解凍 ○砕氷中解凍	冷蔵庫 室内 水槽 水槽	5℃以下 室温 水温 0℃前後	魚肉，畜肉，鳥肉，菓子類，果実，茶わん蒸し 魚肉，畜肉，鳥肉
急速解凍	加熱解凍 [凍結品を煮熟または油ちょう食品に仕上げる．解凍と調理を同時に行う．]	○熱空気解凍	自然対流式オーブン，コンベクションオーブン，輻射式オーブン，オーブントースター	電気，ガスなどによる外部加熱 150～300℃ (高温)	グラタン，ピザ，ハンバーグ，コキール，ロースト品，コーン，油ちょう済食品類
		○スチーム解凍 (蒸気中解凍)	コンベクションスチーマー，蒸し器	電気，ガス，石油などによる外部加熱 80～120℃ (中温)	シューマイ，ギョーザ，まんじゅう，茶わん蒸し，真空包装食品(スープ，シチュー，カレー)，コーン
		○ボイル解凍 (熱湯中解凍)	湯煎器	同上 80～120℃ (中温)	(袋のまま)真空包装食品のミートボール，酢豚，ウナギ蒲焼きなど (袋から出して)豆類，コーン，ロールキャベツ，めん類
		○油ちょう解凍 (熱油中解凍)	オートフライヤー あげ鍋	同上 150～180℃ (高温)	フライ，コロッケ，天ぷら，唐揚，ギョーザ，シューマイ，フレンチフライポテト
		○熱板解凍	ホットプレート，(熱板) フライパン	同上 150～300℃ (高温)	ハンバーグ，ギョーザ，ピザ，ピラフ
	電気解凍 (生鮮解凍と加熱解凍の2面に利用される)	電子レンジ解凍 (マイクロ波解凍)	電子レンジ	低温または中温	生鮮品，各種煮熟食品，真空包装食品，米飯類 各種調理食品
	加圧空気解凍(主として生鮮解凍)	加圧空気解凍	加圧空気解凍器		大量の魚肉，畜肉

方法」を基本として，それぞれの種類に応じた正しい解凍・調理を行なわなければならない．もちろん，そのときその場の条件によって解凍・調理方法を変えなければならないこともあるが，基本を承知したうえでの応用であれば大きな失敗を招くことはないはずである．

冷凍食品の解凍方法はさまざまであるが，解凍に要する時間（解凍速度）によって緩慢解凍と急速解凍に大別される．そして，魚や肉などの「生もの」あるいは「果実類」，「菓子類」などの冷凍食品は緩慢解凍することが多く，「冷凍調理食品類」と「冷凍野菜類」は一部の例外を除いてほとんどのものが急速解凍することが多い．

なお，現在利用されている主な解凍方法ならびに解凍機器類とそれに適応する冷凍食品を分類すると，おおよそ表X.2.1の通りとなる．

2.2.1 生ものの解凍

魚や肉などの「生もの」は小エビのバラ凍結晶（IQF）などのように比較的熱が通りやすいものを凍ったまま加熱調理する場合を除き，調理の前にあらかじめ解凍するが，一般に緩慢解凍する場合が多い．「生もの」を急速解凍するとおいしさや栄養のもとである液汁（ドリップ）が組織から流れ出すことが多いためである．

解凍する環境によって以下のように整理される．

a. 低温解凍

調理までに時間のある場合には，冷蔵庫の中などの5℃前後ぐらいのできるだけ低い温度でゆっくり解凍するのが，ドリップの流失も少なく，もどりすぎも避けられるうえ，衛生的にも味の面からも最良の方法である．最近の冷凍冷蔵庫には氷温室とかパーシャルルームなどがついているものがあるが，そこを解凍室として利用することも考えられる．なお，低温解凍した場合ブロック状のものなど，ものによっては解凍に24時間以上もかかる場合があるので，ファンを使って庫内の冷気を対流させると解凍時間が短縮されて効率的である．ただし，解凍中に食品の乾燥が進まないような工夫をすることが必要である．いずれにしても，使用する直前に解凍が終わるように時間の配分に十分注意しなければならない．

また，刺身類は清潔なふきんを3％程度の食塩水に浸してからよく絞り，包装から取り出した裸の刺身を包んで低温解凍すると，身もしまり，「つや」もよく解凍できる．天ぷら用のキス・エビ・イカなどは，袋から出して清潔な乾いたふきんで包んで解凍すれば，グレーズが溶けた水分がふきんに吸収されて水っぽくならずに解凍できる．

b. 自然解凍

包装のまま室内の冷暗所に放置して，自然に解凍する．したがって解凍に長い時間を要するが，室温が高いほど解凍時間は短縮される．しかし，全体が均一に解凍されず，表面が早く解けて内部は凍ったままといったおそれもあり，そのうえドリップも多くなるので，なるべく室温の低いところを選んで解凍するようにする．なお，季節によって室温が異なり，うっかりするともどりすぎになるので，解凍の度合いを確かめながら，必ず半解凍で止めるように十分注意しなければならない．

c. 液体中解凍

調理までにあまり時間がなく急いでもどしたいときは，水につけて解凍するが，その際食品に直接水が触れると風味や栄養が逃げてしまうので，必ずポリ袋など耐水性のある袋に入れ，中の空気を抜いてから口を固く閉じて水につける．なお，水が静止しているよりも撹拌したり流水を使う方が早く解凍できる．解凍時間は食品の大きさによって異なるが，早いものは20～30分で解凍できるものもあるのでもどりすぎに注意しなければならない．

d. 電子レンジの利用

魚などを急いで焼いたり煮たりしなければならないとき，その魚が開きにしてあるものや切り身あるいはカレイのような比較的身の薄いものであれば，電子レンジを使って30～40％ほど解凍してから煮焼きすることができる．その場合は2.2.4項「電子レンジの利用」を参考にして解凍することが必要である．

e. 「生もの」解凍の留意点

「生もの」を解凍する際に，まず留意しなければならない条件としては，解凍によって，① 部分による品質変化が少ないこと，② 部分による温度差が少ないこと，③ テクスチャーの変化が少ないこと，④ ドリップの量が少ないこと，⑤ タンパク質変性が少ないこと，⑥ 細菌繁殖が少ないこと，⑦ 鮮度低下が少ないこと，などが考えられる．また，解凍後は微生物の作用を受けやすいし，空気による酸化や水分の蒸発による乾燥が進みやすく，ドリップも出やすいので，必ず使用する分だけを使用する直前に解凍して，解凍過程の乾燥を防止しながら，解凍終温をできるだけ低く（0℃，高くても5℃）抑えることが必要である．

「生もの」は以上のような注意をして解凍するが，いずれにしても最も大事なことは，もどしすぎないことであり，まわりが軟らかくなって芯がまだ凍っている程度の半解凍の状態がもどし頃である．また，半解凍の状態にもどったら，時間をおかずに調理することも大事である．

2.2.2 野菜類の解凍・調理

漬物や大根おろし，とろろいもなどの冷凍食品は，例外的にそのまま自然解凍して喫食するが，それらの例外的なものを除いた一般の冷凍野菜類は，包装から取り出して凍ったまま煮る，ゆでる，蒸す，炒めるなど直接加熱して急速解凍するのが原則であり，解凍と同時に調理を仕上げるものが多い．ただし，上記の例外的なものを除いた野菜類の冷凍食品は，ほとんどのものが凍結前のブランチング（blanching）の工程により，種類によって程度の差はあるものの，ほぼ80%程度加熱してあるので，解凍・調理のための加熱とブランチングによる加熱分を合わせて，生の野菜を生から加熱調理する場合の加熱量と同じになるようにしなければならない．

ブランチングは凍結前の処理工程としての一部加熱であって，調理上の加熱ではないため，包装の表示には「凍結前未加熱」と表示してある．

したがって，冷凍野菜類を解凍・調理する際の加熱は，生の野菜を加熱調理する場合に比べて加熱時間が非常に短く（少なく）てすむので，加熱しすぎにならないように十分注意することが必要である．

なお，最近は塩ゆでしたエダマメ，ソラマメ，落花生などにディープブランチング（deep blanching）と呼ばれる100%加熱したものが発売されているが，これらの製品は加熱せず自然解凍しただけで喫食できるものなので，表示欄に「凍結前加熱済」と表示してある．また，表示欄の「食べ方」を確かめる必要がある．

グリンピース，あるいは上記の塩ゆでではないエダマメ，ソラマメなどの粒状のものは袋から取り出し，食品の約5倍量の熱湯に凍ったまま入れて，3分程度加熱を続けたところで手早く取り出し（ボイル解凍），流水中で十分に冷却してから水切りする．

カーネルコーンやミックスベジタブルを炒める場合は，フライパンに油をたっぷりひいて熱したところへ凍ったままのものを入れて炒めてもよいが，さっとボイル解凍（というよりも熱湯を上からかける程度）したうえで炒める方が，表面についている霜も取れるのでハネることもなく，仕上りもよいようである．また，軸付きコーンは，ボイル解凍してから表面をさっと焼いて軽く焦げ目をつけると食感が向上するし，凍ったままオーブンの金網に並べ，200～220℃で20分程度加熱してもよい．

サトイモ，ニンジン，ゴボウなどの根菜類は，あらかじめ沸騰させた食品の2倍量の調味液に袋から取り出した凍ったままのものを入れて弱火で加熱を続け，再沸騰し始めてから3～4分間煮ふくめる．特に，サトイモなどデンプン質のものは，中心温度が70℃以上になるまで加熱しないと冷凍によってα化しているデンプン質がβ化せず固さが残るので，心もち多めに加熱し，竹串などで加熱加減を確かめることが必要である．

カボチャは，少なめの調味液を沸騰させた鍋に，凍ったまま皮を下にして1列に並べ，「落としぶた」をして煮ふくめながら途中で上下を静かに返すと煮くずれしない．いずれの場合も身くずれを防ぐために，加熱中は不必要な撹拌は避けるようにする．

ホウレンソウ，ブロッコリー，芽キャベツなどは，粒状のものと同様にボイル解凍するが，大きいブロック状のものの場合は，生ものに準じて自然解凍し，半解凍の状態にしたものをさらに熱湯に入れてボイル解凍する（いわゆる二段解凍）．なお，ボイル解凍したあとは手早く熱湯から取り出し，流水につけて急速に冷却する．

キヌサヤ，サヤインゲンなどもボイル解凍してよいが，凍ったまま炒めてもよく，その場合は強火で手早く炒める．

フレンチフライポテトは，ポテトの3倍重量程度の十分な量の食用油をあらかじめ160℃程度に熱しておき，袋から取り出した凍ったままのものを入れて2～3分間油ちょうし，表面が黄金色になったところで油から取り出し，薄く拡げて油切りする．

最初の油温が160℃以上だと焦げがでてカリッと仕上がらない．また，140℃以下だと油っぽくなるので油温に注意が必要である．

うらごし野菜（ニンジン，カボチャ，グリンピース，ホウレンソウ，スイートコーン，タマネギなど）は，袋のまま熱湯の中で10分間ほど湯煎解凍するか，袋から取り出した凍ったままのものを火にかけた鍋に直接入れて，時々撹拌しながら解凍すればよい．

2.2.3 調理食品類の解凍・調理

冷凍調理食品類は，茶わん蒸しなどの例外を除いてほとんどのものが凍ったまま焼く，煮る，ゆで

る，蒸す，揚げるなど直接加熱して急速解凍するものが多い．

なお，冷凍調理食品には凍結前に完全に調理加熱してあって，解凍するだけあるいは温めるだけで喫食できるエビチリソースやミートボールなどのような完全調理品や，フライ・コロッケでも凍結前に油ちょうしてあって凍ったまま電子レンジやオーブントースターで加熱解凍し温めればよい完全調理のものと，揚げればよい状態まで調理してあるが油ちょうはしていない半調理のものがある．また，シューマイやギョーザのように凍ったまま蒸したり焼いたりすればよい状態まで調理してあるが，加熱はしていない半調理のものなどさまざまなものがあり，種類も非常に多い．したがって，製品によって加熱方法や加熱時間が異なるので，解凍・調理に当たっては，必ず包装に表示されている調理方法や使用器具を確かめなければならない．最近は調理の簡便化を追求して，電子レンジやオーブントースターで加熱するだけでよい冷凍調理食品が増加しているが，従来タイプのものも販売されているので，電子レンジやオーブントースターで解凍・調理するもの以外の冷凍調理食品類の解凍・調理方法について，そのポイントを以下に記述する．

a. 熱板解凍（焼く）

ハンバーグは，よく熱したフライパンにバターかマーガリンを入れて全体にまわし，袋から取り出した凍ったままのものを入れてふたをし，3～4分焼いてから反転してさらに4～5分間焼き，焼き上がる前に少量の水か酒を加えて蒸し焼きにするとよい．

シューマイやギョーザは，よく熱したフライパンにサラダ油をひいて全体にまわし，凍ったままのものを1列に並べて強火のまま下に焦げ目がつくまで焼いてから，4分の1カップ程度の水をフライパンの縁からまわし入れ，ふたをしてから弱火にして3～4分加熱し，最後にふたを取って強火にして水を飛ばし，カラッと焼き上げる．焼いているときは箸などであまり動かすと皮が破れるので注意が必要である．お好み焼きなども同じようにフライパンで両面を焼けばよい．

b. ボイル解凍（煮る，ゆでる）

ウナギ蒲焼き，ミートボール，エビチリソース煮，卵製品，シチュー類，スープ・ソース類，ソース付ハンバーグなどさまざまな調理食品が耐熱性のある包材で密封包装されて販売されているが，これらは一部の特殊なものを除いていわゆるボイル・イン・バッグ (boil in bag) 方式のもので，沸騰しているお湯に凍っているものを袋のまま入れて中心が温まるまでゆでればよい．ただし，包装に穴や亀裂がないかよく点検する必要があり，もしピンホールなどの心配がある場合は，包装のまま蒸した方がよい．

めん類のうちうどんの解凍は，基本的には鍋にお湯を沸騰させ，袋から取り出した凍ったままのうどんを直接入れてボイル解凍する．家庭の直径 18 cm 程度の鍋ならば一人前1分30秒ほどでゆで上がるのでそこで湯切りし，添付されているだし汁のもとでつくったつゆを使い，あらかじめ温めておいた丼に盛り，ネギや好みの具を添える．煮込んでもくずれないので，凍ったままうどんすきや煮込みうどんに用いてもよい．

うどんを業務用で使用する場合は，直径が 50 cm もある大きなズンドウ鍋を用いるので1分ほどでゆで上がるが，よりおいしくするために，熱湯から取り出してすぐ軽く水洗いしてぬめりを取り，さらに冷水でしめてからサッと湯通しして，丼に入れツユをかける．一般の家庭でも，このようにすればいっそうおいしく食べられる．

うどんには，アルミ容器にだし汁や具とめんが一緒にセットされていて，容器を直接火にかけて弱火で1分間程度加熱し，だし汁が溶けたところで中火にして10分ほど加熱し，めんと具が解凍されて中心まで温まれば喫食できるタイプのものもある．

c. スチーム解凍（蒸す）

シューマイやギョーザ・中華まんじゅうは蒸し器やせいろで蒸気が上がったところへ，濡れたふきんを敷き，その上に袋から取り出した凍ったままのものを一列に並べてふたをし，7～8分間蒸して解凍する．このようにすれば，97～100℃のスチームで解凍するので，解凍直後の温度は 70℃ 以上になる．加熱解凍時の温度が 70℃ より低いとデンプンの α 化が不十分になるし，逆に加熱しすぎるとデンプンの豊潤が進んで，いずれの場合も食感が低下するので注意しなければならない．

茶わん蒸しは，冷凍調理食品の中で例外的に完全に解凍してから加熱調理しなければならないものである．したがって，生ものと同じように袋のまま低温解凍か自然解凍，また急ぐ場合は流水解凍してから袋を開いて茶わんに移し替え，ふたをしてよく湯気のでている蒸し器に入れて卵汁が固まるまで蒸す．この場合，少しでも凍っている部分が残っていると上手に仕上がらないので，完全に解凍しなけれ

ばならない．

d. 油ちょう解凍（揚げる）

コロッケ，フライ，カツ，天ぷら類を揚げる場合は，平鍋にたっぷりの揚げ油を入れて，あらかじめ170～180℃に加熱しておき，包装から取り出した必ず凍ったままのものを鍋の縁から少しずつ静かに入れ，表面が黄金色になり少し焦げ目がついたところで静かに裏返して，浮き上がってくるまで火加減を調節しながら揚げる．

コロッケやフライ類を揚げたときに失敗する最大の原因は，油の温度が急激に低下することである．油温が急激に低下することを防ぐために使用する鍋はなるべく底の厚い鉄鍋で深さのあるものがよく，油も多めに使う．また，食品を一度にたくさん入れると油温が急に下降するので，少しずつ入れ，常に火加減に注意しながら揚げ油の温度を170℃なら170℃に維持することが重要である．食品の表面に霜がついている場合は，霜をよく落としてから揚げる．コロッケの場合，表面に火が通るまでは箸などでいじらないことも上手に揚げるコツである．

また，逆にあまり油の温度が高すぎると，中心まで火が通らないうちに表面が焦げてしまうので，油の温度には十分注意する必要がある．特に，春巻は具から出た水蒸気が膨張して破裂することがあるので，必ず170～180℃の温度で4～5分以内に手早く揚げなければならない．

2.2.4 電子レンジの利用

電子レンジを利用すれば冷凍食品がきわめて短時間に解凍できるし，ものによっては解凍と同時に調理もできる．そのため，近年さまざまな冷凍食品が電子レンジ専用として開発されている．しかし，電子レンジは内部加熱のため，内から外へ水蒸気が出てくる．そのため新しい技術が開発されて製品化されている．サクサクタイプのコロッケ類などは別として，普通の油ちょう済の冷凍食品を電子レンジにかけると，フライ独特のカラッとした感じがなくなって水っぽくなる．したがって，普通の油ちょう済の冷凍食品は長時間電子レンジにかけず，中心温度を可食温度にする程度にとどめた方がよい．

いずれにしても，電子レンジのワット数やレンジに入れるときの冷凍食品の温度や大きさ，厚さ，形などによって加熱時間が微妙に異なるうえ，電波ムラの問題もあるので，電子レンジを利用する場合は，以下のような注意が必要である．

① 冷凍庫から出したばかりのものと，しばらく室温においたものでは品温に差が生じており，解凍・調理の時間が微妙に違ってくるので，ダイヤル合わせに注意する．

② 短時間で加熱されるので，少々時間をかけすぎただけでも半解凍でとどめるつもりのものが解凍しすぎになったり火が通ってしまったりするので，最初は少し控えめの時間をセットし，その後もどり具合いを確かめながら不足分を少しずつ加熱するようにする．特に，「生もの」の場合は，解凍に必要と思われる時間を何回かに分けてかけ，そのつど解凍の度合いを確かめながら必ず半解凍で止める．その際，途中でいったんスイッチを切ったあと，すぐレンジのふたを開けず，20～30秒間ぐらいそのままおいて，繰り越し余熱を利用して食品の温度の平均化をうながす．

また，電波ムラを防ぐために，途中で左右の向きや上下を変えるとか，食品によっては撹拌するなどの配慮が必要である．

③ 魚などの薄い部分や突起している部分が早く解凍されるので，図X.2.1のようにあらかじめ薄い部分をアルミ箔でおおって電波を反射させ，厚い部分がある程度解凍されたところでアルミ箔を取り除いて全体が均一に解凍されるような工夫が必要である．

また，魚などは皿の上に割箸2～3膳を並べてその上に置き，食品の下に隙間をつくって，グレイズなどが溶けて下に回った水分が加熱されて，食品を直接加熱しないような工夫が必要である．フライやコロッケなどを温め直すときも，このようにすると余分な油が皿に落ちてカラッと仕上がる．

④ 解凍・調理の間に，食品が乾燥するおそれがあるので，特殊なもの以外はラップして電子レンジに入れる．シューマイなどは図X.2.2のようにあらかじめ霧吹きで酒か水をふりかけてからラップする

図X.2.1 電子レンジによる「生もの」の解凍

図X.2.2 霧吹きで水か酒をふりかける

とよりよく仕上がる．また丼など容器に入れた場合も同様にして必ずふたをする．

⑤ 包装のまま電子レンジに入れた場合，包装内部の空気が加熱されて膨張し，大きな音をたてて破れることがあるので，密封されている場合は包装の隅を少し切っておくか，あるいはところどころに孔を開けておく．なお，最近あらかじめ孔を開けなくてもよい中袋が開発されて，それを使った製品も販売されている．

アルミ箔包装やアルミ蒸着フィルムで包装されている冷凍食品は，包装のままでは絶対に電子レンジに入れない．いずれにしても，解凍方法や解凍時間など包装の表示を確かめてから電子レンジに入れることが大切である．　　　　　　　　　［比佐　勤］

文　献

1) 日本冷凍食品協会：食品のストックとフローについての意識と実態調査，1997年2月．
2) 比佐　勤：冷凍食品入門(改訂新版)，日本食糧新聞社，1998．
3) 日本冷凍食品協会：業務用冷凍食品取扱マニュアル，p.21, 1998．

3. 業務用冷凍食品の利用

3.1 業務用冷凍食品の概要

業務用冷凍食品といわれるものは，学校給食，産業給食などの集団給食業，一般食堂，レストラン，ファーストフード店，機内食，ホテルなどの営業給食業，最終調理を行い店頭販売する惣菜業，テイクアウトも含めた弁当業などを対象として販売される冷凍食品であって，スーパーマーケットなどの一般小売店で販売される家庭用冷凍食品とは区別されている．

3.1.1 業務用冷凍食品発展の推移

戦後の昭和20年代，わが国の食生活は飢餓からの脱出の時代であり，昭和30年代は経済成長率が高まるに従って食料の量・質の面で充実がはかられた．昭和40年代になると，経済成長率は加速度的に高まり，高度成長の時代へ入って，食料の消費も多様化の様相を呈してきた．1974年（昭和49）の石油危機を契機として，昭和50年代の低成長期に入るが，経済環境が好転するにつれて食料消費はゆるやかに上昇を示してきた．

また昭和60年代から平成にかけてはバブル経済の発展とともに，わが国の食生活は飽食の時代をむかえ，平成に入ってからは健康志向，安全志向などの消費者ニーズの高揚が，1995年（平成7）の病原性大腸菌O157禍によってさらに加速された．

このような食生活の流れの中で，わが国の冷凍食品は，家庭用を中心として発展してきた欧米の冷凍食品とは対照的に，事業所給食，学校給食を中心として発展してきた．

すなわち，戦後前記のような食生活において，現物支給の形で始められた従業員に対する給食は，企業にとって労働力再生産のために必要なものであった．食糧事情が好転し始めると，給食は企業における福利厚生の面，あるいは職場における従業員の対話の場としての給食に変わってきた．また一方，学校給食の普及に従い，家庭における児童のための手作り弁当の労働が減少し，企業における給食も家庭労働の節減のための観を呈してきた．このように変転してきた事業所給食は，企業が大型化してくるに従い社内食堂の形となり，ゆとりがでてくるにつれてメニューも単品から複数メニューとなり，あるいはカフェテリア方式へ移行している．すなわち，献立の多様化が必要になってきたのである．

学校給食においても，1947年（昭和22）の補食給食開始から，1954年（昭和29）には学校給食法の制定によって，教育の一環としての給食に変わり，食事の内容も完全給食の時代に入った．小学校における1996年（平成8）給食実施対象児童数のうち完全給食実施児童数は98％を超えている（「外食産業統計資料集'98年版」より算定）．近年の児童数の減少により，空き教室を用いてのバイキング方式や，郷土料理をメニューに取り入れるなども行われている．また，病原性大腸菌O157の騒動により，冷凍食品の安全性が見直されている．

病院給食においては，従来の社会保険診療報酬点数制度の廃止と病院外の調理加工施設における調理（院外調理）が認可されて自由化が進み，安全性はもとより，質（おいしさ，適温での提供，メニューの選択）の向上と病院経営の一環としての合理化が求められている．また，独居老人，老夫婦世帯の増加および在宅医療ニーズの高まりとともに，配食サービスも関心が高まっている．これら院外調理や配食サービスに対応すべく，治療食や予防食として栄養成分値と質の安定したさまざまなメニューの冷凍食品が求められている．

以上のように集団給食は，経済の高度成長期においてその内容の充実がはかられたが，それはまた労働力不足と労働賃金の急上昇期でもあった．各事業所，学校ともに調理場，調理設備は不完備の状況にあり，しかも労働力は不足しているという環境の中での給食内容の充実のためには，どうしても簡便性

のある食材が必要であった．また昭和30年代からの食用油消費の急増にもみられるように，調理の洋風化の傾向が急速に進展した時期でもあった．洋風化された食品は，製造技術の面から冷凍食品に適していたし，最終調理の簡便性，食品衛生面の安全性，計画的な調達の面からも，冷凍食品は集団給食用として最適のものであった．

労働力不足，労働賃金の急上昇は，女性の労働の機会を増大させた．これにはまた家庭内の電化などによる家事労働の減少，職場における女性の地位の向上，科学技術の進歩による筋肉労働からの解放などが大きく寄与している．かくしてもたらされた所得の増加によって，消費は従来生活の目的である生命の維持としての衣食住の確保から，それ以外のものへの支出の増大となり，昭和40年代はその転換期となった．すなわち生活概念の変換，生活構造の変革の時代となったのである．

食生活においてはその改善が促進され，戦後の飢餓状態から欧米の栄養水準並みに到達するための努力がなされ，これが医療の進歩ともあいまって，世界の長寿国へと急成長したのである．これらの変革と同時に，社会科学，自然科学の進歩は農業社会，工業社会の筋肉労働から労働者を解放し，食生活は従来の生命維持，労働力の再生産の概念から抜け出し，労働時間の短縮によって生じた余暇時間の増大とともに食もレジャー化の方向へと進んだ．旅行者の増加，女性ドライバーの増加，女性の社会進出による単身者の増加なども要因となって，営業給食（狭義の外食産業）の発展を促進したのである．

これらの外食産業はその形態はさまざまであるが，チェーン化されたものが急増し，経営の合理化とメニューの多様化から調理のマニュアル化が行われ，簡便化された食材の利用に変わってきた．冷凍食品はその出発点であった集団給食用の栄養の充足の製品から，レジャー化された食事に必要なおいしさ，ファッション性などを具備した調理冷凍食品の製造技術を蓄積し，これら外食産業の要望に応えうるまでに成長した．

生活概念の転換，生活構造の変革による外食産業の発展は，食品小売業にも変革をもたらした．女性の社会進出による家事離れに即応するためには，簡便性のある食品の販売が必要であり，外食，海外旅行の経験，テレビ，雑誌などの情報によって開眼された味覚を満足させうるものでなければならない．しかも，従来の家族制度の崩壊によって核家族化されたニューファミリーの登場による伝統的な食事マナーの変形がそこにある．食品売場は，安く，大量に食品を販売する売場から，食事のコンサルティングを行い，エンターテイメント性をもった売場へと変わりつつある．そのために必要な品揃えのための冷凍食品は不可欠なものとなっている．冷凍食品による高級惣菜といわれるものもこのような時代の流れの中から生まれてきたものである．しかしその一方，昭和50年代に入って飽食による弊害が注目され，先輩国であるアメリカにおける自然食品，健康食品，低カロリー食品の出現はわが国にも影響を与え，食生活に関する意識の変革が社会的にも，個人的にも現れてきている．それが人口の高齢化移行との関連もあって，食品の多様化を加速し，食品売場としてはこれにも対応していくための品揃えとして調理冷凍食品が必要不可欠なものとなった．

昭和50年代以降，業務用冷凍食品は外食産業の成長に支えられて急速な伸びを続け，その生産量は1989年（平成元）から1991年（平成3）にかけて年率9～10%の伸びを示してきた．平成1桁代中頃になると，いわゆるバブル経済の崩壊，円高の加速による価格破壊などにより外食産業の伸びが低下するとともに，その生産量は急速に低下し，1996年（平成8）は4.7%，1997年（平成9）は3.3%増となっている．低下したとはいえ3.3%の伸びを確保できたのは，有職主婦の増加などを背景に，市販惣菜を中心とした中食市場の需要が拡大したからだといえ，この市販惣菜に多くの業務用冷凍食品が使われているからである．この中食市場への期待はますます高まるものと思われる．

外食産業が不況を脱しても，直ちにその業績が回復するとは限らないので，各メーカーは中食市場の拡大や新しい業態の外食市場への対応，消費者の健康・安全性のニーズの高まりへの対応，また海外生産拠点の合理化や冷凍流通網の再構築など，さまざまな対応により業務用冷凍食品の需要拡充を図ろうとしている．

3.1.2 業務用冷凍食品の利用概況

業務用冷凍食品は，家庭用冷凍食品以外の冷凍食品で，一般に外食産業といわれている業界（表X.3.1参照），および惣菜業，調理パン，宅配業などの業界において利用されており，冷凍食品生産量の約70%を占めている．

業務用冷凍食品の生産推移は，表X.3.2のように金額では2桁の伸びを示している．また日本冷凍食品協会の冷凍食品仕向先実態調査（1997年3月）に

3. 業務用冷凍食品の利用

表 X. 3.1 外食産業の市場規模 (1995～1997年)

(1998年4月)

	実　数　(億円)			対前年増加率 (%)			構　成　比 (%)		
	1995年	1996年	1997年	1995年	1996年	1997年	1995年	1996年	1997年
外食産業計	280,971	289,548	296,778	0.6	3.1	2.5	100.0	100.0	100.0
給食主体部門	214,359	221,632	228,293	1.2	3.4	3.0	75.8	76.5	76.9
営業給食	173,107	179,469	185,343	1.3	3.7	3.3	61.2	62.0	62.5
飲食店	122,753	128,995	134,898	1.6	5.1	4.6	43.3	44.6	45.5
食堂・レストラン	88,129	93,062	97,692	1.9	5.6	5.0	31.0	32.1	32.9
そば・うどん店	9,847	10,507	10,872	△0.6	6.7	3.5	3.5	3.6	3.7
すし店	15,138	15,156	15,549	△0.3	0.1	2.6	5.4	5.2	5.2
その他飲食店	9,639	10,270	10,785	4.9	6.5	5.0	3.3	3.5	3.6
特殊タイプ食堂	2,501	2,562	2,633	2.9	2.4	2.8	0.9	0.9	0.9
宿泊施設	47,853	47,912	47,812	0.3	0.1	△0.2	17.1	16.5	16.1
集団給食	41,252	42,163	42,950	1.1	2.2	1.9	14.6	14.6	14.5
学校	5,017	4,960	4,919	△1.7	△1.1	△0.8	1.8	1.7	1.7
事業所	21,358	21,699	22,009	0.4	1.6	1.4	7.6	7.5	7.4
対面給食	14,466	14,782	14,960	0.3	2.2	1.2	5.2	5.1	5.0
弁当給食	6,892	6,917	7,049	0.7	0.4	1.9	2.5	2.4	2.4
病院	13,099	13,703	14,157	3.6	4.6	3.3	4.5	4.7	4.8
社会福祉施設	1,778	1,801	1,865	△0.2	1.3	3.6	0.6	0.6	0.6
料飲主体部分	66,612	67,916	68,485	△1.4	2.0	0.8	24.2	23.5	23.1
喫茶店・酒場など	27,623	28,044	28,526	△2.5	1.5	1.7	10.1	9.7	9.6
喫茶店	13,577	13,680	14,131	△4.3	0.8	3.3	5.1	4.7	4.8
酒場・ビヤホール	14,046	14,364	14,395	△0.6	2.3	0.2	5.1	5.0	4.9
料亭・バーなど	38,989	39,872	39,959	△0.6	2.3	0.2	14.0	13.8	13.5
料亭	4,660	4,766	4,776	△0.6	2.3	0.2	1.7	1.6	1.6
バー・キャバレー・ナイトクラブ	34,329	35,106	35,183	△0.6	2.3	0.2	12.4	12.1	11.9
料理品小売業	38,326	39,855	43,041	4.0	4.0	8.0	─	─	─
弁当給食を除く	31,434	32,938	35,992	4.7	4.8	9.3	─	─	─
弁当給食 (再掲)	6,892	6,917	7,049	0.7	0.4	1.9	─	─	─
外食産業 (料理品小売業を含む)	312,405	322,486	332,770	1.0	3.2	3.2	─	─	─

1) (財)外食産業総合調査研究センターの推計による．
2) 四捨五入の関係で合計と内訳が一致しない場合がある．
3) 料理品小売業の中には，スーパー，百貨店などの売上高のうちテナントとして入店している場合の売上高は広義の外食産業市場規模に含まれるが，総合スーパー，百貨店が直接販売している売上高は含まれない．
4) 1995年，1996年の市場規模については，法人交際費などの確定値がでたため修正している．

表 X. 3.2 業務用冷凍食品の生産高

	1983年	1984年	1985年	1986年	1987年	1988年	1989年	1990年	1991年	1992年	1993年	1994年	1995年	1996年	1997年
数量 (トン)	481,552	524,333	567,937	606,593	612,669	641,506	709,112	773,598	844,766	902,577	934,063	978,350	1,002,836	1,049,507	1,084,126
金額 (百万円)	274,647	285,265	303,941	325,742	331,453	346,039	377,849	412,517	450,513	477,251	489,670	506,942	517,140	523,130	536,887

表 X.3.3　業務用冷凍食品のルート別販売金額割合(%)

(1997年3月)

ルート	集団給食関係			外食産業								その他			
	事業所給食	学校給食	病院・福祉施設給食	総合レストラン	専門飲食店	ファミリーレストラン	ファーストフード	酒場・ビアホール	喫茶店	弁当・仕出し業	テイクアウト弁当業	惣菜・デリカテッセン	ケータリング業	ホテル・結婚式場	その他
金額割合	10.2	8.3	3.2	8.6	7.0	5.4	2.1	6.7	3.3	6.2	7.0	13.5	2.5	7.9	8.0
	27.7			46.3								31.9			

表 X.3.4　売上げの伸びているルートと鈍化しているルート (%)

(1997年3月)

ルート	事業所給食	学校給食	病院・福祉施設給食	総合レストラン	専門飲食店	ファミリーレストラン	ファーストフード	酒場・ビアホール	喫茶店	弁当・仕出し業	テイクアウト弁当業	惣菜・デリカテッセン	ケータリング業	ホテル・結婚式場	その他
伸びている	29.2	6.3	22.9	18.8	14.6	5.2	3.1	20.8	0.0	24.0	11.5	49.0	11.5	19.8	3.1
鈍化している	14.6	30.2	5.2	20.8	14.6	14.6	7.3	12.5	31.3	19.8	10.4	6.3	3.1	20.8	3.1

複数回答でその業態向けの冷凍食品の売上げが「伸びている」および「鈍化している」と答えた社 (冷凍食品卸売業者) の数を有効回答数 96 社で割ったもの.

よると, 集団給食関係 21.7%, 外食産業 (飲食店, 弁当業, テイクアウト弁当業) が 46.3%, その他が 31.9%の流通となっている (表 X.3.3 参照).

表 X.3.4 にみられるように, 今後, 惣菜・デリカテッセン, 事業所給食, 病院・福祉施設給食などが外食産業市場のなかで業務用冷凍食品が伸びる市場と思われる.

このように営業給食, 惣菜業界は外食費の増加, 食生活の簡便化の流れのなかで成長していくが, 同業者間の競争が激化し, 企業間の格差が大きく現れてくるものと思われ, 経営の合理化, 効率化が必要である. その面からシステム化が行われ, セントラルキッチンの設置や調理加工済食材の利用が増加して, 店舗展開とチェーン運営のノウハウをもった企業が有利となる. 特に惣菜・デリカテッセンは中食市場の拡大を背景に今後の成長が期待でき, 昨今のアメリカで行われる手法による, スーパーマーケットや外食産業などのミールソリューション (MS), ホームミールリプレイスメント (HMR) といった, 中食市場の活性化策が講じられるようになってきている.

[竹内隆一]

文　献

1) 外食産業総合調査研究センター：外食産業統計資料集 '98 年版.
2) 日本冷凍食品協会：日本冷凍食品協会調査資料, 第 10-2 号, 1998 年 9 月.
3) 日本冷凍食品協会：日本冷凍食品協会調査資料, 第 8-3 号, 1997 年 3 月.

3.2　外食産業と冷凍食品

ここにおける外食産業は, 外食産業総合調査研究センターの分類における広義外食産業のうち, 営業給食を外食産業として捉える. すなわち, 一般に見られる飲食店やレストランの「飲食店」, 列車食堂と国内線機内食の「特殊タイプ食堂」, ホテル・旅館の宿泊施設の「宿泊施設」の外食提供分を外食産業とする.

3.2.1　外食産業における冷凍食品の使用状況

1997 年 (平成 9) 度における冷凍食品の総生産量は 148 万 2,000 トンであり, そのうち業務用は 108 万 4,000 トン (構成比 73.2%), また, 生産金額 (工場出荷金額) でみると, 業務用は 5,369 億円 (構成比 72%) となっている (冷凍食品協会調べ).

この数字からも明らかなように, 冷凍食品の利用状況をみると, それは, 一般家庭においてよりも,

外食産業で多く利用されているものであり，また，その需要の拡大も，もっぱら外食産業場面で生じているのである．

ではなぜ，外食産業において冷凍食品の利用が多いのかというと，第1に品質が安定していること，第2に操作性に優れていること，第3に価格が安定していること，以上3つの理由によるものと思われる．

このようなことから，今後とも優れた保存性，配送効率の優位性を生かし，外食産業と冷凍食品メーカーが共同研究を続けるならば，より優れた調理加工冷凍食品が誕生してくると思われる．

3.2.2　業態別市場概況

業態別市場であるが明確に業種を区分することはむずかしく，特に最近では新業態が次々と現れてくるため，それを定義づけすることはむずかしい．ここでは『'98外食産業マーケティング便覧』から引用し，今後冷凍食品が利用される可能性の多い，また現在成長率が高いとみられる業種について記述する．飽食の時代といわれて久しいが，生存のための飲食からレジャー化された飲食に変換するなど消費者ニーズが時々刻々と変化していくなかで，いかにして消費者の心をとらえ，それをいかに飲食店営業に演出していくかが問われている．

業態ごとに概況をみると次のようになる．

a. ハンバーガーショップ

ハンバーガーショップは，フィッシュバーガーなどのメニューとドリンク，デザート，ポテトなどをそろえているが，同業者間の競争が激化するにつれて，パティのオールビーフ化，無農薬野菜の導入による品質の向上や差別化を図っている．また，需要拡大策として朝食やティータイム需要への取り組みがみられ，ハンバーガー以外の軽食向けメニューの導入を積極的に行っている．

b. テイクアウト弁当

テイクアウト弁当チェーンでの食材の扱われ方は，セントラルキッチンや委託工場で加工し，店舗内で味つけを行うものが多かったが，最近では店舗内では温めるだけなどという簡便性が進められており，冷凍食品の食材に対するウエイトが増える傾向にある．また，CVSの弁当・惣菜との競合が避けられない状態となり，サラダや惣菜などのサイドメニューの強化を図っており，その場合にも惣菜用の冷凍食品の利用が多くなると思われる．

c. ファミリーレストラン

ファミリーレストランにおける食材は，近年品質を重視した食材を使用する傾向が強まっており，いわゆる「こだわり」食材の使用は常識となっている．また，有機野菜やチルドビーフといった付加価値の高い食材を使用したメニューが増加している．その一方で経営効率を図るために調理済食品の使用も増加傾向にある．このように多様なメニューや業態，また低価格化を図るうえでセントラルキッチンを設置している企業でも，業者からの調理済食品の仕入れが増えてきており，今後とも仕様書発注による調理済冷凍食品の利用が増加していくものと思われる．

d. 百貨店食堂

百貨店食堂は，高回転率や合理化された店舗形態で利益率も高いことが多いが，不況後の百貨店への来店客数の落込みによって減少推移が続いている．ファミリー層，高齢者もユーザー層として多く，基本的に万人受けするメニュー構成となっている．その多様なメニューに対応するために，調理済冷凍食品の採用が多いものとなっている．

e. 駅　食　堂

駅食堂は，当面は新規出店に加え，既存店のリニューアル・業態変態に伴い店舗効率が上昇することが予想され，実績は拡大することが見込まれる．業態，メニューが多様であることから，食材も幅広く扱われるが，オペレーションの簡素化や品切れを防ぐ目的から保存性の高い食材が好まれ，調理済食品や冷凍食品のウエイトが高いものとなっている．

f. 健康ランド

健康ランドはいずれの施設においても入浴機能の多様化や，付帯施設・サービスによって差別化を図っている．なかでも飲食施設は不可欠で，喫茶から宴会まで多くの需要が存在するため，各社とも力を入れている．健康ランドで使用される食材は，宴会に不可欠な刺身や鍋以外の簡単なつまみ類には調理済食品を利用するところが多い．

g. そ の 他

このほかにもカラオケボックス，ゴルフ場，スキー場，テーマパークなどのレジャー施設，有料道路のサービスエリア内食堂，航空機の機内食，コンビニエンスストアーのファーストフード部門なども考えられる．いずれにしても新業態が次々と出現してくるため，それに対応していくことが必要であろう．

また，今後の外食産業としてのホームミールリプ

レイスメント (HMR) をにらんだ動きや，近年の有機農産物・無農薬などの消費者の食の安全性に対する関心の高まり，急速な高齢化の進展などに，幅広い視点をもって対応してゆかなければならない．

［河野克寛］

文　献

1) 外食産業総合調査研究センター：外食産業統計資料集, 1998年度版.
2) 日本冷凍食品協会：日本冷凍食品協会調査資料, 第8-3号.
3) 農林水産省食品流通局外食産業室編：外食産業入門.
4) 富士経済出版：'98外食産業マーケティング便覧.

4. 最近の食の変化と冷凍食品

4.1 弁当，惣菜市場の拡大と冷凍食品

4.1.1 弁当，惣菜とは

一般的に，家庭内で調理されたもの，家庭外で調理されたもの，さらに日配食品，調理加工冷凍食品，漬け物，レトルト食品までをも含めて惣菜と呼ばれている．また欧米ではサンドイッチや調理パンは，デリカテッセンとして取り扱われており，わが国でも戦前から生活に定着し，日本風に同化されているところから，食品業界では「惣菜」の一種と見なしている．

4.1.2 惣菜の昨今の状況

弁当，惣菜などのいわゆる中食産業の市場規模は，外食産業総合調査研究センターの推計によると，1997年(平成9)度は約5兆6,000億円となっており，女性の社会進出，個食化，所得水準の向上，余暇の増大，世帯人員の変化と高齢化などを背景に急成長している市場である．

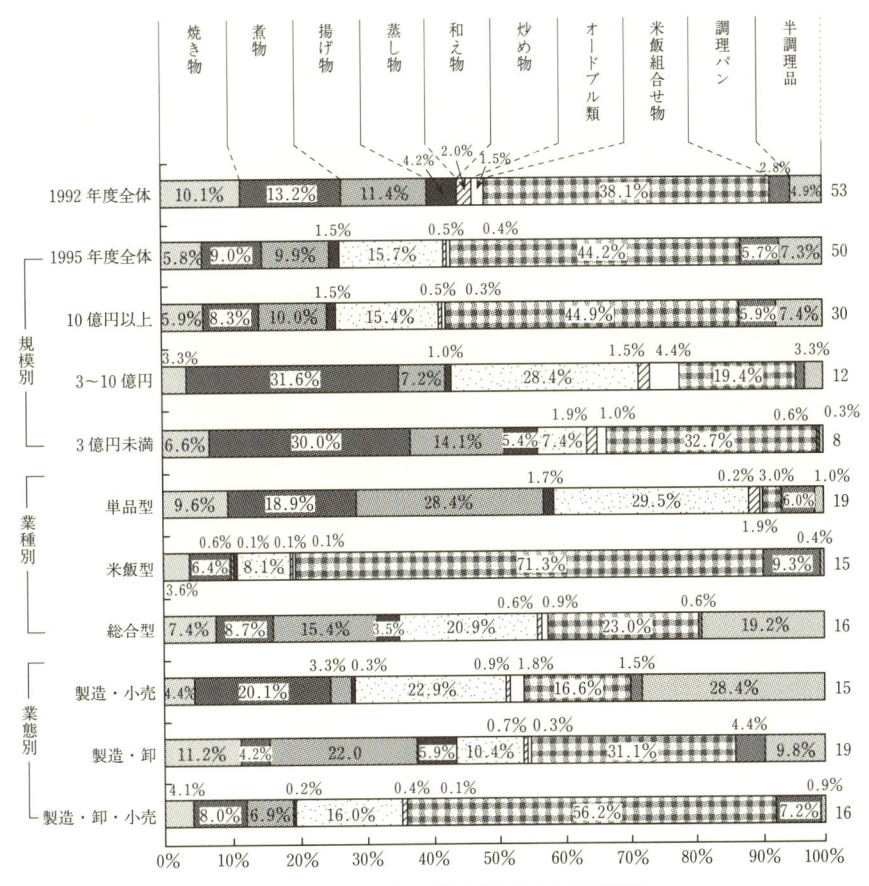

図 X.4.1 製造品目別出荷高比率(1995年度)

4.1.3 惣菜の生産と流通

生産においては，(社)日本惣菜協会の1995年(平成7)度の「惣菜製造業における経営実態調査」によると，調査対象50社の製造品目別出荷高比率(図X.4.1)では，米飯組合せ物が44.2%，次に和え物17.5%，揚げ物9.9%，煮物9.0%の順となっている．特に米飯組合せ物は1992年(平成4)調査では38.1%であり，増加傾向を示している．

惣菜の原材料費は，1994年で1,003億円で惣菜部門の売上高2,450億円に対し40.9%を占め，この原材料費を100とした場合，主な原材料の仕入額比率は，米16.0%，畜産類13.8%，野菜類12.6%，調味料9.8%，調理冷凍食品9.5%，包材料9.0%，魚介類8.6%，半調理食品3.3%，のり2.7%，パン1.9%，その他12.8%となる．

惣菜の販売チャネルは卸売が全体の56.2%，直売が43.8%になっており，卸売の比率が高い．個々の販売チャネルは表X.4.1のようになり，スーパールートが27.8%(スーパー内直売店舗22.8%，スーパーへの卸売5.0%)，CVSルート20.0%，百貨店ルート14.5%(百貨店内直売店舗14.1%，百貨店への卸売0.4%)，一般食料品店13.2%の順となっている．

主な販売チャネルの惣菜の動向であるが，CVSの惣菜は，米飯弁当，おにぎり，寿司，調理パン，調理済惣菜，調理めんに分けることができ，CVSの場合は単身者などの利用が多く，購買してそのまま喫食できるファーストフード的な惣菜が基本となる．したがって，弁当，おにぎり，寿司，調理パンなどが主体であり，調理済惣菜は弁当，おにぎりとセットで購入されることになる．

スーパーや量販店の惣菜は，調理済惣菜，チルドおよびロングライフの惣菜，米飯(弁当，おにぎり，寿司)，調理パン，めん類などとなっている．なかでも調理済惣菜は，テナント販売の惣菜店およびバックヤードでの調理による対応と，仕入れによる調理済商品の惣菜がある．最近では従来の肉，野菜，魚の生鮮3品に加え，4品目の生鮮品として位置づけられている．

百貨店の惣菜は米飯から調理パン，めん類まで一通りの商品を品ぞろえしているが，そのなかでもメインとなっているのは調理済惣菜であり，ここでの惣菜の売り方はCVSや量販店と違ってパック詰めされておらず，トレイに盛りつけられて計り売りされる．調理についてはセントラルキッチンでの加工が中心であるが，揚げ物などは半製品を入れて現場で揚げる方式や，サラダやマリネなどの和え物も現場でからめる形をとっている．

4.1.4 冷凍弁当

以上のような各チャネルにおける惣菜の原材料として，調理済冷凍食品は用いられてきたが，最近では冷凍弁当，冷凍おせちなどといった形での販売も一部行われ始めている．冷凍弁当の供給側として解決しなければならない課題も多いが，今後の市場として，従来からの宅配に加え，高齢者向け宅配，糖尿・腎臓などの特殊治療食，団体給食，イベント会場などの開拓が期待できる．

表X.4.1 チャネル別販売比率(単位:%)

		合計	直売			卸売												
			百貨店内直売店舗	直売店舗スーパー内	独立店舗直売	百貨店	スーパー	CVS	惣菜店	一般食料品店	パン・菓子店	精肉小売店	市場問屋	食品問屋	給食業者	ホテル外食業者・	FC店	その他
1992年度全体		100	6.6	12.7	6.5	1.2	9.3	41.2	0.5	1.8	0.6	0.3	1.8	7.6	0.1	0.3	0.8	8.7
1995年度全体		100	14.1	22.8	6.8	0.4	5.0	20.0	0.5	13.2	0.0	0.3	3.9	5.5	0.5	1.1	0.4	5.4
規模別	10億円以上	100	13.6	23.2	6.7	0.3	4.8	20.3	0.5	13.6	0.0	0.0	4.0	5.3	0.5	1.1	0.4	5.4
	3～10億円未満	100	29.4	10.5	7.8	4.7	14.4	5.5	0.5	0.9	0.0	2.1	0.6	17.2	0.2	0.5	0.0	5.8
	3億円未満	100	13.6	31.7	11.5	0.5	3.8	13.9	24.1	0.0	0.0	0.1	0.0	0.0	0.0	0.0	0.0	0.6
業種別	単品型	100	15.2	0.2	1.1	0.7	16.4	10.2	1.7	0.7	0.0	0.0	0.1	1.3	14.8	3.4	10.8	0.1	23.4
	米飯型	100	1.8	19.8	6.3	0.4	3.1	32.2	0.0	22.3	0.0	0.0	0.1	6.4	3.2	0.3	0.0	0.5	3.7
	総合型	100	28.4	37.8	10.6	0.6	6.2	0.2	1.5	0.4	0.0	1.2	0.0	8.8	0.0	0.1	0.4	3.8
業態別	製造・小売	100	59.4	8.4	23.8	1.7	1.3	0.0	0.2	0.5	0.0	0.0	0.2	1.0	0.0	0.0	0.5	3.0
	製造・卸	100	2.4	13.6	10.7	0.3	4.3	4.6	1.4	34.5	0.0	0.9	10.4	7.4	0.7	2.6	0.1	6.2
	製造・卸・小売	100	3.1	30.2	2.7	0.2	7.3	41.8	0.0	0.2	0.0	0.0	6.0	0.6	0.3	0.7	6.2

4.2 冷凍食品の「ミールソリューション」への対応

4.2.1 ミールソリューション,ホームミールリプレイスメントとは

ミールソリューション(meal solution:以下MS),ホームミールリプレイスメント(home meal replacement:HMR)は,アメリカから持ち込まれ,平成1桁代後半より食品業界・流通業界で関心が高まった言葉である.

MSもHMRもどちらもテイクアウトとready to eat(すぐ食べられる)というコンセプトを基本としている.アメリカの外食産業におけるHMRのコンセプトは,食べてほっとする(コンフォードフード),スピーディーかつ安価に提供する(コンビニエンス)だとされ,また,MSの成功への鍵は「調理時間を短縮する」,「調理のプロセスを簡単にする」,「献立のプランづくりを助ける」ことだとされる.アメリカのWillard Bishop社はMSを,①RTP(ready to prepare)調理のために食材が用意されている状態にある,②RTC(ready to cook)調理できる状態にある,③RTH(ready to heat)温めれば食べられる状態にある,④RTE(ready to eat)すぐ食べられる状態にある,の四つのレベルに分類している.

4.2.2 冷凍食品とMS,HMR

冷凍食品は今日的にいえば,MSを行いながら市場拡大を果たしてきたといえ,朝の忙しいときにつくらなくてはならない弁当の手間を弁当商品が解消し,受験生の夜食の手間,主婦が楽をしたいときの

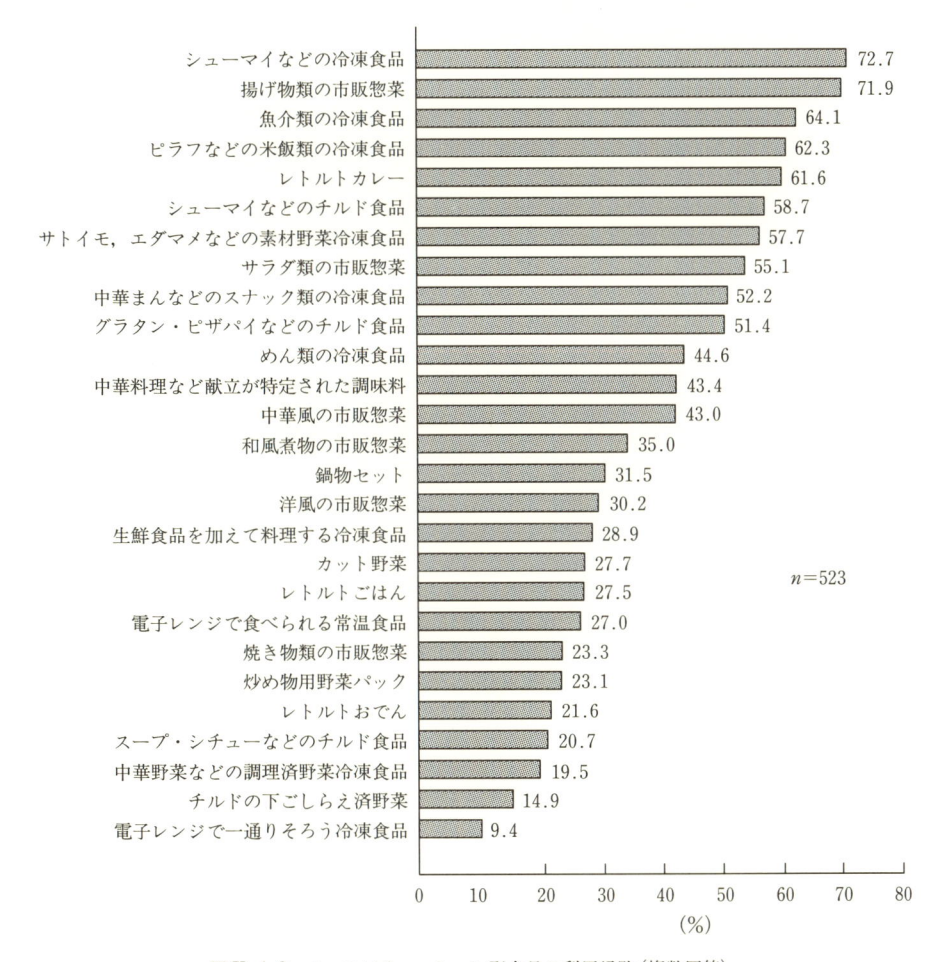

品目	%
シューマイなどの冷凍食品	72.7
揚げ物類の市販惣菜	71.9
魚介類の冷凍食品	64.1
ピラフなどの米飯類の冷凍食品	62.3
レトルトカレー	61.6
シューマイなどのチルド食品	58.7
サトイモ,エダマメなどの素材野菜冷凍食品	57.7
サラダ類の市販惣菜	55.1
中華まんなどのスナック類の冷凍食品	52.2
グラタン・ピザパイなどのチルド食品	51.4
めん類の冷凍食品	44.6
中華料理など献立が特定された調味料	43.4
中華風の市販惣菜	43.0
和風煮物の市販惣菜	35.0
鍋物セット	31.5
洋風の市販惣菜	30.2
生鮮食品を加えて料理する冷凍食品	28.9
カット野菜	27.7
レトルトごはん	27.5
電子レンジで食べられる常温食品	27.0
焼き物類の市販惣菜	23.3
炒め物用野菜パック	23.1
レトルトおでん	21.6
スープ・シチューなどのチルド食品	20.7
中華野菜などの調理済野菜冷凍食品	19.5
チルドの下ごしらえ済野菜	14.9
電子レンジで一通りそろう冷凍食品	9.4

$n=523$

図X.4.2 ミールソリューション型食品の利用経験(複数回答)

昼食のクイック調理をスナック商品が可能にしてきた．

以下，食品産業センターが1997年(平成9)に行った「日本型ミールソリューション展望」と題する調査の結果を引用したい．この調査は，各種加工食品や調理済食品のうち消費者の省力化志向に沿って簡便性の高い食品が，食の問題解決に一定の役割を果たしているとの前提に立って，ミールソリューション型食品として27種類を設定し，その利用状況を調べたものである．

図X.4.2に「ミールソリューション型食品の利用経験」の回答を示す．それによると，「シューマイ，ギョーザなどの冷凍食品」(72.7%)，「魚介類の冷凍食品」(64.1%)，「焼きおにぎり・ピラフなどの米飯類の冷凍食品」(62.3%)，「サトイモ・エダマメなどの素材野菜冷凍食品」(57.7%)，「中華まん・たこ焼きなどのスナック類の冷凍食品」(52.2%)と上位10品目中に5品目が冷凍食品で占めており，消費者の食生活において冷凍食品がかなり定着しているとしている．こうした食品の利用者層をみると，どの食品についても20～30代の若い主婦層の割合が高く，加工度の高い食品，市場に登場した時期が比較的新しい食品についてその傾向が顕著である．さらに，「今後利用したいミールソリューション型食品」でも冷凍食品に属するものが上位を占め，利用経験とほぼ同じような傾向となっており，今後も引き続き便利さなどが評価されて利用がますます拡がっていくものと思われる．ただ，唯一「電子レンジで温めるだけで一通りのメニューがそろう冷凍食品」については，現在までの利用が9.4%，今後の利用意向が12.4%であり，この食品はさらに利用の拡大が期待されるとしている．

調査では，日本型ミールソリューションの展望として，冷凍食品が食の問題解決に対してかなりの貢献をしている．冷凍食品などのミールソリューション型食品の積極的な利用者は，家事を省力化・合理化したい層や調理が嫌いな層だけにとどまらず，幅広い消費者層に受け入れられているとしている．また，アメリカのミールソリューションの場合は，食の準備に要する時間をお金で買うという合理的な面が強いが，日本の場合は，基本的な部分はアメリカと共通するが，単なる「ready to eat (すぐ食べられる)」や「ready to heat (温めればすぐ食べられる)」で事足れりとするのではなく，食べる前にちょっと手づくりや味つけなどの作業余地を加えることで，主婦の達成感をも満足させる部分が必要であるとしている．

[河野克寛]

文　献

1) 外食産業総合調査研究センター：外食産業統計資料集, 1998年度版.
2) 日本惣菜協会：惣菜製造業における経営実態調査, 平成7年度版.
3) 農林水産省食品流通局外食産業室編：外食産業入門, 日本食糧新聞社, 1993.
4) 食品産業センター：日本型ミールソリューション展望.
5) 流通経済研究所：ミールソリューションとホームミールリプレイスメント.

XI. 製品開発

1. 製品開発の考え方

1.1 製品開発の意義

近年，調理冷凍食品はメーカー各社の過当競争もあり，発売される新製品数は急増している．しかもそのライフサイクルがきわめて短く，ロングセラーとなるものは少ない．

その背景には，専業メーカーのほかにその特性を活かした異業種からの参入，チルド食品，レトルト食品，温蔵食品，あるいはテイクアウト惣菜などの売場を越えた商品との競合，さらにコンビニエンスストアー，ファーストフード，ファミリーレストランなど流通チャネル上の競合，また消費者自身の多様化・多面化は十人十色ではなく，一人十色であり，喫食機会ごとにニーズ変化があることなどがあげられる．一方，流行といった集中化もあり，製品開発を取り巻く環境は混沌とした状況にある．この混沌とした状況に身を委ねるのではなく，他社を真似るのでもなく，流れをつかむこと，あるいは流れをつくることが製品開発だけではなく企業経営そのものにとって最重要課題であろう．

むだな新製品（売れなかったもの）は，いたずらに生産部門・販売部門の徒労を招くものである．新製品の成功の確率を上げることは，企業活動の効率化，活性化をもたらす最も大きな課題の一つと考えるべきである[1]．

既存製品群，その中でも主力製品は定期的に見直し，優位性確保のための絶えざるリニューアル（バラエティー化新製品，改訂品）が必要であり，新製品はライフサイクルを意識した開発が肝要である（図 XI.1.1）．特に調理冷凍食品は短命に終わる新製品が多くなることを与件とすべきである．

新規需要の創造・提案型で消費者の欲求に応える本命の新製品開発（先発完投型投手）と，短期的競合優位を図るための取っ替え引っ替えの新製品開発（中継ぎ型投手）と開発コンセプトを峻別した意図あるマネージが徒労を少なくし，成功の確率を上げることになる．もっとも，最近はプロ野球と同様，調理冷凍食品の新製品開発は，中継ぎ型の取っ替え引っ替えの短期の開発が主流となってしまっている．

新製品開発の進め方は，端的に企業の大小ではなく，体質で決まってくるもので，トップダウン型と合意型（稟議や会議決定方式），感覚型（属人的感覚発想）と合理型（科学的マーケティング），それらの組合せ型がある．どの型にしても，よい開発テーマ

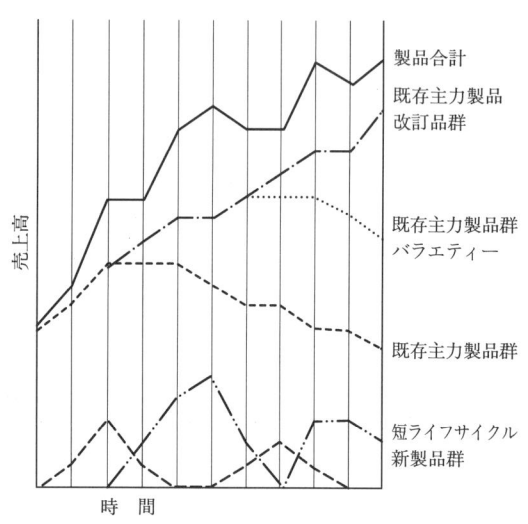

図 XI.1.1 新製品導入基本パターン概念図

	既存製品	新製品
既存市場	市場浸透	新製品投入
新市場	市場拡大	多角化

図 XI.1.2 事業・製品戦略（アンゾフの市場拡大マトリックス）

の創出と実現には，自社としてどの顧客，どの製品分野，どの技術分野，どういう開発コンセプトにこだわっていくかという事業・製品戦略（図XI.1.2）がガイドとして有効である．既存市場で既存製品群を用いて，より市場浸透を図る戦略で，製品開発を行う，あるいは，既存製品群で新たな市場に拡大してゆく戦略で製品開発を行うなど，基本方針を明らかにすることである．また，製品開発においては，開発実務者の「クリエイティビティー」が大きく影響する．そのような人材を確保・育成することも重要である．

製品開発について基本から勉強するには，コトラー著『マーケティング原理』[2]を一読されることをすすめたい．

1.2 製品開発組織

いうまでもなく，組織は機能をどうグループ化するかであり，各企業の特質・状況に合わせて対応すべきである．製品開発を幅広くマーケティング活動としたとき，その活動のプロセスに従って抽出した要素を図XI.1.3に示す．開発マーケティングは事業部門と開発研究部門，販売マーケティングは事業部門と営業部門がそれぞれ分担担当し，全社的マーケティングリサーチ，営業企画，技術企画などの間接部門が支援するのが一般的である．

さらに，開発テーマによっては，各要素のリレー方式で仕事する場合と，必要要素の代表者を一同に集めてコンカレントにプロジェクティブに仕事をする場合とがある．また，各必要要素を兼ね備えた多機能型の人間が，属人的発想で新製品開発を行うことも多いが，前述の中継ぎ型投手に相当する場合にのみ有効と思われる．これらの仕事のマネジメントは，プロダクトマネジャーやブランドマネジャーなどを既存組織とは別に設置し，全体を管理・監督させる方法を採用している企業もある．体制は企業の特質・規模によってむろん異なるものである．また自前で各機能を装備しなくても，近年の情報化時代にあってはアウトソーシングも十分活用すべきで，各種電子情報（POSデータ，メニュー・献立情報など）の利用，市場・消費者調査機関の利用等々がある．

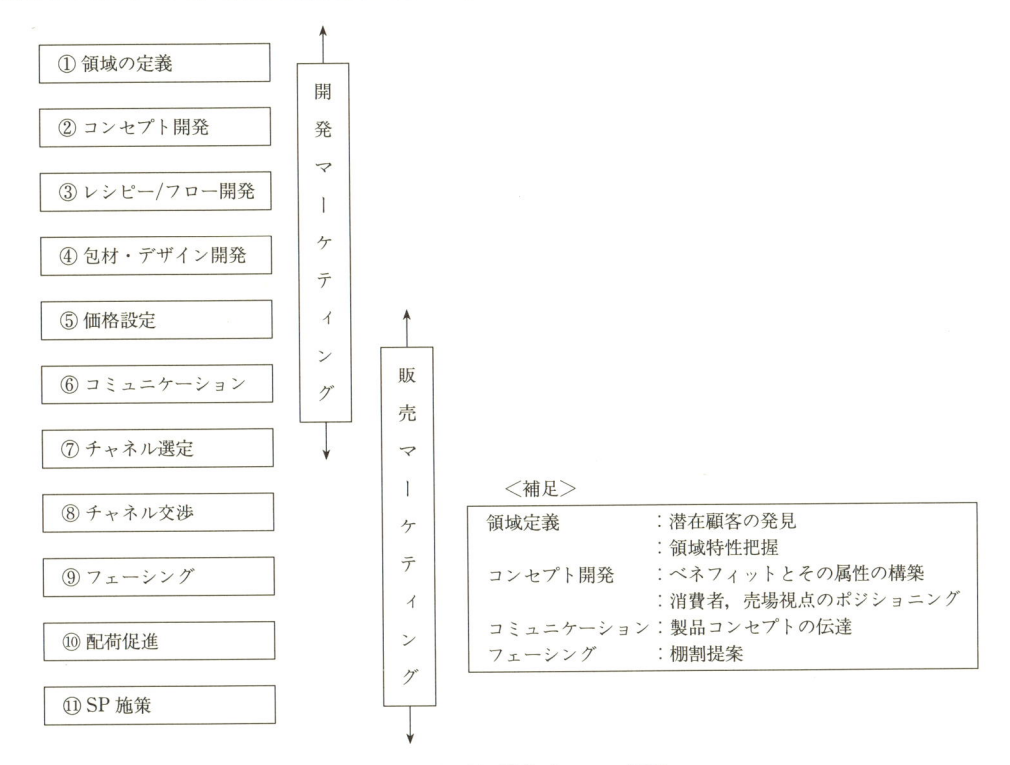

```
① 領域の定義          ↑
② コンセプト開発       開
③ レシピー/フロー開発   発
④ 包材・デザイン開発    マ
⑤ 価格設定            ー
⑥ コミュニケーション    ケ
                     テ
                     ィ
                     ン
                     グ
                      ↓
                      ↑
⑦ チャネル選定         販
⑧ チャネル交渉         売
⑨ フェーシング         マ
⑩ 配荷促進            ー
⑪ SP施策             ケ
                     テ
                     ィ
                     ン
                     グ
                      ↓
```

<補足>

領域定義	：潜在顧客の発見
	：領域特性把握
コンセプト開発	：ベネフィットとその属性の構築
	：消費者，売場視点のポジショニング
コミュニケーション	：製品コンセプトの伝達
フェーシング	：棚割提案

図XI.1.3　製品開発プロセスの要素

1.3 製品開発概論

1.3.1 製品開発のプロセスモデル

図 XI.1.4 に一般的な製品開発のプロセスモデルを示す.

a. 事前調査

社内資源を与件として，各種情報を調査解析し，自社の事業領域，製品領域を設定する．ここで社内資源とは，自社の強み弱みを知ること（すなわち己を知ること，前述の事業戦略ガイドも該当する），各種の情報とは，世の中を知ること（すなわち他を知る）である．マーケティング情報については後述する.

b. 開発段階

中心は「製品コンセプト開発」である．主たる要素を図中に記したが，開発手法例は後述する．それと必須の相互関係にある事項を周辺に配した.

ここで，「法律関係」とは，業界自主基準を含めた各関連法規，食品衛生法，農林規格品質表示基準，不当景品類および不当表示防止法，計量法，特許法などである（表 XI.1.1）[3]．調理冷凍食品の表示事項の一覧を参考のため表 XI.1.2 に示す（詳細は第 VII 編を参照）.

なお，農林規格の場合，品名が同じなら JAS マークの有無に関係なく，品質表示基準を遵守せねばならない．その他，地方自治体の条例による表示の規制にも留意せねばならない．また，近年特に重

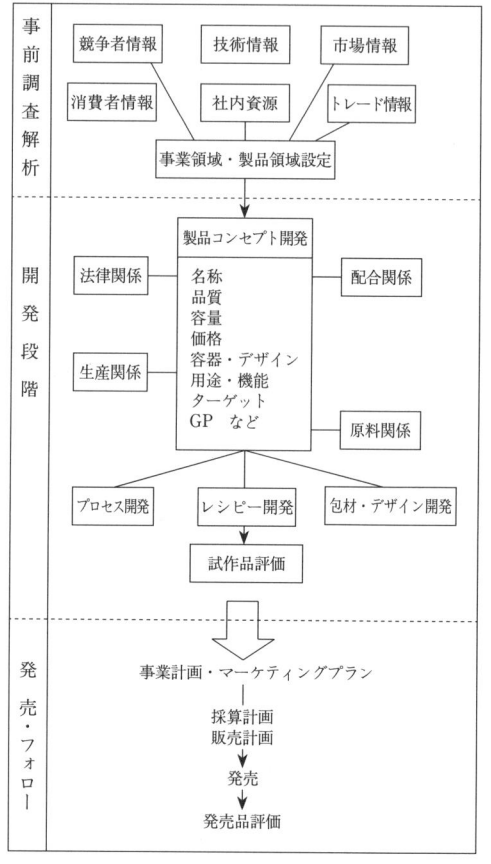

図 XI.1.4 製品開発プロセスモデル

表 XI.1.1 表示に関する主な法規[3]

		農林規格品質表示基準（JAS）	食品衛生法	不当景品類及び不当表示防止法
目的		品質の適正な表示を行わせることによって，一般消費者の選択に資し，もって公共の福祉の増進に寄与する.	飲食に起因する衛生上の危害の発生を防止し，公衆衛生の向上及び増進に寄与する.	不当な景品類及び表示による顧客の誘引を防止し，公正な競争を確保し一般消費者の利益を保護する.
主表示項目	製造所等	製造者又は販売業者（輸入品は輸入業者）の氏名又は法人名及び所在地の表示	①製造所の所在地の表示 ②製造者の氏名又は法人名の表示 *いずれの場合も輸入品は輸入業者の所在地，氏名又は法人名を記載 *②の場合，製造所固有記号との併記可 ③販売者の住所，氏名又は法人名と製造所固有記号との併記可	事業者の氏名又は法人名及び所在地の表示
	期限	消費期限又は品質保持期間を表示	消費期限又は品質保持期間を表示	農林規格，食衛法に従う.
	原材料	設定された区分により，重量割合の多い順に規定された方法で記載	食品添加物 *缶詰の場合のみ，添加物と主要原材料	農林規格，食衛法に従う.
特徴		食衛法等を包含しており，当該品質表示基準に従えば他の法規も遵守できる.	容器包装食品全般を食品衛生の観点から網掛けしている.	商品への表示だけでなく，広告，パンフレット等を含む表示全般に特別基準を設けている.

表 XI.1.2 調理冷凍食品表示事項一覧[3]

区分	法律名等	品名(名称)	品質保持期間	製造者等住所氏名	原材料名	食品添加物	内容量	保存方法	使用方法	調理方法	凍結前加熱の有無	衣の率	皮の率	原産国名	その他
えびフライ	食衛法	○	○	○	○	○	○			○(1)					○食用油脂で揚げた後、凍結し、容器包装に入れたものにあっては、その旨 ○頭胸部、甲殻及び尾扇を除去したえび又はその小片をフライ種としたものにあっては、その旨
	品表基	○	○	○	○	○	○	○	○	○(1)	○(2)	○(3)		○	
コロッケ	食衛法	○	○	○	○	○	○			○(1)					○食用油脂で揚げた後、凍結し、容器包装に入れたものにあっては、その旨
	品表基	○	○	○	○	○	○	○	○	○(1)	○(2)	○(4)		○	
しゅうまい	食衛法	○	○	○	○	○	○			○(1)					○食用油脂で揚げた後、凍結し、容器包装に入れたものにあっては、その旨
	品表基	○	○	○	○	○	○	○	○	○(1)	○(2)		○(5)	○	
ぎょうざ	食衛法	○	○	○	○	○	○			○(1)					○食用油脂で揚げた後、凍結し、容器包装に入れたものにあっては、その旨
	品表基	○	○	○	○	○	○	○	○	○(1)	○(2)		○(6)	○	
春巻	食衛法	○	○	○	○	○	○			○(1)					○食用油脂で揚げた後、凍結し、容器包装に入れたものにあっては、その旨
	品表基	○	○	○	○	○	○	○	○	○(1)	○(2)		○(7)	○	
ハンバーグステーキ、ミートボール	食衛法	○	○	○	○	○	○			○(1)					○食用油脂で揚げた後、凍結し、容器包装に入れたものにあっては、その旨 ○ソースを加えたもの又はソースで煮込んだものにあっては、その旨 ○食肉の含有率が40%未満のものにあっては、その含有率
	品表基	○	○	○	○	○	○	○	○	○(1)	○(2)			○	
フィッシュハンバーグ、フィッシュボール	食衛法	○	○	○	○	○	○			○(1)					○食用油脂で揚げた後、凍結し、容器包装に入れたものにあっては、その旨 ○ソースを加えたもの又はソースで煮込んだものにあっては、その旨 ○魚肉の含有率が40%未満のものにあっては、その含有率
	品表基	○	○	○	○	○	○	○	○	○(1)	○(2)			○	

注(1) 「加熱調理の必要性」
(2) 加熱調理の必要性のあるものに限る.
(3) 衣の率が50%以下(1尾の重量が6g以下のものは60%以下)のものは表示しなくてよい.
(4) 衣の率が30%以下のものは表示しなくてよい.
(5) 皮の率が25%以下のものは表示しなくてよい.
(6) 皮の率が45%以下のものは表示しなくてよい.
(7) 皮の率が50%以下のものは表示しなくてよい.

要なことは、環境問題など法制前の社会動向にも気を配ることである.

「生産関係」とは、設備・製造ライン評価、投資評価、生産ノウハウなどであり、製品コンセプトと密接な相互関係にある.

「配給関係」とは、物流体制、販売チャネルのことであり、上段の「トレード情報」の解析とも関連する.

「原料関係」には，求める品質・規格の原料の安定，安価入手，競合優位性などの視点での評価・対応があげられる．

「包材開発」には，製品の品質保護・使用者の使い勝手など，機能性，製造工程適性さらにデザインを含めた中身の訴求性が重要事項となる．

「レシピー開発」は，製品コンセプトの品質，いわゆる物理特性の具体化に相当する．コンセプトあるいはイメージを具体的に「モノ」につくり上げることである．

「プロセス開発」は，ラボなどで試作された製品の工業化のためのスケールアップ検討で，設備開発や製造ライン設計を実施する．

以上述べてきたように，相互関係というのは，製品コンセプトから規定する場合と，例えば，逆に製造設備から製品コンセプトを規定する場合があるという意味である．

「試作品評価」は，製品コンセプトで規定した要件と試作品が一致しているかを評価することである．これは，コンセプト通り買い手が知覚認識するか，またコンセプト通り製造し販売に供せられるかの二面の評価となる．前者は自社内や社外での味覚評価，使用評価，後者は採算性評価など事業としての可能性評価があり，結果によっては前段階の開発にもどる．

c. 発売，フォロー

新製品が完成したのち，製品コンセプトに合致した販売マーケティング（図XI.1.3参照）プランの作成，採算計画・販売計画作成，さらに発売したあとの商品評価のことである．最近の調理冷凍食品の新製品は，そのライフサイクルがきわめて短いため，発売後の評価をせずに，また次の開発へ入るといった「生みっぱなし開発」が多く見受けられる．発売品の評価をすることが，次の開発の「事前調査」につながり，成功の確率をあげることになることを忘れてはならない．

このように製品開発を行うには，各種情報を調査解析する機能と製品コンセプトを開発する機能，それを具体的なモノ（製品）につくり上げる機能が必要である．これら三つの機能をいかに確保し，その役割を発揮させるか，この一連の開発プロセスを理解したうえで，各社自社流のプロセスを自分の型として生み出し実践することが大切である．

1.3.2 製品開発プロセスの主要素

次に，開発マーケティングという観点から，この製品開発プロセスのキーとなる要素について説明する（図XI.1.3）[4]．その第1は領域の定義で，製品領域の特性把握，その中で潜在顧客を位置づけること，第2はコンセプト開発である．自社にとって，誰向けに何を開発することが新製品につながるか，求められる製品のあり方を設計することである．第3はレシピ，プロセスの開発，第4は包材・デザイン開発，設計された製品コンセプト通りの中身とパッケージの製品を実現することである．これらは主として技術者（開発研究所）の仕事になる．特に家庭用の製品はパッケージそのものが売場でのコミュニケーション手段であるため，製品がどういうものであるかを適切に表現していなければならない．以上で製品はでき上がりであるが，その製品にふさわしい価格（消費者，メーカー両者にとって）の設定が第5番目にくる．原料調達から生産・物流にわたるしくみ全体にローコストオペレーションを可能にする競争力をもつことが，他社と競争できる価格をつけられるもとになる．第6番目は，コミュニケーション，顧客に対して新製品をいかに効果的に伝えるかである．広告が主体となるが，この先は販売マーケティングの領域で，製品に合った流通チャネルを選び，自社のマーケティングを店頭で実現させる交渉，棚割提案，配荷店頭陳列促進などが重要な要素となる．

これらマーケティングの要素の関係は掛け算で総合化されていて，その特徴は

（1）ひとつの致命傷は，全体の致命傷．

（2）個々が少しずつでも勝てばその勝利は大きい．

このように要素に分解し，科学的に考察・発想することが，調理冷凍食品分野でも有効な方法となってこよう．

1.3.3 マーケティング情報分析

製品開発担当者は，自身の感覚と製品イメージから製品アイデアの発想を行う傾向がある．市場，消費者，競争者の動向を十分理解したうえで発想ができれば，新製品の成功の確率が上がることが期待できる（図XI.1.4）．

① 市場情報： 関連市場，近傍市場を含むマクロな市場動向．現在の市場のトレンド，規模，構造を知る．

② 消費者情報： 食生活スタイル，メニュー動向，購入・使用実態を知る．

③ 競争者情報： 製品動向，広告・販促動向，原

料調達力,製造能力を知る.

④ トレード情報: 流通チャネル構造,物流体制,取扱品目・売上状況を知る.

⑤ 技術情報: 新規素材/原料動向,包装/包材技術動向,加工技術(ユニットプロセスを含む)動向を読む.

このような製品開発を取り巻く種々の環境動向は,開発担当者にとっては,一般教養として知っておかねばならない情報である. ［髙木 脩］

文　献

1) G. L. アーバン：プロダクトマネージメント,プレジデンド社,1994.
2) F. コトラー：マーケティング原理,ダイヤモンド社,1993.
3) 食品表示研究会編：食品表示マニュアル,中央法規出版.
4) 山中正彦：IEレビュー,No. 198, 14, 1996.

2. 製品開発の進め方

2.1 製品コンセプト開発業務手順

　新製品開発の基本的業務の枠組は前述のごとくである．しかし特に初心者にとっては，関連する事項が多く，業務を進めていく手順をどこから手をつけていけばよいのか迷うところである．そこで，新製品開発で最も重要な「製品コンセプト開発」について，業務手順をわかりやすくするため，「消費者」と「製品」の関係を図 XI.2.1 で主要な要素に分け，その関連を説明する．これらの関係は「5 W 1 H」で説明すると理解しやすい[5]．すなわち，「消費者」関係では，誰が (Who)，いつ (When)，どこで (Where)，何を欲しているか (What→欲求) を明らかにする．それに対応する「製品」は，消費者になぜ購入してもらうのか (Why→利便性，マーケティング用語では「ベネフィット」)，それをいかに具体的に製品に付与するか (How→製品属性，図 XI.2.1 製品開発プロセスモデルの製品コンセプトの要素) を解き明かす．さらに，それらをより可能にする各要素の研究がある．以上端的にいえば，製品開発とは消費者の欲求と製品の利便性を密接な関係で解き明かすことである．

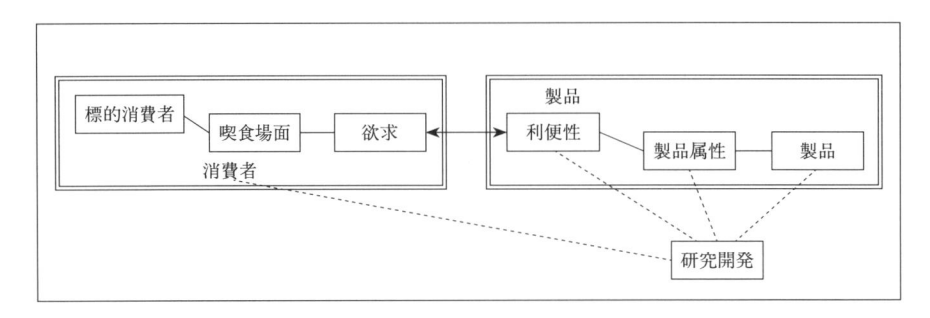

図 XI.2.1 製品コンセプト開発における「消費者」と「製品」の関係

2.2 製品領域と新製品コンセプト作成

　アイデアを試験室などでモデル品に試作し，何らかの社内評価を経て最終商品形態に仕立て，工場へ持ち込み，製造することで済めば，何ら手法は必要ない．ここでは，消費者の欲求と製品の利便性を解き明かす方法論について図 XI.2.2 で説明する．

a. 情報源
　販売最前線の営業部門から当該事業の担当部門，さらには社外消費者を含む諸情報源までカバーし，広くアイディアを集める．特にモノを売っている営業部門はアイディアの宝庫である．

b. 新製品アイディア
　集めたアイディアは，5 W 1 H の一部または全部で表現するように焼き直しを行う．

c. アイディアのブラッシュアップ
　数名の参加者によりブレーンストーミングなど (表 XI.2.1) でイメージを明らかにしてゆく．この場合，アイディアの発散・発展・集約を繰り返すことで，よりブラッシュアップが進む．

2. 製品開発の進め方

```
情報源 →＜アイディア収集＞→ 新製品アイディア →＜アイディアのブラッシュアップ＞→ 新製品領域イメージ
＊営業部門           ＊「消費者」と「製品」の関係の                    ＊Who, Where, When, What
＊製造部門             要素5W1Hの一部または全部で                      で表現されたもの
＊研究部門             表現されたもの
＊事業部門等

→＜整　理＞⇔＜評価，絞り込み＞⇔ 新製品領域の具体的イメージ
＊領域と製品アイディア              ＊WhatとWhy, Howで表現
 5W1Hで表現
＊競合品リストアップ
```

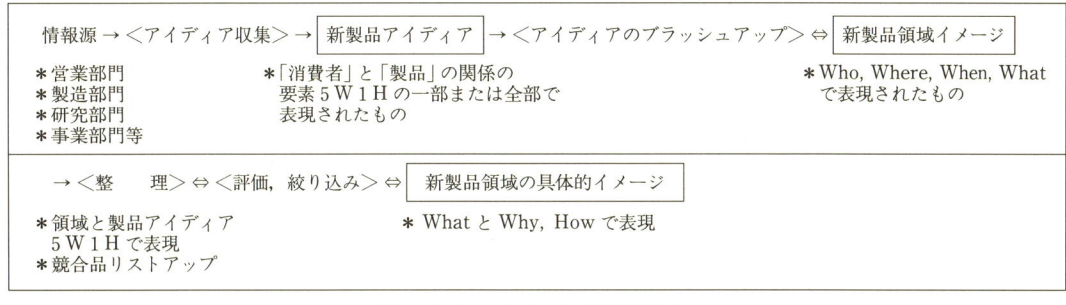

(a) アイディア収集から新製品領域作成

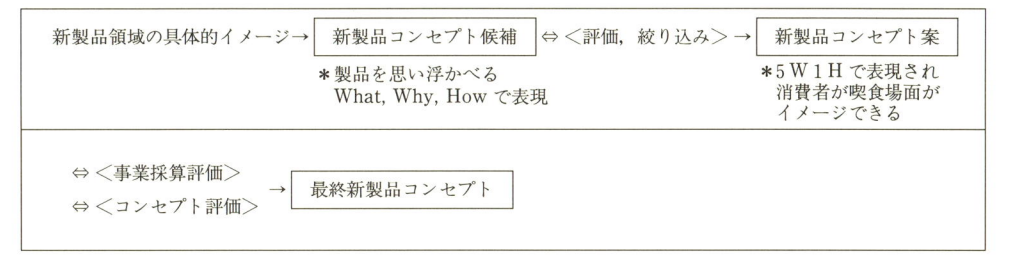

```
新製品領域の具体的イメージ→ 新製品コンセプト候補 ⇔＜評価，絞り込み＞→ 新製品コンセプト案
                          ＊製品を思い浮かべる                        ＊5W1Hで表現され
                           What, Why, Howで表現                      消費者が喫食場面が
                                                                    イメージできる

⇔＜事業採算評価＞
⇔＜コンセプト評価＞ → 最終新製品コンセプト
```

(b) 新製品領域作成から新製品コンセプト作成

図 XI.2.2

表 XI.2.1　アイディア創出技法

発散	異質な事柄や同質同士を強制的に結合させ，飛躍した発想をする． ・素アイディア→キーワード→類似アイディアの集合→関連性抽出→新アイディア ・素アイディア→利便性(ベネフィット)→製品属性抽出→新アイディア 1つの発想，アイディアから新アイディアがでるまで連想を続ける． ・ブレーンストーミング
発展	・欠点を列挙し，1つずつ改善する． ・さらによくなる点を列挙する． ・チェックリストによるアイディアブラッシュアップ
集約	・アイディアをKJ法などで有力案に絞り込む． ・利便性(ベネフィット)など特性要因別に整理する． ・消費者調査にかけ，受容性で絞り込む．

アイディア創出は，普通複数名のグループで実施する．実施に当たっては以下に留意する．
・他人の批判は厳禁
・自由奔放
・可能な限りたくさんのアイディア
・他人のアイディアを捻る，アイディア同士をつなげることによる改善
・他人のアイディアをほめる．

d. 新製品領域イメージ

ブラッシュアップのアウトプットになる．1つの新製品アイディアから，それが誰の，どういうときの，どういう場面の，どんな欲求を満たすのかと考え，逆に，それを満たすもっとよい新製品アイディアはないかと発想を拡げる．ここがこの方法のポイントになる．参加者の発想力が問われることになる．続けて，ブラッシュアップされたイメージは，同様な領域群ごとにくくりあわせて，競合すると思われる市販品を付記する．整理された製品領域と製品例，競合品との比較評価を実施する．

e. 評価，絞り込み

この段階の評価は，多数のアイディアを絞り込むためのもので，自社が参入する市場としての魅力度，自社の販売力，自社の技術力など製造販売メーカー側のスクリーニングとなる．

f. 新製品領域の具体的イメージ

消費者の欲求と製品の利便性を関連づけ，一部製

品属性まで描く．この段階でも，モノ（製品）はあくまで例であって，ある利便性（ベネフィット）が消費者のどんな欲求を満たすのかという1つの領域をあぶりだすことである．

g. 新製品コンセプト候補

この段階で，どんな製品か思い浮かべることができるモノ（製品）のイメージを，1つの領域で複数つくる．

h. 評価，絞り込み

この段階で，消費者のスクリーニングを受ける．調査解析したいことがわかる仮説検証型の評価でなくてはならない．おぼろげなコンセプトをより明確にするための評価であったり，製品領域と新製品アイディアがマッチしているかの評価であったり，評価の種類はいろいろに分かれる．何を評価したいのか，評価の目的をはっきりさせることが必要である．

i. 新製品コンセプト案

スクリーニングで絞り込まれた製品領域の新製品コンセプト候補を5W1Hで表現し，消費者が喫食場面をイメージできるまでブラッシュアップする．

j. 事業採算評価，コンセプト評価

この段階の評価は2つに分かれる．ひとつは自社の事業として，採算がとれるのか，生産はできるのか，販売力はあるのかなどメーカー側の評価，もうひとつは消費者の受容性評価で，コンセプトとモノ（製品）が一致するかの評価である．なお，評価の結果が満足できなかったら，前段階にもどりやり直しを行うことになる（図中⇔印）．

k. 最終新製品コンセプト

上記評価のアウトプットとして，新製品コンセプトが作成される．その主な内容は，① 商品名・一般名称，② 用途・標的消費者，③ 品質・機能・差別性特性，④ 容量・容器，⑤ 価格・利益率である．

消費者を用いた種々のコンセプト評価においては，この内容は消費者が理解できる，平易な言葉で書かれねばならない．

この段階までは，ほとんどの場合試作品を伴わないで評価を行うので，製品の絵と言葉（説明書）でその商品の価値を判定することになる．最終新製品コンセプトが完成し，次に具体的レシピー開発，プロセス開発，包装，包材，デザイン開発に入るのにも，上記内容が具体的であればあるほど効率的開発が可能となる．なお製品コンセプト開発について種々の成書があるが『実践新製品開発ハンドブック』[6]が参考となろう．

2.3 試作品開発

上述の最終新製品コンセプトに従い，レシピー開発，プロセス開発，包装，包材，デザイン開発といった具体的モノの試作に入る（図 XI.2.3）．これは試作室，実験室，または研究所といった組織で，主として技術系の人達が担当する仕事になる．ラボスケールから生産規模に近い大スケールまで，製品コンセプトの具体化がなされる．品質，機能，技術的差別性の実現と目標利益率の確保が課題となる．特に技術的差別性は，レシピー，プロセス，包装，原料の4つの要素から検討される．したがって，自社の強みとすべき技術要素について，たえず継続的に研究し，技術基盤を確保している企業が優位性を発揮することになる．試作品は，種々の段階で目的に応じた評価がなされる．味覚テスト，嗜好テスト，使用テスト，ネーミングテスト，パッケージデザインテストなど，モノ（製品）とコンセプトの一致性の評価を実施，確認しながら試作品を完成させる．この段階の評価で大切なことは，消費者の目線

```
<ラボ試作 原料検討 包材・デザイン検討>
        ↓
      <評価>
        ↓
  <製造プロセス検討>
        ↓
 ┌─────────────────┐
 │ ラボレシピー/ラボ製造フロー │
 └─────────────────┘
        ↓
      <評価>
        ↓
   <大規模製造テスト>
        ↓
  <設備投資検討>
        ↓
      <評価>
        ↓
 ┌─────────────────┐
 │ 最終レシピー/最終フロー │
 └─────────────────┘
        ↓
     <保存テスト>
        ↓
   <品質保証評価>
        ↓
 ┌─────────────────┐
 │ 製品規格・原料規格・包材規格 │
 │ 製造技術標準書          │
 └─────────────────┘
```

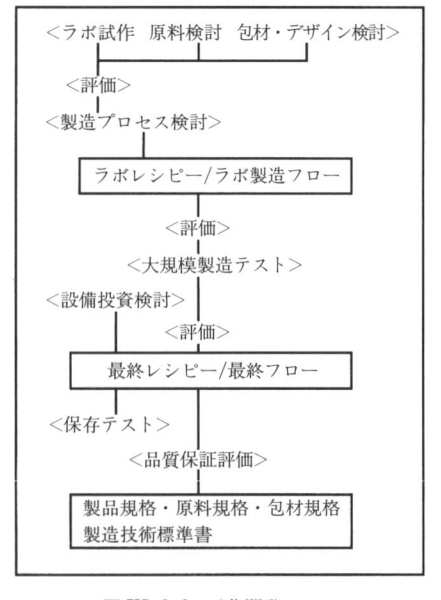

図 XI.2.3 試作開発フロー

2. 製品開発の進め方

商品の属性

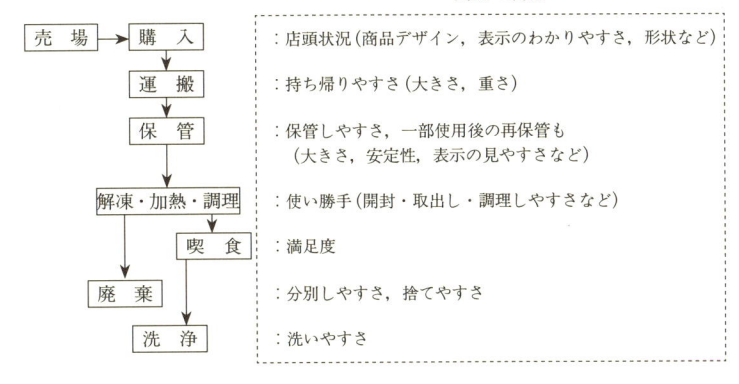

```
売 場 → 購 入    ：店頭状況(商品デザイン，表示のわかりやすさ，形状など)
         ↓
        運 搬   ：持ち帰りやすさ(大きさ，重さ)
         ↓
        保 管   ：保管しやすさ，一部使用後の再保管も
                  (大きさ，安定性，表示の見やすさなど)
         ↓
     解凍・加熱・調理 ：使い勝手(開封・取出し・調理しやすさなど)
         ↓
        喫 食   ：満足度
         ↓
        廃 棄   ：分別しやすさ，捨てやすさ
         ↓
        洗 浄   ：洗いやすさ
```

図 XI.2.4 消費者行動からみた商品属性

で評価することである．すなわち消費者行動からみた商品属性(図XI.2.4)を評価することである．調理冷凍食品の場合，社内評価でのテストが多く，社外消費者評価を使うことは少ない．これは，超短期の取っ替え引っ替えの新製品開発が多いことによると思われる．

前述の新製品領域案が作成されたら，すぐにアイディア試作に入り，試作品を数多く作成し，モノを見ながら製品コンセプトを作成し，次いで工場で製品試作を始めるといった短絡した新製品開発を実践している企業も多い．

ラボスケールで試作品が完成したら，生産工場への導入のため，大規模な製造テスト(ベンチプラントテストあるいは実際の生産工場の実機を用いたCPテスト)でラボ試作品の再現実験を実施する．工場規模の調理加工プロセスは小さいラボスケールと異なり，例えば熱の加わり方，混合時のシェアー(力)が異なるなどの相違点がかなり存在するので，レシピー，工程条件などに留意し，最終レシピー，最終フローを決定する．この間，新規設備，装置の機能評価，投資評価は合わせて実施する．また，商品の賞味期限評価のための保存テストも行う．この段階のアウトプットは，製品規格，原料規格，包材規格，製造技術標準書となる．調理冷凍食品の製品規格主要項目を表XI.2.2に例示した．規格の範囲は製品種類ごと，項目ごとに設定することになる．なお，表中外観については，限度見本を写真で示すとわかりやすくなる(規格・基準は第VII編参照)．原料規格は，生鮮原料などは個別要件が異なるので，品種ごとに設定することになる．包材規格はトレー，

表 XI.2.2 調理冷凍食品製品規格主要項目例

凍結状態の規格	内容量(重量) 大きさ(長径，短径，厚さ) 外観(形状，色沢)
調理時の規格 調理後の規格	外観(形状，色沢) 外観(形状，色沢) 味覚(味，香り，食感)
微生物規格	一般生菌数，かび 大腸菌群，病原性菌類など
一般規格	異物，夾雑物 品温 包装状態 包装表示事項

フィルム，段ボール，テープ，バンドなど使用するものすべてに設定する．原料・包材規格はそれらの購入受入検査規格になる．

製造技術標準書とは，製造工程モデル図(図XI.2.5)の原料・包材検査法から製品検査法までの全工程の作業・機器運転条件を記載したものである．調理冷凍食品の製造は，バッチ作業など手作業が多く，特に原料加工，調理加工の工程では品質管理上のキーポイントを作業マニュアル化しておくことが必要である．

目標とした新製品を，工場で生産する準備はこれで整ったが，販売する商品としてのメーカーの責任，商品の安全性，衛生性，社会性(環境問題，地球温暖化など)，各種法対応などに関して，原料，包材，製造工程，表示面(調理方法の記載含め)の最終評価を品質保証の観点から実施することを忘れてはならない(衛生管理については第VI編参照)．

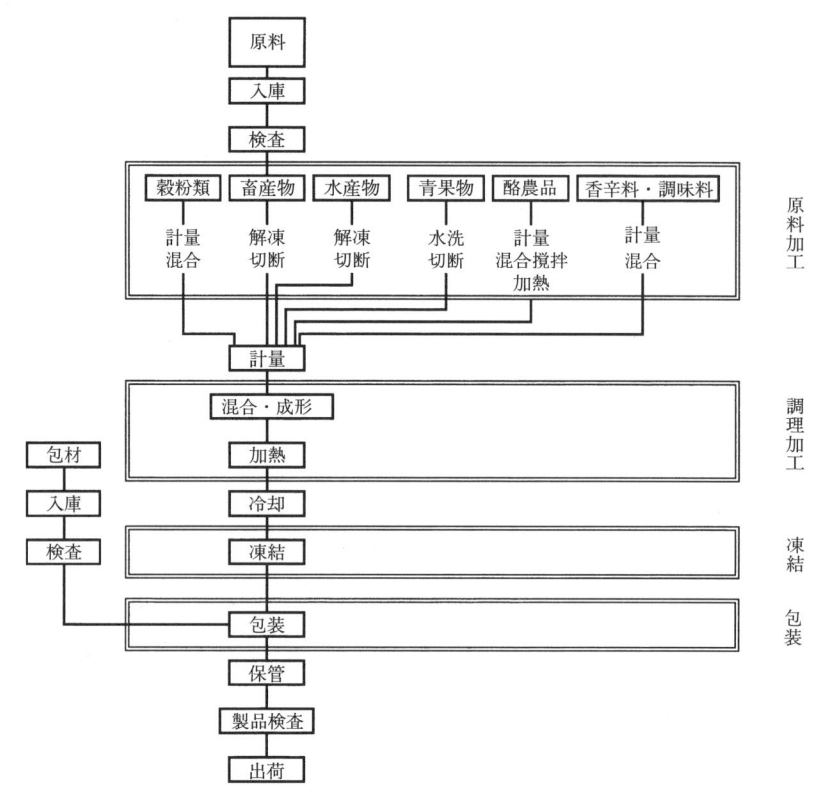

図 XI.2.5　調理冷凍食品の製造工程モデル図

2.4 生　産

　商品開発は前項で終了したことになるが，実際商品の生産現場で，製品コンセプト通りの製品が製造されているか，生産をフォローするのも開発業務である．往々にして，生産現場まかせになり，現場の都合で，例えば収率向上，コストダウンのために製品コンセプトからずれた製品がつくられてしまうこともある．

　製造工程モデル図(図 XI.2.5)でみると，人，モノ，設備をいくら使って，いくらのモノをつくって次工程に渡したか，各工程の原価が把握でき，キーの工程管理ポイントが製品品質も含め明確にされているか，このような管理がなされていないと，製品コンセプトで規定したコスト・品質を実現することは困難になる．特に，図中の「原料加工」，「混合成型」，「凍結」，「包装」の4つに区分した工程は，むしろひとつの独立した工場と考えて，製造管理がなされるべきである．ローコストオペレーションによる競合優位は，このことが実現できて可能になる．

　また，原料では調理冷凍食品の主原料が，天然産品の農水畜産物であるがため，品質が季節，産地，品種，生産者側の加工処理条件，保管法で変動する．これらの変動を，自社製造工程で吸収する仕掛けを設け，たえず品質一定の製品を製造しなければならない．

2.5 研 究 開 発

　製品開発における研究開発の領域は，広義には，消費者の研究，販売マーケティングの研究と製品コンセプトを具体化する技術開発，自社の事業基盤を強化する研究とが含まれる．ここでは狭義の後者について述べる．

　調理食品はほとんどの場合，誰でも手づくりする

2. 製品開発の進め方

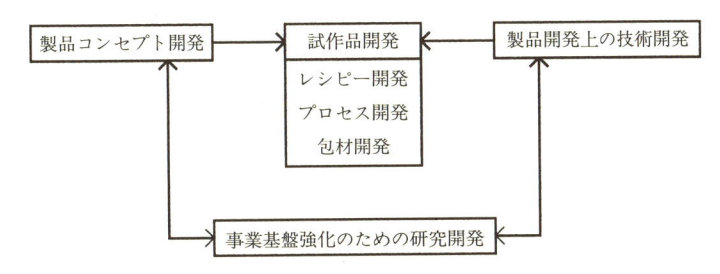

図 XI. 2. 6 製品開発と研究開発

ことが可能な食品である．それを凍結させれば冷凍食品になる．その手づくりの規模を大規模スケールに変えるだけで，工業的製造ができてしまう．必要設備は機械メーカーの，容器包材もそのメーカーの技術指導によって取り揃えることができる．試作・検査室機能があって，工場があれば製品開発に研究など不要で済ますことができる．しかし冒頭で述べたように，同業との競合，他の加工食品との競争，はたまた外食との競合，1人当たりの喫食量に限りがあるなか，消費者に製品の価値，存在意義を認知させる製品の優位性を発揮させるためには技術が有力な武器となる．その武器を磨くのに，研究開発が必要となる（図 XI. 2. 6）．

製品コンセプトを受けて，試作品を開発するとき，レシピー，製造プロセス，容器・包材の3つの技術分野につき製品開発上の技術課題を抽出する．その中から競争視点で他社（品）を差別化するキー技術を設定し，その技術を研究し試作品開発に活かす．一方，他社差別化のため，自社の事業基盤をより強固なものにする技術研究が存在する．この場合，自社の基幹とする技術領域設定を行い，中期的視点で継続的に取り組むことも肝要である．取り組み途中の研究成果から，新しい製品コンセプトが誘導できることもしばしば起きる．

キー技術や技術領域について，図 XI. 2. 5 の製造工程モデル図で説明する．原料加工技術，混合・成形・加熱技術，凍結技術，包装技術の各領域の中で，企画された製品コンセプトごとに最も重要な技術テーマを設定し，それをキー技術とする．キー技術が蓄積されてくると，その中で共通汎用な技術，特化されているが競合優位な技術がでてくる．それらが基幹技術のひとつになる．また自社主力事業を支えている技術を，上記同様に各技術領域の中から抽出し，肝心かなめの技術として基幹技術テーマとする．これを怠ると自社主力製品分野で他社の席巻を招くことになる．さらに自社事業の将来を担う技術領域を設定し，中期視点の研究開発テーマをいくつ

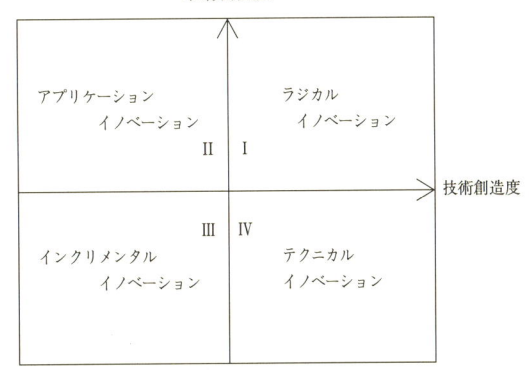

図 XI. 2. 7 技術・製品イノベーションマップ(Gobeli)
Ⅰ：新技術・新製品コンセプトにもとづき，新価値創出する製品
　　（例）テレビ，パソコン，缶詰
　　　　新しい産業，新しい価値の創造
Ⅱ：既存品に新価値追加，機能を大幅に革新された製品
　　（例）ウォークマン，レンズ付きフィルム，コンパクト洗剤，LL めん
　　　　新しいコンセプト（カテゴリー）を形成する市場創造型製品
Ⅲ：既存製品コンセプトの延長線上の製品
　　ゾロ品，ゾロゾロ品，既存製品のバラエティー品
Ⅳ：技術で高度の差別化した技術先導型製品
　　（例）補聴器，人工宝石
　　　　ニッチ製品，要市場開拓製品

か企画し推進する．以上のような3つの考え方で技術開発・研究開発を実行することによって，優位性ある事業，製品の確保が可能になる．

技術開発・研究開発の成果すなわち技術創造度とそれによる製品開発の成果すなわち市場創造度の関係を図 XI. 2. 7 に示す．調理冷凍食品ははじめて世に出たときは，第Ⅳ象限に位置していて生産技術，流通，店頭などインフラの整備とともに第Ⅰ象限に移動してきたものと考えられる．以降，電子レンジ対応製品が第Ⅱ象限に入る以外ほとんどの製品が第Ⅲ象限の既存品の延長線上の，技術創造度の低いインクリメンタルなイノベーションで終わっている．しかも同じような品質・機能の製品で，冷凍食品業界の中で各社が争っている状況である．

消費者にとって，冷凍食品と用途・機能が同類の他の加工食品は種々存在しており，競合品としてのテイクアウト品，外食などもある．他の業界に知らず知らずのうちに侵食されかねない状況にあるともいえる．技術開発・研究開発に力を注ぎ，第IV象限→第I象限，第II象限に入る製品開発を目指すことが切に望まれる． 　　　　　　　　［髙木 脩］

文　献

1) 山中正彦：第27回日科技連官能検査シンポジウム，1997.
2) 日本マーケティングシステムズ編：実践新製品開発ハンドブック，日本能率協会，1990.

3. 今後の調理冷凍食品

これまでの食生活トレンドと加工食品, その基本技術トレンドを表 XI.3.1 にまとめた. 食生活は多様化・高度化し, 飽食の時代といわれて久しい. ファーストフード, コンビニ, 各種のテイクアウトを含めた食の外部化が進み, 消費者は TPO に応じた食生活を上手に行いだしている.

主婦の「朝食, 昼食, 夕食, 平日, 休日それぞれのその時々の状況によって食事の用意方法を変える」といった柔軟性が, 食事用意方法の多様化をもたらし, 購入する食材の多様化 (手づくりのための材料から調理済の惣菜, 冷凍品からチルド品, レトルト品, 常温品), 購入場所の多様化 (スーパー, ファーストフード, 専門店) をもたらしているといえる. 「家族が満足するものであれば, 手作りにこだわらない」, 「食事の支度になかなか時間をかけられない」という主婦は 60% を超えており, 「食事の支度にかける時間を減らすようにしている」主婦は 4 人に 1 人, 簡便化を助ける加工食品への期待も右肩上がりである (図 XI.3.1). 食生活実質派主婦が増加しているいえる. また高齢化社会の到来が現実のものとなってきて, 「健康の基本は食事」, 「家族の健康に気を使っている」という主婦は今や 90% と健康意識は突出している. この健康意識の中で, 主婦が惣菜, 加工食品に求めているのは, 「安全, 安心」である (図 XI.3.2). 今後の食生活のトレンドのキーワードは「簡便」, 「健康」, 「安心」, 「実質」となろう. 食生活の大きな部分を食品メーカーに依存する状況にあって, メーカーはこの 4 つの軸で食生活者の課題に対し提案することが期待されている. 近年アメリカから発信された発想「ミールソリューション」[7] もこれと一致する概念である.

主たる技術トレンドをみると, 「味噌, 醤油」が家庭内作業→社会化したことと「食事のおかず」→「調理冷凍食品」がよく似ている. 家庭内作業を企業が代替しているのであるが, 調理冷凍食品は工業化した産業としては, まだきわめて初期の段階にあることを示唆するものである. 逆にいうと, これから高度工業化の段階に入る産業といえる. したがって表 XI.3.1 に示した各加工食品が, それぞれの根幹となる技術によって価値を創造してきたように, 調理冷凍食品も革新的技術によってさらなる価値を生む可能性は大である. また, 忘れてはならないことは, 表中にあるように, 関連技術の動向である. 家電製品の進化, 物流のハード・ソフトの革新, 容

表 XI.3.1 食生活と加工食品, 技術のトレンド

	1944 年以前	1945 年代	1955 年代	1965 年代	1975 年代	1985 年代	1995 年代以降
食生活	日本的食生活の確立	量の充足期	食生活水準向上期	食生活多様化期	食生活高度化	飽食・選択 食の外部化	食生活見直し期
	カロリーの追求		栄養バランスの追求, 健康の追求, 洋風化, バラエティ化, 多様化, 個性化			簡便性追求 個・孤食化 グルメ化	簡便, 健康 良品の追求
			＊札幌ラーメン専門店 ＊スーパーマーケット急増 ＊家庭電化時代始まる	＊マクドナルド 1 号店 ＊ファミリーレストラン ＊2 ドア冷蔵庫 自動販売機		＊コンビニエンスストアー ＊有職主婦の増加	＊24 時間営業 ＊コンピュータ化
加工食品と主たる技術	素材食品の工業化 ＊味噌 ＊醤油 (家庭内作業→社会化)	不足時代の代用品 ＊マーガリン ＊粉末ジュース ＊魚肉ハム (原料代替技術)	インスタント化 ＊即席ラーメン ＊インスタントコーヒー ＊インスタントスープ (乾燥技術)	調理済食品 ＊冷凍食品 (冷凍技術) ＊レトルト食品 (レトルト技術)	＊カップめん (包材技術) 健康食品 ＊Ca 強化, Fe 強化, 食物繊維 (栄養評価技術)	コンビニ食品 ＊持帰り弁当 (物流技術) ＊電子レンジ食品 (包材・包装技術) ＊無菌包装食品 (無菌充填包装技術)	

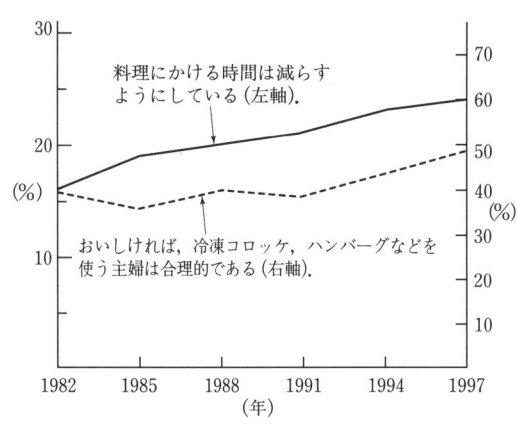

図 XI. 3.1 主婦の食生活意識(味の素(株)調査)

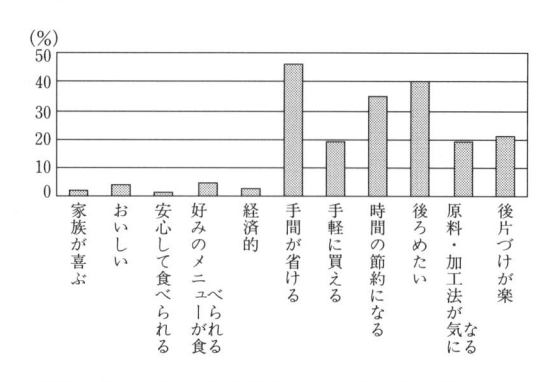

図 XI. 3.2 主婦の食生活意識「市販惣菜をおかずにしたとき」(味の素(株)調査)

表 XI. 3.2 調理冷凍食品の機能・用途

対象		家族対象	子供対象	夫婦対象
主婦	子供			
20代	幼児期	＊調理簡便化 ⇒ 副菜に一品 シューマイ, ギョーザ, コロッケなど	＊通園・通学用 ⇒ 弁当のおかず コロッケ・フライ類, ハンバーグ, チキンフライなど	＊新価値世代対応 ⇒ 新ジャンルメニュー イタリアメニュー, エスニックメニュー
30代				
40代	学校期			
50代	独立期	＊簡便＋実質化 ⇒ 主菜 惣菜メニューなど ⇒手づくり用食材 冷凍, 冷凍水畜産品	＊成長期用 ⇒おやつ, 昼夜食向き ピラフ, グラタン, めん類 おにぎりなど	＊健康志向 ⇒低脂肪, 低カロリー, 低塩 健康訴求冷凍食品
60代以降				

器・包材の技術革新などの相乗性が期待できる.

最後に,調理冷凍食品の機能・用途について,対象別に整理した表を付記する(表 XI. 3.2).家庭での食生活は,年代,家族構成,それらを越えたライフスタイルで解析するものであるが,ここではひとつの例として前二者を切り口にしてみた.どういう機能で何用として誰に食べてもらうのか,食べてもらっているのかなどを評価・解析する整理の仕方として参考とされたい.　　　　　　　　[髙木 脩]

文　献

1) 食品産業センター: 日本型ミールソリューション展望, 1998.

XII. フローズンチルド食品

1. 表示方法と市場規模

1.1 商品特性と市場規模

日本におけるフローズンチルド食品の生産高に関する統計はまだない．従来は，当該製品の定義もなく範囲も定められていなかった．

(社)日本冷凍食品協会では，冷蔵販売用製品の表

表 XII.1.1 1997年(社)日本冷凍食品協会会員社の工場における冷蔵販売用凍結食品(フローズンチルド食品)生産高

品目			数量				金額				kg当たり (円)
			家庭用(トン)	業務用(トン)	計(トン)	構成比(%)	家庭用(百万円)	業務用(百万円)	計(百万円)	構成比(%)	
水産物	魚類		3,741	13,594	17,335	18.1	3,365	6,381	9,746	16.0	562
	甲殻類		397	5,087	5,484	5.7	503	3,725	4,228	7.0	771
	軟体類		2,671	2,188	4,859	5.1	1,316	1,859	3,175	5.2	653
	その他		706	863	1,569	1.7	735	961	1,696	2.8	1,081
	小計		7,515	21,732	29,247	30.6	5,919	12,926	18,845	31.0	644
農産物	野菜類		138	476	614	0.6	14	315	329	0.5	536
	果実類		0	2	2	0.1	0	5	5	0.1	2,500
	小計		138	478	616	0.7	14	320	334	0.6	542
畜産物	食鳥類		47	2,108	2,155	2.3	61	1,390	1,451	2.4	673
	食肉類		1,539	998	2,537	2.6	944	506	1,450	2.4	572
	小計		1,586	3,106	4,692	4.9	1,005	1,896	2,901	4.8	618
調理食品	フライ類	水産フライ・揚げ物類	1,647	6,244	7,891	8.2	1,367	2,967	4,334	7.1	549
		農産フライ・揚げ物類	50	2,809	2,859	3.0	23	1,165	1,188	1.9	416
		畜産フライ・揚げ物類	11,827	5,244	17,071	17.9	7,410	3,688	11,098	18.3	650
		コロッケ	659	3,231	3,890	4.1	216	1,101	1,317	2.2	339
		その他	382	1,680	2,062	2.1	199	674	873	1.4	423
		小計	14,565	19,208	33,773	35.3	9,215	9,595	18,810	30.9	557
	フライ類以外の調理食品	ハンバーグ・ミートボール	2,374	2,930	5,304	5.5	1,153	1,249	2,402	4.0	453
		シューマイ	96	13	109	0.1	40	5	45	0.1	413
		ギョーザ	37	396	438	0.4	22	208	230	0.4	531
		春巻	537	0	537	0.6	211	0	211	0.3	393
		中華まんじゅう	959	1,786	2,745	2.9	952	20	972	1.6	354
		ピザ	419	112	531	0.6	258	85	343	0.6	646
		グラタン	716	1,615	2,331	2.4	411	1,682	2,093	3.4	898
		米飯類	67	13	80	0.1	32	5	37	0.1	463
		めん類	0	0	0	0.0	0	0	0	0.0	—
		練り製品	1,814	2,951	4,765	5.0	1,590	1,467	3,057	5.0	642
		卵製品	0	429	429	0.4	0	362	362	0.6	844
		ウナギ蒲焼	97	161	258	0.3	333	549	882	1.4	3,419
		その他	2,167	4,387	6,554	6.9	2,240	4,310	6,550	10.8	999
		小計	9,283	14,793	24,076	25.2	7,242	9,942	17,184	28.3	714
	調理食品合計		23,848	34,001	57,849	60.5	16,457	19,537	35,994	59.2	622
菓子類			529	2,653	3,182	3.3	413	2,276	2,689	4.4	845
合計			33,616	61,970	95,586	100.0	23,808	36,955	60,763	100.0	636

1. 表示方法と市場規模

表 XII.1.2 1997年(社)日本冷凍食品協会会員社の工場における冷蔵販売用凍結食品(フローズンチルド食品)の生産高(上位20品目)

順位	品目	生産量(トン)	構成比(%)
1	魚類	17,335	18.1
2	畜産フライ・揚げ物類	17,071	17.9
3	水産フライ・揚げ物類	7,891	8.2
4	甲殻類	5,484	5.7
5	ハンバーグ・ミートボール	5,304	5.5
6	軟体類	4,859	5.1
7	練り製品	4,765	5.0
8	コロッケ	3,890	4.1
9	菓子類	3,182	3.3
10	農産フライ・揚げ物類	2,859	3.0
11	中華まんじゅう	2,745	2.9
12	食肉類	2,537	2.6
13	グラタン	2,331	2.4
14	食鳥類	2,155	2.3
15	野菜類	614	0.6
16	春巻	537	0.6
17	ピザ	531	0.6
18	ギョーザ	433	0.4
19	卵製品	429	0.4
20	ウナギ蒲焼	258	0.3

示方法を定めたことにともない，フローズンチルド食品の生産高を調査するため，1997年1月～12月の1年間に当協会会員の確認工場904社(1,048工場)について生産高調査を行った．

調査に当たりフローズンチルド食品を冷蔵販売用凍結食品と呼び，定義を「前処理を施し，急速凍結を行って，凍結状態で出荷された後，流通段階で解凍され，冷蔵(チルド)温度帯で保存・販売される包装食品をいう」とし，ここでいう「冷蔵(チルド)温度帯とは，その食品の凍結点より高く，10℃より低い温度帯とした．和菓子等一部の製品に，製品特性上，解凍後，冷蔵(チルド)温度帯より高い「常温」で流通・販売されるものがあるが，これも例外として「冷蔵販売用凍結食品」に含める．

魚や肉については，切身やカット肉など，前処理を施し，急速凍結を行って，流通段階で解凍される包装食品で，包装および表示の変更以外に流通段階で製品に新たな加工が施されることなく，冷蔵(チルド)温度帯で販売されるものは「冷蔵販売用凍結食品」に含める．

ただし，鮮魚など，前処理を施されていないものや，精肉など，包装食品でないものは，流通段階で解凍され，冷蔵(チルド)温度帯で販売されるものであってもこれには含めない．

調査を行った904社(1,048工場)で，このうち634工場から回答があり，「冷蔵販売用凍結食品」の生産があったと回答した工場は170工場であった．この170工場の生産高を集計したものが表XII.1.1およびXII.1.2である．「冷蔵販売用凍結食品」を生産する社は，当協会以外にも多数あると思われるので，この数字が直ちに日本における「冷蔵販売用凍結食品」の生産高とはならない．

1.2 フローズンチルド食品の表示方法

食品等の日付に係る表示の基準については，1994年12月27日付厚生省令第78号をもって改正され，1997年4月より全面施行された．日付表示が，従来は製造年月日で記載されていたものが，期限表示に切り替わり，賞味期限(または品質保持期限)または消費期限を記載することとなった．

フローズンチルド製品は，流通段階で保存方法が変更される製品であるので，期限表示の変更を行う必要のある製品である．1995年3月31日衛食第74号「食品衛生法に基づく表示について」の厚生省生

活衛生局長通知の中で「製造又は加工後流通段階で適切に保存方法を変更したものであって，期限表示の期限の変更が必要となる場合には，改めて適切に期限及び保存方法の表示がなされること」と規定されており，これは「食品衛生法に基づく表示について」(1979年11月8日環食第299号)の別紙「食品衛生法に基づく表示指導要領」2(6)②エに記載されている．

1997年3月26日付事務連絡「食品の期限表示等の記載方法について」厚生省生活衛生局食品保健課，同乳肉衛生課によると，

① 冷蔵して販売する食品であって，流通段階で保存方法が変更されるものの表示について，保存方法を変更した者等が，その食品の特性及び保存方法に応じて，消費期限または品質保持期限を改めて適切に表示する必要がある．

なお，「冷凍食品」等，規格基準で定めのある保存方法についての変更は行えない．

② 表示義務者について： 表示すべき者(表示義務者)については，通例は，食品の製造業者が表示すると考えられているところ，食品衛生法において特段の規定はないが，期限の設定に当たっては，原材料の衛生状態，製造・加工時の衛生管理の状態，保存状態等の要素によりこの期限が決まるため，当該食品及びこれらの要素を最もよく知っている，保存方法を変更した者等の営業者が行う必要がある．

以上が都道府県，政令市および特別区の食品衛生担当課宛に連絡され管下営業者に対する指導・助言の参考とされているものである．

(社)日本冷凍食品協会は，フローズンチルド製品(冷蔵販売用製品)が品質を保持するために凍結して輸送・配送され，陳列・販売されるために解凍される場合に次の取扱いによって保存方法の変更が可能となるので，関係当局に届出を行い，会員に通知を行った．

a. 品　名

凍結された冷蔵販売用製品であるので，冷凍食品と区別するために「そうざい」，「そうざい半製品」等を記載する．例：そうざい半製品(シューマイ)

b. 期限表示・保存方法

(1) この2つの項目が流通段階で変更されることとなるので，一括表示欄外に記載し変更後のラベルが貼付されやすい箇所に表示すること．

(2) 保存方法変更後の期限表示は，保存方法の表示を変更し，製品特性によって消費期限又は品質保持期限(又は賞味期限)を表示すること．

(3) 保存方法の変更は，衛生的に行うことが必要であり，解凍条件が保存可能日数に影響を及ぼすので製造者等は，変更者に十分な情報を提供することが必要である．

c. 保存方法の変更者

保存方法の変更は，製造者，中間業者，小売店が行う場合が考えられるので，その実施した者を明らかにするため変更者名を表示する．

d. 使用方法

消費者が誤使用しないように，「召し上がり方」などを平易な用語で記載すること．

1.3　フローズンチルド食品の表示例

(社)日本冷凍食品協会が作成した表示例について以下に紹介する．

Ⅰ．バラ詰包装の場合(内包装がない場合)

○外箱の表示例

品　名	そうざい半製品(○○○○)
原材料	——，——，調味料(アミノ酸等)
内容量	2 kg (100個入り)
製造者	○○○(株) A 10 東京都中央区○○○○

品質保持期限　97.5.30
保存方法　○○℃以下に保存して下さい． (この部分に保存方法の変更者のラベルを貼付して下さい．)

注意事項

この製品は，品質を保持するために○○℃以下で輸送配送していますが，解凍して販売する冷蔵販売用製品です．

陳列・販売する場合は，改めて品質保持期限又は消費期限(解凍日から5日以内の年月日)及び保存方法を表示して下さい．

この製品の解凍後の期限表示は，△△℃以下で○○日以内です．

(注意事項は 文例の内容のものであれば別の説明文でも差し支えありません．)

○保存方法の変更者のラベルの例

① 製造者が解凍した場合のラベルの一例

消 費 期 限	97.2.15
保 存 方 法	△△℃以下に保存して下さい.

② 中間業者が解凍した場合のラベルの一例

消 費 期 間	97.2.15
保 存 方 法	△△℃以下に保存して下さい.
保存方法の変 更 者	○○○(株)○○営業所 千葉県船橋市○○○○

保存方法を変更した後の期限が5日以内の場合は「消費期限」，期限が5日を超える場合は「品質保持期限」を表示する．

Ⅱ．内箱（袋などを含む）包装がある場合

○外箱の表示例

品　　名	そうざい半製品（○○○○）
原 材 料	──，── 調味料（アミノ酸等）
内 容 量	5 kg（10袋入り）
製 造 者	（社）○○○ B 2 東京都中央区○○○○

品質保持期限	97.5.30
保 存 方 法	○○℃以下に保存して下さい.

注意事項

　この製品は品質を保持するために○○℃以下で輸送・配送していますが，解凍して販売する冷蔵販売用製品です．

　陳列・販売する場合は，改めて品質保持期間又は消費期限（解凍日から5日以内の年月日）及び保存方法を表示して下さい．

　この製品の解凍後の期限表示は，△△℃以下で○○日以内です．

　（注意事項は，文例の内容のものであれば別の説明文でも差し支えありません．）

○内箱の表示例

品　　名	そうざい半製品（○○○○）
原 材 料	──，── 調味料（アミノ酸等）
内 容 量	500 g（10個入り）
製 造 者	（株）○○○ B 2 東京都中央区○○○○○

品質保持期限	97.5.30
保 存 方 法	○○℃以下に保存して下さい.
（この部分に保存方法の変更者のラベルを貼付して下さい．）	

消費者が誤使用しないように，内包装には使用方法を欄外に記載して下さい．

○保存方法の変更者のラベルの表示例

① 製造者が解凍した場合のラベルの一例

消 費 期 限	97.2.15
保 存 方 法	△△℃以下に保存して下さい.

② 中間業者が解凍した場合のラベルの一例

消 費 期 限	97.2.15
保 存 方 法	△△℃以下に保存して下さい.
保存方法の変 更 者	○○(株)○○ 東京都世田谷区○○○

③ 小売店で解凍した場合のPOSラベルの一例

品　　名	そうざい半製品（○○○○）		
消費期限	97.2.15	100 g当り	100円
保存温度	△△℃以下	内容量	500 g
		価格	500円
‖‖‖‖‖‖‖‖‖‖‖‖			
123456789012			
販売店	△△(株)□□店 東京都調布市○○○		

［大 場 秀 夫］

文　　献

1) 日本冷凍食品協会：冷蔵販売用製品の表示に関する通知集，1998年3月．
2) 日本冷凍食品協会：冷凍食品に関連する諸統計，1998年9月．

2. フローズンチルドの品質保持

2.1 フローズンチルド食品の期限表示

　フローズンチルド食品は，フローズン状態のときの期限表示とチルド状態に変更されたときの期限表示が異なるので，解凍される時点で保存方法が変更され，したがって期限表示も変更されることになる．

　加工食品の消費期限の設定など期限表示と保存方法の設定等に関する研究が，(社)日本食品衛生協会によって実施された際に，(社)日本冷凍食品協会も協力した．この研究報告書によると，期限設定に当たっては，微生物学的・理化学的検査および官能検査を組み合わせ，終期を求めたのち，製品のばらつき，温度上昇の可能性などに応じた安全率を乗じて，期限を設定する必要があると述べている．

　また，(社)日本冷凍食品協会は，1990年3月，低温食品の保存温度による品質影響実験調査結果報告書を公表し，フローズンチルド食品(シューマイ，ギョーザ)について実験を行った．実験内容は，低温食品が実際に流通する場合必ずしも一定の温度が常に保たれるとは限らないので，保存途中で温度変化を与えて保存し，保存温度の変化による品質に対する影響について，実験的にこれを明らかにしたものである．

　実験結果をみると，チルド食品について，流通時において想定される温度変化を付与した場合，その後の保管温度(5℃，10℃)の相違による細菌数の変化はみられなかった．しかし，官能試験では試験項目により，その温度の高いものに変化が先行する傾向がみられた．フローズンチルド食品について，解凍後5℃および10℃で保存した場合の品質の変化に差がみられなかった．

　このような研究報告および実験報告から，フローズンチルド食品の期限表示を行う場合には，ガイドラインを作成することが必要であると思われる．

　(社)日本冷凍食品協会は，会員の確認工場で生産されるフローズンチルド食品についての期限表示の実施方法について2.2節に述べる要領を定めている．

2.2 (社)日本冷凍食品協会の定めた冷蔵販売用製品の期限表示設定のための試験実施要領

　製品に期限を表示するには，「期限表示フレームを参考にする場合」と「試験によって可食期間を求める場合」があるが，冷蔵販売用製品には「期限表示フレーム」がないので，試験によって可食期間を求めることとする．試験項目としては，官能試験ならびに細菌試験とし，必要に応じて理化学試験を合わせて実施する．

a. 試験条件

（1）試験に供する製品の数量
　ア）市販用　最終包装(最低150g)製品×2個を1試料とする．
　イ）業務用　1カートン中の5％(最低150g)×2個を1試料とする．
　（注）1個は官能試験，1個は細菌試験に使用．

（2）保存試験に供する製品の形態
　ア）市販用　最終包装形態
　イ）業務用　販売に供される包装形態

（3）試験用試料数
　試験は1日(回)当たり3試料とする．

（4）試験時の温度設定
　製品保管庫の温度は，10℃より低い温度で製品特性に応じた温度帯とする．

（5）試験実施期間の算定法(目安)
　表示したい期間を0.8で除して切り上げた日数を

試験実施期間とする．
　〈例〉　消費期限を5日に想定した場合
　　　　　5÷0.8＝6.25　7日の実施期間
　　　　賞味期限を10日に想定した場合
　　　　　10÷0.8＝12.5　13日の実施期間
（6）　試験の開始
　試験の開始は，輸送・配送時の品温（－18℃以下）の試料を，製品保管庫に入れた時点を試験日0日目（D＋0）とする．

b．試験項目

（1）　官能試験
ア）　試験員
　冷蔵販売用製品の基礎知識を有し，評価方法について訓練された者3名とする．
イ）　評価基準
　色沢・香味・食感・外観の4項目について，別記の採点基準により試験する．ただし，官能試験は，2日目から行う．
　なお，試験は記載されている調理方法に従って調理したあとに行うが，色沢については，調理前の状態を加味する．
ウ）　判　定
　試験の結果，試験員3名中全員が2点以下と判定した項目がある時点，または試験員3名中，平均点が3点未満の判定が2名出た時点で，その試料を不適格とする．

（2）　細菌試験
ア）　試験項目
　細菌数・大腸菌群・大腸菌・黄色ブドウ球菌について，製品特性に応じて試験する．
　試験方法は〈公定法〉による．

イ）　判定基準
　判定基準は下記の通りとする．

	細菌数/g	大腸菌群	大腸菌	黄色ブドウ球菌
無加熱摂取製品	1.0×10^5以下	陰性		陰性
加熱後摂取製品（凍結前未加熱）	3.0×10^6以下		陰性	陰性
加熱後摂取製品（凍結前加熱済）	1.0×10^5以下	陰性		陰性

ウ）　判　定
　試験の結果，いずれかの試験項目で，3試料中1試料が判定基準を超えた時点で，その試料を不適格とする．

（3）　理化学試験
ア）　試験項目
　製品の品質特性により，必要に応じて試験項目を設定する．

c．期限設定の方法

（1）　適格期間
　いずれかの試験項目において，不適格となった試

試験区経過日数	開始 0	1日	2日	3日	4日	5日	6日	7日
試料数個数	3 ⑥	3 ⑥	3 ⑥	3 ⑥	3 ⑥	3 ⑥	3 ⑥	3 ⑥
試験結果	○○○	○○○	○○○	○○○	○○○	○○○	○○○	○○×
判　定	適	適	適	適	適	適	適	不適

適格期間　←――　適　格　期　間　――→　〈6日〉
期限表示　　←――　消費期限　――→　6日×0.7＝4.2〈4日〉

（別記）　官能試験採点基準

色沢	1. 良好で変色がないもの	5点
	2. おおむね良好で，変色がほとんどないものはその程度により	4点または3点
	3. 劣るもの，褐色・変色が目立つもの	2点
	4. 著しく劣るもの，褐色・変色が著しく目立つもの	1点
香味	1. 固有の香味があり良好なもの	5点
	2. おおむね良好なものはその程度により	4点または3点
	3. 香味が劣るもの	2点
	4. 著しく劣るもの	1点
食感	1. 食感が良好なもの	5点
	2. おおむね良好なものはその程度により	4点または3点
	3. 組織が軟弱で，食感が劣るもの	2点
	4. 著しく劣るもの	1点
外観	1. 外観が良好なもの	5点
	2. おおむね良好なものはその程度により	4点または3点
	3. ドリップや衣のヘタリなどで外観が劣るもの	2点
	4. 著しく劣るもの	1点

験区の前試験区までの経過日数を適格期間という．

(2) 期限表示

適格期間に，適正な製品特性に応じた安全率を乗じ少数点以下を切り捨てた日数をもって，消費期限(賞味期限)とする．

一般的に安全率は，0.7～0.8が使われている

〈例〉適格期間(8日)安全率(0.7)とした場合，8日×0.7＝5.6　消費期間5日となる．

〔期限設定の事例〕（条件：保存温度5℃，安全率0.7）

この事例では，7日経過時点で不適格となったので不適格となった試験区の前試験区までの経過日数6日間が適格期間となる．

この場合の期限表示は，安全率を0.7としているので，6日×0.7＝4.2日となり，消費期限は4日間となる．

以上が(社)日本冷凍食品協会が作成した要領であるが，チルド食品が流通する場合に温度変動による影響は避けることができないことと，製品のばらつきなども考慮する必要があると思われる．

[大場秀夫]

文　献

1) 日本冷凍食品協会：冷蔵販売用製品の表示に関する通知集，1998年3月．

3. フローズンチルド食品の品質・衛生管理

3.1 フローズンチルド食品の保存性

　現在流通している凍結食品には，製造工場から消費者まで一貫して $-18°C$ 以下の冷凍状態で流通する「冷凍食品」と，製造工場から凍結状態で流通し，販売段階で解凍してチルド食品（冷蔵食品）として販売するいわゆる「フローズンチルド食品」の2種類がある．

　フローズンチルド食品の生産量は，最近の消費者の生志向を反映して，水産食品のほか各種の調理食品を中心に増加の傾向にある．製造から流通・販売に至るまで $5°C$ 以下で管理されるいわゆる「チルド食品」に比べて，フローズンチルド食品は製造段階で凍結し，凍結状態のまま流通されるため，販売時解凍されるまでの取扱い・管理が良好であれば，やや長期にわたって衛生品質を保持できるメリットがあり，また計画生産も可能である．しかし，特に規格・基準が定められておらず，製品形態も冷凍食品と区別しにくい問題点があり，特に販売段階における製品解凍ならびに解凍後の温度・期間管理が品質・衛生管理上のポイントになる．このたびの日付表示制度の期限表示への改正に伴い，凍結状態で流通し，販売段階で解凍して冷蔵食品として販売するいわゆる「フローズンチルド製品」の期限表示の方法について厚生省は公式見解を示し，その中で，①いわゆる「フローズンチルド食品」は「冷蔵販売用食品」として，製造から消費まで一貫して $-18°C$ 以下の凍結状態で流通される「冷凍食品」とは明確に区分して取り扱うこととし，また，②日付の期限表示については，製造業者が表示義務者として期限表示を行い，流通段階で解凍して冷蔵食品として販売する場合は，保存方法を変更した者が改めて変更後の「消費期限」あるいは「品質保持期限」を表示して販売することとなった．この措置により，これまで公的な取扱基準がないまま経過してきたフローズンチルド製品も「冷蔵販売用食品」として正式に認知され，取扱管理が必要な品目となった．フローズンチルド食品の期限表示については，保存試験を行って科学的根拠にもとづいて設定されるが，一般に容器包装に入れられた「冷蔵販売用製品」を1品目について2点並列で保存試験し，保存温度は販売時に変更する保存方法の表示により $10°C$ 以下保存と表示する場合は $10°C$，$5°C$ 以下保存とする場合は $5°C$ に保存温度を設定して試験する．

　試験項目は，①官能検査（色沢，香味，肉質について5点法で評価し，1点の項目のあるもの，または平均点が3点未満のものを不適格とする），②細菌検査（生菌数は非加熱製品 100 万/g 以下，加熱製品 10 万/g 以下，大腸菌群陰性），③理化学検査（商品特性に応じて試験項目を定める）で，試験の結果，いずれかの試験項目で不適格となった日の前日までを適格期間として，その日数に安全計数として 0.8 を乗じた日数を消費期限あるいは賞味期限とする案が検討されている．

　フローズンチルド食品の保存性は，第1に冷凍食品工場出荷時の最終製品の初発菌数によって左右され，第2に流通段階における輸送・配送時の温度管理，特に販売時の解凍条件と解凍後の温度・期間管理によって大きく影響される．凍結食品の品質保持について「PPP-T-TT」の考え方が重視されている．はじめの原料(products)，加工・凍結工程(processing)，包装条件(packaging)のPPPが良好，適切であれば，製造直後の凍結食品は高品質を保持することになる．この高品質を流通中に保持する期間は，凍結食品の保存，輸送，配送段階の温度と期間によって異なり，いわゆる T-TT (time-temperature tolerance：時間-温度許容限度）の考え方が支配的である．さらにフローズンチルド製品は販売時に解凍して冷蔵食品として販売されるため，販売段階における解凍条件および解凍後の取扱いが重要な管理ポイントで，製造から流通，販売段階まで一貫した管理が必要な商品といえる．

3.2 フローズンチルド食品の品質・衛生管理

（1）生産段階では，フローズンチルド製品は冷凍食品と区分して製造し，保管（−18℃以下）しなければならない．また，冷凍食品の成分規格および冷凍食品の自主的規格・基準を準用し，その基準に適合するように製造・管理する必要がある．製造段階における凍結食品の品質・衛生管理については，冷凍食品のHACCP方式を含め，本書で詳述されているのでそれを参照されたい．

（2）流通段階における輸送・配送については，「一般衛生管理プログラム」(PP)により防止対策を講じる．具体的には，冷凍車両の内部は積荷前に清掃し汚染を防止する．庫内は−7℃以下に予冷し，品温と庫内温度を近づけて冷却負荷を少なくする．積荷・荷卸作業は迅速に行い品温上昇を防ぐ．車両内の冷気循環に注意して積み付ける．商品の積込時には包装状態・品温（−18℃以下）を確認する，などである．また，輸送中は，庫内温度を頻繁にチェックし，品温−18℃以下を維持し，−10℃以上の品温上昇は厳重に管理する．配送先では庫内温度の上昇を防ぐため扉の開閉頻度を極力少なくし，引渡時の品温（−18℃以下）を確認するなどを記載した「輸送・配送の衛生標準作業マニュアル」を作成し，従業員に遵守させるとともにその実施状況を点検・記録し，管理する．

（3）販売段階における解凍作業については，解凍は凍結前の状態に再現する手段であり，良い解凍製品を得るためには，①解凍前の品質・衛生状態を吟味することが第1要件になる．このためフローズンチルド製品の受入れに当っては主要製品ごとに受入規格を設定し，外観，包装状態，品温，異物，官能検査，品質保証書の点検，必要により細菌検査を行い，規格合格品を納入するようにし，その結果は「受入検査日報」に記録する．また，保管中の細菌汚染・増殖を防ぐため，製品ごとに区分保管して相互汚染を防ぎ，保管中の温度（−18℃以下）と期間を管理し，記録する必要がある．次に，②解凍品温・時間を制御して解凍中の細菌増殖を抑えるとともに解凍終温度を低温に保持する．同時に，③解凍施設・設備，解凍装置，機械器具，従業員，解凍媒体（空気，水）など作業環境からの2次汚染を防止することがポイントになる．

解凍工程におけるHACCPについては，危害要因として，①解凍施設の浮遊微生物の多い空気環境や，②飲用適の基準に適合しない水質の水，③解凍装置，機器の洗浄・殺菌不良，④従業員の取扱不良などによる「微生物の汚染」と，不適切な解凍温度，時間，解凍後の温度による「微生物の増殖」がある．前者については，「一般衛生管理プログラム」(PP)によって防止し，後者の微生物の増殖についてはPPあるいはCCPとして解凍温度，時間，解凍後の品温，官能品質などの管理基準を定め，重点的に監視し管理する．PPについては，①施設・設備，機械器具の衛生管理（洗浄・殺菌マニュアル）と保守点検，②作業員の衛生管理と衛生教育・訓練，③使用水の管理，④食品の衛生的な取扱い（解凍作業マニュアル）などから構成される．これらの項目について，作業担当者，作業内容，頻度，点検および記録の方法を具体的に記載した衛生標準作業手順書(SSOP)を作成し，従業員に遵守させるとともに，その実施状況を点検し，記録して，確認する必要がある．

解凍終温度とは解凍過程において品温が最終的に到達した温度で，解凍後の衛生品質に大きな影響を与える．一般に解凍後は細菌の増殖がすみやかであるといわれる．これは冷凍貯蔵中に活動が抑えられていた酵素や微生物が活性化し，また，凍結・解凍によって組織が多孔質になり，水分が滲出して細菌の侵入が容易になるためと考えられており，解凍後はできるだけ低温（5℃以下）に保存し，迅速に処理する必要がある．

販売段階における解凍は，1日の需要を予測して毎日適量（1日分）を0〜5℃の冷蔵ショーケースに陳列し，解凍販売するケースが一般的である，冷蔵ショーケースの温度がチルド温度帯の0〜5℃に管理されていれば，商品は低温解凍され，販売時間内では品温は5℃以下の状態にあると考えられる．フローズンチルド食品は，解凍後は保管温度が高いほど，時間の経過に伴って衛生品質が劣化しやすい．

図XII.3.1，XII.3.2は，加熱済食品のハンバーグと非加熱食品のコロッケのフローズンチルド(FC)食品を10℃，5℃，0℃に保存した場合の細菌試験結果を示している．ハンバーグでは，10℃保存で3日目まではほとんど変化がなく，その後日数の経過とともに細菌数が増加するが，5℃では5日

3. フローズンチルド食品の品質・衛生管理

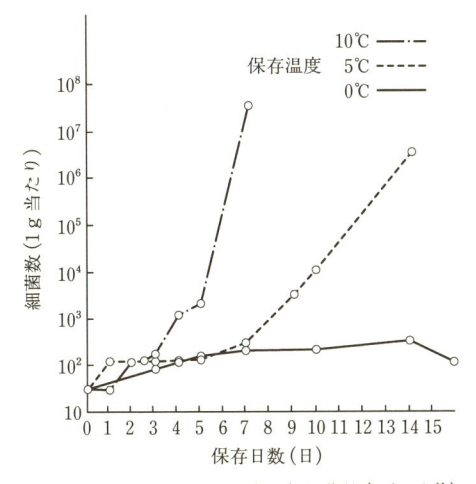

図 XII.3.1 ハンバーグFC 一般細菌数（35℃培養）

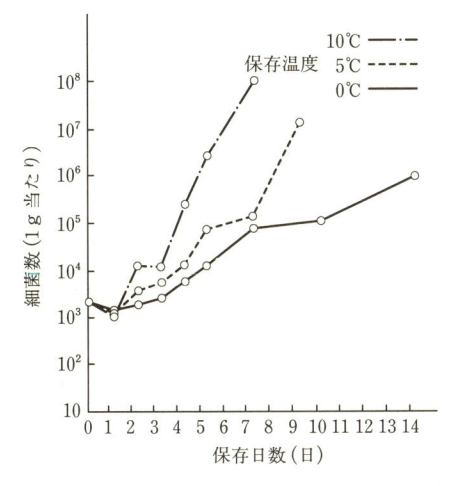

図 XII.3.2 コロッケFC 一般細菌数（35℃培養）

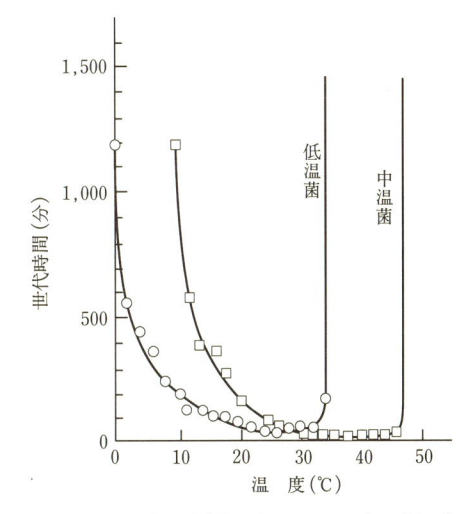

図 XII.3.3 低温菌（*Pseudomonas* sp.）と中温菌（*E. coli*）の分裂時間に及ぼす環境温度の影響

表 XII.3.1 食中毒細菌の最低増殖・毒素産生・生存温度

細菌名	最低温度（℃）		
	増殖	毒素産生	生存
Salmonella sp.	5.5〜6.8	—	5.1〜5.9
Vibrio parahaemolyticus	5.0〜8.0	—	5〜8
Staphylococcus aureus	6.6	18	0
Clostridium perfringens	15		〃
Cl. botulinum type A	10	10	〃
〃 B	10	10	〃
〃 C	15	10	〃
〃 E	3.3	3.3	〃

〔Liston ほか（1969），Michener ほか（1964）〕

目まで変化せず，その後9日までやや増加し，その後さらに増加している．

　図 XII.3.3 は，中温細菌である大腸菌（*E. coli*）と，低温細菌（*Pseudomonas* sp.）について，分裂時間の面から発育速度と温度との関係を示している．温度の低下に従って世代時間が長くなり，増殖速度が低下するが，増殖の限界温度，すなわち中温細菌では10℃前後，低温細菌では0℃に近づくにつれて世代時間が急激に長くなり，増殖速度が落ち込むことを示している．従来の冷蔵（10℃以下）では中温菌の増殖はほぼ停止するが，低温細菌はある程度抑制されるが停止はしない．しかし0〜5℃以下のチルド温度帯では中温菌のほか低温菌も増殖が抑制されることがわかる．このような特性がチルド温度帯が冷蔵と区別されるゆえんである．

　一方，食中毒菌についても（表 XII.3.1），わが国における食中毒菌として重要な腸炎ビブリオは比較的低温に弱く，5℃以下では発育が抑制される．サルモネラに対して 5.5〜6.8℃でわずかに増殖するが，5℃以下では増殖しない．また，ブドウ球菌は最低発育温度 6.6℃，毒素（エンテロトキシン）産生の最低温度は 18℃といわれる．一方，ボツリヌス菌のうちわが国で多いE型菌は低温に強く，3.3℃でも発育が認められ，毒素を産生するが，このような低温では発育と毒素産生に 30〜45日要するといわれており，食中毒の防止には，食品を5℃以下の低温に保存する必要がある．しかし最近，病原微生物の多くが発育できない5℃以下でも増殖しうる病原性微生物として，リステリア・モノシトゲネスなどが食品衛生の関連で注目されており，通常のチルド温度帯より低い温度（0〜3℃）で貯蔵する必要性が提案されている．

　フローズンチルド食品の解凍販売のHACCPは，

PP あるいは CCP として管理し,「衛生標準作業手順書」を作成して,ショーケースの庫内温度を定時に測定して正常に作動していることを確認するとともに,品温を測定・記録する.また,ショーケース内は定期的に清掃・除菌し,同時に販売期間を点検,記録して管理する.

[熊 谷 義 光]

文　　献

1) 日本冷凍食品協会:「冷凍食品の保存温度による品質影響実験報告書」(II), 1989 年 3 月.

索引

ア

アイスグレーズ 26
アイランド型ショーケース 403
アウトソース 382
赤身魚 84
赤身比率 165
悪臭 269
アクチン 76, 97, 141
亜硝酸塩 93
アスコルビン酸 48, 56, 83
アスタキサンチン 36, 78, 89
アスパラガス 71
圧延工程 156
圧縮天然ガス車両 401
厚焼きたまご 171
アデノシン三リン酸 97
油揚機 210
油焼け 92
アミノ態窒素量 50
アミログラム 121
アミロース 121
アメリカ農務省西部地域研究所 386
亜硫酸塩類 79
亜硫酸水素ナトリウム 90, 138
アルコール 300
アルデヒド 48
アルミ蒸着フィルム 391
アルミ箔容器 223, 225, 228
アレルギー様食中毒 39
安全率 452, 454
アントシアニン 55

イ

イカ天ぷら 143
イースト 178, 179, 183
イセエビ 90
炒め機 209
イチゴ 55, 72
一，二点比較法 357
一対比較法 357
一般衛生管理プログラム 277, 281, 285, 296
イノシン酸 141
異物 320
　──の検査 344
異物管理 165
異物検出機 217
異物混入管理 248
イモ類 67
色 120
インゲン 66
インターロック 191

インターロック機構 212
インドール産生能試験 370
インラインフリージングシステム 108

ウ

受入検査 342
薄焼きたまご 171
打ち粉 135, 139
うどん粉 118
裏ごし機 132
うるち米 150
上包み機 215
運行管理システム 385, 397

エ

エアーチャンバー 195
エアーパット式シェルター 393
エアーブラストタイプ 194
エアーブラスト凍結装置 173
エアーブラスト方式 109
営業施設の基準 334
エイコサペンタエン酸 77
衛生管理運営基準 334, 335
衛生教育 336
衛生措置 336
衛生標準作業手順 285
栄養素 37
栄養表示基準 323
栄養表示基準制度 323
液化ガス凍結 81
エキス系フレーバー 127
液体窒素ガス 197
液体中解凍 416
エクストルーダー 208
エージドビーフ 95
エージング 122
枝肉 98, 135
エダマメ 65
エバハウス 397
エビフライ 114, 137, 317
　──の「衣の率」 320
エビマカロニグラタン 168
エリアフォロセンター 383
エリソルビン酸 83
エリソルビン酸ナトリウム 91
エールリッヒ試薬 370
塩化アンモニウム 91
遠赤外線 298
エンテロトキシン 375, 376
エンハンス効果 127
塩溶性タンパク質 167

オ

黄色ブドウ球菌 375
横紋筋 96
オキシダーゼろ紙 378
置場渡し 396
汚染指標細菌 43
オゾン 299
オートクレーブ 364
おにぎり 149
おにぎり成形機 208
オーブナブルトレイ 225
オーブン 210
オープン試験 129
オープンシステム法 356
オーブントースター調理 149, 168
オムレツ 171
温度履歴 394
温度履歴管理 394

カ

解硬 79, 97, 141
回収プログラム 283
外食 408
外食産業 422
改善措置 276, 277, 295
外装・荷造機械 216
回転接触体（円板）法 265
解凍 26, 80, 339
解凍曲線図 86
解凍硬直 87, 102
解凍工程 166
　──におけるHACCP 456
解凍終温度 87, 111, 167, 456
解凍潜熱 166, 167
解凍速度 86
解凍方法 50
貝毒 91
開発マーケティング 433
外部検証 296
灰分 121
加温スチーマー 178
化学的危害 290
カキ 91
かき取り部 173
拡大損害 259
加工・処理歩留り 240
カーゴテナー物流 384, 385
過酸化脂質生成 81
過酸化物価 47, 129, 352, 362
果実洗浄機 199
果実類 72
果汁 73

菓子用粉　119
加水混合工程　155
加水分解　149
ガス選択性包装材料　232
ガス置換貯蔵魚　43
ガス置換包装　230
ガス凍結フリーザー　197
学校給食　421
活性汚泥処理　264
カッター　111
カツ類　133
家庭用冷凍食品　10, 408
家庭用冷凍冷蔵庫　389
カーテン　396
稼動率　240
カートンケース　224, 228
カートン包装　113, 229
加熱後摂取冷凍食品　107, 180, 312, 316
加熱混合工程　147, 163
加熱食肉製品　105
加熱処理　56
加熱調理機械　209
加熱反応系フレーバー　127
加熱ムラ　110
下部管理限界線　252
カボチャ　65
紙製容器　228
ガラス転移　29
殻むき　138
カリフラワー　70
過冷却状態　28
カロチノイド　35
カロテノイド　78
カロテノプロテイン　78
皮　319
　——の率　350
環境マネジメントシステム　272
監視・測定方法　294
かんすい　155
間接費　242
乾燥食肉製品　105
カンタキサンチン　89
管棚式凍結　80
乾熱殺菌　298
官能検査　352, 353, 358, 361
官能試験採点基準　453
緩慢凍結　29, 41
管理運営基準　282
管理運営要綱　336
管理基準　238, 293
管理システム　235
管理図　252
寒冷短(収)縮　102

キ

危害　276
　——の発生原因　290
機械稼働率　241
危害特性要因図　290
危害評価　290
危害分析　285, 288
危害分析重要管理点　83
危害リスト　279, 288
規格基準　343
キー技術　443
期限表示　362
生地　121, 122
生地玉冷凍生地　182
生地物理性状　122
機能水　299
揮発性塩基窒素　351
気泡数　183
逆受け身ラテックス凝集反応法　376
逆性石けん　301
吸引型室内機　401
吸湿性包装材料　232
急速深温凍結　108, 113
急速凍結　29, 33, 41, 57, 113
牛乳ピペット　364
吸油率　51
共押出し多層フィルム　231
凝集沈殿法　266
凝集分離　263
強制休眠　131
強調表示　60
　——の基準値　326
　——の分類　325
強調表示基準　324
共通基準　334
業務改革運動　382, 401
業務管理基準尺度　384
業務管理尺度　401
業務基準管理　395
業務用冷凍食品　10, 409, 421, 422
強力粉　118
ギョーザ　157, 317
魚洗機　200
魚肉採取機　203
切出し機　207
切出し工程　156
切り身　142
キレート剤　79
記録の保管　296
均温解凍　87
筋基質タンパク質　77
緊急管理マニュアル　406
筋形質タンパク質　76
筋原繊維タンパク質　76
錦糸卵　171
筋収縮　97
筋小胞体　79
筋節　96
筋線維　96
金属検出機　218
菌体外毒素　375
筋肉タンパク質変性　85

ク

空気解凍装置　87, 166, 200
空気調和　23
クエン酸利用能試験　371
くし歯　173
組合せ選択式重量計量機　213
グラタン　168
グラム陰性無芽胞桿菌　367
クランピングファクター試験　376
グリアジン　120
グルタミン酸　51
グルテニン　120
グルテン　120, 132, 179, 183
クルマエビ　90
クレアチンリン酸　97
グレーズ　389
クレブシラ属菌　367
クローズドシステム法　356
クロロフィル　36

ケ

警告表示　260
計数規準型1回抜取検査方式　343
計量公差　346
ケーサー　217
ケース組立機　216
血液色素ヘモシアニン　90
結紮機　203
結晶化ポリエステル　228
結着性　167
結露　393
ゲル形成能　165
原価　242
限界利益　242
原価管理　242
健康ランド　425
原材料規格　247
原材料検品作業　147
検査単位　343
検査荷口　343
　——の総合判定基準　343
検証　276
限度見本　359
原料解凍機　200
原料洗浄機　199

コ

コアグラーゼ試験　375
コアコンピタンス　382, 398
高温細菌　24
合格判定個数　344
合格品質水準　344
高級調理冷凍食品　222
高周波　298
高周波加熱　149
工場運営方針　247
工場用解凍　84
香辛料抽出物　126
酵素　179
酵素基質法　369
酵素の黒変　131
硬直　79
工程管理　248
工程検査　342
工程歩留り　240
高度不飽和脂肪酸　77
購入個数　414
購入する頻度　413

索引

糊化　121
糊化デンプン　47
国際標準化機構　270
国際冷凍協会　387
黒変　79, 90, 111, 138
固形量　347
個装機　213
骨格筋　96
五点評価法　361
庫内温度測定センサー連動警報ブザー　397
小箱詰機　216
個別凍結　85
ゴボウ　67
小麦粉　117, 154
小麦粉液種法　184
コラーゲン　77
コリラートシステム　369
コールドショック　40, 373
コールドショートニング　102
コールドチェーン　13, 382, 396
ころ　85
コロッケ　130, 317
　　——の「衣の率」　320
コロニー　364, 366
衣　135, 318
　　——の率　350
衣下地調合工程　147
衣づけ　142
衣・パン粉づけ工程　112
衣または皮の率　322
コンウェイ法　351
混合機　205
根菜　67
コンタクト凍結装置　173
コンテナパネル　397
コンテナ包装　229
コンピュータスケール　161

サ

細菌フローラ　43
最終検査　342
最終品温　51
最大氷結晶生成温度帯　3, 173
最大氷結晶生成帯　28, 32, 86, 112, 164, 166
最大氷結晶融解帯　86
採点法　357
サイトロバクター属菌　367
細胞外凍結　86
細胞膜　40, 41
サイレントカッター　201
さく　85
サケ・マス類　89
サシ　99
殺菌　297
サツマイモ　68
サトイモ　68
砂糖　88
サニタリー性　212
サプライチェーン　382～384
サーボモーター　213
ザリガニ　90
サルモネラ　373
サルモネラ同定キット　375
酸価　128, 352, 362
産業廃棄物処理　266
散水解凍　111
散水解凍装置　200
散水ろ床法　265
酸素吸収包装容器　232
三点比較法　357
散布図　252
サンプリング　343
サンプルサイズ　343
酸分解法　351
3枚扉　396
3類感染症　380

シ

次亜塩素酸ナトリウム　299, 300
紫外線殺菌　298
時間-温度許容限度　3, 24, 386, 455
事業・製品戦略　433
仕切版　396
嗜好型官能検査　354
嗜好型パネル　355
死後硬直　97, 141
　　——の解除　97
自己消化作用　37
脂質　47
自主検査制度　5
自主的取扱基準　4, 13
システム車両　397
磁性金属異物検出機　218
施設基準　282
施設内見取図　287
自然解凍　416
事前出荷情報　394
実験室事故　366
湿熱殺菌　298
自動シール貼り機　399
自動ソーターシステム　384, 399
指導の基準　330
自動発注システム　400
指導補助員　327
自動名変システム　400
市販用調理冷凍食品　168
指標微生物　44
脂肪酸　127
ジメチルアミン　81
小篭包（シャオロンパオ）　174
車両搭載冷凍機　397
シャワーリング方式　133
重合リン酸塩　88
収縮PP　224
収縮包装機　215
重曹　91
集団給食　421
重要管理点　285
集落（コロニー）　364, 366
重量選別機　152, 217
熟成　97, 122
熟成工程　156
シューマイ　157, 317
シューマイ成形機　207
主要原材料の受入規格　110, 114
順位法　357
巡回検査　342
蒸気処理　56
蒸気排出口　223
焼成　124
焼成感　110
焼成機　210
焼成鍋　172
消毒　297
正肉　95
消費者ニーズ　398
消費者用包装　3
消費電力　404
商品属性　441
上部管理限界線　252
情報の共有化　401
賞味期限　350, 360, 386
食塩耐性試験　379
食感　108
食生活トレンド　445
食中毒細菌　39, 457
食鳥検査法　98
食肉加工機械　201
食品衛生責任者等　336
食品衛生法　4, 167, 168, 310, 434
食品製造業等取締条例　334
食品の冷凍または冷蔵業　335, 337
植物性食品　25
食料品等販売業　334, 335, 337
シラップ漬け　72
シール機　216
シール不良検出機　218
白身魚　84
白身魚フライ　141
深温凍結　113
真空包装　113, 172, 223, 230
真空包装機　216
シングルピッキング　393
人工ガス貯蔵　25
浸漬　150
浸漬槽方式　133
浸漬凍結フリーザー　197, 198
食品加工機械　199
振動　270

ス

水産加工機械　203
水洗・冷却工程　156
水素添加　128
スイートコーン　64
炊飯　112, 150
水分移行　109
　　内部からの——　110
水分勾配　108
水分の平衡化　86
すき間氷　31
スキル管理　243
スクランブルエッグ　171
スクリュープレス　204

スクレイパー　173
スコールディング　56
筋切り　139
スタッファー　202
スチック　310
スチーマー　210
スチーム解凍　418
スチームピーラー方式　132
スチールベルトフリーザー　195
ステロール　77
ステロールエステル　77
ストック期間　413
ストック場所　414
ストマッカー　364
ストレッチ上包み機　215
ストレート法　124
スパイラルコンベヤー　190
スパイラルフリーザー　190
スポンジ状　349
スモークハウス　203
スライサー　201

セ

ゼアキサンチン　78
製函機　216
生菌数　364
成形機　112, 207
成形工程　147, 163
整形工程　157
成形充填包装　229
成形冷凍生地　182
生産管理　234
生産管理システム　235
生産性の指標　240
生産の三つの要件　234
製造技術標準書　441
製造工程一覧図　286
製造工程管理基準書　238
製造条件　238
製造仕様書　237
製造物　260
製造物責任法　259
製造物責任を負う者　260
清掃法　267
製造ライン稼働率　240
製袋充填機　214
製袋充填包装　228
清澄ろ過　264
製パン・製菓機械　204
製品コンセプト開発　438
製品説明書　286
製品属性　438
製品のライフサイクル　432
生物学的危害　290
生物膜法　265
製めん機械　206
世代時間　38
設計品質　237, 246
接触解凍装置　87, 200
接触凍結　81
接触ばっ気法　265

絶対表示　325
セットアップケーサー　217
セミハイ型ショーケース　403
セモリナ　118
穿孔　178
潜行方式　133
洗浄効果　305
全数検査　342
潜熱　27
全部原価計算　243
洗米　150
専門家チーム　286
全粒粉　118

ソ

騒音　270
総合衛生管理製造過程　277
総合品質対策　247
惣菜　427
増殖温度　38
相対表示　325
相場変動　410
送風式凍結装置　81
相平衡図　27
阻害剤　79
粗脂肪　322, 351
ソックスレー抽出法　351
そば粉　155
ソラマメ　66
ソルビトール　88
損益分岐点　243
損傷菌　41

タ

第1方式格付方法　344
ダイオキシン　268
大気汚染　269
対向型金属検出機　164
第三者認証取得　257
第3方式格付方法　344
大腸菌群　44
大腸菌群検査法　367
第2方式格付方法　344
耐熱性紙トレイ　224
代表バーコードラベル　399, 400
多価不飽和脂肪酸　48
タケノコ　72
だし巻きたまご　171
多段型ショーケース　403
脱ガム　128
脱酸　128
脱臭　128
脱色　128
脱水凍結　25
縦型製袋充填機　214
縦型ピロー包装機　214
多板式凍結装置　8
卵焼き機　210
短時間凍結フリーザー　195
単体フィルム　224
タンパク質　46, 120
タンパク質変性　86

単味品　104

チ

チェックシート　249
畜産冷凍食品　94
チーズ　169
チーズケーキ　184
注意表示　260
中温細菌　24
中華点心　162
中華まんじゅう　173
中間流通業　401
抽出型調味料　125
抽出系フレーバー　127
抽出の方法　330
中食　408
中心温度　52
注水凍結　80
中力粉　118
腸炎ビブリオ　41, 377
調温　111, 287
腸管出血性大腸菌　380
腸管除去　138
腸球菌　44
超急速凍結　42
超高圧　299
腸内細菌同定キット　375
調味・香辛料　125
調理解凍　109
調理冷凍食品　17, 107, 310, 315, 317, 390
直接原価計算　243
直接費　242
貯蔵寿命　362
チョッパー　173, 201
貯米　150
チルド温度帯　449, 457
チルド食品　225
チルドハンバーク　231
チロシナーゼ　79
チロシン　79
沈降分離　263
陳列　396

ツ

つなぎ　318
ツナキサンチン　78
つぶつぶジュース　73
壺抜き　144
春餅（ツンピン）　161

テ

定位置検査　342
低温解凍　416
低温乾燥食品　23
低温細菌　24, 38
低温障害　25
低温代謝障害　32
低温貯蔵　26
低温微生物　38, 39
テイクアウト弁当　425
定置洗浄　212

索引

ディバイダー　205
ディープフライ　162
ディープブランチング　417
低密度ポリエチレン　226
適格期間　362, 453
テクスチャー　108
デジタルMCA無線　385
デジタルアソートシステム　399
デソキシコーレイト混釈寒天培地　367
データフォーマット　401
デミングサイクル　113
転換期間　59
電気解凍　87, 166, 200
電気刺激　102
電極方式　124
電子レンジ　168, 419
電子レンジ・オーブン用容器　225
電子レンジ解凍　109
電子レンジ対応冷凍調理食品　223
電子レンジ調理　149
電子レンジ調理グラタン　171
電子レンジ発熱材　228
点心　157
天然香辛料　125
デンプン　120, 155
　　──のβ化　132
　　──の老化　108
デンプン価　131
店舗ショーケース　396
店舗バックヤード　396

ト

ドウ　179
凍結乾燥食品　23
凍結曲線　27
凍結工程　157
凍結終温度　113
凍結前加熱済　107, 316
凍結前未加熱　107, 316
凍結速度　28, 41
凍結損傷　57
凍結脱水食品　23
凍結貯蔵　26, 113
凍結濃縮　29
凍結濃縮食品　23
凍結パン　26
凍結粉砕食品　23
凍結変性　46
凍結前処理　25, 26
凍結焼け　102
凍結率　30
同軸型金属検出機　164
糖質　47
動物性食品　25, 50
特性要因図　250
特定加熱食肉製品　105
特定基準　335
特定原材料　162
特別栽培農産物　58, 60
ドコサヘキサエン酸　77
トコフェロール　83

トータルピッキング　393
ドックシェルター　384, 393
トッピング具材　169
トノプラスト　54
ドライアイス　396
ドライバーサポート　405, 406
ドラムアームレススパイラルフリーザー　193
ドラム駆動スパイラルフリーザー　190
ドリア　168
取扱基準の適用範囲　332
トリグリセリド　77, 78
ドリップ　48, 158
トリメチルアミンオキシド　81
トレー入り横ピロー包装　113
トレーシール包装　113
トレハロース　183
トロポニン　76
トロポミオシン　76
トンカツ　133
トンネルフリーザー　193

ナ

内食　408
内装機　213
内部検証　296
内容量　320
　　──の検査　346
ナイロンフィルム　226
中種　142
中種法　184
なじみ　86
ナス　71
菜の花　71
生ゴミ　268
生食用カキ　310
生食用食品　85
生食用冷凍カキ　310
生食用冷凍鮮魚介類　311, 312
生食用冷凍鮮肉　310
生パン粉　112
生ものの解凍　416
ナリンギン　55

ニ

肉質等級　99
二点比較法　357
日本的品質管理　254
日本農林規格　5, 165, 168, 317, 434
日本標準商品分類　4
入荷検品システム　400
乳肉水産食品指導基準　334, 338
認証取得　273
ニンジン　67
認定証マーク　329
認定の技術的基準　59
ニンニクの芽　71

ネ

ネクター　73
熱回収システム　404

熱酸化　149
熱重合　149
熱湯浸漬処理　56
熱板解凍　418
熱分解　149
粘度　128
粘度曲線　121

ノ

農薬　165
能率　240
延ばし　139

ハ

ハイインパクトポリスチロール　227
廃棄物処理法　267
廃棄ロス　410
配合型調味料　125
廃水処理　262
排水処理　262
排水処理汚泥　268
配送車両コンテナ　395
ハイドロパーオキサイド　48
ハイバリヤー性包装材料　232
廃プラスチック類　269
パウチによる包装　110, 113
包子（パオズ）　173
破壊検査　342
量り売り　339
白糖非分解性　379
薄力粉　118
パーシャルフリージング　39, 43
バターライス　169
白金耳　364
発色用試薬コバック　370
バッター　121, 129, 163
バッターミックス粉　135
バッタリング　139, 142, 148
ハニカム状　349
パネル　355
ババロア　184, 186
ばら売り　339
バラ急速ブランチング　56
バラ凍結　108, 109
バリヤー性容器　225
春巻　161, 317
春巻成形機　163
馬鈴薯　67
パレタイズ化　384
パレート図　249
ハロー　347
パワーゲート　385, 393, 396
パン　181
　　──の冷凍　181
　　──の老化　181
半解凍　26, 87
パン生地　182
パン粉　123, 136
　　──の二度づけ方式　133
パン立て　26
パン抜き　26

索引

ヒ

販売段階における解凍作業　456
販売マーケティング　433
ハンバーガーショップ　425
ハンバーグ　114, 165, 318
ハンバーグ成形機　207
パン用粉　119

非加熱殺菌　298
非加熱食肉製品　105
非金属検出機　218
ピケ　178
ピザ　178
非磁性金属異物検出機　218
比重　128
ヒストグラム法　250
微生物　37
微生物管理　114, 248
ひだづけ　177
ビタミンC　48
ビタミン類　48
ピックルインジェクター　202
非凍結状態　25
ヒートパイプ　213
非生食用冷凍鮮魚介類　315
非破壊検査　342
百貨店食堂　425
病院給食　421
氷核　28
評価尺度法　358
氷結晶　28, 31, 173
氷結水分率　167
氷結点　25, 27
表示　338
表示すべき事項　323
表示方法　324
標準温度計　369
標準寒天培地　364
標準見本　359
氷蔵　39
氷点　27
氷点降下　167
平型ショーケース　403
ピラフ　149
微量拡散法　351
ピロー包装機　214
品温　320, 322
　　――の検査　344
　　――の測定方法　332
品質活動計画　247
品質管理　113, 246, 249, 254
品質保持期限　350, 360
品質保証　246
品質マニュアル　259
ピンホール　345

フ

ファイナルプルファー　206
ファミリーレストラン　425
フィッシュハンバーグ　318
フィッシュボール　318
フィリング　174, 217
封函機　217
フェノールオキシダーゼ　79
付加価値　242
深絞り真空包装　110, 113
不活性ガス　229
吹出型室内機　401
複合工程　155
浮上分離　263
物理的危害　290
ブドウ球菌　41
不当景品類および不当表示防止法　434
不凍剤　25
歩留り等級　99
腐敗　38, 42
部分肉　95
不飽和脂肪酸　40
浮遊物質　262
フライヤー　210
フライ類　130
フライング工程　148
ブライン凍結　81
ブライン凍結装置　173
プラスチックトレイ　227
プラスチックフィルム　225
プラスチック複合フィルム　226
プラスチック容器　225
プランクの式　28
ブランチング　25, 47, 56, 417
ブランチング処理　179
ブランドマネジャー　433
フリーザーセンター　9
ブリスター包装機　215
プリフライ　146, 162
プリフライタイプ　164
プルディマンド型サプライチェーン　392, 395, 398
プルディマンド型物流センター　399
プルディマンド型流通　383, 384, 402, 406
プルファー　206
フレーカー　160
フレキシブルフリーザー　196
フレキシブル包装　113
ブレッディング　140, 143, 148
フレーバー　127
フレーバリング効果　127
ブレーンストーミング　250
フレンチフライポテト　68
フローズンカッター　163, 204
フローズンチルド食品　448, 455
フローズンチルド製品　231
　　――の期限表示　455
フローダイヤグラム　286
プロダクトマネジャー　433
ブロックカッター　159
ブロック凍結　85
ブロッコリー　54, 70
フローフリーズ　194
フロン　400
分解型調味料　125
分析型官能検査　354
分析型パネル　355
糞便系大腸菌　45, 316
分量評定法　358

ヘ

平滑筋　96
ベイクドタイプ　184
平板菌数法　375
米飯類　411
ベネフィット　438
ヘミセルロース　121
ヘム色素　35
ヘモグロビン　78
ヘモシアニン　78
変動費　242
ペントサン　121

ホ

ボイル・イン・バッグ商品　110
ボイル解凍　418
ホイロ　206
ホイロ後冷凍生地　182
包あん　176
包あん機　207
放射線　298
包装機械　212
包装機用計量機　213
包装工程　113, 157, 164
ホウレンソウ　69
飽和脂肪酸　48
保水性　167
ホスファチジルエタノールアミン　77
ホスファチジルコリン　77
保存温度基準　332
保存基準　110, 114
保存方法を変更した者　450
ホッチャレ　89
ボツリヌス菌　41
ホームミールリプレイスメント　424, 425, 429
ポリエステルフィルム　226
ポリエチレン単体フィルム　390
ホリディ　347
ポリフェノール類　36
ポリプロピレンフィルム　226
ポリメラーゼ鎖反応　380
ボーリングアップ　347
ボールカッター　204
ホルマリン　81
保冷ジッパー　396
保冷性能　403
ホワイトソース　168
ホワイトルー　168

マ

マイクロ波　298
マイクロ波加熱　110
マカロニ　169
マスキング効果　127
マッサージャー　202
饅頭(マントウ)　173

索引

ミ

ミオグロビン　35, 76, 78
ミオシン　76, 96, 141
未加工　260
ミカン　73
ミキサー　202
未熟種実　54
水解凍　87, 166
ミックス野菜　72
ミートボール　165, 168, 318
ミネラル　50
ミョウバン処理　93
ミールソリューション　424, 429

ム

無加熱摂取冷凍食品　107, 312, 316
無菌包装　230
無菌包装システム　217
無公害トレイ　224
蒸し機　210

メ

芽キャベツ　70
メチルレッド反応試験　371
滅菌　297
メッシュの呼称　124
メト化　79, 89
メラニン　37, 78, 79
メリケン粉　118
めん帯機　207
めん用粉　119
めん類　154, 411

モ

モニタリング　277, 294
モルダー　206
モントリオール条約　400

ヤ

焼きおにぎり　112
焼き目　171
野菜洗浄機　199
飲茶(ヤムチャ)　157

ユ

有機食品　58
有機農産物　58
遊離アミノ酸　54
遊離水　132
油脂　127
油ちょう　146
油ちょう済フライ　146
油ちょう済冷凍食品　109
ゆで機　210

ゆで工程　156
ゆで直後の水分勾配　108
ゆで伸び　108

ヨ

陽イオン界面活性剤　301
要員管理　243
要員配置基準　243
容器包装リサイクル法　268
容器または包装の状態　320
葉茎菜類　69
ヨウ素価　128
葉緑素　36
横型製袋充填機　214
横型ピロー包装機　214, 229
汚れ　304
四つ割り　85
予冷　395

ラ

擂潰機　204
ライマン価　131
ラウンダー　205
落下菌　173
落花生　71
ラップアラウンドケーサー　217
ラミネート印刷フィルム　391
ラミネート透明フィルム　390
ラミネートフィルム　58
卵黄反応　375

リ

理化学検査　353
リスクアセスメント　290
リーチインショーケース　403
リバースシーター　206
リポキシゲナーゼ　78
リミックス法　184
硫化黒変　172
硫化鉄　172
流水解凍装置　200
流通型倉庫　382, 392, 393
粒度　120
流量制御式重量定量計量機　213
両性界面活性剤　301
緑黄色野菜　54
リン酸緩衝希釈水　364

ル

ルー氏式コルベン　364

レ

レアータイプ　184
冷却装置　26
冷却短縮　102

冷却貯蔵　26
冷蔵温度帯　449
冷蔵魚　42
冷蔵販売用食品　455
冷蔵販売用凍結食品　449
冷凍果実飲料　315
冷凍加熱　168
冷凍生地　182
冷凍魚肉ねり製品　314
冷凍鯨肉製品　313
冷凍原料用果汁　315
冷凍食肉製品　313
冷凍食品　2, 23, 107, 225
冷凍食品確認工場認定更新　328
冷凍食品確認工場認定申請　328
冷凍食品関連産業協力委員会　331
冷凍食品自主的取扱基準　331
冷凍食品生産工場　18
冷凍食品の一般的定義　2
冷凍食品の注意表示等　261
冷凍食品の品質・衛生についての自主的指導基準　327
冷凍食品の品質についての指導基準　328
冷凍食品包材の衝撃強度　227
冷凍ショーケース　402, 405
冷凍スープ　223
冷凍すり身　33, 88
冷凍鮮魚介類　310, 311
冷凍耐性　33, 84
冷凍調理済めん　154
冷凍生めん　154
冷凍ピザ　228
冷凍変性　33, 92
冷凍変性防止剤　88
冷凍弁当　428
冷凍ホウレンソウ　48
冷凍めん　154, 155
冷凍焼け　102
冷凍野菜　60
冷凍ゆでだこ　314
冷凍ゆでめん　108, 154
レーゼゴットリーブ法　351
レンコン　72
連続圧延機　207
連続釜式の炊飯　151
連続式炊飯装置　112
連続蒸煮による炊飯　151
連続蒸煮装置　161

ロ

老化　124
老化デンプン　47
ロット別抜取検査　342
ワックスエステル　77

外国語索引

A
AFDOUS 4
AOM 試験 129
AQL 344
ATP 97
ATPase 活性 79
AV 128

B
BGLB はっ酵管培地 368
BIP 110
BOD 262, 264
BQF 85, 87

C
CA 冷蔵 25
CCP 248, 276, 279, 285, 290
CIP 212
CL 277
CNG 車両 401
COD 262
Codex 276
CP 97
C-PET 225, 228

E
$E.\ coli$ 最確数法 371
EC テスト 371
EDI 382, 383, 384, 394

F
FAO/WHO 食品規格委員会専門家会議 4

G
GMP 282

H
HA 285
HACCP 83, 86, 117, 167, 199, 238, 285
HACCP システム 276, 281
HACCP チーム 277, 286
HACCP 7 原則 276, 285
HACCP の 12 手順 277, 285

HACCP プラン 277, 295, 296
HIPS 227
HMR 422, 426, 429

I
IMViC 試験 370
IQB 56
IQF 85, 87
ISO 254, 270
ISO 9000 117, 254, 273
ISO 14000 270
ITF コード 393
IV 128

J
JAN コード 393, 399
JAS 規格 130, 317, 434
JAS 法 59

K
K 値 79, 80

L
LA 366
LCL 252
LDPE 226

M
MLSS 264
MMO-MUG 369
MPN 法 371
MS 424, 429

N
NY 226

O
OJT 244, 245
ON/PE 227
OPL 279
OPP/PE 226
O157 380

P
PCR 380

PDCA サイクル 249
PET 226
PET/PE 227
PL 法 259
POP システム 241
POP によるリアルタイム管理 241
POV 47, 129
PP 226, 282, 285
PP トレイ 227
PPP-T-TT 455

Q
QA サークル活動 249
QC 7 つの道具 249

R
RPLA 法 376
RTC 429
RTE 429
RTH 429
RTP 429

S
SH 基 122
SPC 法 364
SS 262
SSOP 283, 285

T
TBA 価 47
TBA 値変化 230
T-TT 3, 24, 57, 386, 455
TV ディナー 224

U
UCL 252
UM 式凍結装置 12

V
VBN 値 79
vero 毒素 380
Voges-Proskauer 反応試験 371

資　料　編

——掲載会社索引——
（五十音順）

旭電化工業株式会社 …………………………………………… 2
味の素株式会社 ………………………………………………… 3
日東ベスト株式会社 …………………………………………… 4
日本水産株式会社 ……………………………………………… 5

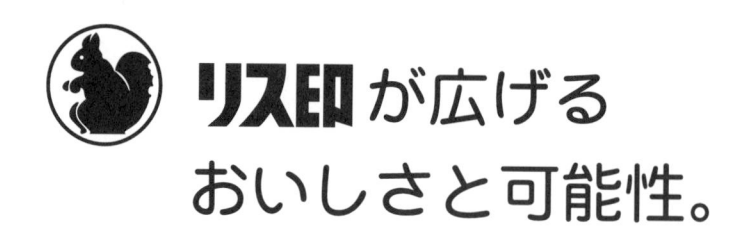

リス印が広げる
おいしさと可能性。

レンジでOKシリーズ

電子レンジで使える！　冷凍耐性が抜群！
機械適性と成形性をより高めた多目的調理ソース！！
半固形タイプと使い勝手のよい固形タイプをご用意しました。

旭電化工業株式会社

本社／東京都中央区日本橋室町2-3-14　Tel. 03 (5255) 9018
大阪支社　支店／名古屋・福岡　営業所／札幌・仙台・岡山
http://www.adk.co.jp

あしたのもと
AJINOMOTO

はじめてのやさしさ、これからのおいしさ。

製法や原料へのこだわり、低塩や保存料無添加など、健康志向に応えた商品づくり、今、食品加工においては、素材本来の持ち味を生かした商品が求められています。

自然界に広く分布する酵素"トランスグルタミナーゼ"を主成分とする「アクティバ」TGシリーズ。タンパク質を架橋重合させる機能により、食感をナチュラルに改質素材本来の持ち味を最大限に生かした製品開発を実現します。

「アクティバ」TGシリーズは、これからのおいしさに大きな力を発揮する画期的な改質剤です。

トランスグルタミナーゼとはタンパク質に直接働きかけ、タンパク質同士をつなげる酵素。トランスグルタミナーゼは、世界に先駆け、自然界に広く分布するこの酵素の工業化に成功。食品加工分野での実用化を可能にしました。味の素KKでは、

素材を生かす改質剤、アクティバ®TGシリーズ

ハム・ソーセージには
アクティバ®TG-S
アクティバ® マイルド
アクティバ®TG-H
● リン酸塩代替が可能。
● 減塩品の弾力アップに。

素材を生かす接着に
アクティバ® TG-B
アクティバ® 粉まぶし TG-B
アクティバ® 速効タイプ TG-B
● pHを変えずに素材の持ち味を生かす。
● おいしく簡単に強力接着。

水産練製品に
アクティバ®TG-K
アクティバ® しなやか TG-K
アクティバ® TG-K
アクティバ®TG-AK
● 魚肉の風味を変えずおいしい製品開発が可能。
● 弾力もしなやかさも思いのまま。

麺のコシアップに
アクティバ® TG-M コシキープ
アクティバ® コシキープ 水溶き用
アクティバ® コシキープ 速効タイプ
● コシを付与し長時間キープ。
● かんすいの代替が可能。

豆腐製品に
弾力もしなやかさも思いのまま。
アクティバ® スーパーカード Super Card
● なめらかでしっかりとした豆腐づくりに
● にがりの使いこなしをスムーズに

アクティバシリーズは味の素KKの特許による製品です。

味の素株式会社

※詳細については、最寄りの支社・支店へおたずねください。

お問い合わせ先
■ 東京支社 03-5713-7525　■ 大阪支社 06-6366-2191　■ 九州支社 092-451-2540　■ 名古屋支社 052-735-8450　■ 東北支社 022-227-3119
■ 札幌支店 011-643-4341　■ 中国支店 082-247-2881　■ 関東支店 03-5713-7115　■ 四国支店 087-834-1171　■ 北陸支店 076-243-5211

食文化のベストクリエーターを目指して

調理する人、食べる人の立場に立って、
美味しさを発信しています。

「食」は人の暮らしのすべての源であり、健康や豊かさを左右する
大切な要素でもあります。私たち日東ベストは、自らを健康維持産業と位置付け、
健康と豊かさを食生活から支援する技術＝ライフサポートテクノロジーを
駆使し、安心で安全な食生活を創造するため、
21世紀に向けて力強く飛翔していきたいと考えています。

日東ベスト株式会社

NittoBest

本　　　社	山形県寒河江市幸町4-27	☎0237-86-2100
営業本部	千葉県船橋市習志野4-7-1	☎047-477-2110
東京事務所	東京都中央区日本橋本町4-15-11	☎03-3661-5769

札幌支店／東北支店／東京支店／名古屋支店／大阪支店／広島支店／九州支店／寒河江工場／高松工場／東根工場
大谷工場／天童工場／本楯工場／習志野工場／山形配送センター／習志野配送センター／関西配送センター／九州配送センター

おいしいものには、みんなあつまる。

まいにちの食卓を支えるための第一条件は"みんながおいしい"と思うメニューであること。

おいしい食事には、みんなをあつめる力があります。

世界中から"おいしい素材"を"おいしいまま"に。

ニッスイの冷凍食品は、みんなで食べる楽しい食卓を応援しています。

ほしいぶんだけえびの包み揚げ
えびとやさいをたっぷり使用しました。

ほしいぶんだけ かにクリーミーコロッケ
サックリした衣の食感とクリーミーさがさらにアップしました。

大きな大きな焼きおにぎり6個
焼きおにぎりに最適な、コシヒカリを使用。香ばしさが増しました。

日本水産株式会社
ホームページ http://www.nissui.co.jp

冷凍食品の事典		定価は外箱に表示

2000年9月20日　初版第1刷

監　修　㈳日本冷凍食品協会
発行者　朝　倉　邦　造
発行所　株式会社　朝　倉　書　店
　　　　東京都新宿区新小川町 6-29
　　　　郵便番号　　162-8707
　　　　電　話　03(3260)0141
　　　　Ｆ Ａ Ｘ　03(3260)0180
　　　　http://www.asakura.co.jp

〈検印省略〉

© 2000 〈無断複写・転載を禁ず〉　　　平河工業社・渡辺製本

ISBN 4-254-43064-7　C 3561　　　　　Printed in Japan

Ⓡ〈日本複写権センター委託出版物・特別扱い〉
本書の無断複写は，著作権法上での例外を除き，禁じられています．
本書は，日本複写権センターへの特別委託出版物です．本書を複写
される場合は，そのつど日本複写権センター（電話03-3401-2382）
を通して当社の許諾を得てください．

◆ シリーズ〈食品の科学〉◆
食品素材を見なおし"食と健康"を考える

東農大 並木満夫・前富山大 小林貞作編
シリーズ〈食品の科学〉
ゴマの科学
43029-9 C3061　　A5判 260頁 本体4200円

6000年の栽培の歴史をもち,すぐれた栄養生理機能を有することで評価されながらもベールに包まれていたゴマを解明する。〔内容〕ゴマの栽培食物学/ゴマの生化学とバイオテクノロジー/ゴマの食品科学/生産・利用・需給/ゴマ科学の展望

元山口大 飴山 實・武庫川女大 大塚 滋編
シリーズ〈食品の科学〉
酢の科学
43030-2 C3061　　A5判 224頁 本体3700円

酢酸菌や各種アミノ酸を含み,食品としてすぐれた機能をもつ酢に科学のメスを入れる。酢の香味成分や調理科学にもふれた。〔内容〕酢の文化史/酢の醸造学/酢の生化学とバイオテクノロジー(酢酸菌の遺伝子工学,他)/酢の食品化学/他

名古屋女大 村松敬一郎編
シリーズ〈食品の科学〉
茶の科学
43031-0 C3061　　A5判 240頁 本体3900円

その成分の機能や効果が注目を集めている茶について,栽培学・食品学・化学・薬学・製茶など広い立場からアプローチ。〔内容〕茶の科学史/茶の栽培とバイテク/茶の加工科学/茶の化学/茶の機能/茶の生産・利用・需給/茶の科学の展望

前鹿児島大 伊藤三郎編
シリーズ〈食品の科学〉
果実の科学
43032-9 C3061　　A5判 228頁 本体4000円

からだへの機能性がすぐれている果実について,生理・生化学,栄養・食品学などの面から総合的にとらえた最新の書。〔内容〕果実の栽培植物学/成熟生理と生化学/栄養・食品科学/各種果実の機能特性/収穫後の保蔵技術/果実の利用加工

前東北大 山内文男・東北大 大久保一良編
シリーズ〈食品の科学〉
大豆の科学
43033-7 C3061　　A5判 216頁 本体3800円

古来より有用な蛋白質資源として利用されている大豆について各方面から解説。〔内容〕大豆食品の歴史/大豆の生物学・化学・栄養学・食品学/大豆の発酵食品(醤油・味噌・納豆・乳腐と豆腐よう・テンペ)/大豆の加工学/大豆の価値と将来

函館短大 大石圭一編
シリーズ〈食品の科学〉
海藻の科学
43034-5 C3061　　A5判 216頁 本体4000円

多種多様な食品機能をもつ海藻について平易に述べた成書。〔内容〕概論/緑藻類/褐藻類(コンブ,ワカメ)/紅藻類(ノリ,テングサ,寒天)/微細藻類(クロレラ,ユーグレナ,スピルリナ)/海藻の栄養学/海藻成分の機能性/海藻の利用工業

共立女大 高宮和彦編
シリーズ〈食品の科学〉
野菜の科学
43035-3 C3061　　A5判 232頁 本体3900円

ビタミン,ミネラル,食物繊維などの成分の栄養的価値が評価され,種類もふえ,栽培技術も向上しつつある野菜について平易に解説。〔内容〕野菜の現状と将来/成分と栄養/野菜と疾病/保蔵と加工/調理/(付)各種野菜の性状と利用一覧

鴻巣章二監修　阿部宏喜・福家眞也編
シリーズ〈食品の科学〉
魚の科学
43036-1 C3061　　A5判 200頁 本体3800円

栄養機能が見直されている魚について平易に解説〔内容〕魚の栄養/おいしさ(鮮度,味・色・香り,旬,テクスチャー)/魚と健康(脂質,エキス成分,日本人と魚食)/魚の安全性(寄生虫,腐敗と食中毒,有毒成分)/調理と加工/魚の利用の将来

東農大 吉澤 淑編
シリーズ〈食品の科学〉
酒の科学
43037-X C3061　　A5判 228頁 本体4200円

酒の特徴や成分・生化学などの最新情報。〔内容〕酒の文化史/酒造/酒の成分,酒質の評価,食品衛生/清酒/ビール/ワイン/ウイスキー/ブランデー/焼酎,アルコール/スピリッツ/みりん/リキュール/その他(発泡酒,中国酒,他)

製粉協会 長尾精一編
シリーズ〈食品の科学〉
小麦の科学
43038-8 C3061　　A5判 224頁 本体4200円

種々の加工食品として利用される小麦と小麦粉を解説。〔内容〕小麦と小麦粉の歴史/小麦の種類と品質特性/小麦粉の種類と製粉/物理的性状/小麦粉生地構造と性状/保存と熟成/品質評価法/加工と調理(パン,めん,菓子,他)/栄養学

竹生新治郎監修　石谷孝佑・大坪研一編
シリーズ〈食品の科学〉
米の科学
43039-6 C3061　　A5判 216頁 本体4200円

日本人の主食である米について,最近とくに要求されている良品質・良食味の確保の観点に立ち,生産から流通・利用までを解説。〔内容〕イネと米/米の品質/生産・流通・消費と品質/米の食味/加工・利用総論/加工・利用各論/世界の米

東大 上野川修一編 シリーズ〈食品の科学〉 **乳 の 科 学** 43040-X C3061　　A5判 228頁 本体3900円	乳蛋白成分の生理機能等の研究や遺伝子工学・発生工学など先端技術の進展に合わせた乳と乳製品の最新の研究。〔内容〕日本人と牛乳／牛乳と健康／成分／生合成／味と香り／栄養／機能成分／アレルギー／乳製品製造技術／先端技術
日本獣医大 沖谷明紘編 シリーズ〈食品の科学〉 **肉 の 科 学** 43041-8 C3061　　A5判 208頁 本体4200円	食肉と食肉製品に科学のメスを入れその特性をおいしさ・栄養・安全性との関連に留意して最新の研究データのもとに解説。〔内容〕食肉の文化史／生産／構造と成分／おいしさと熟成／栄養／調理／加工／保蔵／微生物・化学物質からの安全性
女子栄養大 菅原龍幸編 シリーズ〈食品の科学〉 **キノコ の 科 学** 43042-6 C3061　　A5判 212頁 本体4000円	キノコの食文化史から、分類、品種、栽培、成分、味、香り、加工、調理などのほか生理活性についても豊富なデータを示しながら解説。〔内容〕総論／キノコの分類／キノコの栽培とバイオテクノロジー／キノコの食品科学／生理活性物質／他
日大 中村　良編 シリーズ〈食品の科学〉 **卵 の 科 学** 43071-X C3061　　A5判 192頁 本体3800円	食品としての卵の機能のほか食品以外の利用なども含め、最新の研究を第一線研究者が平易に解説。〔内容〕卵の構造／卵の成分／卵の生合成／卵の栄養／卵の機能と成分／卵の調理／卵の品質／卵の加工／卵とアレルギー／卵の新しい利用
近大 衣川堅二郎・関西総合環境センター研 小川　眞編 **きのこハンドブック** 47029-0 C3061　　A5判 472頁 本体16000円	きのこ栽培の実際から流通・利用，生物学的基礎などきのこの最新情報を網羅。〔内容〕栽培編（主なきのこ27種について詳述）／流通・利用編（世界と日本のきのこの生産と流通，栄養価と薬的効果，きのこの料理，他）／基礎編（菌類ときのこ，地球生命複合体における菌類，遺伝と育種，ニューハイテク，化学組成，採取・分離・菌株保存，他）／付録（品種登録のしかたと登録きのこ品種名，菌舎の設計，栽培機器，培地の組成，染色液処方，核染色法，ハイテク用語解説）
前東大 山内邦男・前日本獣医大 横山健吉編 **ミルク総合事典** 43048-5 C3561　　A5判 568頁 本体20000円	学会・産業界の協力をえて，乳と乳製品のすべてについて専門家でない人々にも理解できるよう書かれたハンドブック。〔内容〕乳と乳製品の科学（種類，生産，理化学的性質，組織構造と物性，微生物）／乳と乳製品加工技術（生乳の集乳と送乳，飲用乳，乳製品，分離技術，プロセス制御）／乳製品の検査と管理（生物学的試験法，物理化学的試験法，乳成分試験法，製品試験法，特殊な試験）／乳素材の利用（調理，製菓・製パン用乳素材，牛乳）／乳製品生産における配合計算／他
昭和女大 福場博保・前お茶の水大 小林彰夫編 **調味料・香辛料の事典** 43046-9 C3561　　A5判 584頁 本体25000円	調味料・香辛料の製造・利用に関する知識を，基礎から実用面まで総合的に解説。〔内容〕〈調味料〉味の科学（味覚生理・心理，味覚と栄養，味の相互作用，官能テスト）／塩味料／甘味料／酸味料／うま味調味料／醬油／味噌／ソース／トマトケチャップ／酒類／みりんおよびその類似調味料／ドレッシング／マヨネーズ／風味調味料／スープストック類，〈香辛料〉香辛料の科学（生理作用，抗菌・抗酸化性，辛味の科学）／スパイス／香味野菜（ハーブ）／薬味料／くん煙料／混合スパイス
野白喜久雄・吉澤　淑・鎌田耕造・水沼武二・蓼沼　誠編 **醸 造 の 事 典** 43028-0 C3561　　A5判 608頁 本体20000円	醸造・醸造物全般について基礎的および実用的な知識を網羅し，参考となる図表・資料を収載した総合的解説書。農・家政・工学部などの学生・研究者や醸造関連会社の技術者・研究者の必携書。また一般図書館・学校図書館の必備書として絶好。〔内容〕総論（醸造の歴史，微生物，酵素，成分，品質管理，食品衛生，廃水処理）／各論（清酒，みりん，ビール，ワイン，ブランデー，ウイスキー，スピリッツ，焼酎，アルコール，リキュール，中国酒，味噌，醬油，納豆，テンペ，他）

編者	書名・内容
前東北大 竹内昌昭・東京水産大 藤井建夫・水産庁 山澤正勝編 **水 産 食 品 の 事 典** 43065-5　C3561　　A5判 452頁 本体16000円	水産食品全般を総論的に網羅したハンドブック。〔内容〕水産食品と食生活／食品機能（栄養成分，生理機能成分）／加工原料としての特性（鮮度，加工特性，嗜好特性，他）／加工と流通（低温貯蔵，密封殺菌，水分活性低下法，包装，他）／加工機械・装置（原料処理機械，冷凍解凍処理機械，包装機械，他）／最近の加工技術と分析技術（超高圧技術，超臨界技術，ジュール加熱技術，エクストルーダ技術，膜処理技術，非破壊分析技術，バイオセンサー技術，PCR法）／食品の安全性／法規と規格
東農大 荒井綜一・前お茶の水大 小林彰夫・前長谷川香料 矢島 泉・前高砂香料工業 川崎通昭編 **最 新 香 料 の 事 典** 25241-2　C3558　　A5判 648頁 本体23000円	香料とその周辺領域について，基礎から応用まで総合的に解説。〔内容〕匂いの科学（匂いの化学，生理学，分子生物学，心理学，応用学）／香料の歴史／香料の素材（天然香料，合成香料，新技術）／香粧品香料（香りの分類，表現と調香，用途）／天然および食品の香気成分（花，果実，野菜，穀類・ナッツ，肉・乳，水産・魚介，発酵食品，茶，コーヒー）／食品のフレーバー（種類・形態・製造，使用例）／その他の香料（歯磨，タバコ，飼料，工業用，環境香料）／香料の分析・試験・法規
前お茶の水大 小林彰夫・前明治製菓(株) 村田忠彦編 **菓 子 の 事 典** 43063-9　C3561　　A5判 608頁 本体20000円	菓子に関するすべてをまとめた総合事典。菓子に興味をもつ一般の人々にも理解できるよう解説。〔内容〕総論（菓子とは，菓子の歴史・分類）／原料／和菓子（蒸し菓子，焼き菓子，流し菓子，練り菓子，岡仕上げ菓子，半生菓子，干菓子，飾り菓子）／洋菓子（スポンジケーキ，バターケーキ，クッキー，パイ，シューアラクレーム，アントルメ，他）／一般菓子（チョコレート，キャンディ，スナック，ビスケット，チューインガム，米菓，他）／菓子商品の基礎知識（PL法，賞味期限，資格制度，他）
前畜産試験場 小宮山鐵朗・前草地試験場 鈴木慎二郎・前農水省九州農政局 菱沼 毅・日大 森地敏樹編 **畜 産 総 合 事 典** 45014-1　C3561　　A5判 788頁 本体24000円	遺伝子工学の応用をはじめ進展の著しい畜産技術や畜産物加工技術などを含め，わが国の畜産の最先端がわかるように解説。研究者・技術はもとより周辺領域の人たちにとっても役立つ事典。〔内容〕総論：畜産の現状と将来／家畜の品種／育種／繁殖／生理・生態／管理／栄養／飼料／畜産物の利用と加工／草地と飼料作物／ふん尿処理と利用／衛生／経営／法規。各論：乳牛／肉牛／豚／めん羊・山羊／馬／鶏／その他（毛皮獣，ミツバチ，犬，実験動物，鹿，特用家畜）／飼料作物／草地
前お茶の水大 小林彰夫・日大 齋藤 洋監訳 **天然食品・薬品・香粧品の事典** 43062-0　C3561　　B5判 552頁 本体23000円	食品，薬品，香粧品に用いられる天然成分267種および中国の美容・健康剤23種について，原料植物，成分組成，薬効・生理活性，利用法，使用基準等を記述。各項目ごとに入手しやすい専門書と最近の新しい学術論文を紹介。健康志向の現代にまさにマッチした必備図書。〔項目〕アセロラ／アボガド／アロエ／カラギーナン／甘草／枸杞／コリアンダー／サフラン／麝香／ジャスミン／ショウガ／ステビア／セージ／センナ／ターメリック／肉桂／乳香／ニンニク／パセリ；芍薬／川弓など
日本果汁協会監修 **最新果汁・果実飲料事典** 43060-4　C3561　　A5判 680頁 本体23000円	果実飲料の高品質化・多様化を目指す革新的技術の導入や輸入果汁の全面自由化など，わが国の果汁産業が遭遇している大きな変革期に即応して，果汁・果実の基礎から製造，管理までを総合的に解説。〔内容〕果汁の科学／果汁飲料製造・果実（カンキツ，リンゴ，ブドウ，モモ，他）／製品（果肉飲料，果粒入り果実飲料，混合果実飲料，乳性飲料，粉末飲料，冷凍果実飲料）／品質改善技術／製造機械・装置／副原料／材料（果実飲料用容器）／品質保証／試験法／副産物，排水・廃棄物処理

上記価格（税別）は2000年8月現在